온 [모두의]
모든 개념을 담다

ON [켜다]
실력의 불을 켜다

바이블

개념 ON

이투스북

2022개정 교육과정 공통수학1

| STAFF |

발행인 정선욱
퍼블리싱 총괄 남형주
개발 김태원 김한길 이유미 박문서 김미진 조지훈
기획 · 디자인 · 마케팅 조비호 김정인 강윤정
유통 · 제작 서준성 김경수

수학의 바이블 개념 ON 공통수학1 202309 초판 1쇄 202412 초판 6쇄
펴낸곳 이투스에듀㈜ 서울시 서초구 남부순환로 2547
고객센터 1599-3225 **등록번호** 제2007-000035호 **ISBN** 979-11-389-1902-9 [53410]

이름	학원	이름	학원	이름	학원	이름	학원
오한별	광문고등학교	이은주	제이플러스수학	전진남	지니어스 수리논술 교습소	최세남	엑시엄수학학원
용호준	cbc수학학원	이재용	이재용 THE쉬운 수학학원	전혜신	송파구주이배	최엄견	차수학학원
우교영	수학에미친사람들	이재환	조재필수학학원	정광조	로드맵수학	최영준	문일고등학교
우동훈	헤파학원	이정석	CMS 서초영재관	정다운	정다운수학교습소	최용희	명인학원
원종운	뉴파인 압구정 고등관	이정섭	은지호영감수학	정다운	해내다수학교습소	최정언	진화수학학원
원준희	CMS 대치영재관	이정한	전문과외	정대영	대치파인만	최종석	수재학원
위명호	명인학원	이정호	정샘수학교습소	정문정	연세수학원	최주혜	구주이배
위형채	에이치앤제이형설학원	이제현	압구정 막강수학	정민경	바른마테마티카학원	최지나	목동PGA전문가집단
유대호	잉글리쉬앤쓰매니저	이종운	알바트로스학원	정민준	명인학원	최지선	몰입수학
유라헬	스톨키아학원	이종혁	강남N플러스	정소흔	대치명인sky수학학원	최찬희	CMS서초 영재관
유봉영	류선생 수학 교습소	이종호	MathOne 수학	정슬기	티포인트에듀학원	최희서	최상위권수학교습소
유승우	중계탑클래스학원	이주희	고덕엠수학	정영아	정이수학교습소	편순창	알면쉽다연세수학학원
유자현	목동매쓰원수학학원	이준석	목동로드맵수학학원	정원선	McB614	하태성	은평G1230
유재현	일신학원	이지애	다비수수학교습소	정유진	전문과외	한명석	아드폰테스
윤상문	청어람수학원	이지연	단디수학학원	정은경	제이수학	한선아	짱솔학원 중계점
윤석원	공감수학	이지우	제이 앤 수 학원	정재윤	성덕고등학교	한승우	같이상승수학학원
윤수현	조이학원	이지혜	세레나영어수학학원	정진아	정선생수학	한승환	반포 짱솔학원
윤여균	전문과외	이지혜	대치파인만	정찬민	목동매쓰원수학학원	한유리	강북청솔
윤영숙	윤영숙수학전문학원	이진	수박에듀학원	정하윤		한정우	휘문고등학교
윤형중	씨알학당	이진덕	카이스트	정화진	진화수학학원	한태인	메가스터디 러셀
은현	목동CMS 입시센터 과고반	이진희	서준학원	정환동	씨앤씨0.1%의대수학	한현주	PMG학원
이건우	송파이지엠수학학원	이창석	핵수학 전문학원	정효석	서초 최상위하다 학원	허윤정	미래탐구 대치
이경용	열공학원	이충훈	QANDA	조경미	레벨업수학(feat.과학)	홍상민	수학도서관
이경주	생각하는 황소수학 서초학원	이태경	엑시엄수학학원	조병훈	꿈을담는수학	홍성윤	전문과외
이규만	SUPERMATH학원	이학송	뷰티풀마인드 수학학원	조수경	이투스수학학원 방이1동점	홍성주	굿매쓰수학교습소
이동훈	감성수학 중계점	이한결	밸런인수학학원	조아라	류일수학학원	홍성진	대치 김앤홍 수학전문학원
이루마	김샘학원 성북캠퍼스	이현주	방배 스카이에듀 학원	조아람	로드맵	홍성현	서초TOT학원
이민아	정수학	이현환	21세기 연세 단과 학원	조원해	연세YT학원	홍재화	티다른수학교습소
이민호	강안교육	이혜림	대동세무고등학교	조은경	아이파크해법수학	홍정아	홍정아수학
이상문	P&S학원	이혜림	다오른수학교습소	조은우	한솔플러스수학학원	홍준기	서초CMS 영재관
이상영	대치명인학원 백마	이혜수	대치 수 학원	조의상	서초메가스터디 기숙학원, 강북메가, 분당메가	홍지윤	대치수과모
이상훈	골든벨 수학학원	이효준	다원교육			홍지현	목동매쓰원수학학원
이서은	송림학원	이효진	올토수학	조재묵	천광학원	황의숙	The나은학원
이성용	전문과외	임규철	원수학	조정은	전문과외	황정미	카이스트수학학원
이성훈	SMC수학	임다혜	시대인재 수학스쿨	조한진	새미기픈수학		
이세복	일타수학학원	임민정	전문과외	조현탁	전문가집단학원		
이소윤	목동선수학학원	임상혁	양파아카데미	주병준	남다른 이해		◁— 인천 —▷
이수지	전문과외	임성국	전문과외	주용호	아찬수학교습소		
이수진	깡수학과학학원	임소영	123수학	주은재	주은재 수학학원	강동인	전문과외
이수호	준토에듀수학학원	임영주	세빛학원	주정미	수학의꽃	강원우	수학을 탐하다 학원
이슬기	예천에듀	임은희	세종학원	지명훈	선덕고등학교	고준호	베스트교육(마전직영점)
이승현	신도림케이투학원	임정수	시그마수학 고등관(성북구)	지민경	고래수학	곽나래	일등수학
이승호	동작 미래탐구	임지우	전문과외	차민준	이투스수학학원 중계점	곽현실	두꺼비수학
이시현	SKY미래연수학학원	임현우	선덕고등학교	차용우	서울외국어고등학교	권경원	강수학학원
이영하	서울 신길뉴타운 래미안 프레비뉴 키움수학 공부방	임현정	전문과외	채미옥	최강성지학원	권기우	하늘스터디 수학학원
		장석진	이덕재수학이미선국어학원	채성진	수학에빠진학원	금상원	수미다
이용우	올림피아드 학원	장성훈	미독수학	채종원	대치의 새벽	기미나	기쌤수학
이용준	수학의비밀로고스학원	장세영	스펀지 영어수학 학원	최경민	배움틀수학교습소	기혜선	체리온탑 수학영어학원
이원용	필과수 학원	장승희	명품이앤엠학원	최관석	열매교육학원	김강현	송도강수학학원
이원희	대치동 수학공작소	장영신	위례솔중학교	최동욱	숭의여자고등학교	김건우	G1230 학원
이유강	조재필수학학원 고등부	장지식	피큐브아카데미	최문석	압구정파인만	김남신	클라비스학원
이유예	스카이플러스학원	장혜윤	수리원수학교육	최백화	주은재 수학학원	김도영	태풍학원
이유원	뉴파인 안국중고등관	전기열	유니크학원	최병옥	최코치수학학원	김미진	미진수학 전문과외
이유진	마포고등학교	전상현	뉴클리어수학	최서훈	피큐브 아카데미	김미희	희수학
이윤주	와이제이수학교습소	전성식	맥스수학수리논술학원	최성용	봉쌤수학교습소	김보경	오아수학공부방
이은숙	포르테수학	전은나	상상수학학원	최성재	수학공감학원	김연주	하나M수학
이은영	은수학교습소	전지수	전문과외	최성희	최쌤수학학원	김유미	꼼꼼수학교습소

김윤경 SALT학원	전우진 인사이트 수학학원	김도현 홍성문수학2학원	김지윤 광교오드수학
김응수 메타수학학원	정대웅 와이드수학	김동수 김동수학원	김지현 엠코드수학
김준 쭌에듀학원	조민관 이앤에스 수학학원	김동은 수학의힘 지제동삭캠퍼스	김지효 로고스에이수학학원
김진완 성일 올림학원	조민기 더배움보습학원 조쓰매쓰	김동현 수학의 아침	김진국 스터디MK
김하은 전문과외	조현숙 부일클래스	김동현 JK영어수학전문학원	김진록 지금수학학원
김현우 더원스터디수학학원	지경일 팁탑학원	김미선 예일수학원	김진만 엄마영어아빠수학학원
김현호 온풀이 수학 1관 학원	차승민 황제수학학원	김미옥 공부방	김진민 에듀스템수학전문학원
김형진 형진수학학원	채선영 전문과외	김민겸 더퍼스트수학교습소	김창영 에듀포스학원
김혜린 밀턴수학	채수현 밀턴학원	김민경 더원수학	김태익 설봉중학교
김혜영 김혜영 수학	최대호 엠스퀘어 수학교습소	김민경 경화여자중학교	김태진 프라임리만수학학원
김혜지 한양학원	최문경 영웅아카데미	김민진 부천중동프라임영수학원	김태학 평택드림에듀
김효선 코다에듀학원	최웅철 큰샘수학학원	김보경 새로운 희망 수학학원	김하현 로지플수학
남덕우 Fun수학 클리너	최은진 동춘수학	김보람 효성 스마트 해법수학	김학준 수담수학학원
노기성 노기성개인과외교습	최지인 윙글즈영어학원	김복현 시온고등학교	김해청 에듀엠수학 학원
문초롱 클리어수학	최진 절대학원	김상오 리더포스학원	김현겸 성공학원
박용석 절대학원	한성윤 카일하우교육원	김상욱 WookMath	김현경 소사스카이보습학원
박재섭 구월스카이수학과학전문학원	한영진 라야스케이브	김상윤 막강한 수학	김현정 생각하는Y.와이수학
박정우 청라디에이블	허진선 수학나무	김상현 노블수학스터디	김현정 퍼스트
박창수 온풀이 수학 1관 학원	현미선 써니수학	김새로미 스터디온학원	김현주 서부세종학원
박치문 제일고등학교	현진영 에임학원	김서영 다인수학교습소	김현지 프라임대치수학
박해석 효성 비상영수학원	홍미영 연세영어수학	김석원 강의하는아이들김석원수학학원	김혜정 수학을 말하다
박효성 지코스수학학원	홍종우 인명여자고등학교	김선정 수공감학원	김호숙 호수학
변은경 델타수학	황면식 늘품과학수학학원	김선혜 수학의 아침(영재관)	김호원 분당 원수학학원
서대원 구름주전자		김성민 수학을 권하다	김희성 멘토수학교습소
서미란 파이데이아학원		김성은 블랙박스수학과학전문학원	김희주 생각하는수학공간학원
석동방 송도GLA학원	← 경기 →	김소영 예스셈올림피아드(호매실)	나영우 평촌에듀플렉스
손선진 (주)일품수학과학학원		김소희 도촌동 멘토해법수학	나혜림 마녀수학
송대익 청라 ATOZ수학과학학원	강민정 한진홈스쿨	김수림 전문과외	나혜원 청북고등학교
송세진 부평페르마	강민종 필에듀학원	김수진 대림 수학의 달인	남선규 윌러스영수학원
안서은 Sun math	강성인 인재와고수	김수진 수매쓰학원	남세희 남세희수학학원
안예원 ME수학전문학원	강수정 노마드 수학 학원	김슬기 클래스가다른학원	노상명 s4
안지훈 인천주안 수학의힘	강신충 원리탐구학원	김승현 대치매쓰포유 동탄캠퍼스	도건민 목동LEN
양소영 양쌤수학전문학원	강영미 쌤과통하는학원	김영아 브레인캐슬 사고력학원	류종인 공부의정석수학과학관학원
오상원 종로엠스쿨 불로분원	강예슬 수학의품격	김영옥 서원고등학교	마소영 스터디MK
오선아 시나브로수학	강정희 쓱보고 싹푼다	김영준 청솔 교육	마정이 정이 수학
오정민 갈루아수학학원	강태희 한민고등학교	김영진 수학의 아침	마지희 이안의학원 화정캠퍼스
오지연 수학의힘 용현캠퍼스	경지현 화서 이지수학	김용덕 (주)매쓰토리수학학원	맹우영 쎈수학러닝센터 수지su
왕건일 토모수학학원	고동국 고동국수학학원	김용환 수학의아침_영통	맹찬영 입실론수학전문학원
유미선 전문과외	고명지 고쌤수학 학원	김용희 솔로몬 학원	모리 이젠수학과학학원
유상현 한국외대HS어학원 /	고상준 준수학교습소	김원욱 아이픽수학학원	문다영 에듀플렉스
가우스 수학학원 원당아라캠퍼스	고안나 기찬에듀 기찬수학	김유리 페르마수학	문성진 일킴훈련소입시학원
유성규 현수학전문학원	고지윤 고수학전문학원	김윤경 국빈학원	문장원 에스원 영수학원
윤지훈 두드림하이학원	고진희 지니Go수학	김윤재 코스매쓰 수학학원	문재웅 수학의공간
이루다 이루다 교육학원	곽진영 전문과외	김은미 탑브레인수학과학학원	문지현 문쌤수학
이명희 클수있는학원	구창숙 이룸학원	김은향 하이클래스	문혜연 입실론수학전문학원
이선미 이수수학	권영미 에스이마고수학학원	김재욱 수원영신여자고등학교	민동건 전문과외
이애희 부평해법수학교실	권은주 나만 수학	김정수 매쓰클루학원	민윤기 배곧 알파수학
이재섭 903ACADEMY	권주현 메이드학원	김정연 신양영어수학학원	박가빈 꿈과길수학학원
이준영 민트수학학원	김강환 뉴파인 동탄고등관	김정현 채움스쿨	박가을 SMC수학학원
이진민 전문과외	김강희 수학전문 일비충천	김정환 필립스아카데미-Math Center	박규진 김포하이스트
이필규 신현엠베스트SE학원	김경민 평촌 바른길수학학원	김종균 케이수학학원	박도솔 도솔샘수학
이혜경 이혜경고등수학학원	김경진 경진수학학원 다산점	김종남 제너스학원	박도현 진성고등학교
이혜선 우리공부	김경호 호수학	김종화 퍼스널개별지도학원	박민정 지트에듀케이션
임정혁 위리더스 학원	김경훈 행복한한생학원	김주용 스타수학	박민정 셈수학교습소
장태식 인천자유자재학원	김규철 콕수학오드리영어보습학원	김준성 다산	박민주 카라Math
장혜림 와플수학	김덕락 준수학 학원	김지선 고산원탑학원	박상일 수학의아침 이매중등관
장효근 유레카수학학원	김도완 프라매쓰 수학 학원	김지영 위너스영어수학학원	박성찬 성찬쌤's 수학의공간

이름	학원	이름	학원	이름	학원	이름	학원
박소연	강남청솔기숙학원	송민건	수학대가+	이민우	제공학원	이희정	희정쌤수학
박수민	유레카영수학원	송빛나	원수학학원	이민정	전문과외	임명진	서연고
박수현	용인 능원 씨앗학원	송숙희	써밋학원	이보형	매쓰코드1학원	임우빈	리얼수학학원
박수현	리더가되는수학 교습소	송치호	대치명인학원(미금캠퍼스)	이봉주	분당성지 수학전문학원	임율인	탑수학교습소
박여진	수학의아침	송태원	송태원1프로수학학원	이상윤	엘에스수학전문학원	임은정	마테마티카 수학학원
박연지	상승에듀	송혜빈	인재와 고수 본관	이상일	캔디학원	임지영	하이레벨학원
박영주	일산 후곡 쉬운수학	송호석	수학세상	이상준	E&T수학전문학원	임지원	누나수학
박우희	푸른보습학원	수아	열린학원	이상호	양명고등학교	임찬혁	차수학동삭캠퍼스
박원용	동탄트리즈나루수학학원	신경성	한수학전문학원	이상훈	lsht	임채중	와이즈만 영재교육센터
박유승	스터디모드	신동휘	KDH수학	이서령	더바른수학전문학원	임현주	온수학교습소
박윤호	이룸학원	신수연	신수연 수학과학 전문학원	이서영	수학의아침	임현지	위너스 에듀
박은주	은주짱샘 수학공부방	신일호	바른수학교육 한학원	이성환	주선생 영수학원	임형석	전문과외
박은주	스마일수학교습소	신정화	SnP수학학원	이성희	피타고라스 셀파수학교실	임홍석	엔터스카이 학원
박은진	지오수학학원	신준효	열정과의지 수학학원	이소미	공부의정석학원	장미희	스터디모드학원
박은희	수학에빠지다	안영균	생각하는수학공간학원	이소진	광교	장민수	신미주수학
박재연	아이셀프수학교습소	안하선	안쌤수학학원	이수동	부천E&T수학전문학원	장서아	한뜻학원
박재현	렛츠(LETS)	안현경	매쓰온에듀케이션	이수정	매쓰투미수학학원	장종민	열정수학학원
박재홍	열린학원	안현수	옥길일등급수학	이슬기	대치깊은생각 동탄본원	장지훈	예일학원
박정현	서울삼육고등학교	안효상	더오름영어수학학원	이승우	제이앤더블유학원	장혜민	수학의아침
박정화	우리들의 수학원	안효진	진수학	이승주	입실론수학학원	전경진	뉴파인 동탄특목관
박종모	신갈고등학교	양은우	입실론수학학원	이승진	안중 호연수학	전미영	영재수학
박종선	뮤엠영어차수학가남학원	양은진	수플러스수학	이승철	철이수학	전일	생각하는수학공간학원
박종필	정석수학학원	어성웅	어쌤수학학원	이아현	전문과외	전지원	원프로교육
박주리	수학에반하다	엄은희	엄은희스터디	이영현	대치명인학원	전진우	플랜지에듀
박지혜	수이학원	염민식	일로드수학학원	이영훈	펜타수학학원	전희나	대치명인학원이매점
박진한	엡실론학원	염승호	전문과외	이예빈	아이콘수학	정경주	광교 공감수학
박찬현	박종호수학학원	염철호	하비투스학원	이우선	효성고등학교	정금재	헤윰수학전문학원
박하늘	일산 후곡 쉬운수학	오성원	전문과외	이원녕	대치명인학원	정다운	수학의품격
박한솔	SnP수학학원	용다혜	동백에듀플렉스학원	이유림	광교 성빈학원	정다해	대치깊은생각동탄본원
박현숙	전문과외	우선혜	HSP수학학원	이재민	원탑학원	정동실	수학의아침
박현정	탑수학 공부방	위경진	한수학	이재민	제이엠학원	정문영	올타수학
박현정	빡꼼수학학원	유남기	의치한학원	이재욱	고려대학교	정미숙	쑥쑥수학교실
박혜림	림스터디 고등수학	유대호	플랜지에듀	이정빈	폴라리스학원	정민정	S4국영수학원 소사벌점
방미영	JMI 수학학원	유현종	SMT수학전문학원	이정희	JH영수학원	정보람	후곡분석수학
방상웅	동탄성지학원	유호애	지윤수학	이종문	전문과외	정승호	이프수학학원
배재준	연세영어고려수학 학원	윤덕환	여주비상에듀기숙학원	이종익	분당파인만학원 고등부SKY 대입센터	정양헌	9회말2아웃 학원
백경주	수학의 아침	윤도형	피에스티캠프입시학원	이주혁	수학의 아침	정연순	탑클래스영수학원
백미라	신흥유투엠 수학학원	윤문성	평촌수학의봄날입시학원	이준	준수학학원	정영일	해윰수학영어학원
백현규	전문과외	윤미영	수주고등학교	이지연	브레인리그	정영진	공부의자신감학원
백흥룡	성공학원	윤여래	103수학	이지예	최강탑 학원	정영채	평촌 페르마
변상선	바른샘수학	윤지혜	천개의바람영수	이지은	과천 리쌤앤탑 경시수학 학원	정옥경	성남시 분당구
봉우리	하이클래스수학학원	윤채린	전문과외	이지혜	이자경수학	정용석	수학마녀학원
서정환	아이디학원	윤현웅	수학을수학하다	이진주	분당 원수학	정유정	수학VS영어학원
서지은	전문과외	윤희	희쌤 수학과학학원	이창수	와이즈만 영재교육 일산화정센터	정은선	아이원 수학
서한울	수학의품격	이건도	아론에듀학원	이창훈	나인에듀학원	정인용	제이스터디
서효언	아이콘수학	이경민	차앤국수학국어전문학원	이채열	하제입시학원	정장선	생각하는황소 수학 동탄점
서희원	함께하는수학 학원	이경수	수학의아침	이철호	파스칼수학학원	정재경	산돌수학학원
설성환	설샘수학학원	이경희	임수학교습소	이태희	펜타수학학원	정지영	SJ대치수학학원
설성희	설샘수학	이광후	수학의아침 중등입시센터 특목자사관	이한솔	더바른수학전문학원	정지훈	최상위권수학영어학원 수지관
성계형	맨투맨학원 옥정센터	이규상	유클리드수학	이현희	폴리아에듀	정진욱	수원메가스터디
성인영	정석공부방	이규태	이규태수학 1,2,3관, 이규태수학연구소	이형강	HK 수학	정태준	구주이배수학학원
성지희	SNT 수학학원	이나경	수학발전소	이혜령	프로젝트매쓰	정필규	명품수학
손경선	업앤업보습학원	이나래	토리103수학학원	이혜민	대감학원	정하준	2H수학학원
손솔아	ELA수학	이나현	엠브릿지수학	이혜수	송산고등학교	정한울	한울스터디
손승태	와부고등학교	이대훈	밀알두레학교	이혜진	S4국영수학원고덕국제점	정해도	목동혜윰수학교습소
손종규	수학의 아침	이명환	다산 더원 수학학원	이호형	광명 고수학학원	정현주	삼성영어쎈수학은계학원
손지영	엠베스트에스이프라임학원	이무송	U2m수학학원주엽점	이화원	탑수학학원	정황우	운정정석수학학원

조기민 일산동고등학교
조민석 마이엠수학학원
조병욱 신영동수학학원
조상숙 수학의 아침 영동
조상희 에이블수학학원
조성화 SH수학
조영곤 휴브레인수학전문학원
조욱 청산유수 수학
조은 전문과외
조태현 경화여자고등학교
조현웅 추담교육컨설팅
조현정 깨단수학
주설호 SLB입시학원
주소연 알고리즘 수학연구소
지슬기 지수학학원
진동준 필탑학원
진민하 인스카이학원
차동희 수학전문공감학원
차무근 차원이다른수학학원
차슬기 브레인리그
차일훈 대치엠에스학원
채준혁 후곡분석수학학원
최경석 TMC수학영재 고등관
최경희 최강수학학원
최근정 SKY영수학원
최다혜 싹수학학원
최대원 수학의아침
최동훈 고수학전문학원
최문채 이압수학
최범균 전문과외
최병희 원탑영어수학입시전문학원
최성필 서진수학
최수지 싹수학학원
최수진 재밌는수학
최승권 스터디올킬학원
최영성 에이블수학영어학원
최영식 수학의신학원
최용재 와이솔루션수학학원
최웅용 유타스 수학학원
최유미 분당파인만교육
최윤수 동탄김샘 신수연수학과학
최윤형 청운수학전문학원
최은경 목동학원, 입시는이쌤학원
최정윤 송탄중학교
최종찬 초당필탑학원
최지윤 전문과외
최지형 남양 뉴탑학원
최한나 수학의 아침
최효원 레벨업수학
표광수 수지 풀무질 수학전문학원
하정훈 하쌤학원
한경태 한경태수학전문학원
한규욱 이규태수학학원
한기언 한스수학전문학원
한미정 한쌤수학
한상훈 1등급 수학
한성필 더프라임

한수민 SM수학
한규연 스터디모드
한유호 에듀셀파 독학기숙학원
한은기 참선생 수학(동탄호수)
한인화 전문과외
한준희 매스탑수학전문사동분원학원
한지희 이음수학학원
한진규 SOS학원
함영호 함영호 고등수학클럽
허란 the배움수학학원
현승평 화성고등학교
홍규성 전문과외
홍성문 홍성문 수학학원
홍성미 홍수학
홍세정 전문과외
홍유진 평촌 지수학학원
홍의찬 원수학
홍재욱 셈마루수학학원
홍정욱 광교김샘수학 3.14고등수학
홍지윤 HONGSSAM창의수학
황두연 딜라이트 영어수학
황민지 수학하는날 수학교습소
황삼철 멘토수학
황선아 서나수학
황애리 애리수학
황영미 오산일신학원
황은지 멘토수학과학학원
황인영 더올림수학학원
황재철 성빈학원
황지훈 명문JS입시학원
황희찬 아이엘에스 학원

◇ 부산 ◇

고경희 대연고등학교
권병국 케이스학원
권영린 과사람학원
김경희 해운대 수학 와이스터디
김나현 MI수학학원
김대현 연제고등학교
김명선 김쌤 수학
김민 금정미래탐구
김민규 다비드수학학원
김민지 블랙박스수학전문학원
김유상 끝장교육
김정은 피엠수학학원
김지연 김지연수학교습소
김태경 Be수학학원
김태영 뉴스터디종합학원
김태진 한빛단과학원
김현재 플러스민샘수학교습소
김효상 코스터디학원
나기열 프로매스수학교습소
노하영 확실한수학학원
류형수 연제한샘학원
문서현 명품수학

민상희 민상희수학
박대성 키움수학교습소
박성칠 프라임학원
박연주 매쓰메이트 수학학원
박재용 해운대 수학 와이스터디
박주형 삼성에듀학원
배진옥 전문과외
배철우 명지 명성학원
백융일 과사람학원
서자현 과사람학원
서평승 신의학원
손희옥 매쓰폴수학전문학원(부암동)
송유림 한수연하이매쓰학원
신동훈 과사람학원
안남희 실력을키움수학
안찬종 전문과외
오인혜 하단초 수학교실
원옥영 괴정스타삼성영수학원
유소영 파플수학
이경덕 수학으로 물들어 가다
이동건 PME수학학원
이상욱 MI수학학원
이아름누리 청어람학원
이연희 부산 해운대 오른수학
이영민 MI수학학원
이은련 더플러스수학교습소
이정화 수학의 힘 가야캠퍼스
이지영 오늘도, 영어 그리고 수학
이지은 한수연하이매쓰
이철 과사람학원
이효정 해 수학
전완재 강앤전수학학원
정운용 정쌤수학교습소
정의진 남천다수인
정휘수 제이매쓰수학방
정희정 정쌤수학
조아영 플레이팩토오션시티교육원
조우영 위드유수학학원
조은영 MIT수학교습소
조훈 캔필학원
채송화 채송화 수학
최수정 이루다수학
최준승 주감학원
한주환 과사람학원(해운센터)
한혜경 한수학교습소
허영재 정관 자하연
허윤정 올림수학전문학원
허정인 삼정고등학교
황성필 다원KNR
황영찬 이룸수학
황진영 진심수학
황하남 과학수학의봄날학원

◇ 울산 ◇

강규리 퍼스트클래스 수학영어전문학원
고규라 고수학
고영준 비엠더블유유수학전문학원
권상수 호크마수학전문학원
권희선 전문과외
김민정 전문과외
김봉조 퍼스트클래스 수학영어전문학원
김수영 학명수학학원
김영배 화정김쌤수학과학학원
김제득 퍼스트클래스수학전문학원
김현조 김은생각수학학원
나순현 물푸레수학교습소
박국진 강한수학전문학원
박민식 위더스수학전문학원
박원기 에듀프레소종합학원
반려진 우정 수학의달인
성수경 위룸수학영어전문학원
안지환 전문과외
오종민 수학공작소학원
유아름 더쌤수학전문학원
이승목 울산 옥동 위너수학
이윤희 제이앤에스영어수학
이은수 삼산차수학학원
이하나 꿈꾸는고래학원
정경래 로고스영어수학학원
최규종 울산뉴토모수학전문학원
최영희 재미진최쌤수학
최이영 한양수학전문학원
한창희 한선생&최선생 studyclass
허다민 대치동허쌤수학

◇ 경남 ◇

강경희 티오피에듀
강도윤 강도윤수학컨설팅학원
강지혜 강선생수학학원
고민정 고민정 수학교습소
고병옥 옥쌤수학과학학원
고성대 Math911
고은정 수학은고쌤학원
권영애 전문과외
김경문 참진학원
김가령 킴스아카데미
김기현 수과람학원
김미양 오렌지클래스학원
김민석 한수위수학학원
김민정 창원stg마수학
김병철 CL학숙
김선희 책벌레국영수학원
김양준 이룸학원
김연지 CL학숙
김옥경 다온수학전문학원
김인덕 성지여자고등학교
김정두 해성고등학교

조현정 올댓수학
채원석 영남삼육고등학교
최민 엠베스트 옥계점
최수영 수학만영어도학원
최이광 혜움플러스학원
추민지 닥터박 수학학원
표현석 안동풍산고등학교
홍영준 하이맵수학학원
홍현기 비상아이비츠학원

◇— 광주 —◇

강민결 광주수피아여자중학교
강승완 블루마인드아카데미
공민지 심미선수학학원
곽웅수 카르페영수학원
김국진 김국진짜학원
김국철 풍암필즈수학학원
김대균 김대균수학학원
김미경 임팩트학원
김안나 풍암필즈수학학원
김원진 메이블수학전문학원
김은석 만문제수학전문학원
김재광 디투엠 영수전문보습학원
김종민 퍼스트수학학원
김태성 일곡지구 김태성 수학
김현진 에이블수학학원
나혜경 고수학학원
박용우 광주 더샘수학학원
박주홍 KS수학
박충현 본수학과학학원
박현영 KS수학
변석주 153유클리드수학전문학원
빈선욱 빈선욱수학전문학원
서세은 피타과학수학학원
손광일 송원고등학교
송승용 송승용수학학원
신예준 광주 JS영재학원
신현석 프라임아카데미
양귀제 양선생수학전문학원
양동식 A+수리수학원
이만재 매쓰로드수학 학원
이상혁 감성수학
이승현 본영수학원
이주헌 리얼매쓰수학전문학원
이창현 알파수학학원
이채연 알파수학학원
이충헌 전문과외
이헌기 보문고등학교
어흥범 매쓰피아
임태관 매쓰멘토수학전문학원
장민경 일대일코칭수학학원
장성태 장성태수학학원
전주현 이창길수학학원
정다원 광주인성고등학교
정다희 다희쌤수학

정미연 신샘수학학원
정수인 더최선학원
정원섭 수리수학원
정인용 일품수학학원
정재윤 대성여자중학교
정태규 가우스수학전문학원
정형진 BMA롱맨영수학원
조은주 조은수학교습소
조일양 서안수학
조현진 조현진수학학원
조형서 조형서 (전문과외)
천지선 고수학학원
최성호 광주동신여자고등학교
최승원 더풀수학학원
최지웅 미라클학원

◇— 전남 —◇

김광현 한수위수학학원
김도희 가람수학전문과외
김성문 창평고등학교
김은경 목포덕인고
김은지 나주혁신위즈수학영어학원
박미옥 목포폴리아학원
박유정 해봄학원
박진성 해남한가람학원
백지하 M&m
성준우 광양제철고등학교
유혜정 전문과외
이강화 강승학원
임정원 순천매산고등학교
정현옥 Jk영수전문
조두희
조예은 스페셜매쓰
진양수 목포덕인고등학교
한지선 전문과외

◇— 전북 —◇

강원택 탑시드 영수학원
권정욱 권정욱 수학과외
김석진 영스타트학원
김선호 혜명학원
김성혁 S수학전문학원
김수연 전선생 수학학원
김재순 김재순수학학원
김혜정 차수학
나승현 나승현전유나수학전문학원
문승혜 이일여자고등학교
민태홍 전주한일고
박광수 박선생수학학원
박미숙 매쓰트리 수학전문 (공부방)
박미화 엄쌤수학전문학원
박선미 박선생수학학원
박세희 멘토이젠수학
박소영 황규종수학전문학원

박영진 필즈수학학원
박은미 박은미수학교습소
박재성 올림수학학원
박지유 박지유수학전문학원
박철우 청운학원
배태익 스키마아카데미 수학교실
서현수 수학귀신
성영재 성영재수학전문학원
손주형 전주토피아학원
송시영 블루오션수학학원
신영진 유니이츠 학원
심우성 오늘은수학학원
양옥희 쎈수학 전주혁신학원
양은지 군산중앙고등학교
양재호 양재호카이스트학원
양형준 대들보 수학
오윤하 오늘도신이나효자학원
유현수 수학당 학원
윤병오 이투스247학원 익산
이가영 마루수학국어학원
이은지 리젠입시학원
이인성 전주우림중학교
이정현 로드맵수학학원
이지원 전문과외
이한나 알파스터디영어수학전문학원
이혜상 S수학전문학원
임승진 이터널수학영어학원
정용재 성영재수학전문학원
정혜승 샤인학원
정환희 릿지수학학원
조세진 수학의 길
채승희 윤영권수학전문학원
최성훈 최성훈수학학원
최영준 최영준수학학원
최윤 엠투엠수학학원
최형진 수학본부중고등수학전문학원

◇— 대전 —◇

강유식 연세제일학원
강흥규 최강학원
강희규 종로학원하늘교육(관평)
고지훈 고지훈수학 지적공감학원
권은향 권쌤수학
김근아 닥터매쓰205
김근하 MCstudy 학원
김남홍 대전 종로학원
김덕한 더칸수학전문학원
김도혜 대전 더브레인코어
김복응 더브레인코어 학원
김상현 세종입시학원
김수빈 제타수학학원
김승환 청운학원
김영우 뉴샘학원
김윤혜 슬기로운수학
김은지 더브레인코어 초등관

김일화 대전 엘트
김주성 대전 양영학원
김지현 파스칼 대덕학원
김진 발상의전환 수학전문학원
김진수 김진수학교실
김태형 청명대입학원
김하은 고려바움수학학원
나효명 열린아카데미
류재원 양영학원
박지성 엠아이큐수학학원
배용제 굿티쳐강남학원
서동원 수학의 중심학원
서영준 힐탑학원
선진규 로하스학원
손일형 손일형수학
송규성 하이클래스학원
송다인 일인주의학원
송정은 바른수학
심훈흠 일인주의 학원
오세준 오엠수학교습소
오우진 양영학원
우현석 EBS 수학우수학원
유수림 이앤유수학학원
유준호 더브레인코어학원
윤석주 윤석주수학전문학원
이규영 쉐마수학학원
이봉환 메이저
이성재 알파수학학원
이수진 대전관저중학교
이인욱 양영학원
이일녕 양영학원
이준희 전문과외
이채윤 대전대신고등학교
인승열 신성수학나무 공부방
임병수 모티브에듀학원
임지원 더브레인코어학원
임현호 전문과외
장용훈 프라임수학교습소
전하윤 전문과외
전혜진 일인주의학원
정재현 양영수학학원
조영선 대전 관저중학교
조용호 오르고 수학학원
조충현 로하스학원
진상욱 양영학원 특목관
차영진 연세언더우드수학
최지영 둔산마스터학원
홍진국 저스트수학
황성필 일인주의학원
황은실 나린학원

◇ 세종 ◇

강태원	원수학
고창균	더올림입시학원
권현수	권현수 수학전문학원
김기평	바른길수학전문학원
김서현	봄날영어수학학원
김수경	김수경수학교실
김영웅	반곡고등학교
김혜림	너희가꽃이다
류바른	세종 YH영수학원(중고등관)
배명욱	GTM수학전문학원
배지후	해밀수학과학학원
윤여민	전문과외
이경미	매쓰 히어로(공부방)
이민호	세종과학예술영재학교
이지희	수학의강자학원
이현아	다정 현수학
장준영	백년대계입시학원
조은애	전문과외
최성실	샤워너스학원
최시안	고운동 최쌤수학
황성관	전문과외

◇ 충북 ◇

고정균	엠스터디수학학원
구강서	상류수학 전문학원
구태우	전문과외
김경희	점프업수학
김대호	온수학전문학원
김미화	참수학공간학원
김병용	동남 수학하는 사람들 학원
김영은	연세고려E&M
김용구	용프로수학학원
김재광	노블가온수학학원
김정호	생생수학
김주희	매쓰프라임수학학원
김하나	하나수학
김현주	루트수학학원
문지혁	수학의 문 학원
박영경	전문과외
박준	오늘수학 및 전문과외
안진아	전문과외
윤성길	엑스클래스 수학학원
윤성희	윤성수학
이경미	행복한수학 공부방
이예찬	입실론수학학원
이지수	일신여자고등학교
전병호	이루다 수학
정수연	모두의 수학
조병교	에르매쓰수학학원
조형우	와이파이수학학원
최윤아	피티엠수학학원
한상호	한매쓰수학전문학원
홍병관	서울학원

◇ 충남 ◇

강범수	전문과외
고영지	전문과외
권순필	에이커리어학원
권오운	광풍중학교
김경민	수학다이닝학원
김명은	더하다 수학
김태화	김태화수학학원
김한빛	한빛수학학원
김현영	마루공부방
남구현	내포 강의하는 아이들
노서윤	스터디멘토학원
박유진	제이홈스쿨
박재혁	명성학원
박혜정	
서봉원	서산SM수학교습소
서승우	전문과외
서유리	더배움영수학원
서정기	시너지S클래스 불당학원
성유림	Jns오름학원
송명준	JNS오름학원
송은선	전문과외
송재호	불당한일학원
신경미	Honeytip
신유미	무한수학학원
유정수	천안고등학교
유창훈	전문과외
윤보희	충남삼성고등학교
윤재웅	베테랑수학전문학원
윤지영	더올림
이근영	홍주중학교
이봉이	더수학 교습소
이승훈	탑씨크리트
이아람	퍼펙트브레인학원
이은아	한다수학학원
이재장	깊은수학학원
이현주	수학다방
장정수	G.O.A.T수학
전성호	시너지S클래스학원
전혜영	타임수학학원
조현정	J.J수학전문학원
채영미	미매쓰
최문근	천안중앙고등학교
최소영	빛나는수학
최원석	명사특강
한상훈	신불당 한일학원
한호선	두드림영어수학학원
허영재	와이즈만 영재교육학원

◇ 강원 ◇

고민정	로이스물맷돌수학
강선아	펀&FUN수학학원
김명동	이코수학
김서인	세모가꿈꾸는수학당학원
김성영	빨리강해지는 수학 과학 학원
김성진	원주이루다수학과학학원
김수지	이코수학
김호동	하이탑 수학학원
남정훈	으뜸장원학원
노명훈	노명훈쌤의 알수학학원
노명희	탑클래스
박미경	수올림수학전문학원
박병석	이코수학
박상윤	박상윤수학
박수지	이코수학학원
배영진	화천학습관
백경수	춘천 이코수학
손선나	전문과외
손영숙	이코수학
신동혁	수학의 부활 이코수학
신현정	hj study
심상용	동해 과수원 학원
안현지	전문과외
오준환	수학다움학원
윤소연	이코수학
이경복	전문과외
이민호	하이탑 수학학원
이우성	이코수학
이태현	하이탑 수학학원
장윤의	수학의부활 이코수학
정복인	하이탑 수학학원
정인혁	수학과통하다학원
최수남	강릉 영·수배움교실
최재현	KU고대학원
최정현	최강수학전문학원

◇ 제주 ◇

강경혜	강경혜수학
고진우	전문과외
김기정	저청중학교
김대환	The원 수학
김보라	라딕스수학
김시운	전문과외
김지영	생각틔움수학교실
김홍남	셀파우등생학원
류혜선	진정성 영어수학학원
박승우	남녕고등학교
박찬	찬수학학원
오동조	에임하이학원
오재일	
이민경	공부의마침표
이상민	서이현아카데미
이선혜	더쎈 MATH
이현우	루트원플러스입시학원
장영환	제로링수학교실
편미경	편쌤수학
하혜림	제일아카데미
현수진	학고제 입시학원

수학의
바이블

개념 ON

공통수학1

수학의 바이블

단계별 수준별 학습 시스템

1 자세한 개념 학습

2022개정 교육과정을 완벽하게 분석하여
모든 개념을 정확하게 학습할 수 있고,
상세한 개념 설명으로 교과서보다 쉽고 자세하게 이해할 수 있습니다.

2 단계별 유형 공부

학습한 개념을 단계별, 유형별로 문제 풀이에 적용할 수 있도록

대표 예제 → 한 번 더하기 → 표현 더하기 → 실력 더하기 로 구성하여

문제 적응력을 높일 수 있습니다.

3 수준별 문제 풀이

중단원 연습문제를 STEP 1 기본 다지기 → STEP 2 실력 다지기 로 구성하여

기본에서 심화까지 문제 해결력을 기를 수 있습니다.

더 완벽하고 친절해진 설명!
수학의 바이블만의 섬세한 개념 구성

◇ 바이블만의 체계적이고 자세한 설명 방식으로
새로운 개념에 대한 공식 및 원리의 완벽한 이해를 도와줍니다.

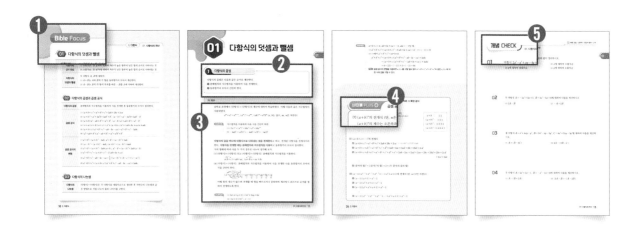

❶ Bible Focus
각 단원의 주요 내용과 공식을 한눈에 확인할 수 있게 정리함으로써
앞으로의 학습 방향을 명확하게 인지할 수 있도록 구성하였습니다.

❷ 두괄식 정리
새로운 개념에 대한 명확한 용어 정의와, 개념의 중요 핵심 사항을 도식화하여 제시하였고
각 단원에서 학습하는 내용에 대해 참고 주의 Tip 을 추가하여 개념을 더 확실하게 이해할 수 있도록 구성하였습니다.

❸ 섬세한 개념 설명
교과서보다 자세한 설명으로 개념을 깊이 있고 완벽하게 이해할 수 있습니다.
줄글로 풀어나가는 자세한 설명 사이사이에 다양한 example 을 제공함으로써
간결한 호흡으로 개념과 원리를 쉽게 이해할 수 있도록 하였습니다.

❹ 바이블 PLUS
교육과정에서 다루진 않지만 개념 이해를 도와줄 수 있고 문제 해결에 유용한 내용을 제시하여
수학적 원리의 이해도를 높일 수 있도록 하였습니다.

❺ 개념 CHECK
개념 설명 이후 배운 내용을 바로 확인할 수 있도록 개념이 직접적으로 적용된 문제를 제공하여
학습한 내용을 정확하게 이해하였는지 체크할 수 있습니다.

단계별로 충분한 유형 학습!
꼭 알아야 할 필수 문제로 구성

◇ 개념의 핵심을 가장 잘 보여줄 수 있는 문제로 엄선하여
　3단계의 자세한 풀이로 문제 해결 과정을 완벽하게 이해할 수 있도록 구성하였습니다.

① 대표 예제
본문을 통하여 배운 개념의 핵심을 가장 잘 보여줄 수 있는 문제를 제공하여
개념을 정확히 이해하였는지 확인할 수 있도록 하였습니다.
바로 접근 **바른 풀이** **Bible Says** 3단계의 체계적이고 자세한 풀이 방식으로
문제에 대한 접근 및 해결 방법을 쉽게 이해할 수 있습니다.

② 바로 접근
문제를 접했을 때 어떻게 접근해야 하는지를 알려줍니다. 바로 접근을 통하여
문제를 해결할 수 있는 포인트를 잡는 방법을 배울 수 있습니다.

③ 바른 풀이
문제 풀이 과정을 상세하게 볼 수 있도록 구성하였습니다.
풀이를 따라가면서 세부적인 해결 과정을 자세하게 이해할 수 있습니다.

④ Bible Says
문제 풀이에 도움이 되는 추가 설명과 내용 정리를 제공하여 수학적 사고를
넓힐 수 있도록 하였습니다.

◇ 충분한 연습을 위해 하나의 예제를 **한 번 더하기** → **표현 더하기** → **실력 더하기** 와 같이
　단계별로 학습하여 유형에 대한 적응력을 높일 수 있습니다!

⑤ 한 번 더하기
예제에서 숫자가 바뀐 문제로 예제를 통하여 익힌 풀이 과정을 반복 연습하면서
스스로 문제를 풀 수 있는 힘을 키울 수 있습니다.

⑥ 표현 더하기
예제에서 문제를 제시하는 표현만 변형된 문제로, 동일한 해결 과정에 대한
다양한 수학적 표현과 문제 제시 방법을 익혀 낯선 문제에 대한 적응력을
기를 수 있습니다.

⑦ 실력 더하기
예제에 적용된 개념을 응용한 문제를 풀면서 문제 유형을 완벽하게 이해하고,
풀이 과정을 응용할 수 있는 능력을 기를 수 있습니다.

배운 내용을 중단원별로 마무리
2022개정 교육과정을 완벽하게 분석하여
내신, 모의고사, 수능 대비에 적합한 문제로 구성

◇ **STEP 1** 기본 다지기 → **STEP 2** 실력 다지기 의 두 단계로 구성하여
기본에서 심화까지 단계적으로 문제 해결력을 기를 수 있습니다.

❶ **STEP1 기본 다지기**
각 단원의 필수 유형 문제를 풀면서 앞서 공부한 내용을 다질 수 있습니다.
기본 다지기 문제를 해결하는 과정에서 그 단원의 개념을 완벽하게 이해할 수 있습니다.

❷ **STEP 2 실력 다지기**
개념 이해를 토대로 실력을 다질 수 있도록 한 비교적 어려운 문제부터
종합적 사고력이 요구되는 challenge 문제까지 단계적으로
문제를 해결해 봄으로써 문제 해결 능력을 향상시킬 수 있습니다.

❸ **다양한 기출문제**
교육청 기출 문제를 제공하여
내신뿐만 아니라 모의고사, 수능에 대비할 수 있습니다.

◇ - - - - - - - - - # 체계적이고 자세한 고퀄리티 풀이집

자세한 풀이 방식으로 문제에 대한 접근 및 해결방법을 쉽게 이해할 수 있습니다.

❶ **상세한 문제 풀이**
문제 풀이 과정을 상세하게 볼 수 있도록
구성하였습니다. 풀이를 따라가면 세부적인
해결 과정을 자세하게 이해할 수 있습니다.

❷ **다른 풀이**
본풀이와 함께 다양한 아이디어 학습을 위한
다른 풀이 를 수록하였습니다.

❸ **참고**
문제 풀이에 도움이 되거나, 부가적으로
심층적인 설명이 필요한 경우 참고 를 제공하여,
추가 설명과 내용 정리를 통해 수학적 사고를
넓힐 수 있도록 하였습니다.

Contents

2022개정 교육과정 역시
수학의 바이블

수학을 공부하는 학생들에게 필수적인 개념서인 수학의 바이블은
2003년 출간되어 현재까지 총 20여 차례 이상 개정되며
스테디셀러로 자리매김하여 수학을 준비하는 학생들에게 큰 인기를 얻고 있습니다.
그 이유는 무엇일까요?

먼저, 수학의 바이블은 친절합니다.
수학의 바이블은 개념을 이해하기 쉽게 설명하고 다양한 문제 풀이 방법을 제시하여
수학을 어려워하는 학생들도 쉽게 이해할 수 있도록 도와줍니다.

또한 체계적이고 자세한 설명으로
새로운 개념에 대한 공식 및 원리를 완벽하게 이해할 수 있어
수학을 보다 깊이 있게 학습할 수 있도록 도와줍니다.

수학의 개념과 원리를 이해하는 것은 수학을 잘하기 위한 첫 걸음입니다.

많은 학생들이 수학의 바이블을 통해 수학에 대한 자신감을 키우고
수학을 통해 세상을 이해하는데 도움이 되기를,
앞으로 있을 여정에 수학의 바이블이 든든한 나침반이 될 수 있기를
마음 깊이 바랍니다.

01

다항식의 연산

01 다항식의 덧셈과 뺄셈

다항식의 정리 방법	(1) 내림차순: 한 문자에 대하여 차수가 높은 항부터 낮은 항의 순서로 나타내는 것
	(2) 오름차순: 한 문자에 대하여 차수가 낮은 항부터 높은 항의 순서로 나타내는 것
다항식의 덧셈과 뺄셈	두 다항식 A, B에 대하여 (1) $A+B$는 A와 B의 각 항을 동류항끼리 모아서 계산한다. (2) $A-B$는 B의 각 항의 부호를 바꾼 $-B$를 A에 더하여 계산한다.

02 다항식의 곱셈과 곱셈 공식

다항식의 곱셈	분배법칙과 지수법칙을 이용하여 식을 전개한 후 동류항끼리 모아서 정리한다.
곱셈 공식	(1) $(a+b+c)^2=a^2+b^2+c^2+2ab+2bc+2ca$ (2) $(a+b)^3=a^3+3a^2b+3ab^2+b^3$, $(a-b)^3=a^3-3a^2b+3ab^2-b^3$ (3) $(a+b)(a^2-ab+b^2)=a^3+b^3$, $(a-b)(a^2+ab+b^2)=a^3-b^3$ (4) $(x+a)(x+b)(x+c)=x^3+(a+b+c)x^2+(ab+bc+ca)x+abc$ (5) $(a+b+c)(a^2+b^2+c^2-ab-bc-ca)=a^3+b^3+c^3-3abc$ (6) $(a^2+ab+b^2)(a^2-ab+b^2)=a^4+a^2b^2+b^4$
곱셈 공식의 변형	(1) $a^2+b^2=(a+b)^2-2ab$, $a^2+b^2=(a-b)^2+2ab$ (2) $(a-b)^2=(a+b)^2-4ab$, $(a+b)^2=(a-b)^2+4ab$ (3) $a^3+b^3=(a+b)^3-3ab(a+b)$, $a^3-b^3=(a-b)^3+3ab(a-b)$ (4) $a^2+b^2+c^2=(a+b+c)^2-2(ab+bc+ca)$ (5) $a^2+b^2+c^2-ab-bc-ca=\dfrac{1}{2}\{(a-b)^2+(b-c)^2+(c-a)^2\}$ (6) $a^3+b^3+c^3=(a+b+c)(a^2+b^2+c^2-ab-bc-ca)+3abc$

03 다항식의 나눗셈

다항식의 나눗셈	(다항식)÷(다항식)은 각 다항식을 내림차순으로 정리한 후 자연수의 나눗셈과 같은 방법으로 직접 나누어 몫과 나머지를 구한다.

01 다항식의 덧셈과 뺄셈

1 다항식에 대한 용어

(1) **항**: 수 또는 문자의 곱으로만 이루어진 식

(2) **상수항**: 특정한 문자를 포함하지 않는 항

(3) **계수**: 항에서 특정한 문자를 제외한 나머지 부분

(4) **다항식**: 한 개 또는 두 개 이상의 항의 합으로 이루어진 식

(5) **단항식**: 한 개의 항으로만 이루어진 식

(6) **차수**

　① 항의 차수: 항에서 특정 문자가 곱해진 개수

　② 다항식의 차수: 특정 문자에 대한 각 항의 차수 중 가장 높은 것

(7) **동류항**: 특정한 문자에 대한 차수가 같은 항

$$\underset{항}{\underbrace{\overset{x^2의\ 계수\quad 차수\quad y의\ 계수\quad 상수항}{3x^2 + 4y + 6}}}$$

중학교 과정에서 학습한 다항식에 대한 용어를 정리해 보자.

$3x^2 - 4x + 2$는 $3x^2 + (-4x) + 2$와 같이 $3x^2$, $-4x$, 2의 합으로 나타낸다. 이때 수 또는 문자의 곱으로만 이루어진 $3x^2$, $-4x$, 2를 각각 **항**이라 하고, 2와 같이 수만으로 이루어진 항을 **상수항**, $-4x$와 같이 수 -4와 문자 x의 곱으로 이루어진 항에서 수 -4를 x의 **계수**라 한다.

또한 $3x^2 - 4x + 2$와 같이 한 개 또는 두 개 이상의 항의 합으로 이루어진 식을 **다항식**이라 하고, $3x^2$와 같이 한 개의 항으로만 이루어진 다항식을 **단항식**이라 한다.

한편, $3x^2$은 $3 \times x \times x$로 문자 x가 두 개 곱해져 있는 항이다. 이때 문자가 곱해진 개수를 그 문자에 대한 **항의 차수**라 한다.

다항식에서 차수가 가장 큰 항의 차수를 그 **다항식의 차수**라 하며, 차수가 1인 다항식을 일차식, 차수가 2인 다항식을 이차식이라 한다.

다항식 $2x + 4x$에서 $2x$, $4x$와 같이 문자와 차수가 각각 같은 항을 **동류항**이라 한다.

다항식에 대한 용어를 여러 가지 문자가 포함된 다항식을 기준으로 다시 살펴보자.

여러 가지 문자가 포함된 단항식에서 특정한 문자를 기준으로 할 때, 이 문자를 제외한 나머지 문자는 모두 계수로 취급한다.

이때 특정 문자를 기준으로 하는 경우, '~에 대한'이라는 표현을 주로 사용하며 기준으로 하는 문자만 변수로 보고 나머지 문자들은 상수처럼 생각한다.

또한 특정한 문자가 곱해진 개수를 그 단항식의 차수라 하고, **차수가 n인 단항식을 n차식**이라 한다.

example 단항식 $4x^2y$는
(1) x에 대한 이차식이고, 계수는 $4y$이다.
(2) y에 대한 일차식이고, 계수는 $4x^2$이다.
(3) x, y에 대한 삼차식이고, 계수는 4이다.

다항식의 차수는 특정한 문자에 대하여 차수가 가장 높은 것을 기준으로 하여 결정하고, **차수가 n인 다항식을 n차식**이라 한다.
또한 특정한 문자가 포함되지 않는 항을 **상수항**, 특정한 문자에 대한 차수가 같은 항을 **동류항**이라 한다.

example 다항식 $2x^3y+3xy-y^2+4x-9$는
(1) x에 대한 삼차식이고, 상수항은 $-y^2-9$이다.
(2) y에 대한 이차식이고, 상수항은 $4x-9$이다.
(3) x, y에 대한 사차식이고, 상수항은 -9이다.
(4) x에 대한 동류항은 $3xy$, $4x$이고 y에 대한 동류항은 $2x^3y$, $3xy$이다.

2 다항식의 정리 방법

(1) **내림차순**: 다항식을 한 문자에 대하여 차수가 높은 항부터 낮은 항의 순서로 나타내는 것을 내림차순으로 정리한다고 한다.
(2) **오름차순**: 다항식을 한 문자에 대하여 차수가 낮은 항부터 높은 항의 순서로 나타내는 것을 오름차순으로 정리한다고 한다.

다항식은 동류항끼리 모아 정리하여 간단히 나타낼 수 있다. 이때 어느 한 문자를 기준으로 차수가 낮아지거나 높아지도록 정리하는데, 차수가 높은 항부터 낮은 항의 순서로 나타내는 것을 내림차순으로 정리한다고 하고, 차수가 낮은 항부터 높은 항의 순서로 나타내는 것을 오름차순으로 정리한다고 한다. ← 특별한 언급이 없으면 다항식은 내림차순으로 정리한다.

문자가 1개인 다항식을 내림차순 또는 오름차순으로 나타낼 때는 문자의 차수를 비교한 후 정리한다.

example 다항식 $x+2x^3+4-3x^2$을 x에 대하여
(1) 내림차순으로 정리하면 $2x^3-3x^2+x+4$
(2) 오름차순으로 정리하면 $4+x-3x^2+2x^3$

문자가 2개 이상인 다항식에서 다항식의 차수, 항의 계수, 상수항은 기준이 되는 문자가 무엇이냐에 따라 달라지므로 다항식을 내림차순이나 오름차순으로 나타낼 때는 기준이 되는 문자를 정하고, 그 문자를 제외한 나머지 문자는 모두 상수로 생각하여 정리한다.

example　다항식 $x^2+3xy^2+2y^2-x-5y+3$을

(1) x에 대하여 내림차순으로 정리하면

$$x^2+3xy^2+2y^2-x-5y+3=x^2+3xy^2-x+2y^2-5y+3$$
$$=x^2+(3y^2-1)x+\underline{2y^2-5y+3}$$
상수처럼 취급

(2) y에 대하여 오름차순으로 정리하면

$$x^2+3xy^2+2y^2-x-5y+3=x^2-x+3-5y+3xy^2+2y^2$$
$$=\underline{x^2-x+3}-5y+(3x+2)y^2$$
상수처럼 취급

3 다항식의 덧셈과 뺄셈

다항식의 덧셈과 뺄셈은 다음과 같은 순서로 계산한다.
❶ 괄호가 있는 경우 괄호를 푼다.
❷ 동류항끼리 모아서 간단히 정리한다.

두 다항식 A, B에 대하여 다항식의 덧셈 $A+B$는 각 항을 동류항끼리 모아서 정리한다.
또한 다항식의 뺄셈 $A-B$는 B의 각 항의 부호를 바꾼 $-B$를 A에 더하여 계산한다. 즉,
$A-B=A+(-B)$와 같이 계산한다.
kA(k는 상수)인 경우에는 A의 각 항에 k를 곱하면 된다.

한편, 다항식의 덧셈과 뺄셈에서

　　　괄호 앞의 부호가 $(+)$이면 괄호 안의 부호를 그대로,　← $A+(B-C)=A+B-C$

　　　괄호 앞의 부호가 $(-)$이면 괄호 안의 부호를 반대로　← $A-(B-C)=A-B+C$

하여 괄호를 푼다.

example　세 다항식 $A=3x^2+4xy-y^2$, $B=x^2-2xy+3y^2$, $C=2x^2+xy-4y^2$에 대하여

(1) $A+B=(3x^2+4xy-y^2)+(x^2-2xy+3y^2)$
　　　　$=3x^2+4xy-y^2+x^2-2xy+3y^2$
　　　　$=(3+1)x^2+(4-2)xy+(-1+3)y^2$
　　　　$=4x^2+2xy+2y^2$

(2) $A-B=(3x^2+4xy-y^2)-(x^2-2xy+3y^2)$
　　　　$=3x^2+4xy-y^2-x^2+2xy-3y^2$
　　　　$=(3-1)x^2+(4+2)xy+(-1-3)y^2$
　　　　$=2x^2+6xy-4y^2$

동류항의 위치를 맞추어
세로셈으로 계산할 수도 있다.

(1)　$\quad 3x^2+4xy-\ y^2$
　$+)\ \ x^2-2xy+3y^2$
　$\overline{\quad 4x^2+2xy+2y^2}$

(2)　$\quad 3x^2+4xy-\ y^2$
　$-)\ \ x^2-2xy+3y^2$
　$\overline{\quad 2x^2+6xy-4y^2}$

(3) $2A = 2(3x^2 + 4xy - y^2) = 6x^2 + 8xy - 2y^2$

(4) $-A + 2B = -(3x^2 + 4xy - y^2) + 2(x^2 - 2xy + 3y^2)$

$\qquad = -3x^2 - 4xy + y^2 + 2x^2 - 4xy + 6y^2$

$\qquad = (-3+2)x^2 + (-4-4)xy + (1+6)y^2$

$\qquad = -x^2 - 8xy + 7y^2$

(5) $3A - (B - C) = 3A - B + C$

$\qquad = 3(3x^2 + 4xy - y^2) - (x^2 - 2xy + 3y^2) + (2x^2 + xy - 4y^2)$

$\qquad = 9x^2 + 12xy - 3y^2 - x^2 + 2xy - 3y^2 + 2x^2 + xy - 4y^2$

$\qquad = (9-1+2)x^2 + (12+2+1)xy + (-3-3-4)y^2$

$\qquad = 10x^2 + 15xy - 10y^2$

4 다항식의 덧셈에 대한 성질

세 다항식 A, B, C에 대하여

(1) **교환법칙:** $A + B = B + A$

(2) **결합법칙:** $(A + B) + C = A + (B + C)$

다항식의 덧셈에서도 수의 덧셈에서와 같이 교환법칙과 결합법칙이 성립한다.

example 세 다항식 $A = x^2 - xy$, $B = 2x^2 + 3xy - 1$, $C = -x^2 - 3$에 대하여

(1) $A + B = (x^2 - xy) + (2x^2 + 3xy - 1)$

$\qquad = 3x^2 + 2xy - 1$

$\quad B + A = (2x^2 + 3xy - 1) + (x^2 - xy)$

$\qquad = 3x^2 + 2xy - 1$

$\quad \therefore A + B = B + A$ ← 교환법칙이 성립한다.

(2) $(A + B) + C = \{(x^2 - xy) + (2x^2 + 3xy - 1)\} + (-x^2 - 3)$

$\qquad = (3x^2 + 2xy - 1) + (-x^2 - 3)$

$\qquad = 2x^2 + 2xy - 4$

$\quad A + (B + C) = (x^2 - xy) + \{(2x^2 + 3xy - 1) + (-x^2 - 3)\}$

$\qquad = (x^2 - xy) + (x^2 + 3xy - 4)$

$\qquad = 2x^2 + 2xy - 4$

$\quad \therefore (A + B) + C = A + (B + C)$ ← 결합법칙이 성립한다.

참고 세 다항식의 덧셈에서 $(A+B)+C$와 $A+(B+C)$의 결과가 같으므로 이를 보통 괄호없이 $A+B+C$로 나타낸다.

개념 CHECK

01. 다항식의 덧셈과 뺄셈

01 다항식 $2x^2-y^2+xy-4y+3$을 다음과 같이 정리하시오.

(1) x에 대하여 내림차순
(2) x에 대하여 오름차순
(3) y에 대하여 내림차순
(4) y에 대하여 오름차순

02 두 다항식 $A=-2x^2+3x+1$, $B=3x^2-5x+6$에 대하여 다음을 계산하시오.

(1) $2A-B$
(2) $-A+2B$

03 세 다항식 $A=x^2+4xy-y^2$, $B=2x^2-xy-5y^2$, $C=4x^2+2xy-3y^2$에 대하여 다음을 계산하시오.

(1) $A+(B-2C)$
(2) $3A-(2B-C)$

04 두 다항식 $A=3x^2+2x-1$, $B=-x^2-2x+6$에 대하여 다음을 계산하시오.

(1) $A-(B+2A)$
(2) $(3A-B)-(A-2B)$

대표 예제 │ 01

세 다항식 $A=x^3-2x^2+7x$, $B=2x^3+x-4$, $C=2x^2-4x+7$에 대하여 다음을 계산하시오.

(1) $3A-(B-C)$

(2) $(A+2B)-(-A+3C)$

(3) $A+\{B-(C+2A)\}$

바로 접근

식을 먼저 간단히 한 후, 주어진 다항식을 대입한다.

특히 (3)과 같이 괄호 안에 괄호가 있을 때는 ( ) → { } 순서로 안쪽의 괄호부터 계산한다.

바른 풀이

(1) $3A-(B-C)$

$=3A-B+C$

$=3(x^3-2x^2+7x)-(2x^3+x-4)+(2x^2-4x+7)$

$=3x^3-6x^2+21x-2x^3-x+4+2x^2-4x+7$

$=(3-2)x^3+(-6+2)x^2+(21-1-4)x+4+7$

$=x^3-4x^2+16x+11$

(2) $(A+2B)-(-A+3C)$

$=A+2B+A-3C=2A+2B-3C$

$=2(x^3-2x^2+7x)+2(2x^3+x-4)-3(2x^2-4x+7)$

$=2x^3-4x^2+14x+4x^3+2x-8-6x^2+12x-21$

$=(2+4)x^3+(-4-6)x^2+(14+2+12)x-8-21$

$=6x^3-10x^2+28x-29$

(3) $A+\{B-(C+2A)\}$

$=A+(B-C-2A)=A+B-C-2A=-A+B-C$

$=-(x^3-2x^2+7x)+(2x^3+x-4)-(2x^2-4x+7)$

$=-x^3+2x^2-7x+2x^3+x-4-2x^2+4x-7$

$=(-1+2)x^3+(2-2)x^2+(-7+1+4)x-4-7$

$=x^3-2x-11$

정답 (1) $x^3-4x^2+16x+11$ (2) $6x^3-10x^2+28x-29$ (3) $x^3-2x-11$

Bible Says

다항식의 덧셈과 뺄셈에서 괄호를 풀 때는 다음의 성질을 이용한다.

세 다항식 A, B, C에 대하여

① $A+(B-C)=A+B-C$ ➡ 괄호 앞의 부호가 +이면 괄호 안의 부호를 그대로 하여 괄호를 푼다.

② $A-(B-C)=A-B+C$ ➡ 괄호 앞의 부호가 −이면 괄호 안의 부호를 반대로 하여 괄호를 푼다.

한번 더하기

01-1 세 다항식 $A=x^2+2xy-4y^2$, $B=-3x^2+xy-y^2$, $C=2x^2+xy-3y^2$에 대하여 다음을 계산하시오.

(1) $A-(2B+C-2A)$

(2) $2A-\{B+C-3(C-A)\}$

표현 더하기

01-2 두 다항식 $A=2x^2-3xy+4y^2$, $B=4x^2+2xy-3y^2$에 대하여 $3A-X=2B$를 만족시키는 다항식 X가 $ax^2+bxy+cy^2$이다. 상수 a, b, c에 대하여 $a-b+c$의 값을 구하시오.

표현 더하기

01-3 두 다항식 A, B에 대하여

$$A+B=5x^2+2x-1, \ A-B=-x^2+4x-5$$

일 때, $A-2B$를 구하시오.

표현 더하기

01-4 두 다항식 A, B에 대하여

$$A-B=3x^3+5x-5, \ 2A+3B=x^3+5x^2-15x$$

일 때, $X-3A=2(A+B)$를 만족시키는 다항식 X를 구하시오.

02 다항식의 곱셈과 곱셈 공식

1 다항식의 곱셈

다항식의 곱셈은 다음과 같은 순서로 계산한다.
❶ 분배법칙과 지수법칙을 이용하여 식을 전개한다.
❷ 동류항끼리 모아서 간단히 한다.

중학교 과정에서 (단항식)×(단항식)의 계산에 대하여 학습하였다. 이때 다음과 같은 지수법칙이 사용되었다.

$$a^m \times a^n = a^{m+n}, \ (a^m)^n = a^{mn}, \ (ab)^m = a^m b^m \ (a, \ b는 \ 실수, \ m, \ n은 \ 자연수)$$

> **example** 지수법칙을 이용하여 다음 식을 간단히 하면
> (1) $(2x)^4 \times (x^3)^2 = 16x^4 \times x^6 = 16x^{10}$
> (2) $-4ab^2 \times (a^2 b)^3 = -4ab^2 \times a^6 b^3 = -4a^7 b^5$

다항식의 곱을 하나의 다항식으로 나타내는 것을 전개한다고 하고, 전개된 다항식을 전개식이라 한다. 다항식을 전개할 때는 분배법칙과 지수법칙을 이용하고 동류항끼리 모아서 정리한다.
식의 형태에 따라 다음 두 가지 경우로 나누어 생각해 보자.

(i) (단항식)×(다항식) 또는 (다항식)×(단항식): 분배법칙과 지수법칙을 이용한다.

$$a(b+c) = ab + ac, \ (a+b)c = ac + bc$$

(ii) (다항식)×(다항식): 분배법칙과 지수법칙을 이용하여 식을 전개한 다음 동류항끼리 모아서 식을 간단히 한다.

$$(x+y)(a+b+c) = \underset{①}{ax} + \underset{②}{bx} + \underset{③}{cx} + \underset{④}{ay} + \underset{⑤}{by} + \underset{⑥}{cy}$$

이때 항의 개수가 많으면 전개할 때 항을 빠뜨리거나 중복하여 계산하기 쉬우므로 순서를 정하여 전개하도록 한다.

> **example** (1) $3x(x+y+2) = 3x^2 + 3xy + 6x$
> (2) $(2x+3)(3x^2 - x - 1)$
> $= 6x^3 - 2x^2 - 2x + 9x^2 - 3x - 3$ ← 분배법칙과 지수법칙을 이용하여 식을 전개한다.
> $= 6x^3 + 7x^2 - 5x - 3$ ← 동류항끼리 모아서 간단히 한다.

2 다항식의 곱셈에 대한 성질

세 다항식 A, B, C에 대하여

(1) **교환법칙:** $AB=BA$

(2) **결합법칙:** $(AB)C=A(BC)$

(3) **분배법칙:** $A(B+C)=AB+AC$, $(A+B)C=AC+BC$

다항식의 곱셈에서도 수의 곱셈에서와 같이 교환법칙, 결합법칙, 분배법칙이 성립한다.

> **example**
>
> 세 다항식 $A=x-1$, $B=3x+1$, $C=x^2$에 대하여
>
> (1) $AB=(x-1)(3x+1)=3x^2+x-3x-1=3x^2-2x-1$
>
> $\quad BA=(3x+1)(x-1)=3x^2-3x+x-1=3x^2-2x-1$
>
> $\quad \therefore AB=BA$ ← 교환법칙이 성립한다.
>
> (2) $(AB)C=(3x^2-2x-1)\times x^2=3x^4-2x^3-x^2$
>
> $\quad A(BC)=(x-1)(3x^3+x^2)=3x^4+x^3-3x^3-x^2=3x^4-2x^3-x^2$
>
> $\quad \therefore (AB)C=A(BC)$ ← 결합법칙이 성립한다.
>
> (3) $A(B+C)=(x-1)(3x+1+x^2)=3x^2+x+x^3-3x-1-x^2$
>
> $\qquad\qquad\quad =x^3+2x^2-2x-1$
>
> $\quad AB+AC=(3x^2-2x-1)+(x^3-x^2)=x^3+2x^2-2x-1$
>
> $\quad \therefore A(B+C)=AB+AC$ ← 분배법칙이 성립한다.
>
> 마찬가지로 $(A+B)C=AC+BC$도 성립한다.
>
> 참고 세 다항식의 곱셈에서 $(AB)C$와 $A(BC)$의 결과가 같으므로 이를 보통 괄호 없이 ABC로 나타 낸다.

3 곱셈 공식(1)

(1) $(a+b)^2=a^2+2ab+b^2$, $(a-b)^2=a^2-2ab+b^2$

(2) $(a+b)(a-b)=a^2-b^2$

(3) $(x+a)(x+b)=x^2+(a+b)x+ab$

(4) $(ax+b)(cx+d)=acx^2+(ad+bc)x+bd$

다항식의 곱셈 중 기본적인 꼴을 정리한 것이 곱셈 공식이다. 곱셈 공식을 이용하면 복잡한 전개 과정을 거치지 않고도 편리하게 다항식의 곱셈을 할 수 있다.

먼저 중학교 과정에서 학습한 위의 곱셈 공식을 example 을 통해 복습해 보자.

example
(1) $(a+3)^2=a^2+2\times a\times 3+3^2=a^2+6a+9$

(2) $(3x-2)^2=(3x)^2-2\times 3x\times 2+2^2=9x^2-12x+4$

(3) $(x+4y)(x-4y)=x^2-(4y)^2=x^2-16y^2$

(4) $(x+3)(x+5)=x^2+(3+5)x+3\times 5=x^2+8x+15$

(5) $(3x+5)(4x-2)=(3\times 4)x^2+\{3\times(-2)+5\times 4\}x+5\times(-2)=12x^2+14x-10$

4 곱셈 공식 (2)

(5) $(a+b+c)^2=a^2+b^2+c^2+2ab+2bc+2ca$

(6) $(a+b)^3=a^3+3a^2b+3ab^2+b^3$, $(a-b)^3=a^3-3a^2b+3ab^2-b^3$

(7) $(a+b)(a^2-ab+b^2)=a^3+b^3$, $(a-b)(a^2+ab+b^2)=a^3-b^3$

중학교 과정에서 학습한 곱셈 공식에서 항의 개수 또는 차수가 2에서 3으로 늘어난 것이 위의 곱셈 공식 (5)~(7)이다. 분배법칙과 곱셈 공식 (1)~(4)를 이용하여 곱셈 공식 (5)~(7)을 확인해 보자.

$$
\begin{aligned}
(5)\ (a+b+c)^2 &= \{(a+b)+c\}^2 \\
&= (a+b)^2+2(a+b)c+c^2 \qquad \leftarrow (a+b)^2=a^2+2ab+b^2\ \text{이용} \\
&= a^2+2ab+b^2+2ac+2bc+c^2 \\
&= a^2+b^2+c^2+2ab+2bc+ca
\end{aligned}
$$

$$
\begin{aligned}
(6)\ (a+b)^3 &= (a+b)(a+b)^2 \\
&= (a+b)(a^2+2ab+b^2) \qquad \leftarrow (a+b)^2=a^2+2ab+b^2\ \text{이용} \\
&= a(a^2+2ab+b^2)+b(a^2+2ab+b^2) \qquad \leftarrow \text{분배법칙 이용} \\
&= a^3+2a^2b+ab^2+a^2b+2ab^2+b^3 \\
&= a^3+3a^2b+3ab^2+b^3
\end{aligned}
$$

$$
\begin{aligned}
(a-b)^3 &= a^3+3a^2\times(-b)+3a\times(-b)^2+(-b)^3 \qquad \leftarrow (a+b)^3=a^3+3a^2b+3ab^2+b^3\text{의} \\
&\qquad\qquad\qquad\qquad\qquad\qquad\qquad\qquad\quad\ b\ \text{대신}\ -b\ \text{대입} \\
&= a^3-3a^2b+3ab^2-b^3
\end{aligned}
$$

$$
\begin{aligned}
(7)\ (a+b)(a^2-ab+b^2) &= a(a^2-ab+b^2)+b(a^2-ab+b^2) \qquad \leftarrow \text{분배법칙 이용} \\
&= a^3-a^2b+ab^2+a^2b-ab^2+b^3 \\
&= a^3+b^3
\end{aligned}
$$

$$
\begin{aligned}
(a-b)(a^2+ab+b^2) &= a(a^2+ab+b^2)-b(a^2+ab+b^2) \qquad \leftarrow \text{분배법칙 이용} \\
&= a^3+a^2b+ab^2-a^2b-ab^2-b^3 \\
&= a^3-b^3 \qquad\qquad\qquad\qquad\qquad \leftarrow (a+b)(a^2-ab+b^2)=a^3+b^3\text{의} \\
&\qquad\qquad\qquad\qquad\qquad\qquad\qquad\qquad b\ \text{대신}\ -b\text{를 대입해도 된다.}
\end{aligned}
$$

example
(1) $(x+2y+3z)^2=x^2+(2y)^2+(3z)^2+2\times x\times 2y+2\times 2y\times 3z+2\times 3z\times x$
$\qquad\qquad\qquad\ =x^2+4y^2+9z^2+4xy+12yz+6zx$

(2) $(x+2y)^3=x^3+3\times x^2\times 2y+3\times x\times(2y)^2+(2y)^3$
$\qquad\qquad\ =x^3+6x^2y+12xy^2+8y^3$

(3) $(3x-4y)^3=(3x)^3-3\times(3x)^2\times4y+3\times3x\times(4y)^2-(4y)^3$

$\qquad\qquad\ =27x^3-108x^2y+144xy^2-64y^3$

(4) $(x+2)(x^2-2x+4)=(x+2)(x^2-x\times2+2^2)=x^3+2^3=x^3+8$

(5) $(2a-5b)(4a^2+10ab+25b^2)=(2a-5b)\{(2a)^2+2a\times5b+(5b)^2\}$

$\qquad\qquad\qquad\qquad\qquad\qquad\ =(2a)^3-(5b)^3=8a^3-125b^3$

5 곱셈 공식(3)

(8) $(x+a)(x+b)(x+c)=x^3+(a+b+c)x^2+(ab+bc+ca)x+abc$

(9) $(a+b+c)(a^2+b^2+c^2-ab-bc-ca)=a^3+b^3+c^3-3abc$

(10) $(a^2+ab+b^2)(a^2-ab+b^2)=a^4+a^2b^2+b^4$

좀 더 복잡한 형태의 곱셈 공식에 대하여 알아보자.

(8) $(x+a)(x+b)(x+c)=\{x^2+(a+b)x+ab\}(x+c)$　←$(x+a)(x+b)=x^2+(a+b)x+ab$ 이용

$\qquad\qquad\qquad\qquad\quad =x^3+cx^2+(a+b)x^2+(a+b)cx+abx+abc$

$\qquad\qquad\qquad\qquad\quad =x^3+\underline{(a+b+c)}x^2+\underline{(ab+bc+ca)}x+\underline{abc}$

$\qquad\qquad\qquad\qquad\qquad\quad$ 세 문자의 합　　두 문자씩의 곱의 합　　세 문자의 곱

(9) $(a+b+c)(a^2+b^2+c^2-ab-bc-ca)$

$\quad =a(a^2+b^2+c^2-ab-bc-ca)+b(a^2+b^2+c^2-ab-bc-ca)+c(a^2+b^2+c^2-ab-bc-ca)$

$\quad =a^3+ab^2+ac^2-a^2b-abc-a^2c+a^2b+b^3+bc^2-ab^2-b^2c-abc$

$\qquad\qquad\qquad\qquad\qquad\qquad\qquad\qquad\quad +a^2c+b^2c+c^3-abc-bc^2-ac^2$

$\quad =a^3+b^3+c^3-3abc$

(10) $(a^2+ab+b^2)(a^2-ab+b^2)=\{(a^2+b^2)+ab\}\{(a^2+b^2)-ab\}$

$\qquad\qquad\qquad\qquad\qquad\qquad =(a^2+b^2)^2-(ab)^2$　　　←$(a+b)(a-b)=a^2-b^2$ 이용

$\qquad\qquad\qquad\qquad\qquad\qquad =a^4+2a^2b^2+b^4-a^2b^2$　　←$(a+b)^2=a^2+2ab+b^2$ 이용

$\qquad\qquad\qquad\qquad\qquad\qquad =a^4+a^2b^2+b^4$

example

(1) $(x+3)(x-2)(x+1)$

$\quad =x^3+\{3+(-2)+1\}x^2+\{3\times(-2)+(-2)\times1+1\times3\}x+3\times(-2)\times1$

$\quad =x^3+2x^2-5x-6$

(2) $(x-y+z)(x^2+y^2+z^2+xy+yz-zx)$

$\quad =\{x+(-y)+z\}\{x^2+(-y)^2+z^2-x\times(-y)-(-y)\times z-z\times x\}$

$\quad =x^3+(-y)^3+z^3-3\times x\times(-y)\times z$

$\quad =x^3-y^3+z^3+3xyz$

(3) $(x^2+x+1)(x^2-x+1)=(x^2+x\times1+1^2)(x^2-x\times1+1^2)$

$\qquad\qquad\qquad\qquad\qquad =x^4+x^2\times1^2+1^4=x^4+x^2+1$

(1) $a^2+b^2=(a+b)^2-2ab$, $a^2+b^2=(a-b)^2+2ab$

(2) $(a+b)^2=(a-b)^2+4ab$, $(a-b)^2=(a+b)^2-4ab$

(3) $a^3+b^3=(a+b)^3-3ab(a+b)$, $a^3-b^3=(a-b)^3+3ab(a-b)$

곱셈 공식의 변형은 곱셈 공식의 특정 항을 이항하여 나타낸 것이다. 두 문자의 합, 차, 곱의 값이 주어질 때, 곱셈 공식의 변형을 이용하면 여러 가지 식의 값을 구할 수 있다.

위의 곱셈 공식의 변형을 확인해 보면 다음과 같다.

⑴ 곱셈 공식 $(a+b)^2=a^2+2ab+b^2$에서
$$a^2+b^2=(a+b)^2-2ab$$
곱셈 공식 $(a-b)^2=a^2-2ab+b^2$에서
$$a^2+b^2=(a-b)^2+2ab$$

⑵ ⑴에서 $(a+b)^2-2ab=(a-b)^2+2ab$이므로
$$(a+b)^2=(a-b)^2+4ab,\ (a-b)^2=(a+b)^2-4ab \quad \leftarrow \text{양변에 근호를 취하면}$$
$$|a-b|=\sqrt{(a+b)^2-4ab}$$

⑶ 곱셈 공식 $(a+b)^3=a^3+3a^2b+3ab^2+b^3$에서
$$a^3+b^3=(a+b)^3-3a^2b-3ab^2=(a+b)^3-3ab(a+b)$$
곱셈 공식 $(a-b)^3=a^3-3a^2b+3ab^2-b^3$에서
$$a^3-b^3=(a-b)^3+3a^2b-3ab^2=(a-b)^3+3ab(a-b)$$

example $a+b=4$, $ab=2$일 때,

⑴ $a^2+b^2=(a+b)^2-2ab=4^2-2\times 2=12$

⑵ $(a-b)^2=(a+b)^2-4ab=4^2-4\times 2=8$

⑶ $a^3+b^3=(a+b)^3-3ab(a+b)=4^3-3\times 2\times 4=64-24=40$

참고 곱셈 공식의 변형을 이용하면 a, b를 구할 필요 없이 a^2+b^2, a^3+b^3과 같은 a, b에 대한 식의 값을 구할 수 있다.

또한 위의 곱셈 공식의 변형에서 a 대신 x, b 대신 $\dfrac{1}{x}$을 대입하면 다음과 같이 분수 형태의 곱셈 공식의 변형을 얻을 수 있다.

⑴ $x^2+\dfrac{1}{x^2}=\left(x+\dfrac{1}{x}\right)^2-2=\left(x-\dfrac{1}{x}\right)^2+2 \quad \leftarrow x\times\dfrac{1}{x}=1$임을 이용하여 식을 간단히 하였다.

⑵ $\left(x+\dfrac{1}{x}\right)^2=\left(x-\dfrac{1}{x}\right)^2+4$, $\left(x-\dfrac{1}{x}\right)^2=\left(x+\dfrac{1}{x}\right)^2-4$

⑶ $x^3+\dfrac{1}{x^3}=\left(x+\dfrac{1}{x}\right)^3-3\left(x+\dfrac{1}{x}\right)$, $x^3-\dfrac{1}{x^3}=\left(x-\dfrac{1}{x}\right)^3+3\left(x-\dfrac{1}{x}\right)$

example

$x+\dfrac{1}{x}=5$일 때,

(1) $x^2+\dfrac{1}{x^2}=\left(x+\dfrac{1}{x}\right)^2-2=5^2-2=23$

(2) $\left(x-\dfrac{1}{x}\right)^2=\left(x+\dfrac{1}{x}\right)^2-4=5^2-4=21$

(3) $x^3+\dfrac{1}{x^3}=\left(x+\dfrac{1}{x}\right)^3-3\left(x+\dfrac{1}{x}\right)=5^3-3\times5=110$

7 곱셈 공식의 변형 (2)—문자가 3개인 경우

(1) $a^2+b^2+c^2=(a+b+c)^2-2(ab+bc+ca)$

(2) $a^2+b^2+c^2-ab-bc-ca=\dfrac{1}{2}\{(a-b)^2+(b-c)^2+(c-a)^2\}$

$a^2+b^2+c^2+ab+bc+ca=\dfrac{1}{2}\{(a+b)^2+(b+c)^2+(c+a)^2\}$

(3) $a^3+b^3+c^3=(a+b+c)(a^2+b^2+c^2-ab-bc-ca)+3abc$

$a+b$와 ab의 값을 이용하여 두 문자 a, b로 만든 여러 가지 식의 값을 구한 것과 마찬가지로 세 문자 a, b, c에 대하여 $a+b+c$, $ab+bc+ca$, abc의 값과 곱셈 공식의 변형을 이용하여 a, b, c로 만든 여러 가지 식의 값을 구할 수 있다.

위의 곱셈 공식의 변형을 확인해 보면 다음과 같다.

(1) 곱셈 공식 $(a+b+c)^2=a^2+b^2+c^2+2ab+2bc+2ca$에서

$$a^2+b^2+c^2=(a+b+c)^2-2ab-2bc-2ca$$
$$=(a+b+c)^2-2(ab+bc+ca)$$

(2) $a^2+b^2+c^2-ab-bc-ca=\dfrac{1}{2}(2a^2+2b^2+2c^2-2ab-2bc-2ca)$

$$=\dfrac{1}{2}\{(a^2-2ab+b^2)+(b^2-2bc+c^2)+(c^2-2ca+a^2)\}$$

$$=\dfrac{1}{2}\{(a-b)^2+(b-c)^2+(c-a)^2\}$$

$a^2+b^2+c^2+ab+bc+ca=\dfrac{1}{2}(2a^2+2b^2+2c^2+2ab+2bc+2ca)$

$$=\dfrac{1}{2}\{(a^2+2ab+b^2)+(b^2+2bc+c^2)+(c^2+2ca+a^2)\}$$

$$=\dfrac{1}{2}\{(a+b)^2+(b+c)^2+(c+a)^2\}$$

(3) 곱셈 공식 $(a+b+c)(a^2+b^2+c^2-ab-bc-ca)=a^3+b^3+c^3-3abc$에서

$$a^3+b^3+c^3=(a+b+c)(a^2+b^2+c^2-ab-bc-ca)+3abc$$

← 이때 $a+b+c=0$이면
$a^3+b^3+c^3=3abc$

example

$a+b+c=4$, $ab+bc+ca=-3$, $abc=-2$일 때,

(1) $a^2+b^2+c^2=(a+b+c)^2-2(ab+bc+ca)=4^2-2\times(-3)=22$

(2) (1)에서 $a^2+b^2+c^2=22$이므로

$$\begin{aligned}a^3+b^3+c^3&=(a+b+c)(a^2+b^2+c^2-ab-bc-ca)+3abc\\&=(a+b+c)\{a^2+b^2+c^2-(ab+bc+ca)\}+3abc\\&=4\times\{22-(-3)\}+3\times(-2)=94\end{aligned}$$

참고 곱셈 공식의 변형을 이용하면 a, b, c를 구할 필요 없이 $a^2+b^2+c^2$, $a^3+b^3+c^3$과 같은 a, b, c에 대한 식의 값을 구할 수 있다.

바이블 PLUS ⊕ **곱셈 공식의 일반적인 형태 세 가지와 그 확장 공식**

(1) $(a+b)^n$의 전개식 (단, n은 자연수)

$(a+b)^n$의 계수는 오른쪽과 같은 규칙성을 갖는다.

위의 두 수를 더하면 아래의 수가 된다.

➡ $(a+b)^2=a^2+2ab^2+b^2$

➡ $(a+b)^3=a^3+3a^2b+3ab^2+b^3$

➡ $(a+b)^4=a^4+4a^3b+6a^2b^2+4ab^3+b^4$

$\vdots$

$a+b$:	1 1
$(a+b)^2$:	1 2 1
$(a+b)^3$:	1 3 3 1
$(a+b)^4$:	1 4 6 4 1

(2) $(a+b+c+\cdots)^2$의 전개식

➡ $(a+b+c)^2=a^2+b^2+c^2+2ab+2bc+2ca$ $\leftarrow (a+b)^2=a^2+b^2+2ab$

➡ $(a+b+c+d)^2=a^2+b^2+c^2+d^2+2ab+2ac+2ad+2bc+2bd+2cd$

➡ $(a+b+c+d+e)^2=a^2+b^2+c^2+d^2+e^2+2ab+2ac+2ad+2ae+2bc+2bd+2be+2cd$
$+2ce+2de$

$\vdots$

➡ (문자의 합)^2 = {(문자)^{2}의 합} $+2\times$(두 문자의 곱의 합)

(3) $(x-1)(x^{n-1}+x^{n-2}+x^{n-3}+\cdots+x^2+x+1)$의 전개식 (단, $n\geq2$인 자연수)

➡ $(x-1)(x+1)=x^2-1$

➡ $(x-1)(x^2+x+1)=x^3-1$

➡ $(x-1)(x^3+x^2+x+1)=x^4-1$

$\vdots$

➡ $(x-1)(x^{n-1}+x^{n-2}+x^{n-3}+\cdots+x^2+x+1)=x^n-1$

01 다음 식을 전개하시오.

(1) $ab(4a^3-5a+3b)$ (2) $(a+2)(2a^2+5a-1)$

(3) $(3a^2-b)(a^2-a+b)$ (4) $(x+y-2)(2x-3y+1)$

02 다음 식을 전개하시오.

(1) $(x+y-z)^2$ (2) $(2x+3)^3$

(3) $(a-4b)^3$ (4) $(4x+1)(16x^2-4x+1)$

(5) $(a-2b)(a^2+2ab+4b^2)$ (6) $(x-1)(x+2)(x+4)$

(7) $(x+2y-z)(x^2+4y^2+z^2-2xy+2yz+zx)$

(8) $(x^2+3x+9)(x^2-3x+9)$

03 $x+y=3$, $xy=-2$일 때, 다음 식의 값을 구하시오.

(1) x^2+y^2 (2) $(x-y)^2$ (3) x^3+y^3

04 $x-\dfrac{1}{x}=-2$일 때, 다음 식의 값을 구하시오.

(1) $x^2+\dfrac{1}{x^2}$ (2) $\left(x+\dfrac{1}{x}\right)^2$ (3) $x^3-\dfrac{1}{x^3}$

05 $x+y+z=5$, $xy+yz+zx=-1$, $xyz=-4$일 때, 다음 식의 값을 구하시오.

(1) $x^2+y^2+z^2$ (2) $x^3+y^3+z^3$

대표 예제 ┃ 02

다항식 $(2x^3+3x^2-4x+1)(x^2-x+3)$의 전개식에서 다음을 구하시오.

(1) x^4의 계수   (2) x^3의 계수

(3) x^2의 계수   (4) x의 계수

바로 접근

다항식의 전개식에서 특정한 항의 계수를 구하는 문제는 다항식의 곱셈의 대표적인 문제이다.
주어진 식의 모든 항을 전개하려 하지 말고 구하고자 하는 항이 나오는 경우만 선택하여 전개한다.

바른 풀이

$(2x^3+3x^2-4x+1)(x^2-x+3)$의 전개식에서

(1) x^4항은

$2x^3 \times (-x)$, $3x^2 \times x^2$의 두 가지 경우에서 생기므로

$-2x^4+3x^4=x^4$

따라서 x^4의 계수는 1이다.

(2) x^3항은

$2x^3 \times 3$, $3x^2 \times (-x)$, $-4x \times x^2$의 세 가지 경우에서 생기므로

$6x^3-3x^3-4x^3=-x^3$

따라서 x^3의 계수는 -1이다.

(3) x^2항은

$3x^2 \times 3$, $-4x \times (-x)$, $1 \times x^2$의 세 가지 경우에서 생기므로

$9x^2+4x^2+x^2=14x^2$

따라서 x^2의 계수는 14이다.

(4) x항은

$-4x \times 3$, $1 \times (-x)$의 두 가지 경우에서 생기므로

$-12x-x=-13x$

따라서 x의 계수는 -13이다.

정답   (1) 1   (2) -1 (3) 14   (4) -13

Bible Says

위 문제의 다항식의 전개식에서 x^4항, x^3항, x^2항, x항이 나오는 경우는 각각 다음과 같다.

(1) x^4항이 나오는 경우: (x^3항)×(x항), (x^2항)×(x^2항)

(2) x^3항이 나오는 경우: (x^3항)×(상수항), (x^2항)×(x항), (x항)×(x^2항)

(3) x^2항이 나오는 경우: (x^2항)×(상수항), (x항)×(x항), (상수항)×(x^2항)

(4) x항이 나오는 경우: (x항)×(상수항), (상수항)×(x항)

한번 더하기

02-1 다항식 $(x^4-3x^2+2x-1)(x^3+5x^2-7x+1)$의 전개식에서 x^3의 계수와 x^4의 계수의 합을 구하시오.

표현 더하기

02-2 다항식 $(2x^2-3x-2)(x^2+kx+3)$의 전개식에서 x^2의 계수가 -5일 때, 상수 k의 값을 구하시오.

표현 더하기

02-3 다항식 $(x^3+ax-6)(x^2+bx+2)$의 전개식에서 x^2의 계수와 x^3의 계수가 모두 0일 때, 상수 a, b에 대하여 $a-b$의 값을 구하시오.

실력 더하기

02-4 다항식 $(1+2x+3x^2+4x^3+\cdots+10x^9)^2$의 전개식에서 x^3의 계수를 구하시오.

대표 예제 | 03

다음 식을 전개하시오.

(1) $(x-3y+2z)^2$

(2) $(-a+b-c)^2$

(3) $(3a+2)^3$

(4) $(2x-5y)^3$

(5) $(5x+1)(25x^2-5x+1)$

(6) $(3x-2y)(9x^2+6xy+4y^2)$

바로 접근

다항식의 곱셈 문제는 곱셈 공식을 이용하여 풀도록 출제되는 경우가 많다.

곱셈 공식은 암기로 끝이 아니라 특정 문제에 적용할 수 있도록 공식을 떠올릴 수 있어야 한다.

(1), (2) $(a+b+c)^2=a^2+b^2+c^2+2ab+2bc+2ca$

(3), (4) $(a+b)^3=a^3+3a^2b+3ab^2+b^3$, $(a-b)^3=a^3-3a^2b+3ab^2-b^3$

(5), (6) $(a+b)(a^2-ab+b^2)=a^3+b^3$, $(a-b)(a^2+ab+b^2)=a^3-b^3$

바른 풀이

(1) $(x-3y+2z)^2=x^2+(-3y)^2+(2z)^2+2\times x\times(-3y)+2\times(-3y)\times 2z+2\times 2z\times x$
$=x^2+9y^2+4z^2-6xy-12yz+4zx$

(2) $(-a+b-c)^2=(-a)^2+b^2+(-c)^2+2\times(-a)\times b+2\times b\times(-c)+2\times(-c)\times(-a)$
$=a^2+b^2+c^2-2ab-2bc+2ca$

(3) $(3a+2)^3=(3a)^3+3\times(3a)^2\times 2+3\times 3a\times 2^2+2^3$
$=27a^3+54a^2+36a+8$

(4) $(2x-5y)^3=(2x)^3-3\times(2x)^2\times 5y+3\times 2x\times(5y)^2-(5y)^3$
$=8x^3-60x^2y+150xy^2-125y^3$

(5) $(5x+1)(25x^2-5x+1)=(5x)^3+1^3$
$=125x^3+1$

(6) $(3x-2y)(9x^2+6xy+4y^2)=(3x)^3-(2y)^3$
$=27x^3-8y^3$

정답 (1) $x^2+9y^2+4z^2-6xy-12yz+4zx$ (2) $a^2+b^2+c^2-2ab-2bc+2ca$
(3) $27a^3+54a^2+36a+8$ (4) $8x^3-60x^2y+150xy^2-125y^3$
(5) $125x^3+1$ (6) $27x^3-8y^3$

Bible Says

다항식을 전개하는 기본적인 방법은 분배법칙을 이용하는 것이지만 항이 많은 경우에는 시간이 오래 걸릴 뿐만 아니라 계산 실수도 하기 쉽다.

따라서 다항식의 곱셈을 계산할 때는 먼저 곱셈 공식을 적용할 수 있는지 생각해 본 후, 곱셈 공식을 적용하기 어려운 경우에는 분배법칙을 이용한다.

01

03-1

다음 식을 전개하시오.

(1) $(a+3b-c)^2$

(2) $(2x-y-3)^2$

(3) $(x+4)^3$

(4) $(3x-y)^3$

(5) $(x+2y)(x^2-2xy+4y^2)$

(6) $(2x-5)(4x^2+10x+25)$

03-2

세 실수 a, b, c에 대하여

$$a^2+4b^2+c^2=26,\ 2ab+2bc+ca=19$$

일 때, $(a+2b+c)^2$의 값을 구하시오.

03-3

그림과 같이 한 모서리의 길이가 $x-3$인 정육면체의 부피를 A, 한 모서리의 길이가 $x+3$인 정육면체의 부피를 B라 할 때, 두 부피의 합 $A+B$를 구하시오.

03-4

다항식 $(x-2)^3(x^2+2x+4)^3$의 전개식에서 x^6의 계수를 구하시오.

대표 예제 | 04

다음 식을 전개하시오.

(1) $(x+2)(x+3)(x+4)$

(2) $(a+b+2)(a^2+b^2-ab-2a-2b+4)$

(3) $(4x^2+6xy+9y^2)(4x^2-6xy+9y^2)$

(4) $(a-1)(a+1)(a^2+1)(a^4+1)$

바로 접근

분배법칙을 이용하여 전개할 수도 있지만 시간과 실수를 줄이기 위해 곱셈 공식을 적용하는 것이 좋다.

(1) $(x+a)(x+b)(x+c)=x^3+(a+b+c)x^2+(ab+bc+ca)x+abc$

(2) $(a+b+c)(a^2+b^2+c^2-ab-bc-ca)=a^3+b^3+c^3-3abc$

(3) $(a^2+ab+b^2)(a^2-ab+b^2)=a^4+a^2b^2+b^4$

(4) $(a-b)(a+b)=a^2-b^2$을 반복하여 이용한다.

바른 풀이

(1) $(x+2)(x+3)(x+4)$

$=x^3+(2+3+4)x^2+(2\times3+3\times4+4\times2)x+2\times3\times4$

$=x^3+9x^2+26x+24$

(2) $(a+b+2)(a^2+b^2-ab-2a-2b+4)$

$=(a+b+2)(a^2+b^2+2^2-a\times b-b\times2-2\times a)$

$=a^3+b^3+2^3-3\times a\times b\times2$

$=a^3+b^3-6ab+8$

(3) $(4x^2+6xy+9y^2)(4x^2-6xy+9y^2)=(2x)^4+(2x)^2\times(3y)^2+(3y)^4$

$=16x^4+36x^2y^2+81y^4$

(4) $(a-1)(a+1)(a^2+1)(a^4+1)=(a^2-1)(a^2+1)(a^4+1)$

$=(a^4-1)(a^4+1)=a^8-1$

다른 풀이

(3) $(4x^2+6xy+9y^2)(4x^2-6xy+9y^2)=\{(4x^2+9y^2)+6xy\}\{(4x^2+9y^2)-6xy\}$

$=(4x^2+9y^2)^2-(6xy)^2$

$=16x^4+72x^2y^2+81y^4-36x^2y^2$

$=16x^4+36x^2y^2+81y^4$

정답 (1) $x^3+9x^2+26x+24$ (2) $a^3+b^3-6ab+8$

(3) $16x^4+36x^2y^2+81y^4$ (4) a^8-1

Bible Says

복잡해 보이는 식을 무턱대고 전개하려 하지 말고 곱셈 공식을 이용할 수 있는 형태인지 생각해 보자.

01

한 번 더하기

04-1 다음 식을 전개하시오.

(1) $(x-1)(x-2)(x-4)$

(2) $(a-b+1)(a^2+b^2+ab-a+b+1)$

한 번 더하기

04-2 다음 식을 전개하시오.

(1) $(a^2+3ab+9b^2)(a^2-3ab+9b^2)$

(2) $(a-b)(a+b)(a^2+b^2)(a^4+b^4)(a^8+b^8)$

표현 더하기

04-3 다항식 $(x^2+2x+4)(x^2-2x+4)-(x+1)(x-2)(x+3)$을 전개하시오.

실력 더하기

04-4 $a+b+c=2$, $ab+bc+ca=-5$, $abc=3$일 때, $(a+b)(b+c)(c+a)$의 값을 구하시오.

대표 예제 : 05

다음 식을 전개하시오.

(1) $(x^2+x-1)(x^2+x+4)$

(2) $(x+1)(x-1)(x-2)(x-4)$

(3) $(a+b-c)(a-b-c)$

바로 접근

다항식의 곱셈에서 공통부분이 있을 때는 공통부분을 한 문자로 생각하여 곱셈 공식을 이용한다.

(1), (3) 공통부분을 한 문자로 생각하고 곱셈 공식을 이용한다.

(2) 공통부분이 보이지 않을 때는 공통부분이 나오도록 곱셈의 순서를 바꿔서 두 일차식끼리 짝 지어 전개한 후 (1)과 같이 푼다.

바른 풀이

(1) $x^2+x=X$로 놓으면

$$
\begin{aligned}
(x^2+x-1)(x^2+x+4) &= (X-1)(X+4)\\
&= X^2+3X-4\\
&= (x^2+x)^2+3(x^2+x)-4 \quad \leftarrow X=x^2+x를\ 대입\\
&= x^4+2x^3+x^2+3x^2+3x-4\\
&= x^4+2x^3+4x^2+3x-4
\end{aligned}
$$

(2) 공통부분이 생기도록 둘씩 짝 지어 전개하면

$$
(x+1)(x-1)(x-2)(x-4) = \{\underbrace{(x+1)(x-4)}_{\text{합: } -3}\}\{\underbrace{(x-1)(x-2)}_{\text{합: } -3}\}
$$
$$
= (x^2-3x-4)(x^2-3x+2)
$$

$x^2-3x=X$로 놓으면

$$
\begin{aligned}
(주어진\ 식) &= (X-4)(X+2) = X^2-2X-8\\
&= (x^2-3x)^2-2(x^2-3x)-8\\
&= x^4-6x^3+9x^2-2x^2+6x-8\\
&= x^4-6x^3+7x^2+6x-8
\end{aligned}
$$

(3) $a-c=X$로 놓으면

$$
\begin{aligned}
(a+b-c)(a-b-c) &= (X+b)(X-b) = X^2-b^2\\
&= (a-c)^2-b^2 = a^2-2ac+c^2-b^2\\
&= a^2-b^2+c^2-2ac
\end{aligned}
$$

정답 (1) $x^4+2x^3+4x^2+3x-4$ (2) $x^4-6x^3+7x^2+6x-8$

(3) $a^2-b^2+c^2-2ac$

Bible Says

식에 공통부분이 있을 때는 일단 한 문자로 치환해 보자. 복잡한 형태의 문제가 곱셈 공식을 이용할 수 있는 형태의 문제로 바뀌면서 식을 쉽게 전개할 수 있게 된다.

이때 치환한 문자로 전개한 후, 반드시 원래의 문자로 바꿔야 하는 것에 주의하자.

한번 더하기

05-1

다음 식을 전개하시오.

(1) $(x^2-2x-2)(x^2-2x+3)$

(2) $(x+1)(x+2)(x+3)(x+4)$

(3) $(2a+b-c)(2a-b+c)$

표현 더하기

05-2

$(x+3)(x+1)(x-2)(x-4)$를 전개한 식이 $x^4-2x^3+ax^2+bx+24$일 때, 상수 a, b에 대하여 $a-b$의 값을 구하시오.

표현 더하기 　**교육청 기출**

05-3

두 실수 a, b에 대하여 $(a+b-1)\{(a+b)^2+a+b+1\}=8$일 때, $(a+b)^3$의 값은?

① 5　　　　　　　② 6　　　　　　　③ 7

④ 8　　　　　　　⑤ 9

실력 더하기

05-4

$\overline{AB}=c$, $\overline{BC}=a$, $\overline{CA}=b$인 삼각형 ABC에 대하여

$$(a+b+c)(a-b+c)=(a+b-c)(b+c-a)$$

가 성립할 때, 삼각형 ABC는 어떤 삼각형인가?

① 정삼각형　　　　　　　　　② $a=c$인 이등변삼각형

③ 빗변의 길이가 a인 직각삼각형　　　④ 빗변의 길이가 b인 직각삼각형

⑤ 빗변의 길이가 c인 직각삼각형

대표 예제 | 06

다음 물음에 답하시오.

(1) $x^3=12$일 때, $(x-2)(x+2)(x^2-2x+4)(x^2+2x+4)$의 값을 구하시오.

(2) $(8+7)(8^2+7^2)(8^4+7^4)$의 값이 8^m-7^n일 때, 자연수 m, n에 대하여 $m+n$의 값을 구하시오.

바로 접근

곱셈 공식을 이용하여 복잡한 식 또는 수를 간단히 나타낸 후 계산한다.

(1) x^3이 나오도록 곱셈 공식을 이용하여 주어진 식을 변형한다.

(2) $8-7=1$이므로 주어진 식에 $8-7$을 곱한 후, $(a+b)(a-b)=a^2-b^2$을 반복하여 이용한다.

바른 풀이

(1) $(x-2)(x+2)(x^2-2x+4)(x^2+2x+4)$

$=\{(x-2)(x^2+2x+4)\}\{(x+2)(x^2-2x+4)\}$

$=(x^3-2^3)(x^3+2^3)$

$=(12-8)(12+8)$ ← $x^3=12$를 대입

$=4\times20$

$=80$

(2) $8-7=1$이므로

$(8+7)(8^2+7^2)(8^4+7^4)=(8-7)(8+7)(8^2+7^2)(8^4+7^4)$

$=(8^2-7^2)(8^2+7^2)(8^4+7^4)$

$=(8^4-7^4)(8^4+7^4)$

$=8^8-7^8$

따라서 $m=8$, $n=8$이므로

$m+n=8+8=16$

정답 (1) 80 (2) 16

Bible Says

곱셈 공식을 이용하여 식 또는 수의 계산을 할 때는 곱셈 공식

$$(a+b)(a-b)=a^2-b^2,\ (a+b)(a^2-ab+b^2)=a^3+b^3,\ (a-b)(a^2+ab+b^2)=a^3-b^3$$

이 자주 이용된다.

또한 (2)에서 곱셈 공식을 적용하기 위해 $1=8-7$과 같이 하나의 수를 두 수의 합 또는 차로 나타내는 것도 생각할 수 있어야 한다.

한번 더하기

06-1

다음 물음에 답하시오.

(1) $x^3=8$일 때, $(x-1)(x+1)(x^2-x+1)(x^2+x+1)$의 값을 구하시오.

(2) $(3+1)(3^2+1)(3^4+1)(3^8+1)=\dfrac{1}{2}(3^m-1)$일 때, 자연수 m의 값을 구하시오.

표현 더하기

06-2

다음 물음에 답하시오.

(1) $x^8=200$일 때, $(x-1)(x+1)(x^2+1)(x^4+1)$의 값을 구하시오.

(2) $\dfrac{75^3}{72\times78+9}$ 을 계산하시오.

표현 더하기

06-3

$99\times(100^2+100+1)$의 값이 10^p-1일 때, 자연수 p의 값을 구하시오.

실력 더하기

06-4

$a^4=4$일 때, $(a^2+a+1)(a^2-a+1)(a^4-a^2+1)$의 값을 구하시오.

대표 예제 07

다음을 구하시오.

(1) $x+y=2$, $x^2+y^2=12$일 때, x^3+y^3의 값

(2) $x^2+\dfrac{1}{x^2}=7$일 때 $x^3+\dfrac{1}{x^3}$의 값 (단, $x>0$)

바로 접근

두 문자에 대한 합, 곱, 차의 조건이 주어지면 곱셈 공식의 변형을 이용하여 두 문자에 대한 식의 값을 구할 수 있다.

위 문제에서는 주어진 조건을 이용하여 먼저 (1)은 xy의 값, (2)는 $x+\dfrac{1}{x}$의 값을 구해야 한다.

바른 풀이

(1) $x^2+y^2=(x+y)^2-2xy$이므로

$12=2^2-2xy$, $2xy=-8$ $\quad \therefore xy=-4$

$\therefore x^3+y^3=(x+y)^3-3xy(x+y)$

$\qquad\qquad =2^3-3\times(-4)\times 2$

$\qquad\qquad =32$

(2) $\left(x+\dfrac{1}{x}\right)^2=x^2+\dfrac{1}{x^2}+2=7+2=9$이므로

$x+\dfrac{1}{x}=3$ $(\because x>0)$

$\therefore x^3+\dfrac{1}{x^3}=\left(x+\dfrac{1}{x}\right)^3-3\left(x+\dfrac{1}{x}\right)$

$\qquad\qquad =3^3-3\times 3$

$\qquad\qquad =18$

정답 (1) 32 (2) 18

Bible Says

(1) 두 문자에 대한 곱셈 공식의 변형

① $a^2+b^2=(a+b)^2-2ab$, $a^2+b^2=(a-b)^2+2ab$

② $(a+b)^2=(a-b)^2+4ab$, $(a-b)^2=(a+b)^2-4ab$

③ $a^3+b^3=(a+b)^3-3ab(a+b)$, $a^3-b^3=(a-b)^3+3ab(a-b)$

(2) $x+\dfrac{1}{x}$, $x-\dfrac{1}{x}$ 꼴인 경우의 곱셈 공식의 변형

① $x^2+\dfrac{1}{x^2}=\left(x+\dfrac{1}{x}\right)^2-2=\left(x-\dfrac{1}{x}\right)^2+2$

② $x^3+\dfrac{1}{x^3}=\left(x+\dfrac{1}{x}\right)^3-3\left(x+\dfrac{1}{x}\right)$, $x^3-\dfrac{1}{x^3}=\left(x-\dfrac{1}{x}\right)^3+3\left(x-\dfrac{1}{x}\right)$

한편, $x^2-px+1=0$이 주어지면 양변을 x $(x\neq 0)$로 나누어 $x+\dfrac{1}{x}=p$로 변형한다.

한번 더하기

07-1

$a+b=3$, $ab=1$일 때, 다음 식의 값을 구하시오. (단, $a>b$)

(1) a^2+b^2 (2) a^3+b^3 (3) a^4+b^4

(4) $a-b$ (5) a^3-b^3

한번 더하기

07-2

$x^2-5x+1=0$일 때, 다음을 구하시오. (단, $x>1$)

(1) $x^2+\dfrac{1}{x^2}$ (2) $x^3+\dfrac{1}{x^3}$

(3) $x-\dfrac{1}{x}$ (4) $x^3-\dfrac{1}{x^3}$

표현 더하기

07-3

$x=2+\sqrt{2}$, $y=2-\sqrt{2}$에 대하여 $\dfrac{x^2}{y}-\dfrac{y^2}{x}$의 값을 a, x^2-xy+y^2의 값을 b라 할 때, ab의 값을 구하시오.

실력 더하기 교육청 기출

07-4

그림과 같이 $\angle C=90°$인 직각삼각형 ABC가 있다. $\overline{AB}=2\sqrt{6}$이고 삼각형 ABC의 넓이가 3일 때, $\overline{AC}^3+\overline{BC}^3$의 값을 구하시오.

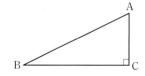

대표 예제 : 08

$a+b+c=4$, $ab+bc+ca=2$, $abc=-1$일 때, 다음 식의 값을 구하시오.

(1) $a^2+b^2+c^2$

(2) $a^3+b^3+c^3$

(3) $a^2b^2+b^2c^2+c^2a^2$

(4) $\dfrac{a}{bc}+\dfrac{b}{ca}+\dfrac{c}{ab}$

바로 접근

세 문자에 대한 합, 곱, 차의 조건이 주어지면 곱셈 공식의 변형을 이용하여 세 문자에 대한 식의 값을 구할 수 있다.

위의 문제에서는 $a+b+c$, $ab+bc+ca$, abc의 값을 이용할 수 있도록 구하는 식을 변형하여야 한다.

바른 풀이

(1) $a^2+b^2+c^2=(a+b+c)^2-2(ab+bc+ca)$
$$=4^2-2\times 2$$
$$=12$$

(2) $a^3+b^3+c^3=(a+b+c)(a^2+b^2+c^2-ab-bc-ca)+3abc$
$$=4\times(12-2)+3\times(-1)$$
$$=37$$

(3) $a^2b^2+b^2c^2+c^2a^2=(ab)^2+(bc)^2+(ca)^2$
$$=(ab+bc+ca)^2-2(ab^2c+bc^2a+ca^2b)$$
$$=(ab+bc+ca)^2-2abc(a+b+c)$$
$$=2^2-2\times(-1)\times 4$$
$$=12$$

(4) $\dfrac{a}{bc}+\dfrac{b}{ca}+\dfrac{c}{ab}=\dfrac{a^2+b^2+c^2}{abc}$
$$=\dfrac{12}{-1}=-12$$

정답 (1) 12 (2) 37 (3) 12 (4) -12

Bible Says

세 문자에 대한 곱셈 공식의 변형

① $a^2+b^2+c^2=(a+b+c)^2-2(ab+bc+ca)$

② $a^3+b^3+c^3=(a+b+c)(a^2+b^2+c^2-ab-bc-ca)+3abc$

③ $a^2+b^2+c^2-ab-bc-ca=\dfrac{1}{2}\{(a-b)^2+(b-c)^2+(c-a)^2\}$

④ $a^2+b^2+c^2+ab+bc+ca=\dfrac{1}{2}\{(a+b)^2+(b+c)^2+(c+a)^2\}$

01

한 번 더하기

08-1 $a+b+c=1$, $a^2+b^2+c^2=7$, $abc=-3$일 때, 다음 식의 값을 구하시오.

(1) $a^3+b^3+c^3$ 　　　　　　　　　　　(2) $\dfrac{1}{a}+\dfrac{1}{b}+\dfrac{1}{c}$

한 번 더하기

08-2 $a+b+c=2$, $ab+bc+ca=-1$, $abc=-2$일 때, $a^4+b^4+c^4$의 값을 구하시오.

표현 더하기 　교육청 기출

08-3 그림과 같이 겉넓이가 148이고, 모든 모서리의 길이의 합이 60인 직육면체 ABCD−EFGH가 있다. $\overline{BG}^2+\overline{GD}^2+\overline{DB}^2$의 값은?

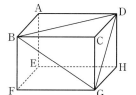

① 136　　　　② 142　　　　③ 148

④ 154　　　　⑤ 160

표현 더하기

08-4 $a-b=2$, $b-c=3$일 때, $a^2+b^2+c^2-ab-bc-ca$의 값을 구하시오.

03 다항식의 나눗셈

1 다항식의 나눗셈

(다항식)÷(다항식)은 각 다항식을 내림차순으로 정리한 후 자연수의 나눗셈과 같은 방법으로 직접 나누어 몫과 나머지를 구한다.
이때 나머지가 상수가 되거나 나머지의 차수가 나누는 식의 차수보다 작을 때까지 나눈다.

중학교 과정에서 (다항식)÷(단항식) 꼴은 나누는 식의 역수를 곱하여 계산하였다. 이때 다음과 같은 분배법칙과 지수법칙이 주로 사용되었다.

분배법칙: $(a+b)÷m=(a+b)×\dfrac{1}{m}$

$$=\dfrac{a}{m}+\dfrac{b}{m} \ (단, \ m≠0)$$

지수법칙: $a≠0$이고 m, n이 자연수일 때,

$$a^m÷a^n=\begin{cases} a^{m-n} & (m>n일 \ 때) \\ 1 & (m=n일 \ 때) \\ \dfrac{1}{a^{n-m}} & (m<n일 \ 때) \end{cases}$$

example

다음 식을 간단히 하면

(1) $(2x^3+4x^2)÷2x=(2x^3+4x^2)×\dfrac{1}{2x}$

$$=\dfrac{2x^3}{2x}+\dfrac{4x^2}{2x}$$

$$=x^2+2x$$

(2) $(3a^2b^2c+2ab^4c^3-ab^2c^2)÷ab^2c=(3a^2b^2c+2ab^4c^3-ab^2c^2)×\dfrac{1}{ab^2c}$

$$=\dfrac{3a^2b^2c}{ab^2c}+\dfrac{2ab^4c^3}{ab^2c}-\dfrac{ab^2c^2}{ab^2c}$$

$$=3a+2b^2c^2-c$$

(다항식)÷(다항식)은 초등학교 과정에서 학습하였던 자연수의 나눗셈과 같은 방법으로 직접 나누어 몫과 나머지를 구한다.
다항식의 나눗셈 $(2x^3+6x^2+3)÷(x^2+x+2)$와 자연수의 나눗셈 $2603÷112$를 비교하면서 다항식의 나눗셈의 계산 방법을 확인해 보자.

다항식의 나눗셈

01

$$
\begin{array}{r}
2x+4 \quad\leftarrow \text{몫} \\
x^2+x+2\,\overline{\smash{\big)}\,2x^3+6x^2\ \square\ +3} \\
\underline{2x^3+2x^2+4x} \quad\leftarrow (x^2+x+2)\times 2x \\
4x^2-4x+3 \\
\underline{4x^2+4x+8} \quad\leftarrow (x^2+x+2)\times 4 \\
-8x-5 \quad\leftarrow \text{나머지}
\end{array}
$$

x의 계수가 0이므로 x항의 자리는 비워둔다.

$\Rightarrow 2x^3+6x^2+3 = (x^2+x+2)\underset{\text{몫}}{(2x+4)}+\underset{\text{나머지}}{(-8x-5)}$

참고 자연수의 나눗셈

$$
\begin{array}{r}
23 \quad\leftarrow \text{몫} \\
112\,\overline{\smash{\big)}\,2603} \\
\underline{224} \quad\leftarrow 112\times 2 \\
363 \\
\underline{336} \quad\leftarrow 112\times 3 \\
27 \quad\leftarrow \text{나머지}
\end{array}
$$

$\Rightarrow 2603 = 112\times \underset{\text{몫}}{23} + \underset{\text{나머지}}{27}$

❶ 두 다항식을 내림차순으로 쓴 후 세로셈 꼴로 나타낸다. ← 자연수의 나눗셈에서 자릿수를 맞추어 계산하듯
 이때 계수가 0인 항의 자리는 비워 둔다.   다항식의 나눗셈에서 차수를 맞추어 계산한다.

❷ $2x^3+6x^2+3$과 x^2+x+2의 최고차항인 $2x^3$과 x^2을 비교하여 $x^2\times\square = 2x^3$을 만족시키는 $\square$를 구한다. ← $\square = 2x$
 그 다음 $(x^2+x+2)\times\square$를 계산하고, 계산 결과를 $2x^3+6x^2+3$ 아래에 적은 후 뺀다.
  ← $(x^2+x+2)\times 2x = 2x^3+2x^2+4x$이므로 $(2x^3+6x^2+3)-(2x^3+2x^2+4x) = 4x^2-4x+3$

❸ 같은 방법으로 x^2+x+2보다 차수가 낮은 식이 나올 때까지 계산한다.

위의 계산 결과에서 나머지 $-8x-5$는 나누는 수 x^2+x+2보다 차수가 낮으므로 더 이상 나누지 않은 것이다.

따라서 $2x^3+6x^2+3$을 x^2+x+2로 나누었을 때의 몫은 $2x+4$, 나머지는 $-8x-5$이다.

example

$(2x^3-9x^2-1)\div(2x-1)$의 몫과 나머지를 구하면

$$
\begin{array}{r}
x^2-4x-2 \quad\leftarrow \text{몫}\\
2x-1\,\overline{\smash{\big)}\,2x^3-9x^2\qquad -1} \\
\underline{2x^3-x^2} \\
-8x^2 \\
\underline{-8x^2+4x} \\
-4x-1 \\
\underline{-4x+2} \\
-3 \quad\leftarrow \text{나머지}
\end{array}
$$

계수만 쓰면 →

$$
\begin{array}{r}
1\ -4\ -2 \\
2\ -1\,\overline{\smash{\big)}\,2\ -9\ \ 0\ -1} \\
\underline{2\ -1} \\
-8\ \ 0 \\
\underline{-8\ \ 4} \\
-4\ -1 \\
\underline{-4\ \ 2} \\
-3
\end{array}
$$

따라서 몫은 x^2-4x-2, 나머지는 -3이다.

참고 다항식의 나눗셈은 자연수의 나눗셈과 다르게 나머지가 음수인 경우도 있다.

2 다항식의 나눗셈에 대한 등식

다항식 A를 다항식 $B(B \neq 0)$로 나누었을 때의 몫을 Q, 나머지를 R라 하면

$A = BQ + R$ (단, R는 상수 또는 $(R$의 차수$) < (B$의 차수$))$

특히 $R = 0$이면 $A = BQ$이고, A는 B로 나누어떨어진다고 한다.

참고 Q는 각각 Quotient(몫), Remainder(나머지)의 첫 글자를 따온 것이다.

$$B \overline{)A} \\ \quad BQ \\ \overline{A - BQ = R}$$

자연수 a를 자연수 $b\,(b \neq 0)$로 나누었을 때의 몫을 q, 나머지를 r라 하면

$a = bq + r$ (단, $0 \leq r < b$)

로 나타낼 수 있다. 특히 $r = 0$일 때, a는 b로 나누어떨어진다고 한다.

$$b \overline{)a} \\ \quad bq \\ \overline{a - bq = r}$$

다항식의 나눗셈에서도 이와 같은 등식이 성립한다.

example 다항식 $2x^2 - 3x - 4$를 $x - 2$로 나누었을 때,

몫이 $2x + 1$, 나머지가 -2이므로

$A = BQ + R$ 꼴로 나타내면

$2x^2 - 3x - 4 = (x-2)(2x+1) - 2$ ← 우변을 정리하면 좌변이 됨을 확인(검산)해 보자.

$$x-2 \overline{)2x^2 - 3x - 4} \\ \quad 2x+1 \\ \quad \underline{2x^2 - 4x} \\ \qquad x - 4 \\ \qquad \underline{x - 2} \\ \qquad\quad -2$$

따라서 나누는 식, 몫, 나머지가 주어지면 나누기 전의 처음 다항식을 구할 수 있고, 나누기 전의 처음 다항식, 몫, 나머지가 주어지면 나누는 식을 구할 수도 있다.

example 다항식 $f(x)$를 $x^2 + 2$로 나누었을 때의 몫이 $2x + 3$, 나머지가 $4x + 1$일 때, 다항식 $f(x)$를 구하면

$f(x) = (x^2 + 2)\underbrace{(2x + 3)}_{\text{몫}} + \underbrace{(4x + 1)}_{\text{나머지}}$

$= 2x^3 + 3x^2 + 4x + 6 + 4x + 1$

$= 2x^3 + 3x^2 + 8x + 7$

또한 다항식의 나눗셈에서 나머지(R)의 차수는 나누는 식(B)의 차수보다 낮음을 기억하자.

즉, x에 대한 다항식을

(i) x에 대한 일차식으로 나누었을 때의 나머지는 항상 상수이다.

(ii) x에 대한 이차식으로 나누었을 때의 나머지는 상수 또는 일차식이다. ← $ax + b\,(a, b$는 상수$)$ 꼴

(iii) x에 대한 삼차식으로 나누었을 때의 나머지는 상수 또는 일차식 또는 이차식이다.

← $ax^2 + bx + c\,(a, b, c$는 상수$)$ 꼴

01 다음 나눗셈에서 ☐ 안에 알맞은 것을 써넣고, 몫과 나머지를 각각 구하시오.

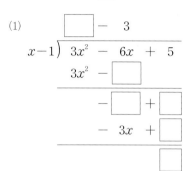

(1)
$$
\begin{array}{r}
\boxed{} - 3 \\
x-1 \overline{)\, 3x^2 - 6x + 5} \\
3x^2 - \boxed{} \\
\hline
-\boxed{} + \boxed{} \\
- 3x + \boxed{} \\
\hline
\boxed{}
\end{array}
$$

(2)
$$
\begin{array}{r}
\boxed{} + 1 \\
x^2+x-1 \overline{)\, 2x^3 + 3x^2 - 4x - 1} \\
\boxed{} + \boxed{} - \boxed{} \\
\hline
\boxed{} - \boxed{} - 1 \\
x^2 + \boxed{} - \boxed{} \\
\hline
- \boxed{}
\end{array}
$$

02 다항식 A를 다항식 B로 나누었을 때의 몫을 Q, 나머지를 R라 할 때, $A=BQ+R$ 꼴로 나타내시오.

(1) $A=x^3+2x^2-4x+5$, $B=x-2$

(2) $A=4x^3-2x^2+3x-6$, $B=2x^2+x+1$

03 다음 조건을 만족시키는 다항식 $f(x)$를 구하시오.

(1) 다항식 $f(x)$를 x^2+3으로 나누었을 때의 몫이 $x-4$, 나머지가 2이다.

(2) 다항식 $f(x)$를 x^2+x-1로 나누었을 때의 몫이 $x+3$, 나머지가 $-2x+5$이다.

다음 물음에 답하시오.

(1) 다항식 $3x^4+8x^3-x^2+9x$를 x^2+2x-3으로 나누었을 때의 몫이 $3x^2+ax+b$, 나머지가 $cx+12$일 때, 상수 a, b, c에 대하여 $a+b+c$의 값을 구하시오.

(2) 다항식 $2x^3-3x^2+x-3$을 x^2-2x-1로 나누었을 때의 몫을 $Q(x)$, 나머지를 $R(x)$라 할 때, $Q(1)+R(1)$의 값을 구하시오.

바로 접근

차수가 높은 다항식을 차수가 낮은 다항식으로 나눌 때는

❶ 각각의 다항식을 내림차순으로 정리한다.

❷ 계수가 0인 항은 비워 두고 자연수의 나눗셈과 같은 방법으로 나눈다.

바른 풀이

(1) $3x^4+8x^3-x^2+9x$를 x^2+2x-3으로 나누었을 때의 몫과 나머지는 오른쪽과 같다.

따라서 몫은 $3x^2+2x+4$, 나머지는 $7x+12$이므로

$a=2$, $b=4$, $c=7$

$\therefore a+b+c=2+4+7=13$

$$\begin{array}{r} 3x^2+2x+4 \quad\leftarrow 몫 \\ x^2+2x-3\overline{\smash{)}3x^4+8x^3-x^2+9x} \\ \underline{3x^4+6x^3-9x^2} \\ 2x^3+8x^2+9x \\ \underline{2x^3+4x^2-6x} \\ 4x^2+15x \\ \underline{4x^2+8x-12} \\ 7x+12 \quad\leftarrow 나머지 \end{array}$$

(2) $2x^3-3x^2+x-3$을 x^2-2x-1로 나누었을 때의 몫과 나머지는 오른쪽과 같다.

따라서 $Q(x)=2x+1$, $R(x)=5x-2$이므로

$Q(1)+R(1)=2\times1+1+5\times1-2$
$=6$

$$\begin{array}{r} 2x+1 \quad\leftarrow 몫 \\ x^2-2x-1\overline{\smash{)}2x^3-3x^2+x-3} \\ \underline{2x^3-4x^2-2x} \\ x^2+3x-3 \\ \underline{x^2-2x-1} \\ 5x-2 \quad\leftarrow 나머지 \end{array}$$

정답 (1) 13 (2) 6

Bible Says

자연수의 나눗셈과 다항식의 나눗셈 비교

자연수의 나눗셈	다항식의 나눗셈
자릿수를 맞춰서 계산한다.	차수를 맞춰서 계산한다. 이때 계수가 0인 항은 그 자리를 비워 두고 계산한다.
나머지가 나누는 수보다 작다.	나머지의 차수가 나누는 식의 차수보다 작다. 즉, 나머지의 차수가 나누는 식의 차수보다 작을 때까지 나눈다.

01

한번 더하기

09-1 다항식 $x^4+3x^3-x^2+2x+5$를 x^2+x-1로 나누었을 때의 몫이 x^2+ax-2, 나머지가 $6x+b$일 때, 상수 a, b에 대하여 ab의 값을 구하시오.

한번 더하기

09-2 다항식 $5x^4-4x^3-9x^2-4x+3$을 x^2-x-3으로 나누었을 때의 몫을 $Q(x)$, 나머지를 $R(x)$라 할 때, $Q(1)+R(1)$의 값을 구하시오.

표현 더하기

09-3 오른쪽은 다항식 $x^3-4x^2-10x+5$를 $x+2$로 나누는 과정을 나타낸 것이다. 이때 상수 a, b, c, d에 대하여 $a+b+c+d$ 의 값을 구하시오.

$$
\begin{array}{r}
x^2-6x+c \\
x+2{\overline{\smash{\big)}\,x^3-4x^2-10x+5}} \\
\underline{x^3+ax^2} \\
bx^2-10x \\
\underline{-6x^2-12x} \\
2x+5 \\
\underline{2x+4} \\
d
\end{array}
$$

실력 더하기

09-4 다항식 $x^4-x^3-7x^2+5x$를 x^2+x-1로 나누었을 때의 몫을 $Q_1(x)$, $Q_1(x)$를 $x-3$으로 나누었을 때의 몫을 $Q_2(x)$라 하자. 이때 $Q_2(2)$의 값을 구하시오.

다항식의 나눗셈 $-A=BQ+R$

다음 물음에 답하시오.

(1) 다항식 x^3+x^2-6x+3을 다항식 $P(x)$로 나누었을 때의 몫이 $x-2$이고 나머지가 $2x-1$일 때, 다항식 $P(x)$를 구하시오.

(2) 다항식 $f(x)$를 다항식 x^2+2x-3으로 나누었을 때의 몫이 $2x-1$이고 나머지가 $5x-4$일 때, 다항식 $f(x)$를 x^2-x+2로 나누었을 때의 몫과 나머지를 각각 구하시오.

바로 접근

다항식 A를 다항식 B로 나누었을 때의 몫을 Q, 나머지를 R라 하면 $A=BQ+R$가 성립함을 이용한다.

바른 풀이

(1) $x^3+x^2-6x+3=P(x)(x-2)+2x-1$이므로

$$P(x)(x-2)=x^3+x^2-6x+3-(2x-1)$$
$$=x^3+x^2-8x+4$$

다항식 x^3+x^2-8x+4를 $x-2$로 나누면 오른쪽과 같으므로

$$P(x)=(x^3+x^2-8x+4)\div(x-2)$$
$$=x^2+3x-2$$

$$\begin{array}{r} x^2+3x-2 \\ x-2 \overline{)\ x^3+\ x^2-8x+4} \\ \underline{x^3-2x^2} \\ 3x^2-8x \\ \underline{3x^2-6x} \\ -2x+4 \\ \underline{-2x+4} \\ 0 \end{array}$$

(2) $f(x)=(x^2+2x-3)(2x-1)+5x-4$

$$=2x^3-x^2+4x^2-2x-6x+3+5x-4$$
$$=2x^3+3x^2-3x-1$$

다항식 $f(x)$, 즉 $2x^3+3x^2-3x-1$을 x^2-x+2로 나누면 오른쪽과 같으므로 몫은 $2x+5$, 나머지는 $-2x-11$이다.

$$\begin{array}{r} 2x\ +5 \quad \leftarrow 몫 \\ x^2-x+2 \overline{)\ 2x^3+3x^2-3x-1} \\ \underline{2x^3-2x^2+4x} \\ 5x^2-7x-1 \\ \underline{5x^2-5x+10} \\ -2x-11 \quad \leftarrow 나머지 \end{array}$$

정답 (1) x^2+3x-2 (2) 몫: $2x+5$, 나머지: $-2x-11$

Bible Says

다항식의 나눗셈을 직접 하는 문제보다는 위의 예제와 같이 나눗셈의 결과, 즉, 몫, 나머지와 원래의 다항식과의 관계에 대한 문제를 앞으로 더 많이 접할 것이다.

다음 단원에 배울 '나머지정리' 또한 위의 나눗셈 관계식을 기초로 한 것이다.

01

한 번 더하기

10-1 다음 물음에 답하시오.

(1) 다항식 $x^4 - 2x^2 + 5x - 7$을 다항식 $P(x)$로 나누었을 때의 몫이 $x^2 - x + 3$이고 나머지가 $-2x + 5$일 때, 다항식 $P(x)$를 구하시오.

(2) 다항식 $f(x)$를 다항식 $2x^2 - x + 5$로 나누었을 때의 몫이 $3x + 1$이고 나머지가 $-6x - 1$일 때, 다항식 $f(x)$를 $2x - 3$으로 나누었을 때의 몫과 나머지를 각각 구하시오.

표현 더하기

10-2 x에 대한 다항식 $x^3 + 5x^2 + ax - 8$이 $x^2 + 3x + b$로 나누어떨어질 때, 상수 a, b에 대하여 ab의 값을 구하시오.

표현 더하기

10-3 가로의 길이가 $x^2 - x + 5$인 직사각형의 넓이가 $2x^4 + x^3 + 9x^2 + 13x + 10$일 때, 이 직사각형의 세로의 길이를 구하시오.

실력 더하기

10-4 $x^2 + 6x + 2 = 0$일 때, $2x^3 + 11x^2 - 2x - 5$의 값을 구하시오.

S·T·E·P 1 기본 다지기

01 두 다항식 A, B에 대하여 $A \star B = 2A - B$라 할 때, $(2x^2 + xy - 3y^2) \star (3x^2 - 4xy + y^2)$을 계산하시오.

02 다항식 $(x^3 + 5x^2 - 3x + 2)(x^2 - 4x - 1)$의 전개식에서 x^2의 계수, x^4의 계수를 각각 a, b라 할 때, $a - b$의 값을 구하시오.

[교육청 기출]

03 $(3x + ay)^3$의 전개식에서 x^2y의 계수가 54일 때, 상수 a의 값을 구하시오.

04 다음 식을 전개하시오.

(1) $(x + 3y)(x^2 - 3xy + 9y^2)$

(2) $(a - 2b - 3)^2 - (-a + b + 2)^2$

(3) $(x - 1)(x + 3)(x - 5)$

05 다항식 $(x^2+2x-5)(x^2-2x-5)$를 전개한 식이 x^4+ax^2+b일 때, 상수 a, b에 대하여 $b-a$의 값을 구하시오.

06 $(4+1)(4^2+1)(4^4+1)$을 계산하면?

① $\dfrac{1}{3}(4^5-1)$ ② 4^5-1 ③ $\dfrac{1}{3}(4^8-1)$

④ 4^8-1 ⑤ $3(4^8-1)$

07 $x+y=5$, $x^3+y^3=50$일 때, x^2+y^2의 값을 구하시오.

08 $x^2-3x+1=0$일 때, $x^3+2x^2+\dfrac{2}{x^2}+\dfrac{1}{x^3}$의 값을 구하시오.

09 그림과 같은 직육면체의 대각선의 길이가 $\sqrt{17}$이고 겉넓이가 32일 때, 이 직육면체의 모든 모서리의 길이의 합을 구하시오.

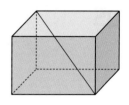

10 다항식 $x^3 - x^2 - 12x + 7$을 $x^2 + 3x$로 나누었을 때의 몫은 $ax+b$이고 나머지는 c이다. 이때 $a+b+c$의 값을 구하시오. (단, a, b, c는 상수이다.)

11 다항식 $3x^3 - 5x^2 + 6x + 1$을 $x^2 - x + 2$로 나누었을 때의 몫을 $Q(x)$, 나머지를 $R(x)$라 하자. 이때 $Q(a) = R\left(\dfrac{1}{2}\right)$을 만족시키는 상수 a의 값을 구하시오.

12 다항식 $f(x)$를 $x^2 + 1$로 나누었을 때의 몫이 $x-1$이고, 나머지가 $2x+5$일 때, 다항식 $f(x)$를 $x^2 - 3x + 1$로 나누었을 때의 몫과 나머지를 각각 구하시오.

S·T·E·P **2** 실력 다지기

13 세 다항식 A, B, C에 대하여
$$A+B=2x^2-3xy-y^2, \ B+C=x^2-xy+5y^2, \ C+A=3x^2+2xy+4y^2$$
일 때, $A+B+C$를 계산하시오.

14 다항식 $(2x^2+x-2)(x^2-4x+k)$의 전개식에서 x의 계수가 13일 때, x^2의 계수를 구하시오. (단, k는 상수이다.)

15 다항식 $(x^2-3x+1)^3$을 전개하였을 때, 상수항을 포함한 모든 항의 계수의 합을 구하시오.

16 $999 \times 1001 \times 1000001$이 n자리의 자연수일 때, n의 값을 구하시오.

17 $a+b+c=4$, $a^2+b^2+c^2=6$, $abc=2$일 때, $(a+b)(b+c)(c+a)$의 값을 구하시오.

중단원 연습문제

📖 빠른 정답 • 490쪽 / 정답과 풀이 • 15쪽

18 [교육청 기출]

그림과 같이 선분 AB를 빗변으로 하는 직각삼각형 ABC가 있다. 점 C에서 선분 AB에 내린 수선의 발을 H라 할 때, $\overline{CH}=1$이고 삼각형 ABC의 넓이는 $\frac{4}{3}$이다. $\overline{BH}=x$라 할 때, $3x^3-5x^2+4x+7$의 값은? (단, $x<1$)

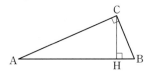

① $13-3\sqrt{7}$ ② $14-3\sqrt{7}$ ③ $15-3\sqrt{7}$

④ $16-3\sqrt{7}$ ⑤ $17-3\sqrt{7}$

challenge **19** [교육청 기출]

그림과 같이 중심이 O, 반지름의 길이가 4이고 중심각의 크기가 90°인 부채꼴 OAB가 있다. 호 AB 위의 점 P에서 두 선분 OA, OB에 내린 수선의 발을 각각 H, I라 하자. 삼각형 PIH에 내접하는 원의 넓이가 $\frac{\pi}{4}$일 때, $\overline{PH}^3+\overline{PI}^3$의 값은?

(단, 점 P는 점 A도 아니고 점 B도 아니다.)

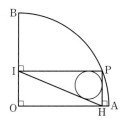

① 56 ② $\frac{115}{2}$ ③ 59

④ $\frac{121}{2}$ ⑤ 62

challenge **20**

$a+b+c=3$, $\dfrac{a}{bc}+\dfrac{b}{ca}+\dfrac{c}{ab}=-11$, $a^2+b^2+c^2=11$일 때, $\left(\dfrac{1}{a}\right)^2+\left(\dfrac{1}{b}\right)^2+\left(\dfrac{1}{c}\right)^2$의 값을 구하시오.

02

항등식과
나머지정리

01 항등식

항등식의 뜻	문자를 포함하는 등식에서 그 문자에 어떤 값을 대입하여도 항상 성립하는 등식
항등식의 성질	(1) $ax+b=0$이 x에 대한 항등식 $\Longleftrightarrow a=0,\ b=0$ (2) $ax+b=a'x+b'$이 x에 대한 항등식 $\Longleftrightarrow a=a',\ b=b'$ (3) $ax^2+bx+c=0$이 x에 대한 항등식 $\Longleftrightarrow a=0,\ b=0,\ c=0$ (4) $ax^2+bx+c=a'x^2+b'x+c'$이 x에 대한 항등식 $\Longleftrightarrow a=a',\ b=b',\ c=c'$ (5) $ax+by+c=0$이 $x,\ y$에 대한 항등식 $\Longleftrightarrow a=0,\ b=0,\ c=0$ (6) $ax+by+c=a'x+b'y+c'$이 $x,\ y$에 대한 항등식 $\Longleftrightarrow a=a',\ b=b',\ c=c'$
미정계수법	항등식의 뜻과 성질을 이용하여 주어진 등식에서 미지의 계수를 정하는 방법을 미정계수법이라 한다. (1) 계수비교법: 양변의 동류항의 계수를 비교하여 미정계수를 정하는 방법 (2) 수치대입법: 미정계수의 개수만큼 문자에 적당한 수를 대입하여 미정계수를 정하는 방법

02 나머지정리

나머지정리	(1) 다항식 $f(x)$를 일차식 $x-\alpha$로 나누었을 때의 나머지를 R라 하면 $\quad R=f(\alpha)$ (2) 다항식 $f(x)$를 일차식 $ax+b$로 나누었을 때의 나머지를 R라 하면 $\quad R=f\left(-\dfrac{b}{a}\right)$
인수정리	(1) 다항식 $f(x)$가 일차식 $x-\alpha$로 나누어떨어지면 $f(\alpha)=0$이다. (2) 다항식 $f(x)$에서 $f(\alpha)=0$이면 $f(x)$는 일차식 $x-\alpha$로 나누어떨어진다.
조립제법	다항식을 일차식으로 나눌 때, 직접 나눗셈을 하지 않고 계수만을 이용하여 몫과 나머지를 구하는 방법

01 항등식

1 항등식의 뜻

(1) **등식**: 등호(=)를 사용하여 두 수나 식이 같음을 나타낸 식
(2) **방정식**: 주어진 식의 문자에 특정한 값을 대입하였을 때만 성립하는 등식
(3) **항등식**: 주어진 식의 문자에 어떤 값을 대입하여도 항상 성립하는 등식

```
         ┌─ 방정식
  등식 ─┤
         └─ 항등식
```

등식 $x-1=2$, $x^2+3x-4=0$은 x에 특정한 값을 대입하였을 때만 성립하므로 방정식이고, 등식 $2x+x=3x$, $(x+2)^2=x^2+4x+4$는 x에 어떤 값을 대입하여도 항상 성립하므로 항등식이다.
앞 단원에서 배운 곱셈 공식은 항등식의 대표적인 예이다.

> **example**
>
> (1) $3x+1=x+3$을 정리하면
>
> $2x=2$
>
>   이 등식은 $x=1$일 때에만 성립하므로 방정식이다.
>
> (2) $(x+2)(x-4)=x^2-2x-8$을 정리하면
>
> $x^2-2x-8=x^2-2x-8$
>
>   이 등식은 x에 어떤 값을 대입하여도 항상 성립하므로 항등식이다.

2 항등식의 성질

(1) $ax+b=0$이 x에 대한 항등식 $\Longleftrightarrow a=0$, $b=0$
(2) $ax+b=a'x+b'$이 x에 대한 항등식 $\Longleftrightarrow a=a'$, $b=b'$
(3) $ax^2+bx+c=0$이 x에 대한 항등식 $\Longleftrightarrow a=0$, $b=0$, $c=0$
(4) $ax^2+bx+c=a'x^2+b'x+c'$이 x에 대한 항등식 $\Longleftrightarrow a=a'$, $b=b'$, $c=c'$
(5) $ax+by+c=0$이 x, y에 대한 항등식 $\Longleftrightarrow a=0$, $b=0$, $c=0$
(6) $ax+by+c=a'x+b'y+c'$이 x, y에 대한 항등식 $\Longleftrightarrow a=a'$, $b=b'$, $c=c'$

> **참고** 기호 '$\Longleftrightarrow$'는 좌우 양쪽의 문장 또는 수식이 서로 같은 의미임을 나타낸다.

위의 항등식의 성질 (1), (2)는 중학교 과정에서 이미 학습하였으므로 항등식의 성질 (3), (4)를 확인해 보자. 항등식의 성질 (5), (6)은 (3), (4)와 같은 방법으로 확인하면 된다.

(3) (i) $ax^2+bx+c=0$이 x에 대한 항등식이면 x에 어떤 값을 대입하여도 항상 성립하므로

$x=0$, $x=-1$, $x=1$을 대입하여도 등식이 성립한다.

$x=0$을 대입하면 $c=0$ $\qquad$ ······ ㉠

$x=-1$을 대입하면 $a-b+c=0$ $\qquad$ ······ ㉡

$x=1$을 대입하면 $a+b+c=0$ $\qquad$ ······ ㉢

㉠, ㉡, ㉢에서 $a=0$, $b=0$, $c=0$

(ii) 거꾸로 $a=0$, $b=0$, $c=0$이면 등식 $ax^2+bx+c=0$에서

(좌변)$=0\times x^2+0\times x+0=0$, (우변)$=0$이므로

이 등식은 x에 대한 항등식이다.

(i), (ii)에서 $ax^2+bx+c=0$이 x에 대한 항등식 $\Longleftrightarrow$ $a=0$, $b=0$, $c=0$

(4) $ax^2+bx+c=a'x^2+b'x+c'$을 정리하면

$(a-a')x^2+(b-b')x+(c-c')=0$ $\qquad$ ······ ㉣

(i) 등식 ㉣이 x에 대한 항등식이면 항등식의 성질 (3)에 의하여

$a-a'=0$, $b-b'=0$, $c-c'=0$

$\therefore a=a'$, $b=b'$, $c=c'$

(ii) 거꾸로 $a=a'$, $b=b'$, $c=c'$이면 등식 ㉣에서

(좌변)$=0\times x^2+0\times x+0=0$, (우변)$=0$이므로

등식 $ax^2+bx+c=a'x^2+b'x+c'$은 x에 대한 항등식이다.

(i), (ii)에서 $ax^2+bx+c=a'x^2+b'x+c'$이 x에 대한 항등식 $\Longleftrightarrow$ $a=a'$, $b=b'$, $c=c'$

> **example**
>
> (1) 등식 $2x+a=bx+2b$가 x에 대한 항등식일 때, 상수 a, b의 값을 각각 구하면
>
> $2=b$, $a=2b$이므로
>
> $a=4$, $b=2$
>
> (2) 등식 $(a-1)x^2+(b+3)x+2-c=0$이 x에 대한 항등식일 때, 상수 a, b, c의 값을 각각 구하면
>
> $a-1=0$, $b+3=0$, $2-c=0$이므로
>
> $a=1$, $b=-3$, $c=2$
>
> (3) 등식 $x+ay+5=bx+c$가 x, y에 대한 항등식일 때, 상수 a, b, c의 값을 각각 구하면
>
> $x+ay+5=bx+0\times y+c$이므로
>
> $a=0$, $b=1$, $c=5$

한편, 문제에서는 항등식임을 직접적으로 알려주는 경우도 있지만 다음과 같은 표현으로 항등식임을 나타낸다. 모두 'x에 대한 항등식'을 나타내는 표현이다.

'모든 x에 대하여 성립하는 등식'

'임의의 x에 대하여 성립하는 등식'

'x의 값에 관계없이 항상 성립하는 등식'

'x에 어떤 값을 대입하여도 항상 성립하는 등식'

example
(1) 모든 실수 x, y에 대하여 등식 $(a-1)x+(b+2)y=0$이 성립할 때, 상수 a, b의 값을 각각 구하면

주어진 등식이 모든 실수 x, y에 대하여 성립하므로 x, y에 대한 항등식이다.

따라서 $a-1=0$, $b+2=0$이므로 $a=1$, $b=-2$

(2) 등식 $(a+2)x^2+(b+1)x+3c=x^2-2x+3$이 x의 값에 관계없이 항상 성립할 때, 상수 a, b, c의 값을 각각 구하면

주어진 등식이 x의 값에 관계없이 항상 성립하므로 x에 대한 항등식이다.

따라서 $a+2=1$, $b+1=-2$, $3c=3$이므로 $a=-1$, $b=-3$, $c=1$

3 미정계수법

항등식의 뜻과 성질을 이용하여 주어진 등식에서 미지의 계수를 정하는 방법을 미정계수법이라 한다. 미정계수법에는 계수비교법과 수치대입법의 2가지가 있다.

(1) **계수비교법**: 양변의 동류항의 계수를 비교하여 미정계수를 정하는 방법

(2) **수치대입법**: 미정계수의 개수만큼 문자에 적당한 수를 대입하여 미정계수를 정하는 방법

항등식의 뜻과 성질을 이용하여 주어진 등식에서 미지의 계수를 정하는 방법을 **미정계수법**이라 한다. 미정계수법에서 '미정'은 '정해지지 않았다.'를 뜻하므로 미정계수는 정해지지 않은 계수를 뜻한다. 미정계수법에는 **계수비교법**과 **수치대입법**이 있다.

먼저 계수비교법은 '항등식에서 양변의 동류항의 계수는 서로 같다.'는 항등식의 성질을 이용하는 방법으로 기준 문자에 대하여 내림차순으로 정리한 후, 양변의 동류항의 계수를 비교하여 미정계수를 정한다. 양변을 같은 모양으로 정리한다.
예를 들어 주어진 식이 x에 대한 항등식이면 양변을 각각 x에 대한 내림차순으로 정리하고,
주어진 식이 x, y에 대한 항등식이면 양변을 각각 x 또는 y로 묶어 정리한다.

또한 수치대입법은 '항등식은 문자에 어떤 값을 대입하여도 항상 성립한다.'는 항등식의 뜻을 이용한 방법으로 미정계수의 개수만큼 문자에 적당한 수를 대입하여 미정계수를 정한다. 이때 어떤 수를 대입하여도 상관없지만 가능한 계산이 간단해질 수 있는 수를 대입한다.

example
x에 대한 등식

$$ax+b(x-1)=x+2 \quad \cdots\cdots \ \ominus$$

가 x에 대한 항등식일 때 미정계수 a, b를 계수비교법과 수치대입법으로 각각 구하면

[풀이 1] **계수비교법**   ← 양변의 동류항의 계수를 비교

$\ominus$의 좌변을 x에 대하여 정리하면

$$(a+b)x-b=x+2$$

양변의 동류항의 계수를 비교하면

$a+b=1$, $-b=2$ $\therefore a=3$, $b=-2$

풀이 2 수치대입법 ← 문자에 적당한 수를 대입

㉠의 양변에 $x=0$을 대입하면 $-b=2$ $\therefore b=-2$

㉠의 양변에 $x=1$을 대입하면 $a=1+2$ $\therefore a=3$

미정계수를 정할 때는 경우에 따라 계수비교법과 수치대입법 중 효율적인 것을 사용한다.
식이 간단하여 전개하기 쉬운 경우는 계수비교법을, 여러 개의 다항식의 곱으로 되어 있어 적당한 수를 대입하면 식이 간단해지는 경우는 수치대입법을 이용한다.

4 다항식의 나눗셈과 항등식

x에 대한 다항식 A를 x에 대한 다항식 $B(B\neq 0)$로 나누었을 때의 몫을 Q, 나머지를 R라 하면
$$A=BQ+R \text{ (단, } R\text{는 상수 또는 } (R\text{의 차수})<(B\text{의 차수}))$$
로 나타낼 수 있으며 이때 $A=BQ+R$는 x에 대한 항등식이다.

앞 단원에서 배웠던 다항식의 나눗셈에 대하여 다시 생각해 보자.

x^3+2x^2-2x+1을 x^2+x+1로 나누어 보면 몫은 $x+1$, 나머지가 $-4x$이다. 따라서
$$x^3+2x^2-2x+1=(x^2+x+1)(x+1)-4x \quad \cdots\cdots ㉠$$
로 나타낼 수 있으며 이때 우변의 괄호를 풀어 정리하면 좌변과 똑같은 식이 나오게 된다.

즉, ㉠은 x에 대한 항등식이다.

이를 이용하여 나눗셈식을 전개할 필요없이 항등식의 성질을 이용하여 미정계수의 값을 구할 수 있다.

example

x에 대한 다항식 x^3+3x^2+ax-3을 x^2+x-2로 나누었을 때의 몫이 $x+2$, 나머지가 $-2x+1$일 때, 상수 a의 값을 구하면

$x^3+3x^2+ax-3=(x^2+x-2)(x+2)-2x+1$ ← 우변을 전개하지 말고 항등식의 성질을 이용하여 a의 값을 구해 보자.

이 등식은 x에 대한 항등식이므로

양변에 $x=-2$를 대입하면

$-8+12-2a-3=4+1$, $1-2a=5$ $\therefore a=-2$

정리하면 다항식의 나눗셈에 대한 문제에서는 묻고 있는 내용 또는 필요한 내용에 따라 다음과 같이 두 가지 접근이 가능하다.

(1) 나누어지는 식, 나누는 식이 주어지고 몫과 나머지를 구해야 할 때,

➡ 직접 나눗셈을 한다.

(2) 몫과 나머지를 알고 나누어지는 식, 나누는 식의 일부 미정계수를 구해야 할 때,

➡ 항등식의 성질을 이용한다.

01 **보기**에서 항등식인 것만을 있는 대로 고르시오.

> ·**보기**·
>
> ㄱ. $2x-1=3x+1$ ㄴ. $x-5=0$
>
> ㄷ. $(2x-1)^2=4x^2-4x+1$ ㄹ. $(x+3)^2=x^2+9$
>
> ㅁ. $x(x-2)+1=x^2-2x+1$ ㅂ. $(x+1)(x^2-x+1)=x^3+1$

02 다음 등식이 x, y에 대한 항등식일 때, 상수 a, b의 값을 각각 구하시오.

(1) $(2-a)x+(b+3)y=0$

(2) $(a-3)x+6y=2x+(8-b)y$

03 등식 $(x-1)(x^2+ax+b)=x^3+cx-3$이 x에 어떤 값을 대입하여도 항상 성립할 때, 상수 a, b, c의 값을 각각 구하시오.

04 x에 대한 다항식 x^3+ax+1을 $x+2$로 나누었을 때의 몫이 x^2-2x, 나머지가 1일 때, 상수 a의 값을 구하시오.

대표 예제 | 01

등식 $a(x+1)(x-2)+b(x-2)+c=3x^2-5x+2$가 x에 대한 항등식이 되도록 하는 상수 a, b, c의 값을 각각 구하시오.

바로 접근

① 계수비교법을 이용한 풀이: 양변을 각각 내림차순으로 정리한 후, 양변의 동류항의 계수를 비교하여 계수를 정한다.

② 수치대입법을 이용한 풀이: 미정계수가 3개이므로 적당한 수 3개를 대입한다. 이때 적당한 수 3개는 항을 0으로 만드는 수 또는 계산하기 편리한 수로 정한다.

바른 풀이

풀이 1) 계수비교법

등식의 좌변을 정리하면

$$a(x+1)(x-2)+b(x-2)+c=a(x^2-x-2)+b(x-2)+c$$
$$=ax^2-ax-2a+bx-2b+c$$
$$=ax^2+(-a+b)x-2a-2b+c$$

즉, $ax^2+(-a+b)x-2a-2b+c=3x^2-5x+2$에서

이 등식이 x에 대한 항등식이므로 양변의 동류항의 계수를 비교하면

$a=3$, $-a+b=-5$, $-2a-2b+c=2$

세 식을 연립하여 풀면 $a=3$, $b=-2$, $c=4$

풀이 2) 수치대입법

주어진 등식이 x에 대한 항등식이므로

양변에 $x=-1$을 대입하면 $-3b+c=10$ ······ ㉠

양변에 $x=2$를 대입하면 $c=4$ ······ ㉡

양변에 $x=0$을 대입하면 $-2a-2b+c=2$ ······ ㉢

㉡을 ㉠에 대입하면 $-3b+4=10$ ∴ $b=-2$ ······ ㉣

㉡, ㉣을 ㉢에 대입하면 $-2a-2\times(-2)+4=2$ ∴ $a=3$

∴ $a=3$, $b=-2$, $c=4$

정답 $a=3$, $b=-2$, $c=4$

Bible Says

항등식의 계수의 합을 구할 때는 수치대입법을 이용한다.

$f(x)=a_0+a_1x+a_2x^2+\cdots+a_nx^n$에서

① 양변에 $x=1$을 대입하면 $f(1)=a_0+a_1+a_2+\cdots+a_n$ ← 계수의 합

② 양변에 $x=-1$을 대입하면 $f(-1)=a_0-a_1+a_2-\cdots+(-1)^n a_n$

③ ①, ②의 식을 연립하여 짝수 차수나 홀수 차수 항의 계수의 합을 구한다.

➡ $a_0+a_2+a_4+\cdots=\dfrac{1}{2}\{f(1)+f(-1)\}$

$a_1+a_3+a_5+\cdots=\dfrac{1}{2}\{f(1)-f(-1)\}$

한 번 더하기

01-1

등식 $a(x+1)+b(x-1)(x+3)+c=2x^2-3x-1$이 x에 대한 항등식일 때, 상수 a, b, c 의 값을 각각 구하시오.

표현 더하기

01-2

모든 실수 x에 대하여 등식 $a(x+2)^2+b(x-1)+c=x^2-x+5$가 성립할 때, 상수 a, b, c의 값을 각각 구하시오.

표현 더하기

01-3

등식 $3ax+kx-a+k+4=0$에 대하여 다음 물음에 답하시오.

(1) 주어진 등식이 모든 실수 x에 대하여 성립할 때, 상수 a, k의 값을 각각 구하시오.

(2) 주어진 등식이 k의 값에 관계없이 항상 성립할 때, 상수 a, x의 값을 각각 구하시오.

실력 더하기

01-4

등식 $(x^2-2x-1)^5=a_0+a_1x+a_2x^2+\cdots+a_{10}x^{10}$이 x의 값에 관계없이 항상 성립할 때, 다음 값을 구하시오. (단, a_0, a_1, a_2, $\cdots$, a_{10}은 상수이다.)

(1) $a_0+a_1+a_2+\cdots+a_{10}$

(2) $a_0-a_1+a_2-\cdots-a_9+a_{10}$

(3) $a_0+a_2+a_4+a_6+a_8+a_{10}$

(4) $a_1+a_3+a_5+a_7+a_9$

대표 예제 | 02

다음 물음에 답하시오.

(1) 다항식 $2x^3+ax^2+bx$를 x^2-1로 나누었을 때의 나머지가 $2x-1$일 때, 상수 a, b의 값을 각각 구하시오.

(2) 다항식 x^3-2x^2+ax+b를 x^2+x+1로 나누었을 때의 나머지가 $x+1$일 때, 상수 a, b의 값을 각각 구하시오.

바로 접근

다항식 $P(x)$를 $A(x)$로 나누었을 때의 몫을 $Q(x)$, 나머지를 $R(x)$라 하면
$P(x)=A(x)Q(x)+R(x)$는 x에 대한 항등식이다.

(1) $A(x)$가 일차식의 곱으로 인수분해되면 수치대입법을 이용한다.

(2) $A(x)$가 일차식의 곱으로 인수분해되지 않으면 계수비교법을 이용하거나 직접 나눗셈을 한다.

바른 풀이

(1) $2x^3+ax^2+bx$를 x^2-1로 나누었을 때의 몫을 $Q(x)$라 하면 나머지가 $2x-1$이므로
$2x^3+ax^2+bx=(x^2-1)Q(x)+2x-1$, 즉 $2x^3+ax^2+bx=(x+1)(x-1)Q(x)+2x-1$
이 등식이 x에 대한 항등식이므로
양변에 $x=1$을 대입하면 $2+a+b=1$ $\therefore a+b=-1$ $\cdots\cdots$ ㉠
양변에 $x=-1$을 대입하면 $-2+a-b=-3$ $\therefore a-b=-1$ $\cdots\cdots$ ㉡
㉠, ㉡을 연립하여 풀면 $a=-1$, $b=0$

(2) x^3-2x^2+ax+b를 x^2+x+1로 나누었을 때의 몫을 $Q(x)$라 하면 나머지가 $x+1$이므로
$x^3-2x^2+ax+b=(x^2+x+1)Q(x)+x+1$
좌변이 최고차항의 계수가 1인 삼차식이므로 $Q(x)=x+k$ (k는 상수)라 하면
$x^3-2x^2+ax+b=(x^2+x+1)(x+k)+x+1$
즉, $x^3-2x^2+ax+b=x^3+(k+1)x^2+(k+2)x+k+1$
이 등식이 x에 대한 항등식이므로 양변의 동류항의 계수를 비교하면
$k+1=-2$, $k+2=a$, $k+1=b$ $\therefore k=-3$, $a=-1$, $b=-2$

[다른 풀이]

(2) x^3-2x^2+ax+b를 x^2+x+1로 직접 나누면 오른쪽과 같다. 이때 나머지가 $(a+2)x+b+3$이므로
$(a+2)x+b+3=x+1$
이 등식이 x에 대한 항등식이므로
$a+2=1$, $b+3=1$ $\therefore a=-1$, $b=-2$

$$
\begin{array}{r}
x-3 \\
x^2+x+1\overline{)x^3-2x^2+ax+b} \\
\underline{x^3+x^2+x} \\
-3x^2+(a-1)x+b \\
\underline{-3x^2-3x-3} \\
(a+2)x+b+3
\end{array}
$$

[정답] (1) $a=-1$, $b=0$ (2) $a=-1$, $b=-2$

Bible Says

다항식 $P(x)$를 다항식 $A(x)$로 나누었을 때의 몫을 $Q(x)$, 나머지를 $R(x)$라 하면
① $P(x)=A(x)Q(x)+R(x)$는 x에 대한 항등식이다.   ② ($R(x)$의 차수)<($A(x)$의 차수)
③ 두 식 $P(x)$와 $A(x)Q(x)$는 차수가 같고, 최고차항의 계수도 같다.

📖 빠른 정답 • 490쪽 / 정답과 풀이 • 18쪽

한번 더하기

02-1

다항식 x^3+ax^2+bx+4를 x^2+2x-3으로 나누었을 때의 나머지가 $3x+1$일 때, 상수 a, b 의 값을 각각 구하시오.

표현 더하기

02-2

다항식 x^3+ax+b가 x^2-x-4로 나누어떨어질 때, 상수 a, b에 대하여 $a-b$의 값을 구하 시오.

표현 더하기

02-3

다항식 x^3+ax^2+2x+5를 x^2+1로 나누었을 때의 몫이 $x+6$일 때, 상수 a의 값과 나머지 를 각각 구하시오.

표현 더하기

02-4

다항식 $x^4+3x^3+5x^2-1$을 다항식 $f(x)$로 나누었을 때의 몫이 x^2+x+4, 나머지가 $-7x+3$일 때, $f(x)$를 구하시오.

02 나머지정리

1 나머지정리

다항식을 일차식으로 나누었을 때의 나머지를 구할 때, 직접 나눗셈을 하지 않고 항등식의 성질을 이용하여 다음과 같이 구하는 방법을 나머지정리라 한다.

(1) 다항식 $f(x)$를 일차식 $x-a$로 나누었을 때의 나머지를 R라 하면 ➡ $R=f(a)$

(2) 다항식 $f(x)$를 일차식 $ax+b$로 나누었을 때의 나머지를 R라 하면 ➡ $R=f\left(-\dfrac{b}{a}\right)$

나머지정리는 다항식을 일차식으로 나누었을 때의 나머지를 직접 나눗셈을 하지 않고 간편하게 구하는 방법이다.

다항식 $f(x)$를 일차식 $x-a$로 나누었을 때의 몫을 $Q(x)$, 나머지를 R라 하면 다음 등식이 성립한다.

$$f(x)=(x-a)Q(x)+R$$

이때 이 등식은 x에 대한 항등식이므로 양변에 $x=a$를 대입하면

$$f(a)=(a-a)Q(a)+R \quad \leftarrow x-a=0 을\ 만족시키는\ x의\ 값인\ a\ 대입$$
$$\therefore\ R=f(a)$$

따라서 다항식 $f(x)$를 일차식 $x-a$로 나누었을 때의 나머지는 $f(a)$이다.   ← 나머지정리는 항등식의 수치대입법의 활용이다.

example   다항식 $f(x)=x^3-2x^2-4x+1$을 $x-3$으로 나누었을 때의 나머지는 나머지정리에 의하여 $f(3)$과 같으므로
$$f(3)=3^3-2\times3^2-4\times3+1$$
$$=27-18-12+1=-2$$

이번에는 다항식 $f(x)$를 일차식 $ax+b$로 나누는 경우를 생각해 보자.

다항식 $f(x)$를 일차식 $ax+b$로 나누었을 때의 몫을 $Q(x)$, 나머지를 R라 하면 다음 등식이 성립한다.

$$f(x)=(ax+b)Q(x)+R$$

이때 이 등식은 x에 대한 항등식이므로 양변에 $x=-\dfrac{b}{a}$를 대입하면

$$f\left(-\frac{b}{a}\right)=\left\{a\times\left(-\frac{b}{a}\right)+b\right\}Q\left(-\frac{b}{a}\right)+R \quad \leftarrow ax+b=0 을\ 만족시키는\ x의\ 값인\ -\frac{b}{a}\ 대입$$

$$\therefore\ R=f\left(-\frac{b}{a}\right)$$

따라서 다항식 $f(x)$를 일차식 $ax+b$로 나누었을 때의 나머지는 $f\left(-\dfrac{b}{a}\right)$이다.

example 다항식 $f(x)=2x^3+x^2-4x+3$을 $2x+1$으로 나누었을 때의 나머지는 나머지정리에 의하여 $f\left(-\dfrac{1}{2}\right)$과 같으므로

$$f\left(-\frac{1}{2}\right)=2\times\left(-\frac{1}{2}\right)^3+\left(-\frac{1}{2}\right)^2-4\times\left(-\frac{1}{2}\right)+3$$
$$=-\frac{1}{4}+\frac{1}{4}+2+3=5$$

이와 같이 다항식을 일차식으로 나눌 때는 나누는 식인 일차식을 0으로 만드는 값을 다항식에 대입함으로써 몫과 상관없이 나머지를 바로 구할 수 있다.

다만 나머지정리는 다항식을 일차식으로 나누었을 때의 나머지를 구할 때만 사용할 수 있고, 몫은 알 수 없으므로 몫을 구해야 하는 문제는 직접 나눗셈을 해야만 한다.

또한 다항식 $f(x)$를 일차식 $x+\dfrac{b}{a}$ $(a\neq 0)$로 나누는 경우와 $ax+b$로 나누는 경우, 몫은 다를 수 있지만 나머지는 $f\left(-\dfrac{b}{a}\right)$로 서로 같다는 사실도 알아두도록 하자. ← 68쪽에서 자세히 알아보자.

2 인수정리

나머지정리에 의하여 다음과 같은 인수정리가 성립한다.
다항식 $f(x)$에 대하여
(1) $f(a)=0$이면 $f(x)$는 일차식 $x-a$로 나누어떨어진다.
(2) $f(x)$가 일차식 $x-a$로 나누어떨어지면 $f(a)=0$이다.

인수정리는 나머지정리에서 나머지가 0인 특별한 경우로 생각하면 된다.

앞에서 나머지정리를 통하여 다항식 $f(x)$가 일차식 $x-a$로 나누었을 때의 나머지가 $f(a)$임을 배웠다.

이때 $f(a)=0$이라 하면 $f(x)$는 $x-a$로 나누었을 때의 나머지가 0임을 뜻하므로 $f(x)$는 $x-a$로 나누어떨어진다. ← 인수정리 (1)

거꾸로 $f(x)$가 $x-a$로 나누어떨어지면 몫을 $Q(x)$라 할 때,
$$f(x)=(x-a)Q(x)$$
이다. 이때 이 등식은 x에 대한 항등식이므로 양변에 $x=a$를 대입하면
$$f(a)=0$$
이다. ← 인수정리 (2)

example 다항식 $f(x)=x^3+3x^2+ax+2$가 $x+1$로 나누어떨어질 때, 상수 a의 값을 구하면

인수정리에 의하여 $f(-1)=0$이어야 하므로

$$f(-1)=(-1)^3+3\times(-1)^2+a\times(-1)+2$$
$$=-1+3-a+2=0$$
$$\therefore a=4$$

한편, 다항식 $f(x)$와 일차식 $x-a$에 대하여 다음은 모두 '$f(a)=0$'과 같은 표현이다.

'$f(x)$를 $x-a$로 나누었을 때의 나머지가 0이다.'

'$f(x)$가 $x-a$로 나누어떨어진다.'

'$f(x)$는 $x-a$를 인수로 갖는다.'

'$f(x)=(x-a)Q(x)$'

인수정리를 이용하면 직접 나눗셈을 하지 않고도 다항식이 어떤 일차식으로 나누어떨어지는지 쉽게 알 수 있다.

즉, 어떤 일차식을 인수로 갖는지 알 수 있다.   ← 인수정리는 다음 단원에서 학습하게 될 인수분해의 중요한 도구이다.

example 다항식 $f(x)=x^3+3x^2+x-5$에서

$$f(1)=1^3+3\times1^2+1-5=0$$

이므로 인수정리에 의하여 $f(x)$는 $x-1$로 나누어떨어진다.

즉, $f(x)$는 $x-1$을 인수로 갖는다.

3 조립제법

다항식을 일차식으로 나눌 때, 직접 나눗셈을 하지 않고 계수만을 이용하여 몫과 나머지를 구하는 방법을 조립제법이라 한다.

다항식을 일차식으로 나누었을 때의 나머지는 나머지정리를 이용하여 쉽게 구할 수 있었지만 그 몫은 구할 수 없었다. **조립제법**은 계수만을 이용하여 몫과 나머지를 구하는 간편한 방법이다.

조립제법을 이용하여 다항식 $3x^3-4x^2+x+5$를 일차식 $x-2$로 나누었을 때의 몫과 나머지를 구해 보자.

다항식의 나눗셈

$$
\begin{array}{r}
3x^2+2x\ +5 \quad \leftarrow \text{몫}\\
x-2\ \overline{)\ 3x^3-4x^2+\ x+5}\\
\underline{3x^3-6x^2}\\
2x^2+\ x\\
\underline{2x^2-4x}\\
5x+\ 5\\
\underline{5x-10}\\
15 \quad \leftarrow \text{나머지}
\end{array}
$$

조립제법

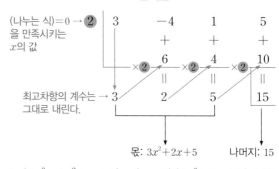

$$\Rightarrow (3x^3-4x^2+x+5)=(x-2)(3x^2+2x+5)+15$$

❶ $3x^3-4x^2+x+5$의 계수 3, -4, 1, 5를 차례대로 적는다.

❷ $x-2=0$을 만족시키는 x의 값인 ②를 적는다.

❸ $3x^3-4x^2+x+5$에서 최고차항의 계수 3을 그대로 내려 적는다.

❹ 내려 적은 수와 ②에 적은 수를 곱한 결과를 ↗ 방향으로 그 다음 차수의 계수 아래에 적는다.

❺ 두 수를 더한 결과를 ↓ 방향으로 바로 아래에 적는다. ← 빼는 것이 아님에 주의한다.

❻ 위의 ❹, ❺ 과정을 반복하여 마지막까지 계산한다.

이때 마지막 계산 결과인 15는 나머지이고, 이를 제외한 3, 2, 5가 차례대로 몫의 x^2의 계수, x의 계수, 상수항이다.

즉, 다항식 $3x^3-4x^2+x+5$를 $x-2$로 나누었을 때의 몫은 $3x^2+2x+5$이고 나머지는 15이다.

조립제법을 이용하기 위해 차수가 높은 항의 계수부터 차례대로 적을 때는 차수별로 모든 항의 계수를 빠짐없이 써야 한다. 이때 특정 차수의 항이 없으면 그 항의 계수를 0으로 적어야 하는 것에 주의하자.

예를 들어 x^3+x^2-3과 같이 일차항이 없는 다항식을 나누는 경우, 일차항의 계수를 0으로 놓고 조립제법을 해야 한다.

example 조립제법을 이용하여 다음 나눗셈의 몫과 나머지를 구하면

(1) $(x^3+x^2-3)\div(x-1)$

$x^3+x^2-3=x^3+x^2+0\times x-3$이므로

$$
\begin{array}{r|rrrr}
1 & 1 & 1 & 0 & -3\\
 & & 1 & 2 & 2\\
\hline
 & 1 & 2 & 2 & \boxed{-1}
\end{array}
$$

∴ 몫: x^2+2x+2, 나머지: -1

(2) $(2x^4-7x^2-9)\div(x+2)$

$2x^4-7x^2-9=2x^4+0\times x^3-7x^2+0\times x-9$이므로

$$
\begin{array}{r|rrrrr}
-2 & 2 & 0 & -7 & 0 & -9\\
 & & -4 & 8 & -2 & 4\\
\hline
 & 2 & -4 & 1 & -2 & \boxed{-5}
\end{array}
$$

∴ 몫: $2x^3-4x^2+x-2$, 나머지: -5

4 조립제법의 확장

다항식 $f(x)$를 일차식 $x+\dfrac{b}{a}\,(a\neq 0)$로 나누었을 때의 몫을 $Q(x)$, 나머지를 R라 하면 다항식 $f(x)$를 일차식 $ax+b$로 나누었을 때의 몫은 $\dfrac{1}{a}Q(x)$, 나머지는 R이다.

다항식 $f(x)$를 $x+\dfrac{b}{a}$와 $ax+b\,(a\neq 0)$로 나누었을 때의 몫과 나머지의 관계에 대하여 알아보자.

다항식 $f(x)$를 $x+\dfrac{b}{a}$로 나누었을 때의 몫을 $Q(x)$, 나머지를 R라 하면

$$f(x)=\left(x+\frac{b}{a}\right)Q(x)+R=\frac{1}{a}(ax+b)Q(x)+R$$

$$=(ax+b)\times\frac{1}{a}Q(x)+R \quad \leftarrow f(x)\text{를 } ax+b\text{로 나누었을 때의 나눗셈식의 형태}$$

몫은 $\dfrac{1}{a}$배이고 나머지는 같다.

이므로 다항식 $f(x)$를 $ax+b$로 나누었을 때의 몫은 $\dfrac{1}{a}Q(x)$, 나머지는 R이다.

즉, $f(x)$를 $ax+b$로 나누었을 때의 몫은 $f(x)$를 $x+\dfrac{b}{a}$로 나누었을 때의 몫의 $\dfrac{1}{a}$배이고, $f(x)$를 $ax+b$로 나누었을 때의 나머지는 $f(x)$를 $x+\dfrac{b}{a}$로 나누었을 때의 나머지와 같다.

따라서 조립제법을 이용하여 몫을 구할 때, 나누는 식의 일차항의 계수가 1이 아닌 경우에는 조립제법을 이용하여 몫을 구한 후 일차항의 계수로 나누어야 한다.

example

다항식 $4x^3-x+1$을 $2x-1$로 나누었을 때의 몫과 나머지를 구하면

$2x-1=2\left(x-\dfrac{1}{2}\right)$이므로 다항식 $4x^3-x+1$을 $x-\dfrac{1}{2}$로 나누기 위해 조립제법을 이용하면 오른쪽과 같다.

조립제법의 결과를 식으로 나타내면

$\frac{1}{2}$	4	0	-1	1
		2	1	0
	4	2	0	1

$4x^3-x+1=\left(x-\dfrac{1}{2}\right)(4x^2+2x)+1 \quad \leftarrow 4x^3+2x\text{는 } 4x^3-x+1\text{을}$
$x-\dfrac{1}{2}\text{로 나누었을 때의 몫이다.}$

$=\left(x-\dfrac{1}{2}\right)\times 2(2x^2+x)+1$

$=(2x-1)(2x^2+x)+1$

따라서 다항식 $4x^3-x+1$을 $2x-1$로 나누었을 때의 몫은 $\dfrac{1}{2}\times(4x^2+2x)=2x^2+x$, 나머지는 1이다.

지금까지 학습한 나머지정리, 인수정리, 조립제법을 각각 언제 사용하는지 정리하면 다음과 같다.

(1) 나머지정리: 일차식으로 나누었을 때, 나머지 구하기
(2) 인수정리: 일차식으로 나누었을 때, 나머지가 0인 경우
(3) 조립제법: 일차식으로 나누었을 때, 몫과 나머지 구하기

개념 CHECK

02. 나머지정리

01 다항식 $f(x)=x^3-4x^2-2x+2$를 다음 일차식으로 나누었을 때의 나머지를 구하시오.

(1) x (2) $x-1$ (3) $2x+1$

02 다항식 $f(x)=x^3-3x^2-ax+a$가 $x-2$로 나누어떨어질 때, 상수 a의 값을 구하시오.

03 다음은 조립제법을 이용하여 나눗셈의 몫과 나머지를 구하는 과정이다. ☐ 안에 알맞은 것을 써넣고 몫과 나머지를 구하시오.

(1) $(3x^3+2x^2-6x-7)\div(x+1)$

(2) $(2x^3-9x^2+7x+8)\div(x-3)$

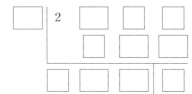

04 조립제법을 이용하여 다항식 $2x^3-5x^2+8x+2$를 $2x-1$로 나누었을 때의 몫과 나머지를 구하시오.

대표 예제 | 03

다항식 $2x^3+x+a$를 $x-1$로 나누었을 때의 나머지가 5일 때, 이 다항식을 $x-2$로 나누었을 때의 나머지를 구하시오. (단, a는 상수이다.)

바로 접근

다항식을 일차식으로 나누었을 때의 나머지를 구하는 경우이거나, 나머지가 주어졌을 때 미정계수를 구하는 경우에는 나머지정리를 이용한다.

① 다항식 $f(x)$를 $x-a$로 나눈 나머지 ➡ $f(a)$

② 다항식 $f(x)$를 $ax+b\,(a\neq0)$로 나눈 나머지 ➡ $f\left(-\dfrac{b}{a}\right)$

바른 풀이

$f(x)=2x^3+x+a$라 하면 나머지정리에 의하여 $f(1)=5$이므로

$2+1+a=5$ $\quad\therefore a=2$

따라서 $f(x)=2x^3+x+2$이므로 $f(x)$를 $x-2$로 나누었을 때의 나머지는

$f(2)=16+2+2=20$

[다른 풀이]

$2x^3+x+a$를 $x-1$로 나누었을 때의 몫을 $Q_1(x)$라 하면 나머지가 5이므로

$2x^3+x+a=(x-1)Q_1(x)+5$

이 등식은 x에 대한 항등식이므로 양변에 $x=1$을 대입하면

$2+1+a=5$ $\quad\therefore a=2$

$2x^3+x+2$를 $x-2$로 나누었을 때의 몫을 $Q_2(x)$, 나머지를 R라 하면

$2x^3+x+2=(x-2)Q_2(x)+R$

이 등식은 x에 대한 항등식이므로 양변에 $x=2$를 대입하면

$16+2+2=R$ $\quad\therefore R=20$

참고 [다른 풀이]는 62쪽 대표 예제 | 02와 같은 방법으로 푼 것이다.
풀이의 길이에서 알 수 있듯이 다항식을 일차식으로 나눌 때 나머지를 구하는 경우에는 나머지정리를 이용하는 것이 더 간단하다.

정답 20

Bible Says

나머지정리는 '일차식'으로 나누었을 때의 '나머지'를 구하는 방법이다.

① 나머지정리는 일차식으로 나눌 때에만 사용할 수 있다. 일차식이 아닌 식으로 나누는 경우에는 직접 나눗셈을 하거나 미정계수법을 이용한다.

② 나머지정리를 이용하여 몫은 구할 수 없다. 몫을 구하려면 직접 나눗셈을 해야 한다.

📖 빠른 정답·490쪽 / 정답과 풀이·19쪽

02

한 번 더하기

03-1 다항식 $f(x)=x^3+ax^2-3x+1$을 $x+1$로 나누었을 때의 나머지가 2일 때, $f(x)$를 $x-3$으로 나누었을 때의 나머지를 구하시오. (단, a는 상수이다.)

표현 더하기

03-2 다항식 x^3+ax^2+bx-3을 $x+2$로 나누었을 때의 나머지가 5이고, $x-1$로 나누었을 때의 나머지가 -1일 때, 상수 a, b에 대하여 $a-b$의 값을 구하시오.

표현 더하기

03-3 두 다항식 $f(x)=2x^2+x+a$, $g(x)=-x^3+ax$를 각각 $x+3$으로 나누었을 때의 나머지가 서로 같을 때, 상수 a의 값을 구하시오.

실력 더하기

03-4 두 다항식 $f(x)$, $g(x)$에 대하여 $f(x)+g(x)$를 $x-2$로 나누었을 때의 나머지가 -3이고 다항식 $f(x)-g(x)$를 $x-2$로 나누었을 때의 나머지가 7일 때, 다항식 $f(x)g(x)$를 $x-2$로 나누었을 때의 나머지를 구하시오.

대표 예제 | 04

다음 물음에 답하시오.

(1) 다항식 $f(x)$를 $x+1$로 나누었을 때의 나머지가 2이고, $x-3$으로 나누었을 때의 나머지가 -2이다. $f(x)$를 $(x+1)(x-3)$으로 나누었을 때의 나머지를 구하시오.

(2) 다항식 $f(x)$를 $(x-1)^2$으로 나누었을 때의 나머지가 $3x+1$이고, $x+2$로 나누었을 때의 나머지가 13이다. $f(x)$를 $(x-1)^2(x+2)$로 나누었을 때의 나머지를 구하시오.

바로 접근

(1) 다항식 $f(x)$를 이차식으로 나누었을 때의 나머지는 $ax+b$ (단, a, b는 상수)

(2) 다항식 $f(x)$를 삼차식으로 나누었을 때의 나머지는 ax^2+bx+c (단, a, b, c는 상수)

바른 풀이

(1) $f(x)$를 $x+1$로 나누었을 때의 나머지가 2이고, $x-3$으로 나누었을 때의 나머지가 -2이므로 나머지정리에 의하여 $f(-1)=2$, $f(3)=-2$

$f(x)$를 $(x+1)(x-3)$으로 나누었을 때의 몫을 $Q(x)$, 나머지를 $ax+b$ (a, b는 상수)라 하면

$f(x)=(x+1)(x-3)Q(x)+ax+b$ ...... ㉠

㉠의 양변에 $x=-1$을 대입하면 $f(-1)=-a+b=2$ ...... ㉡

㉠의 양변에 $x=3$을 대입하면 $f(3)=3a+b=-2$ ...... ㉢

㉡, ㉢을 연립하여 풀면 $a=-1$, $b=1$

따라서 구하는 나머지는 $-x+1$이다.

(2) $f(x)$를 $(x-1)^2(x+2)$로 나누었을 때의 몫을 $Q(x)$, 나머지를 ax^2+bx+c (a, b, c는 상수)라 하면 $f(x)=(x-1)^2(x+2)Q(x)+ax^2+bx+c$

이때 $(x-1)^2(x+2)Q(x)$는 $(x-1)^2$으로 나누어떨어지므로 $f(x)$를 $(x-1)^2$으로 나누었을 때의 나머지는 ax^2+bx+c를 $(x-1)^2$으로 나누었을 때의 나머지와 같다.

즉, ax^2+bx+c를 $(x-1)^2$으로 나누었을 때의 나머지가 $3x+1$이므로

$ax^2+bx+c=a(x-1)^2+3x+1$ ...... ㉠

$\therefore f(x)=(x-1)^2(x+2)Q(x)+a(x-1)^2+3x+1$ ...... ㉡

한편, $f(x)$를 $x+2$로 나누었을 때의 나머지가 13이므로 나머지정리에 의하여 $f(-2)=13$

㉡에 $x=-2$를 대입하면 $f(-2)=9a-6+1=13$ $\therefore a=2$

따라서 구하는 나머지는 ㉡에서 $2(x-1)^2+3x+1=2x^2-x+3$

정답 (1) $-x+1$ (2) $2x^2-x+3$

Bible Says

(2) 다항식 A, B, C에 대하여

$\dfrac{AB+C}{A}=\dfrac{AB}{A}+\dfrac{C}{A}=B+\dfrac{C}{A}$이므로 $AB+C$를 A로 나누었을 때의 몫과 나머지를 구하면

① 몫: $B+(C$를 A로 나누었을 때의 몫)

② 나머지: C를 A로 나누었을 때의 나머지

따라서 ㉠과 같이 식을 나타낼 수 있다.

한번 더하기

04-1 다음 물음에 답하시오.

(1) 다항식 $f(x)$를 $x+2$로 나누었을 때의 나머지가 -4이고, $x-3$으로 나누었을 때의 나머지가 1이다. $f(x)$를 x^2-x-6으로 나누었을 때의 나머지를 구하시오.

(2) 다항식 $f(x)$를 $(x+1)^2$으로 나누었을 때의 나머지가 $x-3$이고, $x+3$으로 나누었을 때의 나머지가 6이다. $f(x)$를 $(x+1)^2(x+3)$으로 나누었을 때의 나머지를 구하시오.

표현 더하기

04-2 다항식 $f(x)$를 $x-1$로 나누었을 때의 나머지가 2이고, $x+1$로 나누었을 때의 나머지가 -4이다. 다항식 $(x^2+2x-1)f(x)$를 x^2-1로 나누었을 때의 나머지를 구하시오.

표현 더하기

04-3 다항식 $f(x)$를 $x+4$로 나누었을 때의 나머지는 11, $x-2$로 나누었을 때의 나머지는 -1, $(x+4)(x-2)$로 나누었을 때의 몫은 x^2+3x-1이다. 이때 $f(x)$를 $x+1$로 나누었을 때의 나머지를 구하시오.

실력 더하기

04-4 다항식 $f(x)$를 $x(x+1)$로 나누었을 때의 나머지가 $3x-1$이고, $x-1$로 나누었을 때의 나머지가 4이다. $f(x)$를 $x(x^2-1)$로 나누었을 때의 나머지를 ax^2+bx+c라 할 때, 상수 a, b, c에 대하여 $2a+b-c$의 값을 구하시오.

대표 예제 05

다항식 $f(x)$를 x^2-9로 나누었을 때의 나머지가 $2x-1$일 때, 다항식 $f(2x-1)$을 $x-2$로 나누었을 때의 나머지를 구하시오.

바로 접근

다항식 $f(x)$에 대하여 다항식 $f(ax+b)$를 $x-a$로 나눈 나머지는 $f(aa+b)$이다.

바른 풀이

$f(2x-1)$을 $x-2$로 나누었을 때의 나머지는 나머지정리에 의하여

$f(2\times2-1)=f(3)$ ← 즉, $f(3)$의 값을 구하면 된다.

$f(x)$를 x^2-9로 나누었을 때의 몫을 $Q(x)$라 하면

$f(x)=(x^2-9)Q(x)+2x-1$

$\quad\quad=(x-3)(x+3)Q(x)+2x-1$ ······ ㉠

이 식은 x에 대한 항등식이므로

양변에 $x=3$을 대입하면 $f(3)=2\times3-1=5$

따라서 구하는 나머지는 5이다.

[다른 풀이]

㉠에 x 대신 $2x-1$을 대입하면

$f(2x-1)=\{(2x-1)-3\}\{(2x-1)+3\}Q(2x-1)+2(2x-1)-1$

$\quad\quad\quad=4(x-2)(x+1)Q(2x-1)+4(x-2)+5$

$\quad\quad\quad=(x-2)\{4(x+1)Q(2x-1)+4\}+5$

따라서 구하는 나머지는 5이다.

정답 5

Bible Says

다항식 $f(x)$에 대하여 $g(x)=f(ax+b)$라 할 때,

다항식 $g(x)$를 $x-a$로 나누었을 때의 몫을 $Q(x)$, 나머지를 R라 하면

$\quad g(x)=(x-a)Q(x)+R$

이때 위 식은 x에 대한 항등식이므로 양변에 $x=a$를 대입하면 $R=g(a)=f(aa+b)$, 즉 $R=f(aa+b)$이다.

02

한 번 더하기

05-1

다항식 $f(x)$를 $(x-1)(x+4)$로 나누었을 때의 나머지가 $4x-1$일 때, 다항식 $f(3x+4)$를 $x+1$로 나누었을 때의 나머지를 구하시오.

표현 더하기

05-2

다항식 $f(4x-1)$을 $x-1$로 나누었을 때의 나머지가 5이다. 다항식 $f(x)$를 x^2-x-6으로 나누었을 때의 나머지가 $ax-4$일 때, 상수 a의 값을 구하시오.

표현 더하기

05-3

다항식 $f(x)$를 $x-3$으로 나누었을 때의 나머지가 2일 때, 다항식 $xf(x-1)$을 $x-4$로 나누었을 때의 나머지를 구하시오.

실력 더하기

05-4

다항식 $f(x)$에 대하여 $(2x+5)f(x)$를 $x+2$로 나누었을 때의 나머지가 7이고, $(x-3)f(x+1)$을 $x-1$로 나누었을 때의 나머지가 10이다. $f(x)$를 $(x+2)(x-2)$로 나누었을 때의 나머지를 $R(x)$라 할 때, $R(-3)$을 구하시오.

대표 예제 | 06

다음 물음에 답하시오.

(1) 다항식 $f(x)$를 $x+2$로 나누었을 때의 몫이 $Q(x)$, 나머지가 1이고, $Q(x)$를 $x-4$로 나누었을 때의 나머지는 -1이다. $f(x)$를 $x-4$로 나누었을 때의 나머지를 구하시오.

(2) 다항식 $f(x)$를 $x-2$로 나누었을 때의 나머지가 7이고, x^2+x+1로 나누었을 때의 몫은 $Q(x)$, 나머지는 $x+3$이다. $Q(x)$를 $x-2$로 나누었을 때의 나머지를 구하시오.

바로 접근

다항식 $f(x)$를 $p(x)$로 나누었을 때의 몫을 $Q(x)$라 하면 $Q(x)$를 $x-a$로 나누었을 때의 나머지는 나머지정리에 의하여 $Q(a)$이다.

바른 풀이

(1) $f(x)$를 $x+2$로 나누었을 때의 몫이 $Q(x)$, 나머지가 1이므로

$$f(x)=(x+2)Q(x)+1 \quad \cdots\cdots \ \text{㉠}$$

$Q(x)$를 $x-4$로 나누었을 때의 나머지가 -1이므로 나머지정리에 의하여

$$Q(4)=-1$$

$f(x)$를 $x-4$로 나누었을 때의 나머지는 나머지정리에 의하여 $f(4)$이므로 ㉠의 양변에 $x=4$를 대입하면

$$f(4)=6Q(4)+1=6\times(-1)+1=-5$$

따라서 구하는 나머지는 -5이다.

(2) $f(x)$를 $x-2$로 나누었을 때의 나머지가 7이므로 나머지정리에 의하여

$$f(2)=7$$

$f(x)$를 x^2+x+1로 나누었을 때의 몫이 $Q(x)$이고 나머지가 $x+3$이므로

$$f(x)=(x^2+x+1)Q(x)+x+3 \quad \cdots\cdots \ \text{㉠}$$

이때 $Q(x)$를 $x-2$로 나누었을 때의 나머지는 나머지정리에 의하여 $Q(2)$이므로 ㉠의 양변에 $x=2$를 대입하면

$$f(2)=(4+2+1)Q(2)+2+3$$
$$7=7Q(2)+5$$
$$\therefore Q(2)=\frac{2}{7}$$

따라서 구하는 나머지는 $\frac{2}{7}$이다.

정답 $\ (1) -5 \quad (2) \dfrac{2}{7}$

Bible Says

다항식의 나눗셈에 대한 문제를 풀 때는 다음 두 가지를 살펴보자.

① $f(x)=\underset{\text{나누는 식}}{p(x)}\underset{\text{몫}}{Q(x)}+\underset{\text{나머지}}{R(x)}$의 꼴로 식을 세운다.

② 일차식으로 나누었을 때의 나머지가 주어지면 나머지정리를 이용한다.

한번 더하기

06-1

다항식 $f(x)$를 $x-1$로 나누었을 때의 몫이 $Q(x)$, 나머지가 4이다. $f(x)$를 $x+3$으로 나누었을 때의 나머지가 -4일 때, $Q(x)$를 $x+3$으로 나누었을 때의 나머지를 구하시오.

표현 더하기

06-2

다항식 x^3+2x^2-ax+3을 $x+1$로 나누었을 때의 몫이 $Q(x)$이고 나머지가 8일 때, $Q(x)$를 $x-2$로 나누었을 때의 나머지를 구하시오. (단, a는 상수이다.)

표현 더하기

06-3

다항식 $f(x)$를 $x+3$으로 나누었을 때의 몫은 $Q(x)$, 나머지는 2이고, $Q(x)$를 $x-2$로 나누었을 때의 나머지는 -2이다. $f(x)$를 $(x+3)(x-2)$로 나누었을 때의 나머지를 $R(x)$라 할 때, $R(-1)$의 값을 구하시오.

표현 더하기

06-4

다항식 $x^{39}+30$을 $x-1$로 나누었을 때의 몫을 $Q(x)$라 할 때, $Q(x)$를 $x+1$로 나누었을 때의 나머지를 구하시오.

대표 예제 : 07

다음 물음에 답하시오.

(1) 다항식 x^3+ax^2-4x+b가 $x+3$, $x-2$로 각각 나누어떨어질 때, 상수 a, b의 값을 각각 구하시오.

(2) 다항식 x^3+ax^2+bx-6이 x^2-x-2를 인수로 가질 때, 상수 a, b의 값을 각각 구하시오.

바로 접근

(1) 다항식 $f(x)$가 $x-a$로 나누어떨어진다. ➡ $f(a)=0$

(2) 다항식 $f(x)$가 $(x-\alpha)(x-\beta)$를 인수로 갖는다.

　➡ $f(x)$가 $(x-\alpha)(x-\beta)$로 나누어떨어진다.

　➡ $f(x)$가 $x-\alpha$와 $x-\beta$로 각각 나누어떨어진다.

　➡ $f(\alpha)=0$, $f(\beta)=0$

바른 풀이

(1) $f(x)=x^3+ax^2-4x+b$라 하면 $f(x)$는 $x+3$, $x-2$로 각각 나누어떨어지므로

　인수정리에 의하여

　$f(-3)=0$, $f(2)=0$

　$f(-3)=0$에서 $-27+9a+12+b=0$

　$\therefore 9a+b=15$　$\cdots\cdots$ ㉠

　$f(2)=0$에서 $8+4a-8+b=0$

　$\therefore 4a+b=0$　$\cdots\cdots$ ㉡

　㉠, ㉡을 연립하여 풀면 $a=3$, $b=-12$

(2) $f(x)=x^3+ax^2+bx-6$이라 하면 $f(x)$는 x^2-x-2, 즉 $(x+1)(x-2)$를 인수로 가지므로

　$f(x)$는 $(x+1)(x-2)$로 나누어떨어진다.

　따라서 $f(x)$는 $x+1$과 $x-2$로 각각 나누어떨어지므로

　인수정리에 의하여 $f(-1)=0$, $f(2)=0$

　$f(-1)=0$에서 $-1+a-b-6=0$

　$\therefore a-b=7$　$\cdots\cdots$ ㉠

　$f(2)=0$에서 $8+4a+2b-6=0$

　$\therefore 4a+2b=-2$　$\cdots\cdots$ ㉡

　㉠, ㉡을 연립하여 풀면 $a=2$, $b=-5$

　　　　　정답　(1) $a=3$, $b=-12$　(2) $a=2$, $b=-5$

Bible Says

다항식 $f(x)$와 일차식 $x-a$에 대하여 다음은 모두 $f(a)=0$을 나타낸다.

① $f(x)$가 일차식 $x-a$로 나누어떨어진다.

② $f(x)$를 $x-a$로 나누었을 때의 나머지가 0이다.

③ $f(x)$는 $x-a$를 인수로 갖는다.

④ $f(x)=(x-a)Q(x)$ (단, $Q(x)$는 다항식)

한 번 더하기

07-1

다음 물음에 답하시오.

(1) 다항식 x^3+ax^2-bx+6이 $x+1$, $x+2$를 인수로 가질 때, 상수 a, b의 값을 각각 구하시오.

(2) 다항식 x^3-2x^2+ax+b가 x^2-2x-3으로 나누어떨어질 때, 상수 a, b의 값을 각각 구하시오.

표현 더하기

07-2

다항식 x^3+ax^2-3x+b는 $x-3$으로 나누어떨어지고, $x-2$로 나누었을 때의 나머지가 4일 때, 상수 a, b에 대하여 a, b의 값을 각각 구하시오.

표현 더하기

07-3

다항식 $f(x)=x^3-x^2+ax+5$에 대하여 다항식 $f(2x-3)$이 $x-1$을 인수로 가질 때, 상수 a의 값을 구하시오.

실력 더하기

07-4

다항식 $f(x)$에 대하여 $f(x)-1$이 x^2+2x-8로 나누어떨어질 때, 다항식 $f(3x-4)$를 x^2-2x로 나누었을 때의 나머지를 구하시오.

대표 예제 | 08

오른쪽은 조립제법을 이용하여 다항식 $2x^3-7x^2+5x+2$를 $2x-1$ 로 나누었을 때의 몫과 나머지를 구하는 과정이다. 다음을 구하시오.
(단, a, b, c는 상수이다.)

(1) abc의 값   (2) 몫과 나머지

a	2	-7	5	2
	2	b	2	c

바로 접근

(다항식)÷(일차식)의 몫과 나머지를 모두 구할 때는 조립제법을 이용한다.

① 다항식 $f(x)$를 일차식 $ax+b$로 나눌 때는 $x+\dfrac{b}{a}$로 나누는 것으로 생각하여 조립제법을 이용한다.

② $f(x)$를 $x+\dfrac{b}{a}$로 나누었을 때의 몫이 $Q(x)$, 나머지가 R이면 $f(x)$를 $ax+b$로 나누었을 때의 몫은

$\dfrac{1}{a}Q(x)$, 나머지는 R이다.

바른 풀이

(1) $2x-1=2\Big(x-\dfrac{1}{2}\Big)$이므로 조립제법을 이용하면 다음과 같다.

$$
\begin{array}{c|cccc}
\frac{1}{2} & 2 & -7 & 5 & 2 \\
& & 1 & -3 & 1 \\
\hline
& 2 & -6 & 2 & \boxed{3}
\end{array}
$$

따라서 $a=\dfrac{1}{2}$, $b=-6$, $c=3$이므로

$abc=\dfrac{1}{2}\times(-6)\times3=-9$

(2) (1)에서 다항식 $2x^3-7x^2+5x+2$를 $x-\dfrac{1}{2}$로 나누었을 때의 몫은 $2x^2-6x+2$, 나머지는 3이므로

$2x^3-7x^2+5x+2=\Big(x-\dfrac{1}{2}\Big)(2x^2-6x+2)+3$

$\qquad\qquad\qquad\quad =\Big(x-\dfrac{1}{2}\Big)\times2(x^2-3x+1)+3$

$\qquad\qquad\qquad\quad =(2x-1)(x^2-3x+1)+3$

따라서 다항식 $2x^3-7x^2+5x+2$를 $2x-1$로 나누었을 때의 몫은 x^2-3x+1, 나머지는 3이다.

[정답] (1) -9 (2) 몫: x^2-3x+1, 나머지: 3

Bible Says

다항식 $f(x)$를 $ax+b$로 나누었을 때의 몫과 나머지 (단, a, b는 상수)

① $f(x)=\Big(x+\dfrac{b}{a}\Big)Q(x)+R$ ➡ $f(x)$를 $x+\dfrac{b}{a}$로 나누었을 때의 몫은 $Q(x)$, 나머지는 R

② $f(x)=(ax+b)\times\dfrac{1}{a}Q(x)+R$ ➡ $f(x)$를 $ax+b$로 나누었을 때의 몫은 $\dfrac{1}{a}Q(x)$, 나머지는 R

한번 더하기

08-1 오른쪽은 조립제법을 이용하여 다항식 $2x^3+3x^2-5x-4$를 $2x-3$으로 나누었을 때의 몫과 나머지를 구하는 과정이다. 이때 $2a+b+c+d$의 값과 몫을 구하시오.
(단, a, b, c, d는 상수이다.)

a	2	3	-5	-4
		3	c	6
	2	b	4	d

표현 더하기

08-2 오른쪽은 조립제법을 이용하여 다항식 x^3-5x^2+2x+d를 $x-a$로 나누었을 때의 몫과 나머지를 구하는 과정이다. 이때 $a+b+c+d$의 값을 구하시오.
(단, a, b, c, d는 상수이다.)

a	1	-5	2	d
		4	c	-8
	1	b	-2	-4

표현 더하기

08-3 오른쪽은 조립제법을 이용하여 다항식 ax^3+bx^2+cx+d를 $x+3$으로 나누었을 때의 몫과 나머지를 구하는 과정이다. 상수 a, b, c, d에 대하여 $a+b+c-d$의 값을 구하시오.

-3	a	b	c	d
		☐	☐	☐
	2	-1	4	3

표현 더하기

08-4 오른쪽은 다항식 $f(x)=ax^2+bx+c$를 $x-\dfrac{1}{4}$로 나누었을 때의 몫과 나머지를 조립제법을 이용하여 구하는 과정이다. $f(x)$를 $4x-1$로 나누었을 때의 몫과 나머지를 차례대로 구한 것은?

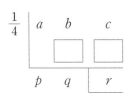

① $px+q$, r
② $4px+4q$, r
③ $4px+4q$, $4r$
④ $\dfrac{p}{4}x+\dfrac{q}{4}$, r
⑤ $\dfrac{p}{4}x+\dfrac{q}{4}$, $\dfrac{r}{4}$

대표 예제 ┃ 09

모든 실수 x에 대하여 등식 $2x^3+x^2-3x+1=a(x-1)^3+b(x-1)^2+c(x-1)+d$가 성립할 때, 상수 a, b, c, d의 값을 각각 구하시오.

바로 접근

조립제법을 연속으로 이용하면 x에 대한 다항식을 $x-\alpha$에 대하여 내림차순으로 정리한 식에서 미정계수를 구할 수 있다.

바른 풀이

다항식 $2x^3+x^2-3x+1$을 $x-1$로 나누었을 때의 몫과 나머지를 조립제법을 이용하여 구하면 몫이 $2x^2+3x$, 나머지가 1이므로

$2x^3+x^2-3x+1=(x-1)(2x^2+3x)+1$ ······ ㉠

$2x^2+3x$를 $x-1$로 나누었을 때의 몫과 나머지를 조립제법을 이용하여 구하면 몫이 $2x+5$, 나머지가 5이므로

$2x^2+3x=(x-1)(2x+5)+5$ ······ ㉡

$2x+5$를 $x-1$로 나누었을 때의 몫과 나머지를 조립제법을 이용하여 구하면 몫이 2, 나머지가 7이므로

$2x+5=2(x-1)+7$ ······ ㉢

㉡을 ㉠에 대입하면

$2x^3+x^2-3x+1=(x-1)\{(x-1)(2x+5)+5\}+1$
$\qquad\qquad\qquad =(x-1)^2(2x+5)+5(x-1)+1$ ······ ㉣

㉢을 ㉣에 대입하면

$2x^3+x^2-3x+1=(x-1)^2\{2(x-1)+7\}+5(x-1)+1$
$\qquad\qquad\qquad =2(x-1)^3+7(x-1)^2+5(x-1)+1$

$\therefore a=2$, $b=7$, $c=5$, $d=1$

$$
\begin{array}{r|rrrr}
1 & 2 & 1 & -3 & 1 \\
  &   & 2 & 3 & 0 \\
\hline
1 & 2 & 3 & 0 & \boxed{1} \leftarrow d \\
  &   & 2 & 5 & \\
\hline
1 & 2 & 5 & \boxed{5} \leftarrow c \\
  &   & 2 & \\
\hline
  & 2 & \boxed{7} \leftarrow b \\
  & \uparrow & \\
  & a &
\end{array}
$$

[다른 풀이]

$x-1=t$로 놓고, $x=t+1$을 주어진 항등식에 대입하면

$2(t+1)^3+(t+1)^2-3(t+1)+1=at^3+bt^2+ct+d$

좌변을 전개하여 정리하면

$2t^3+7t^2+5t+1=at^3+bt^2+ct+d$

양변의 계수를 비교하면 $a=2$, $b=7$, $c=5$, $d=1$

[정답] $a=2$, $b=7$, $c=5$, $d=1$

Bible Says

등식 $2x^3+x^2-3x+1=a(x-1)^3+b(x-1)^2+c(x-1)+d$가 x에 대한 항등식이므로 우변을 전개한 후 계수비교법을 이용하거나 $x=1$, $x=0$, $\cdots$을 양변에 대입하는 수치대입법을 이용하여 a, b, c, d의 값을 구할 수도 있지만 위의 풀이와 같이 조립제법을 이용하면 편리하게 구할 수 있다.

한번 더하기

09-1

x의 값에 관계없이 등식 $x^3-3x^2+6x-1=a(x-2)^3+b(x-2)^2+c(x-2)+d$가 항상 성립할 때, 상수 a, b, c, d의 값을 각각 구하시오.

표현 더하기

09-2

등식 $2x^3+x^2+x+4=a(x+1)^3+b(x+1)^2+c(x+1)+d$가 x에 대한 항등식일 때, 상수 a, b, c, d의 값을 각각 구하시오.

표현 더하기

09-3

등식 $4x^3-4x^2-x+2=a(2x+1)^3+b(2x+1)^2+c(2x+1)+d$가 x에 대한 항등식일 때, 상수 a, b, c, d에 대하여 $ad-bc$의 값을 구하시오.

실력 더하기

09-4

다항식 $f(x)=3x^3-2x^2+3$에 대하여 다음 물음에 답하시오.

(1) $f(x)$를 $a(x-1)^3+b(x-1)^2+c(x-1)+d$ 꼴로 나타내었을 때, 상수 a, b, c, d의 값을 각각 구하시오.

(2) (1)의 결과를 이용하여 $f(1.1)$의 값을 구하시오.

중단원 연습문제

S·T·E·P 1 기본 다지기

01 등식 $(k-3)x-(2k+1)y+1=4k+10$이 k의 값에 관계없이 항상 성립할 때, 상수 x, y에 대하여 $x+y$의 값을 구하시오.

02 $x+y=1$을 만족시키는 임의의 실수 x, y에 대하여 등식 $x^2-2ax-y^2+3b+4=0$이 성립할 때, 상수 a, b에 대하여 ab의 값을 구하시오.

03 다항식 x^3+ax+b를 x^2+5x+3으로 나누었을 때의 나머지가 6일 때, 상수 a, b에 대하여 $a-b$의 값을 구하시오.

04 다항식 $f(x)$를 $x-5$로 나누었을 때의 나머지가 3이고, 다항식 $g(x)$를 $x-5$로 나누었을 때의 나머지가 -2일 때, 다항식 $2f(x)-3g(x)$를 $x-5$로 나누었을 때의 나머지를 구하시오.

05 다항식 $f(x)$를 $x+2$로 나누었을 때의 나머지가 4일 때, 다항식 $(x^2+3x-7)f(x)$를 $x+2$로 나누었을 때의 나머지를 구하시오.

06 다항식 $f(x)$를 x^2-9로 나누었을 때의 나머지는 $3x+2$이고, $x-4$로 나누었을 때의 나머지는 7이다. $f(x)$를 x^2-x-12로 나누었을 때의 나머지를 구하시오.

07 다항식 $1+x+x^2+\cdots+x^{10}$을 x^3-x로 나누었을 때의 나머지를 $R(x)$라 할 때, $R(x)$를 $x+3$으로 나누었을 때의 나머지를 구하시오.

08 이차식 $f(x)$에 대하여 다항식 $f(3-x)$를 $x-3$으로 나누었을 때의 나머지가 6일 때, 다항식 $xf(x)$는 $(x-1)(x-3)$으로 나누어떨어진다. 이때 이차식 $f(x)$를 구하시오.

09 다항식 x^3+ax^2-x+5를 $x+2$로 나누었을 때의 몫을 $Q(x)$라 할 때, $Q(x)$를 $x+1$로 나누었을 때의 나머지가 -3이다. 이때 상수 a의 값을 구하시오.

10 다항식 $x^3-2kx^2-4x-k^2$이 $x+1$을 인수로 갖도록 하는 모든 상수 k의 값의 합을 구하시오.

교육청 기출

11 다항식 $(x+2)(x-1)(x+a)+b(x-1)$이 x^2+4x+5로 나누어떨어질 때, $a+b$의 값을 구하시오. (단, a, b는 상수이다.)

12 x에 대한 다항식 $3x^3+ax^2-7x+b$를 $x-2$로 나누었을 때의 몫과 나머지를 오른쪽과 같이 조립제법을 이용하여 구하려고 한다. 상수 a, b, c, d, k에 대하여 $k+a+b+c+d$의 값을 구하시오.

k	3	a	-7	b
		c	8	2
	3	4	d	3

S·T·E·P 2 실력 다지기

13
모든 실수 x, y에 대하여 $\dfrac{ax-2y+4}{x+by-2}$의 값이 항상 일정할 때, 상수 a, b의 값을 각각 구하시오. (단, $x+by-2 \neq 0$)

14
모든 실수 x에 대하여 등식
$$x^{10}-4=a_0+a_1(x+1)+a_2(x+1)^2+\cdots+a_{10}(x+1)^{10}$$
이 성립할 때, $a_1+a_3+a_5+a_7+a_9$의 값을 구하시오. (단, a_0, a_1, a_2, $\cdots$, a_{10}은 상수이다.)

15
$55^{11}+55^{12}+1$을 54로 나누었을 때의 나머지를 구하시오.

16
모든 실수 x에 대하여 $f(1+x)=f(1-x)$를 만족시키는 다항식 $f(x)$를 $x-3$으로 나누었을 때의 나머지가 -2이다. 이때 $f(x)$를 $(x+1)(x-3)$으로 나누었을 때의 나머지를 구하시오.

중단원 연습문제

17 최고차항의 계수가 1인 삼차식 $f(x)$에 대하여 $f(-3)=f(1)=f(2)=2$일 때, $f(x)$를 $x+1$로 나누었을 때의 나머지를 구하시오.

18 다항식 $f(x)$를 $(x-1)(x-2)(x-4)$로 나누었을 때의 나머지는 x^2+x+2이다. $f(8x)$를 $8x^2-6x+1$로 나누었을 때의 나머지를 $ax+b$라 할 때, 상수 a, b에 대하여 $a+b$의 값을 구하시오.

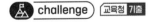

19 이차식 $f(x)$와 일차식 $g(x)$가 다음 조건을 만족시킨다.

> (가) 방정식 $f(x)-g(x)=0$이 중근 1을 갖는다.
> (나) 두 다항식 $f(x)$, $g(x)$를 $x-2$로 나누었을 때의 나머지는 각각 2, 5이다.

다항식 $f(x)-g(x)$를 $x+1$로 나누었을 때의 나머지는?

① -16　　　　② -14　　　　③ -12
④ -10　　　　⑤ -8

20 최고차항의 계수가 1인 사차다항식 $f(x)$가 다음 조건을 만족시킬 때, 양수 p의 값은?

> (가) $f(x)$를 $x+2$, x^2+4로 나눈 나머지는 모두 $3p^2$이다.
> (나) $f(1)=f(-1)$
> (다) $x-\sqrt{p}$는 $f(x)$의 인수이다.

① $\dfrac{1}{2}$　　　　② 1　　　　③ $\dfrac{3}{2}$
④ 2　　　　⑤ $\dfrac{5}{2}$

03

인수분해

01 인수분해 공식

인수분해	하나의 다항식을 두 개 이상의 다항식의 곱으로 나타내는 것을 인수분해라 한다.
인수분해 공식	(1) $a^2+b^2+c^2+2ab+2bc+2ca=(a+b+c)^2$ (2) $a^3+3a^2b+3ab^2+b^3=(a+b)^3$ 　　$a^3-3a^2b+3ab^2-b^3=(a-b)^3$ (3) $a^3+b^3=(a+b)(a^2-ab+b^2)$ 　　$a^3-b^3=(a-b)(a^2+ab+b^2)$ (4) $a^3+b^3+c^3-3abc=(a+b+c)(a^2+b^2+c^2-ab-bc-ca)$ 　　　　　　　　　　　　$=\dfrac{1}{2}(a+b+c)\{(a-b)^2+(b-c)^2+(c-a)^2\}$ (5) $a^4+a^2b^2+b^4=(a^2+ab+b^2)(a^2-ab+b^2)$

02 여러 가지 식의 인수분해

공통부분이 있는 경우	공통부분을 한 문자로 치환하여 인수분해한다.
복이차식의 인수분해	복이차식 x^4+ax^2+b (a, b는 상수)는 다음 두 가지의 방법 중 하나로 인수분해한다. (1) $x^2=X$로 치환하여 인수분해한다. (2) A^2-B^2 꼴로 변형한 후, 인수분해한다.
여러 개의 문자가 있는 경우	(1) 문자의 차수가 다른 경우: 차수가 가장 낮은 문자에 대하여 내림차순으로 정리한다. (2) 문자의 차수가 같은 경우: 어느 한 문자에 대하여 내림차순으로 정리한다.
인수정리를 이용한 인수분해	삼차 이상인 다항식 $f(x)$를 인수분해할 때는 인수정리를 이용한다. ❶ $f(\alpha)=0$을 만족시키는 상수 α의 값을 구한다. ❷ 조립제법을 이용하여 $f(x)$를 $x-\alpha$로 나누었을 때의 몫 $Q(x)$를 구하여 $f(x)=(x-\alpha)Q(x)$로 나타낸다. ❸ $Q(x)$가 더 이상 나누어지지 않을 때까지 ❶, ❷의 과정을 반복한다.

01 인수분해 공식

1 인수분해

하나의 다항식을 두 개 이상의 다항식의 곱으로 나타내는 것을 인수분해라 한다.
이때 곱을 이루는 각각의 다항식을 원래의 다항식의 인수라 한다.

인수분해는 다항식의 전개를 거꾸로 생각한 것이다.
즉, 다항식의 곱을 하나의 다항식으로 나타내는 것이
전개이고, 거꾸로 하나의 다항식을 두 개 이상의 다
항식의 곱으로 나타내는 것이 인수분해이다.

$$x^2+4x+3 \underset{\text{전개}}{\overset{\text{인수분해}}{\rightleftarrows}} (x+1)(x+3)$$
합의 꼴   곱의 꼴

← $x^2+4x+3=x(x+4)+3$과 같이 나타내는 것은 인수분해가 아니다.
인수분해는 우변이 다항식의 곱으로만 표현되어야 한다.

일반적으로 다항식을 인수분해할 때는 더 이상 인수분해할 수 없을 때까지 인수분해한다.

한편, 곱을 이루는 각각의 다항식을 원래의 다항식의 인수라 한다. x^2+4x+3을 인수분해하면
$(x+1)(x+3)$이므로 $x+1$, $x+3$은 x^2+4x+3의 인수이다.

2 인수분해 공식 (1)

(1) $ma+mb=m(a+b)$

(2) $a^2+2ab+b^2=(a+b)^2$, $a^2-2ab+b^2=(a-b)^2$

(3) $a^2-b^2=(a+b)(a-b)$

(4) $x^2+(a+b)x+ab=(x+a)(x+b)$

(5) $acx^2+(ad+bc)x+bd=(ax+b)(cx+d)$

중학교 과정에서 이차 이하의 다항식을 인수분해하는 방법에 대하여 학습하였다. 인수분해에서
가장 먼저 생각해야 하는 것은 '공통인수가 있다면 공통인수로 묶는 것'이다. 공식 (1)과 같이 다
항식의 모든 항에 공통으로 들어 있는 인수를 찾아 묶어 내어 인수분해한다.

> example
>
> (1) $3x^2y+2xy^2=xy(3x+2y)$ ← 공통인수 xy
>
> (2) $ab(a-b)+b(b-a)=ab(a-b)-b(a-b)$
>
> $=b(a-b)(a-1)$ ← 공통인수 $b(a-b)$

공통인수로 묶어 내면 중학교 과정에서 학습한 이차식의 인수분해를 이용하여 풀 수 있는 경우도 있다. 이때는 공식 (2)~(5)를 적용하여 인수분해한다.

(1) $ax^2+4axy+4ay^2=a(x^2+4xy+4y^2)$
$=a(x+2y)^2$ $\quad\leftarrow a^2+2ab+b^2=(a+b)^2$

(2) $a^2x^2-b^2x^2=x^2(a^2-b^2)$
$=x^2(a+b)(a-b)$ $\quad\leftarrow a^2-b^2=(a+b)(a-b)$

(3) $x^3-5x^2+4x=x(x^2-5x+4)$
$=x(x-1)(x-4)$ $\quad\leftarrow x^2+(a+b)x+ab=(x+a)(x+b)$

(4) $4x^2y+14xy+6y=2y(2x^2+7x+3)$
$=2y(x+3)(2x+1)$ $\quad\leftarrow acx^2+(ad+bc)x+bd=(ax+b)(cx+d)$

3 인수분해 공식 (2)

(6) $a^2+b^2+c^2+2ab+2bc+2ca=(a+b+c)^2$

(7) $a^3+3a^2b+3ab^2+b^3=(a+b)^3$, $a^3-3a^2b+3ab^2-b^3=(a-b)^3$

(8) $a^3+b^3=(a+b)(a^2-ab+b^2)$, $a^3-b^3=(a-b)(a^2+ab+b^2)$

(9) $a^3+b^3+c^3-3abc=(a+b+c)(a^2+b^2+c^2-ab-bc-ca)$
$=\dfrac{1}{2}(a+b+c)\{(a-b)^2+(b-c)^2+(c-a)^2\}$

(10) $a^4+a^2b^2+b^4=(a^2+ab+b^2)(a^2-ab+b^2)$

인수분해는 다항식의 전개 과정을 거꾸로 생각하면 되므로 곱셈 공식의 좌변과 우변을 바꾸면 인수분해 공식을 얻을 수 있지만, 앞에서 학습한 공식 (1)~(5)를 이용하여 유도할 수 있다.
공식 (6)~(8)을 유도해 보자.

(6) $a^2+b^2+c^2+2ab+2bc+2ca=(a^2+2ab+b^2)+2(a+b)c+c^2$ $\quad\leftarrow 2ac+2bc=2(a+b)c$
$=(a+b)^2+2(a+b)c+c^2$
$=\{(a+b)+c\}^2=(a+b+c)^2$

(7) $a^3+3a^2b+3ab^2+b^3=a^3+a^2b+2a^2b+2ab^2+ab^2+b^3$ $\quad\leftarrow 3a^2b=a^2b+2a^2b,$
$3ab^2=2ab^2+ab^2$
$=a^2(a+b)+2ab(a+b)+b^2(a+b)$
$=(a+b)(a^2+2ab+b^2)$
$=(a+b)^3$ $\quad\leftarrow b$ 대신 $-b$를 대입하면 $a^3-3a^2b+3ab^2-b^3=(a-b)^3$이 성립한다.

(8) $a^3+b^3=a^3+a^2b-a^2b+ab^2-ab^2+b^3$ $\quad\leftarrow a^2b-a^2b+ab^2-ab^2=0$
$=a^2(a+b)-ab(a+b)+b^2(a+b)$
$=(a+b)(a^2-ab+b^2)$ $\quad\leftarrow b$ 대신 $-b$를 대입하면 $a^3-b^3=(a-b)(a^2+ab+b^2)$이 성립한다.

공식 (9)는 공식 (8)을 이용하여 유도할 수 있다.

$$a^3+b^3+c^3-3abc=(a+b)^3-3ab(a+b)+c^3-3abc \quad \text{← 곱셈 공식의 변형}$$

$$=(a+b)^3+c^3-3ab(a+b+c)$$

$$=\underline{\{(a+b)+c\}\{(a+b)^2-(a+b)c+c^2\}}-3ab(a+b+c)$$
$$\quad A^3+B^3=(A+B)(A^2-AB+B^2)$$

$$=(a+b+c)\{(a+b)^2-(a+b)c+c^2-3ab\}$$

$$=(a+b+c)(a^2+b^2+c^2-ab-bc-ca)$$

이때 우변에 있는 $a^2+b^2+c^2-ab-bc-ca$를 변형하면 다음과 같다.

$$a^2+b^2+c^2-ab-bc-ca=\frac{1}{2}(2a^2+2b^2+2c^2-2ab-2bc-2ca)$$

$$=\frac{1}{2}\{(a^2-2ab+b^2)+(b^2-2bc+c^2)+(c^2-2ca+a^2)\}$$

$$=\frac{1}{2}\{(a-b)^2+(b-c)^2+(c-a)^2\}$$

$$\therefore\ a^3+b^3+c^3-3abc=\frac{1}{2}(a+b+c)\{(a-b)^2+(b-c)^2+(c-a)^2\}$$

다항식의 곱셈에서는 곱셈 공식을 외우지 않아도 분배법칙을 이용하여 전개하면 되었다. 반면 다항식의 인수분해에서는 공통인수가 잘 보이지 않는 경우 인수분해 공식을 적용하여 문제를 해결해야 하는 때가 많으니 반드시 공식을 잘 익히도록 하자.

example

(1) $x^2+y^2+4z^2+2xy+4yz+4zx$

$$=x^2+y^2+(2z)^2+2\times x\times y+2\times y\times 2z+2\times 2z\times x$$

$$=(x+y+2z)^2$$

(2) $x^3+9x^2+27x+27=x^3+3\times x^2\times 3+3\times x\times 3^2+3^3$

$$=(x+3)^3$$

(3) $64a^3-48a^2b+12ab^2-b^3=(4a)^3-3\times(4a)^2\times b+3\times 4a\times b^2-b^3$

$$=(4a-b)^3$$

(4) $x^3+8y^3=x^3+(2y)^3$

$$=(x+2y)\{x^2-x\times 2y+(2y)^2\}$$

$$=(x+2y)(x^2-2xy+4y^2)$$

(5) $a^3-27=a^3-3^3$

$$=(a-3)(a^2+a\times 3+3^2)$$

$$=(a-3)(a^2+3a+9)$$

(6) $a^3+b^3-3ab+1=a^3+b^3+1^3-3\times a\times b\times 1$

$$=(a+b+1)(a^2+b^2+1^2-ab-b\times 1-1\times a)$$

$$=(a+b+1)(a^2+b^2-ab-a-b+1)$$

(7) $a^4+a^2+1=a^4+a^2\times 1^2+1^4$

$$=(a^2+a+1)(a^2-a+1)$$

참고 인수분해는 특별한 조건이 없으면 계수를 유리수의 범위로 한정하여 생각한다.

(1) $a^2+b^2+c^2+2ab+2bc+2ca=(a+b+c)^2$

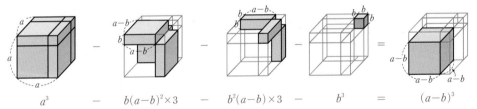

$$a^2 \quad + \quad b^2 \quad + \quad c^2 \quad + \quad 2ab \quad + \quad 2bc \quad + \quad 2ca \quad = \quad (a+b+c)^2$$

➡ $a^2+b^2+c^2+2ab+2bc+2ca=(a+b+c)^2$

(2) $a^3+3a^2b+3ab^2+b^3=(a+b)^3$

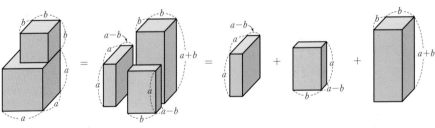

$$a^3 \quad + \quad a^2b\times3 \quad + \quad ab^2\times3 \quad + \quad b^3 \quad = \quad (a+b)^3$$

➡ $a^3+3a^2b+3ab^2+b^3=(a+b)^3$

(3) $a^3-3a^2b+3ab^2-b^3=(a-b)^3$

$$a^3 \quad - \quad b(a-b)^2\times3 \quad - \quad b^2(a-b)\times3 \quad - \quad b^3 \quad = \quad (a-b)^3$$

➡ $a^3-3b(a-b)^2-3b^2(a-b)-b^3=a^3-3b(a-b)(a-b+b)-b^3$
$$=a^3-3ab(a-b)-b^3=a^3-3a^2b+3ab^2-b^3$$
$$=(a-b)^3$$

(4) $a^3+b^3=(a+b)(a^2-ab+b^2)$

$$a^3+b^3 \qquad\qquad = \quad a^2(a-b) \quad + \quad ab(a-b) \quad + \quad b^2(a+b)$$

➡ $a^3+b^3=a^2(a-b)+ab(a-b)+b^2(a+b)$
$$=a(a-b)(a+b)+b^2(a+b)=(a+b)(a^2-ab+b^2)$$

(5) $a^3-b^3=(a-b)(a^2+ab+b^2)$

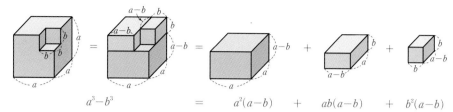

$$a^3-b^3 \qquad = \qquad a^2(a-b) \quad + \quad ab(a-b) \quad + \quad b^2(a-b)$$

➡ $a^3-b^3=a^2(a-b)+ab(a-b)+b^2(a-b)$

$\qquad\quad =(a-b)(a^2+ab+b^2)$

개념 CHECK

📖 빠른 정답·491쪽 / 정답과 풀이·29쪽

01. 인수분해 공식

01 다음 식을 인수분해하시오.

(1) $x^2+4y^2+9z^2+4xy+12yz+6zx$

(2) $4a^2+4b^2+c^2+8ab-4bc-4ca$

02 다음 식을 인수분해하시오.

(1) $a^3+12a^2+48a+64$

(2) $8x^3-12x^2y+6xy^2-y^3$

(3) $8x^3+1$

(4) $27a^3-8b^3$

03 다음 식을 인수분해하시오.

(1) $8x^3+y^3+z^3-6xyz$

(2) $a^4+4a^2b^2+16b^4$

대표 예제 01

다음 식을 인수분해하시오.

(1) $a^2+b^2+4c^2-2ab-4bc+4ca$

(2) $x^3-6x^2+12x-8$

(3) $16x^3+24x^2y+12xy^2+2y^3$

(4) x^3+27

(5) a^3c-8b^3c

(6) $a^3+8b^3+27-18ab$

바로 접근

다항식을 인수분해할 때

① 인수분해 공식을 이용할 수 있으면 공식을 이용한다.

② 인수분해 공식을 직접 이용할 수 없는 경우는 공식을 이용할 수 있도록 식을 적절히 변형한다.

바른 풀이

(1) $a^2+b^2+4c^2-2ab-4bc+4ca$

$=a^2+(-b)^2+(2c)^2+2\times a\times(-b)+2\times(-b)\times 2c+2\times 2c\times a$

$=(a-b+2c)^2$

(2) $x^3-6x^2+12x-8=x^3-3\times x^2\times 2+3\times x\times 2^2-2^3=(x-2)^3$

(3) $16x^3+24x^2y+12xy^2+2y^3=2(8x^3+12x^2y+6xy^2+y^3)$

$=2\{(2x)^3+3\times(2x)^2\times y+3\times 2x\times y^2+y^3\}$

$=2(2x+y)^3$

(4) $x^3+27=x^3+3^3=(x+3)(x^2-x\times 3+3^2)$

$=(x+3)(x^2-3x+9)$

(5) $a^3c-8b^3c=c(a^3-8b^3)=c\{a^3-(2b)^3\}$

$=c(a-2b)\{a^2+a\times 2b+(2b)^2\}$

$=c(a-2b)(a^2+2ab+4b^2)$

(6) $a^3+8b^3+27-18ab$

$=a^3+(2b)^3+3^3-3\times a\times 2b\times 3$

$=(a+2b+3)\{a^2+(2b)^2+3^2-a\times 2b-2b\times 3-3\times a\}$

$=(a+2b+3)(a^2+4b^2-2ab-3a-6b+9)$

정답 (1) $(a-b+2c)^2$ (2) $(x-2)^3$ (3) $2(2x+y)^3$

(4) $(x+3)(x^2-3x+9)$ (5) $c(a-2b)(a^2+2ab+4b^2)$

(6) $(a+2b+3)(a^2+4b^2-2ab-3a-6b+9)$

Bible Says

인수분해 공식

① $a^2+b^2+c^2+2ab+2bc+2ca=(a+b+c)^2$

② $a^3+3a^2b+3ab^2+b^3=(a+b)^3$, $a^3-3a^2b+3ab^2-b^3=(a-b)^3$

③ $a^3+b^3=(a+b)(a^2-ab+b^2)$, $a^3-b^3=(a-b)(a^2+ab+b^2)$

④ $a^3+b^3+c^3-3abc=(a+b+c)(a^2+b^2+c^2-ab-bc-ca)$

⑤ $a^4+a^2b^2+b^4=(a^2+ab+b^2)(a^2-ab+b^2)$

한 번 더하기

01-1 다음 식을 인수분해하시오.

(1) $a^2+16b^2+c^2+8ab-8bc-2ca$　　　　(2) $x^3+9x^2y+27xy^2+27y^3$

(3) x^3-8y^3　　　　　　　　　　　　　(4) $8a^3-b^3+1+6ab$

표현 더하기

01-2 다음 중 옳지 <u>않은</u> 것은?

① $x^3+125=(x+5)(x^2-5x+25)$

② $27x^3+27x^2+9x+1=(3x+1)^3$

③ $x^3-8x^2+7x=x(x-1)(x-7)$

④ $4x^2+9y^2+1+12xy-6y-4x=(2x-3y+1)^2$

⑤ $x^4+4x^2y^2+16y^4=(x^2+2xy+4y^2)(x^2-2xy+4y^2)$

표현 더하기

01-3 다항식 $8x^3-12x^2y+6xy^2-y^3$이 $(ax+by)^3$으로 인수분해될 때, 상수 a, b에 대하여 $a+b$의 값을 구하시오.

실력 더하기

01-4 다음 식을 인수분해하시오.

(1) a^6-64

(2) $(a-b)^3-27b^3$

(3) $a^3-b^3-2a^2b+2ab^2$

02 여러 가지 식의 인수분해

1 공통부분이 있는 식의 인수분해

공통부분이 있는 식은 치환을 이용하여 다음과 같은 순서로 인수분해한다.

❶ 공통부분을 X로 치환하여 주어진 식을 X에 대한 식으로 나타낸다.

❷ ❶에서 얻은 식을 인수분해한다.

❸ X에 원래의 식을 대입한 후 인수분해한다.

인수분해를 할 때 가장 먼저 생각해야 할 것은 공통인수로 묶어 내는 것이고, 그 다음은 인수분해 공식을 적용할 수 있는지 확인하는 것이다.

이때 식이 복잡하여 두 방법 모두 사용하기 쉽지 않으면 다른 방법을 생각해 보아야 하는데 인수분해할 식에 공통부분이 보이는 경우 공통부분을 한 문자로 치환하여 식이 간단해지거나 차수가 낮아지도록 하면 인수분해 공식을 쉽게 적용할 수 있다.

> **example**
>
> (1) $(x^2+x)^2-9(x^2+x)+14$에서
>
>   공통부분 x^2+x를 X로 놓으면
>
> $(x^2+x)^2-9(x^2+x)+14=X^2-9X+14$
>
> $\qquad\qquad\qquad\qquad\quad =(X-2)(X-7)$　　← 인수분해
>
> $\qquad\qquad\qquad\qquad\quad =(x^2+x-2)(x^2+x-7)$　　← X 대신 x^2+x 대입
>
> $\qquad\qquad\qquad\qquad\quad =(x+2)(x-1)(x^2+x-7)$　　← 더 이상 인수분해할 수 없을 때까지 인수분해한다.
>
> (2) $(x+y)(x+y+4)-12$에서
>
>   공통부분 $x+y$를 X로 놓으면
>
> $(x+y)(x+y+4)-12=X(X+4)-12=X^2+4X-12$
>
> $\qquad\qquad\qquad\quad =(X+6)(X-2)$　　← 인수분해
>
> $\qquad\qquad\qquad\quad =(x+y+6)(x+y-2)$　　← X 대신 $x+y$ 대입

한편, 공통부분이 보이지 않으면 공통부분이 드러나도록 식을 적절히 변형한 후 공통부분을 치환하여 인수분해한다.

> **example**
>
> $(x+1)(x+2)(x+3)(x+4)-8$에서
>
> 두 일차식의 상수항의 합이 같도록 두 개씩 짝 지어 전개하면
>
> $(x+1)(x+2)(x+3)(x+4)-8=\{(x+1)(x+4)\}\{(x+2)(x+3)\}-8$
>
> $\qquad\qquad\qquad\qquad\qquad\qquad\quad =(x^2+5x+4)(x^2+5x+6)-8$　　← 공통부분 x^2+5x가 보인다.

공통부분 x^2+5x를 X로 놓으면

$$(x^2+5x+4)(x^2+5x+6)-8=(X+4)(X+6)-8$$
$$=X^2+10X+16$$
$$=(X+2)(X+8) \qquad \leftarrow \text{인수분해}$$
$$=(x^2+5x+2)(x^2+5x+8) \quad \leftarrow X \text{ 대신 } x^2+5x \text{ 대입}$$

2 복이차식의 인수분해

복이차식 x^4+ax^2+b (a, b는 상수)는 다음 두 가지의 방법 중 하나로 인수분해한다.

(1) $x^2=X$로 치환하여 인수분해한다.

(2) A^2-B^2 꼴로 변형한 후, 인수분해한다.

x^4+ax^2+b (a, b는 상수)와 같이 차수가 짝수인 항과 상수항만으로 이루어진 다항식을 **복이차식**이라 한다. 복이차식 x^4+ax^2+b (a, b는 상수)를 인수분해하는 방법은 $x^2=X$로 치환하여 얻은 다항식 X^2+aX+b의 인수분해 가능 여부에 따라 다르다.

X^2+aX+b가 인수분해되면 앞의 '**1 공통부분이 있는 식의 인수분해**'의 인수분해 방법과 마찬가지로 치환을 이용하고, 인수분해되지 않으면 x^4+ax^2+b에서 이차항 ax^2을 적당히 분리하여 A^2-B^2 꼴로 변형한 후 인수분해한다.

example

(1) x^4-6x^2+5에서 $x^2=X$로 놓으면

$$X^2-6X+5$$

이때 이차식 X^2-6X+5는 인수분해되므로 이 식을 인수분해한 후 다시 X에 x^2을 대입하여 정리한다. 즉,

$$x^4-6x^2+5=X^2-6X+5 \qquad \leftarrow x^2=X\text{로 치환}$$
$$=(X-1)(X-5) \qquad \leftarrow \text{인수분해}$$
$$=(x^2-1)(x^2-5) \qquad \leftarrow X \text{ 대신 } x^2 \text{ 대입}$$
$$=(x+1)(x-1)(x^2-5) \quad \leftarrow \text{더 이상 인수분해할 수 없을 때까지 인수분해한다.}$$

(2) x^4-9x^2+16에서 $x^2=X$로 놓으면

$$X^2-9X+16$$

이때 이차식 $X^2-9X+16$은 인수분해되지 않으므로 x^4-9x^2+16의 이차항 $-9x^2$을 적당히 분리하여 A^2-B^2 꼴로 변형한다. 즉,

$$x^4-9x^2+16=x^4-8x^2-x^2+16 \qquad \leftarrow \text{'}x^4-8x^2+16\text{'을 만들기 위해}$$
$$\qquad\qquad -9x^2=-8x^2-x^2\text{으로 분리}$$
$$=(x^4-8x^2+16)-x^2$$
$$=(x^2-4)^2-x^2 \qquad \leftarrow A^2-B^2 \text{ 꼴}$$
$$=\{(x^2-4)+x\}\{(x^2-4)-x\} \quad \leftarrow \text{인수분해}$$
$$=(x^2+x-4)(x^2-x-4)$$

3 여러 개의 문자를 포함한 식의 인수분해

여러 개의 문자를 포함한 식을 인수분해할 때는 문자의 차수에 따라 다음과 같이 인수분해한다.

(1) 문자의 차수가 다른 경우: 다항식을 차수가 가장 낮은 문자에 대하여 내림차순으로 정리한 후 인수분해한다.

(2) 문자의 차수가 같은 경우: 어느 한 문자에 대하여 내림차순으로 정리한 후 인수분해한다.

여러 개의 문자를 포함한 식을 인수분해할 때는 차수가 가장 낮은 문자에 대하여 내림차순으로 정리한 후 차수가 가장 낮은 문자에 대한 동류항끼리 묶는다. 이때 다른 문자로만 구성된 항을 모두 상수로 취급하면 항의 개수가 적어지므로 공통인수를 찾거나 인수분해 공식을 적용하기 쉬워진다.

반면, 여러 개의 문자가 주어지고 각 문자에 대한 차수가 모두 같을 때는 어느 한 문자에 대하여 내림차순으로 정리한 후 인수분해한다. ← 어떤 문자에 대하여 내림차순으로 정리하여 인수분해해도 그 결과는 같다.

example

(1) $a^2b - b^2c - b^3 + a^2c$는

a에 대하여 2차, b에 대하여 3차, c에 대하여 1차이므로

차수가 가장 낮은 문자 c에 대하여 내림차순으로 정리하여 인수분해하면

$$a^2b - b^2c - b^3 + a^2c = (a^2 - b^2)c + a^2b - b^3 \quad \text{← 동류항끼리 묶고 } a, b\text{는 상수 취급}$$
$$= (a^2 - b^2)c + b(a^2 - b^2) \quad \text{← 공통인수 찾기}$$
$$= (a^2 - b^2)(c + b)$$
$$= (a+b)(a-b)(b+c)$$

(2) $2x^2 + xy - y^2 + 3y + 9x + 10$은

x에 대하여 2차, y에 대하여 2차이므로

어느 한 문자에 대하여 내림차순으로 정리한 후 인수분해하면 ← x, y 중 어떤 것을 선택해도 관계없다.

풀이 1 x에 대하여 내림차순으로 정리한 후 인수분해

$$2x^2 + xy - y^2 + 3y + 9x + 10$$
$$= 2x^2 + (y+9)x - (y^2 - 3y - 10) \quad \text{← 동류항끼리 묶고 } y\text{는 상수 취급}$$
$$= 2x^2 + (y+9)x - (y+2)(y-5) \quad \text{← 상수항만 먼저 인수분해}$$
$$= \{x + (y+2)\}\{2x - (y-5)\} \quad \text{← } acx^2 + (ad+bc)x + bd = (ax+b)(cx+d)$$
$$= (x+y+2)(2x-y+5)$$

풀이 2 y에 대하여 내림차순으로 정리한 후 인수분해

$$2x^2 + xy - y^2 + 3y + 9x + 10$$
$$= -y^2 + (x+3)y + (2x^2 + 9x + 10) \quad \text{← 동류항끼리 묶고 } x\text{는 상수 취급}$$
$$= -y^2 + (x+3)y + (x+2)(2x+5) \quad \text{← 상수항만 먼저 인수분해}$$
$$= \{y + (x+2)\}\{-y + (2x+5)\} \quad \text{← } acx^2 + (ad+bc)x + bd = (ax+b)(cx+d)$$
$$= (x+y+2)(2x-y+5)$$

4 인수정리를 이용한 인수분해

삼차 이상인 다항식 $f(x)$를 인수분해할 때는 인수정리를 이용한다.

❶ $f(a)=0$을 만족시키는 상수 a의 값을 구한다.

❷ 조립제법을 이용하여 $f(x)$를 $x-a$로 나누었을 때의 몫 $Q(x)$를 구하여
$f(x)=(x-a)Q(x)$로 나타낸다.

❸ $Q(x)$가 더 이상 나누어지지 않을 때까지 ❶, ❷의 과정을 반복한다.

'**02. 항등식과 나머지정리**'에서 인수정리 '다항식 $f(x)$에 대하여 $f(a)=0$이면 $f(x)$는 일차식 $x-a$로 나누어떨어진다.'를 학습하였다. 즉, 다항식 $f(x)$에서 $f(a)=0$이면 $f(x)$는 일차식 $x-a$를 인수로 가지므로

$$f(x)=(x-a)Q(x)$$

와 같이 인수분해된다. 이때 몫 $Q(x)$는 조립제법을 이용하여 구한다.

인수정리를 이용하여 계수가 모두 정수인 다항식 $f(x)$를 인수분해할 때, $f(a)=0$을 만족시키는 a는 먼저 $\pm$(상수항의 양의 약수) 중에서 찾고, 없으면 $\pm\dfrac{(\text{상수항의 양의 약수})}{(\text{최고차항의 계수의 양의 약수})}$ 중에서 찾는다.

이때 다항식 $f(x)$가 삼차식이면 한 개의 인수를, 사차식이면 두 개의 인수를 인수정리로 찾으면 충분하다. 그 이유는 이렇게 찾은 일차식 인수를 이용하여 조립제법을 이용하면 몫에 해당하는 이차식이 남게 되는데 이차식은 비교적 쉽게 인수분해되기 때문이다. ← 물론 인수분해되지 않는 이차식도 있다.

example

(1) x^3-7x-6에서

$f(x)=x^3-7x-6$이라 하면

$f(-1)=-1+7-6=0$이므로 인수정리에 의하여 $x+1$은 $f(x)$의 인수이다.

따라서 조립제법을 이용하여 $f(x)$를 $x+1$로 나누었을 때의 몫을 구하면 x^2-x-6이므로

$$\begin{array}{r|rrrr} -1 & 1 & 0 & -7 & -6 \\ & & -1 & 1 & 6 \\ \hline & 1 & -1 & -6 & 0 \end{array}$$

$x^3-7x-6=(x+1)(x^2-x-6)$

$\qquad\qquad =(x+1)(x+2)(x-3)$ ← 몫이 인수분해되면 인수분해한다.

(2) $2x^3+x^2+3x-2$에서

$f(x)=2x^3+x^2+3x-2$라 하면

$f\left(\dfrac{1}{2}\right)=\dfrac{1}{4}+\dfrac{1}{4}+\dfrac{3}{2}-2=0$이므로 인수정리에 의하여 $x-\dfrac{1}{2}$은 $f(x)$의 인수이다.

따라서 조립제법을 이용하여 $f(x)$를 $x-\dfrac{1}{2}$로 나누었을 때의 몫을 구하면 $2x^2+2x+4$이므로

$$\begin{array}{r|rrrr} \frac{1}{2} & 2 & 1 & 3 & -2 \\ & & 1 & 1 & 2 \\ \hline & 2 & 2 & 4 & 0 \end{array}$$

$2x^3+x^2+3x-2=\left(x-\dfrac{1}{2}\right)(2x^2+2x+4)$

$\qquad\qquad\qquad =(2x-1)(x^2+x+2)$

내림차순으로 정리한 사차식에서 각 항의 계수가 대칭을 이루는 꼴의 경우, 다음과 같은 방법으로 인수분해할 수 있다.

$$\boxed{a}x^4 + \boxed{b}x^3 + cx^2 + \boxed{b}x + \boxed{a}$$

대칭

대칭

❶ 계수가 같은 항끼리 모은다.

❷ 주어진 다항식을 x^2으로 묶고, $x^2 + \dfrac{1}{x^2} = \left(x + \dfrac{1}{x}\right)^2 - 2$를 이용하여 식을 변형한 후, $x + \dfrac{1}{x} = X$로 치환하여 인수분해한다.

example   계수가 대칭인 다항식 $x^4 - 4x^3 + 5x^2 - 4x + 1$을 인수분해하면

$$x^4 - 4x^3 + 5x^2 - 4x + 1 = (x^4 + 1) - 4(x^3 + x) + 5x^2 \qquad \leftarrow \text{계수가 같은 항끼리 모은다.}$$

$$= x^2\left\{\left(x^2 + \dfrac{1}{x^2}\right) - 4\left(x + \dfrac{1}{x}\right) + 5\right\} \qquad \leftarrow \text{주어진 식을 } x^2 \text{으로 묶는다.}$$

$$= x^2\left\{\left(x + \dfrac{1}{x}\right)^2 - 4\left(x + \dfrac{1}{x}\right) + 3\right\} \qquad \leftarrow x^2 + \dfrac{1}{x^2} = \left(x + \dfrac{1}{x}\right)^2 - 2 \text{를 이용한다.}$$

$$= x^2(X^2 - 4X + 3) \qquad \leftarrow x + \dfrac{1}{x} = X \text{로 치환한다.}$$

$$= x^2(X - 1)(X - 3) \qquad \leftarrow X \text{에 대한 식을 인수분해한다.}$$

$$= x^2\left(x + \dfrac{1}{x} - 1\right)\left(x + \dfrac{1}{x} - 3\right) \qquad \leftarrow X \text{ 대신 치환한 식 } x + \dfrac{1}{x} \text{을 다시 대입한다.}$$

$$= (x^2 - x + 1)(x^2 - 3x + 1) \qquad \leftarrow \text{다항식의 곱셈 꼴로 정리한다.}$$

한편, $ax^4 + bx^3 + cx^2 - bx + a$ 꼴인 경우에는 $x - \dfrac{1}{x} = X$로 치환하여 인수분해한다.

x^3의 계수와 x의 계수의 부호가 다른 경우

example   다항식 $x^4 + 2x^3 - x^2 - 2x + 1$을 인수분해하면

$$x^4 + 2x^3 - x^2 - 2x + 1 = (x^4 + 1) + 2(x^3 - x) - x^2$$

$$= x^2\left\{\left(x^2 + \dfrac{1}{x^2}\right) + 2\left(x - \dfrac{1}{x}\right) - 1\right\}$$

$$= x^2\left\{\left(x - \dfrac{1}{x}\right)^2 + 2\left(x - \dfrac{1}{x}\right) + 1\right\} \qquad \leftarrow x^2 + \dfrac{1}{x^2} = \left(x - \dfrac{1}{x}\right)^2 + 2 \text{를 이용한다.}$$

$$= x^2(X^2 + 2X + 1)$$

$$= x^2(X + 1)^2$$

$$= x^2\left(x - \dfrac{1}{x} + 1\right)^2$$

$$= (x^2 + x - 1)^2$$

01 다음 식을 인수분해하시오.

(1) $(x^2-3x+1)(x^2-3x-2)-4$

(2) $(x-2)(x+1)(x+3)(x+6)+54$

02 다음 식을 인수분해하시오.

(1) x^4-3x^2+2

(2) x^4+5x^2+9

03 다음 식을 인수분해하시오.

(1) $x^3-x^2y-xz^2+yz^2$

(2) $3x^2+xy-3x-4y^2+10y-6$

04 다음 식을 인수분해하시오.

(1) $2x^3+9x^2+7x-6$

(2) $x^4-3x^3-3x^2+11x-6$

대표 예제 | 02

다음 식을 인수분해하시오.

(1) $(x^2-2x)(x^2-2x+3)+2$

(2) $(x^2-5x)^2-4x^2+20x-12$

(3) $(x-2)(x-1)(x+3)(x+4)+6$

바로 접근 공통부분이 있는 다항식을 인수분해할 때는 공통부분을 한 문자로 치환하여 식이 간단해지도록 한다.
이때 공통부분이 보이지 않는 경우 공통부분이 생기도록 식의 일부를 전개한 후 공통부분을 치환한다.

바른 풀이 (1) $x^2-2x=X$로 놓으면

$$(x^2-2x)(x^2-2x+3)+2=X(X+3)+2$$
$$=X^2+3X+2$$
$$=(X+1)(X+2)$$
$$=(x^2-2x+1)(x^2-2x+2) \quad \leftarrow X=x^2-2x \text{ 대입}$$
$$=(x-1)^2(x^2-2x+2)$$

(2) $(x^2-5x)^2-4x^2+20x-12=(x^2-5x)^2-4(x^2-5x)-12$

$x^2-5x=X$로 놓으면

$$(x^2-5x)^2-4(x^2-5x)-12=X^2-4X-12$$
$$=(X+2)(X-6)$$
$$=(x^2-5x+2)(x^2-5x-6) \quad \leftarrow X=x^2-5x \text{ 대입}$$
$$=(x^2-5x+2)(x+1)(x-6)$$

(3) 공통부분이 생기도록 둘씩 짝 지어 전개하면

$$(x-2)(x-1)(x+3)(x+4)+6=\{(x-2)(x+4)\}\{(x-1)(x+3)\}+6$$
$$=(x^2+2x-8)(x^2+2x-3)+6$$

$x^2+2x=X$로 놓으면

$$(x^2+2x-8)(x^2+2x-3)+6=(X-8)(X-3)+6$$
$$=X^2-11X+30$$
$$=(X-5)(X-6)$$
$$=(x^2+2x-5)(x^2+2x-6) \quad \leftarrow X=x^2+2x \text{ 대입}$$

정답 (1) $(x-1)^2(x^2-2x+2)$

(2) $(x^2-5x+2)(x+1)(x-6)$

(3) $(x^2+2x-5)(x^2+2x-6)$

Bible Says

$(x+a)(x+b)(x+c)(x+d)+k$ 꼴의 다항식의 인수분해

❶ 일차식의 상수항의 합이 같은 두 식끼리 묶어서 전개한다.

❷ 공통부분을 찾아 치환한다.

한 번 더하기

02-1 다음 식을 인수분해하시오.

(1) $(x^2-3x-1)(x^2-3x+2)-4$

(2) $(x^2-x)^2-8x^2+8x+12$

(3) $(x-1)(x+1)(x+3)(x+5)+7$

표현 더하기

02-2 다항식 $(x^2+2x)(x^2+2x+4)-21$을 인수분해하면 $(x+a)(x+b)(x^2+cx+7)$일 때, 상수 a, b, c에 대하여 $a+b+c$의 값을 구하시오.

표현 더하기

02-3 다음 중 다항식 $x(x+1)(x-2)(x+3)+8$의 인수가 <u>아닌</u> 것은?

① $x+2$ ② $x-1$ ③ $(x+2)(x-1)$

④ x^2+x-4 ⑤ x^2+x+2

실력 더하기

02-4 다항식 $(x^2+3x+2)(x^2+7x+12)-8$을 인수분해하시오.

대표 예제 | 03

다음 식을 인수분해하시오.

(1) $x^4 - 2x^2 - 8$

(2) $3x^4 - x^2 - 2$

(3) $x^4 - 13x^2 + 4$

(4) $x^4 + 4x^2 + 16$

바로 접근

복이차식의 인수분해에서 $x^2 = X$로 놓았을 때

(1), (2) X에 대한 이차식이 인수분해되면 인수분해한 후 X를 다시 x^2으로 바꾼다.

(3), (4) X에 대한 이차식이 인수분해되지 않으면 $A^2 - B^2$의 꼴로 변형해 본다.

바른 풀이

(1) $x^2 = X$로 놓으면

$$\begin{aligned} x^4 - 2x^2 - 8 &= X^2 - 2X - 8 \\ &= (X+2)(X-4) \\ &= (x^2+2)(x^2-4) \\ &= (x^2+2)(x+2)(x-2) \end{aligned}$$

(2) $x^2 = X$로 놓으면

$$\begin{aligned} 3x^4 - x^2 - 2 &= 3X^2 - X - 2 \\ &= (3X+2)(X-1) \\ &= (3x^2+2)(x^2-1) \\ &= (3x^2+2)(x+1)(x-1) \end{aligned}$$

(3) $$\begin{aligned} x^4 - 13x^2 + 4 &= (x^4 - 4x^2 + 4) - 9x^2 \\ &= (x^2-2)^2 - (3x)^2 \\ &= (x^2+3x-2)(x^2-3x-2) \end{aligned}$$

(4) $$\begin{aligned} x^4 + 4x^2 + 16 &= (x^4 + 8x^2 + 16) - 4x^2 \\ &= (x^2+4)^2 - (2x)^2 \\ &= (x^2+2x+4)(x^2-2x+4) \end{aligned}$$

정답 (1) $(x^2+2)(x+2)(x-2)$　　(2) $(3x^2+2)(x+1)(x-1)$

(3) $(x^2+3x-2)(x^2-3x-2)$　(4) $(x^2+2x+4)(x^2-2x+4)$

Bible Says

사차식 중 차수가 짝수인 항과 상수항만으로 이루어진 다항식을 복이차식이라 한다.

복이차식은 $x^2 = X$로 치환하여 얻은 이차식의 인수분해 가능 여부에 따라 풀이 방법이 다르다.

03

한번 더하기

03-1 다음 식을 인수분해하시오.

(1) $x^4 + 5x^2 - 6$

(2) $x^4 + 3x^2y^2 + 4y^4$

표현 더하기

03-2 다항식 $2x^4 - 7x^2 - 4$를 인수분해하면 $(2x^2 + a)(x+2)(x+b)$가 될 때, 상수 a, b에 대하여 $a-b$의 값을 구하시오.

표현 더하기

03-3 다항식 $x^4 + 2x^2 + 9$가 $(x^2 + ax + b)(x^2 - ax + b)$로 인수분해될 때, 상수 a, b에 대하여 $a^2 + b^2$의 값을 구하시오.

실력 더하기

03-4 다항식 $(x+2)^4 - 7(x+2)^2 + 9$를 인수분해하면 $(x^2 + ax + b)(x^2 + 3x + c)$일 때, 상수 a, b, c에 대하여 $a - b + c$의 값을 구하시오.

대표 예제 | 04

다음 식을 인수분해하시오.

(1) $ab-bc-3ca^2+3c^2a$

(2) $x^3+(y+1)x^2+(y-2)x-2y$

(3) $x^2+2y^2-x+y+3xy-6$

바로 접근

두 개 이상의 문자를 포함하는 식을 인수분해할 때는 한 문자에 대하여 내림차순으로 정리한 다음 공통인수로 묶거나 인수분해 공식을 적용하여 인수분해한다.

(1), (2) 차수가 가장 낮은 한 문자에 대하여 내림차순으로 정리한다.

(3) x, y의 차수가 같으므로 둘 중 어느 문자에 대하여 내림차순으로 정리해도 된다.

바른 풀이

(1) b의 차수가 가장 낮으므로 문자 b에 대하여 내림차순으로 정리한 후 인수분해하면

$$ab-bc-3ca^2+3c^2a=(a-c)b-3ca(a-c)$$
$$=(b-3ca)(a-c)$$

(2) y의 차수가 가장 낮으므로 문자 y에 대하여 내림차순으로 정리한 후 인수분해하면

$$x^3+(y+1)x^2+(y-2)x-2y=x^3+x^2y+x^2+xy-2x-2y$$
$$=y(x^2+x-2)+x(x^2+x-2)$$
$$=(x+y)(x^2+x-2)$$
$$=(x+y)(x+2)(x-1)$$

(3) x, y의 차수가 같으므로 문자 x에 대하여 내림차순으로 정리한 후 인수분해하면

$$x^2+2y^2-x+y+3xy-6=x^2-x+3xy+2y^2+y-6$$
$$=x^2+(-1+3y)x+2y^2+y-6$$
$$=x^2+(3y-1)x+(y+2)(2y-3) \quad \leftarrow x^2+(a+b)x+ab=(x+a)(x+b)$$
$$=(x+y+2)(x+2y-3)$$

정답 (1) $(b-3ca)(a-c)$ (2) $(x+y)(x+2)(x-1)$
(3) $(x+y+2)(x+2y-3)$

Bible Says

(3)에서 인수분해 공식 $x^2+(a+b)x+ab=(x+a)(x+b)$가 사용되었다.

이렇듯 a, b가 수가 아닌 문자 또는 식이더라도 기본적인 인수분해 공식을 사용할 수 있어야 한다.

03

한 번 더하기

04-1

다음 식을 인수분해하시오.

(1) $x^2+xy-x+y-2$

(2) $y^2+z^2+2xy-2zx-2yz$

(3) $x^3-x^2y-2xy+y^2-1$

표현 더하기

04-2

다항식 $x^2+xy-2y^2+4x+5y+3$을 인수분해하면 $(x+ay+b)(x+cy+d)$일 때, 상수 a, b, c, d에 대하여 $abcd$의 값을 구하시오.

표현 더하기

04-3

다음 식을 인수분해하시오.

$$ab(a-b)+bc(b-c)+ca(c-a)$$

실력 더하기   교육청 기출

04-4

x, y에 대한 이차식 $x^2+kxy-3y^2+x+11y-6$이 x, y에 대한 두 일차식의 곱으로 인수분해되도록 하는 자연수 k의 값을 구하시오.

대표 예제 | 05

다음 식을 인수분해하시오.

(1) x^3+3x^2-4

(2) $x^4-2x^3-7x^2+8x+12$

바로 접근

문자가 한 개로 이루어진 삼차 이상의 다항식을 인수분해할 때는 인수정리와 조립제법을 이용한다.

➔ 다항식 $f(x)$에 대하여 $f(\alpha)=0$이 되는 α를 구한 후, 조립제법을 이용하여

$f(x)=(x-\alpha)Q(x)$ 꼴로 나타낸다.

바른 풀이

(1) $f(x)=x^3+3x^2-4$라 하면

$f(1)=1+3-4=0$

이므로 $x-1$은 $f(x)$의 인수이다.

따라서 조립제법을 이용하여 $f(x)$를 인수분해하면

$x^3+3x^2-4=(x-1)(x^2+4x+4)$

$\qquad\qquad\quad =(x-1)(x+2)^2$

1	1	3	0	-4
		1	4	4
	1	4	4	0

(2) $f(x)=x^4-2x^3-7x^2+8x+12$라 하면

$f(-1)=1+2-7-8+12=0$,

$f(2)=16-16-28+16+12=0$

이므로 $x+1$, $x-2$는 $f(x)$의 인수이다.

따라서 조립제법을 이용하여 $f(x)$를 인수분해하면

$x^4-2x^3-7x^2+8x+12$

$=(x+1)(x-2)(x^2-x-6)$

$=(x+1)(x-2)(x+2)(x-3)$

-1	1	-2	-7	8	12
		-1	3	4	-12
2	1	-3	-4	12	0
		2	-2	-12	
	1	-1	-6	0	

[정답] (1) $(x-1)(x+2)^2$

(2) $(x+1)(x-2)(x+2)(x-3)$

Bible Says

다항식 $f(x)$에서 계수를 이용하여 $x-1$ 또는 $x+1$이 주어진 다항식의 인수인지 빠르게 알 수 있다.

① 상수항을 포함한 모든 계수의 합이 0인 경우

➔ $f(1)=0$이므로 $f(x)=(x-1)Q(x)$로 나타낼 수 있다.

② (홀수 차수 계수의 합)$-$(상수항을 포함한 짝수 차수 계수의 합)$=0$인 경우

➔ $f(-1)=0$이므로 $f(x)=(x+1)Q(x)$로 나타낼 수 있다.

한번 더하기

05-1 다음 식을 인수분해하시오.

(1) $x^3 - 3x^2 - 6x + 8$

(2) $2x^3 + 3x^2 - 8x - 12$

(3) $x^4 + x^3 - 3x^2 - x + 2$

표현 더하기

05-2 다항식 $3x^3 + x^2 - 7x - 5$를 인수분해하면 $(x+a)^2(bx+c)$일 때, 상수 a, b, c에 대하여 $a+b+c$의 값을 구하시오.

표현 더하기

05-3 다항식 $x^3 - 4x^2 + ax + 6$이 $x-3$을 인수로 가질 때, 이 다항식을 인수분해하시오.

(단, a는 상수이다.)

실력 더하기

05-4 다항식 $x^3 + (a-1)x^2 + (a-8)x - 6a + 12$를 인수분해하시오.

대표 예제 : 06

세 변의 길이가 a, b, c인 삼각형에서 다음 등식이 성립할 때, 이 삼각형은 어떤 삼각형인지 구하시오.

(1) $a^3+a^2b-ab^2-c^2a-bc^2-b^3=0$

(2) $a^2(b+c)+b^2(a-c)-c^2(a+b)=0$

바로 접근

주어진 등식의 좌변을 인수분해하여 삼각형의 세 변의 길이 사이의 관계를 알 수 있다.

① $a=b=c$이면 정삼각형

② $a=b$ 또는 $b=c$ 또는 $c=a$이면 이등변삼각형

③ $a^2=b^2+c^2$이면 빗변의 길이가 a인 직각삼각형

바른 풀이

(1) $a^3+a^2b-ab^2-c^2a-bc^2-b^3=0$의 좌변을 c에 대하여 내림차순으로 정리한 후 인수분해하면

$$a^3+a^2b-ab^2-c^2a-bc^2-b^3=-(a+b)c^2+a^3+a^2b-ab^2-b^3$$
$$=-(a+b)c^2+a^2(a+b)-b^2(a+b)$$
$$=(a+b)(a^2-b^2-c^2)$$

$\therefore (a+b)(a^2-b^2-c^2)=0$

그런데 a, b, c는 삼각형의 세 변의 길이이므로 $a+b>0$

따라서 $a^2-b^2-c^2=0$, 즉 $a^2=b^2+c^2$이므로

주어진 삼각형은 빗변의 길이가 a인 직각삼각형이다.

(2) $a^2(b+c)+b^2(a-c)-c^2(a+b)=0$의 좌변을 a에 대하여 내림차순으로 정리한 후 인수분해하면

$$a^2(b+c)+b^2(a-c)-c^2(a+b)=a^2(b+c)+ab^2-b^2c-ac^2-bc^2$$
$$=(b+c)a^2+(b^2-c^2)a-bc(b+c)$$
$$=(b+c)a^2+(b+c)(b-c)a-bc(b+c)$$
$$=(b+c)\{a^2+(b-c)a-bc\}$$
$$=(b+c)(a+b)(a-c)$$

$\therefore (b+c)(a+b)(a-c)=0$

그런데 a, b, c는 삼각형의 세 변의 길이이므로 $b+c>0$, $a+b>0$

따라서 $a-c=0$, 즉 $a=c$이므로

주어진 삼각형은 $a=c$인 이등변삼각형이다.

정답 (1) 빗변의 길이가 a인 직각삼각형
(2) $a=c$인 이등변삼각형

Bible Says

삼각형의 세 변의 길이에 대한 등식이 주어질 때, 삼각형의 모양 판단하기

❶ 우변이 0이 되도록 이항한 후 좌변을 인수분해한다.

❷ 항상 양수인 항으로 양변을 나누어 식을 간단히 한다.

한 번 더하기

06-1 삼각형의 세 변의 길이 a, b, c에 대하여 $ab+ca-bc-b^2=0$이 성립할 때, 이 삼각형은 어떤 삼각형인가?

① $a=b$인 이등변삼각형　　　　　② $a=c$인 이등변삼각형

③ $b=c$인 이등변삼각형　　　　　④ 빗변의 길이가 a인 직각삼각형

⑤ 빗변의 길이가 b인 직각삼각형

한 번 더하기

06-2 삼각형의 세 변의 길이 a, b, c에 대하여 $a^3-(b+c)a^2-(b^2+c^2)a+(b+c)(b^2+c^2)=0$이 성립할 때, 이 삼각형은 어떤 삼각형인가?

① $a=b$인 이등변삼각형　　　　　② $b=c$인 이등변삼각형

③ 빗변의 길이가 a인 직각삼각형　　④ 빗변의 길이가 c인 직각삼각형

⑤ 정삼각형

표현 더하기

06-3 세 변의 길이가 a, b, c인 삼각형에서

$$a^2(a^2-c^2)-b^2(b^2-c^2)=0$$

이 성립할 때, 이 삼각형으로 가능한 삼각형인 것만을 **보기**에서 있는 대로 고르시오.

· 보기 ·

ㄱ. 빗변의 길이가 b인 직각삼각형　　　　ㄴ. 빗변의 길이가 c인 직각삼각형

ㄷ. $a=b$인 이등변삼각형　　　　　　　　ㄹ. $a=c$인 이등변삼각형

실력 더하기

06-4 둘레의 길이가 6인 삼각형의 세 변의 길이 a, b, c에 대하여 $a^3+b^3+c^3-3abc=0$이 성립할 때, 이 삼각형의 넓이를 구하시오.

대표 예제 | 07

다음 물음에 답하시오.

(1) $x=2+\sqrt{2}$, $y=2-\sqrt{2}$일 때, $x^3+xy^2+x^2y+y^3$의 값을 구하시오.

(2) $20^2-19^2+18^2-17^2+16^2-15^2$의 값을 구하시오.

바로 접근

(1) 주어진 식에 조건을 대입하여 구하는 값을 찾을 수도 있지만 계산이 복잡해진다.

❶ x, y가 $x=a+\sqrt{b}$, $y=a-\sqrt{b}$ 꼴이면 $x+y$, xy는 근호가 없는 간단한 꼴이므로 $x+y$, xy를 구한다.

❷ 주어진 식을 인수분해하여 간단히 한 후 조건을 대입하여 식의 값을 구한다.

(2) 각 항을 둘씩 짝 짓고 $a^2-b^2=(a-b)(a+b)$를 이용하여 인수분해한다.

바른 풀이

(1) $x^3+xy^2+x^2y+y^3=x^3+x^2y+xy^2+y^3$

$\qquad\qquad\qquad\qquad\quad=x^2(x+y)+y^2(x+y)$

$\qquad\qquad\qquad\qquad\quad=(x^2+y^2)(x+y)$

$x=2+\sqrt{2}$, $y=2-\sqrt{2}$이므로

$x+y=(2+\sqrt{2})+(2-\sqrt{2})=4$

$xy=(2+\sqrt{2})(2-\sqrt{2})=2$

$x^2+y^2=(x+y)^2-2xy=16-4=12$

따라서 $x^2+y^2=12$, $x+y=4$이므로

$x^3+xy^2+x^2y+y^3=(x^2+y^2)(x+y)=12\times4=48$

(2) 각 항을 둘씩 짝 짓고 인수분해하면

$20^2-19^2+18^2-17^2+16^2-15^2$

$=(20^2-19^2)+(18^2-17^2)+(16^2-15^2)$

$=(20-19)(20+19)+(18-17)(18+17)+(16-15)(16+15)$

$=20+19+18+17+16+15$

$=105$

정답   (1) 48   (2) 105

Bible Says

수의 계산이나 식의 값에 대한 인수분해의 활용에서 자주 사용되는 인수분해 공식

① $a^2-b^2=(a-b)(a+b)$ ② $x^2+(a+b)x+ab=(x+a)(x+b)$

③ $a^3+b^3=(a+b)(a^2-ab+b^2)$ ④ $a^3-b^3=(a-b)(a^2+ab+b^2)$

한 번 **더하기**

07-1

다음 물음에 답하시오.

(1) $x=1+\sqrt{3}$, $y=1-\sqrt{3}$일 때, $3x^2y-x^2+3xy^2+y^2$의 값을 구하시오.

(2) $x=\dfrac{\sqrt{5}-1}{2}$, $y=\dfrac{\sqrt{5}+1}{2}$일 때, $x^2-x^2y-xy^2-y^2$의 값을 구하시오.

한 번 **더하기**

07-2

다음을 계산하시오.

(1) $\dfrac{509^3+1}{508\times509+1}$

(2) $5^2-7^2+9^2-11^2+13^2-15^2$

표현 **더하기**

07-3

2 이상의 세 자연수 p, q, r에 대하여

$$16\times(16-4)\times(16+3)-5\times16-15=p\times q\times r$$

일 때, $p+q+r$의 값을 구하시오.

실력 **더하기**

07-4

$a+b=-4$, $b+c=1$일 때, $ab(a+b)-bc(b+c)-ca(c-a)$의 값을 구하시오.

01 다음 식을 인수분해하시오.

(1) $x^3y - x^2y - xy^2 - xy^3$

(2) $(a+b)^3 + (a-b)^3$

(3) $x^2 + 9y^2 - 6xy - 12yz + 4xz + 4z^2$

02 다항식 $a^4 + a^3b - ab^3 - b^4$의 인수인 것만을 **보기**에서 있는 대로 고르시오.

> **보기**
>
> ㄱ. $a-b$　　　　　ㄴ. $a+b$　　　　　ㄷ. a^2+b^2　　　　　ㄹ. a^2+ab+b^2

03 다항식 $(x^2-4x)^2 + 7x^2 - 28x + 12$를 인수분해하면 $(x+a)(x+b)(x+c)^2$일 때, 상수 a, b, c에 대하여 $a+b+c$의 값을 구하시오.

04 다항식 $(x+1)(x-1)(x-2)(x-4)-7$을 인수분해하면 $(x^2+ax+b)(x^2+cx+d)$일 때, 상수 a, b, c, d에 대하여 $ac-bd$의 값을 구하시오.

05 다항식 x^4-18x^2+81을 인수분해하면 $(x+a)^2(x+b)^2$일 때, 상수 a, b에 대하여 $2a-b$의 값을 구하시오. (단, $a>b$)

06 다항식 x^4+6x^2+25를 인수분해하면 $(x^2+2x+a)(x^2+bx+c)$일 때, 상수 a, b, c에 대하여 abc의 값을 구하시오.

07 다항식 $x^2-xy+2x-12y^2+13y-3$이 $(x+ay+b)(x+cy+3)$으로 인수분해될 때, 상수 a, b, c에 대하여 $a+b+c$의 값을 구하시오.

08 x^2+3x+a가 다항식 x^3+x^2-2x-8의 인수일 때, 상수 a의 값을 구하시오.

09 다항식 $f(x)=x^4+ax^3+bx^2+3x+1$이 $x+1$, $x-1$을 인수로 가질 때, $f(x)$를 인수분해 하시오. (단, a, b는 상수이다.)

10 오른쪽 그림과 같이 부피가 x^3+2x^2-7x+4이고 밑면의 모양이 정사각형 인 직육면체가 있다. 이 직육면체의 밑면의 가로, 세로의 길이와 높이가 각 각 x의 계수가 1인 일차식으로 나타내어질 때, 이 직육면체의 높이를 구하 시오. (단, $x>1$)

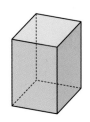

11 삼각형의 세 변의 길이 a, b, c에 대하여
$$a^2+bc-b^2-ca=0$$
이 성립할 때, 이 삼각형은 어떤 삼각형인지 말하시오.

교육청 기출

12 $\sqrt{10\times13\times14\times17+36}$의 값을 구하시오.

S·T·E·P 2 실력 다지기

13 **보기**에서 인수분해한 것이 옳은 것만을 있는 대로 고른 것은?

> • **보기** •
> ㄱ. $x^3 - 12x^2 + 48x - 64 = (x-4)^3$
> ㄴ. $(x+3y)^3 - 8y^3 = (x-y)(x^2+2xy+10y^2)$
> ㄷ. $(x-y)^2 + 10x - 10y + 25 = (x-y-5)^2$
> ㄹ. $x^4 - 17x^2 + 16 = (x+1)(x-1)(x+4)(x-4)$

① ㄱ ② ㄱ, ㄹ ③ ㄴ, ㄷ
④ ㄱ, ㄴ, ㄷ ⑤ ㄴ, ㄷ, ㄹ

14 다항식 $x^2 + xy - 2y^2 + kx - 9y - 10$이 x, y에 대한 두 일차식의 곱으로 인수분해될 때, 자연수 k의 값을 구하시오.

15 서로 다른 자연수 a, b, c에 대하여

$$\frac{a^2(b+c) + b^2(c+a) + c^2(a+b) + 2abc}{(a+b)(b+c)(c+a)}$$

의 값을 구하시오.

16 $a + 4b = -1$일 때, 다음 중 $1 - a^2 + 8ab - 16b^2$과 같은 것은?

① $-16ab$ ② $-8ab$ ③ $4ab$
④ $8ab$ ⑤ $16ab$

중단원 **연습문제**

17 자연수 a, b에 대하여
$$a^2b+2ab+2a^2+4a+b+2$$
의 값이 363일 때, $a-b$의 값을 구하시오.

18 x에 대한 다항식
$$x^3+(b+1)x^2-(b^2-c^2)x-b^3-b^2+bc^2+c^2$$
이 $x-a$로 나누어떨어질 때, 세 변의 길이가 a, b, c인 삼각형의 넓이를 구하시오.

 challenge

19 100개의 다항식
$$x^2+x-1,\ x^2+x-2,\ \cdots,\ x^2+x-100$$
중에서 계수가 정수인 두 일차식의 곱으로 인수분해되는 것의 개수를 구하시오.

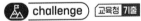 challenge 교육청 **기출**

20 등식
$$(182\sqrt{182}+13\sqrt{13})\times(182\sqrt{182}-13\sqrt{13})=13^4\times m$$
을 만족시키는 자연수 m의 값은?

① 211   ② 217   ③ 223

④ 229   ⑤ 235

04

복소수

01 복소수의 뜻

허수단위 i	제곱하여 -1이 되는 새로운 수를 i로 나타내기로 한다. 즉, $i^2=-1$, $i=\sqrt{-1}$
복소수	임의의 실수 a, b에 대하여 $a+bi$ 꼴로 나타내어지는 수를 복소수라 하고, a를 이 복소수의 실수부분, b를 이 복소수의 허수부분이라 한다.
켤레복소수	복소수 $a+bi$ (a, b는 실수)의 켤레복소수는 허수부분의 부호를 바꾼 복소수 $a-bi$이다. 이것을 기호로 $\overline{a+bi}$와 같이 나타낸다. 즉, $\overline{a+bi}=a-bi$이다.

02 복소수의 연산

복소수의 사칙연산	a, b, c, d가 실수일 때, (1) $(a+bi)+(c+di)=(a+c)+(b+d)i$ (2) $(a+bi)-(c+di)=(a-c)+(b-d)i$ (3) $(a+bi)(c+di)=(ac-bd)+(ad+bc)i$ (4) $\dfrac{a+bi}{c+di}=\dfrac{(a+bi)(c-di)}{(c+di)(c-di)}=\dfrac{ac+bd}{c^2+d^2}+\dfrac{bc-ad}{c^2+d^2}i$ (단, $c+di\neq0$)
켤레복소수의 성질	두 복소수 z_1, z_2와 그 켤레복소수 $\overline{z_1}$, $\overline{z_2}$에 대하여 (1) $z_1+\overline{z_1}$, $z_1\overline{z_1}$는 실수이다. (2) $z_1=\overline{z_1}$이면 z_1은 실수, $z_1=-\overline{z_1}$이면 z_1은 순허수 또는 0이다. (3) $\overline{(\overline{z_1})}=z_1$ (4) $\overline{z_1+z_2}=\overline{z_1}+\overline{z_2}$, $\overline{z_1-z_2}=\overline{z_1}-\overline{z_2}$ (5) $\overline{z_1z_2}=\overline{z_1}\times\overline{z_2}$ (6) $\overline{\left(\dfrac{z_2}{z_1}\right)}=\dfrac{\overline{z_2}}{\overline{z_1}}$ (단, $z_1\neq0$)

03 복소수의 성질

i의 거듭제곱	$i^{4k}=1$, $i^{4k+1}=i$, $i^{4k+2}=i^2=-1$, $i^{4k+3}=i^3=-i$ (단, k는 자연수이다.)
음수의 제곱근	$a>0$일 때, $\sqrt{-a}=\sqrt{a}i$이고, $-a$의 제곱근은 $\pm\sqrt{a}i$이다.
음수의 제곱근의 성질	a, b가 실수일 때, (1) $a<0$, $b<0$이면 $\sqrt{a}\sqrt{b}=-\sqrt{ab}$, 그 외에는 $\sqrt{a}\sqrt{b}=\sqrt{ab}$ (2) $a>0$, $b<0$이면 $\dfrac{\sqrt{a}}{\sqrt{b}}=-\sqrt{\dfrac{a}{b}}$, 그 외에는 $\dfrac{\sqrt{a}}{\sqrt{b}}=\sqrt{\dfrac{a}{b}}$ (단, $b\neq0$)

복소수의 뜻

1 허수단위 i

제곱하여 -1이 되는 새로운 수를 i로 나타내기로 한다. 즉, $i^2=-1$, $i=\sqrt{-1}$

실수의 범위에서 방정식 $x^2=1$의 근은 $x=\pm1$이다.

실수를 제곱하면 항상 0 또는 양수가 되므로 방정식 $x^2=0$ 또는 $x^2=$(양수)인 경우는 실수의 범위에서 해가 존재하지만, 방정식 $x^2=-1$과 같이 제곱하여 음수가 되는 이차방정식의 해는 실수의 범위에서는 존재하지 않는다.

이와 같이 실수만으로는 방정식의 해를 모두 표현할 수 없으므로 방정식 $x^2=-1$의 해를 구하기 위해서는 새로운 수의 체계가 필요하다.

제곱하여 -1이 되는 새로운 수를 기호 i와 같이 나타내기로 하고 이때 i를 **허수단위**라 한다. 즉,

$$i^2=-1$$

이며, 제곱하여 -1이 된다는 의미에서 제곱근 기호를 이용하여 $i=\sqrt{-1}$과 같이 나타내기도 한다.
따라서 방정식 $x^2=-1$의 근은 $x=\pm\sqrt{-1}=\pm i$가 된다.

2 복소수

임의의 실수 a, b에 대하여 $a+bi$ 꼴로 나타내어지는 수를 복소수라 하고, a를 이 복소수의 실수부분, b를 이 복소수의 허수부분이라 한다.

$$a + b\,i$$
실수부분 　허수부분

a, b가 실수일 때, 허수단위 i를 사용하여 $a+bi$와 같이 나타낸 수를 **복소수**라 하며, 모든 복소수는 $a+bi$ 꼴로 나타낼 수 있다. 이때 a를 **실수부분**, b를 **허수부분**이라 한다.

복소수 $a+bi$ (a, b는 실수)에서 $0i=0$으로 정하면 임의의 실수 a는 $a+0$, 즉 $a+0i$로 나타낼 수 있으므로 모든 실수는 복소수이다.

한편, $b\neq0$일 때, 복소수 $a+bi$는 실수가 아니다. 이와 같이 실수가 아닌 복소수를 **허수**라 한다.
특히, $a=0$, 즉 실수부분이 0인 bi ($b\neq0$) 꼴의 허수를 **순허수**라 한다.

따라서 복소수는 다음과 같이 분류할 수 있다. (a, b는 실수)

$$\text{복소수 } a+bi \begin{cases} \text{실수 } a \ (b=0) \\ \text{허수 } a+bi \ (b \neq 0) \begin{cases} \text{순허수 } bi \ (a=0, \ b \neq 0) \\ \text{순허수가 아닌 허수 } a+bi \ (a \neq 0, \ b \neq 0) \end{cases} \end{cases}$$

example
(1) $2+3i$의 실수부분은 2, 허수부분은 3이다.
(2) $1-2i$는 $1+(-2)i$이므로 실수부분은 1, 허수부분은 -2이다.
(3) $5+\sqrt{5}$는 $5+\sqrt{5}+0i$이므로 실수부분은 $5+\sqrt{5}$ 허수부분은 0이다.
(4) $5i$는 $0+5i$이므로 실수부분은 0, 허수부분은 5이다.

3 복소수가 서로 같을 조건

a, b, c, d가 실수일 때,
(1) $a+bi=c+di \iff a=c, \ b=d$
(2) $a+bi=0 \iff a=0, \ b=0$

$$a+bi=c+di$$
같다. 같다.

복소수는 (실수부분)+(허수부분)i로 나타낼 수 있으므로 두 복소수에서 실수부분은 실수부분끼리, 허수부분은 허수부분끼리 서로 같을 때, 두 복소수는 서로 같다고 한다.

즉, a, b, c, d가 실수일 때, 두 복소수 $a+bi$, $c+di$에서 $a=c$, $b=d$이면 두 복소수가 서로 같다고 하고 등호를 사용하여 $a+bi=c+di$와 같이 나타낸다. ← 거꾸로 $a+bi=c+di$이면 $a=c$, $b=d$이다.
특히, $a+bi=0$이면 $a=0$, $b=0$이다. ← 거꾸로 $a=0$, $b=0$이면 $a+bi=0$이다.

복소수가 서로 같을 조건을 활용하기 위해서는 문자가 실수라는 조건이 반드시 필요하다.
예를 들어 $a+bi=0$에서 a, b가 실수라는 조건이 없으면 $a=0$, $b=0$뿐만 아니라 $a=1$, $b=i$일 때도 등식이 성립하므로 a, b가 하나로 정해지지 않기 때문이다.

example
(1) a, b가 실수일 때, $1+2i=a+bi$이면 $a=1$, $b=2$이다.
(2) a, b가 실수일 때, $a+bi=-3i$이면 $a=0$, $b=-3$이다. ← $-3i = 0+(-3)i$

실수에서는 0을 기준으로 양의 실수와 음의 실수를 구분할 수 있고 대소 관계를 정할 수 있지만, 허수단위 i는 양수 또는 음수를 정할 수 없다. 즉, 두 복소수에 대하여 '서로 같다' 또는 '서로 같지 않다'는 말은 할 수 있어도 실수에서와 같은 대소 관계는 정할 수 없음에 주의하자.

144쪽의 바이블 PLUS ⊕ 에서 확인해 보자.

4 켤레복소수

복소수 $a+bi$ (a, b는 실수)의 켤레복소수는 허수부분의 부호를 바꾼 복소수 $a-bi$이다. 이것을 기호로 $\overline{a+bi}$와 같이 나타낸다. 즉, $\overline{a+bi}=a-bi$이다.

복소수 $a+bi$ (a, b는 실수)에 대하여 허수부분의 부호를 바꾼 복소수 $a-bi$를 $a+bi$의 **켤레복소수**라 하며, 이것을 기호로 $\overline{a+bi}$와 같이 나타낸다. ← 복소수 z의 켤레복소수를 $\bar{z}$로 나타내고 'z bar'라 읽는다.

예를 들어 복소수 $2+3i$에서 허수부분의 부호를 바꾸면 $2-3i$이므로 $2+3i$의 켤레복소수는 $2-3i$, 즉 $\overline{2+3i}=2-3i$이다. 또한 $2-3i$의 켤레복소수는 $2+3i$이므로 $\overline{2-3i}=2+3i$이다. 이와 같이 $2+3i$와 $2-3i$는 서로 켤레복소수이다.

example
(1) $1+2i$의 켤레복소수는 $1-2i$
(2) 4의 켤레복소수는 4 ← $4=4+0i$
(3) $5i$의 켤레복소수는 $-5i$ ← $5i=0+5i$

개념 CHECK
01. 복소수의 뜻

📖 빠른 정답 · 492쪽 / 정답과 풀이 · 40쪽

01 다음 복소수 중 허수의 개수를 구하시오.

$1+3i$	$2i$	0	π	$\sqrt{-1}$	$1.\dot{5}$

02 다음 등식을 만족시키는 실수 a, b의 값을 각각 구하시오.

(1) $a-bi=3+5i$ (2) $a=2+bi$

(3) $1+bi=a-\sqrt{2}i$ (4) $3+(b-2)i=(a-1)+5i$

03 다음 복소수의 켤레복소수를 구하시오.

(1) $3+2i$ (2) $-1+\sqrt{2}i$ (3) $\sqrt{3}$ (4) $3i$

대표 예제 | 01

보기에서 옳은 것만을 있는 대로 고르시오.

> • **보기** •
>
> ㄱ. 0은 복소수이다.
> ㄴ. $6i > 0$
> ㄷ. $a \neq 0$, $b = 0$이면 $a + bi$는 실수이다
> ㄹ. $2 - \sqrt{3}i$의 실수부분은 2, 허수부분은 $-\sqrt{3}i$이다.
> ㅁ. $a + bi = 0$이면 $a = 0$, $b = 0$이다.
> ㅂ. $1 + i$의 켤레복소수는 $-1 + i$이다.

바로 접근

① 임의의 두 실수 a, b에 대하여 복소수는 다음과 같이 분류할 수 있다.

$$복소수\ a+bi \begin{cases} 실수\ a\ (b=0) \\ 허수\ a+bi\ (b \neq 0) \begin{cases} 순허수\ bi\ (a=0,\ b \neq 0) \\ 순허수가\ 아닌\ 허수\ a+bi\ (a \neq 0,\ b \neq 0) \end{cases} \end{cases}$$

② ㄷ, ㅁ에서 a, b의 조건이 실수인지 반드시 확인한다.

바른 풀이

ㄱ. 0은 $0 + 0i$로 나타낼 수 있으므로 복소수이다. (참)
ㄴ. 허수단위 i는 양수도 아니고 음수도 아니다. (거짓)
ㄷ. $a = i$, $b = 0$이면 $a \neq 0$, $b = 0$이지만 $a + bi = i$는 허수이다. (거짓)
ㄹ. $2 - \sqrt{3}i$의 실수부분은 2, 허수부분은 $-\sqrt{3}$이다. (거짓)
ㅁ. $a + bi = 0$일 때, $a = 1$, $b = i$와 같은 경우에도 식이 성립한다. (거짓)
ㅂ. $1 + i$의 켤레복소수는 $1 - i$이다. (거짓)
따라서 옳은 것은 ㄱ이다.

정답 ㄱ

Bible Says

복소수 $1 + 2i$, $1 - 2i$에서 기호 $+$, $-$는 덧셈, 뺄셈을 나타내는 연산 기호가 아닌 실수부분, 허수부분으로 복소수를 나타내는 하나의 약속이다.

한번 더하기

01-1 보기에서 옳은 것만을 있는 대로 고르시오.

> • 보기 •
>
> ㄱ. $\sqrt{5}$는 복소수이다. ㄴ. $3i$의 실수부분은 3이다.
>
> ㄷ. $1-4i$의 허수부분은 4이다. ㄹ. i^2은 허수이다.
>
> ㅁ. $-\sqrt{6}i$는 순허수이다. ㅂ. $8-i$의 켤레복소수는 $-8-i$이다.

표현 더하기

01-2 다음 중 옳은 것은?

① $-i$의 실수부분은 -1이다.

② $2+\sqrt{7}i$의 허수부분은 $\sqrt{7}$이다.

③ 0은 순허수이다.

④ $a=0$, $b\neq0$이면 $a+bi$는 복소수가 아니다.

⑤ a, b가 실수일 때, $a+3i=4-bi$이면 $a=4$, $b=3$이다.

표현 더하기

01-3 다음 중 순허수가 아닌 허수는?

① 0 ② 4 ③ $3i$

④ $6-2i$ ⑤ $\sqrt{5}i$

표현 더하기

01-4 다음 수 중 실수의 개수를 a, 순허수의 개수를 b, 복소수의 개수를 c라 할 때, $a-b+c$의 값을 구하시오.

2π	$\sqrt{3}+i$	$7i-8$	$-\sqrt{16}$
$-5i$	$\sqrt{11}\,i$	-20	$4-i^2$

02 복소수의 연산

1 복소수의 사칙연산

a, b, c, d가 실수일 때,
(1) 덧셈: $(a+bi)+(c+di)=(a+c)+(b+d)i$
(2) 뺄셈: $(a+bi)-(c+di)=(a-c)+(b-d)i$
(3) 곱셈: $(a+bi)(c+di)=(ac-bd)+(ad+bc)i$
(4) 나눗셈: $\dfrac{a+bi}{c+di}=\dfrac{(a+bi)(c-di)}{(c+di)(c-di)}=\dfrac{ac+bd}{c^2+d^2}+\dfrac{bc-ad}{c^2+d^2}i$ (단, $c+di\neq 0$)

복소수의 덧셈과 뺄셈은 허수단위 i를 문자처럼 생각하고 <u>실수부분은 실수부분끼리, 허수부분은</u>
<u>허수부분끼리</u> 모아서 계산한다.

(실수부분)$+$(허수부분)i

즉, a, b, c, d가 실수일 때,
$$(a+bi)+(c+di)=(a+c)+(b+d)i$$
$$(a+bi)-(c+di)=(a-c)+(b-d)i$$

example
(1) $(1+2i)+(3+4i)=(1+3)+(2+4)i$
$\qquad\qquad\qquad\quad =4+6i$
(2) $(5+4i)-(3+2i)=(5-3)+(4-2)i$
$\qquad\qquad\qquad\quad =2+2i$

복소수의 곱셈은 허수단위 i를 문자처럼 생각하여 다항식의 곱셈과 같이 전개한 후 $i^2=-1$임을
이용하여 계산한다.

즉, a, b, c, d가 실수일 때,
$$(a+bi)(c+di)=ac+adi+bci+bdi^2 \quad \leftarrow \text{전개}$$
$$=ac+adi+bci-bd \quad \leftarrow i^2=-1$$
$$=(ac-bd)+(ad+bc)i \quad \leftarrow \text{(실수부분)}+\text{(허수부분)}i \text{ 꼴로 정리}$$

example
$(1+2i)(4+3i)=4+3i+8i+6i^2$
$\qquad\qquad\quad =4+3i+8i-6$
$\qquad\qquad\quad =(4-6)+(3+8)i$
$\qquad\qquad\quad =-2+11i$

복소수의 나눗셈은 분모를 실수로 만든 후 계산한다. 실수의 나눗셈에서 분모를 유리화하는 방법과 같은 원리로, 복소수와 그 켤레복소수의 곱은 항상 실수임을 이용하여 분모의 **켤레복소수를 분자, 분모에 곱하여 계산**한다. $(a+bi)(a-bi)=a^2-b^2i^2=a^2+b^2\,(a,\,b는\,실수)$

즉, a, b, c, d가 실수이고 $c+di \neq 0$일 때,

$$\frac{a+bi}{c+di}=\frac{(a+bi)(c-di)}{(c+di)(c-di)}=\frac{(ac+bd)+(bc-ad)i}{c^2+d^2}$$

$$=\frac{ac+bd}{c^2+d^2}+\frac{bc-ad}{c^2+d^2}i$$

한편, 분모에 순허수가 있는 경우에는 분모와 분자에 각각 i를 곱하여 계산한다.

즉, a, b, c가 실수이고 $c \neq 0$일 때,

$$\frac{a+bi}{ci}=\frac{(a+bi)i}{ci^2}=\frac{-b+ai}{-c}=\frac{b}{c}-\frac{a}{c}i$$

> **example**
>
> (1) $\dfrac{1+2i}{3+i}=\dfrac{(1+2i)(3-i)}{(3+i)(3-i)}=\dfrac{3-i+6i-2i^2}{3^2-i^2}=\dfrac{5+5i}{10}=\dfrac{1}{2}+\dfrac{1}{2}i$
>
> (2) $\dfrac{2+i}{3i}=\dfrac{(2+i)i}{3i^2}=\dfrac{2i+i^2}{3i^2}=\dfrac{-1+2i}{-3}=\dfrac{1}{3}-\dfrac{2}{3}i$

실수의 경우와 마찬가지로 복소수의 사칙연산의 결과는 항상 복소수이다. 즉, 복소수는 0으로 나누는 것을 제외하면 사칙연산이 가능하다.

또한 복소수에서도 덧셈에 대한 교환법칙, 결합법칙, 곱셈에 대한 교환법칙, 결합법칙, 분배법칙이 성립한다.

2 켤레복소수의 성질

두 복소수 z_1, z_2와 그 켤레복소수 $\overline{z_1}$, $\overline{z_2}$에 대하여

(1) $z_1+\overline{z_1}$, $z_1\overline{z_1}$는 실수이다.

(2) $z_1=\overline{z_1}$이면 z_1은 실수, $z_1=-\overline{z_1}$이면 z_1은 순허수 또는 0이다.

(3) $\overline{(\overline{z_1})}=z_1$ (4) $\overline{z_1+z_2}=\overline{z_1}+\overline{z_2}$, $\overline{z_1-z_2}=\overline{z_1}-\overline{z_2}$

(5) $\overline{z_1 z_2}=\overline{z_1}\times\overline{z_2}$ (6) $\overline{\left(\dfrac{z_2}{z_1}\right)}=\dfrac{\overline{z_2}}{\overline{z_1}}$ (단, $z_1 \neq 0$)

복소수와 그 켤레복소수 사이에 다음과 같은 성질을 찾아볼 수 있다.

$z_1=a+bi$, $z_2=c+di$ (a, b, c, d는 실수)라 하면 $\overline{z_1}=a-bi$, $\overline{z_2}=c-di$이므로

(1) $z_1+\overline{z_1}$, $z_1\overline{z_1}$는 실수이다.

$$z_1+\overline{z_1}=(a+bi)+(a-bi)=\underset{\text{실수}}{2a},\; z_1\overline{z_1}=(a+bi)(a-bi)=\underset{\text{실수}}{a^2+b^2}$$

example

$z=2+3i$일 때, $\bar{z}=2-3i$이므로

$z+\bar{z}=(2+3i)+(2-3i)=4$

$z\bar{z}=(2+3i)(2-3i)=4-9i^2=4+9=13$

(2) $z_1=\overline{z_1}$이면 z_1은 실수, $z_1=-\overline{z_1}$이면 z_1은 순허수 또는 0이다.

　$\overline{z_1}=z_1$이면 $a-bi=a+bi$에서 $b=0$이므로 $z_1=a$, 즉 z_1은 실수이다.

　또한 $\overline{z_1}=-z_1$이면 $a-bi=-(a+bi)$에서 $a=0$이므로 $z_1=bi$, 즉 z_1은 순허수 또는 0이다.

(3) $\overline{(\overline{z_1})}=z_1$

　$\overline{(\overline{z_1})}=\overline{(\overline{a+bi})}=\overline{a-bi}=a+bi$

example

$z=2+3i$일 때, $\bar{z}=2-3i$이므로

$\overline{(\bar{z})}=\overline{2-3i}=2+3i$

(4) $\overline{z_1+z_2}=\overline{z_1}+\overline{z_2}$, $\overline{z_1-z_2}=\overline{z_1}-\overline{z_2}$

　$\overline{z_1+z_2}=\overline{(a+bi)+(c+di)}=\overline{(a+c)+(b+d)i}=(a+c)-(b+d)i$

　　　$=(a-bi)+(c-di)=\overline{z_1}+\overline{z_2}$

　$\overline{z_1-z_2}=\overline{(a+bi)-(c+di)}=\overline{(a-c)+(b-d)i}=(a-c)-(b-d)i$

　　　$=(a-bi)-(c-di)=\overline{z_1}-\overline{z_2}$

(5) $\overline{z_1z_2}=\overline{z_1}\times\overline{z_2}$

　$\overline{z_1z_2}=\overline{(a+bi)(c+di)}=\overline{(ac-bd)+(ad+bc)i}$

　　　$=(ac-bd)-(ad+bc)i$

　$\overline{z_1}\times\overline{z_2}=\overline{a+bi}\times\overline{c+di}=(a-bi)(c-di)$

　　　$=(ac-bd)-(ad+bc)i$

　$\therefore \overline{z_1z_2}=\overline{z_1}\times\overline{z_2}$

(6) $\overline{\left(\dfrac{z_2}{z_1}\right)}=\dfrac{\overline{z_2}}{\overline{z_1}}$ (단, $z_1\neq0$)

　$\overline{\left(\dfrac{z_2}{z_1}\right)}=\overline{\left(\dfrac{c+di}{a+bi}\right)}=\overline{\left\{\dfrac{(c+di)(a-bi)}{(a+bi)(a-bi)}\right\}}=\overline{\left(\dfrac{ac+bd}{a^2+b^2}+\dfrac{ad-bc}{a^2+b^2}i\right)}$

　　　$=\dfrac{ac+bd}{a^2+b^2}-\dfrac{ad-bc}{a^2+b^2}i$

　$\dfrac{\overline{z_2}}{\overline{z_1}}=\dfrac{\overline{c+di}}{\overline{a+bi}}=\dfrac{c-di}{a-bi}=\dfrac{(c-di)(a+bi)}{(a-bi)(a+bi)}$

　　　$=\dfrac{ac+bd}{a^2+b^2}-\dfrac{ad-bc}{a^2+b^2}i$

　$\therefore \overline{\left(\dfrac{z_2}{z_1}\right)}=\dfrac{\overline{z_2}}{\overline{z_1}}$ (단, $z_1\neq0$)

개념 CHECK

02. 복소수의 연산

01 다음을 계산하시오.

(1) $2i + (5 - 3i)$

(2) $(1 - 3i) + (6 + 2i)$

(3) $(1 + 2i) - (3 - 4i)$

(4) $(-5 - 2i) - (3 - 7i)$

02 다음을 계산하시오.

(1) $(2 - i)(3 + 5i)$

(2) $(3 - \sqrt{5}i)(\sqrt{5} + i)$

(3) $(3 + 2i)(3 - 2i)$

(4) $(1 - 3i)^2$

03 다음을 $a + bi$ 꼴로 나타내시오. (단, a, b는 실수이다.)

(1) $\dfrac{3 + i}{2i}$

(2) $\dfrac{1}{3 + 2i}$

(3) $\dfrac{1 + i}{1 - i}$

(4) $\dfrac{2 - 3i}{3 + i}$

04 복소수 $z = 1 + i$에 대하여 $z\bar{z}(z + \bar{z})$의 값을 구하시오. (단, $\bar{z}$는 z의 켤레복소수이다.)

대표 예제 | 02

다음을 계산하시오.

(1) $3i-1+(2-i)(1+2i)$

(2) $(i+2)^2-i(2i-1)$

(3) $(2+3i)(1-i)+\dfrac{1-i}{i}$

(4) $\dfrac{3+i}{1-i}+\dfrac{1-2i}{2+i}$

바로 접근

① 복소수의 사칙연산은 i를 문자처럼 생각하고 실수부분은 실수부분끼리, 허수부분은 허수부분끼리 계산한다.

② 복소수의 곱셈의 경우 분배법칙을 이용하여 전개한 후 $i^2=-1$임을 이용한다.

③ 분모에 순허수가 있을 경우에는 i를 분모와 분자에 각각 곱하여 분모를 실수로 만든 후 계산한다.

④ 분모가 $a+bi$ 꼴이면 분모의 켤레복소수 $a-bi$를 분모, 분자에 각각 곱하여 분모를 실수로 만든 후 계산한다.

바른 풀이

(1) $3i-1+(2-i)(1+2i)=3i-1+2+4i-i-2i^2$
$$=3+6i$$

(2) $(i+2)^2-i(2i-1)=i^2+4i+4-2i^2+i$
$$=5+5i$$

(3) $(2+3i)(1-i)+\dfrac{1-i}{i}=2-2i+3i-3i^2+\dfrac{(1-i)\times i}{i^2}$
$$=5+i+\dfrac{i-i^2}{-1}$$
$$=5+i+(-i-1)=4$$

(4) $\dfrac{3+i}{1-i}+\dfrac{1-2i}{2+i}=\dfrac{(3+i)(1+i)}{(1-i)(1+i)}+\dfrac{(1-2i)(2-i)}{(2+i)(2-i)}$
$$=\dfrac{3+3i+i+i^2}{1-i^2}+\dfrac{2-i-4i+2i^2}{4-i^2}$$
$$=\dfrac{2+4i}{2}+\dfrac{-5i}{5}$$
$$=1+2i-i=1+i$$

정답 (1) $3+6i$ (2) $5+5i$ (3) 4 (4) $1+i$

Bible Says

a, b, c, d가 실수일 때, 복소수의 덧셈, 뺄셈, 곱셈, 나눗셈은 다음과 같이 계산한다.

① $(a+bi)+(c+di)=(a+c)+(b+d)i$

② $(a+bi)-(c+di)=(a-c)+(b-d)i$

③ $(a+bi)(c+di)=(ac-bd)+(ad+bc)i$

④ $\dfrac{a+bi}{c+di}=\dfrac{(a+bi)(c-di)}{(c+di)(c-di)}=\dfrac{ac+bd}{c^2+d^2}+\dfrac{bc-ad}{c^2+d^2}i$ (단, $c+di\neq0$)

📖 빠른 정답 • 492쪽 / 정답과 풀이 • 42쪽

한 번 더하기

02-1

다음을 계산하시오.

(1) $(3+i)(i-3)+5-2i$

(2) $(2+i)(4-i)-(1+i)$

(3) $(1-i)(2i-1)+\dfrac{5}{1+2i}$

(4) $\dfrac{2-i}{3+i}-\dfrac{1+i}{3-i}$

표현 더하기

02-2

$(2+\sqrt{3}i)^2+(2-\sqrt{3}i)^2+\dfrac{1+7i}{2-i}$ 의 실수부분을 a, 허수부분을 b라 할 때, $a-b$의 값을 구하시오.

표현 더하기

02-3

임의의 두 복소수 a, b에 대하여 연산 ◆을 $a◆b=a-b+ab$라 할 때, $(4+i)◆(-1+2i)$의 허수부분을 구하시오.

실력 더하기

02-4

복소수가 하나씩 적힌 공이 가득 들어 있는 기계가 있다. 버튼을 한 번 누르면 세 개의 공이 나오는데 이 중 두 개를 선택하여 적힌 두 수의 곱이 자연수가 되면 그 수만큼 연필을 준다고 한다. 한 학생이 버튼을 한 번 눌러 세 복소수 $3+2i$, $2-5i$, $6-4i$가 각각 적힌 세 개의 공이 나왔고 a자루의 연필을 받았다고 할 때, 자연수 a의 값을 구하시오.

대표 예제 : 03

다음 물음에 답하시오.

(1) 복소수 $(1+xi)(1+4i)$가 실수일 때, 실수 x의 값을 구하시오.

(2) 복소수 $(1+2i)x^2-(1+5i)x-6-3i$가 순허수일 때, 실수 x의 값을 구하시오.

바로 접근

복소수를 각각 (실수부분)$+$(허수부분)i 꼴로 정리한 후 주어진 복소수가 실수이면 (허수부분)$=0$이고, 순허수이면 (실수부분)$=0$, (허수부분)$\neq0$임을 이용하여 x의 값을 구한다.

바른 풀이

(1) $(1+xi)(1+4i)=1+4i+xi+4xi^2$

$\qquad\qquad\qquad\quad =1+4i+xi-4x$

$\qquad\qquad\qquad\quad =(1-4x)+(4+x)i$

이 복소수가 실수이려면 (허수부분)$=0$이어야 하므로

$4+x=0$ $\quad \therefore x=-4$

(2) $(1+2i)x^2-(1+5i)x-6-3i=x^2+2x^2i-x-5xi-6-3i$

$\qquad\qquad\qquad\qquad\qquad\qquad\quad =x^2-x-6+(2x^2-5x-3)i$

이 복소수가 순허수이려면 (실수부분)$=0$, (허수부분)$\neq0$이어야 하므로

$x^2-x-6=0,\ 2x^2-5x-3\neq0$

(i) $x^2-x-6=0$에서

$\quad (x+2)(x-3)=0$ $\quad \therefore x=-2$ 또는 $x=3$

(ii) $2x^2-5x-3\neq0$에서

$\quad (2x+1)(x-3)\neq0$ $\quad \therefore x\neq-\dfrac{1}{2},\ x\neq3$

(i), (ii)에서 $x=-2$

정답 (1) -4 (2) -2

Bible Says

복소수 $z=a+bi$ (a, b는 실수)에 대하여

① $z=a+bi$가 실수 ➡ $b=0$

② $z=a+bi$가 순허수 ➡ $a=0$, $b\neq0$

③ z^2이 양의 실수 ➡ z는 0이 아닌 실수 ➡ $a\neq0$, $b=0$

④ z^2이 음의 실수 ➡ z는 순허수 ➡ $a=0$, $b\neq0$

⑤ z^2이 실수 ➡ z는 실수 또는 순허수 ➡ $a=0$ 또는 $b=0$

📖 빠른 정답 • 492쪽 / 정답과 풀이 • 42쪽

한번 더하기

03-1 다음 물음에 답하시오.

(1) 복소수 $i(x-3i)^2$이 실수일 때, 음수 x의 값을 구하시오.

(2) 복소수 $(4-3i)x^2+(5-4i)x+1-i$가 순허수일 때, 실수 x의 값을 구하시오.

표현 더하기

03-2 두 복소수 $z_1=(4+3i)x^2-5x-6i$, $z_2=(3+2i)x^2-2x-xi-1$에 대하여 z_1-z_2가 실수일 때, 양수 x의 값을 구하시오.

표현 더하기

03-3 복소수 $z=x^2-(3-i)x+2(1-i)$에 대하여 z^2이 음의 실수가 되도록 하는 실수 x의 값을 구하시오.

실력 더하기

03-4 복소수 $z=(1-xi)(x+2i)+9+xi$에 대하여 z^2이 실수가 되도록 하는 모든 실수 x의 값의 합을 구하시오.

대표 예제 | 04

다음 물음에 답하시오.

(1) $z=2+i$일 때, z^3-4z^2+5z+8의 값을 구하시오.

(2) $x=1+2i$, $y=1-2i$일 때, $\dfrac{x^2}{y}+\dfrac{y^2}{x}$의 값을 구하시오.

바로 접근

복소수와 관련된 식의 값을 구할 때, 주어진 복소수를 식에 바로 대입하면 계산이 복잡해지므로 먼저 주어진 복소수의 값을 적당히 변형하여 간단히 한 후 식에 대입하여 계산한다.

(1) $z=a+bi$ (a, b는 실수)가 주어진 경우

➡ $z-a=bi$로 변형한 후 양변을 제곱하여 이차방정식을 만들어 주어진 식에 대입한다.

(2) x, y가 서로 켤레복소수인 경우

❶ $x+y$, xy의 값을 구한다. 이때 $x+y$, xy의 값은 실수이다.

❷ 주어진 식을 곱셈 공식의 변형을 이용하여 $x+y$, xy를 포함한 식으로 바꾼 후 $x+y$, xy의 값을 대입한다.

바른 풀이

(1) $z=2+i$에서 $z-2=i$

양변을 제곱하면 $z^2-4z+4=-1$ $\quad \therefore z^2-4z+5=0$

$\therefore z^3-4z^2+5z+8=z(z^2-4z+5)+8$
$$=z\times 0+8=8$$

(2) $x+y=1+2i+1-2i=2$

$xy=(1+2i)(1-2i)=1-4i^2=5$

$$\therefore \frac{x^2}{y}+\frac{y^2}{x}=\frac{x^3+y^3}{xy}$$
$$=\frac{(x+y)^3-3xy(x+y)}{xy}$$
$$=\frac{2^3-3\times 5\times 2}{5}$$
$$=-\frac{22}{5}$$

정답 (1) 8 (2) $-\dfrac{22}{5}$

Bible Says

켤레복소수의 합과 곱

➡ $z=a+bi$ (a, b는 실수)에서 $z+\bar{z}=(a+bi)+(a-bi)=2a$, $z\bar{z}=(a+bi)(a-bi)=a^2+b^2$

즉, 켤레복소수의 합과 곱은 실수이다.

📖 빠른 정답 • 492쪽 / 정답과 풀이 • 43쪽

한 번 더하기

04-1

다음 물음에 답하시오.

(1) $z = -1 + \sqrt{3}i$일 때, $z^3 + 2z^2 + 5z + 1$의 값을 구하시오.

(2) $x = \overline{2-i}$, $y = \overline{2+i}$일 때, $x^3y + xy^3$의 값을 구하시오.

표현 더하기

04-2

$z = \dfrac{1-3i}{1-i}$일 때, $3z^3 - 12z^2 + 15z + 2$의 값을 구하시오.

표현 더하기

04-3

$x = \dfrac{5}{3+i}$, $y = \dfrac{5}{3-i}$일 때, $x^3 - x^2y - xy^2 + y^3$의 값을 구하시오.

실력 더하기

04-4

$z^2 = 1 - 2i$일 때, $z^4 + z^3 - 4z^2 - 2z + \dfrac{5}{z}$의 값을 구하시오.

대표 예제 | 05

두 복소수 $\alpha = 1 + 3i$, $\beta = 2 - i$에 대하여 다음 값을 구하시오. (단, $\bar{\alpha}$, $\bar{\beta}$는 각각 α, β의 켤레복소수이다.)

(1) $\alpha\bar{\alpha} + \alpha\bar{\beta} + \bar{\alpha}\beta + \beta\bar{\beta}$

(2) $\bar{\alpha}\beta - \alpha\bar{\beta} - \bar{\alpha}\bar{\beta} + \alpha\beta$

바로 접근

주어진 식이 복소수와 그 켤레복소수로 이루어진 경우, 직접 복소수의 값을 대입하여 답을 구하려 하지 말자. 먼저 켤레복소수의 성질을 이용하여 식을 정리한 후 α, β의 값을 대입하면 계산이 간단해진다.

두 복소수 z_1, z_2에 대하여

➡ $\overline{z_1 \pm z_2} = \bar{z_1} \pm \bar{z_2}$ (복부호동순), $\overline{z_1 z_2} = \bar{z_1} \times \bar{z_2}$, $\overline{\left(\dfrac{z_2}{z_1}\right)} = \dfrac{\bar{z_2}}{\bar{z_1}}$ (단, $z_1 \neq 0$)

바른 풀이

(1) $\alpha\bar{\alpha} + \alpha\bar{\beta} + \bar{\alpha}\beta + \beta\bar{\beta} = \alpha(\bar{\alpha} + \bar{\beta}) + \beta(\bar{\alpha} + \bar{\beta})$

$\qquad\qquad\qquad\qquad\qquad = (\alpha + \beta)(\bar{\alpha} + \bar{\beta})$

$\qquad\qquad\qquad\qquad\qquad = (\alpha + \beta)(\overline{\alpha + \beta})$

이때 $\alpha + \beta = (1 + 3i) + (2 - i) = 3 + 2i$, $\overline{\alpha + \beta} = \overline{3 + 2i} = 3 - 2i$이므로

$\alpha\bar{\alpha} + \alpha\bar{\beta} + \bar{\alpha}\beta + \beta\bar{\beta} = (\alpha + \beta)(\overline{\alpha + \beta})$

$\qquad\qquad\qquad\qquad\qquad = (3 + 2i)(3 - 2i)$

$\qquad\qquad\qquad\qquad\qquad = 9 + 4 = 13$

(2) $\bar{\alpha}\beta - \alpha\bar{\beta} - \bar{\alpha}\bar{\beta} + \alpha\beta = \bar{\alpha}\beta - \alpha\bar{\beta} - \bar{\alpha} \times \bar{\beta} + \alpha\beta$

$\qquad\qquad\qquad\qquad\qquad = \beta(\alpha + \bar{\alpha}) - \bar{\beta}(\alpha + \bar{\alpha})$

$\qquad\qquad\qquad\qquad\qquad = (\alpha + \bar{\alpha})(\beta - \bar{\beta})$

이때 $\alpha + \bar{\alpha} = (1 + 3i) + (1 - 3i) = 2$, $\beta - \bar{\beta} = (2 - i) - (2 + i) = -2i$이므로

$\bar{\alpha}\beta - \alpha\bar{\beta} - \bar{\alpha}\bar{\beta} + \alpha\beta = (\alpha + \bar{\alpha})(\beta - \bar{\beta})$

$\qquad\qquad\qquad\qquad\qquad = 2 \times (-2i) = -4i$

정답 (1) 13 (2) $-4i$

Bible Says

복소수 $z = a + bi$ (a, b는 실수)의 켤레복소수는 $\bar{z} = a - bi$이므로

① z가 실수이면 $\bar{z} = z$이다.

② z가 순허수이면 $\bar{z} = -z$이다.

③ 임의의 복소수 z에 대하여 $z + \bar{z}$, $z\bar{z}$는 항상 실수이다.

04

한번 더하기

05-1 두 복소수 $\alpha=3+2i$, $\beta=-1+4i$에 대하여 $\alpha\bar{\alpha}-\alpha\bar{\beta}-\bar{\alpha}\beta+\beta\bar{\beta}$의 값을 구하시오.

(단, $\bar{\alpha}$, $\bar{\beta}$는 각각 α, β의 켤레복소수이다.)

표현 더하기

05-2 두 복소수 α, β에 대하여 $\bar{\alpha}+\beta=8-4i$, $\bar{\alpha}\beta=2i$일 때, $\dfrac{1}{\alpha}+\dfrac{1}{\beta}$의 값을 구하시오.

(단, $\bar{\alpha}$, $\bar{\beta}$는 각각 α, β의 켤레복소수이다.)

표현 더하기

05-3 두 복소수 α, β에 대하여 $\bar{\alpha}-\bar{\beta}=1-2i$, $\bar{\alpha}\times\bar{\beta}=3-i$일 때, $(\alpha-3)(\beta+3)$의 값을 구하시오.

(단, $\bar{\alpha}$, $\bar{\beta}$는 각각 α, β의 켤레복소수이다.)

실력 더하기

05-4 두 복소수 α, β에 대하여 $\alpha\bar{\alpha}=2$, $\beta\bar{\beta}=2$, $\alpha+\beta=i$일 때, $\alpha\beta$의 값을 구하시오.

(단, $\bar{\alpha}$, $\bar{\beta}$는 각각 α, β의 켤레복소수이다.)

대표 예제 | 06

다음 등식을 만족시키는 복소수 z를 구하시오. (단, $\bar{z}$는 z의 켤레복소수이다.)

(1) $2z+3\bar{z}=10+9i$

(2) $(1+3i)\bar{z}+2iz-1=5+6i$

바로 접근

z는 실수가 아닌 복소수이므로 z를 하나의 문자로 생각하지 않는다.

❶ $z=a+bi$ (a, b는 실수)로 놓고 주어진 식에 대입한다.

❷ 복소수가 서로 같을 조건을 이용하여 a, b의 값을 구한다.

바른 풀이

(1) $z=a+bi$ (a, b는 실수)라 하면 $\bar{z}=a-bi$이므로

$$2z+3\bar{z}=2(a+bi)+3(a-bi)$$
$$=2a+2bi+3a-3bi$$
$$=5a-bi$$

이때 $5a-bi=10+9i$이므로 복소수가 서로 같을 조건에 의하여

$5a=10$, $-b=9$ ∴ $a=2$, $b=-9$

∴ $z=2-9i$

(2) $z=a+bi$ (a, b는 실수)라 하면 $\bar{z}=a-bi$이므로

$$(1+3i)\bar{z}+2iz-1=(1+3i)(a-bi)+2i(a+bi)-1$$
$$=a-bi+3ai-3bi^2+2ai+2bi^2-1$$
$$=(a+b-1)+(5a-b)i$$

이때 $(a+b-1)+(5a-b)i=5+6i$이므로 복소수가 서로 같을 조건에 의하여

$a+b-1=5$, $5a-b=6$

두 식을 연립하여 풀면 $a=2$, $b=4$

∴ $z=2+4i$

정답 (1) $2-9i$ (2) $2+4i$

Bible Says

복소수가 서로 같을 조건

➔ (실수부분)+(허수부분)$i=0$이면 (실수부분)$=0$, (허수부분)$=0$

한번 더하기

06-1 다음 등식을 만족시키는 복소수 z를 구하시오. (단, $\bar{z}$는 z의 켤레복소수이다.)

(1) $4z - 3\bar{z} = 5 - 7i$ (2) $(2-i)z - 5i\bar{z} = -10$

04

표현 더하기

06-2 복소수 z와 그 켤레복소수 $\bar{z}$에 대하여 $\overline{z + zi} = 6 - 2i$를 만족시키는 $\bar{z}$를 구하시오.

표현 더하기

06-3 복소수 z와 그 켤레복소수 $\bar{z}$에 대하여 $z - \bar{z} = 4i$, $z\bar{z} = 13$을 만족시키는 모든 z의 값의 합을 구하시오.

표현 더하기

06-4 복소수 z와 그 켤레복소수 $\bar{z}$에 대하여 등식 $z(\bar{z} - 2) = 12 + 6i$가 성립할 때, 복소수 z를 모두 구하시오.

03 복소수의 성질

1 i의 거듭제곱

자연수 n에 대하여 i^n은 i, -1, $-i$, 1이 반복되어 나타나므로 i의 거듭제곱은 다음과 같은 규칙을 갖는다. (단, k는 자연수이다.)

$$i^{4k}=1, \ i^{4k+1}=i, \ i^{4k+2}=i^2=-1, \ i^{4k+3}=i^3=-i$$

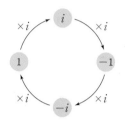

i의 거듭제곱을 차례대로 구하면 다음과 같다.

$$\begin{cases} i=i \\ i^2=-1 \\ i^3=i^2\times i=(-1)\times i=-i \\ i^4=i^2\times i^2=(-1)\times(-1)=1 \end{cases}$$

$$\begin{cases} i^5=i^4\times i=1\times i=i & \leftarrow i^5=i^{4+1} \\ i^6=i^4\times i^2=1\times(-1)=-1 & \leftarrow i^6=i^{4+2} \\ i^7=i^4\times i^3=1\times(-i)=-i & \leftarrow i^7=i^{4+3} \\ i^8=i^4\times i^4=1\times1=1 & \leftarrow i^8=i^{4+4} \end{cases}$$

$$\vdots$$

이와 같이 i의 거듭제곱은 i, -1, $-i$, 1이 반복되어 나타나므로 자연수 n에 대하여 i^n은 n을 4로 나누었을 때의 나머지에 대한 i의 거듭제곱과 같다.

즉, 자연수 k에 대하여

$$i^{4k}=(i^4)^k=1$$
$$i^{4k+1}=(i^4)^k\times i=i$$
$$i^{4k+2}=(i^4)^k\times i^2=-1$$
$$i^{4k+3}=(i^4)^k\times i^3=-i$$

이다. 따라서 위와 같은 규칙성을 이용하면 i의 거듭제곱을 간단히 할 수 있다.

> **example**
> (1) $i^{13}=(i^4)^3\times i=i$
> (2) $i^{102}=(i^4)^{25}\times i^2=-1$
> (3) $(\sqrt{2}i)^8=(\sqrt{2})^8\times i^8=16\times(i^4)^2=16$

2 음수의 제곱근

$a>0$일 때,

(1) $\sqrt{-a}=\sqrt{a}i$

(2) $-a$의 제곱근은 $\pm\sqrt{a}i$이다.

중학교 과정에서 양수 a에 대하여 제곱하여 a가 되는 수를 a의 제곱근이라 하고 a의 제곱근이 $\pm\sqrt{a}$임을 학습하였다. 이제 수의 범위를 복소수까지 확장하였으므로 음수의 제곱근도 구할 수 있다.

양수 a에 대하여 제곱하여 $-a$가 되는 수가 $-a$의 제곱근이며

$$(\sqrt{a}i)^2=ai^2=-a,\ (-\sqrt{a}i)^2=ai^2=-a$$

가 성립하므로 $\sqrt{a}i$와 $-\sqrt{a}i$는 $-a$의 제곱근이다.

이때 $\sqrt{-a}=\sqrt{a}i$, $-\sqrt{-a}=-\sqrt{a}i$와 같이 나타내기로 하면 $-a$의 제곱근은 $\pm\sqrt{-a}$와 같이 나타낼 수 있다. ← 즉, 실수 A의 부호에 관계없이 (A의 제곱근)$=\pm\sqrt{A}$

예를 들어 두 복소수 $\sqrt{2}i$와 $-\sqrt{2}i$에 대하여

$$(\sqrt{2}i)^2=2i^2=-2,\ (-\sqrt{2}i)^2=2i^2=-2$$

이므로 -2의 제곱근은 $\sqrt{2}i$와 $-\sqrt{2}i$이고, -2의 제곱근은 $\sqrt{-2}$, $-\sqrt{-2}$로 나타낼 수 있다.

example

(1) $\sqrt{-2}=\sqrt{2}i$

(2) $\sqrt{-9}=\sqrt{9}i=3i$

(3) $-\sqrt{-5}=-\sqrt{5}i$

(4) -4의 제곱근은 $\pm2i$ ← $\pm\sqrt{-4}=\pm\sqrt{4}i=\pm2i$

3 음수의 제곱근의 성질

a, b가 실수일 때,

(1) $a<0$, $b<0$이면 $\sqrt{a}\sqrt{b}=-\sqrt{ab}$, 그 외에는 $\sqrt{a}\sqrt{b}=\sqrt{ab}$

(2) $a>0$, $b<0$이면 $\dfrac{\sqrt{a}}{\sqrt{b}}=-\sqrt{\dfrac{a}{b}}$, 그 외에는 $\dfrac{\sqrt{a}}{\sqrt{b}}=\sqrt{\dfrac{a}{b}}$ (단, $b\neq0$)

중학교 과정에서 $a>0$, $b>0$이면 $\sqrt{a}\sqrt{b}=\sqrt{ab}$, $\dfrac{\sqrt{a}}{\sqrt{b}}=\sqrt{\dfrac{a}{b}}$임을 학습하였다.

음수의 제곱근에서는 다음과 같은 성질을 찾아볼 수 있다.

(1) $a<0$, $b<0$이면 $-a>0$, $-b>0$이므로

$$\sqrt{a}\sqrt{b}=\sqrt{-a}i\times\sqrt{-b}i=\sqrt{(-a)\times(-b)}i^2=-\sqrt{ab}$$

(2) $a>0$, $b<0$이면 $a>0$, $-b>0$이므로

$$\frac{\sqrt{a}}{\sqrt{b}}=\frac{\sqrt{a}}{\sqrt{-b}i}=\frac{\sqrt{a}i}{\sqrt{-b}i^2}=-\frac{\sqrt{a}}{\sqrt{-b}}i=-\sqrt{\frac{a}{-b}}i=-\sqrt{-\frac{a}{-b}}=-\sqrt{\frac{a}{b}}$$

양수 a에 대하여 $\sqrt{-a}=\sqrt{a}i$이므로 음수의 제곱근이 포함된 연산에서 $\sqrt{-a}=\sqrt{a}i$임을 이용하여 식을 간단히 할 수 있다.

example

(1) $\sqrt{2}\sqrt{-3}=\sqrt{2}\times\sqrt{3}i=\sqrt{6}i=\sqrt{-6}$ ← $a>0$, $b<0$이면 $\sqrt{a}\sqrt{b}=\sqrt{ab}$

$\sqrt{-2}\sqrt{-3}=\sqrt{2}i\times\sqrt{3}i=\sqrt{6}i^2=-\sqrt{6}$ ← $a<0$, $b<0$이면 $\sqrt{a}\sqrt{b}=-\sqrt{ab}$

(2) $\dfrac{\sqrt{-2}}{\sqrt{3}}=\dfrac{\sqrt{2}i}{\sqrt{3}}=\dfrac{\sqrt{2}}{\sqrt{3}}i=\sqrt{\dfrac{2}{3}}i=\sqrt{-\dfrac{2}{3}}=\sqrt{\dfrac{-2}{3}}$ ← $a<0$, $b>0$이면 $\dfrac{\sqrt{a}}{\sqrt{b}}=\sqrt{\dfrac{a}{b}}$

$\dfrac{\sqrt{-2}}{\sqrt{-3}}=\dfrac{\sqrt{2}i}{\sqrt{3}i}=\dfrac{\sqrt{2}}{\sqrt{3}}=\sqrt{\dfrac{2}{3}}=\sqrt{\dfrac{-2}{-3}}$ ← $a<0$, $b<0$이면 $\dfrac{\sqrt{a}}{\sqrt{b}}=\sqrt{\dfrac{a}{b}}$

$\dfrac{\sqrt{2}}{\sqrt{-3}}=\dfrac{\sqrt{2}}{\sqrt{3}i}=\dfrac{\sqrt{2}i}{\sqrt{3}i^2}=-\dfrac{\sqrt{2}}{\sqrt{3}}i=-\sqrt{\dfrac{2}{3}}i=-\sqrt{-\dfrac{2}{3}}=-\sqrt{\dfrac{2}{-3}}$

← $a>0$, $b<0$이면 $\dfrac{\sqrt{a}}{\sqrt{b}}=-\sqrt{\dfrac{a}{b}}$

한편, a, b가 실수일 때, 다음이 성립한다.   ← 음수의 제곱근의 성질을 거꾸로 한 것이다.

$\sqrt{a}\sqrt{b}=-\sqrt{ab}$이면 $a<0$, $b<0$ 또는 $a=0$ 또는 $b=0$

$\dfrac{\sqrt{a}}{\sqrt{b}}=-\sqrt{\dfrac{a}{b}}$이면 $a>0$, $b<0$ 또는 $a=0$, $b\neq0$

바이블 PLUS ➕   **허수의 대소를 비교할 수 없는 이유**

허수는 실수와 달리 대소 비교, 즉 그 크기와 순서를 정할 수 없다.

만약 실수와 허수 사이에 실수에서와 같은 대소 관계를 정할 수 있다고 하면

허수단위 i에 대하여

$i>0$, $i=0$, $i<0$

중에서 어느 하나가 성립해야 한다.

0과 어떠한 수를 곱하면 0이 됨을 이용하여 위의 세 가지 경우를 살펴보자.

(ⅰ) $i>0$인 경우

$i>0$의 양변에 i를 곱하면 $-1=i\times i>0\times i=0$이므로 모순이다.

(ⅱ) $i=0$인 경우

$i=0$의 양변에 i를 곱하면 $-1=i\times i=0\times i=0$이므로 모순이다.

(ⅲ) $i<0$인 경우

$i<0$의 양변에 i를 곱하면 $-1=i\times i>0\times i=0$이므로 모순이다.

(ⅰ)~(ⅲ)에서 허수단위 i와 0의 대소를 비교할 수 없으므로 실수와 허수 사이에 실수에서와 같은 대소 관계를 정할 수 있다는 가정에 모순이 있음을 알 수 있다. 즉, 실수와 허수 사이에서는 실수에서와 같은 대소 관계를 정할 수 없다.   ← 이와 같이 결론을 부정한 다음 모순이 생기는 것을 보여주어 주어진 문장이 참임을 증명하는 방법을 귀류법이라 한다. 귀류법은 공통수학2에서 배운다.

마찬가지로 허수와 허수 사이에서도 실수에서와 같은 대소 관계를 정할 수 없다.

만약 허수와 허수 사이에 실수에서와 같은 대소 관계를 정할 수 있다고 하면 i와 $2i$에 대하여

$$i > 2i, \ i = 2i, \ i < 2i$$

중에서 어느 하나가 성립해야 한다.

(iv) $i > 2i$인 경우, 좌변의 i를 우변으로 이항하면 $0 > 2i - i = i$

이때 허수단위 i와 0의 대소 관계를 정할 수 없으므로 모순이다.

(v) $i = 2i$인 경우, 좌변의 i를 우변으로 이항하면 $0 = 2i - i = i$

이때 허수단위 i는 0이 아니므로 모순이다.

(vi) $i < 2i$인 경우, 좌변의 i를 우변으로 이항하면 $0 < 2i - i = i$

이때 허수단위 i와 0의 대소 관계를 정할 수 없으므로 모순이다.

(iv)~(vi)에서 i와 $2i$의 대소를 비교할 수 없으므로 허수와 허수 사이에 실수에서와 같은 대소 관계를 정할 수 있다는 가정에 모순이 있음을 알 수 있다. 즉, 허수와 허수 사이에서는 실수에서와 같은 대소 관계를 정할 수 없다.

개념 CHECK
03. 복소수의 성질

빠른 정답 · 492쪽 / 정답과 풀이 · 45쪽

01 다음 식을 간단히 하시오.

(1) $i + i^2 + i^3 + \cdots + i^9$

(2) $\dfrac{1}{i} + \dfrac{1}{i^2} + \dfrac{1}{i^3} + \dfrac{1}{i^4}$

02 다음 식을 간단히 하시오.

(1) $(1+i)^8$

(2) $\left(\dfrac{1+i}{1-i}\right)^2 + \left(\dfrac{1-i}{1+i}\right)^2$

03 다음을 계산하시오.

(1) $\sqrt{-2}\sqrt{-8}$

(2) $\dfrac{\sqrt{5}}{\sqrt{-15}}$

(3) $(1+\sqrt{-3})(1-\sqrt{-3})$

(4) $\dfrac{2+\sqrt{-2}}{2-\sqrt{-2}}$

대표 예제 : 07

다음 식을 간단히 하시오.

(1) $i+i^2+i^3+i^4+\cdots+i^{101}+i^{102}$

(2) $i+\dfrac{1}{i}+\dfrac{1}{i^2}+\dfrac{1}{i^3}+\cdots+\dfrac{1}{i^{29}}+\dfrac{1}{i^{30}}$

(3) $(1+i)^{80}-(1-i)^{80}$

(4) $\left(\dfrac{1+i}{1-i}\right)^4-\left(\dfrac{1-i}{1+i}\right)^4$

바로 접근

복소수 z^n(n은 자연수)의 값을 구할 때는 먼저 z를 간단히 한 후 $i^{4m+k}=i^k$ (m, k는 자연수)임을 이용한다. 또한 복소수의 거듭제곱에서는 다음 식이 자주 이용되므로 기억해두자.

① $i+i^2+i^3+i^4=0$　　② $\dfrac{1}{i}+\dfrac{1}{i^2}+\dfrac{1}{i^3}+\dfrac{1}{i^4}=0$　　③ $\dfrac{1+i}{1-i}=i$　　④ $\dfrac{1-i}{1+i}=-i$

바른 풀이

(1) $i+i^2+i^3+i^4=i-1-i+1=0$이므로

$\quad i+i^2+i^3+i^4+\cdots+i^{101}+i^{102}$

$\quad =(i+i^2+i^3+i^4)+i^4(i+i^2+i^3+i^4)+\cdots+i^{96}(i+i^2+i^3+i^4)+i^{101}+i^{102}$

$\quad =i^{101}+i^{102}=i^{100}(i+i^2)=(i^4)^{25}(i-1)=-1+i$

(2) $\dfrac{1}{i}+\dfrac{1}{i^2}+\dfrac{1}{i^3}+\dfrac{1}{i^4}=\dfrac{1}{i}+\dfrac{1}{-1}+\dfrac{1}{-i}+\dfrac{1}{1}=0$이므로

$\quad i+\dfrac{1}{i}+\dfrac{1}{i^2}+\dfrac{1}{i^3}+\cdots+\dfrac{1}{i^{29}}+\dfrac{1}{i^{30}}=i+\left(\dfrac{1}{i}+\dfrac{1}{i^2}+\dfrac{1}{i^3}+\dfrac{1}{i^4}\right)+\dfrac{1}{i^4}\left(\dfrac{1}{i}+\dfrac{1}{i^2}+\dfrac{1}{i^3}+\dfrac{1}{i^4}\right)$

$\qquad\qquad\qquad\qquad\qquad\qquad\qquad +\cdots+\dfrac{1}{i^{24}}\left(\dfrac{1}{i}+\dfrac{1}{i^2}+\dfrac{1}{i^3}+\dfrac{1}{i^4}\right)+\dfrac{1}{i^{28}}\left(\dfrac{1}{i}+\dfrac{1}{i^2}\right)$

$\qquad\qquad\qquad\qquad\qquad\qquad\qquad =i+\dfrac{1}{i}+\dfrac{1}{i^2}=i-i-1=-1$

(3) $(1+i)^2=1+2i+i^2=2i$, $(1-i)^2=1-2i+i^2=-2i$이므로

$\quad (1+i)^{80}-(1-i)^{80}=\{(1+i)^2\}^{40}-\{(1-i)^2\}^{40}=(2i)^{40}-(-2i)^{40}$

$\qquad\qquad\qquad\qquad\qquad =2^{40}\times(i^4)^{10}-(-2)^{40}\times(i^4)^{10}=2^{40}-2^{40}=0$

(4) $\dfrac{1+i}{1-i}=\dfrac{(1+i)^2}{(1-i)(1+i)}=\dfrac{1+2i+i^2}{1-i^2}=\dfrac{2i}{2}=i$,

$\quad \dfrac{1-i}{1+i}=\dfrac{(1-i)^2}{(1+i)(1-i)}=\dfrac{1-2i+i^2}{1-i^2}=\dfrac{-2i}{2}=-i$이므로

$\quad \left(\dfrac{1+i}{1-i}\right)^4-\left(\dfrac{1-i}{1+i}\right)^4=i^4-(-i)^4=1-1=0$

정답 (1) $-1+i$　(2) -1　(3) 0　(4) 0

Bible Says

n이 자연수일 때, i^n의 값은 n을 4로 나누었을 때의 나머지가 같으면 그 값은 같다.

따라서 다음과 같은 규칙을 갖는다. (단, k는 자연수이다.)

$\quad i^{4k}=1$

$\quad i^{4k+1}=i$

$\quad i^{4k+2}=i^2=-1$

$\quad i^{4k+3}=i^3=-i$

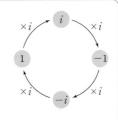

한번 더하기

07-1 다음 식을 간단히 하시오.

(1) $i^{20}+i^{21}+i^{22}+i^{23}+\cdots+i^{119}+i^{120}$

(2) $\dfrac{1}{i^{50}}+\dfrac{1}{i^{49}}+\dfrac{1}{i^{48}}+\cdots+\dfrac{1}{i^{2}}+\dfrac{1}{i}$

(3) $\left(\dfrac{1-i}{\sqrt{2}}\right)^{50}+\left(\dfrac{1+i}{\sqrt{2}}\right)^{50}$

(4) $\left(\dfrac{1-i}{1+i}\right)^{100}+\left(\dfrac{1+i}{1-i}\right)^{100}$

표현 더하기

07-2 $i+2i^{2}+3i^{3}+4i^{4}+\cdots+10i^{10}=a+bi$일 때, 정수 a, b에 대하여 $3a+4b$의 값을 구하시오.

표현 더하기

07-3 $z=\dfrac{\sqrt{2}}{1-i}$일 때, $z^{2}+z^{4}+z^{6}+z^{8}+\cdots+z^{18}+z^{20}$의 값을 구하시오.

실력 더하기

07-4 $\left(\dfrac{1+i}{\sqrt{2i}}\right)^{n}=1$을 만족시키는 자연수 n의 값 중 가장 작은 값을 구하시오.

대표 예제 08

다음 물음에 답하시오.

(1) $2\sqrt{-2}\sqrt{-4}+\sqrt{-2}\sqrt{-16}+\sqrt{-4}\sqrt{18}+\dfrac{\sqrt{16}}{\sqrt{-8}}$ 을 계산하시오.

(2) 0이 아닌 두 실수 a, b에 대하여 $\sqrt{a}\sqrt{b}=-\sqrt{ab}$일 때, $\sqrt{(a+b)^2}+\sqrt{a^2}+|b|$를 간단히 하시오.

바로 접근

(1) $\sqrt{-a}=\sqrt{a}i\ (a>0)$임을 이용하여 음수의 제곱근을 i로 나타낸 후 계산한다.

(2) a, b가 실수일 때,

① $\sqrt{a}\sqrt{b}=-\sqrt{ab}$이면 $a<0$, $b<0$ 또는 $a=0$ 또는 $b=0$

② $\dfrac{\sqrt{a}}{\sqrt{b}}=-\sqrt{\dfrac{a}{b}}$이면 $a>0$, $b<0$ 또는 $a=0$, $b\neq0$

바른 풀이

(1)
$$2\sqrt{-2}\sqrt{-4}+\sqrt{-2}\sqrt{-16}+\sqrt{-4}\sqrt{18}+\frac{\sqrt{16}}{\sqrt{-8}}=2\sqrt{2}i\sqrt{4}i+\sqrt{2}i\sqrt{16}i+\sqrt{4}i\sqrt{18}+\frac{\sqrt{16}}{\sqrt{8}i}$$
$$=4\sqrt{2}i^2+4\sqrt{2}i^2+6\sqrt{2}i+\frac{\sqrt{2}}{i}$$
$$=-4\sqrt{2}-4\sqrt{2}+6\sqrt{2}i-\sqrt{2}i$$
$$=-8\sqrt{2}+5\sqrt{2}i$$

(2) $\sqrt{a}\sqrt{b}=-\sqrt{ab}$이므로 $a<0$, $b<0$

따라서 $a+b<0$이므로
$$\sqrt{(a+b)^2}+\sqrt{a^2}+|b|=|a+b|+|a|+|b|=-(a+b)-a-b$$
$$=-2a-2b$$

다른 풀이

(1) 음수의 제곱근의 성질을 먼저 적용하면
$$2\sqrt{-2}\sqrt{-4}+\sqrt{-2}\sqrt{-16}+\sqrt{-4}\sqrt{18}+\frac{\sqrt{16}}{\sqrt{-8}}=-2\sqrt{8}-\sqrt{32}+\sqrt{-72}-\sqrt{-2}$$
$$=-4\sqrt{2}-4\sqrt{2}+6\sqrt{2}i-\sqrt{2}i$$
$$=-8\sqrt{2}+5\sqrt{2}i$$

정답 (1) $-8\sqrt{2}+5\sqrt{2}i$ (2) $-2a-2b$

Bible Says

a, b가 실수일 때,

① $a<0$, $b<0$이면 $\sqrt{a}\sqrt{b}=-\sqrt{ab}$

그 외에는 $\sqrt{a}\sqrt{b}=\sqrt{ab}$

② $a>0$, $b<0$이면 $\dfrac{\sqrt{a}}{\sqrt{b}}=-\sqrt{\dfrac{a}{b}}$

그 외에는 $\dfrac{\sqrt{a}}{\sqrt{b}}=\sqrt{\dfrac{a}{b}}$ (단, $b\neq0$)

한번 더하기

08-1

다음 물음에 답하시오.

(1) $\sqrt{-1}\sqrt{-3}+\sqrt{5}\sqrt{-10}+\dfrac{\sqrt{-6}}{\sqrt{-2}}+\dfrac{\sqrt{18}}{\sqrt{-9}}$ 을 계산하시오.

(2) 0이 아닌 두 실수 a, b에 대하여 $\dfrac{\sqrt{a}}{\sqrt{b}}=-\sqrt{\dfrac{a}{b}}$일 때, $5|a|-2\sqrt{b^2}+\sqrt{(a-b)^2}$을 간단히 하시오.

표현 더하기

08-2

다음 계산 과정 중 등호가 처음으로 잘못 사용된 부분을 찾으시오.

(1) $2\underset{①}{=}\sqrt{4}\underset{②}{=}\sqrt{(-2)\times(-2)}\underset{③}{=}\sqrt{-2}\times\sqrt{-2}\underset{④}{=}(\sqrt{-2})^2\underset{⑤}{=}-2$

(2) $2i\underset{①}{=}\sqrt{-4}\underset{②}{=}\sqrt{\dfrac{4}{-1}}\underset{③}{=}\dfrac{\sqrt{4}}{\sqrt{-1}}\underset{④}{=}\dfrac{2}{i}\underset{⑤}{=}-2i$

표현 더하기

08-3

$\sqrt{-2}\sqrt{x-4}=-\sqrt{8-2x}$를 만족시키는 자연수 x의 개수를 구하시오.

실력 더하기

08-4

$0<x<3$일 때, $\sqrt{x}\sqrt{-x}+\sqrt{x-3}\sqrt{3-x}-\dfrac{\sqrt{3-x}}{\sqrt{x-3}}\sqrt{\dfrac{3-x}{x-3}}$를 간단히 하시오.

01 복소수 z와 그 켤레복소수 $\bar{z}$에 대하여 다음 중 옳지 <u>않은</u> 것은?

① $z\bar{z}$는 실수이다.

② $z-\bar{z}$는 순허수이다.

③ $\dfrac{1}{z}+\dfrac{1}{\bar{z}}$은 실수이다. (단, $z\neq0$)

④ $\bar{z}$가 순허수이면 z도 순허수이다.

⑤ $z=\bar{z}$이면 z는 실수이다.

02 $(1+i)(1+3i)+\dfrac{1-4i}{1-i}+\dfrac{1+4i}{1+i}=a+bi$일 때, ab의 값을 구하시오.

(단, a, b는 실수이다.)

03 $x+3y=2$를 만족시키는 실수 x, y에 대하여 $x+yi=\dfrac{2}{1-ai}$가 성립한다. 이를 만족시키는 모든 실수 a의 값의 합을 구하시오.

04 두 복소수 $z_1=3x^2-(7-i)x+5$, $z_2=2x^2+x-5(2-i)$에 대하여 z_1-z_2가 순허수가 되도록 하는 실수 x의 값을 m, 그때의 z_1-z_2의 값을 n이라 할 때, mn의 값을 구하시오.

05 $z=\dfrac{2}{1+i}$일 때, z^4-2z^3+8z-7의 값을 구하시오.

06 두 복소수 $\alpha=2+5i$, $\beta=2-7i$에 대하여 $\alpha\beta+\alpha\overline{\beta}+\overline{\alpha}\beta+\overline{\alpha}\,\overline{\beta}$의 값을 구하시오.

（단, $\overline{\alpha}$, $\overline{\beta}$는 각각 α, β의 켤레복소수이다.）

07 복소수 z가 $z-zi=4$를 만족시킬 때, $z^4-4z^3+8z^2+5$의 값을 구하시오.

08 복소수 $z_1=6+5i$에 대하여 $z_2=\overline{z_1}+(1-2i)$, $z_3=\overline{z_2}+(1-2i)$, $z_4=\overline{z_3}+(1-2i)$라 하자. 같은 방법으로 z_5, z_6, z_7, $\cdots$을 차례대로 정할 때, z_{100}을 구하시오.

（단, $\overline{z_1}$, $\overline{z_2}$, $\overline{z_3}$은 각각 z_1, z_2, z_3의 켤레복소수이다.）

09 $\quad i-2i^2+3i^3-4i^4+\cdots+(-1)^{n+1}ni^n=-24-24i$를 만족시키는 자연수 n의 값을 구하시오.

10 $\quad z=\dfrac{1-\sqrt{3}i}{2}$일 때, $z^{1234}+\dfrac{1}{z^{1234}}$의 값을 구하시오.

11 $\quad a>0,\ b<0$일 때, $\dfrac{\sqrt{-a}}{\sqrt{a}}+\dfrac{\sqrt{-b}}{\sqrt{b}}+\dfrac{\sqrt{a-b}}{\sqrt{b-a}}$를 간단히 하시오.

12 $\quad \sqrt{5-x}\sqrt{x-7}=-\sqrt{(5-x)(x-7)}$일 때, $\sqrt{(5-x)^2}+|x-7|$을 간단히 하시오.

S·T·E·P 2 실력 다지기

13 두 복소수 α, β가 $\alpha^2=i$, $\beta^2=-i$를 만족시킬 때, **보기**에서 옳은 것만을 있는 대로 고른 것은? (단, $\overline{\alpha}$, $\overline{\beta}$는 각각 α, β의 켤레복소수이다.)

> • **보기** •
>
> ㄱ. $\alpha\beta=1$　　　　ㄴ. $\alpha\overline{\alpha}\beta\overline{\beta}=1$　　　　ㄷ. $(\alpha+\beta)^4=4$

① ㄱ　　　　② ㄴ　　　　③ ㄷ

④ ㄱ, ㄴ　　　　⑤ ㄴ, ㄷ

14 복소수 $z=a^2(1-i)+a(1-3i)-4(3-i)$가 0이 아닌 실수가 되도록 하는 a의 값을 m, 순허수가 되도록 하는 a의 값을 n이라 할 때, $m-n$의 값을 구하시오.

15 복소수 z와 그 켤레복소수 $\overline{z}$에 대하여 $(1-2i)+z$는 양의 실수이고 $z\overline{z}=13$일 때, $\dfrac{z+\overline{z}}{2}$의 값을 구하시오.

16 복소수 z와 그 켤레복소수 $\overline{z}$에 대하여 $z^2=4+3i$가 성립할 때, $z\overline{z}$의 값을 구하시오.

17 등식 $(i+i^2)+(i^2+i^3)+(i^3+i^4)+\cdots+(i^{29}+i^{30})=a+bi$를 만족시키는 실수 a, b에 대하여 a^2+b^2의 값을 구하시오.

18 교육청 기출

$\left(\dfrac{\sqrt{2}}{1+i}\right)^n+\left(\dfrac{\sqrt{3}+i}{2}\right)^n=2$를 만족시키는 자연수 n의 최솟값을 구하시오. (단, $i=\sqrt{-1}$)

⚗ challenge 교육청 기출

19 49 이하의 두 자연수 m, n이
$$\left\{\left(\dfrac{1+i}{\sqrt{2}}\right)^m-i^n\right\}^2=4$$
를 만족시킬 때, $m+n$의 최댓값을 구하시오. (단, $i=\sqrt{-1}$)

⚗ challenge

20 다음 조건을 만족시키는 10 이하의 두 자연수 a, b의 순서쌍 (a, b)의 개수를 구하시오.

> (가) $\dfrac{\sqrt{a-5}}{\sqrt{4-b}}=-\sqrt{\dfrac{a-5}{4-b}}$
> (나) $\sqrt{a-8}\sqrt{b-7}=\sqrt{(a-8)(b-7)}$

05

II
방정식과
부등식

이차방정식

01 이차방정식의 풀이

이차방정식의 풀이	(1) 인수분해를 이용한 풀이 x에 대한 이차방정식 $(ax-b)(cx-d)=0$의 근은 $x=\dfrac{b}{a}$ 또는 $x=\dfrac{d}{c}$ (2) 근의 공식을 이용한 풀이 계수가 실수인 x에 대한 이차방정식 $ax^2+bx+c=0$의 근은 $x=\dfrac{-b\pm\sqrt{b^2-4ac}}{2a}$

02 이차방정식의 판별식

이차방정식의 근의 판별	계수가 실수인 이차방정식 $ax^2+bx+c=0$의 판별식을 $D=b^2-4ac$라 할 때, (1) $D>0$이면 서로 다른 두 실근을 갖는다. (2) $D=0$이면 중근 (서로 같은 두 실근)을 갖는다. (3) $D<0$이면 서로 다른 두 허근을 갖는다.

03 이차방정식의 근과 계수의 관계

이차방정식의 근과 계수의 관계	이차방정식 $ax^2+bx+c=0$의 두 근을 α, β라 하면 (1) $\alpha+\beta=-\dfrac{b}{a}$ (2) $\alpha\beta=\dfrac{c}{a}$
두 수를 근으로 하는 이차방정식	두 수 α, β를 근으로 하고 x^2의 계수가 1인 이차방정식은 $(x-\alpha)(x-\beta)=0$, 즉 $x^2-(\alpha+\beta)x+\alpha\beta=0$
이차방정식의 켤레근	이차방정식 $ax^2+bx+c=0$에서 (1) a, b, c가 유리수일 때, $p+q\sqrt{m}$이 근이면 다른 한 근은 $p-q\sqrt{m}$이다. (단, p, q는 유리수, $q\neq0$, $\sqrt{m}$은 무리수) (2) a, b, c가 실수일 때, $p+qi$가 근이면 다른 한 근은 $p-qi$이다. (단, p, q는 실수, $q\neq0$, $i=\sqrt{-1}$)

이차방정식의 풀이

1 방정식 $ax=b$의 풀이

x에 대한 방정식 $ax=b$ 해는

(i) $a\neq0$일 때, $x=\dfrac{b}{a}$ (오직 하나의 해)

(ii) $a=0$일 때, $\begin{cases} b\neq0이면\ 해가\ 없다.\ (불능) \\ b=0이면\ 해가\ 무수히\ 많다.\ (부정) \end{cases}$

참고 불능: 불가능하다.
부정: 정해지지 않는다.

등식에 포함된 미지수의 값에 따라 참이 되기도 하고 거짓이 되기도 하는 등식을 **방정식**이라
한다. 이때 방정식을 참이 되게 하는 미지수의 값을 **방정식의 해** 또는 **근**이라 하고 방정식의 해를
구하는 것을 **방정식을 푼다**고 한다.

x에 대한 방정식 $ax=b$의 해를 구해 보자. 방정식 $ax=b$는 일차방정식인 경우($a\neq0$)와 일차방
정식이 아닌 경우($a=0$)로 나누어 해를 구한다.

(i) $a\neq0$일 때, ← x에 대한 일차방정식이다.

　방정식 $ax=b$의 양변을 a로 나누면 $x=\dfrac{b}{a}$가 되어 오직 하나의 해를 갖는다.

(ii) $a=0$일 때, ← x에 대한 일차방정식이 아니다.

　방정식 $ax=b$의 양변을 a로 나눌 수 없으므로 $b\neq0$인 경우와 $b=0$인 경우로 나누어서 생각
　해야 한다.

　① $b\neq0$이면 $0\times x=b$가 되어 x에 어떤 수를 대입해도 등식이 성립하지 않는다. 따라서 방정
　　식의 해가 없고, 이런 경우를 **불능**이라 한다.

　② $b=0$이면 $0\times x=0$이 되어 x에 어떤 수를 대입해도 항상 등식이 성립한다. 따라서 방정식
　　의 해가 무수히 많고, 이런 경우를 **부정**이라 한다.

example　　x에 대한 방정식 $(a-1)x=a(a-1)$을 풀면

　　　　　(i) $a-1\neq0$일 때,

　　　　　　양변을 $a-1$로 나누면 $x=\dfrac{a(a-1)}{a-1}=a$

　　　　　(ii) $a-1=0$일 때,

　　　　　　$0\times x=0$이 되어 해가 무수히 많다.

example 주어진 방정식을 $ax=b$ 꼴로 정리하여 풀면

(1) $7x+2=5x+8$에서 $2x=6$이므로 $x=3$

(2) $3x-1=3x+4$에서 $0 \times x=5$이므로 해가 없다.

(3) $5x+3=5x+3$에서 $0 \times x=0$이므로 해가 무수히 많다.

2 절댓값 기호를 포함한 방정식

절댓값 기호를 포함한 방정식을 풀 때에는 다음을 이용하여 절댓값 기호를 없앤 후 해를 구한다.

$$|x| = \begin{cases} x & (x \geq 0) \\ -x & (x<0) \end{cases}, \quad |x-a| = \begin{cases} x-a & (x \geq a) \\ -(x-a) & (x<a) \end{cases}$$

절댓값 기호가 포함된 방정식은 다음과 같은 순서로 푼다.

❶ 절댓값 기호 안의 식의 값이 0이 되는 x의 값을 기준으로 범위를 나눈다.

❷ 각 범위에서 절댓값 기호를 없앤 후 x의 값을 구한다.

❸ ❷에서 구한 x의 값 중 각각의 범위에 속하는 것만 주어진 방정식의 해이다.

(1) 절댓값 기호가 1개인 경우

$|x-a|=bx+c$와 같이 절댓값 기호를 1개 포함한 방정식의 경우, 절댓값 기호 안의 식의 값이 0이 되는 x의 값 $x=a$를 기준으로 x의 값의 범위를 다음과 같이 2개로 나누어서 푼다.

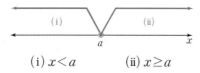

(i) $x<a$　　　(ii) $x \geq a$

이때 (i), (ii)에서 구한 x의 값 중 해당 범위에 속하는 것만 주어진 방정식의 해가 됨에 주의한다.

example $|x-2|=x$의 해를 구하면

절댓값 기호 안의 식의 값이 0이 되는 $x=2$를 기준으로 범위를 나누어서 생각한다.

(i) $x<2$일 때,

　　$x-2<0$이므로 $-(x-2)=x$에서

　　$-x+2=x, \ -2x=-2$

　　$\therefore \ x=1$　←$x<2$에 속하므로 해이다.

(ii) $x \geq 2$일 때,

　　$x-2 \geq 0$이므로 $x-2=x$

　　따라서 $0 \times x=2$이므로 해가 없다.

(i), (ii)에서 주어진 방정식의 해는 $x=1$

(2) 절댓값 기호가 2개인 경우

$|x-a|+|x-b|=cx+d \ (a<b)$와 같이 절댓값 기호를 2개 포함한 방정식의 경우, 절댓값 기호 안의 식의 값이 0이 되는 x의 값 $x=a$, $x=b$를 기준으로 x의 값의 범위를 다음과 같이 3개로 나누어서 푼다.

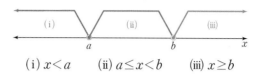

$(\text{i}) \ x<a \qquad (\text{ii}) \ a\leq x<b \qquad (\text{iii}) \ x\geq b$

이때 (i)~(iii)에서 구한 x의 값 중 해당 범위에 속하는 것만 주어진 방정식의 해가 됨에 주의한다.

> **example** $\quad$ $|x-1|+|x-2|=5$의 해를 구하면
> 절댓값 기호 안의 식의 값이 0이 되는 $x=1$, $x=2$를 기준으로 범위를 나누어 생각한다.
> (i) $x<1$일 때, $-(x-1)-(x-2)=5$에서 $-2x+3=5$, $-2x=2$ $\quad \therefore \ x=-1$
> (ii) $1\leq x<2$일 때, $(x-1)-(x-2)=5$에서 $0\times x=4$이므로 해가 없다.
> (iii) $x\geq2$일 때, $(x-1)+(x-2)=5$에서 $2x-3=5$, $2x=8$ $\quad \therefore \ x=4$
> (i)~(iii)에서 주어진 방정식의 해는 $x=-1$ 또는 $x=4$

한편, 절댓값은 수직선 위에서 원점으로부터 어떤 수를 나타내는 점까지의 거리이므로 $|f(x)|=k \ (k>0)$, $|f(x)|=|g(x)|$와 같은 방정식은 x의 값의 범위를 나누지 않고 다음과 같이 간단히 절댓값 기호를 없앨 수 있다.
<u>$k<0$이면 해가 없다.</u>

(1) $|f(x)|=k \ (k>0)$에서 $f(x)=\pm k$ $\quad \leftarrow$ $|x|=p \ (p>0)$의 해는 $x=\pm p$

(2) $|f(x)|=|g(x)|$에서 $f(x)=\pm g(x)$

> **example** $\quad$ (1) $|x-2|=3$의 해를 구하면 $x-2=\pm3$에서 $x=-1$ 또는 $x=5$
> (2) $|x-3|=|2x|$의 해를 구하면
> $\qquad$ $x-3=\pm2x$에서 $x-2x=3$ 또는 $x+2x=3$ $\quad \therefore \ x=-3$ 또는 $x=1$
> $\boxed{\text{주의}}$ 절댓값 기호 밖에 미지수 x가 있으면 이 방법을 쓸 수 없다.

---

3 이차방정식의 풀이

(1) 인수분해를 이용한 풀이

x에 대한 이차방정식 $(ax-b)(cx-d)=0$의 근은 $x=\dfrac{b}{a}$ 또는 $x=\dfrac{d}{c}$

(2) 근의 공식을 이용한 풀이

계수가 실수인 x에 대한 이차방정식 $ax^2+bx+c=0$의 근은 $x=\dfrac{-b\pm\sqrt{b^2-4ac}}{2a}$

$\boxed{\text{참고}}$ x의 계수가 짝수인 이차방정식 $ax^2+2b'x+c=0 \ (a, \ b', \ c$는 실수)의 근은 $x=\dfrac{-b'\pm\sqrt{b'^2-ac}}{a}$

$ax^2+bx+c=0$ (a, b, c는 상수, $a \neq 0$) 꼴로 변형할 수 있는 방정식을 x에 대한 **이차방정식**이라 한다.

중학교 과정에서는 이차방정식의 근을 실수의 범위에서만 생각하여 이차방정식 $x^2+1=0$, 즉 $x^2=-1$의 근이 존재하지 않는다고 학습하였다. 그러나 근의 범위를 복소수의 범위까지 확장하면 $x^2+1=0$의 근은 $x=\pm i$로 존재한다.

고등학교 과정에서는 특별한 언급이 없으면 이차방정식의 근을 복소수의 범위에서 구한다.

(1) 인수분해를 이용한 풀이

(x에 대한 이차식)$=0$의 좌변이 두 일차식의 곱으로 인수분해되면, 즉 $(ax-b)(cx-d)=0$ 꼴로 나타낼 수 있으면

$$\underbrace{ax-b=0 \text{ 또는 } cx-d=0}_{AB=0\text{이면 } A=0 \text{ 또는 } B=0} \blacktriangleright x=\frac{b}{a} \text{ 또는 } x=\frac{d}{c}$$

example 이차방정식 $2x^2+7x+3=0$에서 좌변을 인수분해하면
$(x+3)(2x+1)=0$이므로 $x+3=0$ 또는 $2x+1=0$
$\therefore x=-3$ 또는 $x=-\dfrac{1}{2}$

(2) 근의 공식을 이용한 풀이

(x에 대한 이차식)$=0$의 좌변이 쉽게 인수분해되지 않으면

완전제곱식 $(x-a)^2=b$ ($b \neq 0$) 꼴로 변형 $\blacktriangleright$ $x=a+\sqrt{b}$ 또는 $x=a-\sqrt{b}$

이때 완전제곱식을 이용하여 해를 구하는 것을 공식화한 것이 이차방정식의 근의 공식이다.

계수가 실수인 이차방정식 $ax^2+bx+c=0$의 근의 공식을 유도하면 다음과 같다.
이차방정식의 계수가 실수인 경우만 다룬다.

$$ax^2+bx+c=0$$

$$x^2+\frac{b}{a}x+\frac{c}{a}=0 \qquad \leftarrow \text{양변을 } x^2\text{의 계수 } a\text{로 나눈다.}$$

$$x^2+\frac{b}{a}x+\left(\frac{b}{2a}\right)^2=-\frac{c}{a}+\left(\frac{b}{2a}\right)^2 \qquad \leftarrow \text{상수항을 우변으로 이항하고, 양변에 } \left(\frac{b}{2a}\right)^2\text{을 더한다.}$$

$$\left(x+\frac{b}{2a}\right)^2=\frac{b^2-4ac}{4a^2} \qquad \leftarrow \text{좌변을 완전제곱식으로 변형한다.}$$

$$x+\frac{b}{2a}=\pm\frac{\sqrt{b^2-4ac}}{2a} \qquad \leftarrow x^2=k\text{이면 } x=\pm\sqrt{k}\text{임을 이용한다.}$$

$$\therefore x=\frac{-b\pm\sqrt{b^2-4ac}}{2a} \qquad \leftarrow \text{좌변의 상수항을 우변으로 이항하여 해를 구한다.}$$

따라서 이차방정식 $ax^2+bx+c=0$의 근은 $x=\dfrac{-b\pm\sqrt{b^2-4ac}}{2a}$이고, 이를 이차방정식의 근의 공식이라 한다.

특히, 이차방정식 $ax^2+2b'x+c=0$과 같이 x의 계수가 짝수, 즉 $2b'$일 때, 근의 공식의 b 대신 $2b'$을 대입하면

$$x=\frac{-2b'\pm\sqrt{(2b')^2-4ac}}{2a}=\frac{-2b'\pm 2\sqrt{b'^2-ac}}{2a}=\frac{-b'\pm\sqrt{b'^2-ac}}{a}$$

한편, 계수가 실수인 이차방정식 $ax^2+bx+c=0$의 근의 공식 $x=\dfrac{-b\pm\sqrt{b^2-4ac}}{2a}$에서

$$b^2-4ac\geq 0$$이면 $\sqrt{b^2-4ac}$는 실수,
$$b^2-4ac<0$$이면 $\sqrt{b^2-4ac}$는 허수

이다. 따라서 계수가 실수인 이차방정식은 복소수의 범위에서 반드시 근을 갖는다.

이때 실수인 근을 **실근**, 허수인 근을 **허근**이라 하고 두 개의 실근이 같을 때 이 근을 중근이라 한다.

example

(1) 이차방정식 $x^2-3x-2=0$을 근의 공식을 이용하여 풀면
$$x=\frac{-(-3)\pm\sqrt{(-3)^2-4\times 1\times(-2)}}{2\times 1}=\frac{3\pm\sqrt{17}}{2}$$
이때 주어진 방정식의 근은 실근이다.

(2) 이차방정식 $x^2+2x+3=0$을 근의 공식을 이용하여 풀면 x의 계수가 짝수이므로
$$x=\frac{-1\pm\sqrt{1^2-1\times 3}}{1}=-1\pm\sqrt{2}i$$
이때 주어진 방정식의 근은 허근이다.

개념 CHECK

01. 이차방정식의 풀이

📖 빠른 정답 · 493쪽 / 정답과 풀이 · 52쪽

01 다음 방정식을 푸시오.

(1) $|x-1|=3$

(2) $|x+1|=|2x|$

(3) $|x-1|=3x-7$

(4) $|x+2|+|x|=4$

02 다음 이차방정식을 인수분해를 이용하여 푸시오.

(1) $4x^2-4x+1=0$

(2) $2x^2-5x-12=0$

03 다음 이차방정식을 근의 공식을 이용하여 푸시오.

(1) $3x^2+5x+1=0$

(2) $x^2-2x+4=0$

대표 예제 : 01

다음 이차방정식을 푸시오.

(1) $(2x+3)^2=3(x^2+5x)+x-4$

(2) $x^2+(2\sqrt{3}-1)x+3-\sqrt{3}=0$

(3) $(\sqrt{2}-1)x^2+(2\sqrt{2}-1)x+\sqrt{2}=0$

바로 접근

(1) (이차식)$=0$ 꼴로 정리한 후 좌변을 인수분해하거나 근의 공식을 이용하여 푼다.

(2) 상수항 $3-\sqrt{3}$을 $\sqrt{3}(\sqrt{3}-1)$로 생각하면 쉽게 인수분해할 수 있다.

(3) x^2의 계수가 무리수이므로 $(a+\sqrt{b})(a-\sqrt{b})=a^2-b$임을 이용하여 x^2의 계수를 유리화한 후 푼다.

바른 풀이

(1) $(2x+3)^2=3(x^2+5x)+x-4$에서

$4x^2+12x+9=3x^2+16x-4$, $x^2-4x+13=0$

근의 공식을 이용하면 $x=-(-2)\pm\sqrt{(-2)^2-1\times13}=2\pm3i$

(2) $x^2+(2\sqrt{3}-1)x+3-\sqrt{3}=0$에서 $x^2+(2\sqrt{3}-1)x+\sqrt{3}(\sqrt{3}-1)=0$

좌변을 인수분해하면 $\{x+(\sqrt{3}-1)\}(x+\sqrt{3})=0$

$\therefore x=-\sqrt{3}+1$ 또는 $x=-\sqrt{3}$

(3) $(\sqrt{2}-1)x^2+(2\sqrt{2}-1)x+\sqrt{2}=0$에서 x^2의 계수가 무리수이므로 양변에 $\sqrt{2}+1$을 곱하면

$(\sqrt{2}-1)(\sqrt{2}+1)x^2+(2\sqrt{2}-1)(\sqrt{2}+1)x+\sqrt{2}(\sqrt{2}+1)=0$, $x^2+(3+\sqrt{2})x+2+\sqrt{2}=0$

좌변을 인수분해하면 $(x+1)\{x+(2+\sqrt{2})\}=0$

$\therefore x=-1$ 또는 $x=-2-\sqrt{2}$

다른 풀이

(2) $x^2+(2\sqrt{3}-1)x+3-\sqrt{3}=0$에서 근의 공식을 이용하면

$$x=\frac{-(2\sqrt{3}-1)\pm\sqrt{(2\sqrt{3}-1)^2-4\times1\times(3-\sqrt{3})}}{2}=\frac{-2\sqrt{3}+1\pm1}{2}$$

$\therefore x=-\sqrt{3}+1$ 또는 $x=-\sqrt{3}$

(3) $(\sqrt{2}-1)x^2+(2\sqrt{2}-1)x+\sqrt{2}=0$에서 근의 공식을 이용하면

$$x=\frac{-(2\sqrt{2}-1)\pm\sqrt{(2\sqrt{2}-1)^2-4\times(\sqrt{2}-1)\times\sqrt{2}}}{2\times(\sqrt{2}-1)}=\frac{-2\sqrt{2}+1\pm1}{2(\sqrt{2}-1)}$$

$\therefore x=-1$ 또는 $x=-2-\sqrt{2}$

정답 (1) $x=2\pm3i$ (2) $x=-\sqrt{3}+1$ 또는 $x=-\sqrt{3}$ (3) $x=-1$ 또는 $x=-2-\sqrt{2}$

Bible Says

근의 공식

① 이차방정식 $ax^2+bx+c=0$ (a, b, c는 실수)의 근 ➡ $x=\dfrac{-b\pm\sqrt{b^2-4ac}}{2a}$

② x의 계수가 짝수인 이차방정식 $ax^2+2b'x+c=0$ (a, b', c는 실수)의 근 ➡ $x=\dfrac{-b'\pm\sqrt{b'^2-ac}}{a}$

한번 더하기

01-1

다음 이차방정식을 푸시오.

(1) $4(x+1)^2=(x+1)(x+3)+3x$

(2) $\dfrac{2x^2-x}{3}+\dfrac{1}{2}=x-\dfrac{5}{6}$

(3) $x^2+2\sqrt{2}x+6=0$

한번 더하기

01-2

다음 이차방정식을 푸시오.

(1) $x^2+(1-2\sqrt{2})x+2-\sqrt{2}=0$

(2) $(1+\sqrt{3})x^2-(1+\sqrt{3})x-2\sqrt{3}=0$

표현 더하기

01-3

이차방정식 $3(x-3)=(1-x)(2-x)$의 해가 $x=p\pm\sqrt{q}\,i$일 때, 유리수 p, q에 대하여 $p+q$의 값을 구하시오.

표현 더하기

01-4

이차방정식 $(\sqrt{2}-1)x^2+x+2-\sqrt{2}=0$의 두 근 중 작은 근을 a라 할 때, a^2의 값을 구하시오.

한 근이 주어진 이차방정식

이차방정식 $(a+3)x^2+(a^2-5)x+a-1=0$의 한 근이 1일 때, 상수 a의 값과 다른 한 근을 구하시오.

바로 접근

주어진 근을 이차방정식에 대입하여 미정계수 a를 구할 수 있다. 이때 방정식이 x에 대한 이차방정식이므로 이차항의 계수가 0이 아님에 주의한다.

바른 풀이

이차방정식 $(a+3)x^2+(a^2-5)x+a-1=0$의 한 근이 1이므로
$x=1$을 $(a+3)x^2+(a^2-5)x+a-1=0$에 대입하면
$a+3+a^2-5+a-1=0$
$a^2+2a-3=0$, $(a+3)(a-1)=0$
$\therefore a=-3$ 또는 $a=1$
그런데 $(a+3)x^2+(a^2-5)x+a-1=0$은 이차방정식이므로
$a+3\neq0$, 즉 $a\neq-3$이어야 한다.
$\therefore a=1$
$a=1$을 주어진 방정식에 대입하면
$4x^2-4x=0$, $x(x-1)=0$
$\therefore x=0$ 또는 $x=1$
따라서 다른 한 근은 0이다.

정답 $a=1$, 다른 한 근: 0

Bible Says

위 문제가 '방정식 $(a+3)x^2+(a^2-5)x+a-1=0$의 한 근이 1일 때, 상수 a의 값을 구하시오.'로 주어지면 -3도 a의 값이 될 수 있고, 이때의 방정식의 해는 $x=1$뿐이다.

한번 더하기

02-1

이차방정식 $(a-2)x^2+(a^2+4)x+a+6=0$의 한 근이 -1일 때, 상수 a의 값과 다른 한 근을 구하시오.

표현 더하기

02-2

이차방정식 $x^2+ax-a-1=0$의 두 근이 $\sqrt{2}$, b일 때, $a+b$의 값을 구하시오.

(단, a는 상수이다.)

표현 더하기

02-3

이차방정식 $kx^2-(a+1)x+kb=0$이 실수 k의 값에 관계없이 $x=2$를 근으로 가질 때, $a-b$의 값을 구하시오. (단, a, b는 상수이다.)

표현 더하기

02-4

이차방정식 $x^2-3x+1=0$의 한 근을 α라 할 때, $\alpha^2+\dfrac{1}{\alpha^2}$의 값을 구하시오.

대표 예제 | 03

다음 이차방정식을 푸시오.

(1) $x^2 - |x| - 6 = 0$

(2) $x^2 - 2|x-2| - 4 = 0$

바로 접근

절댓값 기호를 포함한 이차방정식은 절댓값 기호 안의 식의 값이 0이 되는 x의 값을 기준으로 x의 범위를 나누어 절댓값 기호를 없앤 후 푼다. 이때 구한 해가 해당 범위에 속하는지 반드시 확인한다.

바른 풀이

(1) 절댓값 기호 안의 식의 값이 0이 되는 x의 값 0을 기준으로 범위를 나눈다.

   (i) $x < 0$일 때, $x^2 + x - 6 = 0$, $(x+3)(x-2) = 0$ ∴ $x = -3$ 또는 $x = 2$

      그런데 $x < 0$이므로 $x = -3$

   (ii) $x \geq 0$일 때, $x^2 - x - 6 = 0$, $(x+2)(x-3) = 0$ ∴ $x = -2$ 또는 $x = 3$

      그런데 $x \geq 0$이므로 $x = 3$

   (i), (ii)에서 주어진 방정식의 해는 $x = -3$ 또는 $x = 3$

(2) 절댓값 기호 안의 식의 값이 0이 되는 x의 값 2를 기준으로 범위를 나눈다.

   (i) $x < 2$일 때, $x^2 + 2(x-2) - 4 = 0$, $x^2 + 2x - 8 = 0$

      $(x+4)(x-2) = 0$ ∴ $x = -4$ 또는 $x = 2$

      그런데 $x < 2$이므로 $x = -4$

   (ii) $x \geq 2$일 때, $x^2 - 2(x-2) - 4 = 0$, $x^2 - 2x = 0$

      $x(x-2) = 0$ ∴ $x = 0$ 또는 $x = 2$

      그런데 $x \geq 2$이므로 $x = 2$

   (i), (ii)에서 주어진 방정식의 해는 $x = -4$ 또는 $x = 2$

다른 풀이

(1) $x^2 - |x| - 6 = 0$에서 $x^2 = |x|^2$이므로

   $|x|^2 - |x| - 6 = 0$, $(|x| - 3)(|x| + 2) = 0$

   이때 $|x| + 2 > 0$이므로 $|x| - 3 = 0$에서 $|x| = 3$

   ∴ $x = -3$ 또는 $x = 3$

정답 (1) $x = -3$ 또는 $x = 3$ (2) $x = -4$ 또는 $x = 2$

Bible Says

① $|A| = \begin{cases} A & (A \geq 0) \\ -A & (A < 0) \end{cases}$

② $|A| = k \ (k > 0)$ ➡ $A = \pm k$임을 이용한다.

🔖 빠른 정답 • 493쪽 / 정답과 풀이 • 54쪽

한번 더하기

03-1

다음 이차방정식을 푸시오.

(1) $2x^2 - |x| - 3 = 0$

(2) $x^2 - |x-3| - 9 = 0$

표현 더하기

03-2

방정식 $|x+1|^2 - 5|x+1| - 6 = 0$의 모든 근의 합을 구하시오.

표현 더하기

03-3

이차방정식 $x^2 - |x-2| - 4 = 0$의 두 근 중 큰 근이 $x^2 + ax - 6 = 0$의 한 근일 때, 상수 a의 값을 구하시오.

실력 더하기

03-4

방정식 $x^2 + |x| - 5 = \sqrt{(x-3)^2} - 2$를 푸시오.

대표 예제 | 04

가로의 길이와 세로의 길이가 각각 60 m, 40 m인 직사각형 모양의 땅에 그림과 같이 폭이 일정한 십자 모양의 길을 만들었다. 남은 땅의 넓이가 1500 m²일 때, 길의 폭은 몇 m인지 구하시오.

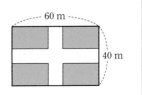

바로 접근

구하는 값을 x m로 놓고 문제의 조건을 이용하여 x에 대한 이차방정식을 세운 후 푼다.

이때 구한 x의 값이 조건을 만족시키는지 반드시 확인해야 한다. 이 문제에서는 x가 길의 폭이므로 양수이어야 하고 땅의 가로, 세로의 길이보다 작아야 한다.

바른 풀이

길의 폭을 x m라 하면 남은 땅의 가로의 길이는 $(60-x)$m, 세로의 길이는 $(40-x)$m이므로

$(60-x)(40-x)=1500$

$x^2-100x+900=0$, $(x-10)(x-90)=0$

$\therefore x=10$ 또는 $x=90$

그런데 세로의 길이에서 $0<x<40$이므로 $x=10$

따라서 길의 폭은 10 m이다.

정답 | 10 m

Bible Says

이차방정식의 활용 문제 풀이 순서

❶ 구하는 값을 미지수 x로 놓는다.

❷ 주어진 조건을 이용하여 x에 대한 방정식을 세운다.

❸ 방정식을 풀어 x의 값을 구한다.

❹ 구한 x의 값이 문제의 조건을 만족시키는지 확인한다.

➡ 이차방정식의 활용 문제에서 미지수를 정할 때, 구하는 값을 바로 x로 놓지 않고 조건에 의해 식을 세우기 쉽도록 변형하여 x를 놓기도 한다. 이 경우 방정식을 풀고 나서 원래 구해야 하는 값을 한 번 더 구해야 하는 것에 주의하자.

한번 더하기

04-1

가로의 길이와 세로의 길이가 각각 30 m, 24 m인 직사각형 모양의
땅에 그림과 같이 폭이 일정한 ⊏자 모양의 길을 만들었다. 남은
땅의 넓이가 416 m²일 때, 길의 폭은 몇 m인지 구하시오.

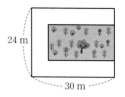

표현 더하기

04-2

가로의 길이가 세로의 길이보다 5 cm 더 긴 직사각형이 있다. 이 직사각형에서 가로의 길
이를 2배로 늘이고 세로의 길이를 3 cm 줄였더니 넓이가 12 cm²만큼 늘어났다. 이때 처음
직사각형의 세로의 길이를 구하시오.

표현 더하기

04-3

그림과 같이 정삼각형 ABC에서 변 AB의 길이를 9 cm 늘이고, 변
AC의 길이를 7 cm 늘여 삼각형 A′BC를 만들었더니 직각삼각형이
되었다. 이때 처음 정삼각형 ABC의 한 변의 길이를 구하시오.

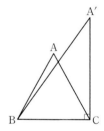

실력 더하기

04-4

어떤 미술관에서 관람료를 작년보다 $5x$ % 올렸더니 관람객 수는 $2x$ % 감소하였지만 연간
수입은 12.5 % 증가하였다고 한다. 이때 x의 값을 구하시오. (단, $x < 20$)

02 이차방정식의 판별식

1 이차방정식의 근의 판별

계수가 실수인 이차방정식 $ax^2+bx+c=0$의 판별식을 $D=b^2-4ac$라 할 때,

(1) $D>0$이면 서로 다른 두 실근을 갖는다.

(2) $D=0$이면 중근 (서로 같은 두 실근)을 갖는다. $\Big]$ $D\geq0 \iff$ 실근을 갖는다.

(3) $D<0$이면 서로 다른 두 허근을 갖는다.

참고 D는 판별식을 뜻하는 Discriminant의 첫 글자이다.

이차방정식의 근을 직접 구하지 않고 그 근이 실근인지 허근인지 판별하는 방법을 알아보자.

계수가 실수인 이차방정식 $ax^2+bx+c=0 \ (a\neq0)$의 근

$$x=\frac{-b\pm\sqrt{b^2-4ac}}{2a}$$

가 실근인지 허근인지는 근호 안에 있는 b^2-4ac의 값의 부호에 따라 다음과 같이 결정된다.

(1) $b^2-4ac>0$일 때, $\sqrt{b^2-4ac}$는 0이 아닌 실수이므로

$x=\dfrac{-b\pm\sqrt{b^2-4ac}}{2a}$ 는 서로 다른 두 실근 ← 거꾸로 서로 다른 두 실근을 가지면 $b^2-4ac>0$이다.

(2) $b^2-4ac=0$일 때, $\sqrt{b^2-4ac}=0$이므로

$x=\dfrac{-b}{2a}$ 는 중근 (서로 같은 두 실근) ← 거꾸로 중근을 가지면 $b^2-4ac=0$이다.

(3) $b^2-4ac<0$일 때, $\sqrt{b^2-4ac}$는 허수이므로

$x=\dfrac{-b\pm\sqrt{b^2-4ac}}{2a}$ 는 서로 다른 두 허근 ← 거꾸로 서로 다른 두 허근을 가지면 $b^2-4ac<0$이다.

이와 같이 이차방정식 $ax^2+bx+c=0$의 근을 b^2-4ac의 값의 부호에 따라 실근인지 허근인지 판별할 수 있으므로 b^2-4ac를 이차방정식의 **판별식**이라 하고, 기호 D로 나타낸다. 즉,

$$D=b^2-4ac$$

이다.

또한 x의 계수가 짝수인 이차방정식 $ax^2+2b'x+c=0$의 판별식을 구하면
$D=(2b')^2-4ac=4(b'^2-ac)$이므로 b'^2-ac의 값의 부호로도 실근인지 허근인지 판별할 수 있다.

이 식을 $\dfrac{D}{4}$로 나타내고, x의 계수가 짝수인 이차방정식은 주로 판별식 $\dfrac{D}{4}=b'^2-ac$를 이용하여 근을 판별한다.

example
(1) 이차방정식 $x^2-3x-2=0$의 판별식을 D라 하면
$$D=(-3)^2-4\times1\times(-2)=17>0$$
이므로 서로 다른 두 실근을 갖는다.

(2) 이차방정식 $x^2+6x+9=0$의 판별식을 D라 하면
$$\dfrac{D}{4}=3^2-1\times9=0$$
이므로 중근 (서로 같은 두 실근)을 갖는다.

(3) 이차방정식 $x^2+2x+3=0$의 판별식을 D라 하면
$$\dfrac{D}{4}=1^2-1\times3=-2<0$$
이므로 서로 다른 두 허근을 갖는다.

05

2 이차식이 완전제곱식이 될 조건

이차식 ax^2+bx+c가 x에 대한 완전제곱식이다.
$\Longleftrightarrow$ 이차방정식 $ax^2+bx+c=0$의 판별식을 D라 하면 $D=b^2-4ac=0$이다.

이차식 ax^2+bx+c에서
$$ax^2+bx+c=a\left(x+\dfrac{b}{2a}\right)^2-\dfrac{b^2-4ac}{4a}$$
이므로 ax^2+bx+c가 완전제곱식이 되려면
$$-\dfrac{b^2-4ac}{4a}=0,\ 즉\ b^2-4ac=0$$
이어야 한다.

거꾸로 이차식 ax^2+bx+c에서 $b^2-4ac=0$이면 $ax^2+bx+c=a\left(x+\dfrac{b}{2a}\right)^2$이 되므로 ax^2+bx+c는 완전제곱식이다.

한편, 이차식 ax^2+bx+c가 완전제곱식이면 이차방정식 $ax^2+bx+c=0$이 중근을 가지므로 판별식 $D=b^2-4ac$에서 $D=0$임을 알 수도 있다.

example
이차식 $2x^2-3x+1+a$가 x에 대한 완전제곱식이 될 때,
이차방정식 $2x^2-3x+1+a=0$의 판별식을 D라 하면 $D=0$이어야 하므로
$$D=(-3)^2-4\times2\times(1+a)=0,\ 1-8a=0 \qquad \therefore a=\dfrac{1}{8}$$

이차방정식의 판별식은 계수가 실수인 경우에만 적용할 수 있다.

이차방정식 $ax^2+bx+c=0$의 계수가 모두 실수라는 전제가 없으면 $\sqrt{b^2-4ac}$의 값과 관계없이 허근을 가질 수 있기 때문이다.

예를 들어 이차방정식 $x^2-2ix-3=0$ $(i=\sqrt{-1})$의 판별식을 D라 하면

$$D=(-2i)^2-4\times1\times(-3)=8>0$$

이지만 근의 공식을 이용하여 해를 직접 구하면

$$x=i\pm\sqrt{2}$$

이다. 즉, $D>0$이지만 이차방정식 $x^2-2ix-3=0$은 서로 다른 두 허근을 갖는다.

따라서 계수가 실수가 아닐 때에는 판별식을 이용하여 근을 판별할 수 없다.

한편, 이차방정식이 중근을 가지면 근의 공식에서 근호 안의 식 b^2-4ac, 즉 판별식 D가 0이 되므로 이차방정식이 중근을 가질 때에는 계수가 허수인 경우에도 판별식을 사용할 수 있다.

단, 중근이 실근인지 허근인지는 근을 직접 구해 봐야 알 수 있다.

참고   계수가 허수로 주어지면 복소수가 서로 같을 조건을 이용한다.

   ① 실근을 갖는 경우

      이차방정식의 실근을 α로 놓고 α를 주어진 이차방정식에 대입한 다음

      이 식을 복소수 $a+bi$ $(a, b$는 실수) 꼴로 고쳐 복소수가 서로 같을 조건을 이용한다.

   ② 중근을 갖는 경우

      이차방정식의 판별식 $D=0$에서 복소수가 서로 같을 조건을 이용한다.

example   (1) 이차방정식 $x^2+3(1+i)x+(k+3i)=0$이 실근을 가질 때, 실수 k의 값과 그때의 실근을 구하면

       실근을 α라 할 때, $\alpha^2+3(1+i)\alpha+(k+3i)=0$이므로

       실수부분과 허수부분으로 나누어 정리하면 $(\alpha^2+3\alpha+k)+(3\alpha+3)i=0$

       이때 α, k가 실수이므로 복소수가 서로 같을 조건에 의하여

       $\alpha^2+3\alpha+k=0$, $3\alpha+3=0$

       $\therefore \alpha=-1$, $k=2$

       따라서 $k=2$이고 그때의 실근은 -1이다.

     (2) 이차방정식 $x^2+(a+2i)x+b+4i=0$이 중근을 가질 때, 실수 a, b의 값을 구하면

       주어진 이차방정식의 판별식을 D라 하면 $D=(a+2i)^2-4(b+4i)=0$이므로

       실수부분과 허수부분으로 나누어 정리하면 $(a^2-4b-4)+4(a-4)i=0$

       이때 a, b는 실수이므로 복소수가 서로 같을 조건에 의하여

       $a^2-4b-4=0$, $4(a-4)=0$

       $\therefore a=4$, $b=3$ ← 이차방정식의 해는 $x=\dfrac{-(4+2i)\pm\sqrt{D}}{2}=-2-i$ (중근)

개념 CHECK

02. 이차방정식의 판별식

빠른 정답 • 493쪽 / 정답과 풀이 • 55쪽

01 다음 이차방정식의 근을 판별하시오.

(1) $x^2 - 5x + 1 = 0$ (2) $x^2 + 8x + 16 = 0$ (3) $2x^2 - x + 3 = 0$

05

02 이차방정식 $x^2 + 2x - a + 3 = 0$이 다음과 같은 근을 갖도록 실수 a의 값 또는 범위를 정하시오.

(1) 서로 다른 두 실근   (2) 중근   (3) 서로 다른 두 허근

03 이차방정식 $x^2 + 3x + 2k = 0$이 실근을 갖도록 하는 실수 k의 값의 범위를 구하시오.

04 이차식 $x^2 - mx + 9$가 x에 대한 완전제곱식이 되도록 하는 실수 m의 값을 모두 구하시오.

대표 예제 ┃ 05

x에 대한 이차방정식 $x^2+(2m+1)x+m^2-2=0$이 다음과 같은 근을 갖도록 하는 실수 m의 값 또는 그 범위를 구하시오.

(1) 서로 다른 두 실근   (2) 중근   (3) 서로 다른 두 허근

바로 접근

계수가 실수인 이차방정식 $ax^2+bx+c=0$의 판별식을 $D=b^2-4ac$라 하면

(i) $D>0$이면 서로 다른 두 실근
(ii) $D=0$이면 중근(서로 같은 두 실근)
(iii) $D<0$이면 서로 다른 두 허근

} 실근을 가질 조건 ➡ $D\geq0$

바른 풀이

이차방정식 $x^2+(2m+1)x+m^2-2=0$의 판별식을 D라 하면

$$D=(2m+1)^2-4(m^2-2)=4m^2+4m+1-4m^2+8=4m+9$$

(1) 서로 다른 두 실근을 가지려면

$$D=4m+9>0$$

$$\therefore m>-\frac{9}{4}$$

(2) 중근을 가지려면

$$D=4m+9=0$$

$$\therefore m=-\frac{9}{4}$$

(3) 서로 다른 두 허근을 가지려면

$$D=4m+9<0$$

$$\therefore m<-\frac{9}{4}$$

정답   (1) $m>-\frac{9}{4}$ (2) $m=-\frac{9}{4}$ (3) $m<-\frac{9}{4}$

Bible Says

계수가 실수인 이차방정식 $ax^2+bx+c=0$에서 $ac<0$이면 항상 서로 다른 두 실근을 갖는다.
➡ $ac<0$에서 $-4ac>0$이고 $b^2\geq0$이므로 항상 $b^2-4ac>0$이다.

한번 더하기

05-1

x에 대한 이차방정식 $x^2+2(k+3)x+k^2+1=0$이 다음과 같은 근을 갖도록 하는 실수 k의 값 또는 그 범위를 구하시오.

(1) 서로 다른 두 실근   (2) 중근   (3) 서로 다른 두 허근

표현 더하기

05-2

x에 대한 이차방정식 $x^2+(2k-1)x+k^2-7=0$이 실근을 갖도록 하는 실수 k의 값의 범위를 구하시오.

표현 더하기

05-3

x에 대한 이차방정식 $(k-1)x^2-2(k+1)x+k-4=0$이 서로 다른 두 실근을 가질 때, 실수 k의 값의 범위를 구하시오.

실력 더하기

05-4

x에 대한 이차방정식 $x^2+2ax+b-1=0$이 중근을 가질 때, 이차방정식 $x^2+ax+b^2+2=0$의 근을 판별하시오. (단, a, b는 실수이다.)

대표 예제 06

다음 물음에 답하시오.

(1) x에 대한 이차방정식 $x^2+2(k-a)x+k^2+4k+b=0$이 실수 k의 값에 관계없이 중근을 가질 때, 실수 a, b의 값을 각각 구하시오.

(2) x에 대한 이차식 $x^2+2(k+1)x+k^2-k-2$가 완전제곱식이 되도록 하는 실수 k의 값을 구하시오.

바로 접근

(1) 이차방정식이 중근을 가지려면 판별식 D가 0이어야 한다.

이때 'k의 값에 관계없이 ~'에서 등식 $D=0$은 k에 대한 항등식임을 알 수 있다.

(2) 이차식 ax^2+bx+c (a, b, c는 실수)가 완전제곱식이 되려면

이차방정식 $ax^2+bx+c=0$의 판별식 D가 0이어야 한다.

바른 풀이

(1) 이차방정식 $x^2+2(k-a)x+k^2+4k+b=0$이 중근을 가지므로 판별식을 D라 하면

$$\frac{D}{4}=(k-a)^2-(k^2+4k+b)=0$$

$$k^2-2ak+a^2-k^2-4k-b=0$$

$$\therefore (-2a-4)k+(a^2-b)=0$$

이 식이 k의 값에 관계없이 성립하므로

$$-2a-4=0,\ a^2-b=0 \qquad \therefore a=-2,\ b=4$$

(2) 이차식 $x^2+2(k+1)x+k^2-k-2$가 완전제곱식이 되려면

이차방정식 $x^2+2(k+1)x+k^2-k-2=0$이 중근을 가져야 한다.

따라서 판별식을 D라 하면

$$\frac{D}{4}=(k+1)^2-(k^2-k-2)=0$$

$$k^2+2k+1-k^2+k+2=0,\ 3k+3=0$$

$$\therefore k=-1$$

정답 (1) $a=-2$, $b=4$ (2) $k=-1$

Bible Says

(2)에서 이차식 ax^2+bx+c를 완전제곱 꼴로 바꾸면

$$ax^2+bx+c=a\left(x+\frac{b}{2a}\right)^2-\frac{b^2-4ac}{4a}$$이므로

ax^2+bx+c가 완전제곱식이 되려면 $-\dfrac{b^2-4ac}{4a}=0$, 즉 $b^2-4ac=0$이어야 한다.

한 번 더하기

06-1 x에 대한 이차방정식 $x^2+(2k-a)x+k^2-k+b=0$이 실수 k의 값에 관계없이 중근을 가질 때, $a-b$의 값을 구하시오. (단, a, b는 실수이다.)

한 번 더하기

06-2 x에 대한 이차식 $x^2-4(1-k)x+k-1$이 완전제곱식이 되도록 하는 자연수 k의 값을 구하시오.

표현 더하기

06-3 x에 대한 이차방정식 $x^2+2ax+b^2-c^2=0$이 중근을 가질 때, a, b, c를 세 변의 길이로 하는 삼각형은 어떤 삼각형인지 말하시오.

표현 더하기

06-4 x에 대한 이차식 $x^2+(ak-b)x+2k^2-c+5$가 실수 k의 값에 관계없이 항상 완전제곱식이 될 때, 실수 a, b, c에 대하여 $a^2+b^2+c^2$의 값을 구하시오.

03 이차방정식의 근과 계수의 관계

1 이차방정식의 근과 계수의 관계

이차방정식 $ax^2+bx+c=0$의 두 근을 α, β라 하면

(1) $\alpha+\beta=-\dfrac{b}{a}$ **(2)** $\alpha\beta=\dfrac{c}{a}$ **(3)** $|\alpha-\beta|=\dfrac{\sqrt{b^2-4ac}}{|a|}$ (단, a, α, β는 실수)

참고 두 근의 합과 곱은 실근, 허근에 관계없이 항상 구할 수 있지만, 두 근의 차는 두 근이 모두 실근일 때만 구할 수 있다.

이차방정식의 두 근 α, β와 계수 a, b, c 사이의 관계를 근과 계수의 관계라 한다.

이차방정식의 근을 직접 구하지 않아도 근과 계수의 관계를 이용하여 이차방정식의 두 근의 합과 곱을 구할 수 있다.

근의 공식에서 알 수 있듯이 이차방정식 $ax^2+bx+c=0$의 근은 이차방정식의 계수 a, b, c에 의하여 결정된다. 이차방정식의 두 근의 합과 곱이 각 항의 계수와 어떤 관계가 있는지 알아보자.

이차방정식 $ax^2+bx+c=0$의 두 근 α, β를

$$\alpha=\frac{-b+\sqrt{b^2-4ac}}{2a},\ \beta=\frac{-b-\sqrt{b^2-4ac}}{2a}$$

라 하면 두 근의 합과 곱은 다음과 같다.

$$\alpha+\beta=\frac{-b+\sqrt{b^2-4ac}}{2a}+\frac{-b-\sqrt{b^2-4ac}}{2a}=\frac{-2b}{2a}=-\frac{b}{a} \quad \leftarrow -\frac{\text{(일차항의 계수)}}{\text{(이차항의 계수)}}$$

$$\alpha\beta=\frac{-b+\sqrt{b^2-4ac}}{2a}\times\frac{-b-\sqrt{b^2-4ac}}{2a}=\frac{b^2-(b^2-4ac)}{4a^2}=\frac{4ac}{4a^2}=\frac{c}{a} \quad \leftarrow \frac{\text{(상수항)}}{\text{(이차항의 계수)}}$$

example 이차방정식 $x^2-4x-9=0$의 두 근을 α, β라 하면 근과 계수의 관계에 의하여

$$\alpha+\beta=-\frac{-4}{1}=4,\ \alpha\beta=\frac{-9}{1}=-9$$

참고 계수가 실수인 이차방정식의 두 근의 합과 곱은 항상 실수이다.

또한 이차방정식 $ax^2+bx+c=0$의 두 근이 모두 실근인 경우 두 근 α, β를

$\alpha=\dfrac{-b+\sqrt{b^2-4ac}}{2a}$, $\beta=\dfrac{-b-\sqrt{b^2-4ac}}{2a}$라 하면 두 근의 차는 다음과 같다.

$$|\alpha-\beta|=\left|\frac{-b+\sqrt{b^2-4ac}}{2a}-\frac{-b-\sqrt{b^2-4ac}}{2a}\right|=\frac{\sqrt{b^2-4ac}}{|a|} \text{ (단, } a\text{는 실수)}$$

한편, 두 근의 차는 두 근의 합과 곱, 곱셈 공식의 변형을 이용하여 구할 수도 있다.
$$\overline{(\alpha-\beta)^2=(\alpha+\beta)^2-4\alpha\beta}$$

example 이차방정식 $x^2-3x-6=0$의 두 근을 α, β라 하면
판별식 $D=(-3)^2-4\times1\times(-6)=33>0$이므로
두 근은 모두 실근이다.

> **풀이 1** 공식 이용

$$|\alpha-\beta|=\frac{\sqrt{(-3)^2-4\times1\times(-6)}}{|1|}$$
$$=\sqrt{33}$$

> **풀이 2** 곱셈 공식의 변형을 이용

근과 계수의 관계에 의하여

$$\alpha+\beta=-\frac{-3}{1}=3,\ \alpha\beta=\frac{-6}{1}=-6$$
$$\therefore\ (\alpha-\beta)^2=(\alpha+\beta)^2-4\alpha\beta$$
$$=3^2-4\times1\times(-6)=33$$
$$\therefore\ |\alpha-\beta|=\sqrt{33}$$

---

2 두 수를 근으로 하는 이차방정식

두 수 α, β를 근으로 하고 x^2의 계수가 1인 이차방정식은
$$(x-\alpha)(x-\beta)=0,\ 즉\ x^2-(\alpha+\beta)x+\alpha\beta=0$$

지금까지 이차방정식이 주어졌을 때, 근을 구하거나 두 근의 합 또는 곱을 구하는 방법에 대하여 학습하였다. 거꾸로 두 수가 주어질 때, 이 두 수를 근으로 하는 이차방정식을 구하는 방법에 대하여 알아보자.

두 수 α, β를 근으로 하고 x^2의 계수가 1인 이차방정식은
$$(x-\alpha)(x-\beta)=0$$
으로 나타낼 수 있다. 이 식의 좌변을 전개하여 정리하면 다음과 같다.

$$x^2-\underset{\text{두 근의 합}}{(\alpha+\beta)}x+\underset{\text{두 근의 곱}}{\alpha\beta}=0$$ ← 두 근의 합과 곱을 먼저 구한 후 근과 계수의 관계를 이용한다.

또한 두 수 α, β를 근으로 하고 x^2의 계수가 a인 이차방정식은 다음과 같다.
$$a(x-\alpha)(x-\beta)=0,\ 즉\ a\{x^2-(\alpha+\beta)x+\alpha\beta\}=0$$

example

(1) 두 수 $3+2i$, $3-2i$를 근으로 하고 x^2의 계수가 1인 이차방정식을 구하면
(두 근의 합)$=(3+2i)+(3-2i)=6$, (두 근의 곱)$=(3+2i)(3-2i)=13$이므로
$$x^2-6x+13=0$$

(2) 두 수 2, $\frac{1}{3}$을 근으로 하고 x^2의 계수가 6인 이차방정식을 구하면

(두 근의 합)$=2+\frac{1}{3}=\frac{7}{3}$, (두 근의 곱)$=2\times\frac{1}{3}=\frac{2}{3}$이므로

$$6\left(x^2-\frac{7}{3}x+\frac{2}{3}\right)=0\qquad\therefore\ 6x^2-14x+4=0$$

3 이차식의 인수분해

계수가 실수인 이차방정식 $ax^2+bx+c=0$의 두 근을 α, β라 하면
$$ax^2+bx+c=a(x-\alpha)(x-\beta)$$
로 인수분해된다.

계수가 실수인 이차식 ax^2+bx+c의 인수분해가 쉽지 않을 때, 이차방정식 $ax^2+bx+c=0$의 두 근을 이용하여 다음과 같이 인수분해할 수 있다.

이차방정식 $ax^2+bx+c=0$의 두 근을 α, β라 하면 근과 계수의 관계에 의하여

$\alpha+\beta=-\dfrac{b}{a}$, $\alpha\beta=\dfrac{c}{a}$이므로 이차식 ax^2+bx+c는 다음과 같이 인수분해된다.

$$ax^2+bx+c=a\left(x^2+\frac{b}{a}x+\frac{c}{a}\right)$$
$$=a\{x^2-(\alpha+\beta)x+\alpha\beta\}=a(x-\alpha)(x-\beta)$$

따라서 계수가 실수인 이차식은 복소수의 범위에서 항상 두 일차식의 곱의 꼴로 인수분해할 수 있다.

> **example**
> 이차방정식 $x^2-2x+4=0$의 근을 구하면 근의 공식에 의하여
> $x=1+\sqrt{3}i$ 또는 $x=1-\sqrt{3}i$이므로
> 이차식 x^2-2x+4를 복소수의 범위에서 인수분해하면
> $x^2-2x+4=\{x-(1+\sqrt{3}i)\}\{x-(1-\sqrt{3}i)\}=(x-1-\sqrt{3}i)(x-1+\sqrt{3}i)$

4 이차방정식의 켤레근

이차방정식 $ax^2+bx+c=0$에서

(1) a, b, c가 유리수일 때, $p+q\sqrt{m}$이 근이면 다른 한 근은 $p-q\sqrt{m}$이다.

(단, p, q는 유리수, $q\neq0$, $\sqrt{m}$은 무리수)

(2) a, b, c가 실수일 때, $p+qi$가 근이면 다른 한 근은 $p-qi$이다. (단, p, q는 실수, $q\neq0$, $i=\sqrt{-1}$)

참고 $q\neq0$일 때, $p+q\sqrt{m}$과 $p-q\sqrt{m}$, $p+qi$와 $p-qi$를 각각 켤레근이라 한다.

이차방정식의 계수가 유리수 또는 실수인 경우 한 근이 주어졌을 때 켤레근을 이용하여 다른 한 근을 구할 수 있다. ← 이차방정식의 켤레근의 성질은 앞으로 학습할 삼차 이상의 방정식에도 적용된다.

이차방정식 $ax^2+bx+c=0$의 두 근을 α, β라 하면

$$\alpha=-\frac{b}{2a}+\frac{\sqrt{b^2-4ac}}{2a}, \quad \beta=-\frac{b}{2a}-\frac{\sqrt{b^2-4ac}}{2a}$$

이므로 $b^2-4ac\neq0$이면 이차방정식은 서로 다른 두 실근 또는 서로 다른 두 허근을 가지게 되고 이때 두 근은 서로 비슷한 꼴임을 알 수 있다. 즉,

(1) a, b, c가 유리수이고 $\sqrt{b^2-4ac}$가 무리수이면

　　➡ $\alpha=p+q\sqrt{m}$, $\beta=p-q\sqrt{m}$ 꼴이다. (단, p, q는 유리수, $q\neq0$, $\sqrt{m}$은 무리수)

(2) a, b, c가 실수이고 $\sqrt{b^2-4ac}$가 허수이면

　　➡ $\alpha=p+qi$, $\beta=p-qi$ 꼴이다. (단, p, q는 실수, $q\neq0$, $i=\sqrt{-1}$)

　── 한 근을 알면 다른 근도 알 수 있다.

한편, 계수 a, b, c가 모두 유리수 (또는 실수)라는 조건이 없으면 $-\dfrac{b}{2a}$도 무리수 (또는 허수)가 될 수 있으므로 켤레근을 갖는다고 할 수 없다.

예를 들어 이차방정식 $x^2-x-2+\sqrt{2}=0$의 한 근은 $1-\sqrt{2}$이지만 다른 한 근은 $1+\sqrt{2}$가 아니다.
　　　　　　　　　상수항이 유리수가 아니다.　　　　　　　　　　실제로 이 이차방정식을 풀면 두 근은 $\sqrt{2}$, $1-\sqrt{2}$이다.

example

(1) a, b, c가 유리수일 때,

이차방정식 $ax^2+bx+c=0$의 한 근이 $2+\sqrt{3}$이면 다른 한 근은 $2-\sqrt{3}$이다.

(2) a, b, c가 실수일 때,

이차방정식 $ax^2+bx+c=0$의 한 근이 $3-4i$이면 다른 한 근은 $3+4i$이다.

05

개념 CHECK

📖 빠른 정답 • 493쪽 / 정답과 풀이 • 57쪽

03. 이차방정식의 근과 계수의 관계

01 이차방정식 $x^2-4x+2=0$의 두 근을 α, β라 할 때, 다음을 구하시오.

(1) $\alpha+\beta$　　　　　　　(2) $\alpha\beta$　　　　　　　(3) $|\alpha-\beta|$

02 두 수 $1+\sqrt{2}$, $1-\sqrt{2}$를 근으로 하고 x^2의 계수가 1인 이차방정식을 구하시오.

03 다음 이차식을 복소수의 범위에서 인수분해하시오.

(1) x^2-2x-5　　　　　　　(2) $x^2+6x+13$

04 이차방정식 $x^2+ax+b=0$의 한 근이 $1+3i$일 때, 실수 a, b의 값을 각각 구하시오.

(단, $i=\sqrt{-1}$)

대표 예제 07

이차방정식 $x^2-3x-1=0$의 두 근을 α, β라 할 때, 다음 식의 값을 구하시오.

(1) $\dfrac{1}{\alpha}+\dfrac{1}{\beta}$　　　　　　　　　(2) $\alpha^2+\beta^2$

(3) $(\alpha-\beta)^2$　　　　　　　　　　(4) $\alpha^3+\beta^3$

바로 접근
근과 계수의 관계를 이용하여 $\alpha+\beta=-\dfrac{b}{a}$, $\alpha\beta=\dfrac{c}{a}$를 구한 후 주어진 식을 통분, 곱셈 공식의 변형을 이용하여 $\alpha+\beta$, $\alpha\beta$에 대한 식으로 만든다.

바른 풀이
이차방정식 $x^2-3x-1=0$의 두 근이 α, β이므로 근과 계수의 관계에 의하여

$\alpha+\beta=3$, $\alpha\beta=-1$

(1) $\dfrac{1}{\alpha}+\dfrac{1}{\beta}=\dfrac{\alpha+\beta}{\alpha\beta}$

$\qquad\qquad=\dfrac{3}{-1}=-3$

(2) $\alpha^2+\beta^2=(\alpha+\beta)^2-2\alpha\beta$

$\qquad\qquad=3^2-2\times(-1)=11$

(3) $(\alpha-\beta)^2=(\alpha+\beta)^2-4\alpha\beta$

$\qquad\qquad\quad=3^2-4\times(-1)=13$

(4) $\alpha^3+\beta^3=(\alpha+\beta)^3-3\alpha\beta(\alpha+\beta)$

$\qquad\qquad\quad=3^3-3\times(-1)\times3=36$

정답 　(1) -3　(2) 11　(3) 13　(4) 36

Bible Says

① 이차방정식 $ax^2+bx+c=0\ (a\neq0)$의 두 근을 α, β라 하면 $ax^2+bx+c=a(x-\alpha)(x-\beta)$로 놓을 수 있다.

이때 (좌변)$=a\Big(x^2+\dfrac{b}{a}x+\dfrac{c}{a}\Big)$, (우변)$=a\{x^2-(\alpha+\beta)x+\alpha\beta\}$이므로

$a\Big(x^2+\dfrac{b}{a}x+\dfrac{c}{a}\Big)=a\{x^2-(\alpha+\beta)x+\alpha\beta\}$

이 식은 x에 대한 항등식이므로 $\alpha+\beta=-\dfrac{b}{a}$, $\alpha\beta=\dfrac{c}{a}$

② 자주 이용되는 곱셈 공식의 변형

➡ $a^2+b^2=(a+b)^2-2ab=(a-b)^2+2ab$

$\quad (a+b)^2=(a-b)^2+4ab$

$\quad a^3+b^3=(a+b)^3-3ab(a+b)$, $a^3-b^3=(a-b)^3+3ab(a-b)$

📖 빠른 정답 • 494쪽 / 정답과 풀이 • 58쪽

한번 더하기

07-1 이차방정식 $x^2+2x-2=0$의 두 근을 α, β라 할 때, 다음 식의 값을 구하시오. (단, $\alpha>\beta$)

(1) $\alpha^2\beta+\alpha\beta^2$　　　　　　　　　(2) $\dfrac{\beta}{\alpha}+\dfrac{\alpha}{\beta}$

(3) $\alpha-\beta$　　　　　　　　　　　　(4) $\alpha^3-\beta^3$

05

표현 더하기

07-2 이차방정식 $3x^2-6x-1=0$의 두 근을 α, β라 할 때, $\dfrac{\beta}{\alpha+1}+\dfrac{\alpha}{\beta+1}$의 값을 구하시오.

표현 더하기　교육청 기출

07-3 이차방정식 $x^2+x-1=0$의 두 근을 α, β라 하자. 다항식 $P(x)=2x^2-3x$에 대하여 $\beta P(\alpha)+\alpha P(\beta)$의 값은?

① 5　　　　　　　② 6　　　　　　　③ 7

④ 8　　　　　　　⑤ 9

실력 더하기

07-4 이차방정식 $x^2-x+3=0$의 두 근을 α, β라 할 때, $\alpha^5+\beta^5-\alpha^4-\beta^4+\alpha^3+\beta^3$의 값을 구하시오.

대표 예제 | 08

다음 물음에 답하시오.

(1) 이차방정식 $x^2+ax+b=0$의 두 근이 -3, 2일 때, 이차방정식 $ax^2+bx+3=0$의 두 근의 합을 구하시오. (단, a, b는 상수이다.)

(2) 이차방정식 $x^2-ax+6=0$의 두 근이 α, β이고 이차방정식 $x^2+2x+b=0$의 두 근이 $\alpha+1$, $\beta+1$일 때, 상수 a, b의 값을 각각 구하시오.

바로 접근

(1) 주어진 두 근을 직접 식에 대입할 수도 있지만 이차방정식의 근과 계수의 관계를 이용하면 보다 간단히 해결할 수 있다.

(2) 두 이차방정식의 근이 모두 α, β로 나타나 있으면 근과 계수의 관계를 이용하여 α, β에 대한 식을 세운 후 연립하여 미정계수를 구한다.

바른 풀이

(1) 이차방정식 $x^2+ax+b=0$의 두 근이 -3, 2이므로 근과 계수의 관계에 의하여

$$-3+2=-a, \ (-3)\times2=b$$

$$\therefore a=1, \ b=-6$$

따라서 이차방정식 $ax^2+bx+3=0$의 두 근의 합은

$$-\frac{b}{a}=-\frac{-6}{1}=6$$

(2) 이차방정식 $x^2-ax+6=0$의 두 근이 α, β이므로 근과 계수의 관계에 의하여

$$\alpha+\beta=a, \ \alpha\beta=6 \qquad \cdots\cdots \ \bigcirc$$

또한 이차방정식 $x^2+2x+b=0$의 두 근이 $\alpha+1$, $\beta+1$이므로 근과 계수의 관계에 의하여

$$(\alpha+1)+(\beta+1)=-2, \ (\alpha+1)(\beta+1)=b$$

$$\therefore \alpha+\beta+2=-2, \ \alpha\beta+\alpha+\beta+1=b \qquad \cdots\cdots \ \bigcirc$$

$\bigcirc$을 $\bigcirc$에 대입하면 $a+2=-2$, $6+a+1=b$

두 식을 연립하여 풀면 $a=-4$, $b=3$

다른 풀이

(1) 이차방정식 $x^2+ax+b=0$의 두 근이 -3, 2이므로 $(x+3)(x-2)=0$에서

$$x^2+x-6=0 \quad \therefore a=1, \ b=-6$$

이차방정식 $x^2-6x+3=0$을 풀면 $x=-(-3)\pm\sqrt{(-3)^2-1\times3}=3\pm\sqrt{6}$

따라서 이차방정식 $x^2-6x+3=0$의 두 근의 합은 6이다.

> 정답 (1) 6 (2) $a=-4$, $b=3$

Bible Says

이차항의 계수가 a이고 두 수 α, β를 근으로 하는 이차방정식은

$$a(x-\alpha)(x-\beta)=0 \ \Rightarrow \ a\{x^2-(\alpha+\beta)x+\alpha\beta\}=0$$

이때 이차항의 계수 a를 각 항에 곱하는 것을 빼먹지 않도록 주의하자.

한번 더하기

08-1

다음 물음에 답하시오.

(1) 이차방정식 $x^2+ax+b=0$의 두 근이 $1-\sqrt{3}$, $1+\sqrt{3}$일 때, 이차방정식 $ax^2-bx-5=0$
의 두 근의 합을 구하시오. (단, a, b는 상수이다.)

(2) 이차방정식 $x^2-2ax+4=0$의 두 근이 α, β이고 이차방정식 $x^2+6x-b=0$의 두 근이
$\alpha+1$, $\beta+1$일 때, 상수 a, b에 대하여 $a+b$의 값을 구하시오.

한번 더하기

08-2

다음 물음에 답하시오.

(1) 이차방정식 $x^2+2ax+b-1=0$의 두 근이 $2-i$, $2+i$일 때, 이차방정식 $ax^2+3x-b=0$
의 두 근의 곱을 구하시오. (단, a, b는 상수이다.)

(2) 이차방정식 $3x^2-9x+a=0$의 두 근이 α, β이고 이차방정식 $x^2-4x+b+2=0$의 두 근
이 $\alpha+\beta$, $\alpha\beta$일 때, 상수 a, b에 대하여 $a+b$의 값을 구하시오.

표현 더하기

08-3

이차방정식 $x^2+px+q=0$의 두 근이 α, β이고 이차방정식 $x^2-3px+4(q-1)=0$의 두
근이 α^2, β^2일 때, 상수 p, q에 대하여 $p-q$의 값을 구하시오. (단, $p>0$)

실력 더하기

08-4

형태와 수현이가 이차방정식 $ax^2+bx+c=0$을 푸는데 형태는 x의 계수를 잘못 보고 풀어
두 근 -4, 3을 얻었고, 수현이는 상수항을 잘못 보고 풀어 두 근 $2-\sqrt{7}$, $2+\sqrt{7}$을 얻었다.
이 이차방정식의 옳은 근을 구하시오. (단, a, b, c는 상수이다.)

대표 예제 | 09

다음 물음에 답하시오.

(1) 이차방정식 $x^2-5kx-(k-2)=0$의 두 근의 비가 $2:3$일 때, 실수 k의 값을 모두 구하시오.

(2) 이차방정식 $2x^2+(k-4)x-6=0$의 두 근의 차가 4일 때, 실수 k의 값을 모두 구하시오.

바로 접근

이차방정식의 두 실근에 대한 조건이 주어진 경우 두 근을 한 문자에 대한 식으로 나타낸 후 근과 계수의 관계를 이용하여 미정계수를 구한다.

(1) 두 근의 비가 $m:n$이면 두 근을 $m\alpha$, $n\alpha(\alpha\neq0)$로 놓는다.

(2) 두 근의 차가 p이면 두 근을 α, $\alpha+p$ 또는 $\alpha-p$, α로 놓는다.

바른 풀이

(1) 두 근의 비가 $2:3$이므로 두 근을 2α, $3\alpha(\alpha\neq0)$라 하면 근과 계수의 관계에 의하여

$$2\alpha+3\alpha=5k \qquad \therefore \alpha=k \qquad \cdots\cdots \ \bigcirc$$

$$2\alpha\times3\alpha=-k+2 \qquad \therefore 6\alpha^2=-k+2 \qquad \cdots\cdots \ \bigcirc$$

$\bigcirc$을 $\bigcirc$에 대입하면 $6k^2=-k+2$, $6k^2+k-2=0$

$$(3k+2)(2k-1)=0 \qquad \therefore k=-\frac{2}{3} \ \text{또는} \ k=\frac{1}{2}$$

(2) 주어진 이차방정식의 두 근을 α, $\alpha+4$라 하면 근과 계수의 관계에 의하여

$$\alpha+(\alpha+4)=-\frac{k-4}{2} \qquad \therefore k=-4\alpha-4 \qquad \cdots\cdots \ \bigcirc$$

$\alpha(\alpha+4)=-3$에서 $\alpha^2+4\alpha+3=0$, $(\alpha+3)(\alpha+1)=0$ $\qquad \therefore \alpha=-3$ 또는 $\alpha=-1$

$\alpha=-3$을 $\bigcirc$에 대입하면 $k=8$

$\alpha=-1$을 $\bigcirc$에 대입하면 $k=0$

$$\therefore k=0 \ \text{또는} \ k=8$$

[다른 풀이]

(2) 이차방정식 $2x^2+(k-4)x-6=0$의 두 근을 α, β라 하면 근과 계수의 관계에 의하여

$$\alpha+\beta=-\frac{k-4}{2}, \ \alpha\beta=-3$$

또한 두 근의 차가 4이므로 $|\alpha-\beta|=4$에서 $(\alpha-\beta)^2=16$

따라서 $(\alpha-\beta)^2=(\alpha+\beta)^2-4\alpha\beta$에서

$$16=\left(-\frac{k-4}{2}\right)^2-4\times(-3), \ k^2-8k=0$$

$$k(k-8)=0 \qquad \therefore k=0 \ \text{또는} \ k=8$$

정답 (1) $-\dfrac{2}{3}$, $\dfrac{1}{2}$ (2) 0, 8

Bible Says

① 한 근이 다른 근의 k배이면 ➡ 두 근을 α, $k\alpha(\alpha\neq0)$로 놓는다.

② 두 근이 연속인 정수이면 ➡ 두 근을 α, $\alpha+1$ 또는 $\alpha-1$, α로 놓는다.

③ 두 실근의 절댓값이 같고 부호가 서로 다르면 ➡ 두 근을 α, $-\alpha(\alpha\neq0)$로 놓는다.

📖 빠른 정답 • 494쪽 / 정답과 풀이 • 59쪽

09-1

다음 물음에 답하시오.

(1) 이차방정식 $x^2 - 8kx + k + 1 = 0$의 두 근의 비가 $1:3$일 때, 실수 k의 값을 모두 구하시오.

(2) 이차방정식 $x^2 + 2(k+1)x - 1 = 0$의 두 근의 차가 2일 때, 실수 k의 값을 구하시오.

09-2

이차방정식 $x^2 - 5(a-3)x + 6a = 0$의 한 근이 다른 근의 4배일 때, 모든 상수 a의 값의 곱을 구하시오.

09-3

이차방정식 $x^2 - ax + a^2 - 1 = 0$의 두 근이 연속하는 정수일 때, 모든 상수 a의 값의 합을 구하시오.

09-4

이차방정식 $x^2 - 3mx - (m+2) = 0$의 서로 다른 두 실근 α, β가 $\alpha + \beta < 0$, $\alpha^2 + \beta^2 = 11$을 만족시킬 때, 상수 m의 값을 구하시오.

대표 예제 | 10

이차방정식 $x^2-3x-2=0$의 두 근을 α, β라 할 때, 다음을 구하시오.

(1) $\alpha+\beta$, $\alpha\beta$를 두 근으로 하고 x^2의 계수가 1인 이차방정식

(2) $\dfrac{1}{\alpha}$, $\dfrac{1}{\beta}$을 두 근으로 하고 x^2의 계수가 2인 이차방정식

바로 접근

근이 아무리 복잡한 꼴이어도 x^2의 계수가 1인 이차방정식은

$x^2-($두 근의 합$)x+($두 근의 곱$)=0$

임을 이용하여 이차방정식을 구할 수 있다.

바른 풀이

이차방정식 $x^2-3x-2=0$의 두 근이 α, β이므로 근과 계수의 관계에 의하여

$\alpha+\beta=3$, $\alpha\beta=-2$

(1) 구하는 이차방정식의 두 근이 $\alpha+\beta$, $\alpha\beta$이므로

(두 근의 합)$=(\alpha+\beta)+\alpha\beta=3+(-2)=1$

(두 근의 곱)$=(\alpha+\beta)\times(\alpha\beta)=3\times(-2)=-6$

따라서 $\alpha+\beta$, $\alpha\beta$를 두 근으로 하고 x^2의 계수가 1인 이차방정식은

$x^2-x-6=0$

(2) 구하는 이차방정식의 두 근이 $\dfrac{1}{\alpha}$, $\dfrac{1}{\beta}$이므로

(두 근의 합)$=\dfrac{1}{\alpha}+\dfrac{1}{\beta}=\dfrac{\alpha+\beta}{\alpha\beta}=-\dfrac{3}{2}$

(두 근의 곱)$=\dfrac{1}{\alpha}\times\dfrac{1}{\beta}=\dfrac{1}{\alpha\beta}=-\dfrac{1}{2}$

따라서 $\dfrac{1}{\alpha}$, $\dfrac{1}{\beta}$을 두 근으로 하고 x^2의 계수가 2인 이차방정식은

$2\left(x^2+\dfrac{3}{2}x-\dfrac{1}{2}\right)=0$ $\quad\therefore 2x^2+3x-1=0$

정답 (1) $x^2-x-6=0$ (2) $2x^2+3x-1=0$

Bible Says

① 두 수 α, β를 두 근으로 하고 x^2의 계수가 1인 이차방정식

➡ $x^2-(\alpha+\beta)x+\alpha\beta=0$

② 두 수 α, β를 두 근으로 하고 x^2의 계수가 a인 이차방정식

➡ $a\{x^2-(\alpha+\beta)x+\alpha\beta\}=0$

05

한번 더하기

10-1 이차방정식 $x^2-x-4=0$의 두 근을 α, β라 할 때, 다음을 구하시오.

(1) $\alpha+1$, $\beta+1$을 두 근으로 하고 x^2의 계수가 -1인 이차방정식

(2) $\dfrac{2}{\alpha}$, $\dfrac{2}{\beta}$를 두 근으로 하고 x^2의 계수가 2인 이차방정식

표현 더하기

10-2 이차방정식 $x^2+2x+5=0$의 두 근 α, β에 대하여 α^2+1, β^2+1을 두 근으로 하고 x^2의 계수가 1인 이차방정식이 $x^2+ax+b=0$일 때, 상수 a, b에 대하여 $b-a$의 값을 구하시오.

표현 더하기

10-3 이차방정식 $2x^2-3x+4=0$의 두 근 α, β에 대하여 $\alpha+\dfrac{1}{\beta}$, $\beta+\dfrac{1}{\alpha}$을 두 근으로 갖는 이차방정식이 $4x^2+ax+b=0$일 때, 상수 a, b에 대하여 $a+b$의 값을 구하시오.

실력 더하기

10-4 이차방정식 $x^2-ax+b=0$의 두 근이 1, α이고 이차방정식 $x^2+(a+2)x+b-3=0$의 두 근이 -2, β일 때, α, β를 두 근으로 하는 이차방정식은 $x^2+px+q=0$이다. $p-q$의 값을 구하시오. (단, a, b, p, q는 상수이다.)

대표 예제 11

이차방정식 $f(x)=0$의 두 근의 합이 5, 곱이 4일 때, 이차방정식 $f(3x-2)=0$의 두 근의 합과 곱을 각각 구하시오.

바로 접근

이차방정식 $f(x)=0$의 두 근이 α, β이면
$f(\alpha)=0$, $f(\beta)=0$이므로 $f(ax+b)=0(a\neq0)$의 두 근은
$ax+b=\alpha$, $ax+b=\beta$에서 $x=\dfrac{\alpha-b}{a}$ 또는 $x=\dfrac{\beta-b}{a}$

바른 풀이

이차방정식 $f(x)=0$의 두 근을 α, β라 하면
$\alpha+\beta=5$, $\alpha\beta=4$이고 $f(\alpha)=0$, $f(\beta)=0$이므로 $f(3x-2)=0$이려면
$3x-2=\alpha$ 또는 $3x-2=\beta$ $\cdots\cdots$ ㉠
$\therefore x=\dfrac{\alpha+2}{3}$ 또는 $x=\dfrac{\beta+2}{3}$

따라서 이차방정식 $f(3x-2)=0$의 두 근의 합은
$$\dfrac{\alpha+2}{3}+\dfrac{\beta+2}{3}=\dfrac{\alpha+\beta+4}{3}=\dfrac{5+4}{3}=3$$
두 근의 곱은
$$\dfrac{\alpha+2}{3}\times\dfrac{\beta+2}{3}=\dfrac{\alpha\beta+2(\alpha+\beta)+4}{9}=\dfrac{4+2\times5+4}{9}=2$$

[다른 풀이]

이차방정식 $f(x)=0$의 두 근을 α, β라 하면
$\alpha+\beta=5$, $\alpha\beta=4$이므로 이차항의 계수가 $a(a\neq0)$이고 α, β를 두 근으로 하는 이차방정식은
$a(x-\alpha)(x-\beta)=0$, $a\{x^2-(\alpha+\beta)x+\alpha\beta\}=0$
$a(x^2-5x+4)=0$
이때 $f(x)=a(x^2-5x+4)$라 하면
$f(3x-2)=a\{(3x-2)^2-5(3x-2)+4\}=a(9x^2-27x+18)=9ax^2-27ax+18a=0$
따라서 $f(3x-2)=0$, 즉 이차방정식 $9ax^2-27ax+18a=0$의 두 근의 합과 곱은 근과 계수의 관계에 의하여
$$(\text{두 근의 합})=-\dfrac{-27a}{9a}=3, \quad (\text{두 근의 곱})=\dfrac{18a}{9a}=2$$

[정답] 두 근의 합: 3, 두 근의 곱: 2

Bible Says

㉠에서 $f(3\alpha-2)=0$, $f(3\beta-2)=0$으로 착각하지 않도록 주의하자.

05

한 번 더하기

11-1

이차방정식 $f(x)=0$의 두 근의 합이 2, 곱이 1일 때, 이차방정식 $f(4x-1)=0$의 두 근의 합과 곱을 각각 구하시오.

한 번 더하기

11-2

이차방정식 $f(x)=0$의 두 근 α, β에 대하여 $\alpha+\beta=6$, $\alpha\beta=9$일 때, 이차방정식 $f(2x+5)=0$의 두 근의 곱을 구하시오.

표현 더하기

11-3

방정식 $f(x)=0$의 한 근이 -1일 때, 다음 중 2를 반드시 근으로 갖는 x에 대한 방정식은?

① $f(x-2)=0$ ② $f(2x-1)=0$ ③ $f(-x-1)=0$

④ $f(x^2-5)=0$ ⑤ $f(|x|-2)=0$

실력 더하기

11-4

이차방정식 $x^2-3x+1=0$의 두 근을 α, β라 할 때, 이차식 $f(x)$가 $f(\alpha)=f(\beta)=2$를 만족시킨다. $f(x)$의 x^2의 계수가 3일 때, $f(-1)$의 값을 구하시오.

대표 예제 12

다음 물음에 답하시오.

(1) x에 대한 이차방정식 $x^2+2ax+b=0$의 한 근이 $1+\sqrt{2}$일 때, 유리수 a, b의 값을 각각 구하시오.

(2) x에 대한 이차방정식 $x^2+(a-1)x+b=0$의 한 근이 $1+i$일 때, 실수 a, b의 값을 각각 구하시오.

(단, $i=\sqrt{-1}$)

바로 접근

(1) 계수가 유리수일 때, 이차방정식의 한 근이 $p+q\sqrt{m}$이면 다른 한 근은 $p-q\sqrt{m}$이다.

(단, p, q는 유리수, $q\neq0$, $\sqrt{m}$은 무리수)

(2) 계수가 실수일 때, 이차방정식의 한 근이 $p+qi$이면 다른 한 근은 $p-qi$이다.

(단, p, q는 실수, $q\neq0$, $i=\sqrt{-1}$)

바른 풀이

(1) a, b가 유리수이므로 이차방정식 $x^2+2ax+b=0$의 한 근이 $1+\sqrt{2}$이면 다른 한 근은 $1-\sqrt{2}$이다.

따라서 근과 계수의 관계에 의하여

(두 근의 합)$=(1+\sqrt{2})+(1-\sqrt{2})=-2a$

$\therefore a=-1$

(두 근의 곱)$=(1+\sqrt{2})(1-\sqrt{2})=b$

$\therefore b=-1$

(2) a, b가 실수이므로 이차방정식 $x^2+(a-1)x+b=0$의 한 근이 $1+i$이면 다른 한 근은 $1-i$이다.

따라서 근과 계수의 관계에 의하여

(두 근의 합)$=(1+i)+(1-i)=-a+1$

$\therefore a=-1$

(두 근의 곱)$=(1+i)(1-i)=b$

$\therefore b=2$

정답 (1) $a=-1$, $b=-1$ (2) $a=-1$, $b=2$

Bible Says

위 문제에서 양변을 제곱한 후 이차방정식을 유도하여 풀 수도 있다.

(1) $x=1+\sqrt{2}$에서 $x-1=\sqrt{2}$의 양변을 제곱하면

$(x-1)^2=2$, $x^2-2x-1=0$ $\therefore a=-1$, $b=-1$

(2) $x=1+i$에서 $x-1=i$의 양변을 제곱하면

$(x-1)^2=-1$, $x^2-2x+2=0$ $\therefore a=-1$, $b=2$

한 번 더하기

12-1

다음 물음에 답하시오.

(1) x에 대한 이차방정식 $x^2+ax-b=0$의 한 근이 $2-\sqrt{3}$일 때, 유리수 a, b의 값을 각각 구하시오.

(2) x에 대한 이차방정식 $x^2-(a+4)x+2b=0$의 한 근이 $3-i$일 때, 실수 a, b의 값을 각각 구하시오. (단, $i=\sqrt{-1}$)

05

표현 더하기

12-2

이차방정식 $x^2+6x+a=0$의 한 근이 $b+\sqrt{5}i$일 때, 실수 a, b에 대하여 $a-b$의 값을 구하시오. (단, $i=\sqrt{-1}$)

표현 더하기

12-3

이차방정식 $x^2+ax+b=0$의 한 근이 $\dfrac{1}{\sqrt{2}-1}$일 때, 이차방정식 $x^2-2bx-a=0$의 두 근의 합을 구하시오. (단, a, b는 유리수이다.)

실력 더하기

12-4

이차방정식 $x^2+mx+n=0$의 한 근이 $-2+i$일 때, $\dfrac{1}{m}$, $\dfrac{1}{n}$을 두 근으로 하는 이차방정식은 $20x^2+ax+b=0$이다. 상수 a, b에 대하여 $a-b$의 값을 구하시오.

(단, $i=\sqrt{-1}$이고, m, n은 실수이다.)

01 이차방정식 $(\sqrt{2}-1)x^2+(2-\sqrt{2})x-1=0$의 두 근을 α, β라 할 때, $\sqrt{2}\alpha+\beta$의 값을 구하시오. (단, $\alpha>\beta$)

02 이차방정식 $x^2+(2a^2+1)x+3a^2=0$의 한 근이 -2이고 이차방정식 $kx^2-5x+k+1=0$의 한 근이 a일 때, $3ak$의 값을 구하시오. (단, a, k는 상수이고, $a>0$이다.)

03 방정식 $x^2+|2x+3|-5=0$의 모든 근의 합을 구하시오.

04 한 변의 길이가 12 cm인 정사각형이 있다. 이 정사각형의 가로의 길이는 매초 2 cm씩 늘어나고 세로의 길이는 매초 1 cm씩 줄어든다고 할 때, 직사각형의 넓이가 90 cm²가 되는 것은 몇 초 후인지 구하시오.

05 x에 대한 이차방정식 $x^2+2x-(3-k)=0$이 허근을 갖고, 이차방정식 $x^2-(k-2)x+k+1=0$이 중근을 가질 때, 실수 k의 값을 구하시오.

05

06 x에 대한 이차식 $x^2+(k-1)x+k^2-2k-2$가 완전제곱식이 되도록 하는 실수 k의 값을 모두 구하시오.

07 이차방정식 $x^2+3x-2=0$의 두 근을 α, β라 할 때, $\dfrac{6\beta}{\alpha^2+3\alpha-5}-\dfrac{6\alpha}{5-3\beta-\beta^2}$의 값을 구하시오.

08 이차방정식 $2x^2-4ax+1=0$의 두 근이 α, β이고 이차방정식 $4x^2+6x+b=0$의 두 근이 $\alpha^2\beta$, $\beta^2\alpha$일 때, 상수 a, b에 대하여 $a+b$의 값을 구하시오.

09 이차방정식 $x^2-(3k^2-k-4)x+2k-1=0$의 두 실근의 절댓값이 같고 부호가 서로 다를 때, 실수 k의 값을 구하시오.

10 이차방정식 $x^2-4x+1=0$의 두 실근 α, β에 대하여 $\sqrt{\alpha}$, $\sqrt{\beta}$를 두 근으로 하고 x^2의 계수가 1인 이차방정식이 $x^2+ax+b=0$일 때, 상수 a, b에 대하여 a^2+b^2의 값을 구하시오.

11 이차식 $f(x)=x^2-4x+6$에 대하여 이차방정식 $f(3x-2)=0$의 두 근의 곱을 구하시오.

12 이차방정식 $5x^2+ax+b=0$의 한 근이 $\dfrac{1}{1+2i}$일 때, 이차방정식 $x^2-ax-b=0$의 두 근의 차의 제곱을 구하시오. (단, a, b는 실수이다.)

S·T·E·P 2 실력 다지기

13 x에 대한 이차방정식 $|x^2-(2a^2-1)x+a-3|=2$의 한 근이 -1일 때, 모든 양수 a의 값의 곱을 구하시오.

교육청 기출

14 오른쪽 그림과 같이 $\overline{AB}=2$, $\overline{BC}=4$인 직사각형 ABCD에서 변 BC의 중점을 M이라 하자. 점 B를 중심으로 하고 변 BA를 반지름으로 하는 부채꼴 BMA와 점 C를 중심으로 하고 변 CD를 반지름으로 하는 부채꼴 CDM이 있다. 두 점 E, F는 변 AD 위에 있고 두 점 G, H는 각각 호 MA, 호 DM 위에 있다. 사각형 EGHF가 $\overline{EG}:\overline{GH}=1:2$인 직사각형이 될 때, 이 직사각형의 넓이는?

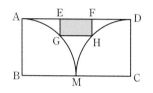

① $12-6\sqrt{3}$　　② $8-4\sqrt{3}$　　③ $8-5\sqrt{2}$

④ $6-3\sqrt{3}$　　⑤ $12-8\sqrt{2}$

15 x, y에 대한 이차식 $x^2-2xy-y^2-2x+ky-1$이 두 일차식의 곱으로 인수분해될 때, 모든 실수 k의 값의 합을 구하시오.

16 이차방정식 $ax^2+bx+c=0$의 두 근이 α, β이고 이차방정식 $ax^2-bx-c=0$의 두 근이 $\alpha+\beta$, $\alpha\beta$일 때, $\dfrac{\beta}{\alpha}+\dfrac{\alpha}{\beta}$의 값을 구하시오. (단, a, b, c는 상수이고, $c\neq0$이다.)

중단원 연습문제

17 이차방정식 $x^2+kx-k=0$의 서로 다른 두 실근 α, β에 대하여 $|\alpha|+|\beta|=\sqrt{3}$을 만족시키는 양수 k의 값을 구하시오.

18 이차방정식 $x^2-5x-1=0$의 두 실근 α, β와 자연수 n에 대하여 $f(n)=\alpha^n-\beta^n$이라 하자. 이때 $\dfrac{f(12)-f(10)}{f(11)}$의 값을 구하시오. (단, $\alpha>\beta$)

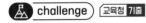 challenge 교육청 기출

19 모든 실수 x에 대하여 다항식 $P(x)$가 $\{P(x)+2\}^2=(x-a)(x-2a)+4$를 만족시킬 때, 모든 $P(1)$의 값의 합은?

① -9 ② -8 ③ -7

④ -6 ⑤ -5

challenge 교육청 기출

20 x에 대한 이차방정식 $x^2+2ax-b=0$의 두 근을 α, β라 할 때, $|\alpha-\beta|<12$를 만족시키는 두 자연수 a, b의 모든 순서쌍 (a, b)의 개수를 구하시오.

06

Ⅱ
방정식과
부등식

이차방정식과
이차함수

01 이차함수의 그래프

이차함수의 그래프	이차함수 $y=a(x-p)^2+q$의 그래프의 꼭짓점의 좌표는 (p, q), 축의 방정식은 $x=p$이다.
이차함수의 계수의 부호	이차함수 $y=ax^2+bx+c$의 그래프가 주어졌을 때, 계수 a, b, c의 부호는 (1) a의 부호: 그래프의 모양에 따라 결정 (2) b의 부호: 그래프의 축의 위치와 a의 부호에 따라 결정 (3) c의 부호: y축과의 교점의 위치에 따라 결정

02 이차방정식과 이차함수

이차함수의 그래프와 이차방정식의 해	이차함수 $y=ax^2+bx+c$의 그래프와 x축의 교점의 x좌표는 이차방정식 $ax^2+bx+c=0$의 실근과 같다.
이차함수의 그래프와 직선의 위치 관계	이차함수 $y=ax^2+bx+c$의 그래프와 직선 $y=mx+n$의 위치 관계는 두 식을 연립한 이차방정식 $ax^2+(b-m)x+c-n=0$의 판별식 D의 부호에 따라 다음과 같이 결정된다. (1) $D>0$이면 서로 다른 두 점에서 만난다 (2) $D=0$이면 한 점에서 만난다. (접한다.) (3) $D<0$이면 만나지 않는다.

03 이차함수의 최대·최소

이차함수의 최대·최소	이차함수 $y=a(x-p)^2+q$의 최대·최소는 (1) $a>0$이면 $x=p$에서 최솟값 q를 갖고, 최댓값은 없다. (2) $a<0$이면 $x=p$에서 최댓값 q를 갖고, 최솟값은 없다.
제한된 범위에서의 이차함수의 최대·최소	x의 값의 범위가 $\alpha \leq x \leq \beta$로 제한될 때, 이차함수 $f(x)=a(x-p)^2+q$의 최대·최소는 (1) $\alpha \leq p \leq \beta$이면 $f(\alpha)$, $f(\beta)$, $f(p)$의 값 중 가장 큰 값이 최댓값, 가장 작은 값이 최솟값이다. (2) $p<\alpha$ 또는 $p>\beta$이면 $f(\alpha)$, $f(\beta)$의 값 중 큰 값이 최댓값, 작은 값이 최솟값이다.

01 이차함수의 그래프

1 이차함수의 그래프

(1) 이차함수 $y=ax^2$의 그래프

① 꼭짓점의 좌표: 원점 $(0, 0)$

② 축의 방정식: $x=0$ (y축)

③ $a>0$이면 아래로 볼록($\smile$)하고,
$a<0$이면 위로 볼록($\frown$)하다.

④ $|a|$의 값이 클수록 y축에 가까워진다. (폭이 좁아진다.)

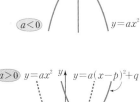

(2) 이차함수 $y=a(x-p)^2+q$의 그래프

① 이차함수 $y=ax^2$의 그래프를 x축의 방향으로 p만큼,
y축의 방향으로 q만큼 평행이동시킨 그래프

② 꼭짓점의 좌표: (p, q)

③ 축의 방정식: $x=p$

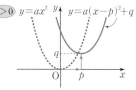

(3) 이차함수 $y=ax^2+bx+c$의 그래프

이차함수 $y=ax^2+bx+c$의 그래프는 $y=a(x-p)^2+q$ 꼴로 고친 후 그 그래프를 그린다.

함수 $y=f(x)$에서 $f(x)$가 x에 대한 이차식일 때, 즉 $f(x)=ax^2+bx+c$ (a, b, c는 상수, $a \neq 0$)로 나타내어질 때, 이 함수를 x에 대한 **이차함수**라 한다.

이차함수의 그래프는 오른쪽 그림과 같은 포물선이다. 포물선은 한 직선에 대하여 대칭인 도형으로 그 직선을 포물선의 축이라 하고, 포물선과 축이 만나는 점을 포물선의 꼭짓점이라 한다.

(1) $y=ax^2$의 그래프 ← 기본형

이차함수 $y=ax^2$의 그래프는 원점을 꼭짓점으로 하고, y축을 축으로 하는 포물선이다. $a>0$이면 그래프는 아래로 볼록하고, $a<0$이면 그래프는 위로 볼록하다.

또한 $y=ax^2$에서 a의 값이 -2, -1, $-\dfrac{1}{2}$, $\dfrac{1}{2}$, 1, 2일 때의 그래프를 각각 그리면 오른쪽 그림과 같으므로 $|a|$가 클수록 그래프는 y축에 가까워진다. 즉, 그래프의 폭이 좁아진다.

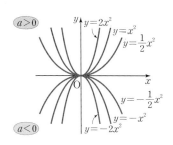

(2) $y=a(x-p)^2+q$의 그래프 ←표준형

이차함수 $y=a(x-p)^2+q$의 그래프는 이차함수 $y=ax^2$의 그래프를 x축의 방향으로 p만큼, y축의 방향으로 q만큼 평행이동시킨 것이다.
따라서 이차함수 $y=a(x-p)^2+q$의 그래프는 점 (p, q)를 꼭짓점으로 하고, 직선 $x=p$를 축으로 하는 포물선이다.

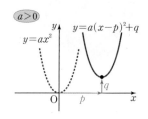

example 이차함수 $y=2(x-4)^2+2$의 그래프는
이차함수 $y=2x^2$의 그래프를 x축의 방향으로 4만큼, y축의 방향으로 2만큼 평행이동시킨 것이다. ←점 $(4, 2)$를 꼭짓점으로 하고 직선 $x=4$를 축으로 하는 포물선이다.

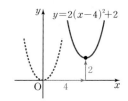

(3) $y=ax^2+bx+c$의 그래프 ←일반형

이차함수 $y=ax^2+bx+c$를 $y=a(x-p)^2+q$ 꼴로 변형하면

$$y=ax^2+bx+c=a\left(x^2+\frac{b}{a}x\right)+c$$
$$=a\left\{x^2+\frac{b}{a}x+\left(\frac{b}{2a}\right)^2-\left(\frac{b}{2a}\right)^2\right\}+c$$
$$=a\left(x+\frac{b}{2a}\right)^2-\frac{b^2-4ac}{4a}$$ ←식을 암기하려 하지 말고 변형하는 과정을 이해하도록 한다.

이므로 이차함수 $y=ax^2+bx+c$의 그래프는 이차함수 $y=ax^2$의 그래프를 x축의 방향으로 $-\dfrac{b}{2a}$만큼, y축의 방향으로 $-\dfrac{b^2-4ac}{4a}$만큼 평행이동시킨 것이다.
따라서 이차함수 $y=ax^2+bx+c$의 그래프는 점 $\left(-\dfrac{b}{2a}, -\dfrac{b^2-4ac}{4a}\right)$를 꼭짓점으로 하고 직선 $x=-\dfrac{b}{2a}$를 축으로 하는 포물선이다.

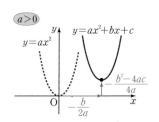

이차함수 $y=ax^2+bx+c$를 $y=a(x-p)^2+q$ 꼴로 변형하면 그래프의 꼭짓점의 좌표를 알 수 있고, a의 부호를 이용하여 그래프의 모양을, c의 값을 이용하여 y축과의 교점의 좌표를 알 수 있으므로 이차함수 $y=ax^2+bx+c$의 그래프를 그릴 수 있다.

example 이차함수 $y=2x^2+4x+1$에서
$y=2(x^2+2x)+1$
$=2(x^2+2x+1-1)+1$
$=2(x+1)^2-1$
따라서 이차함수 $y=2x^2+4x+1$의 그래프는 아래로 볼록하고, 꼭짓점의 좌표는 $(-1, -1)$, y축과의 교점의 좌표는 $(0, 1)$이므로 그 그래프를 그리면 오른쪽 그림과 같다.

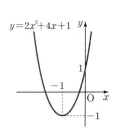

거꾸로 이차함수의 그래프를 이용하여 이차함수의 식을 구하는 경우에는 주어진 조건에 따라 이차함수의 식을 다음과 같이 놓을 수 있다.

(1) 이차함수의 그래프의 꼭짓점의 좌표 (p, q) 또는 축의 방정식 $x=p$가 주어지는 경우
　➡ $y=a(x-p)^2+q$ 꼴을 이용한다.

오른쪽 그림에서　← $y=a(x-p)^2+q$에서 구해야 하는 미지수는 a, p, q
이차함수의 그래프의 꼭짓점의 좌표가 $(3, 4)$이므로　← $p=3, q=4$
이차함수의 식을 $y=a(x-3)^2+4$라 하면
이 함수의 그래프가 점 $(4, 5)$를 지나므로　← a의 값을 구하기 위한 조건
$x=4, y=5$를 대입하면 $5=a+4$　∴ $a=1$
따라서 구하는 이차함수의 식은
$y=(x-3)^2+4$

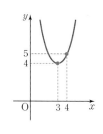

(2) 이차함수의 그래프와 x축의 두 교점의 좌표 $(\alpha, 0)$, $(\beta, 0)$이 주어지는 경우
　➡ $y=a(x-\alpha)(x-\beta)$ 꼴을 이용한다.

오른쪽 그림에서　← $y=a(x-\alpha)(x-\beta)$에서 구해야 하는 미지수는 a, α, β
이차함수의 그래프와 x축의 두 교점의 좌표가 $(-1, 0)$, $(2, 0)$
이므로 이차함수의 식을 $y=a(x+1)(x-2)$라 하면　$\alpha=-1, \beta=2$
이 함수의 그래프가 점 $(0, -4)$를 지나므로　← a의 값을 구하기 위한 조건
$x=0, y=-4$를 대입하면 $-4=a\times1\times(-2)$　∴ $a=2$
따라서 구하는 이차함수의 식은
$y=2(x+1)(x-2)$, 즉 $y=2x^2-2x-4$

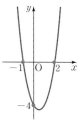

(3) 이차함수의 그래프가 지나는 세 점의 좌표가 주어지는 경우
　➡ $y=ax^2+bx+c$에 세 점의 좌표를 대입하여 a, b, c의 값을 구한다.

오른쪽 그림에서　← $y=ax^2+bx+c$에서 구해야 하는 미지수는 a, b, c
이차함수의 그래프가 세 점 $(-2, -6)$, $(0, 4)$, $(1, 6)$을 지나므
로 이차함수의 식을 $y=ax^2+bx+c$라 하면
이차함수의 그래프가 점 $(0, 4)$를 지나므로
$c=4$　　　　← y축과의 교점을 이용하여 c의 값을 먼저 구한다.
따라서 이차함수 $y=ax^2+bx+4$의 그래프가 두 점 $(-2, -6)$,
$(1, 6)$을 지나므로　← a, b의 값을 구하기 위한 조건
$x=-2, y=-6$을 대입하면 $-6=4a-2b+4$　∴ $2a-b=-5$
$x=1, y=6$을 대입하면 $6=a+b+4$　∴ $a+b=2$
두 식을 연립하여 풀면 $a=-1, b=3$
따라서 구하는 이차함수의 식은 $y=-x^2+3x+4$

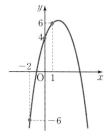

2 이차함수의 그래프와 계수의 부호

이차함수 $y=ax^2+bx+c$의 그래프가 주어졌을 때, 계수 a, b, c의 부호는 다음과 같이 결정된다.

(1) a의 부호: 그래프의 모양에 따라 결정

(2) b의 부호: 그래프의 축의 위치와 a의 부호에 따라 결정

(3) c의 부호: y축과의 교점의 위치에 따라 결정

이차함수 $y=ax^2+bx+c$의 그래프에서 그래프의 모양과 좌표평면에서의 위치를 보고 계수 a, b, c의 부호를 알 수 있다.

(1) a의 부호

a의 부호는 그래프의 모양 ($\smile$ 또는 $\frown$)에 따라 결정된다.

그래프가 아래로 볼록($\smile$)한 포물선이면 $a>0$이고, 위로 볼록($\frown$)한 포물선이면 $a<0$이다.

(2) b의 부호

$\quad$ ┌ 축의 방정식: $x=-\dfrac{b}{2a}$

b의 부호는 그래프의 축의 위치와 a의 부호에 따라 결정된다.

축이 y축의 왼쪽에 있으면 $-\dfrac{b}{2a}<0$이므로 $ab>0$, 즉 a, b의 부호는 서로 같고,

축이 y축과 일치하면 $-\dfrac{b}{2a}=0$이므로 $b=0$ ($\because a\neq0$),

축이 y축의 오른쪽에 있으면 $-\dfrac{b}{2a}>0$이므로 $ab<0$, 즉 a, b의 부호는 서로 다르다.

축이 y축의 왼쪽	축이 y축과 일치	축이 y축의 오른쪽
$\Rightarrow -\dfrac{b}{2a}<0$ ← a, b는 서로 같은 부호	$\Rightarrow -\dfrac{b}{2a}=0$	$\Rightarrow -\dfrac{b}{2a}>0$ ← a, b는 서로 다른 부호

(3) c의 부호

c의 부호는 그래프와 y축의 교점의 위치에 따라 결정된다.

그래프와 y축의 교점이 x축보다 위쪽에 있으면 $c>0$, x축 위에 있으면 $c=0$, x축보다 아래쪽에 있으면 $c<0$이다.

y축과의 교점이 x축보다 위쪽	y축과의 교점이 x축 위(원점)	y축과의 교점이 x축보다 아래쪽
$\Rightarrow c>0$	$\Rightarrow c=0$	$\Rightarrow c<0$

example 이차함수 $y=ax^2+bx+c$의 그래프가 오른쪽 그림과 같을 때,

(1) 그래프가 아래로 볼록하므로 $a>0$

(2) 축이 y축의 오른쪽에 있으므로 $-\dfrac{b}{2a}>0$

   (1)에서 $a>0$이므로 $b<0$

(3) 그래프와 y축의 교점이 x축보다 아래쪽에 있으므로 $c<0$

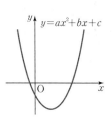

개념 CHECK

📖 빠른 정답 · 494쪽 / 정답과 풀이 · 68쪽

01. 이차함수의 그래프

01 다음 이차함수의 그래프의 꼭짓점의 좌표와 축의 방정식을 구하고, 그 그래프를 그리시오.

(1) $y=-(x+2)^2+3$

(2) $y=x^2-6x+7$

02 다음 조건을 만족시키는 이차함수의 식을 구하시오.

(1) 그래프의 꼭짓점의 좌표가 $(-1, 1)$이고 점 $(0, 4)$를 지난다.

(2) 그래프의 축의 방정식이 $x=1$이고 두 점 $(1, -3)$, $(3, 5)$를 지난다.

(3) 그래프가 x축과 두 점 $(-2, 0)$, $(1, 0)$에서 만나고 y축과 점 $(0, 2)$에서 만난다.

(4) 그래프가 세 점 $(0, 1)$, $(1, 2)$, $(-1, -2)$를 지난다.

03 이차함수 $y=ax^2+bx+c$의 그래프가 오른쪽 그림과 같을 때, 상수 a, b, c의 부호를 각각 정하시오.

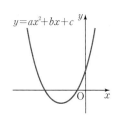

02 이차방정식과 이차함수

1 이차함수의 그래프와 이차방정식의 해

이차함수 $y=ax^2+bx+c$의 그래프와 x축의 교점의 x좌표는 이차방정식
$ax^2+bx+c=0$의 실근과 같다.

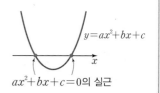

$y=ax^2+bx+c$

$ax^2+bx+c=0$의 실근

이차함수 $y=x^2-1$의 그래프와 이차방정식 $x^2-1=0$ 사이의 관계를 알아보자.

이차함수 $y=x^2-1$의 그래프는 오른쪽 그림과 같이 x축, 즉 직선 $y=0$과
두 점에서 만나고, 이때의 두 점의 x좌표는 -1, 1이다.
또한 이차방정식 $x^2-1=0$의 근을 구하면 $x=-1$ 또는 $x=1$이다.
따라서 이차함수 $y=x^2-1$의 그래프와 x축의 교점의 x좌표는 이차방정식
$x^2-1=0$의 두 실근과 같음을 알 수 있다.

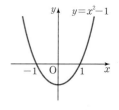

$y=x^2-1$

이와 같이 이차함수 $y=ax^2+bx+c$의 그래프와 x축의 교점의 x좌표는 $y=0$일 때 x의 값이므로
이차방정식 $ax^2+bx+c=0$의 실근과 같다.

> example
>
> 이차함수 $y=2x^2-5x-3$의 그래프와 x축의 교점의 x좌표는
>
> 이차방정식 $2x^2-5x-3=0$의 실근과 같으므로 $-\dfrac{1}{2}$, 3이다. $\leftarrow 2x^2-5x-3=(2x+1)(x-3)$

2 이차함수의 그래프와 x축의 위치 관계

(1) 이차함수 $y=ax^2+bx+c$의 그래프와 x축의 교점의 개수는 이차방정식 $ax^2+bx+c=0$의 실근의
   개수와 같다.
(2) 이차함수 $y=ax^2+bx+c$의 그래프와 x축의 위치 관계는 이차방정식 $ax^2+bx+c=0$의 판별식
   $D=b^2-4ac$의 부호에 따라 다음과 같이 결정된다.
   ① $D>0$이면 서로 다른 두 점에서 만난다.   ② $D=0$이면 한 점에서 만난다.(접한다.)
   ③ $D<0$이면 만나지 않는다.

이차함수 $y=ax^2+bx+c$의 그래프와 x축의 교점의 x좌표는 이차방정식 $ax^2+bx+c=0$의 실근 이므로 교점의 개수는 이 방정식의 실근의 개수와 같다.

이때 이차방정식 $ax^2+bx+c=0$의 실근의 개수는 판별식 $D=b^2-4ac$의 부호에 따라 결정되 므로 이차함수 $y=ax^2+bx+c$의 그래프와 x축의 교점의 개수도 판별식 D의 부호에 따라 결정 된다. ← 이차함수 $y=ax^2+bx+c$의 그래프와 x축이 만나면 이차방정식
　　　$ax^2+bx+c=0$의 판별식을 D라 할 때, $D\geq0$이어야 한다.

이차방정식 $ax^2+bx+c=0$의 판별식 $D=b^2-4ac$의 부호에 따라 이차함수 $y=ax^2+bx+c$의 그래프와 x축의 위치 관계는 다음과 같다.

$ax^2+bx+c=0$의 판별식 D		$D>0$	$D=0$	$D<0$
$ax^2+bx+c=0$의 근		서로 다른 두 실근	중근	서로 다른 두 허근
$y=ax^2+bx+c$의 그래프	$a>0$			
	$a<0$			
$y=ax^2+bx+c$의 그래프와 x축의 위치 관계		서로 다른 두 점에서 만난다.	한 점에서 만난다. (접한다.)	만나지 않는다.

06

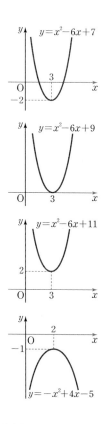

example

(1) 이차방정식 $x^2-6x+7=0$의 판별식을 D라 하면
$$\frac{D}{4}=(-3)^2-1\times7=2>0$$
이므로 이차함수 $y=x^2-6x+7$의 그래프는 x축과 서로 다른 두 점에서 만난다.

(2) 이차방정식 $x^2-6x+9=0$의 판별식을 D라 하면
$$\frac{D}{4}=(-3)^2-1\times9=0$$
이므로 이차함수 $y=x^2-6x+9$의 그래프는 x축과 한 점에서 만난다. (접한다.)

(3) 이차방정식 $x^2-6x+11=0$의 판별식을 D라 하면
$$\frac{D}{4}=(-3)^2-1\times11=-2<0$$
이므로 이차함수 $y=x^2-6x+11$의 그래프는 x축과 만나지 않는다.

(4) 이차방정식 $-x^2+4x-5=0$의 판별식을 D라 하면
$$\frac{D}{4}=2^2-(-1)\times(-5)=-1<0$$
이므로 이차함수 $y=-x^2+4x-5$의 그래프는 x축과 만나지 않는다.

3 이차함수의 그래프와 직선의 위치 관계

이차함수 $y=ax^2+bx+c$의 그래프와 직선 $y=mx+n$의 위치 관계는 두 식을 연립한 이차방정식 $ax^2+(b-m)x+c-n=0$의 판별식 D의 부호에 따라 다음과 같이 결정된다.

① $D>0$이면 서로 다른 두 점에서 만난다.

② $D=0$이면 한 점에서 만난다.(접한다.)

③ $D<0$이면 만나지 않는다.

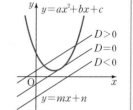

이차함수의 그래프와 직선의 위치 관계도 이차함수의 그래프와 x축의 위치 관계와 같은 방법으로 생각한다.

오른쪽 그림과 같이 이차함수 $y=x^2$의 그래프와 직선 $y=x+2$는 두 점에서 만나고, 이 두 점에서의 함숫값이 서로 같다.

따라서 이차함수 $y=x^2$의 그래프와 직선 $y=x+2$의 교점의 x좌표는 이차방정식 $x^2=x+2$, 즉 $x^2-x-2=0$의 실근과 같다.

<u>함숫값(y의 값)이 서로 같을 때의 x의 값</u>

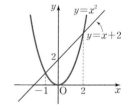

이와 같이 이차함수 $y=ax^2+bx+c$의 그래프와 직선 $y=mx+n$의 교점의 x좌표는 이차방정식 $ax^2+bx+c=mx+n$의 실근과 같다.

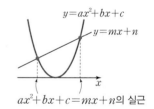

$ax^2+bx+c=mx+n$의 실근

따라서 이차함수 $y=ax^2+bx+c$의 그래프와 직선 $y=mx+n$의 교점의 개수는 두 식을 연립한 이차방정식 $ax^2+bx+c=mx+n$, 즉 $ax^2+(b-m)x+c-n=0$의 실근의 개수와 같다.

이때 이차방정식 $ax^2+(b-m)x+c-n=0$의 실근의 개수는 판별식 $D=(b-m)^2-4a(c-n)$의 값의 부호에 따라 결정되므로 이차함수 $y=ax^2+bx+c$의 그래프와 직선 $y=mx+n$의 교점의 개수, 즉 위치 관계도 판별식 D의 부호에 따라 다음과 같이 결정된다.

$ax^2+(b-m)x+c-n=0$의 판별식 D	$D>0$	$D=0$	$D<0$
$ax^2+(b-m)x+c-n=0$의 근	서로 다른 두 실근	중근	서로 다른 두 허근
$y=ax^2+bx+c$의 그래프와 직선 $y=mx+n$의 위치 관계	서로 다른 두 점에서 만난다.	한 점에서 만난다. (접한다.)	만나지 않는다.

특히, 판별식 $D=0$이면 이차함수의 그래프와 직선이 한 점에서 만나므로 직선은 이차함수의 그래프에 접한다고 하며, 이 직선을 이차함수의 그래프의 **접선**, 그 교점을 **접점**이라 한다.

example

(1) 이차함수 $y=x^2-3x+1$의 그래프와 직선 $y=2x-3$에서
   이차방정식 $x^2-3x+1=2x-3$, 즉 $x^2-5x+4=0$의 판별식을 D라 하면
   $D=(-5)^2-4\times1\times4=9>0$
   이므로 주어진 이차함수의 그래프와 직선은 서로 다른 두 점에서 만난다.

(2) 이차함수 $y=3x^2+2x+1$의 그래프와 직선 $y=-4x-2$에서
   이차방정식 $3x^2+2x+1=-4x-2$, 즉 $3x^2+6x+3=0$의 판별식을 D라 하면
   $\dfrac{D}{4}=3^2-3\times3=0$
   이므로 주어진 이차함수의 그래프와 직선은 한 점에서 만난다. (접한다.)

(3) 이차함수 $y=x^2-2x+2$의 그래프와 직선 $y=-x+1$에서
   이차방정식 $x^2-2x+2=-x+1$, 즉 $x^2-x+1=0$의 판별식을 D라 하면
   $D=(-1)^2-4\times1\times1=-3<0$
   이므로 주어진 이차함수의 그래프와 직선은 만나지 않는다.

개념 CHECK

📖 빠른 정답 · 494쪽 / 정답과 풀이 · 68쪽

02. 이차방정식과 이차함수

01 다음 이차함수의 그래프와 x축의 교점의 x좌표를 구하시오.

(1) $y=x^2+3x$　　　　　　　(2) $y=x^2+2x+1$　　　　　　　(3) $y=-x^2+4x+2$

02 이차함수 $y=x^2-3x+k$의 그래프와 x축의 위치 관계가 다음과 같을 때, 실수 k의 값 또는 k의 범위를 구하시오.

(1) 서로 다른 두 점에서 만난다.　　　　　　(2) 접한다.　　　　　　(3) 만나지 않는다.

03 이차함수 $y=x^2$의 그래프와 직선 $y=2x+k$의 그래프의 위치 관계가 다음과 같을 때, 실수 k의 값 또는 범위를 구하시오.

(1) 서로 다른 두 점에서 만난다.　　　　　　(2) 접한다.　　　　　　(3) 만나지 않는다.

대표 예제 01

이차함수 $y=2x^2+ax+b$의 그래프와 x축의 교점의 x좌표가 -6, 4일 때, 실수 a, b의 값을 각각 구하시오.

바로 접근

이차함수 $y=2x^2+ax+b$의 그래프와 x축이 만날 때, 그 교점의 x좌표는 이차방정식 $2x^2+ax+b=0$의 실근과 같음을 이용한다. 이때 이차방정식의 근과 계수의 관계를 이용하면 미정계수를 쉽게 구할 수 있다.

바른 풀이

이차함수 $y=2x^2+ax+b$의 그래프와 x축의 교점의 x좌표가 -6, 4이므로
이차방정식 $2x^2+ax+b=0$의 두 근이 -6, 4이다.
따라서 이차방정식의 근과 계수의 관계에 의하여

$$(-6)+4=-\frac{a}{2}, \ (-6)\times4=\frac{b}{2}$$

$$\therefore \ a=4, \ b=-48$$

다른 풀이

이차방정식 $2x^2+ax+b=0$의 두 근이 -6, 4이므로 각각 대입하면
$72-6a+b=0$, $32+4a+b=0$
두 식을 연립하여 풀면
$a=4$, $b=-48$

정답 $a=4$, $b=-48$

Bible Says

이차함수 $y=ax^2+bx+c$의 그래프와 x축 $(y=0)$의 교점의 x좌표가 α, β이다.
➜ 이차방정식 $ax^2+bx+c=0$의 두 실근이 α, β이다.

한번 더하기

01-1 이차함수 $y=3x^2-ax+b$의 그래프와 x축의 교점의 x좌표가 -2, 1일 때, 실수 a, b의 값을 각각 구하시오.

한번 더하기

01-2 이차함수 $y=-x^2+ax+b$의 그래프가 그림과 같을 때, 상수 a, b에 대하여 $3a-b$의 값을 구하시오.

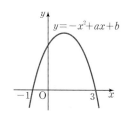

표현 더하기

01-3 이차함수 $y=x^2+ax-2$의 그래프가 x축과 만나는 두 점 사이의 거리가 3이 되도록 하는 모든 상수 a의 값의 곱을 구하시오.

표현 더하기

01-4 이차함수 $y=f(x)$의 그래프가 그림과 같을 때, 이차방정식 $f(2x+1)=0$의 두 실근의 합을 구하시오.

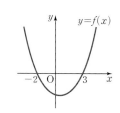

대표 예제 | 02

이차함수 $y=x^2+4x+k$의 그래프와 x축의 위치 관계가 다음과 같을 때, 실수 k의 값 또는 범위를 구하시오.

(1) 서로 다른 두 점에서 만난다.

(2) 접한다.

(3) 만나지 않는다.

바로 접근

이차함수 $y=ax^2+bx+c$의 그래프와 x축의 위치 관계는 이차방정식 $ax^2+bx+c=0$의 판별식 D를 이용한다.

바른 풀이

이차방정식 $x^2+4x+k=0$의 판별식을 D라 하면

$$\frac{D}{4}=2^2-1\times k=4-k$$

(1) 서로 다른 두 점에서 만나려면 $\dfrac{D}{4}>0$이어야 하므로

$\quad 4-k>0 \qquad \therefore k<4$

(2) 접하려면 $\dfrac{D}{4}=0$이어야 하므로

$\quad 4-k=0 \qquad \therefore k=4$

(3) 만나지 않으려면 $\dfrac{D}{4}<0$이어야 하므로

$\quad 4-k<0 \qquad \therefore k>4$

정답 (1) $k<4$ (1) $k=4$ (3) $k>4$

Bible Says

이차함수 $y=f(x)$의 그래프와 x축의 위치 관계는 이차방정식 $f(x)=0$의 판별식 D의 부호에 따라 다음과 같다.

	판별식 D의 부호	이차방정식 $f(x)=0$의 실근의 개수	이차함수 $y=f(x)$의 그래프와 x축의 위치 관계
①	$D>0$	서로 다른 두 실근을 갖는다.	서로 다른 두 점에서 만난다.
②	$D=0$	중근(서로 같은 두 실근)을 갖는다.	한 점에서 만난다. (접한다.)
③	$D<0$	실근을 갖지 않는다. (서로 다른 두 허근을 갖는다.)	만나지 않는다.

한번 더하기

02-1

이차함수 $y=x^2-3x-2k$의 그래프와 x축의 위치 관계가 다음과 같을 때, 실수 k의 값 또는 범위를 구하시오.

(1) 서로 다른 두 점에서 만난다.

(2) 접한다.

(3) 만나지 않는다.

표현 더하기

02-2

이차함수 $y=x^2-2x+a-1$의 그래프가 x축과 만날 때, 실수 a의 값의 범위를 구하시오.

표현 더하기

02-3

이차함수 $y=2x^2+kx-k$의 그래프는 x축에 접하고, 이차함수 $y=-x^2+x+3k$의 그래프는 x축과 만나지 않을 때, 상수 k의 값을 구하시오.

실력 더하기

02-4

이차함수 $y=x^2+2(a-k)x+k^2-8k+b$의 그래프가 실수 k의 값에 관계없이 항상 x축에 접할 때, 상수 a, b에 대하여 $a+b$의 값을 구하시오.

대표 예제 | 03

이차함수 $y=x^2-3x+4$의 그래프와 직선 $y=2x-k$가 두 점 A, B에서 만난다. 점 A의 x좌표가 2일 때, 점 B의 좌표를 구하시오. (단, k는 실수이다.)

바로 접근

두 함수 $y=f(x)$, $y=g(x)$의 그래프가 만난다는 것은 특정한 x의 값에서 두 함수의 함숫값(y의 값)이 같다는 것을 뜻한다. 따라서 두 교점의 x좌표는 x에 대한 방정식 $f(x)=g(x)$, 즉 $f(x)-g(x)=0$의 실근과 같다.

바른 풀이

이차함수 $y=x^2-3x+4$의 그래프와 직선 $y=2x-k$의 교점의 x좌표는 이차방정식
$x^2-3x+4=2x-k$, 즉 $x^2-5x+4+k=0$ ······ ㉠
의 실근과 같으므로 이차방정식 ㉠의 한 근이 2이다.
$x=2$를 ㉠에 대입하면 $4-10+4+k=0$ ∴ $k=2$
$k=2$를 ㉠에 대입하면 $x^2-5x+6=0$
$(x-2)(x-3)=0$ ∴ $x=2$ 또는 $x=3$
즉, 점 B의 x좌표는 3이므로
$y=2x-k$, 즉 $y=2x-2$에 $x=3$을 대입하면
$y=2\times3-2=4$
따라서 구하는 점 B의 좌표는 $(3, 4)$이다.

[다른 풀이]

$x^2-3x+4=2x-k$에서 $x^2-5x+4+k=0$ ······ ㉠
점 B의 x좌표를 a라 하면 이차방정식 ㉠의 두 근이 2, a이므로 근과 계수의 관계에 의하여
$2+a=5$ ∴ $a=3$
즉, 점 B의 x좌표가 3이므로
$y=x^2-3x+4$에 $x=3$을 대입하면
$y=3^2-3\times3+4=4$
따라서 구하는 점 B의 좌표는 $(3, 4)$이다.

정답 $(3, 4)$

Bible Says

이차함수 $y=ax^2+bx+c$의 그래프와 직선 $y=mx+n$의 교점의 x좌표가 α, β이다.
➡ 이차방정식 $ax^2+bx+c=mx+n$, 즉 $ax^2+(b-m)x+c-n=0$의 두 실근이 α, β이다.

한번 더하기

03-1

이차함수 $y=x^2+2x+2$의 그래프와 직선 $y=-3x+k$가 두 점 A, B에서 만난다. 점 A의 x좌표가 -1일 때, 점 B의 좌표를 구하시오. (단, k는 실수이다.)

표현 더하기

03-2

이차함수 $y=2x^2-3x+1$의 그래프와 직선 $y=ax-b$의 두 교점의 x좌표가 -3, 4일 때, 상수 a, b에 대하여 $a-b$의 값을 구하시오.

06

표현 더하기

03-3

이차함수 $y=x^2+2ax-7$의 그래프와 직선 $y=x+b$의 두 교점의 x좌표의 합이 -5이고 곱이 -4일 때, 상수 a, b에 대하여 ab의 값을 구하시오.

실력 더하기

03-4

이차함수 $y=x^2+ax+b$의 그래프와 직선 $y=2x+3$이 서로 다른 두 점에서 만난다. 이 중 한 교점의 x좌표가 $2+\sqrt{6}$일 때, 유리수 a, b에 대하여 $a+b$의 값을 구하시오.

대표 예제 | 04

이차함수 $y=x^2+5x-3$의 그래프와 직선 $y=x+k$의 위치 관계가 다음과 같을 때, 실수 k의 값 또는 k의 값의 범위를 구하시오.

(1) 서로 다른 두 점에서 만난다.
(2) 접한다.
(3) 만나지 않는다.

바로 접근

이차함수 $y=ax^2+bx+c$의 그래프와 직선 $y=mx+n$의 위치 관계는
이차방정식 $ax^2+bx+c=mx+n$, 즉 $ax^2+(b-m)x+c-n=0$의 판별식 D를 이용한다.

바른 풀이

이차방정식 $x^2+5x-3=x+k$, 즉 $x^2+4x-3-k=0$의 판별식을 D라 하면

$$\frac{D}{4}=2^2-(-3-k)=7+k$$

(1) 서로 다른 두 점에서 만나려면 $\dfrac{D}{4}>0$이어야 하므로

$7+k>0$ $\therefore k>-7$

(2) 접하려면 $\dfrac{D}{4}=0$이어야 하므로

$7+k=0$ $\therefore k=-7$

(3) 만나지 않으려면 $\dfrac{D}{4}<0$이어야 하므로

$7+k<0$ $\therefore k<-7$

정답 (1) $k>-7$ (2) $k=-7$ (3) $k<-7$

Bible Says

이차함수 $y=f(x)$의 그래프와 직선 $y=g(x)$의 위치 관계는 이차방정식 $f(x)-g(x)=0$의 판별식 D의 부호에 따라 다음과 같다.

	판별식 D의 부호	이차방정식 $f(x)-g(x)=0$의 실근의 개수	이차함수 $y=f(x)$의 그래프와 직선 $y=g(x)$의 위치 관계
①	$D>0$	서로 다른 두 실근을 갖는다.	서로 다른 두 점에서 만난다.
②	$D=0$	중근(서로 같은 두 실근)을 갖는다.	한 점에서 만난다. (접한다.)
③	$D<0$	실근을 갖지 않는다. (서로 다른 두 허근을 갖는다.)	만나지 않는다.

📖 빠른 정답 • 494쪽 / 정답과 풀이 • 71쪽

한번 더하기

04-1

이차함수 $y=x^2+4x+k$의 그래프와 직선 $y=-2x+1$의 위치 관계가 다음과 같을 때, 실수 k의 값 또는 k의 값의 범위를 구하시오.

(1) 서로 다른 두 점에서 만난다.

(2) 접한다.

(3) 만나지 않는다.

표현 더하기

04-2

이차함수 $y=x^2-4ax+4a^2+2a-3$의 그래프와 직선 $y=2x-5$가 적어도 한 점에서 만나도록 하는 실수 a의 값의 범위를 구하시오.

표현 더하기

04-3

이차함수 $y=x^2-2ax+9$의 그래프가 직선 $y=x-a^2+4a$보다 항상 위쪽에 있도록 하는 실수 a의 값의 범위를 구하시오.

표현 더하기

04-4

이차함수 $y=x^2+(k+1)x+1$의 그래프가 직선 $y=x-3$과 접하고 직선 $y=-x-\dfrac{k^2}{4}$과 만나지 않을 때, 실수 k의 값을 구하시오.

대표 예제 | 05

다음 물음에 답하시오.

(1) 이차함수 $y=-x^2+2$의 그래프에 접하고 기울기가 1인 직선의 방정식을 구하시오.

(2) 이차함수 $y=x^2-2x+5$의 그래프에 접하고 직선 $y=2x-1$과 평행한 직선의 방정식을 $y=ax+b$ 라 할 때, b의 값을 구하시오. (단, a, b는 상수이다.)

바로 접근

이차함수 $y=ax^2+bx+c$의 그래프에 접하고 기울기가 m인 직선

➡ $y=mx+n$으로 놓고 이차방정식 $ax^2+bx+c=mx+n$의 판별식 D가 $D=0$임을 이용하여 n의 값을 구한다.

(2) 직선 $y=2x-1$과 평행하므로 기울기가 2인 직선이다.

바른 풀이

(1) 직선의 기울기가 1이므로 구하는 직선의 방정식을 $y=x+k$라 하자.

직선 $y=x+k$가 이차함수 $y=-x^2+2$의 그래프에 접하므로

이차방정식 $-x^2+2=x+k$, 즉 $x^2+x+k-2=0$의 판별식을 D라 하면

$$D=1^2-4(k-2)=0 \qquad \therefore k=\frac{9}{4}$$

따라서 직선의 방정식은 $y=x+\dfrac{9}{4}$

(2) 직선 $y=ax+b$는 직선 $y=2x-1$과 평행하므로 $a=2$

직선 $y=2x+b$가 이차함수 $y=x^2-2x+5$의 그래프에 접하므로

이차방정식 $x^2-2x+5=2x+b$, 즉 $x^2-4x+5-b=0$의 판별식을 D라 하면

$$\frac{D}{4}=(-2)^2-(5-b)=0 \qquad \therefore b=1$$

정답 (1) $y=x+\dfrac{9}{4}$ (2) 1

Bible Says

이차함수 $y=ax^2+bx+c$의 그래프와 직선 $y=mx+n$이 접하면

이차방정식 $ax^2+bx+c=mx+n$, 즉 $ax^2+(b-m)x+c-n=0$이 중근을 가지므로

이 이차방정식의 판별식을 D라 할 때, $D=0$임을 이용한다.

한번 더하기

05-1 다음 물음에 답하시오.

(1) 이차함수 $y=x^2-x+2$의 그래프에 접하고 기울기가 2인 직선의 방정식을 구하시오.

(2) 이차함수 $y=2x^2+x+1$의 그래프에 접하고 직선 $y=-3x+5$와 평행한 직선의 방정식을 $y=ax+b$라 할 때, b의 값을 구하시오. (단, a, b는 상수이다.)

표현 더하기

05-2 직선 $y=-x+1$을 y축의 방향으로 k만큼 평행이동하였더니 이차함수 $y=x^2-3x-2$의 그래프에 접하였다. 이때 k의 값을 구하시오.

표현 더하기

05-3 이차함수 $y=x^2+4x+1$의 그래프 위의 점 $(-1, -2)$에서 이 그래프에 접하는 직선의 방정식이 $y=ax+b$일 때, 상수 a, b에 대하여 $a+b$의 값을 구하시오.

실력 더하기

05-4 x에 대한 이차함수 $y=x^2-2kx+k^2-k$의 그래프와 직선 $y=2ax-b$가 실수 k의 값에 관계없이 항상 접할 때, $b-a$의 값을 구하시오. (단, a, b는 상수이다.)

03 이차함수의 최대·최소

1 이차함수의 최대·최소

이차함수 $y=a(x-p)^2+q$의 최대·최소는

(1) $a>0$이면

　$x=p$에서 최솟값 q를 갖고, 최댓값은 없다.

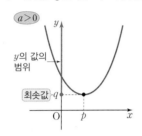

(2) $a<0$이면

　$x=p$에서 최댓값 q를 갖고, 최솟값은 없다.

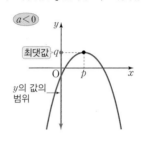

어떤 함수의 모든 함숫값 중 가장 큰 값을 그 함수의 최댓값이라 하고, 가장 작은 값을 그 함수의 최솟값이라 한다.

x의 값의 범위가 실수 전체일 때, 이차함수 $y=ax^2+bx+c$의 최댓값과 최솟값은 이차함수의 식을 $y=a(x-p)^2+q$ 꼴로 변형한 후 구한다. 이때

(1) $a>0$이면　←함수의 그래프가 아래로 볼록하므로 꼭짓점에서 최솟값을 갖는다.

　$x=p$에서 최솟값 q를 갖고, 최댓값은 없다.

(2) $a<0$이면　←함수의 그래프가 위로 볼록하므로 꼭짓점에서 최댓값을 갖는다.

　$x=p$에서 최댓값 q를 갖고, 최솟값은 없다.

example

(1) 이차함수 $y=x^2+4x+3$에서

　$y=x^2+4x+3=(x+2)^2-1$　←$y=a(x-p)^2+q$ 꼴로 변형

　이고, 그래프는 오른쪽 그림과 같으므로　←함숫값 $y\geq-1$

　이차함수 $y=x^2+4x+3$은

　$x=-2$에서 최솟값 -1을 갖고, 최댓값은 없다.

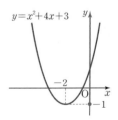

(2) 이차함수 $y=-x^2+4x-1$에서

　$y=-x^2+4x-1=-(x-2)^2+3$　←$y=a(x-p)^2+q$ 꼴로 변형

　이고, 그래프는 오른쪽 그림과 같으므로　←함숫값 $y\leq3$

　이차함수 $y=-x^2+4x-1$은

　$x=2$에서 최댓값 3을 갖고, 최솟값은 없다.

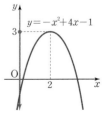

2 제한된 범위에서의 이차함수의 최대·최소

x의 값의 범위가 $\alpha \le x \le \beta$로 제한될 때, 이차함수 $f(x)=a(x-p)^2+q$의 최대·최소는

(1) $\alpha \le p \le \beta$이면

$f(\alpha)$, $f(\beta)$, $f(p)$의 값 중 가장 큰 값이 최댓값, 가장 작은 값이 최솟값이다.

(2) $p < \alpha$ 또는 $p > \beta$이면

$f(\alpha)$, $f(\beta)$의 값 중 큰 값이 최댓값, 작은 값이 최솟값이다.

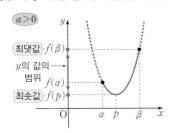

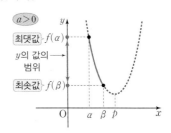

x의 값의 범위가 $\alpha \le x \le \beta$로 제한될 때, 이차함수 $f(x)=a(x-p)^2+q$의 최대·최소는 그래프의 꼭짓점의 x좌표 p가 주어진 범위에 포함되는지의 여부에 따라 나누어 생각할 수 있다.

> 함수식이 같아도 x의 값의 범위가 다르면 최댓값과 최솟값이 달라질 수 있다.

먼저 이차함수 $f(x)=a(x-p)^2+q$의 그래프의 꼭짓점의 x좌표 p가 주어진 범위 $\alpha \le x \le \beta$에 포함되면, 즉 $\alpha \le p \le \beta$이면 $f(\alpha)$, $f(\beta)$, $f(p)$의 값 중 가장 큰 값이 최댓값, 가장 작은 값이 최솟값이다.

> 꼭짓점에서의 함숫값 $f(p)$는 반드시 최댓값 또는 최솟값이 된다.

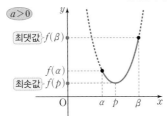

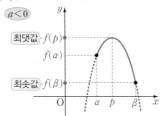

example

(1) $1 \le x \le 4$일 때, 함수 $y=x^2-4x+2$의 최댓값과 최솟값을 구하면

$f(x)=x^2-4x+2=(x-2)^2-2$라 하면

오른쪽 그림에서 $f(1)=-1$, $f(2)=-2$, $f(4)=2$이므로

최댓값은 2이고, 최솟값은 -2이다.

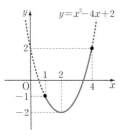

(2) $1 \le x \le 6$일 때, 함수 $y=-x^2+8x-10$의 최댓값과 최솟값을 구하면

$f(x)=-x^2+8x-10=-(x-4)^2+6$이라 하면

오른쪽 그림에서 $f(1)=-3$, $f(4)=6$, $f(6)=2$이므로

최댓값은 6이고, 최솟값은 -3이다.

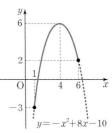

이차함수 $f(x)=a(x-p)^2+q$의 그래프의 꼭짓점의 x좌표 p가 주어진 범위 $\alpha \le x \le \beta$에 포함되지 않으면, 즉 $p<\alpha$ 또는 $p>\beta$이면 $f(\alpha)$, $f(\beta)$의 값 중 큰 값이 최댓값, 작은 값이 최솟값이다.

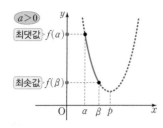
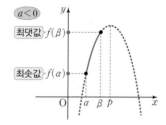

example

(1) $4 \le x \le 6$일 때, 함수 $y=x^2-6x+5$의 최댓값과 최솟값을 구하면
$f(x)=x^2-6x+5=(x-3)^2-4$라 하면
오른쪽 그림에서 $f(4)=-3$, $f(6)=5$이므로
최댓값은 5, 최솟값은 -3이다.

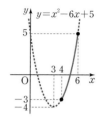

(2) $2 \le x \le 3$일 때, 함수 $y=-x^2+8x-14$의 최댓값과 최솟값을 구하면
$f(x)=-x^2+8x-14=-(x-4)^2+2$라 하면
오른쪽 그림에서 $f(2)=-2$, $f(3)=1$이므로
최댓값은 1, 최솟값은 -2이다.

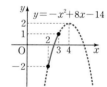

바이블 PLUS +   **x의 값의 범위가 $\alpha<x<\beta$일 때, 이차함수의 최댓값과 최솟값**

x의 값의 범위가 $\alpha<x<\beta$일 때, 두 이차함수 $y=f(x)$, $y=g(x)$의 그래프가 다음과 같으면 함숫값의 범위는 각각 $f(\alpha)<f(x)\le f(p)$, $g(\alpha)<g(x)<g(\beta)$이다.

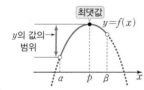
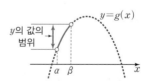

따라서 함수 $y=f(x)$는 $\alpha<x<\beta$의 범위에서 최댓값은 $f(p)$로 존재하지만 최솟값은 존재하지 않음을 그림으로 확인할 수 있다. 마찬가지로 함수 $y=g(x)$는 $\alpha<x<\beta$의 범위에서 최댓값과 최솟값 모두 존재하지 않는다.
이와 같이 x의 값의 범위에서 등호의 유무에 따라 함수의 최댓값과 최솟값의 존재 여부가 달라진다.

01 다음 이차함수의 최댓값 또는 최솟값을 구하시오.

(1) $y = -x^2 + 6x - 2$

(2) $y = \dfrac{1}{3}x^2 - 4x + 4$

02 이차함수 $y = (x+a)^2 + b$는 $x = 2$에서 최솟값 6을 가질 때, 상수 a, b에 대하여 $a+b$의 값을 구하시오.

03 $-3 \leq x \leq 0$에서 다음 이차함수의 최댓값과 최솟값을 각각 구하시오.

(1) $y = -x^2 - 2x + 5$

(2) $y = \dfrac{1}{2}x^2 + 2x + 1$

04 $0 \leq x \leq 1$에서 다음 이차함수의 최댓값과 최솟값을 각각 구하시오.

(1) $y = x^2 - 4x - 1$

(2) $y = -x^2 - 2x + 1$

대표 예제 · 06

다음 물음에 답하시오.

(1) 주어진 범위에서 이차함수 $y=x^2-2x-3$의 최댓값과 최솟값을 각각 구하시오.

　① $0 \le x \le 4$ 　　　　　　　　　　　② $-2 \le x \le 0$

(2) $-1 \le x \le 3$에서 이차함수 $f(x)=x^2-4x+k$의 최솟값이 -2일 때, 상수 k의 값과 $f(x)$의 최댓값을 각각 구하시오.

바로 접근

x의 값의 범위가 제한된 이차함수의 최댓값과 최솟값을 구할 때는 주어진 범위의 양 끝점에서의 함숫값과 꼭짓점의 위치를 확인한다.

① 꼭짓점의 x좌표가 주어진 범위에 포함될 때는 꼭짓점에서 최댓값 또는 최솟값을 갖는다.

② 꼭짓점의 x좌표가 주어진 범위에 포함되지 않을 때는 주어진 구간의 양 끝점에서 최댓값과 최솟값을 갖는다.

바른 풀이

(1) $y=x^2-2x-3=(x-1)^2-4$이므로 이차함수의 그래프의 꼭짓점의 x좌표는 1이다.

① 꼭짓점의 x좌표 1이 $0 \le x \le 4$에 포함되므로

　$x=0$일 때, $y=-3$

　$x=1$일 때, $y=-4$

　$x=4$일 때, $y=5$

　따라서 최댓값은 5, 최솟값은 -4이다.

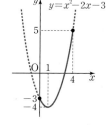 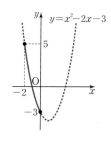

② 꼭짓점의 x좌표 1이 $-2 \le x \le 0$에 포함되지 않으므로

　$x=-2$일 때, $y=5$

　$x=0$일 때, $y=-3$

　따라서 최댓값은 5, 최솟값은 -3이다.

(2) $f(x)=x^2-4x+k=(x-2)^2-4+k$

이 이차함수의 그래프의 꼭짓점의 x좌표 2가 $-1 \le x \le 3$에 포함되므로 꼭짓점의 y좌표가 최솟값이다. 즉, $-4+k=-2$이므로 $k=2$

따라서 주어진 이차함수는 $f(x)=(x-2)^2-2$이고

$f(-1)=7$, $f(3)=-1$

이므로 최댓값은 7이다.

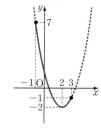

정답 (1) ① 최댓값: 5, 최솟값: -4 ② 최댓값: 5, 최솟값: -3 (2) $k=2$, 최댓값: 7

Bible Says

이차함수 $f(x)=a(x-p)^2+q$의 그래프의 꼭짓점의 x좌표 p가 주어진 범위 $\alpha \le x \le \beta$에 포함될 때,

① $a>0$이면 $x=p$에서 최솟값 q를 갖고, $f(\alpha)$, $f(\beta)$ 중 큰 값이 최댓값이다.

② $a<0$이면 $x=p$에서 최댓값 q를 갖고, $f(\alpha)$, $f(\beta)$ 중 작은 값이 최솟값이다.

한번 더하기

06-1 다음과 같이 주어진 범위에서 이차함수 $y=-x^2+6x-3$의 최댓값과 최솟값을 각각 구하시오.

(1) $1 \leq x \leq 4$ (2) $-2 \leq x \leq 1$

한번 더하기

06-2 $2 \leq x \leq 3$에서 이차함수 $f(x)=2x^2-4x+k$의 최댓값이 8일 때, 상수 k의 값과 $f(x)$의 최솟값을 각각 구하시오.

표현 더하기

06-3 $0 \leq x \leq 3$에서 이차함수 $f(x)=ax^2-4ax+b$가 최댓값 5, 최솟값 -3을 가질 때, 상수 a, b에 대하여 $a+b$의 값을 구하시오. (단, $a<0$)

표현 더하기

06-4 $-1 \leq x \leq a$에서 이차함수 $f(x)=-3x^2+6x+2$가 최댓값 b, 최솟값 -22를 가질 때, 상수 a, b에 대하여 $a+b$의 값을 구하시오. (단, $a>1$)

대표 예제 | 07

다음 물음에 답하시오.

(1) 실수 x에 대하여 $y=(x^2-2x)^2-2(x^2-2x)-4$의 최솟값을 구하시오.

(2) $-2 \leq x \leq 1$일 때, 함수 $y=(x^2+2x-3)^2+6(x^2+2x-3)+9$의 최댓값과 최솟값을 각각 구하시오.

바로 접근

주어진 함수식에 공통으로 들어있는 식을 t로 치환하여 t에 대한 이차함수의 최댓값과 최솟값을 구한다. 이때 t의 값의 범위에 주의한다.

바른 풀이

(1) $x^2-2x=t$로 놓으면

$t=x^2-2x$

$=(x-1)^2-1 \geq -1$

이때 주어진 함수를 t에 대한 함수로 나타내면

$y=t^2-2t-4$

$=(t-1)^2-5 \ (t \geq -1)$

따라서 주어진 함수는 $t=1$에서 최솟값 -5를 갖는다.

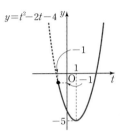

(2) $x^2+2x-3=t$로 놓으면

$t=x^2+2x-3$

$=(x+1)^2-4 \ (-2 \leq x \leq 1)$

$-2 \leq x \leq 1$일 때, $t=x^2+2x-3$은

$x=-1$에서 최솟값 -4, $x=1$에서 최댓값 0을 가지므로

$-4 \leq t \leq 0$

이때 주어진 함수를 t에 대한 함수로 나타내면

$y=t^2+6t+9$

$=(t+3)^2 \ (-4 \leq t \leq 0)$

이므로 $t=0$에서 최댓값 9, $t=-3$에서 최솟값 0을 갖는다.

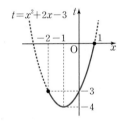

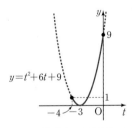

정답 (1) -5 (2) 최댓값: 9, 최솟값: 0

Bible Says

공통부분이 있는 함수의 최대·최소

➡ 공통부분을 한 문자로 치환하여 새로운(간단한) 함수를 만든다. 이때 제한 범위에 주의한다.

06

한 번 더하기

07-1

다음 물음에 답하시오.

⑴ 실수 x에 대하여 $y=(x^2+4x)^2-4(x^2+4x)+1$의 최솟값을 구하시오.

⑵ $1 \leq x \leq 4$일 때, 함수 $y=(x^2-6x+7)^2+2(x^2-6x+7)+3$의 최댓값과 최솟값을 각각 구하시오.

표현 더하기

07-2

함수 $y=(x^2-2x)^2+2x^2-4x$가 $x=\alpha$에서 최솟값 β를 갖는다. 이때 $\alpha-\beta$의 값을 구하시오.

표현 더하기

07-3

함수 $y=-2(x^2-4x+1)^2+4(x^2-4x)+k-1$의 최댓값이 -5일 때, 상수 k의 값을 구하시오.

실력 더하기

07-4

$-4 \leq x \leq -1$일 때, 함수 $y=(x^2+6x+8)^2-4(x^2+6x+8)+k$의 최댓값은 -2이다. 이때 상수 k의 값을 구하시오.

대표 예제 : 08

다음 물음에 답하시오.

(1) x, y가 실수일 때, $x^2-4x+2y^2+4y+4$의 최솟값을 구하시오.

(2) $2x+y=3$을 만족시키는 실수 x, y에 대하여 $2x^2+y^2$의 최솟값을 구하시오.

바로 접근

(1) x, y가 실수이므로 주어진 이차식을 완전제곱식 꼴, 즉 (   )^2+(   )^2+k 꼴로 변형한 후 (실수)$^2\geq0$임을 이용한다.

(2) 조건식이 주어지면 조건식을 구하고자 하는 식에 대입하여 한 문자에 대한 이차식으로 나타낸다.

이 문제에서 조건식은 $2x+y=3$이고, 구하고자 하는 식은 $2x^2+y^2$이다.

바른 풀이

(1) $x^2-4x+2y^2+4y+4=(x-2)^2+2(y+1)^2-2$

이때 x, y가 실수이므로

$(x-2)^2\geq0$, $2(y+1)^2\geq0$

$\therefore x^2-4x+2y^2+4y+4\geq-2$

따라서 $x=2$, $y=-1$에서 최솟값 -2를 갖는다.

(2) $2x+y=3$에서 $y=-2x+3$

$y=-2x+3$을 $2x^2+y^2$에 대입하면

$$2x^2+y^2=2x^2+(-2x+3)^2$$
$$=6x^2-12x+9$$
$$=6(x-1)^2+3$$

따라서 $x=1$에서 최솟값 3을 갖는다.

[다른 풀이]

(2) $2x+y=3$에서 $x=-\dfrac{1}{2}y+\dfrac{3}{2}$

$x=-\dfrac{1}{2}y+\dfrac{3}{2}$을 $2x^2+y^2$에 대입하면

$$2x^2+y^2=2\left(-\dfrac{1}{2}y+\dfrac{3}{2}\right)^2+y^2$$
$$=\dfrac{3}{2}y^2-3y+\dfrac{9}{2}$$
$$=\dfrac{3}{2}(y-1)^2+3$$

따라서 $y=1$에서 최솟값 3을 갖는다.

[정답] (1) -2 (2) 3

Bible Says

'x가 실수'라는 조건이 주어지면 (실수)$^2\geq0$임을 이용한다.

➔ $(x+a)^2+k$의 값이 최소일 때는 $(x+a)^2$의 값이 0이 될 때이므로 $x=-a$에서 최솟값 k를 갖는다.

한번 더하기

08-1

다음 물음에 답하시오.

(1) x, y가 실수일 때, $x^2+6x+2y^2+4y+10$의 최솟값을 구하시오.

(2) $x-2y=1$을 만족시키는 실수 x, y에 대하여 x^2-3y^2의 최솟값을 구하시오.

한번 더하기

08-2

x, y가 실수일 때, $-x^2-y^2-4x+2y+3$의 최댓값을 구하시오.

06

표현 더하기

08-3

점 $\mathrm{P}(x,\ y)$가 두 점 $\mathrm{A}(-1,\ -3)$, $\mathrm{B}(2,\ 3)$을 지나는 직선 AB 위를 움직일 때, $2x^2+y^2$의 최솟값을 구하시오.

실력 더하기

08-4

실수 x, y에 대하여 $0 \leq x \leq 2$이고 $x+y=2$일 때, x^2+3y^2의 최댓값을 M, 최솟값을 m이라 하자. 이때 $M-m$의 값을 구하시오.

대표 예제 : 09

그림과 같이 직각을 낀 두 변의 길이가 각각 20 m, 40 m인 직각삼각형 모양의 땅에 밑면이 직사각형 모양인 건물을 지으려고 한다. 이 건물의 밑면의 넓이의 최댓값을 구하시오.

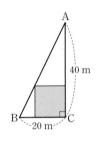

바로 접근 직사각형의 가로의 길이를 x m로 놓고, 조건에 맞게 식을 세운 후 x의 값의 범위에 주의하여 직사각형의 넓이의 최댓값을 구한다.

바른 풀이 오른쪽 그림과 같이 지으려고 하는 건물의 밑면의 가로의 길이를 x m, 세로의 길이를 y m라 하면 $\triangle ABC \backsim \triangle DBE$이므로

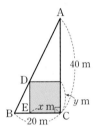

$\overline{AC} : \overline{BC} = \overline{DE} : \overline{BE}$에서 $40 : 20 = y : (20-x)$

$\therefore y = -2x + 40$

이때 변의 길이는 양수이므로 $0 < x < 20$

따라서 이 건물의 밑면의 넓이는

$$xy = x(-2x+40) = -2x^2 + 40x = -2(x-10)^2 + 200$$

이때 $0 < x < 20$이므로 $x = 10$에서 최댓값 200을 갖는다.

따라서 건물의 밑면의 넓이의 최댓값은 200 m²이다.

정답 200 m²

Bible Says

이차함수의 최대·최소의 활용 문제 풀이 순서
❶ 변수 x를 정하고 x의 값의 범위를 구한다.
❷ 주어진 조건을 이용하여 이차함수의 식을 세운다.
❸ 제한된 범위에서의 최댓값 또는 최솟값을 구한다.

한번 더하기

09-1 직각삼각형 ABC의 내부에 그림과 같이 직사각형 EBFD를 그리려고 한다. $\overline{AB}=30$ cm, $\overline{BC}=10$ cm일 때, 직사각형 EBFD의 넓이의 최댓값을 구하시오.

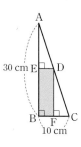

표현 더하기

09-2 그림과 같이 직사각형 ABCD에서 두 점 A, D는 이차함수 $y=-x^2+9$의 그래프 위에 있고, 두 점 B, C는 x축 위에 있다. 이 직사각형의 둘레의 길이의 최댓값을 구하시오.

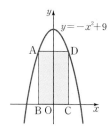

표현 더하기

09-3 어느 문구점에서 볼펜 한 자루의 가격이 800원일 때, 하루에 100자루씩 팔린다고 한다. 이 볼펜 한 자루의 가격을 $2x$원 내리면 하루 판매량은 x개 증가한다고 할 때, 볼펜의 하루 판매액이 최대가 되게 하려면 볼펜 한 자루의 가격을 얼마로 정해야 하는지 구하시오.

표현 더하기

09-4 그림과 같이 길이가 24 m인 철망을 사용하여 한 면이 벽면인 직사각형 모양의 닭장을 만들려고 한다. 이때 이 닭장의 넓이의 최댓값을 구하시오. (단, 철망의 두께는 무시한다.)

01 이차함수 $y=x^2-4x+k-1$의 그래프가 x축과 만나는 두 점을 각각 A, B라 하자. $\overline{AB}=2\sqrt{2}$일 때, 실수 k의 값을 구하시오.

02 이차함수 $y=x^2-2kx+k^2+3k-9$의 그래프가 x축과 서로 다른 두 점에서 만나도록 하는 가장 큰 정수 k의 값을 구하시오.

03 이차함수 $y=x^2+3x+5$의 그래프와 직선 $y=mx+n$이 서로 다른 두 점에서 만난다. 이 중 한 교점의 x좌표가 $1-\sqrt{2}$일 때, 유리수 m, n에 대하여 mn의 값을 구하시오.

04 이차함수 $y=x^2-4x+k$의 그래프와 직선 $y=x+1$이 만나지 않도록 하는 자연수 k의 최솟값을 구하시오.

05 이차함수 $y=x^2-(k-1)x+2$의 그래프가 x축에 접하고 직선 $y=kx-k^2+1$과 서로 다른 두 점에서 만날 때, 실수 k의 값을 구하시오.

06 $2\le x\le 7$에서 이차함수 $f(x)=x^2-6x+a$의 최댓값과 최솟값의 합이 -4일 때, 상수 a의 값을 구하시오.

07 이차함수 $f(x)=x^2+ax+b$에 대하여 $f(-1)=f(3)$이고, $f(x)$는 $0\le x\le 4$에서 최댓값이 10이다. 이때 $a+b$의 값을 구하시오. (단, a, b는 실수이다.)

08 함수 $y=(x^2+x+1)(x^2+x-1)+3x^2+3x$의 최솟값을 구하시오.

09 실수 x, y에 대하여 $6x+4y-3x^2-y^2+k$의 최댓값이 8일 때, 상수 k의 값을 구하시오.

10 $2x-y=1$을 만족시키는 실수 x, y에 대하여 $2x^2-y^2+4x$의 최댓값을 구하시오.

11 지면으로부터 35 m의 높이에서 초속 30 m로 똑바로 위로 쏘아 올린 공의 t초 후의 높이를 $h(t)$ m라 하면 $h(t)=-5t^2+30t+35$라 한다. 이 공은 최고 높이에 도달한 지 몇 초 후에 지면에 떨어지는지 구하시오.

12 길이가 16 cm인 선분 AB를 그림과 같이 둘로 나누어 $\overline{AC}$, $\overline{CB}$를 각각 한 변으로 하는 두 개의 정사각형을 만들려고 한다. 두 정사각형의 넓이의 합이 최소가 되도록 하는 선분 AC의 길이를 구하시오.

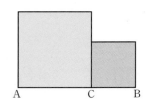

S·T·E·P 2 실력 다지기

13 이차함수 $y=-x^2-6x-11$의 그래프를 y축의 방향으로 k만큼 평행이동한 그래프가 x축과 접할 때, k의 값과 x축과 만나는 점의 좌표를 각각 구하시오.

14 x^2의 계수가 1인 이차함수 $y=f(x)$의 그래프가 다음 조건을 모두 만족시킨다.

> (가) $f(-2)=f(3)$
> (나) 이차함수 $y=f(x)$의 그래프가 x축과 만나는 두 점의 x좌표의 곱은 -1이다.

이차함수 $y=f(x)$의 그래프가 x축과 만나는 두 점의 x좌표의 제곱의 합을 구하시오.

15 실수 a의 값에 관계없이 이차함수 $y=x^2+2ax+a^2-1$의 그래프에 항상 접하는 직선의 방정식을 구하시오.

16 $x\geq1$에서 이차함수 $f(x)=-x^2+2kx-1$의 최댓값이 8일 때, 실수 k의 값을 구하시오.

중단원 **연습문제**

교육청 기출

17 이차함수 $f(x)$가 다음 조건을 만족시킬 때, $f(2)$의 값은?

> (개) 함수 $f(x)$는 $x=1$에서 최댓값 9를 갖는다.
> (내) 곡선 $y=f(x)$에 접하고 직선 $2x-y+1=0$과 평행한 직선의 y절편은 9이다.

① $\dfrac{9}{2}$ ② $\dfrac{11}{2}$ ③ $\dfrac{13}{2}$

④ $\dfrac{15}{2}$ ⑤ $\dfrac{17}{2}$

18 $-3 \leq x \leq 1$에서 함수 $y=\dfrac{1}{2}(x^2-4x)^2+x^2-4x+3k$의 최솟값이 $\dfrac{11}{2}$일 때, 상수 k의 값을 구하시오.

challenge 교육청 기출

19 그림과 같이 이차함수 $y=x^2$의 그래프와 직선 $y=x+k$가 만나는 두 점을 각각 A, B라 하고, 점 A와 B에서 x축에 내린 수선의 발을 각각 C, D라 하자. 삼각형 AOC의 넓이를 S_1, 삼각형 DOB의 넓이를 S_2라 할 때, $S_1-S_2=20$을 만족시키는 양수 k의 값을 구하시오. (단, O는 원점이고, 두 점 A, B는 각각 제1사분면과 제2사분면 위에 있다.)

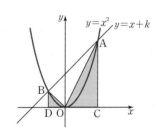

challenge

20 그림과 같이 한 변의 길이가 20인 정사각형 ABCD에서 점 P, R는 각각 점 A, C를 출발하여 각각 점 B, D를 향하여 매초 1의 속력으로 움직이고, 점 Q, S는 각각 점 C, A를 출발하여 각각 점 B, D를 향하여 매초 $\dfrac{1}{2}$의 속력으로 움직인다. 네 점 P, Q, R, S가 20초 동안 움직인다고 할 때, 사각형 PQRS의 넓이의 최댓값을 구하시오.

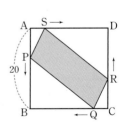

07

Ⅱ
방정식과
부등식

여러 가지
방정식

01 삼차방정식과 사차방정식

인수정리를 이용한 삼·사차 방정식의 풀이	x에 대한 방정식 $f(x)=0$에서 인수정리를 이용하여 $f(\alpha)=0$을 만족시키는 α의 값을 찾고, 조립제법을 이용하여 $f(x)=(x-\alpha)Q(x)$ 꼴로 인수분해하여 푼다.

02 삼차방정식의 근과 계수의 관계

삼차방정식의 근과 계수의 관계	삼차방정식 $ax^3+bx^2+cx+d=0$의 세 근을 α, β, γ라 하면 $$\alpha+\beta+\gamma=-\frac{b}{a},\ \alpha\beta+\beta\gamma+\gamma\alpha=\frac{c}{a},\ \alpha\beta\gamma=-\frac{d}{a}$$
세 수를 근으로 하는 삼차방정식	세 수 α, β, γ를 근으로 하고 x^3의 계수가 1인 삼차방정식은 $$x^3-(\alpha+\beta+\gamma)x^2+(\alpha\beta+\beta\gamma+\gamma\alpha)x-\alpha\beta\gamma=0$$

03 연립이차방정식

미지수가 2개인 연립이차방정식	(1) 일차방정식과 이차방정식으로 이루어진 연립이차방정식의 풀이 　　일차방정식을 한 미지수에 대하여 정리한 후 이차방정식에 대입하여 푼다. (2) 두 이차방정식으로 이루어진 연립이차방정식의 풀이 　　하나의 이차방정식을 인수분해하여 두 일차식의 곱으로 만든 후 (1)과 같은 방법으로 푼다.
공통근	인수분해를 이용하여 각각의 방정식을 푼 후 공통근을 구하거나, 두 방정식을 연립하여 최고차항 또는 상수항을 소거한 후 공통근을 구한다.
부정방정식	(1) 정수 조건의 부정방정식 　　(일차식)×(일차식)=(정수) 꼴로 변형한 후 곱해서 정수가 되는 두 일차식의 값을 구하여 푼다. (2) 실수 조건의 부정방정식 　　① A, B가 실수일 때, $A^2+B^2=0$이면 $A=0$, $B=0$임을 이용하여 푼다. 　　② 한 문자에 대하여 내림차순으로 정리한 후 판별식 $D\geq0$임을 이용하여 푼다.

01 삼차방정식과 사차방정식

1 삼차방정식과 사차방정식

(1) 다항식 $f(x)$가 x에 대한 삼차식일 때, 방정식 $f(x)=0$을 x에 대한 삼차방정식, 다항식 $f(x)$가 x에 대한 사차식일 때, 방정식 $f(x)=0$을 x에 대한 사차방정식이라 한다.

(2) 방정식 $f(x)=0$은 $f(x)$를 인수분해한 후 다음 성질을 이용하여 근을 구한다.

① $AB=0$이면 $A=0$ 또는 $B=0$

② $ABC=0$이면 $A=0$ 또는 $B=0$ 또는 $C=0$

③ $ABCD=0$이면 $A=0$ 또는 $B=0$ 또는 $C=0$ 또는 $D=0$

$x^3+2x^2-x-2=0$와 같이 미지수 x의 최고차수가 3인 방정식을 x에 대한 **삼차방정식**이라 하고, $x^4+3x^3+2x^2-3x+1=0$과 같이 미지수 x의 최고차수가 4인 방정식을 x에 대한 **사차방정식**이라 한다.

또한 삼차 이상의 방정식을 고차방정식이라 한다.

삼차방정식과 사차방정식의 해는 $f(x)=0$ 꼴로 정리한 후 좌변을 인수분해하여 일차식 또는 이차식의 곱으로 나타내어 구한다. 이때 특별한 언급이 없으면 삼차방정식과 사차방정식의 해는 복소수 범위에서 구하며, 계수가 실수인 이차방정식이 복소수 범위에서 항상 2개의 근을 갖는 것과 같이 계수가 실수인 삼차방정식과 사차방정식은 복소수 범위에서 각각 3개, 4개의 근을 갖는다.

> **example** (1) 방정식 $(x+3)(x-1)(x-4)=0$을 풀면
> $x+3=0$ 또는 $x-1=0$ 또는 $x-4=0$
> $\therefore x=-3$ 또는 $x=1$ 또는 $x=4$
> (2) 방정식 $x^3+1=0$의 좌변을 인수분해하면
> $(x+1)(x^2-x+1)=0$이므로
> $x+1=0$ 또는 $x^2-x+1=0$
> $\therefore x=-1$ 또는 $x=\dfrac{1\pm\sqrt{3}i}{2}$
> (3) 방정식 $x^4+3x^3+2x^2=0$의 좌변을 인수분해하면
> $x^2(x^2+3x+2)=0$, $x^2(x+2)(x+1)=0$이므로
> $x^2=0$ 또는 $x+2=0$ 또는 $x+1=0$
> $\therefore x=0\ (중근)$ 또는 $x=-2$ 또는 $x=-1$

x에 대한 방정식 $f(x)=0$에서 인수정리를 이용하여 $f(\alpha)=0$을 만족시키는 α의 값을 찾고, 조립제법을 이용하여
$$f(x)=(x-\alpha)Q(x)$$
꼴로 인수분해하여 푼다.

삼차방정식 또는 사차방정식 $f(x)=0$에서 다항식 $f(x)$에 인수분해 공식을 적용하기 어려운 경우에는 인수정리와 조립제법을 이용하여 인수분해한 후 방정식의 해를 구한다.

> α의 값은 $\pm\dfrac{(f(x)의\ 상수항의\ 양의\ 약수)}{(f(x)의\ 최고차항의\ 계수의\ 양의\ 약수)}$ 중에서 찾을 수 있다. (101쪽 「인수정리를 이용한 인수분해」 참고)

먼저 x에 대한 삼차방정식 $f(x)=0$에서 $f(\alpha)=0$이면 인수정리에 의하여 $f(x)$는 $x-\alpha$를 인수로 가지므로 조립제법을 이용하여 $f(x)=(x-\alpha)(ax^2+bx+c)$ (a, b, c는 상수)로 인수분해한다. 즉, $f(x)=0$에서
$$(x-\alpha)(ax^2+bx+c)=0 \qquad \therefore\ x=\alpha\ 또는\ ax^2+bx+c=0$$
이때 이차방정식 $ax^2+bx+c=0$은 인수분해 또는 근의 공식을 이용하여 푼다.

example 삼차방정식 $2x^3-x^2-7x+6=0$에서
$f(x)=2x^3-x^2-7x+6$이라 하면
$f(1)=2-1-7+6=0$이므로 인수정리에 의하여 $x-1$은 $f(x)$의 인수이다.
조립제법을 이용하여 $f(x)$를 인수분해하면

1	2	-1	-7	6
		2	1	-6
	2	1	-6	0

$f(x)=(x-1)(2x^2+x-6)$
$\quad=(x-1)(x+2)(2x-3)$
따라서 주어진 방정식은 $(x-1)(x+2)(2x-3)=0$
$\therefore\ x=1\ 또는\ x=-2\ 또는\ x=\dfrac{3}{2}$

> $f(\alpha)=0$, $f(\beta)=0$인 α, β를 한 번에 찾기 힘들 때는 조립제법을 이용하여 먼저 $f(\alpha)=0$인 α를 찾아 $f(x)=(x-\alpha)g(x)$로 인수분해 한 후 $g(\beta)=0$인 β를 찾는다.

또한 x에 대한 사차방정식 $f(x)=0$에서 $f(\alpha)=0$, $f(\beta)=0$이면 인수정리에 의하여 $f(x)$는 $x-\alpha$, $x-\beta$를 인수로 가지므로 조립제법을 이용하여
$f(x)=(x-\alpha)(x-\beta)(ax^2+bx+c)$ (a, b, c는 상수)로 인수분해한다. 즉, $f(x)=0$에서
$$(x-\alpha)(x-\beta)(ax^2+bx+c)=0 \qquad \therefore\ x=\alpha\ 또는\ x=\beta\ 또는\ ax^2+bx+c=0$$
이때 이차방정식 $ax^2+bx+c=0$은 인수분해 또는 근의 공식을 이용하여 푼다.

example 사차방정식 $x^4-x^3-5x^2+3x+6=0$에서
$f(x)=x^4-x^3-5x^2+3x+6$이라 하면
$f(-1)=1+1-5-3+6=0$, $f(2)=16-8-20+6+6=0$이므로
인수정리에 의하여 $x+1$, $x-2$는 $f(x)$의 인수이다.

조립제법을 이용하여 $f(x)$를 인수분해하면

$f(x)=(x+1)(x-2)(x^2-3)$

따라서 주어진 방정식은

$(x+1)(x-2)(x^2-3)=0$

$\therefore x=-1$ 또는 $x=2$ 또는 $x=\pm\sqrt{3}$

$$
\begin{array}{r|rrrrr}
-1 & 1 & -1 & -5 & 3 & 6 \\
   &   & -1 & 2 & 3 & -6 \\
\hline
2 & 1 & -2 & -3 & 6 & \big|\ 0 \\
  &   & 2 & 0 & -6 & \\
\hline
  & 1 & 0 & -3 & \big|\ 0 &
\end{array}
$$

3 여러 가지 사차방정식의 풀이

(1) 공통부분이 있는 사차방정식

방정식에 공통부분이 있으면 공통부분을 한 문자로 치환한 후 인수분해하여 푼다.

(2) 복이차방정식 ($x^4+ax^2+b=0$ 꼴)

다음 두 가지의 방법 중 하나를 사용한다.

① $x^2=X$로 치환한 후, 인수분해하여 푼다.

② 이차항 ax^2을 적당히 분리하여 $A^2-B^2=0$ 꼴로 변형한 후, 인수분해하여 푼다.

(3) 상반방정식 ($ax^4+bx^3+cx^2+bx+a=0$ 꼴)

❶ 양변을 x^2으로 나눈 후, $x+\dfrac{1}{x}=X$로 치환하여 X에 대한 방정식으로 변형한다.

❷ X의 값을 구한 후, $X=x+\dfrac{1}{x}$를 대입하여 x의 값을 구한다.

---

(1) 공통부분이 있는 사차방정식

이차방정식의 풀이에서와 같이, 방정식 $f(x)=0$의 좌변에 공통부분이 있는 경우, 공통부분을 한 문자로 치환하여 그 문자에 대한 방정식으로 변형한 후 인수분해한다.

공통부분을 한 문자로 치환하게 되면 일반적으로 그 문자에 대한 방정식의 차수가 낮아지게 되어 원래의 식을 인수분해하여 해를 구할 때보다 쉽게 해를 구할 수 있다.

> **example** 사차방정식 $(x^2-3x)^2-14(x^2-3x)+40=0$에서
>
> $x^2-3x=X$로 놓으면 주어진 방정식은
>
> $X^2-14X+40=0$, $(X-4)(X-10)=0$
>
> $\therefore X=4$ 또는 $X=10$
>
> (ⅰ) $X=4$일 때, $x^2-3x=4$에서
>
> $\quad x^2-3x-4=0$, $(x+1)(x-4)=0$ $\quad \therefore x=-1$ 또는 $x=4$
>
> (ⅱ) $X=10$일 때, $x^2-3x=10$에서
>
> $\quad x^2-3x-10=0$, $(x+2)(x-5)=0$ $\quad \therefore x=-2$ 또는 $x=5$
>
> (ⅰ), (ⅱ)에서 $x=-2$ 또는 $x=-1$ 또는 $x=4$ 또는 $x=5$

한편, 식에 공통부분이 드러나 있지 않은 경우에는 공통부분이 생기도록 식을 적절히 변형한 후 치환한다.

example　$(x+1)(x+2)(x-3)(x-4)+4=0$에서

$\{(x+1)(x-3)\}\{(x+2)(x-4)\}+4=0$　← 두 일차식의 상수항의 합이 서로 같아지도록 짝 짓는다.

$(x^2-2x-3)(x^2-2x-8)+4=0$

$x^2-2x=X$로 놓으면 주어진 방정식은

$(X-3)(X-8)+4=0$

$X^2-11X+28=0, (X-4)(X-7)=0$

$\therefore X=4$ 또는 $X=7$

(i) $X=4$, 즉 $x^2-2x=4$일 때, $x^2-2x-4=0$　　$\therefore x=1\pm\sqrt{5}$

(ii) $X=7$, 즉 $x^2-2x=7$일 때, $x^2-2x-7=0$　　$\therefore x=1\pm2\sqrt{2}$

(i), (ii)에서 $x=1\pm\sqrt{5}$ 또는 $x=1\pm2\sqrt{2}$

(2) 복이차방정식

$x^4+ax^2+b=0$ (a, b는 상수)꼴의 방정식, 즉 사차방정식에서 차수가 짝수인 항과 상수항으로 이루어진 방정식을 **복이차방정식**이라 한다. 복이차방정식 $x^4+ax^2+b=0$에서 $x^2=X$로 치환하였을 때, X에 대한 이차방정식 $X^2+aX+b=0$의 좌변이 인수분해되면 X에 대한 이차방정식으로 풀고, 인수분해되지 않으면 주어진 복이차방정식의 이차항 ax^2을 적당히 분리하여 $A^2-B^2=0$의 꼴로 변형한 후 인수분해하여 푼다.

example　(1) $x^4+x^2-12=0$에서 $x^2=X$로 놓으면 주어진 방정식은

$X^2+X-12=0, (X+4)(X-3)=0$　　$\therefore X=-4$ 또는 $X=3$

따라서 $x^2=-4$ 또는 $x^2=3$이므로

$x=\pm2i$ 또는 $x=\pm\sqrt{3}$

(2) $x^4-6x^2+1=0$에서　← $x^2=X$로 치환하였을 때 좌변이 인수분해 되지 않는다.

$x^4-2x^2+1-4x^2=0$　← $A^2-B^2=0$ 꼴이 되도록 $-6x^2$을 $-2x^2-4x^2$으로 분리

$(x^2-1)^2-(2x)^2=0, (x^2+2x-1)(x^2-2x-1)=0$

$\therefore x^2+2x-1=0$ 또는 $x^2-2x-1=0$

$\therefore x=-1\pm\sqrt{2}$ 또는 $x=1\pm\sqrt{2}$

(3) 상반방정식

$ax^4+bx^3+cx^2+bx+a=0$ ($a\neq0$)과 같이 가운데 항을 중심으로 각 항의 계수가 좌우 대칭인 방정식을 **상반방정식**이라 한다.

┌ 주어진 방정식에 $x=0$을 대입하면 등식이 성립하지
└ 않으므로 $x=0$은 방정식의 해가 아니다.

사차 상반방정식 $ax^4+bx^3+cx^2+bx+a=0$에서 <u>$x\neq0$이므로 양변을 x^2으로 나누면</u>

$$ax^2+bx+c+\frac{b}{x}+\frac{a}{x^2}=0, a\left(x^2+\frac{1}{x^2}\right)+b\left(x+\frac{1}{x}\right)+c=0$$

이고, $x^2+\dfrac{1}{x^2}=\left(x+\dfrac{1}{x}\right)^2-2$임을 이용하여 좌변을 정리하면

$$a\left(x+\frac{1}{x}\right)^2+b\left(x+\frac{1}{x}\right)+c-2a=0$$

여기서 $x+\dfrac{1}{x}=X$로 치환하여 주어진 방정식을 X에 대한 방정식으로 변형하여 푼다.

example 방정식 $x^4+7x^3+14x^2+7x+1=0$에서 $x \neq 0$이므로 양변을 x^2으로 나누면

$x^2+7x+14+\dfrac{7}{x}+\dfrac{1}{x^2}=0$, $\left(x^2+\dfrac{1}{x^2}\right)+7\left(x+\dfrac{1}{x}\right)+14=0$

$\left(x+\dfrac{1}{x}\right)^2+7\left(x+\dfrac{1}{x}\right)+12=0$ $\leftarrow x^2+\dfrac{1}{x^2}=\left(x+\dfrac{1}{x}\right)^2-2$

$x+\dfrac{1}{x}=X$로 놓으면 $X^2+7X+12=0$, $(X+4)(X+3)=0$

$\therefore X=-4$ 또는 $X=-3$

(i) $X=-4$, 즉 $x+\dfrac{1}{x}=-4$일 때, $x+\dfrac{1}{x}+4=0$, $x^2+4x+1=0$ $\quad \therefore x=-2\pm\sqrt{3}$

(ii) $X=-3$, 즉 $x+\dfrac{1}{x}=-3$일 때, $x+\dfrac{1}{x}+3=0$, $x^2+3x+1=0$ $\quad \therefore x=\dfrac{-3\pm\sqrt{5}}{2}$

(i), (ii)에서 $x=-2\pm\sqrt{3}$ 또는 $x=\dfrac{-3\pm\sqrt{5}}{2}$

개념 CHECK

📖 빠른 정답 · 495쪽 / 정답과 풀이 · 80쪽

01. 삼차방정식과 사차방정식

01 다음 방정식을 푸시오.

(1) $x^3-8=0$

(2) $x^4-25x^2=0$

02 다음 방정식을 푸시오.

(1) $x^3+3x^2-x-3=0$

(2) $x^4+2x^3-7x^2-8x+12=0$

03 다음 방정식을 푸시오.

(1) $(x^2-4x)^2+(x^2-4x)-12=0$

(2) $x(x+2)(x+3)(x+5)+8=0$

04 다음 방정식을 푸시오.

(1) $x^4-2x^2-3=0$

(2) $x^4+2x^2+9=0$

(3) $x^4+2x^3-6x^2+2x+1=0$

대표 예제 : 01

다음 방정식을 푸시오.

(1) $x^3-3x+2=0$ (2) $x^4-4x^3+2x^2+x+6=0$

바로 접근

삼차방정식과 사차방정식의 좌변에 인수분해 공식을 적용할 수 없을 때는 인수정리와 조립제법을 이용한다.

➡ 다항식 $f(x)$에서 $f(\alpha)=0$이면 $x-\alpha$는 $f(x)$의 인수이므로 조립제법을 이용하여 $f(x)=(x-\alpha)Q(x)$ 꼴로 나타낸다. 이때 $f(\alpha)=0$을 만족시키는 α의 값은 $\pm\dfrac{(\text{상수항의 양의 약수})}{(\text{최고차항의 계수의 양의 약수})}$ 중에서 찾는다.

바른 풀이

(1) $f(x)=x^3-3x+2$라 하면

$f(1)=1-3+2=0$

조립제법을 이용하여 $f(x)$를 인수분해하면

$f(x)=(x-1)(x^2+x-2)$

$\qquad =(x-1)^2(x+2)$

따라서 주어진 방정식은

$(x-1)^2(x+2)=0$

$\therefore x=-2$ 또는 $x=1$ (중근)

$$\begin{array}{c|rrrr} 1 & 1 & 0 & -3 & 2 \\ & & 1 & 1 & -2 \\ \hline & 1 & 1 & -2 & 0 \end{array}$$

(2) $f(x)=x^4-4x^3+2x^2+x+6$이라 하면

$f(2)=16-32+8+2+6=0$

$f(3)=81-108+18+3+6=0$

조립제법을 이용하여 $f(x)$를 인수분해하면

$f(x)=(x-2)(x-3)(x^2+x+1)$

따라서 주어진 방정식은

$(x-2)(x-3)(x^2+x+1)=0$

$\therefore x=2$ 또는 $x=3$ 또는 $x=\dfrac{-1\pm\sqrt{3}i}{2}$

$$\begin{array}{c|rrrrr} 2 & 1 & -4 & 2 & 1 & 6 \\ & & 2 & -4 & -4 & -6 \\ \hline 3 & 1 & -2 & -2 & -3 & 0 \\ & & 3 & 3 & 3 & \\ \hline & 1 & 1 & 1 & 0 & \end{array}$$

정답 (1) $x=-2$ 또는 $x=1$ (중근) (2) $x=2$ 또는 $x=3$ 또는 $x=\dfrac{-1\pm\sqrt{3}i}{2}$

Bible Says

01-3, **01-4**와 같이 미정계수가 있는 방정식 $f(x)=0$의 한 근이 α로 주어지면, 먼저 $f(\alpha)=0$임을 이용하여 미정계수를 구한 후, 인수정리와 조립제법을 이용하여 방정식의 좌변을 $f(x)=(x-\alpha)Q(x)$ 꼴로 인수분해한다.

07

한번 더하기

01-1

다음 방정식을 푸시오.

(1) $x^3 - 2x^2 - 5x + 6 = 0$

(2) $x^4 - 3x^3 - x^2 + 5x + 2 = 0$

표현 더하기

01-2

사차방정식 $x^4 + 6x^2 - 7 = 4x(x^2 - 1)$의 두 허근을 α, β라 할 때, $\alpha^2 + \beta^2$의 값을 구하시오.

표현 더하기

01-3

삼차방정식 $x^3 - kx^2 + (3k+1)x - 2 = 0$의 한 근이 2이고 나머지 두 근이 α, β일 때, $k + \alpha + \beta$의 값을 구하시오. (단, k는 상수이다.)

실력 더하기

01-4

사차방정식 $x^4 + ax^3 - 14x^2 - 3ax + b = 0$의 두 근이 -1, 3일 때, 나머지 두 근의 곱을 구하시오. (단, a, b는 상수이다.)

대표 예제 | 02

다음 방정식을 푸시오.

(1) $(x^2-3x+2)^2-(x^2-3x)-2=0$ (2) $(x-1)(x-2)(x+3)(x+4)=36$

바로 접근

공통부분을 한 문자로 치환하여 차수가 낮은 방정식으로 변형한다.

이때 공통부분이 드러나지 않은 경우 공통부분이 생기도록 식을 적절히 변형한 후 치환한다.

(2)와 같이 방정식에 $(x+a)(x+b)(x+c)(x+d)$ 꼴이 있으면 두 일차식의 상수항의 합이 서로 같아지도록 두 개씩 짝 지어 전개한다.

바른 풀이

(1) $x^2-3x=X$로 놓으면 주어진 방정식은

  $(X+2)^2-X-2=0$, $X^2+3X+2=0$

  $(X+2)(X+1)=0$ ∴ $X=-2$ 또는 $X=-1$

  (ⅰ) $X=-2$, 즉 $x^2-3x=-2$일 때,

    $x^2-3x+2=0$, $(x-1)(x-2)=0$ ∴ $x=1$ 또는 $x=2$

  (ⅱ) $X=-1$, 즉 $x^2-3x=-1$일 때,

    $x^2-3x+1=0$ ∴ $x=\dfrac{3\pm\sqrt{5}}{2}$

  (ⅰ), (ⅱ)에서 $x=1$ 또는 $x=2$ 또는 $x=\dfrac{3\pm\sqrt{5}}{2}$

(2) $(x-1)(x-2)(x+3)(x+4)=36$에서

  $\{(x-1)(x+3)\}\{(x-2)(x+4)\}=36$ ← 두 일차식의 상수항의 합이 서로 같아지도록 짝 짓는다.

  $(x^2+2x-3)(x^2+2x-8)-36=0$ ······ ㉠

  $x^2+2x=X$로 놓으면 주어진 방정식은

  $(X-3)(X-8)-36=0$, $X^2-11X-12=0$

  $(X+1)(X-12)=0$ ∴ $X=-1$ 또는 $X=12$

  (ⅰ) $X=-1$, 즉 $x^2+2x=-1$일 때,

    $x^2+2x+1=0$, $(x+1)^2=0$

    ∴ $x=-1$ (중근)

  (ⅱ) $X=12$, 즉 $x^2+2x=12$일 때,

    $x^2+2x-12=0$ ∴ $x=-1\pm\sqrt{13}$

  (ⅰ), (ⅱ)에서 $x=-1$ (중근) 또는 $x=-1\pm\sqrt{13}$

정답 (1) $x=1$ 또는 $x=2$ 또는 $x=\dfrac{3\pm\sqrt{5}}{2}$

(2) $x=-1$ (중근) 또는 $x=-1\pm\sqrt{13}$

Bible Says

(2) ㉠에서 x^2+2x-3을 X로 놓고 다음과 같이 계산해도 그 결과는 같다.

➡ $X(X-5)-36=0$, $(X+4)(X-9)=0$, $(x^2+2x+1)(x^2+2x-12)=0$

한번 더하기

02-1
다음 방정식을 푸시오.

(1) $(x^2+3x-4)^2+5(x^2+3x)-26=0$　　　(2) $x(x+2)(x+4)(x+6)=20$

표현 더하기

02-2
사차방정식 $(x^2-x-1)(x^2-x+3)=5$의 모든 실근의 합을 구하시오.

표현 더하기

02-3
사차방정식 $(x+1)(x+3)(x+5)(x+7)+15=0$의 모든 실근의 곱을 구하시오.

실력 더하기

02-4
사차방정식 $(x^2+4x+3)(x^2+6x+8)=3$의 두 허근을 α, β라 할 때, $(\alpha+\beta)^2$의 값을 구하시오.

대표 예제 | 03

다음 방정식을 푸시오.

(1) $x^4 - 13x^2 + 36 = 0$ (2) $x^4 - 3x^2 + 1 = 0$ (3) $x^4 - 6x^3 + 10x^2 - 6x + 1 = 0$

바로 접근

(1), (2) $x^4 + ax^2 + b = 0$ 꼴인 경우 $x^2 = X$로 치환하였을 때

   ① 좌변이 인수분해되면 인수분해한 후 X를 다시 x^2으로 바꾼다.

   ② 좌변이 인수분해되지 않으면 $A^2 - B^2 = 0$ 꼴로 변형해 본다.

(3) $ax^4 + bx^3 + cx^2 + bx + a = 0$ 꼴인 경우

   ➡ 양변을 x^2으로 나누고 $x + \dfrac{1}{x} = X$로 치환하여 방정식을 푼다.

바른 풀이

(1) $x^2 = X$로 놓으면 주어진 방정식은

   $X^2 - 13X + 36 = 0$, $(X-4)(X-9) = 0$ $\therefore X = 4$ 또는 $X = 9$

   따라서 $x^2 = 4$ 또는 $x^2 = 9$이므로

   $x = \pm 2$ 또는 $x = \pm 3$

(2) $x^4 - 3x^2 + 1 = 0$에서 $x^4 - 2x^2 + 1 - x^2 = 0$

   $(x^2 - 1)^2 - x^2 = 0$, $(x^2 + x - 1)(x^2 - x - 1) = 0$

   $x^2 + x - 1 = 0$ 또는 $x^2 - x - 1 = 0$

   $\therefore x = \dfrac{-1 \pm \sqrt{5}}{2}$ 또는 $x = \dfrac{1 \pm \sqrt{5}}{2}$

(3) $x \neq 0$이므로 주어진 방정식의 양변을 x^2으로 나누면

   $x^2 - 6x + 10 - \dfrac{6}{x} + \dfrac{1}{x^2} = 0$, $\left(x^2 + \dfrac{1}{x^2}\right) - 6\left(x + \dfrac{1}{x}\right) + 10 = 0$

   $\left\{\left(x + \dfrac{1}{x}\right)^2 - 2\right\} - 6\left(x + \dfrac{1}{x}\right) + 10 = 0$, $\left(x + \dfrac{1}{x}\right)^2 - 6\left(x + \dfrac{1}{x}\right) + 8 = 0$

   $x + \dfrac{1}{x} = X$로 놓으면 $X^2 - 6X + 8 = 0$

   $(X-2)(X-4) = 0$ $\therefore X = 2$ 또는 $X = 4$

   (i) $X = 2$, 즉 $x + \dfrac{1}{x} = 2$일 때, $x^2 - 2x + 1 = 0$, $(x-1)^2 = 0$ $\therefore x = 1$ (중근)

   (ii) $X = 4$, 즉 $x + \dfrac{1}{x} = 4$일 때, $x^2 - 4x + 1 = 0$ $\therefore x = 2 \pm \sqrt{3}$

   (i), (ii)에서 $x = 1$ (중근) 또는 $x = 2 \pm \sqrt{3}$

> **정답** (1) $x = \pm 2$ 또는 $x = \pm 3$ (2) $x = \dfrac{-1 \pm \sqrt{5}}{2}$ 또는 $x = \dfrac{1 \pm \sqrt{5}}{2}$
> (3) $x = 1$ (중근) 또는 $x = 2 \pm \sqrt{3}$

Bible Says

① 차수가 짝수인 항과 상수항으로 이루어진 방정식을 복이차방정식이라 한다.

   복이차방정식은 $x^2 = X$로 치환하여 얻은 이차식의 인수분해 가능 여부에 따라 풀이 방법이 다르다.

② $ax^4 + bx^3 + cx^2 + bx + a = 0$과 같이 가운데 항을 중심으로 각 항의 계수가 좌우 대칭인 방정식을 상반방정식이라 한다.

📖 빠른 정답 • 495쪽 / 정답과 풀이 • 84쪽

한번 더하기

03-1

다음 방정식을 푸시오.

(1) $x^4 - 10x^2 + 9 = 0$

(2) $x^4 + 3x^2 + 4 = 0$

(3) $x^4 + 2x^3 - x^2 + 2x + 1 = 0$

표현 더하기

03-2

사차방정식 $x^4 - 6x^2 + 1 = 0$의 네 실근 중 가장 큰 근을 α, 가장 작은 근을 β라 할 때, $\alpha - \beta$의 값을 구하시오.

07

표현 더하기

03-3

사차식 $x^4 + ax^2 + 2$가 일차식 $x - \sqrt{2}$로 나누어떨어진다. 사차방정식 $x^4 + ax^2 + 2 = 0$의 네 실근 중 가장 큰 근을 α, 두 번째로 큰 근을 β라 할 때, $a^2 + \beta$의 값을 구하시오.

(단, a는 상수이다.)

실력 더하기

03-4

사차방정식 $x^4 + 5x^3 - 4x^2 + 5x + 1 = 0$의 한 실근을 α라 할 때, $\left(\alpha - \dfrac{1}{\alpha}\right)^2$의 값을 구하시오.

대표 예제 | 04

삼차방정식 $x^3-5x^2+(k+6)x-3k=0$이 중근을 갖도록 하는 실수 k의 값을 모두 구하시오.

바로 접근

인수정리를 이용하여 주어진 방정식을 $(x-p)(ax^2+bx+c)=0$ $(a \neq 0)$ 꼴로 변형한 후 중근을 갖는 경우를 생각한다.

삼차방정식 $(x-p)(ax^2+bx+c)=0$ $(a \neq 0)$이 중근을 갖는 경우는

① $ax^2+bx+c=0$이 $x=p$를 근으로 갖는다. ➡ p를 대입

② $ax^2+bx+c=0$이 중근을 갖는다. ➡ 판별식 D를 이용

바른 풀이

$f(x)=x^3-5x^2+(k+6)x-3k$라 하면

$f(3)=27-45+3k+18-3k=0$

조립제법을 이용하여 $f(x)$를 인수분해하면

$f(x)=(x-3)(x^2-2x+k)$

이때 방정식 $f(x)=0$이 중근을 가지려면

3	1	-5	$k+6$	$-3k$
		3	-6	$3k$
	1	-2	k	0

(i) $x^2-2x+k=0$이 $x=3$을 근으로 가질 때,

  $9-6+k=0$ ∴ $k=-3$

(ii) $x^2-2x+k=0$이 중근을 가질 때,

  이 이차방정식의 판별식을 D라 하면

  $\dfrac{D}{4}=(-1)^2-1 \times k=0$, $1-k=0$ ∴ $k=1$

(i), (ii)에서 구하는 실수 k의 값은 -3, 1이다.

정답 -3, 1

Bible Says

삼차방정식 $f(x)=0$의 세 근은 다음 중 하나의 경우이다.

① 서로 다른 세 실근

② 중근(서로 같은 두 실근)과 한 실근

③ 삼중근(서로 같은 세 실근)

④ 한 실근과 두 허근

한 번 더하기

04-1 삼차방정식 $x^3+x^2+kx-k-2=0$이 중근을 갖도록 하는 실수 k의 값을 모두 구하시오.

표현 더하기

04-2 삼차방정식 $x^3-4x^2+(k+3)x-2k+2=0$이 한 실근과 두 허근을 갖도록 하는 실수 k의 값의 범위를 구하시오.

표현 더하기

04-3 삼차방정식 $2x^3-(1-a)x+a+1=0$의 근이 모두 실수가 되도록 하는 실수 a의 값의 범위를 구하시오.

실력 더하기

04-4 삼차방정식 $x^3+3x^2+2(k-2)x-2k=0$의 실근이 오직 하나뿐일 때, 정수 k의 최솟값을 구하시오.

대표 예제 : 05

그림과 같이 가로의 길이가 30 cm, 세로의 길이가 20 cm인 직사각형 모양의 종이가 있다. 이 종이의 네 귀퉁이에서 합동인 정사각형을 잘라내고 점선을 따라 접어서 부피가 1000 cm³인 뚜껑이 없는 직육면체 모양의 상자를 만들려고 한다. 이때 잘라 낸 정사각형의 한 변의 길이를 구하시오.

(단, 종이의 두께는 무시한다.)

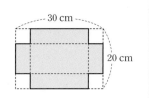

바로 접근

잘라 낸 정사각형의 한 변의 길이를 x cm로 놓고 직육면체의 부피를 구하는 식을 세운다. 이때 도형의 길이는 양수이어야 함에 주의한다.

바른 풀이

잘라 낸 정사각형의 한 변의 길이를 x cm라 하면 뚜껑이 없는 직육면체 모양의 상자의 가로의 길이는 $(30-2x)$ cm, 세로의 길이는 $(20-2x)$ cm이므로

직육면체의 부피는

$(30-2x) \times (20-2x) \times x = 1000$

$x(15-x)(10-x) = 250$

$\therefore x^3 - 25x^2 + 150x - 250 = 0$

$f(x) = x^3 - 25x^2 + 150x - 250$이라 하면

$f(5) = 125 - 625 + 750 - 250 = 0$

조립제법을 이용하여 $f(x)$를 인수분해하면

$f(x) = (x-5)(x^2 - 20x + 50)$

따라서 방정식 $f(x) = 0$에서

$x = 5$ 또는 $x = 10 \pm 5\sqrt{2}$

그런데 $0 < x < 10$이므로

$x = 5$ 또는 $x = 10 - 5\sqrt{2}$

따라서 잘라 낸 정사각형의 한 변의 길이는 5 cm 또는 $(10-5\sqrt{2})$ cm이다.

5	1	-25	150	-250
		5	-100	250
	1	-20	50	0

정답 5 cm 또는 $(10-5\sqrt{2})$ cm

Bible Says

삼차방정식의 활용 문제 풀이 순서

❶ 문제의 의미를 파악하여 구하는 것을 x로 놓는다.

❷ 주어진 조건을 이용하여 방정식을 세운다.

❸ 방정식을 풀고 구한 해가 문제의 뜻에 맞는지 확인한다.

한 변 더하기

05-1

그림과 같이 한 변의 길이가 24 cm인 정사각형 모양의 종이가 있다. 이 종이의 네 귀퉁이에서 합동인 정사각형을 잘라내고 점선을 따라 접어서 부피가 800 cm³인 뚜껑이 없는 직육면체 모양의 상자를 만들려고 한다. 이때 잘라 낸 정사각형의 한 변의 길이를 구하시오. (단, 종이의 두께는 무시한다.)

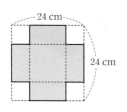

표현 더하기

05-2

한 모서리의 길이가 자연수인 어떤 정육면체의 가로의 길이를 1 cm 줄이고 세로의 길이와 높이를 각각 2 cm 늘여서 직육면체를 만들었더니 그 부피가 처음 정육면체의 부피의 2배가 되었다. 이때 처음 정육면체의 한 모서리의 길이를 구하시오.

표현 더하기

05-3

그림과 같이 밑면이 정사각형이고 높이가 밑면의 한 변의 길이의 2배인 직육면체 모양의 상자를 위에서부터 2 cm 잘랐더니 남은 부분의 부피가 96 cm³이었다. 처음 상자의 높이를 구하시오.

(단, 상자의 두께는 무시한다.)

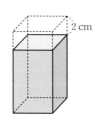

실력 더하기

05-4

그림과 같이 밑면의 반지름의 길이가 높이와 같은 원기둥이 있다. 밑면의 반지름의 길이와 높이를 각각 1 cm씩 늘인 원기둥의 부피는 처음 원기둥의 부피의 2배보다 11π cm³만큼 클 때, 처음 원기둥의 반지름의 길이를 구하시오.

(단, 처음 원기둥의 밑면의 반지름의 길이는 자연수이다.)

02 삼차방정식의 근과 계수의 관계

1 삼차방정식의 근과 계수의 관계

삼차방정식 $ax^3+bx^2+cx+d=0$의 세 근을 α, β, γ라 하면

(1) 세 근의 합: $\alpha+\beta+\gamma=-\dfrac{b}{a}$

(2) 두 근끼리의 곱의 합: $\alpha\beta+\beta\gamma+\gamma\alpha=\dfrac{c}{a}$

(3) 세 근의 곱: $\alpha\beta\gamma=-\dfrac{d}{a}$

참고 이차방정식 $ax^2+bx+c=0$의 두 근을 α, β라 하면 $\alpha+\beta=-\dfrac{b}{a}$, $\alpha\beta=\dfrac{c}{a}$

삼차방정식도 이차방정식과 마찬가지로 근을 직접 구하지 않고도 근과 계수의 관계를 이용하여 세 근의 합, 두 근끼리의 곱의 합, 세 근의 곱을 구할 수 있다.

삼차방정식 $ax^3+bx^2+cx+d=0$의 세 근을 α, β, γ라 하면 삼차식 ax^3+bx^2+cx+d는 $x-\alpha$, $x-\beta$, $x-\gamma$를 인수로 갖는다. 즉,

$$ax^3+bx^2+cx+d=a(x-\alpha)(x-\beta)(x-\gamma)$$

로 나타낼 수 있다.

이때 $a\neq0$이므로 양변을 a로 나누고 이 식의 우변을 전개하면

$$x^3+\frac{b}{a}x^2+\frac{c}{a}x+\frac{d}{a}=(x-\alpha)(x-\beta)(x-\gamma)$$
$$=x^3-(\alpha+\beta+\gamma)x^2+(\alpha\beta+\beta\gamma+\gamma\alpha)x-\alpha\beta\gamma$$

이 등식은 x에 대한 항등식이므로 양변의 동류항의 계수를 비교하면

$$\frac{b}{a}=-(\alpha+\beta+\gamma),\ \frac{c}{a}=\alpha\beta+\beta\gamma+\gamma\alpha,\ \frac{d}{a}=-\alpha\beta\gamma$$

따라서 다음 관계가 성립한다.

$$\alpha+\beta+\gamma=-\frac{b}{a},\ \alpha\beta+\beta\gamma+\gamma\alpha=\frac{c}{a},\ \alpha\beta\gamma=-\frac{d}{a}$$

example

(1) 삼차방정식 $x^3+3x^2-4x+5=0$의 세 근을 α, β, γ라 하면

$\alpha+\beta+\gamma=-\dfrac{3}{1}=-3$, $\alpha\beta+\beta\gamma+\gamma\alpha=\dfrac{-4}{1}=-4$, $\alpha\beta\gamma=-\dfrac{5}{1}=-5$

(2) 삼차방정식 $2x^3-x^2+3x-6=0$의 세 근을 α, β, γ라 하면

$\alpha+\beta+\gamma=-\dfrac{-1}{2}=\dfrac{1}{2}$, $\alpha\beta+\beta\gamma+\gamma\alpha=\dfrac{3}{2}$, $\alpha\beta\gamma=-\dfrac{-6}{2}=3$

2 세 수를 근으로 하는 삼차방정식

세 수 α, β, γ를 근으로 하고 x^3의 계수가 1인 삼차방정식은

$$(x-\alpha)(x-\beta)(x-\gamma)=0, \text{ 즉 } x^3-(\alpha+\beta+\gamma)x^2+(\alpha\beta+\beta\gamma+\gamma\alpha)x-\alpha\beta\gamma=0$$

이차방정식에서 두 수를 근으로 하는 이차방정식을 구한 것과 같이, 세 수가 주어진 경우 그 세 수를 근으로 하는 삼차방정식을 구할 수 있다. 179쪽 「두 수를 근으로 하는 이차방정식」 참고

세 수 α, β, γ를 근으로 하고 x^3의 계수가 1인 삼차방정식은

$$(x-\alpha)(x-\beta)(x-\gamma)=0$$

으로 나타낼 수 있다. 이 식의 좌변을 전개하여 정리하면 다음과 같다.

$$x^3-\underbrace{(\alpha+\beta+\gamma)}_{\text{세 근의 합}}x^2+\underbrace{(\alpha\beta+\beta\gamma+\gamma\alpha)}_{\text{두 근끼리의 곱의 합}}x-\underbrace{\alpha\beta\gamma}_{\text{세 근의 곱}}=0$$

또한 세 수 α, β, γ를 근으로 하고 x^3의 계수가 a인 삼차방정식은 다음과 같다.

$$a(x-\alpha)(x-\beta)(x-\gamma)=0, \text{ 즉 } a\{x^3-(\alpha+\beta+\gamma)x^2+(\alpha\beta+\beta\gamma+\gamma\alpha)x-\alpha\beta\gamma\}=0$$

example　세 수 -1, $2+\sqrt{3}$, $2-\sqrt{3}$을 근으로 하고 x^3의 계수가 1인 삼차방정식을 구하면

(세 근의 합)$=(-1)+(2+\sqrt{3})+(2-\sqrt{3})=3$

(두 근끼리의 곱의 합)$=(-1)\times(2+\sqrt{3})+(2+\sqrt{3})\times(2-\sqrt{3})+(2-\sqrt{3})\times(-1)$
$\qquad\qquad\qquad\qquad\qquad =-3$

(세 근의 곱)$=(-1)\times(2+\sqrt{3})\times(2-\sqrt{3})=-1$

이므로 $x^3-3x^2-3x+1=0$

3 삼차방정식의 켤레근

삼차방정식 $ax^3+bx^2+cx+d=0$에서

(1) a, b, c, d가 유리수일 때,

한 근이 $p+q\sqrt{m}$이면 $p-q\sqrt{m}$도 근이다. (단, p, q는 유리수, $q\neq0$, $\sqrt{m}$은 무리수)

(2) a, b, c, d가 실수일 때,

한 근이 $p+qi$이면 $p-qi$도 근이다. (단, p, q는 실수, $q\neq0$, $i=\sqrt{-1}$)

삼차방정식 $a(x+b)(x^2+cx+d)=0$에서 이차방정식 $x^2+cx+d=0$의 두 근은 삼차방정식 $a(x+b)(x^2+cx+d)=0$의 세 근에 포함되므로 이차방정식 $x^2+cx+d=0$이 켤레근을 가지면 주어진 삼차방정식도 켤레근을 갖는다. ← 180쪽 「이차방정식의 켤레근」 참고

즉, 삼차방정식의 계수가 유리수 또는 실수일 때, 이차방정식의 켤레근의 성질이 똑같이 성립한다.

a, b, c가 유리수일 때, 삼차방정식 $x^3+ax^2+bx+c=0$이 -3과 $3+\sqrt{2}$를 근으로 가지면 나머지 한 근은 $3-\sqrt{2}$이다. 따라서 삼차방정식의 근과 계수의 관계에 의하여

$(-3)+(3+\sqrt{2})+(3-\sqrt{2})=-a$ $\therefore a=-3$

$(-3)\times(3+\sqrt{2})+(3+\sqrt{2})\times(3-\sqrt{2})+(3-\sqrt{2})\times(-3)=b$ $\therefore b=-11$

$(-3)\times(3+\sqrt{2})\times(3-\sqrt{2})=-c$ $\therefore c=21$

4 방정식 $x^3=1$의 허근의 성질

방정식 $x^3=1$의 한 허근을 ω라 하면 (단, $\overline{\omega}$는 ω의 켤레복소수이다.)

(1) $\omega^3=1$, $\omega^2+\omega+1=0$ **(2)** $\omega+\overline{\omega}=-1$, $\omega\overline{\omega}=1$ **(3)** $\omega^2=\overline{\omega}=\dfrac{1}{\omega}$

참고 ω는 그리스 문자로 오메가(omega)라 읽는다.

삼차방정식 $x^3=1$에서 $x^3-1=0$이므로

$(x-1)(x^2+x+1)=0$

$\therefore x=1$ 또는 $x^2+x+1=0$ ← $x=1$ 또는 $x=\dfrac{-1\pm\sqrt{3}i}{2}$

이때 방정식 $x^3=1$의 한 허근을 ω라 하면 다음 성질이 성립한다. (단, $\overline{\omega}$는 ω의 켤레복소수이다.)

⑴ 방정식 $x^3=1$의 한 허근이 ω이므로

$\omega^3=1$

이때 ω는 허근이므로 방정식 $x^2+x+1=0$의 근이다. 즉, $x^2+x+1=0$에 $x=\omega$를 대입하면

$\omega^2+\omega+1=0$ …… ㉠

⑵ 방정식 $x^2+x+1=0$의 한 허근이 ω이면 켤레근의 성질에 의하여 다른 한 허근은 $\overline{\omega}$이므로 이차방정식의 근과 계수의 관계에 의하여

$\omega+\overline{\omega}=-1$, $\omega\overline{\omega}=1$ …… ㉡

⑶ ㉠에서 $\omega^2=-\omega-1$이고, ㉡에서 $\overline{\omega}=-\omega-1$, $\overline{\omega}=\dfrac{1}{\omega}$이므로

$\omega^2=\overline{\omega}=\dfrac{1}{\omega}$

마찬가지로 방정식 $x^3=-1$에서 $(x+1)(x^2-x+1)=0$이므로 [$x=-1$ 또는 $x=\dfrac{1\pm\sqrt{3}i}{2}$] 방정식 $x^3=-1$의 한 허근을 ω라 하면 다음 성질이 성립한다. (단, $\overline{\omega}$는 ω의 켤레복소수이다.)

$\omega^3=-1$, $\omega^2-\omega+1=0$

$\omega+\overline{\omega}=1$, $\omega\overline{\omega}=1$

$\omega^2=-\overline{\omega}=-\dfrac{1}{\omega}$

example

방정식 $x^3=1$의 한 허근을 ω라 할 때,

$\omega^3=1$, $\omega^2+\omega+1=0$이므로

(1) $\omega^{15}=(\omega^3)^5=1^5=1$

(2) $\omega+\dfrac{1}{\omega}=\dfrac{\omega^2+1}{\omega}=\dfrac{-\omega}{\omega}=-1$ ← $\omega^2+\omega+1=0$에서 $\omega^2+1=-\omega$

다른 풀이

(2) $\omega^2+\omega+1=0$의 양변을 ω로 나누면 $\omega+1+\dfrac{1}{\omega}=0$ ∴ $\omega+\dfrac{1}{\omega}=-1$

개념 CHECK

📖 빠른 정답 · 496쪽 / 정답과 풀이 · 86쪽

02. 삼차방정식의 근과 계수의 관계

01 삼차방정식 $x^3-5x^2-2x+4=0$의 세 근을 α, β, γ라 할 때, 다음 식의 값을 구하시오.

(1) $\alpha+\beta+\gamma$ (2) $\alpha\beta+\beta\gamma+\gamma\alpha$ (3) $\alpha\beta\gamma$

02 세 수 -2, 1, 3을 근으로 하고 x^3의 계수가 4인 삼차방정식을 구하시오.

03 삼차방정식 $2x^3+ax^2+bx+c=0$의 두 근이 1, $1+i$일 때, 실수 a, b, c의 값을 각각 구하시오.

04 방정식 $x^3=-1$의 한 허근을 ω라 할 때, 다음 식의 값을 구하시오.

(1) $\omega+\dfrac{1}{\omega}$ (2) $1-\omega^5+\omega^{10}$

대표 예제 ┃ 06

삼차방정식 $x^3 - x^2 - 4x + 2 = 0$의 세 근을 α, β, γ라 할 때, 다음 식의 값을 구하시오.

(1) $\dfrac{1}{\alpha} + \dfrac{1}{\beta} + \dfrac{1}{\gamma}$

(2) $\alpha^2 + \beta^2 + \gamma^2$

(3) $\alpha^2\beta^2 + \beta^2\gamma^2 + \gamma^2\alpha^2$

(4) $\alpha^3 + \beta^3 + \gamma^3$

바로 접근

근을 직접 구하지 않고도 삼차방정식의 근과 계수의 관계를 이용하면 세 근의 합과 두 근끼리의 곱의 합, 세 근의 곱의 값을 구할 수 있다.

삼차방정식 $ax^3 + bx^2 + cx + d = 0$의 세 근을 α, β, γ라 하면

① 세 근의 합: $\alpha + \beta + \gamma = -\dfrac{b}{a}$

② 두 근끼리 곱의 합: $\alpha\beta + \beta\gamma + \gamma\alpha = \dfrac{c}{a}$

③ 세 근의 곱: $\alpha\beta\gamma = -\dfrac{d}{a}$

바른 풀이

삼차방정식 $x^3 - x^2 - 4x + 2 = 0$의 세 근이 α, β, γ이므로 삼차방정식의 근과 계수의 관계에 의하여

$\alpha + \beta + \gamma = 1$, $\alpha\beta + \beta\gamma + \gamma\alpha = -4$, $\alpha\beta\gamma = -2$

(1) $\dfrac{1}{\alpha} + \dfrac{1}{\beta} + \dfrac{1}{\gamma} = \dfrac{\alpha\beta + \beta\gamma + \gamma\alpha}{\alpha\beta\gamma}$

$\qquad\qquad\qquad = \dfrac{-4}{-2} = 2$

(2) $\alpha^2 + \beta^2 + \gamma^2 = (\alpha + \beta + \gamma)^2 - 2(\alpha\beta + \beta\gamma + \gamma\alpha)$

$\qquad\qquad\quad = 1^2 - 2 \times (-4) = 9$

(3) $\alpha^2\beta^2 + \beta^2\gamma^2 + \gamma^2\alpha^2 = (\alpha\beta + \beta\gamma + \gamma\alpha)^2 - 2\alpha\beta\gamma(\alpha + \beta + \gamma)$

$\qquad\qquad\qquad\qquad = (-4)^2 - 2 \times (-2) \times 1 = 20$

(4) $\alpha^3 + \beta^3 + \gamma^3 = (\alpha + \beta + \gamma)(\alpha^2 + \beta^2 + \gamma^2 - \alpha\beta - \beta\gamma - \gamma\alpha) + 3\alpha\beta\gamma$

$\qquad\qquad\quad = 1 \times \{9 - (-4)\} + 3 \times (-2) = 7$

정답   (1) 2   (2) 9   (3) 20   (4) 7

Bible Says

삼차방정식의 근과 계수의 관계에 대한 문제에서 자주 이용되는 곱셈 공식의 변형

① $a^2 + b^2 + c^2 = (a + b + c)^2 - 2(ab + bc + ca)$

② $a^2b^2 + b^2c^2 + c^2a^2 = (ab + bc + ca)^2 - 2abc(a + b + c)$

③ $a^3 + b^3 + c^3 = (a + b + c)(a^2 + b^2 + c^2 - ab - bc - ca) + 3abc$

한번 **더하기**

06-1

삼차방정식 $x^3+2x^2+3x-6=0$의 세 근을 α, β, γ라 할 때, 다음 식의 값을 구하시오.

(1) $\dfrac{1}{\alpha\beta}+\dfrac{1}{\beta\gamma}+\dfrac{1}{\gamma\alpha}$ (2) $(1+\alpha)(1+\beta)(1+\gamma)$ (3) $\alpha^3+\beta^3+\gamma^3-3\alpha\beta\gamma$

표현 **더하기**

06-2

삼차방정식 $x^3-3x^2+x+5=0$의 세 근을 α, β, γ라 할 때, $(\alpha+\beta)(\beta+\gamma)(\gamma+\alpha)$의 값을 구하시오.

07

표현 **더하기**

06-3

삼차방정식 $x^3+2x^2+kx-1=0$의 세 근을 α, β, γ라 할 때, $\alpha^2+\beta^2+\gamma^2=8$을 만족시키는 실수 k의 값을 구하시오.

표현 **더하기**

06-4

삼차방정식 $x^3-9x^2+ax+b=0$의 세 근을 α, β, γ라 할 때, $\alpha:\beta:\gamma=2:3:4$를 만족시키는 상수 a, b에 대하여 $a+b$의 값을 구하시오.

대표 예제 | 07

삼차방정식 $x^3-3x^2+2x-1=0$의 세 근을 α, β, γ라 할 때, $\alpha+1$, $\beta+1$, $\gamma+1$을 세 근으로 하고 x^3의 계수가 1인 삼차방정식을 구하시오.

바로 접근

삼차방정식의 근과 계수의 관계를 이용하여 $\alpha+\beta+\gamma$, $\alpha\beta+\beta\gamma+\gamma\alpha$, $\alpha\beta\gamma$의 값을 구한 후 이 값을 이용하여 삼차방정식의 세 근 $\alpha+1$, $\beta+1$, $\gamma+1$에 대한 세 근의 합, 두 근끼리의 곱의 합, 세 근의 곱을 구한다.

바른 풀이

삼차방정식 $x^3-3x^2+2x-1=0$의 세 근이 α, β, γ이므로 삼차방정식의 근과 계수의 관계에 의하여
$\alpha+\beta+\gamma=3$, $\alpha\beta+\beta\gamma+\gamma\alpha=2$, $\alpha\beta\gamma=1$
구하는 삼차방정식의 세 근이 $\alpha+1$, $\beta+1$, $\gamma+1$이므로

$$(\text{세 근의 합})=(\alpha+1)+(\beta+1)+(\gamma+1)$$
$$=(\alpha+\beta+\gamma)+3$$
$$=3+3=6$$
$$(\text{두 근끼리의 곱의 합})=(\alpha+1)(\beta+1)+(\beta+1)(\gamma+1)+(\gamma+1)(\alpha+1)$$
$$=\alpha\beta+\beta\gamma+\gamma\alpha+2(\alpha+\beta+\gamma)+3$$
$$=2+2\times3+3=11$$
$$(\text{세 근의 곱})=(\alpha+1)(\beta+1)(\gamma+1)$$
$$=\alpha\beta\gamma+(\alpha\beta+\beta\gamma+\gamma\alpha)+(\alpha+\beta+\gamma)+1$$
$$=1+2+3+1=7$$

따라서 구하는 삼차방정식은
$x^3-6x^2+11x-7=0$

정답 $x^3-6x^2+11x-7=0$

Bible Says

삼차방정식 $ax^3+bx^2+cx+d=0$의 세 근을 α, β, γ라 하면

① 세 근의 합: $\alpha+\beta+\gamma=-\dfrac{b}{a}$

② 두 근끼리 곱의 합: $\alpha\beta+\beta\gamma+\gamma\alpha=\dfrac{c}{a}$

③ 세 근의 곱: $\alpha\beta\gamma=-\dfrac{d}{a}$

07-1

삼차방정식 $x^3+2x^2+x-2=0$의 세 근을 α, β, γ라 할 때, $-\alpha$, $-\beta$, $-\gamma$를 세 근으로 하고 x^3의 계수가 1인 삼차방정식을 구하시오.

07-2

삼차방정식 $2x^3-x^2-4x-5=0$의 세 근을 α, β, γ라 할 때, $\dfrac{1}{\alpha}$, $\dfrac{1}{\beta}$, $\dfrac{1}{\gamma}$을 세 근으로 하고 x^3의 계수가 5인 삼차방정식을 구하시오.

07-3

삼차방정식 $x^3+2x+3=0$의 세 근을 α, β, γ라 할 때, $\alpha+\beta$, $\beta+\gamma$, $\gamma+\alpha$를 세 근으로 하고 x^3의 계수가 1인 삼차방정식은 $x^3+ax^2+bx+c=0$이다. 이때 상수 a, b, c에 대하여 $a+b-c$의 값을 구하시오.

07-4

삼차방정식 $x^3+ax^2+bx+c=0$의 세 근을 α, β, γ라 할 때, $\dfrac{1}{\alpha\beta}$, $\dfrac{1}{\beta\gamma}$, $\dfrac{1}{\gamma\alpha}$을 세 근으로 하는 삼차방정식은 $x^3-5x^2+3x-1=0$이다. 이때 양수 a, b, c에 대하여 $a+b+c$의 값을 구하시오.

대표 예제 | 08

다음 물음에 답하시오.

(1) 삼차방정식 $x^3-3x^2+ax+b=0$의 두 근이 1, $1-\sqrt{3}$일 때, 유리수 a, b의 값을 각각 구하시오.

(2) 삼차방정식 $x^3-ax^2+bx+5=0$의 한 근이 $1-2i$일 때, 실수 a, b의 값을 각각 구하시오.

(단, $i=\sqrt{-1}$)

바로 접근

이차방정식에서와 마찬가지로 삼·사차방정식에서도 켤레근의 성질을 이용할 수 있다. 이때 계수의 조건을 반드시 확인하도록 하자.

(2)에서 주어진 삼차방정식의 계수가 모두 실수이므로 $1-2i$가 근이면 $1+2i$도 근이다. 따라서 나머지 한 근을 k로 놓고 삼차방정식의 근과 계수의 관계를 이용하여 a, b의 값을 각각 구한다.

바른 풀이

(1) 주어진 삼차방정식의 계수가 유리수이므로 $1-\sqrt{3}$이 근이면 $1+\sqrt{3}$도 근이다.

따라서 주어진 방정식의 세 근이 1, $1-\sqrt{3}$, $1+\sqrt{3}$이므로 삼차방정식의 근과 계수의 관계에 의하여

$1\times(1-\sqrt{3})+(1-\sqrt{3})\times(1+\sqrt{3})+(1+\sqrt{3})\times1=a$ ∴ $a=0$

$1\times(1-\sqrt{3})\times(1+\sqrt{3})=-b$ ∴ $b=2$

(2) 주어진 삼차방정식의 계수가 실수이고 한 근이 $1-2i$이므로 $1+2i$도 근이다.

나머지 한 근을 k라 하면 삼차방정식의 근과 계수의 관계에 의하여

$(1-2i)\times(1+2i)\times k=-5$ ∴ $k=-1$

즉, 삼차방정식의 세 근이 $1-2i$, $1+2i$, -1이므로

$(1-2i)+(1+2i)+(-1)=a$ ∴ $a=1$

$(1-2i)\times(1+2i)+(1+2i)\times(-1)+(-1)\times(1-2i)=b$ ∴ $b=3$

[다른 풀이]

(2) 복소수가 서로 같을 조건을 이용한다.

삼차방정식 $x^3-ax^2+bx+5=0$에 $x=1-2i$를 대입하면

$(1-2i)^3-a(1-2i)^2+b(1-2i)+5=0$

$(3a+b-6)+(4a-2b+2)i=0$

a, b가 실수이므로 복소수가 서로 같을 조건에 의하여

$3a+b-6=0$, $4a-2b+2=0$

두 식을 연립하여 풀면

$a=1$, $b=3$

[정답] (1) $a=0$, $b=2$ (2) $a=1$, $b=3$

Bible Says

① 계수가 유리수인 방정식의 한 근이 $a+b\sqrt{m}$이면 $a-b\sqrt{m}$도 근이다. (단, a, b는 유리수, $b\neq0$, $\sqrt{m}$은 무리수)

② 계수가 실수인 방정식의 한 근이 $a+bi$이면 $a-bi$도 근이다. (단, a, b는 실수, $b\neq0$, $i=\sqrt{-1}$)

한번 더하기

08-1

다음 물음에 답하시오.

(1) 삼차방정식 $x^3+x^2-ax+b=0$의 한 근이 $-1+\sqrt{2}$일 때, 유리수 a, b의 값을 각각 구하시오.

(2) 삼차방정식 $x^3+ax^2+bx-4=0$의 한 근이 $-1-i$일 때, 실수 a, b의 값을 각각 구하시오. (단, $i=\sqrt{-1}$)

한번 더하기

08-2

삼차방정식 $x^3-ax^2+bx+1=0$의 한 근이 $\dfrac{1}{2+\sqrt{3}}$일 때, 나머지 두 근의 합을 구하시오.

(단, a, b는 유리수이다.)

표현 더하기

08-3

사차방정식 $x^4+ax^3+bx^2-3=0$의 네 실근 중 두 근이 $1-\sqrt{2}$, $3-\sqrt{6}$일 때, 유리수 a, b에 대하여 $a+b$의 값을 구하시오.

표현 더하기

08-4

사차방정식 $x^4+ax^3+bx^2+cx+d=0$의 두 근이 $2i$, $1-i$일 때, 실수 a, b, c, d에 대하여 $a+b-c-d$의 값을 구하시오.

대표 예제 | 09

방정식 $x^3=1$의 한 허근을 ω라 할 때, 다음 식의 값을 구하시오. (단, $\overline{\omega}$는 ω의 켤레복소수이다.)

(1) $\omega^{80}+\omega^{40}+1$ (2) $1+\omega+\omega^2+\omega^3+\cdots+\omega^{18}$ (3) $\omega+\dfrac{1}{\omega}+\overline{\omega}+\dfrac{1}{\overline{\omega}}+\dfrac{1+\omega^2}{\omega}$

바로 접근

방정식 $x^3=1$의 한 허근을 ω라 하면 다른 한 허근은 $\overline{\omega}$이다. (단, $\overline{\omega}$는 ω의 켤레복소수이다.)

① $x^3-1=0$, $(x-1)(x^2+x+1)=0$이므로 $\omega^3=1$, $\omega^2+\omega+1=0$

② $x^2+x+1=0$에서 이차방정식의 근과 계수의 관계에 의하여 $\omega+\overline{\omega}=-1$, $\omega\overline{\omega}=1$

➡ ①, ②를 이용하여 주어진 식을 간단히 한 후 식의 값을 구한다.

바른 풀이

$x^3=1$의 한 허근이 ω이므로 $\omega^3=1$

$x^3=1$에서 $x^3-1=0$, $(x-1)(x^2+x+1)=0$

이때 ω는 허근이므로 $\omega^2+\omega+1=0$

(1) $\omega^{80}+\omega^{40}+1=(\omega^3)^{26}\times\omega^2+(\omega^3)^{13}\times\omega+1$
$$=\omega^2+\omega+1$$
$$=0$$

(2) $1+\omega+\omega^2+\omega^3+\cdots+\omega^{18}=(1+\omega+\omega^2)+\omega^3(1+\omega+\omega^2)+\cdots+\omega^{15}(1+\omega+\omega^2)+(\omega^3)^6$
$$=0+0+\cdots+0+1$$
$$=1$$

(3) 방정식 $x^2+x+1=0$의 계수가 실수이고 한 허근이 ω이므로 다른 한 근은 $\overline{\omega}$이다.

이차방정식의 근과 계수의 관계에 의하여 $\omega+\overline{\omega}=-1$, $\omega\overline{\omega}=1$

$\omega^2+\omega+1=0$에서 $1+\omega^2=-\omega$

$\therefore \omega+\dfrac{1}{\omega}+\overline{\omega}+\dfrac{1}{\overline{\omega}}+\dfrac{1+\omega^2}{\omega}=\omega+\overline{\omega}+\dfrac{1}{\omega}+\dfrac{1}{\overline{\omega}}+\dfrac{1+\omega^2}{\omega}=\omega+\overline{\omega}+\dfrac{\overline{\omega}+\omega}{\omega\overline{\omega}}+\dfrac{-\omega}{\omega}$
$$=(-1)+\dfrac{-1}{1}+(-1)=-3$$

다른 풀이

(3) $\omega+\dfrac{1}{\omega}+\overline{\omega}+\dfrac{1}{\overline{\omega}}+\dfrac{1+\omega^2}{\omega}=\dfrac{\omega^2+1}{\omega}+\dfrac{\overline{\omega}^2+1}{\overline{\omega}}+\dfrac{1+\omega^2}{\omega}$
$$=\dfrac{-\omega}{\omega}+\dfrac{-\overline{\omega}}{\overline{\omega}}+\dfrac{-\omega}{\omega} \quad (\because \omega^2+\omega+1=0, \overline{\omega}^2+\overline{\omega}+1=0)$$
$$=(-1)+(-1)+(-1)$$
$$=-3$$

정답 (1) 0   (2) 1   (3) -3

Bible Says

방정식 $x^3=-1$의 한 허근을 ω라 하면 다른 한 허근은 $\overline{\omega}$이다. (단, $\overline{\omega}$는 ω의 켤레복소수이다.)

① $x^3+1=0$, $(x+1)(x^2-x+1)=0$이므로 $\omega^3=-1$, $\omega^2-\omega+1=0$

② $x^2-x+1=0$에서 이차방정식의 근과 계수의 관계에 의하여 $\omega+\overline{\omega}=1$, $\omega\overline{\omega}=1$

07

한번 더하기

09-1

방정식 $x^3=1$의 한 허근을 ω라 할 때, 다음 식의 값을 구하시오.

(단, $\overline{\omega}$는 ω의 켤레복소수이다.)

(1) $\omega^{11}+\omega^{22}+\omega^{33}$　　　　(2) $\omega+\omega^3+\omega^5+\omega^7+\omega^9+\omega^{11}$　　　　(3) $\dfrac{1}{1-\omega}+\dfrac{1}{1-\overline{\omega}}$

한번 더하기

09-2

방정식 $x^3=-1$의 한 허근을 ω라 할 때, **보기**에서 옳은 것만을 있는 대로 고르시오.

(단, $\overline{\omega}$는 ω의 켤레복소수이다.)

> • 보기 •
>
> ㄱ. $\omega^5-\omega^4+1=2$　　　　　　　　ㄴ. $1-\omega+\omega^2-\omega^3+\cdots+\omega^{10}=\omega$
>
> ㄷ. $\omega^2+\overline{\omega}=1$　　　　　　　　　ㄹ. $\dfrac{\omega-1}{\omega^2}+\dfrac{\omega^2}{\omega-1}=2$

표현 더하기

09-3

방정식 $x^2+x+1=0$의 한 허근을 ω라 할 때,

$$5\omega^5+4\omega^6+3\omega^7+2\omega^8+\omega^9=a\omega+b$$

이다. 실수 a, b에 대하여 $a+b$의 값을 구하시오.

표현 더하기

09-4

방정식 $x^2-x+1=0$의 한 허근을 ω라 할 때, $\dfrac{(3\omega+1)\overline{(3\omega+1)}}{(\omega+1)\overline{(\omega+1)}}$의 값을 구하시오.

(단, $\overline{\omega}$는 ω의 켤레복소수이다.)

03 연립이차방정식

1 미지수가 2개인 연립일차방정식

(1) 미지수가 2개인 두 일차방정식을 한 쌍으로 묶어서 나타낸 것을 미지수가 2개인 연립일차방정식이라 한다.

(2) **미지수가 2개인 연립일차방정식의 풀이**

❶ 미지수 중 하나를 소거하여 미지수가 1개인 일차방정식을 만든다.

❷ ❶에서 얻은 식을 푼다.

❸ ❷에서 구한 값을 한 일차방정식에 대입하여 나머지 미지수의 값을 구한다.

참고 연립방정식의 해는 두 일차방정식을 동시에 만족시키므로 연립방정식의 해를 두 일차방정식에 대입하면 모두 참이 된다.

두 개 이상의 방정식을 한 쌍으로 묶어 나타낸 것을 **연립방정식**이라 하고, $\begin{cases} 2x+y=3 \\ x+y=7 \end{cases}$ 과 같이

미지수가 2개이고 일차방정식으로만 이루어진 연립방정식을 **미지수가 2개인 연립일차방정식**이라 한다.

이때 두 일차방정식을 동시에 만족시키는 x, y의 값 또는 순서쌍 (x, y)를 연립방정식의 **해** 또는 **근**이라 하고, 이것을 구하는 것을 연립방정식을 푼다고 한다.

미지수가 2개인 연립일차방정식은 하나의 미지수를 소거하여 미지수가 1개인 일차방정식으로 만들어 푼다. 한 미지수를 소거하는 방법에는 가감법과 대입법이 있다. 가감법은 두 방정식을 변끼리 더하거나 빼서 미지수의 개수를 줄여 푸는 방법이고, 대입법은 한 방정식을 한 미지수에 대하여 정리한 후, 다른 방정식에 대입하여 푸는 방법이다.

주어진 방정식의 형태에 따라 가감법과 대입법 중 편리한 방법을 이용하여 푼다.

example

연립방정식 $\begin{cases} 2x+y=5 & \cdots\cdots \text{㉠} \\ x-3y=-1 & \cdots\cdots \text{㉡} \end{cases}$ 을 풀면

풀이1 **가감법을 이용한 풀이**

x를 소거하기 위해 ㉠$-$㉡$\times 2$를 하면 $7y=7$ $\therefore y=1$

$y=1$을 ㉠에 대입하면 $2x+1=5$, $2x=4$ $\therefore x=2$

풀이2 **대입법을 이용한 풀이**

㉠에서 $y=-2x+5$이므로 ㉡에 대입하면

$x-3(-2x+5)=-1$, $7x=14$ $\therefore x=2$

$x=2$를 ㉡에 대입하면 $2-3y=-1$, $-3y=-3$ $\therefore y=1$

2 미지수가 2개인 연립이차방정식

(1) 미지수가 2개인 연립방정식에서 차수가 가장 높은 방정식이 이차방정식일 때, 이 연립방정식을 미지수가 2개인 연립이차방정식이라 한다.

(2) **일차방정식과 이차방정식으로 이루어진 연립이차방정식의 풀이**
  ❶ 주어진 일차방정식을 한 미지수에 대하여 정리한다.
  ❷ ❶에서 얻은 식을 이차방정식에 대입하여 푼다.

(3) **두 이차방정식으로 이루어진 연립이차방정식의 풀이**
  ❶ 주어진 두 이차방정식 중 두 일차식의 곱으로 인수분해되는 식을 찾아 $AB=0$ (A, B는 일차식) 꼴로 인수분해한다.
  ❷ 두 일차방정식 $A=0$, $B=0$을 다른 이차방정식과 각각 연립하여 푼다.

$\begin{cases} x-y=2 \\ x^2+y^2=10 \end{cases}$, $\begin{cases} x^2-xy-2y^2=0 \\ x^2+xy+y^2=7 \end{cases}$ 과 같이 미지수가 2개인 연립방정식에서 차수가 가장 높은 방정식이 이차방정식일 때, 이 연립방정식을 **미지수가 2개인 연립이차방정식**이라 한다.

미지수가 2개인 연립이차방정식은

$$\begin{cases} (일차식)=0 \\ (이차식)=0 \end{cases}, \quad \begin{cases} (이차식)=0 \\ (이차식)=0 \end{cases}$$

의 두 가지 꼴이 있다.

$\begin{cases} (일차식)=0 \\ (이차식)=0 \end{cases}$ 과 같이 **일차방정식과 이차방정식으로 이루어진 연립이차방정식**은 일차방정식을 한 미지수에 대하여 정리한 후 이차방정식에 대입하여 푼다.

example

연립방정식 $\begin{cases} x-y=2 & \cdots\cdots ㉠ \\ x^2+y^2=10 & \cdots\cdots ㉡ \end{cases}$ 을 풀면

$x-y=2$에서 $y=x-2$ $\cdots\cdots ㉢$ ← 주어진 일차방정식을 한 미지수에 대하여 정리한다.

㉢을 ㉡에 대입하면 ← 정리한 식을 이차방정식에 대입하여 푼다.

$x^2+(x-2)^2=10$, $2x^2-4x+4=10$, $x^2-2x-3=0$

$(x+1)(x-3)=0$ $\therefore x=-1$ 또는 $x=3$

$x=-1$을 ㉢에 대입하면 $y=-3$

$x=3$을 ㉢에 대입하면 $y=1$

이차방정식을 풀어 얻은 x의 값을 일차방정식에 대입하여 y의 값을 구한다.

따라서 구하는 연립방정식의 해는 $\begin{cases} x=-1 \\ y=-3 \end{cases}$ 또는 $\begin{cases} x=3 \\ y=1 \end{cases}$

$\begin{cases} (이차식)=0 \\ (이차식)=0 \end{cases}$ 과 같이, **두 이차방정식으로 이루어진 연립이차방정식**은 하나의 이차방정식을 인수분해하여 두 일차식의 곱으로 만든 후 일차방정식과 이차방정식으로 이루어진 연립이차방정식과 같은 방법으로 푼다.

example 연립방정식 $\begin{cases} 2x^2+xy-y^2=0 & \cdots\cdots ㉠ \\ x^2+xy+y^2=7 & \cdots\cdots ㉡ \end{cases}$ 에서

㉠의 좌변을 인수분해하면 $(x+y)(2x-y)=0$ ← 보통은 상수항이 없는 이차방정식을 인수분해한다.

$\therefore y=-x$ 또는 $y=2x$

(ⅰ) $y=-x$를 ㉡에 대입하면

$x^2-x^2+x^2=7$, $x^2=7$ $\therefore x=\pm\sqrt{7}$

$y=-x$이므로 $x=\pm\sqrt{7}$, $y=\mp\sqrt{7}$ (복부호동순)

(ⅱ) $y=2x$을 ㉡에 대입하면

$x^2+2x^2+4x^2=7$, $x^2=1$ $\therefore x=\pm1$

$y=2x$이므로 $x=\pm1$, $y=\pm2$ (복부호동순)

(ⅰ), (ⅱ)에서 구하는 연립방정식의 해는

$\begin{cases} x=\sqrt{7} \\ y=-\sqrt{7} \end{cases}$ 또는 $\begin{cases} x=-\sqrt{7} \\ y=\sqrt{7} \end{cases}$ 또는 $\begin{cases} x=1 \\ y=2 \end{cases}$ 또는 $\begin{cases} x=-1 \\ y=-2 \end{cases}$

3 대칭식으로 이루어진 연립방정식

연립방정식을 이루는 두 방정식이 모두 x, y에 대한 대칭식이면

❶ $x+y=a$, $xy=b$로 놓고 주어진 방정식을 a, b에 대한 연립방정식으로 만든다.

❷ a, b에 대한 연립방정식을 풀어 a, b의 값을 각각 구한다.

❸ x, y는 t에 대한 이차방정식 $t^2-at+b=0$의 두 근임을 이용하여 x, y의 값을 각각 구한다.

다항식 x^2+y^2+xy에서 x, y를 서로 바꾸어도 y^2+x^2+yx가 되어 원래의 식과 같아진다.

이와 같이 두 문자를 서로 바꾸어도 원래의 식과 같아지는 식을 **대칭식**이라 한다.

x, y에 대한 연립이차방정식에서 두 방정식이 모두 x, y에 대한 대칭식이면

$x+y=a$, $xy=b$로 놓고 a, b에 대한 연립방정식을 만든 후, 연립방정식을 풀어 a, b의 값을 각각 구한다.

이때 x, y를 두 근으로 하고 이차항의 계수가 1인 t에 대한 이차방정식은   ← (두 근의 합)$=x+y=a$

(두 근의 곱)$=xy=b$

$t^2-(x+y)t+xy=0$, 즉 $t^2-at+b=0$

이다. 따라서 이차방정식 $t^2-at+b=0$을 풀면 x, y의 값을 각각 구할 수 있다.

example (1) 연립방정식 $\begin{cases} x+y=3 \\ xy=2 \end{cases}$ 에서

x, y는 t에 대한 이차방정식 $t^2-3t+2=0$의 두 근이다.

$t^2-3t+2=0$에서 $(t-1)(t-2)=0$ $\therefore t=1$ 또는 $t=2$

따라서 구하는 연립방정식의 해는 $\begin{cases} x=1 \\ y=2 \end{cases}$ 또는 $\begin{cases} x=2 \\ y=1 \end{cases}$

(2) 연립방정식 $\begin{cases} x+y-xy=1 \\ 3x+3y-2xy=6 \end{cases}$ 에서 ← x, y를 서로 바꾸어도 $\begin{cases} y+x-yx=1 \\ 3y+3x-2yx=6 \end{cases}$ 으로 원래의 식과 같다.

$x+y=a$, $xy=b$로 놓으면 주어진 연립방정식은 $\begin{cases} a-b=1 \\ 3a-2b=6 \end{cases}$

이 연립방정식을 풀면 $a=4$, $b=3$

즉, $x+y=4$, $xy=3$이므로 x, y는 t에 대한 이차방정식 $t^2-4t+3=0$의 두 근이다.

$t^2-4t+3=0$에서 $(t-1)(t-3)=0$ ∴ $t=1$ 또는 $t=3$

따라서 구하는 연립방정식의 해는 $\begin{cases} x=1 \\ y=3 \end{cases}$ 또는 $\begin{cases} x=3 \\ y=1 \end{cases}$

4 공통근

(1) **공통근**: 두 개 이상의 방정식을 동시에 만족시키는 미지수의 값

(2) **공통근을 구하는 방법**

| 방법 1 | 인수분해를 이용하여 각각의 방정식을 푼 후 공통근을 구한다.

| 방법 2 | 두 방정식을 연립하여 최고차항 또는 상수항을 소거한 후 공통근을 구한다.

주의 최고차항 또는 상수항을 소거하여 얻은 근이 공통근이 아닌 경우도 있으므로, 얻은 근이 두 방정식을 모두 만족시키는지 반드시 확인해야 한다.

두 방정식 $(x-2)(x-1)=0$, $(x+1)(x-1)=0$에서 $x=1$은 두 방정식을 동시에 만족시킨다. 이처럼 두 개 이상의 방정식을 동시에 만족시키는 미지수의 값을 **공통근**이라 한다.

미지수가 1개인 연립방정식을 푸는 경우에는 '공통근'이 주로 사용되고 미지수가 2개 이상인 연립방정식을 푸는 경우에는 '연립방정식의 해'가 주로 사용된다.

공통근을 구하는 방법은 다음과 같다.

| 방법 1 | 인수분해를 이용하여 공통근 구하기

두 방정식 $f(x)=0$, $g(x)=0$의 좌변을 각각 인수분해하여 근을 구한 후 두 방정식의 공통근을 찾는다.

| 방법 2 | 최고차항 또는 상수항을 소거하여 공통근 구하기

❶ 공통근을 $x=\alpha$라 하고 이것을 주어진 방정식에 각각 대입하여 α에 대한 연립방정식을 만든다.

❷ ❶의 연립방정식에서 최고차항 또는 상수항을 소거하여 α의 값을 구한다.

❸ α의 값을 원래의 방정식에 대입한 후 식이 성립하는지를 판단하여 공통근 α를 찾는다.

example 두 이차방정식 $x^2+7x+12=0$, $x^2+2x-3=0$의 공통근을 구하면

풀이 1 인수분해를 이용하여 공통근 구하기

$x^2+7x+12=0$에서 $(x+4)(x+3)=0$ ∴ $x=-4$ 또는 $x=-3$

$x^2+2x-3=0$에서 $(x+3)(x-1)=0$ ∴ $x=-3$ 또는 $x=1$

따라서 주어진 두 방정식의 공통근은 $x=-3$이다.

풀이2 최고차항 또는 상수항을 소거하여 공통근 구하기

주어진 두 방정식을 공통근을 $x=\alpha$라 하면 $\begin{cases} \alpha^2+7\alpha+12=0 & \cdots\cdots \text{㉠} \\ \alpha^2+2\alpha-3=0 & \cdots\cdots \text{㉡} \end{cases}$

① 최고차항을 소거

㉠$-$㉡을 하면 $5\alpha+15=0$ $\quad \therefore \alpha=-3$

$x=-3$은 주어진 두 방정식을 모두 만족시키므로 공통근이다.

② 상수항을 소거

㉠$+$㉡$\times 4$를 하면 $5\alpha^2+15\alpha=0$, $5\alpha(\alpha+3)=0$ $\quad \therefore \alpha=0$ 또는 $\alpha=-3$

(i) $\alpha=0$일 때, $x=0$은 주어진 두 방정식을 모두 만족시키지 않으므로 공통근이 아니다.

(ii) $\alpha=-3$일 때, $x=-3$은 주어진 두 방정식을 모두 만족시키므로 공통근이다.

5 부정방정식

(1) 부정방정식: 방정식의 개수가 미지수의 개수보다 적은 경우 해가 무수히 많아서 그 해를 정할 수 없게 되는데 이러한 방정식을 부정방정식이라 한다.

(2) 부정방정식의 풀이

① 정수 조건의 부정방정식

(일차식)$\times$(일차식)$=$(정수) 꼴로 변형한 후, 곱해서 정수가 되는 두 일차식의 값을 구하여 푼다.

② 실수 조건의 부정방정식

| **방법 1** | A, B가 실수일 때, $A^2+B^2=0$이면 $A=0$, $B=0$임을 이용하여 푼다.

| **방법 2** | 한 문자에 대하여 내림차순으로 정리한 후 판별식 $D\geq 0$임을 이용하여 푼다.

일반적으로 방정식을 풀 때 주어진 방정식의 개수와 구해야 하는 미지수의 개수는 같다.

그런데 방정식의 개수가 미지수의 개수보다 적은 경우 해가 무수히 많아서 그 해를 정할 수 없게 되는데 이러한 방정식을 **부정방정식**이라 한다.

부정방정식의 풀이에서는 해를 정하기 위해 부족한 방정식의 개수를 대신하는 조건, 즉 근에 대한 정수 조건 또는 실수 조건 등이 주어진다. 따라서 반드시 주어진 조건을 확인해야 한다.

(1) 정수 조건의 부정방정식

방정식 $xy=4$는 미지수가 x, y로 2개, 방정식은 1개인 부정방정식이다. 이 방정식을 만족시키는 x, y의 값은 무수히 많다. 하지만 그중에서 해가 정수인 것은

$$\begin{cases} x=1 \\ y=4 \end{cases}, \begin{cases} x=2 \\ y=2 \end{cases}, \begin{cases} x=4 \\ y=1 \end{cases}, \begin{cases} x=-1 \\ y=-4 \end{cases}, \begin{cases} x=-2 \\ y=-2 \end{cases}, \begin{cases} x=-4 \\ y=-1 \end{cases}$$

와 같이 총 여섯 쌍이 된다.

정수 조건의 부정방정식은 주어진 방정식의 좌변을 일차식의 곱의 형태로 바꾸고 해가 정수라는 조건을 이용하여 우변에 있는 정수의 약수를 찾아서 푼다. 즉, (일차식)×(일차식)=(정수) 꼴로 변형한 후, 곱해서 정수가 되는 두 일차식의 값을 구하여 푼다.

example x, y가 정수일 때, 방정식 $xy-2x+y-5=0$에서   ← 미지수가 x, y로 2개, 방정식은 1개이므로 부정방정식이다. 'x, y가 정수'라는 조건을 이용한다.

$x(y-2)+(y-2)-3=0$ $\therefore (x+1)(y-2)=3$

이때 x, y가 정수이므로 $x+1$, $y-2$도 정수이고 3의 약수이다.   ← 곱해서 3이 되는 정수를 찾는다.

따라서 $x+1$, $y-2$의 값은 다음 표와 같다.

$x+1$	1	3	-1	-3
$y-2$	3	1	-3	-1

➡

x	0	2	-2	-4
y	5	3	-1	1

즉, 구하는 정수 x, y의 값은 $\begin{cases} x=0 \\ y=5 \end{cases}$ 또는 $\begin{cases} x=2 \\ y=3 \end{cases}$ 또는 $\begin{cases} x=-2 \\ y=-1 \end{cases}$ 또는 $\begin{cases} x=-4 \\ y=1 \end{cases}$

(2) 실수 조건의 부정방정식

실수 조건의 부정방정식은 실수의 성질을 이용하여 풀 수 있다. 풀이 방법은 다음과 같다.

| **방법 1** | $A^2+B^2=0$이면 $A=0$, $B=0$을 이용하기

주어진 방정식을 $A^2+B^2=0$ 꼴로 만든 후, A, B가 실수일 때 $A^2+B^2=0$이면 $A=0$, $B=0$임을 이용하여 푼다.

| **방법 2** | 이차방정식의 판별식 $D \geq 0$임을 이용하기

주어진 방정식을 한 문자에 대하여 내림차순으로 정리하면 이 이차방정식이 실근을 가지게 되므로 판별식 $D \geq 0$임을 이용하여 푼다.

example x, y가 실수일 때, 방정식 $x^2+y^2-2x-4y+5=0$에서   ← 미지수가 x, y로 2개, 방정식은 1개이므로 부정방정식이다. 'x, y가 실수'라는 조건을 이용한다.

풀이 1 $A^2+B^2=0$이면 $A=0$, $B=0$을 이용하기

$x^2+y^2-2x-4y+5=0$에서 좌변을 $A^2+B^2=0$ 꼴로 변형하면

$x^2-2x+1+y^2-4y+4=0$, $(x-1)^2+(y-2)^2=0$

x, y는 실수이므로 $x-1$, $y-2$도 실수이다.

따라서 $x-1=0$, $y-2=0$이므로 $x=1$, $y=2$

풀이 2 이차방정식의 판별식 $D \geq 0$을 이용하기

주어진 방정식의 좌변을 x에 대하여 내림차순으로 정리하면

$x^2-2x+y^2-4y+5=0$ ······ ㉠

x가 실수이므로 x에 대한 이차방정식 ㉠이 실근을 가져야 한다. 방정식 ㉠의 판별식을 D라 하면

$$\frac{D}{4}=(-1)^2-1\times(y^2-4y+5)\geq 0, \ y^2-4y+4\leq 0 \quad \therefore (y-2)^2\leq 0$$

이때 y도 실수이므로 $y-2=0$ $\therefore y=2$

$y=2$를 ㉠에 대입하면

$x^2-2x+1=0$, $(x-1)^2=0$ $\therefore x=1$

따라서 구하는 실수 x, y의 값은 $x=1$, $y=2$

(1) 미지수가 3개인 연립일차방정식

$$\begin{cases} 2x+y+z=2 \\ x-y+z=4 \\ x+y-2z=0 \end{cases}$$ 과 같이 미지수가 3개이고 일차방정식으로만 이루어진 연립방정식을 미지수가 3개

인 연립일차방정식이라 한다. 미지수가 3개인 연립일차방정식도 가감법, 대입법 등의 미지수를 줄여
나가는 방법으로 다음과 같은 순서로 푼다.

❶ 미지수 중 하나를 소거하여 미지수가 2개인 연립일차방정식을 만든다.

❷ ❶의 연립일차방정식을 푼다.

❸ ❷에서 구한 두 미지수의 값을 한 일차방정식에 대입하여 나머지 미지수의 값을 구한다.

example

$$\begin{cases} 2x+y+z=2 & \cdots\cdots \ \ \text{㉠} \\ x-y+z=4 & \cdots\cdots \ \ \text{㉡} \\ x+y-2z=0 & \cdots\cdots \ \ \text{㉢} \end{cases}$$ 에서

❶ ㉠+㉡을 하면 $3x+2z=6$ ← x, y, z 중 어느 것을 소거하여도 상관없지만 세 방정식에서 y를 소거하기
　㉡+㉢을 하면 $2x-z=4$ 　　　　　위한 계산이 가장 간단하므로 y를 소거한다.

❷ 연립일차방정식 $\begin{cases} 3x+2z=6 \\ 2x-z=4 \end{cases}$ 를 풀면 $x=2$, $z=0$ ← x, z에 대한 연립일차방정식

❸ $x=2$, $z=0$을 ㉡에 대입하면 $y=-2$ ← ㉠, ㉡, ㉢ 중 계산이 가장 간단한 식에 대입한다.
　따라서 구하는 연립방정식의 해는 $x=2$, $y=-2$, $z=0$

(2) 인수분해되지 않는 연립이차방정식

연립이차방정식에서 두 이차방정식이 모두 인수분해되지 않는 경우에는 이차항을 소거하여 얻은 일
차방정식과 주어진 이차방정식을 연립하여 풀거나 상수항을 소거하여 인수분해되는 이차방정식을
만들어 푼다. ← 주로 xy항이 없으면 이차항을 소거하고, xy항이 있으면 상수항을 소거한다.

example

$$\begin{cases} x^2+y^2+x=1 & \cdots\cdots \ \ \text{㉠} \\ x^2+y^2+y=3 & \cdots\cdots \ \ \text{㉡} \end{cases}$$ 에서 ← 인수분해되지 않으면서 xy항이 없다. 즉, 이차항을 소거한다.

㉠-㉡을 하면 $x-y=-2$ 　　　　← 이차항을 소거하여 일차방정식 유도

∴ $y=x+2$ $\cdots\cdots$ ㉢

㉢을 ㉠에 대입하면 $x^2+(x+2)^2+x=1$

$2x^2+5x+3=0$, $(2x+3)(x+1)=0$ 　　∴ $x=-\dfrac{3}{2}$ 또는 $x=-1$

(i) $x=-\dfrac{3}{2}$을 ㉢에 대입하면 $y=\dfrac{1}{2}$

(ii) $x=-1$을 ㉢에 대입하면 $y=1$

(i), (ii)에서 구하는 연립방정식의 해는 $\begin{cases} x=-\dfrac{3}{2} \\ y=\dfrac{1}{2} \end{cases}$ 또는 $\begin{cases} x=-1 \\ y=1 \end{cases}$

example

$$\begin{cases} x^2+xy-3y^2=-3 & \cdots\cdots\ \bigcirc \\ x^2-xy+y^2=3 & \cdots\cdots\ \bigcirc \end{cases}$$ 에서 ← 인수분해되지 않으면서 xy항이 있다. 즉, 상수항을 소거한다.

$\bigcirc+\bigcirc$을 하면 $2x^2-2y^2=0$ ← 상수항을 소거하여 인수분해되는 이차방정식 유도

$(x+y)(x-y)=0$ ∴ $y=-x$ 또는 $y=x$

(i) $y=-x$를 $\bigcirc$에 대입하면 $x^2+x^2+x^2=3$, $x^2=1$ ∴ $x=\pm1$

　$y=-x$이므로 $x=\pm1$, $y=\mp1$ (복부호동순)

(ii) $y=x$를 $\bigcirc$에 대입하면 $x^2-x^2+x^2=3$, $x^2=3$ ∴ $x=\pm\sqrt{3}$

　$y=x$이므로 $x=\pm\sqrt{3}$, $y=\pm\sqrt{3}$ (복부호동순)

(i), (ii)에서 구하는 연립방정식의 해는

$$\begin{cases} x=1 \\ y=-1 \end{cases} \text{또는} \begin{cases} x=-1 \\ y=1 \end{cases} \text{또는} \begin{cases} x=\sqrt{3} \\ y=\sqrt{3} \end{cases} \text{또는} \begin{cases} x=-\sqrt{3} \\ y=-\sqrt{3} \end{cases}$$

07

개념 CHECK

03. 연립이차방정식

📖 빠른 정답 · 496쪽 / 정답과 풀이 · 91쪽

01 다음 연립방정식을 푸시오.

(1) $\begin{cases} 2x+y=3 \\ 2x^2-x-y^2+15=0 \end{cases}$

(2) $\begin{cases} x^2-y^2=0 \\ x^2-xy+2y^2=8 \end{cases}$

(3) $\begin{cases} x^2+y^2=5 \\ x+y-xy=1 \end{cases}$

02 두 이차방정식 $x^2+ax+3=0$, $x^2+3x+a=0$이 오직 하나의 공통근을 갖도록 하는 실수 a의 값을 구하시오.

03 다음 물음에 답하시오.

(1) 방정식 $xy+2x+y-3=0$을 만족시키는 정수 x, y의 값을 각각 구하시오.

(2) 방정식 $x^2+4xy+5y^2+2y+1=0$을 만족시키는 실수 x, y의 값을 각각 구하시오.

다음 연립방정식을 푸시오.

(1) $\begin{cases} x+y=3 \\ 2x^2-x-y^2+3=0 \end{cases}$

(2) $\begin{cases} x+2y=4 \\ x^2+xy+y^2=4 \end{cases}$

바로 접근

일차방정식과 이차방정식으로 이루어진 연립이차방정식은 일차방정식을 한 문자에 대하여 정리한 후, 이차방정식에 대입하여 푼다.

이때 일차방정식을 한 문자에 대하여 정리할 때는 대입할 이차방정식을 확인하여 계산이 간단해지는 문자를 선택한다.

바른 풀이

(1) $\begin{cases} x+y=3 & \cdots\cdots\ \text{㉠} \\ 2x^2-x-y^2+3=0 & \cdots\cdots\ \text{㉡} \end{cases}$

㉠에서 $y=3-x$　　　$\cdots\cdots$ ㉢

㉢을 ㉡에 대입하면 $2x^2-x-(3-x)^2+3=0$, $x^2+5x-6=0$

$(x+6)(x-1)=0$　　$\therefore\ x=-6$ 또는 $x=1$

(ⅰ) $x=-6$을 ㉢에 대입하면 $y=9$　← 다른 문자에 대한 값을 구할 때는 일차방정식에 대입하는 것이 간편하다.

(ⅱ) $x=1$을 ㉢에 대입하면 $y=2$

(ⅰ), (ⅱ)에서 구하는 연립방정식의 해는 $\begin{cases} x=-6 \\ y=9 \end{cases}$ 또는 $\begin{cases} x=1 \\ y=2 \end{cases}$

(2) $\begin{cases} x+2y=4 & \cdots\cdots\ \text{㉠} \\ x^2+xy+y^2=4 & \cdots\cdots\ \text{㉡} \end{cases}$

㉠에서 $x=4-2y$　　　$\cdots\cdots$ ㉢

㉢을 ㉡에 대입하면 $(4-2y)^2+(4-2y)y+y^2=4$, $y^2-4y+4=0$

$(y-2)^2=0$　　$\therefore\ y=2$

$y=2$를 ㉢에 대입하면 $x=0$

따라서 구하는 연립방정식의 해는 $\begin{cases} x=0 \\ y=2 \end{cases}$

정답 (1) $\begin{cases} x=-6 \\ y=9 \end{cases}$ 또는 $\begin{cases} x=1 \\ y=2 \end{cases}$ (2) $\begin{cases} x=0 \\ y=2 \end{cases}$

Bible Says

연립이차방정식의 해의 조건에 대한 문제 풀이 방법

연립방정식의 해의 조건이 주어질 때, 한 식을 다른 식에 대입해서 만든 이차방정식도 주어진 해의 조건을 만족시킴을 이용한다. 즉, 연립하여 얻은 이차방정식의 판별식을 이용한다.

→ 연립이차방정식의 해가

　① 모두 실근이면 연립하여 얻은 이차방정식의 판별식 $D \geq 0$

　② 오직 한 쌍이면 연립하여 얻은 이차방정식의 판별식 $D=0$

　③ 실근이 존재하지 않으면 연립하여 얻은 이차방정식의 판별식 $D<0$

한번 더하기

10-1

다음 연립방정식을 푸시오.

(1) $\begin{cases} x-y=1 \\ x^2+y^2-5=0 \end{cases}$

(2) $\begin{cases} x-2y=3 \\ x^2+xy+y^2=1 \end{cases}$

표현 더하기

10-2

연립방정식 $\begin{cases} 3x-y-2=0 \\ x^2+y^2-2xy-16=0 \end{cases}$ 을 만족시키는 x, y에 대하여 $x+y$의 최댓값을 구하시오.

07

표현 더하기

10-3

두 연립방정식 $\begin{cases} x+y=-1 \\ ax^2+y^2=13 \end{cases}$, $\begin{cases} 3x+by=12 \\ 2x^2-y^2=-1 \end{cases}$ 의 공통인 해가 존재할 때, 상수 a, b에 대하여 a^2+b^2의 값을 구하시오.

실력 더하기

10-4

x, y에 대한 연립방정식 $\begin{cases} x-2y=5 \\ x^2+y^2=k \end{cases}$ 의 해가 다음과 같을 때, 상수 k의 값 또는 범위를 구하시오.

(1) 해가 오직 한 쌍이다.

(2) 실근이 존재하지 않는다.

대표 예제 | 11

다음 연립방정식을 푸시오.

(1) $\begin{cases} x^2-y^2=0 \\ x^2-xy+y^2=6 \end{cases}$

(2) $\begin{cases} x^2+xy-2y^2=0 \\ x^2+y^2=10 \end{cases}$

바로 접근

두 이차방정식으로 이루어진 연립이차방정식은 인수분해가 가능한 이차방정식을 인수분해하여 두 일차방정식을 얻은 후 각 일차방정식을 다른 이차방정식에 각각 대입하여 푼다.

대부분 두 이차방정식 중 상수항이 없는 이차방정식이 인수분해된다.

바른 풀이

(1) $\begin{cases} x^2-y^2=0 & \cdots\cdots \text{㉠} \\ x^2-xy+y^2=6 & \cdots\cdots \text{㉡} \end{cases}$

㉠의 좌변을 인수분해하면 $(x+y)(x-y)=0$ ∴ $x=-y$ 또는 $x=y$

(i) $x=-y$를 ㉡에 대입하면 $y^2+y^2+y^2=6$, $y^2=2$ ∴ $y=\pm\sqrt{2}$

$x=-y$이므로 $x=\pm\sqrt{2}$, $y=\mp\sqrt{2}$ (복부호동순)

(ii) $x=y$를 ㉡에 대입하면 $y^2-y^2+y^2=6$, $y^2=6$ ∴ $y=\pm\sqrt{6}$

$x=y$이므로 $x=\pm\sqrt{6}$, $y=\pm\sqrt{6}$ (복부호동순)

(i), (ii)에서 구하는 연립방정식의 해는 $\begin{cases} x=\sqrt{2} \\ y=-\sqrt{2} \end{cases}$ 또는 $\begin{cases} x=-\sqrt{2} \\ y=\sqrt{2} \end{cases}$ 또는 $\begin{cases} x=\sqrt{6} \\ y=\sqrt{6} \end{cases}$ 또는 $\begin{cases} x=-\sqrt{6} \\ y=-\sqrt{6} \end{cases}$

(2) $\begin{cases} x^2+xy-2y^2=0 & \cdots\cdots \text{㉠} \\ x^2+y^2=10 & \cdots\cdots \text{㉡} \end{cases}$

㉠의 좌변을 인수분해하면 $(x+2y)(x-y)=0$ ∴ $x=-2y$ 또는 $x=y$

(i) $x=-2y$를 ㉡에 대입하면 $4y^2+y^2=10$, $y^2=2$ ∴ $y=\pm\sqrt{2}$

$x=-2y$이므로 $x=\pm2\sqrt{2}$, $y=\mp\sqrt{2}$ (복부호동순)

(ii) $x=y$를 ㉡에 대입하면 $y^2+y^2=10$, $y^2=5$ ∴ $y=\pm\sqrt{5}$

$x=y$이므로 $x=\pm\sqrt{5}$, $y=\pm\sqrt{5}$ (복부호동순)

(i), (ii)에서 구하는 연립방정식의 해는 $\begin{cases} x=2\sqrt{2} \\ y=-\sqrt{2} \end{cases}$ 또는 $\begin{cases} x=-2\sqrt{2} \\ y=\sqrt{2} \end{cases}$ 또는 $\begin{cases} x=\sqrt{5} \\ y=\sqrt{5} \end{cases}$ 또는 $\begin{cases} x=-\sqrt{5} \\ y=-\sqrt{5} \end{cases}$

정답 (1) $\begin{cases} x=\sqrt{2} \\ y=-\sqrt{2} \end{cases}$ 또는 $\begin{cases} x=-\sqrt{2} \\ y=\sqrt{2} \end{cases}$ 또는 $\begin{cases} x=\sqrt{6} \\ y=\sqrt{6} \end{cases}$ 또는 $\begin{cases} x=-\sqrt{6} \\ y=-\sqrt{6} \end{cases}$

(2) $\begin{cases} x=2\sqrt{2} \\ y=-\sqrt{2} \end{cases}$ 또는 $\begin{cases} x=-2\sqrt{2} \\ y=\sqrt{2} \end{cases}$ 또는 $\begin{cases} x=\sqrt{5} \\ y=\sqrt{5} \end{cases}$ 또는 $\begin{cases} x=-\sqrt{5} \\ y=-\sqrt{5} \end{cases}$

Bible Says

연립이차방정식을 푸는 방법을 정리하면 다음과 같다.

① $\begin{cases} (\text{일차식})=0 \\ (\text{이차식})=0 \end{cases}$ ➡ 일차방정식을 한 문자에 대하여 정리한 후 이차방정식에 대입한다.

② $\begin{cases} (\text{이차식})=0 \\ (\text{이차식})=0 \end{cases}$ ➡ 두 이차방정식 중 인수분해되는 식을 인수분해한 후 다른 이차방정식에 대입한다.

한 번 더하기

11-1 다음 연립방정식을 푸시오.

(1) $\begin{cases} x^2 - 4y^2 = 0 \\ x^2 + 2xy + 2y^2 = 10 \end{cases}$

(2) $\begin{cases} 2x^2 - 3xy + y^2 = 0 \\ x^2 + 2y^2 = 27 \end{cases}$

표현 더하기

11-2 연립방정식 $\begin{cases} 3x^2 - 4xy + y^2 = 0 \\ x^2 + y^2 = 2 \end{cases}$ 를 만족시키는 정수 x, y에 대하여 xy의 값을 구하시오.

표현 더하기

11-3 연립방정식 $\begin{cases} x^2 - 5xy + 4y^2 = 0 \\ x^2 + 2y^2 + 3xy - 30 = 0 \end{cases}$ 을 만족시키는 x, y에 대하여 $x+y$의 최솟값을 구하시오.

실력 더하기

11-4 두 연립방정식 $\begin{cases} ax^2 - y^2 = 0 \\ 2x^2 - xy - y^2 = 0 \end{cases}$, $\begin{cases} 3x + ay = b \\ 5x^2 - y^2 - 4 = 0 \end{cases}$ 의 공통인 음수 해 x, y가 존재할 때, 정수 a, b에 대하여 $a-b$의 값을 구하시오.

대표 예제 | 12

다음 연립방정식을 푸시오.

(1) $\begin{cases} x+y=8 \\ xy=15 \end{cases}$　　　　　　(2) $\begin{cases} x^2+y^2=13 \\ xy=6 \end{cases}$

바로 접근

x, y에 대한 대칭식인 연립이차방정식은 다음과 같은 순서로 푼다.

❶ $x+y=a$, $xy=b$로 놓는다.

❷ 주어진 연립방정식을 a, b에 대한 연립방정식으로 나타내어 해를 구한다.

❸ x, y는 t에 대한 이차방정식 $t^2-at+b=0$의 두 근임을 이용한다.

특히 (2)에서는 먼저 곱셈 공식의 변형 $x^2+y^2=(x+y)^2-2xy$를 이용하여 $x+y$, xy의 값을 구한 후 (1)과 같은 방법으로 푼다.

바른 풀이

(1) $x+y=8$, $xy=15$일 때, x, y를 두 근으로 하는 t에 대한 이차방정식은

$t^2-8t+15=0$이므로 $(t-3)(t-5)=0$　　∴ $t=3$ 또는 $t=5$

따라서 구하는 연립방정식의 해는 $\begin{cases} x=3 \\ y=5 \end{cases}$ 또는 $\begin{cases} x=5 \\ y=3 \end{cases}$

(2) $\begin{cases} x^2+y^2=13 \\ xy=6 \end{cases}$ 에서 $\begin{cases} (x+y)^2-2xy=13 \\ xy=6 \end{cases}$

$x+y=a$, $xy=b$로 놓으면 $\begin{cases} a^2-2b=13 & \cdots\cdots ㉠ \\ b=6 & \cdots\cdots ㉡ \end{cases}$

㉡을 ㉠에 대입하면 $a^2=25$　　∴ $a=\pm5$

(i) $a=5$, $b=6$, 즉 $x+y=5$, $xy=6$일 때,

x, y를 두 근으로 하는 t에 대한 이차방정식은

$t^2-5t+6=0$, $(t-2)(t-3)=0$　　∴ $t=2$ 또는 $t=3$

(ii) $a=-5$, $b=6$, 즉 $x+y=-5$, $xy=6$일 때,

x, y를 두 근으로 하는 t에 대한 이차방정식은

$t^2+5t+6=0$, $(t+3)(t+2)=0$　　∴ $t=-3$ 또는 $t=-2$

(i), (ii)에서 구하는 연립방정식의 해는

$\begin{cases} x=2 \\ y=3 \end{cases}$ 또는 $\begin{cases} x=3 \\ y=2 \end{cases}$ 또는 $\begin{cases} x=-3 \\ y=-2 \end{cases}$ 또는 $\begin{cases} x=-2 \\ y=-3 \end{cases}$

정답 (1) $\begin{cases} x=3 \\ y=5 \end{cases}$ 또는 $\begin{cases} x=5 \\ y=3 \end{cases}$ (2) $\begin{cases} x=2 \\ y=3 \end{cases}$ 또는 $\begin{cases} x=3 \\ y=2 \end{cases}$ 또는 $\begin{cases} x=-3 \\ y=-2 \end{cases}$ 또는 $\begin{cases} x=-2 \\ y=-3 \end{cases}$

Bible Says

주어진 연립방정식의 두 방정식은 x, y를 서로 바꾸어도 식이 변하지 않는 대칭식이다.

대칭식으로 이루어진 연립방정식은 위의 바른 풀이와 같은 방법으로 풀어도 되지만 **대표 예제 10**, **대표 예제 11**과 같은 방법으로 풀어도 상관없다.

한번 더하기

12-1 다음 연립방정식을 푸시오.

(1) $\begin{cases} x+y=2 \\ xy=-3 \end{cases}$

(2) $\begin{cases} x^2+y^2=25 \\ xy=12 \end{cases}$

표현 더하기

12-2 연립방정식 $\begin{cases} x^2+y^2=13 \\ xy+x+y=-5 \end{cases}$ 의 정수인 해를 구하시오.

표현 더하기

12-3 연립방정식 $\begin{cases} x+y=xy+1 \\ x^2+y^2=7-xy \end{cases}$ 의 해를 $x=\alpha$, $y=\beta$라 할 때, $|\alpha-\beta|$의 최댓값을 구하시오.

표현 더하기

12-4 연립방정식 $\begin{cases} xy+x+y=11 \\ x^2y+xy^2=-180 \end{cases}$ 을 만족시키는 유리수 x, y에 대하여 x^2+y^2의 값을 구하시오.

대표 예제 | 13

어느 촬영장에서 그림과 같이 세로의 길이와 높이가 같은 직육면체 모양의
간이 대기실을 만들려고 한다. 직육면체의 모서리에 사용될 철근의 길이의
합은 44 m이고, 옆의 네 면에 사용될 천의 넓이의 합은 48 m²일 때,
간이 대기실의 가로와 세로의 길이를 각각 구하시오.

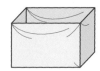

바로 접근 주어진 조건을 만족시키는 연립방정식을 활용하여 실생활 문제를 해결할 수 있다. 가로, 세로의 길이를
x, y로 놓고 길이와 면적에 대한 조건을 이용하여 x, y에 대한 연립방정식을 세운다.

바른 풀이 간이 대기실의 가로와 세로의 길이를 각각 x m, y m라 하면 높이도 y m이므로

$$\begin{cases} 4x+8y=44 & \cdots\cdots ㉠ \\ 2y^2+2xy=48 & \cdots\cdots ㉡ \end{cases}$$

㉠에서 $x=11-2y$ $\cdots\cdots$ ㉢

㉢을 ㉡에 대입하면

$2y^2+2(11-2y)y=48$, $y^2-11y+24=0$

$(y-3)(y-8)=0$ $\therefore y=3$ 또는 $y=8$

$y=3$을 ㉢에 대입하면 $x=5$

$y=8$을 ㉢에 대입하면 $x=-5$

그런데 $x>0$이므로 $x=5$, $y=3$

따라서 가로의 길이는 5 m, 세로의 길이는 3 m이다.

정답 가로의 길이: 5 m, 세로의 길이: 3 m

Bible Says

대표 예제 | 05 에서 배운 방정식의 활용 문제와 마찬가지로 구하는 것을 미지수로 놓고 연립방정식을 세운다. 이때 연립방정
식을 풀어 구한 미지수의 값 중 문제의 조건에 맞는 것을 택해야 함에 주의한다.

한번 **더하기**

13-1

직사각형 모양의 땅의 둘레의 길이가 20 m이고 대각선의 길이가 $2\sqrt{13}$ m일 때, 이 땅의 가로의 길이와 세로의 길이의 차를 구하시오.

표현 **더하기**

13-2

그림과 같이 지름의 길이가 10 cm인 원에 내접하는 삼각형이 있다. 이 삼각형의 둘레의 길이가 24 cm일 때, 삼각형의 가장 짧은 변의 길이를 구하시오.

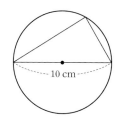

07

표현 **더하기**

13-3

각 자리의 숫자의 제곱의 합이 29인 두 자리의 자연수가 있다. 이 자연수의 일의 자리의 숫자와 십의 자리의 숫자를 바꾼 수와 처음 수의 합이 77일 때, 처음 수를 구하시오.
(단, 처음 수의 십의 자리의 숫자는 일의 자리의 숫자보다 크다.)

표현 **더하기**

13-4

둘레의 길이가 28 m인 직사각형 모양의 꽃밭이 있다. 가로와 세로의 길이를 각각 4 m, 2 m씩 늘였더니 처음 꽃밭의 넓이의 2배가 되었다. 처음 꽃밭의 세로의 길이를 구하시오.

대표 예제 | 14

두 이차방정식 $x^2+kx+6=0$, $x^2+6x+k=0$이 오직 하나의 공통근을 가질 때, 실수 k의 값과 이때의 공통근을 구하시오.

바로 접근

두 방정식 $f(x)=0$, $g(x)=0$의 공통근은 다음과 같은 방법으로 구한다.

① $f(x)$, $g(x)$가 인수분해되면 인수분해하여 공통근을 직접 찾는다.

② $f(x)$, $g(x)$가 인수분해되지 않으면 다음 순서로 구한다.

❶ 공통근을 α라 하고 $x=\alpha$를 주어진 방정식에 대입한다.

❷ 두 식의 최고차항 또는 상수항을 소거하여 하나의 방정식을 얻는다.

❸ ❷에서 얻은 방정식의 해 중에서 공통근을 구한다.

바른 풀이

두 이차방정식의 공통근을 α라 하면

$$\begin{cases} \alpha^2+k\alpha+6=0 & \cdots\cdots \text{㉠} \\ \alpha^2+6\alpha+k=0 & \cdots\cdots \text{㉡} \end{cases}$$

㉠$-$㉡을 하면 $(k-6)\alpha+6-k=0$, $(k-6)(\alpha-1)=0$

$\therefore k=6$ 또는 $\alpha=1$

(ⅰ) $k=6$일 때,

두 이차방정식은 $x^2+6x+6=0$이 되어 일치하므로 두 개의 공통근을 갖게 되어 조건을 만족시키지 않는다.

(ⅱ) $\alpha=1$일 때,

$\alpha=1$을 ㉠에 대입하면 $1+k+6=0$ $\therefore k=-7$

(ⅰ), (ⅱ)에서 $k=-7$이고 이때의 공통근은 $x=1$이다.

정답 $k=-7$, 공통근: $x=1$

Bible Says

두 방정식 $f(x)=0$, $g(x)=0$의 공통근을 α라 하면 $f(x)\pm g(x)=0$ 또한 α를 근으로 갖게 되므로 두 방정식을 연립하여 최고차항 또는 상수항을 소거한 후 공통근 α를 구한다.

이때 최고차항 또는 상수항을 소거하여 얻은 방정식의 해 중에는 공통근이 아닌 근도 있을 수 있으므로 두 방정식을 모두 만족시키는지 반드시 확인한다.

한번 더하기

14-1 두 이차방정식 $x^2+(k+1)x+k-3=0$, $x^2+(2k+1)x-k-3=0$이 오직 하나의 공통근 a를 가질 때, $k+a$의 값을 구하시오. (단, k는 실수이다.)

표현 더하기

14-2 두 이차방정식 $x^2-x-6=0$, $x^2-(k+1)x-k-2=0$이 공통근을 가질 때, 모든 실수 k의 값의 합을 구하시오.

표현 더하기

14-3 두 이차방정식 $kx^2+x+1=0$, $x^2+kx+1=0$이 공통인 실근을 가질 때, 실수 k의 값을 구하시오.

실력 더하기

14-4 x에 대한 서로 다른 두 삼차방정식 $x^3+ax^2-3ax+1=0$, $x^3+3ax^2+ax+1=0$이 공통근을 갖도록 하는 실수 a의 값을 구하시오.

대표 예제 : 15

방정식 $xy-2x-y+4=0$을 만족시키는 정수 x, y를 모두 구하시오.

바로 접근

정수 조건이 있는 부정방정식, 즉 해가 정수인 조건이 주어질 때는 주어진 식을
(일차식)×(일차식)=(정수)의 꼴로 변형한 후 곱하여 정수가 되는 두 일차식의 값을 구한다.

바른 풀이

$xy-2x-y+4=0$에서 $xy-2x-y+2+2=0$

$x(y-2)-(y-2)+2=0$ $\therefore (x-1)(y-2)=-2$

x, y가 정수이므로 $x-1$, $y-2$도 정수이다.

따라서 $x-1$, $y-2$의 값은 다음 표와 같다.

$x-1$	-2	-1	1	2
$y-2$	1	2	-2	-1

➡

x	-1	0	2	3
y	3	4	0	1

즉, 구하는 정수 x, y의 값은

$\begin{cases} x=-1 \\ y=3 \end{cases}$ 또는 $\begin{cases} x=0 \\ y=4 \end{cases}$ 또는 $\begin{cases} x=2 \\ y=0 \end{cases}$ 또는 $\begin{cases} x=3 \\ y=1 \end{cases}$

정답 $\begin{cases} x=-1 \\ y=3 \end{cases}$ 또는 $\begin{cases} x=0 \\ y=4 \end{cases}$ 또는 $\begin{cases} x=2 \\ y=0 \end{cases}$ 또는 $\begin{cases} x=3 \\ y=1 \end{cases}$

Bible Says

정수 조건의 부정방정식은 일반적으로 문제에 $xy+ax+by+c=0$ 꼴로 주어지는 경우가 많다.

이 경우 주어진 방정식을 $(x+\alpha)(y+\beta)=$(정수) 꼴로 변형한 후 '약수와 배수'의 성질을 이용한다.

(단, a, b, c, α, β는 상수이다.)

한번 더하기

15-1 방정식 $xy-3x-2y+1=0$을 만족시키는 정수 x, y를 모두 구하시오.

표현 더하기

15-2 방정식 $xy-2x+y-6=0$을 만족시키는 자연수 x, y에 대하여 순서쌍 (x, y)의 개수를 구하시오.

표현 더하기

15-3 이차방정식 $x^2-(m+1)x+2m-5=0$의 두 근이 모두 정수가 되도록 하는 모든 상수 m의 값의 합을 구하시오.

실력 더하기 교육청 기출

15-4 두 자연수 a, $b(a<b)$와 모든 실수 x에 대하여 등식
$(x^2-x)(x^2-x+3)+k(x^2-x)+8=(x^2-x+a)(x^2-x+b)$를 만족시키는 모든 상수 k의 값의 합은?

① 8　　　　　　　② 9　　　　　　　③ 10

④ 11　　　　　　　⑤ 12

대표 예제 | 16

다음 방정식을 만족시키는 실수 x, y의 값을 각각 구하시오.

(1) $2x^2 + y^2 - 4x + 6y + 11 = 0$ (2) $2x^2 + y^2 - 2xy + 2x + 1 = 0$

바로 접근

실수 조건이 있는 부정방정식은 다음 두 가지 방법을 이용하여 푼다.

① (실수)$^2 \geq 0$이므로 주어진 식을 $A^2 + B^2 = 0$ 꼴로 변형한 후 $A = 0$, $B = 0$임을 이용한다.

② 주어진 식을 한 문자에 대하여 내림차순으로 정리하면 이 이차방정식이 실근을 가지므로 판별식 $D \geq 0$임을 이용한다.

바른 풀이

(1) $2x^2 + y^2 - 4x + 6y + 11 = 0$에서 $2(x^2 - 2x + 1) + (y^2 + 6y + 9) = 0$

$\therefore 2(x-1)^2 + (y+3)^2 = 0$

이때 x, y가 실수이므로 $x - 1$, $y + 3$도 실수이다.

따라서 $x - 1 = 0$, $y + 3 = 0$이므로

$x = 1$, $y = -3$

(2) **풀이 1** $A^2 + B^2 = 0$이면 $A = 0$, $B = 0$ 이용하기

$2x^2 + y^2 - 2xy + 2x + 1 = 0$에서 $(x^2 - 2xy + y^2) + (x^2 + 2x + 1) = 0$

$\therefore (x-y)^2 + (x+1)^2 = 0$

이때 x, y가 실수이므로 $x - y$, $x + 1$도 실수이다.

따라서 $x - y = 0$, $x + 1 = 0$이므로

$x = -1$, $y = -1$

풀이 2 이차방정식의 판별식 $D \geq 0$ 이용하기

주어진 방정식의 좌변을 y에 대하여 내림차순으로 정리하면

$y^2 - 2xy + 2x^2 + 2x + 1 = 0$ ...... ㉠

y가 실수이므로 y에 대한 이차방정식 ㉠이 실근을 가져야 한다.

㉠의 판별식을 D라 하면

$$\frac{D}{4} = (-x)^2 - (2x^2 + 2x + 1) \geq 0$$

$x^2 + 2x + 1 \leq 0$ $\therefore (x+1)^2 \leq 0$

이때 x도 실수이므로 $x + 1 = 0$ $\therefore x = -1$

$x = -1$을 ㉠에 대입하면 $y^2 + 2y + 1 = 0$

$(y+1)^2 = 0$ $\therefore y = -1$

정답 (1) $x = 1$, $y = -3$ (2) $x = -1$, $y = -1$

Bible Says

(2)와 같이 문제에 xy항이 있는 경우,

완전제곱식을 만드는 것이 비교적 쉬우면 **풀이 1** 을 사용하는 것이 계산 과정이 간단하다.

하지만 완전제곱식을 만드는 것이 어려우면 고민하지 말고, **풀이 2** 와 같이 판별식을 이용해 보도록 하자.

한번 더하기

16-1 다음 방정식을 만족시키는 실수 x, y의 값을 각각 구하시오.

(1) $x^2+y^2+4x-6y+13=0$　　　(2) $x^2+5y^2+4xy-2y+1=0$

표현 더하기

16-2 실수 x, y에 대하여 방정식 $5x^2+y^2-4xy-6x+9=0$이 성립할 때, $x-y$의 값을 구하시오.

표현 더하기

16-3 방정식 $9x^2+y^2+x^2y^2-8xy+1=0$을 만족시키는 실수 x, y에 대하여 $x+y$의 최댓값을 구하시오.

표현 더하기

16-4 방정식 $(x^2+y^2-15)^2+(x-y-3)^2=0$을 만족시키는 실수 x, y에 대하여 xy의 값을 구하시오.

S·T·E·P 1 기본 다지기

01 사차방정식 $x^4 - x^3 - 8x^2 + 12x = 0$의 네 근 중 가장 큰 근을 구하시오.

02 사차방정식 $(x^2 + x - 5)(x^2 + 2x - 5) = 6x^2$의 모든 실근의 합을 구하시오.

03 삼차방정식 $x^3 - (k+1)x - k = 0$의 실근이 오직 하나뿐일 때, 정수 k의 최댓값을 구하시오.

04 삼차방정식 $x^3 - 3x^2 - 3x + 1 = 0$의 세 근을 α, β, γ라 할 때, $\dfrac{\beta + \gamma}{\alpha} + \dfrac{\gamma + \alpha}{\beta} + \dfrac{\alpha + \beta}{\gamma}$의 값을 구하시오.

05 삼차방정식 $x^3-5x^2+6x-1=0$의 세 근을 α, β, γ라 할 때, $\alpha+1$, $\beta+1$, $\gamma+1$을 세 근으로 하고 x^3의 계수가 1인 삼차방정식은 $x^3+ax^2+bx+c=0$이다. 이때 상수 a, b, c에 대하여 $a+b+c$의 값을 구하시오.

06 삼차방정식 $x^3-(a+2)x^2+(b-4)x+3=0$의 한 근이 $\dfrac{1}{1-\sqrt{2}}$일 때, 유리수 a, b에 대하여 $a-b$의 값을 구하시오.

07

07 방정식 $x^3=1$의 한 허근을 ω라 하고 자연수 n에 대하여 $f(n)=\omega^{2n-1}$이라 할 때, $f(1)+f(2)+f(3)+\cdots+f(15)$의 값을 구하시오.

08 연립방정식 $\begin{cases} x-y-3=0 \\ x^2+y^2+4xy-12=0 \end{cases}$ 을 만족시키는 x, y에 대하여 $|x+y|$의 값을 구하시오.

09 연립방정식 $\begin{cases} x^2-3xy+2y^2=0 \\ x^2+2xy-y^2=18 \end{cases}$ 의 해를 $x=\alpha$, $y=\beta$라 할 때, $\alpha+\beta$의 최댓값을 M, 최솟값을 m이라 하자. $M-m$의 값을 구하시오.

10 연립방정식 $\begin{cases} x+y=2a-1 \\ xy=a^2+a-3 \end{cases}$ 이 실근을 가질 때, 정수 a의 최댓값을 구하시오.

11 두 이차방정식 $x^2+5kx+k=0$, $x^2+kx-3k=0$이 오직 하나의 공통근 α를 가질 때, $4k-\alpha$의 값을 구하시오. (단, k는 상수이다.)

12 실수 x, y에 대하여 방정식 $2x^2-6xy+9y^2-6x+9=0$이 성립할 때, $x-y$의 값을 구하시오.

실력 다지기

13

교육청 기출

복소수 $z=a+bi$ (a, b는 실수)가 다음 조건을 만족시킬 때, $a+b$의 값은?

(단, $i=\sqrt{-1}$이고 $\bar{z}$는 z의 켤레복소수이다.)

> (가) z는 방정식 $x^3-3x^2+9x+13=0$의 근이다.
> (나) $\dfrac{z-\bar{z}}{i}$는 음의 실수이다.

① -3 ② -1 ③ 1
④ 3 ⑤ 5

14

사차방정식 $3x^4+2x^3-2x^2+2x+3=0$의 두 허근을 α, β라 할 때, $\alpha^2\beta+\alpha\beta^2$의 값을 구하시오.

15

그림과 같이 $\angle A=90°$인 직각삼각형 ABC의 꼭짓점 A에서 변 BC에 내린 수선의 발을 H라 하자. $\overline{AB}=\sqrt{7}$, $\overline{BH}=x^2-3x+3$, $\overline{CH}=6x$일 때, 모든 양수 x의 값의 합을 구하시오.

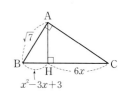

16

이차방정식 $x^2-3x+a=0$의 두 근이 모두 삼차방정식 $x^3-4x^2+bx+1=0$의 근일 때, ab의 값을 구하시오. (단, a, b는 상수이다.)

17 실수 x, y에 대하여 $<x, y> = \begin{cases} x & (x \geq y) \\ -2y+10 & (x<y) \end{cases}$ 이라 하자. 연립방정식

$\begin{cases} 2x-4y^2 = <x, y> \\ x-y+3 = <x, y> \end{cases}$ 의 해를 $x=\alpha$, $y=\beta$라 할 때, $\alpha+\beta$의 값을 구하시오.

18 x에 대한 서로 다른 두 삼차방정식 $x^3 - ax^2 - bx + 2 = 0$, $x^3 - bx^2 - ax + 2 = 0$이 오직 하나의 공통근을 갖고 $ab = -1$일 때, a^2+b^2의 값을 구하시오. (단, a, b는 상수이다.)

challenge

19 삼차방정식 $x^3 = 1$의 한 허근을 ω라 할 때, 삼차방정식 $(x+1)^3 = 27$의 두 허근을 ω로 나타내면 $a\omega + b$, $c\omega + d$이다. 이때 $ab+cd$의 값을 구하시오. (단, a, b, c, d는 실수이다.)

challenge

20 연립방정식 $\begin{cases} x^2 - y^2 = 0 \\ x^2 - 2y^2 - x + 3y + a = 0 \end{cases}$ 을 만족시키는 실수 x, y에 대하여 순서쌍 (x, y)가 3개 존재할 때, 상수 a의 값을 모두 구하시오.

08

일차부등식

01 일차부등식

연립일차 부등식의 풀이	(1) 연립부등식: 두 개 이상의 부등식을 한 쌍으로 묶어 나타낸 것을 연립부등식이라 하고, 일차부등식으로만 이루어진 연립부등식을 연립일차부등식이라 한다. (2) 연립부등식의 해: 연립부등식에서 각 부등식의 공통인 해를 그 연립부등식의 해라 하고, 연립부등식의 해를 구하는 것을 연립부등식을 푼다고 한다. (3) 연립일차부등식의 풀이 순서 ❶ 연립부등식을 이루고 있는 각 부등식의 해를 구한다. ❷ ❶에서 구한 해를 하나의 수직선 위에 나타낸다. ❸ 공통부분을 찾아 연립부등식의 해를 구한다.
$A<B<C$ 꼴의 부등식의 풀이	$A<B<C$ 꼴의 부등식은 연립부등식 $\begin{cases} A<B \\ B<C \end{cases}$ 꼴로 고쳐서 푼다.
절댓값 기호를 포함한 일차부등식	(1) 절댓값의 성질을 이용하여 풀기 　상수 a, b에 대하여 $0<a<b$일 때, 　① 부등식 $\|x\|<a$의 해 ➡ $-a<x<a$ 　② 부등식 $\|x\|>a$의 해 ➡ $x<-a$ 또는 $x>a$ 　③ 부등식 $a<\|x\|<b$의 해 ➡ $-b<x<-a$ 또는 $a<x<b$ (2) 범위를 나누어 풀기 $\|x\|=\begin{cases} x & (x\geq0) \\ -x & (x<0) \end{cases}$, $\|x-a\|=\begin{cases} x-a & (x\geq a) \\ -(x-a) & (x<a) \end{cases}$ 를 이용하여 절댓값 기호를 없앤 후 푼다.

01 일차부등식

1 부등식의 기본 성질

실수 a, b, c에 대하여

(1) $a>b$, $b>c$이면 $a>c$

(2) $a>b$이면 $a+c>b+c$, $a-c>b-c$

(3) $a>b$, $c>0$이면 $ac>bc$, $\dfrac{a}{c}>\dfrac{b}{c}$

(4) $a>b$, $c<0$이면 $ac<bc$, $\dfrac{a}{c}<\dfrac{b}{c}$ ← 부등식의 양변에 음수를 곱하거나 나누면 부등호의 방향이 바뀐다.

$x<2$, $2x-3>5$, $a^2+b^2\geq ab$와 같이 부등호 $>$, $<$, $\geq$, $\leq$를 사용하여 수 또는 식의 값의 대소 관계를 나타낸 식을 **부등식**이라 한다.

부등식을 만족시키는 미지수의 값 또는 범위를 **부등식의 해**라 하고, 부등식의 해를 구하는 것을 **부등식을 푼다**고 한다. x에 대한 부등식을 푼다는 것은 부등식을 변형하여 다음과 같은 꼴로 고치는 것이다.

$$x>(수),\ x<(수),\ x\geq(수),\ x\leq(수)$$

이때 허수는 대소 관계를 생각할 수 없으므로 부등식에 포함된 모든 문자는 실수로 생각한다.

즉, 앞으로 학습할 부등식에서는 실수 범위에서만 생각한다.

부등식의 풀이는 부등식의 기본 성질을 기초로 한다. 특히, 부등식의 양변에 음수를 곱하거나 나눌 때는 부등호의 방향이 바뀐다는 것에 주의하면서 부등식을 풀도록 하자.

example $-1\leq x<2$일 때,

(1) $2x-1$의 값의 범위는

    $-1\leq x<2$의 각 변에 2를 곱하면

    $-2\leq 2x<4$ ← 양수 2를 곱하였으므로 부등호의 방향은 그대로이다.

    위의 식의 각 변에서 1을 빼면

    $-3\leq 2x-1<3$

(2) $-3x+4$의 값의 범위는

    $-1\leq x<2$의 각 변에 -3을 곱하면

    $3\geq -3x>-6$, 즉 $-6<-3x\leq 3$ ← 음수 -3을 곱하였으므로 부등호의 방향이 바뀐다.

    위의 식의 각 변에 4를 더하면

    $-2<-3x+4\leq 7$

2 부등식 $ax>b$의 풀이

x에 대한 부등식 $ax>b$의 해는 다음과 같다.

(ⅰ) $a>0$일 때, $x>\dfrac{b}{a}$

(ⅱ) $a<0$일 때, $x<\dfrac{b}{a}$

(ⅲ) $a=0$일 때, $\begin{cases} b\geq0\text{이면 해는 없다.} \\ b<0\text{이면 해는 모든 실수이다.} \end{cases}$

부등식에서 우변의 모든 항을 좌변으로 이항하여 정리하였을 때,
$$ax+b>0,\ ax+b<0,\ ax+b\geq0,\ ax+b\leq0\ (a\neq0,\ a,\ b\text{는 상수})$$
중 어느 하나의 꼴로 나타낼 수 있는 부등식을 x에 대한 **일차부등식**이라 한다.

x에 대한 부등식 $ax>b$의 해를 구해 보자.

(ⅰ) $a>0$일 때, $ax>b$의 양변을 양수 a로 나누면
$$x>\dfrac{b}{a} \quad \text{← 부등호의 방향은 그대로이다.}$$

(ⅱ) $a<0$일 때, $ax>b$의 양변을 음수 a로 나누면
$$x<\dfrac{b}{a} \quad \text{← 부등호의 방향이 바뀐다.}$$

(ⅲ) $a=0$일 때, $ax>b$에서 $0\times x>b$이므로 b의 값에 따라 해가 정해진다.

① $b\geq0$이면 x에 어떤 값을 대입하여도 부등식이 성립하지 않으므로 해는 없다.

② $b<0$이면 x에 어떤 값을 대입하여도 부등식이 항상 성립하므로 해는 모든 실수이다.

이때 (ⅰ), (ⅱ)는 중학교 과정에서 학습한 일차부등식을 푼 것이고, (ⅲ)은 일차부등식이 아닌 경우의 해를 나타낸 것이다.

example　x에 대한 부등식 $ax>a+1$을 풀면 ← a의 값에 따라 해가 정해지므로 a의 값의 범위를 나누어서 생각한다.

(ⅰ) $a>0$일 때, $x>\dfrac{a+1}{a}$

(ⅱ) $a<0$일 때, $x<\dfrac{a+1}{a}$

(ⅲ) $a=0$일 때, $\underset{0\times x>(\text{양수})}{0\times x>1}$이므로 해는 없다. ← x에 어떤 값을 대입하여도 좌변은 0이 되므로 1보다 클 수 없다. 즉 부등식이 성립하지 않는다.

example　부등식 $3(x+1)>3x$를 풀면

$3(x+1)>3x$에서 $3x+3>3x$

$\therefore\ 0\times x>-3$ ← x에 어떤 값을 대입하여도 좌변은 0이 되므로 항상 -3보다 크다. 즉, 부등식이 항상 성립한다.

따라서 해는 모든 실수이다.

3 연립일차부등식의 풀이

(1) 연립부등식: 두 개 이상의 부등식을 한 쌍으로 묶어 나타낸 것을 연립부등식이라 하고, 일차부등식으로만 이루어진 연립부등식을 연립일차부등식이라 한다.

(2) 연립부등식의 해: 연립부등식에서 각 부등식의 공통인 해를 그 연립부등식의 해라 하고, 연립부등식의 해를 구하는 것을 연립부등식을 푼다고 한다.

(3) 연립부등식의 풀이 순서

❶ 연립부등식을 이루고 있는 각 부등식의 해를 구한다.

❷ ❶에서 구한 해를 하나의 수직선 위에 나타낸다.

❸ 공통부분을 찾아 연립부등식의 해를 구한다.

두 개의 일차부등식 $x+3<10$, $3x+2≥8$의 공통인 해를 구하려고 할 때, 이들을 한 쌍으로 묶어서

$$\begin{cases} x+3<10 \\ 3x+2≥8 \end{cases}$$

과 같이 나타낸다.

이와 같이 두 개 이상의 부등식을 한 쌍으로 묶어 나타낸 것을 **연립부등식**이라 하고, 일차부등식으로만 이루어진 연립부등식을 **연립일차부등식**이라 한다.

또한 연립부등식에서 각 부등식의 공통인 해를 그 **연립부등식의 해**라 하고, 연립부등식의 해를 구하는 것을 **연립부등식을 푼다**고 한다.

연립부등식을 풀 때는 각 부등식의 해를 수직선 위에 나타낸 후 공통부분을 찾으면 된다.

연립부등식 $\begin{cases} x+3<10 & \cdots\cdots ㉠ \\ 3x+2≥8 & \cdots\cdots ㉡ \end{cases}$ 을 풀이 순서에 따라 풀어 보면 다음과 같다.

❶ 부등식 ㉠을 풀면 $x<7$, 부등식 ㉡을 풀면 $x≥2$이다.

❷ 이 두 부등식의 해를 수직선 위에 각각 나타내면 다음과 같다.

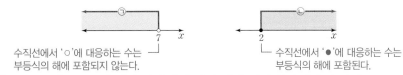

수직선에서 'o'에 대응하는 수는   수직선에서 '●'에 대응하는 수는
부등식의 해에 포함되지 않는다.   부등식의 해에 포함된다.

따라서 두 부등식 ㉠, ㉡의 해를 하나의 수직선 위에 나타내면 다음과 같다.

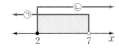

❸ 수직선의 공통부분, 즉 연립부등식의 해는 $2≤x<7$이다.

실수 a, $b(a<b)$에 대하여 연립부등식에서 각 부등식의 해를 수직선에 나타내어 공통부분을 구하면 다음과 같다. 이때 부등식에 등호가 있는지 없는지를 구분하여 양 끝점의 포함 여부를 잘 살펴보아야 한다.

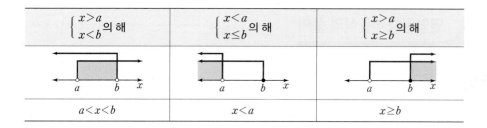

$\begin{cases} x>a \\ x<b \end{cases}$의 해	$\begin{cases} x<a \\ x\leq b \end{cases}$의 해	$\begin{cases} x>a \\ x\geq b \end{cases}$의 해
$a<x<b$	$x<a$	$x\geq b$

example

(1) 연립부등식 $\begin{cases} 2x-3<x & \cdots\cdots\; \bigcirc \\ 4-x\leq5x-2 & \cdots\cdots\; \bigcirc \end{cases}$ 에서

부등식 ㉠을 풀면 $2x-x<3$ $\qquad \therefore x<3$

부등식 ㉡을 풀면 $-x-5x\leq-2-4$

$-6x\leq-6$ $\qquad \therefore x\geq1$

㉠, ㉡의 해를 수직선 위에 나타내면 오른쪽 그림과 같다.

따라서 구하는 해는 $1\leq x<3$

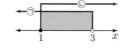

(2) 연립부등식 $\begin{cases} 2x-1<9 & \cdots\cdots\; \bigcirc \\ x+5\geq2x+2 & \cdots\cdots\; \bigcirc \end{cases}$ 에서

부등식 ㉠을 풀면 $2x<9+1$

$2x<10$ $\qquad \therefore x<5$

부등식 ㉡을 풀면 $x-2x\geq2-5$

$-x\geq-3$ $\qquad \therefore x\leq3$

㉠, ㉡의 해를 수직선 위에 나타내면 오른쪽 그림과 같다.

따라서 구하는 해는 $x\leq3$

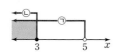

한편, 연립부등식을 풀기 위해 각 부등식의 해를 하나의 수직선 위에 나타내었을 때, 다음과 같이 해가 없거나 해가 하나뿐인 경우도 있다.

해가 없는 경우 ← 공통부분이 없다.			해가 하나뿐인 경우
$\begin{cases} x\leq a \\ x>b \end{cases}$(단, $a<b$)	$\begin{cases} x\leq a \\ x>a \end{cases}$	$\begin{cases} x<a \\ x>a \end{cases}$	$\begin{cases} x\leq a \\ x\geq a \end{cases}$ ➡ $x=a$

example

(1) 연립부등식 $\begin{cases} 3x+2<x-4 & \cdots\cdots\; \bigcirc \\ x+1\geq2 & \cdots\cdots\; \bigcirc \end{cases}$ 에서

부등식 ㉠을 풀면 $3x-x<-4-2$

$2x<-6$ $\qquad \therefore x<-3$

부등식 ㉡을 풀면 $x\geq2-1$ $\qquad \therefore x\geq1$

㉠, ㉡의 해를 수직선 위에 나타내면 오른쪽 그림과 같다.

따라서 해는 없다. ← 공통부분이 없다.

(2) 연립부등식 $\begin{cases} 2x+5 \le 9 & \cdots\cdots \text{㉠} \\ 2x-7 \ge -x-1 & \cdots\cdots \text{㉡} \end{cases}$ 에서

부등식 ㉠을 풀면 $2x \le 9-5$, $2x \le 4$ $\therefore x \le 2$

부등식 ㉡을 풀면 $2x+x \ge -1+7$, $3x \ge 6$ $\therefore x \ge 2$

㉠, ㉡의 해를 수직선 위에 나타내면 오른쪽 그림과 같다.

따라서 구하는 해는 $x=2$

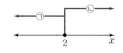

4 $A<B<C$ 꼴의 부등식의 풀이

$A<B<C$ 꼴의 부등식은 연립부등식 $\begin{cases} A<B \\ B<C \end{cases}$ 꼴로 고쳐서 푼다.

$A<B<C$ 꼴의 부등식은 두 개의 부등식 $A<B$와 $B<C$를 하나의 식으로 나타낸 것이므로 연립

부등식 $\begin{cases} A<B \\ B<C \end{cases}$ 와 같다. 따라서 $A<B<C$ 꼴의 부등식은 연립부등식 $\begin{cases} A<B \\ B<C \end{cases}$ 꼴로 고쳐서 푼다.

$\begin{cases} A<B \\ A<C \end{cases}$ 또는 $\begin{cases} A<C \\ B<C \end{cases}$ 로 풀지 않도록 주의하자.

example 부등식 $-2<3x+4 \le 2x+7$에서

주어진 부등식을 연립부등식 꼴로 고치면 $\begin{cases} -2<3x+4 & \cdots\cdots \text{㉠} \\ 3x+4 \le 2x+7 & \cdots\cdots \text{㉡} \end{cases}$

부등식 ㉠을 풀면 $-3x<4+2$, $-3x<6$ $\therefore x>-2$

부등식 ㉡을 풀면 $3x-2x \le 7-4$ $\therefore x \le 3$

㉠, ㉡의 해를 수직선 위에 나타내면 오른쪽 그림과 같다.

따라서 구하는 해는 $-2<x \le 3$

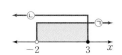

5 절댓값 기호를 포함한 일차부등식

(1) 절댓값의 성질을 이용하여 풀기

상수 a, b에 대하여 $0<a<b$일 때,

① 부등식 $|x|<a$의 해 ➡ $-a<x<a$

② 부등식 $|x|>a$의 해 ➡ $x<-a$ 또는 $x>a$

③ 부등식 $a<|x|<b$의 해 ➡ $-b<x<-a$ 또는 $a<x<b$

(2) 범위를 나누어 풀기

$|x| = \begin{cases} x & (x \ge 0) \\ -x & (x<0) \end{cases}$, $|x-a| = \begin{cases} x-a & (x \ge a) \\ -(x-a) & (x<a) \end{cases}$ 를 이용하여 절댓값 기호를 없앤 후 푼다.

임의의 실수 x에 대하여 x의 절댓값, 즉 $|x|$는 수직선 위의 원점에서 x를 나타내는 점까지의 거리이다. 따라서 절댓값의 성질을 이용하여 다음과 같은 방법으로 부등식을 풀 수 있다.

← (1) 절댓값의 성질을 이용하여 풀기

양수 a, b에 대하여

$|x|<a$는 원점으로부터 x를 나타내는 점까지의 거리가 a보다 작다는 것을 뜻하므로 $-a<x<a$와 같고, 이것을 수직선 위에 나타내면 오른쪽 그림과 같다.

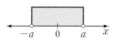

$|x|>a$는 원점으로부터 x를 나타내는 점까지의 거리가 a보다 크다는 것을 뜻하므로 $x<-a$ 또는 $x>a$와 같고, 이것을 수직선 위에 나타내면 오른쪽 그림과 같다.

$a<|x|<b\,(a<b)$는 연립부등식 $\begin{cases} |x|>a \\ |x|<b \end{cases}$ 와 같으므로 $|x|>a$와

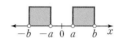

$|x|<b$의 공통인 해이고, 이것을 수직선 위에 나타내면 오른쪽 그림과 같다.

example

(1) 부등식 $|x-1|<2$를 풀면
$-2<x-1<2$이므로 $-1<x<3$

(2) 부등식 $|x+3|>5$를 풀면
$x+3<-5$ 또는 $x+3>5$이므로
$x<-8$ 또는 $x>2$

(3) 부등식 $1\leq|x-2|\leq3$을 풀면
$-3\leq x-2\leq-1$ 또는 $1\leq x-2\leq3$이므로
$-1\leq x\leq1$ 또는 $3\leq x\leq5$

위에서 학습한 (1) '절댓값의 성질을 이용하여 풀기'는 $|x-1|<2$와 같이 <u>절댓값 기호가 1개이면서 우변(절댓값 기호에 포함되지 않은 항)은 상수뿐인 부등식</u>을 풀 때 사용된다.

즉, 절댓값 기호 밖에 미지수 x가 있으면 이 방법을 쓸 수 없다.

일반적으로 절댓값 기호를 포함한 부등식은 다음과 같은 순서로 푼다. ← (2) 범위를 나누어 풀기

❶ 절댓값 기호 안의 식의 값이 0이 되는 x의 값을 기준으로 x의 값의 범위를 나눈다.

❷ 각 범위에서 절댓값 기호를 없앤 후 식을 정리하여 부등식의 해를 구한다. ← 절댓값 기호 안의 식이 양수이면 부호 그대로, 음수이면 부호 반대로

❸ ❷에서 구한 해를 합친 x의 값의 범위를 구한다.

앞의 example 의 (1)을 위의 절댓값 기호를 포함한 일차부등식의 풀이 순서에 맞게 풀어 보자.

절댓값 기호 안의 식 $x-1$이 0이 되는 x의 값인 $x=1$을 기준으로 범위를 나누면

(i) $x<1$일 때, $-(x-1)<2$, $-x<1$ $\quad\therefore\ x>-1$ $\qquad |x-1|=\begin{cases} x-1 & (x\geq1) \\ -(x-1) & (x<1) \end{cases}$

그런데 $x<1$이므로 $-1<x<1$

(ii) $x\geq1$일 때, $x-1<2$ $\quad\therefore\ x<3$

그런데 $x\geq1$이므로 $1\leq x<3$

(i), (ii)에서 구하는 해는 $-1<x<3$ ← x의 범위를 나누어 푼 것이므로 전체 부등식의 해를 구할 때는 (i), (ii)에서 구한 각 범위를 모두 합친다.

example 부등식 $|x-3|<2x+6$에서

절댓값 기호 안의 식 $x-3$이 0이 되는 x의 값인 $x=3$을 기준으로 범위를 나누면

(ⅰ) $x<3$일 때, $-(x-3)<2x+6$, $-3x<3$　　∴ $x>-1$

　　그런데 $x<3$이므로 $-1<x<3$

(ⅱ) $x≥3$일 때, $x-3<2x+6$, $-x<9$　　∴ $x>-9$

　　그런데 $x≥3$이므로 $x≥3$

(ⅰ), (ⅱ)에서 구하는 해는 $x>-1$

주의 주어진 부등식의 절댓값 기호 밖에도 x가 있으므로 $-(2x+6)<x-3<2x+6$으로 풀면 안 된다.

📖 빠른 정답 • 497쪽 / 정답과 풀이 • 104쪽

개념 CHECK

01. 일차부등식

01 다음 연립부등식을 푸시오.

(1) $\begin{cases} 3x-2<10 \\ 4x+9\geq-2x-3 \end{cases}$

(2) $\begin{cases} 2x+3\leq9 \\ 6x-1\geq3x+8 \end{cases}$

02 부등식 $5x-2\leq2x+7<4x+9$를 푸시오.

03 다음 부등식을 푸시오.

(1) $2<|x-5|\leq4$

(2) $|x-2|<3x-2$

대표 예제 | 01

다음 연립부등식을 푸시오.

(1) $\begin{cases} 2x-9<5x-3 \\ 6-2(x+1)\geq3x-1 \end{cases}$ (2) $\begin{cases} 0.5x+0.6>0.3x+1.6 \\ \dfrac{1}{2}x+2>\dfrac{x+4}{3}+1 \end{cases}$ (3) $\begin{cases} 4(x+1)-1<7 \\ 2(2x+3)-(3x+4)\geq3 \end{cases}$

바로 접근

각 부등식의 해를 구한 후 공통부분을 찾는다.

① 괄호가 있는 부등식은 분배법칙을 이용하여 괄호를 푼다.

② 계수가 분수이면 양변에 최소공배수를 곱하여 계수가 정수가 되도록 고친다.

③ 계수가 소수이면 양변에 10, 100, …을 곱하여 계수가 정수가 되도록 고친다.

바른 풀이

(1) $2x-9<5x-3$에서 $-3x<6$ $\quad\therefore x>-2$ $\qquad$ …… ㉠

$\quad 6-2(x+1)\geq3x-1$에서 $6-2x-2\geq3x-1$, $-5x\geq-5$ $\quad\therefore x\leq1$ …… ㉡

$\quad$㉠, ㉡을 수직선 위에 나타내면 오른쪽 그림과 같으므로

$\quad$연립부등식의 해는 $-2<x\leq1$

(2) $0.5x+0.6>0.3x+1.6$의 양변에 10을 곱하면

$\quad 5x+6>3x+16$, $2x>10$ $\quad\therefore x>5$ $\qquad$ …… ㉠

$\quad \dfrac{1}{2}x+2>\dfrac{x+4}{3}+1$의 양변에 6을 곱하면

$\quad 3x+12>2x+8+6$ $\quad\therefore x>2$ $\qquad$ …… ㉡

$\quad$㉠, ㉡을 수직선 위에 나타내면 오른쪽 그림과 같으므로

$\quad$연립부등식의 해는 $x>5$

(3) $4(x+1)-1<7$에서 $4x+4-1<7$, $4x<4$ $\quad\therefore x<1$ …… ㉠

$\quad 2(2x+3)-(3x+4)\geq3$에서 $4x+6-3x-4\geq3$ $\quad\therefore x\geq1$ …… ㉡

$\quad$㉠, ㉡을 수직선 위에 나타내면 오른쪽 그림과 같으므로

$\quad$부등식의 해는 없다.

정답 (1) $-2<x\leq1$ (2) $x>5$ (3) 해는 없다.

Bible Says

연립부등식의 해를 수직선 위에 나타내었을 때,

① 공통부분이 없는 경우

➡ 해가 없다.

② 공통부분이 한 점인 경우

➡ 해가 한 개이다.

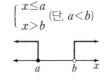

$\begin{cases} x\leq a \\ x>b \end{cases}$ (단, $a<b$)

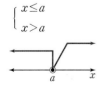

$\begin{cases} x\leq a \\ x>a \end{cases}$

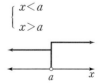

$\begin{cases} x<a \\ x>a \end{cases}$

$\begin{cases} x\leq a \\ x\geq a \end{cases}$ ➡ $x=a$

한번 더하기

01-1 다음 연립부등식을 푸시오.

(1) $\begin{cases} 4x-1<x-7 \\ 3(x-3)\le2(2x+1) \end{cases}$
(2) $\begin{cases} 0.2x+0.8<-0.6 \\ \dfrac{1}{8}x-\dfrac{1}{2}\ge\dfrac{1}{4}x-\dfrac{5}{8} \end{cases}$
(3) $\begin{cases} 3(x-1)-4\ge x-5 \\ 5(x+1)-(8x+9)>2 \end{cases}$

한번 더하기

01-2 연립부등식 $\begin{cases} 0.3x<-(0.2-0.5x)+1 \\ 7-2(x+2)\ge x-6 \end{cases}$ 을 만족시키는 정수 x의 개수를 구하시오.

표현 더하기

01-3 연립부등식 $\begin{cases} 5x-8<2(x-1)+3 \\ \dfrac{x-2}{3}\le\dfrac{2x-1}{4} \end{cases}$ 의 해가 $a\le x<b$일 때, 부등식 $ax-b<0$을 푸시오.

표현 더하기

01-4 연립부등식 $\begin{cases} 9-4x\le-x-3 \\ 3x-a\le2x \end{cases}$ 에 대하여 **보기**에서 옳은 것만을 있는 대로 고르시오.

• 보기 •
ㄱ. $a<4$이면 연립부등식의 해는 없다.
ㄴ. $a=4$이면 연립부등식의 해는 모든 실수이다.
ㄷ. $a>4$이면 연립부등식의 해는 $x=4$이다.

$A<B<C$ 꼴의 부등식의 풀이

다음 부등식을 푸시오.

(1) $2x-4 \leq x+2 < 3x-8$

(2) $2(x-5) \leq x-6 \leq 4(x-3)$

Ba로 접근

$A<B<C$ 꼴의 부등식은 $\begin{cases} A<B \\ B<C \end{cases}$ 꼴의 연립부등식으로 고쳐서 푼다.

Ba른 풀이

(1) 주어진 부등식을 연립부등식 꼴로 고치면

$$\begin{cases} 2x-4 \leq x+2 \\ x+2 < 3x-8 \end{cases}$$

$2x-4 \leq x+2$에서 $x \leq 6$ ...... ㉠

$x+2 < 3x-8$에서 $-2x < -10$ $\therefore x>5$ ...... ㉡

㉠, ㉡을 수직선 위에 나타내면 오른쪽 그림과 같으므로 부등식의 해는

$5 < x \leq 6$

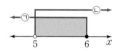

(2) 주어진 부등식을 연립부등식 꼴로 고치면

$$\begin{cases} 2(x-5) \leq x-6 \\ x-6 \leq 4(x-3) \end{cases}$$

$2(x-5) \leq x-6$에서 $2x-10 \leq x-6$ $\therefore x \leq 4$ ...... ㉠

$x-6 \leq 4(x-3)$에서 $x-6 \leq 4x-12$

$-3x \leq -6$ $\therefore x \geq 2$ ...... ㉡

㉠, ㉡을 수직선 위에 나타내면 오른쪽 그림과 같으므로 부등식의 해는

$2 \leq x \leq 4$

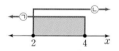

정답 (1) $5 < x \leq 6$ (2) $2 \leq x \leq 4$

Bible Says

$A<B<C$ 꼴의 부등식을 $\begin{cases} A<B \\ A<C \end{cases}$ 또는 $\begin{cases} A<C \\ B<C \end{cases}$ 꼴로 바꾸어 풀지 않도록 주의하자.

$\begin{cases} A<B \\ A<C \end{cases}$로 풀면 B와 C의 대소 관계를 알 수 없고, $\begin{cases} A<C \\ B<C \end{cases}$로 풀면 A와 B의 대소 관계를 알 수 없기 때문에 잘못된 해를 구하게 된다.

한 번 더하기

02-1 다음 부등식을 푸시오.

(1) $3x-8 \leq -x+4 < 6x+11$ (2) $2(x-3)+1 \leq x+5 \leq 3(x-2)$

한 번 더하기

02-2 부등식 $-\dfrac{1}{2}x-2 \leq \dfrac{1}{3}x < -\dfrac{4}{3}x+3$의 해가 $a \leq x < b$일 때, $a+b$의 값을 구하시오.

08

표현 더하기

02-3 부등식 $\dfrac{2x+3}{3} < \dfrac{3x+8}{4} \leq \dfrac{x+1}{2}+1$을 만족시키는 정수 x의 개수를 구하시오.

표현 더하기

02-4 부등식 $-4 < \dfrac{1}{2}a-3 < -2$를 만족시키는 자연수 a에 대하여 부등식
$-4x+a < -6x+5 < x-2a$를 푸시오.

대표 예제 | 03

연립부등식 $\begin{cases} 4x+a<5x+3 \\ 3x-1\leq 2x-b \end{cases}$ 의 해가 $-1<x\leq 2$일 때, 상수 a, b에 대하여 $a+b$의 값을 구하시오.

바로 접근

연립부등식의 해가 주어진 경우

❶ 각 일차부등식을 풀어 해의 공통부분을 구한다.

❷ ❶에서 구한 해와 주어진 해를 비교하여 미지수의 값을 구한다.

바른 풀이

$4x+a<5x+3$에서

$-x<3-a$ $\therefore x>a-3$ …… ㉠

$3x-1\leq 2x-b$에서

$x\leq -b+1$ …… ㉡

이 연립부등식의 해가 $-1<x\leq 2$이므로

㉠, ㉡에서 연립부등식의 해는 $a-3<x\leq -b+1$이다.

따라서 $a-3=-1, -b+1=2$이므로

$a=2, b=-1$

$\therefore a+b=2+(-1)=1$

다른 풀이

주어진 연립부등식의 해가 $-1<x\leq 2$이므로 부등호의 등호 포함 여부를 보고 방정식의 해를 이용하여 풀 수도 있다. (**Bible Says** 참고)

$x=-1$은 방정식 $4x+a=5x+3$의 해이므로

$-4+a=-5+3$ $\therefore a=2$

$x=2$는 방정식 $3x-1=2x-b$의 해이므로

$6-1=4-b$ $\therefore b=-1$

$\therefore a+b=2+(-1)=1$

정답 1

Bible Says

연립부등식 $\begin{cases} ax+b\leq 0 \\ cx+d<0 \end{cases}$ 의 해가 $\alpha\leq x<\beta$ (또는 $\beta<x\leq\alpha$)이면

α는 방정식 $ax+b=0$의 해이고, β는 방정식 $cx+d=0$의 해이다.

➜ 부등호의 등호 포함 여부를 이용하여 빠르게 미지수의 값을 구할 수도 있다.

한번 더하기

03-1 연립부등식 $\begin{cases} 3x+2 \leq x+a \\ 2x-b < 5x+1 \end{cases}$ 의 해가 $-3 < x \leq 1$일 때, 상수 a, b에 대하여 $a+b$의 값을 구하시오.

표현 더하기

03-2 부등식 $5x-8 < x < 2x+a$의 해가 $-5 < x < b$일 때, 상수 a, b에 대하여 $a-b$의 값을 구하시오.

표현 더하기

03-3 연립부등식 $\begin{cases} -2x+a \geq x-7 \\ 4(x-1) \leq 5x+b \end{cases}$ 의 해가 $x=1$일 때, 상수 a, b에 대하여 $a+b$의 값을 구하시오.

실력 더하기

03-4 연립부등식 $\begin{cases} 2x-1 < ax+5 \\ 3x+4 \leq bx+8 \end{cases}$ 의 해가 $-6 < x \leq 2$일 때, 실수 a, b에 대하여 $a-b$의 값을 구하시오.

대표 예제 | 04

다음 물음에 답하시오.

(1) 연립부등식 $\begin{cases} 3x-7 \leq 3-2x \\ 2x+3 > a \end{cases}$ 가 해를 갖지 않도록 하는 실수 a의 값의 범위를 구하시오.

(2) 연립부등식 $\begin{cases} x+2 < 4x-a \\ 3x-4 < 2x+a \end{cases}$ 가 해를 가질 때, 정수 a의 최솟값을 구하시오.

바로 접근

조건에 맞게 해를 수직선 위에 나타내고 미지수의 값의 범위를 구한다. 이때 등호의 포함 여부에 주의한다.

(1) 해를 갖지 않는 경우 ➡ 수직선 위에 공통부분이 없도록 그린다.

(2) 해를 갖는 경우 ➡ 수직선 위에 공통부분이 존재하도록 그린다.

바른 풀이

(1) $3x-7 \leq 3-2x$에서 $5x \leq 10$ ∴ $x \leq 2$ ······ ㉠

$2x+3 > a$에서 $2x > a-3$ ∴ $x > \dfrac{a-3}{2}$ ······ ㉡

주어진 연립부등식이 해를 갖지 않도록 ㉠, ㉡을 수직선 위에 나타내면 오른쪽 그림과 같아야 한다.

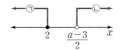

즉, $\dfrac{a-3}{2} \geq 2$이어야 하므로 $a-3 \geq 4$ ∴ $a \geq 7$

(2) $x+2 < 4x-a$에서 $-3x < -a-2$ ∴ $x > \dfrac{a+2}{3}$ ······ ㉠

$3x-4 < 2x+a$에서 $x < a+4$ ······ ㉡

주어진 연립부등식이 해를 갖도록 ㉠, ㉡을 수직선 위에 나타내면 오른쪽 그림과 같아야 한다.

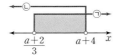

즉, $\dfrac{a+2}{3} < a+4$이어야 하므로 $a+2 < 3a+12$

$-2a < 10$ ∴ $a > -5$

따라서 정수 a의 최솟값은 -4이다.

정답 (1) $a \geq 7$ (2) -4

Bible Says

해가 없을 경우 a, b의 대소 관계에서의 등호 포함 여부는 다음과 같다.

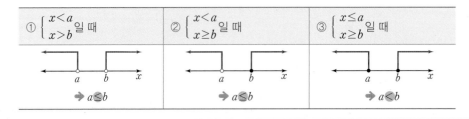

① $\begin{cases} x<a \\ x>b \end{cases}$ 일 때	② $\begin{cases} x<a \\ x \geq b \end{cases}$ 일 때	③ $\begin{cases} x \leq a \\ x \geq b \end{cases}$ 일 때
➡ $a \leq b$	➡ $a \leq b$	➡ $a < b$

한번 더하기

04-1 다음 물음에 답하시오.

(1) 연립부등식 $\begin{cases} 4x-1 \geq x+2 \\ 3x+5 \leq a \end{cases}$ 가 해를 갖지 않도록 하는 실수 a의 값의 범위를 구하시오.

(2) 연립부등식 $\begin{cases} 3x+2 \leq 2x-a \\ 4x+a < 6x+1 \end{cases}$ 이 해를 가질 때, 정수 a의 최댓값을 구하시오.

한번 더하기

04-2 연립부등식 $\begin{cases} x-4 \leq 2x+a \\ \dfrac{3x-2}{2} \leq 3+0.5x \end{cases}$ 가 해를 갖지 않도록 하는 정수 a의 최댓값을 구하시오.

표현 더하기

04-3 연립부등식 $\begin{cases} 0.2x+1 < 0.5x+0.1 \\ a-2(x-1) \geq 3x-2 \end{cases}$ 를 만족시키는 정수 x가 1개일 때, 자연수 a의 최댓값을 구하시오.

실력 더하기

04-4 부등식 $4x-5 \leq 2x+3 < 5x+a$를 만족시키는 정수 x가 3개일 때, 실수 a의 값의 범위를 구하시오.

대표 예제 | 05

두 식품 A, B 100 g에 각각 들어 있는 열량과 단백질의 양은 표와 같다. 두 식품 A, B를 합하여 300 g을 섭취하여 열량은 515 kcal 이상, 단백질은 55 g 이상 얻으려고 할 때, 섭취해야 하는 식품 A의 양의 범위를 구하시오.

성분 식품	열량(kcal)	단백질(g)
A	150	20
B	280	15

바로 접근

두 식품 A, B의 섭취량을 각각 x g, $(300-x)$ g으로 놓고 열량에 대한 부등식, 단백질에 대한 부등식을 각각 세운 후 연립하여 푼다.

바른 풀이

두 식품 A, B의 1 g에 들어 있는 열량과 단백질의 양은 오른쪽 표와 같다.

식품 A의 섭취량을 x g이라 하면 식품 B의 섭취량은 $(300-x)$ g이므로

성분 식품	열량(kcal)	단백질(g)
A	$\dfrac{150}{100}$	$\dfrac{20}{100}$
B	$\dfrac{280}{100}$	$\dfrac{15}{100}$

$$\begin{cases} \dfrac{150}{100}x+\dfrac{280}{100}(300-x)\geq515 & \cdots\cdots ㉠ \\ \dfrac{20}{100}x+\dfrac{15}{100}(300-x)\geq55 & \cdots\cdots ㉡ \end{cases}$$

㉠의 양변에 10을 곱하면

$15x+28(300-x)\geq5150$, $15x+8400-28x\geq5150$

$-13x\geq-3250$ $\therefore x\leq250$ $\cdots\cdots ㉢$

㉡의 양변에 100을 곱하면

$20x+15(300-x)\geq5500$, $20x+4500-15x\geq5500$

$5x\geq1000$ $\therefore x\geq200$ $\cdots\cdots ㉣$

㉢, ㉣에서 연립부등식의 해는 $200\leq x\leq250$

따라서 식품 A를 200 g 이상 250 g 이하로 섭취해야 한다.

정답 200 g 이상 250 g 이하

Bible Says

연립부등식의 활용 문제는 다음과 같은 순서로 푼다.

❶ 구하려는 것을 미지수 x로 놓는다.

❷ 주어진 조건을 만족시키는 연립부등식을 세운다.

❸ 연립부등식을 푼다.

❹ 구한 해가 문제의 뜻에 맞는지 확인한다.

한번 더하기

05-1 두 종류의 영양제 A, B를 각각 1개씩 만드는 데 필요한 비타민 C와 비타민 D의 양은 표와 같다. 비타민 C는 5000 mg 이하, 비타민 D는 2300 mg 이하로 사용하여 영양제 50개를 만들려고 할 때, 만들 수 있는 영양제 A의 개수의 최솟값과 최댓값의 합을 구하시오.

성분 영양제	비타민 C (mg)	비타민 D (mg)
A	90	50
B	125	30

표현 더하기

05-2 연속하는 세 짝수의 합이 66보다 작고 이 세 짝수 중 가장 큰 수의 3배에 2를 더한 값은 68보다 크거나 같다고 할 때, 세 짝수 중 가장 작은 수를 구하시오.

표현 더하기

05-3 800원짜리 우유와 700원짜리 음료수를 합하여 모두 15개를 사는데 금액이 11500원 이하가 되게 하려고 한다. 우유를 음료수보다 많이 사려고 할 때, 살 수 있는 우유의 개수를 모두 구하시오.

실력 더하기

05-4 어느 학교 학생들이 긴 의자에 앉으려고 한다. 한 의자에 4명씩 앉으면 학생이 7명 남고, 5명씩 앉으면 의자가 6개 남는다. 의자의 최대 개수를 구하시오.

대표 예제 | 06

다음 부등식을 푸시오.

(1) $2<|x-1|<5$　　　　(2) $|x-2|>3x+4$　　　　(3) $|x-1|+|x-3|<6$

바로 접근

(1) $a<|x|<b$ (단, $0<a<b$) ➡ $-b<x<-a$ 또는 $a<x<b$

(2), (3) 절댓값 기호 안의 식의 값이 0이 되는 x의 값을 기준으로 x의 값의 범위를 나누어 푼다.

바른 풀이

(1) $2<|x-1|<5$에서 $-5<x-1<-2$ 또는 $2<x-1<5$

　　$\therefore -4<x<-1$ 또는 $3<x<6$

(2) 절댓값 기호 안의 식 $x-2$가 0이 되는 $x=2$를 기준으로 범위를 나누면

　(ⅰ) $x<2$일 때, $-(x-2)>3x+4$이므로

　　　$-x+2>3x+4$, $-4x>2$　　$\therefore x<-\dfrac{1}{2}$

　　　그런데 $x<2$이므로 $x<-\dfrac{1}{2}$

　(ⅱ) $x\geq2$일 때, $x-2>3x+4$이므로

　　　$-2x>6$　　$\therefore x<-3$

　　　그런데 $x\geq2$이므로 해는 없다.

　(ⅰ), (ⅱ)에서 주어진 부등식의 해는 $x<-\dfrac{1}{2}$

(3) 절댓값 기호 안의 식 $x-1$, $x-3$이 0이 되는 $x=1$, $x=3$을 기준으로 범위를 나누면

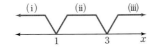

　(ⅰ) $x<1$일 때, $-(x-1)-(x-3)<6$이므로

　　　$-2x<2$　　$\therefore x>-1$

　　　그런데 $x<1$이므로 $-1<x<1$

　(ⅱ) $1\leq x<3$일 때, $x-1-(x-3)<6$이므로 $0\times x<4$

　　　즉, 해는 모든 실수이다.

　　　그런데 $1\leq x<3$이므로 $1\leq x<3$

　(ⅲ) $x\geq3$일 때, $x-1+x-3<6$이므로 $2x<10$　　$\therefore x<5$

　　　그런데 $x\geq3$이므로 $3\leq x<5$

　(ⅰ)~(ⅲ)에서 주어진 부등식의 해는 $-1<x<5$

정답 (1) $-4<x<-1$ 또는 $3<x<6$　(2) $x<-\dfrac{1}{2}$　(3) $-1<x<5$

Bible Says

(2)는 절댓값 기호를 1개 포함하는 부등식이므로 x의 값의 범위가 2개로 나누어지고, (3)은 절댓값 기호를 2개 포함하는 부등식이므로 x의 값의 범위가 3개로 나누어진다.

한번 더하기

06-1 다음 부등식을 푸시오.

(1) $1 < |x-3| < 4$　　　　(2) $|3x-1| < x+5$　　　　(3) $|x+2| + |x-4| < 8$

표현 더하기

06-2 부등식 $|5-x| + |x-7| < 16$을 만족시키는 정수 x의 최댓값을 M, 최솟값을 m이라 할 때, $M+m$의 값을 구하시오.

표현 더하기

06-3 부등식 $|2x-a| \leq 1$의 해가 $b \leq x \leq 3$일 때, $a+b$의 값을 구하시오. (단, a는 실수이다.)

표현 더하기

06-4 부등식 $|3x-5| - a \leq 2$의 해가 존재하지 않도록 하는 정수 a의 최댓값을 구하시오.

01 연립부등식 $\begin{cases} 6x+1 > 2x-7 \\ 3(x-2) \leq -(2x+1) \end{cases}$ 을 만족시키는 x의 값 중 가장 큰 정수를 M, 가장 작은 정수를 m이라 할 때, $M-m$의 값을 구하시오.

02 연립부등식 $\begin{cases} \dfrac{x+1}{3} \leq x-3 \\ \dfrac{x-3}{2} - \dfrac{x+1}{4} < -\dfrac{1}{4} \end{cases}$ 을 만족시키는 x에 대하여 $A = -x+4$일 때, A의 값의 범위를 구하시오.

03 부등식 $7-(3x-1) < x+5 \leq 2+3(x-1)$을 만족시키는 정수 x의 최솟값을 구하시오.

04 부등식 $0.1(6+x) \leq 0.3x+1 \leq -0.4(x+1)$의 해를 구하시오.

05 연립부등식 $\begin{cases} 3x+a \le 2x-1 \\ 2x-3 \ge 6x-11 \end{cases}$ 의 해가 $x \le -3$일 때, 상수 a의 값을 구하시오.

06 연립부등식 $\begin{cases} 5-(3x+2) \le x+a \\ 2x+a > 4x-1 \end{cases}$ 의 해가 $-1 \le x < b$일 때, 상수 a, b에 대하여 $a+b$의 값을 구하시오.

07 부등식 $\dfrac{7x+4}{3} < 3x+2 < 2x-a$가 해를 갖도록 하는 실수 a의 값의 범위를 구하시오.

08 연립부등식 $\begin{cases} 3x+1 > 5x-3 \\ 7x+2 \ge 6x+a \end{cases}$ 를 만족시키는 정수 x가 3개일 때, 실수 a의 값의 범위를 구하시오.

09 십의 자리의 숫자가 일의 자리의 숫자보다 2만큼 작은 두 자리 자연수가 있다. 이 자연수의 각 자리의 숫자의 합은 11 이하이고 십의 자리의 숫자와 일의 자리의 숫자를 바꾼 수는 처음 수의 2배에서 27를 뺀 수보다 작다. 처음 자연수를 구하시오.

10 두 물통 A, B에는 각각 60 L, 40 L의 물이 들어 있고 두 물통 A, B에 각각 1분에 18 L씩, 7 L씩 물을 넣으려고 한다. 물통 A의 물의 양이 물통 B의 물의 양의 2배 이상 2.5배 이하가 되는 것은 물을 넣기 시작한 지 a분 이상 b분 이하라 할 때, $b-a$의 값을 구하시오.

(단, 물통의 크기는 충분히 크다.)

11 부등식 $|x+2a|<3$을 만족시키는 정수 x의 최솟값이 6일 때, 정수 a의 값을 구하시오.

교육청 기출

12 부등식 $x>|3x+1|-7$을 만족시키는 모든 정수 x의 값의 합은?

① -2 ② -1 ③ 0

④ 1 ⑤ 2

S·T·E·P 2 **실력 다지기**

13 연립부등식 $\begin{cases} \dfrac{3}{2}x-1.3 < x+2.2 \\ 3\sqrt{2}x-1 \geq \sqrt{2}x+1 \end{cases}$ 을 만족시키는 정수 x의 최솟값을 구하시오.

14 다음 조건을 모두 만족시키는 정수 x의 개수를 구하시오.

> (가) $\sqrt{x-3}\sqrt{x-5} = -\sqrt{(x-3)(x-5)}$
>
> (나) $\dfrac{\sqrt{x+2}}{\sqrt{x-5}} = -\sqrt{\dfrac{x+2}{x-5}}$

15 부등식 $3x-2a < x+a \leq 2x+b$를 연립부등식 $\begin{cases} 3x-2a < 2x+b \\ x+a \leq 2x+b \end{cases}$ 로 잘못 변형하여 풀었더니 해가 $1 \leq x < 8$이었다. 처음 부등식을 바르게 푸시오.

16 연립부등식 $\begin{cases} 5x+a > 4x+1 \\ 3(x+a)+1 > 6x-8 \end{cases}$ 을 만족시키는 양수 x는 존재하고 음수 x는 존재하지 않도록 하는 실수 a의 값의 범위를 구하시오.

17 농도가 8 %인 소금물 200 g과 농도가 20 %인 소금물을 섞어서 농도가 12 % 이상 16 % 이하인 소금물을 만들려고 한다. 이때 농도가 20 %인 소금물의 양의 범위를 구하시오.

18 부등식 $2|x-1|+3|x+1| \le 14$를 만족시키는 모든 정수 x의 값의 합을 구하시오.

 challenge

19 어느 학교 학생들이 수련회를 가기 위하여 버스를 타려고 하는데 한 대에 25명씩 타면 마지막 버스에 2개의 좌석이 남는다. 그런데 출발 당일에 학생 50명이 여행을 못 가게 되어 버스 한 대에 20명씩 탔더니 버스가 1대 남았다. 이때 버스는 최대 몇 대인지 구하시오.

challenge

20 두 부등식 $|x-4| \ge 3$, $||x|-2| \le 2$를 모두 만족시키는 정수 x의 개수를 구하시오.

09

Ⅱ
방정식과
부등식

이차부등식

01 이차부등식

이차부등식	부등식의 모든 항을 좌변으로 이항하여 정리하였을 때, 좌변이 미지수 x에 대한 이차식으로 나타나는 부등식을 이차부등식이라 한다.

이차부등식의 해

이차방정식 $ax^2+bx+c=0\,(a>0)$의 판별식을 D라 할 때, 이차부등식의 해는 다음과 같다. (단, $\alpha<\beta$)

$ax^2+bx+c=0$의 판별식 D	$D>0$	$D=0$	$D<0$
$ax^2+bx+c=0$의 해	서로 다른 두 실근 α, β	중근 α	서로 다른 두 허근
$ax^2+bx+c>0$의 해	$x<\alpha$ 또는 $x>\beta$	$x\neq\alpha$인 모든 실수	모든 실수
$ax^2+bx+c\geq0$의 해	$x\leq\alpha$ 또는 $x\geq\beta$	모든 실수	모든 실수
$ax^2+bx+c<0$의 해	$\alpha<x<\beta$	없다.	없다.
$ax^2+bx+c\leq0$의 해	$\alpha\leq x\leq\beta$	$x=\alpha$	없다.

해가 주어진 이차부등식

(1) 해가 $\alpha<x<\beta$이고 x^2의 계수가 1인 이차부등식은
$$(x-\alpha)(x-\beta)<0, \ \ \text{즉} \ \ x^2-(\alpha+\beta)x+\alpha\beta<0$$
(2) 해가 $x<\alpha$ 또는 $x>\beta\,(\alpha<\beta)$이고 x^2의 계수가 1인 이차부등식은
$$(x-\alpha)(x-\beta)>0, \ \ \text{즉} \ \ x^2-(\alpha+\beta)x+\alpha\beta>0$$

이차부등식이 항상 성립할 조건

이차방정식 $ax^2+bx+c=0$의 판별식을 D라 할 때

(1) 모든 실수 x에 대하여 이차부등식 $ax^2+bx+c>0$이 성립할 조건은
$$a>0, \ D<0$$
(2) 모든 실수 x에 대하여 이차부등식 $ax^2+bx+c<0$이 성립할 조건은
$$a<0, \ D<0$$

02 연립이차부등식

연립이차부등식의 풀이

(1) 연립이차부등식: 차수가 가장 높은 부등식이 이차부등식인 연립부등식
(2) 연립이차부등식의 풀이 순서
　❶ 연립부등식을 이루고 있는 각 부등식의 해를 구한다.
　❷ ❶에서 구한 해를 하나의 수직선 위에 나타낸다.
　❸ 공통부분을 찾아 연립부등식의 해를 구한다.

01 이차부등식

1 이차부등식

부등식의 모든 항을 좌변으로 이항하여 정리하였을 때,

$$ax^2+bx+c>0,\ ax^2+bx+c<0,\ ax^2+bx+c\geq0,\ ax^2+bx+c\leq0\ (a\neq0,\ a,\ b,\ c\text{는 상수})$$

과 같이 좌변이 미지수 x에 대한 이차식으로 나타나는 부등식을 x에 대한 이차부등식이라 한다.

부등식 $x^2>1$, $3x\leq-x^2+2$, $x^2+1<2x^2+x$에서 각각 모든 항을 좌변으로 이항하여 정리하면

$$x^2-1>0,\ x^2+3x-2\leq0,\ -x^2-x+1<0\quad\leftarrow\text{좌변이 }x\text{에 대한 이차식인 부등식}$$

이므로 위의 부등식은 모두 x에 대한 **이차부등식**이다.

한편, 부등식 $2x^2+1<x+2x^2$은 모든 항을 좌변으로 이항하여 정리하면 $-x+1<0$이 되어 일차부등식이 된다.

따라서 어떤 부등식이 이차부등식인지 알아볼 때는 부등식의 모든 항을 좌변으로 이항하여 정리한 후, 좌변의 식이 이차식인지 확인한다.

> **example**
> (1) 부등식 $-2x^2+5\geq x^2$의 모든 항을 좌변으로 이항하여 정리하면
> $-3x^2+5\geq0$이므로 $-2x^2+5\geq x^2$은 이차부등식이다.
> (2) 부등식 $3(x^2-1)<2x^2-4x+x^2$의 모든 항을 좌변으로 이항하여 정리하면
> $4x-3<0$이므로 $3(x^2-1)<2x^2-4x+x^2$은 이차부등식이 아니다. ← 일차부등식이다.

2 이차함수의 그래프와 이차부등식의 해의 관계

(1) 이차부등식 $ax^2+bx+c>0$의 해

➡ 이차함수 $y=ax^2+bx+c$에서 $y>0$인 x의 값의 범위

➡ 이차함수 $y=ax^2+bx+c$의 그래프에서 x축보다 위쪽에 있는 부분의 x의 값의 범위

(2) 이차부등식 $ax^2+bx+c<0$의 해

➡ 이차함수 $y=ax^2+bx+c$에서 $y<0$인 x의 값의 범위

➡ 이차함수 $y=ax^2+bx+c$의 그래프에서 x축보다 아래쪽에 있는 부분의 x의 값의 범위

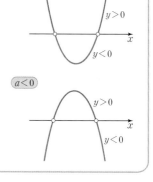

이차부등식의 해는 이차함수의 그래프를 이용하여 구할 수 있다.

좌표평면에서 x축을 기준으로 위쪽에 있는 y의 값은 모두 양수이고, 아래쪽에 있는 y의 값은 모두 음수이므로 이차부등식 $ax^2+bx+c>0$의 해는 이차함수 $y=ax^2+bx+c$의 그래프에서 $y>0$인 x의 값의 범위, 즉 x축보다 위쪽에 있는 부분의 x의 값의 범위이다.
이차부등식 $ax^2+bx+c<0$의 해는 이차함수 $y=ax^2+bx+c$의 그래프에서 $y<0$인 x의 값의 범위, 즉 x축보다 아래쪽에 있는 부분의 x의 값의 범위이다.
또한 x축에서의 y의 값은 0이므로 이차부등식 $ax^2+bx+c\geq0$의 해는 이차함수 $y=ax^2+bx+c$의 그래프에서 $y\geq0$인 x의 값의 범위, 즉 x축보다 위쪽에 있는 부분의 x의 값의 범위 및 x축과 만나는 점의 x좌표를 합한 것이다.
이차부등식 $ax^2+bx+c\leq0$의 해는 이차함수 $y=ax^2+bx+c$의 그래프에서 $y\leq0$인 x의 값의 범위, 즉 x축보다 아래쪽에 있는 부분의 x의 값의 범위 및 x축과 만나는 점의 x좌표를 합한 것이다.

example 이차함수 $y=x^2-2x-3$의 그래프가 오른쪽 그림과 같을 때,

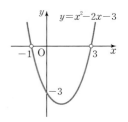

(1) 이차부등식 $x^2-2x-3>0$의 해는 이차함수
$y=x^2-2x-3$의 그래프가 x축보다 위쪽에 있는 부분의
x의 값의 범위이므로 $x<-1$ 또는 $x>3$이다.
(2) 이차부등식 $x^2-2x-3<0$의 해는 이차함수
$y=x^2-2x-3$의 그래프가 x축보다 아래쪽에 있는 부분의
x의 값의 범위이므로 $-1<x<3$이다.

3 이차부등식의 해

이차방정식 $ax^2+bx+c=0\,(a>0)$의 판별식을 D라 할 때, 이차부등식의 해는 다음과 같다.

$ax^2+bx+c=0$의 판별식 D	(1) $D>0$	(2) $D=0$	(3) $D<0$
$ax^2+bx+c=0$의 해	서로 다른 두 실근 α, β	중근 α	서로 다른 두 허근
$y=ax^2+bx+c$의 그래프			
① $ax^2+bx+c>0$의 해	$x<\alpha$ 또는 $x>\beta$	$x\neq\alpha$인 모든 실수	모든 실수
② $ax^2+bx+c\geq0$의 해	$x\leq\alpha$ 또는 $x\geq\beta$	모든 실수	모든 실수
③ $ax^2+bx+c<0$의 해	$\alpha<x<\beta$	없다.	없다.
④ $ax^2+bx+c\leq0$의 해	$\alpha\leq x\leq\beta$	$x=\alpha$	없다.

참고 $a<0$일 때는 이차부등식의 양변에 -1을 곱하여 x^2의 계수를 양수로 고쳐서 푸는 것이 편리하다. 이때 부등호의 방향이 바뀌는 것에 주의하자.

이차부등식의 해는 이차함수의 그래프와 x축의 위치 관계를 이용하여 구할 수 있으므로 이차부등식의 해를 구하는 방법은 이차방정식 $ax^2+bx+c=0\,(a>0)$의 판별식 $D=b^2-4ac$의 값의 부호에 따라 다음 세 가지로 나누어 생각할 수 있다. ← 즉, 이차함수의 그래프와 x축의 교점의 개수에 따라 나누어 생각할 수 있다.

(1) $D>0$일 때 (이차함수 $y=ax^2+bx+c$의 그래프와 x축의 교점이 2개일 때)
이차방정식 $ax^2+bx+c=0\,(a>0)$은 $D>0$일 때, 서로 다른 두 실근을 갖는다. 이때 두 근을 α, $\beta\,(\alpha<\beta)$라 하면
$$ax^2+bx+c=a(x-\alpha)(x-\beta)$$
와 같이 인수분해된다.

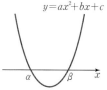

따라서 이차함수 $y=ax^2+bx+c\,(a>0)$의 그래프는 오른쪽 그림과 같이 x축과 서로 다른 두 점 $(\alpha,\,0)$, $(\beta,\,0)$에서 만나므로 이차부등식의 해는 다음과 같다.

① $ax^2+bx+c>0$, 즉 $a(x-\alpha)(x-\beta)>0$의 해는 $x<\alpha$ 또는 $x>\beta$
② $ax^2+bx+c\geq0$, 즉 $a(x-\alpha)(x-\beta)\geq0$의 해는 $x\leq\alpha$ 또는 $x\geq\beta$
③ $ax^2+bx+c<0$, 즉 $a(x-\alpha)(x-\beta)<0$의 해는 $\alpha<x<\beta$
④ $ax^2+bx+c\leq0$, 즉 $a(x-\alpha)(x-\beta)\leq0$의 해는 $\alpha\leq x\leq\beta$

 example

(1) 이차부등식 $x^2-3x<0$을 풀면
　　이차함수 $y=x^2-3x$에서
　　$y=x^2-3x=x(x-3)$
　　이므로 이 이차함수의 그래프는 오른쪽 그림과 같다.
　　이때 주어진 부등식의 해는 이차함수 $y=x^2-3x$의 그래프에서 $y<0$인 x의 값의 범위이므로
　　$0<x<3$

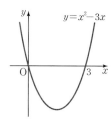

(2) 이차부등식 $-x^2+x+2\leq0$을 풀면
　　부등식의 양변에 -1을 곱하면 $x^2-x-2\geq0$ ← x^2의 계수를 양수로 고친다.
　　이차함수 $y=x^2-x-2$에서
　　$y=x^2-x-2=(x+1)(x-2)$
　　이므로 이 이차함수의 그래프는 오른쪽 그림과 같다.
　　이때 주어진 부등식의 해는 이차함수 $y=x^2-x-2$의 그래프에서 $y\geq0$인 x의 값의 범위이므로
　　$x\leq-1$ 또는 $x\geq2$

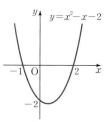

(2) $D=0$일 때 (이차함수 $y=ax^2+bx+c$의 그래프와 x축의 교점이 1개일 때)
이차방정식 $ax^2+bx+c=0\,(a>0)$은 $D=0$이면 중근을 갖는다. 이때 중근을 α라 하면
$$ax^2+bx+c=a(x-\alpha)^2$$
과 같이 인수분해된다.

따라서 이차함수 $y=ax^2+bx+c\,(a>0)$의 그래프는 오른쪽 그림과 같이 x축과 한 점 $(\alpha,\,0)$에서 만나므로 이차부등식의 해는 다음과 같다.

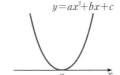

① $ax^2+bx+c>0$, 즉 $a(x-\alpha)^2>0$의 해는 $x\neq\alpha$인 모든 실수이다.

② $ax^2+bx+c\geq0$, 즉 $a(x-\alpha)^2\geq0$의 해는 모든 실수이다.

③ $ax^2+bx+c<0$, 즉 $a(x-\alpha)^2<0$의 해는 없다.

④ $ax^2+bx+c\leq0$, 즉 $a(x-\alpha)^2\leq0$의 해는 $x=\alpha$이다.

example

(1) 이차부등식 $x^2+2x+1>0$을 풀면

이차함수 $y=x^2+2x+1$에서

$y=x^2+2x+1=(x+1)^2$

이므로 이 이차함수의 그래프는 오른쪽 그림과 같다.

이때 주어진 부등식의 해는 이차함수 $y=x^2+2x+1$의 그래프에서 $y>0$인 x의 값의 범위이므로

$x\neq-1$인 모든 실수이다.

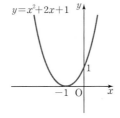

(2) 이차부등식 $-x^2+4x-4\geq0$을 풀면

부등식의 양변에 -1을 곱하면 $x^2-4x+4\leq0$ ← x^2의 계수를 양수로 고친다.

이차함수 $y=x^2-4x+4$에서

$y=x^2-4x+4=(x-2)^2$

이므로 이 이차함수의 그래프는 오른쪽 그림과 같다.

이때 주어진 부등식의 해는 이차함수 $y=x^2-4x+4$의 그래프에서 $y\leq0$인 x의 값의 범위이므로 $x=2$이다.

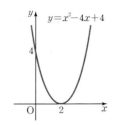

(3) **$D<0$일 때** (이차함수 $y=ax^2+bx+c$의 그래프와 x축의 교점이 없을 때)

이차방정식 $ax^2+bx+c=0\,(a>0)$은 $D<0$이면 실근을 갖지 않는다. 즉, 이차식 ax^2+bx+c는 인수분해되지 않는다.

이때 이차함수 $y=ax^2+bx+c\,(a>0)$를 완전제곱식을 이용하여 나타내면   ← 즉, 표준형으로 나타내면

$$y=ax^2+bx+c=a\left(x+\frac{b}{2a}\right)^2-\frac{b^2-4ac}{4a}=a\left(x+\frac{b}{2a}\right)^2-\frac{D}{4a}$$

이고,

$$a>0,\ D<0\text{에서 } -\frac{D}{4a}>0 \quad\text{← 아래로 볼록, 꼭짓점의 }y\text{좌표가 양수}$$

이므로 이차함수 $y=ax^2+bx+c$의 그래프는 오른쪽 그림과 같이 x축과 만나지 않는다.

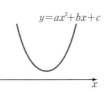

따라서 이차부등식의 해는 다음과 같다.

① $ax^2+bx+c>0$의 해는 모든 실수이다.

② $ax^2+bx+c\geq0$의 해는 모든 실수이다.

③ $ax^2+bx+c<0$의 해는 없다.

④ $ax^2+bx+c\leq0$의 해는 없다.

example

(1) 이차부등식 $x^2-2x+2 \geq 0$을 풀면

　이차함수 $y=x^2-2x+2$에서

　$y=x^2-2x+2=(x-1)^2+1$

　이므로 이 이차함수의 그래프는 오른쪽 그림과 같다.

　이때 주어진 부등식의 해는 이차함수 $y=x^2-2x+2$의 그래프

　에서 $y \geq 0$인 x의 값의 범위이므로 모든 실수이다.

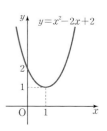

(2) 이차부등식 $x^2+2x+3 < 0$을 풀면

　이차함수 $y=x^2+2x+3$에서

　$y=x^2+2x+3=(x+1)^2+2$

　이므로 이 이차함수의 그래프는 오른쪽 그림과 같다.

　이때 주어진 부등식의 해는 이차함수 $y=x^2+2x+3$의 그래

　프에서 $y<0$인 x의 값의 범위이므로 해는 없다.

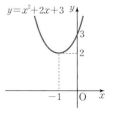

4 해가 주어진 이차부등식

(1) 해가 $\alpha < x < \beta$이고 x^2의 계수가 1인 이차부등식은

　$(x-\alpha)(x-\beta)<0$, 즉 $x^2-(\alpha+\beta)x+\alpha\beta<0$　　…… ㉠

(2) 해가 $x<\alpha$ 또는 $x>\beta (\alpha<\beta)$이고 x^2의 계수가 1인 이차부등식은

　$(x-\alpha)(x-\beta)>0$, 즉 $x^2-(\alpha+\beta)x+\alpha\beta>0$　　…… ㉡

참고 이차부등식의 해가 주어졌을 때, x^2의 계수가 a인 이차부등식은 ㉠, ㉡의 부등식의 양변에 a를 곱하여 구한다.
이때 $a<0$이면 부등호의 방향이 바뀌는 것에 주의한다.

　　두 실수 α, $\beta (\alpha<\beta)$에 대하여 이차부등식의 해는

　　　　$(x-\alpha)(x-\beta)<0$일 때, $\alpha<x<\beta$

　　　　$(x-\alpha)(x-\beta)>0$일 때, $x<\alpha$ 또는 $x>\beta$

임을 학습하였다.

이때 이차부등식의 해를 구하는 방법을 거꾸로 하면 이차부등식의 해가 주어졌을 때, 다음과 같이 이차부등식을 구할 수 있다.

즉, 해가 $\alpha<x<\beta$이고 x^2의 계수가 1인 이차부등식은 $(x-\alpha)(x-\beta)<0$이고,

해가 $x<\alpha$ 또는 $x>\beta (\alpha<\beta)$이고 x^2의 계수가 1인 이차부등식은 $(x-\alpha)(x-\beta)>0$이다.

또한 해가 $\alpha \leq x \leq \beta$이고 x^2의 계수가 1인 이차부등식은 $(x-\alpha)(x-\beta) \leq 0$이고,

해가 $x \leq \alpha$ 또는 $x \geq \beta (\alpha<\beta)$이고 x^2의 계수가 1인 이차부등식은 $(x-\alpha)(x-\beta) \geq 0$이다.

한편, 해가 $x=\alpha$이고 x^2의 계수가 1인 이차부등식은 $(x-\alpha)^2 \leq 0$이고,

　　　　324쪽 (2)의 ④를 거꾸로 한 것이다.

해가 $x \neq \alpha$인 모든 실수이고 x^2의 계수가 1인 이차부등식은 $(x-\alpha)^2 > 0$이다.

　　　　324쪽 (2)의 ①을 거꾸로 한 것이다.

09. 이차부등식　**325**

example

(1) 해가 $-2 < x < 3$이고 x^2의 계수가 1인 이차부등식은

$(x+2)(x-3) < 0$ $\quad \therefore x^2 - x - 6 < 0$

(2) 해가 $x \leq 2$ 또는 $x \geq 4$이고 x^2의 계수가 3인 이차부등식은

$3(x-2)(x-4) \geq 0$, $3(x^2 - 6x + 8) \geq 0$

$\therefore 3x^2 - 18x + 24 \geq 0$

(3) 해가 $x=1$이고 x^2의 계수가 1인 이차부등식은

$(x-1)^2 \leq 0$ $\quad \therefore x^2 - 2x + 1 \leq 0$

5 이차부등식이 항상 성립할 조건

이차방정식 $ax^2 + bx + c = 0$의 판별식을 D라 할 때 모든 실수 x에 대하여 이차부등식이 성립할 조건은 다음과 같다.

(1) $ax^2+bx+c>0$	(2) $ax^2+bx+c \geq 0$	(3) $ax^2+bx+c<0$	(4) $ax^2+bx+c \leq 0$
➡ $a>0$, $D<0$	➡ $a>0$, $D \leq 0$	➡ $a<0$, $D<0$	➡ $a<0$, $D \leq 0$

모든 실수 x에 대하여 이차부등식이 성립할 조건은 이차함수의 그래프의 모양과 위치에 따라 다음과 같다.

이차방정식 $ax^2 + bx + c = 0$의 판별식을 D라 할 때,

(1) 모든 실수 x에 대하여 이차부등식 $ax^2 + bx + c > 0$이 성립하려면 이차함수 $y = ax^2 + bx + c$의 그래프가 항상 x축보다 위쪽에 있어야 한다. 즉, 아래로 볼록하고, x축과 만나지 않아야 하므로 $a > 0$, $D < 0$이어야 한다.

(2) 모든 실수 x에 대하여 이차부등식 $ax^2 + bx + c \geq 0$이 성립하려면 이차함수 $y = ax^2 + bx + c$의 그래프가 항상 x축보다 위쪽에 있거나 x축에 접해야 한다. 즉, 아래로 볼록하고, x축과 만나지 않거나 한 점에서 접하므로 $a > 0$, $D \leq 0$이어야 한다.

(3) 모든 실수 x에 대하여 이차부등식 $ax^2 + bx + c < 0$이 성립하려면 이차함수 $y = ax^2 + bx + c$의 그래프가 항상 x축의 아래쪽에 있어야 한다. 즉, 위로 볼록하고, x축과 만나지 않아야 하므로 $a < 0$, $D < 0$이어야 한다.

(4) 모든 실수 x에 대하여 이차부등식 $ax^2 + bx + c \leq 0$이 성립하려면 이차함수 $y = ax^2 + bx + c$의 그래프가 항상 x축의 아래쪽에 있거나 x축에 접해야 한다. 즉, 아래로 볼록하고, x축과 만나지 않거나 한 점에서 접하므로 $a < 0$, $D \leq 0$이어야 한다.

example 모든 실수 x에 대하여 이차부등식 $x^2+kx+2k>0$(k는 상수)이
성립하려면 이차함수 $y=x^2+kx+2k$의 그래프가 항상 x축보다
위쪽에 있어야 하므로 이차방정식 $x^2+kx+2k=0$의 판별식을
D라 하면 $D<0$이어야 한다. x^2의 계수가 양수이므로 그래프가 x축보다
위쪽에 있어야 한다.
$D=k^2-4\times1\times2k<0$, $k(k-8)<0$
$\therefore 0<k<8$

개념 CHECK

01. 이차부등식

빠른 정답 · 497쪽 / 정답과 풀이 · 114쪽

01 다음 이차부등식을 푸시오.

(1) $x^2-5x+4<0$ (2) $-x^2-2x+6\leq0$
(3) $x^2+6x+9\geq0$ (4) $x^2+3x+4<0$

09

02 해가 다음과 같고 x^2의 계수가 1인 이차부등식을 구하시오.

(1) $-2\leq x\leq1$ (2) $x\neq2$인 모든 실수

03 모든 실수 x에 대하여 다음 이차부등식이 성립하도록 하는 실수 k의 값의 범위를 구하시오.

(1) $x^2-kx+9>0$ (2) $-x^2-2kx-6+k\leq0$

09. 이차부등식 **327**

대표 예제 | 01

그래프를 이용한 부등식의 풀이

두 이차함수 $y=f(x)$, $y=g(x)$의 그래프가 오른쪽 그림과 같을 때, 다음 부등식의 해를 구하시오.

(1) $f(x) \leq g(x)$　　　　(2) $f(x)g(x) < 0$

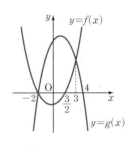

바로 접근

(1) 함수 $y=f(x)$의 그래프가 함수 $y=g(x)$의 그래프보다 아래쪽에 있거나 두 그래프가 만나는 부분의 x의 값의 범위를 구한다.

➡ 두 함수의 그래프의 교점의 x좌표를 기준으로 생각하자.

(2) $f(x)>0$, $g(x)<0$ 또는 $f(x)<0$, $g(x)>0$을 만족시키는 x의 값의 범위를 구한다.

➡ 각 함수의 그래프와 x축의 교점의 x좌표를 기준으로 생각하자.

바른 풀이

(1) 부등식 $f(x) \leq g(x)$의 해는 함수 $y=f(x)$의 그래프가 함수 $y=g(x)$의 그래프보다 아래쪽에 있거나 두 그래프가 만나는 부분의 x의 값의 범위이므로

$-2 \leq x \leq 3$

(2) 부등식 $f(x)g(x)<0$의 해는

$f(x)>0$, $g(x)<0$ 또는 $f(x)<0$, $g(x)>0$을 만족시키는 x의 값의 범위이다.

(i) $f(x)>0$, $g(x)<0$을 동시에 만족시키는 x의 값의 범위는

$f(x)>0$일 때 $x<-2$ 또는 $x>\dfrac{3}{2}$　　 …… ㉠

$g(x)<0$일 때 $x<-2$ 또는 $x>4$　　 …… ㉡

㉠, ㉡에서 공통부분을 구하면 $x<-2$ 또는 $x>4$

(ii) $f(x)<0$, $g(x)>0$을 동시에 만족시키는 x의 값의 범위는

$f(x)<0$일 때 $-2<x<\dfrac{3}{2}$　　 …… ㉢

$g(x)>0$일 때 $-2<x<4$　　 …… ㉣

㉢, ㉣에서 공통부분을 구하면 $-2<x<\dfrac{3}{2}$

(i), (ii)에서 구하는 부등식의 해는

$x<-2$ 또는 $-2<x<\dfrac{3}{2}$ 또는 $x>4$

정답 (1) $-2 \leq x \leq 3$　(2) $x<-2$ 또는 $-2<x<\dfrac{3}{2}$ 또는 $x>4$

Bible Says

함수의 그래프를 이용하여 이차부등식을 풀 때는 주어진 함수의 그래프에서 조건을 만족시키는 x의 값의 범위를 구한다.
이때 두 함수의 그래프의 교점의 x좌표 또는 함수의 그래프와 x축의 교점의 x좌표를 이용한다.

한번 더하기

01-1

두 이차함수 $y=f(x)$, $y=g(x)$의 그래프가 오른쪽 그림과 같을 때, 다음 부등식의 해를 구하시오.

(1) $f(x)>g(x)$ (2) $f(x)g(x)>0$

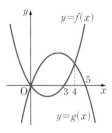

표현 더하기

01-2

이차함수 $y=ax^2+bx+c$의 그래프와 직선 $y=mx+n$이 오른쪽 그림과 같을 때, 이차부등식 $ax^2+bx+c>mx+n$의 해를 구하시오. (단, a, b, c, m, n은 상수이다.)

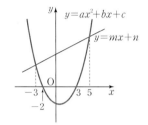

표현 더하기

01-3

두 이차함수 $y=f(x)$, $y=g(x)$의 그래프가 오른쪽 그림과 같을 때, 부등식 $f(x)-g(x)\leq0$의 해를 구하시오.

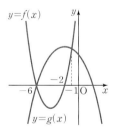

실력 더하기

01-4

세 함수 $y=f(x)$, $y=g(x)$, $y=h(x)$의 그래프가 오른쪽 그림과 같을 때, 부등식 $h(x)>g(x)>f(x)$의 해를 구하시오.

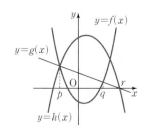

대표 예제 I 02

다음 이차부등식을 푸시오.

(1) $x^2 - x - 2 < 0$

(2) $-x^2 + 8x - 16 < 0$

(3) $-x^2 + 6x > 10$

(4) $x^2 \geq 4x - 7$

바로 접근

주어진 이차부등식을 적절히 변형한 후 Bible Says 를 이용하여 해를 구할 수 있다.

❶ 이항하여 (좌변)=(이차식), (우변)=0으로 만든다. 이때 이차항의 계수가 음수이면 부등식의 양변에
  -1을 곱하여 양수로 바꾸고, 부등호의 방향도 바꾼다.

❷ 좌변을 인수분해하거나, 인수분해되지 않을 경우 완전제곱식을 포함한 꼴로 변형한다.

바른 풀이

(1) $x^2 - x - 2 < 0$에서

$(x+1)(x-2) < 0$

$\therefore -1 < x < 2$

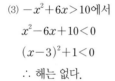

(2) $-x^2 + 8x - 16 < 0$에서

$x^2 - 8x + 16 > 0$

$(x-4)^2 > 0$

$\therefore x \neq 4$인 모든 실수

(3) $-x^2 + 6x > 10$에서

$x^2 - 6x + 10 < 0$

$(x-3)^2 + 1 < 0$

$\therefore$ 해는 없다.

(4) $x^2 \geq 4x - 7$에서

$x^2 - 4x + 7 \geq 0$

$(x-2)^2 + 3 \geq 0$

$\therefore$ 모든 실수

정답 (1) $-1 < x < 2$ (2) $x \neq 4$인 모든 실수
(3) 해는 없다. (4) 모든 실수

Bible Says

이차함수 $y = f(x)$의 그래프	α ⌣ β $y=f(x)$	$y=f(x)$ α	$y=f(x)$
$f(x) > 0$의 해	$x < \alpha$ 또는 $x > \beta$	$x \neq \alpha$인 모든 실수	모든 실수
$f(x) \geq 0$의 해	$x \leq \alpha$ 또는 $x \geq \beta$	모든 실수	모든 실수
$f(x) < 0$의 해	$\alpha < x < \beta$	없다.	없다.
$f(x) \leq 0$의 해	$\alpha \leq x \leq \beta$	$x = \alpha$	없다.

📖 빠른 정답 · 497쪽 / 정답과 풀이 · 115쪽

한번 더하기

02-1 다음 이차부등식을 푸시오.

(1) $x^2+2x-8 \geq 0$

(2) $x^2-14 \leq 5x$

(3) $-9x^2+6x-1 < 0$

(4) $2x^2-4x+1 < x^2-8$

표현 더하기

02-2 이차부등식 $x(2x-3) < 4(x+1)$을 만족시키는 정수 x의 개수를 구하시오.

표현 더하기

02-3 다음 **보기**의 이차부등식 중 해가 없는 것만을 있는 대로 고르시오.

> **보기**
>
> ㄱ. $-x^2-5 \geq 6x$
>
> ㄴ. $\dfrac{1}{2}x^2+2x+3 \leq 0$
>
> ㄷ. $x(x+8) > -16$
>
> ㄹ. $3x^2+1 < -x^2-4x$

실력 더하기

02-4 x에 대한 이차부등식 $x^2-x-(m^2+3m+2) < 0$의 정수인 해의 합이 15일 때, 자연수 m의 값을 구하시오.

대표 예제 03

오른쪽 그림과 같이 가로, 세로의 길이가 각각 40 m, 15 m인 직사각형 모양의 땅에 폭이 일정한 도로를 만들려고 한다. 도로를 제외한 땅의 넓이가 $350 \, \text{m}^2$ 이상이 되도록 할 때, 도로의 최대 폭을 구하시오.

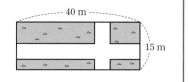

바로 접근   길의 폭을 x m로 놓고 문제의 조건에 맞게 이차부등식을 세운다.

바른 풀이   도로의 폭을 x m라 하면 도로를 제외한 땅의 넓이는 가로의 길이가 $(40-x)$ m, 세로의 길이가 $(15-x)$ m인 직사각형의 넓이와 같고, 이 넓이가 $350 \, \text{m}^2$ 이상이 되어야 하므로

$(40-x)(15-x) \geq 350$, $x^2 - 55x + 600 \geq 350$

$x^2 - 55x + 250 \geq 0$, $(x-5)(x-50) \geq 0$

$\therefore x \leq 5$ 또는 $x \geq 50$

그런데 $0 < x \leq 15$이므로

$0 < x \leq 5$

따라서 조건을 만족시키는 도로의 최대 폭은 5 m이다.

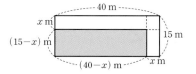

정답   5 m

Bible Says

이차부등식의 활용 문제 풀이 순서
❶ 미지수를 정하고, 주어진 조건에 맞게 등호의 유무에 주의하면서 이차부등식을 세운다.
❷ 부등식을 풀어 해를 구한다. 이때 미지수의 범위에 유의한다.

한번 더하기

03-1

오른쪽 그림과 같이 가로, 세로의 길이가 각각 16 m, 10 m인 직사각형 모양의 밭에 폭이 일정한 길을 만들려고 한다. 길을 제외한 땅의 넓이가 112 m² 이상이 되도록 할 때, 길의 폭의 범위를 구하시오.

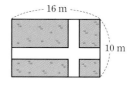

표현 더하기

03-2

지면에서 폭죽을 쏘아 올렸을 때, t초 후 폭죽의 높이 h m는 $h=-5t^2+45t$로 나타낼 수 있다고 한다. 폭죽의 높이가 90 m 이상이 되는 시간은 몇 초 동안인지 구하시오.

표현 더하기

03-3

어느 악기점에서 바이올린을 한 대에 60만 원씩 판매하면 매월 30대가 팔리고, 한 대의 가격을 x만 원 인하하면 월 판매량이 $2x$대 늘어난다고 한다. 한 달 총 판매액이 2800만 원 이상이 되도록 할 때, 바이올린 한 대의 가격은 최고 얼마로 정할 수 있는지 구하시오.

실력 더하기

03-4

어느 박물관에서 입장료를 x % 인상하면 하루 관람객 수는 $0.4x$ % 감소한다고 한다. 이 박물관의 하루 동안의 전체 입장료가 20 % 이상 증가하도록 하는 x의 값의 범위를 구하시오.

대표 예제 ┃ 04

다음 부등식의 해를 구하시오.

(1) $x^2+5|x|-24<0$ (2) $x^2+x-2>|x-1|$

바로 접근

절댓값 기호를 포함한 부등식은 절댓값 기호 안의 식의 값이 0이 되는 x의 값을 기준으로 x의 값의 범위를 나누어 푼다.

바른 풀이

(1) 절댓값 기호 안의 식 x가 0이 되는 $x=0$을 기준으로 범위를 나누면

    (i) $x<0$일 때, $x^2-5x-24<0$이므로

        $(x+3)(x-8)<0$ ∴ $-3<x<8$

        그런데 $x<0$이므로 $-3<x<0$

    (ii) $x\geq0$일 때, $x^2+5x-24<0$이므로

        $(x+8)(x-3)<0$ ∴ $-8<x<3$

        그런데 $x\geq0$이므로 $0\leq x<3$

    (i), (ii)에서 주어진 부등식의 해는 $-3<x<3$

(2) 절댓값 기호 안의 식 $x-1$이 0이 되는 $x=1$을 기준으로 범위를 나누면

    (i) $x<1$일 때, $x^2+x-2>-x+1$이므로

        $x^2+2x-3>0$, $(x+3)(x-1)>0$ ∴ $x<-3$ 또는 $x>1$

        그런데 $x<1$이므로 $x<-3$

    (ii) $x\geq1$일 때, $x^2+x-2>x-1$이므로

        $x^2-1>0$, $(x+1)(x-1)>0$ ∴ $x<-1$ 또는 $x>1$

        그런데 $x\geq1$이므로 $x>1$

    (i), (ii)에서 주어진 부등식의 해는 $x<-3$ 또는 $x>1$

[다른 풀이]

(1) $x^2+5|x|-24<0$에서 $x^2=|x|^2$이므로 $|x|^2+5|x|-24<0$

$(|x|+8)(|x|-3)<0$

이때 $|x|+8>0$이므로 $|x|-3<0$, 즉 $|x|<3$

따라서 주어진 부등식의 해는 $-3<x<3$

정답 (1) $-3<x<3$ (2) $x<-3$ 또는 $x>1$

Bible Says

x의 값의 범위를 나눈 후 각 범위에서 해를 구할 때, 기준이 되는 범위를 놓치는 실수를 하기 쉽다.

예를 들어 (1)의 (i)에서 기준이 되는 범위를 놓치고 $-3<x<8$과 같이 잘못된 해를 구하는 실수를 하지 않도록 주의하자.

한 번 더하기

04-1 다음 부등식의 해를 구하시오.

(1) $x^2 - 2|x| - 3 > 0$ (2) $x^2 - 1 \leq 4|x-1|$

표현 더하기

04-2 부등식 $(x+3)(|x|-5) < 0$의 해를 구하시오.

표현 더하기

04-3 부등식 $x^2 + x - 2 \leq 2|x-1|$을 만족시키는 실수 x의 최댓값과 최솟값의 합을 구하시오.

실력 더하기

04-4 부등식 $|x^2 - 5x + 3| > 3$을 만족시키는 자연수 x의 최솟값을 구하시오.

대표 예제 ː 05

다음 물음에 답하시오.

(1) 이차부등식 $x^2+ax+b\geq0$의 해가 $x\leq-4$ 또는 $x\geq1$일 때, 상수 a, b의 값을 각각 구하시오.

(2) 이차부등식 $ax^2+12x+b>0$의 해가 $1<x<5$일 때, 상수 a, b의 값을 각각 구하시오.

바로 접근

x^2의 계수가 1이고

① 해가 $\alpha<x<\beta$인 이차부등식

$(x-\alpha)(x-\beta)<0 \Rightarrow x^2-\underbrace{(\alpha+\beta)}_{\text{두 근의 합}}x+\underbrace{\alpha\beta}_{\text{두 근의 곱}}<0$

② 해가 $x<\alpha$ 또는 $x>\beta$인 이차부등식

$(x-\alpha)(x-\beta)>0 \Rightarrow x^2-(\alpha+\beta)x+\alpha\beta>0$

바른 풀이

(1) 해가 $x\leq-4$ 또는 $x\geq1$이고 x^2의 계수가 1인 이차부등식은

$(x+4)(x-1)\geq0$, 즉 $x^2+3x-4\geq0$

이 부등식이 $x^2+ax+b\geq0$과 같으므로

$a=3$, $b=-4$

(2) 해가 $1<x<5$이고 x^2의 계수가 1인 이차부등식은

$(x-1)(x-5)<0$, 즉 $x^2-6x+5<0$ ······ ㉠

㉠과 주어진 부등식 $ax^2+12x+b>0$의 부등호의 방향이 다르므로

$a<0$

㉠의 양변에 a를 곱하면

$ax^2-6ax+5a>0$

이 부등식이 $ax^2+12x+b>0$과 같으므로

$-6a=12$, $5a=b$

$\therefore a=-2$, $b=-10$

정답 (1) $a=3$, $b=-4$ (2) $a=-2$, $b=-10$

Bible Says

(2)와 같이 주어진 이차부등식에서 x^2의 계수가 1이 아닌 경우에는

❶ 주어진 해를 이용하여 x^2의 계수가 1인 이차부등식을 만든다.

❷ 이 이차부등식과 주어진 부등식의 부등호의 방향을 비교하여 a의 부호를 정한다.

❸ 두 부등식이 일치하도록 양변에 a를 곱한다. 이때 $a<0$이면 부등호의 방향이 바뀌는 것에 주의한다.

한번 더하기

05-1

다음 물음에 답하시오.

(1) 이차부등식 $x^2+ax+b<0$의 해가 $-3<x<4$일 때, 상수 a, b의 값을 각각 구하시오.

(2) 이차부등식 $ax^2+8x+b\leq0$의 해가 $x\leq-1$ 또는 $x\geq5$일 때, 상수 a, b의 값을 각각 구하시오.

표현 더하기

05-2

이차부등식 $ax^2+bx+c<0$의 해가 $x<-2$ 또는 $x>1$일 때, 이차부등식 $cx^2+bx+a<0$의 해를 구하시오. (단, a, b, c는 실수이다.)

09

표현 더하기

05-3

이차부등식 $x^2-x+m\leq0$의 해가 $x=\dfrac{1}{2}$일 때, 실수 m의 값을 구하시오.

표현 더하기

05-4

x에 대한 이차부등식 $f(x)<0$의 해가 $2<x<8$일 때, 부등식 $f(3x-1)<0$을 만족시키는 x의 값의 범위를 구하시오.

이차부등식이 항상 성립할 조건

다음 부등식이 모든 실수 x에 대하여 성립하도록 하는 실수 k의 값의 범위를 구하시오.

(1) $3x^2+(k-2)x+3>0$ (2) $kx^2+4kx-3<0$

바로 접근

이차방정식 $ax^2+bx+c=0$의 판별식을 D라 하면

① 이차부등식 $ax^2+bx+c>0$이 모든 실수 x에 대하여 성립할 조건 ➡ $a>0$, $D<0$

② 이차부등식 $ax^2+bx+c<0$이 모든 실수 x에 대하여 성립할 조건 ➡ $a<0$, $D<0$

이때 (2)와 같이 x^2의 계수가 미정일 때는 x^2의 계수가 0일 때와 0이 아닐 때로 나누어 푼다.

바른 풀이

(1) x^2의 계수가 양수이므로 주어진 부등식이 모든 실수 x에 대하여 성립하려면

이차방정식 $3x^2+(k-2)x+3=0$의 판별식을 D라 할 때,

$D=(k-2)^2-4\times3\times3<0$, $k^2-4k-32<0$

$(k+4)(k-8)<0$ ∴ $-4<k<8$

(2) (i) $k\neq0$일 때,

주어진 부등식이 모든 실수 x에 대하여 성립하려면

이차함수 $y=kx^2+4kx-3$의 그래프가 오른쪽 그림과 같아야 한다.

이때 그래프가 위로 볼록하므로 $k<0$ …… ㉠

또한 이차방정식 $kx^2+4kx-3=0$의 판별식을 D라 할 때,

$\dfrac{D}{4}=(2k)^2-k\times(-3)<0$, $4k^2+3k<0$

$k(4k+3)<0$ ∴ $-\dfrac{3}{4}<k<0$ …… ㉡

㉠, ㉡의 공통부분은 $-\dfrac{3}{4}<k<0$

$y=kx^2+4kx-3$

(ii) $k=0$일 때,

$0\times x^2+4\times0\times x-3<0$에서 $-3<0$이므로 주어진 부등식은 모든 실수 x에 대하여 성립한다.

(i), (ii)에서 구하는 k의 값의 범위는 $-\dfrac{4}{3}<k\le0$

정답 (1) $-4<k<8$ (2) $-\dfrac{3}{4}<k\le0$

Bible Says

x^2의 계수가 미정일 때는 주어진 부등식이 이차부등식인 경우와 이차부등식이 아닌 경우로 나누어서 생각한다.

(단, D는 이차방정식 $ax^2+bx+c=0$의 판별식이다.)

① 부등식 $ax^2+bx+c\ge0$이 모든 실수 x에 대하여 성립할 조건

➡ $a>0$일 때 $D\le0$

또는 $a=0$일 때 $b=0$, $c\ge0$

② 부등식 $ax^2+bx+c\le0$이 모든 실수 x에 대하여 성립할 조건

➡ $a<0$일 때 $D\le0$

또는 $a=0$일 때 $b=0$, $c\le0$

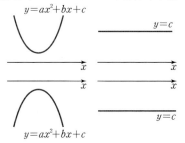

한 번 더하기

06-1 다음 부등식이 모든 실수 x에 대하여 성립하도록 하는 실수 k의 값의 범위를 구하시오.

(1) $x^2+2(k+2)x-k\geq 0$ (2) $kx^2+kx+1\geq 0$

표현 더하기

06-2 다음 부등식이 x의 값에 관계없이 항상 성립할 때, 실수 a의 값의 범위를 구하시오.

(1) $-2x^2+(1-a)x-a+1<0$ (2) $ax^2+2ax-4<0$

표현 더하기

06-3 이차부등식 $2kx^2+8x+(k-2)\leq 0$의 해가 모든 실수가 되도록 하는 실수 k의 값의 범위를 구하시오.

표현 더하기

06-4 모든 실수 x에 대하여 부등식 $(a-3)x^2+2(a-3)x+4>0$이 성립하도록 하는 정수 a의 개수를 구하시오.

대표 예제 | 07

다음 물음에 답하시오.

(1) 이차부등식 $kx^2+5x+k<0$이 해를 갖도록 하는 실수 k의 값의 범위를 구하시오.

(2) 이차부등식 $4x^2+2(k+1)x-k+7<0$이 해를 갖지 않도록 하는 실수 k의 값의 범위를 구하시오.

바로 접근

이차방정식 $ax^2+bx+c=0$의 판별식을 D라 하면

① 이차부등식 $ax^2+bx+c>0$이

해를 가질 조건 ➡ $a>0$ 또는 $a<0$, $D>0$ 해를 갖지 않을 조건 ➡ $a<0$, $D\leq0$

② 이차부등식 $ax^2+bx+c<0$이

해를 가질 조건 ➡ $a<0$ 또는 $a>0$, $D>0$ 해를 갖지 않을 조건 ➡ $a>0$, $D\leq0$

바른 풀이

(1) (i) $k<0$일 때, 이차함수 $y=kx^2+5x+k$의 그래프는 위로 볼록하므로 주어진 이차부등식은 항상 해를 갖는다.

(ii) $k>0$일 때, 이차함수 $y=kx^2+5x+k$의 그래프는 아래로 볼록하므로
주어진 이차부등식이 해를 가지려면 이차방정식 $kx^2+5x+k=0$의 판별식을 D라 할 때,

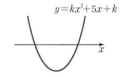

$D=5^2-4\times k\times k>0$, $4k^2<25$

$k^2<\dfrac{25}{4}$ $\therefore -\dfrac{5}{2}<k<\dfrac{5}{2}$

그런데 $k>0$이므로 $0<k<\dfrac{5}{2}$

(i), (ii)에서 구하는 k의 값의 범위는 $k<0$ 또는 $0<k<\dfrac{5}{2}$

(2) 주어진 이차부등식이 해를 갖지 않으려면
이차방정식 $4x^2+2(k+1)x-k+7=0$의 판별식을 D라 할 때,

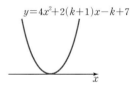

$\dfrac{D}{4}=(k+1)^2-4\times(-k+7)\leq0$

$k^2+6k-27\leq0$, $(k+9)(k-3)\leq0$ $\therefore -9\leq k\leq3$

정답 (1) $k<0$ 또는 $0<k<\dfrac{5}{2}$ (2) $-9\leq k\leq3$

Bible Says

① 이차부등식 $ax^2+bx+c\geq0$이

해를 가질 조건 ➡ $a>0$ 또는 $a<0$, $D\geq0$ 해를 갖지 않을 조건 ➡ $a<0$, $D<0$

해를 한 개만 가질 조건 ➡ $a<0$, $D=0$

② 이차부등식 $ax^2+bx+c\leq0$이

해를 가질 조건 ➡ $a<0$ 또는 $a>0$, $D\geq0$ 해를 갖지 않을 조건 ➡ $a>0$, $D<0$

해를 한 개만 가질 조건 ➡ $a>0$, $D=0$

한 번 더하기

07-1

다음 물음에 답하시오.

(1) 이차부등식 $ax^2+4x+a>0$이 해를 갖도록 하는 실수 a의 값의 범위를 구하시오.

(2) 이차부등식 $ax^2+(3-a)x-4>0$이 해를 갖지 않도록 하는 실수 a의 값의 범위를 구하시오.

표현 더하기

07-2

이차부등식 $x^2+2(k-2)x+k\leq0$의 해가 오직 하나일 때, 실수 k의 값을 모두 구하시오.

09

표현 더하기

07-3

이차부등식 $(a-2)x^2+2(a-2)x-3>0$이 해를 갖도록 하는 실수 a의 값의 범위를 구하시오.

실력 더하기

07-4

이차부등식 $x^2-4ax+4a-1>0$을 만족시키지 않는 x의 값이 오직 m뿐일 때, $a+m$의 값을 구하시오. (단, a는 실수이다.)

대표 예제 ┃ 08

다음 물음에 답하시오.

(1) 이차함수 $y=x^2-ax$의 그래프가 직선 $y=x-4$보다 항상 위쪽에 있도록 하는 실수 a의 값의 범위를 구하시오.

(2) 이차함수 $y=-x^2+5x-4$의 그래프가 직선 $y=-mx-3$의 그래프보다 항상 아래쪽에 있도록 하는 실수 m의 값의 범위를 구하시오.

바로 접근

① 함수 $y=f(x)$의 그래프가 함수 $y=g(x)$의 그래프보다 항상 위쪽에 있다.

➡ 모든 실수 x에 대하여 부등식 $f(x)>g(x)$, 즉 $f(x)-g(x)>0$이 성립한다.

② 함수 $y=f(x)$의 그래프가 함수 $y=g(x)$의 그래프보다 항상 아래쪽에 있다.

➡ 모든 실수 x에 대하여 부등식 $f(x)<g(x)$, 즉 $f(x)-g(x)<0$이 성립한다.

위와 같이 정리한 후 **대표 예제 ┃ 06**과 같은 방법으로 풀면 된다.

바른 풀이

(1) 이차함수 $y=x^2-ax$의 그래프가 직선 $y=x-4$보다 항상 위쪽에 있으려면

모든 실수 x에 대하여 $x^2-ax>x-4$, 즉 $x^2-(a+1)x+4>0$이어야 한다.

이차방정식 $x^2-(a+1)x+4=0$의 판별식을 D라 할 때,

$D=\{-(a+1)\}^2-4\times1\times4<0$, $a^2+2a-15<0$

$(a+5)(a-3)<0$ ∴ $-5<a<3$

(2) 이차함수 $y=-x^2+5x-4$의 그래프가 직선 $y=-mx-3$의 그래프보다 항상 아래쪽에 있으려면

모든 실수 x에 대하여 $-x^2+5x-4<-mx-3$, $-x^2+(5+m)x-1<0$

즉, $x^2-(5+m)x+1>0$이어야 한다.

이차방정식 $x^2-(5+m)x+1=0$의 판별식을 D라 할 때,

$D=\{-(5+m)\}^2-4\times1\times1<0$

$m^2+10m+21<0$, $(m+3)(m+7)<0$

∴ $-7<m<-3$

정답 (1) $-5<a<3$ (2) $-7<m<-3$

Bible Says

(1)에서 함수 $y=x^2-ax$의 그래프와 직선 $y=x-4$는

① $a=-5$ 또는 $a=3$이면 한 점에서 만난다.

② $-5<a<3$이면 만나지 않는다.

③ $a<-5$ 또는 $a>3$이면 두 점에서 만난다.

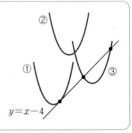

한번 더하기

08-1
이차함수 $y=x^2+(k+4)x+2$의 그래프가 직선 $y=x-2$보다 항상 위쪽에 있을 때, 실수 k의 값의 범위를 구하시오.

표현 더하기

08-2
이차함수 $y=x^2+(a+2)x+1$의 그래프가 직선 $y=2x-3$과 만나시 않도록 하는 정수 a의 최댓값을 구하시오.

09

표현 더하기

08-3
이차함수 $y=x^2+3x+a$의 그래프가 직선 $y=x+1$의 그래프보다 위쪽에 있는 x의 값의 범위가 $x<b$ 또는 $x>2$일 때, 상수 a, b에 대하여 $a+b$의 값을 구하시오. (단, $b<2$)

실력 더하기

08-4
이차함수 $y=ax^2-x+2$의 그래프가 이차함수 $y=x^2-ax+6$의 그래프보다 항상 아래쪽에 있도록 하는 정수 a의 최댓값을 M, 최솟값을 m이라 할 때, $M-m$의 값을 구하시오.

대표 예제 | 09

$-1 \leq x \leq 2$에서 이차부등식 $x^2 - 2x < k^2 - k + 1$이 항상 성립하도록 하는 실수 k의 값의 범위를 구하시오.

바로 접근

$\alpha \leq x \leq \beta$에서
① 이차부등식 $f(x) > 0$이 항상 성립할 조건 ➡ $(f(x)$의 최솟값$) > 0$
② 이차부등식 $f(x) \geq 0$이 항상 성립할 조건 ➡ $(f(x)$의 최솟값$) \geq 0$
③ 이차부등식 $f(x) < 0$이 항상 성립할 조건 ➡ $(f(x)$의 최댓값$) < 0$
④ 이차부등식 $f(x) \leq 0$이 항상 성립할 조건 ➡ $(f(x)$의 최댓값$) \leq 0$

바른 풀이

$x^2 - 2x < k^2 - k + 1$에서 $x^2 - 2x - k^2 + k - 1 < 0$
$f(x) = x^2 - 2x - k^2 + k - 1$이라 하면
$f(x) = (x-1)^2 - k^2 + k - 2$
$-1 \leq x \leq 2$에서 $f(x) < 0$이 항상 성립하려면
함수 $y = f(x)$의 그래프가 오른쪽 그림과 같아야 한다.
즉, $f(x)$의 최댓값이 $f(-1)$이므로
$f(-1) < 0$에서 $4 - k^2 + k - 2 < 0$
$k^2 - k - 2 > 0$, $(k+1)(k-2) > 0$
$\therefore k < -1$ 또는 $k > 2$

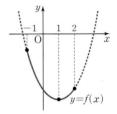

정답 $k < -1$ 또는 $k > 2$

Bible Says

$\alpha \leq x \leq \beta$에서 이차부등식 $f(x) > 0$ 또는 $f(x) < 0$이 항상 성립할 때,
❶ $\alpha \leq x \leq \beta$의 범위에서 이차함수 $y = f(x)$의 그래프를 그린다.
❷ 최솟값 또는 최댓값의 부호를 확인한다.

한번 더하기

09-1 $2 \le x \le 5$에서 이차부등식 $-x^2 + 6x + 3k - 2 \ge 0$이 항상 성립할 때, 정수 k의 최솟값을 구하시오.

표현 더하기

09-2 $0 \le x \le 2$에서 이차부등식 $x^2 - ax \le 4 - a^2$이 항상 성립하도록 하는 실수 a의 값의 범위를 구하시오.

표현 더하기

09-3 $-6 \le x \le -3$인 모든 실수 x에 대하여 이차부등식 $2x^2 + 4x - a^2 > x^2 - 3a - 7$이 성립할 때, 정수 a의 개수를 구하시오.

실력 더하기

09-4 $-4 < x < 2$에서 이차함수 $y = -x^2 + ax + 10$의 그래프가 직선 $y = a^2x - 6$보다 항상 위쪽에 있도록 하는 실수 a의 값의 범위를 구하시오.

02 연립이차부등식

1 연립이차부등식의 풀이

(1) 연립이차부등식: 차수가 가장 높은 부등식이 이차부등식인 연립부등식

(2) 연립이차부등식의 풀이 순서

❶ 연립부등식을 이루고 있는 각 부등식의 해를 구한다.

❷ ❶에서 구한 해를 하나의 수직선 위에 나타낸다.

❸ 공통부분을 찾아 연립부등식의 해를 구한다.

$$\begin{cases} x-1\geq 0 \\ x^2-4x<0 \end{cases}, \begin{cases} x^2+x-2<0 \\ 2x^2+7x-4\geq 0 \end{cases}$$ 과 같이 연립부등식에서 차수가 가장 높은 부등식이 이차부등식

일 때, 이 연립부등식을 **연립이차부등식**이라 한다. ← 연립이차부등식은 $\begin{cases} (일차부등식) \\ (이차부등식) \end{cases}$, $\begin{cases} (이차부등식) \\ (이차부등식) \end{cases}$ 꼴 중 하나이다.

연립이차부등식을 풀 때는 연립일차부등식을 풀 때와 마찬가지로 각 부등식의 해를 구하여 이들의 공통부분을 구한다. 이때 연립부등식을 이루고 있는 각 부등식의 해의 공통부분이 없으면

연립부등식의 해는 없다. 또한 $A<B<C$ 꼴의 부등식은 $\begin{cases} A<B \\ B<C \end{cases}$ 꼴로 고쳐서 푼다.

example

(1) 연립부등식 $\begin{cases} 3x+1<x+2 & \cdots\cdots ㉠ \\ x^2-x\leq 6 & \cdots\cdots ㉡ \end{cases}$ 을 풀면

㉠에서 $2x<1$ ∴ $x<\dfrac{1}{2}$

㉡에서 $x^2-x-6\leq 0$, $(x+2)(x-3)\leq 0$ ∴ $-2\leq x\leq 3$

㉠, ㉡의 해를 수직선 위에 나타내면 오른쪽 그림과 같다.

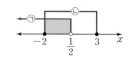

따라서 구하는 해는 $-2\leq x<\dfrac{1}{2}$

(2) 부등식 $-2x-1<x^2-9\leq -4(x-3)$에서

주어진 부등식을 연립부등식으로 나타내면 $\begin{cases} -2x-1<x^2-9 & \cdots\cdots ㉠ \\ x^2-9\leq -4(x-3) & \cdots\cdots ㉡ \end{cases}$

㉠에서 $x^2+2x-8>0$, $(x+4)(x-2)>0$ ∴ $x<-4$ 또는 $x>2$

㉡에서 $x^2+4x-21\leq 0$, $(x+7)(x-3)\leq 0$ ∴ $-7\leq x\leq 3$

㉠, ㉡의 해를 수직선 위에 나타내면 오른쪽 그림과 같다.

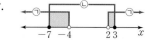

따라서 구하는 해는

$-7\leq x<-4$ 또는 $2<x\leq 3$

2 이차방정식의 실근의 부호

계수가 실수인 이차방정식 $ax^2+bx+c=0$의 두 실근을 α, β, 판별식을 D라 하면

(1) 두 근이 모두 양수일 조건 ➡ $D \geq 0$, $\alpha+\beta > 0$, $\alpha\beta > 0$

(2) 두 근이 모두 음수일 조건 ➡ $D \geq 0$, $\alpha+\beta < 0$, $\alpha\beta > 0$

(3) 두 근이 서로 다른 부호일 조건 ➡ $\alpha\beta < 0$

계수가 실수인 이차방정식의 두 근이 실수이면 이차방정식의 두 근을 직접 구하지 않고도 판별식
_{허근인 경우는 생각하지 않는다.}
과 근과 계수의 관계를 이용하여 두 실근의 부호를 알 수 있다.

계수가 실수인 이차방정식 $ax^2+bx+c=0$의 두 실근을 α, β, 판별식을 D라 하면

⑴ 두 근이 모두 양수일 조건

    (i) 두 근이 모두 실근이어야 하므로 $D \geq 0$이어야 한다.
        _{서로 다른 두 실근 조건이면 $D > 0$이다.}
    (ii) 두 근의 합과 곱이 모두 양수이어야 하므로 $\alpha+\beta > 0$, $\alpha\beta > 0$이어야 한다.

⑵ 두 근이 모두 음수일 조건

    (i) 두 근이 모두 실근이어야 하므로 $D \geq 0$이어야 한다.

    (ii) 두 근의 합은 음수, 곱은 양수이어야 하므로 $\alpha+\beta < 0$, $\alpha\beta > 0$이어야 한다.

⑶ 두 근이 서로 다른 부호일 조건

    두 근의 곱은 음수이어야 하므로 $\alpha\beta < 0$이어야 한다.

    이때 $\alpha\beta < 0$이면 이차방정식의 근과 계수의 관계에 의하여 $\alpha\beta = \dfrac{c}{a} < 0$, 즉 $ac < 0$이므로 항상
    $D = b^2-4ac > 0$이다. 따라서 실근을 갖는 조건은 생략할 수 있다.

    또한 두 근이 서로 다른 부호인 사실만 알 수 있을 뿐 α, β의 절댓값의 대소를 알 수 없기 때
    문에 $\alpha+\beta$의 부호는 확인하지 않는다.

    따라서 두 근이 서로 다른 부호일 조건에서는 $\alpha\beta < 0$만 확인하면 된다.

example 이차방정식 $x^2-2kx+k+2=0$의 두 근이 모두 양수일 때, 실수 k의 값의 범위를 구하면
이차방정식 $x^2-2kx+k+2=0$의 두 근을 α, β, 판별식을 D라 하면

    (i) $\dfrac{D}{4} = (-k)^2 - (k+2) \geq 0$, $k^2-k-2 \geq 0$

        $(k+1)(k-2) \geq 0$

        $\therefore k \leq -1$ 또는 $k \geq 2$ $\cdots\cdots$ ㉠

    (ii) $\alpha+\beta = 2k > 0$ $\therefore k > 0$ $\cdots\cdots$ ㉡

    (iii) $\alpha\beta = k+2 > 0$ $\therefore k > -2$ $\cdots\cdots$ ㉢

    ㉠, ㉡, ㉢을 수직선 위에 나타내면 오른쪽 그림과 같으므로
    구하는 실수 k의 값의 범위는

    $k \geq 2$

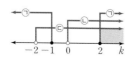

3 이차방정식의 실근의 위치

계수가 실수인 이차방정식 $ax^2+bx+c=0\ (a>0)$의 판별식을 D, $f(x)=ax^2+bx+c$라 하면 상수 p에 대하여 다음이 성립한다.

(1) 두 근이 모두 p보다 크다.	(2) 두 근이 모두 p보다 작다.	(3) 두 근 사이에 p가 있다.
$y=f(x)$ $x=-\dfrac{b}{2a}$	$y=f(x)$ $x=-\dfrac{b}{2a}$	$y=f(x)$
$D\geq 0,\ f(p)>0,\ -\dfrac{b}{2a}>p$	$D\geq 0,\ f(p)>0,\ -\dfrac{b}{2a}<p$	$f(p)<0$

참고 $a<0$일 때는 이차방정식의 양변에 -1을 곱하여 x^2의 계수를 양수로 고친 후 푸는 것이 편리하다.

이차방정식의 실근의 부호에서는 두 실근과 0 사이의 대소 관계를 조사하였다. 이때 0을 일반적인 상수 p로 확장하여 이차방정식의 두 실근과 상수 p 사이의 대소 관계를 생각해 볼 수 있다.

계수가 실수인 이차방정식 $ax^2+bx+c=0\ (a>0)$의 판별식을 D, $f(x)=ax^2+bx+c$라 하면 이차함수 $y=f(x)$의 그래프를 이용하여

        (i) D의 부호   (ii) 경계점에서의 함숫값의 부호   (iii) 축의 위치

를 조사하면 실근의 위치를 판별할 수 있다.

(1) 두 근이 모두 상수 p보다 클 조건

  (i) 그래프가 x축과 만나야 하므로 $D\geq 0$이어야 한다.
        다시 말하면 이차방정식이 실근을 가져야 하므로

  (ii) $x=p$에서의 함숫값이 0보다 커야 하므로 $f(p)>0$이어야 한다.

  (iii) 축 $x=-\dfrac{b}{2a}$가 직선 $x=p$의 오른쪽에 있어야 하므로 $-\dfrac{b}{2a}>p$이어야 한다.

(2) 두 근이 모두 상수 p보다 작을 조건

  (i) 그래프가 x축과 만나야 하므로 $D\geq 0$이어야 한다.

  (ii) $x=p$에서의 함숫값이 0보다 커야 하므로 $f(p)>0$이어야 한다.

  (iii) 축 $x=-\dfrac{b}{2a}$가 직선 $x=p$의 왼쪽에 있어야 하므로 $-\dfrac{b}{2a}<p$이어야 한다.

(3) 두 근 사이에 상수 p가 있을 조건

  $x=p$에서의 함숫값이 0보다 작아야 하므로 $f(p)<0$이어야 한다.

  이때 x^2의 계수가 양수이고 $f(p)<0$이면 이차함수 $y=f(x)$의 그래프가 반드시 x축과 서로 다른 두 점에서 만나므로 $D>0$는 항상 성립한다.

  또한 축과 직선 $x=p$가 모두 두 근 사이에 있다는 사실만 알 수 있을 뿐 두 직선 사이의 위치 관계는 알 수 없기 때문에 축의 위치는 확인하지 않는다.

따라서 두 근 사이에 상수 p가 있을 조건에서는 $f(p)<0$만 확인하면 된다.

 이차방정식 $x^2-2kx-2k+8=0$의 두 근이 모두 1보다 클 때,
실수 k의 값의 범위를 구하면

$f(x)=x^2-2kx-2k+8$이라 하면 $f(x)$의 두 근이 모두 1보다
커야 하므로 $y=f(x)$의 그래프는 오른쪽 그림과 같다.

(i) 이차방정식 $x^2-2kx-2k+8=0$의 판별식을 D라 하면

$$\frac{D}{4}=(-k)^2-(-2k+8)\geq0,\ k^2+2k-8\geq0$$

$$(k+4)(k-2)\geq0 \qquad \therefore k\leq-4\ \text{또는}\ k\geq2 \qquad \cdots\cdots\ \bigcirc$$

(ii) $f(1)=1-2k-2k+8>0,\ -4k>-9 \qquad \therefore k<\dfrac{9}{4} \qquad \cdots\cdots\ \bigcirc$

(iii) $y=f(x)$의 그래프의 축의 방정식이 $x=k$이므로 $k>1$ $\qquad \cdots\cdots\ \bigcirc$

$\bigcirc$, $\bigcirc$, $\bigcirc$을 수직선 위에 나타내면 오른쪽 그림과 같으므
로 구하는 실수 k의 값의 범위는

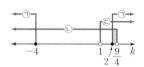

$$2\leq k<\frac{9}{4}$$

개념 CHECK

02. 연립이차부등식

📖 빠른 정답 · 498쪽 / 정답과 풀이 · 121쪽

01 다음 부등식을 푸시오.

(1) $\begin{cases} x+3\leq4 \\ x^2-2x-3>0 \end{cases}$

(2) $\begin{cases} x^2-x-2>0 \\ x^2-5x+4\leq0 \end{cases}$

(3) $\begin{cases} x^2-2x-15\geq0 \\ 2x^2+5x-3<0 \end{cases}$

(4) $2x+1\leq x+2\leq -x^2+2x+14$

02 이차방정식 $x^2-2(k-1)x+k+11=0$에 대하여 다음을 구하시오.

(1) 두 근이 모두 음수일 때, 실수 k의 값의 범위
(2) 두 근이 서로 다른 부호일 때, 실수 k의 값의 범위

03 이차방정식 $x^2-2kx-k+6=0$에 대하여 다음을 구하시오.

(1) 두 근이 모두 3보다 작을 때, 실수 k의 값의 범위
(2) 두 근 사이에 3이 있을 때, 실수 k의 값의 범위

대표 예제 | 10

다음 부등식을 푸시오.

(1) $\begin{cases} x^2 - x - 2 \leq 0 \\ x^2 + x - 2 > 0 \end{cases}$ (2) $x^2 + 3x + 10 \leq 2x^2 \leq 12x$ (3) $|x^2 + 2x - 24| < 24$

바로 접근

(1) 각 부등식의 해를 구한 후 수직선 위에 나타내어 공통부분을 구한다.

(2) $A < B < C$ 꼴의 부등식은 $\begin{cases} A < B \\ B < C \end{cases}$ 꼴로 변형하여 푼다.

(3) $|f(x)| < k$이면 $-k < f(x) < k$이므로 $\begin{cases} -k < f(x) \\ f(x) < k \end{cases}$ 꼴로 변형하여 푼다.

바른 풀이

(1) $x^2 - x - 2 \leq 0$에서 $(x+1)(x-2) \leq 0$ $\therefore -1 \leq x \leq 2$ ······ ㉠

$x^2 + x - 2 > 0$에서 $(x+2)(x-1) > 0$ $\therefore x < -2$ 또는 $x > 1$ ······ ㉡

㉠, ㉡을 수직선 위에 나타내면 오른쪽 그림과 같으므로 구하는
연립부등식의 해는 $1 < x \leq 2$

(2) 주어진 부등식을 연립부등식으로 나타내면 $\begin{cases} x^2 + 3x + 10 \leq 2x^2 \\ 2x^2 \leq 12x \end{cases}$

$x^2 + 3x + 10 \leq 2x^2$, 즉 $x^2 - 3x - 10 \geq 0$에서 $(x+2)(x-5) \geq 0$

$\therefore x \leq -2$ 또는 $x \geq 5$ ······ ㉠

$2x^2 \leq 12x$, 즉 $2x^2 - 12x \leq 0$에서 $2x(x-6) \leq 0$ $\therefore 0 \leq x \leq 6$ ······ ㉡

㉠, ㉡을 수직선 위에 나타내면 오른쪽 그림과 같으므로 구하는
부등식의 해는 $5 \leq x \leq 6$

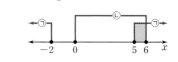

(3) $|x^2 + 2x - 24| < 24$에서 $-24 < x^2 + 2x - 24 < 24$이므로

연립부등식으로 나타내면 $\begin{cases} -24 < x^2 + 2x - 24 \\ x^2 + 2x - 24 < 24 \end{cases}$

$-24 < x^2 + 2x - 24$, 즉 $x^2 + 2x > 0$에서 $x(x+2) > 0$

$\therefore x < -2$ 또는 $x > 0$ ······ ㉠

$x^2 + 2x - 24 < 24$, 즉 $x^2 + 2x - 48 < 0$에서 $(x+8)(x-6) < 0$

$\therefore -8 < x < 6$ ······ ㉡

㉠, ㉡을 수직선 위에 나타내면 오른쪽 그림과 같으므로 구하는
부등식의 해는 $-8 < x < -2$ 또는 $0 < x < 6$

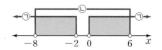

정답 (1) $1 < x \leq 2$ (2) $5 \leq x \leq 6$ (3) $-8 < x < -2$ 또는 $0 < x < 6$

Bible Says

연립이차부등식은 다음과 같은 순서로 푼다.

❶ 연립부등식을 이루는 각 부등식의 해를 구한다.

❷ ❶에서 구한 각 부등식의 해를 수직선 위에 나타낸 후 공통부분을 구한다.

📖 빠른 정답 • 498쪽 / 정답과 풀이 • 122쪽

한번 더하기

10-1

다음 부등식을 푸시오.

(1) $\begin{cases} x^2+3x-10<0 \\ 4-x^2 \leq 2x+1 \end{cases}$ (2) $9x-14<x^2<15-2x$ (3) $|x^2+5x-7| \leq 7$

표현 더하기

10-2

다음 연립부등식을 푸시오.

(1) $\begin{cases} |x-2|<1 \\ x^2+4x-12 \leq 0 \end{cases}$ (2) $\begin{cases} -x^2+x+12>0 \\ x^2+|x|-2<0 \end{cases}$

표현 더하기

10-3

부등식 $x^2-4x-1 \leq 1-3x \leq x^2+1$을 만족시키는 모든 정수 x의 값의 합을 구하시오.

실력 더하기

10-4

연립부등식 $\begin{cases} x^2-2x-8 \leq 0 \\ |x^2-4| \leq 3x \end{cases}$ 의 해가 $\alpha \leq x \leq \beta$일 때, $\alpha\beta$의 값을 구하시오.

대표 예제 | 11

연립부등식 $\begin{cases} x^2+2x-3 \geq 0 \\ x^2-(a+2)x+2a < 0 \end{cases}$ 의 해가 $1 \leq x < 2$가 되도록 하는 실수 a의 값의 범위를 구하시오.

바로 접근

연립부등식의 해는 각 부등식의 해의 공통부분이다.

따라서 각 부등식의 해를 구한 다음 공통부분과 주어진 해가 일치하도록 해를 수직선 위에 나타낸다.

이때 부등식에 미정계수가 포함된 경우는 미정계수의 값의 범위를 나누어 해를 구한다.

바른 풀이

$\begin{cases} x^2+2x-3 \geq 0 & \cdots\cdots\ \text{㉠} \\ x^2-(a+2)x+2a < 0 & \cdots\cdots\ \text{㉡} \end{cases}$

㉠에서 $(x+3)(x-1) \geq 0$ $\qquad \therefore x \leq -3$ 또는 $x \geq 1$

㉡에서 $(x-a)(x-2) < 0$

(i) $a < 2$일 때, $a < x < 2$

(ii) $a = 2$일 때, $(x-2)^2 < 0$이므로 해는 없다.

(iii) $a > 2$일 때, $2 < x < a$

㉠, ㉡의 해의 공통부분이 $1 \leq x < 2$가 되려면 오른쪽 그림과 같아야

하므로 부등식 ㉡의 해는 $a < x < 2$이고 실수 a의 값의 범위는

$-3 \leq a < 1$

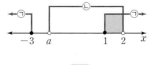

정답 $-3 \leq a < 1$

Bible Says

위의 수직선에서 주어진 조건을 만족시키는 실수 a의 값의 범위가 $-3 < a < 1$인 것은 명백하다.

이때 $a=-3$이면 ㉡의 해가 $-3 < x < 2$이므로 ㉠, ㉡의 해의 공통부분이 $1 \leq x < 2$가 되어 주어진 조건을 만족시킨다.

그러나 $a=1$이면 ㉡의 해가 $1 < x < 2$이므로 ㉠, ㉡의 해의 공통부분이 $1 < x < 2$가 되어 주어진 조건을 만족시키지 않는다.

따라서 $a=-3$이지만 $a \neq 1$이 되어 실수 a의 값의 범위는 $-3 \leq a < 1$이다.

한 번 더하기

11-1

연립부등식 $\begin{cases} x^2-3x-18\geq 0 \\ (x-a)(x+5)<0 \end{cases}$ 의 해가 $-5<x\leq-3$일 때, 실수 a의 값의 범위를 구하시오.

표현 더하기

11-2

연립부등식 $\begin{cases} x^2-x-6<0 \\ x^2+(k+1)x-k-2<0 \end{cases}$ 의 해가 $1<x<3$이 되도록 하는 실수 k의 값의 범위를 구하시오.

표현 더하기

11-3

연립부등식 $\begin{cases} x^2-1>0 \\ 2x^2-(2a+1)x+a<0 \end{cases}$ 을 만족시키는 정수가 2뿐일 때, 실수 a의 값의 범위를 구하시오.

실력 더하기

11-4

연립부등식 $\begin{cases} x^2+x-12>0 \\ |x-a|<2 \end{cases}$ 가 해를 갖지 않도록 하는 정수 a의 개수를 구하시오.

대표 예제 12

세 수 $x-3$, x, $x+3$이 둔각삼각형의 세 변의 길이가 되도록 하는 실수 x의 값의 범위를 구하시오.

바로 접근

세 양수 a, b, c $(a \le b \le c)$에 대하여

① a, b, c가 삼각형의 세 변의 길이가 될 조건

→ $a+b>c$

② 세 변의 길이가 a, b, c인 삼각형이 예각/직각/둔각삼각형이 될 조건

→ 예각삼각형: $a^2+b^2>c^2$

직각삼각형: $a^2+b^2=c^2$

둔각삼각형: $a^2+b^2<c^2$

바른 풀이

삼각형의 세 변의 길이는 모두 양수이므로

$x-3>0$, $x>0$, $x+3>0$

$\therefore x>3$ ...... ㉠

삼각형의 가장 긴 변의 길이는 나머지 두 변의 길이의 합보다 작으므로

$(x-3)+x>x+3$, $2x-3>x+3$

$\therefore x>6$ ...... ㉡

세 수 $x-3$, x, $x+3$이 둔각삼각형의 세 변의 길이이려면

$(x-3)^2+x^2<(x+3)^2$, $(x^2-6x+9)+x^2<x^2+6x+9$

$x^2-12x<0$, $x(x-12)<0$

$\therefore 0<x<12$ ...... ㉢

㉠, ㉡, ㉢을 수직선 위에 나타내면 오른쪽 그림과 같으므로 구하는 실수 x의 값의 범위는

$6<x<12$

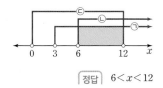

정답 $6<x<12$

Bible Says

연립이차부등식의 활용 문제는 다음과 같은 순서로 푼다.

❶ 미지수를 정하고, 주어진 조건에 맞게 등호의 유무에 주의하면서 연립부등식을 세운다.

❷ 연립부등식을 풀어 해를 구한다. 이때 미지수의 범위에 유의한다.

한 번 더하기

12-1

세 수 $x-2$, x, $x+2$가 예각삼각형의 세 변의 길이가 되도록 하는 실수 x의 값의 범위를 구하시오.

표현 더하기

12-2

가로의 길이가 세로의 길이보다 긴 직사각형 모양의 밭의 둘레의 길이가 20 m이다. 이 밭의 넓이가 16 m² 이상 21 m² 이하가 되도록 할 때, 밭의 가로의 길이의 범위를 구하시오.

표현 더하기

12-3

한 모서리의 길이가 x인 정육면체의 밑면의 가로의 길이를 2만큼 줄이고, 높이를 3만큼 늘여서 새로운 직육면체를 만들려고 한다. 이 직육면체의 부피가 처음 정육면체의 부피보다 작아지도록 하는 자연수 x의 개수를 구하시오.

실력 더하기

12-4

오른쪽 그림과 같이 가로의 길이가 12 m, 세로의 길이가 7 m인 직사각형 모양의 꽃밭의 둘레에 폭이 x m인 길을 만들려고 한다. 길의 전체 넓이가 42 m² 이상 66 m² 이하가 되도록 할 때, x의 값의 범위를 구하시오.

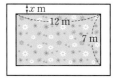

대표 예제 | 13

이차방정식 $x^2+kx+k+3=0$은 실근을 갖고, 이차방정식 $x^2-2kx+8k=0$은 허근을 가질 때, 실수 k 의 값의 범위를 구하시오.

바로 접근

주어진 이차방정식이 실근을 가지면 (판별식)≥ 0이고 허근을 가지면 (판별식)<0임을 이용하여 k에 대한 두 이차부등식을 구한 후 부등식을 풀어서 공통부분을 구한다.

바른 풀이

이차방정식 $x^2+kx+k+3=0$이 실근을 가지므로 판별식을 D_1이라 하면

$D_1=k^2-4(k+3)\geq 0$

$k^2-4k-12\geq 0$, $(k+2)(k-6)\geq 0$

$\therefore k\leq -2$ 또는 $k\geq 6$ ······ ㉠

이차방정식 $x^2-2kx+8k=0$이 허근을 가지므로 판별식을 D_2라 하면

$\dfrac{D_2}{4}=(-k)^2-8k<0$

$k^2-8k<0$, $k(k-8)<0$

$\therefore 0<k<8$ ······ ㉡

㉠, ㉡을 수직선 위에 나타내면 오른쪽 그림과 같으므로 구하는 실수 k의 값의 범위는

$6\leq k<8$

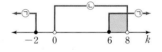

정답 $6\leq k<8$

Bible Says

이차방정식 $ax^2+bx+c=0$의 판별식을 D라 할 때,

① 서로 다른 두 실근을 갖는다. ➡ $D>0$

② 중근을 갖는다. ➡ $D=0$

③ 서로 다른 두 허근을 갖는다. ➡ $D<0$

④ 실근을 갖는다. ➡ $D\geq 0$

한번 더하기

13-1 이차방정식 $x^2+kx-k^2+5k=0$은 허근을 갖고, 이차방정식 $x^2-kx+k^2-3=0$은 실근을 가질 때, 실수 k의 값의 범위를 구하시오.

표현 더하기

13-2 이차방정식 $x^2+2ax+a+2=0$은 서로 다른 두 실근을 갖고, 이차방정식 $x^2+ax+a=0$은 허근을 가질 때, 정수 a의 값을 구하시오.

표현 더하기

13-3 두 이차방정식 $x^2-2(k+1)x+k+7=0$, $x^2+(k+2)x+1=0$ 중 적어도 하나는 실근을 갖도록 하는 실수 k의 값의 범위를 구하시오.

실력 더하기

13-4 이차함수 $y=x^2+6x-3$의 그래프는 직선 $y=kx-4$와 서로 다른 두 점에서 만나고, 직선 $y=(k+4)x-7$과 만나지 않을 때, 실수 k의 값의 범위를 구하시오.

대표 예제 | 14

다음 물음에 답하시오.

(1) 이차방정식 $x^2-(k+1)x+k+4=0$의 두 근이 모두 음수가 되도록 하는 실수 k의 값의 범위를 구하시오.

(2) 이차방정식 $x^2-(a+4)x+a^2-3a-18=0$의 두 근이 서로 다른 부호가 되도록 하는 실수 a의 값의 범위를 구하시오.

바로 접근

계수가 실수인 이차방정식의 두 근이 실수일 때, 근을 직접 구하지 않고 판별식과 근과 계수의 관계를 이용하여 실근의 부호를 판별할 수 있다.

바른 풀이

(1) 이차방정식 $x^2-(k+1)x+k+4=0$의 두 근을 α, β, 판별식을 D라 하면

(i) $D=\{-(k+1)\}^2-4(k+4)\geq0$

$k^2-2k-15\geq0$, $(k+3)(k-5)\geq0$

$\therefore k\leq-3$ 또는 $k\geq5$ ······ ㉠

(ii) $\alpha+\beta=-\{-(k+1)\}<0$, $k+1<0$

$\therefore k<-1$ ······ ㉡

(iii) $\alpha\beta=k+4>0$

$\therefore k>-4$ ······ ㉢

㉠, ㉡, ㉢을 수직선 위에 나타내면 오른쪽 그림과 같으므로 구하는 실수 k의 값의 범위는 $-4<k\leq-3$

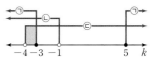

(2) 이차방정식 $x^2-(a+4)x+a^2-3a-18=0$의 두 근을 α, β라 할 때, 부호가 서로 다르므로

$\alpha\beta=a^2-3a-18<0$

$(a+3)(a-6)<0$ $\therefore -3<a<6$

정답 (1) $-4<k\leq-3$ (2) $-3<a<6$

Bible Says

계수가 실수인 이차방정식 $ax^2+bx+c=0$의 판별식을 D라 할 때,

① 두 근이 모두 양수이다. ➡ $D\geq0$, (두 근의 합)>0, (두 근의 곱)>0

② 두 근이 모두 음수이다. ➡ $D\geq0$, (두 근의 합)<0, (두 근의 곱)>0

③ 두 근이 서로 다른 부호이다. ➡ (두 근의 곱)<0

한 번 더하기

14-1

이차방정식 $x^2+2kx+3k+10=0$의 두 근이 모두 양수가 되도록 하는 실수 k의 값의 범위를 구하시오.

표현 더하기

14-2

x에 대한 이차방정식 $x^2+(a^2-5a+4)x+a^2-8a+15=0$의 두 근의 부호가 서로 다르고 두 근의 절댓값이 같을 때, 실수 a의 값을 구하시오.

표현 더하기

14-3

이차방정식 $x^2+(k^2-2k-8)x+5k-2=0$의 두 근의 부호가 서로 다르고 음수인 근의 절댓값이 양수인 근보다 작을 때, 정수 k의 개수를 구하시오.

실력 더하기

14-4

사차방정식 $x^4-(k+2)x^2+k+10=0$이 서로 다른 네 실근을 가질 때, 실수 k의 값의 범위를 구하시오.

대표 예제 | 15

이차방정식 $x^2+2ax+4a-3=0$에 대하여 다음 조건을 만족시키는 실수 a의 값의 범위를 각각 구하시오.

(1) 두 근이 모두 -4보다 크다.　　　　　　　(2) 두 근 사이에 -1이 있다.

바로 접근

이차방정식의 실근의 위치는 이차함수의 그래프를 그려서 해결하면 편리하다.
조건에 맞게 이차함수의 그래프를 그린 후 판별식, 경곗값의 부호, 축의 위치를 이용하여 미정계수의 값의 범위를 구한다.

바른 풀이

$f(x)=x^2+2ax+4a-3$이라 하자.

(1) 이차방정식 $f(x)=0$의 두 근이 모두 -4보다 크므로
　이차함수 $y=f(x)$의 그래프는 오른쪽 그림과 같아야 한다.

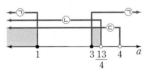

　(i) 이차방정식 $f(x)=0$의 판별식을 D라 하면

$$\frac{D}{4}=a^2-(4a-3)\geq0,\ a^2-4a+3\geq0,\ (a-1)(a-3)\geq0$$

　　　$\therefore a\leq1$ 또는 $a\geq3$　　　……㉠

　(ii) $f(-4)=16-8a+4a-3>0$에서

　　　$-4a+13>0$　　$\therefore a<\dfrac{13}{4}$　　……㉡

　(iii) 이차함수 $y=f(x)$의 그래프의 축의 방정식은 $x=-a$이므로 $-a>-4$

　　　$\therefore a<4$　　　……㉢

　㉠, ㉡, ㉢을 수직선 위에 나타내면 오른쪽 그림과 같으므로 구하는

　실수 a의 값의 범위는 $a\leq1$ 또는 $3\leq a<\dfrac{13}{4}$

(2) 이차방정식 $f(x)=0$의 두 근 사이에 -1이 있으므로
　이차함수 $y=f(x)$의 그래프는 오른쪽 그림과 같아야 한다.

　$f(-1)<0$에서 $1-2a+4a-3<0$

　$2a-2<0$　　$\therefore a<1$

정답　(1) $a\leq1$ 또는 $3\leq a<\dfrac{13}{4}$　(2) $a<1$

Bible Says

이차방정식 $ax^2+bx+c=0\ (a>0)$의 판별식을 D라 하고, $f(x)=ax^2+bx+c$라 할 때,

① 두 근이 모두 p보다 크다. ➡ $D\geq0$, $f(p)>0$, $-\dfrac{b}{2a}>p$

② 두 근이 모두 q보다 작다. ➡ $D\geq0$, $f(q)>0$, $-\dfrac{b}{2a}<q$

③ 두 근 사이에 r가 있다. ➡ $f(r)<0$

한번 더하기

15-1 이차방정식 $x^2-2kx-k+2=0$의 두 근이 모두 1보다 작을 때, 실수 k의 값의 범위를 구하시오.

표현 더하기

15-2 이차방정식 $x^2-kx+3k=0$의 두 근이 모두 -2와 2 사이에 있기 위한 실수 k의 값의 범위를 구하시오.

표현 더하기

15-3 이차방정식 $2x^2-(k+1)x+k^2-10=0$의 한 근이 -2와 0 사이에 있고 다른 한 근은 0보다 크도록 하는 정수 k의 최댓값을 구하시오.

실력 더하기

15-4 이차방정식 $x^2-3x+a^2-8=0$의 서로 다른 두 근 중에서 한 근만이 이차방정식 $x^2-2x-3=0$의 두 근 사이에 있도록 하는 실수 a의 값의 범위를 구하시오.

01 이차함수 $y=ax^2+bx+c$의 그래프와 직선 $y=mx+n$이 오른 쪽 그림과 같을 때, 부등식 $ax^2+(b-m)x+(c-n)>0$의 해를 구하시오. (단, a, b, c, m, n은 상수이다.)

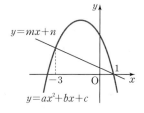

02 이차부등식 $-x^2+5x-3\geq x^2-2x$를 만족시키는 정수 x의 개수를 구하시오.

03 가로, 세로의 길이가 각각 30 cm, 24 cm인 직사각형이 있다. 이 직사각형의 가로의 길이를 x cm만큼 줄이고, 세로의 길이를 x cm만큼 늘여서 만든 직사각형의 넓이가 560 cm² 이상이 되도록 하는 x의 최댓값을 구하시오.

04 부등식 $x^2+|x|-6<0$의 해가 $\alpha<x<\beta$일 때, $\beta-\alpha$의 값을 구하시오.

05 이차부등식 $ax^2+bx+c\leq0$의 해가 $2\leq x\leq4$일 때, 이차부등식 $ax^2+cx-2b>0$의 해를 구하시오. (단, a, b, c는 실수이다.)

06 모든 실수 x에 대하여 이차부등식 $x^2-2kx+2k+15\geq0$이 성립하도록 하는 정수 k의 개수를 구하시오.

07 이차부등식 $2x^2-(6-k)x+k\leq0$의 해가 단 한 개 존재할 때, 실수 k의 값을 모두 구하시오.

08 이차함수 $y=x^2+ax+b$의 그래프가 직선 $y=-x-4$의 그래프보다 아래쪽에 있는 x의 값의 범위가 $-1<x<3$일 때, 상수 a, b에 대하여 ab의 값을 구하시오.

09 연립부등식 $\begin{cases} 2x^2-3x-2>0 \\ x^2-x-30\leq 0 \end{cases}$ 을 만족시키는 정수 x의 개수를 구하시오.

10 연립부등식 $\begin{cases} 3x^2-19x+20\leq 0 \\ x^2-(k+1)x+k<0 \end{cases}$ 을 만족시키는 정수 x가 2개가 되도록 하는 실수 k의 값의 범위를 구하시오.

11 세 변의 길이가 각각 x, $x+2$, $x+4$인 삼각형이 둔각삼각형이 되도록 하는 자연수 x의 개수를 구하시오.

12 두 이차방정식 $x^2-2kx+2(k^2-k)=0$, $x^2+4kx-k+5=0$이 모두 서로 다른 두 실근을 갖도록 하는 실수 k의 값의 범위를 구하시오.

S·T·E·P 2 실력 다지기

13 부등식 $|x^2-4x+12| \geq 2x^2+|x-2|$를 만족시키는 실수 x의 값의 범위를 구하시오.

14 모든 실수 x에 대하여 $\sqrt{x^2+2kx+k+12}$가 실수가 되도록 하는 실수 k의 값의 범위를 구하시오.

15 x에 대한 이차부등식 $x^2-(a+4)x+4a \leq 0$을 만족시키는 자연수 x의 값이 5개일 때, 실수 a의 값의 범위를 구하시오.

교육청 기출

16 x에 대한 연립이차부등식 $\begin{cases} x^2-10x+21 \leq 0 \\ x^2-2(n-1)x+n^2-2n \geq 0 \end{cases}$ 을 만족시키는 정수 x의 개수가 4가 되도록 하는 모든 자연수 n의 값의 합을 구하시오.

중단원 **연습문제**

17 x에 대한 이차방정식 $x^2-2kx-k-3=0$의 두 근 중 적어도 하나는 양수가 되도록 하는 실수 k의 값의 범위를 구하시오.

18 이차방정식 $2x^2+3x+k-1=0$의 두 실근 α, β가 $-2<\alpha<0<\beta<1$인 상수 k의 값의 범위를 구하시오.

 challenge · 교육청 기출

19 다음 조건을 만족시키는 이차함수 $f(x)$에 대하여 $f(3)$의 최댓값을 M, 최솟값을 m이라 할 때, $M-m$의 값은?

> (가) 부등식 $f\left(\dfrac{1-x}{4}\right)\leq 0$의 해가 $-7\leq x\leq 9$이다.
>
> (나) 모든 실수 x에 대하여 부등식 $f(x)\geq 2x-\dfrac{13}{3}$이 성립한다.

① $\dfrac{7}{4}$ ② $\dfrac{11}{6}$ ③ $\dfrac{23}{12}$

④ 2 ⑤ $\dfrac{25}{12}$

 challenge

20 오른쪽 그림과 같이 $\overline{AC}=\overline{BC}=6$인 직각삼각형 ABC가 있다. 빗변 AB 위의 점 P에서 변 BC와 변 AC에 내린 수선의 발을 각각 Q, R라 할 때, 직사각형 PQCR의 넓이는 두 삼각형 APR와 PBQ의 각각의 넓이보다 크다. $\overline{QC}=x$일 때, x의 값의 범위를 구하시오.

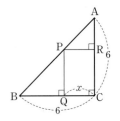

10

경우의 수

01 경우의 수

사건과 경우의 수	(1) 사건: 어떤 실험이나 관찰에 의하여 일어나는 결과 (2) 경우의 수: 사건이 일어날 수 있는 모든 경우의 가짓수
합의 법칙	두 사건 A, B가 동시에 일어나지 않을 때. 사건 A와 사건 B가 일어나는 경우의 수가 각각 m, n이면 사건 A 또는 사건 B가 일어나는 경우의 수는 $m+n$
곱의 법칙	두 사건 A, B에 대하여 사건 A가 일어나는 경우의 수가 m이고, 그 각각에 대하여 사건 B가 일어나는 경우의 수가 n일 때, 두 사건 A, B가 동시에(잇달아) 일어나는 경우의 수는 $m \times n$

01 경우의 수

10

1 사건과 경우의 수

(1) **사건**: 어떤 실험이나 관찰에 의하여 일어나는 결과
(2) **경우의 수**: 사건이 일어날 수 있는 모든 경우의 가짓수

동전을 던지거나 주사위를 던지는 경우와 같이 동일한 조건에서 반복할 수 있는 실험이나 관찰에 의하여 나타나는 결과를 **사건**이라 하고, 사건이 일어나는 모든 경우의 가짓수를 **경우의 수**라 한다. 예를 들어 한 개의 주사위를 던질 때, '짝수의 눈이 나온다.', '5 이상의 눈이 나온다.'와 같은 사건에 대한 각각의 경우의 수는 다음과 같다.

사건	경우	경우의 수
짝수의 눈이 나온다.	⚁ ⚃ ⚅	3
5 이상의 눈이 나온다.	⚄ ⚅	2

경우의 수를 구할 때는 모든 경우를 **빠짐없이**, **중복되지 않게** 구해야 한다.

> **example**
>
> 1에서 10까지의 자연수가 각각 하나씩 적힌 10장의 카드 중 1장의 카드를 뽑을 때,
>
> | 1 | 2 | 3 | 4 | 5 | 6 | 7 | 8 | 9 | 10 |
> |---|---|---|---|---|---|---|---|---|---|
>
> (1) 3의 배수가 적힌 카드가 나오는 경우는 3, 6, 9이므로 경우의 수는 3이다.
> (2) 소수가 적힌 카드가 나오는 경우는 2, 3, 5, 7이므로 경우의 수는 4이다.

2 합의 법칙

두 사건 A, B가 동시에 일어나지 않을 때, 사건 A가 일어나는 경우의 수가 m, 사건 B가 일어나는 경우의 수가 n이면 사건 A 또는 사건 B가 일어나는 경우의 수는

$m+n$

이다. 이것을 합의 법칙이라 한다.

다음 예와 같이 동시에 일어나지 않는 두 사건에 대하여 경우의 수를 구할 때 **합의 법칙**을 이용한다.

파스타 3종류, 돈까스 2종류를 판매하는 음식점이 있다고 하자. 음식을 1가지 주문할 때 파스타와 돈까스를 동시에 주문할 수 없으므로 파스타 또는 돈까스 중 1가지를 선택하여 주문하는 경우의 수는 음식점에서 판매 중인 5종류의 음식 메뉴 중 1종류를 선택하여 주문하는 경우의 수와 같다. 즉,

$$3+2=5$$

이다. 이와 같이 두 사건이 동시에 일어나지 않을 때는 각각의 경우의 수를 구하여 더하면 전체 경우의 수가 된다.

> **example** 한 개의 주사위를 던질 때, 나오는 눈의 수가 짝수 또는 3의 약수인 경우의 수를 구하면
> (i) 눈의 수가 짝수인 경우는 2, 4, 6의 3가지
> (ii) 눈의 수가 3의 약수인 경우는 1, 3의 2가지
> 이때 눈의 수가 짝수이면서 3의 약수인 경우는 없으므로 두 사건은 동시에 일어나지 않는다.
> 따라서 구하는 경우의 수는 합의 법칙에 의하여
> $$3+2=5$$

또한 합의 법칙은 어느 두 사건도 동시에 일어나지 않는 셋 이상의 사건에 대해서도 성립한다.

> **example** 두 도시 A, B를 연결하는 비행기 노선이 2개, 기차 노선이 3개, 버스 노선이 4개일 때, A도시에서 B도시까지 비행기 또는 기차 또는 버스로 가는 경우의 수를 구하면 비행기, 기차, 버스를 동시에 탈 수 없으므로 구하는 경우의 수는 합의 법칙에 의하여
> $$2+3+4=9$$

한편, 1부터 20까지의 자연수가 각각 하나씩 적힌 정이십면체 주사위를 던질 때, 4의 배수 또는 5의 배수가 나오는 경우의 수를 구해 보자.
4의 배수가 나오는 경우는 4, 8, 12, 16, 20의 5가지, 5의 배수가 나오는 경우는 5, 10, 15, 20의 4가지이다.
이때 4의 배수인 동시에 5의 배수인 경우는 20의 1가지가 존재하여 중복되는 경우가 생기게 되므로 구하는 경우의 수는

$$5+4-1=8 \leftarrow \text{20을 두 번 세었으므로 1을 빼야 한다.}$$

이다.

이와 같이 두 사건 A, B가 일어나는 경우의 수가 각각 m, n이고 두 사건 A, B가 동시에 일어나는 경우의 수가 l일 때, 사건 A 또는 사건 B가 일어나는 경우의 수는 $m+n-l$이다.

example 1에서 12까지의 자연수가 각각 하나씩 적힌 12장의 카드 중 1장의 카드를 뽑을 때 짝수 또는 3의 배수가 적힌 카드가 나오는 경우의 수를 구하면

뽑은 카드에 적힌 수가

(i) 짝수인 경우는 2, 4, 6, 8, 10, 12의 6가지

(ii) 3의 배수인 경우는 3, 6, 9, 12의 4가지

(iii) 짝수이면서 3의 배수인 경우는 6, 12의 2가지

(i)~(iii)에서 구하는 경우의 수는 6+4−2=8 ← 6, 12를 각각 두 번 세었으므로 2를 빼야 한다.

3 곱의 법칙

두 사건 A, B에 대하여 사건 A가 일어나는 경우의 수가 m이고, 그 각각에 대하여 사건 B가 일어나는 경우의 수가 n일 때, 두 사건 A, B가 동시에(잇달아) 일어나는 경우의 수는

$m \times n$

이다. 이것을 곱의 법칙이라 한다.

곱의 법칙에서 사건이 동시에 일어난다는 것은 한 사건이 일어나는 경우에 대하여 다른 사건이 동시에 혹은 잇달아 일어난다는 것을 의미한다.

세 지점 A, B, C에 대하여 오른쪽 그림과 같이 A에서 B까지 가는 길이 2가지, B에서 C까지 가는 길이 3가지일 때 A에서 B를 거쳐 C까지 가는 경우의 수를 생각해 보자.

A에서 B까지 가는 길 2가지에 대하여 B에서 C까지 가는 길 3가지를 짝 지을 수 있으므로 A에서 B를 거쳐 C까지 가는 경우의 수는

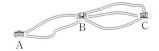

$2 \times 3 = 6$

이다.

example (1) 동전 한 개와 주사위 한 개를 동시에 던질 때, 나올 수 있는 경우의 수를 구하면

(i) 동전 한 개를 던질 때 나올 수 있는 경우는 앞면, 뒷면의 2가지

(ii) 주사위 한 개를 던질 때 나올 수 있는 경우는 1, 2, 3, 4, 5, 6의 6가지

(i), (ii)에서 구하는 경우의 수는 곱의 법칙에 의하여 $2 \times 6 = 12$

(2) 한 개의 주사위를 두 번 던질 때, 첫 번째에는 홀수의 눈이 나오고, 두 번째에는 3의 배수의 눈이 나오는 경우의 수를 구하면

(i) 홀수의 눈이 나오는 경우는 1, 3, 5의 3가지

(ii) 3의 배수의 눈이 나오는 경우는 3, 6의 2가지

따라서 구하는 경우의 수는 곱의 법칙에 의하여 $3 \times 2 = 6$

앞의 example (1)에서 나올 수 있는 경우를 나뭇가지 모양의 그림으로 나타내면 오른쪽과 같다. 이와 같이 사건이 일어나는 모든 경우를 **나뭇가지 모양의 그림으로 나타낸 것을 수형도**라 하며 수형도를 통해서 구하는 경우의 수가 12임을 확인할 수 있다.

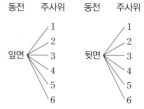

수형도를 이용하면 모든 경우의 수를 빠짐없이, 중복되지 않게 구할 수 있다.

한편, 곱의 법칙은 동시에(잇달아) 일어나는 셋 이상의 사건에 대해서도 성립한다.

 햄버거 3종류, 감자튀김 2종류, 음료수 4종류 중 햄버거, 감자튀김, 음료수를 각각 하나씩 구입하려고 할 때, 구입할 수 있는 모든 경우의 수는 곱의 법칙에 의하여
$$3 \times 2 \times 4 = 24$$

바이블 PLUS ➕ 　자신의 답안지를 갖지 않도록 하는 경우의 수

A, B, C, D, E 5명의 학생이 시험을 본 후, 하나의 답안지를 선택하여 채점하려고 한다. 자신의 답안지는 채점하지 않도록 할 때, 답안지를 나누는 경우의 수에 대하여 생각해 보자.

이 문제는 경우를 나누어 생각하면 규칙을 발견할 수 있다.

학생 A, B, C, D, E가 작성한 답안지를 각각 a, b, c, d, e라 하자.

학생 A가 답안지 b를 선택했다고 하면 다음 두 경우로 나누어 생각할 수 있다.

(ⅰ) 학생 B가 답안지 a를 선택하는 경우

　두 학생 A, B가 서로의 답안지를 바꾼 것이므로 이때의 경우의 수는 남은 세 학생 C, D, E가 답안지 c, d, e를 나누는 경우의 수와 같다. 즉, 원래의 문제에서 5명을 3명으로 바꾼 경우의 수와 같다. 이 경우의 수를 $f(3)$이라 하자.

(ⅱ) 학생 B가 답안지 a를 선택하지 않는 경우

　답안지 a를 b로 생각하면 이때의 경우의 수는 네 학생 B, C, D, E가 $a(b)$, c, d, e를 나누는 경우의 수와 같다. 즉, 원래의 문제에서 5명을 4명으로 바꾼 경우의 수와 같다. 이 경우의 수를 $f(4)$라 하자.

따라서 (ⅰ), (ⅱ)의 경우의 수의 합, 즉 $f(3)+f(4)$가 학생 A가 답안지 b를 선택하는 경우의 수이다.

또한 학생 A는 답안지 c 또는 d 또는 e를 선택할 수도 있고, 각각의 경우의 수는 위와 같이 구할 수 있으므로

5명의 학생이 자신의 답안지를 채점하지 않도록 답안지를 나누는 경우의 수를 $f(5)$라 하면
$$f(5) = 4 \times \{f(3) + f(4)\}$$
이다.

이를 일반화하여 n명의 학생이 자신의 답안지를 채점하지 않도록 답안지를 나누는 경우의 수를 $f(n)$이라 하면

$$f(n)=(n-1)\{f(n-2)+f(n-1)\}(n\geq3) \quad \cdots\cdots \text{㉠} \quad \leftarrow \text{명백히 } f(1)=0, f(2)=1\text{이므로}$$
$$n\geq3$$

이다. 이때

㉠에 $n=3$을 대입하면 $f(3)=2\times\{f(1)+f(2)\}=2\times(0+1)=2$

A	B	C	A	B	C
b	c	a	c	a	b

㉠에 $n=4$를 대입하면 $f(4)=3\times\{f(2)+f(3)\}=3\times(1+2)=9$ ← 388쪽 대표예제 08에서 확인해 보자.

㉠에 $n=5$를 대입하면 $f(5)=4\times\{f(3)+f(4)\}=4\times(2+9)=44$ ← 389쪽 08-1에서 확인해 보자.

따라서 5명의 학생이 본인의 답안지는 갖지 않도록 서로의 답안지를 나누어 갖는 경우의 수는 44이다.

개념 CHECK
01. 경우의 수

📖 빠른 정답 • 498쪽 / 정답과 풀이 • 132쪽

01   1에서 20까지의 자연수가 각각 하나씩 적힌 20장의 카드 중 1장의 카드를 뽑을 때, 다음을 구하시오.

  (1) 3의 배수 또는 7의 배수가 적힌 카드를 뽑는 경우의 수
  (2) 4의 배수 또는 6의 배수가 적힌 카드를 뽑는 경우의 수

02   서로 다른 두 주사위 A, B를 동시에 던질 때, A주사위는 6의 약수의 눈이 나오고, B주사위는 짝수의 눈이 나오는 경우의 수를 구하시오.

대표 예제 | 01

다음 물음에 답하시오.

(1) 서로 다른 두 주사위를 동시에 던질 때, 나오는 두 눈의 수의 합이 6의 배수가 되는 경우의 수를 구하시오.

(2) 1에서 50까지의 자연수 중 3의 배수 또는 8의 배수인 수의 개수를 구하시오.

바로 접근

두 사건 A, B가 일어나는 경우의 수를 각각 m, n이라 하면

(1) 두 사건 A와 B가 동시에 일어나지 않을 때

사건 A 또는 사건 B가 일어나는 경우의 수: $m+n$

(2) 두 사건 A와 B가 동시에 일어나는 경우의 수가 l일 때

사건 A 또는 사건 B가 일어나는 경우의 수: $m+n-l$

바른 풀이

(1) 두 눈의 수의 합이 6의 배수인 경우는 6 또는 12인 경우이다.

(i) 두 눈의 수의 합이 6인 경우: $(1, 5)$, $(2, 4)$, $(3, 3)$, $(4, 2)$, $(5, 1)$의 5가지

(ii) 두 눈의 수의 합이 12인 경우: $(6, 6)$의 1가지

(i), (ii)는 동시에 일어날 수 없으므로 구하는 경우의 수는

$5+1=6$

(2) (i) 3의 배수는 3, 6, 9, $\cdots$, 48의 16개

(ii) 8의 배수는 8, 16, 24, 32, 40, 48의 6개

(iii) 3의 배수이면서 8의 배수, 즉 24의 배수는 24, 48의 2개

(i)~(iii)에서 구하는 수의 개수는

$16+6-2=20$

정답 (1) 6 (2) 20

Bible Says

① 두 사건이 '또는', '이거나'로 연결되어 있으면 합의 법칙을 이용한다.

② 합의 법칙은 어느 두 사건도 동시에 일어나지 않는 셋 이상의 사건에 대해서도 성립한다.

한번 더하기

01-1
다음 물음에 답하시오.

⑴ 서로 다른 두 주사위를 동시에 던질 때, 나오는 두 눈의 수의 합이 5의 배수인 경우의 수를 구하시오.

⑵ 1에서 30까지의 자연수 중 2의 배수 또는 3의 배수인 수의 개수를 구하시오.

표현 더하기

01-2
서로 다른 두 주사위를 동시에 던질 때, 나오는 두 눈의 수의 차가 2 또는 4인 경우의 수를 구하시오.

표현 더하기

01-3
서로 다른 두 상자에 1부터 5까지의 자연수가 하나씩 적힌 5장의 카드가 각각 들어 있다. 각 상자에서 카드를 한 장씩 꺼낼 때, 꺼낸 카드에 적힌 수의 곱이 12 이상인 경우의 수를 구하시오.

표현 더하기

01-4
1부터 100까지의 자연수 중 4 또는 7로 나누어떨어지는 수의 개수를 구하시오.

대표 예제 | 02

다음 물음에 답하시오.

(1) 방정식 $x+2y+3z=10$을 만족시키는 음이 아닌 정수 x, y, z의 순서쌍 (x, y, z)의 개수를 구하시오.

(2) 부등식 $2x+y\leq7$을 만족시키는 자연수 x, y의 순서쌍 (x, y)의 개수를 구하시오.

바로 접근

계수의 절댓값이 가장 큰 문자를 기준으로 경우를 나누어 생각해 보자.
이때 각 경우는 동시에 일어나지 않으므로 합의 법칙을 이용한다.

바른 풀이

(1) x, y, z는 음이 아닌 정수이므로 $x\geq0$, $y\geq0$, $z\geq0$

　　$x+2y+3z=10$에서 $3z\leq10$, 즉 $z\leq\dfrac{10}{3}$이므로

　　$z=0$ 또는 $z=1$ 또는 $z=2$ 또는 $z=3$

　　(i) $z=0$일 때, $x+2y=10$이므로 순서쌍 (x, y, z)는

　　　　$(0, 5, 0)$, $(2, 4, 0)$, $(4, 3, 0)$, $(6, 2, 0)$, $(8, 1, 0)$, $(10, 0, 0)$의 6개

　　(ii) $z=1$일 때, $x+2y=7$이므로 순서쌍 (x, y, z)는

　　　　$(1, 3, 1)$, $(3, 2, 1)$, $(5, 1, 1)$, $(7, 0, 1)$의 4개

　　(iii) $z=2$일 때, $x+2y=4$이므로 순서쌍 (x, y, z)는

　　　　$(0, 2, 2)$, $(2, 1, 2)$, $(4, 0, 2)$의 3개

　　(iv) $z=3$일 때, $x+2y=1$이므로 순서쌍 (x, y, z)는

　　　　$(1, 0, 3)$의 1개

　　(i)~(iv)에서 구하는 순서쌍 (x, y, z)의 개수는 $6+4+3+1=14$

(2) x, y는 자연수이므로 $x\geq1$, $y\geq1$

　　$2x+y\leq7$에서 $2x\leq6$, 즉 $x\leq3$이므로

　　$x=1$ 또는 $x=2$ 또는 $x=3$

　　(i) $x=1$일 때, $y\leq5$이므로 순서쌍 (x, y)는

　　　　$(1, 1)$, $(1, 2)$, $(1, 3)$, $(1, 4)$, $(1, 5)$의 5개

　　(ii) $x=2$일 때, $y\leq3$이므로 순서쌍 (x, y)는

　　　　$(2, 1)$, $(2, 2)$, $(2, 3)$의 3개

　　(iii) $x=3$일 때, $y\leq1$이므로 순서쌍 (x, y)는

　　　　$(3, 1)$의 1개

　　(i)~(iii)에서 구하는 순서쌍 (x, y)의 개수는 $5+3+1=9$

정답 (1) 14　(2) 9

Bible Says

'자연수 x, y에 대하여 ~', '음이 아닌 정수 x, y에 대하여 ~'와 같이 미지수의 조건에 주의하자.

한번 더하기

02-1

다음 물음에 답하시오.

(1) 방정식 $2x+y+4z=11$을 만족시키는 음이 아닌 정수 x, y, z의 순서쌍 (x, y, z)의 개수를 구하시오.

(2) 부등식 $x+3y \le 10$을 만족시키는 음이 아닌 정수 x, y의 순서쌍 (x, y)의 개수를 구하시오.

한번 더하기

02-2

다음 물음에 답하시오.

(1) 방정식 $x+3y+4z=12$를 만족시키는 자연수 x, y, z의 순서쌍 (x, y, z)의 개수를 구하시오.

(2) 부등식 $2x+5y \le 13$을 만족시키는 자연수 x, y의 순서쌍 (x, y)의 개수를 구하시오.

10

표현 더하기

02-3

서로 다른 두 개의 주사위를 동시에 던져서 나오는 눈의 수를 각각 a, b라 할 때, x에 대한 이차방정식 $x^2+ax+b=0$이 실근을 갖도록 하는 a, b의 순서쌍 (a, b)의 개수를 구하시오.

실력 더하기

02-4

한 개에 100원, 500원, 700원인 세 종류의 지우개가 있다. 이 지우개를 종류별로 한 개 이상 포함하여 총 금액이 3000원이 되도록 사는 방법의 수를 구하시오.

대표 예제 | 03

다음 물음에 답하시오.

(1) 십의 자리의 숫자는 소수이고, 일의 자리의 숫자는 홀수인 두 자리 자연수의 개수를 구하시오.

(2) 다항식 $(a+b+c)(x+y)$의 전개식에서 항의 개수를 구하시오.

바로 접근

두 사건 A, B에 대하여 사건 A가 일어나는 경우의 수가 m이고, 그 각각에 대하여 사건 B가 일어나는 경우의 수가 n일 때, 두 사건 A, B가 동시에 일어나는 경우의 수: $m \times n$

(2)에서 곱해지는 각 항이 모두 서로 다른 문자이므로 동류항이 생기지 않는다. 따라서 항의 개수는 a, b, c 각각에 대하여 x, y를 택하는 경우의 수와 같으므로 곱의 법칙을 이용한다.

바른 풀이

(1) 십의 자리의 숫자는 소수이므로 십의 자리의 숫자가 될 수 있는 것은

2, 3, 5, 7의 4개

일의 자리의 숫자는 홀수이므로 일의 자리의 숫자가 될 수 있는 것은

1, 3, 5, 7, 9의 5개

따라서 구하는 자연수의 개수는

$4 \times 5 = 20$

(2) $(a+b+c)(x+y)$를 전개하면 a, b, c에 x, y를 각각 곱하여 항이 만들어진다.

따라서 구하는 항의 개수는

$3 \times 2 = 6$

정답 (1) 20 (2) 6

Bible Says

① 두 사건이 '동시에', '잇달아' 일어나면 곱의 법칙을 이용한다.

② 곱의 법칙은 잇달아 일어나는 셋 이상의 사건에 대해서도 성립한다.

한 번 더하기

03-1

다음 물음에 답하시오.

(1) 십의 자리의 숫자는 짝수이고, 일의 자리의 숫자는 소수인 두 자리 자연수의 개수를 구하시오.

(2) 다항식 $(a+b+c)(x-y-z)$의 전개식에서 항의 개수를 구하시오.

표현 더하기

03-2

서로 다른 주사위 3개를 동시에 던졌을 때, 나오는 세 눈의 수의 곱이 홀수인 경우의 수를 구하시오.

표현 더하기

03-3

서로 다른 소설책 6권, 서로 다른 만화책 4권, 서로 다른 시집 3권 중 2권을 선택할 때, 2권이 서로 다른 종류인 경우의 수를 구하시오.

표현 더하기

03-4

다항식 $(p+q)(a+b+c)(x+y)$를 전개하였을 때, 다음을 구하시오.

(1) 모든 항의 개수

(2) p를 포함하는 항의 개수

(3) b를 포함하지 않는 항의 개수

대표 예제 04

다음을 구하시오.

(1) 72의 양의 약수의 개수

(2) 72와 108의 양의 공약수의 개수

(3) 270의 양의 약수 중 3의 배수의 개수

바로 접근

(1)에서 $72=2^3 \times 3^2$이므로 72의 양의 약수는 2^3의 양의 약수 중 하나와 3^2의 양의 약수 중 하나를 택하여 곱한 것이다. 즉, 2^3의 양의 약수 각각에 대하여 3^2의 양의 약수를 택하는 경우의 수와 같으므로 곱의 법칙을 이용한다.

바른 풀이

(1) 72를 소인수분해하면 $72=2^3 \times 3^2$

2^3의 양의 약수는 1, 2, 2^2, 2^3의 4개

3^2의 양의 약수는 1, 3, 3^2의 3개

이때 72의 양의 약수는 2^3의 양의 약수, 3^2의 양의 약수에서 각각 하나씩 택하여 곱한 것과 같으므로

72의 양의 약수의 개수는 $4 \times 3 = 12$

(2) 72와 108의 양의 공약수의 개수는 72와 108의 최대공약수의 양의 약수의 개수와 같다.

72와 108의 최대공약수는 36이고 36을 소인수분해하면 $36=2^2 \times 3^2$

2^2의 양의 약수는 1, 2, 2^2의 3개

3^2의 양의 약수는 1, 3, 3^2의 3개

따라서 72와 108의 양의 공약수의 개수는 $3 \times 3 = 9$

(3) $270=2 \times 3^3 \times 5$의 양의 약수 중 3의 배수는 3을 소인수로 가지므로

270의 양의 약수 중 3의 배수의 개수는 $\underset{\text{270을 3으로 나눈 수}}{2 \times 3^2 \times 5}$의 양의 약수의 개수와 같다.

2의 양의 약수는 1, 2의 2개

3^2의 양의 약수는 1, 3, 3^2의 3개

5의 양의 약수는 1, 5의 2개

따라서 270의 양의 약수 중 3의 배수의 개수는 $2 \times 3 \times 2 = 12$

정답 (1) 12 (2) 9 (3) 12

Bible Says

중학교 때 학습한 내용을 다시 한 번 떠올려 보자.

자연수 N이 $N=p^l q^m r^n$ (p, q, r는 서로 다른 소수, l, m, n은 자연수) 꼴로 소인수분해될 때,

자연수 N의 양의 약수의 개수는 ➡ $(l+1)(m+1)(n+1)$

한번 더하기

04-1 다음을 구하시오.

(1) 120의 양의 약수의 개수

(2) 120과 180의 양의 공약수의 개수

(3) 120의 양의 약수 중 5의 배수의 개수

표현 더하기

04-2 300의 양의 약수 중 홀수의 개수를 구하시오.

표현 더하기

04-3 자연수 $2^3 \times 3^a \times 7$의 양의 약수의 개수가 24가 되도록 하는 자연수 a의 값을 구하시오.

실력 더하기

04-4 20^n의 양의 약수의 개수가 28일 때, 자연수 n의 값을 구하시오.

대표 예제 | 05

오른쪽 그림과 같이 네 지점 A, B, C, D를 연결하는 도로가 있다. 다음 물음에 답하시오.

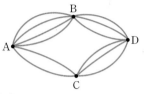

(1) A지점에서 출발하여 D지점으로 가는 방법의 수를 구하시오.

(단, 같은 지점을 두 번 이상 지나지 않는다.)

(2) 민지와 승현이가 A지점에서 출발하여 D지점으로 가는 방법의 수를 구하시오.

(단, 한 사람이 지나간 중간 지점은 다른 사람이 지나갈 수 없다.)

바로 접근

(1) A지점에서 D지점으로 가는 방법은 A → B → D, A → C → D의 2가지가 있다.

(2) 중간 지점이 겹치면 안되므로

민지가 A → B → D로 가면 승현이는 A → C → D로 가야 하고,

민지가 A → C → D로 가면 승현이는 A → B → D로 가야 한다.

바른 풀이

(1) A지점에서 D지점으로 가는 방법은 A → B → D, A → C → D의 2가지가 있다.

(ⅰ) A → B → D로 가는 방법의 수는 $4 \times 3 = 12$

(ⅱ) A → C → D로 가는 방법의 수는 $2 \times 3 = 6$

(ⅰ), (ⅱ)는 동시에 일어날 수 없으므로 구하는 방법의 수는

$12 + 6 = 18$

(2) (ⅰ) 민지가 A → B → D로 가는 방법의 수는 12이고, 승현이가 A → C → D로 가는 방법의 수는 6이므로 이때의 방법의 수는 $12 \times 6 = 72$

(ⅱ) 민지가 A → C → D로 가는 방법의 수는 6이고, 승현이가 A → B → D로 가는 방법의 수는 12이므로 이때의 방법의 수는 $6 \times 12 = 72$

(ⅰ), (ⅱ)는 동시에 일어날 수 없으므로 구하는 방법의 수는

$72 + 72 = 144$

정답 (1) 18 (2) 144

Bible Says

도로망에서

① 동시에 갈 수 없는 길이면 합의 법칙을 이용한다.

② 잇달아 갈 수 있는 길이면 곱의 법칙을 이용한다.

한번 더하기

05-1 오른쪽 그림과 같이 네 지점 A, B, P, Q를 연결하는 도로가 있다. 다음 물음에 답하시오.

(단, 같은 지점을 두 번 이상 지나지 않는다.)

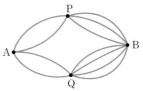

(1) A지점에서 출발하여 B지점으로 가는 방법의 수를 구하시오.

(2) A지점과 B지점 사이를 왕복하는 방법의 수를 구하시오.

표현 더하기

05-2 오른쪽 그림과 같이 집, 학교, 서점을 연결하는 도로망이 있을 때, 수정이가 집에서 출발하여 학교를 거쳐 서점에 갔다가 다시 집으로 돌아오는 방법의 수를 구하시오.

(단, 같은 지점을 두 번 이상 지나지 않는다.)

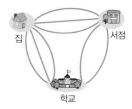

10

표현 더하기

05-3 오른쪽 그림과 같이 네 지점 A, B, C, D를 연결하는 길이 있을 때, A지점에서 출발하여 D지점으로 가는 방법의 수를 구하시오. (단, 같은 지점을 두 번 이상 지나지 않는다.)

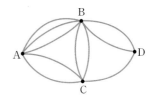

실력 더하기

05-4 오른쪽 그림과 같은 도로망에서 C지점과 D지점을 연결하는 도로를 추가하여 A지점에서 출발하여 B지점으로 가는 모든 방법의 수가 40이 되도록 할 때, 추가해야 하는 도로의 개수를 구하시오. (단, 같은 지점을 두 번 이상 지나시 않고, 도로끼리는 서로 겹치지 않는다.)

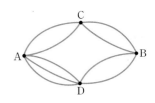

대표 예제 | 06

오른쪽 그림의 A, B, C, D, E 5개의 영역을 서로 다른 5가지 색으로 칠하려고
한다. 같은 색을 중복하여 사용해도 좋으나 인접한 영역은 서로 다른 색으로 칠
할 때, 칠하는 방법의 수를 구하시오.

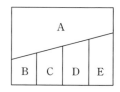

바로 접근 먼저 인접 영역이 가장 많은 영역인 A에 칠하는 색의 가짓수를 구한 후, 이 영역과 인접해 있는 나머지
영역에 칠할 색의 가짓수를 차례대로 구한다.

바른 풀이 가장 많은 영역과 인접하고 있는 영역인 A에 칠할 수 있는 색은 5가지
C에 칠할 수 있는 색은 A에 칠한 색을 제외한 4가지
D에 칠할 수 있는 색은 A와 C에 칠한 색을 제외한 3가지
B에 칠할 수 있는 색은 A와 C에 칠한 색을 제외한 3가지
E에 칠할 수 있는 색은 A와 D에 칠한 색을 제외한 3가지
따라서 구하는 방법의 수는
$5 \times 4 \times 3 \times 3 \times 3 = 540$

정답 540

Bible Says

색칠하는 방법의 수는 다음과 같은 순서로 구한다.
❶ 먼저 한 영역을 정하여 칠하는 경우의 수를 구한다. 이때 정하는 한 영역은 인접한 영역의 개수가 가장 많은 영역으로
하는 것이 좋다.
❷ 다른 영역으로 옮겨 가면서 이전에 칠한 색을 제외하며 칠하는 경우의 수를 구한다.
한편 **06-4**와 같이 그림이 대칭인 형태이면 대칭인 위치의 두 영역 A와 C 또는 B와 D에 색을 칠하는 경우를
 (ⅰ) 같은 색을 칠하는 경우 (ⅱ) 다른 색을 칠하는 경우
로 나누어서 구해야 한다.

한 번 더하기

06-1 오른쪽 그림의 A, B, C, D 4개의 영역을 서로 다른 4가지 색으로 칠하려고 한다. 같은 색을 중복하여 사용해도 좋으나 인접한 영역은 서로 다른 색으로 칠할 때, 칠하는 방법의 수를 구하시오.

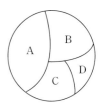

한 번 더하기

06-2 오른쪽 그림의 A, B, C, D 4개의 영역을 서로 다른 5가지 색으로 칠하려고 한다. 같은 색을 중복하여 사용해도 좋으나 인접한 영역은 서로 다른 색으로 칠할 때, 칠하는 방법의 수를 구하시오.

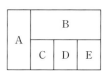

10

표현 더하기

06-3 오른쪽 그림의 A, B, C, D, E 5개의 영역을 서로 다른 5가지 색으로 칠하려고 한다. 같은 색을 중복하여 사용해도 좋으나 인접한 영역은 서로 다른 색으로 칠할 때, A와 D는 반드시 서로 다른 색을 칠하는 방법의 수를 구하시오.

실력 더하기

06-4 오른쪽 그림의 A, B, C, D 4개의 영역을 서로 다른 4가지 색으로 칠하려고 한다. 같은 색을 중복하여 사용해도 좋으나 인접한 영역은 서로 다른 색으로 칠할 때, 칠하는 방법의 수를 구하시오.

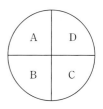

대표 예제 | 07

100원짜리 동전 1개, 50원짜리 동전 2개, 10원짜리 동전 4개가 있다. 이 동전의 일부 또는 전부를 사용하여 돈을 지불할 때, 다음을 구하시오. (단, 0원을 지불하는 경우는 제외한다.)

(1) 지불할 수 있는 방법의 수   (2) 지불할 수 있는 금액의 수

바로 접근

(1) ■원짜리 동전 n개로 지불할 수 있는 방법의 수가 $n+1$임을 이용하여 각각의 동전으로 지불할 수 있는 방법의 수를 구한 후 곱의 법칙을 이용한다.

→ 단위가 다른 동전의 개수가 각각 a, b, c일 때, 지불할 수 있는 방법의 수는
$(a+1)(b+1)(c+1)-1$

(2) 100원짜리 동전 1개로 지불할 수 있는 금액과 50원짜리 동전 2개로 지불할 수 있는 금액이 같으므로 100원짜리 동전 1개를 50원짜리 동전 2개로 바꾸어 생각한다.

바른 풀이

(1) 100원짜리 동전으로 지불할 수 있는 방법은 0, 1개의 2가지

50원짜리 동전으로 지불할 수 있는 방법은 0, 1, 2개의 3가지

10원짜리 동전으로 지불할 수 있는 방법은 0, 1, 2, 3, 4개의 5가지

이때 0원을 지불하는 것은 제외해야 하므로 지불할 수 있는 방법의 수는

$2 \times 3 \times 5 - 1 = 29$

(2) 100원짜리 동전 1개로 지불할 수 있는 금액과 50원짜리 동전 2개로 지불할 수 있는 금액이 같으므로 100원짜리 동전 1개를 50원짜리 동전 2개로 바꾸어 생각하면 지불할 수 있는 금액의 수는 50원짜리 동전 4개, 10원짜리 동전 4개로 지불할 수 있는 금액의 수와 같다.

50원짜리 동전으로 지불할 수 있는 금액은 0원, 50원, 100원, 150원, 200원의 5가지

10원짜리 동전으로 지불할 수 있는 금액은 0원, 10원, 20원, 30원, 40원의 5가지

이때 0원을 지불하는 것은 제외해야 하므로 지불할 수 있는 금액의 수는

$5 \times 5 - 1 = 24$

[다른 풀이]

(1) 공식을 이용하면 $(1+1) \times (2+1) \times (4+1) - 1 = 29$

[정답] (1) 29 (2) 24

Bible Says

지불 금액의 수는

① 중복되는 금액이 없으면 지불 방법의 수와 같다.

② 중복되는 금액이 있으면 큰 단위의 화폐를 작은 단위의 화폐로 바꾼 후 지불 금액의 수를 생각해 본다.

한번 더하기

07-1

100원짜리 동전 3개, 50원짜리 동전 1개, 10원짜리 동전 2개가 있다. 이 동전의 일부 또는 전부를 사용하여 돈을 지불할 때, 다음을 구하시오. (단, 0원을 지불하는 경우는 제외한다.)

(1) 지불할 수 있는 방법의 수   (2) 지불할 수 있는 금액의 수

한번 더하기

07-2

500원짜리 동전 1개, 100원짜리 동전 6개, 10원짜리 동전 3개가 있다. 이 동전의 일부 또는 전부를 사용하여 돈을 지불할 때, 다음을 구하시오. (단, 0원을 지불하는 경우는 제외한다.)

(1) 지불할 수 있는 방법의 수   (2) 지불할 수 있는 금액의 수

10

표현 더하기

07-3

1000원짜리 지폐 4장, 5000원짜리 지폐 2장, 10000원짜리 지폐 1장의 일부 또는 전부를 사용하여 지불할 수 있는 방법의 수를 a, 지불할 수 있는 금액의 수를 b라 할 때, $a+b$의 값을 구하시오. (단, 0원을 지불하는 경우는 제외한다.)

실력 더하기

07-4

10원짜리 동전 3개, 50원짜리 동전 x개, 100원짜리 동전 2개가 있다. 이 동전의 일부 또는 전부를 사용하여 돈을 지불할 수 있는 방법의 수가 59일 때, 지불할 수 있는 금액의 수를 구하시오. (단, 0원을 지불하는 경우는 제외한다.)

대표 예제 ┃ 08

A, B, C, D 네 명의 학생이 시험을 본 후, 이 네 학생이 하나의 시험지를 선택하여 채점하려고 한다. 자신의 시험지는 채점하지 않을 때, 시험지를 나누는 경우의 수를 구하시오.

바로 접근

일정한 규칙에 의해 나열할 수 없는 경우, 즉 하나하나 직접 확인해야 하는 문제는 수형도를 그려 보자. 이때 중복되지 않게 빠짐없이 모든 경우를 세어야 한다.

바른 풀이

A, B, C, D의 시험지를 각각 a, b, c, d라 하자.
네 명 모두 다른 사람의 시험지를 가져가는 경우의 수를 수형도로 그려 보면 다음 그림과 같다.

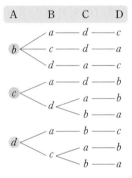

A가 b를 가질 때 나머지 세 명이 조건에 맞게 시험지를 가져가는 경우의 수는 3
마찬가지로 A가 c를 가질 때에도 3, d를 가질 때에도 3이다.
따라서 구하는 경우의 수는
$3 \times 3 = 9$

정답 9

Bible Says

사건이 일어나는 모든 경우를 나뭇가지 모양의 그림으로 나타낸 것을 수형도(tree graph)라 한다.

한 번 더하기

08-1

A, B, C, D, E 다섯 명의 학생이 서로 다른 책을 한 권씩 가지고 와서 바꾸어 읽기로 하였다. 자신이 가져온 책은 자신이 읽지 않을 때, 책을 바꾸어 읽는 경우의 수를 구하시오.

표현 더하기

08-2

1, 2, 3, 4, 5의 번호가 각각 적힌 5장의 카드를 a_1, a_2, a_3, a_4, a_5라 쓰여진 5개의 케이스에 각각 1개씩 넣을 때, 2번 카드는 a_3에 넣고, k번 카드는 a_k에 넣지 않는 경우의 수를 구하시오.

표현 더하기

08-3

5개의 숫자 1, 2, 3, 4, 5를 일렬로 나열하여 다섯 자리 자연수 $a_1a_2a_3a_4a_5$를 만들 때, $a_4=4$, $a_i \neq i (i=1, 2, 3, 5)$를 만족시키는 다섯 자리 자연수의 개수를 구하시오.

실력 더하기

08-4

다음 조건을 만족시키는 다섯 자리 자연수의 개수를 구하시오.

> (개) 각 자리의 숫자는 2 또는 3이다.
> (내) 같은 숫자가 연속해서 3번 이상 나올 수 없다.

01 서로 다른 두 개의 주사위를 동시에 던질 때, 나오는 두 눈의 수의 합이 3의 배수 또는 5의 배수가 되는 경우의 수를 구하시오.

02 자연수 x, y에 대하여 부등식 $6 \le 3x + y \le 8$을 만족시키는 순서쌍 (x, y)의 개수를 구하시오.

03 2 g, 4 g, 6 g짜리 저울추가 여러 개 있다. 이 세 종류의 저울추를 각각 한 개 이상 사용하여 20 g을 만드는 방법의 수를 구하시오.

04 백의 자리의 숫자는 소수이고, 십의 자리의 숫자와 일의 자리의 숫자는 모두 홀수인 세 자리 자연수의 개수를 구하시오.

05 세 주사위 A, B, C를 동시에 던질 때, 나오는 눈의 수의 곱이 짝수인 경우의 수를 구하시오.

06 다항식 $(x+y)^2(a+b+c)$를 전개하였을 때, 항의 개수를 구하시오.

07 108의 양의 약수 중 3의 배수의 개수를 구하시오.

08 자연수 $4^a \times 5^3$의 양의 약수의 개수가 44일 때, 자연수 a의 값을 구하시오.

09 오른쪽 그림과 같이 네 도시 A, B, C, D를 연결하는 도로망이 있다. A도시에서 출발하여 D도시까지 가는 방법의 수를 구하시오.

(단, 같은 도시를 두 번 이상 지나지 않는다.)

10 오른쪽 그림의 A, B, C, D 4개의 영역을 서로 다른 4가지 색으로 칠하려고 한다. 같은 색을 중복하여 사용해도 좋으나 인접한 영역은 서로 다른 색으로 칠할 때, 칠하는 방법의 수를 구하시오.

A	
B	
C	D

11 500원짜리 동전 2개, 100원짜리 동전 5개, 50원짜리 동전 1개가 있다. 이 동전의 일부 또는 전부를 사용하여 지불할 수 있는 방법의 수를 a, 지불할 수 있는 금액의 수를 b라 할 때, $a-b$의 값을 구하시오. (단, 0원을 지불하는 경우는 제외한다.)

12 4개의 숫자 1, 2, 3, 4를 일렬로 나열하여 네 자리 자연수 $a_1a_2a_3a_4$를 만들 때, $a_i \neq i$를 만족시키는 네 자리 자연수의 개수를 구하시오. (단, $i=1, 2, 3, 4$)

S·T·E·P 2 실력 다지기

13 1부터 100까지의 자연수 중 3과 8로 모두 나누어떨어지지 않는 자연수의 개수를 구하시오.

14 서로 다른 두 개의 주사위 A, B를 동시에 던져서 나오는 눈의 수를 각각 a, b라 할 때, 이차함수 $y=x^2+2abx+9$의 그래프가 x축과 만나지 않도록 하는 a, b의 순서쌍 (a, b)의 개수를 구하시오.

15 오른쪽 그림은 가로의 길이가 4, 세로의 길이가 5인 직사각형의 가로, 세로를 각각 4등분, 5등분한 점을 연결한 것이다. 이 그림 안에 있는 정사각형은 모두 몇 개인지 구하시오.

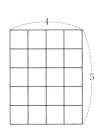

16 소수 p에 대하여 자연수 $N=100p$의 양의 약수의 개수가 될 수 있는 모든 값의 합을 구하시오.

중단원 연습문제

17 오른쪽 그림의 A, B, C, D, E 5개의 영역을 서로 다른 5가지 색으로 칠하려고 한다. 같은 색을 중복하여 사용해도 좋으나 인접한 영역은 서로 다른 색으로 칠할 때, 칠하는 방법의 수를 구하시오.

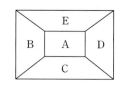

18 숫자 1, 2, 3을 전부 또는 일부를 사용하여 같은 숫자가 이웃하지 않도록 다섯 자리 자연수를 만들 때, 만의 자리 숫자와 일의 자리 숫자가 같은 자연수의 개수를 구하시오.

🧪 challenge

19 그림과 같은 5개의 사다리꼴에 서로 다른 3가지 색으로 색칠하려고 한다. 같은 색을 중복하여 사용해도 좋으나 인접한 사다리꼴에는 서로 다른 색을 칠하고, 맨 위의 사다리꼴과 맨 아래의 사다리꼴에 서로 다른 색을 칠할 때, 칠하는 방법의 수를 구하시오.

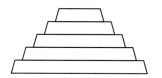

🧪 challenge

20 오른쪽 그림과 같은 팔면체의 꼭짓점 A를 출발하여 모서리를 따라 움직여 꼭짓점 F에 도착하는 방법의 수를 구하시오.

(단, 한 번 지나간 꼭짓점은 다시 지나지 않는다.)

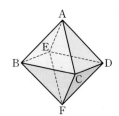

11

순열과 조합

01 순열

순열	서로 다른 n개에서 $r\,(0<r\leq n)$개를 택하여 일렬로 나열하는 것을 n개에서 r개를 택하는 순열이라 하고, 이 순열의 수를 기호로 $_n\mathrm{P}_r$와 같이 나타낸다.
순열의 수	(1) 서로 다른 n개에서 r개를 택하는 순열의 수는 $$_n\mathrm{P}_r=n(n-1)(n-2)\times\cdots\times(n-r+1)\ (단,\ 0<r\leq n)$$ (2) n의 계승: 1부터 n까지의 자연수를 차례대로 곱한 것을 n의 계승이라 하고, 기호로 $n!$과 같이 나타낸다. 즉, $$n!=n(n-1)(n-2)\times\cdots\times3\times2\times1$$ (3) $_n\mathrm{P}_n=n!$, $0!=1$, $_n\mathrm{P}_0=1$ $$_n\mathrm{P}_r=\frac{n!}{(n-r)!}\ (단,\ 0\leq r\leq n)$$

02 조합

조합	서로 다른 n개에서 순서를 생각하지 않고 $r\,(0<r\leq n)$개를 택하는 것을 n개에서 r개를 택하는 조합이라 하고, 이 조합의 수를 기호로 $_n\mathrm{C}_r$와 같이 나타낸다.
조합의 수	(1) 서로 다른 n개에서 r개를 택하는 조합의 수는 $$_n\mathrm{C}_r=\frac{_n\mathrm{P}_r}{r!}=\frac{n!}{r!(n-r)!}\ (단,\ 0\leq r\leq n)$$ (2) $_n\mathrm{C}_0=1$, $_n\mathrm{C}_n=1$
조합의 수의 성질	(1) $_n\mathrm{C}_r={_n\mathrm{C}_{n-r}}\ (단,\ 0\leq r\leq n)$ (2) $_n\mathrm{C}_r={_{n-1}\mathrm{C}_{r-1}}+{_{n-1}\mathrm{C}_r}\ (단,\ 1\leq r<n)$

01 순열

11

1 순열

서로 다른 n개에서 $r\,(0 < r \le n)$개를 택하여 일렬로 나열하는 것을 n개에서 r개를 택하는 순열이라 하고, 이 순열의 수를 기호로 $_n\mathrm{P}_r$와 같이 나타낸다.

$$_n\mathrm{P}_r$$

서로 다른 택하는
것의 개수 것의 개수

참고 $_n\mathrm{P}_r$의 P는 순열을 뜻하는 Permutation의 첫 글자이다.

서로 다른 것에서 순서를 생각하여 택하는 경우의 수에 대하여 알아보자.

예를 들어 네 개의 문자 a, b, c, d에서 2개를 택하여 일렬로 나열하는 경우의 수를 구해 보자.
첫 번째 자리에 올 수 있는 문자는 a, b, c, d의 4가지, 그 각각에 대하여 두 번째 자리에 올 수 있는 문자는 첫 번째 자리에 놓인 문자를 제외한 3가지이므로 4개의 문자 중에서 서로 다른 2개를 택하여 일렬로 나열하는 경우의 수는

$$4 \times 3 = 12$$

이다. 수형도를 이용하여 서로 다른 두 문자를 택하여 일렬로 나열하는 경우를 모두 구해 보면 12가지가 있음을 확인할 수 있다.

이와 같이 서로 다른 n개에서 $r\,(0 < r \le n)$개를 택하여 일렬로 나열하는 것을 n개에서 r개를 택하는 **순열**이라 하고, 이 순열의 수를 기호로 $_n\mathrm{P}_r$와 같이 나타낸다. 위의 예를 순열의 수로 나타내면 $_4\mathrm{P}_2$이다.

example 5명의 학생 중 3명을 뽑아 일렬로 세우는 경우의 수를 구하면
첫 번째 자리에 설 수 있는 학생은 5명,
두 번째 자리에 설 수 있는 학생은 첫 번째 자리에 선 학생을 제외한 4명,
세 번째 자리에 설 수 있는 학생은 첫 번째, 두 번째 자리에 선 학생을 제외한 3명이다.
따라서 구하는 경우의 수는 곱의 법칙에 의하여
$$5 \times 4 \times 3 = 60$$
이고 $_5\mathrm{P}_3$과 같이 나타낸다.

2 순열의 수(1)

서로 다른 n개에서 r개를 택하는 순열의 수는
$${}_n\mathrm{P}_r = n(n-1)(n-2) \times \cdots \times (n-r+1) \ (\text{단},\ 0 < r \leq n)$$

순열의 수 ${}_n\mathrm{P}_r$를 구하는 방법을 알아보자.

서로 다른 n개에서 $r\,(0 < r \leq n)$개를 택하여 일렬로 나열할 때

첫 번째 자리에 올 수 있는 것은 n가지,

두 번째 자리에 올 수 있는 것은 첫 번째 자리에 놓인 것을 제외한 $(n-1)$가지,

세 번째 자리에 올 수 있는 것은 앞의 두 자리에 놓인 것을 제외한 $(n-2)$가지

이다. 이와 같이 차례대로 생각하면

r번째 자리에 올 수 있는 것은 $n-(r-1)$, 즉 $(n-r+1)$가지

이다.

첫 번째	두 번째	세 번째	$\cdots$	r번째
n가지	$(n-1)$가지	$(n-2)$가지		$(n-r+1)$가지

따라서 곱의 법칙에 의하여 서로 다른 n개에서 r개를 택하는 순열의 수 ${}_n\mathrm{P}_r$는 다음과 같다.

$$\underbrace{{}_n\mathrm{P}_r = n(n-1)(n-2) \times \cdots \times (n-r+1)}_{r\text{개}} \ (\text{단},\ 0 < r \leq n) \quad \leftarrow n\text{부터 시작하여 1씩 작아지는}$$
$$\text{자연수 } r\text{개의 곱}$$

example

(1) ${}_5\mathrm{P}_4 = 5 \times 4 \times 3 \times 2 = 120$　　← 5부터 시작하여 하나씩 작아지는 4개의 수를 곱한다.

(2) ${}_7\mathrm{P}_3 = 7 \times 6 \times 5 = 210$

(3) ${}_8\mathrm{P}_1 = 8$

(4) ${}_6\mathrm{P}_6 = 6 \times 5 \times 4 \times 3 \times 2 \times 1 = 720$

example

(1) 6명의 계주 선수 중 4명을 뽑아 달리는 순서를 정하는 경우의 수는

$${}_6\mathrm{P}_4 = 6 \times 5 \times 4 \times 3 = 360$$

(2) 7명의 학생 중 회장, 부회장을 한 명씩 뽑는 경우의 수를 구하면

7명의 학생 중 2명을 뽑아 일렬로 세운 후 앞에 있는 학생을 회장, 뒤에 있는 학생을
부회장으로 정하면 된다.　　← 즉, 순열의 수와 같다.

따라서 구하는 경우의 수는

$${}_7\mathrm{P}_2 = 7 \times 6 = 42$$

(3) 5명의 배우 중 배역 A, B, C를 정하는 경우의 수를 구하면

5명의 배우 중 3명을 뽑아 일렬로 세운 후

첫 번째 서 있는 배우를 배역 A, 두 번째 서 있는 배우를 배역 B, 세 번째 서 있는 배
우를 배역 C로 정하면 된다.

따라서 구하는 경우의 수는

$${}_5\mathrm{P}_3 = 5 \times 4 \times 3 = 60$$

(1) n의 계승: 1부터 n까지의 자연수를 차례대로 곱한 것을 n의 계승이라 하고, 기호로 $n!$과 같이 나타낸다. 즉,

$$n!=n(n-1)(n-2)\times\cdots\times3\times2\times1$$

(2) $n!$을 이용한 순열의 수

① $_n\mathrm{P}_n=n!$, $0!=1$, $_n\mathrm{P}_0=1$

② $_n\mathrm{P}_r=\dfrac{n!}{(n-r)!}$ (단, $0\leq r\leq n$)

참고 $n!$은 'n의 계승' 또는 'n Factorial(팩토리얼)'이라 읽는다.

서로 다른 n개에서 n개 모두를 택하는 순열의 수는 다음과 같다. ← $_n\mathrm{P}_r$에서 $r=n$일 때의 순열의 수

$$_n\mathrm{P}_n=n(n-1)(n-2)\times\cdots\times3\times2\times1$$

이때 1부터 n까지의 자연수를 차례대로 곱하는 것을 n의 **계승**이라 하고 기호로 $\boldsymbol{n!}$과 같이 나타낸다. 즉,

$$n!=n(n-1)(n-2)\times\cdots\times3\times2\times1$$

이므로 $_n\mathrm{P}_n=n!$이 성립한다.

한편, $0<r<n$일 때 $_n\mathrm{P}_r$는 계승을 사용하여 다음과 같이 나타낼 수 있다.

$$_n\mathrm{P}_r=n(n-1)(n-2)\times\cdots\times(n-r+1)$$
$$=\frac{n(n-1)(n-2)\times\cdots\times(n-r+1)(n-r)(n-r-1)\times\cdots\times3\times2\times1}{(n-r)(n-r-1)\times\cdots\times3\times2\times1}$$

분모와 분자에 각각 $(n-r)(n-r-1)\times\cdots\times3\times2\times1$을 곱한다.

위의 식의 우변의 분자는 1부터 n까지의 자연수를 차례대로 곱한 것이므로 $n!$이고 분모는 1부터 $(n-r)$까지의 자연수를 차례대로 곱한 것이므로 $(n-r)!$이다.

따라서 $_n\mathrm{P}_r$를 계승을 이용하여 나타내면 다음과 같다.

$$_n\mathrm{P}_r=\frac{n!}{(n-r)!} \qquad \cdots\cdots\ \text{㉠}$$

이때 $_n\mathrm{P}_0=1$로 정하여 ㉠에 적용하면 $_n\mathrm{P}_0=\dfrac{n!}{n!}=1$이므로 $r=0$일 때도 ㉠이 성립한다.

또한 $0!=1$로 정하여 ㉠에 적용하면 $_n\mathrm{P}_n=\dfrac{n!}{(n-n)!}=\dfrac{n!}{0!}=n!$이므로 $r=n$일 때도 ㉠이 성립한다.

example

(1) $4!=4\times3\times2\times1=24$

(2) $_5\mathrm{P}_5=5!=5\times4\times3\times2\times1=120$

(3) $_6\mathrm{P}_2=\dfrac{6!}{(6-2)!}=\dfrac{6!}{4!}=\dfrac{6\times5\times4\times3\times2\times1}{4\times3\times2\times1}=30$

(4) $_7\mathrm{P}_0=1$

(5) $0!\times3!=1\times(3\times2\times1)=6$

특정한 조건이 있는 순열

(1) 이웃하는 순열의 수

❶ 이웃하는 것을 한 묶음으로 생각하여 일렬로 나열하는 경우의 수를 구한다.

❷ 이웃하는 것끼리 자리를 바꾸는 경우의 수를 구한다.

❸ ❶과 ❷의 결과를 곱한다.

(2) 이웃하지 않는 순열의 수

❶ 이웃해도 되는 것을 일렬로 나열하는 경우의 수를 구한다.

❷ ❶에서 나열한 것의 사이사이와 양 끝에 이웃하지 않아야 하는 것을 나열하는 경우의 수를 구한다.

❸ ❶과 ❷의 결과를 곱한다.

(3) '적어도 ~'의 조건이 있는 순열의 수: 전체 경우의 수에서 '하나도 ~가 아닌' 경우의 수를 뺀다.

앞에서 간단한 순열의 계산에 대하여 학습하였다. 지금부터 특정한 조건이 있는 경우의 순열에 대하여 알아보자.

⑴ 이웃하는 순열의 수

남학생 3명과 여학생 2명을 일렬로 세울 때, 여학생이 이웃하도록 세우는 경우의 수는 다음과 같은 순서로 구한다.

❶ 여학생이 이웃해야 하므로 여학생 2명을 한 묶음으로 생각하면 총 4묶음이다.

4묶음을 일렬로 세우는 경우의 수는 $_4P_4 = 4!$

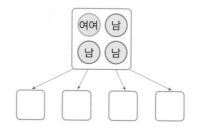

❷ 이웃한 여학생 2명도 묶음 안에서 순서를 정해야 한다.

이때의 경우의 수는 $_2P_2 = 2!$ ← 묶음 안에서 일렬로 세우는 경우의 수

❸ ❶과 ❷의 결과를 곱하면 구하는 경우의 수는

$$4! \times 2! = 24 \times 2 = 48$$

이다.

이와 같이 이웃하는 순열의 수는 이웃하는 것을 한 묶음으로 생각하여 일렬로 나열하는 경우의 수가 m, 이웃하는 것끼리 자리를 바꾸는 경우의 수가 n일 때,

$$(\text{이웃하는 순열의 수}) = m \times n$$

이다.

example 선생님 3명, 학생 3명이 일렬로 서서 사진을 찍으려고 할 때, 학생끼리 이웃하도록 세우는 경우의 수를 구하면

학생 3명을 한 묶음으로 생각하여 4묶음을 일렬로 세우는 경우의 수는 4!

그 각각의 경우에 대하여 학생 3명이 서로 자리를 바꾸는 경우의 수는 3!

따라서 구하는 경우의 수는

$4! \times 3! = 24 \times 6 = 144$

(2) 이웃하지 않는 순열의 수

남학생 3명과 여학생 2명을 일렬로 세울 때, 여학생끼리 이웃하지 않도록 세우는 경우의 수는 다음과 같은 순서로 구한다.

❶ 이웃해도 되는 남학생 3명을 일렬로 세운다.

　남학생 3명을 일렬로 세우는 경우의 수는 $_3P_3 = 3!$

❷ 여학생끼리는 이웃하면 안되므로 남학생의 사이사이와 양 끝의 4개의 자리 중 2개의 자리에 각각 한 명씩 있어야 한다.　← 4개의 자리 중 2개의 자리를 뽑아 일렬로 나열하는 경우의 수와 같다.

　이때의 경우의 수는 $_4P_2$

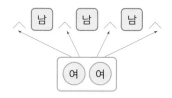

❸ ❶과 ❷의 결과를 곱하면 구하는 경우의 수는

　　　$3! \times _4P_2 = 6 \times 12 = 72$

　이다.

이와 같이 이웃하지 않는 순열의 수는 이웃해도 되는 것을 일렬로 나열하는 경우의 수가 m, 그 사이사이와 양 끝에 이웃하지 않아야 하는 것을 나열하는 경우의 수가 n일 때,

　　　(이웃하지 않는 순열의 수)$= m \times n$

이다.

example 서로 다른 수학책 3권, 영어책 3권을 책꽂이에 일렬로 꽂을 때, 수학책끼리 이웃하지 않도록 꽂는 경우의 수를 구하면

이웃해도 되는 영어책 3권을 일렬로 꽂는 경우의 수는 3!

영어책 사이사이와 양 끝의 4개의 자리 중 3개의 자리에 수학책 3권을 꽂는 경우의 수는 $_4P_3$

따라서 구하는 경우의 수는

$3! \times _4P_3 = 6 \times 24 = 144$

(3) '적어도 ~'의 조건이 있는 순열의 수

남학생 3명과 여학생 2명 중 2명을 뽑아 일렬로 세울 때, 적어도 한 명은 여학생인 경우의 수를 생각해 보자.

적어도 한 명이 여학생인 경우는 '뽑힌 2명 중 한 명만 여학생인 경우'이거나 '뽑힌 2명 모두 여학생인 경우'이다.

적어도 한 명은 여학생인 경우

따라서

(적어도 한 명은 여학생인 경우의 수)

=(전체 경우의 수)−(3명의 남학생 중 2명을 뽑아 일렬로 세우는 경우의 수)

임을 이용하여 다음과 같이 구한다.

5명의 학생 중 2명을 뽑아 일렬로 세우는 경우의 수는 $_5\mathrm{P}_2$이고, 3명의 남학생 중 2명을 뽑아 일렬로 세우는 경우의 수는 $_3\mathrm{P}_2$이므로 구하는 경우의 수는

$$_5\mathrm{P}_2 - {_3\mathrm{P}_2} = 20 - 6 = 14$$

이다.

이와 같이 '적어도 ~인 경우'의 사건은 '~인 경우'가 하나 이상만 있어도 되므로 경우의 수를 구할 때는 전체 경우의 수에서 '하나도 ~가 아닌' 경우의 수를 뺀다.

example 5개의 숫자 1, 2, 3, 4, 5를 일렬로 나열할 때, 적어도 한쪽 끝에 홀수가 오는 경우의 수를 구하면 ← (전체 경우의 수)−(양쪽 끝에 모두 짝수가 오는 경우의 수)와 같다.

전체 경우의 수는 5!

양 끝에 짝수 2, 4를 나열하는 경우의 수는 2!이고 가운데 3개 자리에 나머지 3개의 숫자를 일렬로 나열하는 경우의 수는 3!이므로

양 끝에 짝수가 오도록 5개의 숫자를 일렬로 나열하는 경우의 수는 2!×3!

따라서 구하는 경우의 수는

5!−(2!×3!)=120−12=108

참고 '적어도 ~인'의 조건이 있는 경우 직접 '~인' 경우의 수를 구하는 것과 전체 경우의 수에서 '하나도 ~가 아닌' 경우의 수를 빼서 구하는 것 중 어느 것이 간단한지 판단하는 것이 중요하다.

개념 CHECK
01. 순열

01 다음 값을 구하시오.

(1) $_5P_3$

(2) $_7P_1$

(3) $_8P_0$

(4) $6!$

02 다음 등식을 만족시키는 자연수 n 또는 r의 값을 구하시오.

(1) $_nP_2=56$

(2) $_6P_r=120$

03 다음을 구하시오.

(1) 4명의 학생을 일렬로 세우는 경우의 수

(2) 1, 2, 3, 4, 5, 6이 각각 하나씩 적힌 6장의 카드 중 4장을 뽑아 만들 수 있는 네 자리의 자연수

04 A, B, C, D 4명의 학생을 일렬로 세울 때, 다음을 구하시오.

(1) A와 B가 이웃하도록 세우는 경우의 수

(2) A와 B가 이웃하지 않도록 세우는 경우의 수

대표 예제 | 01

$_nP_r$의 계산

다음 등식을 만족시키는 자연수 n 또는 r의 값을 구하시오.

(1) $_nP_2 = 4n$

(2) $_5P_r \times 6! = 14400$

(3) $_nP_5 = 42 \times _nP_3$

(4) $5 \times _4P_r = 2 \times _5P_r$

바로 접근

$_nP_r = n(n-1)(n-2)\cdots(n-r+1)$ (단, $0<r\le n$) 또는 $_nP_r = \dfrac{n!}{(n-r)!}$ (단, $0\le r\le n$)을 이용하여 주어진 식을 n 또는 r에 대한 식으로 나타낸다.

바른 풀이

(1) $_nP_2 = 4n$에서 $n(n-1) = 4n$

$n \ge 2$이므로 양변을 n으로 나누면

$n-1 = 4$ $\therefore n=5$

(2) $_5P_r \times 6! = 14400$에서 $_5P_r \times 720 = 14400$

$\therefore _5P_r = 20$

즉, $_5P_r$는 5부터 1씩 줄여가며 r개를 곱한 것이고

$20 = 5 \times 4$이므로 $r=2$

(3) $_nP_5 = 42 \times _nP_3$에서

$n(n-1)(n-2)(n-3)(n-4) = 42n(n-1)(n-2)$

$n \ge 5$이므로 양변을 $n(n-1)(n-2)$로 나누면

$(n-3)(n-4) = 42$ ← $(n-3)(n-4)=7\times6$ $\therefore n=10$

$n^2 - 7n - 30 = 0$, $(n+3)(n-10) = 0$

$\therefore n=10$

(4) $5 \times _4P_r = 2 \times _5P_r$에서 $5 \times \dfrac{4!}{(4-r)!} = 2 \times \dfrac{5!}{(5-r)!}$

$\dfrac{5!}{(4-r)!} = 2 \times \dfrac{5!}{(5-r)!}$, $\dfrac{(5-r)!}{(4-r)!} = 2$

$\dfrac{(5-r) \times (4-r)!}{(4-r)!} = 2$, $5-r = 2$ $\therefore r=3$

정답 (1) 5 (2) 2 (3) 10 (4) 3

Bible Says

$_nP_r$

→ 서로 다른 n개에서 $r(0<r\le n)$개를 택하는 순열의 수

→ n부터 1씩 작아지는 r개의 자연수의 곱

404 Ⅲ. 경우의 수

한 번 더하기

01-1

다음 등식을 만족시키는 자연수 n 또는 r의 값을 구하시오.

(1) $_n\mathrm{P}_2 = 72$

(2) $_6\mathrm{P}_r \times 3! = 2160$

(3) $_n\mathrm{P}_4 = 30 \times {_n\mathrm{P}_2}$

(4) $_n\mathrm{P}_3 + 3 \times {_n\mathrm{P}_2} = 120$

표현 더하기

01-2

$_n\mathrm{P}_3 : {_{n+1}\mathrm{P}_2} = 6 : 5$를 만족시키는 자연수 n의 값을 구하시오.

표현 더하기

01-3

방정식 $_n\mathrm{P}_4 - 4({_n\mathrm{P}_3} - {_n\mathrm{P}_2}) = 0$을 만족시키는 자연수 n의 값을 구하시오.

표현 더하기

01-4

$1 \le r < n$일 때, 등식 $_n\mathrm{P}_r = {_{n-1}\mathrm{P}_r} + r \times {_{n-1}\mathrm{P}_{r-1}}$이 성립함을 증명하시오.

대표 예제 | 02

다음을 구하시오.

(1) 7명의 학생을 일렬로 세우는 경우의 수

(2) 7명의 학생 중 3명을 뽑아 일렬로 세우는 경우의 수

(3) 7명의 학생 중 대표 1명, 부대표 1명을 뽑는 경우의 수

(4) 1번부터 7번까지의 7명의 학생 중 회장, 부회장, 총무를 각각 1명씩 뽑을 때, 1번이 총무를 하는 경우의 수

바로 접근

서로 다른 n개에서 r개를 택하는 순열의 수

➡ $_nP_r$ (단, $0 < r \le n$)

바른 풀이

(1) 7명의 학생을 일렬로 세우는 경우의 수는

서로 다른 7개에서 7개를 택하는 순열의 수와 같으므로

$_7P_7 = 7! = 5040$

(2) 7명의 학생 중 3명을 뽑아 일렬로 세우는 경우의 수는

서로 다른 7개에서 3개를 택하는 순열의 수와 같으므로

$_7P_3 = 7 \times 6 \times 5 = 210$

(3) 7명의 학생 중 대표 1명, 부대표 1명을 뽑는 경우의 수는

서로 다른 7개에서 2개를 택하는 순열의 수와 같으므로

$_7P_2 = 7 \times 6 = 42$

(4) 1번이 총무를 하는 것은 정해진 것이므로 1가지

1번을 제외한 6명 중 회장 1명, 부회장 1명을 뽑는 경우의 수는

서로 다른 6개에서 2개를 택하는 순열의 수와 같으므로

$_6P_2 = 6 \times 5 = 30$

따라서 구하는 경우의 수는

$1 \times 30 = 30$

정답 (1) 5040 (2) 210 (3) 42 (4) 30

Bible Says

일렬로 세우는 경우의 수뿐만 아니라 순서를 생각하여 뽑는 경우, 자격이 다른 대표를 뽑는 경우의 수를 구할 때에도 순열을 이용한다.

02-1

다음을 구하시오.

(1) 5명의 학생을 일렬로 세우는 경우의 수

(2) 5명의 학생 중 3명을 뽑아 일렬로 세우는 경우의 수

(3) 5명의 학생 중 회장 1명, 부회장 1명을 뽑는 경우의 수

02-2

다음을 구하시오.

(1) 서로 다른 책 6권을 책꽂이에 일렬로 꽂는 경우의 수

(2) 서로 다른 책 6권 중에서 4권을 뽑아 책꽂이에 일렬로 꽂는 경우의 수

02-3

n명의 회원이 있는 동아리에서 회장 1명, 총무 1명을 뽑는 경우의 수가 90일 때, 자연수 n의 값을 구하시오.

02-4

서로 다른 8개의 컵 중 r개를 뽑아 일렬로 나열하는 경우의 수가 336일 때, r의 값을 구하시오.

대표 예제 | 03

남학생 4명, 여학생 3명을 일렬로 세울 때, 다음을 구하시오.

(1) 여학생 3명이 이웃하도록 세우는 경우의 수

(2) 여학생끼리 이웃하지 않도록 세우는 경우의 수

(3) 남학생과 여학생이 교대로 서는 경우의 수

Ba로 접근

(1) 이웃하는 순열의 수

  ➡ (이웃해야 하는 것을 한 묶음으로 생각한 순열의 수)×(묶음 안에서의 순열의 수)

(2) 이웃하지 않는 순열의 수

  ➡ (이웃해도 되는 것들의 순열의 수)×(그 사이사이와 양 끝에 이웃하지 않아야 할 것들의 순열의 수)

(3) 교대로 배열하는 순열의 수

  ➡ 두 개의 대상 중 하나를 먼저 일렬로 나열하고 그 사이사이와 양 끝에 나머지 대상들을 일렬로 나열한다.

Ba른 풀이

(1) 여학생 3명을 한 사람으로 생각하여 5명을 일렬로 세우는 경우의 수는 $5! = 120$

그 각각에 대하여 여학생 3명이 자리를 바꾸는 경우의 수는 $3! = 6$

따라서 구하는 경우의 수는 $120 \times 6 = 720$

(2) 남학생 4명을 일렬로 세우는 경우의 수는 $4! = 24$

남학생 사이사이와 양 끝의 5개의 자리 중 3개의 자리에 여학생 3명을 각각 세우는 경우의 수는 $_5P_3 = 5 \times 4 \times 3 = 60$

따라서 구하는 경우의 수는 $24 \times 60 = 1440$

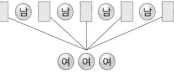

(3) 여학생 3명을 일렬로 세우는 경우의 수는 $3! = 6$

여학생 3명의 사이사이와 양 끝의 4개의 자리에 남자 4명을 일렬로 세우는 경우의 수는 $4! = 24$

따라서 구하는 경우의 수는 $6 \times 24 = 144$

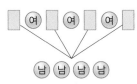

정답 (1) 720 (2) 1440 (3) 144

Bible Says

교대로 배열하는 순열의 수

① 두 개의 대상의 인원수가 같은 경우, 즉 두 집단의 크기가 각각 n일 때: $2 \times n! \times n!$

② 두 개의 대상의 인원수가 다른 경우, 즉 두 집단의 크기가 각각 n, $n-1$일 때: $n! \times (n-1)!$

한번 더하기

03-1 6개의 문자 a, b, c, d, e, f를 일렬로 나열할 때, 다음을 구하시오.

(1) 모음끼리 이웃하도록 나열하는 경우의 수

(2) 모음끼리 이웃하지 않도록 나열하는 경우의 수

(3) 모음은 모음끼리, 자음은 자음끼리 이웃하도록 나열하는 경우의 수

표현 더하기

03-2 남학생 3명, 여학생 3명을 일렬로 세울 때, 남학생과 여학생이 교대로 서는 경우의 수를 구하시오.

표현 더하기

03-3 A, B, C, D, E, F 6명을 일렬로 세울 때, A와 B는 이웃하고 E와 F는 이웃하지 않게 세우는 경우의 수를 구하시오.

실력 더하기

03-4 어느 마트에서 서로 다른 빵 n개와 우유 3개를 일렬로 진열하려고 한다. 우유끼리 이웃하게 진열하는 경우의 수가 720일 때, n의 값을 구하시오.

대표 예제 | 04

violet에 있는 6개의 문자를 일렬로 나열할 때, 다음을 구하시오.

(1) 양 끝에 i와 v가 오는 경우의 수

(2) o와 t 사이에 2개의 문자가 들어 있는 경우의 수

(3) 적어도 한 쪽 끝에 모음이 오는 경우의 수

바로 접근

(1) 특정한 자리에 대한 조건이 있는 경우

➡ (특정한 자리에 나열하는 경우의 수)×(나머지를 나열하는 경우의 수)

(2) 특정한 A, B 사이에 일부가 들어가는 조건이 있는 경우

➡ (A, B 사이에 일부를 넣어 한 묶음으로 만드는 경우의 수)×(묶음과 나머지를 나열하는 경우의 수)

(3) 적어도 하나가 ~인 경우

➡ (전체 경우의 수)−(모두 ~가 아닌 경우의 수)

바른 풀이

(1) 양 끝에 i와 v를 나열하는 경우의 수는 $2!=2$

i와 v를 제외한 4개의 문자를 일렬로 나열하는 경우의 수는 $4!=24$

따라서 구하는 경우의 수는

$2\times24=48$

(2) o와 t 사이에 나머지 4개의 문자 중 2개를 택하여 나열하는 경우의 수는 $_4P_2=4\times3=12$

'o□□t'를 한 묶음으로 생각하여 3개의 문자를 일렬로 나열하는 경우의 수는 $3!=6$

이때 o와 t가 자리를 바꾸는 경우의 수는 $2!=2$

따라서 구하는 경우의 수는

$12\times2\times6=144$

(3) 전체 경우의 수에서 양 끝에 자음이 오는 경우의 수를 빼면 된다.

6개의 문자를 일렬로 나열하는 경우의 수는 $6!=720$

이때 양 끝에 자음인 v, l, t의 3개의 문자 중 2개를 택하여 나열하는 경우의 수는 $_3P_2=3\times2=6$이

고 가운데에 나머지 4개의 문자를 일렬로 나열하는 경우의 수는 $4!=24$이므로

양 끝에 자음이 오는 경우의 수는 $6\times24=144$

따라서 구하는 경우의 수는

$720-144=576$

정답 (1) 48 (2) 144 (3) 576

Bible Says

순열의 수를 구할 때 특정한 조건이 주어지면

❶ 특정 조건에 맞게 먼저 나열하는 경우의 수를 구한다.

❷ 남은 것을 나열하는 경우의 수를 구한다.

한번 더하기

04-1

section에 있는 7개의 문자를 일렬로 나열할 때, 다음을 구하시오.

(1) i가 맨 앞에, e가 맨 뒤에 오는 경우의 수

(2) s와 n 사이에 3개의 문자가 들어 있는 경우의 수

(3) 적어도 한 쪽 끝에 모음이 오는 경우의 수

한번 더하기

04-2

남학생 4명과 여학생 2명을 일렬로 세울 때, 다음을 구하시오.

(1) 양 끝에 남학생이 오도록 세우는 경우의 수

(2) 여학생 사이에 남학생 1명이 오도록 세우는 경우의 수

11

표현 더하기

04-3

danger의 6개의 문자를 일렬로 나열할 때, 모음이 짝수 번째에 오도록 나열하는 경우의 수를 구하시오.

표현 더하기

04-4

선생님 4명과 학생 3명을 일렬로 세울 때, 적어도 2명의 학생이 이웃하도록 세우는 경우의 수를 구하시오.

대표 예제 | 05

7개의 숫자 0, 1, 2, 3, 4, 5, 6에서 서로 다른 4개의 숫자를 택하여 네 자리 자연수를 만들 때, 다음을 구하시오.

(1) 네 자리 자연수의 개수   (2) 짝수의 개수

바로 접근

(1) 각 자리에 올 수 있는 숫자의 개수를 구해 모두 곱한다. 이때 맨 앞자리에는 0이 올 수 없음에 주의한다.

(2) 일의 자리의 숫자가 0, 2, 4, 6인 경우로 나누어서 각 자리에 올 수 있는 숫자의 개수를 구한다.

바른 풀이

(1) 천의 자리에는 0이 올 수 없으므로 천의 자리에 올 수 있는 숫자는 1, 2, 3, 4, 5, 6의 6가지이다.

이 각각에 대하여 백의 자리, 십의 자리, 일의 자리에는 천의 자리에 온 숫자를 제외한 6개의 숫자 중 3개를 택하여 나열하면 되므로

$$_6P_3 = 6 \times 5 \times 4 = 120$$

따라서 구하는 네 자리 자연수의 개수는

$$6 \times 120 = 720$$

(2) 짝수이려면 일의 자리의 숫자가 0 또는 2 또는 4 또는 6이어야 한다.

(i) □□□0 꼴인 경우

천의 자리, 백의 자리, 십의 자리에는 1, 2, 3, 4, 5, 6의 6개의 숫자 중 3개를 택하여 나열하면 되므로 $_6P_3 = 6 \times 5 \times 4 = 120$

(ii) □□□2, □□□4, □□□6 꼴인 경우

천의 자리에 올 수 있는 숫자는 0과 일의 자리에 온 숫자를 제외한 5개이고, 백의 자리, 십의 자리에는 천의 자리와 일의 자리에 온 숫자를 제외한 5개의 숫자 중 2개를 택하여 나열하면 되므로

$$3 \times (5 \times {}_5P_2) = 3 \times (5 \times 5 \times 4) = 300$$

(i), (ii)에서 구하는 짝수의 개수는

$$120 + 300 = 420$$

정답 (1) 720 (2) 420

Bible Says

배수의 판정

① 2의 배수(짝수): 일의 자리의 숫자가 0 또는 2의 배수(짝수)인 수

② 3의 배수: 각 자리의 숫자의 합이 3의 배수인 수

③ 4의 배수: 끝의 두 자리의 수가 00이거나 4의 배수인 수

④ 5의 배수: 일의 자리의 숫자가 0 또는 5인 수

⑤ 9의 배수: 각 자리의 숫자의 합이 9의 배수인 수

한번 더하기

05-1

6개의 숫자 0, 1, 2, 3, 4, 5에서 서로 다른 3개의 숫자를 택하여 세 자리 자연수를 만들 때, 다음을 구하시오.

(1) 세 자리 자연수의 개수   (2) 홀수의 개수

표현 더하기

05-2

7개의 숫자 1, 2, 3, 4, 5, 6, 7에서 서로 다른 4개의 숫자를 택하여 네 자리 자연수를 만들 때, 천의 자리 숫자와 일의 자리 숫자가 홀수인 자연수의 개수를 구하시오.

표현 더하기

05-3

7개의 숫자 0, 1, 2, 3, 4, 5, 6에서 서로 다른 3개의 숫자를 택하여 세 자리 자연수를 만들 때, 5의 배수의 개수를 구하시오.

실력 더하기

05-4

2000보다 크고 5000보다 작은 짝수 중에서 각 자리의 숫자가 모두 다른 자연수의 개수를 구하시오.

대표 예제 | 06

5개의 숫자 1, 2, 3, 4, 5를 한 번씩만 사용하여 만든 다섯 자리 자연수를 12345, 12354, 12435, …, 54321과 같이 작은 수부터 크기 순서로 차례대로 나열할 때, 다음 물음에 답하시오.

(1) 34215는 몇 번째에 오는지 구하시오.

(2) 92번째에 오는 수를 구하시오.

바로 접근

(1) 34215보다 작은 수의 개수를 구한다.

(2) 1□□□□ 꼴인 수의 개수, 2□□□□ 꼴인 수의 개수, 3□□□□ 꼴인 수의 개수, 41□□□ 꼴인 수의 개수, …를 각각 구해 보고, 그 개수의 합이 92가 되도록 하는 수를 찾는다.

바른 풀이

(1) 1□□□□ 꼴인 수의 개수는 $4!=24$

2□□□□ 꼴인 수의 개수는 $4!=24$

31□□□ 꼴인 수의 개수는 $3!=6$

32□□□ 꼴인 수의 개수는 $3!=6$

341□□ 꼴인 수의 개수는 $2!=2$

이때 34215는 342□□ 꼴에서 맨 앞에 있는 수이므로

$24+24+6+6+2+1=63$(번째)

(2) 1□□□□ 꼴인 수의 개수는 $4!=24$

2□□□□ 꼴인 수의 개수는 $4!=24$

3□□□□ 꼴인 수의 개수는 $4!=24$

41□□□ 꼴인 수의 개수는 $3!=6$

42□□□ 꼴인 수의 개수는 $3!=6$

43□□□ 꼴인 수의 개수는 $3!=6$

이때 $24+24+24+6+6+6=90$이므로

91번째에 오는 수는 45123, 92번째에 오는 수는 45132이다.

정답 (1) 63번째 (2) 45132

Bible Says

주어진 문자를 'ㄱ → ㄴ → ㄷ → …' 또는 '$a → b → c → …$'의 순서로 나열하는 방법을 사전식 배열이라 한다. 마치 문자를 숫자처럼 생각하여 크기 순서대로 나열하는 것과 같은 원리이다.

예) 3개의 문자 a, b, c를 한 번씩만 사용하여 사전식으로 나열하면

$abc → acb → bac → bca → cab → cba$

한번 더하기

06-1

5개의 문자 a, b, c, d, e를 한 번씩만 사용하여 사전식으로 $abcde$에서 $edcba$까지 나열할 때, 다음 물음에 답하시오.

⑴ $cbdea$는 몇 번째에 오는지 구하시오.

⑵ 74번째에 오는 문자열을 구하시오.

한번 더하기

06-2

5개의 숫자 0, 1, 2, 3, 4를 한 번씩만 사용하여 만든 다섯 자리 자연수를 작은 수부터 크기 순서로 차례대로 나열할 때, 63번째 오는 수를 구하시오.

표현 더하기

06-3

6개의 문자 ㄱ, ㄴ, ㄷ, ㄹ, ㅁ, ㅂ을 한 번씩만 사용하여 사전식으로 ㄱㄴㄷㄹㅁㅂ부터 ㅂㅁㄹㄷㄴㄱ까지 나열할 때, ㄹㄱㅂㅁㄷㄴ은 몇 번째에 오는 문자열인지 구하시오.

실력 더하기

06-4

A, B, C, D, E, F의 6개의 문자를 한 번씩만 사용하여 사전식으로 나열할 때, BDACEF와 DEABFC 사이에 있는 문자열의 개수를 구하시오.

02 조합

1 조합

서로 다른 n개에서 순서를 생각하지 않고 $r\,(0 < r \leq n)$개를 택하는 것을 n개에서 r개를 택하는 조합이라 하고, 이 조합의 수를 기호로 $_n\mathrm{C}_r$와 같이 나타낸다.

$_n\mathrm{C}_r$ 서로 다른 것의 개수 ⌐ ⌐ 택하는 것의 개수

참고 $_n\mathrm{C}_r$의 C는 조합을 뜻하는 Combination의 첫 글자이다.

서로 다른 것에서 순서를 생각하지 않고 택하는 경우의 수에 대하여 알아보자.

예를 들어 세 개의 문자 a, b, c에서 순서를 생각하지 않고 두 개를 택하는 경우의 수를 구해 보자. a를 먼저 택하고 b를 택하는 경우와 b를 먼저 택하고 a를 택하는 경우는 모두 a와 b를 택하는 것으로 서로 같다. 따라서 세 개의 문자 a, b, c에서 순서를 생각하지 않고 두 개를 택하는 경우는

$$(a, b), \ (b, c), \ (a, c)$$

이므로 경우의 수는 3이다. 이때 괄호 (　)는 경우를 구분하기 위해 임의로 묶어 놓은 것이므로 순서쌍을 나타내는 기호가 아님에 주의하자.

이와 같이 서로 다른 n개에서 순서를 생각하지 않고 $r\,(0 < r \leq n)$개를 택하는 것을 n개에서 r개를 택하는 **조합**이라 하고, 이 조합의 수를 기호로 $_n\mathrm{C}_r$와 같이 나타낸다.
위의 예를 조합의 수로 나타내면 $_3\mathrm{C}_2$이다.

example
서로 다른 4개의 구슬 중 2개를 택하는 경우의 수는
오른쪽 그림과 같이 6이고
$_4\mathrm{C}_2$와 같이 나타낸다.

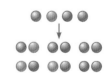

2 조합의 수

(1) 서로 다른 n개에서 r개를 택하는 조합의 수는

$$_n\mathrm{C}_r = \frac{_n\mathrm{P}_r}{r!} = \frac{n!}{r!(n-r)!} \ (\text{단, } 0 \leq r \leq n)$$

(2) $_n\mathrm{C}_0 = 1$, $_n\mathrm{C}_n = 1$

순열과 조합의 관계를 이용하여 조합의 수 $_n\text{C}_r$를 구하는 방법을 알아보자.

네 개의 문자 a, b, c, d 중 세 개를 택하는 조합은
$$(a, b, c),\ (a, b, d),\ (a, c, d),\ (b, c, d)$$
의 4가지이고, 그 각각에 대하여 다음과 같이 3!가지의 순열을 만들 수 있다.

조합		순열
(a, b, c)	일렬로 나열 $\longrightarrow$	$abc,\ acb,\ bac,\ bca,\ cab,\ cba$
(a, b, d)	일렬로 나열 $\longrightarrow$	$abd,\ adb,\ bad,\ bda,\ dab,\ dba$
(a, c, d)	일렬로 나열 $\longrightarrow$	$acd,\ adc,\ cad,\ cda,\ dac,\ dca$
(b, c, d)	일렬로 나열 $\longrightarrow$	$bcd,\ bdc,\ cbd,\ cdb,\ dbc,\ dcb$

이때 $_4\text{C}_3 \times 3!$은 4개의 문자에서 3개를 택하는 순열의 수 $_4\text{P}_3$과 같으므로
$$_4\text{C}_3 \times 3! = {}_4\text{P}_3$$
이다. 따라서 조합의 수 $_4\text{C}_3$은 다음과 같이 구할 수 있다.
$$_4\text{C}_3 = \frac{_4\text{P}_3}{3!} = \frac{4 \times 3 \times 2}{3 \times 2 \times 1} = 4 \quad \leftarrow \text{직접 구한 경우의 수와 일치함을 알 수 있다.}$$

일반적으로 서로 다른 n개에서 r $(0 < r \le n)$개를 택하는 조합의 수는 $_n\text{C}_r$이고, 그 각각에 대하여 r개를 일렬로 나열하는 경우의 수는 $r!$이다. 이때 $_n\text{C}_r \times r!$은 서로 다른 n개에서 r개를 택하는 순열의 수 $_n\text{P}_r$와 같으므로
$$_n\text{C}_r \times r! = {}_n\text{P}_r$$
이다. 따라서 조합의 수 $_n\text{C}_r$는 다음과 같이 나타낼 수 있다.
$$_n\text{C}_r = \frac{_n\text{P}_r}{r!} = \frac{n!}{r!(n-r)!} \quad \cdots\cdots \ \unicode{x1D17F}$$

이때 $0! = 1$, $_n\text{P}_0 = 1$이므로 $_n\text{C}_0 = 1$로 정하여 ㉠에 적용하면 ㉠은 $r = 0$일 때도 성립한다.
또한 $_n\text{C}_n = \dfrac{n!}{n!(n-n)!} = \dfrac{n!}{n! \times 0!} = 1$이다.

example

(1) $_7\text{C}_2 = \dfrac{_7\text{P}_2}{2!} = \dfrac{7 \times 6}{2 \times 1} = 21$

(2) $_6\text{C}_5 = \dfrac{_6\text{P}_5}{5!} = \dfrac{6 \times 5 \times 4 \times 3 \times 2}{5 \times 4 \times 3 \times 2 \times 1} = 6$

(3) $_8\text{C}_0 = 1$

(4) $_4\text{C}_4 = \dfrac{_4\text{P}_4}{4!} = \dfrac{4 \times 3 \times 2 \times 1}{4 \times 3 \times 2 \times 1} = 1$

example

(1) 서로 다른 8개의 모자 중 3개의 모자를 고르는 경우의 수는
$$_8\text{C}_3 = \frac{_8\text{P}_3}{3!} = \frac{8 \times 7 \times 6}{3 \times 2 \times 1} = 56$$

(2) 5명의 학생 중 대표 2명을 뽑는 경우의 수는
$$_5\text{C}_2 = \frac{_5\text{P}_2}{2!} = \frac{5 \times 4}{2 \times 1} = 10$$

3 **조합의 수의 성질**

(1) $_nC_r = {}_nC_{n-r}$ (단, $0 \le r \le n$)

➡ $_nC_r = {}_nC_s$이면 $s = r$ 또는 $s = n-r$이다.

(2) $_nC_r = {}_{n-1}C_{r-1} + {}_{n-1}C_r$ (단, $1 \le r < n$)

위의 (1), (2)의 등식이 성립함은 다음과 같이 확인할 수 있다.

(1) $_nC_r = {}_nC_{n-r}$

$$_nC_{n-r} = \frac{n!}{(n-r)!\{n-(n-r)\}!} = \frac{n!}{(n-r)!\,r!} = {}_nC_r$$

따라서 $_nC_r = {}_nC_{n-r}$이다.

실제로 $_nC_r$를 구할 때 $r > n-r$이면 $_nC_r$를 $_nC_{n-r}$로 바꾸면 계산이 간단해진다.

위의 식을 조합의 뜻을 이용하여 다시 한 번 확인해 보자.

n개에서 r개를 택하는 조합은 서로 다른 n개에서 순서를 생각하지 않고 r개를 택하는 것이다. 이를 반대로 생각하면 $_nC_r$는 서로 다른 n개 중 택하지 않을 $(n-r)$개를 정하는 경우의 수와 같다. 결국 서로 다른 n개에서 순서를 생각하지 않고 $(n-r)$개를 택하는 경우의 수와 동일하므로 $_nC_r = {}_nC_{n-r}$이 성립한다.

예를 들어 1부터 5까지의 자연수가 적힌 카드 5장이 들어 있는 상자에서 3장의 카드를 꺼내는 경우의 수는 $_5C_3 = \dfrac{5 \times 4 \times 3}{3 \times 2 \times 1} = 10$

이고, 2장의 카드를 상자에 남기는 경우의 수는 $_5C_2 = \dfrac{5 \times 4}{2 \times 1} = 10$이므로 두 경우의 수가 서로 같음을 확인할 수 있다.

> **example**
>
> $_{10}C_8 = {}_{10}C_r$를 만족시키는 r의 값은
>
> $_{10}C_8 = {}_{10}C_{10-8} = {}_{10}C_2$이므로 $r = 2$ 또는 $r = 8$

(2) $_nC_r = {}_{n-1}C_{r-1} + {}_{n-1}C_r$

$$_{n-1}C_{r-1} + {}_{n-1}C_r = \frac{(n-1)!}{(r-1)!\{(n-1)-(r-1)\}!} + \frac{(n-1)!}{r!\{(n-1)-r\}!}$$

$$= \frac{(n-1)!}{(r-1)!(n-r)!} + \frac{(n-1)!}{r!(n-r-1)!}$$

$$= \frac{r \times (n-1)!}{r!(n-r)!} + \frac{(n-r) \times (n-1)!}{r!(n-r)!}$$

$$= \frac{\{r+(n-r)\} \times (n-1)!}{r!(n-r)!} = \frac{n \times (n-1)!}{r!(n-r)!} = \frac{n!}{r!(n-r)!} = {}_nC_r$$

따라서 $_nC_r = {}_{n-1}C_{r-1} + {}_{n-1}C_r$이다.

위의 식을 조합의 뜻을 이용하여 다시 한 번 확인해 보자.

A를 포함한 서로 다른 n개에서 r개를 택하는 경우의 수, 즉 $_nC_r$는 다음과 같이 2가지 경우로 나누어 구할 수 있다.

(i) A를 택하는 경우

A를 제외한 $(n-1)$개 중 $(r-1)$개를 택하는 경우이므로 그 경우의 수는 $_{n-1}C_{r-1}$이다.

(ii) A를 택하지 않는 경우

A를 제외한 $(n-1)$개 중 r개를 택하는 경우이므로 그 경우의 수는 $_{n-1}C_r$이다.

(i), (ii)는 동시에 일어나지 않으므로 구하는 경우의 수는 $_{n-1}C_{r-1}+_{n-1}C_r$이다.

따라서 $_nC_r=_{n-1}C_{r-1}+_{n-1}C_r$이다.

예를 들어 1부터 5까지의 자연수가 적힌 카드 5장이 들어 있는 상자에서 3장을 꺼낼 때,

(i) 5를 꺼내는 경우

나머지 4장의 카드 중에서 2장을 꺼내는 경우이므로

이때의 경우의 수는 $_4C_2$

(ii) 5를 꺼내지 않는 경우

나머지 4장의 카드 중에서 3장을 꺼내는 경우이므로

이때의 경우의 수는 $_4C_3$

(i), (ii)는 동시에 일어나지 않으므로 구하는 경우의 수는

$$_4C_2+_4C_3=_4C_2+_4C_1=\frac{4\times3}{2\times1}+4=10$$

이때 $_5C_3=_5C_2=\frac{5\times4}{2\times1}=10$이므로 $_5C_3=_4C_2+_4C_3$임을 확인할 수 있다.

> **example** $_7C_3+_7C_4=_8C_r$를 만족시키는 r의 값은
>
> $r=4$

4 특정한 조건이 있는 조합

(1) 특정한 것을 포함하여 뽑는 조합의 수

➡ 서로 다른 n개에서 r개를 뽑을 때, 특정한 k개를 포함하여 뽑는 조합의 수는 $_{n-k}C_{r-k}$

(2) 특정한 것을 제외하고 뽑는 조합의 수

➡ 서로 다른 n개에서 r개를 뽑을 때, 특정한 k개를 제외하고 뽑는 조합의 수는 $_{n-k}C_r$

(3) '적어도 ~'의 조건이 있는 조합의 수

➡ 전체 경우의 수에서 '하나도 ~가 아닌' 경우의 수를 뺀다.

앞에서 간단한 조합의 계산에 대하여 학습하였다. 지금부터 특정한 조건이 있는 경우의 조합에 대하여 알아보자.

(1) 특정한 것을 포함하는 조합의 수

6개의 문자 A, B, C, D, E, F에서 3개의 문자를 뽑을 때, 모음을 모두 포함하여 뽑는 경우의 수를 생각해 보자.

모음 A, E를 모두 뽑는 경우이므로 A, E를 이미 뽑았다고 생각하고,
A, E를 제외한 나머지 4개의 문자 중 1개를 뽑는 경우의 수와 같다.

따라서 구하는 경우의 수는 $_4C_1=4$이다.

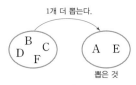

이와 같이 서로 다른 n개에서 r개를 뽑을 때, **특정한 k개를 포함하여 뽑는 조합의 수**는 $_{n-k}C_{r-k}$이다. ← $(n-k)$개에서 $(r-k)$개를 뽑는 경우의 수

> **example** A, B를 포함한 7명의 학생 중 3명을 뽑을 때, A, B를 포함하여 뽑는 경우의 수를 구하면
> A, B를 제외한 나머지 5명 중 1명을 뽑으면 되므로 $_5C_1=5$

(2) 특정한 것을 제외하고 뽑는 조합의 수

6개의 문자 A, B, C, D, E, F에서 3개의 문자를 뽑을 때, 모음을 모두 제외하여 뽑는 경우의 수를 생각해 보자.

모음 A, E가 모두 뽑히지 않는 경우이므로 A, E를 제외한 나머지 4개의 문자 중 3개를 뽑아야 한다. ← 처음부터 A, E가 없다고 생각하면 쉽다.

따라서 구하는 경우의 수는 $_4C_3=_4C_1=4$이다.

이와 같이 서로 다른 n개에서 r개를 뽑을 때, **특정한 k개를 제외하고 뽑는 조합의 수**는 $_{n-k}C_r$이다. ← $(n-k)$개에서 r개를 뽑는 경우의 수

> **example** A, B를 포함한 7명의 학생 중 3명을 뽑을 때, A, B를 모두 제외하고 뽑는 경우의 수를 구하면
> A, B를 제외한 나머지 5명 중 3명을 뽑으면 되므로 $_5C_3=_5C_2=\dfrac{5\times4}{2\times1}=10$

(3) '적어도 ~'의 조건이 있는 조합의 수

6개의 문자 A, B, C, D, E, F에서 3개의 문자를 뽑을 때, 적어도 하나의 모음이 포함되도록 뽑는 경우의 수를 생각해 보자.

6개의 문자에서 3개의 문자를 뽑는 전체 경우의 수에서 모음 A, E 중 어느 것도 포함되지 않는 경우의 수를 제외하면 된다.

전체 경우의 수는 $_6C_3=\dfrac{6\times5\times4}{3\times2\times1}=20$이고, 자음 4개 중 3개를 뽑는 경우의 수는 $_4C_3=_4C_1=4$

이므로 구하는 경우의 수는 $20-4=16$이다.

이와 같이 '적어도 ~인 경우'의 사건은 '~인 경우'가 하나 이상만 있어도 되므로 경우의 수를 구할 때는 전체 경우의 수에서 '하나도 ~가 아닌' 경우의 수를 뺀다.

example A, B를 포함한 7명의 학생 중에서 3명을 뽑을 때, A, B 중 적어도 1명을 포함하여 뽑는 경우의 수를 구하면 ← (전체 경우의 수)−(A, B가 모두 포함되지 않는 경우의 수)와 같다.

전체 경우의 수는 $_7C_3 = \dfrac{7 \times 6 \times 5}{3 \times 2 \times 1} = 35$

A, B를 제외한 5명 중 3명을 뽑는 경우의 수는 $_5C_3 = {}_5C_2 = \dfrac{5 \times 4}{2 \times 1} = 10$

따라서 구하는 경우의 수는 $35 - 10 = 25$

5 분할과 분배

(1) 서로 다른 n개를 p개, q개 $(p+q=n)$의 두 묶음으로 분할하는 경우의 수

① p, q가 다른 수이면 ➡ $_nC_p \times {}_qC_q$

② p, q가 같은 수이면 ➡ $_nC_p \times {}_qC_q \times \dfrac{1}{2!}$

(2) 서로 다른 n개를 p개, q개, r개 $(p+q+r=n)$의 세 묶음으로 분할하는 경우의 수

① p, q, r가 모두 다른 수이면 ➡ $_nC_p \times {}_{n-p}C_q \times {}_rC_r$

② p, q, r 중 어느 두 수가 같으면 ➡ $_nC_p \times {}_{n-p}C_q \times {}_rC_r \times \dfrac{1}{2!}$

③ p, q, r의 세 수가 모두 같으면 ➡ $_nC_p \times {}_{n-p}C_q \times {}_rC_r \times \dfrac{1}{3!}$

(3) n묶음으로 분할하여 n명에게 분배하는 경우의 수

➡ (n묶음으로 분할하는 경우의 수) $\times n!$

11

서로 다른 것을 몇 개의 묶음으로 나누는 것을 **분할**이라 하고, 분할된 묶음을 일렬로 나열하는 것을 **분배**라 한다.

4개의 구슬 A, B, C, D를 다음과 같이 두 묶음으로 나누어 2명에게 나누어 주는 경우의 수를 각각 구해 보자.
　　　　　　　　　　　　　　　　　　분할　　　　분배

(1) 1개, 3개의 두 묶음으로 나누어 2명에게 나누어 주는 경우
먼저 4개 중에서 1개를 뽑고, 나머지 3개 중에서 3개를 뽑으면 되므로

A / BCD	B / ACD
C / ABD	D / ABC

$　　　_4C_1 \times {}_3C_3$ ← 분할

두 묶음을 2명에게 나누어 주는 경우의 수는 $2!$이므로

구하는 경우의 수는 $_4C_1 \times {}_3C_3 \times 2! = 4 \times 2 = 8$ ← 분배

(2) 2개, 2개의 두 묶음으로 나누어 2명에게 나누어 주는 경우

먼저 4개 중 2개를 뽑고, 나머지 2개 중 2개를 뽑으면 되므로

$$_4C_2 \times _2C_2$$

이때 오른쪽 그림과 같이 중복되는 것이 2!가지씩 있으므로

$$_4C_2 \times _2C_2 \times \frac{1}{2!} \quad \leftarrow \text{분할}$$

이 두 묶음을 2명에게 나누어 주는 경우의 수는 2!이므로

구하는 경우의 수는 $_4C_2 \times _2C_2 \times \dfrac{1}{2!} \times 2!$ $\leftarrow$ 분배

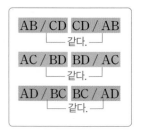

AB / CD CD / AB
└─── 같다. ───┘
AC / BD BD / AC
└─── 같다. ───┘
AD / BC BC / AD
└─── 같다. ───┘

이번에는 서로 다른 12개의 구슬을 다음과 같이 세 묶음으로 나누어 3명에게 나누어주는 경우의 수를 각각 구해 보자.

(1) 5개, 4개, 3개의 세 묶음으로 나누어 3명에게 나누어주는 경우

먼저 12개를 5개, 4개, 3개의 세 묶음으로 나누는 경우의 수는 $\leftarrow$ 분할

$$_{12}C_5 \times _7C_4 \times _3C_3$$

이 세 묶음을 3명에게 나누어 주는 경우의 수는 $\leftarrow$ 분배

$$_{12}C_5 \times _7C_4 \times _3C_3 \times 3! \quad \leftarrow \text{(세 묶음을 3명에게 나누어 주는 경우의 수)} = 3!$$

(2) 5개, 5개, 2개의 세 묶음으로 나누어 3명에게 나누어주는 경우

먼저 12개를 5개, 5개, 2개의 세 묶음으로 나누는 경우의 수는 $\leftarrow$ 분할

$$_{12}C_5 \times _7C_5 \times _2C_2 \times \frac{1}{2!} \quad \leftarrow \text{두 묶음의 개수가 같으므로 2!로 나눈다.}$$

이 세 묶음을 3명에게 나누어 주는 경우의 수는 $\leftarrow$ 분배

$$_{12}C_5 \times _7C_5 \times _2C_2 \times \frac{1}{2!} \times 3! \quad \leftarrow \text{(세 묶음을 3명에게 나누어 주는 경우의 수)} = 3!$$

(3) 4개, 4개, 4개의 세 묶음으로 나누어 3명에게 나누어주는 경우

먼저 12개를 4개, 4개, 4개의 세 묶음으로 나누는 경우의 수는 $\leftarrow$ 분할

$$_{12}C_4 \times _8C_4 \times _4C_4 \times \frac{1}{3!} \quad \leftarrow \text{세 묶음의 개수가 같으므로 3!로 나눈다.}$$

이 세 묶음을 3명에게 나누어 주는 경우의 수는 $\leftarrow$ 분배

$$_{12}C_4 \times _8C_4 \times _4C_4 \times \frac{1}{3!} \times 3! \quad \leftarrow \text{(세 묶음을 3명에게 나누어 주는 경우의 수)} = 3!$$

example 서로 다른 7송이의 꽃을 2송이, 2송이, 3송이의 세 묶음으로 나눈 후 3명에게 나누어 주는 경우의 수를 구하면

먼저 7개를 2송이, 2송이, 3송이의 세 묶음으로 나누는 경우의 수는

$$_7C_2 \times _5C_2 \times _3C_3 \times \frac{1}{2!} = 21 \times 10 \times 1 \times \frac{1}{2} = 105 \quad \leftarrow \text{두 묶음의 개수가 같으므로 2!로 나눈다.}$$

이 세 묶음을 3명에게 나누어 주는 경우의 수는

$$105 \times 3! = 105 \times 6 = 630$$

개념 CHECK

02. 조합

01 다음 값을 구하시오.

(1) $_7C_3$

(2) $_9C_7$

(3) $_5C_0$

(4) $_6C_6$

02 다음 등식을 만족시키는 자연수 n의 값을 구하시오.

(1) $_nC_3 = 10$

(2) $_nC_2 = {}_nC_1 + 9$

03 다음을 구하시오.

(1) 8종류의 색연필 중 4종류를 고르는 경우의 수
(2) 7개의 배구팀이 서로 한 번씩 경기를 할 때, 열리는 총 경기의 수

04 현재, 시은, 창주를 포함한 10명의 학생 중에서 청소 당번 4명을 뽑을 때, 다음을 구하시오.

(1) 현재, 시은, 창주를 모두 포함하여 뽑는 경우의 수
(2) 현재, 시은, 창주를 모두 포함하지 않고 뽑는 경우의 수
(3) 현재, 시은, 창주 중 적어도 한 명은 포함하여 뽑는 경우의 수

05 학생 6명을 2개의 조로 나눌 때, 다음을 구하시오.

(1) 2명, 4명으로 나누는 경우의 수
(2) 3명, 3명으로 나누어 서로 다른 두 버스에 태우는 경우의 수

대표 예제 | 07

다음 등식을 만족시키는 자연수 n의 값을 구하시오.

(1) $_nC_3 = 20$

(2) $_nC_4 = {}_nC_6$

(3) $_{n+3}C_2 = {}_nC_2 + {}_{n+1}C_2$

(4) $_nP_4 = 48 \times {}_{n-1}C_3$

바로 접근 $_nC_r = \dfrac{n(n-1)(n-2)\cdots(n-r+1)}{r!}$ 을 이용하여 주어진 식을 n에 대한 식으로 나타낸다.

바른 풀이

(1) $_nC_3 = 20$에서 $\dfrac{n(n-1)(n-2)}{3 \times 2 \times 1} = 20$

$n(n-1)(n-2) = 120 = 6 \times 5 \times 4$

$\therefore n = 6$

(2) $_nC_4 = {}_nC_6$에서

$\dfrac{n(n-1)(n-2)(n-3)}{4 \times 3 \times 2 \times 1} = \dfrac{n(n-1)(n-2)(n-3)(n-4)(n-5)}{6 \times 5 \times 4 \times 3 \times 2 \times 1}$

$n \geq 6$이므로 양변을 $\dfrac{n(n-1)(n-2)(n-3)}{4 \times 3 \times 2 \times 1}$으로 나누면

$1 = \dfrac{(n-4)(n-5)}{6 \times 5}$, $30 = (n-4)(n-5)$

$n^2 - 9n - 10 = 0$, $(n+1)(n-10) = 0$ $\therefore n = 10$

(3) $_{n+3}C_2 = {}_nC_2 + {}_{n+1}C_2$에서

$\dfrac{(n+3)(n+2)}{2 \times 1} = \dfrac{n(n-1)}{2 \times 1} + \dfrac{n(n+1)}{2 \times 1}$

$(n+3)(n+2) = n(n-1) + n(n+1)$, $n^2 + 5n + 6 = n^2 - n + n^2 + n$

$n^2 - 5n - 6 = 0$, $(n+1)(n-6) = 0$

$n \geq 2$이므로 $n = 6$

(4) $_nP_4 = 48 \times {}_{n-1}C_3$에서

$n(n-1)(n-2)(n-3) = 48 \times \dfrac{(n-1)(n-2)(n-3)}{3 \times 2 \times 1}$

$n \geq 4$이므로 양변을 $(n-1)(n-2)(n-3)$으로 나누면 $n = 8$

정답   (1) 6   (2) 10   (3) 6   (4) 8

Bible Says

$_nC_r$

➡ 서로 다른 n개에서 순서를 생각하지 않고 $r(0 < r \leq n)$개를 택하는 조합의 수

➡ $_nC_r = \dfrac{{}_nP_r}{r!} = \dfrac{n!}{r!(n-r)!}$

07-1 다음 등식을 만족시키는 자연수 n 또는 r의 값을 구하시오.

(1) $_nC_4 = 35$

(2) $_nC_3 = {_nC_5}$

(3) $_7C_r = {_7C_{r-3}}$

(4) $_{n+2}C_2 - {_{n-1}C_2} = {_nC_2}$

07-2 다음 등식을 만족시키는 자연수 n의 값을 구하시오.

(1) $4 \times {_nC_4} = {_nP_3}$

(2) $_nP_2 - 6 \times {_{n-2}C_2} = 2$

11

07-3 자연수 n, r에 대하여 $_nP_r = 360$, $_nC_r = 15$가 성립할 때, $n+r$의 값을 구하시오.

07-4 $1 \leq r \leq n$일 때, 등식 $r \times {_nC_r} = n \times {_{n-1}C_{r-1}}$이 성립함을 증명하시오.

대표 예제 | 08

남학생 5명과 여학생 5명 중에서 4명을 뽑을 때, 다음을 구하시오.

(1) 4명을 뽑는 경우의 수

(2) 남학생 1명, 여학생 3명을 뽑는 경우의 수

(3) 4명이 모두 남학생이거나 모두 여학생이도록 뽑는 경우의 수

바로 접근

뽑은 학생의 순서를 바꾸어도 같은 경우가 되므로 조합을 이용하여 계산한다.

이때 두 사건이 동시에 일어나면 곱의 법칙, 동시에 일어나지 않으면 합의 법칙을 이용한다.

(1) 전체 10명 중 4명을 뽑는 경우의 수이다.

(2) 남학생 1명'과' 여학생 3명 ➡ 동시에 일어나므로 경우의 수를 서로 곱한다.

(3) 모두 남학생 '또는' 모두 여학생 ➡ 동시에 일어나지 않으므로 경우의 수를 서로 더한다.

바른 풀이

(1) 서로 다른 10명 중에서 4명을 뽑는 경우의 수는

$$_{10}C_4 = \frac{10 \times 9 \times 8 \times 7}{4 \times 3 \times 2 \times 1} = 210$$

(2) 남학생 5명 중에서 1명을 뽑는 경우의 수는 $_5C_1 = 5$

여학생 5명 중에서 3명을 뽑는 경우의 수는 $_5C_3 = {_5C_2} = \frac{5 \times 4}{2 \times 1} = 10$

따라서 구하는 경우의 수는

$5 \times 10 = 50$

(3) 남학생 5명 중에서 4명을 뽑는 경우의 수는 $_5C_4 = {_5C_1} = 5$

여학생 5명 중에서 4명을 뽑는 경우의 수는 $_5C_4 = {_5C_1} = 5$

따라서 구하는 경우의 수는

$5 + 5 = 10$

정답 (1) 210 (2) 50 (3) 10

Bible Says

순열과 조합

① 서로 다른 n개에서 순서를 고려하여 r개를 택하는 경우의 수는 순열을 이용한다. 즉, $_nP_r$이다.

② 서로 다른 n개에서 순서를 고려하지 않고 r개를 택하는 경우의 수는 조합을 이용한다. 즉, $_nC_r$이다.

한번 더하기

08-1 1학년 학생 4명과 2학년 학생 6명 중에서 3명의 학생을 뽑을 때, 다음을 구하시오.

(1) 3명의 학생을 뽑는 경우의 수

(2) 1학년 학생 1명, 2학년 학생 2명을 뽑는 경우의 수

(3) 3명의 학생을 모두 같은 학년에서 뽑는 경우의 수

표현 더하기

08-2 다음 물음에 답하시오.

(1) 서로 다른 연필 7자루와 서로 다른 볼펜 8자루가 꽂혀 있는 연필꽂이에서 4자루를 뽑을 때, 연필을 4자루 뽑거나 볼펜을 4자루 뽑는 경우의 수를 구하시오.

(2) 남학생 n명과 여학생 6명으로 이루어진 모임에서 남학생 2명과 여학생 2명을 대표로 뽑는 경우의 수가 540일 때, 자연수 n의 값을 구하시오.

11

표현 더하기

08-3 $0 < a < b < c < 10$을 만족시키는 세 자연수 a, b, c를 한 번씩 사용하여 세 자리 자연수를 만들려고 한다. 일, 십, 백의 자리 숫자가 각각 a, b, c인 자연수의 개수를 구하시오.

표현 더하기

08-4 어떤 동호회에서 각 회원이 나머지 모든 회원과 한 번씩 악수를 했을 때, 전체 회원이 악수를 한 총 횟수는 91이다. 이 동호회의 전체 회원 수를 구하시오.

대표 예제 | 09

A를 포함한 어른 6명과 B를 포함한 어린이 5명 중에서 5명을 뽑을 때, 다음을 구하시오.

(1) A, B가 모두 포함되도록 뽑는 경우의 수

(2) A, B가 모두 포함되지 않도록 뽑는 경우의 수

(3) 어린이가 적어도 1명 포함되도록 뽑는 경우의 수

바로 접근

특정한 조건이 있는 경우의 조합의 수를 구할 때는 주어진 조건에 맞추어 빠지거나 중복되지 않도록 경우의 수를 세어야 한다.

(1) 특정한 인원을 포함시키는 경우 ➡ 해당 인원을 미리 뽑아 놓고 나머지 인원을 구한다.

(2) 특정한 인원을 포함시키지 않는 경우 ➡ 해당 인원을 제외하고 구한다.

(3) '적어도'의 조건이 있는 경우 ➡ 전체 경우의 수에서 '모두 ~가 아닌' 경우의 수를 뺀다.

바른 풀이

(1) A, B를 이미 뽑았다고 생각하면 구하는 경우의 수는 나머지 9명 중에서 3명을 뽑는 경우의 수와 같으므로

$$_9C_3 = \frac{9 \times 8 \times 7}{3 \times 2 \times 1} = 84$$

(2) 구하는 경우의 수는 A, B를 제외한 나머지 9명 중에서 5명을 뽑는 경우의 수와 같으므로

$$_9C_5 = {_9C_4} = \frac{9 \times 8 \times 7 \times 6}{4 \times 3 \times 2 \times 1} = 126$$

(3) 전체 11명 중에서 5명을 뽑는 경우의 수는

$$_{11}C_5 = \frac{11 \times 10 \times 9 \times 8 \times 7}{5 \times 4 \times 3 \times 2 \times 1} = 462$$

어른 6명 중에서 5명을 뽑는 경우의 수는

$$_6C_5 = {_6C_1} = 6$$

따라서 구하는 경우의 수는

$$462 - 6 = 456$$

정답 | (1) 84 (2) 126 (3) 456

Bible Says

① 서로 다른 n개에서 특정한 k개를 포함하여 r개를 뽑는 경우의 수는 $(n-k)$개에서 $(r-k)$개를 뽑는 경우의 수와 같다.

➡ $_{n-k}C_{r-k}$

② 서로 다른 n개에서 특정한 k개를 제외하고 r개를 뽑는 경우의 수는 $(n-k)$개에서 r개를 뽑는 경우의 수와 같다.

➡ $_{n-k}C_r$

③ (적어도 하나가 ~인 경우의 수) ➡ (전체 경우의 수)−(모두 ~가 아닌 경우의 수)

한번 더하기

09-1

중학생 4명과 고등학생 5명 중에서 4명을 뽑을 때, 다음을 구하시오.

⑴ 특정한 중학생 2명을 포함하여 뽑는 경우의 수

⑵ 중학생과 고등학생을 각각 적어도 1명씩 포함하여 뽑는 경우의 수

표현 더하기

09-2

A, B, C를 포함한 10명의 농구 선수 중에서 5명의 선수를 선발할 때, A는 선발하고 B, C는 선발하지 않는 경우의 수를 구하시오.

표현 더하기

09-3

1부터 10까지의 자연수 중에서 서로 다른 3개의 수를 선택할 때, 적어도 하나는 홀수가 포함되도록 뽑는 경우의 수를 구하시오.

실력 더하기

09-4

남녀 학생 12명 중에서 2명의 대표를 뽑을 때, 남학생이 적어도 한 명 포함되도록 뽑는 경우의 수는 45이다. 이때 남학생 수를 구하시오.

대표 예제 10

다음을 구하시오.

(1) 남자 4명과 여자 4명 중에서 남자 3명과 여자 2명을 뽑아 일렬로 세우는 경우의 수

(2) 8명 중에서 A, B를 포함한 4명을 뽑아 일렬로 세울 때, A, B 두 사람을 서로 이웃하게 세우는 경우의 수

바로 접근 두 개 이상의 집단에서 각각 몇 개를 뽑아 일렬로 나열하는 경우에는 '뽑는 단계'와 '나열하는 단계'를 구분하여 생각한다.

바른 풀이 (1) 남자 4명 중에서 3명, 여자 4명 중에서 2명을 뽑는 경우의 수는

$$_4C_3 \times {_4C_2} = {_4C_1} \times {_4C_2} = 4 \times \frac{4 \times 3}{2 \times 1} = 4 \times 6 = 24$$

위의 각 경우에 대하여 5명을 일렬로 세우는 경우의 수는

$$5! = 120$$

따라서 구하는 경우의 수는

$$24 \times 120 = 2880$$

(2) A, B를 제외한 6명 중에서 2명을 뽑는 경우의 수는

$$_6C_2 = \frac{6 \times 5}{2 \times 1} = 15$$

A와 B를 한 사람으로 생각하고 3명을 일렬로 세우는 경우의 수는

$$3! = 6$$

그 각각에 대하여 A와 B가 서로 자리를 바꾸는 경우의 수는

$$2! = 2$$

따라서 구하는 경우의 수는

$$15 \times 6 \times 2 = 180$$

정답 (1) 2880 (2) 180

Bible Says

뽑아서 나열하는 경우의 수
➡ (뽑는 경우의 수) × (나열하는 경우의 수)
➡ (조합의 수) × (순열의 수)

한번 더하기

10-1 다음을 구하시오.

⑴ 남자 4명과 여자 6명 중에서 남자 2명과 여자 3명을 뽑아 일렬로 세우는 경우의 수

⑵ 9명 중에서 A, B를 포함한 5명을 뽑아 일렬로 세울 때, A, B 두 사람을 서로 이웃하게 세우는 경우의 수

표현 더하기

10-2 1부터 10까지의 자연수 중에서 짝수 2개, 홀수 2개를 뽑아 일렬로 나열하는 경우의 수를 구하시오.

표현 더하기

10-3 어른 5명과 어린이 4명 중에서 어른 2명, 어린이 3명을 뽑아 일렬로 세울 때, 어른 2명을 양 끝에 세우는 경우의 수를 구하시오.

실력 더하기

10-4 찬미, 진영, 수진이를 포함한 n명 중에서 4명을 뽑아 일렬로 세울 때, 찬미, 진영, 수진 중에서 2명을 포함하는 경우의 수는 1080이다. 이때 자연수 n의 값을 구하시오.

대표 예제 | 11

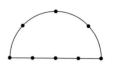

오른쪽 그림과 같이 반원 위에 8개의 점이 있을 때, 다음을 구하시오.

(1) 2개의 점을 연결하여 만들 수 있는 직선의 개수

(2) 3개의 점을 연결하여 만들 수 있는 삼각형의 개수

바로 접근

(1) 두 점을 지나는 직선의 개수는 1이므로 직선의 개수는 두 점을 택하는 경우의 수와 같다. 이때 일직 선 위에 있는 2개 이상의 점으로 만들 수 있는 직선은 오직 1개임에 주의해야 한다.

(2) 삼각형의 개수는 삼각형의 세 꼭짓점을 택하는 경우의 수와 같다. 이때 일직선 위에 있는 3개의 점으 로는 삼각형을 만들 수 없음에 주의해야 한다.

바른 풀이

(1) 8개의 점에서 2개의 점을 택하는 경우의 수는

$${}_8C_2 = \frac{8 \times 7}{2 \times 1} = 28$$

일직선 위에 있는 5개의 점에서 2개의 점을 택하는 경우의 수는

$${}_5C_2 = \frac{5 \times 4}{2 \times 1} = 10$$

이때 일직선 위에 있는 점으로 만들 수 있는 직선은 1개이므로

구하는 직선의 개수는

$$28 - 10 + 1 = 19$$

(2) 8개의 점에서 3개의 점을 택하는 경우의 수는

$${}_8C_3 = \frac{8 \times 7 \times 6}{3 \times 2 \times 1} = 56$$

일직선 위에 있는 5개의 점에서 3개의 점을 택하는 경우의 수는

$${}_5C_3 = {}_5C_2 = \frac{5 \times 4}{2 \times 1} = 10$$

이때 일직선 위에 있는 점으로는 삼각형을 만들 수 없으므로

구하는 삼각형의 개수는

$$56 - 10 = 46$$

정답 (1) 19 (2) 46

Bible Says

① 직선의 개수

(두 점을 택하는 경우의 수) − (일직선 위에 있는 점에서 두 점을 택하는 경우의 수) + 1

② 삼각형의 개수

(세 점을 택하는 경우의 수) − (일직선 위에 있는 점에서 세 점을 택하는 경우의 수)

빠른 정답 · 499쪽 / 정답과 풀이 · 151쪽

11-1

오른쪽 그림과 같이 평행한 두 직선 l, m 위에 8개의 점이 있을 때, 다음을 구하시오.

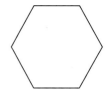

(1) 2개의 점을 연결하여 만들 수 있는 직선의 개수

(2) 3개의 점을 연결하여 만들 수 있는 삼각형의 개수

11-2

오른쪽 그림과 같은 육각형에서 대각선의 개수를 구하시오.

11-3

오른쪽 그림과 같이 정삼각형의 변 위에 같은 간격으로 놓인 9개의 점 중에서 3개의 점을 꼭짓점으로 하는 삼각형의 개수를 구하시오.

11

11-4

오른쪽 그림과 같은 원 위에 같은 간격으로 놓인 8개의 점이 있다. 이 중에서 3개의 점을 연결하여 만들 수 있는 삼각형 중에서 직각삼각형이 아닌 것의 개수를 구하시오.

대표 예제 | 12

오른쪽 그림과 같이 5개의 평행선과 6개의 평행선이 만날 때, 이 평행선으로 만들어지는 평행사변형의 개수를 구하시오.

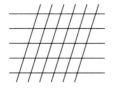

바로 접근

가로 방향의 평행선 2개와 세로 방향의 평행선 2개를 택하면 1개의 평행사변형을 만들 수 있다.
따라서 평행사변형의 개수는 가로 방향의 평행선과 세로 방향의 평행선 중에서 각각 2개를 택하는 경우의 수와 같다.

바른 풀이

가로 방향의 평행선 5개 중에서 2개를 택하는 경우의 수는

$$_5C_2 = \frac{5 \times 4}{2 \times 1} = 10$$

세로 방향의 평행선 6개 중에서 2개를 택하는 경우의 수는

$$_6C_2 = \frac{6 \times 5}{2 \times 1} = 15$$

가로 방향의 평행선 2개와 세로 방향의 평행선 2개를 택하면 한 개의 평행사변형이 만들어지므로
구하는 평행사변형의 개수는

$$10 \times 15 = 150$$

정답 150

Bible Says

m개의 가로 방향의 평행선과 n개의 세로 방향의 평행선이 서로 만날 때,
➡ 만들 수 있는 평행사변형의 개수: $_mC_2 \times _nC_2$

12-1

오른쪽 그림과 같이 4개의 평행선과 5개의 평행선이 만날 때, 이 평행선으로 만들어지는 평행사변형의 개수를 구하시오.

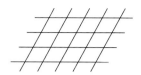

12-2

오른쪽 그림은 직사각형의 가로와 세로를 각각 4등분하여 얻은 도형이다. 그림에서 찾을 수 있는 직사각형의 개수를 구하시오.

12-3

오른쪽 그림과 같이 3개, 2개, 4개의 평행한 직선이 서로 만날 때, 이 직선으로 만들어지는 평행사변형의 개수를 구하시오.

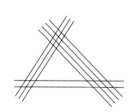

12-4

오른쪽 그림과 같이 원 위에 10개의 점이 같은 간격으로 놓여 있다. 이 중에서 4개의 점을 이어서 만들 수 있는 직사각형의 개수를 구하시오.

대표 예제 | 13

서로 다른 연필 9자루가 있을 때, 다음을 구하시오.

(1) 4자루, 5자루씩 두 묶음으로 나누는 경우의 수

(2) 2자루, 3자루, 4자루씩 세 묶음으로 나누는 경우의 수

(3) 3자루, 3자루, 3자루씩 세 묶음으로 나누어 세 명에게 각각 한 묶음씩 나누어주는 경우의 수

바로 접근

분할은 여러 개의 물건을 몇 개의 묶음으로 나누는 것이고, 분배는 분할된 묶음을 나누어주는 것이다.
분할은 나누는 묶음의 크기가 같은 것이 있는 경우와 없는 경우로 구분하여 경우의 수를 구하고,
분배는 분할하는 경우의 수에 (묶음의 수)!을 곱하여 경우의 수를 구한다.

바른 풀이

(1) 9자루의 연필을 4자루, 5자루씩 두 묶음으로 나누는 경우의 수는

$$_9C_4 \times _5C_5 = \frac{9 \times 8 \times 7 \times 6}{4 \times 3 \times 2 \times 1} \times 1 = 126 \times 1 = 126$$

(2) 9자루의 연필을 2자루, 3자루, 4자루씩 세 묶음으로 나누는 경우의 수는

$$_9C_2 \times _7C_3 \times _4C_4 = \frac{9 \times 8}{2 \times 1} \times \frac{7 \times 6 \times 5}{3 \times 2 \times 1} \times 1 = 36 \times 35 \times 1 = 1260$$

(3) 9자루의 연필을 3자루, 3자루, 3자루씩 세 묶음으로 나누는 경우의 수는

$$_9C_3 \times _6C_3 \times _3C_3 \times \frac{1}{3!} = \frac{9 \times 8 \times 7}{3 \times 2 \times 1} \times \frac{6 \times 5 \times 4}{3 \times 2 \times 1} \times 1 \times \frac{1}{6} = 84 \times 20 \times 1 \times \frac{1}{6} = 280$$

세 묶음으로 나누어진 연필을 세 명에게 각각 한 묶음씩 나누어주는 경우의 수는

$$3! = 6$$

따라서 구하는 경우의 수는

$$280 \times 6 = 1680$$

정답 (1) 126 (2) 1260 (3) 1680

Bible Says

[분할] 서로 다른 n개의 물건을 p, q, $r(p+q+r=n)$개로 나누는 경우의 수

① p, q, r가 모두 다른 수인 경우 ➡ $_nC_p \times _{n-p}C_q \times _rC_r$

② p, q, r 중에서 어느 두 수가 같은 경우 ➡ $_nC_p \times _{n-p}C_q \times _rC_r \times \frac{1}{2!}$

③ p, q, r 모두 같은 수인 경우 ➡ $_nC_p \times _{n-p}C_q \times _rC_r \times \frac{1}{3!}$

[분배] 서로 다른 n개의 물건을 p, q, $r(p+q+r=n)$개로 나누어 서로 다른 3개의 대상에게 나누어주는 경우의 수
➡ (분할의 수)$\times 3!$

한번 더하기

13-1

서로 다른 8개의 향초가 있을 때, 다음을 구하시오.

(1) 4개, 4개씩 두 묶음으로 나누는 경우의 수
(2) 1개, 3개, 4개씩 세 묶음으로 나누는 경우의 수

한번 더하기

13-2

서로 다른 7권의 책이 있을 때, 다음을 구하시오.

(1) 3권, 4권씩 두 묶음으로 나누어 두 명에게 각각 한 묶음씩 나누어주는 경우의 수
(2) 1권, 3권, 3권씩 세 묶음으로 나누어 세 명에게 각각 한 묶음씩 나누어주는 경우의 수

표현 더하기

13-3

중학생 4명, 고등학생 6명을 5명씩 두 개의 조로 나눌 때, 각 조에 적어도 한 명의 중학생이 포함되도록 나누는 경우의 수를 구하시오.

표현 더하기

13-4

줄다리기 대회에 참가한 6개의 반이 오른쪽 그림과 같은 토너먼트 방식으로 시합할 때, 대진표를 작성하는 경우의 수를 구하시오.

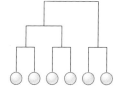

01 등식 $3 \times {}_n\mathrm{P}_2 + {}_n\mathrm{P}_3 = 2 \times {}_{n+1}\mathrm{P}_2$를 만족시키는 자연수 n의 값을 구하시오.

02 1학년 학생 3명과 2학년 학생 4명이 한 팀이 되어 한 명씩 차례로 이어달리기를 할 때, 1학년 모두가 먼저 뛴 다음 2학년이 뛰는 경우의 수를 구하시오.

03 1부터 8까지의 자연수를 일렬로 나열할 때, 홀수와 짝수가 번갈아 오는 경우의 수를 구하시오.

04 harmony의 7개의 문자를 일렬로 나열할 때, a와 y 사이에 2개의 문자가 들어가도록 나열하는 경우의 수를 구하시오.

05 6개의 숫자 1, 2, 3, 4, 5, 6에서 서로 다른 3개의 숫자를 택하여 세 자리 자연수를 만들 때, 3의 배수의 개수를 구하시오.

06 0, 1, 2, 3, 4의 5개의 숫자를 모두 이용하여 다섯 자리 자연수를 만들 때, 70번째로 작은 수를 구하시오.

11

07 등식 $_nP_2 + 4 \times {_nC_2} = 36$을 만족시키는 자연수 n의 값을 구하시오.

08 서로 다른 수필집 5권과 서로 다른 시집 n권 중 3권을 선택할 때, 3권 모두 같은 종류인 경우의 수가 66이다. 이때 n의 값을 구하시오.

09 남학생 5명, 여학생 5명으로 구성된 동아리에서 대표 3명을 뽑을 때, 남학생과 여학생이 적어도 한 명씩 포함되도록 뽑는 경우의 수를 구하시오.

10 1부터 9까지의 9개의 자연수 중 서로 다른 3개를 뽑아 세 자리 자연수를 만들 때, 6을 포함하는 자연수의 개수를 구하시오.

11 오른쪽 그림과 같이 4개, 3개, 2개의 평행한 직선이 서로 만날 때, 이 직선으로 만들어지는 평행사변형이 아닌 사다리꼴의 개수를 구하시오.

12 서로 다른 빵 9개를 2개, 2개, 5개씩 세 묶음으로 나누어 3명에게 각각 한 묶음씩 나누어주는 경우의 수를 구하시오.

S·T·E·P 2 실력 다지기

교육청 기출

13
오른쪽 그림과 같이 한 줄에 3개씩 모두 6개의 좌석이 있는 케이블카가 있다. 두 학생 A, B를 포함한 5명의 학생이 이 케이블카에 탑승하여 A, B는 같은 줄의 좌석에 앉고 나머지 세 명은 맞은편 쪽의 좌석에 앉는 경우의 수는?

① 48   ② 54   ③ 60

④ 66   ⑤ 72

탑승위치

14
1부터 9까지 9개의 자연수 중 서로 다른 세 수를 일렬로 나열하여 세 자리 자연수를 만들 때, 그중 각 자리의 숫자의 곱이 10의 배수인 자연수의 개수를 구하시오.

15
a, b, c, d, e의 5개의 문자를 일렬로 나열할 때, a와 b 또는 a와 e가 서로 이웃하는 경우의 수를 구하시오.

16
14쌍의 부부가 참석한 어느 모임에서 남편들은 자신의 부인을 제외한 모든 사람과 한 번씩 악수를 하고, 부인들끼리는 서로 악수를 하지 않았다. 악수한 총 횟수를 구하시오.

중단원 연습문제

17 오른쪽 그림과 같은 정팔각형의 세 꼭짓점을 이어서 만들어지는 삼각형 중에서 정팔각형과 한 변도 공유하지 않는 삼각형의 개수를 구하시오.

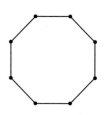

18 오른쪽 그림과 같이 합동인 정사각형 16개를 연결하여 만든 도형이 있다. 이 도형의 선들로 만들 수 있는 직사각형의 개수를 구하시오.

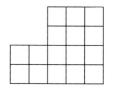

challenge

19 8개의 숫자 카드 0, 1, 2, 3, 3, 3, 4, 5 중에서 5장의 카드를 택하여 다음 조건을 만족시키도록 일렬로 배열할 때, 만들 수 있는 자연수의 개수를 구하시오.

> (가) 다섯 자리의 자연수가 되도록 배열한다.
> (나) 3끼리는 서로 이웃하지 않도록 배열한다.

challenge 교육청 기출

20 오른쪽 그림과 같이 9개의 칸으로 나누어진 정사각형의 각 칸에 1부터 9까지의 자연수가 적혀 있다. 이 9개의 숫자 중 다음 조건을 만족시키도록 2개의 숫자를 선택하려고 한다.

1	2	3
4	5	6
7	8	9

> (가) 선택한 2개의 숫자는 서로 다른 가로줄에 있다.
> (나) 선택한 2개의 숫자는 서로 다른 세로줄에 있다.

예를 들어, 숫자 1과 5를 선택하는 것은 조건을 만족시키지만, 숫자 3과 9를 선택하는 것은 조건을 만족시키지 않는다. 조건을 만족시키도록 2개의 숫자를 선택하는 경우의 수는?

① 9   ② 12   ③ 15

④ 18   ⑤ 21

12

행렬

01 행렬

행렬의 뜻	여러 개의 수 또는 문자를 직사각형 모양으로 배열하여 괄호로 묶어 나타낸 것
행렬의 성분	행렬 A의 제i행과 제j열이 만나는 위치에 있는 성분을 행렬 A의 (i, j) 성분이라 하고, 기호로 a_{ij}와 같이 나타낸다.
서로 같은 행렬	두 행렬 $A=\begin{pmatrix} a_{11} & a_{12} \\ a_{21} & a_{22} \end{pmatrix}$, $B=\begin{pmatrix} b_{11} & b_{12} \\ b_{21} & b_{22} \end{pmatrix}$에 대하여 $A=B$이면 $a_{11}=b_{11}$, $a_{12}=b_{12}$, $a_{21}=b_{21}$, $a_{22}=b_{22}$

02 행렬의 덧셈, 뺄셈과 실수배

행렬의 덧셈과 뺄셈	두 행렬 $A=\begin{pmatrix} a_{11} & a_{12} \\ a_{21} & a_{22} \end{pmatrix}$, $B=\begin{pmatrix} b_{11} & b_{12} \\ b_{21} & b_{22} \end{pmatrix}$에 대하여 ⑴ $A+B=\begin{pmatrix} a_{11}+b_{11} & a_{12}+b_{12} \\ a_{21}+b_{21} & a_{22}+b_{22} \end{pmatrix}$ ⑵ $A-B=\begin{pmatrix} a_{11}-b_{11} & a_{12}-b_{12} \\ a_{21}-b_{21} & a_{22}-b_{22} \end{pmatrix}$
영행렬	성분이 모두 0인 행렬을 영행렬이라 하고, 주로 기호 O로 나타낸다.
행렬의 실수배	$A=\begin{pmatrix} a_{11} & a_{12} \\ a_{21} & a_{22} \end{pmatrix}$이고 k가 실수일 때, $kA=\begin{pmatrix} ka_{11} & ka_{12} \\ ka_{21} & ka_{22} \end{pmatrix}$

03 행렬의 곱셈

행렬의 곱셈	⑴ 두 행렬 $A=\begin{pmatrix} a_{11} & a_{12} \\ a_{21} & a_{22} \end{pmatrix}$, $B=\begin{pmatrix} b_{11} & b_{12} \\ b_{21} & b_{22} \end{pmatrix}$에 대하여 $AB=\begin{pmatrix} a_{11}b_{11}+a_{12}b_{21} & a_{11}b_{12}+a_{12}b_{22} \\ a_{21}b_{11}+a_{22}b_{21} & a_{21}b_{12}+a_{22}b_{22} \end{pmatrix}$ ⑵ 일반적으로 행렬의 곱셈에 대한 교환법칙은 성립하지 않는다.
행렬의 거듭제곱	정사각행렬 A와 자연수 n에 대하여 $A^2=AA$, $A^3=A^2A$, $A^4=A^3A$, $\cdots$, $A^n=A^{n-1}A$
단위행렬	정사각행렬 중 왼쪽 위에서 오른쪽 아래로 내려가는 대각선 위의 성분이 모두 1이고, 그 외 나머지 성분이 모두 0인 행렬을 단위행렬이라 하고, 주로 기호 E로 나타낸다.

01 행렬

1 행렬의 뜻

(1) **행렬**: 여러 개의 수 또는 문자를 직사각형 모양으로 배열하여 괄호로 묶어 나타낸 것

(2) **성분**: 행렬을 구성하고 있는 각각의 수 또는 문자

(3) **행과 열**

① 행렬의 성분을 가로로 배열한 줄을 행이라 하고, 위에서부터 차례대로 제1행, 제2행, 제3행, …이라 한다.

② 행렬의 성분을 세로로 배열한 줄을 열이라 하고, 왼쪽에서부터 차례대로 제1열, 제2열, 제3열, …이라 한다.

$$\begin{array}{c}\quad\text{제1열 제2열 제3열}\\ \text{제1행} \rightarrow \begin{pmatrix} 20 & 15 & 30 \\ 25 & 16 & 10 \end{pmatrix} \\ \text{제2행} \rightarrow \end{array}$$

(4) **$m \times n$ 행렬**: m개의 행과 n개의 열로 이루어진 행렬

특히, 행의 개수와 열의 개수가 서로 같은 행렬을 정사각행렬이라 하고, $n \times n$ 행렬을 n차정사각행렬이라 한다.

두 가게 A, B에서 하루 동안 판매한 음료수의 개수가 오른쪽 표와 같을 때, 이 표에서 수만 뽑아 양쪽에 괄호로 묶어 나타내면 다음과 같이 나타낼 수 있다.

$$\begin{pmatrix} 70 & 120 & 50 \\ 60 & 95 & 85 \end{pmatrix}$$

| 음료수의 개수 | | (단위: 개) |
	비타민 음료수	탄산수	에너지 드링크
A	70	120	50
B	60	95	85

이와 같이 여러 개의 수 또는 문자를 직사각형 모양으로 배열하여 괄호로 묶어 나타낸 것을 **행렬**이라 한다. 또한 행렬을 구성하고 있는 각각의 수 또는 문자를 행렬의 **성분**이라 한다.

이때 행렬의 가로줄을 **행**이라 하고, 위에서부터 차례대로 제1행, 제2행, 제3행, …이라 한다. 또한 세로줄을 **열**이라 하고, 왼쪽에서부터 차례대로 제1열, 제2열, 제3열, …이라 한다.

위의 음료수의 개수를 나타낸 행렬에서 70, 120, 50, 60, 95, 85는 각각 이 행렬의 성분이다.

제1행은 가게 A에서 하루 동안 판매한 음료수의 개수가 되고 $(70 \quad 120 \quad 50)$으로 나타낼 수 있다.

또한 제2열은 두 가게에서 판매한 탄산수의 개수가 되고 $\begin{pmatrix} 120 \\ 95 \end{pmatrix}$로 나타낼 수 있다.

일반적으로 m개의 행과 n개의 열로 이루어진 행렬을 **$m \times n$ 행렬**이라 한다. 위의 음료수의 개수를 나타낸 행렬은 2개의 행과 3개의 열로 이루어져 있으므로 2×3 행렬이다.

특히 행의 개수와 열의 개수가 서로 같은 행렬을 **정사각행렬**이라 하고, 행과 열의 개수가 모두 n인 $n \times n$ 행렬을 n차정사각행렬이라 한다.

(1) 행렬 $\begin{pmatrix} -1 \\ 3 \end{pmatrix}$ 은 행이 2개, 열이 1개이므로 2×1 행렬이다.

(1) 행렬 $\begin{pmatrix} 1 & 2 \\ 4 & -1 \\ 6 & -3 \end{pmatrix}$ 은 행이 3개, 열이 2개이므로 3×2 행렬이다.

(3) 행렬 $\begin{pmatrix} 6 & 2 \\ 0 & 1 \end{pmatrix}$ 은 행이 2개, 열이 2개이므로 2×2 행렬, 즉 이차정사각행렬이다.

2 행렬의 성분

행렬 A의 제i행과 제j열이 만나는 위치에 있는 성분을 행렬 A의 (i, j) 성분이라 하고, 기호로 a_{ij}와 같이 나타낸다.

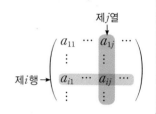

일반적으로 행렬은 알파벳 대문자 A, B, C, $\cdots$로 나타내고, 행렬의 성분은 알파벳 소문자 a, b, c, $\cdots$로 나타낸다.

또한 행렬 A의 제i행과 제j열이 만나는 위치에 있는 성분을 **행렬 A의 (i, j) 성분**이라 하고, 기호로 a_{ij}와 같이 나타낸다.

예를 들어 2×3 행렬 A를 기호 a_{ij}를 사용하여 나타내면 다음과 같다.

$$A = \begin{pmatrix} a_{11} & a_{12} & a_{13} \\ a_{21} & a_{22} & a_{23} \end{pmatrix} \text{ 또는 } A = (a_{ij})\ (i=1,\ 2,\ j=1,\ 2,\ 3)$$

행렬의 꼴을 밝힐 필요가 없을 때는 $A = (a_{ij})$로 나타내기도 한다.

행렬 $A = \begin{pmatrix} -2 & 3 & 5 \\ 1 & 4 & 6 \end{pmatrix}$ 에서

(1) $\underset{a_{12}}{\underline{(1,\ 2)}}$ 성분은 제1행과 제2열이 만나는 곳에 위치한 성분이므로 3이다.

(2) $\underset{a_{23}}{\underline{(2,\ 3)}}$ 성분은 제2행과 제3열이 만나는 곳에 위치한 성분이므로 6이다.

3 서로 같은 행렬

두 행렬 $A = \begin{pmatrix} a_{11} & a_{12} \\ a_{21} & a_{22} \end{pmatrix}$, $B = \begin{pmatrix} b_{11} & b_{12} \\ b_{21} & b_{22} \end{pmatrix}$ 에 대하여

$A = B$이면 $a_{11} = b_{11}$, $a_{12} = b_{12}$, $a_{21} = b_{21}$, $a_{22} = b_{22}$

두 행렬 A, B의 행의 개수와 열의 개수가 각각 같을 때, 두 행렬 A, B는 서로 같은 꼴이라 한다.

예를 들어 두 행렬 $\begin{pmatrix} 1 \\ 4 \end{pmatrix}$와 $\begin{pmatrix} 0 \\ -2 \end{pmatrix}$는 서로 같은 꼴의 행렬이지만   ← 행이 2개, 열이 1개, 즉 2×1 행렬

두 행렬 $\begin{pmatrix} 5 & 0 \\ 3 & 2 \\ 4 & 1 \end{pmatrix}$와 $\begin{pmatrix} 2 & 3 & 1 \\ 0 & 3 & 0 \end{pmatrix}$는 서로 같은 꼴의 행렬이 아니다.

두 행렬 A, B가 서로 같은 꼴이고, 대응하는 성분이 각각 같을 때, 두 행렬 A, B는 **서로 같다**고 하고 기호로 $\boldsymbol{A=B}$와 같이 나타낸다.

참고 두 행렬 A, B가 서로 같지 않을 때, $A \neq B$와 같이 나타낸다.

example 등식 $\begin{pmatrix} a & b \\ 3 & 2 \end{pmatrix} = \begin{pmatrix} 4 & 0 \\ c & d \end{pmatrix}$를 만족시키는 실수 a, b, c, d의 값을 각각 구하면

두 행렬이 서로 같으므로 두 행렬의 대응하는 성분이 각각 같아야 한다.

$\therefore a=4$, $b=0$, $c=3$, $d=2$

개념 CHECK

01. 행렬

📖 빠른 정답 • 499쪽 / 정답과 풀이 • 157쪽

01 행렬 $A = \begin{pmatrix} -3 & 2 & 5 \\ 1 & 3 & 7 \\ 4 & 0 & -2 \end{pmatrix}$에서 다음을 구하시오.

(1) 제3행

(2) 제1열

(3) $(2, 1)$ 성분

(4) $(1, 3)$ 성분

02 2×3 행렬 A의 (i, j) 성분 a_{ij}가 $a_{ij} = i + 2j$일 때, 행렬 A를 구하시오.

03 등식 $\begin{pmatrix} 2a & -3 \\ b+1 & 0 \end{pmatrix} = \begin{pmatrix} 8 & c \\ 6 & 0 \end{pmatrix}$을 만족시키는 실수 a, b, c의 값을 각각 구하시오.

대표 예제 | 01

행렬 A의 (i, j) 성분 a_{ij}가 다음과 같을 때, 행렬 A를 구하시오.

(1) $a_{ij}=3i-j$ (단, $i=1,\ 2,\ 3,\ j=1,\ 2$)

(2) $a_{ij}=\begin{cases} i+1 & (i>j) \\ j-1 & (i\le j) \end{cases}$ (단, $i=1,\ 2,\ 3,\ j=1,\ 2,\ 3$)

바로 접근 성분을 나타내는 식에 $i=1,\ 2,\ \cdots,\ j=1,\ 2,\ \cdots$를 각각 대입하여 a_{ij}의 값을 구한다.

바른 풀이 (1) $a_{ij}=3i-j$에 $i=1,\ 2,\ 3,\ j=1,\ 2$를 각각 대입하면

$a_{11}=3\times1-1=2,\ a_{12}=3\times1-2=1$

$a_{21}=3\times2-1=5,\ a_{22}=3\times2-2=4$

$a_{31}=3\times3-1=8,\ a_{32}=3\times3-2=7$

$\therefore A=\begin{pmatrix} 2 & 1 \\ 5 & 4 \\ 8 & 7 \end{pmatrix}$

(2) (ⅰ) $i>j$이면 $a_{ij}=i+1$이므로

$a_{21}=3,\ a_{31}=4,\ a_{32}=4$

(ⅱ) $i\le j$이면 $a_{ij}=j-1$이므로

$a_{11}=1-1=0,\ a_{12}=2-1=1,\ a_{13}=3-1=2$

$a_{22}=2-1=1,\ a_{23}=3-1=2,\ a_{33}=3-1=2$

(ⅰ), (ⅱ)에서

$A=\begin{pmatrix} 0 & 1 & 2 \\ 3 & 1 & 2 \\ 4 & 4 & 2 \end{pmatrix}$

정답 (1) $\begin{pmatrix} 2 & 1 \\ 5 & 4 \\ 8 & 7 \end{pmatrix}$ (2) $\begin{pmatrix} 0 & 1 & 2 \\ 3 & 1 & 2 \\ 4 & 4 & 2 \end{pmatrix}$

Bible Says

행렬 $A=(a_{ij})$에서 a_{ij}는 제i행과 제j열이 만나는 위치에 있는 성분이다.

한번 더하기

01-1 다음 물음에 답하시오.

(1) 2×3 행렬 A의 (i, j) 성분 a_{ij}를 $a_{ij}=i^2-j^2+3i$라 할 때, 행렬 A를 구하시오.

(2) 행렬 A의 (i, j) 성분 a_{ij}를 $a_{ij}=\begin{cases} i+j-1 & (i \geq j) \\ i \times j & (i < j) \end{cases}$ (단, $i=1, 2$, $j=1, 2$)라 할 때, 행렬 A의 모든 성분의 합을 구하시오.

표현 더하기

01-2 3×2 행렬 A의 (i, j) 성분 a_{ij}가 $a_{ij}=2i+i \times j-1$일 때, $b_{ij}=a_{ji}$로 주어지는 행렬 $B=(b_{ij})$ 를 구하시오.

표현 더하기

01-3 삼차정사각행렬 A의 (i, j) 성분 a_{ij}가 $a_{ij}=\begin{cases} i+2j & (i > j) \\ 1 & (i=j) \\ -a_{ji} & (i < j) \end{cases}$ 일 때, 다음 물음에 답하시오.

(1) 행렬 A를 구하시오.

(2) 행렬 A의 제2행의 모든 성분의 합을 구하시오.

실력 더하기

01-4 오른쪽 그림은 세 도시 P_1, P_2, P_3 사이의 도로의 방향을 화살표로 나타내고 있다. 행렬 A의 (i, j) 성분 a_{ij}를 도시 P_i에서 도시 P_j로 직접 가는 도로의 수라 할 때, 행렬 A를 구하시오.

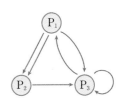

대표 예제 | 02

다음 물음에 답하시오.

(1) 두 행렬 $A=\begin{pmatrix} a+b & c \\ 6 & 3a \end{pmatrix}$, $B=\begin{pmatrix} 2 & 2d \\ c+d & b+2 \end{pmatrix}$에 대하여 $A=B$일 때, 실수 a, b, c, d의 값을 각각 구하시오.

(2) 두 행렬 $A=\begin{pmatrix} a^2+a & c+3 \\ b & a^2-a \end{pmatrix}$, $B=\begin{pmatrix} 2 & 5 \\ 3c & b \end{pmatrix}$에 대하여 $A=B$일 때, 실수 a, b, c의 값을 각각 구하시오.

바로 접근 두 행렬이 서로 같으면 대응하는 성분이 각각 같음을 이용하여 4개의 식을 세울 수 있다.

바른 풀이 (1) 두 행렬이 서로 같으면 대응하는 성분이 각각 같으므로

$a+b=2$ ······ ㉠

$c=2d$ ······ ㉡

$6=c+d$ ······ ㉢

$3a=b+2$ ······ ㉣

㉠, ㉣을 연립하여 풀면

$a=1$, $b=1$

㉡, ㉢을 연립하여 풀면

$c=4$, $d=2$

(2) 두 행렬이 서로 같으면 대응하는 성분이 각각 같으므로

$a^2+a=2$, $a^2+a-2=0$

$(a+2)(a-1)=0$ $\therefore a=-2$ 또는 $a=1$ ······ ㉠

$c+3=5$이므로 $c=2$

$b=3c$에 $c=2$를 대입하면 $b=6$

$a^2-a=b$에 $b=6$을 대입하면

$a^2-a=6$, $a^2-a-6=0$

$(a+2)(a-3)=0$ $\therefore a=-2$ 또는 $a=3$ ······ ㉡

㉠, ㉡을 모두 만족시키는 a의 값은 $a=-2$

정답 (1) $a=1$, $b=1$, $c=4$, $d=2$ (2) $a=-2$, $b=6$, $c=2$

Bible Says

두 행렬이 서로 같을 조건

$\begin{pmatrix} a_{11} & a_{12} \\ a_{21} & a_{22} \end{pmatrix}=\begin{pmatrix} b_{11} & b_{12} \\ b_{21} & b_{22} \end{pmatrix}$이면 $a_{11}=b_{11}$, $a_{12}=b_{12}$, $a_{21}=b_{21}$, $a_{22}=b_{22}$이다.

한번 더하기

02-1 두 행렬 $A=\begin{pmatrix} a^2+1 & c \\ b-2 & a^2+a-3 \end{pmatrix}$, $B=\begin{pmatrix} 5 & 3b \\ -1 & bc \end{pmatrix}$에 대하여 $A=B$가 성립할 때, 상수 a, b, c의 값을 각각 구하시오.

표현 더하기

02-2 등식 $\begin{pmatrix} x^2 & -2 \\ -15 & y^2-3 \end{pmatrix}=\begin{pmatrix} 9 & x+y \\ xy & 22 \end{pmatrix}$가 성립할 때, 상수 x, y의 값을 각각 구하시오.

표현 더하기

02-3 두 이차정사각행렬 A, B의 (i, j) 성분 a_{ij}, b_{ij}가 $a_{ij}=pi+qj$, $b_{ij}=\begin{cases} (-1)^i-j & (i \neq j) \\ -i & (i=j) \end{cases}$이다. $A=B$일 때, 상수 p, q에 대하여 pq의 값을 구하시오.

실력 더하기

02-4 두 행렬 $A=\begin{pmatrix} ab & 3 \\ 30 & a^2+b^2 \end{pmatrix}$, $B=\begin{pmatrix} -2 & cd \\ c^2+d^2 & 20 \end{pmatrix}$에 대하여 $A=B$일 때, 상수 a, b, c, d에 대하여 $a+b+c+d$의 최솟값을 구하시오.

02 행렬의 덧셈, 뺄셈과 실수배

두 행렬 $A=\begin{pmatrix} a_{11} & a_{12} \\ a_{21} & a_{22} \end{pmatrix}$, $B=\begin{pmatrix} b_{11} & b_{12} \\ b_{21} & b_{22} \end{pmatrix}$에 대하여

(1) $A+B=\begin{pmatrix} a_{11}+b_{11} & a_{12}+b_{12} \\ a_{21}+b_{21} & a_{22}+b_{22} \end{pmatrix}$

(2) $A-B=\begin{pmatrix} a_{11}-b_{11} & a_{12}-b_{12} \\ a_{21}-b_{21} & a_{22}-b_{22} \end{pmatrix}$

하윤이와 지유가 매일 아침에 유산소 운동과 근력 운동을 하기로 약속하였다. 다음 표는 두 사람이 6월 7일과 6월 8일에 운동한 시간을 나타낸 것이다.

6월 7일에 운동한 시간　(단위: 분)

	유산소 운동	근력 운동
하윤	25	35
지유	30	20

6월 8일에 운동한 시간　(단위: 분)

	유산소 운동	근력 운동
하윤	40	20
지유	25	40

이때 두 사람이 이틀 동안 운동한 시간의 합을 표로 나타내면 다음과 같다.

운동한 시간의 합　(단위: 분)

	유산소 운동	근력 운동
하윤	25+40=65	35+20=55
지유	30+25=55	20+40=60

따라서 위의 표를 행렬로 나타내면 다음과 같다.

$$\underset{\substack{\text{6월 7일에}\\\text{운동한 시간}}}{\begin{pmatrix} 25 & 35 \\ 30 & 20 \end{pmatrix}} + \underset{\substack{\text{6월 8일에}\\\text{운동한 시간}}}{\begin{pmatrix} 40 & 20 \\ 25 & 40 \end{pmatrix}} = \underset{\text{운동한 시간의 합}}{\begin{pmatrix} 65 & 55 \\ 55 & 60 \end{pmatrix}}$$

이와 같이 두 행렬 A, B가 같은 꼴일 때, A와 B에 대응하는 성분의 합을 각 성분으로 하는 행렬을 **A와 B의 합**이라 하고, 기호로 **$A+B$**와 같이 나타낸다.

이때 행렬의 덧셈은 같은 꼴의 행렬인 경우만 가능하다. 같은 꼴이 아니면 같은 위치에 있는 성분을 찾을 수 없는 경우가 있기 때문이다.

> example
>
> (1) $\begin{pmatrix} 4 & 0 \\ 5 & -4 \end{pmatrix}+\begin{pmatrix} 3 & -2 \\ 4 & 1 \end{pmatrix}=\begin{pmatrix} 4+3 & 0+(-2) \\ 5+4 & (-4)+1 \end{pmatrix}=\begin{pmatrix} 7 & -2 \\ 9 & -3 \end{pmatrix}$
>
> (2) $\begin{pmatrix} 5 & 2 & 1 \\ 6 & 4 & -3 \end{pmatrix}+\begin{pmatrix} -5 & 7 & 3 \\ -1 & 2 & 4 \end{pmatrix}=\begin{pmatrix} 5+(-5) & 2+7 & 1+3 \\ 6+(-1) & 4+2 & (-3)+4 \end{pmatrix}=\begin{pmatrix} 0 & 9 & 4 \\ 5 & 6 & 1 \end{pmatrix}$

한편, 앞의 상황에서 6월 8일에 운동한 시간이 6월 7일에 운동한 시간보다 얼마나 더 많은지를 나타낸 표는 다음과 같다.

운동한 시간의 차이 (단위: 분)

	유산소 운동	근력 운동
하윤	$40-25=15$	$20-35=-15$
지유	$25-30=-5$	$40-20=20$

따라서 위의 표를 행렬로 나타내면 다음과 같다.

$$\begin{pmatrix} 40 & 20 \\ 25 & 40 \end{pmatrix} - \begin{pmatrix} 25 & 35 \\ 30 & 20 \end{pmatrix} = \begin{pmatrix} 15 & -15 \\ -5 & 20 \end{pmatrix}$$

6월 8일에 운동한 시간 6월 7일에 운동한 시간 운동한 시간의 차이

이와 같이 행렬 A의 각 성분에서 그에 대응하는 행렬 B의 성분을 뺀 값을 성분으로 하는 행렬을 **A에서 B를 뺀 차**라 하고, 기호로 **$A-B$**와 같이 나타낸다.

행렬의 뺄셈도 덧셈과 마찬가지로 같은 꼴의 행렬인 경우에만 가능하다.

example

(1) $\begin{pmatrix} 1 & 3 \\ 2 & 1 \end{pmatrix} - \begin{pmatrix} 2 & -4 \\ -2 & 1 \end{pmatrix} = \begin{pmatrix} 1-2 & 3-(-4) \\ 2-(-2) & 1-1 \end{pmatrix} = \begin{pmatrix} -1 & 7 \\ 4 & 0 \end{pmatrix}$

(2) $\begin{pmatrix} 2 & 1 & 1 \\ 3 & 0 & 2 \end{pmatrix} - \begin{pmatrix} 1 & -5 & 4 \\ -2 & -3 & 2 \end{pmatrix} = \begin{pmatrix} 2-1 & 1-(-5) & 1-4 \\ 3-(-2) & 0-(-3) & 2-2 \end{pmatrix} = \begin{pmatrix} 1 & 6 & -3 \\ 5 & 3 & 0 \end{pmatrix}$

example

세 행렬 $A=\begin{pmatrix} 3 & 1 \\ 2 & -2 \end{pmatrix}$, $B=\begin{pmatrix} -2 & 1 \\ 0 & -3 \end{pmatrix}$, $C=\begin{pmatrix} 4 & 1 \\ -1 & 1 \end{pmatrix}$에 대하여

(1) $(A-B)-C$를 계산하면 ← 수의 계산과 마찬가지로 괄호 안부터 계산한다.

$A-B=\begin{pmatrix} 3 & 1 \\ 2 & -2 \end{pmatrix} - \begin{pmatrix} -2 & 1 \\ 0 & -3 \end{pmatrix} = \begin{pmatrix} 5 & 0 \\ 2 & 1 \end{pmatrix}$이므로

$(A-B)-C = \begin{pmatrix} 5 & 0 \\ 2 & 1 \end{pmatrix} - \begin{pmatrix} 4 & 1 \\ -1 & 1 \end{pmatrix} = \begin{pmatrix} 1 & -1 \\ 3 & 0 \end{pmatrix}$

(2) $A-(B-C)$를 계산하면 ← 수의 계산과 마찬가지로 괄호 안부터 계산한다.

$B-C=\begin{pmatrix} -2 & 1 \\ 0 & -3 \end{pmatrix} - \begin{pmatrix} 4 & 1 \\ -1 & 1 \end{pmatrix} = \begin{pmatrix} -6 & 0 \\ 1 & -4 \end{pmatrix}$이므로

$A-(B-C) = \begin{pmatrix} 3 & 1 \\ 2 & -2 \end{pmatrix} - \begin{pmatrix} -6 & 0 \\ 1 & -4 \end{pmatrix} = \begin{pmatrix} 9 & 1 \\ 1 & 2 \end{pmatrix}$

2 **행렬의 덧셈에 대한 성질**

같은 꼴의 세 행렬 A, B, C에 대하여

(1) 교환법칙: $A+B=B+A$

(2) 결합법칙: $(A+B)+C=A+(B+C)$

행렬의 덧셈에서도 실수의 덧셈에서와 같이 교환법칙이 성립한다.

같은 꼴의 두 행렬 $A=(a_{ij})$, $B=(b_{ij})$에서 각 성분의 합은 실수의 덧셈에 대한 교환법칙에 의하여 $a_{ij}+b_{ij}=b_{ij}+a_{ij}$가 성립하므로

$$A+B=\begin{pmatrix} \vdots \\ \cdots\ a_{ij}\ \cdots \\ \vdots \end{pmatrix}+\begin{pmatrix} \vdots \\ \cdots\ b_{ij}\ \cdots \\ \vdots \end{pmatrix}=\begin{pmatrix} \vdots \\ \cdots\ a_{ij}+b_{ij}\ \cdots \\ \vdots \end{pmatrix}$$

$$=\begin{pmatrix} \vdots \\ \cdots\ b_{ij}+a_{ij}\ \cdots \\ \vdots \end{pmatrix}=\begin{pmatrix} \vdots \\ \cdots\ b_{ij}\ \cdots \\ \vdots \end{pmatrix}+\begin{pmatrix} \vdots \\ \cdots\ a_{ij}\ \cdots \\ \vdots \end{pmatrix}$$

$$=B+A$$

즉, 같은 꼴의 행렬 A, B에 대하여 $A+B=B+A$가 성립한다.

또한 행렬의 덧셈에서도 실수의 덧셈에서와 같이 결합법칙이 성립한다.

같은 꼴의 세 행렬 $A=(a_{ij})$, $B=(b_{ij})$, $C=(c_{ij})$에서 각 성분의 합은 실수의 덧셈에 대한 결합법칙에 의하여 $(a_{ij}+b_{ij})+c_{ij}=a_{ij}+(b_{ij}+c_{ij})$가 성립하므로

$$(A+B)+C=\left\{\begin{pmatrix} \vdots \\ \cdots\ a_{ij}\ \cdots \\ \vdots \end{pmatrix}+\begin{pmatrix} \vdots \\ \cdots\ b_{ij}\ \cdots \\ \vdots \end{pmatrix}\right\}+\begin{pmatrix} \vdots \\ \cdots\ c_{ij}\ \cdots \\ \vdots \end{pmatrix}$$

$$=\begin{pmatrix} \vdots \\ \cdots\ (a_{ij}+b_{ij})+c_{ij}\ \cdots \\ \vdots \end{pmatrix}=\begin{pmatrix} \vdots \\ \cdots\ a_{ij}+(b_{ij}+c_{ij})\ \cdots \\ \vdots \end{pmatrix}$$

$$=\begin{pmatrix} \vdots \\ \cdots\ a_{ij}\ \cdots \\ \vdots \end{pmatrix}+\left\{\begin{pmatrix} \vdots \\ \cdots\ b_{ij}\ \cdots \\ \vdots \end{pmatrix}+\begin{pmatrix} \vdots \\ \cdots\ c_{ij}\ \cdots \\ \vdots \end{pmatrix}\right\}$$

$$=A+(B+C)$$

즉, 같은 꼴의 행렬 A, B, C에 대하여 $(A+B)+C=A+(B+C)$가 성립한다.

참고 행렬의 덧셈에 대한 결합법칙이 성립하므로 $(A+B)+C=A+(B+C)$를 간단히 $A+B+C$로 나타낼 수 있다.

3 영행렬

성분이 모두 0인 행렬을 영행렬이라 하고, 주로 기호 O로 나타낸다.

$(0\ \ 0)$, $\begin{pmatrix} 0 & 0 \\ 0 & 0 \end{pmatrix}$, $\begin{pmatrix} 0 & 0 & 0 \\ 0 & 0 & 0 \end{pmatrix}$, $\cdots$와 같이 행렬의 성분이 모두 0인 행렬을 **영행렬**이라 하고, 주로 기호 O로 나타낸다.

실수의 덧셈과 뺄셈에서의 0과 마찬가지로 행렬 A에 영행렬 O를 더하거나 빼도 행렬 A와 같다.
또한 행렬 A와 행렬 A의 차는 영행렬과 같다.

즉, $\underline{A+O=A}$, $A-O=A$, $\underline{A-A=O}$가 성립한다.

$$\begin{pmatrix} 1 & 2 \\ 3 & 4 \end{pmatrix} + \begin{pmatrix} 0 & 0 \\ 0 & 0 \end{pmatrix} \qquad \begin{pmatrix} 1 & 2 \\ 3 & 4 \end{pmatrix} - \begin{pmatrix} 0 & 0 \\ 0 & 0 \end{pmatrix} \qquad \begin{pmatrix} 1 & 2 \\ 3 & 4 \end{pmatrix} - \begin{pmatrix} 1 & 2 \\ 3 & 4 \end{pmatrix}$$

$$= \begin{pmatrix} 1 & 2 \\ 3 & 4 \end{pmatrix} \qquad\qquad = \begin{pmatrix} 1 & 2 \\ 3 & 4 \end{pmatrix} \qquad\qquad = \begin{pmatrix} 0 & 0 \\ 0 & 0 \end{pmatrix}$$

한편, 방정식을 풀 때 등식의 성질과 이항을 이용하여 해를 구하였듯이 행렬의 등식에서도 이항하여 계산할 수 있다.

즉, 같은 꼴의 세 행렬 A, B, X에 대하여

$$X+A=B$$

가 성립할 때, 양변에 A를 빼면

$$X+A-A=B-A \qquad \text{❭} A-A=O이므로$$
$$X+O=B-A \qquad \text{❭} X+O=X이므로$$
$$X=B-A$$

따라서 $X+A=B$는 $X=B-A$와 같이 이항하여 계산할 수 있다.

example
$A = \begin{pmatrix} 2 & 4 \\ -3 & -1 \end{pmatrix}$, $B = \begin{pmatrix} 3 & 0 \\ 1 & -2 \end{pmatrix}$일 때, 등식 $X+A=B$를 만족시키는 행렬 X를 구하면

$X+A=B$에서 좌변의 A를 우변으로 이항하면 $X=B-A$이므로

$$X = \begin{pmatrix} 3 & 0 \\ 1 & -2 \end{pmatrix} - \begin{pmatrix} 2 & 4 \\ -3 & -1 \end{pmatrix} = \begin{pmatrix} 1 & -4 \\ 4 & -1 \end{pmatrix}$$

4 행렬의 실수배

$A = \begin{pmatrix} a_{11} & a_{12} \\ a_{21} & a_{22} \end{pmatrix}$이고 k가 실수일 때, $kA = \begin{pmatrix} ka_{11} & ka_{12} \\ ka_{21} & ka_{22} \end{pmatrix}$

하윤이와 지유는 6월 9일에 유산소 운동과 근력 운동을 각각 6월 8일에 했던 운동 시간의 두 배만큼 했다고 할 때, 두 사람이 6월 9일에 운동한 시간을 표로 나타내면 다음과 같다.

6월 8일에 운동한 시간 (단위: 분)

	유산소 운동	근력 운동
하윤	40	20
지유	25	40

6월 9일에 운동한 시간 (단위: 분)

	유산소 운동	근력 운동
하윤	$2 \times 40 = 80$	$2 \times 20 = 40$
지유	$2 \times 25 = 50$	$2 \times 40 = 80$

따라서 위의 표를 행렬로 나타내면 다음과 같다.

$$2 \underbrace{\begin{pmatrix} 40 & 20 \\ 25 & 40 \end{pmatrix}}_{\text{6월 8일에 운동한 시간}} = \underbrace{\begin{pmatrix} 80 & 40 \\ 50 & 80 \end{pmatrix}}_{\text{6월 9일에 운동한 시간}}$$

이와 같이 임의의 실수 k에 대하여 행렬 A의 각 성분을 k배한 것을 성분으로 하는 행렬을 **행렬 A의 k배**라 하고, 기호로 **kA**와 같이 나타낸다.

특히, $k=1$일 때 $1A=A$, $k=0$일 때 $0A=O$가 성립한다.

example

행렬 $A=\begin{pmatrix} 4 & 2 \\ -3 & 1 \end{pmatrix}$에 대하여

(1) $3A=3\begin{pmatrix} 4 & 2 \\ -3 & 1 \end{pmatrix}=\begin{pmatrix} 3\times 4 & 3\times 2 \\ 3\times(-3) & 3\times 1 \end{pmatrix}=\begin{pmatrix} 12 & 6 \\ -9 & 3 \end{pmatrix}$

(2) $-2A=-2\begin{pmatrix} 4 & 2 \\ -3 & 1 \end{pmatrix}=\begin{pmatrix} (-2)\times 4 & (-2)\times 2 \\ (-2)\times(-3) & (-2)\times 1 \end{pmatrix}=\begin{pmatrix} -8 & -4 \\ 6 & -2 \end{pmatrix}$

5 행렬의 실수배의 성질

같은 꼴의 두 행렬 A, B와 실수 k, l에 대하여

(1) $(kl)A=k(lA)$　　　　　　　**(2)** $(k+l)A=kA+lA$, $k(A+B)=kA+kB$

행렬의 실수배의 성질은 다음과 같다.

(1) 행렬 $A=(a_{ij})$와 실수 k, l에서 실수의 곱셈에 대한 결합법칙에 의하여 $(kl)a_{ij}=k(la_{ij})$가 성립하므로

$$(kl)A=(kl)\begin{pmatrix} \vdots \\ \cdots a_{ij} \cdots \\ \vdots \end{pmatrix}=\begin{pmatrix} \vdots \\ \cdots (kl)a_{ij} \cdots \\ \vdots \end{pmatrix}$$

$$=\begin{pmatrix} \vdots \\ \cdots k(la_{ij}) \cdots \\ \vdots \end{pmatrix}=k\left\{ l\begin{pmatrix} \vdots \\ \cdots a_{ij} \cdots \\ \vdots \end{pmatrix}\right\}=k(lA)$$

즉, 행렬 A와 실수 k, l에 대하여 $(kl)A=k(lA)$가 성립한다.

(2) 행렬 $A=(a_{ij})$와 실수 k, l에서 실수의 곱셈에 대한 분배법칙에 의하여 $(k+l)a_{ij}=ka_{ij}+la_{ij}$가 성립하므로

$$(k+l)A=(k+l)\begin{pmatrix} \vdots \\ \cdots a_{ij} \cdots \\ \vdots \end{pmatrix}=\begin{pmatrix} \vdots \\ \cdots (k+l)a_{ij} \cdots \\ \vdots \end{pmatrix}$$

$$=\begin{pmatrix} \vdots \\ \cdots ka_{ij}+la_{ij} \cdots \\ \vdots \end{pmatrix}=k\begin{pmatrix} \vdots \\ \cdots a_{ij} \cdots \\ \vdots \end{pmatrix}+l\begin{pmatrix} \vdots \\ \cdots a_{ij} \cdots \\ \vdots \end{pmatrix}=kA+lA$$

즉, 행렬 A와 실수 k, l에 대하여 $(k+l)A=kA+lA$가 성립한다.

또한 같은 꼴의 행렬 $A = (a_{ij})$, $B = (b_{ij})$와 실수 k에서 실수의 곱셈에 대한 분배법칙에 의하여 $k(a_{ij} + b_{ij}) = ka_{ij} + kb_{ij}$가 성립하므로

$$k(A+B) = k\left\{\begin{pmatrix} \vdots \\ \cdots a_{ij} \cdots \\ \vdots \end{pmatrix} + \begin{pmatrix} \vdots \\ \cdots b_{ij} \cdots \\ \vdots \end{pmatrix}\right\} = \begin{pmatrix} \vdots \\ \cdots k(a_{ij}+b_{ij}) \cdots \\ \vdots \end{pmatrix}$$

$$= \begin{pmatrix} \vdots \\ \cdots ka_{ij}+kb_{ij} \cdots \\ \vdots \end{pmatrix} = k\begin{pmatrix} \vdots \\ \cdots a_{ij} \cdots \\ \vdots \end{pmatrix} + k\begin{pmatrix} \vdots \\ \cdots b_{ij} \cdots \\ \vdots \end{pmatrix} = kA + kB$$

즉, 같은 꼴의 행렬 A, B와 실수 k에 대하여 $k(A+B) = kA + kB$가 성립한다.

개념 CHECK

빠른 정답 · 500쪽 / 정답과 풀이 · 159쪽

02. 행렬의 덧셈, 뺄셈과 실수배

01 두 행렬 $A = \begin{pmatrix} 2 & -3 \\ 0 & 1 \end{pmatrix}$, $B = \begin{pmatrix} 3 & 0 \\ -4 & -1 \end{pmatrix}$에 대하여 다음을 계산하시오.

(1) $A + B$ (2) $A - B$

(3) $2A$ (4) $3A + 2B$

02 행렬 $A = \begin{pmatrix} 1 & 2 \\ -3 & 7 \end{pmatrix}$에 대하여 등식 $A + X = O$를 만족시키는 행렬 X를 구하시오.

(단, O는 영행렬이다.)

03 두 행렬 $A = \begin{pmatrix} 3 & 2 \\ -5 & 1 \end{pmatrix}$, $B = \begin{pmatrix} 4 & 2 \\ 1 & -2 \end{pmatrix}$에 대하여 $2(3A-B)-5A$를 계산하시오.

04 두 행렬 $A = \begin{pmatrix} 3 & 1 \\ 1 & 4 \end{pmatrix}$, $B = \begin{pmatrix} -2 & 6 \\ -1 & -3 \end{pmatrix}$에 대하여 등식 $2(X-A) = X+B$를 만족시키는 행렬 X를 구하시오.

대표 예제 | 03

다음 물음에 답하시오.

(1) 두 행렬 $A=\begin{pmatrix} 2 & -1 \\ 3 & 1 \end{pmatrix}$, $B=\begin{pmatrix} -1 & 4 \\ 0 & -2 \end{pmatrix}$에 대하여 $2(3A+B)-3(A-B)$를 계산하시오.

(2) 두 행렬 $A=\begin{pmatrix} -4 & 2 \\ -2 & 6 \end{pmatrix}$, $B=\begin{pmatrix} -1 & 0 \\ 2 & 3 \end{pmatrix}$에 대하여 $X+A=3X+2(A-2B)$를 만족시키는 행렬 X를 구하시오.

바로 접근

(1) 행렬의 덧셈에 대한 성질과 행렬의 실수배에 대한 성질을 이용하여 주어진 식을 간단히 한 후 행렬을 대입한다.

(2) 주어진 등식을 문자식처럼 생각하고 적절히 이항하여 X를 A, B에 대한 식으로 나타낸 후 행렬을 대입한다.

바른 풀이

(1) $2(3A+B)-3(A-B)$를 전개한 후 간단히 하면

$2(3A+B)-3(A-B)=6A+2B-3A+3B=3A+5B$ ····· ㉠

㉠에 $A=\begin{pmatrix} 2 & -1 \\ 3 & 1 \end{pmatrix}$, $B=\begin{pmatrix} -1 & 4 \\ 0 & -2 \end{pmatrix}$를 대입하여 계산하면

$3A+5B=3\begin{pmatrix} 2 & -1 \\ 3 & 1 \end{pmatrix}+5\begin{pmatrix} -1 & 4 \\ 0 & -2 \end{pmatrix}$

$=\begin{pmatrix} 6 & -3 \\ 9 & 3 \end{pmatrix}+\begin{pmatrix} -5 & 20 \\ 0 & -10 \end{pmatrix}=\begin{pmatrix} 1 & 17 \\ 9 & -7 \end{pmatrix}$

(2) $X+A=3X+2(A-2B)$를 X에 대하여 정리하면

$X+A=3X+2A-4B$, $-2X=A-4B$ ∴ $X=-\frac{1}{2}A+2B$ ····· ㉠

㉠에 $A=\begin{pmatrix} -4 & 2 \\ -2 & 6 \end{pmatrix}$, $B=\begin{pmatrix} -1 & 0 \\ 2 & 3 \end{pmatrix}$을 대입하여 계산하면

$X=-\frac{1}{2}A+2B=-\frac{1}{2}\begin{pmatrix} -4 & 2 \\ -2 & 6 \end{pmatrix}+2\begin{pmatrix} -1 & 0 \\ 2 & 3 \end{pmatrix}$

$=\begin{pmatrix} 2 & -1 \\ 1 & -3 \end{pmatrix}+\begin{pmatrix} -2 & 0 \\ 4 & 6 \end{pmatrix}=\begin{pmatrix} 0 & -1 \\ 5 & 3 \end{pmatrix}$

정답 (1) $\begin{pmatrix} 1 & 17 \\ 9 & -7 \end{pmatrix}$ (2) $\begin{pmatrix} 0 & -1 \\ 5 & 3 \end{pmatrix}$

Bible Says

행렬식이 주어진 경우에는 처음부터 행렬을 대입하려 하지 말고 행렬식을 간단히 정리한 후에 행렬을 대입하도록 하자.

한번 더하기

03-1

다음 물음에 답하시오.

(1) 두 행렬 $A=\begin{pmatrix} -3 & 5 \\ 2 & 1 \end{pmatrix}$, $B=\begin{pmatrix} 1 & -2 \\ 4 & -1 \end{pmatrix}$에 대하여 $2(A-2B)+7B$를 계산하시오.

(2) 두 행렬 $A=\begin{pmatrix} 2 & 0 \\ -1 & 5 \end{pmatrix}$, $B=\begin{pmatrix} 3 & 5 \\ -2 & 4 \end{pmatrix}$에 대하여 $2(X-A)-3B=X-3A$를 만족시키는 행렬 X를 구하시오.

표현 더하기

03-2

두 행렬 $A=\begin{pmatrix} 3 & -4 \\ 0 & 1 \end{pmatrix}$, $B=\begin{pmatrix} 1 & 2 \\ -3 & 7 \end{pmatrix}$에 대하여 등식 $3X-2A=X+2(A-B)$를 만족시키는 행렬 X의 모든 성분의 합을 구하시오.

표현 더하기

03-3

두 이차정사각행렬 A, B에 대하여 $A+B=\begin{pmatrix} 1 & 4 \\ 5 & 2 \end{pmatrix}$, $A-B=\begin{pmatrix} -3 & 0 \\ -1 & 6 \end{pmatrix}$일 때, 두 행렬 A, B를 각각 구하시오.

표현 더하기

03-4

두 행렬 $A=\begin{pmatrix} 3 & 0 \\ 1 & 2 \end{pmatrix}$, $B=\begin{pmatrix} 6 & 5 \\ 7 & 14 \end{pmatrix}$에 대하여 $X-3Y=A$, $2X-Y=B$를 만족시키는 두 행렬 X, Y가 있다. 행렬 $X-Y$의 성분 중에서 최댓값을 구하시오.

대표 예제 | 04

다음 물음에 답하시오.

(1) 등식 $3\begin{pmatrix} a & 1 \\ 4 & b \end{pmatrix} - 2\begin{pmatrix} -3 & a \\ b & 5 \end{pmatrix} = \begin{pmatrix} 3 & 5 \\ 4 & 2 \end{pmatrix}$ 를 만족시키는 실수 a, b에 대하여 $a-b$의 값을 구하시오.

(2) 두 행렬 $A = \begin{pmatrix} 1 & 2 \\ 2 & 1 \end{pmatrix}$, $B = \begin{pmatrix} -1 & 3 \\ 3 & -1 \end{pmatrix}$ 에 대하여 행렬 $\begin{pmatrix} 3 & 1 \\ 1 & 3 \end{pmatrix}$ 을 $xA + yB$ 꼴로 나타낼 때, 실수 x, y에 대하여 $x+y$의 값을 구하시오.

바로 접근

(1) 등식의 좌변을 계산한 다음 행렬이 서로 같을 조건을 이용한다.

(2) 행렬이 서로 같을 조건을 이용하여 $\begin{pmatrix} 3 & 1 \\ 1 & 3 \end{pmatrix} = xA + yB$ 를 만족시키는 실수 x, y의 값을 각각 구한다.

바른 풀이

(1) $3\begin{pmatrix} a & 1 \\ 4 & b \end{pmatrix} - 2\begin{pmatrix} -3 & a \\ b & 5 \end{pmatrix} = \begin{pmatrix} 3 & 5 \\ 4 & 2 \end{pmatrix}$ 에서

$\begin{pmatrix} 3a & 3 \\ 12 & 3b \end{pmatrix} - \begin{pmatrix} -6 & 2a \\ 2b & 10 \end{pmatrix} = \begin{pmatrix} 3 & 5 \\ 4 & 2 \end{pmatrix}$, $\begin{pmatrix} 3a+6 & 3-2a \\ 12-2b & 3b-10 \end{pmatrix} = \begin{pmatrix} 3 & 5 \\ 4 & 2 \end{pmatrix}$

두 행렬이 서로 같을 조건에 의하여 $3a+6=3$, $12-2b=4$

$\therefore a=-1$, $b=4$

$\therefore a-b=(-1)-4=-5$

(2) $xA + yB = \begin{pmatrix} 3 & 1 \\ 1 & 3 \end{pmatrix}$ 을 만족시키므로 행렬 A, B를 대입하여 정리하면

$x\begin{pmatrix} 1 & 2 \\ 2 & 1 \end{pmatrix} + y\begin{pmatrix} -1 & 3 \\ 3 & -1 \end{pmatrix} = \begin{pmatrix} 3 & 1 \\ 1 & 3 \end{pmatrix}$, $\begin{pmatrix} x & 2x \\ 2x & x \end{pmatrix} + \begin{pmatrix} -y & 3y \\ 3y & -y \end{pmatrix} = \begin{pmatrix} 3 & 1 \\ 1 & 3 \end{pmatrix}$

$\therefore \begin{pmatrix} x-y & 2x+3y \\ 2x+3y & x-y \end{pmatrix} = \begin{pmatrix} 3 & 1 \\ 1 & 3 \end{pmatrix}$

두 행렬이 서로 같을 조건에 의하여 $x-y=3$, $2x+3y=1$

두 식을 연립하여 풀면 $x=2$, $y=-1$

$\therefore x+y=2+(-1)=1$

정답 (1) -5 (2) 1

Bible Says

두 행렬이 서로 같을 조건

$\begin{pmatrix} a_{11} & a_{12} \\ a_{21} & a_{22} \end{pmatrix} = \begin{pmatrix} b_{11} & b_{12} \\ b_{21} & b_{22} \end{pmatrix}$ 이면 $a_{11}=b_{11}$, $a_{12}=b_{12}$, $a_{21}=b_{21}$, $a_{22}=b_{22}$이다.

한번 더하기

04-1 다음 물음에 답하시오.

(1) 등식 $2\begin{pmatrix} x & 2 \\ 3 & y \end{pmatrix} - 5\begin{pmatrix} 1 & x \\ y & 2 \end{pmatrix} = \begin{pmatrix} -3 & -1 \\ -4 & -6 \end{pmatrix}$을 만족시키는 실수 x, y에 대하여 x^2+y^2의

값을 구하시오.

(2) 두 행렬 $A = \begin{pmatrix} 1 & 0 \\ -1 & 3 \end{pmatrix}$, $B = \begin{pmatrix} 1 & -2 \\ 3 & 5 \end{pmatrix}$에 대하여 행렬 $\begin{pmatrix} 1 & 4 \\ -9 & -1 \end{pmatrix}$을 $xA+yB$ 꼴로

나타낼 때, 실수 x, y에 대하여 xy의 값을 구하시오.

표현 더하기

04-2 등식 $\begin{pmatrix} a & 3 \\ 5 & b \end{pmatrix} + \begin{pmatrix} -3 & c \\ -1 & 2 \end{pmatrix} = \begin{pmatrix} b & -2 \\ a & c \end{pmatrix} + \begin{pmatrix} -1 & a \\ b & 5 \end{pmatrix}$를 만족시키는 상수 a, b, c에 대하여

$a+b+c$의 값을 구하시오.

표현 더하기

04-3 세 행렬 $A = \begin{pmatrix} 1 & 3 \\ 4 & 5 \end{pmatrix}$, $B = \begin{pmatrix} -1 & a \\ 3 & b \end{pmatrix}$, $C = \begin{pmatrix} 5 & b \\ -1 & a \end{pmatrix}$에 대하여 $C = xA+yB$일 때,

$x+y+a+b$의 값을 구하시오.

실력 더하기

04-4 두 이차정사각행렬 A, B에 대하여 행렬 A의 (i, j) 성분 a_{ij}와 행렬 B의 (i, j) 성분 b_{ij}가

각각 $a_{ij}=a_{ji}$, $b_{ij}=-b_{ji}$를 만족시킨다. $A+B = \begin{pmatrix} 3 & 6 \\ -2 & 4 \end{pmatrix}$일 때, $a_{11}+a_{12}$의 값을 구하시오.

03 행렬의 곱셈

1 행렬의 곱셈

두 행렬 $A=\begin{pmatrix} a_{11} & a_{12} \\ a_{21} & a_{22} \end{pmatrix}$, $B=\begin{pmatrix} b_{11} & b_{12} \\ b_{21} & b_{22} \end{pmatrix}$에 대하여

$$AB=\begin{pmatrix} a_{11}b_{11}+a_{12}b_{21} & a_{11}b_{12}+a_{12}b_{22} \\ a_{21}b_{11}+a_{22}b_{21} & a_{21}b_{12}+a_{22}b_{22} \end{pmatrix}$$

$$\begin{pmatrix} a_{11} & a_{12} \\ a_{21} & a_{22} \end{pmatrix}\begin{pmatrix} b_{11} & b_{12} \\ b_{21} & b_{22} \end{pmatrix}=\begin{pmatrix} a_{11}b_{11}+a_{12}b_{21} & a_{11}b_{12}+a_{12}b_{22} \\ a_{21}b_{11}+a_{22}b_{21} & a_{21}b_{12}+a_{22}b_{22} \end{pmatrix}$$

하준이네 반과 시우네 반에서 A, B 두 수학 교재를 사용하려고 한다. 왼쪽 표는 두 교재의 온라인 서점과 학교 앞 서점의 판매가를 나타낸 것이고, 오른쪽 표는 하준이네 반과 시우네 반에서 신청한 교재 수를 나타낸 것이다.

교재의 가격 (단위: 천 원)

	A	B
온라인 서점	12	8
학교 앞 서점	11	9

신청한 교재 수 (단위: 권)

	하준이네 반	시우네 반
A	7	6
B	5	10

교재의 가격과 신청한 교재 수를 나타낸 표를 각각 행렬로 나타내면

$$\begin{pmatrix} 12 & 8 \\ 11 & 9 \end{pmatrix}, \begin{pmatrix} 7 & 6 \\ 5 & 10 \end{pmatrix}$$

이고 각 서점에서 각 반의 신청 교재를 모두 주문했을 때의 총 지불 가격을 행렬의 성분별로 따로 계산해 보면 다음과 같다.

$$\begin{pmatrix} 12 & 8 \\ 11 & 9 \end{pmatrix}\begin{pmatrix} 7 & 6 \\ 5 & 10 \end{pmatrix}=\begin{pmatrix} 12\times7+8\times5 & \blacksquare \\ \blacksquare & \blacksquare \end{pmatrix}$$

제1행 제1열 ➡ (1, 1) 성분

$$\begin{pmatrix} 12 & 8 \\ 11 & 9 \end{pmatrix}\begin{pmatrix} 7 & 6 \\ 5 & 10 \end{pmatrix}=\begin{pmatrix} \blacksquare & 12\times6+8\times10 \\ \blacksquare & \blacksquare \end{pmatrix}$$

제1행 제2열 ➡ (1, 2) 성분

$$\begin{pmatrix} 12 & 8 \\ 11 & 9 \end{pmatrix}\begin{pmatrix} 7 & 6 \\ 5 & 10 \end{pmatrix}=\begin{pmatrix} \blacksquare & \blacksquare \\ 11\times7+9\times5 & \blacksquare \end{pmatrix}$$

제2행 제1열 ➡ (2, 1) 성분

$$\begin{pmatrix} 12 & 8 \\ 11 & 9 \end{pmatrix}\begin{pmatrix} 7 & 6 \\ 5 & 10 \end{pmatrix}=\begin{pmatrix} \blacksquare & \blacksquare \\ \blacksquare & 11\times6+9\times10 \end{pmatrix}$$

제2행 제2열 ➡ (2, 2) 성분

따라서 각 서점에서 각 반의 신청 교재를 모두 주문했을 때의 총 지불 가격을 행렬로 나타내면

$$\begin{pmatrix} 12 & 8 \\ 11 & 9 \end{pmatrix}\begin{pmatrix} 7 & 6 \\ 5 & 10 \end{pmatrix}=\begin{pmatrix} 12\times7+8\times5 & 12\times6+8\times10 \\ 11\times7+9\times5 & 11\times6+9\times10 \end{pmatrix}=\begin{pmatrix} 124 & 152 \\ 122 & 156 \end{pmatrix}$$

이고, 행렬을 표로 나타내면 다음과 같다.

	총 지불 가격	(단위: 천 원)
	하준이네 반	시우네 반
온라인 서점	124	152
학교 앞 서점	122	156

일반적으로 행렬 A의 열의 개수와 행렬 B의 행의 개수가 같을 때, 행렬 A의 제i행의 성분과 행렬 B의 제j열의 성분을 각각 차례대로 곱하여 더한 값을 (i, j) 성분으로 하는 행렬을 **두 행렬 A와 B의 곱**이라 하고, 기호로 AB와 같이 나타낸다.
이때 행렬 A가 $m \times l$ 행렬, 행렬 B가 $l \times n$ 행렬이면 두 행렬의 곱 AB는 $m \times n$ 행렬이다.

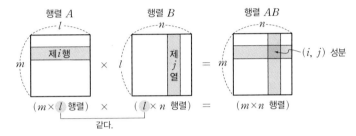

두 행렬 A, B의 곱 AB에서 주의할 점은 행렬 A의 열의 개수와 행렬 B의 행의 개수가 같은 경우에만 가능하다는 것이다. 예를 들어 두 행렬 $A = (1 \ \ 2)$, $B = \begin{pmatrix} 1 & 3 & 5 \\ 2 & 4 & 6 \end{pmatrix}$에 대하여 행렬 A는 1×2 행렬, 행렬 B는 2×3 행렬이므로 곱 AB는 1×3 행렬로 존재하지만 곱 BA는 존재하지 않는다.

12

몇 가지 간단한 행렬의 곱셈을 알아보면 다음과 같다.

① $(a \ \ b)\begin{pmatrix} x \\ y \end{pmatrix} = (ax+by)$ ← 1×1 행렬

② $\begin{pmatrix} a \\ b \end{pmatrix}(x \mid y) = \begin{pmatrix} ax & ay \\ bx & by \end{pmatrix}$ ← 2×2 행렬

③ $\begin{pmatrix} a & b \\ c & d \end{pmatrix}\begin{pmatrix} x \\ y \end{pmatrix} = \begin{pmatrix} ax+by \\ cx+dy \end{pmatrix}$ ← 2×1 행렬

④ $(a \ \ b)\begin{pmatrix} x & z \\ y & w \end{pmatrix} = (ax+by \ \ az+bw)$ ← 1×2 행렬

example

(1) $\begin{pmatrix} 2 & -1 \\ 1 & 3 \end{pmatrix}\begin{pmatrix} -3 & 4 \\ -2 & 0 \end{pmatrix} = \begin{pmatrix} 2\times(-3)+(-1)\times(-2) & 2\times4+(-1)\times0 \\ 1\times(-3)+3\times(-2) & 1\times4+3\times0 \end{pmatrix}$

$= \begin{pmatrix} -4 & 8 \\ -9 & 4 \end{pmatrix}$

(2) $(4 \ \ 3)\begin{pmatrix} -2 \\ 5 \end{pmatrix} = (4\times(-2)+3\times5) = (7)$

(3) $\begin{pmatrix} 2 & 0 \\ 3 & -1 \end{pmatrix}\begin{pmatrix} 1 \\ -3 \end{pmatrix} = \begin{pmatrix} 2\times1+0\times(-3) \\ 3\times1+(-1)\times(-3) \end{pmatrix} = \begin{pmatrix} 2 \\ 6 \end{pmatrix}$

(4) $(2 \ \ 1)\begin{pmatrix} 3 & -1 \\ 0 & 5 \end{pmatrix} = (2\times3+1\times0 \ \ \ 2\times(-1)+1\times5) = (6 \ \ 3)$

정사각행렬 A와 자연수 n에 대하여

$$A^2 = AA, \quad A^3 = A^2A, \quad A^4 = A^3A, \quad \cdots, \quad A^n = A^{n-1}A$$

실수의 거듭제곱과 마찬가지로 임의의 정사각행렬 A에 대하여

정사각행렬인 경우만 행렬의 거듭제곱을 생각한다.

$$A^2 = AA, \ A^3 = AAA = A^2A, \ A^4 = AAAA = A^3A, \ \cdots,$$

$$A^n = \underbrace{AAA \cdots A}_{n\text{개}} = A^{n-1}A \ (n \geq 2\text{인 자연수})$$

와 같이 행렬의 거듭제곱을 정한다.

example

행렬 $A = \begin{pmatrix} 1 & 2 \\ 0 & 1 \end{pmatrix}$에 대하여

(1) $A^2 = AA = \begin{pmatrix} 1 & 2 \\ 0 & 1 \end{pmatrix}\begin{pmatrix} 1 & 2 \\ 0 & 1 \end{pmatrix} = \begin{pmatrix} 1\times1+2\times0 & 1\times2+2\times1 \\ 0\times1+1\times0 & 0\times2+1\times1 \end{pmatrix} = \begin{pmatrix} 1 & 4 \\ 0 & 1 \end{pmatrix}$

(2) $A^3 = A^2A = \begin{pmatrix} 1 & 4 \\ 0 & 1 \end{pmatrix}\begin{pmatrix} 1 & 2 \\ 0 & 1 \end{pmatrix} = \begin{pmatrix} 1\times1+4\times0 & 1\times2+4\times1 \\ 0\times1+1\times0 & 0\times2+1\times1 \end{pmatrix} = \begin{pmatrix} 1 & 6 \\ 0 & 1 \end{pmatrix}$

3 행렬의 곱셈에 대한 성질

합과 곱을 할 수 있는 세 행렬 A, B, C에 대하여

(1) 일반적으로 곱셈에 대한 교환법칙이 성립하지 않는다. 즉, $AB \neq BA$이다.

(2) 결합법칙: $(AB)C = A(BC)$

(3) 분배법칙: $A(B+C) = AB + AC$, $(A+B)C = AC + BC$

(4) $k(AB) = (kA)B = A(kB)$ (단, k는 실수)

실수의 곱셈에서는 교환법칙이 성립하지만 행렬의 곱셈에서는 일반적으로 교환법칙이 성립하지 않는다.

예를 들어 두 행렬 $A = \begin{pmatrix} 1 & 2 \\ 3 & 5 \end{pmatrix}$, $B = \begin{pmatrix} -2 & 1 \\ 1 & 1 \end{pmatrix}$에 대하여

$$AB = \begin{pmatrix} 1 & 2 \\ 3 & 5 \end{pmatrix}\begin{pmatrix} -2 & 1 \\ 1 & 1 \end{pmatrix} = \begin{pmatrix} 0 & 3 \\ -1 & 8 \end{pmatrix}, \ BA = \begin{pmatrix} -2 & 1 \\ 1 & 1 \end{pmatrix}\begin{pmatrix} 1 & 2 \\ 3 & 5 \end{pmatrix} = \begin{pmatrix} 1 & 1 \\ 4 & 7 \end{pmatrix}$$

이므로 $\begin{pmatrix} 0 & 3 \\ -1 & 8 \end{pmatrix} \neq \begin{pmatrix} 1 & 1 \\ 4 & 7 \end{pmatrix}$, 즉 $AB \neq BA$임을 알 수 있다.

행렬의 곱셈에서도 실수의 곱셈에서와 같이 결합법칙이 성립한다.

example

세 행렬 $A=\begin{pmatrix} 2 & 1 \\ 0 & 1 \end{pmatrix}$, $B=\begin{pmatrix} 1 & -3 \\ -2 & 4 \end{pmatrix}$, $C=\begin{pmatrix} 1 & -1 \\ -1 & 1 \end{pmatrix}$에 대하여

(i) $AB=\begin{pmatrix} 2 & 1 \\ 0 & 1 \end{pmatrix}\begin{pmatrix} 1 & -3 \\ -2 & 4 \end{pmatrix}=\begin{pmatrix} 0 & -2 \\ -2 & 4 \end{pmatrix}$이므로

$(AB)C=\begin{pmatrix} 0 & -2 \\ -2 & 4 \end{pmatrix}\begin{pmatrix} 1 & -1 \\ -1 & 1 \end{pmatrix}=\begin{pmatrix} 2 & -2 \\ -6 & 6 \end{pmatrix}$

(ii) $BC=\begin{pmatrix} 1 & -3 \\ -2 & 4 \end{pmatrix}\begin{pmatrix} 1 & -1 \\ -1 & 1 \end{pmatrix}=\begin{pmatrix} 4 & -4 \\ -6 & 6 \end{pmatrix}$이므로

$A(BC)=\begin{pmatrix} 2 & 1 \\ 0 & 1 \end{pmatrix}\begin{pmatrix} 4 & -4 \\ -6 & 6 \end{pmatrix}=\begin{pmatrix} 2 & -2 \\ -6 & 6 \end{pmatrix}$

(i), (ii)에서 $(AB)C=A(BC)$ ← 결합법칙이 성립한다.

참고 행렬의 곱셈에 대한 결합법칙이 성립하므로 $(AB)C=A(BC)$를 간단히 ABC로 나타낼 수 있다.

행렬의 곱셈에서도 실수의 곱셈에서와 같이 분배법칙이 성립한다.

example

세 행렬 $A=\begin{pmatrix} 2 & 1 \\ 0 & 1 \end{pmatrix}$, $B=\begin{pmatrix} 1 & -3 \\ -2 & 4 \end{pmatrix}$, $C=\begin{pmatrix} 1 & -1 \\ -1 & 1 \end{pmatrix}$에 대하여

(1) $A(B+C)=AB+AC$

(i) $B+C=\begin{pmatrix} 1 & -3 \\ -2 & 4 \end{pmatrix}+\begin{pmatrix} 1 & -1 \\ -1 & 1 \end{pmatrix}=\begin{pmatrix} 2 & -4 \\ -3 & 5 \end{pmatrix}$이므로

$A(B+C)=\begin{pmatrix} 2 & 1 \\ 0 & 1 \end{pmatrix}\begin{pmatrix} 2 & -4 \\ -3 & 5 \end{pmatrix}=\begin{pmatrix} 1 & -3 \\ -3 & 5 \end{pmatrix}$

(ii) $AB=\begin{pmatrix} 0 & -2 \\ -2 & 4 \end{pmatrix}$, $AC=\begin{pmatrix} 1 & -1 \\ -1 & 1 \end{pmatrix}$이므로

$AB+AC=\begin{pmatrix} 0 & -2 \\ -2 & 4 \end{pmatrix}+\begin{pmatrix} 1 & -1 \\ -1 & 1 \end{pmatrix}=\begin{pmatrix} 1 & -3 \\ -3 & 5 \end{pmatrix}$

(i), (ii)에서 $A(B+C)=AB+AC$ ← 분배법칙이 성립한다.

(2) $(A+B)C=AC+BC$

(i) $A+B=\begin{pmatrix} 2 & 1 \\ 0 & 1 \end{pmatrix}+\begin{pmatrix} 1 & -3 \\ -2 & 4 \end{pmatrix}=\begin{pmatrix} 3 & -2 \\ -2 & 5 \end{pmatrix}$이므로

$(A+B)C=\begin{pmatrix} 3 & -2 \\ -2 & 5 \end{pmatrix}\begin{pmatrix} 1 & -1 \\ -1 & 1 \end{pmatrix}=\begin{pmatrix} 5 & -5 \\ -7 & 7 \end{pmatrix}$

(ii) $AC=\begin{pmatrix} 1 & -1 \\ -1 & 1 \end{pmatrix}$, $BC=\begin{pmatrix} 4 & -4 \\ -6 & 6 \end{pmatrix}$이므로

$AC+BC=\begin{pmatrix} 1 & -1 \\ -1 & 1 \end{pmatrix}+\begin{pmatrix} 4 & -4 \\ -6 & 6 \end{pmatrix}=\begin{pmatrix} 5 & -5 \\ -7 & 7 \end{pmatrix}$

(i), (ii)에서 $(A+B)C=AC+BC$ ← 분배법칙이 성립한다.

곱을 할 수 있는 두 행렬 A, B와 실수 k에 대하여 $k(AB)=(kA)B=A(kB)$이 성립한다.

example

두 행렬 $A=\begin{pmatrix} 1 & 2 \\ 3 & 1 \end{pmatrix}$, $B=\begin{pmatrix} 1 & 0 \\ 2 & -1 \end{pmatrix}$과 실수 k에 대하여

(i) $AB=\begin{pmatrix} 1 & 2 \\ 3 & 1 \end{pmatrix}\begin{pmatrix} 1 & 0 \\ 2 & -1 \end{pmatrix}=\begin{pmatrix} 5 & -2 \\ 5 & -1 \end{pmatrix}$이므로

$k(AB)=k\begin{pmatrix} 5 & -2 \\ 5 & -1 \end{pmatrix}=\begin{pmatrix} 5k & -2k \\ 5k & -k \end{pmatrix}$

(ii) $(kA)B=\begin{pmatrix} k & 2k \\ 3k & k \end{pmatrix}\begin{pmatrix} 1 & 0 \\ 2 & -1 \end{pmatrix}=\begin{pmatrix} 5k & -2k \\ 5k & -k \end{pmatrix}$

(iii) $A(kB)=\begin{pmatrix} 1 & 2 \\ 3 & 1 \end{pmatrix}\begin{pmatrix} k & 0 \\ 2k & -k \end{pmatrix}=\begin{pmatrix} 5k & -2k \\ 5k & -k \end{pmatrix}$

(i)~(iii)에서 $k(AB)=(kA)B=A(kB)$

한편, 행렬의 곱셈에서 교환법칙이 항상 성립하지 않는 것은 아니다.

예를 들어 두 행렬 $A=\begin{pmatrix} 1 & 1 \\ 3 & 2 \end{pmatrix}$, $B=\begin{pmatrix} 0 & 1 \\ 3 & 1 \end{pmatrix}$에 대하여

$$AB=\begin{pmatrix} 1 & 1 \\ 3 & 2 \end{pmatrix}\begin{pmatrix} 0 & 1 \\ 3 & 1 \end{pmatrix}=\begin{pmatrix} 3 & 2 \\ 6 & 5 \end{pmatrix}, \quad BA=\begin{pmatrix} 0 & 1 \\ 3 & 1 \end{pmatrix}\begin{pmatrix} 1 & 1 \\ 3 & 2 \end{pmatrix}=\begin{pmatrix} 3 & 2 \\ 6 & 5 \end{pmatrix}$$

이므로 이 경우에는 $AB=BA$이다.

하지만 일반적으로 교환법칙은 성립하지 않으므로 앞에서 언급한 바와 같이 행렬의 곱셈에서는 반드시 계산 순서에 주의해야 한다.

4 행렬의 곱셈과 실수의 곱셈의 차이점(1)

두 행렬 A, B에 대하여

(1) $(AB)^2 \neq A^2 B^2$

(2) $(A+B)^2 \neq A^2+2AB+B^2$

(3) $(A-B)^2 \neq A^2-2AB+B^2$

(4) $(A+B)(A-B) \neq A^2-B^2$

일반적으로 행렬의 연산에서 곱셈에 대한 교환법칙이 성립하지 않으므로 다음과 같은 연산에 주의해야 한다.
즉, $AB \neq BA$이므로

(1) $(AB)^2 \neq A^2 B^2$

(좌변)$=(AB)^2=(AB)(AB)=ABAB=A(BA)B$

(우변)$=A^2 B^2=(AA)(BB)=AABB=A(AB)B$

이때 $BA \neq AB$이므로 $(AB)^2 \neq A^2 B^2$이다.

(2) $(A+B)^2 \neq A^2+2AB+B^2$

(좌변)$=(A+B)^2=(A+B)(A+B)=AA+AB+BA+BB$

(우변)$=A^2+2AB+B^2=AA+AB+AB+BB$

이때 $BA \neq AB$이므로 $(A+B)^2 \neq A^2+2AB+B^2$이다.

(3) $(A-B)^2 \neq A^2-2AB+B^2$

(좌변)$=(A-B)^2=(A-B)(A-B)=AA-AB-BA+BB$

(우변)$=A^2-2AB+B^2=AA-AB-AB+BB$

이때 $BA \neq AB$이므로 $(A-B)^2 \neq A^2-2AB+B^2$이다.

(4) $(A+B)(A-B) \neq A^2-B^2$

(좌변)$=(A+B)(A-B)=AA-AB+BA-BB$

(우변)$=AA-BB$

이때 $AB \neq BA$이면 $(A+B)(A-B) \neq A^2-B^2$이다.

example

두 행렬 $A=\begin{pmatrix} 1 & 2 \\ -1 & -3 \end{pmatrix}$, $B=\begin{pmatrix} -2 & -3 \\ 0 & -2 \end{pmatrix}$에 대하여

$(A+B)^2 \neq A^2+2AB+B^2$임을 확인하면

$A+B=\begin{pmatrix} 1 & 2 \\ -1 & -3 \end{pmatrix}+\begin{pmatrix} -2 & -3 \\ 0 & -2 \end{pmatrix}=\begin{pmatrix} -1 & -1 \\ -1 & -5 \end{pmatrix}$이므로

$\begin{aligned}
\text{(좌변)} &= (A+B)^2 \\
&= \begin{pmatrix} -1 & -1 \\ -1 & -5 \end{pmatrix}\begin{pmatrix} -1 & -1 \\ -1 & -5 \end{pmatrix} \\
&= \begin{pmatrix} 2 & 6 \\ 6 & 26 \end{pmatrix}
\end{aligned}$

$\begin{aligned}
\text{(우변)} &= A^2+2AB+B^2 \\
&= \begin{pmatrix} 1 & 2 \\ -1 & -3 \end{pmatrix}\begin{pmatrix} 1 & 2 \\ -1 & -3 \end{pmatrix}+2\begin{pmatrix} 1 & 2 \\ -1 & -3 \end{pmatrix}\begin{pmatrix} -2 & -3 \\ 0 & -2 \end{pmatrix}+\begin{pmatrix} -2 & -3 \\ 0 & -2 \end{pmatrix}\begin{pmatrix} -2 & -3 \\ 0 & -2 \end{pmatrix} \\
&= \begin{pmatrix} -1 & -4 \\ 2 & 7 \end{pmatrix}+\begin{pmatrix} -4 & -14 \\ 4 & 18 \end{pmatrix}+\begin{pmatrix} 4 & 12 \\ 0 & 4 \end{pmatrix} \\
&= \begin{pmatrix} -1 & -6 \\ 6 & 29 \end{pmatrix}
\end{aligned}$

$\therefore (A+B)^2 \neq A^2+2AB+B^2$

한편, 위의 연산 모두 항상 등호가 성립하지 않는 것은 아니다.

특히, (2)~(4)의 연산은 두 행렬 A, B에 대하여 곱셈에 대한 교환법칙이 성립하면, 즉 $AB=BA$이면 다음과 같이 등호가 성립한다.

$$(A+B)^2=A^2+2AB+B^2$$
$$(A-B)^2=A^2-2AB+B^2$$
$$(A+B)(A-B)=A^2-B^2$$

거꾸로 위의 등식이 각각 성립한다는 것은 $AB=BA$가 성립한다는 것을 의미한다.

두 행렬 $A=\begin{pmatrix} 1 & -2 \\ 3 & -1 \end{pmatrix}$, $B=\begin{pmatrix} 1 & a \\ -3 & 3 \end{pmatrix}$에 대하여 $(A+B)^2=A^2+2AB+B^2$이 성립할

때, a의 값을 구하면

(좌변)$=(A+B)^2=(A+B)(A+B)=A^2+AB+BA+B^2$이므로

등식 $(A+B)^2=A^2+2AB+B^2$이 성립하려면 $AB+BA=2AB$, 즉 $AB=BA$이어

야 한다.

$$AB=\begin{pmatrix} 1 & -2 \\ 3 & -1 \end{pmatrix}\begin{pmatrix} 1 & a \\ -3 & 3 \end{pmatrix}=\begin{pmatrix} 7 & a-6 \\ 6 & 3a-3 \end{pmatrix},$$

$$BA=\begin{pmatrix} 1 & a \\ -3 & 3 \end{pmatrix}\begin{pmatrix} 1 & -2 \\ 3 & -1 \end{pmatrix}=\begin{pmatrix} 1+3a & -2-a \\ 6 & 3 \end{pmatrix}$$ 이므로

$7=1+3a$, $a-6=-2-a$, $3a-3=3$이어야 한다.

$\therefore a=2$

5 행렬의 곱셈과 실수의 곱셈의 차이점(2)

(1) 두 행렬 A, B에 대하여 $AB=O$이지만 $A\neq O$이고 $B\neq O$인 경우가 있다.
(2) 세 행렬 A, B, C에 대하여 $A\neq O$일 때, $AB=AC$이지만 $B\neq C$인 경우가 있다.

임의의 정사각행렬 A에 대하여 같은 꼴의 영행렬을 O라 하면 $AO=OA=O$가 성립한다.

한편, 실수의 곱셈에서는 '$ab=0$이면 $a=0$ 또는 $b=0$'인 반면 행렬의 곱셈에서는 '$AB=O$이지

만 $A\neq O$이고 $B\neq O$'인 경우가 있다.

두 행렬 $A=\begin{pmatrix} 1 & 2 \\ 2 & 4 \end{pmatrix}$, $B=\begin{pmatrix} -2 & 2 \\ 1 & -1 \end{pmatrix}$에 대하여 $A\neq O$, $B\neq O$이지만

$$AB=\begin{pmatrix} 1 & 2 \\ 2 & 4 \end{pmatrix}\begin{pmatrix} -2 & 2 \\ 1 & -1 \end{pmatrix}=\begin{pmatrix} 0 & 0 \\ 0 & 0 \end{pmatrix}$$

즉, $AB=O$를 만족시킨다.

또한 실수의 곱셈에서는 '$a\neq 0$일 때, $ab=ac$이면 $b=c$'인 반면 행렬의 곱셈에서는 '$A\neq O$일 때,

$AB=AC$이지만 $B\neq C$'인 경우가 있다.

세 행렬 $A=\begin{pmatrix} 0 & 1 \\ 0 & 1 \end{pmatrix}$, $B=\begin{pmatrix} 1 & 1 \\ 2 & 2 \end{pmatrix}$, $C=\begin{pmatrix} -1 & 3 \\ 2 & 2 \end{pmatrix}$에 대하여

$$AB=\begin{pmatrix} 0 & 1 \\ 0 & 1 \end{pmatrix}\begin{pmatrix} 1 & 1 \\ 2 & 2 \end{pmatrix}=\begin{pmatrix} 2 & 2 \\ 2 & 2 \end{pmatrix}, \quad AC=\begin{pmatrix} 0 & 1 \\ 0 & 1 \end{pmatrix}\begin{pmatrix} -1 & 3 \\ 2 & 2 \end{pmatrix}=\begin{pmatrix} 2 & 2 \\ 2 & 2 \end{pmatrix}$$

즉, $AB=AC$이지만 $B\neq C$이다.

(1) **단위행렬**: 정사각행렬 중 왼쪽 위에서 오른쪽 아래로 내려가는 대각선 위의 성분이 모두 1이고, 그 외 나머지 성분이 모두 0인 행렬을 단위행렬이라 하고, 기호 E로 나타낸다.

(2) 임의의 n차정사각행렬 A와 단위행렬 E는 $AE=EA=A$를 만족시킨다.

(3) 단위행렬의 거듭제곱은 단위행렬이다. 즉, $E^2=E$, $E^3=E$, $\cdots$, $E^n=E$ (단, n은 자연수이다.)

정사각행렬 중

$$(1), \begin{pmatrix} 1 & 0 \\ 0 & 1 \end{pmatrix}, \begin{pmatrix} 1 & 0 & 0 \\ 0 & 1 & 0 \\ 0 & 0 & 1 \end{pmatrix}, \cdots \begin{pmatrix} 1 & 0 & \cdots & 0 \\ 0 & 1 & \cdots & 0 \\ \vdots & \vdots & \ddots & 0 \\ 0 & 0 & 0 & 1 \end{pmatrix}$$

과 같이 왼쪽 위에서 오른쪽 아래로 내려가는 대각선 위의 성분이 모두 1이고, 그 외 나머지 성분이 모두 0인 행렬을 **단위행렬**이라 하고, 주로 기호 E로 나타낸다.

위의 행렬은 각각 일차단위행렬, 이차단위행렬, 삼차단위행렬, $\cdots$, n차단위행렬이다.

또한 실수의 곱셈에서 임의의 실수 x에 대하여 $x \times 1 = 1 \times x = x$가 성립하는 것과 같이 임의의 n차정사각행렬 A와 단위행렬 E는 $AE=EA=A$를 만족시킨다.

예를 들면 이차정사각행렬 $A = \begin{pmatrix} a & b \\ c & d \end{pmatrix}$와 단위행렬 $E = \begin{pmatrix} 1 & 0 \\ 0 & 1 \end{pmatrix}$에 대하여

$$AE = \begin{pmatrix} a & b \\ c & d \end{pmatrix}\begin{pmatrix} 1 & 0 \\ 0 & 1 \end{pmatrix} = \begin{pmatrix} a & b \\ c & d \end{pmatrix} = A, \quad EA = \begin{pmatrix} 1 & 0 \\ 0 & 1 \end{pmatrix}\begin{pmatrix} a & b \\ c & d \end{pmatrix} = \begin{pmatrix} a & b \\ c & d \end{pmatrix} = A$$

이므로 $AE=EA=A$임을 알 수 있다.

> **example**
>
> 두 행렬 $A = \begin{pmatrix} -1 & 3 \\ 2 & -1 \end{pmatrix}$, $E = \begin{pmatrix} 1 & 0 \\ 0 & 1 \end{pmatrix}$에 대하여
>
> $$AE = \begin{pmatrix} -1 & 3 \\ 2 & -1 \end{pmatrix}\begin{pmatrix} 1 & 0 \\ 0 & 1 \end{pmatrix} = \begin{pmatrix} -1 & 3 \\ 2 & -1 \end{pmatrix}, \quad EA = \begin{pmatrix} 1 & 0 \\ 0 & 1 \end{pmatrix}\begin{pmatrix} -1 & 3 \\ 2 & -1 \end{pmatrix} = \begin{pmatrix} -1 & 3 \\ 2 & -1 \end{pmatrix}$$
>
> 이므로 $AE=EA=A$이다.

한편, 단위행렬 $E = \begin{pmatrix} 1 & 0 \\ 0 & 1 \end{pmatrix}$의 거듭제곱을 살펴보면

$$E^2 = EE = \begin{pmatrix} 1 & 0 \\ 0 & 1 \end{pmatrix}\begin{pmatrix} 1 & 0 \\ 0 & 1 \end{pmatrix} = \begin{pmatrix} 1 & 0 \\ 0 & 1 \end{pmatrix} = E$$

이므로

$$E^3 = E^2E = EE = E, \quad E^4 = E^3E = EE = E, \quad \cdots, \quad E^n = E$$

이다. 즉, 단위행렬의 거듭제곱은 단위행렬이다.

이차정사각행렬 $A = \begin{pmatrix} a & b \\ c & d \end{pmatrix}$ 와 단위행렬 E, 영행렬 O에 대하여

$$A^2 - (a+d)A + (ad-bc)E = O$$

가 성립한다. 이를 케일리 – 해밀턴 정리라 하고, 주로 행렬로 이루어진 식을 간단하게 하거나, 행렬의 거듭제곱을 구할 때 사용된다.

example

행렬 $A = \begin{pmatrix} 1 & -3 \\ -1 & 2 \end{pmatrix}$ 에 대하여 $A^3 - 3A^2 + 4A$를 구하면

$A = \begin{pmatrix} 1 & -3 \\ -1 & 2 \end{pmatrix}$ 에서 케일리 – 해밀턴 정리에 의하여

$A^2 - (1+2)A + \{1 \times 2 - (-3) \times (-1)\}E = O$, $A^2 - 3A - E = O$

$\therefore A^2 - 3A = E$

$\therefore A^3 - 3A^2 + 4A = A(A^2 - 3A) + 4A = AE + 4A$

$$= A + 4A = 5A = 5\begin{pmatrix} 1 & -3 \\ -1 & 2 \end{pmatrix} = \begin{pmatrix} 5 & -15 \\ -5 & 10 \end{pmatrix}$$

example

행렬 $A = \begin{pmatrix} 1 & 1 \\ -3 & -2 \end{pmatrix}$ 에 대하여 A^{100}을 구하면

$A = \begin{pmatrix} 1 & 1 \\ -3 & -2 \end{pmatrix}$ 에서 케일리 – 해밀턴 정리에 의하여

$A^2 - \{1 + (-2)\}A + \{1 \times (-2) - 1 \times (-3)\}E = O$

$\therefore A^2 + A + E = O$

양변에 $A - E$를 곱하면

$(A-E)(A^2 + A + E) = (A-E)O$, $A^3 + A^2 + AE - EA^2 - EA - E^2 = O$

$A^3 + A^2 + A - A^2 - A - E = O$

$A^3 - E = O$ 　　 $\therefore A^3 = E$

$\therefore A^{100} = (A^3)^{33}A = E^{33}A = EA = A = \begin{pmatrix} 1 & 1 \\ -3 & -2 \end{pmatrix}$

한편, 케일리–해밀턴 정리를 거꾸로 하는 것은 성립하지 않는다. 즉, $A^2 - pA + qE = O$를 만족시키는 모든 $A = \begin{pmatrix} a & b \\ c & d \end{pmatrix}$에 대하여 반드시 $a+d=p$, $ad-bc=q$가 성립하는 것은 아니다.

example

행렬 $A = \begin{pmatrix} 3 & 0 \\ 0 & 3 \end{pmatrix}$ 에 대하여 $A^2 - 4A + 3E = O$가 성립하지만

$a+d=6$, $ad-bc=9$이므로 케일리 – 해밀턴 정리를 거꾸로 하는 것은 성립하지 않는다. ← $A = kE$ (k는 상수) 꼴인 경우 성립하지 않는다.

개념 CHECK

03. 행렬의 곱셈

01 다음을 계산하시오.

(1) $\begin{pmatrix} 1 & 2 \\ 3 & 5 \end{pmatrix}\begin{pmatrix} -3 \\ 2 \end{pmatrix}$

(2) $\begin{pmatrix} 1 & 0 \\ 0 & 3 \end{pmatrix}\begin{pmatrix} 1 & -3 \\ -2 & 2 \end{pmatrix}$

02 행렬 $A=\begin{pmatrix} 1 & 0 \\ -3 & 1 \end{pmatrix}$에 대하여 다음을 구하시오.

(1) A^2

(2) A^{20}

03 두 행렬 $A=\begin{pmatrix} 1 & 0 \\ 2 & -1 \end{pmatrix}$, $B=\begin{pmatrix} 2 & 0 \\ a & 1 \end{pmatrix}$에 대하여 $AB=BA$가 성립할 때, 실수 a의 값을 구하시오.

04 행렬 $A=\begin{pmatrix} 2 & -1 \\ 7 & -3 \end{pmatrix}$에 대하여 A^{50}의 모든 성분의 합을 구하시오.

대표 예제 | 05

세 행렬 $A = \begin{pmatrix} 1 & -2 \\ 3 & -4 \end{pmatrix}$, $B = \begin{pmatrix} 3 & -1 \\ 1 & 0 \end{pmatrix}$, $C = \begin{pmatrix} 2 & 2 \\ -1 & 1 \end{pmatrix}$ 에 대하여 행렬 $AB + AC$의 모든 성분의 곱을 구하시오.

바로 접근

두 이차정사각행렬의 곱셈은 다음과 같이 계산한다.

$$\begin{pmatrix} a & b \\ c & d \end{pmatrix}\begin{pmatrix} x & y \\ z & w \end{pmatrix} = \begin{pmatrix} ax+bz & ay+bw \\ cx+dz & cy+dw \end{pmatrix}$$

바른 풀이

$$AB = \begin{pmatrix} 1 & -2 \\ 3 & -4 \end{pmatrix}\begin{pmatrix} 3 & -1 \\ 1 & 0 \end{pmatrix} = \begin{pmatrix} 1 & -1 \\ 5 & -3 \end{pmatrix}$$

$$AC = \begin{pmatrix} 1 & -2 \\ 3 & -4 \end{pmatrix}\begin{pmatrix} 2 & 2 \\ -1 & 1 \end{pmatrix} = \begin{pmatrix} 4 & 0 \\ 10 & 2 \end{pmatrix}$$

$$\therefore AB + AC = \begin{pmatrix} 1 & -1 \\ 5 & -3 \end{pmatrix} + \begin{pmatrix} 4 & 0 \\ 10 & 2 \end{pmatrix} = \begin{pmatrix} 5 & -1 \\ 15 & -1 \end{pmatrix}$$

따라서 행렬 $AB + AC$의 모든 성분의 곱은

$5 \times (-1) \times 15 \times (-1) = 75$

[다른 풀이]

$AB + AC = A(B+C)$이므로 ← 분배법칙 이용

$$B + C = \begin{pmatrix} 3 & -1 \\ 1 & 0 \end{pmatrix} + \begin{pmatrix} 2 & 2 \\ -1 & 1 \end{pmatrix} = \begin{pmatrix} 5 & 1 \\ 0 & 1 \end{pmatrix}$$

$$\therefore AB + AC = A(B+C)$$
$$= \begin{pmatrix} 1 & -2 \\ 3 & -4 \end{pmatrix}\begin{pmatrix} 5 & 1 \\ 0 & 1 \end{pmatrix} = \begin{pmatrix} 5 & -1 \\ 15 & -1 \end{pmatrix}$$

따라서 행렬 $AB + AC$의 모든 성분의 곱은

$5 \times (-1) \times 15 \times (-1) = 75$

정답 75

Bible Says

행렬의 곱셈
① 행렬 A의 열의 개수와 행렬 B의 행의 개수가 같은 경우만 곱 AB를 할 수 있다.
② 행렬 A가 $m \times l$ 행렬이고, 행렬 B가 $l \times n$ 행렬이면 곱 AB는 $m \times n$ 행렬이다.

한번 더하기

05-1 네 행렬 $A=\begin{pmatrix} 3 \\ 2 \end{pmatrix}$, $B=(4 \quad -3)$, $C=\begin{pmatrix} 1 & 2 \\ -3 & 5 \end{pmatrix}$, $D=\begin{pmatrix} 2 & 1 \\ 0 & 1 \end{pmatrix}$에 대하여 행렬 $AB+CD$

의 모든 성분의 합을 구하시오.

한번 더하기

05-2 두 행렬 $A=\begin{pmatrix} 1 & 2 \\ 3 & 1 \end{pmatrix}$, $B=\begin{pmatrix} 3 & -1 \\ -2 & 1 \end{pmatrix}$에 대하여 다음을 계산하시오.

(1) $(A-B)A$ (2) $AB-BA$

표현 더하기

05-3 등식 $\begin{pmatrix} 2 & 4 \\ x & 1 \end{pmatrix}\begin{pmatrix} y & 2 \\ 3 & -3 \end{pmatrix}=\begin{pmatrix} a & -8 \\ -2 & 7 \end{pmatrix}$이 성립하도록 하는 실수 a의 값을 구하시오.

(단, x, y는 실수이다.)

표현 더하기

05-4 등식 $\begin{pmatrix} x & y \\ 1 & 1 \end{pmatrix}\begin{pmatrix} 1 & x \\ 1 & y \end{pmatrix}=\begin{pmatrix} x & 4 \\ -1 & -2 \end{pmatrix}+\begin{pmatrix} y & 1 \\ 3 & 5 \end{pmatrix}$를 만족시키는 실수 x, y에 대하여 $2x-y$의

값을 구하시오. (단, $x>y$)

대표 예제 | 06

다음 물음에 답하시오.

(1) 행렬 $A=\begin{pmatrix} 0 & -3 \\ -3 & 0 \end{pmatrix}$에 대하여 $A^3=kA$일 때, 실수 k의 값을 구하시오.

(2) 행렬 $A=\begin{pmatrix} 1 & 2 \\ 0 & 1 \end{pmatrix}$에 대하여 A^{20}의 모든 성분의 합을 구하시오.

바로 접근

(1) A^3을 구한 후 A^3을 행렬 A의 실수배로 나타낸다.

(2) $A^2=AA$, $A^3=A^2A$, $A^4=A^3A$, $\cdots$를 차례로 구한 후 규칙을 찾는다.

바른 풀이

(1) $A=\begin{pmatrix} 0 & -3 \\ -3 & 0 \end{pmatrix}$에서

$A^2=AA=\begin{pmatrix} 0 & -3 \\ -3 & 0 \end{pmatrix}\begin{pmatrix} 0 & -3 \\ -3 & 0 \end{pmatrix}=\begin{pmatrix} 9 & 0 \\ 0 & 9 \end{pmatrix}$

$A^3=A^2A=\begin{pmatrix} 9 & 0 \\ 0 & 9 \end{pmatrix}\begin{pmatrix} 0 & -3 \\ -3 & 0 \end{pmatrix}=\begin{pmatrix} 0 & -27 \\ -27 & 0 \end{pmatrix}=9\begin{pmatrix} 0 & -3 \\ -3 & 0 \end{pmatrix}=9A$

$\therefore k=9$

(2) A^2, A^3, A^4, $\cdots$을 차례대로 구하면

$A^2=AA=\begin{pmatrix} 1 & 2 \\ 0 & 1 \end{pmatrix}\begin{pmatrix} 1 & 2 \\ 0 & 1 \end{pmatrix}=\begin{pmatrix} 1 & 4 \\ 0 & 1 \end{pmatrix}$

$A^3=A^2A=\begin{pmatrix} 1 & 4 \\ 0 & 1 \end{pmatrix}\begin{pmatrix} 1 & 2 \\ 0 & 1 \end{pmatrix}=\begin{pmatrix} 1 & 6 \\ 0 & 1 \end{pmatrix}$

$A^4=A^3A=\begin{pmatrix} 1 & 6 \\ 0 & 1 \end{pmatrix}\begin{pmatrix} 1 & 2 \\ 0 & 1 \end{pmatrix}=\begin{pmatrix} 1 & 8 \\ 0 & 1 \end{pmatrix}$

$\vdots$

$\therefore A^n=\begin{pmatrix} 1 & 2n \\ 0 & 1 \end{pmatrix}$ ← 거듭제곱에서 $(1, 2)$ 성분만 2씩 커진다.

$\therefore A^{20}=\begin{pmatrix} 1 & 2\times 20 \\ 0 & 1 \end{pmatrix}=\begin{pmatrix} 1 & 40 \\ 0 & 1 \end{pmatrix}$

따라서 A^{20}의 모든 성분의 합은 $1+40+0+1=42$

정답 (1) 9 (2) 42

Bible Says

행렬의 거듭제곱

정사각행렬 A와 두 자연수 m, n에 대하여

① $AA=A^2$, $A^2A=A^3$, $A^3A=A^4$, $\cdots$, $A^{n-1}A=A^n$

② $A^mA^n=A^{m+n}$, $(A^m)^n=A^{mn}$

한번 더하기

06-1 다음 물음에 답하시오.

(1) 행렬 $A=\begin{pmatrix} 1 & -1 \\ 0 & 1 \end{pmatrix}$에 대하여 $A^k=\begin{pmatrix} 1 & -65 \\ 0 & 1 \end{pmatrix}$을 만족시키는 자연수 k의 값을 구하시오.

(2) 행렬 $A=\begin{pmatrix} 1 & 0 \\ 3 & 1 \end{pmatrix}$에 대하여 A^{10}의 모든 성분의 합을 구하시오.

표현 더하기

06-2 행렬 $A=\begin{pmatrix} 1 & a \\ 0 & 1 \end{pmatrix}$에 대하여 $A^{13}=\begin{pmatrix} 1 & 52 \\ 0 & 1 \end{pmatrix}$을 만족시키는 자연수 a의 값을 구하시오.

표현 더하기

06-3 행렬 $A=\begin{pmatrix} 1 & 0 \\ 0 & 2 \end{pmatrix}$에 대하여 A^{45}의 $(2, 2)$ 성분이 2^a일 때, 실수 a의 값을 구하시오.

표현 더하기

06-4 이차정사각행렬 A에 대하여 $A^2=\begin{pmatrix} 1 & 0 \\ 0 & \sqrt{3} \end{pmatrix}$일 때, A^8의 모든 성분의 합을 구하시오.

대표 예제 07

어느 고등학교 A와 B에서 좋아하는 노래 장르를 조사하였다. 두 학교 모두 〈표 1〉과 같이 남학생의 60 %는 힙합을, 40 %는 댄스를 좋아하고, 여학생의 30 %는 힙합을, 70 %는 댄스를 좋아한다고 한다. 두 학교 A, B의 남학생과 여학생 수는 〈표 2〉와 같다.

(단위: %)

노래＼학생	남학생	여학생
힙합	60	30
댄스	40	70

〈표 1〉

(단위: 명)

학생＼학교	A	B
남학생	300	250
여학생	200	220

〈표 2〉

〈표 1〉과 〈표 2〉를 각각 행렬 $P=\begin{pmatrix} 0.6 & 0.3 \\ 0.4 & 0.7 \end{pmatrix}$, $Q=\begin{pmatrix} 300 & 250 \\ 200 & 220 \end{pmatrix}$으로 나타낼 때, $PQ=\begin{pmatrix} a & b \\ c & d \end{pmatrix}$이다.

A학교에서 댄스를 좋아하는 학생 수를 나타낸 것은?

① a　　　　　　② b　　　　　　③ c

④ $a+b$　　　　⑤ $a+c$

바로 접근

행렬 PQ의 각 성분이 의미하는 것이 무엇인지 파악한다.

바른 풀이

$$PQ=\begin{pmatrix} 0.6 & 0.3 \\ 0.4 & 0.7 \end{pmatrix}\begin{pmatrix} 300 & 250 \\ 200 & 220 \end{pmatrix}$$

$$=\begin{pmatrix} 0.6\times300+0.3\times200 & 0.6\times250+0.3\times220 \\ 0.4\times300+0.7\times200 & 0.4\times250+0.7\times220 \end{pmatrix}$$

이때 A학교에서 댄스를 좋아하는 학생 수는

$0.4\times300+0.7\times200$

이고 이를 나타내는 행렬의 성분은 PQ의 $(2, 1)$ 성분, 즉 c이다.

정답 ③

Bible Says

위의 문제에서 행렬 PQ의

$(1, 1)$ 성분: A학교에서 힙합을 좋아하는 학생 수

$(1, 2)$ 성분: B학교에서 힙합을 좋아하는 학생 수

$(2, 2)$ 성분: B학교에서 댄스를 좋아하는 학생 수

07-1

⟨표 1⟩은 편의점과 대형 마트의 빵과 우유 1개의 가격을 나타낸 것이고, ⟨표 2⟩는 진영이와 민수가 구입할 빵과 우유의 개수를 나타낸 것이다.

(단위: 원)

	빵	우유
편의점	800	400
대형 마트	700	350

⟨표 1⟩

(단위: 개)

	진영	민수
빵	3	4
우유	2	5

⟨표 2⟩

$A = \begin{pmatrix} 800 & 400 \\ 700 & 350 \end{pmatrix}$, $B = \begin{pmatrix} 3 & 4 \\ 2 & 5 \end{pmatrix}$ 라 할 때, 행렬 AB의 $(1, 2)$ 성분이 나타내는 것은?

① 편의점에서의 진영의 지불 금액　　　② 편의점에서의 민수의 지불 금액

③ 대형 마트에서의 진영의 지불 금액　　④ 대형 마트에서의 민수의 지불 금액

⑤ 편의점과 대형 마트에서의 진영의 지불 금액의 총합

07-2

⟨표 1⟩은 식용유와 햄으로 이루어진 두 선물 세트 A, B의 한 세트에 포함되어 있는 식용유와 햄의 개수를 나타낸 것이고, ⟨표 2⟩는 식용유와 햄 1개를 각각 만드는 데 필요한 금액을 나타낸 것이다. 선물 세트 A 200개와 선물 세트 B 300개를 만드는 데 필요한 금액을 나타내는 행렬은?

(단위: 개)

	식용유	햄
A	4	6
B	2	8

⟨표 1⟩

(단위: 원)

	제조 단가
식용유	1500
햄	900

⟨표 2⟩

① $\begin{pmatrix} 200 & 300 \end{pmatrix} \begin{pmatrix} 4 & 6 \\ 2 & 8 \end{pmatrix} \begin{pmatrix} 900 \\ 1500 \end{pmatrix}$

② $\begin{pmatrix} 200 & 300 \end{pmatrix} \begin{pmatrix} 4 & 6 \\ 2 & 8 \end{pmatrix} \begin{pmatrix} 1500 \\ 900 \end{pmatrix}$

③ $\begin{pmatrix} 300 & 200 \end{pmatrix} \begin{pmatrix} 4 & 6 \\ 2 & 8 \end{pmatrix} \begin{pmatrix} 1500 \\ 900 \end{pmatrix}$

④ $\begin{pmatrix} 1500 & 900 \end{pmatrix} \begin{pmatrix} 4 & 6 \\ 2 & 8 \end{pmatrix} \begin{pmatrix} 200 \\ 300 \end{pmatrix}$

⑤ $\begin{pmatrix} 900 & 1500 \end{pmatrix} \begin{pmatrix} 4 & 6 \\ 2 & 8 \end{pmatrix} \begin{pmatrix} 300 \\ 200 \end{pmatrix}$

대표 예제 08

세 행렬 $A = \begin{pmatrix} 2 & 0 \\ -1 & 2 \end{pmatrix}$, $B = \begin{pmatrix} 1 & -2 \\ 0 & -1 \end{pmatrix}$, $C = \begin{pmatrix} 0 & 2 \\ 1 & 3 \end{pmatrix}$에 대하여 다음을 구하시오.

(1) $A(B+C) + C(A+B) - (A+C)B$ (2) $A^2 - 2AB + BA - 2B^2$

바로 접근

공통인 행렬을 묶어서 계산하거나 복잡한 식을 간단히 한 후 계산한다.

이때 행렬의 곱셈에서는 일반적으로 교환법칙이 성립하지 않음에 주의하여야 한다.

바른 풀이

(1) $A(B+C) + C(A+B) - (A+C)B = AB + AC + CA + CB - AB - CB$ ← 분배법칙 이용

$$= AC + CA \quad \cdots\cdots \ \bigcirc$$

이때 $AC = \begin{pmatrix} 2 & 0 \\ -1 & 2 \end{pmatrix}\begin{pmatrix} 0 & 2 \\ 1 & 3 \end{pmatrix} = \begin{pmatrix} 0 & 4 \\ 2 & 4 \end{pmatrix}$, $CA = \begin{pmatrix} 0 & 2 \\ 1 & 3 \end{pmatrix}\begin{pmatrix} 2 & 0 \\ -1 & 2 \end{pmatrix} = \begin{pmatrix} -2 & 4 \\ -1 & 6 \end{pmatrix}$이므로

$\bigcirc$에서

$A(B+C) + C(A+B) - (A+C)B = AC + CA$

$$= \begin{pmatrix} 0 & 4 \\ 2 & 4 \end{pmatrix} + \begin{pmatrix} -2 & 4 \\ -1 & 6 \end{pmatrix} = \begin{pmatrix} -2 & 8 \\ 1 & 10 \end{pmatrix}$$

(2) $A^2 - 2AB + BA - 2B^2 = A(A-2B) + B(A-2B)$ ← 분배법칙 이용

$$= (A+B)(A-2B) \quad \cdots\cdots \ \bigcirc$$

이때 $A + B = \begin{pmatrix} 2 & 0 \\ -1 & 2 \end{pmatrix} + \begin{pmatrix} 1 & -2 \\ 0 & -1 \end{pmatrix} = \begin{pmatrix} 3 & -2 \\ -1 & 1 \end{pmatrix}$,

$A - 2B = \begin{pmatrix} 2 & 0 \\ -1 & 2 \end{pmatrix} - 2\begin{pmatrix} 1 & -2 \\ 0 & -1 \end{pmatrix} = \begin{pmatrix} 0 & 4 \\ -1 & 4 \end{pmatrix}$이므로

$\bigcirc$에서

$A^2 - 2AB + BA - 2B^2 = (A+B)(A-2B)$

$$= \begin{pmatrix} 3 & -2 \\ -1 & 1 \end{pmatrix}\begin{pmatrix} 0 & 4 \\ -1 & 4 \end{pmatrix} = \begin{pmatrix} 2 & 4 \\ -1 & 0 \end{pmatrix}$$

정답 (1) $\begin{pmatrix} -2 & 8 \\ 1 & 10 \end{pmatrix}$ (2) $\begin{pmatrix} 2 & 4 \\ -1 & 0 \end{pmatrix}$

Bible Says

합과 곱을 할 수 있는 세 행렬 A, B, C에 대하여

① 일반적으로 곱셈에 대한 교환법칙이 성립하지 않는다. 즉, $AB \neq BA$이다.

② 결합법칙: $(AB)C = A(BC)$

③ 분배법칙: $A(B+C) = AB + AC$, $(A+B)C = AC + BC$

④ $k(AB) = (kA)B = A(kB)$ (단, k는 실수)

한번 더하기

08-1 세 행렬 $A=\begin{pmatrix} 5 & 2 \\ 8 & 7 \end{pmatrix}$, $B=\begin{pmatrix} 1 & 2 \\ 4 & 3 \end{pmatrix}$, $C=\begin{pmatrix} -3 & 4 \\ 1 & -2 \end{pmatrix}$에 대하여 다음을 구하시오.

(1) $A(B-C)+(C-A)B+(A-B)C$

(2) $A^2-3AB-2BA+6B^2$

표현 더하기

08-2 다음 물음에 답하시오.

(1) 두 행렬 $A=\begin{pmatrix} -1 & 1 \\ 0 & -2 \end{pmatrix}$, $B=\begin{pmatrix} 2 & 2 \\ -1 & 0 \end{pmatrix}$에 대하여 행렬 A^2B+AB^2의 모든 성분의 합을 구하시오.

(2) 두 행렬 A, B에 대하여 $A+B=\begin{pmatrix} 3 & -1 \\ 5 & 1 \end{pmatrix}$, $A-B=\begin{pmatrix} 1 & 1 \\ -1 & 3 \end{pmatrix}$일 때, $AB-B^2$을 구하시오.

표현 더하기

08-3 두 행렬 $A=\begin{pmatrix} -3 & 2 \\ 0 & 1 \end{pmatrix}$, $B=\begin{pmatrix} -2 & -1 \\ -1 & 2 \end{pmatrix}$에 대하여 $X+AB^2=ABA$를 만족시키는 행렬 X를 구하시오.

표현 더하기

08-4 두 행렬 A, B에 대하여 $A+B=\begin{pmatrix} 2 & 0 \\ 4 & 3 \end{pmatrix}$, $AB+BA=\begin{pmatrix} -3 & 1 \\ 8 & 7 \end{pmatrix}$이 성립할 때, 행렬 A^2+B^2의 모든 성분의 합을 구하시오.

대표 예제 | 09

두 행렬 $A=\begin{pmatrix} 1 & 2 \\ 2 & 1 \end{pmatrix}$, $B=\begin{pmatrix} -2 & 3 \\ x & y \end{pmatrix}$가 $(A+B)^2=A^2+2AB+B^2$을 만족시킬 때, 실수 x, y에 대하여 $x+y$의 값을 구하시오.

바로 접근

$(A+B)^2=A^2+2AB+B^2$을 만족시키려면 $AB=BA$이어야 한다.

바른 풀이

주어진 식의 좌변을 전개하면
$$(A+B)^2=(A+B)(A+B)=A^2+AB+BA+B^2$$
따라서 $(A+B)^2=A^2+2AB+B^2$에서
$$A^2+AB+BA+B^2=A^2+2AB+B^2$$
$$AB+BA=2AB \qquad \therefore AB=BA \quad \cdots\cdots \;\text{㉠}$$
이때 $AB=\begin{pmatrix} 1 & 2 \\ 2 & 1 \end{pmatrix}\begin{pmatrix} -2 & 3 \\ x & y \end{pmatrix}=\begin{pmatrix} -2+2x & 3+2y \\ -4+x & 6+y \end{pmatrix}$,

$BA=\begin{pmatrix} -2 & 3 \\ x & y \end{pmatrix}\begin{pmatrix} 1 & 2 \\ 2 & 1 \end{pmatrix}=\begin{pmatrix} 4 & -1 \\ x+2y & 2x+y \end{pmatrix}$이므로

㉠에서
$$\begin{pmatrix} -2+2x & 3+2y \\ -4+x & 6+y \end{pmatrix}=\begin{pmatrix} 4 & -1 \\ x+2y & 2x+y \end{pmatrix}$$
두 행렬이 서로 같을 조건에 의하여
$$-2+2x=4,\; 3+2y=-1$$
$$\therefore x=3,\; y=-2$$
$$\therefore x+y=3+(-2)=1$$

정답 | 1

Bible Says

행렬의 곱셈에서는 일반적으로 교환법칙이 성립하지 않으므로 다음과 같은 계산에 유의하여야 한다.

① $(A+B)^2=A^2+AB+BA+B^2$

② $(A-B)^2=A^2-AB-BA+B^2$

③ $(A+B)(A-B)=A^2-AB+BA-B^2$

➡ $(A+B)^2=A^2+2AB+B^2$, $(A-B)^2=A^2-2AB+B^2$, $(A+B)(A-B)=A^2-B^2$을 각각 만족시키는 조건은 모두 $AB=BA$이다.

한번 더하기

09-1 두 행렬 $A = \begin{pmatrix} 1 & 2 \\ x & 3 \end{pmatrix}$, $B = \begin{pmatrix} 1 & y \\ 3 & -1 \end{pmatrix}$이 $(A+B)^2 = A^2 + 2AB + B^2$을 만족시킬 때, 실수 x, y에 대하여 $x+y$의 값을 구하시오.

표현 더하기

09-2 두 행렬 $A = \begin{pmatrix} 1 & 2 \\ 2 & 3 \end{pmatrix}$, $B = \begin{pmatrix} x & 3 \\ y & 4 \end{pmatrix}$에 대하여 $(A-B)^2 = A^2 - 2AB + B^2$이 성립할 때, 실수 x, y에 대하여 $y-x$의 값을 구하시오.

표현 더하기

09-3 두 행렬 $A = \begin{pmatrix} 1 & 2 \\ -3 & 4 \end{pmatrix}$, $B = \begin{pmatrix} 2 & -2 \\ k & -1 \end{pmatrix}$에 대하여 $(A+B)(A-B) = A^2 - B^2$이 성립할 때, 실수 k의 값을 구하시오.

12

실력 더하기

09-4 두 행렬 $A = \begin{pmatrix} 8 & 1 \\ 1 & x^2 \end{pmatrix}$, $B = \begin{pmatrix} y^2 & 1 \\ 1 & 2y \end{pmatrix}$가 $(A+2B)^2 = A^2 + 4AB + 4B^2$을 만족시킬 때, 정수 x, y의 순서쌍 (x, y)의 개수를 구하시오.

대표 예제 | 10

다음 물음에 답하시오.

(1) 행렬 $A=\begin{pmatrix} 2 & 0 \\ -1 & 3 \end{pmatrix}$에 대하여 행렬 $(A-E)(A^2+A+E)$의 모든 성분의 합을 구하시오.

(단, E는 단위행렬이다.)

(2) 행렬 $A=\begin{pmatrix} 1 & 1 \\ -3 & -2 \end{pmatrix}$에 대하여 A^{100}의 모든 성분의 합을 구하시오.

바로 접근

(1) 임의의 행렬 A와 단위행렬 E에 대하여 $AE=EA=A$가 성립함을 이용하여 주어진 식을 간단히 한 후 계산한다.

(2) $A^2=AA$, $A^3=A^2A$, …를 차례대로 구하여 단위행렬 E 꼴이 나오는 경우를 찾는다.

바른 풀이

(1) $(A-E)(A^2+A+E)=A^3+A^2+AE-EA^2-EA-E^2$
$$=A^3+A^2+A-A^2-A-E$$
$$=A^3-E$$

이때 $A^2=\begin{pmatrix} 2 & 0 \\ -1 & 3 \end{pmatrix}\begin{pmatrix} 2 & 0 \\ -1 & 3 \end{pmatrix}=\begin{pmatrix} 4 & 0 \\ -5 & 9 \end{pmatrix}$,

$A^3=A^2A=\begin{pmatrix} 4 & 0 \\ -5 & 9 \end{pmatrix}\begin{pmatrix} 2 & 0 \\ -1 & 3 \end{pmatrix}=\begin{pmatrix} 8 & 0 \\ -19 & 27 \end{pmatrix}$이므로

$A^3-E=\begin{pmatrix} 8 & 0 \\ -19 & 27 \end{pmatrix}-\begin{pmatrix} 1 & 0 \\ 0 & 1 \end{pmatrix}=\begin{pmatrix} 7 & 0 \\ -19 & 26 \end{pmatrix}$

따라서 구하는 행렬의 모든 성분의 합은

$7+0+(-19)+26=14$

(2) $A^2=\begin{pmatrix} 1 & 1 \\ -3 & -2 \end{pmatrix}\begin{pmatrix} 1 & 1 \\ -3 & -2 \end{pmatrix}=\begin{pmatrix} -2 & -1 \\ 3 & 1 \end{pmatrix}$

$A^3=A^2A=\begin{pmatrix} -2 & -1 \\ 3 & 1 \end{pmatrix}\begin{pmatrix} 1 & 1 \\ -3 & -2 \end{pmatrix}=\begin{pmatrix} 1 & 0 \\ 0 & 1 \end{pmatrix}=E$

$\therefore A^{100}=(A^3)^{33}A=EA=A=\begin{pmatrix} 1 & 1 \\ -3 & -2 \end{pmatrix}$

따라서 A^{100}의 모든 성분의 합은

$1+1+(-3)+(-2)=-3$

정답 (1) 14 (2) -3

Bible Says

단위행렬

① (i, i) 성분이 모두 1이고, 그 외 나머지 성분이 모두 0인 정사각행렬을 단위행렬이라 한다.

② 정사각행렬 A와 단위행렬 E에 대하여 $AE=EA=A$가 성립한다.

한번 더하기

10-1 다음 물음에 답하시오.

(1) 행렬 $A=\begin{pmatrix} -1 & 3 \\ -1 & 3 \end{pmatrix}$에 대하여 $(A^2-E)(A^2+E)$의 $(2, 2)$ 성분을 구하시오.

(단, E는 단위행렬이다.)

(2) 행렬 $A=\begin{pmatrix} 2 & -5 \\ 1 & -2 \end{pmatrix}$에 대하여 A^{55}의 모든 성분의 합을 구하시오.

표현 더하기

10-2 행렬 $A=\begin{pmatrix} -1 & 3 \\ -1 & 2 \end{pmatrix}$에 대하여 다음 물음에 답하시오. (단, E는 단위행렬이다.)

(1) $A^n=E$를 만족시키는 자연수 n의 최솟값을 구하시오.
(2) A^6-4A^4-3E를 구하시오.

표현 더하기

10-3 행렬 $A=\begin{pmatrix} 1 & -1 \\ 1 & 1 \end{pmatrix}$에 대하여 $A^2+A^4+A^6+A^8$의 모든 성분의 합을 구하시오.

실력 더하기

10-4 이차정사각행렬 A에 대하여 $A^2=\begin{pmatrix} a & 1 \\ -3 & -1 \end{pmatrix}$이고, 행렬 $(A^2-A+E)(A^2+A+E)$의 모든 성분의 합이 8일 때, 양수 a의 값을 구하시오. (단, E는 단위행렬이다.)

01 이차정사각행렬 A의 (i, j) 성분 a_{ij}가 $a_{ij}=\begin{cases} 1 & (i=j) \\ ai+bj-4 & (i\neq j) \end{cases}$ 일 때, 행렬 $A=\begin{pmatrix} 1 & 4 \\ 3 & 1 \end{pmatrix}$이

다. 상수 a, b에 대하여 $a-b$의 값을 구하시오.

02 세 지점 P_1, P_2, P_3 사이를 연결하는 길이 그림과 같을 때, 행렬 A의

(i, j) 성분 a_{ij}를 P_i 지점에서 P_j 지점으로 가는 방법의 수라 하자.

이때 행렬 $A=(a_{ij})$를 구하시오.

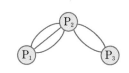

(단, $i=j$일 때, (i, j) 성분은 0이고, 같은 지점을 두 번 이상 지나지 않는다.)

03 등식 $\begin{pmatrix} x^2-3xy+y^2 & 5 \\ 2 & 4x-3 \end{pmatrix}=\begin{pmatrix} 7-3xy & 5 \\ 2 & 1-4y \end{pmatrix}$를 만족시키는 실수 x, y에 대하여 xy

의 값을 구하시오.

04 두 행렬 A, B에 대하여 $A-\begin{pmatrix} 0 & -3 \\ 12 & 2 \end{pmatrix}=B$, $2A=\begin{pmatrix} 6 & 3 \\ 9 & 7 \end{pmatrix}-B$일 때, 행렬 $3B-2A$의 모

든 성분의 합을 구하시오.

05 두 행렬 $A=\begin{pmatrix} 1 & -1 \\ 2 & 4 \end{pmatrix}$, $B=\begin{pmatrix} 3 & 0 \\ 1 & -2 \end{pmatrix}$에 대하여

등식 $3\{X-(2A-B)\}=X+4A-B$를 만족시키는 행렬 X의 성분 중에서 최댓값을 구하시오.

06 세 행렬 $A=\begin{pmatrix} 4a+b & 1 \\ -2 & 0 \end{pmatrix}$, $B=\begin{pmatrix} b & 1 \\ -1 & -1 \end{pmatrix}$, $C=\begin{pmatrix} 16 & 4 \\ ab & -3 \end{pmatrix}$이 $A+3B=C$를 만족시킬

때, 실수 a, b의 값을 구하시오. (단, $a>b$)

07 이차방정식 $x^2-3x+1=0$의 두 근을 α, β라 할 때, 두 행렬 $A=\begin{pmatrix} \alpha & 0 \\ \beta & \alpha \end{pmatrix}$, $B=\begin{pmatrix} 0 & \beta \\ \beta & \alpha \end{pmatrix}$에

대하여 행렬 AB의 모든 성분의 합을 구하시오.

08 행렬 $A=\begin{pmatrix} 1 & 0 \\ 1 & 1 \end{pmatrix}$에 대하여 $A+A^2+A^3+\cdots+A^8=\begin{pmatrix} a & b \\ c & d \end{pmatrix}$일 때, 상수 a, b, c, d에 대

하여 $a+b+c+d$의 값을 구하시오.

09

어느 지역의 올해 OTT 서비스 구독 현황은 〈표 1〉과 같고, 1년 전과의 변화율은 〈표 2〉와 같다.

	가구 수
구독	1200가구
비구독	500가구

〈표 1〉

1년 전 / 올해	구독	비구독
구독	70 %	40 %
비구독	30 %	60 %

〈표 2〉

이때 〈표 1〉과 〈표 2〉를 각각 행렬을 이용하여 $A=\begin{pmatrix} 1200 \\ 500 \end{pmatrix}$, $B=\begin{pmatrix} 0.7 & 0.4 \\ 0.3 & 0.6 \end{pmatrix}$으로 나타낸다.

이 지역의 전체 가구 수는 변함이 없고 〈표 2〉와 같은 추세대로 변한다고 할 때, 2년 후 OTT 서비스 구독 현황을 행렬 A, B로 나타내시오.

10

두 행렬 A, B에 대하여 $A+B=\begin{pmatrix} -1 & 2 \\ 1 & 3 \end{pmatrix}$, $A-B=\begin{pmatrix} 1 & 0 \\ 3 & -1 \end{pmatrix}$일 때, 행렬 A^2-B^2을 구하시오.

11

행렬 $A=\begin{pmatrix} 1 & 0 \\ -2 & 3 \end{pmatrix}$에 대하여 $A^2=pA+qE$를 만족시키는 상수 p, q에 대하여 p^2+q^2의 값을 구하시오. (단, E는 단위행렬이다.)

12

행렬 $A=\begin{pmatrix} -2 & -1 \\ 7 & 3 \end{pmatrix}$에 대하여 A^7+A^{26}의 모든 성분의 합을 구하시오.

S·T·E·P 2 실력 다지기

13 두 이차정사각행렬 X, Y에 대하여 $X \odot Y = 2X + 3Y$라 할 때, 두 행렬 $A = \begin{pmatrix} 1 & 2 \\ 0 & -2 \end{pmatrix}$,

$B = \begin{pmatrix} 3 & 1 \\ -1 & 2 \end{pmatrix}$에 대하여 행렬 $(2A+B) \odot (A-2B)$의 성분 중에서 최댓값을 M, 최솟값

을 m이라 하자. $M+m$의 값을 구하시오.

14 행렬 $A = \begin{pmatrix} a & b \\ c & d \end{pmatrix}$에 대하여 $A\begin{pmatrix} 2 \\ 3 \end{pmatrix} = \begin{pmatrix} 3 \\ 4 \end{pmatrix}$, $A^2\begin{pmatrix} 2 \\ 3 \end{pmatrix} = \begin{pmatrix} 5 \\ 9 \end{pmatrix}$일 때, 상수 a, b, c, d에 대하여

$ad-bc$의 값을 구하시오.

15 행렬 $A = \begin{pmatrix} a & 4 \\ 0 & a \end{pmatrix}$에 대하여 A^n의 $(1, 1)$ 성분과 $(1, 2)$ 성분이 같을 때, 가능한 모든 a의

값의 합을 구하시오. (단, n은 자연수, a는 10 이하의 자연수이다.)

16 이차정사각행렬 A, B가 $A+B = \begin{pmatrix} 1 & 0 \\ 0 & 1 \end{pmatrix}$, $A^2-B^2 = \begin{pmatrix} 11 & -6 \\ 8 & 5 \end{pmatrix}$를 만족시킬 때, 행렬 A의

모든 성분의 합을 구하시오.

17 이차정사각행렬 A의 (i, j) 성분 a_{ij}가 $a_{ij}=i-j$일 때, 행렬 $A+A^2+A^3+\cdots+A^{1002}$의 $(1, 1)$ 성분과 $(2, 2)$ 성분의 합을 구하시오.

18 두 이차정사각행렬 A, B에 대하여 다음 **보기**에서 옳은 것만을 있는 대로 고르시오.

(단, O는 영행렬, E는 단위행렬이다.)

┌ **보기** ·
│ ㄱ. $AB=O$이면 $BA=O$이다.
│ ㄴ. $A^2=E$이면 $A=E$ 또는 $A=-E$이다.
│ ㄷ. $(A+E)(A^2-A+E)=A^3+E$
└

challenge

19 행렬 A의 (i, j) 성분 a_{ij} $(i=1, 2, 3, j=1, 2, 3)$가 다음 조건을 모두 만족시킬 때, 가능한 행렬 A의 개수를 구하시오.

(개) $a_{ij}=-a_{ji}$
(내) 모든 성분은 정수이다.
(대) 모든 성분의 제곱의 합은 24이다.

challenge

20 다음 조건을 만족시키는 행렬 $A=\begin{pmatrix} a & b \\ c & a \end{pmatrix}$의 개수를 구하시오.

(개) a, b, c는 -4 이상 3 이하인 서로 다른 정수이다.
(내) 행렬 A^2의 모든 성분은 양수이다.

Ⅰ. 다항식

01 다항식의 연산

01 다항식의 덧셈과 뺄셈

개념 CHECK 본문 15쪽

01 (1) $2x^2+xy-y^2-4y+3$
(2) $-y^2-4y+3+xy+2x^2$
(3) $-y^2+(x-4)y+2x^2+3$
(4) $2x^2+3+(x-4)y-y^2$
02 (1) $-7x^2+11x-4$ (2) $8x^2-13x+11$
03 (1) $-5x^2-xy$ (2) $3x^2+16xy+4y^2$
04 (1) $-2x^2-5$ (2) $5x^2+2x+4$

유제 본문 16~17쪽

01-1 (1) $7x^2+3xy-7y^2$ (2) $6x^2-xy-y^2$
01-2 29
01-3 $-4x^2+5x-7$ **01-4** $8x^3+7x^2-10x-11$

02 다항식의 곱셈과 곱셈 공식

개념 CHECK 본문 25쪽

01 (1) $4a^4b-5a^2b+3ab^2$ (2) $2a^3+9a^2+9a-2$
(3) $3a^4-3a^3+2a^2b+ab-b^2$
(4) $2x^2-xy-3x-3y^2+7y-2$
02 (1) $x^2+y^2+z^2+2xy-2yz-2zx$
(2) $8x^3+36x^2+54x+27$
(3) $a^3-12a^2b+48ab^2-64b^3$
(4) $64x^3+1$ (5) a^3-8b^3

(6) x^3+5x^2+2x-8 (7) $x^3+8y^3-z^3+6xyz$
(8) x^4+9x^2+81
03 (1) 13 (2) 17 (3) 45 **04** (1) 6 (2) 8 (3) -14
05 (1) 27 (2) 128

유제 본문 26~39쪽

02-1 18 **02-2** 3 **02-3** 1 **02-4** 20
03-1 (1) $a^2+9b^2+c^2+6ab-6bc-2ca$
(2) $4x^2+y^2-4xy-12x+6y+9$
(3) $x^3+12x^2+48x+64$
(4) $27x^3-27x^2y+9xy^2-y^3$
(5) x^3+8y^3
(6) $8x^3-125$
03-2 64 **03-3** $2x^3+54x$ **03-4** -24
04-1 (1) $x^3-7x^2+14x-8$ (2) $a^3-b^3+3ab+1$
04-2 (1) $a^4+9a^2b^2+81b^4$ (2) $a^{16}-b^{16}$
04-3 $x^4-x^3+2x^2+5x+22$ **04-4** -13
05-1 (1) $x^4-4x^3+5x^2-2x-6$
(2) $x^4+10x^3+35x^2+50x+24$
(3) $4a^2-b^2-c^2+2bc$
05-2 -27 **05-3** ⑤ **05-4** ④
06-1 (1) 63 (2) 16 **06-2** (1) 199 (2) 75
06-3 6 **06-4** 21
07-1 (1) 7 (2) 18 (3) 47 (4) $\sqrt{5}$ (5) $8\sqrt{5}$
07-2 (1) 23 (2) 110 (3) $\sqrt{21}$ (4) $24\sqrt{21}$
07-3 $140\sqrt{2}$ **07-4** 108 **08-1** (1) 1 (2) 1
08-2 18 **08-3** ④ **08-4** 19

03 다항식의 나눗셈

개념 CHECK 본문 43쪽

01 (1) $3x$, $3x$, $3x$, 5, 3, 2, 몫: $3x-3$, 나머지: 2
(2) $2x$, $2x^3$, $2x^2$, $2x$, x^2, $2x$, x, 1, $3x$, 몫: $2x+1$,
나머지: $-3x$

02 (1) $x^3+2x^2-4x+5=(x-2)(x^2+4x+4)+13$

(2) $4x^3-2x^2+3x-6$

$=(2x^2+x+1)(2x-2)+3x-4$

03 (1) $x^3-4x^2+3x-10$ (2) x^3+4x^2+2

유제
본문 44~47쪽

09-1 6   **09-2** 43   **09-3** -1 **09-4** 3

10-1 (1) x^2+x-4 (2) 몫: $3x^2+4x+10$, 나머지: 34

10-2 -8 **10-3** $2x^2+3x+2$ **10-4** -3

중단원 연습문제
본문 48~52쪽

01 $x^2+6xy-7y^2$ **02** 8   **03** 2

04 (1) x^3+27y^3 (2) $3b^2-2ab-2a+8b+5$

(3) $x^3-3x^2-13x+15$

05 39   **06** ③   **07** 15   **08** 32

09 28   **10** 4   **11** 2

12 몫: $x+2$, 나머지: $8x+2$ **13** $3x^2-xy+4y^2$

14 4   **15** -1 **16** 12   **17** 18

18 ④   **19** ②   **20** 7

02 항등식과 나머지정리

01 항등식

개념 CHECK
본문 59쪽

01 ㄷ, ㅁ, ㅂ   **02** (1) $a=2$, $b=-3$ (2) $a=5$, $b=2$

03 $a=1$, $b=3$, $c=2$ **04** -4

유제
본문 60~63쪽

01-1 $a=-7$, $b=2$, $c=12$

01-2 $a=1$, $b=-5$, $c=-4$

01-3 (1) $a=1$, $k=-3$ (2) $a=1$, $x=-1$

01-4 (1) -32 (2) 32   (3) 0   (4) -32

02-1 $a=1$, $b=-2$ **02-2** -1

02-3 $a=6$, 나머지: $x-1$ **02-4** x^2+2x-1

02 나머지정리

개념 CHECK
본문 69쪽

01 (1) 2   (2) -3 (3) $\dfrac{15}{8}$ **02** -4

03 (1) $-1, 2, -6, -7 / -3, 1, 5 / 3, -1, -5, -2$

몫: $3x^2-x-5$, 나머지: -2

(2) $3, -9, 7, 8 / 6, -9, -6 / 2, -3, -2, 2$

몫: $2x^2-3x-2$, 나머지: 2

04 몫: x^2-2x+3, 나머지: 5

유제
본문 70~83쪽

03-1 10   **03-2** 5   **03-3** 3

03-4 -10 **04-1** (1) $x-2$ (2) $3x^2+7x$

04-2 $-2x+6$ **04-3** 32   **04-4** 7

05-1 3   **05-2** 3   **05-3** 8   **05-4** 10

06-1 2   **06-2** 1   **06-3** -2 **06-4** 1

07-1 (1) $a=6$, $b=-11$ (2) $a=-3$, $b=0$

07-2 $a=-4$, $b=18$ **07-3** 3   **07-4** 1

08-1 20, 몫: x^2+3x+2 **08-2** 3

08-3 -7 **08-4** ④

09-1 $a=1$, $b=3$, $c=6$, $d=7$

09-2 $a=2$, $b=-5$, $c=5$, $d=2$ **09-3** 8

09-4 (1) $a=3$, $b=7$, $c=5$, $d=4$ (2) 4,573

본문 84~88쪽

중단원 연습문제

01 -5 **02** -1 **03** -13 **04** 12

05 -36 **06** $2x-1$ **07** 31

08 $2x^2-8x+6$ **09** 3 **10** -2

11 3 **12** 8 **13** $a=-2,\ b=1$

14 -512 **15** 3 **16** -2 **17** 14

18 50 **19** ③   **20** ④

03 인수분해

01 인수분해 공식

개념 CHECK
본문 95쪽

01 (1) $(x+2y+3z)^2$ (2) $(2a+2b-c)^2$

02 (1) $(a+4)^3$ (2) $(2x-y)^3$

     (3) $(2x+1)(4x^2-2x+1)$

     (4) $(3a-2b)(9a^2+6ab+4b^2)$

03 (1) $(2x+y+z)(4x^2+y^2+z^2-2xy-yz-2zx)$

     (2) $(a^2+2ab+4b^2)(a^2-2ab+4b^2)$

유제
본문 96~97쪽

01-1 (1) $(a+4b-c)^2$ (2) $(x+3y)^3$

      (3) $(x-2y)(x^2+2xy+4y^2)$

      (4) $(2a-b+1)(4a^2+b^2+2ab-2a+b+1)$

01-2 ④   **01-3** 1

01-4 (1) $(a+2)(a-2)(a^2+2a+4)(a^2-2a+4)$

      (2) $(a-4b)(a^2+ab+7b^2)$

      (3) $(a-b)(a^2-ab+b^2)$

02 여러 가지 식의 인수분해

개념 CHECK
본문 103쪽

01 (1) $(x-1)(x-2)(x^2-3x-3)$

     (2) $(x^2+4x-3)(x^2+4x-6)$

02 (1) $(x+1)(x-1)(x^2-2)$

     (2) $(x^2+x+3)(x^2-x+3)$

03 (1) $(x-y)(x+z)(x-z)$

     (2) $(x-y+1)(3x+4y-6)$

04 (1) $(x+2)(x+3)(2x-1)$

     (2) $(x-1)^2(x+2)(x-3)$

유제
본문 104~115쪽

02-1 (1) $(x^2-3x+3)(x^2-3x-2)$

      (2) $(x+1)(x-2)(x+2)(x-3)$

      (3) $(x^2+4x+2)(x^2+4x-4)$

02-2 4 **02-3** ⑤

02-4 $(x^2+5x+8)(x^2+5x+2)$

03-1 (1) $(x+1)(x-1)(x^2+6)$

      (2) $(x^2+xy+2y^2)(x^2-xy+2y^2)$

03-2 3 **03-3** 13 **03-4** 1

04-1 (1) $(x+1)(x+y-2)$

      (2) $(y-z)(2x+y-z)$

      (3) $(x-y-1)(x^2+x-y+1)$

04-2 -6 **04-3** $-(a-b)(b-c)(c-a)$

04-4 2

05-1 (1) $(x-1)(x+2)(x-4)$

      (2) $(x+2)(2x+3)(x-2)$

      (3) $(x-1)^2(x+1)(x+2)$

05-2 -1 **05-3** $(x-3)(x-2)(x+1)$

05-4 $(x-2)(x+3)(x+a-2)$ **06-1** ①

06-2 ③   **06-3** ㄴ, ㄷ   **06-4** $\sqrt{3}$

07-1 (1) $-12-4\sqrt{3}$ (2) $-2\sqrt{5}$

07-2 (1) 510 (2) -120 **07-3** 47 **07-4** 20

중단원 **연습문제**

본문 116~120쪽

01 (1) $xy(x+y)(x-y-1)$ (2) $2a(a^2+3b^2)$
(3) $(x-3y+2z)^2$

02 ㄱ, ㄴ, ㄹ **03** -6 **04** 24 **05** 9

06 -50 **07** -2 **08** 4

09 $(x+1)(x-1)(x^2-3x-1)$

10 $x+4$ **11** $a=b$인 이등변삼각형 **12** 176

13 ② **14** 3 **15** 1 **16** ⑤

17 9 **18** $\dfrac{1}{2}ac$ **19** 9 **20** ①

Ⅱ. 방정식과 부등식

04 복소수

01 복소수의 뜻

개념 CHECK

본문 125쪽

01 3

02 (1) $a=3$, $b=-5$ (2) $a=2$, $b=0$
(3) $a=1$, $b=-\sqrt{2}$ (4) $a=4$, $b=7$

03 (1) $3-2i$ (2) $-1-\sqrt{2}i$ (3) $\sqrt{3}$ (4) $-3i$

유제

본문 126~127쪽

01-1 ㄱ, ㅁ **01-2** ② **01-3** ④ **01-4** 10

02 복소수의 연산

개념 CHECK

본문 131쪽

01 (1) $5-i$ (2) $7-i$ (3) $-2+6i$ (4) $-8+5i$

02 (1) $11+7i$ (2) $4\sqrt{5}-2i$ (3) 13 (4) $-8-6i$

03 (1) $\dfrac{1}{2}-\dfrac{3}{2}i$ (2) $\dfrac{3}{13}-\dfrac{2}{13}i$
(3) i (4) $\dfrac{3}{10}-\dfrac{11}{10}i$

04 4

유제

본문 132~141쪽

02-1 (1) $-5-2i$ (2) $8+i$ (3) $2+i$ (4) $\dfrac{3}{10}-\dfrac{9}{10}i$

02-2 -2 **02-3** 6 **02-4** 26

03-1 (1) -3 (2) $-\dfrac{1}{4}$ **03-2** 2 **03-3** 1

03-4 -2 **04-1** (1) $\sqrt{3}i$ (2) 30 **04-2** 2

04-3 -3 **04-4** $-7+4i$ **05-1** 20

05-2 $-2+4i$ **05-3** $-3+7i$

05-4 -2 **06-1** (1) $5-i$ (2) $1+3i$

06-2 $4+2i$ **06-3** $4i$ **06-4** $-1-3i$, $3-3i$

03 복소수의 성질

개념 CHECK

본문 145쪽

01 (1) i (2) 0 **02** (1) 16 (2) -2

03 (1) -4 (2) $-\dfrac{\sqrt{3}}{3}i$ (3) 4 (4) $\dfrac{1}{3}+\dfrac{2\sqrt{2}}{3}i$

유제

본문 146~149쪽

07-1 (1) 1 (2) $-1-i$ (3) 0 (4) 2 **07-2** 2

07-3 $-1+i$ **07-4** 8

08-1 (1) $4\sqrt{2}i$ (2) $6a+b$ **08-2** (1) ③ (2) ③

08-3 4 **08-4** $-1+3i$

중단원 연습문제

01 ②　　**02** 12　　**03** 3　　**04** $-6i$

05 $1-4i$　　**06** 16　　**07** 5

08 $105-7i$　　**09** 48　　**10** -1　　**11** $-i$

12 2　　**13** ⑤　　**14** -2　　**15** 3

16 5　　**17** 2　　**18** 24　　**19** 94

20 30

05 이차방정식

01 이차방정식의 풀이

개념 CHECK

01 (1) $x=-2$ 또는 $x=4$　(2) $x=-\dfrac{1}{3}$ 또는 $x=1$

　　(3) $x=3$　(4) $x=-3$ 또는 $x=1$

02 (1) $x=\dfrac{1}{2}$ (중근)　(2) $x=-\dfrac{3}{2}$ 또는 $x=4$

03 (1) $x=\dfrac{-5\pm\sqrt{13}}{6}$　(2) $x=1\pm\sqrt{3}i$

유제

01-1 (1) $x=\dfrac{-1\pm\sqrt{11}i}{6}$　(2) $x=1\pm i$

　　(3) $x=-\sqrt{2}\pm 2i$

01-2 (1) $x=\sqrt{2}$ 또는 $x=\sqrt{2}-1$

　　(2) $x=\sqrt{3}$ 또는 $x=1-\sqrt{3}$

01-3 5　　**01-4** 2

02-1 $a=0$, 다른 한 근: 3　　**02-2** $-\sqrt{2}$

02-3 3　　**02-4** 7

03-1 (1) $x=-\dfrac{3}{2}$ 또는 $x=\dfrac{3}{2}$　(2) $x=-4$ 또는 $x=3$

03-2 -2　　**03-3** 1

03-4 $x=-\sqrt{6}$ 또는 $x=-1+\sqrt{7}$

04-1 4 m　　**04-2** 7 cm　　**04-3** 8 cm　　**04-4** 5

02 이차방정식의 판별식

개념 CHECK

01 (1) 서로 다른 두 실근　(2) 중근　(3) 서로 다른 두 허근

02 (1) $a>2$　(2) $a=2$　(3) $a<2$

03 $k\leq\dfrac{9}{8}$　　**04** $-6, 6$

유제

05-1 (1) $k>-\dfrac{4}{3}$　(2) $k=-\dfrac{4}{3}$　(3) $k<-\dfrac{4}{3}$

05-2 $k\leq\dfrac{29}{4}$　　**05-3** $\dfrac{3}{7}<k<1$ 또는 $k>1$

05-4 서로 다른 두 허근　　**06-1** $\dfrac{3}{4}$

06-2 1　　**06-3** 빗변의 길이가 b인 직각삼각형

06-4 33

03 이차방정식의 근과 계수의 관계

개념 CHECK

01 (1) 4　(2) 2　(3) $2\sqrt{2}$　　**02** $x^2-2x-1=0$

03 (1) $(x-1-\sqrt{6})(x-1+\sqrt{6})$

　　(2) $(x+3-2i)(x+3+2i)$

04 $a=-2, b=10$

유제

본문 182~193쪽

07-1 (1) 4 (2) -4 (3) $2\sqrt{3}$ (4) $12\sqrt{3}$

07-2 $\dfrac{5}{2}$ **07-3** ④ **07-4** 16

08-1 (1) 1 (2) -1 **08-2** (1) 3 (2) 4

08-3 2 **08-4** $x=-2$ 또는 $x=6$

09-1 (1) $-\dfrac{1}{4}, \dfrac{1}{3}$ (2) -1 **09-2** 9

09-3 0 **09-4** -1

10-1 (1) $-x^2+3x+2=0$ (2) $2x^2+x-2=0$

10-2 16 **10-3** 9 **10-4** 21

11-1 두 근의 합: 1, 두 근의 곱: $\dfrac{1}{4}$ **11-2** 1

11-3 ④ **11-4** 17

12-1 (1) $a=-4, b=-1$ (2) $a=2, b=5$

12-2 17 **12-3** -2 **12-4** -10

중단원 연습문제

본문 194~198쪽

01 -1 **02** $10-\sqrt{2}$ **03** $-3+\sqrt{3}$

04 9초 후 **05** 8 **06** $-1, 3$

07 6 **08** -1 **09** -1 **10** 7

11 2 **12** 8 **13** $\dfrac{-1+\sqrt{41}}{8}$

14 ⑤ **15** 4 **16** $-\dfrac{3}{2}$

17 $-2+\sqrt{7}$ **18** 5 **19** ② **20** 120

06 이차방정식과 이차함수

01 이차함수의 그래프

개념 CHECK

본문 205쪽

01 (1) 꼭짓점의 좌표: $(-2, 3)$, 축의 방정식 $x=-2$,
그래프: 풀이 참조

(2) 꼭짓점의 좌표: $(3, -2)$, 축의 방정식 $x=3$,
그래프: 풀이 참조

02 (1) $y=3(x+1)^2+1$ (2) $y=2(x-1)^2-3$

(3) $y=-x^2-x+2$ (4) $y=-x^2+2x+1$

03 $a>0, b>0, c>0$

02 이차방정식과 이차함수

개념 CHECK

본문 209쪽

01 (1) $0, -3$ (2) -1 (3) $2-\sqrt{6}, 2+\sqrt{6}$

02 (1) $k<\dfrac{9}{4}$ (2) $k=\dfrac{9}{4}$ (3) $k>\dfrac{9}{4}$

03 (1) $k>-1$ (2) $k=-1$ (3) $k<-1$

유제

본문 210~219쪽

01-1 $a=-3, b=-6$ **01-2** 3

01-3 -1 **01-4** $-\dfrac{1}{2}$

02-1 (1) $k>-\dfrac{9}{8}$ (2) $k=-\dfrac{9}{8}$ (3) $k<-\dfrac{9}{8}$

02-2 $a\leq 2$ **02-3** -8 **02-4** 20

03-1 $(-4, 10)$ **03-2** 24 **03-3** -9

03-4 -1 **04-1** (1) $k<10$ (2) $k=10$ (3) $k>10$

04-2 $a\geq\dfrac{1}{2}$ **04-3** $a<\dfrac{7}{4}$ **04-4** -4

05-1 (1) $y=2x-\dfrac{1}{4}$ (2) -1

05-2 -4 **05-3** 2 **05-4** $\dfrac{3}{4}$

개념 CHECK

본문 223쪽

01 (1) 최댓값: 7, 최솟값은 없다.

(2) 최솟값: -8, 최댓값은 없다.

02 4

03 (1) 최댓값: 6, 최솟값: 2

(2) 최댓값: 1, 최솟값: -1

04 (1) 최댓값: -1, 최솟값: -4

(2) 최댓값: 1, 최솟값: -2

유제

본문 224~231쪽

06-1 (1) 최댓값: 6, 최솟값: 2

(2) 최댓값: 2, 최솟값: -19

06-2 $k=2$, 최솟값: 2　　**06-3** -5　　**06-4** 9

07-1 (1) -3　(2) 최댓값: 11, 최솟값: 2

07-2 2　　**07-3** -2　　**07-4** -7

08-1 (1) -1　(2) -3　　**08-2** 8　　**08-3** $\dfrac{1}{3}$

08-4 9　　**09-1** $75\,\text{cm}^2$　**09-2** 20

09-3 500원　**09-4** $72\,\text{m}^2$

중단원 연습문제

본문 232~236쪽

01 3　　**02** 2　　**03** 30　　**04** 8

05 $1-2\sqrt{2}$　**06** -1　　**07** 0

08 $-\dfrac{27}{16}$　**09** 1　　**10** 7　　**11** 4초 후

12 8 cm　**13** $k=2$, $(-3,0)$　　**14** 3

15 $y=-1$　**16** 3　　**17** ⑤　　**18** 2

19 13　　**20** 225

---

01 삼차방정식과 사차방정식

개념 CHECK

본문 243쪽

01 (1) $x=2$ 또는 $x=-1\pm\sqrt{3}i$

(2) $x=0$ (중근) 또는 $x=-5$ 또는 $x=5$

02 (1) $x=1$ 또는 $x=-1$ 또는 $x=-3$

(2) $x=1$ 또는 $x=2$ 또는 $x=-2$ 또는 $x=-3$

03 (1) $x=2$ (중근) 또는 $x=2\pm\sqrt{7}$

(2) $x=-4$ 또는 $x=-1$ 또는 $x=\dfrac{-5\pm\sqrt{17}}{2}$

04 (1) $x=\pm i$ 또는 $x=\pm\sqrt{3}$

(2) $x=-1\pm\sqrt{2}i$ 또는 $x=1\pm\sqrt{2}i$

(3) $x=-2\pm\sqrt{3}$ 또는 $x=1$ (중근)

유제

본문 244~253쪽

01-1 (1) $x=1$ 또는 $x=-2$ 또는 $x=3$

(2) $x=-1$ 또는 $x=2$ 또는 $x=1\pm\sqrt{2}$

01-2 2　　**01-3** -10　　**01-4** -3

02-1 (1) $x=-2$ 또는 $x=-1$ 또는 $x=\dfrac{-3\pm\sqrt{29}}{2}$

(2) $x=-3\pm i$ 또는 $x=-3\pm\sqrt{11}$

02-2 1　　**02-3** 120　　**02-4** 25

03-1 (1) $x=\pm1$ 또는 $x=\pm3$

(2) $x=\dfrac{-1\pm\sqrt{7}i}{2}$ 또는 $x=\dfrac{1\pm\sqrt{7}i}{2}$

(3) $x=\dfrac{-3\pm\sqrt{5}}{2}$ 또는 $x=\dfrac{1\pm\sqrt{3}i}{2}$

03-2 $2+2\sqrt{2}$　　　　**03-3** 3　　**03-4** 32

04-1 $-5,\ -1$　　　　　**04-2** $k>2$

04-3 $a\le-\dfrac{1}{2}$　　　　**04-4** 3

05-1 2 cm 또는 $(11-\sqrt{21})$ cm

05-2 2 cm　**05-3** 8 cm　**05-4** 2 cm

02 삼차방정식의 근과 계수의 관계

본문 257쪽

개념 CHECK

01 (1) 5 (2) -2 (3) -4

02 $4x^3 - 8x^2 - 20x + 24 = 0$

03 $a = -6$, $b = 8$, $c = -4$ **04** (1) 1 (2) 0

유제

본문 258~265쪽

06-1 (1) $-\dfrac{1}{3}$ (2) 8 (3) 10 **06-2** 8

06-3 -2 **06-4** 2

07-1 $x^3 - 2x^2 + x + 2 = 0$

07-2 $5x^3 + 4x^2 + x - 2 = 0$ **07-3** 5 **07-4** 9

08-1 (1) $a = 3$, $b = 1$ (2) $a = 0$, $b = -2$

08-2 $1 + \sqrt{3}$ **08-3** 6 **08-4** 4

09-1 (1) 0 (2) 0 (3) 1 **09-2** ㄱ, ㄹ

09-3 -6 **09-4** $\dfrac{13}{3}$

03 연립이차방정식

개념 CHECK

본문 273쪽

01 (1) $\begin{cases} x = -\dfrac{1}{2} \\ y = 4 \end{cases}$ 또는 $\begin{cases} x = 6 \\ y = -9 \end{cases}$

(2) $\begin{cases} x = \sqrt{2} \\ y = -\sqrt{2} \end{cases}$ 또는 $\begin{cases} x = -\sqrt{2} \\ y = \sqrt{2} \end{cases}$

또는 $\begin{cases} x = 2 \\ y = 2 \end{cases}$ 또는 $\begin{cases} x = -2 \\ y = -2 \end{cases}$

(3) $\begin{cases} x = -2 \\ y = 1 \end{cases}$ 또는 $\begin{cases} x = 1 \\ y = -2 \end{cases}$ 또는 $\begin{cases} x = 1 \\ y = 2 \end{cases}$ 또는 $\begin{cases} x = 2 \\ y = 1 \end{cases}$

02 -4

03 (1) $\begin{cases} x = 0 \\ y = 3 \end{cases}$ 또는 $\begin{cases} x = 4 \\ y = -1 \end{cases}$ 또는 $\begin{cases} x = -2 \\ y = -7 \end{cases}$

또는 $\begin{cases} x = -6 \\ y = -3 \end{cases}$ (2) $x = 2$, $y = -1$

유제

본문 274~287쪽

10-1 (1) $\begin{cases} x = -1 \\ y = -2 \end{cases}$ 또는 $\begin{cases} x = 2 \\ y = 1 \end{cases}$

(2) $\begin{cases} x = \dfrac{5}{7} \\ y = -\dfrac{8}{7} \end{cases}$ 또는 $\begin{cases} x = 1 \\ y = -1 \end{cases}$

10-2 10 **10-3** 5 **10-4** (1) $k = 5$ (2) $k < 5$

11-1 (1) $\begin{cases} x = 2\sqrt{5} \\ y = -\sqrt{5} \end{cases}$ 또는 $\begin{cases} x = -2\sqrt{5} \\ y = \sqrt{5} \end{cases}$ 또는 $\begin{cases} x = 2 \\ y = 1 \end{cases}$

또는 $\begin{cases} x = -2 \\ y = -1 \end{cases}$ (2) $\begin{cases} x = 3 \\ y = 3 \end{cases}$ 또는 $\begin{cases} x = -3 \\ y = -3 \end{cases}$

또는 $\begin{cases} x = \sqrt{3} \\ y = 2\sqrt{3} \end{cases}$ 또는 $\begin{cases} x = -\sqrt{3} \\ y = -2\sqrt{3} \end{cases}$

11-2 1 **11-3** -5 **11-4** 5

12-1 (1) $\begin{cases} x = -1 \\ y = 3 \end{cases}$ 또는 $\begin{cases} x = 3 \\ y = -1 \end{cases}$

(2) $\begin{cases} x = 3 \\ y = 4 \end{cases}$ 또는 $\begin{cases} x = 4 \\ y = 3 \end{cases}$ 또는 $\begin{cases} x = -4 \\ y = -3 \end{cases}$ 또는 $\begin{cases} x = -3 \\ y = -4 \end{cases}$

12-2 $\begin{cases} x = -2 \\ y = 3 \end{cases}$ 또는 $\begin{cases} x = 3 \\ y = -2 \end{cases}$ **12-3** 4

12-4 41 **13-1** 2 m **13-2** 6 cm

13-3 52 **13-4** 6 m **14-1** 1

14-2 -3 **14-3** -2 **14-4** $\dfrac{7}{10}$

15-1 $\begin{cases} x = -3 \\ y = 2 \end{cases}$ 또는 $\begin{cases} x = 1 \\ y = -2 \end{cases}$ 또는 $\begin{cases} x = 3 \\ y = 8 \end{cases}$

또는 $\begin{cases} x = 7 \\ y = 4 \end{cases}$

15-2 2 **15-3** 6 **15-4** ②

16-1 (1) $x = -2$, $y = 3$ (2) $x = -2$, $y = 1$

16-2 -3 **16-3** $\dfrac{4\sqrt{3}}{3}$ **16-4** 3

중단원 연습문제

본문 288~292쪽

01 2 **02** -3 **03** -1 **04** 6

05 -2 **06** 2 **07** 0 **08** $\sqrt{11}$

09 12 **10** 1 **11** 2 **12** 2

13 ② **14** $\dfrac{4}{3}$ **15** $1 + \sqrt{2}$ **16** -2

17 39 **18** 11 **19** 9

20 -1, 0

08 일차부등식

01 일차부등식

본문 301쪽

01 (1) $-2 \leq x < 4$ (2) $x = 3$ **02** $-1 < x \leq 3$

03 (1) $1 \leq x < 3$ 또는 $7 < x \leq 9$ (2) $x > 1$

유제

본문 302~313쪽

01-1 (1) $-11 \leq x < -2$ (2) $x < -7$ (3) 해는 없다.

01-2 7　　**01-3** $x > -\dfrac{6}{5}$　　**01-4** ㄱ

02-1 (1) $-1 < x \leq 3$ (2) $\dfrac{11}{2} \leq x \leq 10$

02-2 $-\dfrac{3}{5}$ **02-3** 10 **02-4** $1 < x < 2$

03-1 12　**03-2** 3　**03-3** -9　**03-4** 2

04-1 (1) $a < 8$ (2) -2　**04-2** -9　**04-3** 20

04-4 $-3 < a \leq 0$　　**05-1** 76　**05-2** 18

05-3 8, 9, 10　　　**05-4** 41

06-1 (1) $-1 < x < 2$ 또는 $4 < x < 7$ (2) $-1 < x < 3$

　　(3) $-3 < x < 5$

06-2 12　**06-3** 7　**06-4** -3

중단원 연습문제

본문 314~318쪽

01 2　　　**02** $-2 < A \leq -1$　　**03** 3

04 $x = -2$　**05** 2　　**06** 11

07 $a < -1$　**08** $0 < a \leq 1$ **09** 46　　**10** 75

11 -4　　**12** ⑤　　**13** 1　　**14** 6

15 $1 \leq x < \dfrac{9}{2}$ **16** $-1 < a \leq 1$

17 100 g 이상 400 g 이하　**18** -3　**19** 6대

20 6

09 이차부등식

01 이차부등식

본문 327쪽

01 (1) $1 < x < 4$ (2) $x \leq -1 - \sqrt{7}$ 또는 $x \geq -1 + \sqrt{7}$

　　(3) 해는 모든 실수 (4) 해는 없다.

02 (1) $x^2 + x - 2 \leq 0$ (2) $x^2 - 4x + 4 > 0$

03 (1) $-6 < k < 6$ (2) $-3 \leq k \leq 2$

유제

본문 328~345쪽

01-1 (1) $x < 0$ 또는 $x > 4$ (2) $3 < x < 5$

01-2 $x < -3$ 또는 $x > 5$　**01-3** $-6 \leq x \leq -1$

01-4 $p < x < q$

02-1 (1) $x \leq -4$ 또는 $x \geq 2$ (2) $-2 \leq x \leq 7$

　　(3) $x \neq \dfrac{1}{3}$ 인 모든 실수 (4) 해는 없다.

02-2 4　　**02-3** ㄴ, ㄹ　**02-4** 14

03-1 0 m 초과 2 m 이하　**03-2** 3초

03-3 40만 원　　　　**03-4** $50 \leq x \leq 100$

04-1 (1) $x < -3$ 또는 $x > 3$ (2) $-5 \leq x \leq 3$

04-2 $x < -5$ 또는 $-3 < x < 5$

04-3 -3　**04-4** 6

05-1 (1) $a = -1$, $b = -12$ (2) $a = -2$, $b = 10$

05-2 $-\dfrac{1}{2} < x < 1$　　**05-3** $\dfrac{1}{4}$

05-4 $1 < x < 3$

06-1 (1) $-4 \leq k \leq -1$ (2) $0 \leq k \leq 4$

06-2 (1) $1 < a < 9$ (2) $-4 < a \leq 0$

06-3 $k \leq -2$　　　　**06-4** 4

07-1 (1) $-2 < a < 0$ 또는 $a > 0$ (2) $-9 \leq a \leq -1$

07-2 1, 4　**07-3** $a < -1$ 또는 $a > 2$

07-4 $\dfrac{3}{2}$　**08-1** $-7 < k < 1$　　　**08-2** 3

08-3 -11 **08-4** 15　**09-1** -1

09-2 $0 \leq a \leq 2$　　　**09-3** 4

09-4 $-2 \leq a \leq 0$ 또는 $1 \leq a \leq 3$

02 연립이차부등식

개념 CHECK
본문 349쪽

01 (1) $x<-1$ (2) $2<x\le 4$ (3) 해는 없다.
(4) $-3\le x\le 1$
02 (1) $-11<k\le -2$ (2) $k<-11$
03 (1) $k\le -3$ 또는 $2\le k<\dfrac{15}{7}$ (2) $k>\dfrac{15}{7}$

유제
본문 350~361쪽

10-1 (1) $-5<x\le -3$ 또는 $1\le x<2$ (2) $-5<x<2$
(3) $-7\le x\le -5$ 또는 $0\le x\le 2$
10-2 (1) $1<x\le 2$ (2) $-1<x<1$ **10-3** 3
10-4 4 **11-1** $-3<a\le 6$
11-2 $k\le -5$ **11-3** $2<a\le 3$ **11-4** 4
12-1 $x>8$ **12-2** 7 m 이상 8 m 이하 **12-3** 3
12-4 $1\le x\le \dfrac{3}{2}$ **13-1** $0<k\le 2$
13-2 3 **13-3** $k\le -3$ 또는 $k\ge 0$
13-4 $-2<k<4$ **14-1** $-\dfrac{10}{3}<k\le -2$
14-2 4 **14-3** 2 **14-4** $k>6$
15-1 $k\le -2$ **15-2** $-\dfrac{4}{5}<k\le 0$
15-3 3 **15-4** $-2\sqrt{2}\le a<-2$ 또는 $2<a\le 2\sqrt{2}$

중단원 연습문제
본문 362~366쪽

01 $-3<x<1$ **02** 3 **03** 16
04 4 **05** $x<-6$ 또는 $x>-2$ **06** 9
07 2, 18 **08** 21 **09** 9
10 $3<k\le 4$ **11** 3 **12** $1<x<2$
13 $-5\le x\le 2$ **14** $-3\le k\le 4$
15 $8\le a<9$ **16** 30 **17** $k>-3$
18 $-1<k<1$ **19** ⑤
20 $2<x<4$

Ⅲ. 경우의 수

10 경우의 수

01 경우의 수

개념 CHECK
본문 373쪽

01 (1) 8 (2) 7 **02** 12

유제
본문 374~389쪽

01-1 (1) 7 (2) 20 **01-2** 12 **01-3** 8
01-4 36 **02-1** (1) 12 (2) 26
02-2 (1) 3 (2) 5 **02-3** 19 **02-4** 8
03-1 (1) 16 (2) 9 **03-2** 27 **03-3** 54
03-4 (1) 12 (2) 6 (3) 8 **04-1** (1) 16 (2) 12 (3) 8
04-2 6 **04-3** 2 **04-3** 3
05-1 (1) 14 (2) 96 **05-2** 18 **05-3** 22
05-4 3 **06-1** 48 **06-2** 180
06-3 360 **06-4** 84 **07-1** (1) 23 (2) 23
07-2 (1) 55 (2) 47 **07-3** 53 **07-4** 35
08-1 44 **08-2** 11 **08-3** 9 **08-4** 16

중단원 연습문제
본문 390~394쪽

01 19 **02** 5 **03** 4 **04** 100
05 189 **06** 9 **07** 9 **08** 5
09 30 **10** 72 **11** 4 **12** 9
13 59 **14** 3 **15** 40 **16** 30
17 420 **18** 18 **19** 30 **20** 28

11 순열과 조합

01 순열

개념 CHECK

01 (1) 60 (2) 7 (3) 1 (4) 720   **02** (1) 8 (2) 3
03 (1) 24 (2) 360   **04** (1) 12 (2) 12

유제
본문 404~415쪽

01-1 (1) 9 (2) 4 (3) 8 (4) 5   **01-2** 4   **01-3** 6
01-4 풀이 참조   **02-1** (1) 120 (2) 60 (3) 20
02-2 (1) 720 (2) 360   **02-3** 10   **02-4** 3
03-1 (1) 240 (2) 480 (3) 96
03-2 72   **03-3** 144   **03-4** 4
04-1 (1) 120 (2) 720 (3) 3600
04-2 (1) 288 (2) 192   **04-3** 144
04-4 3600   **05-1** (1) 100 (2) 48
05-2 240   **05-3** 55   **05-4** 728
06-1 (1) 58번째 (2) $dabec$ **06-2** 32104
06-3 384번째   **06-4** 264

02 조합

개념 CHECK
본문 423쪽

01 (1) 35 (2) 36 (3) 1 (4) 1   **02** (1) 5 (2) 6
03 (1) 70 (2) 21   **04** (1) 7 (2) 35 (3) 175
05 (1) 15 (2) 20

유제
본문 424~437쪽

07-1 (1) 7 (2) 8 (3) 5 (4) 7   **07-2** (1) 9 (2) 5
07-3 10   **07-4** 풀이 참조
08-1 (1) 120 (2) 60 (3) 24   **08-2** (1) 105 (2) 9
08-3 84   **08-4** 14   **09-1** (1) 21 (2) 120
09-2 35   **09-3** 110   **09-4** 5
10-1 (1) 14400 (2) 1680   **10-2** 2400
10-3 480   **10-4** 9   **11-1** (1) 17 (2) 45
11-2 9   **11-3** 72   **11-4** 32   **12-1** 60
12-2 100   **12-3** 27   **12-4** 10
13-1 (1) 35 (2) 280   **13-2** (1) 70 (2) 420
13-3 120   **13-4** 45

중단원 연습문제
본문 438~442쪽

01 3   **02** 144   **03** 1152   **04** 960
05 48   **06** 34120   **07** 4   **08** 8
09 100   **10** 168   **11** 72   **12** 2268
13 ⑤   **14** 132   **15** 84   **16** 273
17 16   **18** 87   **19** 944   **20** ④

Ⅳ. 행렬

12 행렬

01 행렬

개념 CHECK
본문 447쪽

01 (1) $\begin{pmatrix} 4 & 0 & -2 \end{pmatrix}$ (2) $\begin{pmatrix} -3 \\ 1 \\ 4 \end{pmatrix}$ (3) 1 (4) 5

02 $\begin{pmatrix} 3 & 5 & 7 \\ 4 & 6 & 8 \end{pmatrix}$ **03** $a=4, b=5, c=-3$

본문 448~451쪽

유제

01-1 (1) $\begin{pmatrix} 3 & 0 & -5 \\ 9 & 6 & 1 \end{pmatrix}$ (2) 8

01-2 $\begin{pmatrix} 2 & 5 & 8 \\ 3 & 7 & 11 \end{pmatrix}$

01-3 (1) $\begin{pmatrix} 1 & -4 & -5 \\ 4 & 1 & -7 \\ 5 & 7 & 1 \end{pmatrix}$ (2) -2

01-4 $\begin{pmatrix} 0 & 2 & 1 \\ 0 & 0 & 1 \\ 1 & 0 & 1 \end{pmatrix}$ **02-1** $a=2, b=1, c=3$

02-2 $x=3, y=-5$ **02-3** -2

02-4 -10

02 행렬의 덧셈, 뺄셈과 실수배

개념 CHECK

본문 457쪽

01 (1) $\begin{pmatrix} 5 & -3 \\ -4 & 0 \end{pmatrix}$ (2) $\begin{pmatrix} -1 & -3 \\ 4 & 2 \end{pmatrix}$

(3) $\begin{pmatrix} 4 & -6 \\ 0 & 2 \end{pmatrix}$ (4) $\begin{pmatrix} 12 & -9 \\ -8 & 1 \end{pmatrix}$

02 $\begin{pmatrix} -1 & -2 \\ 3 & -7 \end{pmatrix}$ **03** $\begin{pmatrix} -5 & -2 \\ -7 & 5 \end{pmatrix}$

04 $\begin{pmatrix} 4 & 8 \\ 1 & 5 \end{pmatrix}$

유제

본문 458~461쪽

03-1 (1) $\begin{pmatrix} -3 & 4 \\ 16 & -1 \end{pmatrix}$ (2) $\begin{pmatrix} 7 & 15 \\ -5 & 7 \end{pmatrix}$

03-2 -7 **03-3** $A=\begin{pmatrix} -1 & 2 \\ 2 & 4 \end{pmatrix}, B=\begin{pmatrix} 2 & 2 \\ 3 & -2 \end{pmatrix}$

03-4 6 **04-1** (1) 5 (2) -6 **04-2** 2

04-3 3 **04-4** 5

03 행렬의 곱셈

개념 CHECK

본문 471쪽

01 (1) $\begin{pmatrix} 1 \\ 1 \end{pmatrix}$ (2) $\begin{pmatrix} 1 & -3 \\ -6 & 6 \end{pmatrix}$

02 (1) $\begin{pmatrix} 1 & 0 \\ -6 & 1 \end{pmatrix}$ (2) $\begin{pmatrix} 1 & 0 \\ -60 & 1 \end{pmatrix}$

03 1 **04** -7

유제

본문 472~483쪽

05-1 6 **05-2** (1) $\begin{pmatrix} 7 & -1 \\ 5 & 10 \end{pmatrix}$ (2) $\begin{pmatrix} -1 & -4 \\ 6 & 1 \end{pmatrix}$

05-3 10 **05-4** 3 **06-1** (1) 65 (2) 32

06-2 4 **06-3** 45 **06-4** 10 **07-1** ②

07-2 ② **08-1** (1) $\begin{pmatrix} 14 & 6 \\ 2 & -14 \end{pmatrix}$ (2) $\begin{pmatrix} 14 & -8 \\ -4 & -2 \end{pmatrix}$

08-2 (1) 1 (2) $\begin{pmatrix} 4 & -2 \\ 8 & -2 \end{pmatrix}$ **08-3** $\begin{pmatrix} 3 & 5 \\ 3 & -5 \end{pmatrix}$

08-4 20 **09-1** -5 **09-2** 2 **09-3** 3

09-4 4 **10-1** (1) 23 (2) 4

10-2 (1) 6 (2) $\begin{pmatrix} -6 & 12 \\ -4 & 6 \end{pmatrix}$ **10-3** 24 **10-4** 4

중단원 연습문제

본문 484~488쪽

01 -1 **02** $\begin{pmatrix} 0 & 3 & 6 \\ 3 & 0 & 2 \\ 6 & 2 & 0 \end{pmatrix}$ **03** -3

04 -21 **05** 24 **06** $a=5, b=-1$

07 9 **08** 52 **09** B^2A

10 $\begin{pmatrix} 2 & 0 \\ 3 & 0 \end{pmatrix}$ **11** 25 **12** 12 **13** -12

14 -7 **15** 12 **16** 10 **17** -2

18 ㄷ **19** 8 **20** 30

Memo

Memo

Memo

Memo

수학의 바이블 | 개념 ON 공통수학1

- **개념 설명** [이해] 상세한 설명으로 모든 개념을 교과서보다 쉽고 자세하게 이해
- **예제 & 유제** [적용] 〈대표예제 – 한 번 더하기 – 표현 더하기 – 실력 더하기〉: **단계별 문제 적응력 향상**
- **연습 문제** [응용] 〈Step1 기본 다지기 – Step2 실력 다지기〉: **기본에서 고난도까지 문제 해결력 향상**

가르치기 쉽고 빠르게 배울 수 있는 **이투스북**

www.etoosbook.com

○ **도서 내용 문의**
홈페이지 > 이투스북 고객센터 > 1:1 문의

○ **도서 빠른 정답**
홈페이지 > 도서자료실 > 정답/해설

○ **도서 정오표**
홈페이지 > 도서자료실 > 정오표

○ **선생님을 위한 강의 지원 서비스 T폴더**
홈페이지 > 교강사 T폴더

대표예제 풀이노트 제공
인쇄 가능한 PDF 파일

온 [모두의]
모든 개념을 담다

ON [켜다]
실력의 불을 켜다

수학의 바이블

개념 ON

정답과 풀이

이투스북

2022개정 교육과정   공통수학1

수학의 바이블

개념 ON

공통수학1

I. 다항식

01 다항식의 연산

01 다항식의 덧셈과 뺄셈

개념 CHECK 본문 15쪽

01 (1) $2x^2+xy-y^2-4y+3$
(2) $-y^2-4y+3+xy+2x^2$
(3) $-y^2+(x-4)y+2x^2+3$
(4) $2x^2+3+(x-4)y-y^2$

02 (1) $-7x^2+11x-4$ (2) $8x^2-13x+11$

03 (1) $-5x^2-xy$ (2) $3x^2+16xy+4y^2$

04 (1) $-2x^2-5$ (2) $5x^2+2x+4$

01

(1) $2x^2-y^2+xy-4y+3=2x^2+xy-y^2-4y+3$
(2) $2x^2-y^2+xy-4y+3=-y^2-4y+3+xy+2x^2$
(3) $2x^2-y^2+xy-4y+3=-y^2+xy-4y+2x^2+3$
$\qquad\qquad\qquad\qquad\quad =-y^2+(x-4)y+2x^2+3$
(4) $2x^2-y^2+xy-4y+3=2x^2+3+xy-4y-y^2$
$\qquad\qquad\qquad\qquad\quad =2x^2+3+(x-4)y-y^2$

답 (1) $2x^2+xy-y^2-4y+3$
(2) $-y^2-4y+3+xy+2x^2$
(3) $-y^2+(x-4)y+2x^2+3$
(4) $2x^2+3+(x-4)y-y^2$

02

(1) $2A-B=2(-2x^2+3x+1)-(3x^2-5x+6)$
$\qquad\quad =-4x^2+6x+2-3x^2+5x-6$
$\qquad\quad =(-4-3)x^2+(6+5)x+2-6$
$\qquad\quad =-7x^2+11x-4$
(2) $-A+2B=-(-2x^2+3x+1)+2(3x^2-5x+6)$
$\qquad\qquad =2x^2-3x-1+6x^2-10x+12$
$\qquad\qquad =(2+6)x^2+(-3-10)x-1+12$
$\qquad\qquad =8x^2-13x+11$

답 (1) $-7x^2+11x-4$ (2) $8x^2-13x+11$

03

(1) $A+(B-2C)$
$=A+B-2C$
$=(x^2+4xy-y^2)+(2x^2-xy-5y^2)$
$\qquad\qquad\qquad\qquad -2(4x^2+2xy-3y^2)$
$=x^2+4xy-y^2+2x^2-xy-5y^2-8x^2-4xy+6y^2$
$=(1+2-8)x^2+(4-1-4)xy+(-1-5+6)y^2$
$=-5x^2-xy$

(2) $3A-(2B-C)$
$=3A-2B+C$
$=3(x^2+4xy-y^2)-2(2x^2-xy-5y^2)$
$\qquad\qquad\qquad\qquad +(4x^2+2xy-3y^2)$
$=3x^2+12xy-3y^2-4x^2+2xy+10y^2$
$\qquad\qquad\qquad\qquad +4x^2+2xy-3y^2$
$=(3-4+4)x^2+(12+2+2)xy+(-3+10-3)y^2$
$=3x^2+16xy+4y^2$

답 (1) $-5x^2-xy$ (2) $3x^2+16xy+4y^2$

04

(1) $A-(B+2A)$
$=A-B-2A=-A-B$
$=-(3x^2+2x-1)-(-x^2-2x+6)$
$=-3x^2-2x+1+x^2+2x-6$
$=(-3+1)x^2+(-2+2)x+1-6$
$=-2x^2-5$

(2) $(3A-B)-(A-2B)$
$=3A-B-A+2B=2A+B$
$=2(3x^2+2x-1)+(-x^2-2x+6)$
$=6x^2+4x-2-x^2-2x+6$
$=(6-1)x^2+(4-2)x-2+6$
$=5x^2+2x+4$

답 (1) $-2x^2-5$ (2) $5x^2+2x+4$

유제 본문 16~17쪽

01-1 (1) $7x^2+3xy-7y^2$ (2) $6x^2-xy-y^2$
01-2 29
01-3 $-4x^2+5x-7$ **01-4** $8x^3+7x^2-10x-11$

01-1

(1) $A-(2B+C-2A)$
$=A-2B-C+2A$
$=3A-2B-C$

$$=3(x^2+2xy-4y^2)-2(-3x^2+xy-y^2)$$
$$-(2x^2+xy-3y^2)$$
$$=3x^2+6xy-12y^2+6x^2-2xy+2y^2-2x^2-xy+3y^2$$
$$=7x^2+3xy-7y^2$$

(2) $2A-\{B+C-3(C-A)\}$
$$=2A-(B+C-3C+3A)$$
$$=2A-(3A+B-2C)$$
$$=2A-3A-B+2C$$
$$=-A-B+2C$$
$$=-(x^2+2xy-4y^2)-(-3x^2+xy-y^2)$$
$$+2(2x^2+xy-3y^2)$$
$$=-x^2-2xy+4y^2+3x^2-xy+y^2+4x^2+2xy-6y^2$$
$$=6x^2-xy-y^2$$

답 (1) $7x^2+3xy-7y^2$ (2) $6x^2-xy-y^2$

01-2

$3A-X=2B$에서 $-X=-3A+2B$
$$\therefore X=3A-2B$$
$$=3(2x^2-3xy+4y^2)-2(4x^2+2xy-3y^2)$$
$$=6x^2-9xy+12y^2-8x^2-4xy+6y^2$$
$$=-2x^2-13xy+18y^2$$
따라서 $a=-2$, $b=-13$, $c=18$이므로
$$a-b+c=(-2)-(-13)+18=29$$

답 29

01-3

$A+B=5x^2+2x-1$ ······ ㉠
$A-B=-x^2+4x-5$ ······ ㉡
㉠$+$㉡을 하면
$$2A=(5x^2+2x-1)+(-x^2+4x-5)$$
$$=4x^2+6x-6$$
$$\therefore A=2x^2+3x-3$$ ······ ㉢
㉢을 ㉠에 대입하면
$(2x^2+3x-3)+B=5x^2+2x-1$이므로
$$B=(5x^2+2x-1)-(2x^2+3x-3)$$
$$=5x^2+2x-1-2x^2-3x+3$$
$$=3x^2-x+2$$
$$\therefore A-2B=(2x^2+3x-3)-2(3x^2-x+2)$$
$$=2x^2+3x-3-6x^2+2x-4$$
$$=-4x^2+5x-7$$

답 $-4x^2+5x-7$

01-4

$A-B=3x^3+5x-5$ ······ ㉠
$2A+3B=x^3+5x^2-15x$ ······ ㉡
㉠$\times3+$㉡을 하면
$$5A=10x^3+5x^2-15$$
$$\therefore A=2x^3+x^2-3$$ ······ ㉢
㉢을 ㉠에 대입하면
$(2x^3+x^2-3)-B=3x^3+5x-5$이므로
$$B=(2x^3+x^2-3)-(3x^3+5x-5)$$
$$=2x^3+x^2-3-3x^3-5x+5$$
$$=-x^3+x^2-5x+2$$
$X-3A=2(A+B)$에서
$$X=2(A+B)+3A$$
$$=2A+2B+3A$$
$$=5A+2B$$
$$=5(2x^3+x^2-3)+2(-x^3+x^2-5x+2)$$
$$=10x^3+5x^2-15-2x^3+2x^2-10x+4$$
$$=8x^3+7x^2-10x-11$$

답 $8x^3+7x^2-10x-11$

02 다항식의 곱셈과 곱셈 공식

개념 CHECK
본문 25쪽

01 (1) $4a^4b-5a^2b+3ab^2$ (2) $2a^3+9a^2+9a-2$

(3) $3a^4-3a^3+2a^2b+ab-b^2$

(4) $2x^2-xy-3x-3y^2+7y-2$

02 (1) $x^2+y^2+z^2+2xy-2yz-2zx$

(2) $8x^3+36x^2+54x+27$

(3) $a^3-12a^2b+48ab^2-64b^3$

(4) $64x^3+1$ (5) a^3-8b^3

(6) x^3+5x^2+2x-8 (7) $x^3+8y^3-z^3+6xyz$

(8) x^4+9x^2+81

03 (1) 13 (2) 17 (3) 45   04 (1) 6 (2) 8 (3) -14

05 (1) 27 (2) 128

01

(1) $ab(4a^3-5a+3b)=4a^4b-5a^2b+3ab^2$

(2) $(a+2)(2a^2+5a-1)$
$$=a(2a^2+5a-1)+2(2a^2+5a-1)$$
$$=2a^3+5a^2-a+4a^2+10a-2$$
$$=2a^3+9a^2+9a-2$$

(3) $(3a^2-b)(a^2-a+b)$
$=3a^2(a^2-a+b)-b(a^2-a+b)$
$=3a^4-3a^3+3a^2b-a^2b+ab-b^2$
$=3a^4-3a^3+2a^2b+ab-b^2$
(4) $(x+y-2)(2x-3y+1)$
$=x(2x-3y+1)+y(2x-3y+1)-2(2x-3y+1)$
$=2x^2-3xy+x+2xy-3y^2+y-4x+6y-2$
$=2x^2-xy-3x-3y^2+7y-2$

답 (1) $4a^4b-5a^2b+3ab^2$

(2) $2a^3+9a^2+9a-2$

(3) $3a^4-3a^3+2a^2b+ab-b^2$

(4) $2x^2-xy-3x-3y^2+7y-2$

02

(1) $(x+y-z)^2$
$=x^2+y^2+(-z)^2+2\times x\times y+2\times y\times(-z)$
$\qquad\qquad\qquad\qquad +2\times(-z)\times x$
$=x^2+y^2+z^2+2xy-2yz-2zx$
(2) $(2x+3)^3$
$=(2x)^3+3\times(2x)^2\times3+3\times2x\times3^2+3^3$
$=8x^3+36x^2+54x+27$
(3) $(a-4b)^3$
$=a^3-3\times a^2\times4b+3\times a\times(4b)^2-(4b)^3$
$=a^3-12a^2b+48ab^2-64b^3$
(4) $(4x+1)(16x^2-4x+1)=(4x)^3+1^3$
$\qquad\qquad\qquad\qquad\qquad =64x^3+1$
(5) $(a-2b)(a^2+2ab+4b^2)=a^3-(2b)^3$
$\qquad\qquad\qquad\qquad\qquad\qquad =a^3-8b^3$
(6) $(x-1)(x+2)(x+4)$
$=x^3+\{(-1)+2+4\}x^2+\{(-1)\times2+2\times4$
$\qquad\qquad\qquad +4\times(-1)\}x+(-1)\times2\times4$
$=x^3+5x^2+2x-8$
(7) $(x+2y-z)(x^2+4y^2+z^2-2xy+2yz+zx)$
$=x^3+(2y)^3+(-z)^3-3\times x\times2y\times(-z)$
$=x^3+8y^3-z^3+6xyz$
(8) $(x^2+3x+9)(x^2-3x+9)=x^4+x^2\times3^2+3^4$
$\qquad\qquad\qquad\qquad\qquad\qquad =x^4+9x^2+81$

답 (1) $x^2+y^2+z^2+2xy-2yz-2zx$

(2) $8x^3+36x^2+54x+27$

(3) $a^3-12a^2b+48ab^2-64b^3$

(4) $64x^3+1$

(5) a^3-8b^3

(6) x^3+5x^2+2x-8

(7) $x^3+8y^3-z^3+6xyz$

(8) x^4+9x^2+81

03

(1) $x^2+y^2=(x+y)^2-2xy$
$\qquad =3^2-2\times(-2)$
$\qquad =9+4=13$
(2) $(x-y)^2=(x+y)^2-4xy$
$\qquad\qquad =3^2-4\times(-2)$
$\qquad\qquad =9+8=17$
(3) $x^3+y^3=(x+y)^3-3xy(x+y)$
$\qquad\qquad =3^3-3\times(-2)\times3$
$\qquad\qquad =27+18=45$

답 (1) 13　(2) 17　(3) 45

04

(1) $x^2+\dfrac{1}{x^2}=\left(x-\dfrac{1}{x}\right)^2+2$
$\qquad\qquad =(-2)^2+2=6$
(2) $\left(x+\dfrac{1}{x}\right)^2=\left(x-\dfrac{1}{x}\right)^2+4$
$\qquad\qquad =(-2)^2+4=8$
(3) $x^3-\dfrac{1}{x^3}=\left(x-\dfrac{1}{x}\right)^3+3\left(x-\dfrac{1}{x}\right)$
$\qquad\qquad =(-2)^3+3\times(-2)$
$\qquad\qquad =-8-6=-14$

답 (1) 6　(2) 8　(3) -14

05

(1) $x^2+y^2+z^2=(x+y+z)^2-2(xy+yz+zx)$
$\qquad\qquad\qquad =5^2-2\times(-1)$
$\qquad\qquad\qquad =25+2=27$
(2) (1)에서 $x^2+y^2+z^2=27$이므로
$x^3+y^3+z^3$
$=(x+y+z)(x^2+y^2+z^2-xy-yz-zx)+3xyz$
$=(x+y+z)\{x^2+y^2+z^2-(xy+yz+zx)\}+3xyz$
$=5\times\{27-(-1)\}+3\times(-4)$
$=140-12=128$

답 (1) 27　(2) 128

유제

02-1 18　　**02-2** 3　　**02-3** 1　　**02-4** 20

03-1 (1) $a^2+9b^2+c^2+6ab-6bc-2ca$

(2) $4x^2+y^2-4xy-12x+6y+9$

(3) $x^3+12x^2+48x+64$

(4) $27x^3-27x^2y+9xy^2-y^3$

(5) x^3+8y^3

(6) $8x^3-125$

03-2 64　　**03-3** $2x^3+54x$　　**03-4** -24

04-1 (1) $x^3-7x^2+14x-8$　(2) $a^3-b^3+3ab+1$

04-2 (1) $a^4+9a^2b^2+81b^4$　(2) $a^{16}-b^{16}$

04-3 $x^4-x^3+2x^2+5x+22$　　**04-4** -13

05-1 (1) $x^4-4x^3+5x^2-2x-6$

(2) $x^4+10x^3+35x^2+50x+24$

(3) $4a^2-b^2-c^2+2bc$

05-2 -27　**05-3** ⑤　　**05-4** ④

06-1 (1) 63　(2) 16　　**06-2** (1) 199　(2) 75

06-3 6　　**06-4** 21

07-1 (1) 7　(2) 18　(3) 47　(4) $\sqrt{5}$　(5) $8\sqrt{5}$

07-2 (1) 23　(2) 110　(3) $\sqrt{21}$　(4) $24\sqrt{21}$

07-3 $140\sqrt{2}$　　**07-4** 108　　**08-1** (1) 1　(2) 1

08-2 18　　**08-3** ④　　**08-4** 19

02-1

$(x^4-3x^2+2x-1)(x^3+5x^2-7x+1)$의 전개식에서 x^3항은 $-3x^2\times(-7x)$, $2x\times5x^2$, $-1\times x^3$의 세 가지 경우에서 생기므로

$21x^3+10x^3-x^3=30x^3$

따라서 x^3의 계수는 30이다.

$(x^4-3x^2+2x-1)(x^3+5x^2-7x+1)$의 전개식에서 x^4항은 $x^4\times1$, $-3x^2\times5x^2$, $2x\times x^3$의 세 가지 경우에서 생기므로

$x^4-15x^4+2x^4=-12x^4$

따라서 x^4의 계수는 -12이다.

그러므로 x^3의 계수와 x^4의 계수의 합은 $30+(-12)=18$이다.

답 18

02-2

$(2x^2-3x-2)(x^2+kx+3)$의 전개식에서 x^2항은 $2x^2\times3$, $-3x\times kx$, $-2\times x^2$의 세 가지 경우에서 생기므로

$6x^2-3kx^2-2x^2=(4-3k)x^2$

따라서 x^2의 계수는 $4-3k$이다.

주어진 식의 전개식에서 x^2의 계수가 -5이므로

$4-3k=-5$, $-3k=-9$

$\therefore k=3$

답 3

02-3

$(x^3+ax-6)(x^2+bx+2)$의 전개식에서 x^2항은 $ax\times bx$, $-6\times x^2$의 두 가지 경우에서 생기므로

$abx^2-6x^2=(ab-6)x^2$

따라서 x^2의 계수는 $ab-6$이다.

$(x^3+ax-6)(x^2+bx+2)$의 전개식에서 x^3항은 $x^3\times2$, $ax\times x^2$의 두 가지 경우에서 생기므로

$2x^3+ax^3=(2+a)x^3$

따라서 x^3의 계수는 $2+a$이다.

x^2의 계수와 x^3의 계수가 모두 0이어야 하므로

$ab-6=0$, $2+a=0$에서 $ab=6$, $a=-2$

$\therefore a=-2$, $b=-3$

$\therefore a-b=(-2)-(-3)=1$

답 1

02-4

주어진 다항식의 전개식에서 x^3항이 나오는 경우는 다음과 같다.

(x^3항)$\times$(상수항), (x^2항)$\times$(x항), (x항)$\times$(x^2항), (상수항)$\times$(x^3항)

$(1+2x+3x^2+\cdots+10x^9)^2$, 즉

$(1+2x+3x^2+\cdots+10x^9)(1+2x+3x^2+\cdots+10x^9)$

의 전개식에서 x^3항은 $1\times4x^3$, $2x\times3x^2$, $3x^2\times2x$, $4x^3\times1$의 네 가지 경우에서 생기므로

$4x^3+6x^3+6x^3+4x^3=20x^3$

따라서 x^3의 계수는 20이다.

참고

3=0+3=1+2=2+1=3+0임을 알고 있으므로 x^3의 계수는 다음과 같이 4가지 곱셈에 의하여 구할 수 있음을 알 수 있다.

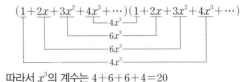

따라서 x^3의 계수는 $4+6+6+4=20$

답 20

03-1

(1) $(a+3b-c)^2$
 $=a^2+(3b)^2+(-c)^2$
 $\qquad +2\times a\times 3b+2\times 3b\times (-c)+2\times(-c)\times a$
 $=a^2+9b^2+c^2+6ab-6bc-2ca$

(2) $(2x-y-3)^2$
 $=(2x)^2+(-y)^2+(-3)^2+2\times 2x\times(-y)$
 $\qquad +2\times(-y)\times(-3)+2\times(-3)\times 2x$
 $=4x^2+y^2-4xy-12x+6y+9$

(3) $(x+4)^3=x^3+3\times x^2\times 4+3\times x\times 4^2+4^3$
 $\qquad\qquad =x^3+12x^2+48x+64$

(4) $(3x-y)^3$
 $=(3x)^3-3\times(3x)^2\times y+3\times 3x\times y^2-y^3$
 $=27x^3-27x^2y+9xy^2-y^3$

(5) $(x+2y)(x^2-2xy+4y^2)=x^3+(2y)^3$
 $\qquad\qquad\qquad\qquad\qquad =x^3+8y^3$

(6) $(2x-5)(4x^2+10x+25)=(2x)^3-5^3$
 $\qquad\qquad\qquad\qquad\qquad =8x^3-125$

$\qquad$ 답 (1) $a^2+9b^2+c^2+6ab-6bc-2ca$
$\qquad\qquad$ (2) $4x^2+y^2-4xy-12x+6y+9$
$\qquad\qquad$ (3) $x^3+12x^2+48x+64$
$\qquad\qquad$ (4) $27x^3-27x^2y+9xy^2-y^3$
$\qquad\qquad$ (5) x^3+8y^3
$\qquad\qquad$ (6) $8x^3-125$

03-2

$(a+2b+c)^2$
$=a^2+4b^2+c^2+2\times a\times 2b+2\times 2b\times c+2\times c\times a$
$=a^2+4b^2+c^2+2(2ab+2bc+ca)$
$a^2+4b^2+c^2=26$, $2ab+2bc+ca=19$이므로
$(a+2b+c)^2=a^2+4b^2+c^2+2(2ab+2bc+ca)$
$\qquad\qquad\qquad =26+2\times 19=64$

$\qquad$ 답 64

03-3

한 모서리의 길이가 $x-3$인 정육면체의 부피 A는
$A=(x-3)^3$
한 모서리의 길이가 $x+3$인 정육면체의 부피 B는
$B=(x+3)^3$
따라서 두 정육면체의 부피의 합 $A+B$는
$A+B=(x-3)^3+(x+3)^3$
$\qquad =(x^3-3\times x^2\times 3+3\times x\times 3^2-3^3)$
$\qquad\qquad +(x^3+3\times x^2\times 3+3\times x\times 3^2+3^3)$

$=(x^3-9x^2+27x-27)+(x^3+9x^2+27x+27)$
$=2x^3+54x$

$\qquad$ 답 $2x^3+54x$

03-4

$(x-2)^3(x^2+2x+4)^3$
$=\{(x-2)(x^2+2x+4)\}^3$
$=(x^3-2^3)^3$
$=(x^3-8)^3$
$=(x^3)^3-3\times(x^3)^2\times 8+3\times x^3\times 8^2-8^3$
$=x^9-24x^6+192x^3-512$
따라서 x^6의 계수는 -24이다.

$\qquad$ 답 -24

04-1

(1) $(x-1)(x-2)(x-4)$
 $=x^3+\{(-1)+(-2)+(-4)\}x^2$
 $\qquad +\{(-1)\times(-2)+(-2)\times(-4)+(-4)\times(-1)\}x$
 $\qquad\qquad\qquad +(-1)\times(-2)\times(-4)$
 $=x^3-7x^2+14x-8$

(2) $(a-b+1)(a^2+b^2+ab-a+b+1)$
 $=\{a+(-b)+1\}$
 $\qquad \{a^2+(-b)^2+1^2-a\times(-b)-(-b)\times 1-1\times a\}$
 $=a^3+(-b)^3+1^3-3\times a\times(-b)\times 1$
 $=a^3-b^3+3ab+1$

$\qquad$ 답 (1) $x^3-7x^2+14x-8$
$\qquad\qquad$ (2) $a^3-b^3+3ab+1$

04-2

(1) $(a^2+3ab+9b^2)(a^2-3ab+9b^2)$
 $=a^4+a^2\times(3b)^2+(3b)^4$
 $=a^4+9a^2b^2+81b^4$

(2) $(a-b)(a+b)(a^2+b^2)(a^4+b^4)(a^8+b^8)$
 $=(a^2-b^2)(a^2+b^2)(a^4+b^4)(a^8+b^8)$
 $=(a^4-b^4)(a^4+b^4)(a^8+b^8)$
 $=(a^8-b^8)(a^8+b^8)$
 $=a^{16}-b^{16}$

[다른 풀이]

(1) $(a^2+3ab+9b^2)(a^2-3ab+9b^2)$
 $=\{(a^2+9b^2)+3ab\}\{(a^2+9b^2)-3ab\}$
 $=(a^2+9b^2)^2-(3ab)^2$
 $=a^4+18a^2b^2+81b^4-9a^2b^2$
 $=a^4+9a^2b^2+81b^4$

$\qquad$ 답 (1) $a^4+9a^2b^2+81b^4$ (2) $a^{16}-b^{16}$

04-3

$(x^2+2x+4)(x^2-2x+4)=x^4+x^2\times 2^2+2^4$
$$=x^4+4x^2+16$$
$(x+1)(x-2)(x+3)$
$=x^3+\{1+(-2)+3\}x^2$
$\quad +\{1\times(-2)+(-2)\times 3+3\times 1\}x+1\times(-2)\times 3$
$=x^3+2x^2-5x-6$
따라서 주어진 식을 전개하면
$(x^2+2x+4)(x^2-2x+4)-(x+1)(x-2)(x+3)$
$=x^4+4x^2+16-(x^3+2x^2-5x-6)$
$=x^4+4x^2+16-x^3-2x^2+5x+6$
$=x^4-x^3+2x^2+5x+22$

탭 $x^4-x^3+2x^2+5x+22$

04-4

$a+b+c=2$에서
$a+b=2-c$, $b+c=2-a$, $c+a=2-b$
$\therefore (a+b)(b+c)(c+a)$
$\quad =(2-c)(2-a)(2-b)$
$\quad =8-4(a+b+c)+2(ab+bc+ca)-abc$
$\quad =8-4\times 2+2\times(-5)-3$
$\quad =-13$

탭 -13

05-1

(1) $x^2-2x=X$로 놓으면
$\quad (x^2-2x-2)(x^2-2x+3)$
$\quad =(X-2)(X+3)$
$\quad =X^2+X-6$
$\quad =(x^2-2x)^2+(x^2-2x)-6$
$\quad =x^4-4x^3+4x^2+x^2-2x-6$
$\quad =x^4-4x^3+5x^2-2x-6$

(2) $(x+1)(x+2)(x+3)(x+4)$
$\quad =\{(x+1)(x+4)\}\{(x+2)(x+3)\}$
$\quad =(x^2+5x+4)(x^2+5x+6)$
$\quad x^2+5x=X$로 놓으면
$\quad (x^2+5x+4)(x^2+5x+6)$
$\quad =(X+4)(X+6)$
$\quad =X^2+10X+24$
$\quad =(x^2+5x)^2+10(x^2+5x)+24$
$\quad =x^4+10x^3+25x^2+10x^2+50x+24$
$\quad =x^4+10x^3+35x^2+50x+24$

(3) $b-c=X$로 놓으면
$\quad (2a+b-c)(2a-b+c)$

$\quad =(2a+X)(2a-X)$
$\quad =4a^2-X^2$
$\quad =4a^2-(b-c)^2$
$\quad =4a^2-(b^2-2bc+c^2)$
$\quad =4a^2-b^2-c^2+2bc$

탭 (1) $x^4-4x^3+5x^2-2x-6$
(2) $x^4+10x^3+35x^2+50x+24$
(3) $4a^2-b^2-c^2+2bc$

05-2

$(x+3)(x+1)(x-2)(x-4)$
$=\{(x+3)(x-4)\}\{(x+1)(x-2)\}$
$=(x^2-x-12)(x^2-x-2)$
$x^2-x=X$로 놓으면
$(x^2-x-12)(x^2-x-2)$
$=(X-12)(X-2)$
$=X^2-14X+24$
$=(x^2-x)^2-14(x^2-x)+24$
$=x^4-2x^3+x^2-14x^2+14x+24$
$=x^4-2x^3-13x^2+14x+24$
따라서 $a=-13$, $b=14$이므로
$a-b=(-13)-14=-27$

탭 -27

05-3

$(a+b-1)\{(a+b)^2+a+b+1\}=8$에서
$a+b=X$로 놓으면 $(X-1)(X^2+X+1)=8$
즉, $X^3-1=8$이므로 $X^3=9$
$\therefore (a+b)^3=X^3=9$

탭 ⑤

05-4

$(a+b+c)(a-b+c)=(a+b-c)(b+c-a)$에서
$\{(a+c)+b\}\{(a+c)-b\}=\{b+(a-c)\}\{b-(a-c)\}$
$(a+c)^2-b^2=b^2-(a-c)^2$
$a^2+2ac+c^2-b^2=b^2-a^2+2ac-c^2$
$2(a^2+c^2)=2b^2$ $\quad \therefore a^2+c^2=b^2$
따라서 삼각형 ABC는 빗변의 길이가 b인 직각삼각형이다.

탭 ④

06-1

(1) $(x-1)(x+1)(x^2-x+1)(x^2+x+1)$
$\quad =\{(x-1)(x^2+x+1)\}\{(x+1)(x^2-x+1)\}$
$\quad =(x^3-1)(x^3+1)$

$$=(8-1)(8+1)$$
$$=7\times9$$
$$=63$$

(2) $3-1=2$이므로
$$(3+1)(3^2+1)(3^4+1)(3^8+1)$$
$$=\frac{1}{2}(3-1)(3+1)(3^2+1)(3^4+1)(3^8+1)$$
$$=\frac{1}{2}(3^2-1)(3^2+1)(3^4+1)(3^8+1)$$
$$=\frac{1}{2}(3^4-1)(3^4+1)(3^8+1)$$
$$=\frac{1}{2}(3^8-1)(3^8+1)$$
$$=\frac{1}{2}(3^{16}-1)$$
$$\therefore m=16$$

답 (1) 63   (2) 16

06-2

(1) $(x-1)(x+1)(x^2+1)(x^4+1)$
$$=(x^2-1)(x^2+1)(x^4+1)$$
$$=(x^4-1)(x^4+1)$$
$$=x^8-1$$
$$=200-1=199$$

(2) $\dfrac{75^3}{72\times78+9}=\dfrac{75^3}{(75-3)(75+3)+9}$
$$=\dfrac{75^3}{(75^2-9)+9}$$
$$=\dfrac{75^3}{75^2}=75$$

답 (1) 199   (2) 75

06-3

$99=100-1$이므로
$$99\times(100^2+100+1)=(100-1)(100^2+100+1)$$
$$=100^3-1^3$$
$$=(10^2)^3-1$$
$$=10^6-1$$
$$\therefore p=6$$

다른 풀이

$100=a$라 하면
$$99\times(100^2+100+1)=(a-1)(a^2+a+1)$$
$$=a^3-1$$
$$=100^3-1$$
$$=(10^2)^3-1$$
$$=10^6-1$$

답 6

06-4

곱셈 공식 $(a^2+ab+b^2)(a^2-ab+b^2)=a^4+a^2b^2+b^4$을 이용하면
$$(a^2+a+1)(a^2-a+1)(a^4-a^2+1)$$
$$=(a^4+a^2+1)(a^4-a^2+1)$$
$$=a^8+a^4+1=(a^4)^2+a^4+1$$
$$=4^2+4+1=21$$

다른 풀이

곱셈 공식 $(a+b)(a-b)=a^2-b^2$을 이용하면
$$(a^2+a+1)(a^2-a+1)=\{(a^2+1)+a\}\{(a^2+1)-a\}$$
$$=(a^2+1)^2-a^2$$
$$=a^4+2a^2+1-a^2$$
$$=a^4+a^2+1$$
$$\therefore (a^2+a+1)(a^2-a+1)(a^4-a^2+1)$$
$$=(a^4+a^2+1)(a^4-a^2+1)$$
$$=\{(a^4+1)+a^2\}\{(a^4+1)-a^2\}$$
$$=(a^4+1)^2-(a^2)^2$$
$$=a^8+2a^4+1-a^4=(a^4)^2+a^4+1$$
$$=4^2+4+1=21$$

답 21

07-1

(1) $a^2+b^2=(a+b)^2-2ab$
$$=3^2-2\times1=7$$

(2) $a^3+b^3=(a+b)^3-3ab(a+b)$
$$=3^3-3\times1\times3=18$$

(3) $a^4+b^4=(a^2)^2+(b^2)^2$
$$=(a^2+b^2)^2-2a^2b^2$$
$$=7^2-2\times1^2=47$$

(4) $(a-b)^2=(a+b)^2-4ab$
$$=3^2-4\times1=5$$

이때 $a>b$에서 $a-b>0$이므로
$$a-b=\sqrt{5}$$

(5) $a^3-b^3=(a-b)^3+3ab(a-b)$
$$=(\sqrt{5})^3+3\times1\times\sqrt{5}$$
$$=5\sqrt{5}+3\sqrt{5}=8\sqrt{5}$$

답 (1) 7   (2) 18   (3) 47   (4) $\sqrt{5}$ (5) $8\sqrt{5}$

07-2

$x^2-5x+1=0$에서 $x\neq0$이므로 양변을 x로 나누면
$$x-5+\frac{1}{x}=0 \qquad \therefore x+\frac{1}{x}=5$$

(1) $x^2+\dfrac{1}{x^2}=\left(x+\dfrac{1}{x}\right)^2-2$
$\qquad\qquad =5^2-2=23$

(2) $x^3+\dfrac{1}{x^3}=\left(x+\dfrac{1}{x}\right)^3-3\left(x+\dfrac{1}{x}\right)$
$\qquad\qquad =5^3-3\times5=110$

(3) $\left(x-\dfrac{1}{x}\right)^2=\left(x+\dfrac{1}{x}\right)^2-4$
$\qquad\qquad =5^2-4=21$
이때 $x>1$이므로 $x-\dfrac{1}{x}=\sqrt{21}$

(4) $x^3-\dfrac{1}{x^3}=\left(x-\dfrac{1}{x}\right)^3+3\left(x-\dfrac{1}{x}\right)$
$\qquad\qquad =(\sqrt{21})^3+3\times\sqrt{21}=24\sqrt{21}$

달 (1) 23 (2) 110 (3) $\sqrt{21}$ (4) $24\sqrt{21}$

07-3

$x-y=(2+\sqrt{2})-(2-\sqrt{2})=2\sqrt{2}$,
$xy=(2+\sqrt{2})(2-\sqrt{2})=4-2=2$이므로
$\dfrac{x^2}{y}-\dfrac{y^2}{x}=\dfrac{x^3-y^3}{xy}=\dfrac{(x-y)^3+3xy(x-y)}{xy}$
$\qquad\qquad =\dfrac{(2\sqrt{2})^3+3\times2\times2\sqrt{2}}{2}$
$\qquad\qquad =14\sqrt{2}=a$
$x^2-xy+y^2=(x-y)^2+xy$
$\qquad\qquad =(2\sqrt{2})^2+2$
$\qquad\qquad =10=b$
따라서 $a=14\sqrt{2}$, $b=10$이므로
$ab=140\sqrt{2}$

달 $140\sqrt{2}$

07-4

직각삼각형 ABC에서 $\overline{BC}=a$, $\overline{AC}=b$라 하면
$\overline{AB}=2\sqrt{6}$이므로
$a^2+b^2=\overline{AB}^2=(2\sqrt{6})^2=24$
또한 삼각형 ABC의 넓이가 3이므로
$\dfrac{1}{2}\times a\times b=3$ $\quad\therefore ab=6$
$\therefore (a+b)^2=a^2+b^2+2ab$
$\qquad\qquad =24+2\times6=36$
이때 $a+b>0$이므로
$a+b=6$
$\therefore \overline{AC}^3+\overline{BC}^3=a^3+b^3$
$\qquad\qquad =(a+b)^3-3ab(a+b)$
$\qquad\qquad =6^3-3\times6\times6=108$

달 108

08-1

$a^2+b^2+c^2=(a+b+c)^2-2(ab+bc+ca)$에서
$7=1^2-2(ab+bc+ca)$, $2(ab+bc+ca)=-6$
$\therefore ab+bc+ca=-3$

(1) $a^3+b^3+c^3$
$\quad =(a+b+c)(a^2+b^2+c^2-ab-bc-ca)+3abc$
$\quad =1\times\{7-(-3)\}+3\times(-3)=1$

(2) $\dfrac{1}{a}+\dfrac{1}{b}+\dfrac{1}{c}=\dfrac{ab+bc+ca}{abc}$
$\qquad\qquad =\dfrac{-3}{-3}=1$

달 (1) 1 (2) 1

08-2

$a^2+b^2+c^2=(a+b+c)^2-2(ab+bc+ca)$
$\qquad\qquad =2^2-2\times(-1)=6$
$a^2b^2+b^2c^2+c^2a^2$
$=(ab)^2+(bc)^2+(ca)^2$
$=(ab+bc+ca)^2-2(ab^2c+bc^2a+ca^2b)$
$=(ab+bc+ca)^2-2abc(a+b+c)$
$=(-1)^2-2\times(-2)\times2=9$
$\therefore a^4+b^4+c^4$
$\quad =(a^2+b^2+c^2)^2-2(a^2b^2+b^2c^2+c^2a^2)$
$\quad =6^2-2\times9=18$

달 18

08-3

직육면체의 밑면의 가로의 길이를 a, 세로의 길이를 b, 높이를 c라 하자.
겉넓이가 148이므로
$2(ab+bc+ca)=148$ $\quad\therefore ab+bc+ca=74$
모든 모서리의 길이의 합이 60이므로
$4(a+b+c)=60$ $\quad\therefore a+b+c=15$
$\overline{BG}^2+\overline{GD}^2+\overline{DB}^2=(a^2+c^2)+(b^2+c^2)+(a^2+b^2)$
$\qquad\qquad =2(a^2+b^2+c^2)$
이고
$a^2+b^2+c^2=(a+b+c)^2-2(ab+bc+ca)$
$\qquad\qquad =15^2-2\times74=77$
이므로
$\overline{BG}^2+\overline{GD}^2+\overline{DB}^2=2(a^2+b^2+c^2)$
$\qquad\qquad =2\times77=154$

달 ④

08-4

$a-b=2$ ...... ㉠

$b-c=3$ ...... ㉡

㉠+㉡을 하면 $a-c=5$ ∴ $c-a=-5$

∴ $a^2+b^2+c^2-ab-bc-ca$

$\quad=\dfrac{1}{2}(2a^2+2b^2+2c^2-2ab-2bc-2ca)$

$\quad=\dfrac{1}{2}\{(a^2-2ab+b^2)+(b^2-2bc+c^2)+(c^2-2ca+a^2)\}$

$\quad=\dfrac{1}{2}\{(a-b)^2+(b-c)^2+(c-a)^2\}$

$\quad=\dfrac{1}{2}\times\{2^2+3^2+(-5)^2\}=19$

답 19

03 다항식의 나눗셈

개념 CHECK

본문 43쪽

01 (1) $3x$, $3x$, $3x$, 5, 3, 2, 몫: $3x-3$, 나머지: 2

(2) $2x$, $2x^3$, $2x^2$, $2x$, x^2, $2x$, x, 1, $3x$, 몫: $2x+1$, 나머지: $-3x$

02 (1) $x^3+2x^2-4x+5=(x-2)(x^2+4x+4)+13$

(2) $4x^3-2x^2+3x-6$

$\quad=(2x^2+x+1)(2x-2)+3x-4$

03 (1) $x^3-4x^2+3x-10$ (2) x^3+4x^2+2

01

(1)

$$
\begin{array}{r}
3x-3 \\
x-1\,\overline{\smash{)}\,3x^2-6x+5} \\
\underline{3x^2-3x} \\
-3x+5 \\
\underline{-3x+3} \\
2
\end{array}
$$

(2)

$$
\begin{array}{r}
2x+1 \\
x^2+x-1\,\overline{\smash{)}\,2x^3+3x^2-4x-1} \\
\underline{2x^3+2x^2-2x} \\
x^2-2x-1 \\
\underline{x^2+x-1} \\
-3x
\end{array}
$$

답 (1) $3x$, $3x$, $3x$, 5, 3, 2, 몫: $3x-3$, 나머지: 2

(2) $2x$, $2x^3$, $2x^2$, $2x$, x^2, $2x$, x, 1, $3x$,

몫: $2x+1$, 나머지: $-3x$

02

(1)

$$
\begin{array}{r}
x^2+4x+4 \\
x-2\,\overline{\smash{)}\,x^3+2x^2-4x+5} \\
\underline{x^3-2x^2} \\
4x^2-4x \\
\underline{4x^2-8x} \\
4x+5 \\
\underline{4x-8} \\
13
\end{array}
$$

따라서 x^3+2x^2-4x+5를 $x-2$로 나누었을 때의 몫은 x^2+4x+4, 나머지는 13이므로 $A=BQ+R$ 꼴로 나타내면

$x^3+2x^2-4x+5=(x-2)(x^2+4x+4)+13$

(2)

$$
\begin{array}{r}
2x-2 \\
2x^2+x+1\,\overline{\smash{)}\,4x^3-2x^2+3x-6} \\
\underline{4x^3+2x^2+2x} \\
-4x^2+x-6 \\
\underline{-4x^2-2x-2} \\
3x-4
\end{array}
$$

따라서 $4x^3-2x^2+3x-6$을 $2x^2+x+1$로 나누었을 때의 몫은 $2x-2$, 나머지는 $3x-4$이므로 $A=BQ+R$ 꼴로 나타내면

$4x^3-2x^2+3x-6=(2x^2+x+1)(2x-2)+3x-4$

답 (1) $x^3+2x^2-4x+5=(x-2)(x^2+4x+4)+13$

(2) $4x^3-2x^2+3x-6=(2x^2+x+1)(2x-2)+3x-4$

03

(1) $f(x)=(x^2+3)(x-4)+2$

$\quad=x^3-4x^2+3x-12+2$

$\quad=x^3-4x^2+3x-10$

(2) $f(x)=(x^2+x-1)(x+3)-2x+5$

$\quad=x^3+3x^2+x^2+3x-x-3-2x+5$

$\quad=x^3+4x^2+2$

답 (1) $x^3-4x^2+3x-10$ (2) x^3+4x^2+2

09-1 6　　**09-2** 43　　**09-3** -1　　**09-4** 3
10-1 (1) x^2+x-4　　(2) 몫: $3x^2+4x+10$, 나머지: 34
10-2 -8　　**10-3** $2x^2+3x+2$　　**10-4** -3

09-1

$x^4+3x^3-x^2+2x+5$를 x^2+x-1로 나누었을 때의 몫과 나머지는 다음과 같다.

$$
\begin{array}{r}
x^2+2x-2 \quad\quad\quad\text{←몫}\\
x^2+x-1\,)\overline{x^4+3x^3-\ x^2+2x+5}\\
\underline{x^4+\ x^3-\ x^2}\\
2x^3\quad\quad\ +2x\\
\underline{2x^3+2x^2-2x}\\
-2x^2+4x+5\\
\underline{-2x^2-2x+2}\\
6x+3 \quad\text{←나머지}
\end{array}
$$

따라서 몫은 x^2+2x-2, 나머지는 $6x+3$이므로
$a=2$, $b=3$　　∴ $ab=2\times3=6$

답 6

09-2

$5x^4-4x^3-9x^2-4x+3$을 x^2-x-3으로 나누었을 때의 몫과 나머지는 다음과 같다.

$$
\begin{array}{r}
5x^2+\ x+7 \quad\quad\quad\text{←몫}\\
x^2-x-3\,)\overline{5x^4-4x^3-\ 9x^2-4x+\ 3}\\
\underline{5x^4-5x^3-15x^2}\\
x^3+\ 6x^2-4x\\
\underline{x^3-\ x^2-3x}\\
7x^2-\ x+\ 3\\
\underline{7x^2-7x-21}\\
6x+24 \quad\text{←나머지}
\end{array}
$$

따라서 $Q(x)=5x^2+x+7$, $R(x)=6x+24$이므로
$Q(1)+R(1)=5+1+7+6+24=43$

답 43

09-3

$$
\begin{array}{r}
x^2-6x+2\\
x+2\,)\overline{x^3-4x^2-10x+5}\\
\underline{x^3+2x^2}\\
-6x^2-10x\\
\underline{-6x^2-12x}\\
2x+5\\
\underline{2x+4}\\
1
\end{array}
$$

따라서 $a=2$, $b=-6$, $c=2$, $d=1$이므로
$a+b+c+d=2+(-6)+2+1=-1$

답 -1

09-4

$x^4-x^3-7x^2+5x$를 x^2+x-1로 나누었을 때의 몫은 다음과 같다.

$$
\begin{array}{r}
x^2-2x-4 \quad\quad\quad\text{←몫}\\
x^2+x-1\,)\overline{x^4-\ x^3-7x^2+5x}\\
\underline{x^4+\ x^3-\ x^2}\\
-2x^3-6x^2+5x\\
\underline{-2x^3-2x^2+2x}\\
-4x^2+3x\\
\underline{-4x^2-4x+4}\\
7x-4
\end{array}
$$

∴ $Q_1(x)=x^2-2x-4$
x^2-2x-4를 $x-3$으로 나누었을 때의 몫은 다음과 같다.

$$
\begin{array}{r}
x+1 \quad\quad\quad\text{←몫}\\
x-3\,)\overline{x^2-2x-4}\\
\underline{x^2-3x}\\
x-4\\
\underline{x-3}\\
-1
\end{array}
$$

따라서 $Q_2(x)=x+1$이므로
$Q_2(2)=2+1=3$

답 3

10-1

(1) $x^4-2x^2+5x-7=P(x)(x^2-x+3)-2x+5$이므로
　　$P(x)(x^2-x+3)=x^4-2x^2+5x-7-(-2x+5)$
　　　　　　　　　　$=x^4-2x^2+7x-12$
다항식 $x^4-2x^2+7x-12$를 x^2-x+3으로 나누면 다음과 같다.

$$
\begin{array}{r}
x^2+x-4\\
x^2-x+3\,)\overline{x^4\quad\ -2x^2+7x-12}\\
\underline{x^4-x^3+3x^2}\\
x^3-5x^2+7x\\
\underline{x^3-\ x^2+3x}\\
-4x^2+4x-12\\
\underline{-4x^2+4x-12}\\
0
\end{array}
$$

$$\therefore P(x)=(x^4-2x^2+7x-12)\div(x^2-x+3)$$
$$=x^2+x-4$$

(2) $f(x)=(2x^2-x+5)(3x+1)-6x-1$
$$=6x^3+2x^2-3x^2-x+15x+5-6x-1$$
$$=6x^3-x^2+8x+4$$

다항식 $f(x)$, 즉 $6x^3-x^2+8x+4$를 $2x-3$으로 나누면 다음과 같다.

$$
\begin{array}{r}
3x^2+4x+10 \\
2x-3\overline{)6x^3-x^2+8x+4} \\
\underline{6x^3-9x^2} \\
8x^2+8x \\
\underline{8x^2-12x} \\
20x+4 \\
\underline{20x-30} \\
34
\end{array}
$$

따라서 몫은 $3x^2+4x+10$, 나머지는 34이다.

답 (1) x^2+x-4
(2) 몫: $3x^2+4x+10$, 나머지: 34

10-2

$$
\begin{array}{r}
x+2 \\
x^2+3x+b\overline{)x^3+5x^2+ax-8} \\
\underline{x^3+3x^2+bx} \\
2x^2+(a-b)x-8 \\
\underline{2x^2+6x+2b} \\
(a-b-6)x+(-8-2b)
\end{array}
$$

이때 나머지가 0이어야 하므로
$a-b-6=0,\ -8-2b=0$이어야 한다.
$-8-2b=0$에서 $-2b=8$ $\quad\therefore b=-4$
$b=-4$를 $a-b-6=0$에 대입하면
$a-(-4)-6=0$ $\quad\therefore a=2$
$\therefore ab=2\times(-4)=-8$

답 -8

10-3

직사각형의 세로의 길이를 A라 하면
$(x^2-x+5)A=2x^4+x^3+9x^2+13x+10$
다항식 $2x^4+x^3+9x^2+13x+10$을 x^2-x+5로 나누면 다음과 같다.

$$
\begin{array}{r}
2x^2+3x+2 \\
x^2-x+5\overline{)2x^4+x^3+9x^2+13x+10} \\
\underline{2x^4-2x^3+10x^2} \\
3x^3-x^2+13x \\
\underline{3x^3-3x^2+15x} \\
2x^2-2x+10 \\
\underline{2x^2-2x+10} \\
0
\end{array}
$$

$$\therefore A=2x^2+3x+2$$
따라서 직사각형의 세로의 길이는 $2x^2+3x+2$이다.

답 $2x^2+3x+2$

10-4

다항식 $2x^3+11x^2-2x-5$를 x^2+6x+2로 나누면 다음과 같다.

$$
\begin{array}{r}
2x-1 \\
x^2+6x+2\overline{)2x^3+11x^2-2x-5} \\
\underline{2x^3+12x^2+4x} \\
-x^2-6x-5 \\
\underline{-x^2-6x-2} \\
-3
\end{array}
$$

즉, $2x^3+11x^2-2x-5=(x^2+6x+2)(2x-1)-3$
이고, $x^2+6x+2=0$이므로
$2x^3+11x^2-2x-5=0\times(2x-1)-3=-3$

답 -3

본문 48~52쪽

중단원 연습문제

01 $x^2+6xy-7y^2$ **02** 8 **03** 2
04 (1) x^3+27y^3 (2) $3b^2-2ab-2a+8b+5$
(3) $x^3-3x^2-13x+15$
05 39 **06** ③ **07** 15 **08** 32
09 28 **10** 4 **11** 2
12 몫: $x+2$, 나머지: $8x+2$ **13** $3x^2-xy+4y^2$
14 4 **15** -1 **16** 12 **17** 18
18 ④ **19** ② **20** 7

01

$(2x^2+xy-3y^2)\bigstar(3x^2-4xy+y^2)$
$=2(2x^2+xy-3y^2)-(3x^2-4xy+y^2)$

$$=4x^2+2xy-6y^2-3x^2+4xy-y^2$$
$$=x^2+6xy-7y^2$$

답 $x^2+6xy-7y^2$

02

$(x^3+5x^2-3x+2)(x^2-4x-1)$의 전개식에서

x^2항은

$$5x^2\times(-1)+(-3x)\times(-4x)+2\times x^2$$
$$=-5x^2+12x^2+2x^2=9x^2$$

x^4항은

$$x^3\times(-4x)+5x^2\times x^2=-4x^4+5x^4=x^4$$

따라서 $a=9$, $b=1$이므로

$$a-b=9-1=8$$

답 8

03

$$(3x+ay)^3=27x^3+27ax^2y+9a^2xy^2+a^3y^3$$

이때 x^2y의 계수가 54이므로

$$27a=54 \qquad \therefore a=2$$

답 2

04

(1) $(x+3y)(x^2-3xy+9y^2)=x^3+(3y)^3$
$$=x^3+27y^3$$

(2) $(a-2b-3)^2-(-a+b+2)^2$
$$=a^2+4b^2+9-4ab+12b-6a$$
$$\qquad\qquad -(a^2+b^2+4-2ab+4b-4a)$$
$$=a^2+4b^2+9-4ab+12b-6a$$
$$\qquad\qquad -a^2-b^2-4+2ab-4b+4a$$
$$=3b^2-2ab-2a+8b+5$$

(3) $(x-1)(x+3)(x-5)$
$$=x^3+(-1+3-5)x^2+\{(-1)\times3+3\times(-5)$$
$$\qquad\qquad +(-5)\times(-1)\}x+(-1)\times3\times(-5)$$
$$=x^3-3x^2-13x+15$$

[다른 풀이]

(2) $(a-2b-3)^2-(-a+b+2)^2$
$$=\{a-2b-3+(-a+b+2)\}$$
$$\qquad\qquad \{a-2b-3-(-a+b+2)\}$$
$$=(-b-1)(2a-3b-5)$$
$$=3b^2-2ab-2a+8b+5$$

답 (1) x^3+27y^3
(2) $3b^2-2ab-2a+8b+5$
(3) $x^3-3x^2-13x+15$

05

$x^2-5=X$로 놓으면

$(x^2+2x-5)(x^2-2x-5)=(X+2x)(X-2x)$
$$=X^2-4x^2$$
$$=(x^2-5)^2-4x^2$$
$$=x^4-10x^2+25-4x^2$$
$$=x^4-14x^2+25$$

따라서 $a=-14$, $b=25$이므로

$$b-a=25-(-14)=39$$

답 39

06

$4-1=3$이므로

$(4+1)(4^2+1)(4^4+1)$
$$=\frac{1}{3}(4-1)(4+1)(4^2+1)(4^4+1)$$
$$=\frac{1}{3}(4^2-1)(4^2+1)(4^4+1)$$
$$=\frac{1}{3}(4^4-1)(4^4+1)$$
$$=\frac{1}{3}(4^8-1)$$

답 ③

07

$x^3+y^3=(x+y)^3-3xy(x+y)$에서

$50=5^3-3xy\times5$

$15xy=75 \qquad \therefore xy=5$

$\therefore x^2+y^2=(x+y)^2-2xy$
$$=5^2-2\times5=15$$

답 15

08

$x\neq0$이므로 $x^2-3x+1=0$의 양변을 x로 나누면

$$x-3+\frac{1}{x}=0 \qquad \therefore x+\frac{1}{x}=3$$

따라서 $x^2+\dfrac{1}{x^2}=\left(x+\dfrac{1}{x}\right)^2-2=3^2-2=7$,

$x^3+\dfrac{1}{x^3}=\left(x+\dfrac{1}{x}\right)^3-3\left(x+\dfrac{1}{x}\right)=3^3-3\times3=18$이므로

$$x^3+2x^2+\frac{2}{x^2}+\frac{1}{x^3}=x^3+\frac{1}{x^3}+2\left(x^2+\frac{1}{x^2}\right)$$
$$=18+2\times7=32$$

답 32

09

오른쪽 그림과 같이 직육면체의
세 모서리의 길이를 각각 a, b, c
라 하면
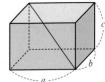
(대각선의 길이)
$=\sqrt{a^2+b^2+c^2}=\sqrt{17}$
$\therefore a^2+b^2+c^2=17$
(겉넓이)$=2(ab+bc+ca)=32$
$\therefore ab+bc+ca=16$
$\therefore (a+b+c)^2=a^2+b^2+c^2+2(ab+bc+ca)$
$\qquad\qquad =17+2\times16=49$
이때 $a+b+c>0$이므로
$a+b+c=7$
따라서 직육면체의 모든 모서리의 길이의 합은
$4(a+b+c)=4\times7=28$

답 28

10

$$
\begin{array}{r}
x-4 \\
x^2+3x\overline{)x^3-\ x^2-12x+7} \\
\underline{x^3+3x^2\qquad\qquad} \\
-4x^2-12x \\
\underline{-4x^2-12x\qquad} \\
7
\end{array}
$$

따라서 몫이 $x-4$이고 나머지가 7이므로
$a=1$, $b=-4$, $c=7$
$\therefore a+b+c=1+(-4)+7=4$

답 4

11

$$
\begin{array}{r}
3x-2 \\
x^2-x+2\overline{)3x^3-5x^2+6x+1} \\
\underline{3x^3-3x^2+6x\qquad} \\
-2x^2\qquad +1 \\
\underline{-2x^2+2x-4} \\
-2x+5
\end{array}
$$

따라서 몫이 $3x-2$이고 나머지가 $-2x+5$이므로
$Q(x)=3x-2$, $R(x)=-2x+5$
이때 $Q(a)=R\left(\dfrac{1}{2}\right)$이므로
$3a-2=-2\times\dfrac{1}{2}+5$
$3a=6$ $\therefore a=2$

답 2

12

$f(x)=(x^2+1)(x-1)+2x+5$
$\qquad =x^3-x^2+x-1+2x+5$
$\qquad =x^3-x^2+3x+4$
$f(x)$를 x^2-3x+1로 나누면 다음과 같다.

$$
\begin{array}{r}
x+2 \\
x^2-3x+1\overline{)x^3-\ x^2+3x+4} \\
\underline{x^3-3x^2+x\qquad} \\
2x^2+2x+4 \\
\underline{2x^2-6x+2} \\
8x+2
\end{array}
$$

따라서 구하는 몫은 $x+2$, 나머지는 $8x+2$이다.

답 몫: $x+2$, 나머지: $8x+2$

13

$A+B=2x^2-3xy-y^2$ $\qquad\cdots\cdots$ ㉠
$B+C=x^2-xy+5y^2$ $\qquad\cdots\cdots$ ㉡
$C+A=3x^2+2xy+4y^2$ $\qquad\cdots\cdots$ ㉢
㉠+㉡+㉢을 하면
$2(A+B+C)=6x^2-2xy+8y^2$
$\therefore A+B+C=3x^2-xy+4y^2$

답 $3x^2-xy+4y^2$

14

$(2x^2+x-2)(x^2-4x+k)$의 전개식에서 x항은
$x\times k+(-2)\times(-4x)=(k+8)x$
이때 x의 계수가 13이므로
$k+8=13$ $\therefore k=5$
즉, $(2x^2+x-2)(x^2-4x+5)$의 전개식에서 x^2항은
$2x^2\times5+x\times(-4x)-2\times x^2=4x^2$
따라서 x^2의 계수는 4이다.

답 4

15

$(x^2-3x+1)^3$
$=a_0+a_1x+a_2x^2+a_3x^3+a_4x^4+a_5x^5+a_6x^6$ $\qquad\cdots\cdots$ ㉠
이라 하면 우변의 다항식에서 상수항을 포함한 모든 항의 계
수의 합은
$a_0+a_1+a_2+a_3+a_4+a_5+a_6$이므로
㉠에 $x=1$을 대입하면
$(1^2-3+1)^3=a_0+a_1+a_2+a_3+a_4+a_5+a_6$
따라서 구하는 합은
$(-1)^3=-1$

답 -1

16

$a=1000=10^3$이라 하면

$$
\begin{aligned}
999 \times 1001 \times 1000001 &= (a-1)(a+1)(a^2+1)\\
&= (a^2-1)(a^2+1)\\
&= a^4-1\\
&= (10^3)^4-1\\
&= 10^{12}-1
\end{aligned}
$$

따라서 주어진 수는 12자리의 자연수이다.

$\therefore n=12$

답 12

17

$a^2+b^2+c^2=(a+b+c)^2-2(ab+bc+ca)$이므로

$6=4^2-2(ab+bc+ca)$, $2(ab+bc+ca)=10$

$\therefore ab+bc+ca=5$

$a+b+c=4$에서

$a+b=4-c$, $b+c=4-a$, $c+a=4-b$

$$
\begin{aligned}
\therefore\ &(a+b)(b+c)(c+a)\\
&= (4-c)(4-a)(4-b)\\
&= 4^3-4^2(a+b+c)+4(ab+bc+ca)-abc\\
&= 64-16 \times 4+4 \times 5-2\\
&= 18
\end{aligned}
$$

답 18

18

삼각형 ABC의 넓이가 $\dfrac{4}{3}$이고 $\overline{CH}=1$이므로

$\dfrac{1}{2} \times \overline{AB} \times 1=\dfrac{4}{3}$ $\therefore \overline{AB}=\dfrac{8}{3}$

직각삼각형 AHC와 직각삼각형 CHB는 닮음이므로

$\overline{AH}:\overline{CH}=\overline{CH}:\overline{BH}$, $\left(\dfrac{8}{3}-x\right):1=1:x$

$x\left(\dfrac{8}{3}-x\right)=1$, $8x-3x^2=3$

$3x^2-8x+3=0$

$\therefore x=\dfrac{4-\sqrt{7}}{3}$ $(\because 0<x<1)$

한편, 다항식 $3x^3-5x^2+4x+7$을 $3x^2-8x+3$으로 나누면 다음과 같다.

$$
\require{enclose}
\begin{array}{r}
x+1 \\
3x^2-8x+3\enclose{longdiv}{3x^3-5x^2+4x+7} \\
\underline{3x^3-8x^2+3x} \\
3x^2+\ x+7 \\
\underline{3x^2-8x+3} \\
9x+4
\end{array}
$$

이때 $3x^2-8x+3=0$, $x=\dfrac{4-\sqrt{7}}{3}$이므로

$$
\begin{aligned}
3x^3-5x^2+4x+7 &= (3x^2-8x+3)(x+1)+9x+4\\
&= 0+9 \times \dfrac{4-\sqrt{7}}{3}+4\\
&= 16-3\sqrt{7}
\end{aligned}
$$

답 ④

19

$\overline{PH}=x$, $\overline{PI}=y$라 하면 부채꼴 OAB의 반지름의 길이가 4이므로

$\overline{OP}=\sqrt{x^2+y^2}=4$ $\therefore x^2+y^2=16$

삼각형 PIH에 내접하는 원의 반지름의 길이를 r라 하면 원의 넓이가 $\dfrac{\pi}{4}$이므로

$\pi r^2=\dfrac{\pi}{4}$, $r^2=\dfrac{1}{4}$ $\therefore r=\dfrac{1}{2}$ $(\because r>0)$

한편, $\triangle PIH=\dfrac{1}{2}xy=\dfrac{1}{2}r(x+y+4)$이므로

$xy=\dfrac{1}{2}(x+y+4)$ $\therefore x+y=2xy-4$ ······ ㉠

㉠의 양변을 제곱하면

$x^2+y^2+2xy=4x^2y^2-16xy+16$

이 식에 $x^2+y^2=16$을 대입하면

$16+2xy=4x^2y^2-16xy+16$, $4x^2y^2-18xy=0$

$2xy(2xy-9)=0$

$\therefore xy=\dfrac{9}{2}$ $(\because x>0,\ y>0)$

이것을 ㉠에 대입하면

$x+y=2 \times \dfrac{9}{2}-4=5$

따라서 $\overline{PH}^3+\overline{PI}^3=x^3+y^3$이므로

$$
\begin{aligned}
x^3+y^3 &= (x+y)^3-3xy(x+y)\\
&= 5^3-3 \times \dfrac{9}{2} \times 5\\
&= 125-\dfrac{135}{2}=\dfrac{115}{2}
\end{aligned}
$$

> **참고**
>
> **직각삼각형의 내접원**
> $\angle C=90°$인 직각삼각형 ABC에서 내접원 I의 반지름의 길이를 r라 하면
> → $\dfrac{1}{2} \times a \times b=\dfrac{1}{2} \times r \times (a+b+c)$
>
>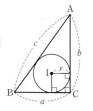

답 ②

20

$a^2+b^2+c^2=(a+b+c)^2-2(ab+bc+ca)$이므로

$11=3^2-2(ab+bc+ca)$, $2(ab+bc+ca)=-2$

$\therefore ab+bc+ca=-1$

$\dfrac{a}{bc}+\dfrac{b}{ca}+\dfrac{c}{ab}=-11$에서

$\dfrac{a^2+b^2+c^2}{abc}=\dfrac{11}{abc}=-11$이므로

$abc=-1$

$\therefore \left(\dfrac{1}{a}\right)^2+\left(\dfrac{1}{b}\right)^2+\left(\dfrac{1}{c}\right)^2$

$=\left(\dfrac{1}{a}+\dfrac{1}{b}+\dfrac{1}{c}\right)^2-2\left(\dfrac{1}{ab}+\dfrac{1}{bc}+\dfrac{1}{ca}\right)$

$=\left(\dfrac{ab+bc+ca}{abc}\right)^2-2\times\dfrac{a+b+c}{abc}$

$=\left(\dfrac{-1}{-1}\right)^2-2\times\dfrac{3}{-1}=7$

다른 풀이

$ab+bc+ca=-1$, $abc=-1$이고

$a^2b^2+b^2c^2+c^2a^2=(ab+bc+ca)^2-2abc(a+b+c)$

$\qquad\qquad\qquad\qquad =(-1)^2-2\times(-1)\times3$

$\qquad\qquad\qquad\qquad =7$

$\therefore \left(\dfrac{1}{a}\right)^2+\left(\dfrac{1}{b}\right)^2+\left(\dfrac{1}{c}\right)^2=\dfrac{b^2c^2+c^2a^2+a^2b^2}{a^2b^2c^2}$

$\qquad\qquad\qquad\qquad\qquad =\dfrac{7}{(-1)^2}=7$

답 7

---

02 항등식과 나머지정리

01 항등식

개념 CHECK

본문 59쪽

01 ㄷ, ㅁ, ㅂ **02** (1) $a=2$, $b=-3$ (2) $a=5$, $b=2$

03 $a=1$, $b=3$, $c=2$ **04** -4

01

ㄱ. 주어진 식을 정리하면 $-x=2$

　　이 등식은 $x=-2$일 때만 성립하므로 방정식이다.

ㄴ. 주어진 등식은 $x=5$일 때만 성립하므로 방정식이다.

ㄷ. 주어진 식을 정리하면 $4x^2-4x+1=4x^2-4x+1$

　　이 등식은 x에 어떤 값을 대입하여도 항상 성립하므로 항
　　등식이다.

ㄹ. 주어진 식을 정리하면 $6x=0$

　　이 등식은 $x=0$일 때만 성립하므로 방정식이다.

ㅁ. 주어진 식을 정리하면 $x^2-2x+1=x^2-2x+1$

　　이 등식은 x에 어떤 값을 대입하여도 항상 성립하므로 항
　　등식이다.

ㅂ. 주어진 식을 정리하면 $x^3+1=x^3+1$

　　이 등식은 x에 어떤 값을 대입하여도 항상 성립하므로 항
　　등식이다.

답 ㄷ, ㅁ, ㅂ

02

(1) $2-a=0$, $b+3=0$　　$\therefore a=2$, $b=-3$

(2) $a-3=2$, $6=8-b$　　$\therefore a=5$, $b=2$

답 (1) $a=2$, $b=-3$ (2) $a=5$, $b=2$

03

$(x-1)(x^2+ax+b)=x^3+cx-3$　　…… ㉠

㉠이 x에 대한 항등식이므로 좌변을 x에 대하여 정리하면

$x^3+(a-1)x^2+(b-a)x-b=x^3+cx-3$

양변의 동류항의 계수를 비교하면

$a-1=0$, $b-a=c$, $-b=-3$

$\therefore a=1$, $b=3$, $c=2$

다른 풀이

㉠의 양변에 $x=0$을 대입하면

$-b=-3$　　$\therefore b=3$

㉠의 양변에 $x=1$을 대입하면

$0=1+c-3$ $\therefore c=2$

㉠의 양변에 $x=-1$을 대입하면

$-2(1-a+b)=-1-c-3$

이 식에 $b=3$, $c=2$를 대입하면

$-2(1-a+3)=-1-2-3$

$-2(4-a)=-6$ $\therefore a=1$

$\boxed{답}$ $a=1$, $b=3$, $c=2$

04

$x^3+ax+1=(x+2)(x^2-2x)+1$

이 등식이 x에 대한 항등식이므로 양변에 $x=-2$를 대입하면

$-8-2a+1=1$

$-2a=8$ $\therefore a=-4$

$\boxed{답}$ -4

유제

본문 60~63쪽

01-1 $a=-7$, $b=2$, $c=12$

01-2 $a=1$, $b=-5$, $c=-4$

01-3 (1) $a=1$, $k=-3$ (2) $a=1$, $x=-1$

01-4 (1) -32 (2) 32 (3) 0 (4) -32

02-1 $a=1$, $b=-2$ **02-2** -1

02-3 $a=6$, 나머지: $x-1$ **02-4** x^2+2x-1

01-1

등식의 좌변을 정리하면

$a(x+1)+b(x-1)(x+3)+c$

$=a(x+1)+b(x^2+2x-3)+c$

$=bx^2+(a+2b)x+a-3b+c$

즉, $bx^2+(a+2b)x+a-3b+c=2x^2-3x-1$에서

이 등식이 x에 대한 항등식이므로 양변의 동류항의 계수를 비교하면

$b=2$, $a+2b=-3$, $a-3b+c=-1$

세 식을 연립하여 풀면

$a=-7$, $b=2$, $c=12$

$\boxed{답}$ $a=-7$, $b=2$, $c=12$

01-2

모든 실수 x에 대하여 등식이 성립하므로 주어진 등식은 x에 대한 항등식이다.

주어진 등식의 좌변을 정리하면

$a(x+2)^2+b(x-1)+c=a(x^2+4x+4)+b(x-1)+c$

$=ax^2+(4a+b)x+4a-b+c$

즉, $ax^2+(4a+b)x+4a-b+c=x^2-x+5$에서

이 등식이 x에 대한 항등식이므로 양변의 동류항의 계수를 비교하면

$a=1$, $4a+b=-1$, $4a-b+c=5$

세 식을 연립하여 풀면

$a=1$, $b=-5$, $c=-4$

$\boxed{답}$ $a=1$, $b=-5$, $c=-4$

01-3

(1) 모든 실수 x에 대하여 성립하므로 주어진 등식은 x에 대한 항등식이다.

등식의 좌변을 x에 대하여 정리하면

$(3a+k)x-a+k+4=0$

이 등식이 x에 대한 항등식이므로

$3a+k=0$, $-a+k+4=0$

두 식을 연립하여 풀면

$a=1$, $k=-3$

(2) k의 값에 관계없이 항상 성립하므로 주어진 등식은 k에 대한 항등식이다.

등식의 좌변을 k에 대하여 정리하면

$(x+1)k+3ax-a+4=0$

이 등식이 k에 대한 항등식이므로

$x+1=0$, $3ax-a+4=0$

$\therefore a=1$, $x=-1$

$\boxed{답}$ (1) $a=1$, $k=-3$ (2) $a=1$, $x=-1$

01-4

(1) $(x^2-2x-1)^5=a_0+a_1x+a_2x^2+\cdots+a_{10}x^{10}$의 양변에 $x=1$을 대입하면

$(1-2-1)^5=a_0+a_1+a_2+\cdots+a_{10}$

$\therefore a_0+a_1+a_2+\cdots+a_{10}=-32$ ……㉠

(2) $(x^2-2x-1)^5=a_0+a_1x+a_2x^2+\cdots+a_{10}x^{10}$의 양변에 $x=-1$을 대입하면

$(1+2-1)^5=a_0-a_1+a_2-\cdots-a_9+a_{10}$

$\therefore a_0-a_1+a_2-\cdots-a_9+a_{10}=32$ ……㉡

(3) ㉠$+$㉡에서

$2(a_0+a_2+a_4+a_6+a_8+a_{10})=0$

$\therefore a_0+a_2+a_4+a_6+a_8+a_{10}=0$

(4) ㉠$-$㉡에서

$2(a_1+a_3+a_5+a_7+a_9)=-64$

$\therefore a_1+a_3+a_5+a_7+a_9=-32$

$\boxed{답}$ (1) -32 (2) 32 (3) 0 (4) -32

02-1

x^3+ax^2+bx+4를 x^2+2x-3으로 나누었을 때의 몫을
$Q(x)$라 하면 나머지가 $3x+1$이므로
$x^3+ax^2+bx+4=(x^2+2x-3)Q(x)+3x+1$
즉, $x^3+ax^2+bx+4=(x+3)(x-1)Q(x)+3x+1$
이 등식이 x에 대한 항등식이므로
양변에 $x=-3$을 대입하면
$-27+9a-3b+4=-8$ $\therefore 3a-b=5$ ······ ㉠
양변에 $x=1$을 대입하면
$1+a+b+4=4$ $\therefore a+b=-1$ ······ ㉡
㉠, ㉡을 연립하여 풀면
$a=1,\ b=-2$

답 $a=1,\ b=-2$

02-2

x^3+ax+b를 x^2-x-4로 나누었을 때의 몫을
$x+c$ (c는 상수)라 하면 나머지가 0이므로
$x^3+ax+b=(x^2-x-4)(x+c)$
즉, $x^3+ax+b=x^3+(c-1)x^2+(-c-4)x-4c$
이 등식이 x에 대한 항등식이므로
$0=c-1,\ a=-c-4,\ b=-4c$
$\therefore a=-5,\ b=-4,\ c=1$
$\therefore a-b=(-5)-(-4)=-1$

다른 풀이

다항식 x^3+ax+b를 x^2-x-4로 직접 나누면 다음과 같다.

$$
\begin{array}{r}
x+1 \\
x^2-x-4\ \overline{)\ x^3+ax+b} \\
\underline{x^3-x^2-4x} \\
x^2+(a+4)x+b \\
\underline{x^2-x-4} \\
(a+5)x+b+4
\end{array}
$$

이때 나머지가 0이므로
$(a+5)x+b+4=0$
이 등식이 x에 대한 항등식이므로
$a+5=0,\ b+4=0$
$\therefore a=-5,\ b=-4$
$\therefore a-b=(-5)-(-4)=-1$

답 -1

02-3

다항식 x^3+ax^2+2x+5를 x^2+1로 나누었을 때의 나머지
를 $bx+c$ ($b,\ c$는 상수)라 하면
$x^3+ax^2+2x+5=(x^2+1)(x+6)+bx+c$
즉, $x^3+ax^2+2x+5=x^3+6x^2+(b+1)x+c+6$

이 등식이 x에 대한 항등식이므로
$a=6,\ 2=b+1,\ 5=c+6$
$\therefore a=6,\ b=1,\ c=-1$
따라서 a의 값은 6이고 구하는 나머지는 $x-1$이다.

답 $a=6$, 나머지: $x-1$

참고

다항식의 나눗셈에서 나머지의 차수는 나누는 식의 차수
보다 항상 작다.
→ 나누는 식이 이차식이면 나머지는 일차식 또는 상수이
므로 $ax+b$ ($a,\ b$는 상수)로 놓을 수 있다.

02-4

사차식을 다항식 $f(x)$로 나누었을 때의 몫이 이차식이므로
$f(x)$는 이차식이고, x^2의 계수는 1이다.
$f(x)=x^2+ax+b$ ($a,\ b$는 상수)라 하면
$x^4+3x^3+5x^2-1=(x^2+ax+b)(x^2+x+4)-7x+3$
즉, $x^4+3x^3+5x^2-1=x^4+(a+1)x^3+(4+a+b)x^2$
$+(4a+b-7)x+4b+3$
이 등식이 x에 대한 항등식이므로
$3=a+1,\ 5=4+a+b,\ 0=4a+b-7,\ -1=4b+3$
$\therefore a=2,\ b=-1$
$\therefore f(x)=x^2+2x-1$

다른 풀이

다항식 $x^4+3x^3+5x^2-1$을 다항식 $f(x)$로 나누었을 때의
몫이 x^2+x+4, 나머지가 $-7x+3$이므로
$x^4+3x^3+5x^2-1=f(x)(x^2+x+4)-7x+3$
$x^4+3x^3+5x^2-1+7x-3=f(x)(x^2+x+4)$
$x^4+3x^3+5x^2+7x-4=f(x)(x^2+x+4)$
즉, 다항식 $x^4+3x^3+5x^2+7x-4$를 x^2+x+4로 나누었을
때의 몫이 $f(x)$이므로

$$
\begin{array}{r}
x^2+2x\ -1 \\
x^2+x+4\ \overline{)\ x^4+3x^3+5x^2+7x-4} \\
\underline{x^4+x^3+4x^2} \\
2x^3+x^2+7x \\
\underline{2x^3+2x^2+8x} \\
-x^2-x-4 \\
\underline{-x^2-x-4} \\
0
\end{array}
$$

$\therefore f(x)=x^2+2x-1$

답 x^2+2x-1

02 나머지정리

개념 CHECK

본문 69쪽

01 (1) 2   (2) -3 (3) $\dfrac{15}{8}$ **02** -4

03 (1) -1, 2, -6, -7 / -3, 1, 5 / 3, -1, -5, -2
　　몫: $3x^2-x-5$, 나머지: -2

　　(2) 3, -9, 7, 8 / 6, -9, -6 / 2, -3, -2, 2
　　몫: $2x^2-3x-2$, 나머지: 2

04 몫: x^2-2x+3, 나머지: 5

01

(1) $f(x)$를 x로 나누었을 때의 나머지는 나머지정리에 의하여 $f(0)=2$

(2) $f(x)$를 $x-1$로 나누었을 때의 나머지는 나머지정리에 의하여
$$f(1)=1-4-2+2$$
$$=-3$$

(3) $f(x)$를 $2x+1$로 나누었을 때의 나머지는 나머지정리에 의하여
$$f\left(-\frac{1}{2}\right)=-\frac{1}{8}-1+1+2$$
$$=\frac{15}{8}$$

🄰 (1) 2   (2) -3 (3) $\dfrac{15}{8}$

02

$f(x)$가 $x-2$로 나누어떨어지므로 인수정리에 의하여
$$f(2)=8-12-2a+a=0,\ -a-4=0$$
$$\therefore a=-4$$

🄰 -4

03

(1)

-1	3	2	-6	-7
		-3	1	5
	3	-1	-5	-2

$\therefore$ 몫: $3x^2-x-5$, 나머지: -2

(2)

3	2	-9	7	8
		6	-9	-6
	2	-3	-2	2

$\therefore$ 몫: $2x^2-3x-2$, 나머지: 2

04

$\frac{1}{2}$	2	-5	8	2
		1	-2	3
	2	-4	6	5

$$2x^3-5x^2+8x+2=\left(x-\frac{1}{2}\right)(2x^2-4x+6)+5$$
$$=\left(x-\frac{1}{2}\right)\times 2(x^2-2x+3)+5$$
$$=(2x-1)(x^2-2x+3)+5$$

따라서 몫은 x^2-2x+3, 나머지는 5이다.

🄰 몫: x^2-2x+3, 나머지: 5

유제

본문 70~83쪽

03-1 10　**03-2** 5　**03-2** 3
03-4 -10　**04-1** (1) $x-2$ (2) $3x^2+7x$
04-2 $-2x+6$　　**04-3** 32　**04-4** 7
05-1 3　**05-2** 3　**05-3** 8　**05-4** 10
06-1 2　**06-2** 1　**06-3** -2　**06-4** 1
07-1 (1) $a=6$, $b=-11$ (2) $a=-3$, $b=0$
07-2 $a=-4$, $b=18$　**07-3** 3　**07-4** 1
08-1 20, 몫: x^2+3x+2　**08-2** 3
08-3 -7　**08-4** ④
09-1 $a=1$, $b=3$, $c=6$, $d=7$
09-2 $a=2$, $b=-5$, $c=5$, $d=2$　　**09-3** 8
09-4 (1) $a=3$, $b=7$, $c=5$, $d=4$ (2) 4,573

03-1

$f(x)=x^3+ax^2-3x+1$에서 나머지정리에 의하여
$f(-1)=2$이므로
$$-1+a+3+1=2 \qquad \therefore a=-1$$
따라서 $f(x)=x^3-x^2-3x+1$이므로 $f(x)$를 $x-3$으로 나누었을 때의 나머지는
$$f(3)=27-9-9+1=10$$

🄰 10

03-2

$f(x)=x^3+ax^2+bx-3$이라 하면 나머지정리에 의하여
$f(-2)=5$, $f(1)=-1$이므로
$-8+4a-2b-3=5$, $1+a+b-3=-1$
$\therefore 2a-b=8$, $a+b=1$
위의 두 식을 연립하여 풀면
$a=3$, $b=-2$
$\therefore a-b=3-(-2)=5$

답 5

03-3

$f(x)=2x^2+x+a$를 $x+3$으로 나누었을 때의 나머지는
$f(-3)=18-3+a=a+15$
$g(x)=-x^3+ax$를 $x+3$으로 나누었을 때의 나머지는
$g(-3)=27-3a$
이때 두 나머지가 서로 같아야 하므로
$a+15=27-3a$
$4a=12$ $\therefore a=3$

답 3

03-4

나머지정리에 의하여
$f(2)+g(2)=-3$, $f(2)-g(2)=7$
위의 두 식을 연립하여 풀면
$f(2)=2$, $g(2)=-5$
따라서 구하는 나머지는
$f(2)g(2)=2\times(-5)=-10$

답 -10

04-1

(1) $f(x)$를 $x+2$로 나누었을 때의 나머지가 -4이고, $x-3$으로 나누었을 때의 나머지가 1이므로 나머지정리에 의하여 $f(-2)=-4$, $f(3)=1$
$f(x)$를 x^2-x-6, 즉 $(x+2)(x-3)$으로 나누었을 때의 몫을 $Q(x)$, 나머지를 $ax+b$ (a, b는 상수)라 하면
$f(x)=(x+2)(x-3)Q(x)+ax+b$ ······ ㉠
㉠의 양변에 $x=-2$를 대입하면
$f(-2)=-2a+b=-4$ ······ ㉡

㉠의 양변에 $x=3$을 대입하면
$f(3)=3a+b=1$ ······ ㉢
㉡, ㉢을 연립하여 풀면
$a=1$, $b=-2$
따라서 구하는 나머지는 $x-2$이다.

(2) $f(x)$를 $(x+1)^2(x+3)$으로 나누었을 때의 몫을 $Q(x)$, 나머지를 ax^2+bx+c (a, b, c는 상수)라 하면
$f(x)=(x+1)^2(x+3)Q(x)+ax^2+bx+c$
이때 $(x+1)^2(x+3)Q(x)$는 $(x+1)^2$으로 나누어떨어지므로 $f(x)$를 $(x+1)^2$으로 나누었을 때의 나머지는 ax^2+bx+c를 $(x+1)^2$으로 나누었을 때의 나머지와 같다.
즉, ax^2+bx+c를 $(x+1)^2$으로 나누었을 때의 나머지가 $x-3$이므로
$ax^2+bx+c=a(x+1)^2+x-3$ ······ ㉠
$\therefore f(x)=(x+1)^2(x+3)Q(x)+a(x+1)^2+x-3$ ······ ㉡

한편, $f(x)$를 $x+3$으로 나누었을 때의 나머지가 6이므로 나머지정리에 의하여 $f(-3)=6$
㉡에 $x=-3$을 대입하면
$f(-3)=4a-3-3=6$ $\therefore a=3$
따라서 구하는 나머지는 ㉡에서
$3(x+1)^2+x-3=3x^2+7x$

답 (1) $x-2$ (2) $3x^2+7x$

04-2

$(x^2+2x-1)f(x)$를 x^2-1로 나누었을 때의 몫을 $Q(x)$, 나머지를 $ax+b$ (a, b는 상수)라 하면
$(x^2+2x-1)f(x)=(x^2-1)Q(x)+ax+b$
$\qquad\qquad\qquad\quad =(x+1)(x-1)Q(x)+ax+b$ ······ ㉠

$f(x)$를 $x-1$로 나누었을 때의 나머지가 2이고, $x+1$로 나누었을 때의 나머지가 -4이므로 나머지정리에 의하여
$f(1)=2$, $f(-1)=-4$
㉠의 양변에 $x=1$을 대입하면
$2f(1)=a+b$ $\therefore a+b=4$ ······ ㉡
㉠의 양변에 $x=-1$을 대입하면
$-2f(-1)=-a+b$ $\therefore -a+b=8$ ······ ㉢
㉡, ㉢을 연립하여 풀면
$a=-2$, $b=6$
따라서 구하는 나머지는 $-2x+6$이다.

답 $-2x+6$

04-3

$f(x)$를 $x+4$로 나누었을 때의 나머지가 11, $x-2$로 나누었을 때의 나머지가 -1이므로 나머지정리에 의하여

$f(-4)=11$, $f(2)=-1$

$f(x)$를 $(x+4)(x-2)$로 나누었을 때의 나머지를 $ax+b$ (a, b는 상수)라 하면

$f(x)=(x+4)(x-2)(x^2+3x-1)+ax+b$ ...... ㉠

㉠의 양변에 $x=-4$를 대입하면

$f(-4)=-4a+b=11$ ...... ㉡

㉠의 양변에 $x=2$를 대입하면

$f(2)=2a+b=-1$ ...... ㉢

㉡, ㉢을 연립하여 풀면

$a=-2$, $b=3$

따라서 $f(x)=(x+4)(x-2)(x^2+3x-1)-2x+3$이므로 $f(x)$를 $x+1$로 나누었을 때의 나머지는 나머지정리에 의하여

$f(-1)=3\times(-3)\times(-3)+2+3=32$

답 32

04-4

$f(x)$를 $x(x^2-1)$로 나누었을 때의 몫을 $Q(x)$라 하면 나머지가 ax^2+bx+c이므로

$f(x)=x(x^2-1)Q(x)+ax^2+bx+c$

$\quad\quad=x(x+1)(x-1)Q(x)+ax^2+bx+c$ ...... ㉠

$f(x)$를 $x(x+1)$로 나누었을 때의 몫을 $Q'(x)$라 하면 나머지가 $3x-1$이므로

$f(x)=x(x+1)Q'(x)+3x-1$ ...... ㉡

㉡의 양변에 $x=0$을 대입하면 $f(0)=-1$

㉡의 양변에 $x=-1$을 대입하면

$f(-1)=-3-1=-4$

또한 $f(x)$를 $x-1$로 나누었을 때의 나머지가 4이므로 나머지정리에 의하여 $f(1)=4$

㉠의 양변에 $x=0$, $x=-1$, $x=1$을 각각 대입하면

$f(0)=c=-1$

$f(-1)=a-b+c=-4$ ∴ $a-b=-3$ ...... ㉢

$f(1)=a+b+c=4$ ∴ $a+b=5$ ...... ㉣

㉢, ㉣을 연립하여 풀면

$a=1$, $b=4$

∴ $2a+b-c=2\times1+4-(-1)=7$

다른 풀이

$f(x)$를 $x(x^2-1)$로 나누었을 때의 몫을 $Q(x)$라 하면 나머지가 ax^2+bx+c이므로

$f(x)=x(x^2-1)Q(x)+ax^2+bx+c$

이때 $x(x^2-1)Q(x)$는 $x(x+1)$로 나누어떨어지므로 $f(x)$를 $x(x+1)$로 나누었을 때의 나머지는 ax^2+bx+c를 $x(x+1)$로 나누었을 때의 나머지와 같다.

즉, $ax^2+bx+c=ax(x+1)+3x-1$

∴ $f(x)=x(x^2-1)Q(x)+ax(x+1)+3x-1$ ...... ㉠

한편, $f(x)$를 $x-1$로 나누었을 때의 나머지가 4이므로 나머지정리에 의하여 $f(1)=4$

㉠의 양변에 $x=1$을 대입하면

$f(1)=2a+3-1=4$이므로

$2a=2$ ∴ $a=1$

따라서 구하는 나머지는 $x(x+1)+3x-1=x^2+4x-1$이므로 $b=4$, $c=-1$

∴ $2a+b-c=2\times1+4-(-1)=7$

답 7

05-1

$f(3x+4)$를 $x+1$로 나누었을 때의 나머지는 나머지정리에 의하여

$f(3\times(-1)+4)=f(1)$

한편, $f(x)$를 $(x-1)(x+4)$로 나누었을 때의 몫을 $Q(x)$라 하면 나머지가 $4x-1$이므로

$f(x)=(x-1)(x+4)Q(x)+4x-1$ ...... ㉠

㉠의 양변에 $x=1$을 대입하면

$f(1)=4\times1-1=3$

따라서 구하는 나머지는 3이다.

다른 풀이

㉠에 x 대신 $3x+4$를 대입하면

$f(3x+4)=\{(3x+4)-1\}\{(3x+4)+4\}Q(3x+4)$
$\quad\quad\quad\quad\quad\quad\quad\quad\quad+4(3x+4)-1$

$\quad\quad=3(x+1)(3x+8)Q(3x+4)+12(x+1)+3$

$\quad\quad=(x+1)\{3(3x+8)Q(3x+4)+12\}+3$

따라서 구하는 나머지는 3이다.

답 3

05-2

$f(4x-1)$을 $x-1$로 나누었을 때의 나머지는 나머지정리에 의하여

$f(4\times1-1)=f(3)=5$

다항식 $f(x)$를 x^2-x-6으로 나누었을 때의 몫을 $Q(x)$라 하면 나머지가 $ax-4$이므로

$$f(x)=(x^2-x-6)Q(x)+ax-4$$
$$=(x+2)(x-3)Q(x)+ax-4$$
이 식의 양변에 $x=3$을 대입하면
$$f(3)=3a-4=5$$
$$3a=9 \quad \therefore a=3$$

답 3

05-3

$f(x)$를 $x-3$으로 나누었을 때의 나머지가 2이므로 나머지정리에 의하여 $f(3)=2$

따라서 $xf(x-1)$을 $x-4$로 나누었을 때의 나머지는 나머지정리에 의하여

$$4f(4-1)=4f(3)=4\times2=8$$

답 8

05-4

$(2x+5)f(x)$를 $x+2$로 나누었을 때의 나머지가 7이므로 나머지정리에 의하여

$$\{2\times(-2)+5\}f(-2)=7 \quad \therefore f(-2)=7$$

$(x-3)f(x+1)$을 $x-1$로 나누었을 때의 나머지가 10이므로 나머지정리에 의하여

$$(1-3)f(1+1)=10 \quad \therefore f(2)=-5$$

이때 $f(x)$를 $(x+2)(x-2)$로 나누었을 때의 몫을 $Q(x)$, 나머지를 $R(x)=ax+b$ (a, b는 상수)라 하면

$$f(x)=(x+2)(x-2)Q(x)+ax+b \quad \cdots\cdots ㉠$$

㉠의 양변에 $x=-2$를 대입하면

$$f(-2)=-2a+b=7 \quad \cdots\cdots ㉡$$

㉠의 양변에 $x=2$를 대입하면

$$f(2)=2a+b=-5 \quad \cdots\cdots ㉢$$

㉡, ㉢을 연립하여 풀면

$$a=-3, b=1$$

따라서 $R(x)=-3x+1$이므로

$$R(-3)=-3\times(-3)+1=10$$

답 10

06-1

$f(x)$를 $x-1$로 나누었을 때의 몫이 $Q(x)$, 나머지가 4이므로

$$f(x)=(x-1)Q(x)+4 \quad \cdots\cdots ㉠$$

$f(x)$를 $x+3$으로 나누었을 때의 나머지가 -4이므로 나머지정리에 의하여 $f(-3)=-4$

$Q(x)$를 $x+3$으로 나누었을 때의 나머지는 $Q(-3)$이므로 ㉠의 양변에 $x=-3$을 대입하면

$$f(-3)=-4Q(-3)+4$$
$$-4=-4Q(-3)+4$$
$$4Q(-3)=8 \quad \therefore Q(-3)=2$$
따라서 구하는 나머지는 2이다.

답 2

06-2

x^3+2x^2-ax+3을 $x+1$로 나누었을 때의 몫이 $Q(x)$, 나머지가 8이므로

$$x^3+2x^2-ax+3=(x+1)Q(x)+8 \quad \cdots\cdots ㉠$$

㉠의 양변에 $x=-1$을 대입하면

$$-1+2+a+3=8 \quad \therefore a=4$$

$Q(x)$를 $x-2$로 나누었을 때의 나머지는 나머지정리에 의하여 $Q(2)$이므로 ㉠의 양변에 $x=2$를 대입하면

$$8+8-8+3=3Q(2)+8$$
$$3Q(2)=3 \quad \therefore Q(2)=1$$
따라서 구하는 나머지는 1이다.

답 1

06-3

$f(x)$를 $x+3$으로 나누었을 때의 몫이 $Q(x)$, 나머지가 2이므로

$$f(x)=(x+3)Q(x)+2 \quad \cdots\cdots ㉠$$

이고, 나머지정리에 의하여 $f(-3)=2$이다.

$Q(x)$를 $x-2$로 나누었을 때의 나머지가 -2이므로 나머지정리에 의하여 $Q(2)=-2$

㉠의 양변에 $x=2$를 대입하면

$$f(2)=(2+3)Q(2)+2$$
$$=5\times(-2)+2=-8$$

이때 $f(x)$를 $(x+3)(x-2)$로 나누었을 때의 몫을 $Q'(x)$, 나머지를 $R(x)=ax+b$ (a, b는 상수)라 하면

$$f(x)=(x+3)(x-2)Q'(x)+ax+b \quad \cdots\cdots ㉡$$

㉡의 양변에 $x=-3$을 대입하면

$$f(-3)=-3a+b=2 \quad \cdots\cdots ㉢$$

㉡의 양변에 $x=2$를 대입하면

$$f(2)=2a+b=-8 \quad \cdots\cdots ㉣$$

㉢, ㉣을 연립하여 풀면

$$a=-2, b=-4$$

따라서 $R(x)=-2x-4$이므로

$$R(-1)=-2\times(-1)-4=-2$$

다른 풀이

$f(x)$를 $x+3$으로 나누었을 때의 몫이 $Q(x)$, 나머지가 2이므로

$f(x)=(x+3)Q(x)+2$ ...... ㉠

$Q(x)$를 $x-2$로 나누었을 때의 몫을 $Q'(x)$라 하면 나머지가 -2이므로

$Q(x)=(x-2)Q'(x)-2$ ...... ㉡

㉡을 ㉠에 대입하면

$f(x)=(x+3)\{(x-2)Q'(x)-2\}+2$

$\quad\quad=(x+3)(x-2)Q'(x)-2(x+3)+2$

$\quad\quad=(x+3)(x-2)Q'(x)-2x-4$

따라서 $R(x)=-2x-4$이므로

$R(-1)=-2\times(-1)-4=-2$

답 -2

06-4

$x^{39}+30$을 $x-1$로 나누었을 때의 나머지를 R라 하면

$x^{39}+30=(x-1)Q(x)+R$ ...... ㉠

㉠의 양변에 $x=1$을 대입하면 $R=31$

$Q(x)$를 $x+1$로 나누었을 때의 나머지는 나머지정리에 의하여 $Q(-1)$이므로 ㉠의 양변에 $x=-1$을 대입하면

$29=-2Q(-1)+31$

$2Q(-1)=2$ $\quad\therefore Q(-1)=1$

따라서 구하는 나머지는 1이다.

답 1

07-1

(1) $f(x)=x^3+ax^2-bx+6$이라 하면 $f(x)$는 $x+1$, $x+2$를 인수로 가지므로 인수정리에 의하여

$f(-1)=0$, $f(-2)=0$

$f(-1)=0$에서 $-1+a+b+6=0$

$\therefore a+b=-5$ ...... ㉠

$f(-2)=0$에서 $-8+4a+2b+6=0$

$\therefore 4a+2b=2$ ...... ㉡

㉠, ㉡을 연립하여 풀면

$a=6$, $b=-11$

(2) $f(x)=x^3-2x^2+ax+b$라 하면 $f(x)$는 x^2-2x-3, 즉 $(x+1)(x-3)$으로 나누어떨어지므로 $f(x)$는 $x+1$, $x-3$으로 각각 나누어떨어진다.

따라서 인수정리에 의하여 $f(-1)=0$, $f(3)=0$

$f(-1)=0$에서 $-1-2-a+b=0$

$\therefore -a+b=3$ ...... ㉠

$f(3)=0$에서 $27-18+3a+b=0$

$\therefore 3a+b=-9$ ...... ㉡

㉠, ㉡을 연립하여 풀면

$a=-3$, $b=0$

답 (1) $a=6$, $b=-11$ (2) $a=-3$, $b=0$

07-2

$f(x)=x^3+ax^2-3x+b$라 하면

$f(x)$는 $x-3$으로 나누어떨어지므로 인수정리에 의하여

$f(3)=0$

$f(x)$는 $x-2$로 나누었을 때의 나머지가 4이므로 나머지정리에 의하여 $f(2)=4$

$f(3)=0$에서 $27+9a-9+b=0$

$\therefore 9a+b=-18$ ...... ㉠

$f(2)=4$에서 $8+4a-6+b=4$

$\therefore 4a+b=2$ ...... ㉡

㉠, ㉡을 연립하여 풀면

$a=-4$, $b=18$

답 $a=-4$, $b=18$

07-3

$f(2x-3)$이 $x-1$을 인수로 가지므로 인수정리에 의하여

$f(2\times1-3)=f(-1)=0$

$x=-1$을 $f(x)$에 대입하면

$f(-1)=-1-1-a+5=0$ $\quad\therefore a=3$

답 3

07-4

$f(x)-1$이 x^2+2x-8, 즉 $(x+4)(x-2)$로 나누어떨어지므로 $f(x)-1$은 $x+4$, $x-2$로 각각 나누어떨어진다.

따라서 인수정리에 의하여

$f(-4)-1=0$, $f(2)-1=0$

$\therefore f(-4)=1$, $f(2)=1$

$f(3x-4)$를 x^2-2x로 나누었을 때의 몫을 $Q(x)$, 나머지를 $ax+b$ (a, b는 상수)라 하면

$f(3x-4)=(x^2-2x)Q(x)+ax+b$

$\quad\quad\quad\quad=x(x-2)Q(x)+ax+b$ ...... ㉠

㉠의 양변에 $x=0$을 대입하면

$f(-4)=b$ $\quad\therefore b=1$ ...... ㉡

㉠의 양변에 $x=2$를 대입하면

$f(2)=2a+b$ $\quad\therefore 2a+b=1$ ...... ㉢

㉡, ㉢을 연립하여 풀면

$a=0$, $b=1$

따라서 구하는 나머지는 1이다.

답 1

08-1

$2x-3=2\left(x-\dfrac{3}{2}\right)$이므로 조립제법을 이용하면 다음과 같다.

$$\begin{array}{r|rrrr}
\dfrac{3}{2} & 2 & 3 & -5 & -4 \\
& & 3 & 9 & 6 \\
\hline
& 2 & 6 & 4 & \boxed{2}
\end{array}$$

따라서 $a=\dfrac{3}{2}$, $b=6$, $c=9$, $d=2$이므로

$2a+b+c+d=2\times\dfrac{3}{2}+6+9+2=20$

이때 $2x^3+3x^2-5x-4$를 $x-\dfrac{3}{2}$으로 나누었을 때의 몫은

$2x^2+6x+4$, 나머지는 2이므로

$$\begin{aligned}
2x^3+3x^2-5x-4&=\left(x-\dfrac{3}{2}\right)(2x^2+6x+4)+2\\
&=\left(x-\dfrac{3}{2}\right)\times2(x^2+3x+2)+2\\
&=(2x-3)(x^2+3x+2)+2
\end{aligned}$$

따라서 다항식 $2x^3+3x^2-5x-4$를 $2x-3$으로 나누었을 때의 몫은 x^2+3x+2이다.

답 20, 몫: x^2+3x+2

08-2

$a\times1=4$이므로 $a=4$

다항식 x^3-5x^2+2x+d를 $x-4$로 나누었을 때의 몫과 나머지를 조립제법을 이용하여 구하면 다음과 같다.

$$\begin{array}{r|rrrr}
4 & 1 & -5 & 2 & d \\
& & 4 & -4 & -8 \\
\hline
& 1 & -1 & -2 & \boxed{d-8}
\end{array}$$

따라서 $b=-1$, $c=-4$이고 $d-8=-4$에서 $d=4$이므로

$a+b+c+d=4+(-1)+(-4)+4=3$

[다른 풀이]

$a\times1=4$이므로 $a=4$

$b=-5+4=-1$

$2+c=-2$이므로 $c=-4$

$d+(-8)=-4$이므로 $d=4$

$\therefore a+b+c+d=4+(-1)+(-4)+4=3$

답 3

08-3

조립제법을 완성하면 다음과 같다.

$$\begin{array}{r|rrrr}
-3 & a & b & c & d \\
& & \boxed{-6} & \boxed{3} & \boxed{-12} \\
\hline
& 2 & -1 & 4 & \boxed{3}
\end{array}$$

$a=2$, $b-6=-1$, $c+3=4$, $d-12=3$이므로

$a=2$, $b=5$, $c=1$, $d=15$

$\therefore a+b+c-d=2+5+1-15=-7$

답 -7

08-4

다항식 $f(x)$를 $x-\dfrac{1}{4}$로 나누었을 때의 몫이 $px+q$, 나머지가 r이므로

$$\begin{aligned}
f(x)&=\left(x-\dfrac{1}{4}\right)(px+q)+r\\
&=\dfrac{1}{4}(4x-1)(px+q)+r\\
&=(4x-1)\left(\dfrac{p}{4}x+\dfrac{q}{4}\right)+r
\end{aligned}$$

따라서 $f(x)$를 $4x-1$로 나누었을 때의 몫은 $\dfrac{p}{4}x+\dfrac{q}{4}$, 나머지는 r이다.

답 ④

09-1

$$\begin{array}{r|rrrr}
2 & 1 & -3 & 6 & -1 \\
& & 2 & -2 & 8 \\
\hline
2 & 1 & -1 & 4 & \boxed{7} \\
& & 2 & 2 & \\
\hline
2 & 1 & 1 & \boxed{6} & \\
& & 2 & & \\
\hline
& 1 & \boxed{3} & &
\end{array}$$

위의 조립제법에 의하여

$$\begin{aligned}
&x^3-3x^2+6x-1\\
&=(x-2)(x^2-x+4)+7\\
&=(x-2)\{(x-2)(x+1)+6\}+7\\
&=(x-2)^2(x+1)+6(x-2)+7\\
&=(x-2)^2\{(x-2)\times1+3\}+6(x-2)+7\\
&=(x-2)^3+3(x-2)^2+6(x-2)+7\\
\end{aligned}$$

$\therefore a=1$, $b=3$, $c=6$, $d=7$

[다른 풀이]

$x-2=t$로 놓고 $x=t+2$를 주어진 항등식에 대입하면

$(t+2)^3-3(t+2)^2+6(t+2)-1=at^3+bt^2+ct+d$

좌변을 전개하여 정리하면

$t^3+3t^2+6t+7=at^3+bt^2+ct+d$

양변의 계수를 비교하면

$a=1$, $b=3$, $c=6$, $d=7$

답 $a=1$, $b=3$, $c=6$, $d=7$

09-2

$$
\begin{array}{r|rrrr}
-1 & 2 & 1 & 1 & 4 \\
& & -2 & 1 & -2 \\
\hline
-1 & 2 & -1 & 2 & \boxed{2} \\
& & -2 & 3 & \\
\hline
-1 & 2 & -3 & \boxed{5} & \\
& & -2 & & \\
\hline
& 2 & \boxed{-5} & & \\
\end{array}
$$

위의 조립제법에 의하여
$2x^3 + x^2 + x + 4$
$= (x+1)(2x^2 - x + 2) + 2$
$= (x+1)\{(x+1)(2x-3) + 5\} + 2$
$= (x+1)^2(2x-3) + 5(x+1) + 2$
$= (x+1)^2\{(x+1) \times 2 - 5\} + 5(x+1) + 2$
$= 2(x+1)^3 - 5(x+1)^2 + 5(x+1) + 2$
$\therefore a = 2,\ b = -5,\ c = 5,\ d = 2$

[다른 풀이]
$x+1 = t$로 놓고 $x = t - 1$을 주어진 항등식에 대입하면
$2(t-1)^3 + (t-1)^2 + (t-1) + 4 = at^3 + bt^2 + ct + d$
좌변을 전개하여 정리하면
$2t^3 - 5t^2 + 5t + 2 = at^3 + bt^2 + ct + d$
양변의 계수를 비교하면
$a = 2,\ b = -5,\ c = 5,\ d = 2$

[다른 풀이]
$a(x+1)^3 + b(x+1)^2 + c(x+1) + d$
$= a(x^3 + 3x^2 + 3x + 1) + b(x^2 + 2x + 1) + c(x+1) + d$
$= ax^3 + (3a+b)x^2 + (3a+2b+c)x + a+b+c+d$
이므로
$a = 2,\ 3a+b = 1,\ 3a+2b+c = 1,\ a+b+c+d = 4$
$\therefore a = 2,\ b = -5,\ c = 5,\ d = 2$

답 $a = 2,\ b = -5,\ c = 5,\ d = 2$

09-3

$$
\begin{array}{r|rrrr}
-\frac{1}{2} & 4 & -4 & -1 & 2 \\
& & -2 & 3 & -1 \\
\hline
-\frac{1}{2} & 4 & -6 & 2 & \boxed{1} \\
& & -2 & 4 & \\
\hline
-\frac{1}{2} & 4 & -8 & \boxed{6} & \\
& & -2 & & \\
\hline
& 4 & \boxed{-10} & & \\
\end{array}
$$

위의 조립제법에 의하여
$4x^3 - 4x^2 - x + 2$
$= \left(x + \dfrac{1}{2}\right)(4x^2 - 6x + 2) + 1$
$= \left(x + \dfrac{1}{2}\right)\left\{\left(x + \dfrac{1}{2}\right)(4x - 8) + 6\right\} + 1$
$= \left(x + \dfrac{1}{2}\right)^2(4x - 8) + 6\left(x + \dfrac{1}{2}\right) + 1$
$= \left(x + \dfrac{1}{2}\right)^2\left\{\left(x + \dfrac{1}{2}\right) \times 4 - 10\right\} + 6\left(x + \dfrac{1}{2}\right) + 1$
$= 4\left(x + \dfrac{1}{2}\right)^3 - 10\left(x + \dfrac{1}{2}\right)^2 + 6\left(x + \dfrac{1}{2}\right) + 1$
$= \dfrac{1}{2}(2x+1)^3 - \dfrac{5}{2}(2x+1)^2 + 3(2x+1) + 1$
$\therefore a = \dfrac{1}{2},\ b = -\dfrac{5}{2},\ c = 3,\ d = 1$
$\therefore ad - bc = \dfrac{1}{2} \times 1 - \left(-\dfrac{5}{2}\right) \times 3 = 8$

답 8

09-4

(1)
$$
\begin{array}{r|rrrr}
1 & 3 & -2 & 0 & 3 \\
& & 3 & 1 & 1 \\
\hline
1 & 3 & 1 & 1 & \boxed{4} \\
& & 3 & 4 & \\
\hline
1 & 3 & 4 & \boxed{5} & \\
& & 3 & & \\
\hline
& 3 & \boxed{7} & & \\
\end{array}
$$

위의 조립제법에 의하여
$3x^3 - 2x^2 + 3$
$= (x-1)(3x^2 + x + 1) + 4$
$= (x-1)\{(x-1)(3x+4) + 5\} + 4$
$= (x-1)^2(3x+4) + 5(x-1) + 4$
$= (x-1)^2\{(x-1) \times 3 + 7\} + 5(x-1) + 4$
$= 3(x-1)^3 + 7(x-1)^2 + 5(x-1) + 4$
$\therefore a = 3,\ b = 7,\ c = 5,\ d = 4$

(2) (1)에서 $f(x) = 3(x-1)^3 + 7(x-1)^2 + 5(x-1) + 4$이
므로
$f(1.1) = 3 \times 0.1^3 + 7 \times 0.1^2 + 5 \times 0.1 + 4 = 4.573$

답 (1) $a = 3,\ b = 7,\ c = 5,\ d = 4$ (2) 4.573

중단원 연습문제

01 -5	**02** -1	**03** -13	**04** 12
05 -36	**06** $2x-1$	**07** 31	
08 $2x^2-8x+6$		**09** 3	**10** -2
11 3	**12** 8	**13** $a=-2, b=1$	
14 -512	**15** 3	**16** -2	**17** 14
18 50	**19** ③	**20** ④	

01

주어진 등식의 좌변을 k에 대하여 정리하면
$(x-2y)k-3x-y+1=4k+10$
이 등식이 k에 대한 항등식이므로
$x-2y=4, \ -3x-y+1=10$
두 식을 연립하여 풀면
$x=-2, \ y=-3$
$\therefore x+y=(-2)+(-3)=-5$

답 -5

02

$x+y=1$에서 $y=1-x$
이것을 주어진 등식의 좌변에 대입하면
$x^2-2ax-(1-x)^2+3b+4=0$
$(-2a+2)x+3b+3=0$
이 등식이 x에 대한 항등식이므로
$-2a+2=0, \ 3b+3=0$
$\therefore a=1, \ b=-1$
$\therefore ab=1\times(-1)=-1$

답 -1

03

x^3+ax+b를 x^2+5x+3으로 나누었을 때의 몫을
$x+c$ (c는 상수)라 하면
$x^3+ax+b=(x^2+5x+3)(x+c)+6$
$\qquad\qquad\quad =x^3+(c+5)x^2+(5c+3)x+3c+6$
이 등식이 x에 대한 항등식이므로
$0=c+5, \ a=5c+3, \ b=3c+6$
$\therefore a=-22, \ b=-9, \ c=-5$
$\therefore a-b=(-22)-(-9)=-13$

답 -13

04

$f(x)$를 $x-5$로 나누었을 때의 나머지가 3이고, $g(x)$를
$x-5$로 나누었을 때의 나머지가 -2이므로 나머지정리에 의
하여
$f(5)=3, \ g(5)=-2$
$2f(x)-3g(x)$를 $x-5$로 나누었을 때의 나머지는 나머지
정리에 의하여
$2f(5)-3g(5)$이므로
$2f(5)-3g(5)=2\times3-3\times(-2)=12$

답 12

05

$f(x)$를 $x+2$로 나누었을 때의 나머지가 4이므로 나머지정
리에 의하여 $f(-2)=4$
따라서 $(x^2+3x-7)f(x)$를 $x+2$로 나누었을 때의 나머지
는 나머지정리에 의하여
$(4-6-7)f(-2)$, 즉 $-9f(-2)$이므로
$-9f(-2)=-9\times4=-36$

답 -36

06

$f(x)$를 x^2-x-12로 나누었을 때의 몫을 $Q(x)$, 나머지를
$ax+b$ (a, b는 상수)라 하면
$f(x)=(x^2-x-12)Q(x)+ax+b$
$\qquad =(x+3)(x-4)Q(x)+ax+b$ $\qquad$ ……㉠
$f(x)$를 x^2-9로 나누었을 때의 몫을 $Q'(x)$라 하면 나머지
가 $3x+2$이므로
$f(x)=(x^2-9)Q'(x)+3x+2$
$\qquad =(x+3)(x-3)Q'(x)+3x+2$
위 식의 양변에 $x=-3$을 대입하면
$f(-3)=3\times(-3)+2=-7$
㉠의 양변에 $x=-3$을 대입하면
$f(-3)=-3a+b=-7$ $\qquad$ ……㉡
한편, $f(x)$를 $x-4$로 나누었을 때의 나머지가 7이므로 나
머지정리에 의하여
$f(4)=7$
㉠의 양변에 $x=4$를 대입하면
$f(4)=4a+b=7$ $\qquad$ ……㉢
㉡, ㉢을 연립하여 풀면 $a=2, \ b=-1$
따라서 구하는 나머지는 $2x-1$이다.

답 $2x-1$

07

$1+x+x^2+\cdots+x^{10}$을 x^3-x로 나누었을 때의 몫을
$Q(x)$, 나머지를 $R(x)=ax^2+bx+c$ (a, b, c는 상수)라
하면
$1+x+x^2+\cdots+x^{10}$
$=(x^3-x)Q(x)+ax^2+bx+c$
$=x(x+1)(x-1)Q(x)+ax^2+bx+c$ ...... ㉠
㉠의 양변에 $x=0$을 대입하면 $1=c$
㉠의 양변에 $x=-1$을 대입하면
$1=a-b+c$ ∴ $a-b=0$ ...... ㉡
㉠의 양변에 $x=1$을 대입하면
$11=a+b+c$ ∴ $a+b=10$ ...... ㉢
㉡, ㉢을 연립하여 풀면
$a=5$, $b=5$
∴ $R(x)=5x^2+5x+1$
따라서 $R(x)$를 $x+3$으로 나누었을 때의 나머지는 나머지정
리에 의하여 $R(-3)$이므로
$R(-3)=45-15+1=31$

답 31

08

$f(3-x)$를 $x-3$으로 나누었을 때의 나머지가 6이므로 나
머지정리에 의하여
$f(3-3)=6$, 즉 $f(0)=6$
$xf(x)$를 $(x-1)(x-3)$으로 나누었을 때의 몫을 $Q'(x)$
라 하면 나누어떨어지므로
$xf(x)=(x-1)(x-3)Q'(x)$ ...... ㉠
㉠의 양변에 $x=1$을 대입하면 $f(1)=0$
㉠의 양변에 $x=3$을 대입하면 $f(3)=0$
따라서 $f(x)$는 $x-1$, $x-3$을 인수로 갖는 이차식이다.
$f(x)=a(x-1)(x-3)$ (a는 상수)로 놓으면 $f(0)=6$이
므로
$f(0)=3a=6$ ∴ $a=2$
∴ $f(x)=2(x-1)(x-3)=2x^2-8x+6$

답 $2x^2-8x+6$

09

$f(x)=x^3+ax^2-x+5$라 하면 $f(x)$를 $x+2$로 나누었을
때의 나머지는 나머지정리에 의하여
$f(-2)=-8+4a+2+5=4a-1$
즉, 다항식 $f(x)=x^3+ax^2-x+5$를 $x+2$로 나누었을 때
의 몫이 $Q(x)$, 나머지가 $4a-1$이므로

$x^3+ax^2-x+5=(x+2)Q(x)+4a-1$ ...... ㉠
한편, $Q(x)$를 $x+1$로 나누었을 때의 나머지가 -3이므로
나머지정리에 의하여 $Q(-1)=-3$
㉠의 양변에 $x=-1$을 대입하면
$-1+a+1+5=Q(-1)+4a-1$
$a+5=4a-4$ ∴ $a=3$

답 3

10

$f(x)=x^3-2kx^2-4x-k^2$이라 하면 $f(x)$는 $x+1$을 인수
로 가지므로 인수정리에 의하여 $f(-1)=0$
$f(x)$에 $x=-1$을 대입하면
$-1-2k+4-k^2=0$, $k^2+2k-3=0$
$(k+3)(k-1)=0$ ∴ $k=-3$ 또는 $k=1$
따라서 모든 상수 k의 값의 합은
$(-3)+1=-2$

답 -2

11

$(x+2)(x-1)(x+a)+b(x-1)$을 x^2+4x+5로 나누
었을 때의 몫을 $Q(x)$라 하면 $Q(x)$는 일차식이다.
$(x+2)(x-1)(x+a)+b(x-1)=(x^2+4x+5)Q(x)$
$(x-1)\{(x+2)(x+a)+b\}=(x^2+4x+5)Q(x)$
이때 x^2+4x+5는 $x-1$을 인수로 갖지 않으므로
$Q(x)=x-1$
∴ $x^2+4x+5=(x+2)(x+a)+b$
$=x^2+(a+2)x+2a+b$
즉, $a+2=4$, $2a+b=5$이므로
$a=2$, $b=1$
∴ $a+b=2+1=3$

답 3

12

다항식 $3x^3+ax^2-7x+b$를 $x-2$로 나누었을 때의 몫과 나
머지를 조립제법을 이용하여 구하면 다음과 같다.

2	3	a	-7	b
		6	$2a+12$	$4a+10$
	3	$a+6$	$2a+5$	$4a+b+10$

따라서 $k=2$, $c=6$, $a+6=4$, $2a+5=d$, $4a+b+10=3$
이므로
$k=2$, $a=-2$, $b=1$, $c=6$, $d=1$
∴ $k+a+b+c+d=2+(-2)+1+6+1=8$

$x-2$로 나누었으므로 $k=2$

$c=2\times3=6$

$a+6=4$이므로 $a=-2$

$d=-7+8=1$

$b+2=3$이므로 $b=1$

$\therefore k+a+b+c+d=2+(-2)+1+6+1=8$

답 8

13

$\dfrac{ax-2y+4}{x+by-2}=k\ (k는\ 상수)$로 놓으면

$ax-2y+4=k(x+by-2)$

$(a-k)x+(-2-bk)y+4+2k=0$

이 등식이 x, y에 대한 항등식이므로

$a-k=0$, $-2-bk=0$, $4+2k=0$

$\therefore k=-2$, $a=-2$, $b=1$

답 $a=-2$, $b=1$

14

주어진 등식의 양변에 $x=0$을 대입하면

$-4=a_0+a_1+a_2+\cdots+a_9+a_{10}$ ······ ㉠

주어진 등식의 양변에 $x=-2$를 대입하면

$(-2)^{10}-4=a_0-a_1+a_2-\cdots-a_9+a_{10}$ ······ ㉡

㉠$-$㉡을 하면

$-(-2)^{10}=2(a_1+a_3+a_5+a_7+a_9)$

$\therefore a_1+a_3+a_5+a_7+a_9=-512$

답 -512

15

$55=x$라 하면 $54=x-1$

즉, $x^{11}+x^{12}+1$을 $x-1$로 나누었을 때의 나머지는 나머지정리에 의하여 $x^{11}+x^{12}+1$에 $x=1$을 대입한 값과 같으므로

$1^{11}+1^{12}+1=3$

답 3

16

$f(x)$를 $x-3$으로 나누었을 때의 나머지가 -2이므로 나머지정리에 의하여 $f(3)=-2$

이때 $f(1+x)=f(1-x)$의 양변에 $x=2$를 대입하면

$f(3)=f(-1)$ $\therefore f(-1)=-2$

$f(x)$를 $(x+1)(x-3)$으로 나누었을 때의 몫을 $Q(x)$, 나머지를 $ax+b\ (a,\ b는\ 상수)$라 하면

$f(x)=(x+1)(x-3)Q(x)+ax+b$ ······ ㉠

㉠의 양변에 $x=-1$을 대입하면

$-a+b=-2$ ······ ㉡

㉠의 양변에 $x=3$을 대입하면

$3a+b=-2$ ······ ㉢

㉡, ㉢을 연립하여 풀면

$a=0$, $b=-2$

따라서 구하는 나머지는 -2이다.

답 -2

17

$f(x)$를 $x+3$, $x-1$, $x-2$로 나누었을 때의 나머지가 모두 2이므로 $f(x)-2$는 $x+3$, $x-1$, $x-2$로 각각 나누어떨어진다.

이때 $f(x)$는 최고차항의 계수가 1인 삼차식이므로

$f(x)-2=(x+3)(x-1)(x-2)$

$\therefore f(x)=(x+3)(x-1)(x-2)+2$

따라서 $f(x)$를 $x+1$로 나눈 나머지는 나머지정리에 의하여

$f(-1)=2\times(-2)\times(-3)+2=14$

답 14

18

$f(x)$를 $(x-1)(x-2)(x-4)$로 나누었을 때의 몫을 $Q_1(x)$라 하면 나머지가 x^2+x+2이므로

$f(x)=(x-1)(x-2)(x-4)Q_1(x)+x^2+x+2$

위의 식의 양변에 $x=2$, $x=4$를 차례대로 대입하면

$f(2)=8$, $f(4)=22$

또한 다항식 $f(8x)$를 $8x^2-6x+1$로 나누었을 때의 몫을 $Q_2(x)$라 하면 나머지가 $ax+b$이므로

$f(8x)=(8x^2-6x+1)Q_2(x)+ax+b$

$\quad\quad=(4x-1)(2x-1)Q_2(x)+ax+b$

양변에 $x=\dfrac{1}{4}$을 대입하면

$f(2)=\dfrac{1}{4}a+b$ $\therefore \dfrac{1}{4}a+b=8\ (\because f(2)=8)$ ······ ㉠

양변에 $x=\dfrac{1}{2}$을 대입하면

$f(4)=\dfrac{1}{2}a+b$ $\therefore \dfrac{1}{2}a+b=22\ (\because f(4)=22)$

······ ㉡

㉠, ㉡을 연립하여 풀면

$a=56$, $b=-6$

$\therefore a+b=56+(-6)=50$

답 50

19

$f(x)$는 이차식, $g(x)$는 일차식이므로 $f(x)-g(x)$는 이차식이다.

이차식 $f(x)$의 최고차항의 계수를 a라 하면 조건 (가)에 의하여

$$f(x)-g(x)=a(x-1)^2 \quad \cdots\cdots \ \text{㉠}$$

로 놓을 수 있다.

또한 조건 (나)에서 나머지정리에 의하여 $f(2)=2$, $g(2)=5$이므로

㉠의 양변에 $x=2$를 대입하면

$$f(2)-g(2)=a(2-1)^2$$

$$\therefore \ a=2-5=-3$$

$a=-3$을 ㉠에 대입하면

$$f(x)-g(x)=-3(x-1)^2$$

따라서 $f(x)-g(x)$를 $x+1$로 나누었을 때의 나머지는 나머지정리에 의하여

$$f(-1)-g(-1)=-3\times(-2)^2=-12$$

답 ③

20

(가)에서 $f(x)$를 $x+2$, x^2+4로 나누었을 때의 나머지는 모두 $3p^2$이므로 $f(x)-3p^2$은 $x+2$, x^2+4로 각각 나누어떨어진다.

이때 $f(x)$는 최고차항의 계수가 1인 사차식이므로

$f(x)-3p^2=(x+2)(x^2+4)(x+a)$ (a는 상수)로 놓으면

$$f(x)=(x+2)(x^2+4)(x+a)+3p^2 \quad \cdots\cdots \ \text{㉠}$$

조건 (나)에서 $f(1)=f(-1)$이므로

$$f(1)=3\times5\times(1+a)+3p^2=15+15a+3p^2,$$

$$f(-1)=1\times5\times(-1+a)+3p^2=-5+5a+3p^2 \text{에서}$$

$$15+15a+3p^2=-5+5a+3p^2$$

$$10a=-20 \quad \therefore \ a=-2$$

$$\therefore \ f(x)=(x+2)(x^2+4)(x-2)+3p^2$$

$$=(x+2)(x-2)(x^2+4)+3p^2$$

$$=(x^2-4)(x^2+4)+3p^2$$

$$=x^4-16+3p^2 \quad \cdots\cdots \ \text{㉡}$$

한편, (다)에서 $x-\sqrt{p}$가 $f(x)$의 인수이므로 인수정리에 의하여 $f(\sqrt{p})=0$

㉡의 양변에 $x=\sqrt{p}$를 대입하면

$$f(\sqrt{p})=p^2-16+3p^2=0, \ 4p^2=16$$

$$p^2=4 \quad \therefore \ p=2 \ (\because \ p>0)$$

답 ④

---

03 인수분해

01 인수분해 공식

개념 CHECK

01 (1) $(x+2y+3z)^2$ (2) $(2a+2b-c)^2$

02 (1) $(a+4)^3$ (2) $(2x-y)^3$

(3) $(2x+1)(4x^2-2x+1)$

(4) $(3a-2b)(9a^2+6ab+4b^2)$

03 (1) $(2x+y+z)(4x^2+y^2+z^2-2xy-yz-2zx)$

(2) $(a^2+2ab+4b^2)(a^2-2ab+4b^2)$

01

(1) $x^2+4y^2+9z^2+4xy+12yz+6zx$

$$=x^2+(2y)^2+(3z)^2+2\times x\times 2y$$
$$+2\times 2y\times 3z+2\times 3z\times x$$

$$=(x+2y+3z)^2$$

(2) $4a^2+4b^2+c^2+8ab-4bc-4ca$

$$=(2a)^2+(2b)^2+(-c)^2+2\times 2a\times 2b$$
$$+2\times 2b\times(-c)+2\times(-c)\times 2a$$

$$=(2a+2b-c)^2$$

답 (1) $(x+2y+3z)^2$ (2) $(2a+2b-c)^2$

02

(1) $a^3+12a^2+48a+64=a^3+3\times a^2\times 4+3\times a\times 4^2+4^3$

$$=(a+4)^3$$

(2) $8x^3-12x^2y+6xy^2-y^3$

$$=(2x)^3-3\times(2x)^2\times y+3\times 2x\times y^2-y^3$$

$$=(2x-y)^3$$

(3) $8x^3+1=(2x)^3+1^3$

$$=(2x+1)\{(2x)^2-2x\times 1+1^2\}$$

$$=(2x+1)(4x^2-2x+1)$$

(4) $27a^3-8b^3=(3a)^3-(2b)^3$

$$=(3a-2b)\{(3a)^2+3a\times 2b+(2b)^2\}$$

$$=(3a-2b)(9a^2+6ab+4b^2)$$

답 (1) $(a+4)^3$

(2) $(2x-y)^3$

(3) $(2x+1)(4x^2-2x+1)$

(4) $(3a-2b)(9a^2+6ab+4b^2)$

03

(1) $8x^3+y^3+z^3-6xyz$

$\quad=(2x)^3+y^3+z^3-3\times 2x\times y\times z$

$\quad=(2x+y+z)\{(2x)^2+y^2+z^2-2x\times y$

$\qquad\qquad\qquad\qquad\qquad -y\times z-z\times 2x\}$

$\quad=(2x+y+z)(4x^2+y^2+z^2-2xy-yz-2zx)$

(2) $a^4+4a^2b^2+16b^4$

$\quad=a^4+a^2\times(2b)^2+(2b)^4$

$\quad=\{a^2+a\times 2b+(2b)^2\}\{a^2-a\times 2b+(2b)^2\}$

$\quad=(a^2+2ab+4b^2)(a^2-2ab+4b^2)$

$\qquad$ 답 (1) $(2x+y+z)(4x^2+y^2+z^2-2xy-yz-2zx)$

$\qquad\qquad$ (2) $(a^2+2ab+4b^2)(a^2-2ab+4b^2)$

유제　　　　　　　　　　　　　　本문 96~97쪽

01-1 (1) $(a+4b-c)^2$　(2) $(x+3y)^3$

$\qquad$ (3) $(x-2y)(x^2+2xy+4y^2)$

$\qquad$ (4) $(2a-b+1)(4a^2+b^2+2ab-2a+b+1)$

01-2 ④　　　**01-3** 1

01-4 (1) $(a+2)(a-2)(a^2+2a+4)(a^2-2a+4)$

$\qquad$ (2) $(a-4b)(a^2+ab+7b^2)$

$\qquad$ (3) $(a-b)(a^2-ab+b^2)$

01-1

(1) $a^2+16b^2+c^2+8ab-8bc-2ca$

$\quad=a^2+(4b)^2+(-c)^2+2\times a\times 4b+2\times 4b\times(-c)$

$\qquad\qquad\qquad\qquad\qquad +2\times(-c)\times a$

$\quad=(a+4b-c)^2$

(2) $x^3+9x^2y+27xy^2+27y^3$

$\quad=x^3+3\times x^2\times 3y+3\times x\times(3y)^2+(3y)^3$

$\quad=(x+3y)^3$

(3) $x^3-8y^3=x^3-(2y)^3$

$\qquad\qquad\quad=(x-2y)\{x^2+x\times 2y+(2y)^2\}$

$\qquad\qquad\quad=(x-2y)(x^2+2xy+4y^2)$

(4) $8a^3-b^3+1+6ab$

$\quad=(2a)^3+(-b)^3+1^3-3\times 2a\times(-b)\times 1$

$\quad=(2a-b+1)\{(2a)^2+(-b)^2+1^2-2a\times(-b)$

$\qquad\qquad\qquad\qquad\qquad -(-b)\times 1-1\times 2a\}$

$\quad=(2a-b+1)(4a^2+b^2+2ab-2a+b+1)$

$\qquad$ 답 (1) $(a+4b-c)^2$

$\qquad\quad$ (2) $(x+3y)^3$

$\qquad\quad$ (3) $(x-2y)(x^2+2xy+4y^2)$

$\qquad\quad$ (4) $(2a-b+1)(4a^2+b^2+2ab-2a+b+1)$

01-2

④ $4x^2+9y^2+1+12xy-6y-4x$

$\quad=(2x)^2+(3y)^2+(-1)^2+2\times 2x\times 3y$

$\qquad\qquad\qquad\qquad +2\times 3y\times(-1)+2\times(-1)\times 2x$

$\quad=(2x+3y-1)^2$

$\qquad\qquad\qquad\qquad\qquad\qquad\qquad$ 답 ④

01-3

$8x^3-12x^2y+6xy^2-y^3$

$=(2x)^3-3\times(2x)^2\times y+3\times 2x\times y^2-y^3$

$=(2x-y)^3$

따라서 $a=2$, $b=-1$이므로

$a+b=2+(-1)=1$

$\qquad\qquad\qquad\qquad\qquad\qquad\qquad$ 답 1

01-4

(1) a^6-64

$\quad=(a^3)^2-(2^3)^2$

$\quad=(a^3+2^3)(a^3-2^3)$

$\quad=(a+2)(a^2-2a+4)(a-2)(a^2+2a+4)$

$\quad=(a+2)(a-2)(a^2+2a+4)(a^2-2a+4)$

(2) $(a-b)^3-27b^3$

$\quad=(a-b)^3-(3b)^3$

$\quad=(a-b-3b)\{(a-b)^2+(a-b)\times 3b+(3b)^2\}$

$\quad=(a-4b)(a^2-2ab+b^2+3ab-3b^2+9b^2)$

$\quad=(a-4b)(a^2+ab+7b^2)$

(3) $a^3-b^3-2a^2b+2ab^2$

$\quad=(a-b)(a^2+ab+b^2)-2ab(a-b)$

$\quad=(a-b)(a^2+ab+b^2-2ab)$

$\quad=(a-b)(a^2-ab+b^2)$

다른 풀이

(1) $a^6-64=(a^2)^3-(2^2)^3$

$\qquad\qquad\quad=(a^2-2^2)\{(a^2)^2+a^2\times 2^2+(2^2)^2\}$

$\qquad\qquad\quad=(a+2)(a-2)(a^2+2a+4)(a^2-2a+4)$

$\qquad$ 답 (1) $(a+2)(a-2)(a^2+2a+4)(a^2-2a+4)$

$\qquad\quad$ (2) $(a-4b)(a^2+ab+7b^2)$

$\qquad\quad$ (3) $(a-b)(a^2-ab+b^2)$

02 여러 가지 식의 인수분해

개념 CHECK

본문 103쪽

01 (1) $(x-1)(x-2)(x^2-3x-3)$
(2) $(x^2+4x-3)(x^2+4x-6)$
02 (1) $(x+1)(x-1)(x^2-2)$
(2) $(x^2+x+3)(x^2-x+3)$
03 (1) $(x-y)(x+z)(x-z)$
(2) $(x-y+1)(3x+4y-6)$
04 (1) $(x+2)(x+3)(2x-1)$
(2) $(x-1)^2(x+2)(x-3)$

01

(1) $x^2-3x=X$로 놓으면
$(x^2-3x+1)(x^2-3x-2)-4$
$=(X+1)(X-2)-4$
$=X^2-X-6$
$=(X+2)(X-3)$
$=(x^2-3x+2)(x^2-3x-3)$
$=(x-1)(x-2)(x^2-3x-3)$

(2) $(x-2)(x+1)(x+3)(x+6)+54$
$=\{(x-2)(x+6)\}\{(x+1)(x+3)\}+54$
$=(x^2+4x-12)(x^2+4x+3)+54$
$x^2+4x=X$로 놓으면
$(x^2+4x-12)(x^2+4x+3)+54$
$=(X-12)(X+3)+54$
$=X^2-9X+18$
$=(X-3)(X-6)$
$=(x^2+4x-3)(x^2+4x-6)$

🔳 (1) $(x-1)(x-2)(x^2-3x-3)$
(2) $(x^2+4x-3)(x^2+4x-6)$

02

(1) $x^2=X$로 놓으면
$x^4-3x^2+2=X^2-3X+2=(X-1)(X-2)$
$=(x^2-1)(x^2-2)$
$=(x+1)(x-1)(x^2-2)$

(2) $x^4+5x^2+9=x^4+6x^2-x^2+9$
$=(x^4+6x^2+9)-x^2$
$=(x^2+3)^2-x^2$

$=\{(x^2+3)+x\}\{(x^2+3)-x\}$
$=(x^2+x+3)(x^2-x+3)$

🔳 (1) $(x+1)(x-1)(x^2-2)$
(2) $(x^2+x+3)(x^2-x+3)$

03

(1) 차수가 가장 낮은 문자 y에 대하여 내림차순으로 정리한 후 인수분해하면
$x^3-x^2y-xz^2+yz^2$
$=(-x^2+z^2)y+x^3-xz^2$
$=-(x^2-z^2)y+x(x^2-z^2)$
$=(x^2-z^2)(-y+x)$
$=(x-y)(x+z)(x-z)$

(2) 문자 x에 대하여 내림차순으로 정리한 후 인수분해하면
$3x^2+xy-3x-4y^2+10y-6$
$=3x^2+(y-3)x-2(2y^2-5y+3)$
$=3x^2+(y-3)x-2(y-1)(2y-3)$
$=\{x-(y-1)\}\{3x+2(2y-3)\}$
$=(x-y+1)(3x+4y-6)$

🔳 (1) $(x-y)(x+z)(x-z)$
(2) $(x-y+1)(3x+4y-6)$

04

(1) $f(x)=2x^3+9x^2+7x-6$이라 하면
$f(-2)=-16+36-14-6=0$이므로
$x+2$는 $f(x)$의 인수이다.
조립제법을 이용하여 인수분해하면

-2	2	9	7	-6
		-4	-10	6
	2	5	-3	0

$\therefore 2x^3+9x^2+7x-6=(x+2)(2x^2+5x-3)$
$=(x+2)(x+3)(2x-1)$

(2) $f(x)=x^4-3x^3-3x^2+11x-6$이라 하면
$f(1)=1-3-3+11-6=0$,
$f(-2)=16+24-12-22-6=0$
이므로 $x-1$, $x+2$는 $f(x)$의 인수이다.
조립제법을 이용하여 인수분해하면

1	1	-3	-3	11	-6
		1	-2	-5	6
-2	1	-2	-5	6	0
			-2	8	-6
	1	-4	3	0	

$$\therefore x^4-3x^3-3x^2+11x-6$$
$$=(x-1)(x+2)(x^2-4x+3)$$
$$=(x-1)^2(x+2)(x-3)$$

답 (1) $(x+2)(x+3)(2x-1)$
(2) $(x-1)^2(x+2)(x-3)$

유제

본문 104~115쪽

02-1 (1) $(x^2-3x+3)(x^2-3x-2)$
(2) $(x+1)(x-2)(x+2)(x-3)$
(3) $(x^2+4x+2)(x^2+4x-4)$

02-2 4   **02-3** ⑤

02-4 $(x^2+5x+8)(x^2+5x+2)$

03-1 (1) $(x+1)(x-1)(x^2+6)$
(2) $(x^2+xy+2y^2)(x^2-xy+2y^2)$

03-2 3   **03-3** 13   **03-4** 1

04-1 (1) $(x+1)(x+y-2)$
(2) $(y-z)(2x+y-z)$
(3) $(x-y-1)(x^2+x-y+1)$

04-2 -6 **04-3** $-(a-b)(b-c)(c-a)$

04-4 2

05-1 (1) $(x-1)(x+2)(x-4)$
(2) $(x+2)(2x+3)(x-2)$
(3) $(x-1)^2(x+1)(x+2)$

05-2 -1 **05-3** $(x-3)(x-2)(x+1)$

05-4 $(x-2)(x+3)(x+a-2)$ **06-1** ①

06-2 ③   **06-3** ㄴ, ㄷ   **06-4** $\sqrt{3}$

07-1 (1) $-12-4\sqrt{3}$ (2) $-2\sqrt{5}$

07-2 (1) 510 (2) -120 **07-3** 47   **07-4** 20

02-1

(1) $x^2-3x=X$로 놓으면
$(x^2-3x-1)(x^2-3x+2)-4$
$=(X-1)(X+2)-4$
$=X^2+X-6$
$=(X+3)(X-2)$
$=(x^2-3x+3)(x^2-3x-2)$ ← $X=x^2-3x$ 대입

(2) $(x^2-x)^2-8x^2+8x+12=(x^2-x)^2-8(x^2-x)+12$
$x^2-x=X$로 놓으면
$(x^2-x)^2-8(x^2-x)+12$
$=X^2-8X+12$
$=(X-2)(X-6)$

$=(x^2-x-2)(x^2-x-6)$ ← $X=x^2-x$ 대입
$=(x+1)(x-2)(x+2)(x-3)$

(3) $(x-1)(x+1)(x+3)(x+5)+7$
$=\{(x-1)(x+5)\}\{(x+1)(x+3)\}+7$
$=(x^2+4x-5)(x^2+4x+3)+7$
$x^2+4x=X$로 놓으면
$(x^2+4x-5)(x^2+4x+3)+7$
$=(X-5)(X+3)+7$
$=X^2-2X-8$
$=(X+2)(X-4)$
$=(x^2+4x+2)(x^2+4x-4)$ ← $X=x^2+4x$ 대입

답 (1) $(x^2-3x+3)(x^2-3x-2)$
(2) $(x+1)(x-2)(x+2)(x-3)$
(3) $(x^2+4x+2)(x^2+4x-4)$

02-2

$x^2+2x=X$로 놓으면
$(x^2+2x)(x^2+2x+4)-21$
$=X(X+4)-21$
$=X^2+4X-21$
$=(X-3)(X+7)$
$=(x^2+2x-3)(x^2+2x+7)$ ← $X=x^2+2x$ 대입
$=(x+3)(x-1)(x^2+2x+7)$
따라서 $a=3$, $b=-1$, $c=2$ 또는 $a=-1$, $b=3$, $c=2$이므로 $a+b+c=4$

답 4

02-3

$x(x+1)(x-2)(x+3)+8$
$=\{x(x+1)\}\{(x-2)(x+3)\}+8$
$=(x^2+x)(x^2+x-6)+8$
$x^2+x=X$로 놓으면
$(x^2+x)(x^2+x-6)+8$
$=X(X-6)+8$
$=X^2-6X+8$
$=(X-2)(X-4)$
$=(x^2+x-2)(x^2+x-4)$ ← $X=x^2+x$ 대입
$=(x+2)(x-1)(x^2+x-4)$
따라서 인수가 아닌 것은 ⑤이다.

답 ⑤

02-4

$(x^2+3x+2)(x^2+7x+12)-8$
$=(x+1)(x+2)(x+3)(x+4)-8$

32 정답과 풀이

$=\{(x+1)(x+4)\}\{(x+2)(x+3)\}-8$

$=(x^2+5x+4)(x^2+5x+6)-8$

$x^2+5x=X$로 놓으면

$(x^2+5x+4)(x^2+5x+6)-8$

$=(X+4)(X+6)-8$

$=X^2+10X+16$

$=(X+8)(X+2)$

$=(x^2+5x+8)(x^2+5x+2)$ ← $X=x^2+5x$ 대입

답 $(x^2+5x+8)(x^2+5x+2)$

03-1

(1) $x^2=X$로 놓으면

$x^4+5x^2-6=X^2+5X-6$

$\qquad\qquad\quad=(X-1)(X+6)$

$\qquad\qquad\quad=(x^2-1)(x^2+6)$

$\qquad\qquad\quad=(x+1)(x-1)(x^2+6)$

(2) $x^4+3x^2y^2+4y^4=(x^4+4x^2y^2+4y^4)-(xy)^2$

$\qquad\qquad\qquad\qquad=(x^2+2y^2)^2-(xy)^2$

$\qquad\qquad\qquad\qquad=(x^2+xy+2y^2)(x^2-xy+2y^2)$

답 (1) $(x+1)(x-1)(x^2+6)$

(2) $(x^2+xy+2y^2)(x^2-xy+2y^2)$

03-2

$x^2=X$로 놓으면

$2x^4-7x^2-4=2X^2-7X-4$

$\qquad\qquad\quad=(2X+1)(X-4)$

$\qquad\qquad\quad=(2x^2+1)(x^2-4)$

$\qquad\qquad\quad=(2x^2+1)(x+2)(x-2)$

따라서 $a=1$, $b=-2$이므로

$a-b=1-(-2)=3$

답 3

03-3

$x^4+2x^2+9=(x^4+6x^2+9)-4x^2$

$\qquad\qquad\quad=(x^2+3)^2-(2x)^2$

$\qquad\qquad\quad=(x^2+2x+3)(x^2-2x+3)$

따라서 $a=2$, $b=3$ 또는 $a=-2$, $b=3$이므로

$a^2+b^2=13$

답 13

03-4

$x+2=X$로 놓으면

$(x+2)^4-7(x+2)^2+9$

$=X^4-7X^2+9$

$=(X^4-6X^2+9)-X^2$

$=(X^2-3)^2-X^2$

$=(X^2+X-3)(X^2-X-3)$

$=\{(x+2)^2+(x+2)-3\}\{(x+2)^2-(x+2)-3\}$

$=(x^2+5x+3)(x^2+3x-1)$

따라서 $a=5$, $b=3$, $c=-1$이므로

$a-b+c=5-3+(-1)=1$

답 1

04-1

(1) 주어진 식을 y에 대하여 내림차순으로 정리하면

$x^2+xy-x+y-2$

$=xy+y+x^2-x-2$

$=(x+1)y+(x+1)(x-2)$

$=(x+1)(x+y-2)$

(2) 주어진 식을 x에 대하여 내림차순으로 정리하면

$y^2+z^2+2xy-2zx-2yz$

$=2xy-2zx+y^2+z^2-2yz$

$=2x(y-z)+(y-z)^2$

$=(y-z)(2x+y-z)$

(3) 주어진 식을 y에 대하여 내림차순으로 정리하면

$x^3-x^2y-2xy+y^2-1$

$=y^2-x^2y-2xy+x^3-1$

$=y^2-(x^2+2x)y+x^3-1$

$=y^2-(x^2+2x)y+(x-1)(x^2+x+1)$

$=\{y-(x-1)\}\{y-(x^2+x+1)\}$

$=(x-y-1)(x^2+x-y+1)$

답 (1) $(x+1)(x+y-2)$

(2) $(y-z)(2x+y-z)$

(3) $(x-y-1)(x^2+x-y+1)$

04-2

주어진 식을 x에 대하여 내림차순으로 정리하면

$x^2+xy-2y^2+4x+5y+3$

$=x^2+xy+4x-2y^2+5y+3$

$=x^2+(y+4)x-(2y^2-5y-3)$

$=x^2+(y+4)x-(2y+1)(y-3)$

$=\{x+(2y+1)\}\{x-(y-3)\}$

$=(x+2y+1)(x-y+3)$

따라서 $a=2$, $b=1$, $c=-1$, $d=3$ 또는 $a=-1$, $b=3$, $c=2$, $d=1$이므로

$abcd=-6$

답 -6

04-3

주어진 식을 a에 대하여 내림차순으로 정리하면
$$ab(a-b)+bc(b-c)+ca(c-a)$$
$$=a^2b-ab^2+b^2c-bc^2+c^2a-ca^2$$
$$=(b-c)a^2-(b^2-c^2)a+b^2c-bc^2$$
$$=(b-c)a^2-(b+c)(b-c)a+bc(b-c)$$
$$=(b-c)\{a^2-(b+c)a+bc\}$$
$$=(b-c)(a-b)(a-c)$$
$$=-(a-b)(b-c)(c-a)$$

> **참고**
>
> **순환하는 꼴인 식의 인수분해**
> a, b, c가 순환하는 꼴의 인수분해는
> $a\pm b$를 인수로 가지면 $b\pm c$, $c\pm a$
> (복부호동순)도 인수로 갖는다.
> 인수분해한 결과를 답으로 쓸 때는
> $a \to b \to c \to a$의 순으로 정리한다.

답 $-(a-b)(b-c)(c-a)$

04-4

주어진 식을 x에 대하여 내림차순으로 정리하면
$$x^2+kxy-3y^2+x+11y-6$$
$$=x^2+kxy+x-3y^2+11y-6$$
$$=x^2+(ky+1)x-(3y^2-11y+6)$$
$$=x^2+(ky+1)x-(3y-2)(y-3)$$
이 식이 x, y에 대한 두 일차식의 곱으로 인수분해되므로
더해서 $ky+1$, 곱해서 $-(3y-2)(y-3)$이 되는 두 다항식
을 찾으면
$$3y-2, \ -(y-3) \ \leftarrow \text{상수항의 합이 1이 되는 두 일차식}$$
이다. 즉, $ky+1=3y-2+\{-(y-3)\}$
$$ky+1=2y+1 \qquad \therefore k=2$$

답 2

05-1

(1) $f(x)=x^3-3x^2-6x+8$이라 하면
$$f(1)=1-3-6+8=0$$
이므로 $x-1$은 $f(x)$의 인수이다.
따라서 조립제법을 이용하여 $f(x)$를 인수분해하면

$$
\begin{array}{r|rrrr}
1 & 1 & -3 & -6 & 8 \\
  &   & 1 & -2 & -8 \\
\hline
  & 1 & -2 & -8 & 0 \\
\end{array}
$$

$$x^3-3x^2-6x+8=(x-1)(x^2-2x-8)$$
$$=(x-1)(x+2)(x-4)$$

(2) $f(x)=2x^3+3x^2-8x-12$라 하면
$$f(-2)=-16+12+16-12=0$$
이므로 $x+2$는 $f(x)$의 인수이다.
따라서 조립제법을 이용하여 $f(x)$를 인수분해하면

$$
\begin{array}{r|rrrr}
-2 & 2 & 3 & -8 & -12 \\
   &   & -4 & 2 & 12 \\
\hline
   & 2 & -1 & -6 & 0 \\
\end{array}
$$

$$2x^3+3x^2-8x-12=(x+2)(2x^2-x-6)$$
$$=(x+2)(2x+3)(x-2)$$

(3) $f(x)=x^4+x^3-3x^2-x+2$라 하면
$$f(-1)=1-1-3+1+2=0,$$
$$f(1)=1+1-3-1+2=0$$
이므로 $x+1$, $x-1$은 $f(x)$의 인수이다.
따라서 조립제법을 이용하여 $f(x)$를 인수분해하면

$$
\begin{array}{r|rrrrr}
-1 & 1 & 1 & -3 & -1 & 2 \\
   &   & -1 & 0 & 3 & -2 \\
\hline
1 & 1 & 0 & -3 & 2 & 0 \\
   &   & 1 & 1 & -2 & \\
\hline
   & 1 & 1 & -2 & 0 & \\
\end{array}
$$

$$x^4+x^3-3x^2-x+2$$
$$=(x+1)(x-1)(x^2+x-2)$$
$$=(x+1)(x-1)(x+2)(x-1)$$
$$=(x-1)^2(x+1)(x+2)$$

답 (1) $(x-1)(x+2)(x-4)$
(2) $(x+2)(2x+3)(x-2)$
(3) $(x-1)^2(x+1)(x+2)$

05-2

$f(x)=3x^3+x^2-7x-5$라 하면
$$f(-1)=-3+1+7-5=0$$
이므로 $x+1$은 $f(x)$의 인수이다.
따라서 조립제법을 이용하여 $f(x)$를 인수분해하면

$$
\begin{array}{r|rrrr}
-1 & 3 & 1 & -7 & -5 \\
   &   & -3 & 2 & 5 \\
\hline
   & 3 & -2 & -5 & 0 \\
\end{array}
$$

$$3x^3+x^2-7x-5=(x+1)(3x^2-2x-5)$$
$$=(x+1)^2(3x-5)$$
따라서 $a=1$, $b=3$, $c=-5$이므로
$$a+b+c=1+3+(-5)=-1$$

답 -1

05-3

$f(x)=x^3-4x^2+ax+6$이라 하면 $x-3$을 인수로 가지므로
$f(3)=27-36+3a+6=0$
$3a=3$ $\therefore a=1$
따라서 $f(x)=x^3-4x^2+x+6$이므로 다음과 같이 조립제법을 이용하여 $f(x)$를 인수분해하면

$$
\begin{array}{r|rrrr}
3 & 1 & -4 & 1 & 6 \\
  &   & 3 & -3 & -6 \\
\hline
  & 1 & -1 & -2 & 0
\end{array}
$$

$x^3-4x^2+x+6=(x-3)(x^2-x-2)$
$\qquad\qquad\qquad\quad =(x-3)(x-2)(x+1)$

답 $(x-3)(x-2)(x+1)$

05-4

$f(x)=x^3+(a-1)x^2+(a-8)x-6a+12$라 하면
$f(2)=8+4(a-1)+2(a-8)-6a+12=0$
이므로 $x-2$는 $f(x)$의 인수이다.
따라서 조립제법을 이용하여 $f(x)$를 인수분해하면

$$
\begin{array}{r|rrrr}
2 & 1 & a-1 & a-8 & -6a+12 \\
  &   & 2 & 2a+2 & 6a-12 \\
\hline
  & 1 & a+1 & 3a-6 & 0
\end{array}
$$

$\therefore x^3+(a-1)x^2+(a-8)x-6a+12$
$\quad =(x-2)\{x^2+(a+1)x+3a-6\}$
$\quad =(x-2)\{x^2+(a+1)x+3(a-2)\}$
$\quad =(x-2)(x+3)(x+a-2)$

답 $(x-2)(x+3)(x+a-2)$

06-1

$ab+ca-bc-b^2=0$의 좌변을 인수분해하면
$ab+ca-bc-b^2=a(b+c)-b(b+c)$
$\qquad\qquad\qquad\quad =(b+c)(a-b)$
$\therefore (b+c)(a-b)=0$
그런데 a, b, c는 삼각형의 세 변의 길이이므로 $b+c>0$
따라서 $a-b=0$, 즉 $a=b$이므로
주어진 삼각형은 $a=b$인 이등변삼각형이다.

답 ①

06-2

$a^3-(b+c)a^2-(b^2+c^2)a+(b+c)(b^2+c^2)=0$의 좌변을 인수분해하면

$a^3-(b+c)a^2-(b^2+c^2)a+(b+c)(b^2+c^2)$
$=a^2(a-b-c)-(b^2+c^2)(a-b-c)$
$=(a^2-b^2-c^2)(a-b-c)$
$\therefore (a^2-b^2-c^2)(a-b-c)=0$
그런데 a, b, c는 삼각형의 세 변의 길이이므로 $b+c>a$에서
$a-b-c\neq0$
따라서 $a^2-b^2-c^2=0$, 즉 $a^2=b^2+c^2$이므로
주어진 삼각형은 빗변의 길이가 a인 직각삼각형이다.

> **참고**
>
> 삼각형의 세 변의 길이 사이의 관계
> 삼각형의 두 변의 길이의 합은 나머지 한 변의 길이보다 크다.
> 즉, 삼각형의 세 변의 길이를 a, b, c라 하면
> → $a+b>c$, $b+c>a$, $c+a>b$

답 ③

06-3

$a^2(a^2-c^2)-b^2(b^2-c^2)=0$의 좌변을 인수분해하면
$a^2(a^2-c^2)-b^2(b^2-c^2)$
$=a^4-a^2c^2-b^4+b^2c^2$
$=(a^4-b^4)-(a^2c^2-b^2c^2)$
$=(a^2+b^2)(a^2-b^2)-c^2(a^2-b^2)$
$=(a^2-b^2)(a^2+b^2-c^2)$
$=(a+b)(a-b)(a^2+b^2-c^2)$
$\therefore (a+b)(a-b)(a^2+b^2-c^2)=0$
그런데 a, b, c는 삼각형의 세 변의 길이이므로 $a+b>0$
$\therefore a=b$ 또는 $a^2+b^2=c^2$
따라서 $a=b$인 이등변삼각형 또는 빗변의 길이가 c인 직각삼각형이다.

답 ㄴ, ㄷ

06-4

$a^3+b^3+c^3-3abc=0$의 좌변을 인수분해하면
$a^3+b^3+c^3-3abc$
$=(a+b+c)(a^2+b^2+c^2-ab-bc-ca)$
$=\dfrac{1}{2}(a+b+c)\{(a-b)^2+(b-c)^2+(c-a)^2\}$
$\therefore (a+b+c)\{(a-b)^2+(b-c)^2+(c-a)^2\}=0$
그런데 a, b, c는 삼각형의 세 변의 길이이므로 $a+b+c>0$
$\therefore (a-b)^2+(b-c)^2+(c-a)^2=0$
즉, $a-b=0$, $b-c=0$, $c-a=0$이므로
$a=b=c$

따라서 주어진 조건을 만족시키는 삼각형은 정삼각형이다.
정삼각형의 둘레의 길이가 6이므로

$a+b+c=3a=6$ ∴ $a=2$

∴ (삼각형의 넓이)$=\dfrac{\sqrt{3}}{4}\times 2^2=\sqrt{3}$

참고

한 변의 길이가 a인 정삼각형의 넓이를 S라 하면

➡ $S=\dfrac{\sqrt{3}}{4}a^2$

답 $\sqrt{3}$

07-1

(1) $3x^2y-x^2+3xy^2+y^2$
$=3xy(x+y)-(x^2-y^2)$
$=3xy(x+y)-(x+y)(x-y)$
$=(x+y)\{3xy-(x-y)\}$
$x=1+\sqrt{3},\ y=1-\sqrt{3}$이므로
$x+y=(1+\sqrt{3})+(1-\sqrt{3})=2$
$x-y=(1+\sqrt{3})-(1-\sqrt{3})=2\sqrt{3}$
$xy=(1+\sqrt{3})(1-\sqrt{3})=-2$
따라서 $x+y=2,\ x-y=2\sqrt{3},\ xy=-2$이므로
$3x^2y-x^2+3xy^2+y^2$
$=(x+y)\{3xy-(x-y)\}$
$=2\times(-6-2\sqrt{3})$
$=-12-4\sqrt{3}$

(2) $x^2-x^2y-xy^2-y^2$
$=x^2-y^2-x^2y-xy^2$
$=(x+y)(x-y)-xy(x+y)$
$=(x+y)(x-y-xy)$
$x=\dfrac{\sqrt{5}-1}{2},\ y=\dfrac{\sqrt{5}+1}{2}$이므로
$x+y=\dfrac{\sqrt{5}-1}{2}+\dfrac{\sqrt{5}+1}{2}=\dfrac{2\sqrt{5}}{2}=\sqrt{5}$
$x-y=\dfrac{\sqrt{5}-1}{2}-\dfrac{\sqrt{5}+1}{2}=\dfrac{-2}{2}=-1$
$xy=\left(\dfrac{\sqrt{5}-1}{2}\right)\times\left(\dfrac{\sqrt{5}+1}{2}\right)=\dfrac{4}{4}=1$
따라서 $x+y=\sqrt{5},\ x-y=-1,\ xy=1$이므로
$x^2-x^2y-xy^2-y^2=(x+y)(x-y-xy)$
$=\sqrt{5}\times(-1-1)$
$=-2\sqrt{5}$

답 (1) $-12-4\sqrt{3}$ (2) $-2\sqrt{5}$

07-2

(1) $509=x$로 놓으면

$\dfrac{509^3+1}{508\times 509+1}=\dfrac{x^3+1}{(x-1)\times x+1}$

$=\dfrac{(x+1)(x^2-x+1)}{x^2-x+1}$

$=x+1$

$=509+1=510$

(2) 각 항을 둘씩 짝 짓고 인수분해하면
$5^2-7^2+9^2-11^2+13^2-15^2$
$=(5^2-7^2)+(9^2-11^2)+(13^2-15^2)$
$=(5-7)(5+7)+(9-11)(9+11)$
$\qquad\qquad\qquad +(13-15)(13+15)$
$=-2\times(12+20+28)$
$=-120$

답 (1) 510 (2) -120

07-3

$16=x$로 놓으면
$16\times(16-4)\times(16+3)-5\times 16-15$
$=x(x-4)(x+3)-5x-15$
$=x(x-4)(x+3)-5(x+3)$
$=(x+3)\{x(x-4)-5\}$
$=(x+3)(x^2-4x-5)$
$=(x+3)(x+1)(x-5)$
$=19\times 17\times 11$ ← $x=16$ 대입
∴ $p+q+r=19+17+11=47$

답 47

07-4

$a+b=-4$ …… ㉠
$b+c=1$ …… ㉡
㉠$-$㉡을 하면 $a-c=-5$
주어진 식의 좌변을 a에 대하여 내림차순으로 정리하면
$ab(a+b)-bc(b+c)-ca(c-a)$
$=a^2b+ab^2-b^2c-bc^2-c^2a+ca^2$
$=(b+c)a^2+(b^2-c^2)a-b^2c-bc^2$
$=(b+c)a^2+(b+c)(b-c)a-bc(b+c)$
$=(b+c)\{a^2+(b-c)a-bc\}$
$=(b+c)(a+b)(a-c)$
$=1\times(-4)\times(-5)$
$=20$

답 20

01 (1) $xy(x+y)(x-y-1)$　(2) $2a(a^2+3b^2)$
　　 (3) $(x-3y+2z)^2$

02 ㄱ, ㄴ, ㄹ　**03** -6　**04** 24　**05** 9

06 -50　**07** -2　**08** 4

09 $(x+1)(x-1)(x^2-3x-1)$

10 $x+4$　**11** $a=b$인 이등변삼각형　**12** 176

13 ②　**14** 3　**15** 1　**16** ⑤

17 9　**18** $\dfrac{1}{2}ac$　**19** 9　**20** ①

01

(1) $x^3y-x^2y-xy^2-xy^3$
$=x^3y-xy^3-x^2y-xy^2$
$=xy(x^2-y^2)-xy(x+y)$
$=xy(x+y)(x-y)-xy(x+y)$
$=xy(x+y)(x-y-1)$

(2) $(a+b)^3+(a-b)^3$
$=(a+b+a-b)\{(a+b)^2-(a+b)(a-b)$
　　　　　　　　　　　$+(a-b)^2\}$
$=2a(a^2+2ab+b^2-a^2+b^2+a^2-2ab+b^2)$
$=2a(a^2+3b^2)$

(3) $x^2+9y^2-6xy-12yz+4zx+4z^2$
$=x^2+(-3y)^2+(2z)^2+2\times x\times(-3y)$
　　　　　　$+2\times(-3y)\times 2z+2\times 2z\times x$
$=(x-3y+2z)^2$

[다른 풀이]

(2) $(a+b)^3+(a-b)^3$
$=a^3+3a^2b+3ab^2+b^3+a^3-3a^2b+3ab^2-b^3$
$=2a^3+6ab^2$
$=2a(a^2+3b^2)$

답 (1) $xy(x+y)(x-y-1)$
　　 (2) $2a(a^2+3b^2)$
　　 (3) $(x-3y+2z)^2$

02

$a^4+a^3b-ab^3-b^4$
$=a^3(a+b)-b^3(a+b)$
$=(a+b)(a^3-b^3)$
$=(a+b)(a-b)(a^2+ab+b^2)$
따라서 인수인 것은 ㄱ, ㄴ, ㄹ이다.

답 ㄱ, ㄴ, ㄹ

03

$(x^2-4x)^2+7x^2-28x+12$
$=(x^2-4x)^2+7(x^2-4x)+12$
$x^2-4x=X$로 놓으면
(주어진 식)$=X^2+7X+12$
　　　　　$=(X+3)(X+4)$
　　　　　$=(x^2-4x+3)(x^2-4x+4)$ ← $X=x^2-4x$ 대입
　　　　　$=(x-1)(x-3)(x-2)^2$
따라서 $a=-1$, $b=-3$, $c=-2$ 또는 $a=-3$, $b=-1$,
$c=-2$이므로
$a+b+c=-6$

답 -6

04

$(x+1)(x-1)(x-2)(x-4)-7$
$=\{(x+1)(x-4)\}\{(x-1)(x-2)\}-7$
$=(x^2-3x-4)(x^2-3x+2)-7$
$x^2-3x=X$로 놓으면
(주어진 식)$=(X-4)(X+2)-7$
　　　　　$=X^2-2X-15$
　　　　　$=(X+3)(X-5)$
　　　　　$=(x^2-3x+3)(x^2-3x-5)$ ← $X=x^2-3x$ 대입
따라서 $a=-3$, $b=3$, $c=-3$, $d=-5$ 또는 $a=-3$,
$b=-5$, $c=-3$, $d=3$이므로
$ac-bd=24$

답 24

05

$x^2=X$로 놓으면
$x^4-18x^2+81=X^2-18X+81$
　　　　　　　$=(X-9)^2$
　　　　　　　$=(x^2-9)^2$
　　　　　　　$=\{(x+3)(x-3)\}^2$
　　　　　　　$=(x+3)^2(x-3)^2$
이때 $a>b$이므로 $a=3$, $b=-3$
∴ $2a-b=2\times 3-(-3)=9$

답 9

06

$x^4+6x^2+25=(x^4+10x^2+25)-4x^2$
　　　　　　$=(x^2+5)^2-(2x)^2$
　　　　　　$=(x^2+2x+5)(x^2-2x+5)$
따라서 $a=5$, $b=-2$, $c=5$이므로
$abc=5\times(-2)\times 5=-50$

답 -50

07

주어진 식을 x에 대하여 내림차순으로 정리하면

$x^2-xy+2x-12y^2+13y-3$

$=x^2+(-y+2)x-12y^2+13y-3$

$=x^2+(-y+2)x-(3y-1)(4y-3)$

$=(x+3y-1)(x-4y+3)$

따라서 $a=3$, $b=-1$, $c=-4$이므로

$a+b+c=3+(-1)+(-4)=-2$

답 -2

08

$f(x)=x^3+x^2-2x-8$이라 하면 $f(2)=0$이므로 다음과 같이 조립제법을 이용하여 $f(x)$를 인수분해하면

$$\begin{array}{r|rrrr} 2 & 1 & 1 & -2 & -8 \\ & & 2 & 6 & 8 \\ \hline & 1 & 3 & 4 & 0 \end{array}$$

$\therefore x^3+x^2-2x-8=(x-2)(x^2+3x+4)$

따라서 x^2+3x+4가 인수이므로

$a=4$

답 4

09

$f(x)$가 $x+1$, $x-1$을 인수로 가지므로

$f(-1)=1-a+b-3+1=0$

$\therefore -a+b=1$ ...... ㉠

$f(1)=1+a+b+3+1=0$

$\therefore a+b=-5$ ...... ㉡

㉠, ㉡을 연립하여 풀면

$a=-3$, $b=-2$

따라서 $f(x)=x^4-3x^3-2x^2+3x+1$이므로 다음과 같이 조립제법을 이용하여 $f(x)$를 인수분해하면

$$\begin{array}{r|rrrrr} -1 & 1 & -3 & -2 & 3 & 1 \\ & & -1 & 4 & -2 & -1 \\ \hline 1 & 1 & -4 & 2 & 1 & 0 \\ & & 1 & -3 & -1 & \\ \hline & 1 & -3 & -1 & 0 & \end{array}$$

$\therefore x^4-3x^3-2x^2+3x+1=(x+1)(x-1)(x^2-3x-1)$

답 $(x+1)(x-1)(x^2-3x-1)$

10

$f(x)=x^3+2x^2-7x+4$라 하면 $f(1)=0$이므로 다음과 같이 조립제법을 이용하여 $f(x)$를 인수분해하면

$$\begin{array}{r|rrrr} 1 & 1 & 2 & -7 & 4 \\ & & 1 & 3 & -4 \\ \hline & 1 & 3 & -4 & 0 \end{array}$$

$\therefore x^3+2x^2-7x+4=(x-1)(x^2+3x-4)$

$=(x-1)(x-1)(x+4)$

$=(x-1)^2(x+4)$

이때 직육면체의 밑면의 모양이 정사각형이므로 밑면의 가로, 세로의 길이는 각각 $x-1$이고 높이는 $x+4$이다.

답 $x+4$

11

a^2+bc-b^2-ca

$=a^2-b^2-c(a-b)$

$=(a+b)(a-b)-c(a-b)$

$=(a-b)(a+b-c)$

이때 a, b, c는 삼각형의 세 변의 길이이므로 $a+b>c$에서

$a+b-c\neq0$

따라서 $a-b=0$, 즉 $a=b$이므로

주어진 삼각형은 $a=b$인 이등변삼각형이다.

답 $a=b$인 이등변삼각형

12

$10=x$로 놓으면

$10\times13\times14\times17+36$

$=x(x+3)(x+4)(x+7)+36$

$=\{x(x+7)\}\{(x+3)(x+4)\}+36$

$=(x^2+7x)(x^2+7x+12)+36$

$x^2+7x=X$로 놓으면

$(x^2+7x)(x^2+7x+12)+36$

$=X(X+12)+36$

$=X^2+12X+36$

$=(X+6)^2$

$=(x^2+7x+6)^2$

$=(10^2+7\times10+6)^2$

$=(100+70+6)^2$

$=176^2$

$\therefore \sqrt{10\times13\times14\times17+36}=\sqrt{176^2}=176$

답 176

13

ㄱ. $x^3-12x^2+48x-64$

$\quad =x^3-3\times x^2\times 4+3\times x\times 4^2-4^3$

$\quad =(x-4)^3$ (참)

ㄴ. $(x+3y)^3-8y^3$

$\quad =(x+3y)^3-(2y)^3$

$\quad =(x+3y-2y)\{(x+3y)^2+(x+3y)\times 2y+(2y)^2\}$

$\quad =(x+y)(x^2+8xy+19y^2)$ (거짓)

ㄷ. $(x-y)^2+10x-10y+25$

$\quad =(x-y)^2+10(x-y)+25$

$\quad =(x-y+5)^2$ (거짓)

ㄹ. x^4-17x^2+16에서 $x^2=X$로 놓으면

$\quad x^4-17x^2+16=X^2-17X+16$

$\qquad\qquad\qquad\quad =(X-1)(X-16)$

$\qquad\qquad\qquad\quad =(x^2-1)(x^2-16)$

$\qquad\qquad\qquad\quad =(x+1)(x-1)(x+4)(x-4)$ (참)

따라서 옳은 것은 ㄱ, ㄹ이다.

답 ②

14

주어진 식을 x에 대하여 내림차순으로 정리하면

$x^2+xy-2y^2+kx-9y-10$

$=x^2+(y+k)x-(2y^2+9y+10)$

$=x^2+(y+k)x-(2y+5)(y+2)$

이 식이 x, y에 대한 두 일차식의 곱으로 인수분해되므로 더해서 $y+k$, 곱해서 $-(2y+5)(y+2)$가 되는 두 다항식을 찾으면

$2y+5$, $-(y+2)$ ← 일차항의 합이 1이 되는 두 일차식

이다. 즉, $y+k=(2y+5)+\{-(y+2)\}$

$y+k=y+3$ $\quad\therefore k=3$

답 3

15

주어진 식의 분자를 a에 대하여 내림차순으로 정리하면

$a^2(b+c)+b^2(c+a)+c^2(a+b)+2abc$

$=(b+c)a^2+(b^2+2bc+c^2)a+b^2c+bc^2$

$=(b+c)a^2+(b+c)^2a+bc(b+c)$

$=(b+c)\{a^2+(b+c)a+bc\}$

$=(b+c)(a+b)(a+c)$

$=(a+b)(b+c)(c+a)$

$\therefore$ (주어진 식)$=\dfrac{(a+b)(b+c)(c+a)}{(a+b)(b+c)(c+a)}=1$

답 1

16

$1-a^2+8ab-16b^2$

$=1-(a^2-8ab+16b^2)$

$=1^2-(a-4b)^2$

$=\{1+(a-4b)\}\{1-(a-4b)\}$

$=(1+a-4b)(1-a+4b)$

이때 $a+4b=-1$에서 $1+a=-4b$, $1+4b=-a$이므로

(주어진 식)$=(-4b-4b)(-a-a)$

$\qquad\qquad\quad =(-8b)\times(-2a)$

$\qquad\qquad\quad =16ab$

다른 풀이

$a+4b=-1$에서 $a=-4b-1$

$\therefore 1-a^2+8ab-16b^2$

$=1-(-4b-1)^2+8b(-4b-1)-16b^2$

$=1-16b^2-8b-1-32b^2-8b-16b^2$

$=-64b^2-16b$

$=16b(-4b-1)$

$=16ab$

답 ⑤

17

주어진 식을 b에 대하여 내림차순으로 정리하면

$a^2b+2ab+2a^2+4a+b+2$

$=(a^2+2a+1)b+2a^2+4a+2$

$=(a^2+2a+1)b+2(a^2+2a+1)$

$=(b+2)(a^2+2a+1)$

$=(b+2)(a+1)^2$

363을 소인수분해하면 $363=3\times 11^2$이므로

$a+1=11$, $b+2=3$ $\quad\therefore a=10$, $b=1$

$\therefore a-b=10-1=9$

참고

$363=363\times 1^2$인 경우 $a=0$이 되어 문제의 조건을 만족시키지 않는다.

답 9

18

주어진 식을 $f(x)$라 하면 다항식 $f(x)$가 $x-a$로 나누어떨어지므로 $f(a)=0$

$\therefore a^3+(b+1)a^2-(b^2-c^2)a-b^3-b^2+bc^2+c^2=0$

이 식의 좌변을 인수분해하면

$a^3+(b+1)a^2-(b^2-c^2)a-b^3-b^2+bc^2+c^2$
$=ac^2+bc^2+c^2+a^3+a^2b+a^2-b^3-ab^2-b^2$
$=c^2(a+b+1)+a^2(a+b+1)-b^2(a+b+1)$
$=(a+b+1)(a^2-b^2+c^2)$
$\therefore (a+b+1)(a^2-b^2+c^2)=0$

그런데 a, b, c는 삼각형의 세 변의 길이이므로
$a+b>0$에서 $a+b+1\neq0$
따라서 $a^2-b^2+c^2=0$, 즉 $a^2+c^2=b^2$이므로
주어진 삼각형은 빗변의 길이가 b인 직각삼각형이다.
$\therefore$ (삼각형의 넓이)$=\dfrac{1}{2}ac$

답 $\dfrac{1}{2}ac$

19

$x^2+x-n=(x+a)(x-b)$ (a, b는 자연수)라 하면
$x^2+x-n=x^2+(a-b)x-ab$이므로
$a-b=1$, $ab=n$ $(1\leq n\leq100)$
즉, 연속한 두 자연수의 곱이 100 이하인 수 중에서 $a-b=1$
을 만족시키는 a, b의 값을 구하면 다음과 같다.

a	2	3	4	5	6	7	8	9	10
b	1	2	3	4	5	6	7	8	9
$n(=ab)$	2	6	12	20	30	42	56	72	90

따라서 계수가 정수인 두 일차식의 곱으로 인수분해되는 것
의 개수는 9이다.

답 9

20

$(182\sqrt{182}+13\sqrt{13})\times(182\sqrt{182}-13\sqrt{13})$
$=(182\sqrt{182})^2-(13\sqrt{13})^2$
$=182^2\times182-13^2\times13$
$=182^3-13^3$
$=(13\times14)^3-(13\times1)^3$
$=13^3\times(14^3-1^3)$
$=13^3\times(14-1)\times(14^2+14\times1+1^2)$
$=13^4\times211$
따라서 자연수 m의 값은 211이다.

답 ①

04 복소수

01 복소수의 뜻

본문 125쪽

개념 CHECK

01 3
02 (1) $a=3$, $b=-5$　(2) $a=2$, $b=0$
　　(3) $a=1$, $b=-\sqrt{2}$　(4) $a=4$, $b=7$
03 (1) $3-2i$　(2) $-1-\sqrt{2}i$　(3) $\sqrt{3}$　(4) $-3i$

01

실수: 0, π, $1.\dot{5}$
허수: $1+3i$, $2i$, $\sqrt{-1}$
따라서 허수의 개수는 3이다.

답 3

02

(4) $3=a-1$, $b-2=5$에서 $a=4$, $b=7$

답 (1) $a=3$, $b=-5$　(2) $a=2$, $b=0$
(3) $a=1$, $b=-\sqrt{2}$　(4) $a=4$, $b=7$

03

(1) $\overline{3+2i}=3-2i$
(2) $\overline{-1+\sqrt{2}i}=-1-\sqrt{2}i$
(3) $\overline{\sqrt{3}}=\sqrt{3}$
(4) $\overline{3i}=-3i$

답 (1) $3-2i$　(2) $-1-\sqrt{2}i$　(3) $\sqrt{3}$　(4) $-3i$

유제

01-1 ㄱ, ㅁ   **01-2** ②   **01-3** ④   **01-4** 10

01-1

ㄱ. $\sqrt{5}$는 $\sqrt{5}+0i$로 나타낼 수 있으므로 복소수이다. (참)
ㄴ. $3i$의 실수부분은 0이다. (거짓)
ㄷ. $1-4i$의 허수부분은 -4이다. (거짓)
ㄹ. $i^2=-1$은 실수이다. (거짓)
ㅁ. $-\sqrt{6}i$는 순허수이다. (참)
ㅂ. $8-i$의 켤레복소수는 $8+i$이다. (거짓)
따라서 옳은 것은 ㄱ, ㅁ이다.

답 ㄱ, ㅁ

01-2

① $-i$의 실수부분은 0이다. (거짓)
② $2+\sqrt{7}i$의 허수부분은 $\sqrt{7}$이다. (참)
③ 0은 실수이다. (거짓)
④ $a+bi$는 a, b의 값에 관계없이 복소수이다. (거짓)
⑤ a, b가 실수일 때, $a+3i=4-bi$이면 $a=4$, $b=-3$이다. (거짓)
따라서 옳은 것은 ②이다.

답 ②

01-3

①, ② 실수
③, ⑤ 순허수
④ 순허수가 아닌 허수
따라서 순허수가 아닌 허수는 ④이다.

답 ④

01-4

실수는 2π, $-\sqrt{16}$, -20, $4-i^2$의 4개이므로 $a=4$
순허수는 $-5i$, $\sqrt{11}i$의 2개이므로 $b=2$
복소수는 2π, $\sqrt{3}+i$, $7i-8$, $-\sqrt{16}$, $-5i$, $\sqrt{11}i$, -20, $4-i^2$의 8개이므로 $c=8$
$\therefore a-b+c=4-2+8=10$

답 10

---

02 복소수의 연산

개념 CHECK

01 (1) $5-i$ (2) $7-i$ (3) $-2+6i$ (4) $-8+5i$
02 (1) $11+7i$ (2) $4\sqrt{5}-2i$ (3) 13 (4) $-8-6i$
03 (1) $\dfrac{1}{2}-\dfrac{3}{2}i$ (2) $\dfrac{3}{13}-\dfrac{2}{13}i$
     (3) i (4) $\dfrac{3}{10}-\dfrac{11}{10}i$
04 4

01

(1) $2i+(5-3i)=5+\{2+(-3)\}i=5-i$
(2) $(1-3i)+(6+2i)=(1+6)+(-3+2)i=7-i$
(3) $(1+2i)-(3-4i)=(1-3)+\{2-(-4)\}i$
$=-2+6i$
(4) $(-5-2i)-(3-7i)=(-5-3)+\{-2-(-7)\}i$
$=-8+5i$

답 (1) $5-i$ (2) $7-i$ (3) $-2+6i$ (4) $-8+5i$

02

(1) $(2-i)(3+5i)=6+10i-3i-5i^2$
$=6+10i-3i+5$
$=11+7i$
(2) $(3-\sqrt{5}i)(\sqrt{5}+i)=3\sqrt{5}+3i-5i-\sqrt{5}i^2$
$=3\sqrt{5}+3i-5i+\sqrt{5}$
$=4\sqrt{5}-2i$
(3) $(3+2i)(3-2i)=3^2-(2i)^2$
$=9+4=13$
(4) $(1-3i)^2=1-6i+9i^2$
$=1-6i-9=-8-6i$

답 (1) $11+7i$ (2) $4\sqrt{5}-2i$ (3) 13 (4) $-8-6i$

03

(1) $\dfrac{3+i}{2i}=\dfrac{(3+i)i}{2i^2}=\dfrac{3i-1}{-2}=\dfrac{1}{2}-\dfrac{3}{2}i$

(2) $\dfrac{1}{3+2i}=\dfrac{3-2i}{(3+2i)(3-2i)}=\dfrac{3-2i}{9-4i^2}=\dfrac{3}{13}-\dfrac{2}{13}i$

(3) $\dfrac{1+i}{1-i}=\dfrac{(1+i)^2}{(1-i)(1+i)}=\dfrac{1+2i+i^2}{1-i^2}=\dfrac{2i}{2}=i$

(4) $\dfrac{2-3i}{3+i}=\dfrac{(2-3i)(3-i)}{(3+i)(3-i)}=\dfrac{6-2i-9i+3i^2}{9-i^2}$

$\qquad =\dfrac{3-11i}{10}=\dfrac{3}{10}-\dfrac{11}{10}i$

답 (1) $\dfrac{1}{2}-\dfrac{3}{2}i$ (2) $\dfrac{3}{13}-\dfrac{2}{13}i$ (3) i (4) $\dfrac{3}{10}-\dfrac{11}{10}i$

04

$z=1+i$에서 $\overline{z}=1-i$이므로
$z\overline{z}=(1+i)(1-i)=1-i^2=2$
$z+\overline{z}=(1+i)+(1-i)=2$
$\therefore z\overline{z}(z+\overline{z})=2\times2=4$

답 4

유제

본문 132~141쪽

02-1 (1) $-5-2i$ (2) $8+i$ (3) $2+i$ (4) $\dfrac{3}{10}-\dfrac{9}{10}i$

02-2 -2 **02-3** 6 **02-4** 26

03-1 (1) -3 (2) $-\dfrac{1}{4}$ **03-2** 2 **03-3** 1

03-4 -2 **04-1** (1) $\sqrt{3}i$ (2) 30 **04-2** 2

04-3 -3 **04-4** $-7+4i$ **05-1** 20

05-2 $-2+4i$ **05-3** $-3+7i$

05-4 -2 **06-1** (1) $5-i$ (2) $1+3i$

06-2 $4+2i$ **06-3** $4i$ **06-4** $-1-3i,\ 3-3i$

02-1

(1) $(3+i)(i-3)+5-2i=i^2-9+5-2i=-5-2i$

(2) $(2+i)(4-i)-(1+i)=8-2i+4i-i^2-1-i$
$\qquad\qquad\qquad\qquad\qquad =8+i$

(3) $(1-i)(2i-1)+\dfrac{5}{1+2i}$

$\qquad =2i-1-2i^2+i+\dfrac{5(1-2i)}{(1+2i)(1-2i)}$

$\qquad =1+3i+\dfrac{5(1-2i)}{1-4i^2}$

$\qquad =1+3i+1-2i=2+i$

(4) $\dfrac{2-i}{3+i}-\dfrac{1+i}{3-i}=\dfrac{(2-i)(3-i)-(1+i)(3+i)}{(3+i)(3-i)}$

$\qquad\qquad =\dfrac{6-2i-3i+i^2-(3+i+3i+i^2)}{9-i^2}$

$\qquad\qquad =\dfrac{3}{10}-\dfrac{9}{10}i$

답 (1) $-5-2i$ (2) $8+i$ (3) $2+i$ (4) $\dfrac{3}{10}-\dfrac{9}{10}i$

02-2

$(2+\sqrt{3}i)^2+(2-\sqrt{3}i)^2+\dfrac{1+7i}{2-i}$

$=4+4\sqrt{3}i+3i^2+4-4\sqrt{3}i+3i^2+\dfrac{(1+7i)(2+i)}{(2-i)(2+i)}$

$=2+\dfrac{2+i+14i+7i^2}{4-i^2}$

$=2+\dfrac{-5+15i}{5}$

$=1+3i$

따라서 실수부분은 1, 허수부분은 3이므로
$a=1,\ b=3$
$\therefore a-b=1-3=-2$

답 -2

02-3

$(4+i)\blacklozenge(-1+2i)$
$=(4+i)-(-1+2i)+(4+i)(-1+2i)$
$=4+i+1-2i-4+8i-i+2i^2$
$=-1+6i$
따라서 허수부분은 6이다.

답 6

02-4

두 복소수 $3+2i$, $2-5i$를 선택하면
$(3+2i)(2-5i)=6-15i+4i-10i^2$
$\qquad\qquad\qquad =16-11i$
두 복소수 $2-5i$, $6-4i$를 선택하면
$(2-5i)(6-4i)=12-8i-30i+20i^2$
$\qquad\qquad\qquad =-8-38i$
두 복소수 $3+2i$, $6-4i$를 선택하면
$(3+2i)(6-4i)=18-12i+12i-8i^2$
$\qquad\qquad\qquad =26$
따라서 두 복소수 $3+2i$, $6-4i$를 선택해야 두 수의 곱이 자연수가 되고, 이때 26자루의 연필을 받을 수 있으므로
$a=26$

답 26

03-1

(1) $i(x-3i)^2=i(x^2-6xi+9i^2)$
$\qquad\qquad\quad =x^2i-6xi^2-9i$
$\qquad\qquad\quad =6x+(x^2-9)i$

이 복소수가 실수이려면 (허수부분)=0이어야 하므로
$x^2-9=0$, $x^2=9$ $\therefore x=-3$ 또는 $x=3$
이때 x는 음수이므로 $x=-3$

(2) $(4-3i)x^2+(5-4i)x+1-i$
$=4x^2-3x^2i+5x-4xi+1-i$
$=4x^2+5x+1+(-3x^2-4x-1)i$
이 복소수가 순허수이려면 (실수부분)=0,
(허수부분)$\neq$0이어야 하므로
$4x^2+5x+1=0$, $-3x^2-4x-1\neq0$
(i) $4x^2+5x+1=0$에서 $(x+1)(4x+1)=0$
$\therefore x=-1$ 또는 $x=-\dfrac{1}{4}$
(ii) $-3x^2-4x-1\neq0$에서 $3x^2+4x+1\neq0$
$(x+1)(3x+1)\neq0$
$\therefore x\neq-1$, $x\neq-\dfrac{1}{3}$
(i), (ii)에서 $x=-\dfrac{1}{4}$

답 (1) -3 (2) $-\dfrac{1}{4}$

03-2

z_1-z_2
$=(4+3i)x^2-5x-6i-\{(3+2i)x^2-2x-xi-1\}$
$=(4+3i)x^2-5x-6i-(3+2i)x^2+2x+xi+1$
$=4x^2+3x^2i-5x-6i-3x^2-2x^2i+2x+xi+1$
$=(x^2-3x+1)+(x^2+x-6)i$
이 복소수가 실수이려면 (허수부분)=0이어야 하므로
$x^2+x-6=0$, $(x+3)(x-2)=0$
$\therefore x=-3$ 또는 $x=2$
이때 x는 양수이므로 $x=2$

답 2

03-3

$z=x^2-(3-i)x+2(1-i)$
$=x^2-3x+xi+2-2i$
$=(x^2-3x+2)+(x-2)i$
z^2이 음의 실수가 되려면 z는 순허수이어야 하므로
(실수부분)=0, (허수부분)$\neq$0이어야 한다.
$\therefore x^2-3x+2=0$, $x-2\neq0$
(i) $x^2-3x+2=0$에서 $(x-1)(x-2)=0$
$\therefore x=1$ 또는 $x=2$

(ii) $x-2\neq0$에서 $x\neq2$
(i), (ii)에서 $x=1$

답 1

03-4

$z=(1-xi)(x+2i)+9+xi$
$=x+2i-x^2i-2xi^2+9+xi$
$=(3x+9)+(-x^2+x+2)i$
z^2이 실수가 되려면 z는 실수 또는 순허수이어야 하므로
(실수부분)=0 또는 (허수부분)=0이어야 한다.
$\therefore 3x+9=0$ 또는 $-x^2+x+2=0$
(i) $3x+9=0$에서 $3x=-9$
$\therefore x=-3$
(ii) $-x^2+x+2=0$에서 $x^2-x-2=0$
$(x+1)(x-2)=0$
$\therefore x=-1$ 또는 $x=2$
(i), (ii)에서 모든 실수 x의 값의 합은
$(-3)+(-1)+2=-2$

답 -2

04-1

(1) $z=-1+\sqrt{3}i$에서 $z+1=\sqrt{3}i$
양변을 제곱하면
$z^2+2z+1=-3$ $\therefore z^2+2z+4=0$
$\therefore z^3+2z^2+5z+1=z(z^2+2z+4)+z+1$
$=z\times0+z+1$
$=\sqrt{3}i$

(2) $x=\overline{2-i}=2+i$, $y=\overline{2+i}=2-i$이므로
$x+y=(2+i)+(2-i)=4$
$xy=(2+i)(2-i)=4-i^2=5$
$\therefore x^3y+xy^3=xy(x^2+y^2)$
$=xy\{(x+y)^2-2xy\}$
$=5\times(4^2-2\times5)=30$

답 (1) $\sqrt{3}i$ (2) 30

04-2

$z=\dfrac{1-3i}{1-i}=\dfrac{(1-3i)(1+i)}{(1-i)(1+i)}$
$=\dfrac{1+i-3i-3i^2}{1-i^2}=\dfrac{4-2i}{2}=2-i$
즉, $z=2-i$에서 $z-2=-i$
양변을 제곱하면
$z^2-4z+4=-1$ $\therefore z^2-4z+5=0$

$$\therefore 3z^3-12z^2+15z+2=3z(z^2-4z+5)+2$$
$$=3z\times 0+2$$
$$=2$$

답 2

04-3

$$x=\frac{5}{3+i}=\frac{5(3-i)}{(3+i)(3-i)}$$
$$=\frac{5(3-i)}{10}=\frac{3}{2}-\frac{i}{2}$$
$$y=\frac{5}{3-i}=\frac{5(3+i)}{(3-i)(3+i)}$$
$$=\frac{5(3+i)}{10}=\frac{3}{2}+\frac{i}{2}$$
$$\therefore x+y=\left(\frac{3}{2}-\frac{i}{2}\right)+\left(\frac{3}{2}+\frac{i}{2}\right)=3$$
$$x-y=\left(\frac{3}{2}-\frac{i}{2}\right)-\left(\frac{3}{2}+\frac{i}{2}\right)=-i$$
$$\therefore x^3-x^2y-xy^2+y^3=x^2(x-y)-y^2(x-y)$$
$$=(x^2-y^2)(x-y)$$
$$=(x+y)(x-y)^2$$
$$=3\times(-i)^2=-3$$

답 −3

04-4

$z^2=1-2i$에서 $z^2-1=-2i$

양변을 제곱하면 $z^4-2z^2+1=-4$

$\therefore z^4-2z^2+5=0 \quad \cdots\cdots \text{㉠}$

양변을 z로 나누면 $z^3-2z+\dfrac{5}{z}=0$

$$\therefore z^4+z^3-4z^2-2z+\frac{5}{z}=z^4-4z^2+\left(z^3-2z+\frac{5}{z}\right)$$
$$=z^4-4z^2$$
$$=(z^4-2z^2)-2z^2$$
$$=-5-2z^2$$
$$(\because \text{㉠에서 } z^4-2z^2=-5)$$
$$=-5-2(1-2i)$$
$$=-7+4i$$

답 −7+4i

05-1

$$\alpha\bar{\alpha}-\alpha\bar{\beta}-\bar{\alpha}\beta+\beta\bar{\beta}=\alpha(\bar{\alpha}-\bar{\beta})-\beta(\bar{\alpha}-\bar{\beta})$$
$$=(\alpha-\beta)(\bar{\alpha}-\bar{\beta})$$
$$=(\alpha-\beta)\overline{(\alpha-\beta)}$$

이때 $\alpha=3+2i$, $\beta=-1+4i$에서

$\alpha-\beta=(3+2i)-(-1+4i)=4-2i$이므로

$$\overline{\alpha-\beta}=\overline{4-2i}=4+2i$$
$$\therefore \alpha\bar{\alpha}-\alpha\bar{\beta}-\bar{\alpha}\beta+\beta\bar{\beta}=(\alpha-\beta)\overline{(\alpha-\beta)}$$
$$=(4-2i)(4+2i)$$
$$=16+4=20$$

답 20

05-2

$$\frac{1}{\alpha}+\frac{1}{\bar{\beta}}=\frac{\alpha+\bar{\beta}}{\alpha\bar{\beta}}$$

이때 $\bar{\alpha}+\beta=8-4i$에서

$\alpha+\bar{\beta}=\overline{\bar{\alpha}+\beta}=\overline{8-4i}=8+4i$이고

$\bar{\alpha}\beta=2i$에서

$\alpha\bar{\beta}=\overline{\bar{\alpha}\beta}=\overline{2i}=-2i$이므로

$$\frac{1}{\alpha}+\frac{1}{\bar{\beta}}=\frac{\alpha+\bar{\beta}}{\alpha\bar{\beta}}=\frac{8+4i}{-2i}=\frac{(8+4i)\times i}{-2i^2}$$
$$=\frac{8i-4}{2}=-2+4i$$

답 −2+4i

05-3

$\overline{\alpha}-\overline{\beta}=1-2i$에서 $\overline{\alpha-\beta}=1-2i$

$\therefore \alpha-\beta=1+2i$

$\overline{\alpha}\times\overline{\beta}=3-i$에서 $\overline{\alpha\beta}=3-i$

$\therefore \alpha\beta=3+i$

$$\therefore (\alpha-3)(\beta+3)=\alpha\beta+3\alpha-3\beta-9$$
$$=\alpha\beta+3(\alpha-\beta)-9$$
$$=3+i+3(1+2i)-9$$
$$=3+i+3+6i-9=-3+7i$$

답 −3+7i

05-4

$\alpha\bar{\alpha}=2$에서 $\alpha=\dfrac{2}{\bar{\alpha}} \quad \cdots\cdots \text{㉠}$

$\beta\bar{\beta}=2$에서 $\beta=\dfrac{2}{\bar{\beta}} \quad \cdots\cdots \text{㉡}$

㉠, ㉡을 $\alpha+\beta=i$에 대입하면 $\dfrac{2}{\bar{\alpha}}+\dfrac{2}{\bar{\beta}}=i$

$$\frac{2(\bar{\alpha}+\bar{\beta})}{\bar{\alpha}\bar{\beta}}=i,\ 2\overline{\alpha+\beta}=\overline{\alpha\beta}i$$

이때 $\alpha+\beta=i$에서 $\overline{\alpha+\beta}=-i$이므로

$-2i=\overline{\alpha\beta}i,\ \overline{\alpha\beta}=-2 \quad \therefore \alpha\beta=-2$

답 −2

06-1

(1) $z=a+bi$ ($a,\ b$는 실수)라 하면 $\bar{z}=a-bi$이므로

$4z-3\bar{z}=4(a+bi)-3(a-bi)$

$$=4a+4bi-3a+3bi$$
$$=a+7bi$$

이때 $a+7bi=5-7i$이므로 복소수가 서로 같을 조건에
의하여

$$a=5, 7b=-7 \qquad \therefore a=5, b=-1$$
$$\therefore z=5-i$$

(2) $z=a+bi$ (a, b는 실수)라 하면 $\bar{z}=a-bi$이므로

$$(2-i)z-5i\bar{z}$$
$$=(2-i)(a+bi)-5i(a-bi)$$
$$=2a+2bi-ai-bi^2-5ai+5bi^2$$
$$=(2a-4b)+(-6a+2b)i$$

이때 $(2a-4b)+(-6a+2b)i=-10$이므로 복소수가
서로 같을 조건에 의하여

$$2a-4b=-10, -6a+2b=0$$

두 식을 연립하여 풀면 $a=1, b=3$

$$\therefore z=1+3i$$

답 (1) $5-i$ (2) $1+3i$

06-2

$z=a+bi$ (a, b는 실수)라 하면 $\bar{z}=a-bi$이므로
$$\overline{z+zi}=\overline{(a+bi)+(a+bi)i}=\overline{a+bi+ai+bi^2}$$
$$=\overline{(a-b)+(a+b)i}=(a-b)-(a+b)i$$

이때 $(a-b)-(a+b)i=6-2i$이므로 복소수가 서로 같을
조건에 의하여

$$a-b=6, a+b=2$$

두 식을 연립하여 풀면 $a=4, b=-2$

따라서 $z=4-2i$이므로 $\bar{z}=4+2i$

답 $4+2i$

06-3

$z=a+bi$ (a, b는 실수)라 하면 $\bar{z}=a-bi$이므로
$$z-\bar{z}=(a+bi)-(a-bi)=2bi=4i \qquad \therefore b=2$$
$$z\bar{z}=(a+bi)(a-bi)=a^2+b^2=13$$

위의 식에 $b=2$를 대입하면

$$a^2+2^2=13, a^2=9 \qquad \therefore a=\pm3$$
$$\therefore z=-3+2i \text{ 또는 } z=3+2i$$

따라서 구하는 합은 $(-3+2i)+(3+2i)=4i$

답 $4i$

06-4

$z=a+bi$ (a, b는 실수)라 하면 $\bar{z}=a-bi$이므로
$$z(\bar{z}-2)=z\bar{z}-2z$$
$$=(a+bi)(a-bi)-2(a+bi)$$
$$=(a^2+b^2-2a)-2bi$$

이때 $(a^2+b^2-2a)-2bi=12+6i$이므로 복소수가 서로 같
을 조건에 의하여

$$a^2+b^2-2a=12, -2b=6$$

즉, $b=-3$이므로 이를 $a^2+b^2-2a=12$에 대입하면

$$a^2+9-2a=12, a^2-2a-3=0$$
$$(a+1)(a-3)=0 \qquad \therefore a=-1 \text{ 또는 } a=3$$

따라서 구하는 복소수 z는 $-1-3i$, $3-3i$이다.

답 $-1-3i$, $3-3i$

03 복소수의 성질

개념 CHECK

본문 145쪽

01 (1) i (2) 0 **02** (1) 16 (2) -2

03 (1) -4 (2) $-\dfrac{\sqrt{3}}{3}i$ (3) 4 (4) $\dfrac{1}{3}+\dfrac{2\sqrt{2}}{3}i$

01

(1) $i+i^2+i^3+i^4=i-1-i+1=0$이므로
$$i+i^2+i^3+\cdots+i^9$$
$$=(i+i^2+i^3+i^4)+i^4(i+i^2+i^3+i^4)+i^9$$
$$=i^9=(i^4)^2\times i=i$$

(2) $\dfrac{1}{i}+\dfrac{1}{i^2}+\dfrac{1}{i^3}+\dfrac{1}{i^4}$
$$=\dfrac{1}{i}+\dfrac{1}{-1}+\dfrac{1}{-i}+\dfrac{1}{1}=\dfrac{1}{i}-1-\dfrac{1}{i}+1=0$$

답 (1) i (2) 0

02

(1) $(1+i)^2=1+2i+i^2=2i$이므로
$$(1+i)^8=\{(1+i)^2\}^4=(2i)^4=2^4\times i^4=2^4\times1=16$$

(2) $\dfrac{1+i}{1-i}=\dfrac{(1+i)^2}{(1-i)(1+i)}=\dfrac{2i}{2}=i$,

$$\dfrac{1-i}{1+i}=\dfrac{(1-i)^2}{(1+i)(1-i)}=\dfrac{-2i}{2}=-i$$이므로

$$\left(\dfrac{1+i}{1-i}\right)^2+\left(\dfrac{1-i}{1+i}\right)^2=i^2+(-i)^2=-1+(-1)=-2$$

답 (1) 16 (2) -2

03

(1) $\sqrt{-2}\sqrt{-8}=\sqrt{2}i\times\sqrt{8}i=\sqrt{16}i^2=-4$

(2) $\dfrac{\sqrt{5}}{\sqrt{-15}}=\dfrac{\sqrt{5}}{\sqrt{15}i}=\dfrac{\sqrt{5}i}{\sqrt{15}i^2}=\dfrac{i}{-\sqrt{3}}=-\dfrac{\sqrt{3}}{3}i$

(3) $(1+\sqrt{-3})(1-\sqrt{-3})=(1+\sqrt{3}i)(1-\sqrt{3}i)$
$$=1-3i^2=4$$

(4) $\dfrac{2+\sqrt{-2}}{2-\sqrt{-2}}=\dfrac{2+\sqrt{2}i}{2-\sqrt{2}i}=\dfrac{(2+\sqrt{2}i)^2}{(2-\sqrt{2}i)(2+\sqrt{2}i)}$

$$=\dfrac{4+4\sqrt{2}i+2i^2}{6}=\dfrac{2+4\sqrt{2}i}{6}$$

$$=\dfrac{1}{3}+\dfrac{2\sqrt{2}}{3}i$$

답 (1) -4　(2) $-\dfrac{\sqrt{3}}{3}i$　(3) 4　(4) $\dfrac{1}{3}+\dfrac{2\sqrt{2}}{3}i$

유제　　　　　　　　　　　　본문 146~149쪽

07-1 (1) 1　(2) $-1-i$　(3) 0　(4) 2　　　　**07-2** 2

07-3 $-1+i$　　　　　　　　　　**07-4** 8

08-1 (1) $4\sqrt{2}i$　(2) $6a+b$　　**08-2** (1) ③　(2) ③

08-3 4　　　　**08-4** $-1+3i$

07-1

(1) $i+i^2+i^3+i^4=i-1-i+1=0$이므로

$i^{20}+i^{21}+i^{22}+i^{23}+\cdots+i^{119}+i^{120}$

$=i^{20}+i^{20}(i+i^2+i^3+i^4)+i^{24}(i+i^2+i^3+i^4)$
$\qquad\qquad\qquad\qquad +\cdots+i^{116}(i+i^2+i^3+i^4)$

$=i^{20}=(i^4)^5=1$

(2) $\dfrac{1}{i}+\dfrac{1}{i^2}+\dfrac{1}{i^3}+\dfrac{1}{i^4}=\dfrac{1}{i}+\dfrac{1}{-1}+\dfrac{1}{-i}+\dfrac{1}{1}=0$이므로

$\dfrac{1}{i^{50}}+\dfrac{1}{i^{49}}+\dfrac{1}{i^{48}}+\cdots+\dfrac{1}{i^2}+\dfrac{1}{i}$

$=\left(\dfrac{1}{i}+\dfrac{1}{i^2}+\dfrac{1}{i^3}+\dfrac{1}{i^4}\right)+\dfrac{1}{i^4}\left(\dfrac{1}{i}+\dfrac{1}{i^2}+\dfrac{1}{i^3}+\dfrac{1}{i^4}\right)$

$\qquad +\cdots+\dfrac{1}{i^{44}}\left(\dfrac{1}{i}+\dfrac{1}{i^2}+\dfrac{1}{i^3}+\dfrac{1}{i^4}\right)+\dfrac{1}{i^{49}}+\dfrac{1}{i^{50}}$

$=\dfrac{1}{i^{49}}+\dfrac{1}{i^{50}}=\dfrac{1}{i^{48}}\left(\dfrac{1}{i}+\dfrac{1}{i^2}\right)$

$=\dfrac{1}{i}+\dfrac{1}{i^2}=-1-i$

(3) $\left(\dfrac{1-i}{\sqrt{2}}\right)^2=\dfrac{1-2i+i^2}{2}=-i$,

$\left(\dfrac{1+i}{\sqrt{2}}\right)^2=\dfrac{1+2i+i^2}{2}=i$이므로

$\left(\dfrac{1-i}{\sqrt{2}}\right)^{50}+\left(\dfrac{1+i}{\sqrt{2}}\right)^{50}$

$=\left\{\left(\dfrac{1-i}{\sqrt{2}}\right)^2\right\}^{25}+\left\{\left(\dfrac{1+i}{\sqrt{2}}\right)^2\right\}^{25}$

$$=(-i)^{25}+i^{25}$$
$$=-(i^4)^6\times i+(i^4)^6\times i$$
$$=-i+i=0$$

(4) $\dfrac{1-i}{1+i}=\dfrac{(1-i)^2}{(1+i)(1-i)}=\dfrac{1-2i+i^2}{1-i^2}=\dfrac{-2i}{2}=-i$,

$\dfrac{1+i}{1-i}=\dfrac{(1+i)^2}{(1-i)(1+i)}=\dfrac{1+2i+i^2}{1-i^2}=\dfrac{2i}{2}=i$이므로

$\left(\dfrac{1-i}{1+i}\right)^{100}+\left(\dfrac{1+i}{1-i}\right)^{100}=(-i)^{100}+i^{100}$

$$=\{(-i)^4\}^{25}+(i^4)^{25}$$
$$=1+1=2$$

답 (1) 1　(2) $-1-i$　(3) 0　(4) 2

07-2

$i+2i^2+3i^3+4i^4+\cdots+10i^{10}$

$=(i-2-3i+4)+(5i-6-7i+8)+9i-10$

$=(2-2i)+(2-2i)+9i-10$

$=-6+5i$

이때 $-6+5i=a+bi$이므로 복소수가 서로 같을 조건에 의하여

$a=-6,\ b=5$

$\therefore 3a+4b=3\times(-6)+4\times5=2$

답 2

07-3

$z=\dfrac{\sqrt{2}}{1-i}$의 양변을 제곱하면

$z^2=\left(\dfrac{\sqrt{2}}{1-i}\right)^2=\dfrac{2}{-2i}=i$

$\therefore z^2+z^4+z^6+z^8+\cdots+z^{18}+z^{20}$

$=i+i^2+i^3+i^4+\cdots+i^9+i^{10}$

$=(i+i^2+i^3+i^4)+i^4(i+i^2+i^3+i^4)+i^9+i^{10}$

$=i^9+i^{10}=i^8(i+i^2)$

$=i+i^2=-1+i$

답 $-1+i$

07-4

$z=\dfrac{1+i}{\sqrt{2}i}$이라 하면 $z^2=\left(\dfrac{1+i}{\sqrt{2}i}\right)^2=\dfrac{2i}{-2}=-i$

$z^4=(-i)^2=-1$　　$\therefore z^8=(-1)^2=1$

따라서 $\left(\dfrac{1+i}{\sqrt{2}i}\right)^n=1$을 만족시키는 자연수 n의 값 중 가장 작은 값은 8이다.

답 8

08-1

(1) $\sqrt{-1}\sqrt{-3}+\sqrt{5}\sqrt{-10}+\dfrac{\sqrt{-6}}{\sqrt{-2}}+\dfrac{\sqrt{18}}{\sqrt{-9}}$

$\quad=i\sqrt{3}i+\sqrt{5}\sqrt{10}i+\dfrac{\sqrt{6}i}{\sqrt{2}i}+\dfrac{\sqrt{18}}{\sqrt{9}i}$

$\quad=\sqrt{3}i^2+5\sqrt{2}i+\sqrt{3}+\dfrac{\sqrt{2}}{i}$

$\quad=-\sqrt{3}+5\sqrt{2}i+\sqrt{3}-\sqrt{2}i=4\sqrt{2}i$

(2) $\dfrac{\sqrt{a}}{\sqrt{b}}=-\sqrt{\dfrac{a}{b}}$이므로 $a>0$, $b<0$

따라서 $a-b>0$이므로

$5|a|-2\sqrt{b^2}+\sqrt{(a-b)^2}=5|a|-2|b|+|a-b|$

$\qquad\qquad\qquad\qquad\qquad\quad=5a+2b+a-b$

$\qquad\qquad\qquad\qquad\qquad\quad=6a+b$

[다른 풀이]

(1) 음수의 제곱근의 성질을 먼저 적용하면

$\sqrt{-1}\sqrt{-3}+\sqrt{5}\sqrt{-10}+\dfrac{\sqrt{-6}}{\sqrt{-2}}+\dfrac{\sqrt{18}}{\sqrt{-9}}$

$=-\sqrt{3}+\sqrt{-50}+\sqrt{3}-\sqrt{-2}$

$=-\sqrt{3}+5\sqrt{2}i+\sqrt{3}-\sqrt{2}i=4\sqrt{2}i$

🔲 (1) $4\sqrt{2}i$　(2) $6a+b$

08-2

(1) $a<0$, $b<0$일 때, $\sqrt{ab}=-\sqrt{a}\sqrt{b}$이므로

$\quad\sqrt{(-2)\times(-2)}\ne\sqrt{-2}\times\sqrt{-2}$

따라서 등호가 처음으로 잘못 사용된 부분은 ③이다.

(2) $a>0$, $b<0$일 때, $\sqrt{\dfrac{a}{b}}=-\dfrac{\sqrt{a}}{\sqrt{b}}$이므로

$\quad\sqrt{\dfrac{4}{-1}}\ne\dfrac{\sqrt{4}}{\sqrt{-1}}$

따라서 등호가 처음으로 잘못 사용된 부분은 ③이다.

🔲 (1) ③　(2) ③

08-3

$\sqrt{-2}\sqrt{x-4}=-\sqrt{8-2x}$에서

$\sqrt{-2}\sqrt{x-4}=-\sqrt{-2(x-4)}$이므로

$x-4<0$ 또는 $x-4=0$　∴ $x\le 4$

따라서 $x\le 4$를 만족시키는 자연수 x는 1, 2, 3, 4의 4개이다.

🔲 4

08-4

$0<x<3$에서 $x-3<0$, $3-x>0$이므로

$\sqrt{x}\sqrt{-x}+\sqrt{x-3}\sqrt{3-x}-\dfrac{\sqrt{3-x}}{\sqrt{x-3}}\sqrt{\dfrac{3-x}{x-3}}$

$=\sqrt{x}\sqrt{x}i+\sqrt{3-x}i\times\sqrt{3-x}-\dfrac{\sqrt{3-x}}{\sqrt{3-x}i}\times\left(-\dfrac{\sqrt{3-x}}{\sqrt{3-x}i}\right)$

$=xi+(3-x)i+\dfrac{1}{i^2}$

$=xi+3i-xi-1$

$=-1+3i$

🔲 $-1+3i$

중단원 연습문제

01 ②	02 12	03 3	04 $-6i$
05 $1-4i$	06 16	07 5	
08 $105-7i$	09 48	10 -1	11 $-i$
12 2	13 ⑤	14 -2	15 3
16 5	17 2	18 24	19 94
20 30			

01

$z=a+bi$ (a, b는 실수)라 하면 $\bar{z}=a-bi$

① $z\bar{z}=(a+bi)(a-bi)=a^2+b^2$

　즉, $z\bar{z}$는 실수이다. (참)

② $z-\bar{z}=(a+bi)-(a-bi)=2bi$

　즉, $z-\bar{z}$는 0 또는 순허수이다. (거짓)

③ $\dfrac{1}{z}+\dfrac{1}{\bar{z}}=\dfrac{1}{a+bi}+\dfrac{1}{a-bi}$

$\qquad\qquad\quad=\dfrac{(a-bi)+(a+bi)}{(a+bi)(a-bi)}$

$\qquad\qquad\quad=\dfrac{2a}{a^2+b^2}$

　즉, $\dfrac{1}{z}+\dfrac{1}{\bar{z}}$은 실수이다. (참)

④ $\bar{z}$가 순허수이면 $\bar{z}=-bi$이므로 $z=bi$ (단, $b\ne 0$)

　즉, $\bar{z}$가 순허수이면 z도 순허수이다. (참)

⑤ $z=\bar{z}$이면 $a+bi=a-bi$

　$2bi=0$　∴ $b=0$

　∴ $z=a$

　즉, $z=\bar{z}$이면 z는 실수이다. (참)

따라서 옳지 않은 것은 ②이다.

🔲 ②

02

$(1+i)(1+3i)+\dfrac{1-4i}{1-i}+\dfrac{1+4i}{1+i}$

$=1+3i+i+3i^2+\dfrac{(1-4i)(1+i)+(1+4i)(1-i)}{(1-i)(1+i)}$

$$= -2 + 4i + \frac{1 + i - 4i^2 + 1 - i + 4i - 4i^2}{2}$$

$$= -2 + 4i + \frac{10}{2} = 3 + 4i$$

따라서 $a = 3$, $b = 4$이므로

$$ab = 3 \times 4 = 12$$

답 12

03

$$\frac{2}{1 - ai} = \frac{2(1 + ai)}{(1 - ai)(1 + ai)} = \frac{2 + 2ai}{1 + a^2}$$

$$= \frac{2}{1 + a^2} + \frac{2a}{1 + a^2}i$$

이때 $x + yi = \frac{2}{1 + a^2} + \frac{2a}{1 + a^2}i$이므로 복소수가 서로 같을

조건에 의하여

$$x = \frac{2}{1 + a^2}, \; y = \frac{2a}{1 + a^2}$$

이를 $x + 3y = 2$에 대입하면

$$\frac{2}{1 + a^2} + \frac{6a}{1 + a^2} = 2, \; \frac{2 + 6a}{1 + a^2} = 2$$

$$2 + 6a = 2 + 2a^2, \; 2a^2 - 6a = 0$$

$$2a(a - 3) = 0 \qquad \therefore a = 0 \text{ 또는 } a = 3$$

따라서 모든 실수 a의 값의 합은

$$0 + 3 = 3$$

답 3

04

$$z_1 - z_2 = 3x^2 - (7 - i)x + 5 - \{2x^2 + x - 5(2 - i)\}$$

$$= 3x^2 - (7 - i)x + 5 - 2x^2 - x + 5(2 - i)$$

$$= 3x^2 - 7x + xi + 5 - 2x^2 - x + 10 - 5i$$

$$= (x^2 - 8x + 15) + (x - 5)i$$

이 복소수가 순허수이려면 (실수부분) $= 0$, (허수부분) $\neq 0$

이어야 하므로

$$x^2 - 8x + 15 = 0, \; x - 5 \neq 0$$

(i) $x^2 - 8x + 15 = 0$에서 $(x - 3)(x - 5) = 0$

$\qquad \therefore x = 3 \text{ 또는 } x = 5$

(ii) $x - 5 \neq 0$에서 $x \neq 5$

(i), (ii)에서 $x = 3$

따라서 $m = 3$이고 이때의 $z_1 - z_2$의 값은 $z_1 - z_2 = -2i$이므

로 $n = -2i$

$$\therefore mn = 3 \times (-2i) = -6i$$

답 $-6i$

05

$$z = \frac{2}{1 + i} = \frac{2(1 - i)}{(1 + i)(1 - i)}$$

$$= \frac{2(1 - i)}{2} = 1 - i$$

즉, $z = 1 - i$에서 $z - 1 = -i$

양변을 제곱하면

$$z^2 - 2z + 1 = -1 \qquad \therefore z^2 - 2z + 2 = 0$$

$$\therefore z^4 - 2z^3 + 8z - 7$$

$$= z^2(z^2 - 2z + 2) - 2z^2 + 8z - 7$$

$$= z^2(z^2 - 2z + 2) - 2(z^2 - 2z + 2) + 4z - 3$$

$$= z^2 \times 0 - 2 \times 0 + 4z - 3$$

$$= 4(1 - i) - 3$$

$$= 1 - 4i$$

답 $1 - 4i$

06

$$\alpha\beta + \alpha\overline{\beta} + \overline{\alpha}\beta + \overline{\alpha\beta} = \alpha\beta + \alpha\overline{\beta} + \overline{\alpha}\beta + \overline{\alpha} \times \overline{\beta}$$

$$= \alpha(\beta + \overline{\beta}) + \overline{\alpha}(\beta + \overline{\beta})$$

$$= (\alpha + \overline{\alpha})(\beta + \overline{\beta})$$

이때 $\alpha = 2 + 5i$, $\beta = 2 - 7i$이므로

$$\alpha + \overline{\alpha} = (2 + 5i) + (2 - 5i) = 4$$

$$\beta + \overline{\beta} = (2 - 7i) + (2 + 7i) = 4$$

$$\therefore \alpha\beta + \alpha\overline{\beta} + \overline{\alpha}\beta + \overline{\alpha\beta} = (\alpha + \overline{\alpha})(\beta + \overline{\beta})$$

$$= 4 \times 4 = 16$$

답 16

07

$z = a + bi$ (a, b는 실수)라 하면

$$z - zi = (a + bi) - (a + bi)i$$

$$= a + bi - ai - bi^2$$

$$= (a + b) + (b - a)i$$

이때 $(a + b) + (b - a)i = 4$이므로 복소수가 서로 같을 조건

에 의하여

$$a + b = 4, \; b - a = 0$$

두 식을 연립하여 풀면 $a = 2$, $b = 2$

따라서 $z = 2 + 2i$이므로 $z - 2 = 2i$

양변을 제곱하면

$$z^2 - 4z + 4 = -4 \qquad \therefore z^2 - 4z + 8 = 0$$

$$\therefore z^4 - 4z^3 + 8z^2 + 5 = z^2(z^2 - 4z + 8) + 5$$

$$= z^2 \times 0 + 5 = 5$$

[다른 풀이]

$z - zi = 4$에서 $z(1 - i) = 4$

이때 $1 - i \neq 0$이므로

$$z = \frac{4}{1-i} = \frac{4(1+i)}{(1-i)(1+i)} = 2+2i$$

$z-2=2i$의 양변을 제곱하면

$$z^2 - 4z + 4 = -4 \qquad \therefore z^2 - 4z + 8 = 0$$

$$\therefore z^4 - 4z^3 + 8z^2 + 5 = z^2(z^2 - 4z + 8) + 5$$
$$= z^2 \times 0 + 5 = 5$$

답 5

08

$z_1 = 6+5i$에 대하여

$z_2 = \overline{(6+5i)} + (1-2i) = (6-5i) + (1-2i) = 7-7i$

$z_3 = \overline{(7-7i)} + (1-2i) = (7+7i) + (1-2i) = 8+5i$

$z_4 = \overline{(8+5i)} + (1-2i) = (8-5i) + (1-2i) = 9-7i$

$z_5 = \overline{(9-7i)} + (1-2i) = (9+7i) + (1-2i) = 10+5i$

따라서 $z_2, z_3, z_4, z_5, \cdots$의 실수부분은 $7, 8, 9, 10, \cdots$이고
허수부분은 $-7, 5, -7, 5, \cdots$이다.

$$\therefore z_{100} = 105 - 7i$$

답 $105-7i$

09

$i - 2i^2 + 3i^3 - 4i^4 + \cdots + (-1)^{n+1}ni^n$

$= (i + 2 - 3i - 4) + (5i + 6 - 7i - 8) + \cdots + (-1)^{n+1}ni^n$

$= (-2-2i) + (-2-2i) + \cdots + (-1)^{n+1}ni^n$

이때

$(-2-2i) + (-2-2i) + \cdots + (-1)^{n+1}ni^n = -24-24i$

이므로 복소수가 서로 같을 조건에 의하여

$$n = 48$$

답 48

10

$z = \dfrac{1-\sqrt{3}i}{2}$이므로

$$z^2 = \left(\frac{1-\sqrt{3}i}{2}\right)^2 = \frac{1-2\sqrt{3}i-3}{4} = \frac{-1-\sqrt{3}i}{2}$$

$$z^3 = \left(\frac{-1-\sqrt{3}i}{2}\right)\left(\frac{1-\sqrt{3}i}{2}\right) = \frac{-1-3}{4} = -1$$

이때 $z^{1234} = (z^3)^{411} \times z = (-1)^{411} \times z = -z$이므로

$$z^{1234} + \frac{1}{z^{1234}} = -z - \frac{1}{z}$$

$$= -\frac{1-\sqrt{3}i}{2} - \frac{2}{1-\sqrt{3}i}$$

$$= -\frac{1-\sqrt{3}i}{2} - \frac{2(1+\sqrt{3}i)}{(1-\sqrt{3}i)(1+\sqrt{3}i)}$$

$$= -\frac{1-\sqrt{3}i}{2} - \frac{2(1+\sqrt{3}i)}{4} = -1$$

답 -1

11

$a>0$, $b<0$에서 $a-b>0$이므로

$$\frac{\sqrt{-a}}{\sqrt{a}} + \frac{\sqrt{-b}}{\sqrt{b}} + \frac{\sqrt{a-b}}{\sqrt{b-a}} = \frac{\sqrt{a}i}{\sqrt{a}} + \frac{\sqrt{-b}}{\sqrt{-b}i} + \frac{\sqrt{a-b}}{\sqrt{a-b}i}$$

$$= i + \frac{1}{i} + \frac{1}{i}$$

$$= i - i - i$$

$$= -i$$

다른 풀이

$$\frac{\sqrt{-a}}{\sqrt{a}} + \frac{\sqrt{-b}}{\sqrt{b}} + \frac{\sqrt{a-b}}{\sqrt{b-a}} = \sqrt{\frac{-a}{a}} - \sqrt{\frac{-b}{b}} - \sqrt{\frac{a-b}{b-a}}$$

$$= \sqrt{-1} - \sqrt{-1} - \sqrt{-1}$$

$$= i - i - i$$

$$= -i$$

참고

a, b가 실수일 때,

$a>0$, $b<0$이면 $\dfrac{\sqrt{a}}{\sqrt{b}} = -\sqrt{\dfrac{a}{b}}$

그 외에는 $\dfrac{\sqrt{a}}{\sqrt{b}} = \sqrt{\dfrac{a}{b}}$ (단, $b \neq 0$)

답 $-i$

12

$\sqrt{5-x}\sqrt{x-7} = -\sqrt{(5-x)(x-7)}$이므로

$5-x<0$, $x-7<0$ 또는 $5-x=0$ 또는 $x-7=0$

(i) $5-x<0$, $x-7<0$인 경우

$\quad \sqrt{(5-x)^2} + |x-7| = -(5-x) - (x-7) = 2$

(ii) $5-x=0$, 즉 $x=5$인 경우

$\quad \sqrt{(5-x)^2} + |x-7| = 0 + 2 = 2$

(iii) $x-7=0$, 즉 $x=7$인 경우

$\quad \sqrt{(5-x)^2} + |x-7| = 2 + 0 = 2$

(i)~(iii)에서

$$\sqrt{(5-x)^2} + |x-7| = 2$$

답 2

13

ㄱ. $(\alpha\beta)^2 = \alpha^2\beta^2 = i \times (-i) = 1$이므로

$\quad \alpha\beta = -1$ 또는 $\alpha\beta = 1$ (거짓)

ㄴ. ㄱ에서 $\alpha\beta = -1$ 또는 $\alpha\beta = 1$이므로

$\quad \alpha\beta = \overline{\alpha\beta}$

$\quad \therefore \alpha\overline{\alpha}\beta\overline{\beta} = \alpha\beta\overline{\alpha\beta} = (\alpha\beta)^2 = 1$ (참)

ㄷ. $\alpha^2 + \beta^2 = i + (-i) = 0$이므로

$\quad (\alpha+\beta)^2 = \alpha^2 + 2\alpha\beta + \beta^2 = 2\alpha\beta$

$$\therefore (\alpha+\beta)^4=(2\alpha\beta)^2=4\alpha^2\beta^2$$
$$=4\times i\times(-i)=4 \ (참)$$
따라서 옳은 것은 ㄴ, ㄷ이다.

달 ⑤

14

$$z=a^2(1-i)+a(1-3i)-4(3-i)$$
$$=(a^2+a-12)-(a^2+3a-4)i$$
$$=(a+4)(a-3)-(a+4)(a-1)i$$
이 복소수가 0이 아닌 실수이려면 (실수부분)≠0,
(허수부분)=0이어야 하므로
$$(a+4)(a-3)\neq0, \ (a+4)(a-1)=0$$
$$\therefore a=1$$
이 복소수가 순허수이려면 (실수부분)=0, (허수부분)≠0
이어야 하므로
$$(a+4)(a-3)=0, \ (a+4)(a-1)\neq0$$
$$\therefore a=3$$
따라서 $m=1$, $n=3$이므로
$$m-n=1-3=-2$$

달 −2

15

$z=a+bi$ (a, b는 실수)라 하면
$$(1-2i)+z=(1-2i)+(a+bi)$$
$$=(1+a)+(b-2)i$$
이 복소수가 양의 실수이므로
$$1+a>0, \ b-2=0 \quad \therefore a>-1, \ b=2$$
즉, $z=a+2i$이므로 $\overline{z}=a-2i$
$z\overline{z}=13$에서
$$z\overline{z}=(a+2i)(a-2i)=a^2+4=13$$
$$a^2=9 \quad \therefore a=-3 \ 또는 \ a=3$$
이때 $a>-1$이므로 $a=3$
$$\therefore z=3+2i$$
$$\therefore \frac{z+\overline{z}}{2}=\frac{(3+2i)+(3-2i)}{2}=3$$

달 3

16

$z=a+bi$ (a, b는 실수)라 하면 $z^2=4+3i$에서
$$(a+bi)^2=(a^2-b^2)+2abi=4+3i$$
이때 복소수가 서로 같을 조건에 의하여
$$a^2-b^2=4, \ ab=\frac{3}{2}$$

$$\therefore (a^2+b^2)^2=(a^2-b^2)^2+4a^2b^2 \quad \leftarrow \ 곱셈 \ 공식의 \ 변형$$
$$(x+y)^2=(x-y)^2+4xy$$
$$=4^2+4\times\frac{9}{4}$$
$$=25$$
$$\therefore a^2+b^2=5 \ (\because a, \ b는 \ 실수)$$
$$\therefore z\overline{z}=(a+bi)(a-bi)=a^2+b^2=5$$

달 5

17

$i=i^5=\cdots=i^{29}$, $i^2=i^6=\cdots=i^{30}=-1$,
$i^3=i^7=\cdots=i^{27}=-i$, $i^4=i^8=\cdots=i^{28}=1$이므로
$$(i+i^2)+(i^2+i^3)+(i^3+i^4)+\cdots+(i^{29}+i^{30})$$
$$=2(i+i^2+i^3+\cdots+i^{29})-i+i^{30}$$
$$=2\{(i-1-i+1)+\cdots+(i-1-i+1)+i\}-i-1$$
$$=2i-i-1$$
$$=-1+i$$
따라서 주어진 등식은 $-1+i=a+bi$이고 a, b가 실수이므
로 복소수가 서로 같을 조건에 의하여
$$a=-1, \ b=1$$
$$\therefore a^2+b^2=(-1)^2+1^2=2$$

달 2

18

$z_1=\dfrac{\sqrt{2}}{1+i}$라 하면
$$z_1{}^2=\left(\frac{\sqrt{2}}{1+i}\right)^2=\frac{2}{2i}=-i,$$
$$z_1{}^4=(z_1{}^2)^2=(-i)^2=-1,$$
$$z_1{}^8=(z_1{}^4)^2=(-1)^2=1$$
$z_2=\dfrac{\sqrt{3}+i}{2}$라 하면
$$z_2{}^2=\left(\frac{\sqrt{3}+i}{2}\right)^2=\frac{1+\sqrt{3}i}{2},$$
$$z_2{}^3=z_2{}^2\times z_2=\frac{1+\sqrt{3}i}{2}\times\frac{\sqrt{3}+i}{2}=\frac{4i}{4}=i,$$
$$z_2{}^6=(z_2{}^3)^2=i^2=-1,$$
$$z_2{}^{12}=(z_2{}^6)^2=(-1)^2=1$$
이때 $\left(\dfrac{\sqrt{2}}{1+i}\right)^n+\left(\dfrac{\sqrt{3}+i}{2}\right)^n=2$를 만족시키려면
$$\left(\frac{\sqrt{2}}{1+i}\right)^n=1, \ \left(\frac{\sqrt{3}+i}{2}\right)^n=1이어야 한다.$$
따라서 자연수 n은 8과 12의 공배수이므로 n의 최솟값은 8,
12의 최소공배수인 24이다.

달 24

19

49 이하의 자연수 m에 대하여 $\left(\dfrac{1+i}{\sqrt{2}}\right)^m$의 값은 다음과 같다.

$m=1, 9, 17, \cdots, 49$일 때, $\left(\dfrac{1+i}{\sqrt{2}}\right)^m=\dfrac{1+i}{\sqrt{2}}$

$m=2, 10, 18, \cdots, 42$일 때, $\left(\dfrac{1+i}{\sqrt{2}}\right)^m=i$

$m=3, 11, 19, \cdots, 43$일 때, $\left(\dfrac{1+i}{\sqrt{2}}\right)^m=\dfrac{-1+i}{\sqrt{2}}$

$m=4, 12, 20, \cdots, 44$일 때, $\left(\dfrac{1+i}{\sqrt{2}}\right)^m=-1$

$m=5, 13, 21, \cdots, 45$일 때, $\left(\dfrac{1+i}{\sqrt{2}}\right)^m=\dfrac{-1-i}{\sqrt{2}}$

$m=6, 14, 22, \cdots, 46$일 때, $\left(\dfrac{1+i}{\sqrt{2}}\right)^m=-i$

$m=7, 15, 23, \cdots, 47$일 때, $\left(\dfrac{1+i}{\sqrt{2}}\right)^m=\dfrac{1-i}{\sqrt{2}}$

$m=8, 16, 24, \cdots, 48$일 때, $\left(\dfrac{1+i}{\sqrt{2}}\right)^m=1$

49 이하의 자연수 n에 대하여 i^n의 값은 다음과 같다.

$n=1, 5, 9, \cdots, 49$일 때, $i^n=i$

$n=2, 6, 10, \cdots, 46$일 때, $i^n=-1$

$n=3, 7, 11, \cdots, 47$일 때, $i^n=-i$

$n=4, 8, 12, \cdots, 48$일 때, $i^n=1$

이때 $\left\{\left(\dfrac{1+i}{\sqrt{2}}\right)^m-i^n\right\}^2=4$이므로

$\left(\dfrac{1+i}{\sqrt{2}}\right)^m-i^n=2$ 또는 $\left(\dfrac{1+i}{\sqrt{2}}\right)^m-i^n=-2$이어야 한다.

(i) $\left(\dfrac{1+i}{\sqrt{2}}\right)^m-i^n=2$인 경우

$\left(\dfrac{1+i}{\sqrt{2}}\right)^m=1$, $i^n=-1$이므로 $m=48$, $n=46$일 때

$m+n$은 최댓값 94를 갖는다.

(ii) $\left(\dfrac{1+i}{\sqrt{2}}\right)^m-i^n=-2$인 경우

$\left(\dfrac{1+i}{\sqrt{2}}\right)^m=-1$, $i^n=1$이므로 $m=44$, $n=48$일 때

$m+n$은 최댓값 92를 갖는다.

(i), (ii)에서 $m+n$의 최댓값은 94이다.

답 94

20

조건 (개)에서 $a-5>0$, $4-b<0$ 또는 $a-5=0$, $4-b\neq0$이므로 $a>5$, $b>4$ 또는 $a=5$, $b\neq4$이다.

또한 조건 (내)에서 $a-8>0$, $b-7>0$ 또는 $a-8>0$, $b-7<0$ 또는 $a-8<0$, $b-7>0$ 또는 $a-8=0$ 또는 $b-7=0$이므로

$a>8$, $b>7$ 또는 $a>8$, $b<7$ 또는 $a<8$, $b>7$ 또는 $a=8$ 또는 $b=7$이다.

따라서 조건 (개)와 조건 (내)를 모두 만족시키는 순서쌍 (a, b)의 개수는 다음과 같다.

(i) $a>5$, $b>4$이고 $a>8$, $b>7$일 때,

a는 9, 10, b는 8, 9, 10이므로 조건을 만족시키는 순서쌍 (a, b)의 개수는

$2\times3=6$

(ii) $a>5$, $b>4$이고 $a>8$, $b<7$일 때,

a는 9, 10, b는 5, 6이므로 조건을 만족시키는 순서쌍 (a, b)의 개수는

$2\times2=4$

(iii) $a>5$, $b>4$이고 $a<8$, $b>7$일 때,

$a=6, 7$, $b=8, 9, 10$이므로 조건을 만족시키는 순서쌍 (a, b)의 개수는

$2\times3=6$

(iv) $a>5$, $b>4$이고 $a=8$

또는 $a>5$, $b>4$이고 $b=7$일 때,

조건을 만족시키는 순서쌍 (a, b)는

$(8, 5)$, $(8, 6)$, $(8, 7)$, $(8, 8)$, $(8, 9)$, $(8, 10)$,

$(6, 7)$, $(7, 7)$, $(9, 7)$, $(10, 7)$

의 10개이다.

(v) $a=5$, $b\neq4$이고 $a>8$, $b>7$

또는 $a=5$, $b\neq4$이고 $a>8$, $b<7$

또는 $a=5$, $b\neq4$이고 $a=8$일 때,

조건을 만족시키는 순서쌍 (a, b)는 없다.

(vi) $a=5$, $b\neq4$이고 $a<8$, $b>7$

또는 $a=5$, $b\neq4$이고 $b=7$일 때,

조건을 만족시키는 순서쌍 (a, b)는 $(5, 8)$, $(5, 9)$, $(5, 10)$, $(5, 7)$의 4개이다.

(i)~(vi)에서 조건을 만족시키는 순서쌍 (a, b)의 개수는

$6+4+6+10+4=30$

답 30

> **참고**
>
> 조건 (개)를 간단히 나타내면 ➡ $a\geq5$, $b>4$
> 조건 (내)를 간단히 나타내면 ➡ $a\geq8$ 또는 $b\geq7$

05 이차방정식

01 이차방정식의 풀이

개념 CHECK

본문 161쪽

01 (1) $x=-2$ 또는 $x=4$ (2) $x=-\dfrac{1}{3}$ 또는 $x=1$

(3) $x=3$ (4) $x=-3$ 또는 $x=1$

02 (1) $x=\dfrac{1}{2}$ (중근) (2) $x=-\dfrac{3}{2}$ 또는 $x=4$

03 (1) $x=\dfrac{-5\pm\sqrt{13}}{6}$ (2) $x=1\pm\sqrt{3}i$

01

(1) $|x-1|=3$에서 $x-1=\pm3$

따라서 주어진 방정식의 해는

$x=-2$ 또는 $x=4$

(2) $|x+1|=|2x|$에서 $|x+1|=\pm2x$

(ⅰ) $x+1=-2x$일 때,

$3x=-1$ $\therefore x=-\dfrac{1}{3}$

(ⅱ) $x+1=2x$일 때,

$-x=-1$ $\therefore x=1$

(ⅰ), (ⅱ)에서 주어진 방정식의 해는

$x=-\dfrac{1}{3}$ 또는 $x=1$

(3) (ⅰ) $x<1$일 때, $-(x-1)=3x-7$

$-4x=-8$ $\therefore x=2$

그런데 $x<1$이므로 $x=2$는 해가 아니다.

(ⅱ) $x\geq1$일 때, $x-1=3x-7$

$-2x=-6$ $\therefore x=3$

(ⅰ), (ⅱ)에서 주어진 방정식의 해는 $x=3$

(4) (ⅰ) $x<-2$일 때, $-(x+2)-x=4$

$-2x=6$ $\therefore x=-3$

(ⅱ) $-2\leq x<0$일 때, $x+2-x=4$

따라서 $0\times x=2$이므로 해는 없다.

(ⅲ) $x\geq0$일 때, $x+2+x=4$

$2x=2$ $\therefore x=1$

(ⅰ)~(ⅲ)에서 주어진 방정식의 해는

$x=-3$ 또는 $x=1$

답 (1) $x=-2$ 또는 $x=4$ (2) $x=-\dfrac{1}{3}$ 또는 $x=1$

(3) $x=3$ (4) $x=-3$ 또는 $x=1$

02

(1) $4x^2-4x+1=0$에서 $(2x-1)^2=0$

$\therefore x=\dfrac{1}{2}$ (중근)

(2) $2x^2-5x-12=0$에서 $(2x+3)(x-4)=0$

$\therefore x=-\dfrac{3}{2}$ 또는 $x=4$

답 (1) $x=\dfrac{1}{2}$ (중근) (2) $x=-\dfrac{3}{2}$ 또는 $x=4$

03

(1) $3x^2+5x+1=0$에서

$x=\dfrac{-5\pm\sqrt{5^2-4\times3\times1}}{2\times3}=\dfrac{-5\pm\sqrt{13}}{6}$

(2) $x^2-2x+4=0$에서

$x=\dfrac{-(-1)\pm\sqrt{(-1)^2-1\times4}}{1}=1\pm\sqrt{3}i$

답 (1) $x=\dfrac{-5\pm\sqrt{13}}{6}$ (2) $x=1\pm\sqrt{3}i$

유제

본문 162~169쪽

01-1 (1) $x=\dfrac{-1\pm\sqrt{11}i}{6}$ (2) $x=1\pm i$

(3) $x=-\sqrt{2}\pm2i$

01-2 (1) $x=\sqrt{2}$ 또는 $x=\sqrt{2}-1$

(2) $x=\sqrt{3}$ 또는 $x=1-\sqrt{3}$

01-3 5 **01-4** 2

02-1 $a=0$, 다른 한 근: 3 **02-2** $-\sqrt{2}$

02-3 3 **02-4** 7

03-1 (1) $x=-\dfrac{3}{2}$ 또는 $x=\dfrac{3}{2}$ (2) $x=-4$ 또는 $x=3$

03-2 -2 **03-3** 1

03-4 $x=-\sqrt{6}$ 또는 $x=-1+\sqrt{7}$

04-1 4 m **04-2** 7 cm **04-3** 8 cm **04-4** 5

01-1

(1) $4(x+1)^2=(x+1)(x+3)+3x$에서

$4x^2+8x+4=x^2+7x+3$, $3x^2+x+1=0$

근의 공식을 이용하면

$x=\dfrac{-1\pm\sqrt{1^2-4\times3\times1}}{2\times3}$

$=\dfrac{-1\pm\sqrt{11}i}{6}$

(2) $\dfrac{2x^2-x}{3}+\dfrac{1}{2}=x-\dfrac{5}{6}$ 에서

$4x^2-2x+3=6x-5,\ 4x^2-8x+8=0$

$x^2-2x+2=0$

근의 공식을 이용하면

$x=-(-1)\pm\sqrt{(-1)^2-1\times2}$

$\quad=1\pm i$

(3) $x^2+2\sqrt{2}x+6=0$ 에서 근의 공식을 이용하면

$x=-\sqrt{2}\pm\sqrt{(\sqrt{2})^2-1\times6}=-\sqrt{2}\pm2i$

답 (1) $x=\dfrac{-1\pm\sqrt{11}\,i}{6}$ (2) $x=1\pm i$ (3) $x=-\sqrt{2}\pm2i$

01-2

(1) $x^2+(1-2\sqrt{2})x+2-\sqrt{2}=0$ 에서

$x^2+(1-2\sqrt{2})x+\sqrt{2}(\sqrt{2}-1)=0$

좌변을 인수분해하면 $(x-\sqrt{2})\{x-(\sqrt{2}-1)\}=0$

$\therefore x=\sqrt{2}$ 또는 $x=\sqrt{2}-1$

(2) $(1+\sqrt{3})x^2-(1+\sqrt{3})x-2\sqrt{3}=0$ 에서 x^2의 계수가 무리수이므로 양변에 $1-\sqrt{3}$을 곱하면

$(1+\sqrt{3})(1-\sqrt{3})x^2-(1+\sqrt{3})(1-\sqrt{3})x$

$\qquad\qquad\qquad\qquad -2\sqrt{3}(1-\sqrt{3})=0$

$-2x^2+2x-2\sqrt{3}(1-\sqrt{3})=0$

$x^2-x+\sqrt{3}(1-\sqrt{3})=0$

좌변을 인수분해하면 $(x-\sqrt{3})\{x-(1-\sqrt{3}\,)\}=0$

$\therefore x=\sqrt{3}$ 또는 $x=1-\sqrt{3}$

[다른 풀이]

(1) $x^2+(1-2\sqrt{2})x+2-\sqrt{2}=0$ 에서 근의 공식을 이용하면

$x=\dfrac{-(1-2\sqrt{2})\pm\sqrt{(1-2\sqrt{2})^2-4\times1\times(2-\sqrt{2})}}{2}$

$\quad=\dfrac{-1+2\sqrt{2}\pm1}{2}$

$\therefore x=\sqrt{2}$ 또는 $x=\sqrt{2}-1$

답 (1) $x=\sqrt{2}$ 또는 $x=\sqrt{2}-1$

(2) $x=\sqrt{3}$ 또는 $x=1-\sqrt{3}$

01-3

$3(x-3)=(1-x)(2-x)$ 에서

$3x-9=2-3x+x^2,\ x^2-6x+11=0$

근의 공식을 이용하면

$x=-(-3)\pm\sqrt{(-3)^2-1\times11}$

$\quad=3\pm\sqrt{2}i$

따라서 $p=3,\ q=2$이므로

$p+q=3+2=5$

답 5

01-4

$(\sqrt{2}-1)x^2+x+2-\sqrt{2}=0$ 에서 x^2의 계수가 무리수이므로 양변에 $\sqrt{2}+1$을 곱하면

$(\sqrt{2}-1)(\sqrt{2}+1)x^2+(\sqrt{2}+1)x+(2-\sqrt{2})(\sqrt{2}+1)=0$

$x^2+(\sqrt{2}+1)x+\sqrt{2}=0,\ (x+\sqrt{2})(x+1)=0$

$\therefore x=-\sqrt{2}$ 또는 $x=-1$

따라서 $a=-\sqrt{2}$이므로

$a^2=(-\sqrt{2})^2=2$

답 2

02-1

이차방정식 $(a-2)x^2+(a^2+4)x+a+6=0$의 한 근이 -1이므로 $x=-1$을 $(a-2)x^2+(a^2+4)x+a+6=0$에 대입하면

$a-2-a^2-4+a+6=0,\ a^2-2a=0$

$a(a-2)=0$ $\therefore a=0$ 또는 $a=2$

그런데 $(a-2)x^2+(a^2+4)x+a+6=0$은 이차방정식이므로 $a-2\neq0$, 즉 $a\neq2$이어야 한다.

$\therefore a=0$

$a=0$을 주어진 방정식에 대입하면

$-2x^2+4x+6=0,\ x^2-2x-3=0$

$(x+1)(x-3)=0$ $\therefore x=-1$ 또는 $x=3$

따라서 다른 한 근은 3이다.

답 $a=0$, 다른 한 근: 3

02-2

이차방정식 $x^2+ax-a-1=0$의 한 근이 $\sqrt{2}$이므로 $x=\sqrt{2}$를 $x^2+ax-a-1=0$에 대입하면

$2+\sqrt{2}a-a-1=0,\ (\sqrt{2}-1)a=-1$

$\therefore a=-\dfrac{1}{\sqrt{2}-1}=-\dfrac{\sqrt{2}+1}{(\sqrt{2}-1)(\sqrt{2}+1)}$

$\quad=-\sqrt{2}-1$

$a=-\sqrt{2}-1$을 주어진 방정식에 대입하면

$x^2+(-\sqrt{2}-1)x+\sqrt{2}=0,\ (x-\sqrt{2})(x-1)=0$

$\therefore x=\sqrt{2}$ 또는 $x=1$

따라서 $b=1$이므로

$a+b=(-\sqrt{2}-1)+1=-\sqrt{2}$

답 $-\sqrt{2}$

02-3

$x=2$가 이차방정식 $kx^2-(a+1)x+kb=0$의 근이므로 $x=2$를 $kx^2-(a+1)x+kb=0$에 대입하면

$4k-2(a+1)+kb=0,\ (4+b)k-2(a+1)=0$

이 등식이 k의 값에 관계없이 항상 성립하므로
$4+b=0, -2(a+1)=0$
$\therefore a=-1, b=-4$
$\therefore a-b=(-1)-(-4)=3$

달 3

02-4

이차방정식 $x^2-3x+1=0$의 한 근이 α이므로
$x=\alpha$를 $x^2-3x+1=0$에 대입하면
$\alpha^2-3\alpha+1=0$
$\alpha\neq0$이므로 양변을 α로 나누면
$\alpha-3+\dfrac{1}{\alpha}=0$　　$\therefore \alpha+\dfrac{1}{\alpha}=3$
$\therefore \alpha^2+\dfrac{1}{\alpha^2}=\left(\alpha+\dfrac{1}{\alpha}\right)^2-2=3^2-2=7$

달 7

03-1

(1) (i) $x<0$일 때, $2x^2+x-3=0$
　　　$(2x+3)(x-1)=0$　　$\therefore x=-\dfrac{3}{2}$ 또는 $x=1$
　　　그런데 $x<0$이므로 $x=-\dfrac{3}{2}$
　(ii) $x\geq0$일 때, $2x^2-x-3=0$
　　　$(x+1)(2x-3)=0$　　$\therefore x=-1$ 또는 $x=\dfrac{3}{2}$
　　　그런데 $x\geq0$이므로 $x=\dfrac{3}{2}$
　(i), (ii)에서 주어진 방정식의 해는
　　$x=-\dfrac{3}{2}$ 또는 $x=\dfrac{3}{2}$
(2) (i) $x<3$일 때, $x^2+(x-3)-9=0$
　　　$x^2+x-12=0, (x+4)(x-3)=0$
　　　$\therefore x=-4$ 또는 $x=3$
　　　그런데 $x<3$이므로 $x=-4$
　(ii) $x\geq3$일 때, $x^2-(x-3)-9=0$
　　　$x^2-x-6=0, (x+2)(x-3)=0$
　　　$\therefore x=-2$ 또는 $x=3$
　　　그런데 $x\geq3$이므로 $x=3$
　(i), (ii)에서 주어진 방정식의 해는
　　$x=-4$ 또는 $x=3$

[다른 풀이]
(1) $2x^2-|x|-3=0$에서 $x^2=|x|^2$이므로
　　$2|x|^2-|x|-3=0, (|x|+1)(2|x|-3)=0$
　　이때 $|x|+1>0$이므로
　　$2|x|-3=0$에서 $|x|=\dfrac{3}{2}$

$\therefore x=-\dfrac{3}{2}$ 또는 $x=\dfrac{3}{2}$

달 (1) $x=-\dfrac{3}{2}$ 또는 $x=\dfrac{3}{2}$　(2) $x=-4$ 또는 $x=3$

03-2

(i) $x<-1$일 때, $(x+1)^2+5(x+1)-6=0$
　　$x^2+7x=0, x(x+7)=0$
　　$\therefore x=0$ 또는 $x=-7$
　　그런데 $x<-1$이므로 $x=-7$
(ii) $x\geq-1$일 때, $(x+1)^2-5(x+1)-6=0$
　　$x^2-3x-10=0, (x+2)(x-5)=0$
　　$\therefore x=-2$ 또는 $x=5$
　　그런데 $x\geq-1$이므로 $x=5$
(i), (ii)에서 주어진 방정식의 해는
$x=-7$ 또는 $x=5$
따라서 모든 근의 합은 $(-7)+5=-2$

[다른 풀이]
$|x+1|=X$로 놓으면
$X^2-5X-6=0, (X+1)(X-6)=0$
이때 $X+1=|x+1|+1>0$이므로
$X-6=0$에서 $X=6$
$|x+1|=6, x+1=\pm6$
$\therefore x=-7$ 또는 $x=5$
따라서 모든 근의 합은 $(-7)+5=-2$

달 -2

03-3

(i) $x<2$일 때, $x^2+(x-2)-4=0$
　　$x^2+x-6=0, (x+3)(x-2)=0$
　　$\therefore x=-3$ 또는 $x=2$
　　그런데 $x<2$이므로 $x=-3$
(ii) $x\geq2$일 때, $x^2-(x-2)-4=0$
　　$x^2-x-2=0, (x+1)(x-2)=0$
　　$\therefore x=-1$ 또는 $x=2$
　　그런데 $x\geq2$이므로 $x=2$
(i), (ii)에서 주어진 방정식의 해는
$x=-3$ 또는 $x=2$
$x=2$가 이차방정식 $x^2+ax-6=0$의 한 근이므로
$4+2a-6=0, 2a=2$　　$\therefore a=1$

달 1

03-4

$x^2+|x|-5=\sqrt{(x-3)^2}-2$에서
$x^2+|x|-5=|x-3|-2$

$$\therefore x^2+|x|-|x-3|-3=0$$

(i) $x<0$일 때, $x^2-x+(x-3)-3=0$

$\quad x^2-6=0,\ x^2=6$

$\quad \therefore x=\pm\sqrt{6}$

그런데 $x<0$이므로 $x=-\sqrt{6}$

(ii) $0\leq x<3$일 때, $x^2+x+(x-3)-3=0$

$\quad x^2+2x-6=0$

$\quad \therefore x=-1\pm\sqrt{7}$

그런데 $0\leq x<3$이므로 $x=-1+\sqrt{7}$

(iii) $x\geq3$일 때, $x^2+x-(x-3)-3=0$

$\quad x^2=0 \quad \therefore x=0$

그런데 $x\geq3$이므로 $x=0$은 근이 아니다.

(i)~(iii)에서 주어진 방정식의 해는

$x=-\sqrt{6}$ 또는 $x=-1+\sqrt{7}$

답 $x=-\sqrt{6}$ 또는 $x=-1+\sqrt{7}$

04-1

길의 폭을 x m라 하면 남은 땅의 가로의 길이는 $(30-x)$ m,
세로의 길이는 $(24-2x)$ m이므로

$(30-x)(24-2x)=416,\ x^2-42x+152=0$

$(x-4)(x-38)=0 \quad \therefore x=4$ 또는 $x=38$

그런데 세로의 길이에서 $0<x<12$이므로 $x=4$

따라서 길의 폭은 4 m이다.

답 4 m

04-2

처음 직사각형의 세로의 길이를 x cm라 하면 가로의 길이는
$(x+5)$ cm이다.

새로 만들어진 직사각형의 가로의 길이는
$2(x+5)$ cm, 세로의 길이는 $(x-3)$ cm이므로

$2(x+5)(x-3)=x(x+5)+12,\ x^2-x-42=0$

$(x+6)(x-7)=0 \quad \therefore x=-6$ 또는 $x=7$

그런데 세로의 길이에서 $x>3$이므로 $x=7$

따라서 처음 직사각형의 세로의 길이는 7 cm이다.

답 7 cm

04-3

처음 정삼각형 ABC의 한 변의 길이를 x cm라 하면
$\overline{A'B}=x+9$ (cm), $\overline{A'C}=x+7$ (cm)

$\triangle A'BC$는 직각삼각형이므로

$(x+9)^2=x^2+(x+7)^2,\ x^2-4x-32=0$

$(x+4)(x-8)=0 \quad \therefore x=-4$ 또는 $x=8$

그런데 $x>0$이므로 $x=8$

따라서 처음 정삼각형 ABC의 한 변의 길이는 8 cm이다.

답 8 cm

04-4

미술관의 작년 관람료를 a원, 관람객 수를 b명이라 하면

$$ab\left(1+\frac{5x}{100}\right)\left(1-\frac{2x}{100}\right)=ab\left(1+\frac{12.5}{100}\right)$$

$x^2-30x+125=0,\ (x-5)(x-25)=0$

$\therefore x=5$ 또는 $x=25$

그런데 $x<20$이므로 $x=5$

답 5

02 이차방정식의 판별식

개념 CHECK

본문 173쪽

01 (1) 서로 다른 두 실근 (2) 중근 (3) 서로 다른 두 허근

02 (1) $a>2$ (2) $a=2$ (3) $a<2$

03 $k\leq\dfrac{9}{8}$ **04** $-6,6$

01

(1) 이차방정식 $x^2-5x+1=0$의 판별식을 D라 하면

$\quad D=(-5)^2-4\times1\times1=21>0$

이므로 서로 다른 두 실근을 갖는다.

(2) 이차방정식 $x^2+8x+16=0$의 판별식을 D라 하면

$\quad \dfrac{D}{4}=4^2-1\times16=0$

이므로 중근을 갖는다.

(3) 이차방정식 $2x^2-x+3=0$의 판별식을 D라 하면

$\quad D=(-1)^2-4\times2\times3=-23<0$

이므로 서로 다른 두 허근을 갖는다.

답 (1) 서로 다른 두 실근 (2) 중근 (3) 서로 다른 두 허근

02

이차방정식 $x^2+2x-a+3=0$의 판별식을 D라 하면

$\dfrac{D}{4}=1^2-1\times(-a+3)=a-2$

(1) 서로 다른 두 실근을 가지려면

$\quad \dfrac{D}{4}=a-2>0 \quad \therefore a>2$

(2) 중근을 가지려면

$\quad \dfrac{D}{4}=a-2=0 \quad \therefore a=2$

(3) 서로 다른 두 허근을 가지려면

$$\frac{D}{4}=a-2<0 \qquad \therefore a<2$$

답 (1) $a>2$ (2) $a=2$ (3) $a<2$

03

이차방정식 $x^2+3x+2k=0$의 판별식을 D라 하면

$$D=3^2-4\times1\times2k\geq0,\ -8k\geq-9 \qquad \therefore k\leq\frac{9}{8}$$

답 $k\leq\frac{9}{8}$

04

이차식 x^2-mx+9가 x에 대한 완전제곱식이 되려면 이차방정식 $x^2-mx+9=0$의 판별식을 D라 할 때, $D=0$이어야 하므로

$$D=(-m)^2-4\times1\times9=0,\ m^2=36$$
$$\therefore m=-6 \text{ 또는 } m=6$$

답 $-6,\ 6$

유제

본문 174~177쪽

05-1 (1) $k>-\dfrac{4}{3}$ (2) $k=-\dfrac{4}{3}$ (3) $k<-\dfrac{4}{3}$

05-2 $k\leq\dfrac{29}{4}$ **05-3** $\dfrac{3}{7}<k<1$ 또는 $k>1$

05-4 서로 다른 두 허근 **06-1** $\dfrac{3}{4}$

06-2 1 **06-3** 빗변의 길이가 b인 직각삼각형

06-4 33

05-1

이차방정식 $x^2+2(k+3)x+k^2+1=0$의 판별식을 D라 하면

$$\frac{D}{4}=(k+3)^2-(k^2+1)=k^2+6k+9-k^2-1=6k+8$$

(1) 서로 다른 두 실근을 가지려면

$$\frac{D}{4}=6k+8>0 \qquad \therefore k>-\frac{4}{3}$$

(2) 중근을 가지려면

$$\frac{D}{4}=6k+8=0 \qquad \therefore k=-\frac{4}{3}$$

(3) 서로 다른 두 허근을 가지려면

$$\frac{D}{4}=6k+8<0 \qquad \therefore k<-\frac{4}{3}$$

답 (1) $k>-\dfrac{4}{3}$ (2) $k=-\dfrac{4}{3}$ (3) $k<-\dfrac{4}{3}$

05-2

이차방정식 $x^2+(2k-1)x+k^2-7=0$이 실근을 가지므로 판별식을 D라 하면

$$D=(2k-1)^2-4(k^2-7)\geq0$$
$$4k^2-4k+1-4k^2+28\geq0$$
$$-4k+29\geq0 \qquad \therefore k\leq\frac{29}{4}$$

답 $k\leq\dfrac{29}{4}$

05-3

$(k-1)x^2-2(k+1)x+k-4=0$이 이차방정식이므로

$$k-1\neq0 \qquad \therefore k\neq1 \qquad\cdots\cdots\ \text{㉠}$$

이차방정식 $(k-1)x^2-2(k+1)x+k-4=0$이 서로 다른 두 실근을 가지므로 판별식을 D라 하면

$$\frac{D}{4}=\{-(k+1)\}^2-(k-1)(k-4)>0$$
$$7k-3>0 \qquad \therefore k>\frac{3}{7} \qquad\cdots\cdots\ \text{㉡}$$

㉠, ㉡에서

$$\frac{3}{7}<k<1 \text{ 또는 } k>1$$

답 $\dfrac{3}{7}<k<1$ 또는 $k>1$

05-4

이차방정식 $x^2+2ax+b-1=0$이 중근을 가지므로 판별식을 D_1이라 하면

$$\frac{D_1}{4}=a^2-(b-1)=0$$
$$a^2-b+1=0 \qquad \therefore a^2=b-1 \qquad\cdots\cdots\ \text{㉠}$$

이차방정식 $x^2+ax+b^2+2=0$의 판별식을 D_2라 하면

$$\begin{aligned}D_2&=a^2-4\times1\times(b^2+2)\\&=a^2-4b^2-8\\&=b-1-4b^2-8\ (\because \text{㉠})\\&=-4b^2+b-9\\&=-4\left(b^2-\frac{1}{4}b+\frac{1}{64}-\frac{1}{64}\right)-9\\&=-4\left(b-\frac{1}{8}\right)^2-\frac{143}{16}<0\end{aligned}$$

따라서 이차방정식 $x^2+ax+b^2+2=0$은 서로 다른 두 허근을 갖는다.

답 서로 다른 두 허근

06-1

이차방정식 $x^2+(2k-a)x+k^2-k+b=0$이 중근을 가지
므로 판별식을 D라 하면

$D=(2k-a)^2-4(k^2-k+b)=0$

$4k^2-4ak+a^2-4k^2+4k-4b=0$

$\therefore (-4a+4)k+a^2-4b=0$

이 식이 k의 값에 관계없이 성립하므로

$-4a+4=0$, $a^2-4b=0$

$\therefore a=1$, $b=\dfrac{1}{4}$

$\therefore a-b=1-\dfrac{1}{4}=\dfrac{3}{4}$

답 $\dfrac{3}{4}$

06-2

이차식 $x^2-4(1-k)x+k-1$이 완전제곱식이 되려면 이차
방정식 $x^2-4(1-k)x+k-1=0$이 중근을 가져야 한다.
따라서 판별식을 D라 하면

$\dfrac{D}{4}=\{-2(1-k)\}^2-(k-1)=0$

$4-8k+4k^2-k+1=0$

$4k^2-9k+5=0$, $(k-1)(4k-5)=0$

$\therefore k=1$ 또는 $k=\dfrac{5}{4}$

이때 k가 자연수이므로 $k=1$

답 1

06-3

이차방정식 $x^2+2ax+b^2-c^2=0$이 중근을 가지므로 판별식
을 D라 하면

$\dfrac{D}{4}=a^2-(b^2-c^2)=0$

$a^2-b^2+c^2=0$ $\therefore b^2=a^2+c^2$

따라서 빗변의 길이가 b인 직각삼각형이다.

답 빗변의 길이가 b인 직각삼각형

06-4

이차식 $x^2+(ak-b)x+2k^2-c+5$가 완전제곱식이 되려
면 이차방정식 $x^2+(ak-b)x+2k^2-c+5=0$이 중근을
가져야 한다.
따라서 판별식을 D라 하면

$D=(ak-b)^2-4(2k^2-c+5)=0$

$a^2k^2-2abk+b^2-8k^2+4c-20=0$

$(a^2-8)k^2-2abk+b^2+4c-20=0$

이 식이 k의 값에 관계없이 성립하므로

$a^2-8=0$, $-2ab=0$, $b^2+4c-20=0$

$\therefore a^2=8$, $b=0$, $c=5$

$\therefore a^2+b^2+c^2=8+0+5^2=33$

답 33

본문 181쪽

03 이차방정식의 근과 계수의 관계

개념 CHECK

01 (1) 4 (2) 2 (3) $2\sqrt{2}$ **02** $x^2-2x-1=0$

03 (1) $(x-1-\sqrt{6})(x-1+\sqrt{6})$

(2) $(x+3-2i)(x+3+2i)$

04 $a=-2$, $b=10$

01

(1) $\alpha+\beta=-\dfrac{-4}{1}=4$

(2) $\alpha\beta=\dfrac{2}{1}=2$

(3) $|\alpha-\beta|=\dfrac{\sqrt{(-4)^2-4\times1\times2}}{|1|}=2\sqrt{2}$

다른 풀이

(3) $(\alpha-\beta)^2=(\alpha+\beta)^2-4\alpha\beta$

$=4^2-4\times2=8$

$\therefore |\alpha-\beta|=2\sqrt{2}$

답 (1) 4 (2) 2 (3) $2\sqrt{2}$

02

두 수 $1+\sqrt{2}$, $1-\sqrt{2}$를 근으로 하고 x^2의 계수가 1인 이차방
정식은

$x^2-(1+\sqrt{2}+1-\sqrt{2})x+(1+\sqrt{2})(1-\sqrt{2})=0$

$\therefore x^2-2x-1=0$

답 $x^2-2x-1=0$

03

(1) 이차방정식 $x^2-2x-5=0$을 풀면

$x=-(-1)\pm\sqrt{(-1)^2-1\times(-5)}=1\pm\sqrt{6}$

$\therefore x^2-2x-5=\{x-(1+\sqrt{6})\}\{x-(1-\sqrt{6})\}$

$=(x-1-\sqrt{6})(x-1+\sqrt{6})$

(2) 이차방정식 $x^2+6x+13=0$을 풀면

$$x=-3\pm\sqrt{3^2-1\times13}=-3\pm2i$$

$$\therefore x^2+6x+13=\{x-(-3+2i)\}\{x-(-3-2i)\}$$
$$=(x+3-2i)(x+3+2i)$$

📘 (1) $(x-1-\sqrt{6})(x-1+\sqrt{6})$

(2) $(x+3-2i)(x+3+2i)$

04

a, b가 실수이므로 이차방정식 $x^2+ax+b=0$의 한 근이 $1+3i$이면 다른 한 근은 $1-3i$이다.

따라서 근과 계수의 관계에 의하여

(두 근의 합)$=(1+3i)+(1-3i)=2=-a$

$$\therefore a=-2$$

(두 근의 곱)$=(1+3i)(1-3i)=10=b$

$$\therefore b=10$$

📘 $a=-2$, $b=10$

유제

본문 182~193쪽

07-1 (1) 4　(2) -4　(3) $2\sqrt{3}$　(4) $12\sqrt{3}$

07-2 $\dfrac{5}{2}$　**07-3** ④　**07-4** 16

08-1 (1) 1　(2) -1　**08-2** (1) 3　(2) 4

08-3 2　**08-4** $x=-2$ 또는 $x=6$

09-1 (1) $-\dfrac{1}{4}$, $\dfrac{1}{3}$　(2) -1　**09-2** 9

09-3 0　**09-4** -1

10-1 (1) $-x^2+3x+2=0$　(2) $2x^2+x-2=0$

10-2 16　**10-3** 9　**10-4** 21

11-1 두 근의 합: 1, 두 근의 곱: $\dfrac{1}{4}$　**11-2** 1

11-3 ④　**11-4** 17

12-1 (1) $a=-4$, $b=-1$　(2) $a=2$, $b=5$

12-2 17　**12-3** -2　**12-4** -10

07-1

이차방정식 $x^2+2x-2=0$의 두 근이 α, β이므로 근과 계수의 관계에 의하여

$$\alpha+\beta=-2,\ \alpha\beta=-2$$

(1) $\alpha^2\beta+\alpha\beta^2=\alpha\beta(\alpha+\beta)=(-2)\times(-2)=4$

(2) $\dfrac{\beta}{\alpha}+\dfrac{\alpha}{\beta}=\dfrac{\beta^2+\alpha^2}{\alpha\beta}=\dfrac{(\alpha+\beta)^2-2\alpha\beta}{\alpha\beta}$

$$=\dfrac{(-2)^2-2\times(-2)}{-2}=-4$$

(3) $(\alpha-\beta)^2=(\alpha+\beta)^2-4\alpha\beta$

$$=(-2)^2-4\times(-2)=12$$

$$\therefore \alpha-\beta=\sqrt{(\alpha-\beta)^2}=2\sqrt{3}\ (\because \alpha>\beta)$$

(4) $\alpha-\beta=2\sqrt{3}$이므로

$$\alpha^3-\beta^3=(\alpha-\beta)^3+3\alpha\beta(\alpha-\beta)$$
$$=(2\sqrt{3})^3+3\times(-2)\times2\sqrt{3}=12\sqrt{3}$$

다른 풀이

(3) $\alpha-\beta=\dfrac{\sqrt{2^2-4\times1\times(-2)}}{1}=2\sqrt{3}$

📘 (1) 4　(2) -4　(3) $2\sqrt{3}$　(4) $12\sqrt{3}$

07-2

이차방정식 $3x^2-6x-1=0$의 두 근이 α, β이므로 근과 계수의 관계에 의하여

$$\alpha+\beta=2,\ \alpha\beta=-\dfrac{1}{3}$$

$$\therefore \dfrac{\beta}{\alpha+1}+\dfrac{\alpha}{\beta+1}=\dfrac{\beta^2+\beta+\alpha^2+\alpha}{(\alpha+1)(\beta+1)}$$

$$=\dfrac{(\alpha+\beta)^2-2\alpha\beta+(\alpha+\beta)}{\alpha\beta+\alpha+\beta+1}$$

$$=\dfrac{2^2-2\times\left(-\dfrac{1}{3}\right)+2}{\left(-\dfrac{1}{3}\right)+2+1}=\dfrac{5}{2}$$

📘 $\dfrac{5}{2}$

07-3

이차방정식 $x^2+x-1=0$의 두 근이 α, β이므로 근과 계수의 관계에 의하여

$$\alpha+\beta=-1,\ \alpha\beta=-1$$

이때 $P(x)=2x^2-3x$이므로

$$\beta P(\alpha)+\alpha P(\beta)=\beta(2\alpha^2-3\alpha)+\alpha(2\beta^2-3\beta)$$
$$=2\alpha^2\beta-3\alpha\beta+2\alpha\beta^2-3\alpha\beta$$
$$=2\alpha\beta(\alpha+\beta)-6\alpha\beta$$
$$=2\times(-1)\times(-1)-6\times(-1)=8$$

📘 ④

07-4

α, β가 이차방정식 $x^2-x+3=0$의 두 근이므로

$$\alpha^2-\alpha+3=0,\ \beta^2-\beta+3=0$$

$$\therefore \alpha^2-\alpha=-3,\ \beta^2-\beta=-3$$

근과 계수의 관계에 의하여

$$\alpha+\beta=1,\ \alpha\beta=3$$

$$\therefore \alpha^5+\beta^5-\alpha^4-\beta^4+\alpha^3+\beta^3$$
$$=\alpha^3(\alpha^2-\alpha+1)+\beta^3(\beta^2-\beta+1)$$
$$=\alpha^3\times(-3+1)+\beta^3\times(-3+1)$$
$$=-2(\alpha^3+\beta^3)$$
$$=-2\{(\alpha+\beta)^3-3\alpha\beta(\alpha+\beta)\}$$
$$=-2(1^3-3\times3\times1)=16$$

답 16

08-1

(1) 이차방정식 $x^2+ax+b=0$의 두 근이 $1-\sqrt{3},\ 1+\sqrt{3}$이
므로 근과 계수의 관계에 의하여
$$(1-\sqrt{3})+(1+\sqrt{3})=-a,\ (1-\sqrt{3})(1+\sqrt{3})=b$$
$$\therefore a=-2,\ b=-2$$
따라서 이차방정식 $ax^2-bx-5=0$의 두 근의 합은
$$\frac{b}{a}=\frac{-2}{-2}=1$$

(2) 이차방정식 $x^2-2ax+4=0$의 두 근이 $\alpha,\ \beta$이므로 근과
계수의 관계에 의하여
$$\alpha+\beta=2a,\ \alpha\beta=4 \qquad \cdots\cdots \text{㉠}$$
또한 이차방정식 $x^2+6x-b=0$의 두 근이 $\alpha+1,\ \beta+1$
이므로 근과 계수의 관계에 의하여
$$(\alpha+1)+(\beta+1)=-6,\ (\alpha+1)(\beta+1)=-b$$
$$\therefore \alpha+\beta+2=-6,\ \alpha\beta+\alpha+\beta+1=-b \quad\cdots\cdots \text{㉡}$$
㉠을 ㉡에 대입하면
$$2a+2=-6,\ 4+2a+1=-b$$
두 식을 연립하여 풀면 $a=-4,\ b=3$
$$\therefore a+b=(-4)+3=-1$$

답 (1) 1 (2) -1

08-2

(1) 이차방정식 $x^2+2ax+b-1=0$의 두 근이 $2-i,\ 2+i$이
므로 근과 계수의 관계에 의하여
$$(2-i)+(2+i)=-2a,\ (2-i)(2+i)=b-1$$
$$\therefore a=-2,\ b=6$$
따라서 이차방정식 $ax^2+3x-b=0$의 두 근의 곱은
$$\frac{-b}{a}=\frac{-6}{-2}=3$$

(2) 이차방정식 $3x^2-9x+a=0$의 두 근이 $\alpha,\ \beta$이므로 근과
계수의 관계에 의하여
$$\alpha+\beta=3,\ \alpha\beta=\frac{a}{3} \qquad \cdots\cdots \text{㉠}$$
또한 이차방정식 $x^2-4x+b+2=0$의 두 근이 $\alpha+\beta$,
$\alpha\beta$이므로 근과 계수의 관계에 의하여
$$(\alpha+\beta)+\alpha\beta=4,\ (\alpha+\beta)\times\alpha\beta=b+2 \quad\cdots\cdots \text{㉡}$$
㉠을 ㉡에 대입하면

$$3+\frac{a}{3}=4,\ 3\times\frac{a}{3}=b+2$$
두 식을 연립하여 풀면 $a=3,\ b=1$
$$\therefore a+b=3+1=4$$

답 (1) 3 (2) 4

08-3

이차방정식 $x^2+px+q=0$의 두 근이 $\alpha,\ \beta$이므로 근과 계수
의 관계에 의하여
$$\alpha+\beta=-p,\ \alpha\beta=q$$
이차방정식 $x^2-3px+4(q-1)=0$의 두 근이 $\alpha^2,\ \beta^2$이므
로 근과 계수의 관계에 의하여
$$\alpha^2+\beta^2=3p,\ \alpha^2\beta^2=4(q-1)$$
$\alpha\beta=q$를 $\alpha^2\beta^2=4(q-1)$에 대입하면
$$q^2=4(q-1)\text{에서 } q^2-4q+4=0$$
$$(q-2)^2=0 \qquad \therefore q=2$$
또한 $\alpha^2+\beta^2=(\alpha+\beta)^2-2\alpha\beta$에
$\alpha+\beta=-p,\ \alpha^2+\beta^2=3p,\ \alpha\beta=2$를 대입하면
$$3p=(-p)^2-4,\ p^2-3p-4=0$$
$$(p+1)(p-4)=0 \qquad \therefore p=-1 \text{ 또는 } p=4$$
이때 $p>0$이므로 $p=4$
$$\therefore p-q=4-2=2$$

답 2

08-4

형태는 $a,\ c$를 바르게 보고 풀었으므로 두 근의 곱에서
$$\frac{c}{a}=(-4)\times3=-12$$
$$\therefore c=-12a \qquad \cdots\cdots \text{㉠}$$
수현이는 $a,\ b$를 바르게 보고 풀었으므로 두 근의 합에서
$$-\frac{b}{a}=(2-\sqrt{7})+(2+\sqrt{7})=4$$
$$\therefore b=-4a \qquad \cdots\cdots \text{㉡}$$
㉠, ㉡을 $ax^2+bx+c=0$에 대입하면
$$ax^2-4ax-12a=0$$
이때 $a\neq0$이므로 양변을 a로 나누면
$$x^2-4x-12=0,\ (x+2)(x-6)=0$$
$$\therefore x=-2 \text{ 또는 } x=6$$

답 $x=-2$ 또는 $x=6$

09-1

(1) 두 근의 비가 $1:3$이므로 두 근을 $\alpha,\ 3\alpha(\alpha\neq0)$라 하면
근과 계수의 관계에 의하여
$$\alpha+3\alpha=8k \qquad \therefore \alpha=2k \qquad \cdots\cdots \text{㉠}$$
$$\alpha\times3\alpha=k+1 \qquad \therefore 3\alpha^2=k+1 \qquad \cdots\cdots \text{㉡}$$

⊙을 ⓛ에 대입하면
$12k^2=k+1,\ 12k^2-k-1=0$
$(4k+1)(3k-1)=0$ ∴ $k=-\dfrac{1}{4}$ 또는 $k=\dfrac{1}{3}$

(2) 주어진 이차방정식의 두 근을 $\alpha,\ \alpha+2$라 하면 근과 계수의 관계에 의하여
$\alpha+(\alpha+2)=-2(k+1)$ ∴ $k=-\alpha-2$ ⋯⋯ ⊙
$\alpha(\alpha+2)=-1,\ \alpha^2+2\alpha+1=0$
$(\alpha+1)^2=0$ ∴ $\alpha=-1$
$\alpha=-1$을 ⊙에 대입하면 $k=-1$

[다른 풀이]

(2) 이차방정식 $x^2+2(k+1)x-1=0$의 두 근을 $\alpha,\ \beta$라 하면 근과 계수의 관계에 의하여
$\alpha+\beta=-2(k+1),\ \alpha\beta=-1$
두 근의 차가 2이므로 $|\alpha-\beta|=2$에서
$(\alpha-\beta)^2=4$
따라서 $(\alpha-\beta)^2=(\alpha+\beta)^2-4\alpha\beta$에서
$4=\{-2(k+1)\}^2-4\times(-1)$
$(k+1)^2=0$ ∴ $k=-1$

🔔 (1) $-\dfrac{1}{4},\ \dfrac{1}{3}$ (2) -1

09-2

주어진 이차방정식의 두 근을 $\alpha,\ 4\alpha$라 하면 근과 계수의 관계에 의하여
$\alpha+4\alpha=5(\alpha-3)$ ∴ $a=\alpha+3$ ⋯⋯ ⊙
$\alpha\times4\alpha=6a$ ∴ $a=\dfrac{2}{3}\alpha^2$ ⋯⋯ ⓛ

⊙을 ⓛ에 대입하면 $\alpha+3=\dfrac{2}{3}\alpha^2$
$2\alpha^2-3\alpha-9=0,\ (2\alpha+3)(\alpha-3)=0$
∴ $\alpha=-\dfrac{3}{2}$ 또는 $\alpha=3$
$\alpha=-\dfrac{3}{2}$을 ⊙에 대입하면 $a=\dfrac{3}{2}$
$\alpha=3$을 ⊙에 대입하면 $a=6$
따라서 모든 a의 값의 곱은 $\dfrac{3}{2}\times6=9$

🔔 9

09-3

주어진 이차방정식의 두 근을 $\alpha,\ \alpha+1$이라 하면 근과 계수의 관계에 의하여
$\alpha+(\alpha+1)=a$ ∴ $a=2\alpha+1$ ⋯⋯ ⊙
$\alpha(\alpha+1)=a^2-1$ ∴ $a^2=\alpha^2+\alpha+1$ ⋯⋯ ⓛ

⊙을 ⓛ에 대입하면 $(2\alpha+1)^2=\alpha^2+\alpha+1$
$3\alpha^2+3\alpha=0,\ 3\alpha(\alpha+1)=0$
∴ $\alpha=0$ 또는 $\alpha=-1$
$\alpha=0$을 ⊙에 대입하면 $a=1$
$\alpha=-1$을 ⊙에 대입하면 $a=-1$
따라서 모든 a의 값의 합은 $1+(-1)=0$

🔔 0

09-4

$\alpha,\ \beta$가 주어진 이차방정식의 두 근이므로 근과 계수의 관계에 의하여
$\alpha+\beta=3m$ ⋯⋯ ⊙
$\alpha\beta=-(m+2)$ ⋯⋯ ⓛ
이때 $\alpha^2+\beta^2=11$이므로 $\alpha^2+\beta^2=(\alpha+\beta)^2-2\alpha\beta$에서
$11=(3m)^2+2(m+2),\ 9m^2+2m-7=0$
$(m+1)(9m-7)=0$ ∴ $m=-1$ 또는 $m=\dfrac{7}{9}$
그런데 $\alpha+\beta<0$이므로 ⊙에서 $m<0$
∴ $m=-1$

🔔 -1

10-1

이차방정식 $x^2-x-4=0$의 두 근이 $\alpha,\ \beta$이므로 근과 계수의 관계에 의하여
$\alpha+\beta=1,\ \alpha\beta=-4$

(1) 구하는 이차방정식의 두 근이 $\alpha+1,\ \beta+1$이므로
(두 근의 합)$=(\alpha+1)+(\beta+1)=\alpha+\beta+2$
$=1+2=3$
(두 근의 곱)$=(\alpha+1)(\beta+1)=\alpha\beta+\alpha+\beta+1$
$=(-4)+1+1=-2$
따라서 $\alpha+1,\ \beta+1$을 두 근으로 하고 x^2의 계수가 -1인 이차방정식은
$-(x^2-3x-2)=0$ ∴ $-x^2+3x+2=0$

(2) 구하는 이차방정식의 두 근이 $\dfrac{2}{\alpha},\ \dfrac{2}{\beta}$이므로
(두 근의 합)$=\dfrac{2}{\alpha}+\dfrac{2}{\beta}=\dfrac{2(\alpha+\beta)}{\alpha\beta}=\dfrac{2\times1}{-4}=-\dfrac{1}{2}$
(두 근의 곱)$=\dfrac{2}{\alpha}\times\dfrac{2}{\beta}=\dfrac{4}{\alpha\beta}=\dfrac{4}{-4}=-1$
따라서 $\dfrac{2}{\alpha},\ \dfrac{2}{\beta}$를 두 근으로 하고 x^2의 계수가 2인 이차방정식은
$2\left(x^2+\dfrac{1}{2}x-1\right)=0$ ∴ $2x^2+x-2=0$

🔔 (1) $-x^2+3x+2=0$ (2) $2x^2+x-2=0$

10-2

이차방정식 $x^2+2x+5=0$의 두 근이 α, β이므로 근과 계수의 관계에 의하여
$\alpha+\beta=-2$, $\alpha\beta=5$
구하는 이차방정식의 두 근이 α^2+1, β^2+1이므로
$$
\begin{aligned}
(두 근의 합) &= (\alpha^2+1)+(\beta^2+1) \\
&= \alpha^2+\beta^2+2 \\
&= (\alpha+\beta)^2-2\alpha\beta+2 \\
&= (-2)^2-2\times5+2=-4
\end{aligned}
$$
$$
\begin{aligned}
(두 근의 곱) &= (\alpha^2+1)(\beta^2+1) \\
&= \alpha^2\beta^2+\alpha^2+\beta^2+1 \\
&= (\alpha\beta)^2+(\alpha+\beta)^2-2\alpha\beta+1 \\
&= 5^2+(-2)^2-2\times5+1=20
\end{aligned}
$$
따라서 α^2+1, β^2+1을 두 근으로 하고 x^2의 계수가 1인 이차방정식은
$x^2+4x+20=0$
따라서 $a=4$, $b=20$이므로
$b-a=20-4=16$

답 16

10-3

이차방정식 $2x^2-3x+4=0$의 두 근이 α, β이므로 근과 계수의 관계에 의하여
$\alpha+\beta=\dfrac{3}{2}$, $\alpha\beta=2$
구하는 이차방정식의 두 근이 $\alpha+\dfrac{1}{\beta}$, $\beta+\dfrac{1}{\alpha}$이므로
$$
\begin{aligned}
(두 근의 합) &= \left(\alpha+\frac{1}{\beta}\right)+\left(\beta+\frac{1}{\alpha}\right) \\
&= (\alpha+\beta)+\left(\frac{1}{\alpha}+\frac{1}{\beta}\right) \\
&= (\alpha+\beta)+\frac{\alpha+\beta}{\alpha\beta} \\
&= \frac{3}{2}+\frac{\frac{3}{2}}{2}=\frac{9}{4}
\end{aligned}
$$
$$
\begin{aligned}
(두 근의 곱) &= \left(\alpha+\frac{1}{\beta}\right)\left(\beta+\frac{1}{\alpha}\right) \\
&= \alpha\beta+\frac{1}{\alpha\beta}+2 \\
&= 2+\frac{1}{2}+2=\frac{9}{2}
\end{aligned}
$$
따라서 $\alpha+\dfrac{1}{\beta}$, $\beta+\dfrac{1}{\alpha}$을 두 근으로 하고 x^2의 계수가 4인 이차방정식은
$4\left(x^2-\dfrac{9}{4}x+\dfrac{9}{2}\right)=0 \qquad \therefore 4x^2-9x+18=0$

따라서 $a=-9$, $b=18$이므로
$a+b=(-9)+18=9$

답 9

10-4

이차방정식 $x^2-ax+b=0$의 두 근이 1, α이므로 근과 계수의 관계에 의하여
$1+\alpha=a$, $\alpha=b$ $\qquad\qquad$ ...... ㉠
이차방정식 $x^2+(a+2)x+b-3=0$의 두 근이 -2, β이므로 근과 계수의 관계에 의하여
$-2+\beta=-a-2$, $-2\beta=b-3$ $\quad$ ...... ㉡
㉠을 ㉡에 대입하면
$-2+\beta=-1-a-2$, $-2\beta=a-3$
$\therefore \alpha+\beta=-1$, $a+2\beta=3$
두 식을 연립하여 풀면
$\alpha=-5$, $\beta=4$
구하는 이차방정식의 두 근이 α, β이므로
$(두 근의 합)=\alpha+\beta=(-5)+4=-1$
$(두 근의 곱)=\alpha\beta=(-5)\times4=-20$
이때 α, β를 두 근으로 하고 x^2의 계수가 1인 이차방정식은
$x^2+x-20=0$
따라서 $p=1$, $q=-20$이므로
$p-q=1-(-20)=21$

답 21

11-1

이차방정식 $f(x)=0$의 두 근을 α, β라 하면
$\alpha+\beta=2$, $\alpha\beta=1$이고, $f(\alpha)=0$, $f(\beta)=0$이므로
$f(4x-1)=0$이려면
$4x-1=\alpha$ 또는 $4x-1=\beta$
$\therefore x=\dfrac{\alpha+1}{4}$ 또는 $x=\dfrac{\beta+1}{4}$
따라서 이차방정식 $f(4x-1)=0$의 두 근의 합은
$\dfrac{\alpha+1}{4}+\dfrac{\beta+1}{4}=\dfrac{\alpha+\beta+2}{4}=\dfrac{2+2}{4}=1$
두 근의 곱은
$\dfrac{\alpha+1}{4}\times\dfrac{\beta+1}{4}=\dfrac{\alpha\beta+\alpha+\beta+1}{16}=\dfrac{1+2+1}{16}=\dfrac{1}{4}$

다른 풀이
이차방정식 $f(x)=0$의 두 근을 α, β라 하면
$\alpha+\beta=2$, $\alpha\beta=1$이므로 x^2의 계수가 $a(a\neq0)$이고 α, β를 두 근으로 하는 이차방정식은
$a(x-\alpha)(x-\beta)=0$, $a\{x^2-(\alpha+\beta)x+\alpha\beta\}=0$
$a(x^2-2x+1)=0$
이때 $f(x)=a(x^2-2x+1)$이라 하면

$$f(4x-1)=a\{(4x-1)^2-2(4x-1)+1\}$$
$$=a(16x^2-16x+4)$$
$$=16ax^2-16ax+4a=0$$

따라서 $f(4x-1)=0$, 즉 이차방정식
$16ax^2-16ax+4a=0$에서 근과 계수의 관계에 의하여

(두 근의 합)$=-\dfrac{-16a}{16a}=1$

(두 근의 곱)$=\dfrac{4a}{16a}=\dfrac{1}{4}$

답 두 근의 합: 1, 두 근의 곱: $\dfrac{1}{4}$

11-2

이차방정식 $f(x)=0$의 두 근이 α, β이므로
$f(\alpha)=0$, $f(\beta)=0$
$f(2x+5)=0$에서 $2x+5=\alpha$ 또는 $2x+5=\beta$

$\therefore x=\dfrac{\alpha-5}{2}$ 또는 $x=\dfrac{\beta-5}{2}$

이때 $\alpha+\beta=6$, $\alpha\beta=9$이므로 이차방정식 $f(2x+5)=0$의 두 근의 곱은

$$\dfrac{\alpha-5}{2}\times\dfrac{\beta-5}{2}=\dfrac{\alpha\beta-5(\alpha+\beta)+25}{4}$$
$$=\dfrac{9-5\times6+25}{4}=1$$

답 1

11-3

방정식 $f(x)=0$의 한 근이 -1이므로
$f(-1)=0$
각 방정식의 좌변에 $x=2$를 대입하면
① $f(2-2)=f(0)$
② $f(2x-1)=f(3)$
③ $f(-x-1)=f(-3)$
④ $f(x^2-5)=f(-1)=0$
⑤ $f(|x|-2)=f(0)$
따라서 2를 반드시 근으로 갖는 x에 대한 방정식은 ④이다.

답 ④

11-4

$f(\alpha)=f(\beta)=2$이므로
$f(\alpha)-2=0$, $f(\beta)-2=0$
즉, 이차방정식 $f(x)-2=0$의 두 근이 α, β이고 $f(x)$의 x^2의 계수가 3이므로
$f(x)-2=3(x-\alpha)(x-\beta)$ ······ ㉠
또한 이차방정식 $x^2-3x+1=0$의 두 근이 α, β이므로
$x^2-3x+1=(x-\alpha)(x-\beta)$ ······ ㉡

㉠, ㉡에 의하여 $f(x)-2=3(x^2-3x+1)$
$\therefore f(x)=3x^2-9x+5$
$\therefore f(-1)=3\times(-1)^2-9\times(-1)+5=17$

답 17

12-1

(1) a, b가 유리수이므로 이차방정식 $x^2+ax-b=0$의 한 근이 $2-\sqrt{3}$이면 다른 한 근은 $2+\sqrt{3}$이다.
따라서 근과 계수의 관계에 의하여
(두 근의 합)$=(2-\sqrt{3})+(2+\sqrt{3})=-a$
$\therefore a=-4$
(두 근의 곱)$=(2-\sqrt{3})(2+\sqrt{3})=-b$
$\therefore b=-1$

(2) a, b가 실수이므로 이차방정식 $x^2-(a+4)x+2b=0$의 한 근이 $3-i$이면 다른 한 근은 $3+i$이다.
따라서 근과 계수의 관계에 의하여
(두 근의 합)$=(3-i)+(3+i)=a+4$
$\therefore a=2$
(두 근의 곱)$=(3-i)(3+i)=2b$
$\therefore b=5$

답 (1) $a=-4$, $b=-1$ (2) $a=2$, $b=5$

12-2

a, b가 실수이므로 이차방정식 $x^2+6x+a=0$의 한 근이 $b+\sqrt{5}i$이면 다른 한 근은 $b-\sqrt{5}i$이다.
따라서 근과 계수의 관계에 의하여
(두 근의 합)$=(b+\sqrt{5}i)+(b-\sqrt{5}i)=-6$
$\therefore b=-3$
(두 근의 곱)$=(b+\sqrt{5}i)(b-\sqrt{5}i)$
$$=(-3+\sqrt{5}i)(-3-\sqrt{5}i)=a$$
$\therefore a=14$
$\therefore a-b=14-(-3)=17$

답 17

12-3

$$\dfrac{1}{\sqrt{2}-1}=\dfrac{\sqrt{2}+1}{(\sqrt{2}-1)(\sqrt{2}+1)}=1+\sqrt{2}$$

a, b가 유리수이므로 이차방정식 $x^2+ax+b=0$의 한 근이 $1+\sqrt{2}$이면 다른 한 근은 $1-\sqrt{2}$이다.
따라서 근과 계수의 관계에 의하여
(두 근의 합)$=(1+\sqrt{2})+(1-\sqrt{2})=-a$
$\therefore a=-2$
(두 근의 곱)$=(1+\sqrt{2})(1-\sqrt{2})=b$
$\therefore b=-1$

따라서 이차방정식 $x^2-2bx-a=0$, 즉 $x^2+2x+2=0$의 두 근의 합은 -2이다.

답 -2

12-4

m, n이 실수이므로 이차방정식 $x^2+mx+n=0$의 한 근이 $-2+i$이면 다른 한 근은 $-2-i$이다.

따라서 근과 계수의 관계에 의하여

(두 근의 합)$=(-2+i)+(-2-i)=-m$

$\therefore m=4$

(두 근의 곱)$=(-2+i)(-2-i)=n$

$\therefore n=5$

따라서 $\dfrac{1}{m}$, $\dfrac{1}{n}$, 즉 $\dfrac{1}{4}$, $\dfrac{1}{5}$을 두 근으로 하고 x^2의 계수가 20인 이차방정식은

$20\left(x-\dfrac{1}{4}\right)\left(x-\dfrac{1}{5}\right)=0$, $20\left(x^2-\dfrac{9}{20}x+\dfrac{1}{20}\right)=0$

$\therefore 20x^2-9x+1=0$

따라서 $a=-9$, $b=1$이므로

$a-b=(-9)-1=-10$

답 -10

중단원 연습문제

본문 194~198쪽

01 -1	**02** $10-\sqrt{2}$	**03** $-3+\sqrt{3}$
04 9초 후	**05** 8	**06** -1, 3
07 6	**08** -1	**09** -1 **10** 7
11 2	**12** 8	**13** $\dfrac{-1+\sqrt{41}}{8}$
14 ⑤	**15** 4	**16** $-\dfrac{3}{2}$
17 $-2+\sqrt{7}$	**18** 5	**19** ② **20** 120

01

$(\sqrt{2}-1)x^2+(2-\sqrt{2})x-1=0$에서 x^2의 계수가 무리수이므로 양변에 $\sqrt{2}+1$을 곱하면

$x^2+\sqrt{2}x-(\sqrt{2}+1)=0$

좌변을 인수분해하면 $(x+\sqrt{2}+1)(x-1)=0$

$\therefore x=-\sqrt{2}-1$ 또는 $x=1$

이때 $\alpha>\beta$이므로 $\alpha=1$, $\beta=-\sqrt{2}-1$

$\therefore \sqrt{2}\alpha+\beta=\sqrt{2}+(-\sqrt{2}-1)=-1$

답 -1

02

이차방정식 $x^2+(2a^2+1)x+3a^2=0$의 한 근이 -2이므로

$x=-2$를 $x^2+(2a^2+1)x+3a^2=0$에 대입하면

$4-2(2a^2+1)+3a^2=0$, $-a^2+2=0$

$a^2=2$ $\therefore a=\pm\sqrt{2}$

이때 a는 양수이므로 $a=\sqrt{2}$

이차방정식 $kx^2-5x+k+1=0$의 한 근이 $\sqrt{2}$이므로

$x=\sqrt{2}$를 $kx^2-5x+k+1=0$에 대입하면

$2k-5\sqrt{2}+k+1=0$, $3k=5\sqrt{2}-1$

$\therefore k=\dfrac{5\sqrt{2}-1}{3}$

$\therefore 3ak=3\times\sqrt{2}\times\dfrac{(5\sqrt{2}-1)}{3}=10-\sqrt{2}$

답 $10-\sqrt{2}$

03

(i) $x<-\dfrac{3}{2}$일 때, $x^2-(2x+3)-5=0$

$x^2-2x-8=0$, $(x+2)(x-4)=0$

$\therefore x=-2$ 또는 $x=4$

그런데 $x<-\dfrac{3}{2}$이므로 $x=-2$

(ii) $x\geq-\dfrac{3}{2}$일 때, $x^2+(2x+3)-5=0$

$x^2+2x-2=0$ $\therefore x=-1\pm\sqrt{3}$

그런데 $x\geq-\dfrac{3}{2}$이므로 $x=-1+\sqrt{3}$

(i), (ii)에서 주어진 방정식의 근은

$x=-2$ 또는 $x=-1+\sqrt{3}$

따라서 모든 근의 합은

$-2+(-1+\sqrt{3})=-3+\sqrt{3}$

답 $-3+\sqrt{3}$

04

x초 후에 직사각형의 넓이가 $90\,\mathrm{cm}^2$가 된다고 하면 이때의 직사각형의 가로의 길이는 $(12+2x)\,\mathrm{cm}$, 세로의 길이는 $(12-x)\,\mathrm{cm}$이므로

$(12+2x)(12-x)=90$, $x^2-6x-27=0$

$(x+3)(x-9)=0$ $\therefore x=-3$ 또는 $x=9$

그런데 세로의 길이에서 $0<x<12$이므로 $x=9$

따라서 직사각형의 넓이가 $90\,\mathrm{cm}^2$가 되는 것은 9초 후이다.

답 9초 후

05

이차방정식 $x^2+2x-(3-k)=0$이 허근을 가지므로 판별식을 D_1이라 하면

$$\frac{D_1}{4}=1^2-\{-(3-k)\}<0$$

$$4-k<0 \quad \therefore k>4 \quad \cdots\cdots \text{㉠}$$

이차방정식 $x^2-(k-2)x+k+1=0$이 중근을 가지므로 판별식을 D_2라 하면

$$D_2=\{-(k-2)\}^2-4(k+1)=0$$

$$k^2-8k=0, \ k(k-8)=0$$

$$\therefore k=0 \ \text{또는} \ k=8 \quad \cdots\cdots \text{㉡}$$

㉠, ㉡에서 $k=8$

답 8

06

이차식 $x^2+(k-1)x+k^2-2k-2$가 완전제곱식이 되려면 이차방정식 $x^2+(k-1)x+k^2-2k-2=0$이 중근을 가져야 한다.

판별식을 D라 하면

$$D=(k-1)^2-4(k^2-2k-2)=0$$

$$k^2-2k-3=0, \ (k+1)(k-3)=0$$

$$\therefore k=-1 \ \text{또는} \ k=3$$

답 $-1, 3$

07

α, β가 이차방정식 $x^2+3x-2=0$의 두 근이므로

$$\alpha^2+3\alpha-2=0, \ \beta^2+3\beta-2=0$$

$$\therefore \alpha^2+3\alpha=2, \ \beta^2+3\beta=2$$

근과 계수의 관계에 의하여

$$\alpha+\beta=-3$$

$$\therefore \frac{6\beta}{\alpha^2+3\alpha-5}-\frac{6\alpha}{5-3\beta-\beta^2}$$

$$=\frac{6\beta}{\alpha^2+3\alpha-5}+\frac{6\alpha}{\beta^2+3\beta-5}$$

$$=\frac{6\beta}{2-5}+\frac{6\alpha}{2-5}=-2(\alpha+\beta)$$

$$=-2\times(-3)=6$$

답 6

08

이차방정식 $2x^2-4ax+1=0$의 두 근이 α, β이므로 근과 계수의 관계에 의하여

$$\alpha+\beta=2a, \ \alpha\beta=\frac{1}{2}$$

이차방정식 $4x^2+6x+b=0$의 두 근이 $\alpha^2\beta, \beta^2\alpha$이므로 근과 계수의 관계에 의하여

$$\alpha^2\beta+\beta^2\alpha=-\frac{3}{2} \quad \therefore \alpha\beta(\alpha+\beta)=-\frac{3}{2} \quad \cdots\cdots \text{㉠}$$

$$\alpha^2\beta\times\beta^2\alpha=\frac{b}{4} \quad \therefore (\alpha\beta)^3=\frac{b}{4} \quad \cdots\cdots \text{㉡}$$

㉠에 $\alpha+\beta=2a, \ \alpha\beta=\frac{1}{2}$을 대입하면

$$\frac{1}{2}\times 2a=-\frac{3}{2} \quad \therefore a=-\frac{3}{2}$$

㉡에 $\alpha\beta=\frac{1}{2}$을 대입하면

$$\left(\frac{1}{2}\right)^3=\frac{b}{4} \quad \therefore b=\frac{1}{2}$$

$$\therefore a+b=\left(-\frac{3}{2}\right)+\frac{1}{2}=-1$$

답 -1

09

이차방정식 $x^2-(3k^2-k-4)x+2k-1=0$의 두 근을 $\alpha, -\alpha$라 하면 근과 계수의 관계에 의하여

$$\alpha+(-\alpha)=3k^2-k-4\text{에서} \ 3k^2-k-4=0$$

$$(k+1)(3k-4)=0 \quad \therefore k=-1 \ \text{또는} \ k=\frac{4}{3} \quad \cdots\cdots \text{㉠}$$

$\alpha\times(-\alpha)=2k-1$에서 두 실근의 부호가 서로 다르므로

$$2k-1<0 \quad \therefore k<\frac{1}{2} \quad \cdots\cdots \text{㉡}$$

㉠, ㉡에서 $k=-1$

답 -1

10

이차방정식 $x^2-4x+1=0$의 두 실근이 α, β이므로 근과 계수의 관계에 의하여

$$\alpha+\beta=4, \ \alpha\beta=1$$

이차방정식 $x^2+ax+b=0$의 두 근이 $\sqrt{\alpha}, \sqrt{\beta}$이고

$(\sqrt{\alpha}+\sqrt{\beta})^2=\alpha+\beta+2\sqrt{\alpha\beta}=4+2\times 1=6$이므로

$\alpha+\beta>0, \ \alpha\beta>0$, 즉 $\alpha>0, \ \beta>0$에서

$$(\text{두 근의 합})=\sqrt{\alpha}+\sqrt{\beta}=\sqrt{6}$$

$$(\text{두 근의 곱})=\sqrt{\alpha}\times\sqrt{\beta}$$

$$=\sqrt{\alpha\beta}=1$$

따라서 $\sqrt{\alpha}, \sqrt{\beta}$를 두 근으로 하고 x^2의 계수가 1인 이차방정식은 $x^2-\sqrt{6}x+1=0$이므로

$$a=-\sqrt{6}, \ b=1$$

$$\therefore a^2+b^2=(-\sqrt{6})^2+1^2=7$$

답 7

11

이차방정식 $f(x)=0$, 즉 $x^2-4x+6=0$의 두 근을 α, β라 하면 $\alpha+\beta=4, \ \alpha\beta=6$이고, $f(\alpha)=0, \ f(\beta)=0$이므로

$f(3x-2)=0$이려면

$3x-2=\alpha$ 또는 $3x-2=\beta$

$\therefore x=\dfrac{\alpha+2}{3}$ 또는 $x=\dfrac{\beta+2}{3}$

따라서 이차방정식 $f(3x-2)=0$의 두 근의 곱은

$\dfrac{\alpha+2}{3}\times\dfrac{\beta+2}{3}=\dfrac{\alpha\beta+2(\alpha+\beta)+4}{9}$

$=\dfrac{6+2\times4+4}{9}=2$

답 2

12

$\dfrac{1}{1+2i}=\dfrac{1-2i}{(1+2i)(1-2i)}=\dfrac{1-2i}{5}$

a, b가 실수이므로 이차방정식 $5x^2+ax+b=0$의 한 근이 $\dfrac{1-2i}{5}$이면 다른 한 근은 $\dfrac{1+2i}{5}$이다.

따라서 근과 계수의 관계에 의하여

(두 근의 합)$=\dfrac{1-2i}{5}+\dfrac{1+2i}{5}=-\dfrac{a}{5}$

$\therefore a=-2$

(두 근의 곱)$=\dfrac{1-2i}{5}\times\dfrac{1+2i}{5}=\dfrac{b}{5}$

$\therefore b=1$

따라서 이차방정식 $x^2-ax-b=0$, 즉 $x^2+2x-1=0$의 두 근을 α, β라 하면

$\alpha+\beta=-2$, $\alpha\beta=-1$

$\therefore (\alpha-\beta)^2=(\alpha+\beta)^2-4\alpha\beta=(-2)^2-4\times(-1)=8$

답 8

13

방정식 $|x^2-(2a^2-1)x+a-3|=2$의 한 근이 -1이므로

$x=-1$을 $|x^2-(2a^2-1)x+a-3|=2$에 대입하면

$|1+2a^2-1+a-3|=2$

$|2a^2+a-3|=2$

$\therefore 2a^2+a-3=\pm2$

(i) $2a^2+a-3=-2$일 때,

$2a^2+a-1=0$, $(a+1)(2a-1)=0$

$\therefore a=-1$ 또는 $a=\dfrac{1}{2}$

이때 $a>0$이므로 $a=\dfrac{1}{2}$

(ii) $2a^2+a-3=2$일 때,

$2a^2+a-5=0$ $\therefore a=\dfrac{-1\pm\sqrt{41}}{4}$

이때 $a>0$이므로 $a=\dfrac{-1+\sqrt{41}}{4}$

(i), (ii)에서 모든 양수 a의 값의 곱은

$\dfrac{1}{2}\times\dfrac{-1+\sqrt{41}}{4}=\dfrac{-1+\sqrt{41}}{8}$

답 $\dfrac{-1+\sqrt{41}}{8}$

14

오른쪽 그림과 같이 점 G에서 $\overline{BC}$에 내린 수선의 발을 P, 점 H에서 $\overline{BC}$에 내린 수선의 발을 Q라 하고 $\overline{EG}=x$라 하면

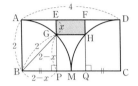

$\overline{GP}=\overline{EP}-\overline{EG}=2-x$

$\overline{AE}=\overline{FD}$, $\overline{EF}=\overline{GH}=2x$이므로

$\overline{BP}=\overline{AE}=\dfrac{\overline{AD}-\overline{EF}}{2}$

$=\dfrac{4-2x}{2}=2-x$

직각삼각형 BPG에서 피타고라스 정리에 의하여

$\overline{BG}^2=\overline{BP}^2+\overline{GP}^2$이므로

$2^2=(2-x)^2+(2-x)^2$, $(2-x)^2=2$

$2-x=\pm\sqrt{2}$ $\therefore x=2\pm\sqrt{2}$

그런데 $0<x<2$이므로 $x=2-\sqrt{2}$

$\therefore$ (직사각형 EGHF의 넓이)$=\overline{EG}\times\overline{GH}=x\times2x$

$=2x^2=2(2-\sqrt{2})^2$

$=2(6-4\sqrt{2})$

$=12-8\sqrt{2}$

참고

삼각형 BPG와 CQH에서

$\overline{BG}=\overline{CH}=2$, $\overline{GP}=\overline{HQ}=2-x$,

$\angle BPG=\angle CQH=90^\circ$

따라서 $\triangle BPG\equiv\triangle CQH$ (RHS 합동)이므로

$\overline{BP}=\overline{CQ}$ $\therefore \overline{AE}=\overline{FD}$

답 ⑤

15

$x^2-2xy-y^2-2x+ky-1$에서

$x^2-2(y+1)x-y^2+ky-1$ ······ ㉠

x에 대한 이차방정식 $x^2-2(y+1)x-y^2+ky-1=0$의 판별식을 D_1이라 하면

$\dfrac{D_1}{4}=\{-(y+1)\}^2-(-y^2+ky-1)$

$=2y^2+(2-k)y+2$

이 식이 완전제곱식이 되어야 ㉠이 두 일차식의 곱으로 인수분해된다. (∵ 참고)

이때 y에 대한 이차방정식 $2y^2+(2-k)y+2=0$의 판별식을 D_2라 하면 $D_2=0$이어야 하므로
$D_2=(2-k)^2-4\times2\times2=0$
$k^2-4k-12=0$, $(k+2)(k-6)=0$
$\therefore k=-2$ 또는 $k=6$
따라서 모든 실수 k의 값의 합은
$(-2)+6=4$

참고

x에 대한 이차방정식 $x^2-2(y+1)x-y^2+ky-1=0$의 근을 근의 공식으로 구하면 $x=y+1\pm\sqrt{\dfrac{D_1}{4}}$이므로 이차식 ㉠을 인수분해할 수 있다.
그런데 $\sqrt{}$가 없어져야 이차식 ㉠이 두 일차식의 곱으로 인수분해되므로 $\sqrt{}$ 안의 식인 $\dfrac{D_1}{4}$이 y에 대한 완전제곱식이 되어야 한다.

답 4

16

이차방정식 $ax^2+bx+c=0$의 두 근이 α, β이므로 근과 계수의 관계에 의하여
$\alpha+\beta=-\dfrac{b}{a}$, $\alpha\beta=\dfrac{c}{a}$ $\qquad$ ……㉠
이차방정식 $ax^2-bx-c=0$의 두 근이 $\alpha+\beta$, $\alpha\beta$이므로 근과 계수의 관계에 의하여
$\alpha+\beta+\alpha\beta=\dfrac{b}{a}$, $\alpha\beta(\alpha+\beta)=-\dfrac{c}{a}$ $\quad$ ……㉡
㉠을 ㉡에 각각 대입하면
$\alpha+\beta+\alpha\beta=-(\alpha+\beta)$ $\qquad$ ……㉢
$\alpha\beta(\alpha+\beta)=-\alpha\beta$에서
$\alpha+\beta=-1$ $(\because c\neq0$이므로 $\alpha\beta\neq0)$ ……㉣
㉣을 ㉢에 대입하면
$-1+\alpha\beta=1$ $\qquad \therefore \alpha\beta=2$
$\therefore \dfrac{\beta}{\alpha}+\dfrac{\alpha}{\beta}=\dfrac{\alpha^2+\beta^2}{\alpha\beta}$
$\qquad\qquad =\dfrac{(\alpha+\beta)^2-2\alpha\beta}{\alpha\beta}$
$\qquad\qquad =\dfrac{(-1)^2-2\times2}{2}$
$\qquad\qquad =-\dfrac{3}{2}$

답 $-\dfrac{3}{2}$

17

α, β가 주어진 이차방정식의 두 근이므로 근과 계수의 관계에 의하여

$\alpha+\beta=-k$, $\alpha\beta=-k$
$|\alpha|+|\beta|=\sqrt{3}$의 양변을 제곱하면
$\alpha^2+\beta^2+2|\alpha||\beta|=3$, $(\alpha+\beta)^2-2\alpha\beta+2|\alpha\beta|=3$
$(\alpha+\beta)^2-2\alpha\beta-2\alpha\beta=3$ $(\because k>0$이므로 $\alpha\beta=-k<0)$
$(\alpha+\beta)^2-4\alpha\beta=3$, $k^2+4k-3=0$
$\therefore k=-2\pm\sqrt{7}$
그런데 $k>0$이므로 $k=-2+\sqrt{7}$

답 $-2+\sqrt{7}$

18

α, β가 주어진 이차방정식의 두 근이므로 근과 계수의 관계에 의하여 $\alpha+\beta=5$, $\alpha\beta=-1$
$(\alpha^n-\beta^n)(\alpha+\beta)=\alpha^{n+1}+\alpha^n\beta-\alpha\beta^n-\beta^{n+1}$
$\qquad\qquad\qquad\qquad =(\alpha^{n+1}-\beta^{n+1})+\alpha\beta(\alpha^{n-1}-\beta^{n-1})$
이므로 $5f(n)=f(n+1)-f(n-1)$ $(n\geq2)$
$\therefore \dfrac{f(n+1)-f(n-1)}{f(n)}=5$
위의 식에 $n=11$을 대입하면
$\dfrac{f(12)-f(10)}{f(11)}=5$

다른 풀이

α, β가 주어진 이차방정식의 두 근이므로
$\alpha^2-5\alpha-1=0$, $\beta^2-5\beta-1=0$
$\therefore \alpha^2-1=5\alpha$, $\beta^2-1=5\beta$
$\therefore \dfrac{f(12)-f(10)}{f(11)}=\dfrac{\alpha^{12}-\beta^{12}-(\alpha^{10}-\beta^{10})}{\alpha^{11}-\beta^{11}}$
$\qquad\qquad\qquad\quad =\dfrac{\alpha^{10}(\alpha^2-1)-\beta^{10}(\beta^2-1)}{\alpha^{11}-\beta^{11}}$
$\qquad\qquad\qquad\quad =\dfrac{\alpha^{10}\times5\alpha-\beta^{10}\times5\beta}{\alpha^{11}-\beta^{11}}$
$\qquad\qquad\qquad\quad =\dfrac{5(\alpha^{11}-\beta^{11})}{\alpha^{11}-\beta^{11}}$
$\qquad\qquad\qquad\quad =5$

답 5

19

$\{P(x)+2\}^2=(x-a)(x-2a)+4$
$\qquad\qquad\qquad =x^2-3ax+2a^2+4$ $\qquad$ ……㉠
이므로 x에 대한 이차방정식 $x^2-3ax+2a^2+4=0$은 중근을 가져야 한다.

따라서 판별식을 D라 하면
$D=(-3a)^2-4(2a^2+4)=0$
$a^2-16=0,\ (a+4)(a-4)=0$
$\therefore a=-4$ 또는 $a=4$

(i) $a=-4$일 때, ㉠에서
    $\{P(x)+2\}^2=x^2+12x+36=(x+6)^2$이므로
    $P(x)+2=x+6$ 또는 $P(x)+2=-x-6$
    $\therefore P(x)=x+4$ 또는 $P(x)=-x-8$

(ii) $a=4$일 때, ㉠에서
    $\{P(x)+2\}^2=x^2-12x+36=(x-6)^2$이므로
    $P(x)+2=x-6$ 또는 $P(x)+2=-x+6$
    $\therefore P(x)=x-8$ 또는 $P(x)=-x+4$

(i), (ii)에서 조건을 만족시키는 다항식 $P(x)$는
$x+4,\ -x-8,\ x-8,\ -x+4$
따라서 $P(1)$의 값은 차례대로
$5,\ -9,\ -7,\ 3$
이므로 모든 $P(1)$의 값의 합은
$5+(-9)+(-7)+3=-8$

답 ②

20

$\alpha,\ \beta$가 주어진 이차방정식의 두 근이므로 근과 계수의 관계에 의하여
$\alpha+\beta=-2a,\ \alpha\beta=-b$
$\therefore (\alpha-\beta)^2=(\alpha+\beta)^2-4\alpha\beta$
$\qquad\qquad\quad=(-2a)^2+4b$
$\qquad\qquad\quad=4a^2+4b$
$\therefore |\alpha-\beta|=2\sqrt{a^2+b}$
조건에서 $|\alpha-\beta|<12$이므로 $2\sqrt{a^2+b}<12$
$\sqrt{a^2+b}<6\quad \therefore a^2+b<36$
$a,\ b$는 자연수이므로

(i) $a=1$일 때,
    $b<35$이므로 순서쌍 $(a,\ b)$는
    $(1,\ 1),\ (1,\ 2),\ \cdots,\ (1,\ 34)$의 34개이다.

(ii) $a=2$일 때,
    $b<32$이므로 순서쌍 $(a,\ b)$는
    $(2,\ 1),\ (2,\ 2),\ \cdots,\ (2,\ 31)$의 31개이다.

(iii) $a=3$일 때,
    $b<27$이므로 순서쌍 $(a,\ b)$는
    $(3,\ 1),\ (3,\ 2),\ \cdots,\ (3,\ 26)$의 26개이다.

(iv) $a=4$일 때,
    $b<20$이므로 순서쌍 $(a,\ b)$는
    $(4,\ 1),\ (4,\ 2),\ \cdots,\ (4,\ 19)$의 19개이다.

(v) $a=5$일 때,
    $b<11$이므로 순서쌍 $(a,\ b)$는
    $(5,\ 1),\ (5,\ 2),\ \cdots,\ (5,\ 10)$의 10개이다.

(i)~(v)에서 구하는 순서쌍 $(a,\ b)$의 개수는
$34+31+26+19+10=120$

답 120

06 이차방정식과 이차함수

01 이차함수의 그래프

본문 205쪽

개념 CHECK

01 (1) 꼭짓점의 좌표: $(-2, 3)$, 축의 방정식 $x=-2$,
　　그래프: 풀이 참조
　(2) 꼭짓점의 좌표: $(3, -2)$, 축의 방정식 $x=3$,
　　그래프: 풀이 참조

02 (1) $y=3(x+1)^2+1$　(2) $y=2(x-1)^2-3$
　(3) $y=-x^2-x+2$　(4) $y=-x^2+2x+1$

03 $a>0, b>0, c>0$

01

(1) 꼭짓점의 좌표는 $(-2, 3)$,
　축의 방정식은 $x=-2$
　$x=0$을 $y=-(x+2)^2+3$에
　대입하면 $y=-1$이므로
　y축과의 교점은 $(0, -1)$
　따라서 그래프는 오른쪽 그림과
　같다.

(2) $y=x^2-6x+7=(x-3)^2-2$
　이므로
　꼭짓점의 좌표는 $(3, -2)$,
　축의 방정식은 $x=3$,
　y축과의 교점은 $(0, 7)$
　따라서 그래프는 오른쪽 그림과
　같다.

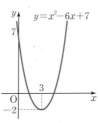

　답 (1) 꼭짓점의 좌표: $(-2, 3)$, 축의 방정식 $x=-2$,
　　　그래프: 풀이 참조
　(2) 꼭짓점의 좌표: $(3, -2)$, 축의 방정식 $x=3$,
　　　그래프: 풀이 참조

02

(1) 이차함수의 식을 $y=a(x+1)^2+1$이라 하면 이 함수의
　그래프가 점 $(0, 4)$를 지나므로
　$4=a+1$　∴ $a=3$
　따라서 구하는 이차함수의 식은
　$y=3(x+1)^2+1$

(2) 이차함수의 식을 $y=a(x-1)^2+b$라 하면
　이 함수의 그래프가 두 점 $(1, -3)$, $(3, 5)$를 지나므로
　$-3=b, 5=4a+b$
　∴ $a=2, b=-3$
　따라서 구하는 이차함수의 식은
　$y=2(x-1)^2-3$

(3) 이차함수의 식을 $y=a(x+2)(x-1)$이라 하면 이 함수
　의 그래프가 점 $(0, 2)$를 지나므로
　$2=a \times 2 \times (-1)$　∴ $a=-1$
　따라서 구하는 이차함수의 식은
　$y=-(x+2)(x-1)$, 즉 $y=-x^2-x+2$

(4) 이차함수의 식을 $y=ax^2+bx+c$라 하면 이 함수의 그래
　프가 점 $(0, 1)$을 지나므로
　$c=1$
　이차함수 $y=ax^2+bx+1$의 그래프가 두 점 $(1, 2)$,
　$(-1, -2)$를 지나므로
　$2=a+b+1, -2=a-b+1$
　두 식을 연립하여 풀면
　$a=-1, b=2$
　따라서 구하는 이차함수의 식은
　$y=-x^2+2x+1$

　답 (1) $y=3(x+1)^2+1$　(2) $y=2(x-1)^2-3$
　　　(3) $y=-x^2-x+2$　(4) $y=-x^2+2x+1$

03

이차함수 $y=ax^2+bx+c$에서
그래프가 아래로 볼록하므로 $a>0$
그래프의 축이 y축의 왼쪽에 있으므로 $-\dfrac{b}{2a}<0$
∴ $b>0$ ($\because a>0$)
그래프와 y축의 교점이 x축보다 위쪽에 있으므로 $c>0$
　　　　　　　　　답 $a>0, b>0, c>0$

02 이차방정식과 이차함수

개념 CHECK

본문 209쪽

01 (1) $0, -3$　(2) -1　(3) $2-\sqrt{6}, 2+\sqrt{6}$

02 (1) $k<\dfrac{9}{4}$　(2) $k=\dfrac{9}{4}$　(3) $k>\dfrac{9}{4}$

03 (1) $k>-1$　(2) $k=-1$　(3) $k<-1$

01

(1) 이차방정식 $x^2+3x=0$에서 $x(x+3)=0$

$\therefore x=0$ 또는 $x=-3$

따라서 교점의 x좌표는 0, -3이다.

(2) 이차방정식 $x^2+2x+1=0$에서 $(x+1)^2=0$

$\therefore x=-1$ (중근)

따라서 교점의 x좌표는 -1이다.

(3) 이차방정식 $-x^2+4x+2=0$에서 $x^2-4x-2=0$

$\therefore x=-(-2)\pm\sqrt{(-2)^2-1\times(-2)}=2\pm\sqrt{6}$

따라서 교점의 x좌표는 $2-\sqrt{6}$, $2+\sqrt{6}$이다.

답 (1) 0, -3 (2) -1 (3) $2-\sqrt{6}$, $2+\sqrt{6}$

02

이차방정식 $x^2-3x+k=0$의 판별식을 D라 하면

$D=(-3)^2-4\times1\times k=9-4k$

(1) 서로 다른 두 점에서 만나려면 $D>0$이어야 하므로

$9-4k>0$ $\therefore k<\dfrac{9}{4}$

(2) 접하려면 $D=0$이어야 하므로

$9-4k=0$ $\therefore k=\dfrac{9}{4}$

(3) 만나지 않으려면 $D<0$이어야 하므로

$9-4k<0$ $\therefore k>\dfrac{9}{4}$

답 (1) $k<\dfrac{9}{4}$ (2) $k=\dfrac{9}{4}$ (3) $k>\dfrac{9}{4}$

03

이차방정식 $x^2=2x+k$, 즉 $x^2-2x-k=0$의 판별식을 D라 하면

$\dfrac{D}{4}=(-1)^2-1\times(-k)=1+k$

(1) 서로 다른 두 점에서 만나려면 $\dfrac{D}{4}>0$이어야 하므로

$1+k>0$ $\therefore k>-1$

(2) 접하려면 $\dfrac{D}{4}=0$이어야 하므로

$1+k=0$ $\therefore k=-1$

(3) 만나지 않으려면 $\dfrac{D}{4}<0$이어야 하므로

$1+k<0$ $\therefore k<-1$

답 (1) $k>-1$ (2) $k=-1$ (3) $k<-1$

유제

01-1 $a=-3$, $b=-6$ **01-2** 3

01-3 -1 **01-4** $-\dfrac{1}{2}$

02-1 (1) $k>-\dfrac{9}{8}$ (2) $k=-\dfrac{9}{8}$ (3) $k<-\dfrac{9}{8}$

02-2 $a\le2$ **02-3** -8 **02-4** 20

03-1 $(-4, 10)$ **03-2** 24   **03-3** -9

03-4 -1 **04-1** (1) $k<10$ (2) $k=10$ (3) $k>10$

04-2 $a\ge\dfrac{1}{2}$ **04-3** $a<\dfrac{7}{4}$ **04-4** -4

05-1 (1) $y=2x-\dfrac{1}{4}$ (2) -1

05-2 -4 **05-3** 2   **05-4** $\dfrac{3}{4}$

01-1

이차함수 $y=3x^2-ax+b$의 그래프와 x축의 교점의 x좌표가 각각 -2, 1이므로 이차방정식 $3x^2-ax+b=0$의 두 근이 -2, 1이다.

따라서 이차방정식의 근과 계수의 관계에 의하여

$(-2)+1=\dfrac{a}{3}$, $(-2)\times1=\dfrac{b}{3}$

$\therefore a=-3$, $b=-6$

다른 풀이

이차방정식 $3x^2-ax+b=0$의 두 근이 -2, 1이므로 각각 대입하면

$12+2a+b=0$, $3-a+b=0$

두 식을 연립하여 풀면

$a=-3$, $b=-6$

답 $a=-3$, $b=-6$

01-2

이차함수 $y=-x^2+ax+b$의 그래프와 x축의 교점의 x좌표가 -1, 3이므로 이차방정식 $-x^2+ax+b=0$의 두 근이 -1, 3이다.

따라서 이차방정식의 근과 계수의 관계에 의하여

$(-1)+3=a$, $(-1)\times3=-b$

$\therefore a=2$, $b=3$

$\therefore 3a-b=3\times2-3=3$

답 3

01-3

이차함수 $y=x^2+ax-2$의 그래프와 x축의 교점의 x좌표를 α, β라 하면 이차방정식 $x^2+ax-2=0$의 두 근이 α, β이므

로 근과 계수의 관계에 의하여

$\alpha+\beta=-a,\ \alpha\beta=-2$ ...... ㉠

이때 주어진 이차함수의 그래프가 x축과 만나는 두 점 사이의 거리가 3이므로

$|\alpha-\beta|=3$

양변을 제곱하면 $(\alpha-\beta)^2=9$이고

$(\alpha-\beta)^2=(\alpha+\beta)^2-4\alpha\beta$이므로

$(\alpha+\beta)^2-4\alpha\beta=9$ ...... ㉡

㉠을 ㉡에 대입하면

$a^2+8=9,\ a^2=1$

$\therefore a=-1$ 또는 $a=1$

따라서 모든 a의 값의 곱은 -1이다.

답 -1

01-4

이차함수 $y=f(x)$의 그래프와 x축의 교점의 x좌표가 -2, 3이므로 이차방정식 $f(x)=0$의 두 근이 -2, 3이다.

이차방정식 $f(2x+1)=0$의 두 근은 $2x+1=-2$, $2x+1=3$을 만족시키는 x의 값이므로

$x=-\dfrac{3}{2}$ 또는 $x=1$

따라서 두 실근의 합은 $\left(-\dfrac{3}{2}\right)+1=-\dfrac{1}{2}$이다.

참고

이차방정식 $f(x)=0$의 두 근이 α, β이면
$f(\alpha)=0$, $f(\beta)=0$이므로 $f(ax+b)=0\,(a\neq0)$의 두 근은 $ax+b=\alpha$, $ax+b=\beta$에서
$x=\dfrac{\alpha-b}{a}$ 또는 $x=\dfrac{\beta-b}{a}$

답 $-\dfrac{1}{2}$

02-1

이차방정식 $x^2-3x-2k=0$의 판별식을 D라 하면

$D=(-3)^2-4\times1\times(-2k)=9+8k$

(1) 서로 다른 두 점에서 만나려면 $D>0$이어야 하므로

　$9+8k>0$　$\therefore k>-\dfrac{9}{8}$

(2) 접하려면 $D=0$이어야 하므로

　$9+8k=0$　$\therefore k=-\dfrac{9}{8}$

(3) 만나지 않으려면 $D<0$이어야 하므로

　$9+8k<0$　$\therefore k<-\dfrac{9}{8}$

답 (1) $k>-\dfrac{9}{8}$　(2) $k=-\dfrac{9}{8}$　(3) $k<-\dfrac{9}{8}$

02-2

이차함수 $y=x^2-2x+a-1$의 그래프가 x축과 만나므로 이차방정식 $x^2-2x+a-1=0$의 판별식을 D라 하면

$\dfrac{D}{4}=(-1)^2-(a-1)\geq0$ ← 서로 다른 두 점에서 만나거나 접한다.

$1-a+1\geq0$　$\therefore a\leq2$

답 $a\leq2$

02-3

이차함수 $y=2x^2+kx-k$의 그래프는 x축에 접하므로 이차방정식 $2x^2+kx-k=0$의 판별식을 D_1이라 하면

$D_1=k^2-4\times2\times(-k)=0$

$k^2+8k=0,\ k(k+8)=0$

$\therefore k=0$ 또는 $k=-8$ ...... ㉠

이차함수 $y=-x^2+x+3k$의 그래프는 x축과 만나지 않으므로 이차방정식 $-x^2+x+3k=0$의 판별식을 D_2라 하면

$D_2=1^2-4\times(-1)\times3k<0$

$1+12k<0$　$\therefore k<-\dfrac{1}{12}$ ...... ㉡

㉠, ㉡에서 $k=-8$

답 -8

02-4

이차함수 $y=x^2+2(a-k)x+k^2-8k+b$의 그래프가 x축에 접하므로 이차방정식 $x^2+2(a-k)x+k^2-8k+b=0$의 판별식을 D라 하면

$\dfrac{D}{4}=(a-k)^2-(k^2-8k+b)=0$

$a^2-2ak+k^2-k^2+8k-b=0$

$\therefore (-2a+8)k+a^2-b=0$

이 식이 실수 k의 값에 관계없이 항상 성립하므로

$-2a+8=0,\ a^2-b=0$

$\therefore a=4,\ b=16$

$\therefore a+b=4+16=20$

답 20

03-1

이차함수 $y=x^2+2x+2$의 그래프와 직선 $y=-3x+k$의 교점의 x좌표는 이차방정식

$x^2+2x+2=-3x+k$, 즉 $x^2+5x+2-k=0$ ...... ㉠

의 실근과 같으므로 이차방정식 ㉠의 한 근이 -1이다.

$x=-1$을 ㉠에 대입하면 $1-5+2-k=0$　$\therefore k=-2$

$k=-2$를 ㉠에 대입하면 $x^2+5x+4=0$

$(x+4)(x+1)=0$ ∴ $x=-4$ 또는 $x=-1$

즉, 점 B의 x좌표는 -4이므로

$y=-3x+k$, 즉 $y=-3x-2$에 $x=-4$를 대입하면

$y=-3\times(-4)-2=10$

따라서 구하는 점 B의 좌표는 $(-4, 10)$이다.

[다른 풀이]

$x^2+2x+2=-3x+k$에서

$x^2+5x+2-k=0$ ...... ㉠

점 B의 x좌표를 a라 하면 이차방정식 ㉠의 두 근이 -1, a이

므로 근과 계수의 관계에 의하여

$-1+a=-5$ ∴ $a=-4$

즉, 점 B의 x좌표가 -4이므로

$y=x^2+2x+2$에 $x=-4$를 대입하면

$y=(-4)^2+2\times(-4)+2=10$

따라서 구하는 점 B의 좌표는 $(-4, 10)$이다.

답 $(-4, 10)$

03-2

이차함수 $y=2x^2-3x+1$의 그래프와 직선 $y=ax-b$의 두

교점의 x좌표가 -3, 4이므로 이차방정식

$2x^2-3x+1=ax-b$, 즉 $2x^2-(3+a)x+1+b=0$의 두

근이 -3, 4이다.

따라서 이차방정식의 근과 계수의 관계에 의하여

$(-3)+4=\dfrac{3+a}{2}$, $(-3)\times4=\dfrac{1+b}{2}$

∴ $a=-1$, $b=-25$

∴ $a-b=(-1)-(-25)=24$

답 24

03-3

이차함수 $y=x^2+2ax-7$의 그래프와 직선 $y=x+b$의 교

점의 x좌표는 이차방정식 $x^2+2ax-7=x+b$,

즉 $x^2+(2a-1)x-7-b=0$의 실근과 같다.

이 이차방정식의 두 근을 α, β라 하면 근과 계수의 관계에 의

하여

$\alpha+\beta=-(2a-1)$, $\alpha\beta=-7-b$

이때 두 교점의 x좌표의 합이 -5이고 곱이 -4이므로

$\alpha+\beta=-5$, $\alpha\beta=-4$

따라서 $-(2a-1)=-5$, $-7-b=-4$이므로

$a=3$, $b=-3$

∴ $ab=3\times(-3)=-9$

답 -9

03-4

이차함수 $y=x^2+ax+b$의 그래프와 직선 $y=2x+3$의 교

점의 x좌표는 이차방정식 $x^2+ax+b=2x+3$,

즉 $x^2+(a-2)x+b-3=0$의 실근과 같다.

a, b가 유리수이고 이 이차방정식의 한 근이 $2+\sqrt{6}$이므로 다

른 한 근은 $2-\sqrt{6}$이다.

따라서 이차방정식의 근과 계수의 관계에 의하여

$(2+\sqrt{6})+(2-\sqrt{6})=-(a-2)$ ∴ $a=-2$

$(2+\sqrt{6})(2-\sqrt{6})=b-3$ ∴ $b=1$

∴ $a+b=(-2)+1=-1$

답 -1

04-1

이차방정식 $x^2+4x+k=-2x+1$, 즉 $x^2+6x+k-1=0$

의 판별식을 D라 하면

$\dfrac{D}{4}=3^2-(k-1)=10-k$

(1) 서로 다른 두 점에서 만나려면 $\dfrac{D}{4}>0$이어야 하므로

$10-k>0$ ∴ $k<10$

(2) 접하려면 $\dfrac{D}{4}=0$이어야 하므로

$10-k=0$ ∴ $k=10$

(3) 만나지 않으려면 $\dfrac{D}{4}<0$이어야 하므로

$10-k<0$ ∴ $k>10$

답 (1) $k<10$ (2) $k=10$ (3) $k>10$

04-2

이차함수 $y=x^2-4ax+4a^2+2a-3$의 그래프와 직선

$y=2x-5$가 적어도 한 점에서 만나려면 이차방정식

$x^2-4ax+4a^2+2a-3=2x-5$, 즉

$x^2-2(2a+1)x+4a^2+2a+2=0$ ...... ㉠

이 실근을 가져야 한다.

이차방정식 ㉠의 판별식을 D라 하면

$\dfrac{D}{4}=\{-(2a+1)\}^2-(4a^2+2a+2)\geq0$

$2a-1\geq0$ ∴ $a\geq\dfrac{1}{2}$

답 $a\geq\dfrac{1}{2}$

04-3

이차함수 $y=x^2-2ax+9$의 그래프가 직선 $y=x-a^2+4a$

보다 항상 위쪽에 있으려면 두 그래프가 만나지 않아야 하므

로 이차방정식

$x^2-2ax+9=x-a^2+4a$, 즉

$$x^2-(2a+1)x+a^2-4a+9=0 \quad \cdots\cdots \ \boxed{\ominus}$$
이 허근을 가져야 한다.

이차방정식 $\boxed{\ominus}$의 판별식을 D라 하면
$$D=\{-(2a+1)\}^2-4(a^2-4a+9)<0$$
$$20a-35<0 \qquad \therefore a<\frac{7}{4}$$

🇩 $a<\dfrac{7}{4}$

04-4

이차함수 $y=x^2+(k+1)x+1$의 그래프가 직선 $y=x-3$
과 접하므로 이차방정식 $x^2+(k+1)x+1=x-3$, 즉
$x^2+kx+4=0$의 판별식을 D_1이라 하면
$$D_1=k^2-16=0$$
$$\therefore k=-4 \ \text{또는} \ k=4 \quad \cdots\cdots \ \boxed{\ominus}$$
또한 이차함수 $y=x^2+(k+1)x+1$의 그래프가 직선

$y=-x-\dfrac{k^2}{4}$과 만나지 않으므로 이차방정식

$x^2+(k+1)x+1=-x-\dfrac{k^2}{4}$, 즉

$x^2+(k+2)x+1+\dfrac{k^2}{4}=0$의 판별식을 D_2라 하면

$$D_2=(k+2)^2-4\left(1+\frac{k^2}{4}\right)<0$$
$$4k<0 \qquad \therefore k<0 \quad \cdots\cdots \ \boxed{\bigcirc}$$
$\boxed{\ominus}$, $\boxed{\bigcirc}$에서 $k=-4$

🇩 -4

05-1

(1) 직선의 기울기가 2이므로 구하는 직선의 방정식을
$y=2x+k$라 하자.
직선 $y=2x+k$가 이차함수 $y=x^2-x+2$의 그래프에 접
하므로 이차방정식 $x^2-x+2=2x+k$, 즉
$x^2-3x+2-k=0$의 판별식을 D라 하면
$$D=(-3)^2-4(2-k)=0$$
$$4k+1=0 \qquad \therefore k=-\frac{1}{4}$$
따라서 직선의 방정식은 $y=2x-\dfrac{1}{4}$

(2) 직선 $y=ax+b$가 직선 $y=-3x+5$와 평행하므로
$a=-3$
직선 $y=-3x+b$가 이차함수 $y=2x^2+x+1$의 그래프
에 접하므로 이차방정식 $2x^2+x+1=-3x+b$, 즉
$2x^2+4x+1-b=0$의 판별식을 D라 하면
$$\frac{D}{4}=2^2-2(1-b)=0$$
$$2+2b=0 \qquad \therefore b=-1$$

🇩 (1) $y=2x-\dfrac{1}{4}$ (2) -1

05-2

직선 $y=-x+1$을 y축의 방향으로 k만큼 평행이동하면
$$y=-x+1+k$$
이 직선이 이차함수 $y=x^2-3x-2$의 그래프에 접하므로 이
차방정식 $x^2-3x-2=-x+1+k$, 즉 $x^2-2x-k-3=0$
의 판별식을 D라 하면
$$\frac{D}{4}=(-1)^2-(-k-3)=0$$
$$k+4=0 \qquad \therefore k=-4$$

🇩 -4

05-3

직선 $y=ax+b$가 점 $(-1,-2)$를 지나므로
$$-2=-a+b \qquad \therefore b=a-2 \quad \cdots\cdots \ \boxed{\ominus}$$
직선 $y=ax+a-2$가 이차함수 $y=x^2+4x+1$의 그래프에
접하므로 이차방정식 $x^2+4x+1=ax+a-2$, 즉
$x^2+(4-a)x-a+3=0$의 판별식을 D라 하면
$$D=(4-a)^2-4(-a+3)=0, \ a^2-4a+4=0$$
$$(a-2)^2=0 \qquad \therefore a=2$$
$a=2$를 $\boxed{\ominus}$에 대입하면 $b=0$
$$\therefore a+b=2+0=2$$

🇩 2

05-4

이차함수 $y=x^2-2kx+k^2-k$의 그래프와 직선
$y=2ax-b$가 접하므로 이차방정식
$x^2-2kx+k^2-k=2ax-b$, 즉
$x^2-2(k+a)x+k^2-k+b=0$의 판별식을 D라 하면
$$\frac{D}{4}=\{-(k+a)\}^2-(k^2-k+b)=0$$
$$2ak+a^2+k-b=0$$
$$\therefore (2a+1)k+a^2-b=0$$
이 식이 k의 값에 관계없이 항상 성립하므로
$$2a+1=0, \ a^2-b=0$$
위의 두 식을 연립하여 풀면
$$a=-\frac{1}{2}, \ b=\frac{1}{4}$$
$$\therefore b-a=\frac{1}{4}-\left(-\frac{1}{2}\right)=\frac{3}{4}$$

🇩 $\dfrac{3}{4}$

03 이차함수의 최대·최소

본문 223쪽

개념 CHECK

01 (1) 최댓값: 7, 최솟값은 없다.

　　(2) 최솟값: -8, 최댓값은 없다.

02 4

03 (1) 최댓값: 6, 최솟값: 2

　　(2) 최댓값: 1, 최솟값: -1

04 (1) 최댓값: -1, 최솟값: -4

　　(2) 최댓값: 1, 최솟값: -2

01

(1) $y=-x^2+6x-2=-(x-3)^2+7$

따라서 이차함수 $y=-x^2+6x-2$는 $x=3$에서 최댓값 7을 갖고, 최솟값은 없다.

(2) $y=\dfrac{1}{3}x^2-4x+4=\dfrac{1}{3}(x-6)^2-8$

따라서 이차함수 $y=\dfrac{1}{3}x^2-4x+4$는 $x=6$에서 최솟값 -8을 갖고, 최댓값은 없다.

　　　　답 (1) 최댓값: 7, 최솟값은 없다.

　　　　　　　(2) 최솟값: -8, 최댓값은 없다.

02

주어진 이차함수는 $x=-a$에서 최솟값 b를 가지므로

$a=-2$, $b=6$

$\therefore a+b=(-2)+6=4$

　　　　　　　　　　　　　　　　답 4

03

(1) $f(x)=-x^2-2x+5$라 하면

　$f(x)=-(x+1)^2+6$

오른쪽 그림에서

$f(-3)=2$, $f(-1)=6$,

$f(0)=5$이므로 최댓값은 6,

최솟값은 2이다.

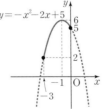

(2) $f(x)=\dfrac{1}{2}x^2+2x+1$이라 하

면 $f(x)=\dfrac{1}{2}(x+2)^2-1$

오른쪽 그림에서

$f(-3)=-\dfrac{1}{2}$,

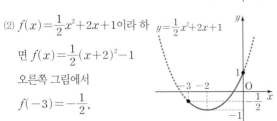

$f(-2)=-1$, $f(0)=1$

이므로 최댓값은 1, 최솟값은 -1이다.

　　　　답 (1) 최댓값: 6, 최솟값: 2

　　　　　　　(2) 최댓값: 1, 최솟값: -1

04

(1) $f(x)=x^2-4x-1$이라 하면

　$f(x)=(x-2)^2-5$

오른쪽 그림에서

$f(0)=-1$, $f(1)=-4$이므로

최댓값은 -1, 최솟값은 -4이다.

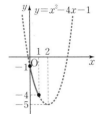

(2) $f(x)=-x^2-2x+1$이라

하면

　$f(x)=-(x+1)^2+2$

오른쪽 그림에서

$f(0)=1$, $f(1)=-2$이므

로 최댓값은 1, 최솟값은

-2이다.

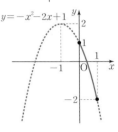

　　　　답 (1) 최댓값: -1, 최솟값: -4

　　　　　　　(2) 최댓값: 1, 최솟값: -2

유제

본문 224~231쪽

06-1 (1) 최댓값: 6, 최솟값: 2

　　　(2) 최댓값: 2, 최솟값: -19

06-2 $k=2$, 최솟값: 2　　**06-3** -5　　**06-4** 9

07-1 (1) -3 (2) 최댓값: 11, 최솟값: 2

07-2 2　　　　**07-3** -2　　**07-4** -7

08-1 (1) -1 (2) -3　　**08-2** 8　　**08-3** $\dfrac{1}{3}$

08-4 9　　**09-1** 75 cm²　　**09-2** 20

09-3 500원　　**09-4** 72 m²

06-1

$y=-x^2+6x-3=-(x-3)^2+6$이므로 이차함수의 그래프의 꼭짓점의 x좌표는 3이다.

(1) 꼭짓점의 x좌표 3이 $1\leq x\leq 4$에 포함되므로

　$x=1$일 때, $y=2$

　$x=3$일 때, $y=6$

　$x=4$일 때, $y=5$

따라서 최댓값은 6, 최솟값은 2이다.

(2) 꼭짓점의 x좌표 3이 $-2 \leq x \leq 1$에 포함되지 않으므로

$x=-2$일 때, $y=-19$

$x=1$일 때, $y=2$

따라서 최댓값은 2, 최솟값은 -19이다.

답 (1) 최댓값: 6, 최솟값: 2 (2) 최댓값: 2, 최솟값: -19

06-2

$f(x)=2x^2-4x+k=2(x-1)^2-2+k$

이 이차함수의 그래프의 꼭짓점의 x좌표 1이 $2 \leq x \leq 3$에 포함되지 않으므로 함수 $f(x)$는 $x=3$에서 최댓값 $k+6$, $x=2$에서 최솟값 k를 갖는다.

이때 함수 $f(x)$의 최댓값이 8이므로

$f(3)=k+6=8$ $\therefore k=2$

따라서 $f(x)$의 최솟값은 $f(2)=k=2$

답 $k=2$, 최솟값: 2

06-3

$f(x)=ax^2-4ax+b=a(x-2)^2-4a+b$

$a<0$이고 이 이차함수의 그래프의 꼭짓점의 x좌표 2가 $0 \leq x \leq 3$에 포함되므로 함수 $f(x)$는 $x=2$에서 최댓값 $-4a+b$, $x=0$에서 최솟값 b를 갖는다.

이때 함수 $f(x)$의 최댓값이 5, 최솟값이 -3이므로

$-4a+b=5$, $b=-3$

$\therefore a=-2$

$\therefore a+b=(-2)+(-3)=-5$

답 -5

06-4

$f(x)=-3x^2+6x+2=-3(x-1)^2+5$

$a>1$이므로 이 이차함수의 그래프의 꼭짓점의 x좌표 1이 $-1 \leq x \leq a$에 포함된다.

따라서 함수 $f(x)$는 $x=1$에서 최댓값 5를 가지므로 $b=5$

$x=-1$일 때, $f(-1)=-7$

$x=a$일 때, $f(a)=-3a^2+6a+2$

이때 함수 $f(x)$의 최솟값이 -22이므로 $f(a)=-22$이어야 한다.

$-3a^2+6a+2=-22$, $-3a^2+6a+24=0$

$a^2-2a-8=0$, $(a+2)(a-4)=0$

$\therefore a=4$ ($\because a>1$)

$\therefore a+b=4+5=9$

답 9

07-1

(1) $x^2+4x=t$로 놓으면

$t=(x+2)^2-4 \geq -4$

이때 주어진 함수를 t에 대한 함수로 나타내면

$y=t^2-4t+1$

$\quad =(t-2)^2-3$ ($t \geq -4$)

따라서 주어진 함수는 $t=2$에서 최솟값 -3을 갖는다.

(2) $x^2-6x+7=t$로 놓으면

$t=x^2-6x+7$

$\quad =(x-3)^2-2$ ($1 \leq x \leq 4$)

$1 \leq x \leq 4$일 때, $t=x^2-6x+7$은 $x=3$에서 최솟값 -2, $x=1$에서 최댓값 2를 가지므로

$-2 \leq t \leq 2$

이때 주어진 함수를 t에 대한 함수로 나타내면

$y=t^2+2t+3$

$\quad =(t+1)^2+2$ ($-2 \leq t \leq 2$)

이므로 $t=2$에서 최댓값 11, $t=-1$에서 최솟값 2를 갖는다.

답 (1) -3 (2) 최댓값: 11, 최솟값: 2

07-2

$x^2-2x=t$로 놓으면

$t=(x-1)^2-1 \geq -1$

이때 주어진 함수를 t에 대한 함수로 나타내면

$y=(x^2-2x)^2+2x^2-4x$

$\ =(x^2-2x)^2+2(x^2-2x)$

$\ =t^2+2t$

$\ =(t+1)^2-1$ ($t \geq -1$)

따라서 주어진 함수는 $t=-1$에서 최솟값 -1을 갖는다.

이때 $t=-1$이므로 $x^2-2x=-1$, $x^2-2x+1=0$

$(x-1)^2=0$ $\therefore x=1$

즉, $a=1$, $\beta=-1$이므로

$\alpha-\beta=1-(-1)=2$

답 2

07-3

$x^2-4x+1=t$로 놓으면

$t=(x-2)^2-3 \geq -3$

이때 주어진 함수를 t에 대한 함수로 나타내면

$y=-2t^2+4(t-1)+k-1$

$\ =-2t^2+4t+k-5$

$\ =-2(t-1)^2+k-3$ ($t \geq -3$)

따라서 $t=1$일 때 최댓값 $k-3$을 가지므로

$k-3=-5$ $\therefore k=-2$

답 -2

07-4

$x^2+6x+8=t$로 놓으면

$t=(x+3)^2-1\ (-4\le x\le -1)$

$-4\le x\le -1$에서 $t=x^2+6x+8$은 $x=-3$에서 최솟값 -1, $x=-1$에서 최댓값 3을 가지므로 $-1\le t\le 3$

이때 주어진 함수를 t에 대한 함수로 나타내면

$y=t^2-4t+k=(t-2)^2-4+k\ (-1\le t\le 3)$

따라서 주어진 함수는 $t=-1$에서 최댓값 -2를 가지므로

$9-4+k=-2$ $\quad\therefore k=-7$

답 -7

08-1

(1) $x^2+6x+2y^2+4y+10=(x+3)^2+2(y+1)^2-1$

　　이때 $x,\ y$가 실수이므로

　　$(x+3)^2\ge 0,\ 2(y+1)^2\ge 0$

　　$\therefore x^2+6x+2y^2+4y+10\ge -1$

　　따라서 $x=-3,\ y=-1$에서 최솟값 -1을 갖는다.

(2) $x-2y=1$에서 $x=2y+1$을 x^2-3y^2에 대입하면

　　$x^2-3y^2=(2y+1)^2-3y^2=y^2+4y+1$

　　　　　　　$=(y+2)^2-3$

　　따라서 $y=-2$에서 최솟값 -3을 갖는다.

답 (1) -1　(2) -3

08-2

$-x^2-y^2-4x+2y+3=-(x+2)^2-(y-1)^2+8$

이때 $x,\ y$가 실수이므로 $-(x+2)^2\le 0,\ -(y-1)^2\le 0$

$\therefore -x^2-y^2-4x+2y+3\le 8$

따라서 $x=-2,\ y=1$에서 최댓값 8을 갖는다.

답 8

08-3

두 점 $A(-1,\ -3)$, $B(2,\ 3)$을 지나는 직선 AB의 기울기는

$\dfrac{3-(-3)}{2-(-1)}=2$이므로 직선 AB의 방정식을 $y=2x+b$로

놓고 $x=-1,\ y=-3$을 대입하면

$-3=-2+b$ $\quad\therefore b=-1$

따라서 직선 AB의 방정식은 $y=2x-1$

$y=2x-1$을 $2x^2+y^2$에 대입하면

$2x^2+y^2=2x^2+(2x-1)^2=6x^2-4x+1$

$\qquad\qquad =6\left(x-\dfrac{1}{3}\right)^2+\dfrac{1}{3}$

따라서 $x=\dfrac{1}{3}$에서 최솟값 $\dfrac{1}{3}$을 갖는다.

답 $\dfrac{1}{3}$

08-4

$x+y=2$에서 $y=-x+2\ (0\le x\le 2)$

이 식을 x^2+3y^2에 대입하면

$x^2+3y^2=x^2+3(-x+2)^2$

$\qquad\quad =4x^2-12x+12$

$\qquad\quad =4\left(x-\dfrac{3}{2}\right)^2+3$

따라서 $x=0$에서 최댓값 12, $x=\dfrac{3}{2}$에서 최솟값 3을 가지므로

$M=12,\ m=3$

$\therefore M-m=12-3=9$

답 9

09-1

$\overline{BF}=x\,\mathrm{cm}$, $\overline{EB}=y\,\mathrm{cm}$라 하면

$\triangle ABC\backsim\triangle DFC$이므로

$\overline{AB}:\overline{BC}=\overline{DF}:\overline{FC}$에서 $30:10=y:(10-x)$

$\therefore y=-3x+30$

이때 변의 길이는 양수이므로 $0<x<10$

따라서 직사각형 EBFD의 넓이는

$xy=x(-3x+30)=-3x^2+30x=-3(x-5)^2+75$

이때 $0<x<10$이므로 $x=5$에서 최댓값 75를 갖는다.

즉, 직사각형 EBFD의 넓이의 최댓값은 $75\,\mathrm{cm}^2$이다.

답 $75\,\mathrm{cm}^2$

09-2

점 C의 좌표를 $(t,\ 0)\ (0<t<3)$이라 하면

$\overline{BC}=2t,\ \overline{CD}=-t^2+9$

따라서 직사각형 ABCD의 둘레의 길이를 $f(t)$라 하면

$f(t)=2\times\{2t+(-t^2+9)\}$

$\qquad =-2t^2+4t+18$

$\qquad =-2(t-1)^2+20$

이때 $0<t<3$이므로 $f(t)$는 $t=1$에서 최댓값 20을 갖는다.

즉, 직사각형의 둘레의 길이의 최댓값은 20이다.

답 20

09-3

하루 판매액을 $f(x)$라 하면

$f(x)=(800-2x)(100+x)$

$\qquad =-2x^2+600x+80000$

$\qquad =-2(x-150)^2+125000$

이때 $0<x<400$이므로 $f(x)$는 $x=150$에서 최댓값 125000을 갖는다.

따라서 볼펜의 하루 판매액이 최대가 되게 하려면 볼펜 한 자루의 가격을 $800-2\times150=500$(원)으로 정해야 한다.

답 500원

09-4

닭장의 세로의 길이를 x m라 하면 가로의 길이는 $(24-2x)$ m이다.

이때 $x>0$, $24-2x>0$이므로 $0<x<12$

닭장의 넓이를 $S(x)$ m^{2}라 하면

$S(x)=x(24-2x)$
$=-2x^2+24x$
$=-2(x-6)^2+72$

이때 $0<x<12$이므로 $S(x)$는 $x=6$에서 최댓값 72를 갖는다.

따라서 닭장의 넓이의 최댓값은 72 m^{2}이다.

답 72 m^2

중단원 연습문제
본문 232~236쪽

01 3	02 2	03 30	04 8
05 $1-2\sqrt{2}$	06 -1	07 0	
08 $-\dfrac{27}{16}$	09 1	10 7	11 4초 후
12 8 cm	13 $k=2$, $(-3, 0)$		14 3
15 $y=-1$	16 3	17 ⑤	18 2
19 13	20 225		

01

두 점 A, B의 x좌표를 각각 α, β라 하면 이차방정식 $x^2-4x+k-1=0$의 두 근이 α, β이므로 근과 계수의 관계에 의하여

$\alpha+\beta=4$, $\alpha\beta=k-1$ ...... ㉠

이때 $\overline{AB}=2\sqrt{2}$이므로

$|\alpha-\beta|=2\sqrt{2}$

양변을 제곱하면 $(\alpha-\beta)^2=8$이고

$(\alpha-\beta)^2=(\alpha+\beta)^2-4\alpha\beta$이므로

$(\alpha+\beta)^2-4\alpha\beta=8$ ...... ㉡

㉠을 ㉡에 대입하면

$4^2-4(k-1)=8$ ∴ $k=3$

답 3

02

이차함수 $y=x^2-2kx+k^2+3k-9$의 그래프가 x축과 서로

다른 두 점에서 만나므로 이차방정식 $x^2-2kx+k^2+3k-9=0$의 판별식을 D라 하면

$\dfrac{D}{4}=(-k)^2-(k^2+3k-9)>0$

$-3k+9>0$ ∴ $k<3$

따라서 가장 큰 정수 k의 값은 2이다.

답 2

03

이차함수 $y=x^2+3x+5$의 그래프와 직선 $y=mx+n$의 교점의 x좌표는 이차방정식 $x^2+3x+5=mx+n$, 즉 $x^2+(3-m)x+5-n=0$의 실근과 같다.

m, n이 유리수이고 이 이차방정식의 한 근이 $1-\sqrt{2}$이므로 다른 한 근은 $1+\sqrt{2}$이다.

따라서 이차방정식의 근과 계수의 관계에 의하여

$(1-\sqrt{2})+(1+\sqrt{2})=-(3-m)$ ∴ $m=5$
$(1-\sqrt{2})(1+\sqrt{2})=5-n$ ∴ $n=6$
∴ $mn=5\times6=30$

답 30

04

이차함수 $y=x^2-4x+k$의 그래프와 직선 $y=x+1$이 만나지 않아야 하므로 이차방정식 $x^2-4x+k=x+1$, 즉 $x^2-5x+k-1=0$의 판별식을 D라 하면

$D=(-5)^2-4(k-1)<0$

$-4k+29<0$ ∴ $k>\dfrac{29}{4}$

따라서 자연수 k의 최솟값은 8이다.

답 8

05

이차함수 $y=x^2-(k-1)x+2$의 그래프가 x축에 접하므로 이차방정식 $x^2-(k-1)x+2=0$의 판별식을 D_1이라 하면

$D_1=\{-(k-1)\}^2-4\times2=0$
$(k-1)^2=8$, $k-1=\pm2\sqrt{2}$ ∴ $k=1\pm2\sqrt{2}$ ...... ㉠

또한 이차함수 $y=x^2-(k-1)x+2$의 그래프가 직선 $y=kx-k^2+1$과 서로 다른 두 점에서 만나므로 이차방정식 $x^2-(k-1)x+2=kx-k^2+1$, 즉 $x^2-(2k-1)x+k^2+1=0$의 판별식을 D_2라 하면

$D_2=\{-(2k-1)\}^2-4(k^2+1)>0$
$-4k-3>0$ ∴ $k<-\dfrac{3}{4}$ ...... ㉡

㉠, ㉡에서 $k=1-2\sqrt{2}$

답 $1-2\sqrt{2}$

06

$f(x)=x^2-6x+a=(x-3)^2-9+a$

꼭짓점의 x좌표 3이 $2 \leq x \leq 7$에 포함되므로 $x=7$에서 최댓값을 갖고, $x=3$에서 최솟값을 갖는다.

이때 최댓값과 최솟값의 합은 -4이므로

$f(7)+f(3)=-4$, $(7+a)+(-9+a)=-4$

$2a=-2$ $\qquad \therefore a=-1$

답 -1

07

이차함수 $f(x)=x^2+ax+b$에 대하여 $f(-1)=f(3)$이므로

$1-a+b=9+3a+b$ $\qquad \therefore a=-2$

$\therefore f(x)=x^2-2x+b$

$\qquad =(x-1)^2+b-1$

$0 \leq x \leq 4$일 때, $f(x)$는 $x=4$에서 최댓값 10을 가지므로

$f(4)=9+b-1=10$ $\qquad \therefore b=2$

$\therefore a+b=(-2)+2=0$

> **참고**
>
> **대칭성을 이용하여 $f(x)$ 구하기**
> 이차함수의 그래프는 축에 대칭이고 $f(-1)=f(3)$이므로 이차함수 $y=f(x)$의 그래프의 축의 방정식은
> $x=\dfrac{(-1)+3}{2}$, 즉 $x=1$
> $\therefore f(x)=(x-1)^2+b-1$

답 0

08

$x^2+x=t$로 놓으면

$t=\left(x+\dfrac{1}{2}\right)^2-\dfrac{1}{4} \geq -\dfrac{1}{4}$

이때 주어진 함수를 t에 대한 함수로 나타내면

$y=(t+1)(t-1)+3t$

$\quad =t^2+3t-1$

$\quad =\left(t+\dfrac{3}{2}\right)^2-\dfrac{13}{4} \left(t \geq -\dfrac{1}{4}\right)$

$t=-\dfrac{3}{2}$이 $t \geq -\dfrac{1}{4}$에 포함되지 않으므로 주어진 함수는

$t=-\dfrac{1}{4}$에서 최솟값 $\left\{\left(-\dfrac{1}{4}\right)+\dfrac{3}{2}\right\}^2-\dfrac{13}{4}=-\dfrac{27}{16}$을 갖는다.

답 $-\dfrac{27}{16}$

09

$6x+4y-3x^2-y^2+k=-3(x-1)^2-(y-2)^2+7+k$

이때 x, y가 실수이므로

$-3(x-1)^2 \leq 0$, $-(y-2)^2 \leq 0$

$\therefore 6x+4y-3x^2-y^2+k \leq 7+k$

주어진 식은 $x=1$, $y=2$에서 최댓값이 8이므로

$7+k=8$ $\qquad \therefore k=1$

답 1

10

$2x-y=1$에서 $y=2x-1$ $\qquad \cdots\cdots$ ㉠

㉠을 $2x^2-y^2+4x$에 대입하면

$2x^2-y^2+4x=2x^2-(2x-1)^2+4x$

$\qquad\qquad\qquad =-2x^2+8x-1$

$\qquad\qquad\qquad =-2(x-2)^2+7$

따라서 $x=2$에서 최댓값 7을 갖는다.

답 7

11

$h(t)=-5t^2+30t+35$

$\qquad =-5(t-3)^2+80$

즉, $h(t)$는 $t=3$에서 최댓값 80을 가지므로 공이 최고 높이에 도달하는 것은 공을 쏘아 올린 지 3초 후이다.

$-5t^2+30t+35=0$에서 $t^2-6t-7=0$

$(t+1)(t-7)=0$ $\qquad \therefore t=-1$ 또는 $t=7$

그런데 $t>0$이므로 공이 지면에 떨어지는 것은 공을 쏘아 올린 지 7초 후이다.

따라서 이 공은 최고 높이에 도달한 지 $7-3=4$(초) 후에 지면에 떨어진다.

답 4초 후

12

$\overline{AC}=x \text{ cm}$, $\overline{CB}=y \text{ cm}$라 하면

$x+y=16$ $\qquad \therefore y=16-x$

이때 $x>0$, $y=16-x>0$이어야 하므로 $0<x<16$

$\overline{AC}$, $\overline{CB}$를 각각 한 변으로 하는 두 정사각형의 넓이의 합은

$x^2+y^2=x^2+(16-x)^2$

$\qquad\quad =2x^2-32x+256$

$\qquad\quad =2(x-8)^2+128 \,(0<x<16)$

따라서 $x=8$에서 최솟값 128을 가지므로 넓이의 합이 최소가 되도록 하는 선분 AC의 길이는 8 cm이다.

답 8 cm

13

이차함수 $y=-x^2-6x-11$의 그래프를 y축의 방향으로 k만큼 평행이동하면
$$y=-x^2-6x-11+k$$
이 이차함수의 그래프가 x축과 접하므로 이차방정식 $-x^2-6x-11+k=0$의 판별식을 D라 하면
$$\frac{D}{4}=(-3)^2-(-1)\times(-11+k)=0$$
$$-2+k=0 \qquad \therefore k=2$$
이차함수 $y=-x^2-6x-11$의 그래프를 y축의 방향으로 2만큼 평행이동하면
$$\begin{aligned}y&=-x^2-6x-11+2\\&=-x^2-6x-9\\&=-(x+3)^2\end{aligned}$$
따라서 x축과 만나는 점의 좌표는 $(-3,\,0)$이다.

답 $k=2$, $(-3,\,0)$

14

이차함수 $y=f(x)$의 최고차항의 계수가 1이므로 $f(x)=x^2+ax+b$라 하자.
조건 ㈎에 의하여 $f(-2)=f(3)$이므로
$$4-2a+b=9+3a+b$$
$$5a=-5 \qquad \therefore a=-1$$
조건 ㈏에서 이차함수 $y=f(x)$의 그래프가 x축과 만나는 두 점의 x좌표는 이차방정식 $x^2-x+b=0$의 두 실근과 같으므로 근과 계수의 관계에 의하여
$$b=-1$$
이차방정식 $x^2-x-1=0$의 두 근을 α, β라 하면
$$\alpha+\beta=1,\ \alpha\beta=-1$$
$$\begin{aligned}\therefore \alpha^2+\beta^2&=(\alpha+\beta)^2-2\alpha\beta\\&=1^2+2=3\end{aligned}$$
따라서 이차함수 $y=f(x)$의 그래프가 x축과 만나는 두 점의 x좌표의 제곱의 합은 3이다.

답 3

15

구하는 직선의 방정식을 $y=mx+n$이라 하자.
이 직선이 이차함수 $y=x^2+2ax+a^2-1$의 그래프와 접하므로 이차방정식 $x^2+2ax+a^2-1=mx+n$, 즉

$x^2+(2a-m)x+a^2-1-n=0$의 판별식을 D라 하면
$$D=(2a-m)^2-4(a^2-1-n)=0$$
$$\therefore -4ma+(m^2+4+4n)=0$$
이 식이 a의 값에 관계없이 항상 성립하므로
$$-4m=0,\ m^2+4+4n=0$$
$$\therefore m=0,\ n=-1$$
따라서 구하는 직선의 방정식은 $y=-1$이다.

답 $y=-1$

16

$f(x)=-x^2+2kx-1=-(x-k)^2+k^2-1$
(i) $k<1$일 때,
주어진 함수는 $x=1$에서 최댓값 $2k-2$를 가지므로
$$2k-2=8 \qquad \therefore k=5$$
이때 $k<1$이므로 조건을 만족시키는 k의 값은 존재하지 않는다.
(ii) $k\ge1$일 때,
주어진 함수는 $x=k$에서 최댓값 k^2-1을 가지므로
$$k^2-1=8,\ k^2=9 \qquad \therefore k=\pm3$$
이때 $k\ge1$이므로 $k=3$
(i), (ii)에서 $k=3$

답 3

17

조건 ㈎에 의하여 이차함수 $y=f(x)$의 그래프의 꼭짓점의 좌표가 $(1,\,9)$이므로
$$f(x)=a(x-1)^2+9\ (a<0)$$
로 놓을 수 있다.
또한 조건 ㈏에 의하여 직선 $2x-y+1=0$, 즉 $y=2x+1$과 평행한 직선의 기울기는 2이므로 기울기가 2이고 y절편이 9인 직선의 방정식은 $y=2x+9$이다.
곡선 $y=f(x)$와 직선 $y=2x+9$가 접하므로 이차방정식 $a(x-1)^2+9=2x+9$, 즉
$ax^2-2(a+1)x+a=0$의 판별식을 D라 하면
$$\frac{D}{4}=\{-(a+1)\}^2-a\times a=0$$
$$2a+1=0 \qquad \therefore a=-\frac{1}{2}$$
따라서 $f(x)=-\dfrac{1}{2}(x-1)^2+9$이므로
$$f(2)=-\frac{1}{2}\times(2-1)^2+9=\frac{17}{2}$$

답 ⑤

18

$x^2-4x=t$로 놓으면

$t=(x-2)^2-4 \ (-3 \le x \le 1)$

$-3 \le x \le 1$일 때, $t=x^2-4x$는 $x=1$에서 최솟값 -3,

$x=-3$에서 최댓값 21을 가지므로

$-3 \le t \le 21$

이때 주어진 함수를 t에 대한 함수로 나타내면

$y=\dfrac{1}{2}(x^2-4x)^2+x^2-4x+3k$

$\quad =\dfrac{1}{2}t^2+t+3k$

$\quad =\dfrac{1}{2}(t+1)^2+3k-\dfrac{1}{2} \ (-3 \le t \le 21)$

따라서 $t=-1$에서 최솟값 $3k-\dfrac{1}{2}$을 가지므로

$3k-\dfrac{1}{2}=\dfrac{11}{2}$ $\qquad \therefore k=2$

답 2

19

두 점 A, B는 이차함수 $y=x^2$의 그래프와 직선 $y=x+k$가

만나는 점이므로 점 A의 x좌표를 α, 점 B의 x좌표를 β라 하

면 α, β는 $x^2=x+k$, 즉 $x^2-x-k=0$의 두 근이다.

근과 계수의 관계에 의하여

$\alpha+\beta=1, \alpha\beta=-k$ $\qquad$ ……㉠

두 점 A, B는 이차함수 $y=x^2$의 그래프 위의 점이므로

$A(\alpha, \alpha^2), B(\beta, \beta^2)$

이때 $\alpha>0$, $\beta<0$이므로

$S_1=\triangle AOC=\dfrac{1}{2} \times \alpha \times \alpha^2=\dfrac{1}{2}\alpha^3$

$S_2=\triangle DOB=\dfrac{1}{2} \times (-\beta) \times \beta^2=-\dfrac{1}{2}\beta^3$

$S_1-S_2=20$이므로

$\dfrac{1}{2}\alpha^3-\left(-\dfrac{1}{2}\beta^3\right)=20, \dfrac{1}{2}(\alpha^3+\beta^3)=20$

$\therefore \alpha^3+\beta^3=40$ $\qquad$ ……㉡

㉠, ㉡을 $\alpha^3+\beta^3=(\alpha+\beta)^3-3\alpha\beta(\alpha+\beta)$에 대입하면

$40=1^3-3 \times (-k) \times 1$ $\quad \therefore k=13$

답 13

20

t초 후 $\overline{AP}=\overline{CR}=t$, $\overline{AS}=\overline{CQ}=\dfrac{1}{2}t$이므로

$\overline{BP}=\overline{DR}=20-t$

$\overline{BQ}=\overline{DS}=20-\dfrac{1}{2}t$

이때 직각삼각형 APS, CRQ의 넓이는

$\dfrac{1}{2} \times t \times \dfrac{1}{2}t=\dfrac{1}{4}t^2$

직각삼각형 BPQ, DRS의 넓이는

$\dfrac{1}{2} \times (20-t) \times \left(20-\dfrac{1}{2}t\right)=\dfrac{1}{4}t^2-15t+200$

사각형 PQRS의 넓이를 S라 하면

$S=20^2-2\left\{\dfrac{1}{4}t^2+\left(\dfrac{1}{4}t^2-15t+200\right)\right\}$

$\quad =-t^2+30t$

$\quad =-(t-15)^2+225$

이때 $0<t \le 20$이므로 $t=15$일 때 직사각형 PQRS의 넓이의 최댓값은 225이다.

답 225

07 여러 가지 방정식

01 삼차방정식과 사차방정식

개념 CHECK

본문 243쪽

01 (1) $x=2$ 또는 $x=-1\pm\sqrt{3}i$

(2) $x=0$ (중근) 또는 $x=-5$ 또는 $x=5$

02 (1) $x=1$ 또는 $x=-1$ 또는 $x=-3$

(2) $x=1$ 또는 $x=2$ 또는 $x=-2$ 또는 $x=-3$

03 (1) $x=2$ (중근) 또는 $x=2\pm\sqrt{7}$

(2) $x=-4$ 또는 $x=-1$ 또는 $x=\dfrac{-5\pm\sqrt{17}}{2}$

04 (1) $x=\pm i$ 또는 $x=\pm\sqrt{3}$

(2) $x=-1\pm\sqrt{2}i$ 또는 $x=1\pm\sqrt{2}i$

(3) $x=-2\pm\sqrt{3}$ 또는 $x=1$ (중근)

01

(1) 방정식 $x^3-8=0$의 좌변을 인수분해하면

$(x-2)(x^2+2x+4)=0$이므로

$x-2=0$ 또는 $x^2+2x+4=0$

$\therefore x=2$ 또는 $x=-1\pm\sqrt{3}i$

(2) 방정식 $x^4-25x^2=0$의 좌변을 인수분해하면

$x^2(x^2-25)=0$, $x^2(x+5)(x-5)=0$이므로

$x^2=0$ 또는 $x+5=0$ 또는 $x-5=0$

$\therefore x=0$ (중근) 또는 $x=-5$ 또는 $x=5$

답 (1) $x=2$ 또는 $x=-1\pm\sqrt{3}i$

(2) $x=0$ (중근) 또는 $x=-5$ 또는 $x=5$

02

(1) $f(x)=x^3+3x^2-x-3$이라 하면

$f(1)=1+3-1-3=0$이므로 조립제법을 이용하여

$f(x)$를 인수분해하면

```
1 | 1    3   -1   -3
  |      1    4    3
  --------------------
    1    4    3 |  0
```

$f(x)=(x-1)(x^2+4x+3)$

$\qquad=(x-1)(x+1)(x+3)$

따라서 주어진 방정식은

$(x-1)(x+1)(x+3)=0$

$\therefore x=1$ 또는 $x=-1$ 또는 $x=-3$

(2) $f(x)=x^4+2x^3-7x^2-8x+12$라 하면

$f(1)=1+2-7-8+12=0$,

$f(2)=16+16-28-16+12=0$

이므로 조립제법을 이용하여 $f(x)$를 인수분해하면

```
1 | 1    2   -7   -8    12
  |      1    3   -4   -12
  -------------------------------
2 | 1    3   -4  -12 |   0
  |      2   10   12
  -------------------------------
    1    5    6 |  0
```

$f(x)=(x-1)(x-2)(x^2+5x+6)$

$\qquad=(x-1)(x-2)(x+2)(x+3)$

따라서 주어진 방정식은

$(x-1)(x-2)(x+2)(x+3)=0$

$\therefore x=1$ 또는 $x=2$ 또는 $x=-2$ 또는 $x=-3$

답 (1) $x=1$ 또는 $x=-1$ 또는 $x=-3$

(2) $x=1$ 또는 $x=2$ 또는 $x=-2$ 또는 $x=-3$

03

(1) $x^2-4x=X$로 놓으면 주어진 방정식은

$X^2+X-12=0$, $(X+4)(X-3)=0$

$\therefore X=-4$ 또는 $X=3$

(i) $X=-4$, 즉 $x^2-4x=-4$일 때,

$x^2-4x+4=0$, $(x-2)^2=0$ $\quad\therefore x=2$ (중근)

(ii) $X=3$, 즉 $x^2-4x=3$일 때,

$x^2-4x-3=0$ $\quad\therefore x=2\pm\sqrt{7}$

(i), (ii)에서 $x=2$ (중근) 또는 $x=2\pm\sqrt{7}$

(2) $x(x+2)(x+3)(x+5)+8=0$에서

$\{x(x+5)\}\{(x+2)(x+3)\}+8=0$

$(x^2+5x)(x^2+5x+6)+8=0$

$x^2+5x=X$로 놓으면 주어진 방정식은

$X(X+6)+8=0$, $X^2+6X+8=0$

$(X+4)(X+2)=0$ $\quad\therefore X=-4$ 또는 $X=-2$

(i) $X=-4$, 즉 $x^2+5x=-4$일 때,

$x^2+5x+4=0$, $(x+4)(x+1)=0$

$\therefore x=-4$ 또는 $x=-1$

(ii) $X=-2$, 즉 $x^2+5x=-2$일 때,

$x^2+5x+2=0$ $\quad\therefore x=\dfrac{-5\pm\sqrt{17}}{2}$

(i), (ii)에서 $x=-4$ 또는 $x=-1$ 또는 $x=\dfrac{-5\pm\sqrt{17}}{2}$

답 (1) $x=2$ (중근) 또는 $x=2\pm\sqrt{7}$

(2) $x=-4$ 또는 $x=-1$ 또는 $x=\dfrac{-5\pm\sqrt{17}}{2}$

04

(1) $x^2=X$로 놓으면 주어진 방정식은

$X^2-2X-3=0$, $(X+1)(X-3)=0$

$\therefore X=-1$ 또는 $X=3$

따라서 $x^2=-1$ 또는 $x^2=3$이므로

$x=\pm i$ 또는 $x=\pm\sqrt{3}$

(2) $x^4+2x^2+9=0$에서 $x^4+6x^2+9-4x^2=0$

$(x^2+3)^2-(2x)^2=0$, $(x^2+2x+3)(x^2-2x+3)=0$

$x^2+2x+3=0$ 또는 $x^2-2x+3=0$

$\therefore x=-1\pm\sqrt{2}i$ 또는 $x=1\pm\sqrt{2}i$

(3) $x\neq0$이므로 주어진 방정식의 양변을 x^2으로 나누면

$x^2+2x-6+\dfrac{2}{x}+\dfrac{1}{x^2}=0$

$\left(x^2+\dfrac{1}{x^2}\right)+2\left(x+\dfrac{1}{x}\right)-6=0$

$\left(x+\dfrac{1}{x}\right)^2+2\left(x+\dfrac{1}{x}\right)-8=0$

$x+\dfrac{1}{x}=X$로 놓으면 $X^2+2X-8=0$

$(X+4)(X-2)=0$　　$\therefore X=-4$ 또는 $X=2$

(i) $X=-4$, 즉 $x+\dfrac{1}{x}=-4$일 때, $x+\dfrac{1}{x}+4=0$

$x^2+4x+1=0$　　$\therefore x=-2\pm\sqrt{3}$

(ii) $X=2$, 즉 $x+\dfrac{1}{x}=2$일 때, $x+\dfrac{1}{x}-2=0$

$x^2-2x+1=0$, $(x-1)^2=0$　$\therefore x=1$ (중근)

(i), (ii)에서 $x=-2\pm\sqrt{3}$ 또는 $x=1$ (중근)

답 (1) $x=\pm i$ 또는 $x=\pm\sqrt{3}$

(2) $x=-1\pm\sqrt{2}i$ 또는 $x=1\pm\sqrt{2}i$

(3) $x=-2\pm\sqrt{3}$ 또는 $x=1$ (중근)

유제

01-1 (1) $x=1$ 또는 $x=-2$ 또는 $x=3$

　　　(2) $x=-1$ 또는 $x=2$ 또는 $x=1\pm\sqrt{2}$

01-2 2　　　**01-3** -10　　**01-4** -3

02-1 (1) $x=-2$ 또는 $x=-1$ 또는 $x=\dfrac{-3\pm\sqrt{29}}{2}$

　　　(2) $x=-3\pm i$ 또는 $x=-3\pm\sqrt{11}$

02-2 1　　　**02-3** 120　　**02-4** 25

03-1 (1) $x=\pm1$ 또는 $x=\pm3$

　　　(2) $x=\dfrac{-1\pm\sqrt{7}i}{2}$ 또는 $x=\dfrac{1\pm\sqrt{7}i}{2}$

　　　(3) $x=\dfrac{-3\pm\sqrt{5}}{2}$ 또는 $x=\dfrac{1\pm\sqrt{3}i}{2}$

03-2 $2+2\sqrt{2}$　　　　**03-3** 3　　**03-4** 32

04-1 -5, -1　　　　**04-2** $k>2$

04-3 $a\leq-\dfrac{1}{2}$　　　　**04-4** 3

05-1 2 cm 또는 $(11-\sqrt{21})$ cm

05-2 2 cm　**05-3** 4 cm　**05-4** 2 cm

01-1

(1) $f(x)=x^3-2x^2-5x+6$이라 하면

$f(1)=1-2-5+6=0$

조립제법을 이용하여 $f(x)$를 인수분해하면

```
1 | 1   -2   -5    6
  |      1   -1   -6
  ------------------------
    1   -1   -6 |  0
```

$f(x)=(x-1)(x^2-x-6)$

$\quad\quad=(x-1)(x+2)(x-3)$

따라서 주어진 방정식은

$(x-1)(x+2)(x-3)=0$

$\therefore x=1$ 또는 $x=-2$ 또는 $x=3$

(2) $f(x)=x^4-3x^3-x^2+5x+2$라 하면

$f(-1)=1+3-1-5+2=0$

$f(2)=16-24-4+10+2=0$

조립제법을 이용하여 $f(x)$를 인수분해하면

```
-1 | 1   -3   -1    5    2
   |     -1    4   -3   -2
   ---------------------------
 2 | 1   -4    3    2 |  0
   |      2   -4   -2
   ---------------------
     1   -2   -1 |  0
```

$f(x)=(x+1)(x-2)(x^2-2x-1)$

따라서 주어진 방정식은

$$(x+1)(x-2)(x^2-2x-1)=0$$
$$\therefore x=-1 \text{ 또는 } x=2 \text{ 또는 } x=1\pm\sqrt{2}$$

답 (1) $x=1$ 또는 $x=-2$ 또는 $x=3$

(2) $x=-1$ 또는 $x=2$ 또는 $x=1\pm\sqrt{2}$

01-2

$x^4+6x^2-7=4x(x^2-1)$에서

$x^4-4x^3+6x^2+4x-7=0$

$f(x)=x^4-4x^3+6x^2+4x-7$이라 하면

$f(1)=1-4+6+4-7=0$

$f(-1)=1+4+6-4-7=0$

조립제법을 이용하여 $f(x)$를 인수분해하면

```
 1 | 1   -4    6    4   -7
   |      1   -3    3    7
-1 | 1   -3    3    7  | 0
   |     -1    4   -7
     1   -4    7  | 0
```

$f(x)=(x-1)(x+1)(x^2-4x+7)$

이차방정식 $x^2-4x+7=0$의 판별식을 D라 하면

$$\frac{D}{4}=(-2)^2-1\times7=-3<0$$

이므로 서로 다른 두 허근을 갖는다.

따라서 방정식 $(x-1)(x+1)(x^2-4x+7)=0$의 두 허근 α, β는 이차방정식 $x^2-4x+7=0$의 근이므로 근과 계수의 관계에 의하여

$\alpha+\beta=4$, $\alpha\beta=7$

$\therefore \alpha^2+\beta^2=(\alpha+\beta)^2-2\alpha\beta=4^2-2\times7=2$

> **참고**
>
> 이차방정식의 근과 계수의 관계
> 이차방정식 $ax^2+bx+c=0$의 두 근을 α, β라 하면
> ① 두 근의 합: $\alpha+\beta=-\dfrac{b}{a}$
> ② 두 근의 곱: $\alpha\beta=\dfrac{c}{a}$

답 2

01-3

삼차방정식 $x^3-kx^2+(3k+1)x-2=0$의 한 근이 2이므로 $x=2$를 대입하면

$8-4k+2(3k+1)-2=0$

$2k+8=0 \qquad \therefore k=-4$

즉, 주어진 방정식은 $x^3+4x^2-11x-2=0$이고

$f(x)=x^3+4x^2-11x-2$라 하면

$f(2)=0$이므로 조립제법을 이용하여 $f(x)$를 인수분해하면

```
2 | 1    4   -11   -2
  |      2    12    2
    1    6     1  | 0
```

$f(x)=(x-2)(x^2+6x+1)$

따라서 주어진 방정식은

$(x-2)(x^2+6x+1)=0$

이때 α, β는 이차방정식 $x^2+6x+1=0$의 두 근이므로 근과 계수의 관계에 의하여

$\alpha+\beta=-6$

$\therefore k+\alpha+\beta=(-4)+(-6)=-10$

답 -10

01-4

사차방정식 $x^4+ax^3-14x^2-3ax+b=0$의 두 근이 -1, 3 이므로

$x=-1$, $x=3$을 각각 대입하면

$1-a-14+3a+b=0$

$\therefore 2a+b=13 \qquad \cdots\cdots \ \text{㉠}$

$81+27a-126-9a+b=0$

$\therefore 18a+b=45 \qquad \cdots\cdots \ \text{㉡}$

㉠, ㉡을 연립하여 풀면

$a=2$, $b=9$

즉, 주어진 방정식은 $x^4+2x^3-14x^2-6x+9=0$이고

$f(x)=x^4+2x^3-14x^2-6x+9$라 하면

$f(-1)=0$, $f(3)=0$이므로 조립제법을 이용하여 $f(x)$를 인수분해하면

```
-1 | 1    2   -14   -6    9
   |     -1   -1    15   -9
 3 | 1    1   -15    9  | 0
   |      3    12   -9
     1    4    -3  | 0
```

$f(x)=(x+1)(x-3)(x^2+4x-3)$

따라서 주어진 방정식은

$(x+1)(x-3)(x^2+4x-3)=0$

이때 나머지 두 근은 이차방정식 $x^2+4x-3=0$의 두 근이므로 근과 계수의 관계에 의하여 구하는 두 근의 곱은 -3이다.

답 -3

02-1

(1) $x^2+3x=X$로 놓으면 주어진 방정식은

$(X-4)^2+5X-26=0$, $X^2-3X-10=0$

$(X+2)(X-5)=0 \qquad \therefore X=-2$ 또는 $X=5$

(i) $X=-2$, 즉 $x^2+3x=-2$일 때,

$x^2+3x+2=0$, $(x+2)(x+1)=0$

$\therefore x=-2$ 또는 $x=-1$

(ii) $X=5$, 즉 $x^2+3x=5$일 때,

$x^2+3x-5=0$ $\therefore x=\dfrac{-3\pm\sqrt{29}}{2}$

(i), (ii)에서

$x=-2$ 또는 $x=-1$ 또는 $x=\dfrac{-3\pm\sqrt{29}}{2}$

(2) $x(x+2)(x+4)(x+6)=20$에서

$\{x(x+6)\}\{(x+2)(x+4)\}=20$

$(x^2+6x)(x^2+6x+8)-20=0$

$x^2+6x=X$로 놓으면 주어진 방정식은

$X(X+8)-20=0$, $X^2+8X-20=0$

$(X+10)(X-2)=0$ $\therefore X=-10$ 또는 $X=2$

(i) $X=-10$, 즉 $x^2+6x=-10$일 때,

$x^2+6x+10=0$ $\therefore x=-3\pm i$

(ii) $X=2$, 즉 $x^2+6x=2$일 때,

$x^2+6x-2=0$ $\therefore x=-3\pm\sqrt{11}$

(i), (ii)에서 $x=-3\pm i$ 또는 $x=-3\pm\sqrt{11}$

답 (1) $x=-2$ 또는 $x=-1$ 또는 $x=\dfrac{-3\pm\sqrt{29}}{2}$

(2) $x=-3\pm i$ 또는 $x=-3\pm\sqrt{11}$

02-2

$x^2-x=X$로 놓으면 주어진 방정식은

$(X-1)(X+3)=5$, $X^2+2X-8=0$

$(X+4)(X-2)=0$ $\therefore X=-4$ 또는 $X=2$

(i) $X=-4$, 즉 $x^2-x=-4$일 때, $x^2-x+4=0$

이 이차방정식의 판별식을 D_1이라 하면

$D_1=(-1)^2-4\times1\times4=-15<0$

이므로 서로 다른 두 허근을 갖는다.

(ii) $X=2$, 즉 $x^2-x=2$일 때, $x^2-x-2=0$

이 이차방정식의 판별식을 D_2라 하면

$D_2=(-1)^2-4\times1\times(-2)=9>0$

이므로 서로 다른 두 실근을 갖는다.

따라서 근과 계수의 관계에 의하여 두 실근의 합은 1이다.

(i), (ii)에서 구하는 모든 실근의 합은 1이다.

답 1

02-3

$(x+1)(x+3)(x+5)(x+7)+15=0$에서

$\{(x+1)(x+7)\}\{(x+3)(x+5)\}+15=0$

$(x^2+8x+7)(x^2+8x+15)+15=0$

$x^2+8x=X$로 놓으면 주어진 방정식은

$(X+7)(X+15)+15=0$

$X^2+22X+120=0$, $(X+12)(X+10)=0$

$\therefore X=-12$ 또는 $X=-10$

(i) $X=-12$, 즉 $x^2+8x=-12$일 때,

$x^2+8x+12=0$

이 이차방정식의 판별식을 D_1이라 하면

$\dfrac{D_1}{4}=4^2-1\times12=4>0$

이므로 서로 다른 두 실근을 갖는다.

따라서 근과 계수의 관계에 의하여 두 실근의 곱은 12이다.

(ii) $X=-10$, 즉 $x^2+8x=-10$일 때,

$x^2+8x+10=0$

이 이차방정식의 판별식을 D_2라 하면

$\dfrac{D_2}{4}=4^2-1\times10=6>0$

이므로 서로 다른 두 실근을 갖는다.

따라서 근과 계수의 관계에 의하여 두 실근의 곱은 10이다.

(i), (ii)에서 구하는 모든 실근의 곱은

$12\times10=120$

답 120

02-4

$(x^2+4x+3)(x^2+6x+8)=3$에서

$(x+1)(x+3)(x+2)(x+4)-3=0$

$\{(x+1)(x+4)\}\{(x+3)(x+2)\}-3=0$

$(x^2+5x+4)(x^2+5x+6)-3=0$

$x^2+5x=X$로 놓으면 주어진 방정식은

$(X+4)(X+6)-3=0$

$X^2+10X+21=0$, $(X+7)(X+3)=0$

$\therefore X=-7$ 또는 $X=-3$

(i) $X=-7$, 즉 $x^2+5x=-7$일 때,

$x^2+5x+7=0$

이 이차방정식의 판별식을 D_1이라 하면

$D_1=5^2-4\times1\times7=-3<0$

이므로 서로 다른 두 허근을 갖는다.

(ii) $X=-3$, 즉 $x^2+5x=-3$일 때,

$x^2+5x+3=0$

이 이차방정식의 판별식을 D_2라 하면

$D_2=5^2-4\times1\times3=13>0$

이므로 서로 다른 두 실근을 갖는다.

(i), (ii)에서 α, β는 이차방정식 $x^2+5x+7=0$의 근이므로 근과 계수의 관계에 의하여

$\alpha+\beta=-5$

$\therefore (\alpha+\beta)^2=25$

답 25

03-1

(1) $x^2=X$로 놓으면 주어진 방정식은
$X^2-10X+9=0$, $(X-1)(X-9)=0$
$\therefore X=1$ 또는 $X=9$
따라서 $x^2=1$ 또는 $x^2=9$이므로
$x=\pm1$ 또는 $x=\pm3$

(2) $x^4+3x^2+4=0$에서 $x^4+4x^2+4-x^2=0$
$(x^2+2)^2-x^2=0$, $(x^2+x+2)(x^2-x+2)=0$
$x^2+x+2=0$ 또는 $x^2-x+2=0$
$\therefore x=\dfrac{-1\pm\sqrt{7}i}{2}$ 또는 $x=\dfrac{1\pm\sqrt{7}i}{2}$

(3) $x\neq0$이므로 주어진 방정식의 양변을 x^2으로 나누면
$x^2+2x-1+\dfrac{2}{x}+\dfrac{1}{x^2}=0$
$\left(x^2+\dfrac{1}{x^2}\right)+2\left(x+\dfrac{1}{x}\right)-1=0$
$\left\{\left(x+\dfrac{1}{x}\right)^2-2\right\}+2\left(x+\dfrac{1}{x}\right)-1=0$
$\left(x+\dfrac{1}{x}\right)^2+2\left(x+\dfrac{1}{x}\right)-3=0$
$x+\dfrac{1}{x}=X$로 놓으면 $X^2+2X-3=0$
$(X+3)(X-1)=0$ $\therefore X=-3$ 또는 $X=1$

(i) $X=-3$, 즉 $x+\dfrac{1}{x}=-3$일 때,
$x^2+3x+1=0$ $\therefore x=\dfrac{-3\pm\sqrt{5}}{2}$

(ii) $X=1$, 즉 $x+\dfrac{1}{x}=1$일 때,
$x^2-x+1=0$ $\therefore x=\dfrac{1\pm\sqrt{3}i}{2}$

(i), (ii)에서 $x=\dfrac{-3\pm\sqrt{5}}{2}$ 또는 $x=\dfrac{1\pm\sqrt{3}i}{2}$

답 (1) $x=\pm1$ 또는 $x=\pm3$

(2) $x=\dfrac{-1\pm\sqrt{7}i}{2}$ 또는 $x=\dfrac{1\pm\sqrt{7}i}{2}$

(3) $x=\dfrac{-3\pm\sqrt{5}}{2}$ 또는 $x=\dfrac{1\pm\sqrt{3}i}{2}$

03-2

$x^4-6x^2+1=0$에서 $x^4-2x^2+1-4x^2=0$
$(x^2-1)^2-(2x)^2=0$, $(x^2+2x-1)(x^2-2x-1)=0$
$x^2+2x-1=0$ 또는 $x^2-2x-1=0$
$\therefore x=-1\pm\sqrt{2}$ 또는 $x=1\pm\sqrt{2}$
따라서 네 실근 중 가장 큰 근은 $1+\sqrt{2}$, 가장 작은 근은 $-1-\sqrt{2}$이므로
$\alpha=1+\sqrt{2}$, $\beta=-1-\sqrt{2}$

$\therefore \alpha-\beta=(1+\sqrt{2})-(-1-\sqrt{2})=2+2\sqrt{2}$

답 $2+2\sqrt{2}$

03-3

사차식 x^4+ax^2+2가 일차식 $x-\sqrt{2}$로 나누어떨어지므로
x^4+ax^2+2에 $x=\sqrt{2}$를 대입하면
$4+2a+2=0$ $\therefore a=-3$
즉, 방정식 $x^4-3x^2+2=0$에서 $x^2=X$로 놓으면
$X^2-3X+2=0$, $(X-1)(X-2)=0$
$\therefore X=1$ 또는 $X=2$
따라서 $x^2=1$ 또는 $x^2=2$이므로
$x=\pm1$ 또는 $x=\pm\sqrt{2}$
따라서 네 실근 중 가장 큰 근은 $\sqrt{2}$, 두 번째로 큰 근은 1이므로
$\alpha=\sqrt{2}$, $\beta=1$ $\therefore \alpha^2+\beta=3$

답 3

03-4

$x\neq0$이므로 주어진 방정식의 양변을 x^2으로 나누면
$x^2+5x-4+\dfrac{5}{x}+\dfrac{1}{x^2}=0$, $\left(x^2+\dfrac{1}{x^2}\right)+5\left(x+\dfrac{1}{x}\right)-4=0$
$\left\{\left(x+\dfrac{1}{x}\right)^2-2\right\}+5\left(x+\dfrac{1}{x}\right)-4=0$
$\left(x+\dfrac{1}{x}\right)^2+5\left(x+\dfrac{1}{x}\right)-6=0$
$x+\dfrac{1}{x}=X$로 놓으면 $X^2+5X-6=0$
$(X+6)(X-1)=0$ $\therefore X=-6$ 또는 $X=1$

(i) $X=-6$, 즉 $x+\dfrac{1}{x}=-6$일 때, $x^2+6x+1=0$
이 이차방정식의 판별식을 D_1이라 하면
$\dfrac{D_1}{4}=3^2-1\times1=8>0$
이므로 서로 다른 두 실근을 갖는다.

(ii) $X=1$, 즉 $x+\dfrac{1}{x}=1$일 때, $x^2-x+1=0$
이 이차방정식의 판별식을 D_2라 하면
$D_2=(-1)^2-4\times1\times1=-3<0$
이므로 서로 다른 두 허근을 갖는다.

(i), (ii)에서 α는 방정식 $x^2+6x+1=0$의 한 실근이므로
$\alpha^2+6\alpha+1=0$
양변을 $\alpha(\alpha\neq0)$로 나누면
$\alpha+6+\dfrac{1}{\alpha}=0$ $\therefore \alpha+\dfrac{1}{\alpha}=-6$
$\therefore \left(\alpha-\dfrac{1}{\alpha}\right)^2=\left(\alpha+\dfrac{1}{\alpha}\right)^2-4=(-6)^2-4=32$

답 32

04-1

$f(x)=x^3+x^2+kx-k-2$라 하면
$f(1)=1+1+k-k-2=0$
조립제법을 이용하여 $f(x)$를 인수분해하면

1	1	1	k	$-k-2$
		1	2	$k+2$
	1	2	$k+2$	0

$f(x)=(x-1)(x^2+2x+k+2)$
이때 방정식 $f(x)=0$이 중근을 가지려면
(i) $x^2+2x+k+2=0$이 $x=1$을 근으로 가질 때,
  $1+2+k+2=0$ $\therefore k=-5$
(ii) $x^2+2x+k+2=0$이 중근을 가질 때,
  이 이차방정식의 판별식을 D라 하면
  $$\frac{D}{4}=1^2-1\times(k+2)=0$$
  $1-k-2=0$ $\therefore k=-1$
(i), (ii)에서 구하는 실수 k의 값은 -5, -1이다.

답 -5, -1

04-2

$f(x)=x^3-4x^2+(k+3)x-2k+2$라 하면
$f(2)=8-16+2k+6-2k+2=0$
조립제법을 이용하여 $f(x)$를 인수분해하면

2	1	-4	$k+3$	$-2k+2$
		2	-4	$2k-2$
	1	-2	$k-1$	0

$f(x)=(x-2)(x^2-2x+k-1)$
이때 방정식 $f(x)=0$이 한 실근과 두 허근을 가지려면 이차방정식 $x^2-2x+k-1=0$이 허근을 가져야 하므로 이 이차방정식의 판별식을 D라 하면
$$\frac{D}{4}=(-1)^2-1\times(k-1)<0$$
$1-k+1<0$ $\therefore k>2$

답 $k>2$

04-3

$f(x)=2x^3-(1-a)x+a+1$이라 하면
$f(-1)=-2+1-a+a+1=0$
조립제법을 이용하여 $f(x)$를 인수분해하면

-1	2	0	$-1+a$	$a+1$
		-2	2	$-1-a$
	2	-2	$1+a$	0

$f(x)=(x+1)(2x^2-2x+1+a)$
이때 방정식 $f(x)=0$이 모두 실근을 가지려면 이차방정식

$2x^2-2x+1+a=0$이 실근을 가져야 하므로 이 이차방정식의 판별식을 D라 하면
$$\frac{D}{4}=(-1)^2-2\times(1+a)\geq0$$
$1-2-2a\geq0$ $\therefore a\leq-\frac{1}{2}$

답 $a\leq-\dfrac{1}{2}$

04-4

$f(x)=x^3+3x^2+2(k-2)x-2k$라 하면
$f(1)=1+3+2k-4-2k=0$
조립제법을 이용하여 $f(x)$를 인수분해하면

1	1	3	$2k-4$	$-2k$
		1	4	$2k$
	1	4	$2k$	0

$f(x)=(x-1)(x^2+4x+2k)$
이때 방정식 $f(x)=0$의 실근이 오직 하나뿐이려면
(i) $x^2+4x+2k=0$이 실근을 갖지 않을 때,
  이 이차방정식의 판별식을 D라 하면
  $$\frac{D}{4}=2^2-1\times2k<0$$
  $4-2k<0$ $\therefore k>2$
(ii) $x^2+4x+2k=0$이 $x=1$을 중근으로 가질 때,
  이를 만족시키는 정수 k의 값은 존재하지 않는다.
(i), (ii)에서 구하는 정수 k의 최솟값은 3이다.

답 3

05-1

잘라 낸 정사각형의 한 변의 길이를 x cm라 하면 뚜껑이 없고, 밑면이 정사각형인 직육면체 모양의 상자의 밑면의 한 변의 길이는 $(24-2x)$ cm이므로
직육면체의 부피는
$(24-2x)\times(24-2x)\times x=800$
$x(12-x)(12-x)=200$
$\therefore x^3-24x^2+144x-200=0$
$f(x)=x^3-24x^2+144x-200$이라 하면
$f(2)=8-96+288-200=0$
조립제법을 이용하여 $f(x)$를 인수분해하면

2	1	-24	144	-200
		2	-44	200
	1	-22	100	0

$f(x)=(x-2)(x^2-22x+100)$
따라서 방정식 $f(x)=0$에서
$x=2$ 또는 $x=11\pm\sqrt{21}$

그런데 $0<x<12$이므로 $x=2$ 또는 $x=11-\sqrt{21}$

따라서 잘라 낸 정사각형의 한 변의 길이는 $2\,\text{cm}$ 또는 $(11-\sqrt{21})\,\text{cm}$이다.

📋 $2\,\text{cm}$ 또는 $(11-\sqrt{21})\,\text{cm}$

05-2

처음 정육면체의 한 모서리의 길이를 $x\,\text{cm}$라 하면 새로 만든 직육면체의 가로의 길이는 $(x-1)\,\text{cm}$, 세로의 길이와 높이는 각각 $(x+2)\,\text{cm}$이다.

새로 만든 직육면체의 부피가 처음 정육면체의 부피의 2배가 되었으므로

$(x-1)\times(x+2)\times(x+2)=2x^3$

$x^3+3x^2-4=2x^3$

$\therefore x^3-3x^2+4=0$

$f(x)=x^3-3x^2+4$라 하면

$f(-1)=-1-3+4=0$

조립제법을 이용하여 $f(x)$를 인수분해하면

$$\begin{array}{r|rrrr} -1 & 1 & -3 & 0 & 4 \\ & & -1 & 4 & -4 \\ \hline & 1 & -4 & 4 & 0 \end{array}$$

$f(x)=(x+1)(x^2-4x+4)$
$=(x+1)(x-2)^2$

따라서 방정식 $f(x)=0$에서

$x=-1$ 또는 $x=2$ (중근)

그런데 $x>1$이므로 $x=2$

따라서 처음 정육면체의 한 모서리의 길이는 $2\,\text{cm}$이다.

📋 $2\,\text{cm}$

05-3

처음 밑면의 정사각형의 한 변의 길이를 $x\,\text{cm}$라 하면 높이는 $2x\,\text{cm}$이고 잘라 낸 후의 높이는 $(2x-2)\,\text{cm}$이므로 상자의 부피는

$x\times x\times(2x-2)=96$

$\therefore x^3-x^2-48=0$

$f(x)=x^3-x^2-48$이라 하면

$f(4)=64-16-48=0$

조립제법을 이용하여 $f(x)$를 인수분해하면

$$\begin{array}{r|rrrr} 4 & 1 & -1 & 0 & -48 \\ & & 4 & 12 & 48 \\ \hline & 1 & 3 & 12 & 0 \end{array}$$

$f(x)=(x-4)(x^2+3x+12)$

따라서 방정식 $f(x)=0$에서

$x=4$ 또는 $x=\dfrac{-3\pm\sqrt{39}i}{2}$

그런데 x는 실수이므로 $x=4$

따라서 처음 상자의 높이는 $8\,\text{cm}$이다.

📋 $8\,\text{cm}$

05-4

처음 밑면의 반지름의 길이를 $x\,\text{cm}$라 하면 높이는 $x\,\text{cm}$이고 새로 만든 원기둥의 밑면의 반지름의 길이는 $(x+1)\,\text{cm}$, 높이는 $(x+1)\,\text{cm}$이다.

새로 만든 원기둥의 부피가 처음 원기둥의 부피의 2배보다 11π만큼 크므로

$\pi(x+1)^2\times(x+1)=2\times\pi x^2\times x+11\pi$

$x^3-3x^2-3x+10=0$

$f(x)=x^3-3x^2-3x+10$이라 하면

$f(2)=8-12-6+10=0$

조립제법을 이용하여 $f(x)$를 인수분해하면

$$\begin{array}{r|rrrr} 2 & 1 & -3 & -3 & 10 \\ & & 2 & -2 & -10 \\ \hline & 1 & -1 & -5 & 0 \end{array}$$

$f(x)=(x-2)(x^2-x-5)$

따라서 방정식 $f(x)=0$에서

$x=2$ 또는 $x=\dfrac{1\pm\sqrt{21}}{2}$

그런데 x는 자연수이므로 $x=2$

따라서 처음 원기둥의 반지름의 길이는 $2\,\text{cm}$이다.

📋 $2\,\text{cm}$

02 삼차방정식의 근과 계수의 관계

개념 CHECK
본문 257쪽

01 (1) 5 (2) -2 (3) -4

02 $4x^3-8x^2-20x+24=0$

03 $a=-6$, $b=8$, $c=-4$ **04** (1) 1 (2) 0

01

(1) $\alpha+\beta+\gamma=-\dfrac{-5}{1}=5$

(2) $\alpha\beta+\beta\gamma+\gamma\alpha=\dfrac{-2}{1}=-2$

(3) $\alpha\beta\gamma=-\dfrac{4}{1}=-4$

📋 (1) 5 (2) -2 (3) -4

02

-2, 1, 3을 세 근으로 하고 x^3의 계수가 4인 삼차방정식은

(세 근의 합)$=(-2)+1+3=2$

(두 근끼리의 곱의 합)$=(-2)\times1+1\times3+3\times(-2)$
$$=-5$$

(세 근의 곱)$=(-2)\times1\times3=-6$

이므로 $4(x^3-2x^2-5x+6)=0$,

즉 $4x^3-8x^2-20x+24=0$

답 $4x^3-8x^2-20x+24=0$

03

a, b, c가 실수일 때, 삼차방정식 $2x^3+ax^2+bx+c=0$이 1과 $1+i$를 근으로 가지면 나머지 한 근은 $1-i$이다.

따라서 삼차방정식의 근과 계수의 관계에 의하여

$1+(1+i)+(1-i)=-\dfrac{a}{2}$

$\therefore a=-6$

$1\times(1+i)+(1+i)\times(1-i)+(1-i)\times1=\dfrac{b}{2}$

$\therefore b=8$

$1\times(1+i)\times(1-i)=-\dfrac{c}{2}$

$\therefore c=-4$

답 $a=-6$, $b=8$, $c=-4$

04

방정식 $x^3=-1$의 한 허근이 ω이므로 $\omega^3=-1$

또한 $x^3=-1$, 즉 $x^3+1=(x+1)(x^2-x+1)=0$에서 ω는 허근이므로 이차방정식 $x^2-x+1=0$의 근이다.

$\therefore \omega^2-\omega+1=0$

(1) $\omega^2-\omega+1=0$에서

$\omega^2+1=\omega$이므로

$\omega+\dfrac{1}{\omega}=\dfrac{\omega^2+1}{\omega}=\dfrac{\omega}{\omega}=1$

(2) $\omega^3=-1$이므로 $\omega^5=\omega^3\times\omega^2=-\omega^2$,

$\omega^{10}=(\omega^3)^3\times\omega=-\omega$이므로

$1-\omega^5+\omega^{10}=1+\omega^2-\omega=0$

다른 풀이

(1) $\omega^2-\omega+1=0$의 양변을 ω로 나누면

$\omega-1+\dfrac{1}{\omega}=0$ $\therefore \omega+\dfrac{1}{\omega}=1$

답 (1) 1 (2) 0

유제

06-1 (1) $-\dfrac{1}{3}$ (2) 8 (3) 10 **06-2** 8

06-3 -2 **06-4** 2

07-1 $x^3-2x^2+x+2=0$

07-2 $5x^3+4x^2+x-2=0$ **07-3** 5 **07-4** 9

08-1 (1) $a=3$, $b=1$ (2) $a=0$, $b=-2$

08-2 $1+\sqrt{3}$ **08-3** 6 **08-4** 4

09-1 (1) 0 (2) 0 (3) 1 **09-2** ㄱ, ㄹ

09-3 -6 **09-4** $\dfrac{13}{3}$

06-1

삼차방정식 $x^3+2x^2+3x-6=0$의 세 근이 α, β, γ이므로 삼차방정식의 근과 계수의 관계에 의하여

$\alpha+\beta+\gamma=-2$, $\alpha\beta+\beta\gamma+\gamma\alpha=3$, $\alpha\beta\gamma=6$

(1) $\dfrac{1}{\alpha\beta}+\dfrac{1}{\beta\gamma}+\dfrac{1}{\gamma\alpha}=\dfrac{\alpha+\beta+\gamma}{\alpha\beta\gamma}=\dfrac{-2}{6}=-\dfrac{1}{3}$

(2) $(1+\alpha)(1+\beta)(1+\gamma)$
$=1+(\alpha+\beta+\gamma)+(\alpha\beta+\beta\gamma+\gamma\alpha)+\alpha\beta\gamma$
$=1+(-2)+3+6=8$

(3) $\alpha^2+\beta^2+\gamma^2=(\alpha+\beta+\gamma)^2-2(\alpha\beta+\beta\gamma+\gamma\alpha)$
$$=(-2)^2-2\times3=-2$$

$\therefore \alpha^3+\beta^3+\gamma^3-3\alpha\beta\gamma$
$=(\alpha+\beta+\gamma)(\alpha^2+\beta^2+\gamma^2-\alpha\beta-\beta\gamma-\gamma\alpha)$
$=(-2)\times\{(-2)-3\}=10$

답 (1) $-\dfrac{1}{3}$ (2) 8 (3) 10

06-2

삼차방정식 $x^3-3x^2+x+5=0$의 세 근이 α, β, γ이므로 삼차방정식의 근과 계수의 관계에 의하여

$\alpha+\beta+\gamma=3$, $\alpha\beta+\beta\gamma+\gamma\alpha=1$, $\alpha\beta\gamma=-5$

$\therefore (\alpha+\beta)(\beta+\gamma)(\gamma+\alpha)$
$=(3-\gamma)(3-\alpha)(3-\beta)$
$=27-9(\alpha+\beta+\gamma)+3(\alpha\beta+\beta\gamma+\gamma\alpha)-\alpha\beta\gamma$
$=27-9\times3+3\times1-(-5)=8$

답 8

06-3

삼차방정식 $x^3+2x^2+kx-1=0$의 세 근이 α, β, γ이므로 삼차방정식의 근과 계수의 관계에 의하여

$\alpha+\beta+\gamma=-2$, $\alpha\beta+\beta\gamma+\gamma\alpha=k$, $\alpha\beta\gamma=1$

이때 $\alpha^2+\beta^2+\gamma^2=8$이므로

$(\alpha+\beta+\gamma)^2=\alpha^2+\beta^2+\gamma^2+2(\alpha\beta+\beta\gamma+\gamma\alpha)$에서
$(-2)^2=8+2(\alpha\beta+\beta\gamma+\gamma\alpha)$
$\therefore \alpha\beta+\beta\gamma+\gamma\alpha=-2$
$\therefore k=-2$

답 -2

06-4

삼차방정식 $x^3-9x^2+ax+b=0$의 세 근이 α, β, γ이므로
삼차방정식의 근과 계수의 관계에 의하여
$\alpha+\beta+\gamma=9$, $\alpha\beta+\beta\gamma+\gamma\alpha=a$, $\alpha\beta\gamma=-b$
$\alpha:\beta:\gamma=2:3:4$이므로 $\alpha=2k$, $\beta=3k$, $\gamma=4k$ $(k\neq 0)$
라 하면 근과 계수의 관계에 의하여
$2k+3k+4k=9$, $9k=9$ $\therefore k=1$
따라서 세 근이 2, 3, 4이므로
$a=\alpha\beta+\beta\gamma+\gamma\alpha=2\times 3+3\times 4+4\times 2=26$
$b=-\alpha\beta\gamma=-(2\times 3\times 4)=-24$
$\therefore a+b=26+(-24)=2$

답 2

07-1

삼차방정식 $x^3+2x^2+x-2=0$의 세 근이 α, β, γ이므로 삼차방정식의 근과 계수의 관계에 의하여
$\alpha+\beta+\gamma=-2$, $\alpha\beta+\beta\gamma+\gamma\alpha=1$, $\alpha\beta\gamma=2$
구하는 삼차방정식의 세 근이 $-\alpha$, $-\beta$, $-\gamma$이므로
(세 근의 합)$=(-\alpha)+(-\beta)+(-\gamma)$
$\qquad\qquad=-(\alpha+\beta+\gamma)$
$\qquad\qquad=-(-2)=2$
(두 근끼리의 곱의 합)
$=(-\alpha)(-\beta)+(-\beta)(-\gamma)+(-\gamma)(-\alpha)$
$=\alpha\beta+\beta\gamma+\gamma\alpha=1$
(세 근의 곱)$=(-\alpha)\times(-\beta)\times(-\gamma)$
$\qquad\qquad=-\alpha\beta\gamma=-2$
따라서 구하는 삼차방정식은
$x^3-2x^2+x+2=0$

답 $x^3-2x^2+x+2=0$

07-2

삼차방정식 $2x^3-x^2-4x-5=0$의 세 근이 α, β, γ이므로
삼차방정식의 근과 계수의 관계에 의하여
$\alpha+\beta+\gamma=\dfrac{1}{2}$, $\alpha\beta+\beta\gamma+\gamma\alpha=-2$, $\alpha\beta\gamma=\dfrac{5}{2}$
구하는 삼차방정식의 세 근이 $\dfrac{1}{\alpha}$, $\dfrac{1}{\beta}$, $\dfrac{1}{\gamma}$이므로
(세 근의 합)$=\dfrac{1}{\alpha}+\dfrac{1}{\beta}+\dfrac{1}{\gamma}=\dfrac{\alpha\beta+\beta\gamma+\gamma\alpha}{\alpha\beta\gamma}$

$\qquad\qquad=\dfrac{-2}{\dfrac{5}{2}}=-\dfrac{4}{5}$

(두 근끼리의 곱의 합)$=\dfrac{1}{\alpha}\times\dfrac{1}{\beta}+\dfrac{1}{\beta}\times\dfrac{1}{\gamma}+\dfrac{1}{\gamma}\times\dfrac{1}{\alpha}$

$\qquad\qquad=\dfrac{1}{\alpha\beta}+\dfrac{1}{\beta\gamma}+\dfrac{1}{\gamma\alpha}$

$\qquad\qquad=\dfrac{\alpha+\beta+\gamma}{\alpha\beta\gamma}$

$\qquad\qquad=\dfrac{\dfrac{1}{2}}{\dfrac{5}{2}}=\dfrac{1}{5}$

(세 근의 곱)$=\dfrac{1}{\alpha}\times\dfrac{1}{\beta}\times\dfrac{1}{\gamma}$

$\qquad\qquad=\dfrac{1}{\alpha\beta\gamma}=\dfrac{2}{5}$

따라서 구하는 삼차방정식은
$5\left(x^3+\dfrac{4}{5}x^2+\dfrac{1}{5}x-\dfrac{2}{5}\right)=0$
$\therefore 5x^3+4x^2+x-2=0$

답 $5x^3+4x^2+x-2=0$

07-3

삼차방정식 $x^3+2x+3=0$의 세 근이 α, β, γ이므로 삼차방정식의 근과 계수의 관계에 의하여
$\alpha+\beta+\gamma=0$, $\alpha\beta+\beta\gamma+\gamma\alpha=2$, $\alpha\beta\gamma=-3$
구하는 삼차방정식의 세 근이 $\alpha+\beta=-\gamma$, $\beta+\gamma=-\alpha$, $\gamma+\alpha=-\beta$이므로
(세 근의 합)$=(\alpha+\beta)+(\beta+\gamma)+(\gamma+\alpha)$
$\qquad\qquad=(-\gamma)+(-\alpha)+(-\beta)$
$\qquad\qquad=-(\alpha+\beta+\gamma)=0$
(두 근끼리의 곱의 합)
$=(\alpha+\beta)(\beta+\gamma)+(\beta+\gamma)(\gamma+\alpha)+(\gamma+\alpha)(\alpha+\beta)$
$=(-\gamma)(-\alpha)+(-\alpha)(-\beta)+(-\beta)(-\gamma)$
$=\alpha\beta+\beta\gamma+\gamma\alpha=2$
(세 근의 곱)$=(\alpha+\beta)(\beta+\gamma)(\gamma+\alpha)$
$\qquad\qquad=(-\gamma)(-\alpha)(-\beta)=-\alpha\beta\gamma$
$\qquad\qquad=-(-3)=3$
따라서 구하는 삼차방정식은 $x^3+2x-3=0$이므로
$a=0$, $b=2$, $c=-3$
$\therefore a+b-c=0+2-(-3)=5$

답 5

07-4

삼차방정식 $x^3+ax^2+bx+c=0$의 세 근이 α, β, γ이므로
삼차방정식의 근과 계수의 관계에 의하여
$\alpha+\beta+\gamma=-a$, $\alpha\beta+\beta\gamma+\gamma\alpha=b$, $\alpha\beta\gamma=-c$

구하는 삼차방정식의 세 근이 $\dfrac{1}{\alpha\beta}$, $\dfrac{1}{\beta\gamma}$, $\dfrac{1}{\gamma\alpha}$이므로

(세 근의 합)$= \dfrac{1}{\alpha\beta} + \dfrac{1}{\beta\gamma} + \dfrac{1}{\gamma\alpha}$

$\qquad\qquad = \dfrac{\alpha+\beta+\gamma}{\alpha\beta\gamma}$

$\qquad\qquad = \dfrac{-a}{-c} = \dfrac{a}{c}$

(두 근끼리의 곱의 합)

$= \dfrac{1}{\alpha\beta} \times \dfrac{1}{\beta\gamma} + \dfrac{1}{\beta\gamma} \times \dfrac{1}{\gamma\alpha} + \dfrac{1}{\gamma\alpha} \times \dfrac{1}{\alpha\beta}$

$= \dfrac{1}{\alpha\beta^2\gamma} + \dfrac{1}{\beta\gamma^2\alpha} + \dfrac{1}{\gamma\alpha^2\beta}$

$= \dfrac{\gamma\alpha + \alpha\beta + \beta\gamma}{(\alpha\beta\gamma)^2}$

$= \dfrac{b}{(-c)^2} = \dfrac{b}{c^2}$

(세 근의 곱)$= \dfrac{1}{\alpha\beta} \times \dfrac{1}{\beta\gamma} \times \dfrac{1}{\gamma\alpha}$

$\qquad\qquad = \dfrac{1}{(\alpha\beta\gamma)^2}$

$\qquad\qquad = \dfrac{1}{(-c)^2} = \dfrac{1}{c^2}$

따라서 구하는 삼차방정식은 $x^3 - \dfrac{a}{c}x^2 + \dfrac{b}{c^2}x - \dfrac{1}{c^2} = 0$이므로

$-\dfrac{a}{c} = -5$, $\dfrac{b}{c^2} = 3$, $-\dfrac{1}{c^2} = -1$

$-\dfrac{1}{c^2} = -1$에서 $c^2 = 1$ $\quad \therefore c = 1$ ($\because c$는 양수)

$c = 1$을 $-\dfrac{a}{c} = -5$, $\dfrac{b}{c^2} = 3$에 대입하면

$a = 5$, $b = 3$

$\therefore a + b + c = 5 + 3 + 1 = 9$

🇩 9

08-1

(1) 주어진 삼차방정식의 계수가 유리수이고 한 근이 $-1+\sqrt{2}$이므로 $-1-\sqrt{2}$도 근이다.

나머지 한 근을 k라 하면 삼차방정식의 근과 계수의 관계에 의하여

$(-1+\sqrt{2}) + (-1-\sqrt{2}) + k = -1$ $\quad \therefore k = 1$

즉, 삼차방정식의 세 근이 $-1+\sqrt{2}$, $-1-\sqrt{2}$, 1이므로

$(-1+\sqrt{2}) \times (-1-\sqrt{2}) + (-1-\sqrt{2}) \times 1$
$\qquad\qquad\qquad\qquad\qquad\quad + 1 \times (-1+\sqrt{2})$
$= -a$

$\therefore a = 3$

$(-1+\sqrt{2}) \times (-1-\sqrt{2}) \times 1 = -b$ $\quad \therefore b = 1$

(2) 주어진 삼차방정식의 계수가 실수이고 한 근이 $-1-i$이므로 $-1+i$도 근이다.

나머지 한 근을 k라 하면 삼차방정식의 근과 계수의 관계에 의하여

$(-1-i) \times (-1+i) \times k = 4$ $\quad \therefore k = 2$

즉, 삼차방정식의 세 근이 $-1-i$, $-1+i$, 2이므로

$(-1-i) + (-1+i) + 2 = -a$

$\therefore a = 0$

$(-1-i) \times (-1+i) + (-1+i) \times 2 + 2 \times (-1-i)$
$= b$

$\therefore b = -2$

[다른 풀이]

(2) 삼차방정식 $x^3 + ax^2 + bx - 4 = 0$에 $x = -1-i$를 대입하면

$(-1-i)^3 + a(-1-i)^2 + b(-1-i) - 4 = 0$

$(-2-b) + (2a-b-2)i = 0$

a, b가 실수이므로 복소수가 서로 같을 조건에 의하여

$-2-b = 0$, $2a-b-2 = 0$

두 식을 연립하여 풀면

$a = 0$, $b = -2$

🇩 (1) $a = 3$, $b = 1$ (2) $a = 0$, $b = -2$

08-2

$\dfrac{1}{2+\sqrt{3}} = \dfrac{2-\sqrt{3}}{(2+\sqrt{3})(2-\sqrt{3})} = 2-\sqrt{3}$

주어진 삼차방정식의 계수가 유리수이므로 $2-\sqrt{3}$이 근이면 $2+\sqrt{3}$도 근이다.

나머지 한 근을 k라 하면 삼차방정식의 근과 계수의 관계에 의하여

$(2-\sqrt{3}) \times (2+\sqrt{3}) \times k = -1$ $\quad \therefore k = -1$

즉, 삼차방정식의 세 근이 $2-\sqrt{3}$, $2+\sqrt{3}$, -1이므로 나머지 두 근의 합은

$(2+\sqrt{3}) + (-1) = 1+\sqrt{3}$

🇩 $1+\sqrt{3}$

08-3

주어진 사차방정식의 계수가 유리수이므로 $1-\sqrt{2}$, $3-\sqrt{6}$이 근이면 $1+\sqrt{2}$, $3+\sqrt{6}$도 근이다.

따라서 사차방정식은

$\{x-(1-\sqrt{2})\}\{x-(1+\sqrt{2})\}$
$\qquad\qquad\qquad \{x-(3-\sqrt{6})\}\{x-(3+\sqrt{6})\} = 0$

$(x^2-2x-1)(x^2-6x+3) = 0$

$\therefore x^4 - 8x^3 + 14x^2 - 3 = 0$

따라서 $a = -8$, $b = 14$이므로

$a + b = (-8) + 14 = 6$

🇩 6

08-4

주어진 사차방정식의 계수가 실수이므로 $2i$, $1-i$가 근이면
$-2i$, $1+i$도 근이다.
따라서 사차방정식은
$(x-2i)(x+2i)\{x-(1-i)\}\{x-(1+i)\}=0$
$(x^2+4)(x^2-2x+2)=0$
$\therefore x^4-2x^3+6x^2-8x+8=0$
따라서 $a=-2$, $b=6$, $c=-8$, $d=8$이므로
$a+b-c-d=(-2)+6-(-8)-8=4$

📳 4

09-1

$x^3=1$의 한 허근이 ω이므로 $\omega^3=1$
$x^3=1$에서 $x^3-1=0$, $(x-1)(x^2+x+1)=0$
이때 ω는 허근이므로 $\omega^2+\omega+1=0$

(1) $\omega^{11}+\omega^{22}+\omega^{33}=(\omega^3)^3\times\omega^2+(\omega^3)^7\times\omega+(\omega^3)^{11}$
$\qquad\qquad\qquad\quad=\omega^2+\omega+1$
$\qquad\qquad\qquad\quad=0$

(2) $\omega+\omega^3+\omega^5+\omega^7+\omega^9+\omega^{11}$
$\quad=\omega+\omega^3+\omega^3\times\omega^2+(\omega^3)^2\times\omega+(\omega^3)^3+(\omega^3)^3\times\omega^2$
$\quad=\omega+1+\omega^2+\omega+1+\omega^2$
$\quad=(1+\omega+\omega^2)+(1+\omega+\omega^2)$
$\quad=0$

(3) 방정식 $x^2+x+1=0$의 계수가 실수이고 한 허근이 ω이
므로 다른 한 근은 $\overline{\omega}$이다.
이차방정식의 근과 계수의 관계에 의하여
$\omega+\overline{\omega}=-1$, $\omega\overline{\omega}=1$
$\therefore \dfrac{1}{1-\omega}+\dfrac{1}{1-\overline{\omega}}=\dfrac{1-\overline{\omega}+1-\omega}{(1-\omega)(1-\overline{\omega})}$
$\qquad\qquad\qquad\qquad=\dfrac{2-(\omega+\overline{\omega})}{1-(\omega+\overline{\omega})+\omega\overline{\omega}}$
$\qquad\qquad\qquad\qquad=\dfrac{2-(-1)}{1-(-1)+1}=1$

📳 (1) 0   (2) 0   (3) 1

09-2

$x^3=-1$의 한 허근이 ω이므로 $\omega^3=-1$
$x^3=-1$에서 $x^3+1=0$, $(x+1)(x^2-x+1)=0$
이때 ω는 허근이므로 $\omega^2-\omega+1=0$
방정식 $x^2-x+1=0$의 계수가 실수이고 한 허근이 ω이므로
다른 한 근은 $\overline{\omega}$이다.
이차방정식의 근과 계수의 관계에 의하여
$\omega+\overline{\omega}=1$, $\omega\overline{\omega}=1$
ㄱ. $\omega^5-\omega^4+1=\omega^3\times\omega^2-\omega^3\times\omega+1$
$\qquad\qquad\quad=-\omega^2+\omega+1=2$ (참)

ㄴ. $\omega^2-\omega+1=0$에서 $1-\omega=-\omega^2$
$\quad\therefore 1-\omega+\omega^2-\omega^3+\cdots+\omega^{10}$
$\quad=(1-\omega+\omega^2)-\omega^3(1-\omega+\omega^2)$
$\qquad\qquad\qquad\quad+\omega^6(1-\omega+\omega^2)-\omega^9(1-\omega)$
$\quad=1-\omega$
$\quad=-\omega^2$ (거짓)

ㄷ. $\omega\overline{\omega}=1$에서 $\overline{\omega}=\dfrac{1}{\omega}=\dfrac{-\omega^3}{\omega}=-\omega^2$
$\quad\therefore \omega^2+\overline{\omega}=\omega^2+(-\omega^2)=0$ (거짓)

ㄹ. $\omega^2-\omega+1=0$에서 $\omega-1=\omega^2$
$\quad\therefore \dfrac{\omega-1}{\omega^2}+\dfrac{\omega^2}{\omega-1}=\dfrac{\omega^2}{\omega^2}+\dfrac{\omega^2}{\omega^2}$
$\qquad\qquad\qquad\qquad=1+1=2$ (참)

따라서 옳은 것은 ㄱ, ㄹ이다.

📳 ㄱ, ㄹ

09-3

$x^2+x+1=0$의 한 허근이 ω이므로
$\omega^2+\omega+1=0$ $\therefore \omega^2=-\omega-1$
$\omega^2+\omega+1=0$의 양변에 $\omega-1$을 곱하면
$(\omega-1)(\omega^2+\omega+1)=0$
$\omega^3-1=0$ $\therefore \omega^3=1$
$\therefore 5\omega^5+4\omega^6+3\omega^7+2\omega^8+\omega^9$
$\quad=5\times\omega^3\times\omega^2+4(\omega^3)^2+3\times(\omega^3)^2\times\omega$
$\qquad\qquad\qquad\qquad+2\times(\omega^3)^2\times\omega^2+(\omega^3)^3$
$\quad=5\omega^2+4+3\omega+2\omega^2+1$
$\quad=7\omega^2+3\omega+5$
$\quad=7(-\omega-1)+3\omega+5$
$\quad=-4\omega-2$
따라서 $a=-4$, $b=-2$이므로
$a+b=(-4)+(-2)=-6$

📳 -6

09-4

방정식 $x^2-x+1=0$의 계수가 실수이고 한 허근이 ω이므로
다른 한 근은 $\overline{\omega}$이다.
이차방정식의 근과 계수의 관계에 의하여
$\omega+\overline{\omega}=1$, $\omega\overline{\omega}=1$
$\therefore \dfrac{(3\omega+1)\overline{(3\omega+1)}}{(\omega+1)\overline{(\omega+1)}}=\dfrac{(3\omega+1)(3\overline{\omega}+1)}{(\omega+1)(\overline{\omega}+1)}$
$\qquad\qquad\qquad\qquad=\dfrac{9\omega\overline{\omega}+3(\omega+\overline{\omega})+1}{\omega\overline{\omega}+\omega+\overline{\omega}+1}$
$\qquad\qquad\qquad\qquad=\dfrac{9+3+1}{1+1+1}=\dfrac{13}{3}$

📳 $\dfrac{13}{3}$

03 연립이차방정식

본문 273쪽

개념 CHECK

01 (1) $\begin{cases} x=-\dfrac{1}{2} \\ y=4 \end{cases}$ 또는 $\begin{cases} x=6 \\ y=-9 \end{cases}$

(2) $\begin{cases} x=\sqrt{2} \\ y=-\sqrt{2} \end{cases}$ 또는 $\begin{cases} x=-\sqrt{2} \\ y=\sqrt{2} \end{cases}$

또는 $\begin{cases} x=2 \\ y=2 \end{cases}$ 또는 $\begin{cases} x=-2 \\ y=-2 \end{cases}$

(3) $\begin{cases} x=-2 \\ y=1 \end{cases}$ 또는 $\begin{cases} x=1 \\ y=-2 \end{cases}$ 또는 $\begin{cases} x=1 \\ y=2 \end{cases}$ 또는 $\begin{cases} x=2 \\ y=1 \end{cases}$

02 -4

03 (1) $\begin{cases} x=0 \\ y=3 \end{cases}$ 또는 $\begin{cases} x=4 \\ y=-1 \end{cases}$ 또는 $\begin{cases} x=-2 \\ y=-7 \end{cases}$

또는 $\begin{cases} x=-6 \\ y=-3 \end{cases}$ (2) $x=2$, $y=-1$

01

(1) $\begin{cases} 2x+y=3 & \cdots\cdots ㉠ \\ 2x^2-x-y^2+15=0 & \cdots\cdots ㉡ \end{cases}$

㉠에서 $y=-2x+3$ $\cdots\cdots ㉢$

㉢을 ㉡에 대입하면

$2x^2-x-(-2x+3)^2+15=0$

$-2x^2+11x+6=0$, $2x^2-11x-6=0$

$(2x+1)(x-6)=0$

$\therefore x=-\dfrac{1}{2}$ 또는 $x=6$

(i) $x=-\dfrac{1}{2}$ 을 ㉢에 대입하면 $y=4$

(ii) $x=6$을 ㉢에 대입하면 $y=-9$

(i), (ii)에서 구하는 연립방정식의 해는

$\begin{cases} x=-\dfrac{1}{2} \\ y=4 \end{cases}$ 또는 $\begin{cases} x=6 \\ y=-9 \end{cases}$

(2) 연립방정식 $\begin{cases} x^2-y^2=0 & \cdots\cdots ㉠ \\ x^2-xy+2y^2=8 & \cdots\cdots ㉡ \end{cases}$ 에서

㉠의 좌변을 인수분해하면 $(x+y)(x-y)=0$

$\therefore y=-x$ 또는 $y=x$

(i) $y=-x$를 ㉡에 대입하면

$x^2+x^2+2x^2=8$, $x^2=2$ $\therefore x=\pm\sqrt{2}$

$y=-x$이므로 $x=\pm\sqrt{2}$, $y=\mp\sqrt{2}$ (복부호동순)

(ii) $y=x$를 ㉡에 대입하면

$x^2-x^2+2x^2=8$, $x^2=4$ $\therefore x=\pm2$

$y=x$이므로 $x=\pm2$, $y=\pm2$ (복부호동순)

(i), (ii)에서 구하는 연립방정식의 해는

$\begin{cases} x=\sqrt{2} \\ y=-\sqrt{2} \end{cases}$ 또는 $\begin{cases} x=-\sqrt{2} \\ y=\sqrt{2} \end{cases}$

또는 $\begin{cases} x=2 \\ y=2 \end{cases}$ 또는 $\begin{cases} x=-2 \\ y=-2 \end{cases}$

(3) $\begin{cases} x^2+y^2=5 \\ x+y-xy=1 \end{cases}$ 에서 $\begin{cases} (x+y)^2-2xy=5 \\ x+y-xy=1 \end{cases}$

$x+y=a$, $xy=b$로 놓으면

$\begin{cases} a^2-2b=5 & \cdots\cdots ㉠ \\ a-b=1 & \cdots\cdots ㉡ \end{cases}$

㉡에서 $b=a-1$ $\cdots\cdots ㉢$

㉢을 ㉠에 대입하면

$a^2-2(a-1)=5$, $a^2-2a-3=0$

$(a+1)(a-3)=0$ $\therefore a=-1$ 또는 $a=3$

$a=-1$을 ㉢에 대입하면 $b=-2$

$a=3$을 ㉢에 대입하면 $b=2$

$\therefore \begin{cases} x+y=-1 \\ xy=-2 \end{cases}$ 또는 $\begin{cases} x+y=3 \\ xy=2 \end{cases}$

(i) $x+y=-1$, $xy=-2$일 때,

x, y를 두 근으로 하는 t에 대한 이차방정식은

$t^2+t-2=0$, $(t+2)(t-1)=0$

$\therefore t=-2$ 또는 $t=1$

(ii) $x+y=3$, $xy=2$일 때,

x, y를 두 근으로 하는 t에 대한 이차방정식은

$t^2-3t+2=0$, $(t-1)(t-2)=0$

$\therefore t=1$ 또는 $t=2$

(i), (ii)에서 구하는 연립방정식의 해는

$\begin{cases} x=-2 \\ y=1 \end{cases}$ 또는 $\begin{cases} x=1 \\ y=-2 \end{cases}$ 또는 $\begin{cases} x=1 \\ y=2 \end{cases}$ 또는 $\begin{cases} x=2 \\ y=1 \end{cases}$

답 (1) $\begin{cases} x=-\dfrac{1}{2} \\ y=4 \end{cases}$ 또는 $\begin{cases} x=6 \\ y=-9 \end{cases}$

(2) $\begin{cases} x=\sqrt{2} \\ y=-\sqrt{2} \end{cases}$ 또는 $\begin{cases} x=-\sqrt{2} \\ y=\sqrt{2} \end{cases}$

또는 $\begin{cases} x=2 \\ y=2 \end{cases}$ 또는 $\begin{cases} x=-2 \\ y=-2 \end{cases}$

(3) $\begin{cases} x=-2 \\ y=1 \end{cases}$, $\begin{cases} x=1 \\ y=-2 \end{cases}$, $\begin{cases} x=1 \\ y=2 \end{cases}$, $\begin{cases} x=2 \\ y=1 \end{cases}$

02

두 이차방정식의 공통근을 α라 하면

$\begin{cases} \alpha^2+a\alpha+3=0 & \cdots\cdots ㉠ \\ \alpha^2+3\alpha+a=0 & \cdots\cdots ㉡ \end{cases}$

㉠$-$㉡을 하면 $(a-3)\alpha+3-a=0$

$(a-3)(\alpha-1)=0$ $\therefore a=3$ 또는 $\alpha=1$

(ⅰ) $a=3$일 때,

　　두 이차방정식은 $x^2+3x+3=0$이 되어 일치하므로 두
　　개의 공통근을 갖게 되어 조건을 만족시키지 않는다.

(ⅱ) $a=1$일 때,

　　$a=1$을 ㉠에 대입하면

　　$1+a+3=0$　　∴ $a=-4$

(ⅰ), (ⅱ)에서 $a=-4$

답 -4

03

(1) x, y가 정수일 때, 방정식 $xy+2x+y-3=0$에서

　　$xy+2x+y+2-5=0$, $x(y+2)+y+2=5$

　　∴ $(x+1)(y+2)=5$

　　x, y가 정수이므로 $x+1$, $y+2$도 정수이다.

　　따라서 $x+1$, $y+2$의 값은 다음 표와 같다.

$x+1$	1	5	-1	-5
$y+2$	5	1	-5	-1

➡

x	0	4	-2	-6
y	3	-1	-7	-3

　　즉, 구하는 정수 x, y의 값은

$$\begin{cases} x=0 \\ y=3 \end{cases} \text{또는} \begin{cases} x=4 \\ y=-1 \end{cases} \text{또는} \begin{cases} x=-2 \\ y=-7 \end{cases} \text{또는} \begin{cases} x=-6 \\ y=-3 \end{cases}$$

(2) $x^2+4xy+5y^2+2y+1=0$에서 좌변을 $A^2+B^2=0$ 꼴
　　로 변형하면

　　$x^2+4xy+4y^2+y^2+2y+1=0$

　　$(x+2y)^2+(y+1)^2=0$

　　x, y는 실수이므로 $x+2y$, $y+1$도 실수이다.

　　따라서 $x+2y=0$, $y+1=0$이므로

　　$x=2$, $y=-1$

[다른 풀이]

(2) 주어진 방정식의 좌변을 x에 대하여 내림차순으로 정리하면

　　$x^2+4yx+5y^2+2y+1=0$　　……㉠

　　x가 실수이므로 x에 대한 이차방정식 ㉠이 실근을 가져야
　　한다. 방정식 ㉠의 판별식을 D라 하면

　　$\dfrac{D}{4}=(2y)^2-1\times(5y^2+2y+1)\geq 0$

　　$y^2+2y+1\leq 0$　　∴ $(y+1)^2\leq 0$

　　이때 y도 실수이므로 $y+1=0$　　∴ $y=-1$

　　$y=-1$을 ㉠에 대입하면

　　$x^2-4x+4=0$, $(x-2)^2=0$　　∴ $x=2$

따라서 구하는 실수 x, y의 값은 $x=2$, $y=-1$

답 (1) $\begin{cases} x=0 \\ y=3 \end{cases}$ 또는 $\begin{cases} x=4 \\ y=-1 \end{cases}$

또는 $\begin{cases} x=-2 \\ y=-7 \end{cases}$ 또는 $\begin{cases} x=-6 \\ y=-3 \end{cases}$

(2) $x=2$, $y=-1$

유제　　　　　　　　　　　　　　본문 274~287쪽

10-1 (1) $\begin{cases} x=-1 \\ y=-2 \end{cases}$ 또는 $\begin{cases} x=2 \\ y=1 \end{cases}$

(2) $\begin{cases} x=\dfrac{5}{7} \\ y=-\dfrac{8}{7} \end{cases}$ 또는 $\begin{cases} x=1 \\ y=-1 \end{cases}$

10-2 10　　**10-3** 5

10-4 (1) $k=5$　(2) $k<5$

11-1 (1) $\begin{cases} x=2\sqrt{5} \\ y=-\sqrt{5} \end{cases}$ 또는 $\begin{cases} x=-2\sqrt{5} \\ y=\sqrt{5} \end{cases}$

또는 $\begin{cases} x=2 \\ y=1 \end{cases}$ 또는 $\begin{cases} x=-2 \\ y=-1 \end{cases}$

(2) $\begin{cases} x=3 \\ y=3 \end{cases}$ 또는 $\begin{cases} x=-3 \\ y=-3 \end{cases}$

또는 $\begin{cases} x=\sqrt{3} \\ y=2\sqrt{3} \end{cases}$ 또는 $\begin{cases} x=-\sqrt{3} \\ y=-2\sqrt{3} \end{cases}$

11-2 1　　**11-3** -5　　**11-4** 5

12-1 (1) $\begin{cases} x=-1 \\ y=3 \end{cases}$ 또는 $\begin{cases} x=3 \\ y=-1 \end{cases}$

(2) $\begin{cases} x=3 \\ y=4 \end{cases}$ 또는 $\begin{cases} x=4 \\ y=3 \end{cases}$ 또는 $\begin{cases} x=-4 \\ y=-3 \end{cases}$ 또는 $\begin{cases} x=-3 \\ y=-4 \end{cases}$

12-2 $\begin{cases} x=-2 \\ y=3 \end{cases}$ 또는 $\begin{cases} x=3 \\ y=-2 \end{cases}$　　**12-3** 4

12-4 41　　**13-1** 2 m　　**13-2** 6 cm

13-3 52　　**13-4** 6 m　　**14-1** 1

14-2 -3　　**14-3** -2　　**14-4** $\dfrac{7}{10}$

15-1 $\begin{cases} x=-3 \\ y=2 \end{cases}$ 또는 $\begin{cases} x=1 \\ y=-2 \end{cases}$ 또는 $\begin{cases} x=3 \\ y=8 \end{cases}$

또는 $\begin{cases} x=7 \\ y=4 \end{cases}$

15-2 2　　**15-3** 6　　**15-4** ②

16-1 (1) $x=-2$, $y=3$　(2) $x=-2$, $y=1$

16-2 -3　　**16-3** $\dfrac{4\sqrt{3}}{3}$　　**16-4** 3

10-1

(1) $\begin{cases} x-y=1 & \cdots\cdots \ \text{㉠} \\ x^2+y^2-5=0 & \cdots\cdots \ \text{㉡} \end{cases}$

㉠에서 $y=x-1$ $\cdots\cdots$ ㉢

㉢을 ㉡에 대입하면

$x^2+(x-1)^2-5=0$, $x^2-x-2=0$

$(x+1)(x-2)=0$ $\quad \therefore x=-1$ 또는 $x=2$

(i) $x=-1$을 ㉢에 대입하면 $y=-2$

(ii) $x=2$를 ㉢에 대입하면 $y=1$

(i), (ii)에서 구하는 연립방정식의 해는

$\begin{cases} x=-1 \\ y=-2 \end{cases}$ 또는 $\begin{cases} x=2 \\ y=1 \end{cases}$

(2) $\begin{cases} x-2y=3 & \cdots\cdots \ \text{㉠} \\ x^2+xy+y^2=1 & \cdots\cdots \ \text{㉡} \end{cases}$

㉠에서 $x=2y+3$ $\cdots\cdots$ ㉢

㉢을 ㉡에 대입하면

$(2y+3)^2+y(2y+3)+y^2=1$, $7y^2+15y+8=0$

$(7y+8)(y+1)=0$ $\quad \therefore y=-\dfrac{8}{7}$ 또는 $y=-1$

(i) $y=-\dfrac{8}{7}$을 ㉢에 대입하면 $x=\dfrac{5}{7}$

(ii) $y=-1$을 ㉢에 대입하면 $x=1$

(i), (ii)에서 구하는 연립방정식의 해는

$\begin{cases} x=\dfrac{5}{7} \\ y=-\dfrac{8}{7} \end{cases}$ 또는 $\begin{cases} x=1 \\ y=-1 \end{cases}$

답 (1) $\begin{cases} x=-1 \\ y=-2 \end{cases}$ 또는 $\begin{cases} x=2 \\ y=1 \end{cases}$

(2) $\begin{cases} x=\dfrac{5}{7} \\ y=-\dfrac{8}{7} \end{cases}$ 또는 $\begin{cases} x=1 \\ y=-1 \end{cases}$

10-2

$\begin{cases} 3x-y-2=0 & \cdots\cdots \ \text{㉠} \\ x^2+y^2-2xy-16=0 & \cdots\cdots \ \text{㉡} \end{cases}$

㉠에서 $y=3x-2$ $\cdots\cdots$ ㉢

㉢을 ㉡에 대입하면

$x^2+(3x-2)^2-2x(3x-2)-16=0$

$x^2-2x-3=0$, $(x+1)(x-3)=0$

$\therefore x=-1$ 또는 $x=3$

(i) $x=-1$을 ㉢에 대입하면 $y=-5$

$\quad \therefore x+y=(-1)+(-5)=-6$

(ii) $x=3$을 ㉢에 대입하면 $y=7$

$\quad \therefore x+y=3+7=10$

(i), (ii)에서 $x+y$의 최댓값은 10이다.

답 10

10-3

$\begin{cases} x+y=-1 & \cdots\cdots \ \text{㉠} \\ 2x^2-y^2=-1 & \cdots\cdots \ \text{㉡} \end{cases}$

㉠에서 $y=-x-1$ $\cdots\cdots$ ㉢

㉢을 ㉡에 대입하면

$2x^2-(-x-1)^2=-1$, $x^2-2x=0$

$x(x-2)=0$ $\quad \therefore x=0$ 또는 $x=2$

(i) $x=0$을 ㉢에 대입하면 $y=-1$

$\quad x=0$, $y=-1$을 $ax^2+y^2=13$에 대입하면

$\quad 0+(-1)^2 \neq 13$

즉, 조건을 만족시키지 않는다.

(ii) $x=2$를 ㉢에 대입하면 $y=-3$

$\quad x=2$, $y=-3$을 $ax^2+y^2=13$에 대입하면

$\quad 4a+9=13$, $4a=4$ $\quad \therefore a=1$

$\quad x=2$, $y=-3$을 $3x+by=12$에 대입하면

$\quad 6-3b=12$, $-3b=6$ $\quad \therefore b=-2$

(i), (ii)에서 $a^2+b^2=1^2+(-2)^2=5$

답 5

10-4

$\begin{cases} x-2y=5 & \cdots\cdots \ \text{㉠} \\ x^2+y^2=k & \cdots\cdots \ \text{㉡} \end{cases}$

㉠에서 $x=2y+5$ $\cdots\cdots$ ㉢

㉢을 ㉡에 대입하면

$(2y+5)^2+y^2=k$, $5y^2+20y+25-k=0$

이 이차방정식의 판별식을 D라 하면

$\dfrac{D}{4}=10^2-5(25-k)=5k-25$

(1) 주어진 연립방정식의 해가 오직 한 쌍이려면 $D=0$이어야 하므로

$\dfrac{D}{4}=5k-25=0$ $\quad \therefore k=5$

(2) 주어진 연립방정식의 실근이 존재하지 않으려면 $D<0$이어야 하므로

$\dfrac{D}{4}=5k-25<0$ $\quad \therefore k<5$

답 (1) $k=5$ (2) $k<5$

11-1

(1) $\begin{cases} x^2-4y^2=0 & \cdots\cdots \ \text{㉠} \\ x^2+2xy+2y^2=10 & \cdots\cdots \ \text{㉡} \end{cases}$

㉠의 좌변을 인수분해하면 $(x+2y)(x-2y)=0$

$\therefore x=-2y$ 또는 $x=2y$

(i) $x=-2y$를 ㉡에 대입하면

$\quad 4y^2-4y^2+2y^2=10,\ y^2=5 \qquad \therefore y=\pm\sqrt{5}$

$\quad x=-2y$이므로 $x=\pm2\sqrt{5},\ y=\mp\sqrt{5}$ (복부호동순)

(ii) $x=2y$를 ㉡에 대입하면

$\quad 4y^2+4y^2+2y^2=10,\ y^2=1 \qquad \therefore y=\pm1$

$\quad x=2y$이므로 $x=\pm2,\ y=\pm1$ (복부호동순)

(i), (ii)에서 구하는 연립방정식의 해는

$$\begin{cases} x=2\sqrt{5} \\ y=-\sqrt{5} \end{cases} \text{또는} \begin{cases} x=-2\sqrt{5} \\ y=\sqrt{5} \end{cases} \text{또는} \begin{cases} x=2 \\ y=1 \end{cases}$$
$$\text{또는} \begin{cases} x=-2 \\ y=-1 \end{cases}$$

(2) $\begin{cases} 2x^2-3xy+y^2=0 & \cdots\cdots ㉠ \\ x^2+2y^2=27 & \cdots\cdots ㉡ \end{cases}$

㉠의 좌변을 인수분해하면 $(x-y)(2x-y)=0$

$\therefore y=x$ 또는 $y=2x$

(i) $y=x$를 ㉡에 대입하면

$\quad x^2+2x^2=27,\ x^2=9 \qquad \therefore x=\pm3$

$\quad y=x$이므로 $x=\pm3,\ y=\pm3$ (복부호동순)

(ii) $y=2x$를 ㉡에 대입하면

$\quad x^2+8x^2=27,\ x^2=3 \qquad \therefore x=\pm\sqrt{3}$

$\quad y=2x$이므로 $x=\pm\sqrt{3},\ y=\pm2\sqrt{3}$ (복부호동순)

(i), (ii)에서 구하는 연립방정식의 해는

$$\begin{cases} x=3 \\ y=3 \end{cases} \text{또는} \begin{cases} x=-3 \\ y=-3 \end{cases} \text{또는} \begin{cases} x=\sqrt{3} \\ y=2\sqrt{3} \end{cases} \text{또는} \begin{cases} x=-\sqrt{3} \\ y=-2\sqrt{3} \end{cases}$$

답 (1) $\begin{cases} x=2\sqrt{5} \\ y=-\sqrt{5} \end{cases} \text{또는} \begin{cases} x=-2\sqrt{5} \\ y=\sqrt{5} \end{cases} \text{또는} \begin{cases} x=2 \\ y=1 \end{cases} \text{또는} \begin{cases} x=-2 \\ y=-1 \end{cases}$

(2) $\begin{cases} x=3 \\ y=3 \end{cases} \text{또는} \begin{cases} x=-3 \\ y=-3 \end{cases} \text{또는} \begin{cases} x=\sqrt{3} \\ y=2\sqrt{3} \end{cases} \text{또는} \begin{cases} x=-\sqrt{3} \\ y=-2\sqrt{3} \end{cases}$

11-2

$\begin{cases} 3x^2-4xy+y^2=0 & \cdots\cdots ㉠ \\ x^2+y^2=2 & \cdots\cdots ㉡ \end{cases}$

㉠의 좌변을 인수분해하면 $(x-y)(3x-y)=0$

$\therefore y=x$ 또는 $y=3x$

(i) $y=x$를 ㉡에 대입하면

$\quad x^2+x^2=2,\ x^2=1 \qquad \therefore x=\pm1$

$\quad y=x$이므로 $x=\pm1,\ y=\pm1$ (복부호동순)

$\quad x=1,\ y=1$일 때, $xy=1$

$\quad x=-1,\ y=-1$일 때, $xy=1$

(ii) $y=3x$를 ㉡에 대입하면

$\quad x^2+9x^2=2,\ x^2=\dfrac{1}{5} \qquad \therefore x=\pm\dfrac{\sqrt{5}}{5}$

$y=3x$이므로 $x=\pm\dfrac{\sqrt{5}}{5},\ y=\pm\dfrac{3\sqrt{5}}{5}$ (복부호동순)

이때 $x,\ y$는 정수이므로 조건을 만족시키지 않는다.

(i), (ii)에서 $xy=1$

답 1

11-3

$\begin{cases} x^2-5xy+4y^2=0 & \cdots\cdots ㉠ \\ x^2+2y^2+3xy-30=0 & \cdots\cdots ㉡ \end{cases}$

㉠의 좌변을 인수분해하면 $(x-y)(x-4y)=0$

$\therefore x=y$ 또는 $x=4y$

(i) $x=y$를 ㉡에 대입하면

$\quad y^2+2y^2+3y^2-30=0,\ y^2=5 \qquad \therefore y=\pm\sqrt{5}$

$\quad x=y$이므로 $x=\pm\sqrt{5},\ y=\pm\sqrt{5}$ (복부호동순)

$\quad x=\sqrt{5},\ y=\sqrt{5}$일 때, $x+y=2\sqrt{5}$

$\quad x=-\sqrt{5},\ y=-\sqrt{5}$일 때, $x+y=-2\sqrt{5}$

(ii) $x=4y$를 ㉡에 대입하면

$\quad 16y^2+2y^2+12y^2-30=0,\ y^2=1 \qquad \therefore y=\pm1$

$\quad x=4y$이므로 $x=\pm4,\ y=\pm1$ (복부호동순)

$\quad x=4,\ y=1$일 때, $x+y=5$

$\quad x=-4,\ y=-1$일 때, $x+y=-5$

(i), (ii)에서 $x+y$의 최솟값은 -5이다.

답 -5

11-4

$\begin{cases} 2x^2-xy-y^2=0 & \cdots\cdots ㉠ \\ 5x^2-y^2-4=0 & \cdots\cdots ㉡ \end{cases}$

㉠의 좌변을 인수분해하면 $(x-y)(2x+y)=0$

$\therefore y=x$ 또는 $y=-2x$

(i) $y=x$를 ㉡에 대입하면

$\quad 5x^2-x^2-4=0,\ x^2=1 \qquad \therefore x=\pm1$

$\quad y=x$이므로 $x=\pm1,\ y=\pm1$ (복부호동순)

$\quad$이때 공통인 음수 해는 $x=-1,\ y=-1$

(ii) $y=-2x$를 ㉡에 대입하면

$\quad 5x^2-4x^2-4=0,\ x^2=4 \qquad \therefore x=\pm2$

$\quad y=-2x$이므로 $x=\pm2,\ y=\mp4$ (복부호동순)

$\quad$이때 공통인 음수 해 $x,\ y$는 존재하지 않는다.

(i), (ii)에서 공통인 음수 해는 $x=-1,\ y=-1$

$x=-1,\ y=-1$을 $ax^2-y^2=0$에 대입하면

$a-1=0 \qquad \therefore a=1$

$x=-1,\ y=-1$을 $3x+ay=b$, 즉 $3x+y=b$에 대입하면

$-3-1=b \qquad \therefore b=-4$

$\therefore a-b=1-(-4)=5$

답 5

12-1

(1) $x+y=2$, $xy=-3$일 때, x, y를 두 근으로 하는 t에 대한 이차방정식은 $t^2-2t-3=0$이므로
$(t+1)(t-3)=0$ $\quad\therefore t=-1$ 또는 $t=3$

따라서 구하는 해는 $\begin{cases} x=-1 \\ y=3 \end{cases}$ 또는 $\begin{cases} x=3 \\ y=-1 \end{cases}$

(2) $\begin{cases} x^2+y^2=25 \\ xy=12 \end{cases}$ 에서 $\begin{cases} (x+y)^2-2xy=25 \\ xy=12 \end{cases}$

$x+y=a$, $xy=b$로 놓으면 $\begin{cases} a^2-2b=25 & \cdots\cdots\ \text{㉠} \\ b=12 & \cdots\cdots\ \text{㉡} \end{cases}$

㉡을 ㉠에 대입하면 $a^2=49$ $\quad\therefore a=\pm7$

(i) $a=7$, $b=12$, 즉 $x+y=7$, $xy=12$일 때,
x, y를 두 근으로 하는 t에 대한 이차방정식은
$t^2-7t+12=0$, $(t-3)(t-4)=0$
$\quad\therefore t=3$ 또는 $t=4$

(ii) $a=-7$, $b=12$, 즉 $x+y=-7$, $xy=12$일 때,
x, y를 두 근으로 하는 t에 대한 이차방정식은
$t^2+7t+12=0$, $(t+4)(t+3)=0$
$\quad\therefore t=-4$ 또는 $t=-3$

(i), (ii)에서 구하는 연립방정식의 해는
$\begin{cases} x=3 \\ y=4 \end{cases}$ 또는 $\begin{cases} x=4 \\ y=3 \end{cases}$ 또는 $\begin{cases} x=-4 \\ y=-3 \end{cases}$ 또는 $\begin{cases} x=-3 \\ y=-4 \end{cases}$

답 (1) $\begin{cases} x=-1 \\ y=3 \end{cases}$ 또는 $\begin{cases} x=3 \\ y=-1 \end{cases}$

(2) $\begin{cases} x=3 \\ y=4 \end{cases}$ 또는 $\begin{cases} x=4 \\ y=3 \end{cases}$ 또는 $\begin{cases} x=-4 \\ y=-3 \end{cases}$ 또는 $\begin{cases} x=-3 \\ y=-4 \end{cases}$

12-2

$\begin{cases} x^2+y^2=13 \\ xy+x+y=-5 \end{cases}$ 에서 $\begin{cases} (x+y)^2-2xy=13 \\ xy+x+y=-5 \end{cases}$

$x+y=a$, $xy=b$로 놓으면 $\begin{cases} a^2-2b=13 & \cdots\cdots\ \text{㉠} \\ a+b=-5 & \cdots\cdots\ \text{㉡} \end{cases}$

㉡에서 $b=-a-5$ $\quad\cdots\cdots\ \text{㉢}$

㉢을 ㉠에 대입하면 $a^2-2(-a-5)=13$
$a^2+2a-3=0$, $(a+3)(a-1)=0$
$\quad\therefore a=-3$ 또는 $a=1$

$a=-3$을 ㉢에 대입하면 $b=-2$

$a=1$을 ㉢에 대입하면 $b=-6$

(i) $a=-3$, $b=-2$, 즉 $x+y=-3$, $xy=-2$일 때,
x, y를 두 근으로 하는 t에 대한 이차방정식은
$t^2+3t-2=0$ $\quad\therefore t=\dfrac{-3\pm\sqrt{17}}{2}$

그런데 x, y는 정수이므로 조건을 만족시키지 않는다.

(ii) $a=1$, $b=-6$, 즉 $x+y=1$, $xy=-6$일 때,

---

x, y를 두 근으로 하는 t에 대한 이차방정식은
$t^2-t-6=0$, $(t+2)(t-3)=0$
$\quad\therefore t=-2$ 또는 $t=3$

(i), (ii)에서 정수인 해는 $\begin{cases} x=-2 \\ y=3 \end{cases}$ 또는 $\begin{cases} x=3 \\ y=-2 \end{cases}$

답 $\begin{cases} x=-2 \\ y=3 \end{cases}$ 또는 $\begin{cases} x=3 \\ y=-2 \end{cases}$

12-3

$\begin{cases} x+y=xy+1 \\ x^2+y^2=7-xy \end{cases}$ 에서 $\begin{cases} x+y-xy=1 \\ x^2+xy+y^2=7 \end{cases}$

$x+y=a$, $xy=b$로 놓으면 주어진 연립방정식은
$\begin{cases} a-b=1 & \cdots\cdots\ \text{㉠} \\ a^2-b=7 & \cdots\cdots\ \text{㉡} \end{cases}$

㉠에서 $b=a-1$ $\quad\cdots\cdots\ \text{㉢}$

㉢을 ㉡에 대입하면 $a^2-(a-1)=7$
$a^2-a-6=0$, $(a+2)(a-3)=0$
$\quad\therefore a=-2$ 또는 $a=3$

$a=-2$를 ㉢에 대입하면 $b=-3$

$a=3$을 ㉢에 대입하면 $b=2$

(i) $a=-2$, $b=-3$, 즉 $x+y=-2$, $xy=-3$일 때,
x, y를 두 근으로 하는 t에 대한 이차방정식은
$t^2+2t-3=0$, $(t+3)(t-1)=0$
$\quad\therefore t=-3$ 또는 $t=1$

(ii) $a=3$, $b=2$, 즉 $x+y=3$, $xy=2$일 때,
x, y를 두 근으로 하는 t에 대한 이차방정식은
$t^2-3t+2=0$, $(t-1)(t-2)=0$
$\quad\therefore t=1$ 또는 $t=2$

(i), (ii)에서 주어진 연립방정식의 해는
$\begin{cases} x=-3 \\ y=1 \end{cases}$ 또는 $\begin{cases} x=1 \\ y=-3 \end{cases}$ 또는 $\begin{cases} x=1 \\ y=2 \end{cases}$ 또는 $\begin{cases} x=2 \\ y=1 \end{cases}$

따라서 $|\alpha-\beta|$의 최댓값은 4이다.

답 4

12-4

$\begin{cases} xy+x+y=11 \\ x^2y+xy^2=-180 \end{cases}$ 에서 $\begin{cases} xy+x+y=11 \\ xy(x+y)=-180 \end{cases}$

$x+y=a$, $xy=b$로 놓으면 주어진 연립방정식은
$\begin{cases} a+b=11 & \cdots\cdots\ \text{㉠} \\ ab=-180 & \cdots\cdots\ \text{㉡} \end{cases}$

㉠에서 $b=11-a$ $\quad\cdots\cdots\ \text{㉢}$

㉢을 ㉡에 대입하면 $a(11-a)=-180$
$a^2-11a-180=0$, $(a+9)(a-20)=0$
$\quad\therefore a=-9$ 또는 $a=20$

$a=-9$를 ⓒ에 대입하면 $b=20$

$a=20$을 ⓒ에 대입하면 $b=-9$

(ⅰ) $a=-9$, $b=20$, 즉 $x+y=-9$, $xy=20$일 때,

　x, y를 두 근으로 하는 t에 대한 이차방정식은

　$t^2+9t+20=0$, $(t+5)(t+4)=0$

　$\therefore t=-5$ 또는 $t=-4$

(ⅱ) $a=20$, $b=-9$, 즉 $x+y=20$, $xy=-9$일 때,

　x, y를 두 근으로 하는 t에 대한 이차방정식은

　$t^2-20t-9=0$　$\therefore t=10\pm\sqrt{109}$

　그런데 x, y는 유리수이므로 조건을 만족시키지 않는다.

(ⅰ), (ⅱ)에서 유리수인 해는 $\begin{cases} x=-5 \\ y=-4 \end{cases}$ 또는 $\begin{cases} x=-4 \\ y=-5 \end{cases}$

$\therefore x^2+y^2=(-5)^2+(-4)^2=41$

[다른 풀이]

대칭식을 이용하여 a, b의 값을 구하면

$a+b=11$, $ab=-180$일 때, a, b를 두 근으로 하는 s에 대한 이차방정식은 $s^2-11s-180=0$이므로

$(s+9)(s-20)=0$　$\therefore s=-9$ 또는 $s=20$

따라서 구하는 a, b의 값은

$a=-9$, $b=20$ 또는 $a=20$, $b=-9$

답 41

13-1

땅의 가로와 세로의 길이를 각각 x m, y m라 하면

$\begin{cases} 2(x+y)=20 \\ \sqrt{x^2+y^2}=2\sqrt{13} \end{cases}$, 즉 $\begin{cases} x+y=10 & \cdots\cdots ㉠ \\ x^2+y^2=52 & \cdots\cdots ㉡ \end{cases}$

㉠에서 $y=10-x$　$\cdots\cdots$ ㉢

㉢을 ㉡에 대입하면 $x^2+(10-x)^2=52$

$x^2-10x+24=0$, $(x-4)(x-6)=0$

$\therefore x=4$ 또는 $x=6$

$x=4$를 ㉢에 대입하면 $y=6$

$x=6$을 ㉢에 대입하면 $y=4$

따라서 가로의 길이와 세로의 길이의 차는

$6-4=2$ (m)

답 2 m

13-2

반원의 원주각은 직각이므로 주어진 삼각형은 직각삼각형이다.

직각삼각형의 빗변이 아닌 두 변의 길이를 각각 x cm, y cm라 하면 직각삼각형의 빗변의 길이가 10 cm이고 둘레의 길이가 24 cm이므로

$\begin{cases} x^2+y^2=100 & \cdots\cdots ㉠ \\ x+y+10=24 & \cdots\cdots ㉡ \end{cases}$

㉡에서 $y=14-x$　$\cdots\cdots$ ㉢

㉢을 ㉠에 대입하면 $x^2+(14-x)^2=100$

$x^2-14x+48=0$, $(x-6)(x-8)=0$

$\therefore x=6$ 또는 $x=8$

$x=6$을 ㉢에 대입하면 $y=8$

$x=8$을 ㉢에 대입하면 $y=6$

따라서 삼각형의 가장 짧은 변의 길이는 6 cm이다.

답 6 cm

13-3

처음 수의 십의 자리의 숫자를 x, 일의 자리의 숫자를 y라 하면

$\begin{cases} x^2+y^2=29 & \cdots\cdots ㉠ \\ (10y+x)+(10x+y)=77 & \cdots\cdots ㉡ \end{cases}$

㉡에서 $11x+11y=77$

$\therefore y=7-x$　$\cdots\cdots$ ㉢

㉢을 ㉠에 대입하면 $x^2+(7-x)^2=29$

$x^2-7x+10=0$, $(x-2)(x-5)=0$

$\therefore x=2$ 또는 $x=5$

$x=2$를 ㉢에 대입하면 $y=5$

$x=5$를 ㉢에 대입하면 $y=2$

그런데 $x>y$이므로 $x=5$, $y=2$

따라서 처음 수는 52이다.

답 52

13-4

꽃밭의 가로와 세로의 길이를 각각 x m, y m라 하면

$\begin{cases} 2(x+y)=28 \\ (x+4)(y+2)=2xy \end{cases}$

즉, $\begin{cases} x+y=14 & \cdots\cdots ㉠ \\ xy-2x-4y-8=0 & \cdots\cdots ㉡ \end{cases}$

㉠에서 $y=14-x$　$\cdots\cdots$ ㉢

㉢을 ㉡에 대입하면 $x(14-x)-2x-4(14-x)-8=0$

$x^2-16x+64=0$, $(x-8)^2=0$

$\therefore x=8$ (중근)

$x=8$을 ㉢에 대입하면 $y=6$

따라서 처음 꽃밭의 세로의 길이는 6 m이다.

답 6 m

14-1

두 이차방정식의 공통근을 α라 하면

$\begin{cases} \alpha^2+(k+1)\alpha+k-3=0 & \cdots\cdots ㉠ \\ \alpha^2+(2k+1)\alpha-k-3=0 & \cdots\cdots ㉡ \end{cases}$

㉠$-$㉡을 하면 $-k\alpha+2k=0$

$k(a-2)=0$ $\therefore k=0$ 또는 $a=2$

(i) $k=0$일 때,

두 이차방정식은 $x^2+x-3=0$이 되어 일치하므로 두 개의 공통근을 갖게 되어 조건을 만족시키지 않는다.

(ii) $a=2$일 때,

$a=2$를 ㉠에 대입하면 $4+(k+1)\times 2+k-3=0$

$3k=-3$ $\therefore k=-1$

(i), (ii)에서 $k+a=-1+2=1$

답 1

14-2

$x^2-x-6=0$에서 $(x+2)(x-3)=0$

$\therefore x=-2$ 또는 $x=3$

$x^2-(k+1)x-k-2=0$에서 $(x+1)(x-k-2)=0$

$\therefore x=-1$ 또는 $x=k+2$

(i) 공통근이 $x=-2$일 때,

$k+2=-2$에서 $k=-4$

(ii) 공통근이 $x=3$일 때,

$k+2=3$에서 $k=1$

(i), (ii)에서 모든 실수 k의 값의 합은

$(-4)+1=-3$

답 -3

14-3

두 이차방정식의 공통근을 a라 하면

$\begin{cases} ka^2+a+1=0 & \cdots\cdots ㉠ \\ a^2+ka+1=0 & \cdots\cdots ㉡ \end{cases}$

㉠-㉡을 하면 $(k-1)a^2-(k-1)a=0$

$(a^2-a)(k-1)=0$, $a(a-1)(k-1)=0$

$\therefore a=0$ 또는 $a=1$ 또는 $k=1$

(i) $a=0$일 때,

$a=0$을 ㉠에 대입하면 $1\neq 0$

등식이 성립하지 않으므로 조건을 만족시키지 않는다.

(ii) $a=1$일 때,

$a=1$을 ㉠에 대입하면 $k+1+1=0$ $\therefore k=-2$

(iii) $k=1$일 때,

두 이차방정식은 $x^2+x+1=0$이 되어 허근을 가지므로 공통인 실근을 갖는다는 조건을 만족시키지 않는다.

(i)~(iii)에서 $k=-2$

답 -2

14-4

두 삼차방정식의 공통근을 a라 하면

$\begin{cases} a^3+aa^2-3aa+1=0 & \cdots\cdots ㉠ \\ a^3+3aa^2+aa+1=0 & \cdots\cdots ㉡ \end{cases}$

㉠-㉡을 하면 $-2aa^2-4aa=0$

$-2aa(a+2)=0$

$\therefore a=0$ 또는 $a=0$ 또는 $a=-2$

(i) $a=0$일 때,

두 삼차방정식은 $x^3+1=0$이 되어 일치하므로 서로 다른 두 삼차방정식이라는 조건을 만족시키지 않는다.

(ii) $a=0$일 때,

$a=0$을 ㉠에 대입하면 $1\neq 0$

등식이 성립하지 않으므로 조건을 만족시키지 않는다.

(iii) $a=-2$일 때,

$a=-2$를 ㉠에 대입하면

$-8+4a+6a+1=0$ $\therefore a=\dfrac{7}{10}$

(i)~(iii)에서 $a=\dfrac{7}{10}$

답 $\dfrac{7}{10}$

15-1

$xy-3x-2y+1=0$에서 $xy-3x-2y+6-5=0$

$x(y-3)-2(y-3)-5=0$

$\therefore (x-2)(y-3)=5$

x, y가 정수이므로 $x-2$, $y-3$도 정수이다.

따라서 $x-2$, $y-3$의 값은 다음 표와 같다.

$x-2$	-5	-1	1	5
$y-3$	-1	-5	5	1

x	-3	1	3	7
y	2	-2	8	4

즉, 구하는 정수 x, y의 값은

$\begin{cases} x=-3 \\ y=2 \end{cases}$ 또는 $\begin{cases} x=1 \\ y=-2 \end{cases}$ 또는 $\begin{cases} x=3 \\ y=8 \end{cases}$ 또는 $\begin{cases} x=7 \\ y=4 \end{cases}$

답 $\begin{cases} x=-3 \\ y=2 \end{cases}$ 또는 $\begin{cases} x=1 \\ y=-2 \end{cases}$ 또는 $\begin{cases} x=3 \\ y=8 \end{cases}$ 또는 $\begin{cases} x=7 \\ y=4 \end{cases}$

15-2

$xy-2x+y-6=0$에서 $xy-2x+y-2-4=0$

$x(y-2)+(y-2)-4=0$

$\therefore (x+1)(y-2)=4$

x, y가 자연수이므로 $x+1$, $y-2$는 $x+1\geq 2$, $y-2\geq -1$ 인 정수이다.

따라서 $x+1$, $y-2$의 값은 다음 표와 같다.

$x+1$	2	4
$y-2$	2	1

x	1	3
y	4	3

즉, 구하는 자연수 x, y에 대하여 순서쌍 (x, y)는 $(1, 4)$, $(3, 3)$의 2개이다.

답 2

15-3

이차방정식 $x^2-(m+1)x+2m-5=0$의 두 근을 α, $\beta(\alpha\geq\beta)$라 하면 근과 계수의 관계에 의하여

$\alpha+\beta=m+1$ ······ ㉠

$\alpha\beta=2m-5$ ······ ㉡

㉡$-2\times$㉠을 하면 $\alpha\beta-2\alpha-2\beta=-7$

$\therefore (\alpha-2)(\beta-2)=-3$

α, $\beta(\alpha\geq\beta)$는 정수이므로 $\alpha-2$, $\beta-2$도 정수이다.

따라서 $\alpha-2$, $\beta-2$의 값은 다음 표와 같다.

$\alpha-2$	1	3
$\beta-2$	-3	-1

α	3	5
β	-1	1

즉, 구하는 정수 α, β의 값은

$\alpha=3$, $\beta=-1$ 또는 $\alpha=5$, $\beta=1$

(i) $\alpha=3$, $\beta=-1$을 ㉠에 대입하면

$2=m+1$ $\therefore m=1$

(ii) $\alpha=5$, $\beta=1$을 ㉠에 대입하면

$6=m+1$ $\therefore m=5$

(i), (ii)에서 모든 상수 m의 값의 합은

$1+5=6$

답 6

15-4

주어진 식에서 $x^2-x=X$라 하면

$X(X+3)+kX+8=(X+a)(X+b)$

$X^2+(k+3)X+8=X^2+(a+b)X+ab$

위의 식이 X에 대한 항등식이므로

$a+b=k+3$, $ab=8$

$ab=8$이고 a, $b(a<b)$가 자연수이므로

$a=1$, $b=8$ 또는 $a=2$, $b=4$

(i) $a=1$, $b=8$일 때,

$k+3=a+b=1+8=9$ $\therefore k=6$

(ii) $a=2$, $b=4$일 때,

$k+3=a+b=2+4=6$ $\therefore k=3$

(i), (ii)에서 모든 상수 k의 값의 합은

$6+3=9$

답 ②

16-1

(1) $x^2+y^2+4x-6y+13=0$에서

$(x^2+4x+4)+(y^2-6y+9)=0$

$\therefore (x+2)^2+(y-3)^2=0$

이때 x, y가 실수이므로 $x+2$, $y-3$도 실수이다.

따라서 $x+2=0$, $y-3=0$이므로

$x=-2$, $y=3$

(2) $x^2+5y^2+4xy-2y+1=0$에서

$(x^2+4xy+4y^2)+(y^2-2y+1)=0$

$\therefore (x+2y)^2+(y-1)^2=0$

이때 x, y가 실수이므로 $x+2y$, $y-1$도 실수이다.

따라서 $x+2y=0$, $y-1=0$이므로

$x=-2$, $y=1$

다른 풀이

(2) 주어진 방정식의 좌변을 x에 대하여 내림차순으로 정리하면

$x^2+4yx+5y^2-2y+1=0$ ······ ㉠

x가 실수이므로 x에 대한 이차방정식 ㉠이 실근을 가져야 한다.

㉠의 판별식을 D라 하면

$$\frac{D}{4}=(2y)^2-(5y^2-2y+1)\geq 0$$

$y^2-2y+1\leq 0$ $\therefore (y-1)^2\leq 0$

이때 y도 실수이므로 $y-1=0$ $\therefore y=1$

$y=1$을 ㉠에 대입하면 $x^2+4x+4=0$

$(x+2)^2=0$ $\therefore x=-2$

답 (1) $x=-2$, $y=3$ (2) $x=-2$, $y=1$

16-2

$5x^2+y^2-4xy-6x+9=0$에서

$(4x^2-4xy+y^2)+(x^2-6x+9)=0$

$\therefore (2x-y)^2+(x-3)^2=0$

이때 x, y가 실수이므로 $2x-y$, $x-3$도 실수이다.

따라서 $2x-y=0$, $x-3=0$이므로

$x=3$, $y=6$

$\therefore x-y=3-6=-3$

답 -3

16-3

$9x^2+y^2+x^2y^2-8xy+1=0$에서

$9x^2-6xy+y^2+x^2y^2-2xy+1=0$

$(9x^2-6xy+y^2)+(x^2y^2-2xy+1)=0$

$\therefore (3x-y)^2+(xy-1)^2=0$

이때 x, y가 실수이므로 $3x-y$, $xy-1$도 실수이다.

따라서 $3x-y=0$, $xy-1=0$이므로

$y=3x$를 $xy=1$에 대입하면

$x\times 3x=1$, $x^2=\dfrac{1}{3}$　　$\therefore x=\pm\dfrac{\sqrt{3}}{3}$

$y=3x$이므로 $x=\pm\dfrac{\sqrt{3}}{3}$, $y=\pm\sqrt{3}$ (복부호동순)

따라서 $x+y$의 최댓값은 $\dfrac{\sqrt{3}}{3}+\sqrt{3}=\dfrac{4\sqrt{3}}{3}$

답 $\dfrac{4\sqrt{3}}{3}$

16-4

$(x^2+y^2-15)^2+(x-y-3)^2=0$에서 x, y가 실수이므로

$x^2+y^2-15=0$, $x-y-3=0$

$\therefore x^2+y^2=15$, $x-y=3$

$(x-y)^2=x^2+y^2-2xy$에서

$3^2=15-2xy$, $2xy=6$

$\therefore xy=3$

답 3

중단원 연습문제

본문 288~292쪽

01 2	**02** -3	**03** -1	**04** 6
05 -2	**06** 2	**07** 0	**08** $\sqrt{11}$
09 12	**10** 1	**11** 2	**12** 2
13 ②	**14** $\dfrac{4}{3}$	**15** $1+\sqrt{2}$	**16** -2
17 39	**18** 11	**19** 9	**20** -1, 0

01

$x^4-x^3-8x^2+12x=0$에서

$x(x^3-x^2-8x+12)=0$

$f(x)=x^3-x^2-8x+12$라 하면

$f(2)=8-4-16+12=0$

조립제법을 이용하여 $f(x)$를 인수분해하면

```
2 | 1   -1   -8    12
  |      2    2   -12
  ---------------------
    1    1   -6 |   0
```

$f(x)=(x-2)(x^2+x-6)$

　　　$=(x-2)^2(x+3)$

따라서 주어진 방정식은

$x(x-2)^2(x+3)=0$

$\therefore x=-3$ 또는 $x=0$ 또는 $x=2$ (중근)

따라서 가장 큰 근은 $x=2$이다.

답 2

02

$x^2-5=X$로 놓으면 주어진 방정식은

$(X+x)(X+2x)=6x^2$, $X^2+3xX+2x^2=6x^2$

$X^2+3xX-4x^2=0$, $(X+4x)(X-x)=0$

$\therefore X=-4x$ 또는 $X=x$

(i) $X=-4x$, 즉 $x^2-5=-4x$일 때,

　　$x^2+4x-5=0$, $(x+5)(x-1)=0$

　　$\therefore x=-5$ 또는 $x=1$

(ii) $X=x$, 즉 $x^2-5=x$일 때,

　　$x^2-x-5=0$　　$\therefore x=\dfrac{1\pm\sqrt{21}}{2}$

(i), (ii)에서 구하는 모든 실근의 합은

$(-5)+1+\dfrac{1+\sqrt{21}}{2}+\dfrac{1-\sqrt{21}}{2}=-3$

답 -3

03

$f(x)=x^3-(k+1)x-k$라 하면

$f(-1)=-1+k+1-k=0$

조립제법을 이용하여 $f(x)$를 인수분해하면

```
-1 | 1    0   -k-1   -k
   |     -1    1      k
   ----------------------
     1   -1   -k  |   0
```

$f(x)=(x+1)(x^2-x-k)$

이때 방정식 $f(x)=0$의 실근이 오직 하나뿐이려면

(i) $x^2-x-k=0$이 실근을 갖지 않을 때,

　　이 이차방정식의 판별식을 D라 하면

　　$D=(-1)^2-4\times 1\times(-k)<0$, $1+4k<0$

　　$\therefore k<-\dfrac{1}{4}$

(ii) $x^2-x-k=0$이 $x=-1$을 중근으로 가질 때,

　　$1+1-k=0$　　$\therefore k=2$

　　즉, $x^2-x-2=0$이므로 $(x+1)(x-2)=0$

　　$\therefore x=-1$ 또는 $x=2$

따라서 중근으로 갖는다는 조건을 만족시키지 않는다.

(i), (ii)에서 $k<-\dfrac{1}{4}$이므로 구하는 정수 k의 최댓값은 -1
이다.

답 -1

04

삼차방정식 $x^3-3x^2-3x+1=0$의 세 근이 α, β, γ이므로
삼차방정식의 근과 계수의 관계에 의하여
$\alpha+\beta+\gamma=3$, $\alpha\beta+\beta\gamma+\gamma\alpha=-3$, $\alpha\beta\gamma=-1$

$$\therefore \frac{\beta+\gamma}{\alpha}+\frac{\gamma+\alpha}{\beta}+\frac{\alpha+\beta}{\gamma}=\frac{3-\alpha}{\alpha}+\frac{3-\beta}{\beta}+\frac{3-\gamma}{\gamma}$$
$$=\left(\frac{3}{\alpha}+\frac{3}{\beta}+\frac{3}{\gamma}\right)-3$$
$$=\frac{3(\alpha\beta+\beta\gamma+\gamma\alpha)}{\alpha\beta\gamma}-3$$
$$=\frac{3\times(-3)}{-1}-3=6$$

답 6

05

삼차방정식 $x^3-5x^2+6x-1=0$의 세 근이 α, β, γ이므로
삼차방정식의 근과 계수의 관계에 의하여
$\alpha+\beta+\gamma=5$, $\alpha\beta+\beta\gamma+\gamma\alpha=6$, $\alpha\beta\gamma=1$
구하는 삼차방정식의 세 근이 $\alpha+1$, $\beta+1$, $\gamma+1$이므로
(세 근의 합)$=(\alpha+1)+(\beta+1)+(\gamma+1)$
$$=\alpha+\beta+\gamma+3$$
$$=5+3=8$$
(두 근끼리의 곱의 합)
$=(\alpha+1)(\beta+1)+(\beta+1)(\gamma+1)+(\gamma+1)(\alpha+1)$
$=\alpha\beta+\alpha+\beta+1+\beta\gamma+\beta+\gamma+1+\gamma\alpha+\gamma+\alpha+1$
$=(\alpha\beta+\beta\gamma+\gamma\alpha)+2(\alpha+\beta+\gamma)+3$
$=6+2\times5+3=19$
(세 근의 곱)$=(\alpha+1)(\beta+1)(\gamma+1)$
$$=\alpha\beta\gamma+(\alpha\beta+\beta\gamma+\gamma\alpha)+(\alpha+\beta+\gamma)+1$$
$$=1+6+5+1=13$$
따라서 구하는 삼차방정식은 $x^3-8x^2+19x-13=0$이므로
$a=-8$, $b=19$, $c=-13$
$$\therefore a+b+c=(-8)+19+(-13)=-2$$

답 -2

06

$$\frac{1}{1-\sqrt{2}}=\frac{1+\sqrt{2}}{(1-\sqrt{2})(1+\sqrt{2})}=-1-\sqrt{2}$$
주어진 삼차방정식의 계수가 유리수이므로 $-1-\sqrt{2}$가 근이

면 $-1+\sqrt{2}$도 근이다.
나머지 한 근을 k라 하면 삼차방정식의 근과 계수의 관계에
의하여
$(-1-\sqrt{2})\times(-1+\sqrt{2})\times k=-3$ $\therefore k=3$
즉, 삼차방정식의 세 근이 $-1-\sqrt{2}$, $-1+\sqrt{2}$, 3이므로
$(-1-\sqrt{2})+(-1+\sqrt{2})+3=a+2$ $\therefore a=-1$
$(-1-\sqrt{2})\times(-1+\sqrt{2})+3\times(-1-\sqrt{2})$
$$\qquad\qquad\qquad\qquad\qquad +3\times(-1+\sqrt{2})$$
$=b-4$
$\therefore b=-3$
$$\therefore a-b=(-1)-(-3)=2$$

답 2

07

$x^3=1$의 한 허근이 ω이므로 $\omega^3=1$
$x^3=1$에서 $x^3-1=0$, $(x-1)(x^2+x+1)=0$
이때 ω는 허근이므로 $\omega^2+\omega+1=0$
$f(n)=\omega^{2n-1}$이므로
$f(1)=\omega$, $f(2)=\omega^3=1$, $f(3)=\omega^5=\omega^3\times\omega^2=\omega^2$,
$f(4)=\omega^7=(\omega^3)^2\times\omega=\omega$, $f(5)=\omega^9=(\omega^3)^3=1$,
$f(6)=\omega^{11}=(\omega^3)^3\times\omega^2=\omega^2$, $\cdots$
$$\therefore f(1)+f(2)+f(3)+\cdots+f(15)$$
$$=(\omega+1+\omega^2)+(\omega+1+\omega^2)+(\omega+1+\omega^2)$$
$$\qquad\qquad\qquad +(\omega+1+\omega^2)+(\omega+1+\omega^2)$$
$$=0$$

답 0

08

$$\begin{cases} x-y-3=0 & \cdots\cdots \text{㉠} \\ x^2+y^2+4xy-12=0 & \cdots\cdots \text{㉡} \end{cases}$$
㉠에서 $y=x-3$ $\cdots\cdots$ ㉢
㉢을 ㉡에 대입하면
$x^2+(x-3)^2+4x(x-3)-12=0$, $6x^2-18x-3=0$
$2x^2-6x-1=0$ $\therefore x=\dfrac{3\pm\sqrt{11}}{2}$

(i) $x=\dfrac{3+\sqrt{11}}{2}$을 ㉢에 대입하면 $y=\dfrac{-3+\sqrt{11}}{2}$

$\therefore |x+y|=\left|\dfrac{3+\sqrt{11}}{2}+\dfrac{-3+\sqrt{11}}{2}\right|=\sqrt{11}$

(ii) $x=\dfrac{3-\sqrt{11}}{2}$을 ㉢에 대입하면 $y=\dfrac{-3-\sqrt{11}}{2}$

$\therefore |x+y|=\left|\dfrac{3-\sqrt{11}}{2}+\dfrac{-3-\sqrt{11}}{2}\right|=\sqrt{11}$

(i), (ii)에서 $|x+y|=\sqrt{11}$

답 $\sqrt{11}$

09

$$\begin{cases} x^2-3xy+2y^2=0 & \cdots\cdots \text{㉠} \\ x^2+2xy-y^2=18 & \cdots\cdots \text{㉡} \end{cases}$$

㉠의 좌변을 인수분해하면 $(x-y)(x-2y)=0$

$\therefore x=y$ 또는 $x=2y$

(i) $x=y$를 ㉡에 대입하면

$y^2+2y^2-y^2=18$, $y^2=9$ $\therefore y=\pm3$

$x=y$이므로 $x=\pm3$, $y=\pm3$ (복부호동순)

$\alpha=3$, $\beta=3$일 때, $\alpha+\beta=6$

$\alpha=-3$, $\beta=-3$일 때, $\alpha+\beta=-6$

(ii) $x=2y$를 ㉡에 대입하면

$4y^2+4y^2-y^2=18$, $y^2=\dfrac{18}{7}$ $\therefore y=\pm\dfrac{3\sqrt{14}}{7}$

$x=2y$이므로 $x=\pm\dfrac{6\sqrt{14}}{7}$, $y=\pm\dfrac{3\sqrt{14}}{7}$ (복부호동순)

$\alpha=\dfrac{6\sqrt{14}}{7}$, $\beta=\dfrac{3\sqrt{14}}{7}$일 때, $\alpha+\beta=\dfrac{9\sqrt{14}}{7}$

$\alpha=-\dfrac{6\sqrt{14}}{7}$, $\beta=-\dfrac{3\sqrt{14}}{7}$일 때, $\alpha+\beta=-\dfrac{9\sqrt{14}}{7}$

(i), (ii)에서 $M=6$, $m=-6$

$\therefore M-m=6-(-6)=12$

답 12

10

x, y를 두 근으로 하는 t에 대한 이차방정식은

$t^2-(2a-1)t+a^2+a-3=0$

이 이차방정식의 판별식을 D라 하면

$D=\{-(2a-1)\}^2-4(a^2+a-3)\geq0$

$-8a+13\geq0$ $\therefore a\leq\dfrac{13}{8}$

따라서 구하는 정수 a의 최댓값은 1이다.

답 1

11

두 이차방정식의 공통근을 α라 하면

$$\begin{cases} \alpha^2+5k\alpha+k=0 & \cdots\cdots \text{㉠} \\ \alpha^2+k\alpha-3k=0 & \cdots\cdots \text{㉡} \end{cases}$$

㉠−㉡을 하면 $4k\alpha+4k=0$

$4k(\alpha+1)=0$ $\therefore k=0$ 또는 $\alpha=-1$

(i) $k=0$일 때,

두 이차방정식은 $x^2=0$이 되어 일치하므로 두 개의 공통
근을 갖게 되어 조건을 만족시키지 않는다.

(ii) $\alpha=-1$일 때,

$\alpha=-1$을 ㉠에 대입하면 $1-5k+k=0$

$4k=1$ $\therefore k=\dfrac{1}{4}$

(i), (ii)에서 $4k-\alpha=4\times\dfrac{1}{4}-(-1)=2$

답 2

12

$2x^2-6xy+9y^2-6x+9=0$에서

$(x^2-6xy+9y^2)+(x^2-6x+9)=0$

$\therefore (x-3y)^2+(x-3)^2=0$

이때 x, y가 실수이므로 $x-3y$, $x-3$도 실수이다.

따라서 $x-3y=0$, $x-3=0$이므로

$x=3$, $y=1$

$\therefore x-y=3-1=2$

답 2

13

조건 ㈎에서 $f(x)=x^3-3x^2+9x+13$이라 하면

$f(-1)=-1-3-9+13=0$

조립제법을 이용하여 $f(x)$를 인수분해하면

```
-1 |  1   -3    9    13
   |      -1    4   -13
   ------------------------
      1   -4   13  |  0
```

$f(x)=(x+1)(x^2-4x+13)$

$\therefore z=-1$ 또는 $z^2-4z+13=0$

(i) $z=-1$일 때, $\bar{z}=-1$이므로

조건 ㈏에서 $\dfrac{z-\bar{z}}{i}=\dfrac{-1-(-1)}{i}=0$

그런데 $\dfrac{z-\bar{z}}{i}$는 음의 실수이어야 하므로 조건을 만족시
키지 않는다.

(ii) $z^2-4z+13=0$일 때, $z=2\pm3i$

한편, 조건 ㈏에서

$\dfrac{z-\bar{z}}{i}=\dfrac{(a+bi)-(a-bi)}{i}=\dfrac{2bi}{i}=2b$

이때 $\dfrac{z-\bar{z}}{i}$는 음의 실수이므로 b는 음수이다.

따라서 $z=2-3i$이므로 $a=2$, $b=-3$

$\therefore a+b=2+(-3)=-1$

답 ②

14

$x\neq0$이므로 주어진 방정식의 양변을 x^2으로 나누면

$3x^2+2x-2+\dfrac{2}{x}+\dfrac{3}{x^2}=0$

$$3\left(x^2+\frac{1}{x^2}\right)+2\left(x+\frac{1}{x}\right)-2=0$$

$$3\left\{\left(x+\frac{1}{x}\right)^2-2\right\}+2\left(x+\frac{1}{x}\right)-2=0$$

$$3\left(x+\frac{1}{x}\right)^2+2\left(x+\frac{1}{x}\right)-8=0$$

$x+\dfrac{1}{x}=X$로 놓으면 $3X^2+2X-8=0$

$(X+2)(3X-4)=0$ $\qquad \therefore X=-2$ 또는 $X=\dfrac{4}{3}$

(ⅰ) $X=-2$, 즉 $x+\dfrac{1}{x}=-2$일 때, $x^2+2x+1=0$

$\quad (x+1)^2=0 \qquad \therefore x=-1$ (중근)

(ⅱ) $X=\dfrac{4}{3}$, 즉 $x+\dfrac{1}{x}=\dfrac{4}{3}$일 때, $3x^2-4x+3=0$

$\quad$ 이 이차방정식의 판별식을 D라 하면

$\quad \dfrac{D}{4}=(-2)^2-3\times3=-5<0$

즉, 서로 다른 두 허근을 갖는다.

(ⅰ), (ⅱ)에서 α, β는 방정식 $3x^2-4x+3=0$의 두 허근이므로 $\alpha+\beta=\dfrac{4}{3}$, $\alpha\beta=1$

$\therefore \alpha^2\beta+\alpha\beta^2=\alpha\beta(\alpha+\beta)=1\times\dfrac{4}{3}=\dfrac{4}{3}$

답 $\dfrac{4}{3}$

15

직각삼각형 ABC에서 $\overline{AB}^2=\overline{BH}\times\overline{BC}$이므로

$(\sqrt{7})^2=(x^2-3x+3)\{(x^2-3x+3)+6x\}$

$7=(x^2-3x+3)(x^2+3x+3)$

$7=(x^2+3)^2-(3x)^2$, $7=x^4+6x^2+9-9x^2$

$x^4-3x^2+2=0$

$x^2=X$라 하면 $X^2-3X+2=0$

$(X-1)(X-2)=0 \qquad \therefore X=1$ 또는 $X=2$

즉, $x^2=1$ 또는 $x^2=2$이므로

$x=\pm1$ 또는 $x=\pm\sqrt{2}$

따라서 양수 x는 1, $\sqrt{2}$이므로 모든 양수 x의 값의 합은 $1+\sqrt{2}$

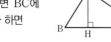

직각삼각형의 닮음과 피타고라스 정리

$\angle A=90°$인 직각삼각형 ABC 의 꼭짓점 A에서 빗변 BC에 내린 수선의 발을 H라 하면

① $\overline{AB}^2=\overline{BH}\times\overline{BC}$

② $\overline{AC}^2=\overline{CH}\times\overline{CB}$

③ $\overline{AH}^2=\overline{HB}\times\overline{HC}$

답 $1+\sqrt{2}$

16

이차방정식 $x^2-3x+a=0$의 두 근을 α, β라 하면 근과 계수의 관계에 의하여

$\alpha+\beta=3$, $\alpha\beta=a$

삼차방정식 $x^3-4x^2+bx+1=0$의 세 근을 α, β, γ라 하면 근과 계수의 관계에 의하여

$\alpha+\beta+\gamma=4$, $\alpha\beta\gamma=-1$

$\alpha+\beta+\gamma=4$에 $\alpha+\beta=3$을 대입하면 $\gamma=1$

$\alpha\beta\gamma=-1$에 $\alpha\beta=a$, $\gamma=1$을 대입하면 $a=-1$

한편, $x=1$이 $x^3-4x^2+bx+1=0$의 근이므로

$1-4+b+1=0 \qquad \therefore b=2$

$\therefore ab=(-1)\times2=-2$

답 -2

17

(ⅰ) $x\geq y$일 때, $<x,\ y>=x$이므로

$\quad \begin{cases} 2x-4y^2=x & \cdots\cdots ㉠ \\ x-y+3=x & \cdots\cdots ㉡ \end{cases}$

$\quad$ ㉡에서 $y=3$

$\quad y=3$을 ㉠에 대입하면 $2x-36=x \qquad \therefore x=36$

$\quad$ 이때 $x=36$, $y=3$은 $x\geq y$를 만족시킨다.

(ⅱ) $x<y$일 때, $<x,\ y>=-2y+10$이므로

$\quad \begin{cases} 2x-4y^2=-2y+10 & \cdots\cdots ㉢ \\ x-y+3=-2y+10 & \cdots\cdots ㉣ \end{cases}$

$\quad$ ㉣에서 $x=-y+7 \qquad\cdots\cdots ㉤$

$\quad$ ㉤을 ㉢에 대입하면 $-2y+14-4y^2=-2y+10$

$\quad -4y^2=-4$, $y^2=1 \qquad \therefore y=\pm1$

$\quad$ ① $y=-1$을 ㉤에 대입하면 $x=8$

$\qquad$ 이때 $x=8$, $y=-1$은 $x<y$를 만족시키지 않는다.

$\quad$ ② $y=1$을 ㉤에 대입하면 $x=6$

$\qquad$ 이때 $x=6$, $y=1$은 $x<y$를 만족시키지 않는다.

(ⅰ), (ⅱ)에서 $\alpha=36$, $\beta=3$

$\therefore \alpha+\beta=36+3=39$

답 39

18

두 삼차방정식의 공통근을 α라 하면

$\begin{cases} \alpha^3-a\alpha^2-b\alpha+2=0 & \cdots\cdots ㉠ \\ \alpha^3-b\alpha^2-a\alpha+2=0 & \cdots\cdots ㉡ \end{cases}$

㉠$-$㉡을 하면 $(-a+b)\alpha^2-(b-a)\alpha=0$

$\alpha(\alpha-1)(b-a)=0$

$\therefore \alpha=0$ 또는 $\alpha=1$ 또는 $a=b$

(ⅰ) $a=0$일 때,

　　$a=0$을 ㉠에 대입하면 $2 \neq 0$

　　등식이 성립하지 않으므로 조건을 만족시키지 않는다.

(ⅱ) $a=1$일 때,

　　$a=1$을 ㉠에 대입하면

　　$1-a-b+2=0$　　$\therefore a+b=3$

(ⅲ) $a=b$일 때,

　　두 삼차방정식이 일치하여 오직 하나의 공통근을 가질 수
　　없으므로 조건을 만족시키지 않는다.

(ⅰ)~(ⅲ)에서 $a+b=3$

$\therefore a^2+b^2=(a+b)^2-2ab=3^2-2\times(-1)=11$

답 11

19

$x^3=1$에서 $x^3-1=0$

$(x-1)(x^2+x+1)=0$

즉, ω는 방정식 $x^2+x+1=0$의 근이고 다른 한 근은 ω의 켤
레복소수인 $\overline{\omega}$이다.

이차방정식의 근과 계수의 관계에 의하여

$\omega+\overline{\omega}=-1$　　$\therefore \overline{\omega}=-1-\omega$　　……㉠

$(x+1)^3=27$의 양변을 27로 나누면 $\left(\dfrac{x+1}{3}\right)^3=1$

$x^3=1$의 세 근이 $1, \omega, \overline{\omega}$이므로

$\dfrac{x+1}{3}=1$ 또는 $\dfrac{x+1}{3}=\omega$ 또는 $\dfrac{x+1}{3}=\overline{\omega}$

따라서 방정식 $\left(\dfrac{x+1}{3}\right)^3=1$의 세 근은

$x=2$ 또는 $x=3\omega-1$ 또는

$x=3\overline{\omega}-1=3(-1-\omega)-1\ (\because ㉠)$

　　$=-3\omega-4$

그러므로 $a=3, b=-1, c=-3, d=-4$ 또는

$a=-3, b=-4, c=3, d=-1$이므로

$ab+cd=3\times(-1)+(-3)\times(-4)=9$

답 9

20

$\begin{cases} x^2-y^2=0 & \cdots\cdots ㉠ \\ x^2-2y^2-x+3y+a=0 & \cdots\cdots ㉡ \end{cases}$

㉠의 좌변을 인수분해하면 $(x+y)(x-y)=0$

$\therefore y=-x$ 또는 $y=x$

$y=-x$를 ㉡에 대입하면 $x^2-2x^2-x-3x+a=0$

$\therefore x^2+4x-a=0$　　……㉢

$y=x$를 ㉡에 대입하면 $x^2-2x^2-x+3x+a=0$

$\therefore x^2-2x-a=0$　　……㉣

주어진 연립방정식을 만족시키는 실수 x, y에 대하여 순서쌍 (x, y)가 3개 존재하므로 두 방정식 ㉢, ㉣은 세 실근을 가져야 한다.

(ⅰ) ㉢, ㉣이 각각 서로 다른 두 실근을 갖고, 오직 하나의 공
통근을 가질 때, 이 공통근을 α라 하면

$\begin{cases} \alpha^2+4\alpha-a=0 & \cdots\cdots ㉤ \\ \alpha^2-2\alpha-a=0 & \cdots\cdots ㉥ \end{cases}$

㉤$-$㉥을 하면

$6\alpha=0$　　$\therefore \alpha=0$

$\alpha=0$을 ㉤에 대입하면 $a=0$

이때 ㉢의 해는 $x=0$ 또는 $x=-4$이고 ㉣의 해는 $x=0$ 또는 $x=2$이므로 조건을 만족시킨다.

(ⅱ) ㉢이 중근을 갖고 ㉣이 서로 다른 두 실근을 가질 때,

㉢의 판별식을 D_1이라 하면

$\dfrac{D_1}{4}=2^2-(-a)=0$　　$\therefore a=-4$

이차방정식 $x^2-2x+4=0$의 판별식을 D_2라 하면

$\dfrac{D_2}{4}=(-1)^2-4=-3<0$

즉, ㉣은 서로 다른 두 허근을 가지므로 조건을 만족시키지 않는다.

(ⅲ) ㉣이 중근을 갖고 ㉢이 서로 다른 두 실근을 가질 때,

㉣의 판별식을 D_3이라 하면

$\dfrac{D_3}{4}=(-1)^2-(-a)=0$　　$\therefore a=-1$

이때 ㉣의 해는 $x=1$ (중근)

이차방정식 $x^2+4x+1=0$에서 $x=-2\pm\sqrt{3}$

즉, ㉢은 서로 다른 두 실근을 갖는다.

(ⅰ)~(ⅲ)에서 $a=-1, 0$

답 $-1, 0$

08 일차부등식

01 일차부등식

개념 CHECK
본문 301쪽

01 (1) $-2 \le x < 4$ (2) $x=3$ **02** $-1 < x \le 3$
03 (1) $1 \le x < 3$ 또는 $7 < x \le 9$ (2) $x > 1$

01

(1) $3x-2 < 10$에서
　$3x < 12$　∴ $x < 4$　　　…… ㉠
　$4x+9 \ge -2x-3$에서
　$6x \ge -12$　∴ $x \ge -2$　…… ㉡
　㉠, ㉡을 수직선 위에 나타내면
　오른쪽 그림과 같으므로 연립부
　등식의 해는 $-2 \le x < 4$

(2) $2x+3 \le 9$에서
　$2x \le 6$　∴ $x \le 3$　　…… ㉠
　$6x-1 \ge 3x+8$에서
　$3x \ge 9$　∴ $x \ge 3$　…… ㉡
　㉠, ㉡을 수직선 위에 나타내면
　오른쪽 그림과 같으므로
　연립부등식의 해는 $x=3$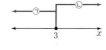

답 (1) $-2 \le x < 4$　(2) $x=3$

02

주어진 부등식을 연립부등식 꼴로 고치면
$$\begin{cases} 5x-2 \le 2x+7 \\ 2x+7 < 4x+9 \end{cases}$$
$5x-2 \le 2x+7$에서
$3x \le 9$　∴ $x \le 3$　…… ㉠
$2x+7 < 4x+9$에서
$-2x < 2$　∴ $x > -1$　…… ㉡
㉠, ㉡을 수직선 위에 나타내면 오른
쪽 그림과 같으므로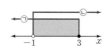
주어진 부등식의 해는 $-1 < x \le 3$

답 $-1 < x \le 3$

03

(1) $2 < |x-5| \le 4$에서

$-4 \le x-5 < -2$ 또는 $2 < x-5 \le 4$이므로
$1 \le x < 3$ 또는 $7 < x \le 9$

(2) 절댓값 기호 안의 식 $x-2$가 0이 되는 x의 값인 $x=2$를
기준으로 범위를 나누면
　(i) $x < 2$일 때, $-(x-2) < 3x-2$, $-4x < -4$
　　∴ $x > 1$
　　그런데 $x < 2$이므로 $1 < x < 2$
　(ii) $x \ge 2$일 때, $x-2 < 3x-2$, $-2x < 0$
　　∴ $x > 0$
　　그런데 $x \ge 2$이므로 $x \ge 2$
　(i), (ii)에서 구하는 해는 $x > 1$

답 (1) $1 \le x < 3$ 또는 $7 < x \le 9$　(2) $x > 1$

유제
본문 302~313쪽

01-1 (1) $-11 \le x < -2$ (2) $x < -7$ (3) 해는 없다.
01-2 7　　**01-3** $x > -\dfrac{6}{5}$　　**01-4** ㄱ
02-1 (1) $-1 < x \le 3$ (2) $\dfrac{11}{2} \le x \le 10$
02-2 $-\dfrac{3}{5}$　**02-3** 10　**02-4** $1 < x < 2$
03-1 12　**03-2** 3　**03-3** -9　**03-4** 2
04-1 (1) $a < 8$ (2) -2　**04-2** -9　**04-3** 20
04-4 $-3 < a \le 0$　　**05-1** 76　**05-2** 18
05-3 8, 9, 10　　　**05-4** 41
06-1 (1) $-1 < x < 2$ 또는 $4 < x < 7$ (2) $-1 < x < 3$
　　　　(3) $-3 < x < 5$
06-2 12　**06-3** 7　**06-4** -3

01-1

(1) $4x-1 < x-7$에서
　$3x < -6$　∴ $x < -2$　　…… ㉠
　$3(x-3) \le 2(2x+1)$에서
　$3x-9 \le 4x+2$
　$-x \le 11$　∴ $x \ge -11$　…… ㉡
　㉠, ㉡을 수직선 위에 나타내면
　오른쪽 그림과 같으므로 연립부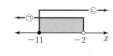
　등식의 해는
　$-11 \le x < -2$

(2) $0.2x+0.8 < -0.6$의 양변에 10을 곱하면
　$2x+8 < -6$, $2x < -14$　∴ $x < -7$　…… ㉠
　$\dfrac{1}{8}x-\dfrac{1}{2} \ge \dfrac{1}{4}x-\dfrac{5}{8}$의 양변에 8을 곱하면
　$x-4 \ge 2x-5$, $-x \ge -1$　∴ $x \le 1$　…… ㉡

ㄱ, ㄴ을 수직선 위에 나타내면
오른쪽 그림과 같으므로 연립부
등식의 해는
$x<-7$
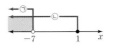

(3) $3(x-1)-4\geq x-5$에서 $3x-3-4\geq x-5$
$2x\geq 2$ $\therefore x\geq 1$ ······ ㄱ
$5(x+1)-(8x+9)>2$에서 $5x+5-8x-9>2$
$-3x>6$ $\therefore x<-2$ ······ ㄴ
ㄱ, ㄴ을 수직선 위에 나타내면
오른쪽 그림과 같으므로 연립부
등식의 해는 없다.
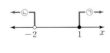

답 (1) $-11\leq x<-2$ (2) $x<-7$ (3) 해는 없다.

01-2

$0.3x<-(0.2-0.5x)+1$의 양변에 10을 곱하면
$3x<-2+5x+10$, $-2x<8$ $\therefore x>-4$ ······ ㄱ
$7-2(x+2)\geq x-6$에서 $7-2x-4\geq x-6$
$-3x\geq -9$ $\therefore x\leq 3$ ······ ㄴ
ㄱ, ㄴ을 수직선 위에 나타내면 오
른쪽 그림과 같으므로 연립부등식
의 해는 $-4<x\leq 3$

따라서 주어진 연립부등식을 만족시키는 정수 x는 -3, -2,
-1, …, 3의 7개이다.

답 7

01-3

$5x-8<2(x-1)+3$에서 $5x-8<2x+1$
$3x<9$ $\therefore x<3$ ······ ㄱ
$\dfrac{x-2}{3}\leq\dfrac{2x-1}{4}$의 양변에 12를 곱하면
$4(x-2)\leq 3(2x-1)$, $4x-8\leq 6x-3$
$-2x\leq 5$ $\therefore x\geq -\dfrac{5}{2}$ ······ ㄴ
ㄱ, ㄴ을 수직선 위에 나타내면 오
른쪽 그림과 같으므로 연립부등식
의 해는
$-\dfrac{5}{2}\leq x<3$

따라서 $a=-\dfrac{5}{2}$, $b=3$이므로 부등식 $ax-b<0$

즉, $-\dfrac{5}{2}x-3<0$을 풀면

$-\dfrac{5}{2}x<3$ $\therefore x>-\dfrac{6}{5}$

답 $x>-\dfrac{6}{5}$

01-4

$9-4x\leq -x-3$에서 $-3x\leq -12$
$\therefore x\geq 4$ ······ ㄱ
$3x-a\leq 2x$에서 $x\leq a$ ······ ㄴ
ㄱ. $a<4$일 때, ㄱ, ㄴ을 수직선 위
에 나타내면 오른쪽 그림과 같
으므로 연립부등식의 해는 없다.
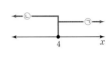
ㄴ. $a=4$일 때, ㄱ, ㄴ을 수직선 위
에 나타내면 오른쪽 그림과 같
으므로 연립부등식의 해는
$x=4$
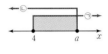
ㄷ. $a>4$일 때, ㄱ, ㄴ을 수직선 위
에 나타내면 오른쪽 그림과 같
으므로 연립부등식의 해는
$4\leq x\leq a$
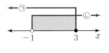
따라서 옳은 것은 ㄱ뿐이다.

답 ㄱ

02-1

(1) 주어진 부등식을 연립부등식 꼴로 고치면
$$\begin{cases}3x-8\leq -x+4\\-x+4<6x+11\end{cases}$$
$3x-8\leq -x+4$에서 $4x\leq 12$
$\therefore x\leq 3$ ······ ㄱ
$-x+4<6x+11$에서 $-7x<7$
$\therefore x>-1$ ······ ㄴ
ㄱ, ㄴ을 수직선 위에 나타내면
오른쪽 그림과 같으므로 부등식
의 해는
$-1<x\leq 3$
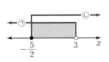

(2) 주어진 부등식을 연립부등식 꼴로 고치면
$$\begin{cases}2(x-3)+1\leq x+5\\x+5\leq 3(x-2)\end{cases}$$
$2(x-3)+1\leq x+5$에서 $2x-6+1\leq x+5$
$\therefore x\leq 10$ ······ ㄱ
$x+5\leq 3(x-2)$에서 $x+5\leq 3x-6$
$-2x\leq -11$ $\therefore x\geq \dfrac{11}{2}$ ······ ㄴ
ㄱ, ㄴ을 수직선 위에 나타내면
오른쪽 그림과 같으므로 부등식
의 해는
$\dfrac{11}{2}\leq x\leq 10$
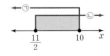

답 (1) $-1<x\leq 3$ (2) $\dfrac{11}{2}\leq x\leq 10$

02-2

주어진 부등식을 연립부등식 꼴로 고치면

$$\begin{cases} -\dfrac{1}{2}x-2 \le \dfrac{1}{3}x \\ \dfrac{1}{3}x < -\dfrac{4}{3}x+3 \end{cases}$$

$-\dfrac{1}{2}x-2 \le \dfrac{1}{3}x$의 양변에 6을 곱하면

$-3x-12 \le 2x,\ -5x \le 12$

$\therefore x \ge -\dfrac{12}{5}$ ...... ㉠

$\dfrac{1}{3}x < -\dfrac{4}{3}x+3$의 양변에 3을 곱하면

$x < -4x+9,\ 5x < 9$

$\therefore x < \dfrac{9}{5}$ ...... ㉡

㉠, ㉡을 수직선 위에 나타내면 오른쪽 그림과 같으므로 부등식의 해는

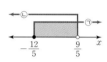

$-\dfrac{12}{5} \le x < \dfrac{9}{5}$

따라서 $a=-\dfrac{12}{5},\ b=\dfrac{9}{5}$이므로

$a+b=\left(-\dfrac{12}{5}\right)+\dfrac{9}{5}=-\dfrac{3}{5}$

답 $-\dfrac{3}{5}$

02-3

주어진 부등식을 연립부등식 꼴로 고치면

$$\begin{cases} \dfrac{2x+3}{3} < \dfrac{3x+8}{4} \\ \dfrac{3x+8}{4} \le \dfrac{x+1}{2}+1 \end{cases}$$

$\dfrac{2x+3}{3} < \dfrac{3x+8}{4}$의 양변에 12를 곱하면

$8x+12 < 9x+24,\ -x < 12$

$\therefore x > -12$ ...... ㉠

$\dfrac{3x+8}{4} \le \dfrac{x+1}{2}+1$의 양변에 4를 곱하면

$3x+8 \le 2x+2+4$

$\therefore x \le -2$ ...... ㉡

㉠, ㉡을 수직선 위에 나타내면 오른쪽 그림과 같으므로 부등식의 해는 $-12 < x \le -2$

따라서 주어진 부등식을 만족시키는 정수 x는 -11, -10, -9, $\cdots$, -2의 10개이다.

답 10

02-4

$-4 < \dfrac{1}{2}a-3 < -2$에서 $-1 < \dfrac{1}{2}a < 1$

$\therefore -2 < a < 2$

이때 a는 자연수이므로 $a=1$

부등식 $-4x+1 < -6x+5 < x-2$를 연립부등식 꼴로 고치면

$$\begin{cases} -4x+1 < -6x+5 \\ -6x+5 < x-2 \end{cases}$$

$-4x+1 < -6x+5$에서 $2x < 4$

$\therefore x < 2$ ...... ㉠

$-6x+5 < x-2$에서 $-7x < -7$

$\therefore x > 1$ ...... ㉡

㉠, ㉡을 수직선 위에 나타내면 오른쪽 그림과 같으므로 부등식의 해는 $1 < x < 2$

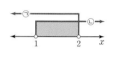

답 $1 < x < 2$

03-1

$3x+2 \le x+a$에서

$2x \le a-2$ $\therefore x \le \dfrac{1}{2}a-1$ ...... ㉠

$2x-b < 5x+1$에서

$-3x < 1+b$ $\therefore x > \dfrac{-1-b}{3}$ ...... ㉡

이 연립부등식의 해가 $-3 < x \le 1$이므로

㉠, ㉡에서 연립부등식의 해는 $\dfrac{-1-b}{3} < x \le \dfrac{1}{2}a-1$이다.

따라서 $\dfrac{-1-b}{3}=-3,\ \dfrac{1}{2}a-1=1$이므로

$a=4,\ b=8$

$\therefore a+b=4+8=12$

(다른 풀이)

$x=-3$은 방정식 $2x-b=5x+1$의 해이므로

$-6-b=-15+1$ $\therefore b=8$

$x=1$은 방정식 $3x+2=x+a$의 해이므로

$3+2=1+a$ $\therefore a=4$

$\therefore a+b=4+8=12$

답 12

03-2

주어진 부등식을 연립부등식 꼴로 고치면

$$\begin{cases} 5x-8 < x \\ x < 2x+a \end{cases}$$

$5x-8<x$에서
$4x<8$ $\quad\therefore x<2$ $\quad\cdots\cdots$ ㉠
$x<2x+a$에서
$-x<a$ $\quad\therefore x>-a$ $\quad\cdots\cdots$ ㉡
이 연립부등식의 해가 $-5<x<b$이므로
㉠, ㉡에서 연립부등식의 해는 $-a<x<2$이다.
따라서 $-a=-5$, $b=2$이므로
$a=5$, $b=2$
$\therefore a-b=5-2=3$

답 3

03-3

$-2x+a\geq x-7$에서
$-3x\geq-7-a$ $\quad\therefore x\leq\dfrac{7+a}{3}$ $\quad\cdots\cdots$ ㉠
$4(x-1)\leq5x+b$에서
$4x-4\leq5x+b$, $-x\leq b+4$
$\therefore x\geq-b-4$ $\quad\cdots\cdots$ ㉡
이 연립부등식의 해가 $x=1$이므로
㉠은 $x\leq1$, ㉡은 $x\geq1$이다.
따라서 $\dfrac{7+a}{3}=1$, $-b-4=1$이어야 하므로
$a=-4$, $b=-5$
$\therefore a+b=(-4)+(-5)=-9$

답 -9

03-4

$2x-1<ax+5$에서 $(2-a)x<6$
주어진 해 $-6<x\leq2$에서 $x>-6$과 $(2-a)x<6$이 같아야 하므로
$2-a<0$이고 $x>\dfrac{6}{2-a}$
$\dfrac{6}{2-a}=-6$에서 $2-a=-1$ $\quad\therefore a=3$
$3x+4\leq bx+8$에서 $(3-b)x\leq4$
$x\leq2$와 $(3-b)x\leq4$가 같아야 하므로
$3-b>0$이고 $x\leq\dfrac{4}{3-b}$
$\dfrac{4}{3-b}=2$에서 $3-b=2$ $\quad\therefore b=1$
$\therefore a-b=3-1=2$

답 2

04-1

(1) $4x-1\geq x+2$에서 $3x\geq3$
$\therefore x\geq1$ $\quad\cdots\cdots$ ㉠

$3x+5\leq a$에서 $3x\leq a-5$
$\therefore x\leq\dfrac{a-5}{3}$ $\quad\cdots\cdots$ ㉡
주어진 연립부등식이 해를 갖지 않도록 ㉠, ㉡을 수직선 위에 나타내면 오른쪽 그림과 같아야 한다.

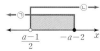

따라서 $\dfrac{a-5}{3}<1$이어야 하므로
$a-5<3$ $\quad\therefore a<8$
(2) $3x+2\leq2x-a$에서 $x\leq-a-2$ $\quad\cdots\cdots$ ㉠
$4x+a<6x+1$에서 $-2x<1-a$
$\therefore x>\dfrac{a-1}{2}$ $\quad\cdots\cdots$ ㉡
주어진 연립부등식이 해를 갖도록 ㉠, ㉡을 수직선 위에 나타내면 오른쪽 그림과 같아야 한다.

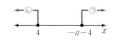

즉, $\dfrac{a-1}{2}<-a-2$이어야 하므로
$a-1<-2a-4$, $3a<-3$ $\quad\therefore a<-1$
따라서 정수 a의 최댓값은 -2이다.

답 (1) $a<8$ (2) -2

04-2

$x-4\leq2x+a$에서 $-x\leq a+4$
$\therefore x\geq-a-4$ $\quad\cdots\cdots$ ㉠
$\dfrac{3x-2}{2}\leq3+0.5x$의 양변에 2를 곱하면
$3x-2\leq6+x$, $2x\leq8$
$\therefore x\leq4$ $\quad\cdots\cdots$ ㉡
주어진 연립부등식이 해를 갖지 않도록 ㉠, ㉡을 수직선 위에 나타내면 오른쪽 그림과 같아야 한다.
따라서 $4<-a-4$이어야 하므로
$a<-8$
따라서 정수 a의 최댓값은 -9이다.

답 -9

04-3

$0.2x+1<0.5x+0.1$의 양변에 10을 곱하면
$2x+10<5x+1$, $-3x<-9$
$\therefore x>3$ $\quad\cdots\cdots$ ㉠
$a-2(x-1)\geq3x-2$에서 $a-2x+2\geq3x-2$
$-5x\geq-a-4$ $\quad\therefore x\leq\dfrac{a+4}{5}$ $\quad\cdots\cdots$ ㉡

주어진 연립부등식을 만족시키는
정수 x가 1개이므로 ㉠, ㉡을 수직
선 위에 나타내면 오른쪽 그림과 같
아야 한다.

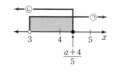

따라서 $4 \leq \dfrac{a+4}{5} < 5$이어야 하므로

$20 \leq a+4 < 25$ ∴ $16 \leq a < 21$

따라서 자연수 a의 최댓값은 20이다.

탭 20

04-4

주어진 부등식을 연립부등식 꼴로 고치면

$\begin{cases} 4x-5 \leq 2x+3 \\ 2x+3 < 5x+a \end{cases}$

$4x-5 \leq 2x+3$에서 $2x \leq 8$

∴ $x \leq 4$ …… ㉠

$2x+3 < 5x+a$에서 $-3x < a-3$

∴ $x > \dfrac{3-a}{3}$ …… ㉡

주어진 연립부등식을 만족시키는
정수 x가 3개가 되도록 해야 하므
로 ㉠, ㉡을 수직선 위에 나타내면
오른쪽 그림과 같아야 한다.

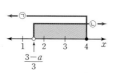

따라서 $1 \leq \dfrac{3-a}{3} < 2$이어야 하므로

$3 \leq 3-a < 6$, $0 \leq -a < 3$

∴ $-3 < a \leq 0$

탭 $-3 < a \leq 0$

05-1

영양제 A의 개수를 x개라 하면 영양제 B의 개수는
$(50-x)$개이므로

$\begin{cases} 90x+125(50-x) \leq 5000 \\ 50x+30(50-x) \leq 2300 \end{cases}$

$90x+125(50-x) \leq 5000$에서

$90x+6250-125x \leq 5000$, $-35x \leq -1250$

∴ $x \geq \dfrac{250}{7}$ …… ㉠

$50x+30(50-x) \leq 2300$에서

$50x+1500-30x \leq 2300$, $20x \leq 800$

∴ $x \leq 40$ …… ㉡

㉠, ㉡에서 연립부등식의 해는 $\dfrac{250}{7} \leq x \leq 40$

$\dfrac{250}{7} = 35.7 \times \times \times \cdots$이므로 영양제 A의 개수의 최솟값

36, 최댓값은 40이다.
따라서 구하는 최솟값과 최댓값의 합은
$36+40 = 76$

탭 76

05-2

연속하는 세 짝수를 $x-2$, x, $x+2$라 하면

$\begin{cases} (x-2)+x+(x+2) < 66 \\ 3(x+2)+2 \geq 68 \end{cases}$

$(x-2)+x+(x+2) < 66$에서 $3x < 66$

∴ $x < 22$ …… ㉠

$3(x+2)+2 \geq 68$에서 $3x+8 \geq 68$

$3x \geq 60$ ∴ $x \geq 20$ …… ㉡

㉠, ㉡에서 연립부등식의 해는 $20 \leq x < 22$

이때 x는 짝수이므로 $x = 20$

따라서 세 짝수는 18, 20, 22이므로 이 중 가장 작은 수는 18
이다.

탭 18

05-3

우유의 개수를 x라 하면 음료수의 개수는 $(15-x)$이므로

$\begin{cases} 800x+700(15-x) \leq 11500 \\ x > 15-x \end{cases}$

$800x+700(15-x) \leq 11500$에서 $100x+10500 \leq 11500$

$100x \leq 1000$ ∴ $x \leq 10$ …… ㉠

$x > 15-x$에서 $2x > 15$

∴ $x > \dfrac{15}{2}$ …… ㉡

㉠, ㉡에서 연립부등식의 해는 $\dfrac{15}{2} < x \leq 10$

따라서 살 수 있는 우유의 개수는 8, 9, 10이다.

탭 8, 9, 10

05-4

의자의 개수를 x라 하면 학생은 $(4x+7)$명이므로

$5(x-7)+1 \leq 4x+7 \leq 5(x-7)+5$

$5(x-7)+1 \leq 4x+7$에서 $5x-34 \leq 4x+7$

∴ $x \leq 41$ …… ㉠

$4x+7 \leq 5(x-7)+5$에서 $4x+7 \leq 5x-30$

∴ $x \geq 37$ …… ㉡

㉠, ㉡에서 연립부등식의 해는 $37 \leq x \leq 41$

따라서 의자는 최대 41개이다.

탭 41

06-1

(1) $1<|x-3|<4$에서

$-4<x-3<-1$ 또는 $1<x-3<4$

$\therefore -1<x<2$ 또는 $4<x<7$

(2) (i) $x<\dfrac{1}{3}$일 때, $-(3x-1)<x+5$이므로

$-3x+1<x+5$, $-4x<4$ $\quad\therefore x>-1$

그런데 $x<\dfrac{1}{3}$이므로 $-1<x<\dfrac{1}{3}$

(ii) $x\geq\dfrac{1}{3}$일 때, $3x-1<x+5$이므로

$2x<6$ $\quad\therefore x<3$

그런데 $x\geq\dfrac{1}{3}$이므로 $\dfrac{1}{3}\leq x<3$

(i), (ii)에서 주어진 부등식의 해는

$-1<x<3$

(3) (i) $x<-2$일 때, $-(x+2)-(x-4)<8$이므로

$-x-2-x+4<8$, $-2x<6$

$\therefore x>-3$

그런데 $x<-2$이므로 $-3<x<-2$

(ii) $-2\leq x<4$일 때, $x+2-(x-4)<8$이므로

$x+2-x+4<8$, $0\times x<2$

즉, 해는 모든 실수이다.

그런데 $-2\leq x<4$이므로 $-2\leq x<4$

(iii) $x\geq4$일 때, $x+2+x-4<8$이므로

$2x<10$ $\quad\therefore x<5$

그런데 $x\geq4$이므로 $4\leq x<5$

(i)~(iii)에서 주어진 부등식의 해는 $-3<x<5$

[다른 풀이]

(1) (i) $x<3$일 때, $1<-(x-3)<4$이므로

$1<-x+3<4$, $-2<-x<1$

$\therefore -1<x<2$

그런데 $x<3$이므로 $-1<x<2$

(ii) $x\geq3$일 때, $1<x-3<4$이므로

$\therefore 4<x<7$

그런데 $x\geq3$이므로 $4<x<7$

(i), (ii)에서 주어진 부등식의 해는

$-1<x<2$ 또는 $4<x<7$

답 (1) $-1<x<2$ 또는 $4<x<7$

(2) $-1<x<3$

(3) $-3<x<5$

06-2

절댓값 기호 안의 식 $5-x$, $x-7$이 0이 되는 $x=5$, $x=7$을 기준으로 범위를 나누면

(i) $x<5$일 때, $5-x-(x-7)<16$이므로

$-2x<4$ $\quad\therefore x>-2$

그런데 $x<5$이므로 $-2<x<5$

(ii) $5\leq x<7$일 때, $-(5-x)-(x-7)<16$이므로

$0\times x<14$

즉, 해는 모든 실수이다.

그런데 $5\leq x<7$이므로 $5\leq x<7$

(iii) $x\geq7$일 때, $-(5-x)+(x-7)<16$

$2x<28$ $\quad\therefore x<14$

그런데 $x\geq7$이므로 $7\leq x<14$

(i)~(iii)에서 주어진 부등식의 해는 $-2<x<14$

따라서 정수 x의 최댓값은 $M=13$, 최솟값은 $m=-1$이므로 $M+m=13+(-1)=12$

답 12

06-3

$|2x-a|\leq1$에서 $-1\leq2x-a\leq1$

$-1+a\leq2x\leq1+a$ $\quad\therefore \dfrac{-1+a}{2}\leq x\leq\dfrac{1+a}{2}$

이때 부등식의 해가 $b\leq x\leq3$이므로

$\dfrac{-1+a}{2}=b$, $\dfrac{1+a}{2}=3$이 성립한다.

$\dfrac{1+a}{2}=3$에서 $1+a=6$ $\quad\therefore a=5$

$\dfrac{-1+a}{2}=b$에 $a=5$를 대입하면

$\dfrac{-1+5}{2}=b$ $\quad\therefore b=2$

$\therefore a+b=5+2=7$

답 7

06-4

$|3x-5|-a\leq2$에서 $|3x-5|\leq2+a$

$|3x-5|\geq0$이므로 주어진 부등식의 해가 존재하지 않으려면 $2+a<0$, 즉 $a<-2$이어야 한다.

따라서 정수 a의 최댓값은 -3이다.

답 -3

중단원 연습문제

01

$6x+1>2x-7$에서 $4x>-8$

$\therefore x>-2$ $\cdots\cdots$ ㉠

$3(x-2)\leq-(2x+1)$에서 $3x-6\leq-2x-1$

$5x\leq5$ $\therefore x\leq1$ $\cdots\cdots$ ㉡

㉠, ㉡을 수직선 위에 나타내면 오른쪽 그림과 같으므로 연립부등식의 해는 $-2<x\leq1$

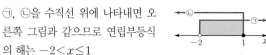

따라서 주어진 연립부등식을 만족시키는 x의 값 중 가장 큰 정수는 1, 가장 작은 정수는 -1이므로

$M=1$, $m=-1$

$\therefore M-m=1-(-1)=2$

답 2

02

$\dfrac{x+1}{3}\leq x-3$의 양변에 3을 곱하면

$x+1\leq3x-9$, $-2x\leq-10$

$\therefore x\geq5$ $\cdots\cdots$ ㉠

$\dfrac{x-3}{2}-\dfrac{x+1}{4}<-\dfrac{1}{4}$의 양변에 4를 곱하면

$2x-6-(x+1)<-1$ $\therefore x<6$ $\cdots\cdots$ ㉡

㉠, ㉡을 수직선 위에 나타내면 오른쪽 그림과 같으므로 연립부등식의 해는 $5\leq x<6$

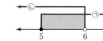

이때 $-6<-x\leq-5$이므로 $-2<-x+4\leq-1$

$\therefore -2<A\leq-1$

답 $-2<A\leq-1$

03

주어진 부등식을 연립부등식 꼴로 고치면

$\begin{cases} 7-(3x-1)<x+5 \\ x+5\leq2+3(x-1) \end{cases}$

$7-(3x-1)<x+5$에서 $7-3x+1<x+5$

$-4x<-3$ $\therefore x>\dfrac{3}{4}$ $\cdots\cdots$ ㉠

$x+5\leq2+3(x-1)$에서 $x+5\leq2+3x-3$

$-2x\leq-6$ $\therefore x\geq3$ $\cdots\cdots$ ㉡

㉠, ㉡을 수직선 위에 나타내면 오른쪽 그림과 같으므로 부등식의 해는 $x\geq3$

따라서 구하는 정수 x의 최솟값은 3이다.

답 3

04

주어진 부등식을 연립부등식 꼴로 고치면

$\begin{cases} 0.1(6+x)\leq0.3x+1 \\ 0.3x+1\leq-0.4(x+1) \end{cases}$

$0.1(6+x)\leq0.3x+1$의 양변에 10을 곱하면

$6+x\leq3x+10$, $-2x\leq4$

$\therefore x\geq-2$ $\cdots\cdots$ ㉠

$0.3x+1\leq-0.4(x+1)$의 양변에 10을 곱하면

$3x+10\leq-4(x+1)$, $3x+10\leq-4x-4$

$7x\leq-14$ $\therefore x\leq-2$ $\cdots\cdots$ ㉡

㉠, ㉡을 수직선 위에 나타내면 오른쪽 그림과 같으므로 부등식의 해는 $x=-2$

답 $x=-2$

05

$3x+a\leq2x-1$에서 $x\leq-1-a$ $\cdots\cdots$ ㉠

$2x-3\geq6x-11$에서 $-4x\geq-8$

$\therefore x\leq2$ $\cdots\cdots$ ㉡

이 연립부등식의 해가 $x\leq-3$이므로

㉠, ㉡에서 연립부등식의 해는 $x\leq-1-a$이다.

따라서 $-1-a=-3$이므로

$-a=-2$ $\therefore a=2$

답 2

06

$5-(3x+2)\leq x+a$에서 $5-3x-2\leq x+a$

$-4x\leq a-3$ $\therefore x\geq\dfrac{-a+3}{4}$ $\cdots\cdots$ ㉠

$2x+a>4x-1$에서 $-2x>-1-a$

$\therefore x<\dfrac{1+a}{2}$ $\cdots\cdots$ ㉡

이 연립부등식의 해가 $-1 \leq x < b$이므로

㉠, ㉡에서 연립부등식의 해는 $\dfrac{-a+3}{4} \leq x < \dfrac{1+a}{2}$이다.

따라서 $\dfrac{-a+3}{4} = -1$, $\dfrac{1+a}{2} = b$이므로

$a = 7$, $b = 4$

$\therefore a + b = 7 + 4 = 11$

답 11

07

주어진 부등식을 연립부등식 꼴로 고치면

$$\begin{cases} \dfrac{7x+4}{3} < 3x+2 \\ 3x+2 < 2x-a \end{cases}$$

$\dfrac{7x+4}{3} < 3x+2$에서 $7x+4 < 9x+6$

$-2x < 2 \qquad \therefore x > -1 \qquad \cdots\cdots ㉠$

$3x+2 < 2x-a$에서 $x < -a-2 \qquad \cdots\cdots ㉡$

주어진 연립부등식이 해를 갖도록 ㉠, ㉡을 수직선 위에 나타내면 오른쪽 그림과 같아야 한다.

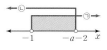

따라서 $-a-2 > -1$이어야 하므로

$-a > 1 \qquad \therefore a < -1$

답 $a < -1$

08

$3x+1 > 5x-3$에서 $-2x > -4$

$\therefore x < 2 \qquad \cdots\cdots ㉠$

$7x+2 \geq 6x+a$에서 $x \geq a-2 \qquad \cdots\cdots ㉡$

주어진 연립부등식을 만족시키는 정수 x가 3개이므로 ㉠, ㉡을 수직선 위에 나타내면 오른쪽 그림과 같아야 한다.

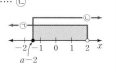

따라서 $-2 < a-2 \leq -1$이어야 하므로

$0 < a \leq 1$

답 $0 < a \leq 1$

09

구하는 자연수의 일의 자리의 숫자를 x라 하면 십의 자리의 숫자는 $x-2$이므로

$$\begin{cases} x+(x-2) \leq 11 \\ 10x+(x-2) < 2\{10(x-2)+x\}-27 \end{cases}$$

$x+(x-2) \leq 11$에서 $2x-2 \leq 11$

$2x \leq 13 \qquad \therefore x \leq \dfrac{13}{2} \qquad \cdots\cdots ㉠$

$10x+(x-2) < 2\{10(x-2)+x\}-27$에서

$11x-2 < 2(11x-20)-27$, $11x-2 < 22x-67$

$-11x < -65 \qquad \therefore x > \dfrac{65}{11} \qquad \cdots\cdots ㉡$

㉠, ㉡에서 연립부등식의 해는 $\dfrac{65}{11} < x \leq \dfrac{13}{2}$

이때 x는 자연수이므로 $x = 6$

따라서 구하는 처음 자연수는 46이다.

답 46

10

물을 넣기 시작한 지 x분 후의 물통 A에 들어 있는 물의 양은 $(60+18x)$ L, 물통 B에 들어 있는 물의 양은 $(40+7x)$ L 이므로

$2(40+7x) \leq 60+18x \leq \dfrac{5}{2}(40+7x)$

$2(40+7x) \leq 60+18x$에서 $80+14x \leq 60+18x$

$-4x \leq -20 \qquad \therefore x \geq 5 \qquad \cdots\cdots ㉠$

$60+18x \leq \dfrac{5}{2}(40+7x)$의 양변에 2를 곱하면

$120+36x \leq 200+35x \qquad \therefore x \leq 80 \qquad \cdots\cdots ㉡$

㉠, ㉡에서 연립부등식의 해는 $5 \leq x \leq 80$

따라서 구하는 시간은 5분 이상 80분 이하이므로

$a = 5$, $b = 80$

$\therefore b - a = 80 - 5 = 75$

답 75

11

$|x+2a| < 3$에서 $-3 < x+2a < 3$

$-3-2a < x < 3-2a$

a는 정수이므로 $-3-2a$가 정수이고 정수 x의 최솟값이 6 이므로 $-3-2a = 5$이어야 한다.

$-2a = 8 \qquad \therefore a = -4$

답 -4

12

(i) $x < -\dfrac{1}{3}$일 때, $x > -(3x+1)-7$이므로

$x > -3x-1-7$, $4x > -8 \qquad \therefore x > -2$

그런데 $x < -\dfrac{1}{3}$이므로 $-2 < x < -\dfrac{1}{3}$

(ii) $x \geq -\dfrac{1}{3}$일 때, $x > 3x+1-7$이므로

$-2x > -6 \qquad \therefore x < 3$

그런데 $x \geq -\dfrac{1}{3}$이므로 $-\dfrac{1}{3} \leq x < 3$

(i), (ii)에 의하여 $-2<x<3$
따라서 부등식을 만족시키는 모든 정수 x는 -1, 0, 1, 2이므로 그 합은
$(-1)+0+1+2=2$

답 ⑤

13

$\dfrac{3}{2}x-1.3<x+2.2$의 양변에 10을 곱하면
$15x-13<10x+22$, $5x<35$
$\therefore x<7$ ...... ㉠
$3\sqrt{2}x-1\geq\sqrt{2}x+1$에서 $2\sqrt{2}x\geq2$
$\therefore x\geq\dfrac{1}{\sqrt{2}}=\dfrac{\sqrt{2}}{2}$ ...... ㉡

㉠, ㉡을 수직선 위에 나타내면 오른쪽 그림과 같으므로 연립부등식의 해는 $\dfrac{\sqrt{2}}{2}\leq x<7$

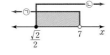

따라서 정수 x의 최솟값은 1이다.

답 1

14

(개)에서 $\sqrt{x-3}\sqrt{x-5}=-\sqrt{(x-3)(x-5)}$이므로
$x-3<0$, $x-5<0$ 또는 $x-3=0$ 또는 $x-5=0$
$\therefore x\leq3$ 또는 $x=5$ ...... ㉠
(내)에서 $\dfrac{\sqrt{x+2}}{\sqrt{x-5}}=-\sqrt{\dfrac{x+2}{x-5}}$이므로
$x+2>0$, $x-5<0$ 또는 $x+2=0$, $x-5\neq0$
$\therefore -2\leq x<5$ ...... ㉡
㉠, ㉡의 공통부분을 구하면 $-2\leq x\leq3$
따라서 구하는 정수 x는 -2, -1, 0, 1, 2, 3의 6개이다.

답 6

15

$3x-2a<2x+b$에서 $x<2a+b$ ...... ㉠
$x+a\leq2x+b$에서 $-x\leq b-a$
$\therefore x\geq a-b$ ...... ㉡
이 연립부등식의 해가 $1\leq x<8$이므로
㉠, ㉡에서 연립부등식의 해는 $a-b\leq x<2a+b$이다.
따라서 $a-b=1$, $2a+b=8$이므로
$a=3$, $b=2$

주어진 부등식 $3x-6<x+3\leq2x+2$를 연립부등식 꼴로 고치면
$\begin{cases}3x-6<x+3\\x+3\leq2x+2\end{cases}$
$3x-6<x+3$에서 $2x<9$
$\therefore x<\dfrac{9}{2}$ ...... ㉢
$x+3\leq2x+2$에서 $-x\leq-1$
$\therefore x\geq1$ ...... ㉣
㉢, ㉣을 수직선 위에 나타내면 오른쪽 그림과 같으므로 처음 부등식의 해는
$1\leq x<\dfrac{9}{2}$

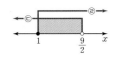

답 $1\leq x<\dfrac{9}{2}$

16

$5x+a>4x+1$에서 $x>1-a$ ...... ㉠
$3(x+a)+1>6x-8$에서 $3x+3a+1>6x-8$
$-3x>-3a-9$ $\therefore x<a+3$ ...... ㉡
주어진 연립부등식이 해를 갖도록 ㉠, ㉡을 수직선 위에 나타내면 오른쪽 그림과 같아야 한다.
따라서 $1-a<a+3$이어야 하므로
$-2a<2$ $\therefore a>-1$ ...... ㉢
한편, 주어진 연립방정식을 만족시키는 음수 x가 존재하지 않으므로
$1-a\geq0$ $\therefore a\leq1$ ...... ㉣
㉢, ㉣에서 $-1<a\leq1$

답 $-1<a\leq1$

17

농도가 8%인 소금물 $200\,\mathrm{g}$에 들어 있는 소금의 양은
$\dfrac{8}{100}\times200=16(\mathrm{g})$
20%인 소금물을 $x\,\mathrm{g}$ 섞는다고 하면
$\dfrac{12}{100}\times(200+x)\leq16+\dfrac{20}{100}x\leq\dfrac{16}{100}\times(200+x)$
$\dfrac{12}{100}\times(200+x)\leq16+\dfrac{20}{100}x$의 양변에 100을 곱하면
$12(200+x)\leq1600+20x$, $-8x\leq-800$
$\therefore x\geq100$ ...... ㉠
$16+\dfrac{20}{100}x\leq\dfrac{16}{100}\times(200+x)$의 양변에 100을 곱하면

$1600+20x \leq 16(200+x)$, $4x \leq 1600$

$\therefore x \leq 400$ ...... ㉡

㉠, ㉡에서 연립부등식의 해는 $100 \leq x \leq 400$

따라서 농도가 20 %인 소금물은 100 g 이상 400 g 이하를 섞어야 한다.

답 100 g 이상 400 g 이하

18

(ⅰ) $x<-1$일 때, $-2(x-1)-3(x+1) \leq 14$이므로

$-2x+2-3x-3 \leq 14$, $-5x \leq 15$

$\therefore x \geq -3$

그런데 $x<-1$이므로 $-3 \leq x<-1$

(ⅱ) $-1 \leq x<1$일 때, $-2(x-1)+3(x+1) \leq 14$이므로

$-2x+2+3x+3 \leq 14$

$\therefore x \leq 9$

그런데 $-1 \leq x<1$이므로 $-1 \leq x<1$

(ⅲ) $x \geq 1$일 때, $2(x-1)+3(x+1) \leq 14$이므로

$2x-2+3x+3 \leq 14$, $5x \leq 13$ $\therefore x \leq \dfrac{13}{5}$

그런데 $x \geq 1$이므로 $1 \leq x \leq \dfrac{13}{5}$

(ⅰ)~(ⅲ)에서 주어진 부등식의 해는 $-3 \leq x \leq \dfrac{13}{5}$

따라서 부등식을 만족시키는 모든 정수 x는 -3, -2, -1, 0, 1, 2이므로 그 합은

$(-3)+(-2)+(-1)+0+1+2=-3$

답 -3

19

버스의 수를 x라 하면 학생은 $(25x-2)$명이므로

$20(x-2)+1 \leq 25x-2-50 \leq 20(x-2)+20$

$20(x-2)+1 \leq 25x-2-50$에서 $20x-39 \leq 25x-52$

$-5x \leq -13$ $\therefore x \geq \dfrac{13}{5}$ ...... ㉠

$25x-2-50 \leq 20(x-2)+20$에서 $25x-52 \leq 20x-20$

$5x \leq 32$ $\therefore x \leq \dfrac{32}{5}$ ...... ㉡

㉠, ㉡에서 연립부등식의 해는 $\dfrac{13}{5} \leq x \leq \dfrac{32}{5}$

이때 x는 자연수이므로 버스는 최대 6대이다.

답 6대

20

$|x-4| \geq 3$에서

$x-4 \leq -3$ 또는 $x-4 \geq 3$

$\therefore x \leq 1$ 또는 $x \geq 7$ ...... ㉠

$||x|-2| \leq 2$에서 $-2 \leq |x|-2 \leq 2$

$0 \leq |x| \leq 4$ $\therefore -4 \leq x \leq 4$ ...... ㉡

㉠, ㉡을 수직선 위에 나타내면 오른쪽 그림과 같으므로 연립부등식의 해는 $-4 \leq x \leq 1$

따라서 정수 x는 -4, -3, -2, 0, $\cdots$, 1의 6개이다.

답 6

09 이차부등식

01 이차부등식

개념 CHECK

본문 327쪽

01 (1) $1 < x < 4$ (2) $x \leq -1 - \sqrt{7}$ 또는 $x \geq -1 + \sqrt{7}$

  (3) 해는 모든 실수 (4) 해는 없다.

02 (1) $x^2 + x - 2 \leq 0$ (2) $x^2 - 4x + 4 > 0$

03 (1) $-6 < k < 6$ (2) $-3 \leq k \leq 2$

01

(1) $x^2 - 5x + 4 < 0$에서 $(x-1)(x-4) < 0$

  $\therefore 1 < x < 4$

(2) $-x^2 - 2x + 6 \leq 0$에서 $x^2 + 2x - 6 \geq 0$

  $(x + 1 + \sqrt{7})(x + 1 - \sqrt{7}) \geq 0$

  $\therefore x \leq -1 - \sqrt{7}$ 또는 $x \geq -1 + \sqrt{7}$

(3) $x^2 + 6x + 9 \geq 0$에서 $(x+3)^2 \geq 0$

  $\therefore$ 해는 모든 실수

(4) $x^2 + 3x + 4 < 0$에서 $\left(x + \dfrac{3}{2}\right)^2 + \dfrac{7}{4} < 0$

  $\therefore$ 해는 없다.

  답 (1) $1 < x < 4$ (2) $x \leq -1 - \sqrt{7}$ 또는 $x \geq -1 + \sqrt{7}$

   (3) 해는 모든 실수 (4) 해는 없다.

02

(1) 해가 $-2 \leq x \leq 1$이고 x^2의 계수가 1인 이차부등식은

  $(x+2)(x-1) \leq 0$ $\therefore x^2 + x - 2 \leq 0$

(2) 해가 $x \neq 2$인 모든 실수이고 x^2의 계수가 1인 이차부등식은 $(x-2)^2 > 0$ $\therefore x^2 - 4x + 4 > 0$

  답 (1) $x^2 + x - 2 \leq 0$ (2) $x^2 - 4x + 4 > 0$

03

(1) 이차방정식 $x^2 + kx + 2k = 0$의 판별식을 D라 하면

  $D < 0$이어야 하므로

  $D = k^2 - 4 \times 1 \times 9 < 0$, $k^2 - 36 < 0$

  $(k+6)(k-6) < 0$ $\therefore -6 < k < 6$

(2) $-x^2 - 2kx - 6 + k = 0$의 판별식을 D라 하면 $D \leq 0$이어야 하므로

  $\dfrac{D}{4} = k^2 - (-1) \times (-6 + k) \leq 0$, $k^2 + k - 6 \leq 0$

$(k+3)(k-2) \leq 0$ $\therefore -3 \leq k \leq 2$

  답 (1) $-6 < k < 6$ (2) $-3 \leq k \leq 2$

유제

본문 328~345쪽

01-1 (1) $x < 0$ 또는 $x > 4$ (2) $3 < x < 5$

01-2 $x < -3$ 또는 $x > 5$ **01-3** $-6 \leq x \leq -1$

01-4 $p < x < q$

02-1 (1) $x \leq -4$ 또는 $x \geq 2$ (2) $-2 \leq x \leq 7$

  (3) $x \neq \dfrac{1}{3}$인 모든 실수 (4) 해는 없다.

02-2 4 **02-3** ㄴ, ㄹ **02-4** 14

03-1 0 m 초과 2 m 이하 **03-2** 3초

03-3 40만 원 **03-4** $50 \leq x \leq 100$

04-1 (1) $x < -3$ 또는 $x > 3$ (2) $-5 \leq x \leq 3$

04-2 $x < -5$ 또는 $-3 < x < 5$

04-3 -3 **04-4** 6

05-1 (1) $a = -1$, $b = -12$ (2) $a = -2$, $b = 10$

05-2 $-\dfrac{1}{2} < x < 1$ **05-3** $\dfrac{1}{4}$

05-4 $1 < x < 3$

06-1 (1) $-4 \leq k \leq -1$ (2) $0 \leq k \leq 4$

06-2 (1) $1 < a < 9$ (2) $-4 < a \leq 0$

06-3 $k \leq -2$ **06-4** 4

07-1 (1) $-2 < a < 0$ 또는 $a > 0$ (2) $-9 \leq a \leq -1$

07-2 1, 4 **07-3** $a < -1$ 또는 $a > 2$

07-4 $\dfrac{3}{2}$ **08-1** $-7 < k < 1$ **08-2** 3

08-3 -11 **08-4** 15 **09-1** -1

09-2 $0 \leq a \leq 2$ **09-3** 4

09-4 $-2 \leq a \leq 0$ 또는 $1 \leq a \leq 3$

01-1

(1) 부등식 $f(x) > g(x)$의 해는 함수 $y = f(x)$의 그래프가 함수 $y = g(x)$의 그래프보다 위쪽에 있는 부분의 x의 값의 범위이므로

  $x < 0$ 또는 $x > 4$

(2) 부등식 $f(x)g(x) > 0$의 해는

  $f(x) > 0$, $g(x) > 0$ 또는 $f(x) < 0$, $g(x) < 0$을 만족시키는 x의 값의 범위이다.

  (i) $f(x) > 0$, $g(x) > 0$을 동시에 만족시키는 x의 값의 범위는

   $f(x) > 0$일 때 $x < 0$ 또는 $x > 3$ ······ ㉠

   $g(x) > 0$일 때 $0 < x < 5$ ······ ㉡

⊙, ⓒ에서 공통부분을 구하면 $3<x<5$

(ii) $f(x)<0$, $g(x)<0$을 동시에 만족시키는 x의 값의 범위는

$f(x)<0$일 때 $0<x<3$ ...... ⓒ

$g(x)<0$일 때 $x<0$ 또는 $x>5$ ...... ⓔ

ⓒ, ⓔ에서 공통부분은 없다.

(i), (ii)에서 구하는 부등식의 해는

$3<x<5$

답 (1) $x<0$ 또는 $x>4$ (2) $3<x<5$

01-2

부등식 $ax^2+bx+c>mx+n$의 해는 이차함수

$y=ax^2+bx+c$의 그래프가 직선 $y=mx+n$보다 위쪽에 있는 부분의 x의 값의 범위이므로

$x<-3$ 또는 $x>5$

답 $x<-3$ 또는 $x>5$

01-3

부등식 $f(x)-g(x)\leq0$, 즉 $f(x)\leq g(x)$의 해는 이차함수 $y=f(x)$의 그래프가 이차함수 $y=g(x)$의 그래프보다 아래쪽에 있거나 두 그래프가 만나는 부분의 x의 값의 범위이므로

$-6\leq x\leq-1$

답 $-6\leq x\leq-1$

01-4

부등식 $h(x)>g(x)>f(x)$는

$h(x)>g(x)$이고 $g(x)>f(x)$이어야 한다.

(i) $h(x)>g(x)$의 해는 함수 $y=h(x)$의 그래프가 함수 $y=g(x)$의 그래프보다 위쪽에 있는 부분의 x의 값의 범위이므로 $p<x<r$

(ii) $g(x)>f(x)$의 해는 함수 $y=g(x)$의 그래프가 함수 $y=h(x)$의 그래프보다 위쪽에 있는 부분의 x의 값의 범위이므로 $p<x<q$

(i), (ii)에서 구하는 부등식의 해는

$p<x<q$

답 $p<x<q$

02-1

(1) $x^2+2x-8\geq0$에서 $(x+4)(x-2)\geq0$

∴ $x\leq-4$ 또는 $x\geq2$

(2) $x^2-14\leq5x$에서 $x^2-5x-14\leq0$

$(x+2)(x-7)\leq0$ ∴ $-2\leq x\leq7$

(3) $-9x^2+6x-1<0$에서 $9x^2-6x+1>0$

$(3x-1)^2>0$

∴ $x\neq\dfrac{1}{3}$인 모든 실수

(4) $2x^2-4x+1<x^2-8$에서 $x^2-4x+9<0$

$(x-2)^2+5<0$

이때 $(x-2)^2+5>0$이므로 주어진 이차부등식의 해는 없다.

답 (1) $x\leq-4$ 또는 $x\geq2$ (2) $-2\leq x\leq7$

(3) $x\neq\dfrac{1}{3}$인 모든 실수 (4) 해는 없다.

02-2

$x(2x-3)<4(x+1)$에서 $2x^2-3x<4x+4$

$2x^2-7x-4<0$, $(2x+1)(x-4)<0$

∴ $-\dfrac{1}{2}<x<4$

따라서 정수 x의 개수는 0, 1, 2, 3의 4개이다.

답 4

02-3

ㄱ. $-x^2-5\geq6x$에서 $x^2+6x+5\leq0$

$(x+1)(x+5)\leq0$ ∴ $-5\leq x\leq-1$

ㄴ. $\dfrac{1}{2}x^2+2x+3\leq0$에서 $x^2+4x+6\leq0$

$(x+2)^2+2\leq0$

이때 $(x+2)^2+2>0$이므로 주어진 이차부등식의 해는 없다.

ㄷ. $x(x+8)>-16$에서 $x^2+8x+16>0$

$(x+4)^2>0$ ∴ $x\neq-4$인 모든 실수

ㄹ. $3x^2+1<-x^2-4x$에서 $4x^2+4x+1<0$

$(2x+1)^2<0$

이때 $(2x+1)^2\geq0$이므로 주어진 이차부등식의 해는 없다.

따라서 이차부등식의 해가 없는 것은 ㄴ, ㄹ이다.

답 ㄴ, ㄹ

02-4

$x^2-x-(m^2+3m+2)<0$에서

$x^2-x-(m+1)(m+2)<0$

∴ $\{x+(m+1)\}\{x-(m+2)\}<0$

이때 m은 자연수이므로 $-(m+1)<x<m+2$

위 부등식을 만족시키는 정수 x는

$-m, -(m-1), \cdots, m-1, m, m+1$

따라서 주어진 이차부등식을 만족시키는 정수인 해의 합은

$(-m)+\{-(m-1)\}+\cdots+(m-1)+m+(m+1)$

$=15$

$m+1=15$ $\therefore m=14$

답 14

03-1

길의 폭을 x m라 하면
길을 제외한 밭의 넓이
는 가로의 길이가
$(16-x)$ m, 세로의
길이가 $(10-x)$ m인

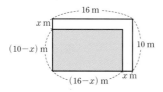

직사각형의 넓이와 같고, 이 넓이가 $112\,\text{m}^2$ 이상이 되어야
하므로
$(16-x)(10-x)\geq112,\ x^2-26x+160\geq112$
$x^2-26x+48\geq0,\ (x-2)(x-24)\geq0$
$\therefore x\leq2$ 또는 $x\geq24$
그런데 $0<x\leq10$이므로 $0<x\leq2$
따라서 조건을 만족시키는 길의 폭의 범위는 0 m 초과 2 m
이하이다.

답 0 m 초과 2 m 이하

03-2

폭죽의 높이가 90 m 이상이어야 하므로
$-5t^2+45t\geq90,\ -5t^2+45t-90\geq0$
$t^2-9t+18\leq0,\ (t-3)(t-6)\leq0$
$\therefore 3\leq t\leq6$
따라서 폭죽의 높이가 90 m 이상이 되는 시간은
$6-3=3$(초)

답 3초

03-3

바이올린 한 대의 가격을 x만 원 인하하였을 때의 가격은
$(60-x)$만 원이고, 월 판매량은 $(30+2x)$대이므로 한 달
총 판매액이 2800만 원 이상이 되려면
$(60-x)(30+2x)\geq2800,\ -2x^2+90x+1800\geq2800$
$-2x^2+90x-1000\geq0,\ x^2-45x+500\leq0$
$(x-20)(x-25)\leq0$
$\therefore 20\leq x\leq25$
따라서 바이올린 한 대의 가격은 $(60-25)$만 원 이상
$(60-20)$만 원 이하, 즉 35만 원 이상 40만 원 이하로 정하
면 되므로 최고 40만 원으로 정할 수 있다.

답 40만 원

03-4

하루 입장료를 a원, 관람객 수를 b명이라 하면 하루 동안의

전체 입장료는 ab원이므로
$a\left(1+\dfrac{x}{100}\right)b\left(1-\dfrac{x}{250}\right)\geq ab\left(1+\dfrac{20}{100}\right)$
$(100+x)(250-x)\geq25000+5000$
$-x^2+150x+25000\geq30000,\ x^2-150x+5000\leq0$
$(x-50)(x-100)\leq0$ $\therefore 50\leq x\leq100$

답 $50\leq x\leq100$

04-1

(1) (i) $x<0$일 때, $x^2+2x-3>0$이므로
$(x+3)(x-1)>0$ $\therefore x<-3$ 또는 $x>1$
그런데 $x<0$이므로 $x<-3$
(ii) $x\geq0$일 때, $x^2-2x-3>0$이므로
$(x+1)(x-3)>0$ $\therefore x<-1$ 또는 $x>3$
그런데 $x\geq0$이므로 $x>3$
(i), (ii)에서 주어진 부등식의 해는
$x<-3$ 또는 $x>3$
(2) (i) $x<1$일 때, $x^2-1\leq-4x+4$이므로
$x^2+4x-5\leq0,\ (x+5)(x-1)\leq0$
$\therefore -5\leq x\leq1$
그런데 $x<1$이므로 $-5\leq x<1$
(ii) $x\geq1$일 때, $x^2-1\leq4x-4$이므로
$x^2-4x+3\leq0,\ (x-1)(x-3)\leq0$
$\therefore 1\leq x\leq3$
(i), (ii)에서 주어진 부등식의 해는
$-5\leq x\leq3$

[다른 풀이]
(1) $x^2-2|x|-3>0$에서 $x^2=|x|^2$이므로
$|x|^2-2|x|-3>0$
$(|x|+1)(|x|-3)>0$
이때 $|x|+1>0$이므로 $|x|-3>0$ $\therefore |x|>3$
따라서 주어진 부등식의 해는
$x<-3$ 또는 $x>3$

답 (1) $x<-3$ 또는 $x>3$ (2) $-5\leq x\leq3$

04-2

(i) $x<0$일 때, $(x+3)(-x-5)<0$이므로
$-(x+3)(x+5)<0,\ (x+3)(x+5)>0$
$\therefore x<-5$ 또는 $x>-3$
그런데 $x<0$이므로 $x<-5$ 또는 $-3<x<0$
(ii) $x\geq0$일 때, $(x+3)(x-5)<0$이므로
$-3<x<5$
그런데 $x\geq0$이므로 $0\leq x<5$

(i), (ii)에서 주어진 부등식의 해는
$x<-5$ 또는 $-3<x<5$

답 $x<-5$ 또는 $-3<x<5$

04-3

(i) $x<1$일 때, $x^2+x-2\leq-2x+2$이므로
$\quad x^2+3x-4\leq0,\ (x+4)(x-1)\leq0$
$\quad\quad\therefore -4\leq x\leq1$
$\quad$ 그런데 $x<1$이므로 $-4\leq x<1$
(ii) $x\geq1$일 때, $x^2+x-2\leq2x-2$이므로
$\quad x^2-x\leq0,\ x(x-1)\leq0\quad\quad\therefore 0\leq x\leq1$
$\quad$ 그런데 $x\geq1$이므로 $x=1$
(i), (ii)에서 주어진 부등식의 해는 $-4\leq x\leq1$
따라서 주어진 부등식을 만족시키는 실수 x의 최댓값은 1, 최솟값은 -4이므로 그 합은
$1+(-4)=-3$

답 -3

04-4

$|x^2-5x+3|>3$에서
$x^2-5x+3<-3$ 또는 $x^2-5x+3>3$
(i) $x^2-5x+3<-3$에서 $x^2-5x+6<0$
$\quad (x-2)(x-3)<0\quad\quad\therefore 2<x<3$
(ii) $x^2-5x+3>3$에서 $x^2-5x>0$
$\quad x(x-5)>0\quad\quad\therefore x<0$ 또는 $x>5$
(i), (ii)에서 주어진 부등식의 해는
$x<0$ 또는 $2<x<3$ 또는 $x>5$
따라서 주어진 부등식을 만족시키는 자연수 x의 최솟값은 6이다.

답 6

05-1

(1) 해가 $-3<x<4$이고 x^2의 계수가 1인 이차부등식은
$\quad (x+3)(x-4)<0$, 즉 $x^2-x-12<0$
$\quad$ 이 부등식이 $x^2+ax+b<0$과 같으므로
$\quad a=-1,\ b=-12$
(2) 해가 $x\leq-1$ 또는 $x\geq5$이고 x^2의 계수가 1인 이차부등식은
$\quad (x+1)(x-5)\geq0$, 즉 $x^2-4x-5\geq0$ $\quad$ …… ㉠
$\quad$ ㉠과 주어진 부등식 $ax^2+8x+b\leq0$의 부등호의 방향이 다르므로
$\quad a<0$
$\quad$ ㉠의 양변에 a를 곱하면
$\quad ax^2-4ax-5a\leq0$

이 부등식이 $ax^2+8x+b\leq0$과 같으므로
$\quad -4a=8,\ -5a=b$
$\quad\quad\therefore a=-2,\ b=10$

답 (1) $a=-1,\ b=-12$ $\quad$ (2) $a=-2,\ b=10$

05-2

해가 $x<-2$ 또는 $x>1$이고 x^2의 계수가 1인 이차부등식은
$(x+2)(x-1)>0$, 즉 $x^2+x-2>0$ $\quad$ …… ㉠
㉠과 주어진 부등식 $ax^2+bx+c<0$의 부등호의 방향이 다르므로
$a<0$
㉠의 양변에 a를 곱하면
$ax^2+ax-2a<0$
이 부등식이 $ax^2+bx+c<0$과 일치하므로
$b=a,\ c=-2a$ $\quad$ …… ㉡
㉡을 $cx^2+bx+a<0$에 대입하면 $-2ax^2+ax+a<0$
양변을 $-a$로 나누면 $2x^2-x-1<0$ $(\because -a>0)$
$(2x+1)(x-1)<0\quad\quad\therefore -\dfrac{1}{2}<x<1$

답 $-\dfrac{1}{2}<x<1$

05-3

해가 $x=\dfrac{1}{2}$이고 x^2의 계수가 1인 이차부등식은
$\left(x-\dfrac{1}{2}\right)^2\leq0$, 즉 $x^2-x+\dfrac{1}{4}\leq0$
이 부등식이 $x^2-x+m\leq0$과 같으므로
$m=\dfrac{1}{4}$

답 $\dfrac{1}{4}$

05-4

$f(x)<0$의 해가 $2<x<8$이므로
$f(x)=a(x-2)(x-8)$ (단, $a>0$)로 놓으면
$f(3x-1)=a(3x-1-2)(3x-1-8)$
$\quad\quad\quad\quad\quad =a(3x-3)(3x-9)$
이때 $f(3x-1)<0$, 즉 $9a(x-1)(x-3)<0$에서 $9a>0$이므로
$(x-1)(x-3)<0\quad\quad\therefore 1<x<3$

다른 풀이
$f(x)<0$의 해가 $2<x<8$이므로 $f(3x-1)<0$의 해는
$2<3x-1<8$에서 $1<x<3$

답 $1<x<3$

06-1

(1) x^2의 계수가 양수이므로 주어진 부등식이 모든 실수 x에 대하여 성립하려면 이차방정식 $x^2+2(k+2)x-k=0$의 판별식을 D라 할 때,

$\dfrac{D}{4}=(k+2)^2-(-k)\leq 0, \ k^2+5k+4\leq 0$

$(k+4)(k+1)\leq 0$ ∴ $-4\leq k\leq -1$

(2) (i) $k\neq 0$일 때,

주어진 부등식이 모든 실수 x에 대하여 성립하려면 이차함수 $y=kx^2+kx+1$의 그래프가 아래로 볼록해야 하므로

$k>0$ ...... ㉠

이차방정식 $kx^2+kx+1=0$의 판별식을 D라 할 때,

$D=k^2-4\times k\times 1\leq 0, \ k^2-4k\leq 0$

$k(k-4)\leq 0$ ∴ $0\leq k\leq 4$ ...... ㉡

㉠, ㉡의 공통부분은 $0<k\leq 4$

(ii) $k=0$일 때,

$0\times x^2+0\times x+1\geq 0$에서 $1\geq 0$이므로 주어진 부등식은 모든 실수 x에 대하여 성립한다.

(i), (ii)에서 구하는 k의 값의 범위는

$0\leq k\leq 4$

답 (1) $-4\leq k\leq -1$ (2) $0\leq k\leq 4$

06-2

(1) x^2의 계수가 음수이므로 주어진 부등식이 x의 값에 관계없이 항상 성립하려면 이차방정식 $-2x^2+(1-a)x-a+1=0$의 판별식을 D라 할 때,

$D=(1-a)^2-4\times(-2)\times(-a+1)<0$

$a^2-10a+9<0, \ (a-1)(a-9)<0$

∴ $1<a<9$

(2) (i) $a\neq 0$일 때,

주어진 부등식이 x의 값에 관계없이 항상 성립하려면 이차함수 $y=ax^2+2ax-4$의 그래프가 위로 볼록해야 하므로

$a<0$ ...... ㉠

또한 이차방정식 $ax^2+2ax-4=0$의 판별식을 D라 할 때,

$\dfrac{D}{4}=a^2-a\times(-4)<0, \ a^2+4a<0$

$a(a+4)<0$ ∴ $-4<a<0$ ...... ㉡

㉠, ㉡의 공통부분은 $-4<a<0$

(ii) $a=0$일 때,

$0\times x^2+2\times 0\times x-4<0$에서

$-4<0$이므로 주어진 부등식은 모든 실수 x에 대하여 성립한다.

(i), (ii)에서 구하는 a의 값의 범위는

$-4<a\leq 0$

답 (1) $1<a<9$ (2) $-4<a\leq 0$

06-3

이차부등식 $2kx^2+8x+(k-2)\leq 0$의 해가 모든 실수가 되려면 이차함수 $y=2kx^2+8x+(k-2)$의 그래프가 위로 볼록해야 하므로

$2k<0$, 즉 $k<0$ ...... ㉠

이차방정식 $2kx^2+8x+(k-2)=0$의 판별식을 D라 할 때,

$\dfrac{D}{4}=4^2-2k\times(k-2)\leq 0, \ -2k^2+4k+16\leq 0$

$k^2-2k-8\geq 0, \ (k+2)(k-4)\geq 0$

∴ $k\leq -2$ 또는 $k\geq 4$ ...... ㉡

㉠, ㉡의 공통부분은 $k\leq -2$

답 $k\leq -2$

06-4

(i) $a-3\neq 0$, 즉 $a\neq 3$일 때,

주어진 부등식이 모든 실수 x에 대하여 성립하려면 이차함수 $y=(a-3)x^2+2(a-3)x+4$의 그래프가 아래로 볼록해야 하므로

$a-3>0$ ∴ $a>3$ ...... ㉠

이차방정식 $(a-3)x^2+2(a-3)x+4=0$의 판별식을 D라 할 때,

$\dfrac{D}{4}=(a-3)^2-(a-3)\times 4<0$

$a^2-10a+21<0, \ (a-3)(a-7)<0$

∴ $3<a<7$ ...... ㉡

㉠, ㉡의 공통부분은 $3<a<7$

(ii) $a-3=0$, 즉 $a=3$일 때,

$0\times x^2+2\times 0\times x+4>0$에서 $4>0$이므로 주어진 부등식은 모든 실수 x에 대하여 성립한다.

(i), (ii)에서 구하는 a의 값의 범위는 $3\leq a<7$이므로 정수 a는 3, 4, 5, 6의 4개이다.

답 4

07-1

(1) (i) $a<0$일 때,

이차함수 $y=ax^2+4x+a$의 그래프는 위로 볼록하므로 주어진 이차부등식이 해를 가지려면 이차방정식 $ax^2+4x+a=0$의 판별식을 D라 할 때,

$\dfrac{D}{4}=2^2-a\times a>0$

$a^2-4<0, \ (a+2)(a-2)<0$

$\therefore -2 < a < 2$

그런데 $a < 0$이므로 $-2 < a < 0$

(ii) $a > 0$일 때,

이차함수 $y = ax^2 + 4x + a$의 그래프는 아래로 볼록하므로 주어진 이차부등식은 항상 해를 갖는다.

(i), (ii)에서 구하는 a의 값의 범위는

$-2 < a < 0$ 또는 $a > 0$

(2) 이차부등식 $ax^2 + (3-a)x - 4 > 0$이 해를 갖지 않으려면 모든 실수 x에 대하여 이차부등식

$ax^2 + (3-a)x - 4 \leq 0$이 성립해야 한다.

$\therefore a < 0$ ...... ㉠

이차방정식 $ax^2 + (3-a)x - 4 = 0$의 판별식을 D라 할 때,

$D = (3-a)^2 - 4 \times a \times (-4) \leq 0$

$a^2 + 10a + 9 \leq 0$, $(a+9)(a+1) \leq 0$

$\therefore -9 \leq a \leq -1$ ...... ㉡

㉠, ㉡의 공통부분은 $-9 \leq a \leq -1$

답 (1) $-2 < a < 0$ 또는 $a > 0$ (2) $-9 \leq a \leq -1$

07-2

이차부등식 $x^2 + 2(k-2)x + k \leq 0$의 해가 오직 하나이므로

이차방정식 $x^2 + 2(k-2)x + k = 0$의 판별식을 D라 할 때,

$\dfrac{D}{4} = (k-2)^2 - k = 0$

$k^2 - 5k + 4 = 0$, $(k-1)(k-4) = 0$

$\therefore k = 1$ 또는 $k = 4$

답 1, 4

07-3

(i) $a - 2 > 0$, 즉 $a > 2$일 때,

이차함수 $y = (a-2)x^2 + 2(a-2)x - 3$의 그래프는 아래로 볼록하므로 주어진 이차부등식은 항상 해를 갖는다.

(ii) $a - 2 < 0$, 즉 $a < 2$일 때,

주어진 이차부등식이 해를 가지려면 이차방정식 $(a-2)x^2 + 2(a-2) - 3 = 0$의 판별식을 D라 할 때,

$\dfrac{D}{4} = (a-2)^2 - (a-2) \times (-3) > 0$

$a^2 - a - 2 > 0$, $(a+1)(a-2) > 0$

$\therefore a < -1$ 또는 $a > 2$

그런데 $a < 2$이므로 $a < -1$

(i), (ii)에서 구하는 a의 값의 범위는

$a < -1$ 또는 $a > 2$

답 $a < -1$ 또는 $a > 2$

07-4

이차부등식 $x^2 - 4ax + 4a - 1 > 0$을 만족시키지 않는 x의

값이 오직 하나뿐이면 이차부등식 $x^2 - 4ax + 4a - 1 \leq 0$이 오직 한 개의 실근을 가져야 한다.

이차방정식 $x^2 - 4ax + 4a - 1 = 0$의 판별식을 D라 할 때,

$\dfrac{D}{4} = (-2a)^2 - (4a - 1) = 0$, $4a^2 - 4a + 1 = 0$

$(2a-1)^2 = 0$ $\therefore a = \dfrac{1}{2}$

따라서 $x^2 - 2x + 1 > 0$, 즉 $(x-1)^2 > 0$을 만족시키지 않는 x의 값은 오직 1뿐이므로

$m = 1$

$\therefore a + m = \dfrac{1}{2} + 1 = \dfrac{3}{2}$

답 $\dfrac{3}{2}$

08-1

이차함수 $y = x^2 + (k+4)x + 2$의 그래프가 직선 $y = x - 2$보다 항상 위쪽에 있으려면 모든 실수 x에 대하여

$x^2 + (k+4)x + 2 > x - 2$, 즉 $x^2 + (k+3)x + 4 > 0$이어야 한다.

이차방정식 $x^2 + (k+3)x + 4 = 0$의 판별식을 D라 할 때,

$D = (k+3)^2 - 4 \times 1 \times 4 < 0$

$k^2 + 6k - 7 < 0$, $(k+7)(k-1) < 0$

$\therefore -7 < k < 1$

답 $-7 < k < 1$

08-2

이차함수 $y = x^2 + (a+2)x + 1$의 그래프는 아래로 볼록하므로 직선 $y = 2x - 3$과 만나지 않으려면

$y = x^2 + (a+2)x + 1$의 그래프가 직선 $y = 2x - 3$보다 항상 위쪽에 있어야 한다.

따라서 모든 실수 x에 대하여 $x^2 + (a+2)x + 1 > 2x - 3$,

즉 $x^2 + ax + 4 > 0$이어야 한다.

이차방정식 $x^2 + ax + 4 = 0$의 판별식을 D라 할 때,

$D = a^2 - 4 \times 4 < 0$, $a^2 < 16$

$\therefore -4 < a < 4$

따라서 구하는 정수 a의 최댓값은 3이다.

답 3

08-3

이차함수 $y = x^2 + 3x + a$의 그래프가 직선 $y = x + 1$보다 위쪽에 있는 x의 값의 범위가 $x < b$ 또는 $x > 2$이므로

$x^2 + 3x + a > x + 1$에서 $x^2 + 2x + (a-1) > 0$ ...... ㉠

해가 $x < b$ 또는 $x > 2$이고 x^2의 계수가 1인 이차부등식은

$(x-b)(x-2)>0$

$\therefore x^2-(b+2)x+2b>0$

이 부등식이 ㉠과 일치해야 하므로

$-(b+2)=2$, $2b=a-1$

따라서 $a=-7$, $b=-4$이므로

$a+b=(-7)+(-4)=-11$

답 -11

08-4

이차함수 $y=ax^2-x+2$의 그래프가 이차함수
$y=x^2-ax+6$의 그래프보다 항상 아래쪽에 있으려면 모든
실수 x에 대하여 $ax^2-x+2<x^2-ax+6$,
즉 $(a-1)x^2+(a-1)x-4<0$이어야 한다.

(i) $a-1\neq0$, 즉 $a\neq1$일 때,

모든 실수 x에 대하여 부등식이 성립하려면 이차함수
$y=(a-1)x^2+(a-1)x-4$의 그래프가 위로 볼록해야
하므로

$a-1<0$ $\therefore a<1$ $\cdots\cdots$ ㉠

이차방정식 $(a-1)x^2+(a-1)x-4=0$의 판별식을 D
라 할 때,

$D=(a-1)^2-4\times(a-1)\times(-4)<0$

$a^2+14a-15<0$, $(a+15)(a-1)<0$

$\therefore -15<a<1$ $\cdots\cdots$ ㉡

㉠, ㉡의 공통부분은 $-15<a<1$

(ii) $a-1=0$, 즉 $a=1$일 때,

$0\times x^2+0\times x-4<0$에서 $-4<0$이므로 모든 실수 x에
대하여 부등식이 성립한다.

(i), (ii)에서 구하는 a의 값의 범위는 $-15<a\leq1$이므로
정수 a의 최댓값 $M=1$, 최솟값 $m=-14$이다.

$\therefore M-m=1-(-14)=15$

답 15

09-1

$f(x)=-x^2+6x+3k-2$라 하면

$f(x)=-(x-3)^2+3k+7$

$2\leq x\leq5$에서 $f(x)\geq0$이 항상 성
립하려면 함수 $y=f(x)$의 그래프
가 오른쪽 그림과 같아야 한다.

즉, $f(x)$의 최솟값이 $f(5)$이므로
$f(5)\geq0$에서

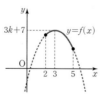

$-4+3k+7\geq0$

$3k\geq-3$ $\therefore k\geq-1$

따라서 정수 k의 최솟값은 -1이다.

답 -1

09-2

$x^2-ax\leq4-a^2$에서

$x^2-ax+a^2-4\leq0$

$f(x)=x^2-ax+a^2-4$라 하면
$0\leq x\leq2$에서 $f(x)\leq0$이어야 하
므로 함수 $y=f(x)$의 그래프가 오
른쪽 그림과 같아야 한다.

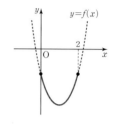

(i) $f(0)\leq0$에서 $a^2-4\leq0$

$(a+2)(a-2)\leq0$

$\therefore -2\leq a\leq2$

(ii) $f(2)\leq0$에서 $4-2a+a^2-4\leq0$

$a^2-2a\leq0$, $a(a-2)\leq0$ $\therefore 0\leq a\leq2$

(i), (ii)에서 구하는 a의 값의 범위는 $0\leq a\leq2$

답 $0\leq a\leq2$

09-3

$2x^2+4x-a^2>x^2-3a-7$에서 $x^2+4x-a^2+3a+7>0$

$f(x)=x^2+4x-a^2+3a+7$이라 하면

$f(x)=(x+2)^2-a^2+3a+3$

$-6\leq x\leq-3$인 모든 실수 x에 대
하여 $f(x)>0$이 성립하려면 함수
$y=f(x)$의 그래프가 오른쪽 그림
과 같아야 한다.

즉, $f(x)$의 최솟값이 $f(-3)$이므
로 $f(-3)>0$에서

$1-a^2+3a+3>0$

$a^2-3a-4<0$, $(a+1)(a-4)<0$

$\therefore -1<a<4$

따라서 정수 a는 0, 1, 2, 3의 4개이다.

답 4

09-4

$-4<x<2$에서 이차함수 $y=-x^2+ax+10$의 그래프가
직선 $y=a^2x-6$보다 항상 위쪽에 있으려면
$-4<x<2$에서 이차부등식 $-x^2+ax+10>a^2x-6$,
즉 $x^2+(a^2-a)x-16<0$이 항상 성립해야 한다.

$f(x)=x^2+(a^2-a)x-16$이라 하면
$-4<x<2$에서 $f(x)\leq0$이어야
하므로 함수 $y=f(x)$의 그래프가
오른쪽 그림과 같아야 한다.

(i) $f(-4)\leq0$에서

$16-4(a^2-a)-16\leq0$

$-4(a^2-a)\leq0$, $a(a-1)\geq0$

$\therefore a\leq0$ 또는 $a\geq1$

(ii) $f(2) \leq 0$에서 $4+2(a^2-a)-16 \leq 0$

$a^2-a-6 \leq 0$, $(a+2)(a-3) \leq 0$

$\therefore -2 \leq a \leq 3$

(i), (ii)에서 구하는 a의 값의 범위는

$-2 \leq a \leq 0$ 또는 $1 \leq a \leq 3$

답 $-2 \leq a \leq 0$ 또는 $1 \leq a \leq 3$

02 연립이차부등식

개념 CHECK
본문 349쪽

01 (1) $x<-1$ (2) $2<x \leq 4$ (3) 해는 없다.

(4) $-3 \leq x \leq 1$

02 (1) $-11<k \leq -2$ (2) $k<-11$

03 (1) $k \leq -3$ 또는 $2 \leq k < \dfrac{15}{7}$ (2) $k > \dfrac{15}{7}$

01

(1) $x+3 \leq 4$에서 $x \leq 1$ ······ ㉠

$x^2-2x-3>0$에서 $(x+1)(x-3)>0$

$\therefore x<-1$ 또는 $x>3$ ······ ㉡

㉠, ㉡을 수직선 위에 나타내면 오른쪽 그림과 같으므로 구하는 연립부등식의 해는

$x<-1$

(2) $x^2-x-2>0$에서 $(x+1)(x-2)>0$

$\therefore x<-1$ 또는 $x>2$ ······ ㉠

$x^2-5x+4 \leq 0$에서 $(x-1)(x-4) \leq 0$

$\therefore 1 \leq x \leq 4$ ······ ㉡

㉠, ㉡을 수직선 위에 나타내면 오른쪽 그림과 같으므로 구하는 연립부등식의 해는

$2<x \leq 4$

(3) $x^2-2x-15 \geq 0$에서 $(x+3)(x-5) \geq 0$

$\therefore x \leq -3$ 또는 $x \geq 5$ ······ ㉠

$2x^2+5x-3<0$에서 $(x+3)(2x-1)<0$

$\therefore -3<x<\dfrac{1}{2}$ ······ ㉡

㉠, ㉡을 수직선 위에 나타내면 오른쪽 그림과 같으므로 구하는 연립부등식의 해는 없다.

(4) 주어진 부등식을 연립부등식으로 나타내면

$\begin{cases} 2x+1 \leq x+2 \\ x+2 \leq -x^2+2x+14 \end{cases}$

$2x+1 \leq x+2$에서 $x \leq 1$ ······ ㉠

$x+2 \leq -x^2+2x+14$에서 $x^2-x-12 \leq 0$

$(x+3)(x-4) \leq 0$ $\therefore -3 \leq x \leq 4$ ······ ㉡

㉠, ㉡을 수직선 위에 나타내면 오른쪽 그림과 같다.

따라서 구하는 해는

$-3 \leq x \leq 1$

답 (1) $x<-1$ (2) $2<x \leq 4$

(3) 해는 없다. (4) $-3 \leq x \leq 1$

02

이차방정식 $x^2-2(k-1)x+k+11=0$의 두 근을 α, β, 판별식을 D라 하면

(1) 두 근이 모두 음수이므로

(i) $\dfrac{D}{4}=\{-(k-1)\}^2-(k+11) \geq 0$

$k^2-2k+1-k-11 \geq 0$, $k^2-3k-10 \geq 0$

$(k+2)(k-5) \geq 0$

$\therefore k \leq -2$ 또는 $k \geq 5$ ······ ㉠

(ii) $\alpha+\beta=2(k-1)<0$ $\therefore k<1$ ······ ㉡

(iii) $\alpha\beta=k+11>0$ $\therefore k>-11$ ······ ㉢

㉠, ㉡, ㉢을 수직선 위에 나타내면 오른쪽 그림과 같으므로 구하는 실수 k의 값의 범위는 $-11<k \leq -2$

(2) 두 근이 서로 다른 부호이므로

$k+11<0$ $\therefore k<-11$

답 (1) $-11<k \leq -2$ (2) $k<-11$

03

$f(x)=x^2-2kx-k+6$이라 하면

(1) $f(x)$의 두 근이 모두 3보다 작아야 하므로 $y=f(x)$의 그래프는 오른쪽 그림과 같다.

(i) 이차방정식

$x^2-2kx-k+6=0$의 판별식을 D라 하면

$\dfrac{D}{4}=(-k)^2-(-k+6) \geq 0$, $k^2+k-6 \geq 0$

$(k+3)(k-2) \geq 0$

$\therefore k \leq -3$ 또는 $k \geq 2$ ······ ㉠

(ii) $f(3)=9-6k-k+6>0$, $-7k>-15$

$\therefore k<\dfrac{15}{7}$ ······ ㉡

09. 이차부등식 **121**

(iii) $y=f(x)$의 그래프의 축의 방정식이 $x=k$이므로

　　$k<3$　　$\cdots\cdots$ ㉢

㉠, ㉡, ㉢을 수직선 위에
나타내면 오른쪽 그림과
같으므로 구하는 실수 k의
값의 범위는

　　$k\leq-3$ 또는 $2\leq k<\dfrac{15}{7}$

(2) 두 근 사이에 3이 있으므로
$y=f(x)$의 그래프는 오른쪽 그림
과 같다.
즉, $f(3)<0$이어야 하므로
$f(3)=9-6k-k+6<0$, $-7k<-15$

　　$\therefore k>\dfrac{15}{7}$

답 (1) $k\leq-3$ 또는 $2\leq k<\dfrac{15}{7}$　(2) $k>\dfrac{15}{7}$

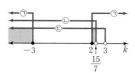
본문 350~361쪽

10-1 (1) $-5<x\leq-3$ 또는 $1\leq x<2$　(2) $-5<x<2$

　　　　(3) $-7\leq x\leq-5$ 또는 $0\leq x\leq2$

10-2 (1) $1<x\leq2$　(2) $-1<x<1$　　**10-3** 3

10-4 4　　**11-1** $-3<a\leq6$

11-2 $k\leq-5$　**11-3** $2<a\leq3$　　　**11-4** 4

12-1 $x>8$　**12-2** 7 m 이상 8 m 이하　**12-3** 3

12-4 $1\leq x\leq\dfrac{3}{2}$　　　　**13-1** $0<k\leq2$

13-2 3　**13-3** $k\leq-3$ 또는 $k\geq0$

13-4 $-2<k<4$　　**14-1** $-\dfrac{10}{3}<k\leq-2$

14-2 4　**14-3** 2　　**14-4** $k>6$

15-1 $k\leq-2$　　　**15-2** $-\dfrac{4}{5}<k\leq0$

15-3 3　**15-4** $-2\sqrt2<a<-2$ 또는 $2<a<2\sqrt2$

10-1

(1) $x^2+3x-10<0$에서 $(x+5)(x-2)<0$

　　$\therefore -5<x<2$　　$\cdots\cdots$ ㉠
$4-x^2\leq2x+1$, 즉 $x^2+2x-3\geq0$에서
$(x+3)(x-1)\geq0$

　　$\therefore x\leq-3$ 또는 $x\geq1$　$\cdots\cdots$ ㉡
㉠, ㉡을 수직선 위에 나타내면
오른쪽 그림과 같으므로 구하는
연립부등식의 해는

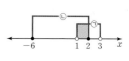

　　$-5<x\leq-3$ 또는 $1\leq x<2$

(2) 주어진 부등식을 연립부등식으로 나타내면
$$\begin{cases}9x-14<x^2\\x^2<15-2x\end{cases}$$
$9x-14<x^2$, 즉 $x^2-9x+14>0$에서
$(x-2)(x-7)>0$

　　$\therefore x<2$ 또는 $x>7$　　$\cdots\cdots$ ㉠
$x^2<15-2x$, 즉 $x^2+2x-15<0$에서
$(x+5)(x-3)<0$

　　$\therefore -5<x<3$　　$\cdots\cdots$ ㉡
㉠, ㉡을 수직선 위에 나타
내면 오른쪽 그림과 같으므
로 구하는 부등식의 해는

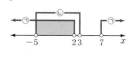

　　$-5<x<2$

(3) $|x^2+5x-7|\leq7$에서 $-7\leq x^2+5x-7\leq7$이므로

연립부등식으로 나타내면 $\begin{cases}-7\leq x^2+5x-7\\x^2+5x-7\leq7\end{cases}$

$-7\leq x^2+5x-7$, 즉 $x^2+5x\geq0$에서 $x(x+5)\geq0$

　　$\therefore x\leq-5$ 또는 $x\geq0$　$\cdots\cdots$ ㉠
$x^2+5x-7\leq7$, 즉 $x^2+5x-14\leq0$에서
$(x+7)(x-2)\leq0$

　　$\therefore -7\leq x\leq2$　　$\cdots\cdots$ ㉡
㉠, ㉡을 수직선 위에 나
타내면 오른쪽 그림과 같으
므로 구하는 부등식의 해는

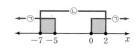

　　$-7\leq x\leq-5$ 또는 $0\leq x\leq2$

답 (1) $-5<x\leq-3$ 또는 $1\leq x<2$

　　(2) $-5<x<2$

　　(3) $-7\leq x\leq-5$ 또는 $0\leq x\leq2$

10-2

(1) $|x-2|<1$에서 $-1<x-2<1$

　　$\therefore 1<x<3$　　$\cdots\cdots$ ㉠
$x^2+4x-12\leq0$에서 $(x+6)(x-2)\leq0$

　　$\therefore -6\leq x\leq2$　$\cdots\cdots$ ㉡
㉠, ㉡을 수직선 위에 나타
내면 오른쪽 그림과 같으므
로 구하는 부등식의 해는

　　$1<x\leq2$

(2) $-x^2+x+12>0$, 즉 $x^2-x-12<0$에서
$(x+3)(x-4)<0$

　　$\therefore -3<x<4$　　$\cdots\cdots$ ㉠
$x^2+|x|-2<0$에서
(i) $x<0$일 때, $x^2-x-2<0$

$(x+1)(x-2)<0$ $\quad \therefore -1<x<2$

그런데 $x<0$이므로 $-1<x<0$

(ii) $x \geq 0$일 때, $x^2+x-2<0$

$\quad (x+2)(x-1)<0$

$\quad \therefore -2<x<1$

그런데 $x \geq 0$이므로 $0 \leq x<1$

(i), (ii)에서 주어진 부등식의 해는

$-1<x<1$ $\quad\quad \cdots\cdots$ ㉡

㉠, ㉡을 수직선 위에 나타
내면 오른쪽 그림과 같으므
로 구하는 부등식의 해는

$-1<x<1$

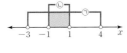

답 (1) $1<x \leq 2$ (2) $-1<x<1$

10-3

주어진 부등식을 연립부등식으로 나타내면

$\begin{cases} x^2-4x-1 \leq 1-3x \\ 1-3x \leq x^2+1 \end{cases}$

$x^2-4x-1 \leq 1-3x$, 즉 $x^2-x-2 \leq 0$에서

$(x+1)(x-2) \leq 0$ $\quad \therefore -1 \leq x \leq 2$ $\quad \cdots\cdots$ ㉠

$1-3x \leq x^2+1$, 즉 $x^2+3x \geq 0$에서

$x(x+3) \geq 0$ $\quad \therefore x \leq -3$ 또는 $x \geq 0$ $\quad \cdots\cdots$ ㉡

㉠, ㉡을 수직선 위에 나타내면
오른쪽 그림과 같으므로 구하
는 부등식의 해는 $0 \leq x \leq 2$

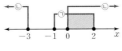

따라서 주어진 부등식을 만족시키는 정수 x는 0, 1, 2이므로
그 합은 $0+1+2=3$

답 3

10-4

$x^2-2x-8 \leq 0$에서 $(x+2)(x-4) \leq 0$

$\therefore -2 \leq x \leq 4$ $\quad\quad \cdots\cdots$ ㉠

$|x^2-4| \leq 3x$에서

(i) $x^2-4=(x+2)(x-2)<0$, 즉 $-2<x<2$일 때

$\quad -(x^2-4) \leq 3x$, $x^2+3x-4 \geq 0$

$\quad (x+4)(x-1) \geq 0$ $\quad \therefore x \leq -4$ 또는 $x \geq 1$

그런데 $-2<x<2$이므로 $1 \leq x<2$

(ii) $x^2-4=(x+2)(x-2) \geq 0$,

즉 $x \leq -2$ 또는 $x \geq 2$일 때

$\quad x^2-4 \leq 3x$, $x^2-3x-4 \leq 0$

$\quad (x+1)(x-4) \leq 0$ $\quad \therefore -1 \leq x \leq 4$

그런데 $x \leq -2$ 또는 $x \geq 2$이므로 $2 \leq x \leq 4$

(i), (ii)에서 주어진 부등식의 해는

$1 \leq x \leq 4$ $\quad\quad \cdots\cdots$ ㉡

㉠, ㉡을 수직선 위에 나타내면
오른쪽 그림과 같으므로 구하는
부등식의 해는

$1 \leq x \leq 4$

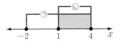

따라서 $\alpha=1$, $\beta=4$이므로

$\alpha\beta=1 \times 4=4$

답 2

11-1

$\begin{cases} x^2-3x-18 \geq 0 & \cdots\cdots \ ㉠ \\ (x-a)(x+5)<0 & \cdots\cdots \ ㉡ \end{cases}$

㉠에서 $(x+3)(x-6) \geq 0$

$\therefore x \leq -3$ 또는 $x \geq 6$

㉡에서

(i) $a<-5$일 때, $a<x<-5$

(ii) $a=-5$일 때, $(x+5)^2<0$이므로 해는 없다.

(iii) $a>-5$일 때, $-5<x<a$

㉠, ㉡의 해의 공통부분이
$-5<x \leq -3$이 되려면 오른
쪽 그림과 같아야 하므로 부등
식 ㉡의 해는 $-5<x<a$이고 실수 a의 값의 범위는

$-3<a \leq 6$

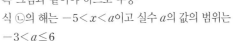

답 $-3<a \leq 6$

11-2

$\begin{cases} x^2-x-6<0 & \cdots\cdots \ ㉠ \\ x^2+(k+1)x-k-2<0 & \cdots\cdots \ ㉡ \end{cases}$

㉠에서 $(x+2)(x-3)<0$

$\therefore -2<x<3$

㉡에서 $(x+k+2)(x-1)<0$

(i) $-k-2<1$, 즉 $k>-3$일 때, $-k-2<x<1$

(ii) $-k-2=1$, 즉 $k=-3$일 때, $(x-1)^2<0$이므로 해는
없다.

(iii) $-k-2>1$, 즉 $k<-3$일 때, $1<x<-k-2$

㉠, ㉡의 해의 공통부분이
$1<x<3$이 되려면 오른쪽 그
림과 같아야 하므로 부등식 ㉡
의 해는 $1<x<-k-2$이고 실수 k의 값의 범위는

$-k-2 \geq 3$이어야 한다.

$-k \geq 5$ $\quad \therefore k \leq -5$

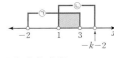

답 $k \leq -5$

11-3

$\begin{cases} x^2-1>0 & \cdots\cdots \ ㉠ \\ 2x^2-(2a+1)x+a<0 & \cdots\cdots \ ㉡ \end{cases}$

㉠에서 $(x+1)(x-1)>0$

$\therefore x<-1$ 또는 $x>1$

㉡에서 $(2x-1)(x-a)<0$

(i) $a<\dfrac{1}{2}$일 때, $a<x<\dfrac{1}{2}$

(ii) $a=\dfrac{1}{2}$일 때, $(2x-1)^2<0$이므로 해는 없다.

(iii) $a>\dfrac{1}{2}$일 때, $\dfrac{1}{2}<x<a$

㉠, ㉡의 해의 공통부분에 속하는 정수 x가 2뿐이도록 수직선 위에 나타내면 오른쪽 그림과 같아야 한다.

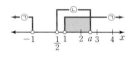

따라서 부등식 ㉡의 해는 $\dfrac{1}{2}<x<a$이고 실수 a의 값의 범위는 $2<a\leq3$

🔲 $2<a\leq3$

11-4

$\begin{cases} x^2+x-12>0 & \cdots\cdots ㉠ \\ |x-a|<2 & \cdots\cdots ㉡ \end{cases}$

㉠에서 $(x+4)(x-3)>0$

$\therefore x<-4$ 또는 $x>3$

㉡에서 $-2<x-a<2$

$\therefore a-2<x<a+2$

주어진 연립부등식이 해를 갖지 않으므로 ㉠, ㉡의 해의 공통부분이 존재하지 않아야 한다.

즉, 오른쪽 그림에서 $a-2\geq-4$, $a+2\leq3$이어야

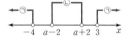

하므로 $a\geq-2$, $a\leq1$

$\therefore -2\leq a\leq1$

따라서 정수 a는 -2, -1, 0, 1의 4개이다.

🔲 4

12-1

삼각형의 세 변의 길이는 모두 양수이므로

$x-2>0$, $x>0$, $x+2>0$

$\therefore x>2$ $\cdots\cdots ㉠$

삼각형의 가장 긴 변의 길이는 나머지 두 변의 길이의 합보다 작으므로

$(x-2)+x>x+2$, $2x-2>x+2$

$\therefore x>4$ $\cdots\cdots ㉡$

세 수 $x-2$, x, $x+2$가 예각삼각형의 세 변의 길이이려면

$(x-2)^2+x^2>(x+2)^2$, $(x^2-4x+4)+x^2>x^2+4x+4$

$x^2-8x>0$, $x(x-8)>0$

$\therefore x<0$ 또는 $x>8$ $\cdots\cdots ㉢$

㉠, ㉡, ㉢의 공통부분은

$x>8$

참고

오른쪽 그림과 같이 세 변의 길이가 각각 a, b, c (c가 가장 긴 변의 길이)인 삼각형에서

① 삼각형이 될 조건 ➡ $a+b>c$

② 예각삼각형이 될 조건 ➡ $a^2+b^2>c^2$

③ 직각삼각형이 될 조건 ➡ $a^2+b^2=c^2$

④ 둔각삼각형이 될 조건 ➡ $a^2+b^2<c^2$

🔲 $x>8$

12-2

밭의 가로의 길이를 x m라 하면 세로의 길이는 $(10-x)$ m 이므로

$x>0$, $10-x>0$, $x>10-x$

$\therefore 5<x<10$ $\cdots\cdots ㉠$

밭의 넓이는 $x(10-x)$ m²이고 밭의 넓이가 16 m² 이상 21 m² 이하이므로

$16\leq x(10-x)\leq21$

$16\leq x(10-x)$에서 $x^2-10x+16\leq0$

$(x-2)(x-8)\leq0$ $\therefore 2\leq x\leq8$ $\cdots\cdots ㉡$

$x(10-x)\leq21$에서 $x^2-10x+21\geq0$

$(x-3)(x-7)\geq0$ $\therefore x\leq3$ 또는 $x\geq7$ $\cdots\cdots ㉢$

㉠, ㉡, ㉢의 공통부분은 $7\leq x\leq8$

따라서 밭의 가로의 길이의 범위는 7 m 이상 8 m 이하이다.

참고

x에 대한 연립부등식을 세운 후 x는 양수임을 이용한다.

🔲 7 m 이상 8 m 이하

12-3

새로 만든 직육면체의 밑면의 가로의 길이, 세로의 길이, 높이는 각각 $x-2$, x, $x+3$이므로

$x-2>0$ $\therefore x>2$ $\cdots\cdots ㉠$

이 직육면체의 부피는 $x(x-2)(x+3)=x^3+x^2-6x$이고 한 모서리의 길이가 x인 처음 정육면체의 부피는 x^3이므로 직육면체의 부피가 처음 정육면체의 부피보다 작으려면

$x^3+x^2-6x<x^3$, $x^2-6x<0$

$x(x-6)<0$ $\therefore 0<x<6$ $\cdots\cdots ㉡$

㉠, ㉡의 공통부분을 구하면 $2<x<6$

따라서 자연수 x는 3, 4, 5의 3개이다.

🔲 3

12-4

오른쪽 그림에서 길의 전체 넓이는

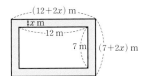

$(12+2x)(7+2x)$
$\qquad -12 \times 7$

$=4x^2+38x(m^2)$

이때 길의 전체 넓이가 $42\,m^2$ 이상 $66\,m^2$ 이하가 되려면

$42 \le 4x^2+38x \le 66$

$42 \le 4x^2+38x$에서 $4x^2+38x-42 \ge 0$

$2x^2+19x-21 \ge 0$, $(2x+21)(x-1) \ge 0$

$\therefore x \le -\dfrac{21}{2}$ 또는 $x \ge 1$

그런데 $x>0$이므로 $x \ge 1$ $\qquad \cdots\cdots$ ㉠

$4x^2+38x \le 66$에서 $4x^2+38x-66 \le 0$

$2x^2+19x-33 \le 0$, $(x+11)(2x-3) \le 0$

$\therefore -11 \le x \le \dfrac{3}{2}$

그런데 $x>0$이므로 $0 < x \le \dfrac{3}{2}$ $\qquad \cdots\cdots$ ㉡

㉠, ㉡의 공통부분은 $1 \le x \le \dfrac{3}{2}$

目 $1 \le x \le \dfrac{3}{2}$

13-1

이차방정식 $x^2+kx-k^2+5k=0$이 허근을 가지므로 판별식을 D_1이라 하면

$D_1=k^2-4(-k^2+5k)<0$

$k^2+4k^2-20k<0$, $5k^2-20k<0$

$k^2-4k<0$, $k(k-4)<0$

$\therefore 0<k<4$ $\qquad \cdots\cdots$ ㉠

이차방정식 $x^2-kx+k^2-3=0$이 실근을 가지므로 판별식을 D_2라 하면

$D_2=(-k)^2-4(k^2-3) \ge 0$

$k^2-4k^2+12 \ge 0$, $-3k^2+12 \ge 0$

$k^2-4 \le 0$, $(k+2)(k-2) \le 0$

$\therefore -2 \le k \le 2$ $\qquad \cdots\cdots$ ㉡

㉠, ㉡의 공통부분은 $0<k \le 2$

目 $0<k \le 2$

13-2

이차방정식 $x^2+2ax+a+2=0$이 서로 다른 두 실근을 가지므로 판별식을 D_1이라 하면

$\dfrac{D_1}{4}=a^2-(a+2)>0$

$a^2-a-2>0$, $(a+1)(a-2)>0$

$\therefore a<-1$ 또는 $a>2$ $\qquad \cdots\cdots$ ㉠

이차방정식 $x^2+ax+a=0$이 허근을 가지므로 판별식을 D_2라 하면

$D_2=a^2-4a<0$, $a(a-4)<0$

$\therefore 0<a<4$ $\qquad \cdots\cdots$ ㉡

㉠, ㉡의 공통부분은 $2<a<4$

따라서 구하는 정수 a는 3이다.

目 3

13-3

이차방정식 $x^2-2(k+1)x+k+7=0$이 실근을 가지므로 판별식을 D_1이라 하면

$\dfrac{D_1}{4}=\{-(k+1)\}^2-(k+7) \ge 0$

$k^2+k-6 \ge 0$, $(k+3)(k-2) \ge 0$

$\therefore k \le -3$ 또는 $k \ge 2$ $\qquad \cdots\cdots$ ㉠

이차방정식 $x^2+(k+2)x+1=0$이 실근을 가지므로 판별식을 D_2라 하면

$D_2=(k+2)^2-4 \ge 0$

$k^2+4k \ge 0$, $k(k+4) \ge 0$

$\therefore k \le -4$ 또는 $k \ge 0$ $\qquad \cdots\cdots$ ㉡

두 이차방정식 중 적어도 하나가 실근을 가지려면 구하는 실수 k의 값의 범위는 ㉠, ㉡을 합한 범위가 되어야 하므로

$k \le -3$ 또는 $k \ge 0$

[다른 풀이]

두 이차방정식 중 적어도 하나가 실근을 갖는 경우는 두 이차방정식이 모두 허근을 갖는 경우를 제외하면 된다.

이차방정식 $x^2-2(k+1)x+k+7=0$이 허근을 가질 때, 판별식을 D_1이라 하면

$\dfrac{D_1}{4}=\{-(k+1)\}^2-(k+7)<0$

$k^2+k-6<0$, $(k+3)(k-2)<0$

$\therefore -3<k<2$ $\qquad \cdots\cdots$ ㉠

이차방정식 $x^2+(k+2)x+1=0$이 허근을 가질 때, 판별식을 D_2라 하면

$D_2=(k+2)^2-4<0$

$k^2+4k<0$, $k(k+4)<0$

$\therefore -4<k<0$ $\qquad \cdots\cdots$ ㉡

㉠, ㉡에서 공통부분은 $-3<k<0$

따라서 구하는 실수 k의 값의 범위는 두 이차방정식이 모두 허근을 갖는 경우를 제외하면 되므로

$k \le -3$ 또는 $k \ge 0$

目 $k \le -3$ 또는 $k \ge 0$

13-4

이차함수 $y=x^2+6x-3$의 그래프는 직선 $y=kx-4$와 서로 다른 두 점에서 만나므로 이차방정식
$x^2+6x-3=kx-4$, 즉 $x^2+(6-k)x+1=0$은 서로 다른 두 실근을 갖는다.
이차방정식 $x^2+(6-k)x+1=0$의 판별식을 D_1이라 하면
$D_1=(6-k)^2-4>0$, $k^2-12k+32>0$
$(k-4)(k-8)>0$ $\therefore k<4$ 또는 $k>8$ ······ ㉠
또한 이차함수 $y=x^2+6x-3$의 그래프는 직선
$y=(k+4)x-7$과 만나지 않으므로 이차방정식
$x^2+6x-3=(k+4)x-7$, 즉 $x^2+(2-k)x+4=0$은 허근을 갖는다.
이차방정식 $x^2+(2-k)x+4=0$의 판별식을 D_2라 하면
$D_2=(2-k)^2-4\times4<0$, $k^2-4k-12<0$
$(k+2)(k-6)<0$ $\therefore -2<k<6$ ······ ㉡
㉠, ㉡의 공통부분은 $-2<k<4$

답 $-2<k<4$

14-1

이차방정식 $x^2+2kx+3k+10=0$의 두 근을 α, β, 판별식을 D라 하면
(i) $\dfrac{D}{4}=k^2-(3k+10)\geq0$
  $k^2-3k-10\geq0$, $(k+2)(k-5)\geq0$
  $\therefore k\leq-2$ 또는 $k\geq5$ ······ ㉠
(ii) $\alpha+\beta=-2k>0$
  $\therefore k<0$ ······ ㉡
(iii) $\alpha\beta=3k+10>0$
  $\therefore k>-\dfrac{10}{3}$ ······ ㉢
㉠, ㉡, ㉢의 공통부분은
$-\dfrac{10}{3}<k\leq-2$

답 $-\dfrac{10}{3}<k\leq-2$

14-2

이차방정식 $x^2+(a^2-5a+4)x+a^2-8a+15=0$의 두 근을 α, β라 하면 두 근의 부호가 서로 다르므로
$\alpha\beta=a^2-8a+15<0$
$(a-3)(a-5)<0$ $\therefore 3<a<5$ ······ ㉠
이때 두 근의 절댓값이 같으므로
$\alpha+\beta=-(a^2-5a+4)=0$

$a^2-5a+4=0$, $(a-1)(a-4)=0$
$\therefore a=1$ 또는 $a=4$ ······ ㉡
㉠, ㉡을 동시에 만족시키는 a의 값은 4이다.

> **참고**
>
> 이차방정식 $ax^2+bx+c=0$의 두 근을 α, β라 하고 두 근의 부호가 서로 다를 때,
> ① 양수인 근이 음수인 근의 절댓값보다 크면
>   → $\alpha+\beta>0$, $\alpha\beta<0$
> ② 양수인 근이 음수인 근의 절댓값보다 작으면
>   → $\alpha+\beta<0$, $\alpha\beta<0$
> ③ 두 근의 절댓값이 같으면
>   → $\alpha+\beta=0$, $\alpha\beta<0$

답 4

14-3

이차방정식 $x^2+(k^2-2k-8)x+5k-2=0$의 두 근을 α, β라 하면 두 근의 부호가 서로 다르므로
$\alpha\beta=5k-2<0$, $5k<2$ $\therefore k<\dfrac{2}{5}$ ······ ㉠
음수인 근의 절댓값이 양수인 근보다 작으므로
$\alpha+\beta=-(k^2-2k-8)>0$, $k^2-2k-8<0$
$(k+2)(k-4)<0$ $\therefore -2<k<4$ ······ ㉡
㉠, ㉡의 공통부분을 구하면 $-2<k<\dfrac{2}{5}$
따라서 정수 k는 -1, 0의 2개이다.

> **참고**
>
> 음수인 근의 절댓값이 양수인 근보다 작으므로
> (두 근의 합)>0이다.

답 2

14-4

$x^4-(k+2)x^2+k+10=0$에서 $x^2=X$로 놓으면 주어진 방정식은
$X^2-(k+2)X+k+10=0$ ······ ㉠
이때 주어진 사차방정식이 서로 다른 네 실근을 가지려면 X의 값은 양수이어야 한다. 즉, ㉠은 서로 다른 두 양의 실근을 가져야 한다.
이차방정식 ㉠의 두 근을 α, β, 판별식을 D라 하면
(i) $D=\{-(k+2)\}^2-4(k+10)>0$
  $k^2-36>0$ $\therefore k<-6$ 또는 $k>6$ ······ ㉡
(ii) $\alpha+\beta=-\{-(k+2)\}>0$

$k+2>0$ $\quad\therefore k>-2$ $\qquad\qquad$ ...... ㉢
(iii) $\alpha\beta=k+10>0$ $\quad\therefore k>-10$ $\qquad$ ...... ㉣
㉡, ㉢, ㉣의 공통부분은
$k>6$

답 $k>6$

15-1

$f(x)=x^2-2kx-k+2$라 하면 이차
방정식 $f(x)=0$의 두 근이 모두 1보다
작으므로 이차함수 $y=f(x)$의 그래프
는 오른쪽 그림과 같아야 한다.

(i) 이차방정식 $f(x)=0$의 판별식을 D라 하면
$$\frac{D}{4}=(-k)^2-(-k+2)\geq0$$에서
$k^2+k-2\geq0,\ (k+2)(k-1)\geq0$
$\quad\therefore k\leq-2$ 또는 $k\geq1$ $\qquad$ ...... ㉠
(ii) $f(1)=1-2k-k+2>0$에서
$-3k+3>0$ $\quad\therefore k<1$ $\qquad$ ...... ㉡
(iii) 이차함수 $y=f(x)$의 그래프의 축의 방정식이 $x=k$이므
로 $k<1$ $\qquad\qquad\qquad$ ...... ㉢
㉠, ㉡, ㉢의 공통부분을 구하면 $k\leq-2$

답 $k\leq-2$

15-2

$f(x)=x^2-kx+3k$라 하면 이차방
정식 $f(x)=0$의 두 근이 모두 -2와
2 사이에 있으므로 $y=f(x)$의 그래
프는 오른쪽 그림과 같다.

(i) 이차방정식 $f(x)=0$의 판별식을 D라 하면
$D=(-k)^2-12k\geq0,\ k^2-12k\geq0$
$k(k-12)\geq0$ $\quad\therefore k\leq0$ 또는 $k\geq12$ ...... ㉠
(ii) $f(-2)=4+2k+3k>0$에서
$5k>-4$ $\quad\therefore k>-\dfrac{4}{5}$ $\qquad\qquad$ ...... ㉡
(iii) $f(2)=4-2k+3k>0$에서
$k>-4$ $\qquad\qquad\qquad\qquad$ ...... ㉢
(iv) $y=f(x)$의 그래프의 축의 방정식이 $x=\dfrac{k}{2}$이므로
$-2<\dfrac{k}{2}<2$ $\quad\therefore -4<k<4$ $\qquad$ ...... ㉣
㉠, ㉡, ㉢, ㉣의 공통부분을 구하면 $-\dfrac{4}{5}<k\leq0$

답 $-\dfrac{4}{5}<k\leq0$

15-3

$f(x)=2x^2-(k+1)x+k^2-10$이
라 하면 이차방정식 $f(x)=0$의 한
근은 -2와 0 사이에 있고 다른 한 근
은 0보다 크므로 $y=f(x)$의 그래프
는 오른쪽 그림과 같다.

(i) $f(-2)=8+2(k+1)+k^2-10>0$에서
$k^2+2k>0,\ k(k+2)>0$
$\quad\therefore k<-2$ 또는 $k>0$ $\qquad$ ...... ㉠
(ii) $f(0)=k^2-10<0$에서
$k^2<10$ $\quad\therefore -\sqrt{10}<k<\sqrt{10}$ ...... ㉡
㉠, ㉡의 공통부분을 구하면
$-\sqrt{10}<k<-2$ 또는 $0<k<\sqrt{10}$
따라서 정수 k의 최댓값은 3이다.

답 3

15-4

$x^2-2x-3=0$에서 $(x+1)(x-3)=0$
$\quad\therefore x=-1$ 또는 $x=3$
$f(x)=x^2-3x+a^2-8$이라 하면 이
차방정식 $f(x)=0$의 한 근만이 -1
과 3 사이에 있으므로 함수 $y=f(x)$
의 그래프는 오른쪽 그림과 같아야 한
다.
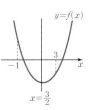
(i) $f(-1)=a^2-4>0$에서
$(a+2)(a-2)>0$
$\quad\therefore a<-2$ 또는 $a>2$ $\qquad$ ...... ㉠
(ii) $f(3)=a^2-8\leq0$에서
$(a+2\sqrt{2})(a-2\sqrt{2})\leq0$
$\quad\therefore -2\sqrt{2}\leq a\leq2\sqrt{2}$ $\qquad$ ...... ㉡
㉠, ㉡의 공통부분을 구하면
$-2\sqrt{2}\leq a<-2$ 또는 $2<a\leq2\sqrt{2}$

> **참고**
>
> 이차함수 $y=f(x)$의 그래프의 축의 방정식이 $x=\dfrac{3}{2}$이고
>
> 3이 -1보다 $\dfrac{3}{2}$에 더 가까운 수이므로
>
> $f(-1)>0,\ f(3)\leq0$이다.

답 $-2\sqrt{2}\leq a<-2$ 또는 $2<a\leq2\sqrt{2}$

중단원 연습문제

01

이차부등식 $ax^2 + (b-m)x + (c-n) > 0$에서

$ax^2 + bx + c > mx + n$

이 부등식을 만족시키는 x의 값의 범위는 이차함수

$y = ax^2 + bx + c$의 그래프가 직선 $y = mx + n$보다 위쪽에

있는 x의 값의 범위와 같으므로

$-3 < x < 1$

답 $-3 < x < 1$

02

$-x^2 + 5x - 3 \geq x^2 - 2x$에서

$2x^2 - 7x + 3 \leq 0$, $(2x-1)(x-3) \leq 0$

$\therefore \dfrac{1}{2} \leq x \leq 3$

따라서 주어진 부등식을 만족시키는 정수 x는 1, 2, 3의 3개

이다.

답 3

03

새로 만든 직사각형의 가로의 길이는 $(30-x)$cm, 세로의

길이는 $(24+x)$cm이므로 넓이가 560 cm² 이상이 되려면

$(30-x)(24+x) \geq 560$, $-x^2 + 6x + 720 \geq 560$

$x^2 - 6x - 160 \leq 0$, $(x+10)(x-16) \leq 0$

$\therefore -10 \leq x \leq 16$

그런데 $0 \leq x < 30$이어야 하므로

$0 \leq x \leq 16$

따라서 x의 최댓값은 16이다.

답 16

04

(i) $x < 0$일 때 $x^2 - x - 6 < 0$이므로

　　$(x+2)(x-3) < 0$　　$\therefore -2 < x < 3$

그런데 $x < 0$이므로 $-2 < x < 0$

(ii) $x \geq 0$일 때 $x^2 + x - 6 < 0$이므로

　　$(x+3)(x-2) < 0$　　$\therefore -3 < x < 2$

　　그런데 $x \geq 0$이므로 $0 \leq x < 2$

(i), (ii)에서 주어진 부등식의 해는 $-2 < x < 2$이므로

$\alpha = -2$, $\beta = 2$

$\therefore \beta - \alpha = 2 - (-2) = 4$

답 4

05

해가 $2 \leq x \leq 4$이고 x^2의 계수가 1인 이차부등식은

$(x-2)(x-4) \leq 0$　　$\therefore x^2 - 6x + 8 \leq 0$　……㉠

주어진 부등식이 부등식 ㉠의 부등호의 방향과 같으므로

$a > 0$

㉠의 양변에 a를 곱하면 $ax^2 - 6ax + 8a \leq 0$

이 부등식이 $ax^2 + bx + c \leq 0$과 일치하므로

$b = -6a$, $c = 8a$　　……㉡

㉡을 $ax^2 + cx - 2b > 0$에 대입하면 $ax^2 + 8ax + 12a > 0$

양변을 a로 나누면 $x^2 + 8x + 12 > 0 (\because a > 0)$

$(x+6)(x+2) > 0$　　$\therefore x < -6$ 또는 $x > -2$

답 $x < -6$ 또는 $x > -2$

06

x^2의 계수가 양수이므로 주어진 부등식이 모든 실수 x에 대

하여 성립하려면 이차방정식 $x^2 - 2kx + 2k + 15 \geq 0$의 판별

식을 D라 할 때,

$\dfrac{D}{4} = (-k)^2 - (2k+15) \leq 0$, $k^2 - 2k - 15 \leq 0$

$(k+3)(k-5) \leq 0$　　$\therefore -3 \leq k \leq 5$

따라서 구하는 정수 k는 $-3, -2, -1, \cdots, 4, 5$의 9개이다.

답 9

07

이차부등식 $2x^2 - (6-k)x + k \leq 0$의 해가 단 한 개 존재하

므로 이차방정식 $2x^2 - (6-k)x + k = 0$의 판별식을 D라

할 때,

$D = \{-(6-k)\}^2 - 8k = 0$

$k^2 - 20k + 36 = 0$, $(k-2)(k-18) = 0$

$\therefore k = 2$ 또는 $k = 18$

답 2, 18

08

이차함수 $y = x^2 + ax + b$의 그래프가 직선 $y = -x - 4$의 그

래프보다 아래쪽에 있는 x의 값의 범위가 $-1 < x < 3$이므로

$x^2+ax+b<-x-4$에서

$x^2+(a+1)x+b+4<0$ ⋯⋯ ㉠

해가 $-1<x<3$이고 이차항의 계수가 1인 이차방정식은

$(x+1)(x-3)<0$ ∴ $x^2-2x-3<0$

이 부등식이 ㉠과 일치해야 하므로

$-2=a+1$, $-3=b+4$

따라서 $a=-3$, $b=-7$이므로

$ab=(-3)\times(-7)=21$

답 21

09

$\begin{cases} 2x^2-3x-2>0 & ⋯⋯ ㉠ \\ x^2-x-30\leq0 & ⋯⋯ ㉡ \end{cases}$

㉠에서 $(2x+1)(x-2)>0$

∴ $x<-\dfrac{1}{2}$ 또는 $x>2$

㉡에서 $(x+5)(x-6)\leq0$

∴ $-5\leq x\leq6$

㉠, ㉡의 해의 공통부분은 $-5\leq x<-\dfrac{1}{2}$ 또는 $2<x\leq6$이

므로 정수 x는 -5, -4, -3, -2, -1, 3, 4, 5, 6의 9개

이다.

답 9

10

$\begin{cases} 3x^2-19x+20\leq0 & ⋯⋯ ㉠ \\ x^2-(k+1)x+k<0 & ⋯⋯ ㉡ \end{cases}$

㉠에서 $(3x-4)(x-5)\leq0$

∴ $\dfrac{4}{3}\leq x\leq5$

㉡에서 $(x-1)(x-k)<0$

(i) $k<1$일 때, $k<x<1$

(ii) $k=1$일 때, $(x-1)^2<0$이므로 해는 없다.

(iii) $k>1$일 때, $1<x<k$

㉠, ㉡의 해의 공통부분에 속하

는 정수 x가 2개가 되도록 수직

선 위에 나타내면 오른쪽 그림과

같아야 한다.

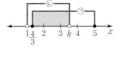

따라서 부등식 ㉡의 해는 $1<x<k$이고 실수 k의 값의 범위는

$3<k\leq4$

답 $3<k\leq4$

11

삼각형의 세 변의 길이는 모두 양수이므로

$x>0$, $x+2>0$, $x+4>0$

∴ $x>0$ ⋯⋯ ㉠

삼각형의 가장 긴 변의 길이는 나머지 두 변의 길이의 합보다

작으므로

$x+(x+2)>x+4$, $2x+2>x+4$

∴ $x>2$ ⋯⋯ ㉡

세 수 x, $x+2$, $x+4$가 둔각삼각형의 세 변의 길이이려면

$x^2+(x+2)^2<(x+4)^2$

$x^2+(x^2+4x+4)<x^2+8x+16$

$x^2-4x-12<0$, $(x+2)(x-6)<0$

∴ $-2<x<6$ ⋯⋯ ㉢

㉠, ㉡, ㉢을 수직선 위에 나타내면

오른쪽 그림과 같으므로 구하는 실

수 x의 값의 범위는

$2<x<6$

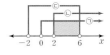

따라서 구하는 자연수는 3, 4, 5의 3개이다.

답 3

12

이차방정식 $x^2-2kx+2(k^2-k)=0$이 서로 다른 두 실근

을 가지므로 판별식을 D_1이라 하면

$\dfrac{D_1}{4}=(-k)^2-2(k^2-k)>0$

$k^2-2k<0$, $k(k-2)<0$

∴ $0<k<2$ ⋯⋯ ㉠

이차방정식 $x^2+4kx-k+5=0$이 서로 다른 두 실근을 가

지므로 판별식을 D_2라 하면

$\dfrac{D_2}{4}=(2k)^2-(-k+5)>0$

$4k^2+k-5>0$, $(4k+5)(k-1)>0$

∴ $k<-\dfrac{5}{4}$ 또는 $k>1$ ⋯⋯ ㉡

㉠, ㉡의 공통부분은 $1<k<2$

답 $1<k<2$

13

$x^2-4x+12=(x-2)^2+8\geq0$이므로

$|x^2-4x+12|=x^2-4x+12$

즉, $x^2-4x+12\geq2x^2+|x-2|$에서

(i) $x<2$일 때, $x-2<0$이므로

$x^2-4x+12\geq2x^2-(x-2)$

$x^2+3x-10\leq0$, $(x+5)(x-2)\leq0$

∴ $-5\leq x\leq2$

그런데 $x<2$이므로 $-5\leq x<2$

(ii) $x\geq2$일 때, $x-2\geq0$이므로

$x^2-4x+12\geq2x^2+(x-2)$

$x^2+5x-14 \le 0$, $(x+7)(x-2) \le 0$

$\therefore -7 \le x \le 2$

그런데 $x \ge 2$이므로 $x=2$

(i), (ii)에서 주어진 부등식의 해는

$-5 \le x \le 2$

답 $-5 \le x \le 2$

14

모든 실수 x에 대하여 $\sqrt{x^2+2kx+k+12}$가 실수가 되려면 모든 실수 x에 대하여 부등식 $x^2+2kx+k+12 \ge 0$이 성립해야 한다.

이차함수 $y=x^2+2kx+k+12$의 그래프는 아래로 볼록하므로 모든 실수 x에 대하여 $y \ge 0$이 되려면 이차함수의 그래프가 x축과 접하거나 만나지 않아야 한다.

즉, 이차방정식 $x^2+2kx+k+12=0$의 판별식을 D라 할 때,

$\dfrac{D}{4}=k^2-(k+12) \le 0$

$k^2-k-12 \le 0$, $(k+3)(k-4) \le 0$

$\therefore -3 \le k \le 4$

답 $-3 \le k \le 4$

15

$x^2-(a+4)x+4a \le 0$에서 $(x-a)(x-4) \le 0$

(i) $a<4$일 때, 주어진 부등식의 해는 $a \le x \le 4$

이때 자연수 x가 될 수 있는 수는 1, 2, 3, 4의 4개이므로 조건을 만족시키지 않는다.

(ii) $a=4$일 때, $(x-4)^2 \le 0$이므로 $x=4$

따라서 조건을 만족시키지 않는다.

(iii) $a>4$일 때, 주어진 부등식의 해는 $4 \le x \le a$

이때 자연수 x의 개수가 5이려면 $8 \le a < 9$이어야 한다.

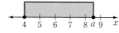

(i)~(iii)에서 실수 a의 값의 범위는

$8 \le a < 9$

답 $8 \le a < 9$

16

$\begin{cases} x^2-10x+21 \le 0 & \cdots\cdots \text{㉠} \\ x^2-2(n-1)x+n^2-2n \ge 0 & \cdots\cdots \text{㉡} \end{cases}$

㉠에서 $(x-3)(x-7) \le 0$

$\therefore 3 \le x \le 7$

㉡에서 $x^2-2(n-1)x+n(n-2) \ge 0$

$\{x-(n-2)\}(x-n) \ge 0$ $\therefore x \le n-2$ 또는 $x \ge n$

㉠, ㉡의 해의 공통부분에 속하는 정수 x의 개수가 4가 되도록 하는 자연수 n은 4, 5, 6, 7, 8이므로 그 합은

$4+5+6+7+8=30$

답 30

17

이차방정식 $x^2-2kx-k-3=0$의 두 근을 α, β, 판별식을 D라 하면

(i) $\dfrac{D}{4}=(-k)^2-(-k-3)=k^2+k+3$

$=\left(k+\dfrac{1}{2}\right)^2+\dfrac{11}{4}>0$

즉, k의 값에 관계없이 항상 서로 다른 두 실근을 갖는다.

(ii) ① 두 근이 모두 양수이면

$\alpha+\beta=-(-2k)>0$ $\therefore k>0$ $\cdots\cdots$ ㉠

$\alpha\beta=-k-3>0$ $\therefore k<-3$ $\cdots\cdots$ ㉡

㉠, ㉡의 공통부분은 없다.

② 한 근이 양수, 다른 한 근이 0이면

$\alpha+\beta=-(-2k)>0$ $\therefore k>0$ $\cdots\cdots$ ㉢

$\alpha\beta=-k-3=0$ $\therefore k=-3$ $\cdots\cdots$ ㉣

㉢, ㉣의 공통부분은 없다.

③ 한 근이 양수, 다른 한 근이 음수이면

$\alpha\beta=-k-3<0$ $\therefore k>-3$

(i), (ii)에서 k의 값의 범위는

$k>-3$

[다른 풀이]

이차방정식 $x^2-2kx-k-3=0$의 두 근을 α, β, 판별식을 D라 하면

(i) $\dfrac{D}{4}=(-k)^2-(-k-3)=k^2+k+3$

$=\left(k+\dfrac{1}{2}\right)^2+\dfrac{11}{4}>0$

즉, k의 값에 관계없이 항상 서로 다른 두 실근을 갖는다.

(ii) 이차방정식의 두 근이 모두 음수 또는 0이면

$\alpha+\beta=2k \le 0$ $\therefore k \le 0$

$\alpha\beta=-k-3 \le 0$ $\therefore k \le -3$

(i), (ii)에서 $k \le -3$일 때 주어진 이차방정식의 두 근이 모두 음수 또는 0이므로 이차방정식의 두 근 중 적어도 하나는 양수가 되도록 하는 k의 값의 범위는 $k>-3$이다.

답 $k>-3$

18

$f(x)=2x^2+3x+k-1$이라 하면

이차방정식 $2x^2+3x+k-1=0$의 두 근이 -2와 1 사이에 있으므로

$-2<\alpha<0<\beta<1$이 되도록

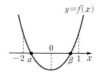

$y=f(x)$의 그래프의 개형을 그리면 오른쪽 그림과 같다.

$f(-2)>0$에서

$8-6+k-1>0$ $\quad\therefore k>-1$ $\quad\cdots\cdots\bigcirc$

$f(0)<0$에서

$k-1<0$ $\quad\therefore k<1$ $\quad\cdots\cdots\bigcirc$

$f(1)>0$에서

$2+3+k-1>0$ $\quad\therefore k>-4$ $\quad\cdots\cdots\bigcirc$

$\bigcirc$, $\bigcirc$, $\bigcirc$의 공통부분은 $-1<k<1$

답 $-1<k<1$

19

$\dfrac{1-x}{4}=t$라 하면 $x=1-4t$

부등식 $f\left(\dfrac{1-x}{4}\right)\leq 0$의 해가 $-7\leq x\leq 9$이므로

$-7\leq 1-4t\leq 9$, $-8\leq -4t\leq 8$ $\quad\therefore -2\leq t\leq 2$

$f(x)=k(x+2)(x-2)(k>0)$라 하면

조건 (내)에서 부등식 $f(x)\geq 2x-\dfrac{13}{3}$이 성립하므로

$k(x+2)(x-2)\geq 2x-\dfrac{13}{3}$, $k(x^2-4)\geq 2x-\dfrac{13}{3}$

$kx^2-2x-4k+\dfrac{13}{3}\geq 0$

위 부등식이 모든 실수 x에 대하여 성립해야 하므로 이차방

정식 $kx^2-2x-4k+\dfrac{13}{3}=0$의 판별식을 D라 할 때,

$\dfrac{D}{4}=(-1)^2-k\left(-4k+\dfrac{13}{3}\right)\leq 0$

$4k^2-\dfrac{13}{3}k+1\leq 0$, $12k^2-13k+3\leq 0$

$(3k-1)(4k-3)\leq 0$ $\quad\therefore \dfrac{1}{3}\leq k\leq \dfrac{3}{4}$

$f(x)=k(x+2)(x-2)$에서 $f(3)=5k$, 즉 $k=\dfrac{f(3)}{5}$이

므로

$\dfrac{1}{3}\leq \dfrac{f(3)}{5}\leq \dfrac{3}{4}$ $\quad\therefore \dfrac{5}{3}\leq f(3)\leq \dfrac{15}{4}$

따라서 $M=\dfrac{15}{4}$, $m=\dfrac{5}{3}$이므로

$M-m=\dfrac{15}{4}-\dfrac{5}{3}=\dfrac{25}{12}$

답 ⑤

20

삼각형 ABC가 직각이등변삼각형이므로 두 삼각형 APR와
PBQ도 모두 직각이등변삼각형이다.

이때 $\overline{QC}=x(0<x<6)$이므로 $\overline{BQ}=6-x$이고

$\overline{AR}=\overline{PR}=x$, $\overline{PQ}=\overline{BQ}=6-x$

따라서

(직사각형 PQCR의 넓이)$=x(6-x)$,

$\triangle PBQ=\dfrac{1}{2}(6-x)^2$, $\triangle APR=\dfrac{1}{2}x^2$

이고 직사각형 PQCR의 넓이는 두 삼각형 APR와 PBQ의

각각의 넓이보다 크므로

$$\begin{cases} x(6-x)>\dfrac{1}{2}x^2 \\ x(6-x)>\dfrac{1}{2}(6-x)^2 \end{cases}$$

$x(6-x)>\dfrac{1}{2}x^2$에서

$12x-2x^2>x^2$, $3x^2-12x<0$

$x^2-4x<0$, $x(x-4)<0$

$\therefore 0<x<4$ $\quad\cdots\cdots\bigcirc$

$x(6-x)>\dfrac{1}{2}(6-x)^2$에서

$12x-2x^2>36-12x+x^2$, $3x^2-24x+36<0$

$x^2-8x+12<0$, $(x-2)(x-6)<0$

$\therefore 2<x<6$ $\quad\cdots\cdots\bigcirc$

$\bigcirc$, $\bigcirc$의 공통부분을 구하면 $2<x<4$

답 $2<x<4$

Ⅲ. 경우의 수

⑩ 경우의 수

01 경우의 수

개념 CHECK

본문 373쪽

01 (1) 8 (2) 7   **02** 12

01

(1) 3의 배수가 적힌 카드를 뽑는 경우는 3, 6, 9, 12, 15, 18
의 6가지
7의 배수가 적힌 카드를 뽑는 경우는 7, 14의 2가지
따라서 구하는 경우의 수는
$6+2=8$

(2) 4의 배수가 적힌 카드를 뽑는 경우는 4, 8, 12, 16, 20의
5가지
6의 배수가 적힌 카드를 뽑는 경우는 6, 12, 18의 3가지
이때 4의 배수인 동시에 6의 배수인 경우는 12의 1가지가
중복되므로 구하는 경우의 수는
$5+3-1=7$

답 (1) 8 (2) 7

02

A주사위가 6의 약수의 눈이 나오는 경우는 1, 2, 3, 6의 4가지
B주사위가 짝수의 눈이 나오는 경우는 2, 4, 6의 3가지
따라서 구하는 경우의 수는
$4\times3=12$

답 12

01-1

(1) 두 눈의 수의 합이 5의 배수인 경우는 5 또는 10인 경우
이다.
두 주사위에서 나오는 눈의 수를 순서쌍으로 나타내면
(ⅰ) 두 눈의 수의 합이 5인 경우: (1, 4), (2, 3), (3, 2),
(4, 1)의 4가지
(ⅱ) 두 눈의 수의 합이 10인 경우: (4, 6), (5, 5), (6, 4)
의 3가지
(ⅰ), (ⅱ)는 동시에 일어날 수 없으므로 구하는 경우의 수는
$4+3=7$

(2) (ⅰ) 2의 배수는 2, 4, 6, …, 30의 15개
(ⅱ) 3의 배수는 3, 6, 9, …, 30의 10개
(ⅲ) 2의 배수이면서 3의 배수, 즉 6의 배수는 6, 12, 18,
24, 30의 5개
(ⅰ)~(ⅲ)에서 구하는 수의 개수는
$15+10-5=20$

답 (1) 7 (2) 20

01-2

두 주사위에서 나오는 눈의 수를 순서쌍으로 나타내면
(ⅰ) 두 눈의 수의 차가 2인 경우: (1, 3), (2, 4), (3, 1),
(3, 5), (4, 2), (4, 6), (5, 3), (6, 4)의 8가지
(ⅱ) 두 눈의 수의 차가 4인 경우: (1, 5), (2, 6), (5, 1),
(6, 2)의 4가지
(ⅰ), (ⅱ)는 동시에 일어날 수 없으므로 구하는 경우의 수는
$8+4=12$

답 12

01-3

서로 다른 두 상자를 A, B라 하고 각 상자에서 꺼낸 카드에

적힌 수를 각각 a, b라 할 때, 이를 순서쌍 (a, b)로 나타내면

(i) 두 수의 곱이 12인 경우: $(3, 4)$, $(4, 3)$의 2가지

(ii) 두 수의 곱이 15인 경우: $(3, 5)$, $(5, 3)$의 2가지

(iii) 두 수의 곱이 16인 경우: $(4, 4)$의 1가지

(iv) 두 수의 곱이 20인 경우: $(4, 5)$, $(5, 4)$의 2가지

(v) 두 수의 곱이 25인 경우: $(5, 5)$의 1가지

(i)~(v)는 동시에 일어날 수 없으므로 구하는 경우의 수는

$2+2+1+2+1=8$

답 8

01-4

(i) 4로 나누어떨어지는 수, 즉 4의 배수는

　　4, 8, 12, $\cdots$, 100의 25개

(ii) 7로 나누어떨어지는 수, 즉 7의 배수는

　　7, 14, 21, $\cdots$, 98의 14개

(iii) 4와 7로 나누어떨어지는 수, 즉 28의 배수는

　　28, 56, 84의 3개

(i)~(iii)에서 구하는 수의 개수는

$25+14-3=36$

답 36

02-1

(1) x, y, z는 음이 아닌 정수이므로

　　$x \geq 0$, $y \geq 0$, $z \geq 0$

　　$2x+y+4z=11$에서 $4z \leq 11$, 즉 $z \leq \dfrac{11}{4}$이므로

　　$z=0$ 또는 $z=1$ 또는 $z=2$

　　(i) $z=0$일 때, $2x+y=11$이므로 순서쌍 (x, y, z)는

　　　$(0, 11, 0)$, $(1, 9, 0)$, $(2, 7, 0)$, $(3, 5, 0)$, $(4, 3, 0)$,

　　　$(5, 1, 0)$의 6개

　　(ii) $z=1$일 때, $2x+y=7$이므로 순서쌍 (x, y, z)는

　　　$(0, 7, 1)$, $(1, 5, 1)$, $(2, 3, 1)$, $(3, 1, 1)$의 4개

　　(iii) $z=2$일 때, $2x+y=3$이므로 순서쌍 (x, y, z)는

　　　$(0, 3, 2)$, $(1, 1, 2)$의 2개

　　(i)~(iii)에서 구하는 순서쌍 (x, y, z)의 개수는

　　$6+4+2=12$

(2) x, y는 음이 아닌 정수이므로 $x \geq 0$, $y \geq 0$

　　$x+3y \leq 10$에서 $3y \leq 10$, 즉 $y \leq \dfrac{10}{3}$이므로

　　$y=0$ 또는 $y=1$ 또는 $y=2$ 또는 $y=3$

　　(i) $y=0$일 때, $x \leq 10$이므로 순서쌍 (x, y)는

　　　$(0, 0)$, $(1, 0)$, $(2, 0)$, $\cdots$, $(9, 0)$, $(10, 0)$의 11개

　　(ii) $y=1$일 때, $x \leq 7$이므로 순서쌍 (x, y)는

　　　$(0, 1)$, $(1, 1)$, $(2, 1)$, $\cdots$, $(6, 1)$, $(7, 1)$의 8개

　　(iii) $y=2$일 때, $x \leq 4$이므로 순서쌍 (x, y)는

$(0, 2)$, $(1, 2)$, $(2, 2)$, $(3, 2)$, $(4, 2)$의 5개

(iv) $y=3$일 때, $x \leq 1$이므로 순서쌍 (x, y)는

　　$(0, 3)$, $(1, 3)$의 2개

(i)~(iv)에서 구하는 순서쌍 (x, y)의 개수는

$11+8+5+2=26$

> **참고**
>
> 방정식 $ax+by+cz=d$를 만족시키는 순서쌍 (x, y, z)의 개수
>
> → 계수의 절댓값이 큰 항을 기준으로 수를 대입하여 구한다.

답 (1) 12　(2) 26

02-2

(1) x, y, z는 자연수이므로

　　$x \geq 1$, $y \geq 1$, $z \geq 1$

　　$x+3y+4z=12$에서 $4z<12$, 즉 $z<3$이므로

　　$z=1$ 또는 $z=2$

　　(i) $z=1$일 때, $x+3y=8$이므로 순서쌍 (x, y, z)는

　　　$(5, 1, 1)$, $(2, 2, 1)$의 2개

　　(ii) $z=2$일 때, $x+3y=4$이므로 순서쌍 (x, y, z)는

　　　$(1, 1, 2)$의 1개

　　(i), (ii)에서 구하는 순서쌍 (x, y, z)의 개수는

　　$2+1=3$

(2) x, y는 자연수이므로

　　$x \geq 1$, $y \geq 1$

　　$2x+5y \leq 13$에서 $5y<13$, 즉 $y<\dfrac{13}{5}$이므로

　　$y=1$ 또는 $y=2$

　　(i) $y=1$일 때, $2x \leq 8$에서 $x \leq 4$이므로 순서쌍 (x, y)는

　　　$(1, 1)$, $(2, 1)$, $(3, 1)$, $(4, 1)$의 4개

　　(ii) $y=2$일 때, $2x \leq 3$에서 $x \leq \dfrac{3}{2}$이므로 순서쌍 (x, y)는

　　　$(1, 2)$의 1개

　　(i), (ii)에서 구하는 순서쌍 (x, y)의 개수는

　　$4+1=5$

답 (1) 3　(2) 5

02-3

이차방정식 $x^2+ax+b=0$의 판별식을 D라 하면 이 이차방정식이 실근을 가져야 하므로

$D=a^2-4b \geq 0$, 즉 $a^2 \geq 4b$

(i) $a=1$일 때, $b \leq \dfrac{1}{4}$이므로 조건을 만족시키는 순서쌍

　(a, b)는 없다.

(ii) $a=2$일 때, $b \le 1$이므로 순서쌍 (a, b)는

  $(2, 1)$의 1개

(iii) $a=3$일 때, $b \le \dfrac{9}{4}$이므로 순서쌍 (a, b)는

  $(3, 1)$, $(3, 2)$의 2개

(iv) $a=4$일 때, $b \le 4$이므로 순서쌍 (a, b)는

  $(4, 1)$, $(4, 2)$, $(4, 3)$, $(4, 4)$의 4개

(v) $a=5$일 때, $b \le \dfrac{25}{4}$이므로 순서쌍 (a, b)는

  $(5, 1)$, $(5, 2)$, $(5, 3)$, $(5, 4)$, $(5, 5)$, $(5, 6)$의 6개

(vi) $a=6$일 때, $b \le 9$이므로 순서쌍 (a, b)는

  $(6, 1)$, $(6, 2)$, $(6, 3)$, $(6, 4)$, $(6, 5)$, $(6, 6)$의 6개

(i)~(vi)에서 구하는 순서쌍 (a, b)의 개수는

$1+2+4+6+6=19$

참고

> 이차방정식 $ax^2+bx+c=0$의 판별식을 D라 할 때, 이
> 이차방정식이 실근을 가질 조건
> ➡ $D=b^2-4ac \ge 0$

답 19

02-4

한 개에 100원, 500원, 700원인 지우개를 각각 x개, y개,
z개 산다고 하면

$100x+500y+700z=3000$

$\therefore x+5y+7z=30$

지우개를 종류별로 한 개 이상 포함해야 하므로

$x \ge 1$, $y \ge 1$, $z \ge 1$

이때 $7z < 30$에서 $z < \dfrac{30}{7}$이므로

$z=1$ 또는 $z=2$ 또는 $z=3$ 또는 $z=4$

(i) $z=1$일 때, $x+5y=23$이므로 순서쌍 (x, y, z)는

  $(18, 1, 1)$, $(13, 2, 1)$, $(8, 3, 1)$, $(3, 4, 1)$의 4개

(ii) $z=2$일 때, $x+5y=16$이므로 순서쌍 (x, y, z)는

  $(11, 1, 2)$, $(6, 2, 2)$, $(1, 3, 2)$의 3개

(iii) $z=3$일 때, $x+5y=9$이므로 순서쌍 (x, y, z)는

  $(4, 1, 3)$의 1개

(iv) $z=4$일 때, $x+5y=2$이므로 조건을 만족시키는 순서쌍

  (x, y, z)는 없다.

(i)~(iv)에서 구하는 순서쌍 (x, y, z)의 개수는

$4+3+1=8$

답 8

03-1

(1) 십의 자리의 숫자는 짝수이므로 십의 자리의 숫자가 될 수
   있는 것은 2, 4, 6, 8의 4개

일의 자리의 숫자는 소수이므로 일의 자리의 숫자가 될 수
있는 것은 2, 3, 5, 7의 4개

따라서 구하는 자연수의 개수는

$4 \times 4=16$

(2) $(a+b+c)(x-y-z)$를 전개하면 a, b, c에 x, $-y$,
   $-z$를 각각 곱하여 항이 만들어진다.

따라서 구하는 항의 개수는

$3 \times 3=9$

답 (1) 16 (2) 9

03-2

서로 다른 주사위 3개를 동시에 던졌을 때 나오는 세 눈의 수
의 곱이 홀수이려면 (홀수)×(홀수)×(홀수), 즉 세 눈의 수
가 모두 홀수이어야 한다.

주사위에서 홀수인 눈의 수는 1, 3, 5의 3개이므로 구하는 경
우의 수는

$3 \times 3 \times 3=27$

답 27

03-3

(i) 소설책과 만화책 중 1권씩 선택하는 경우: $6 \times 4=24$

(ii) 소설책과 시집 중 1권씩 선택하는 경우: $6 \times 3=18$

(iii) 만화책과 시집 중 1권씩 선택하는 경우: $4 \times 3=12$

(i)~(iii)에서 구하는 경우의 수는

$24+18+12=54$

답 54

03-4

(1) $(p+q)(a+b+c)(x+y)$를 전개하면 p, q에 a, b, c
   를 각각 곱하여 항이 만들어지고, 다시 x, y를 각각 곱하
   여 항이 만들어진다.

따라서 구하는 항의 개수는

$2 \times 3 \times 2=12$

(2) $(p+q)(a+b+c)(x+y)$

$=p(a+b+c)(x+y)+q(a+b+c)(x+y)$

에서 p를 포함하는 항의 개수는 $(a+b+c)(x+y)$의 전
개식의 항의 개수와 같으므로

$3 \times 2=6$

(3) $(p+q)(a+b+c)(x+y)$의 전개식에서 b를 포함하지
   않는 항의 개수는 $(p+q)(a+c)(x+y)$의 전개식의 항
   의 개수와 같으므로

$2 \times 2 \times 2=8$

답 (1) 12 (2) 6 (3) 8

04-1

(1) 120을 소인수분해하면 $120 = 2^3 \times 3 \times 5$

2^3의 양의 약수는 1, 2, 2^2, 2^3의 4개

3의 양의 약수는 1, 3의 2개

5의 양의 약수는 1, 5의 2개

이때 120의 양의 약수는 2^3의 양의 약수, 3의 양의 약수, 5의 양의 약수에서 각각 하나씩 택하여 곱한 것과 같으므로 120의 양의 약수의 개수는

$4 \times 2 \times 2 = 16$

(2) 120과 180의 양의 공약수의 개수는 120과 180의 최대공약수의 양의 약수의 개수와 같다.

120과 180의 최대공약수는 60이고 60을 소인수분해하면

$60 = 2^2 \times 3 \times 5$

2^2의 양의 약수는 1, 2, 2^2의 3개

3의 양의 약수는 1, 3의 2개

5의 양의 약수는 1, 5의 2개

따라서 120과 180의 양의 공약수의 개수는

$3 \times 2 \times 2 = 12$

(3) $120 = 2^3 \times 3 \times 5$의 양의 약수 중 5의 배수는 5를 소인수로 가지므로 120의 양의 약수 중 5의 배수의 개수는 $2^3 \times 3$의 양의 약수의 개수와 같다.

2^3의 양의 약수는 1, 2, 2^2, 2^3의 4개

3의 양의 약수는 1, 3의 2개

따라서 120의 양의 약수 중 5의 배수의 개수는

$4 \times 2 = 8$

답 (1) 16 (2) 12 (3) 8

04-2

300을 소인수분해하면 $300 = 2^2 \times 3 \times 5^2$

300의 양의 약수 중 홀수는 2를 인수로 갖지 않으므로 300의 양의 약수 중 홀수의 개수는 3×5^2의 약수의 개수와 같다.

3의 양의 약수는 1, 3의 2개

5^2의 양의 약수는 1, 5, 5^2의 3개

따라서 300의 양의 약수 중 홀수의 개수는

$2 \times 3 = 6$

답 6

04-3

자연수 $2^3 \times 3^a \times 7$의 양의 약수의 개수가 24이므로

$(3+1)(a+1)(1+1) = 24$

$a+1 = 3$ ∴ $a = 2$

참고

자연수 N이 $N = p^l q^m r^n$ (p, q, r는 서로 다른 소수, l, m, n은 자연수) 꼴로 인수분해될 때, 자연수 N의 양의 약수의 개수는

$(l+1)(m+1)(n+1)$

답 2

04-4

$20^n = (2^2 \times 5)^n = 2^{2n} \times 5^n$

20^n의 양의 약수의 개수가 28이므로

$(2n+1)(n+1) = 28$

$2n^2 + 3n - 27 = 0$, $(2n+9)(n-3) = 0$

∴ $n = 3$ (∵ n은 자연수)

답 3

05-1

(1) A지점에서 B지점으로 가는 방법은

A → P → B, A → Q → B의 2가지가 있다.

(i) A → P → B로 가는 방법의 수는 $2 \times 3 = 6$

(ii) A → Q → B로 가는 방법의 수는 $2 \times 4 = 8$

(i), (ii)는 동시에 일어날 수 없으므로 구하는 방법의 수는

$6 + 8 = 14$

(2) A지점과 B지점 사이를 왕복하는 방법은

A → P → B → Q → A, A → Q → B → P → A의 2가지가 있다.

(i) A → P → B → Q → A로 가는 방법의 수는

$2 \times 3 \times 4 \times 2 = 48$

(ii) A → Q → B → P → A로 가는 방법의 수는

$2 \times 4 \times 3 \times 2 = 48$

(i), (ii)는 동시에 일어날 수 없으므로 구하는 방법의 수는

$48 + 48 = 96$

답 (1) 14 (2) 96

05-2

집 → 학교 → 서점 → 집으로 가는 방법의 수는

$3 \times 2 \times 3 = 18$

답 18

05-3

A지점에서 출발하여 D지점으로 가는 방법은 A → B → D, A → C → D, A → B → C → D, A → C → B → D의 4가지가 있다.

(i) A → B → D로 가는 방법의 수는 $3 \times 2 = 6$

(ii) A → C → D로 가는 방법의 수는 $2 \times 1 = 2$
(iii) A → B → C → D로 가는 방법의 수는 $3 \times 2 \times 1 = 6$
(iv) A → C → B → D로 가는 방법의 수는 $2 \times 2 \times 2 = 8$
(i)~(iv)는 동시에 일어날 수 없으므로 구하는 방법의 수는
$6 + 2 + 6 + 8 = 22$

달 22

05-4

C지점과 D지점 사이에 x개의 도로를 추가하면 A지점에서 출발하여 B지점으로 가는 방법은 A → C → B, A → D → B, A → C → D → B, A → D → C → B의 4가지가 있다.
(i) A → C → B로 가는 방법의 수는 $2 \times 2 = 4$
(ii) A → D → B로 가는 방법의 수는 $3 \times 2 = 6$
(iii) A → C → D → B로 가는 방법의 수는 $2 \times x \times 2 = 4x$
(iv) A → D → C → B로 가는 방법의 수는 $3 \times x \times 2 = 6x$
(i)~(iv)는 동시에 일어날 수 없으므로
$4 + 6 + 4x + 6x = 40$
$10x = 30$　∴ $x = 3$
따라서 추가해야 하는 도로의 개수는 3이다.

달 3

06-1

A에 칠할 수 있는 색은 4가지
C에 칠할 수 있는 색은 A에 칠한 색을 제외한 3가지
B에 칠할 수 있는 색은 A와 C에 칠한 색을 제외한 2가지
D에 칠할 수 있는 색은 A와 C에 칠한 색을 제외한 2가지
따라서 구하는 방법의 수는
$4 \times 3 \times 2 \times 2 = 48$

달 48

06-2

B에 칠할 수 있는 색은 5가지
C에 칠할 수 있는 색은 B에 칠한 색을 제외한 4가지
A에 칠할 수 있는 색은 B와 C에 칠한 색을 제외한 3가지
D에 칠할 수 있는 색은 B와 C에 칠한 색을 제외한 3가지
따라서 구하는 방법의 수는
$5 \times 4 \times 3 \times 3 = 180$

달 180

06-3

B에 칠할 수 있는 색은 5가지
C에 칠할 수 있는 색은 B에 칠한 색을 제외한 4가지
D에 칠할 수 있는 색은 B와 C에 칠한 색을 제외한 3가지
A에 칠할 수 있는 색은 B와 C와 D에 칠한 색을 제외한 2가지

E에 칠할 수 있는 색은 B와 D에 칠한 색을 제외한 3가지
따라서 구하는 방법의 수는
$5 \times 4 \times 3 \times 2 \times 3 = 360$

달 360

06-4

(i) A와 C에 같은 색을 칠하는 경우
　A에 칠할 수 있는 색은 4가지
　B에 칠할 수 있는 색은 A에 칠한 색을 제외한 3가지
　C에 칠할 수 있는 색은 A에 칠한 색과 같은 색이므로 1가지
　D에 칠할 수 있는 색은 A(C)에 칠한 색을 제외한 3가지
　따라서 구하는 방법의 수는
　$4 \times 3 \times 1 \times 3 = 36$
(ii) A와 C에 다른 색을 칠하는 경우
　A에 칠할 수 있는 색은 4가지
　B에 칠할 수 있는 색은 A에 칠한 색을 제외한 3가지
　C에 칠할 수 있는 색은 A, B에 칠한 색을 제외한 2가지
　D에 칠할 수 있는 색은 A, C에 칠한 색을 제외한 2가지
　따라서 구하는 방법의 수는
　$4 \times 3 \times 2 \times 2 = 48$
(i), (ii)는 동시에 일어날 수 없으므로 구하는 방법의 수는
$36 + 48 = 84$

다른 풀이

(i) A, B, C, D 모두 다른 색을 칠하는 방법의 수는
　$4 \times 3 \times 2 \times 1 = 24$
(ii) A와 C에만 같은 색을 칠하는 방법의 수는
　$4 \times 3 \times 1 \times 2 = 24$
(iii) B와 D에만 같은 색을 칠하는 방법의 수는
　$4 \times 3 \times 2 \times 1 = 24$
(iv) A와 C, B와 D에 각각 같은 색을 칠하는 방법의 수는
　$4 \times 3 \times 1 \times 1 = 12$
(i)~(iv)는 동시에 일어날 수 없으므로 구하는 방법의 수는
$24 + 24 + 24 + 12 = 84$

달 84

07-1

⑴ 100원짜리 동전으로 지불할 수 있는 방법은 0, 1, 2, 3개의 4가지
　50원짜리 동전으로 지불할 수 있는 방법은 0, 1개의 2가지
　10원짜리 동전으로 지불할 수 있는 방법은 0, 1, 2개의 3가지
　이때 0원을 지불하는 것은 제외해야 하므로 지불할 수 있

는 방법의 수는

$4 \times 2 \times 3 - 1 = 23$

(2) 100원짜리 동전으로 지불할 수 있는 금액은 0원, 100원, 200원, 300원의 4가지

50원짜리 동전으로 지불할 수 있는 금액은 0원, 50원의 2가지

10원짜리 동전으로 지불할 수 있는 금액은 0원, 10원, 20원의 3가지

이때 0원을 지불하는 것은 제외해야 하므로 지불할 수 있는 금액의 수는

$4 \times 2 \times 3 - 1 = 23$

[다른 풀이]

(1) 공식을 이용하면

$(3+1) \times (1+1) \times (2+1) - 1 = 23$

답 (1) 23 (2) 23

07-2

(1) 500원짜리 동전으로 지불할 수 있는 방법은 0, 1개의 2가지

100원짜리 동전으로 지불할 수 있는 방법은 0, 1, 2, 3, 4, 5, 6개의 7가지

10원짜리 동전으로 지불할 수 있는 방법은 0, 1, 2, 3개의 4가지

이때 0원을 지불하는 것은 제외해야 하므로 지불할 수 있는 방법의 수는

$2 \times 7 \times 4 - 1 = 55$

(2) 500원짜리 동전 1개로 지불할 수 있는 금액과 100원짜리 동전 5개로 지불할 수 있는 금액이 같으므로 500원짜리 동전 1개를 100원짜리 동전 5개로 바꾸어 생각하면 지불할 수 있는 금액의 수는 100원짜리 동전 11개와 10원짜리 동전 3개로 지불할 수 있는 금액의 수와 같다.

100원짜리 동전으로 지불할 수 있는 금액은 0원, 100원, 200원, …, 1100원의 12가지

10원짜리 동전으로 지불할 수 있는 금액은 0원, 10원, 20원, 30원의 4가지

이때 0원을 지불하는 것은 제외해야 하므로 지불할 수 있는 금액의 수는

$12 \times 4 - 1 = 47$

[다른 풀이]

(1) 공식을 이용하면

$(1+1) \times (6+1) \times (3+1) - 1 = 55$

답 (1) 55 (2) 47

07-3

1000원짜리 지폐로 지불할 수 있는 방법은 0, 1, 2, 3, 4장의

5가지

5000원짜리 지폐로 지불할 수 있는 방법은 0, 1, 2개의 3가지

10000원짜리 지폐로 지불할 수 있는 방법은 0, 1개의 2가지

이때 0원을 지불하는 것은 제외해야 하므로 지불할 수 있는 방법의 수는

$a = 5 \times 3 \times 2 - 1 = 29$

10000원짜리 지폐 1장으로 지불할 수 있는 금액과 5000원짜리 지폐 2장으로 지불할 수 있는 금액이 같으므로 10000원짜리 지폐 1장을 5000원짜리 지폐 2장으로 바꾸면 지불할 수 있는 금액의 수는 5000원짜리 지폐 4장과 1000원짜리 지폐 4장으로 지불할 수 있는 금액의 수와 같다.

5000원짜리 지폐 4장으로 지불할 수 있는 금액은

0원, 5000원, 10000원, 15000원, 20000원의 5가지

1000원짜리 지폐 4장으로 지불할 수 있는 금액은

0원, 1000원, 2000원, 3000원, 4000원의 5가지

이때 0원을 지불하는 것은 제외해야 하므로 지불할 수 있는 금액의 수는

$b = 5 \times 5 - 1 = 24$

$\therefore a + b = 29 + 24 = 53$

답 53

07-4

10원짜리 동전으로 지불할 수 있는 방법은 0, 1, 2, 3개의 4가지

50원짜리 동전으로 지불할 수 있는 방법은 0, 1, …, x개의 $(x+1)$가지

100원짜리 동전으로 지불할 수 있는 방법은 0, 1, 2개의 3가지

이때 0원을 지불하는 것은 제외해야 하므로 지불할 수 있는 방법의 수는

$4 \times (x+1) \times 3 - 1 = 59$

$12(x+1) = 60$ $\therefore x = 4$

100원짜리 동전 1개로 지불할 수 있는 금액과 50원짜리 동전 2개로 지불할 수 있는 금액이 같으므로 100원짜리 동전 2개를 50원짜리 동전 4개로 바꾸어 생각하면 지불할 수 있는 금액의 수는 10원짜리 동전 3개와 50원짜리 동전 8개로 지불할 수 있는 금액의 수와 같다.

10원짜리 동전으로 지불할 수 있는 금액은 0원, 10원, 20원, 30원의 4가지

50원짜리 동전으로 지불할 수 있는 금액은 0원, 50원, 100원, …, 400원의 9가지

이때 0원을 지불하는 것은 제외해야 하므로 지불할 수 있는 금액의 수는

$4 \times 9 - 1 = 35$

답 35

08-1

자신이 가져온 책은 자신이 읽지 않도록 책을 바꾸어 읽으므로 A가 B의 책을 읽는 경우를 수형도로 나타내면 다음과 같다.

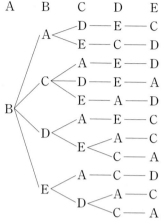

즉, A가 B의 책을 읽는 경우는 11가지이다.

같은 방법으로 A가 C, D, E의 책을 읽는 경우도 각각 11가지이므로 구하는 경우의 수는

$11 \times 4 = 44$

> **참고**
>
> 규칙성을 찾기 어려운 경우의 수를 구할 때는 수형도를 이용하면 중복되지 않고 빠짐없이 모든 경우를 나열할 수 있다.

답 44

08-2

1, 3, 4, 5의 번호가 각각 적힌 카드를 a_1, a_2, a_4, a_5라 쓰여진 케이스에 넣고 k번 카드는 a_k에 넣지 않는 경우를 수형도로 나타내면 다음과 같다.

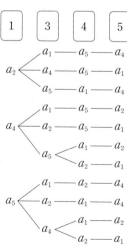

따라서 구하는 경우의 수는 11이다.

답 11

08-3

$a_4 = 4$, $a_i \neq i$ $(i = 1, 2, 3, 5)$를 만족시키는 경우를 수형도로 나타내면 다음과 같다.

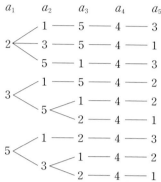

따라서 구하는 자연수의 개수는 9이다.

답 9

08-4

조건 (가), (나)를 만족시키면서 2로 시작하는 경우를 수형도로 나타내면 다음과 같다.

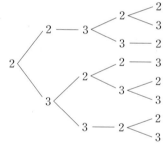

즉, 2로 시작하는 경우는 8가지이다.

같은 방법으로 3으로 시작하는 경우도 8가지이므로 구하는 경우의 수는

$8 \times 2 = 16$

답 16

중단원 연습문제

본문 390~394쪽

01 19	**02** 5	**03** 4	**04** 100
05 189	**06** 9	**07** 9	**08** 5
09 30	**10** 72	**11** 4	**12** 9
13 59	**14** 3	**15** 40	**16** 30
17 420	**18** 18	**19** 30	**20** 28

01

두 주사위에서 나오는 눈의 수를 순서쌍으로 나타내면
(i) 나오는 두 눈의 수의 합이 3의 배수일 때,
합이 3인 경우는 $(1, 2)$, $(2, 1)$의 2가지
합이 6인 경우는 $(1, 5)$, $(2, 4)$, $(3, 3)$, $(4, 2)$, $(5, 1)$
의 5가지
합이 9인 경우는 $(3, 6)$, $(4, 5)$, $(5, 4)$, $(6, 3)$의 4가지
합이 12인 경우는 $(6, 6)$의 1가지
따라서 합이 3의 배수인 경우의 수는
$2+5+4+1=12$
(ii) 나오는 두 눈의 수의 합이 5의 배수일 때,
합이 5인 경우는 $(1, 4)$, $(2, 3)$, $(3, 2)$, $(4, 1)$의 4가지
합이 10인 경우는 $(4, 6)$, $(5, 5)$, $(6, 4)$의 3가지
따라서 합이 5의 배수인 경우의 수는
$4+3=7$
(i), (ii)는 동시에 일어날 수 없으므로 구하는 경우의 수는
$12+7=19$

답 19

02

x, y는 자연수이므로 부등식 $6 \le 3x+y \le 8$에서
$3x+y=6$ 또는 $3x+y=7$ 또는 $3x+y=8$
(i) $3x+y=6$일 때, 순서쌍 (x, y)는
$(1, 3)$의 1개
(ii) $3x+y=7$일 때, 순서쌍 (x, y)는
$(1, 4)$, $(2, 1)$의 2개
(iii) $3x+y=8$일 때, 순서쌍 (x, y)는
$(1, 5)$, $(2, 2)$의 2개
(i)~(iii)에서 구하는 순서쌍의 개수는
$1+2+2=5$

답 5

03

2 g, 4 g, 6 g짜리 저울추를 각각 x개, y개, z개라 하면 세 종류의 저울추를 각각 한 개 이상 사용하여 20 g을 만들어야 하므로
$2x+4y+6z=20$
$\therefore x+2y+3z=10$ (단, $x \ge 1$, $y \ge 1$, $z \ge 1$)
이때 $3z < 10$에서 $z < \dfrac{10}{3}$이므로
$z=1$ 또는 $z=2$ 또는 $z=3$
(i) $z=1$일 때, $x+2y=7$이므로 순서쌍 (x, y, z)는
$(5, 1, 1)$, $(3, 2, 1)$, $(1, 3, 1)$의 3개
(ii) $z=2$일 때, $x+2y=4$이므로 순서쌍 (x, y, z)는
$(2, 1, 2)$의 1개

(iii) $z=3$일 때, $x+2y=1$이므로 조건을 만족시키는 순서쌍 (x, y, z)는 없다.
(i)~(iii)에서 구하는 순서쌍의 개수는
$3+1=4$
따라서 구하는 방법의 수는 4이다.

답 4

04

백의 자리의 숫자는 소수이므로 백의 자리의 숫자가 될 수 있는 것은 2, 3, 5, 7의 4개
십의 자리의 숫자는 홀수이므로 십의 자리의 숫자가 될 수 있는 것은 1, 3, 5, 7, 9의 5개
일의 자리의 숫자는 홀수이므로 일의 자리의 숫자가 될 수 있는 것은 1, 3, 5, 7, 9의 5개
따라서 구하는 자연수의 개수는
$4 \times 5 \times 5 = 100$

답 100

05

세 주사위 A, B, C를 동시에 던질 때, 나오는 눈의 수의 곱이 짝수인 경우의 수는 전체 경우의 수에서 눈의 수의 곱이 홀수인 경우의 수를 뺀 것과 같다.
전체 경우의 수는 $6 \times 6 \times 6 = 216$
눈의 수의 곱이 홀수인 경우의 수는 세 주사위의 눈이 모두 홀수인 경우의 수와 같으므로
$3 \times 3 \times 3 = 27$
따라서 구하는 경우의 수는
$216-27=189$

답 189

06

$(x+y)^2(a+b+c)=(x^2+2xy+y^2)(a+b+c)$
$(x^2+2xy+y^2)(a+b+c)$를 전개하면 x^2, $2xy$, y^2에 a, b, c를 각각 곱하여 항이 만들어진다.
따라서 구하는 항의 개수는
$3 \times 3 = 9$

> **참고**
>
> $(x+y)^2(a+b+c)=(x+y)(x+y)(a+b+c)$로 생각하여 항의 개수를 $2 \times 2 \times 3 = 12$로 구하지 않도록 주의한다.
> $(x+y)(x+y)$를 전개하면 동류항이 생기므로 $(x+y)^2$의 항의 개수는 $2 \times 2 = 4$가 아닌 3이다.

답 9

07

108을 소인수분해하면

$108=2^2\times3^3$

108의 양의 약수 중 3의 배수의 개수는 $2^2\times3^2$의 양의 약수의 개수와 같으므로

$(2+1)\times(2+1)=9$

답 9

08

$4^a\times5^3=2^{2a}\times5^3$의 약수의 개수가 44이므로

$(2a+1)\times(3+1)=44,\ 2a+1=11$

$2a=10$ ∴ $a=5$

답 5

09

A도시에서 출발하여 D도시로 가는 방법은 A → B → D, A → C → D, A → B → C → D, A → C → B → D의 4가지가 있다.

(i) A → B → D로 가는 방법의 수는 $4\times2=8$

(ii) A → C → D로 가는 방법의 수는 $2\times3=6$

(iii) A → B → C → D로 가는 방법의 수는 $4\times1\times3=12$

(iv) A → C → B → D로 가는 방법의 수는 $2\times1\times2=4$

(i)~(iv)는 동시에 일어날 수 없으므로 구하는 방법의 수는

$8+6+12+4=30$

답 30

10

B에 칠할 수 있는 색은 4가지

C에 칠할 수 있는 색은 B에 칠한 색을 제외한 3가지

D에 칠할 수 있는 색은 B와 C에 칠한 색을 제외한 2가지

A에 칠할 수 있는 색은 B에 칠한 색을 제외한 3가지

따라서 구하는 방법의 수는

$4\times3\times2\times3=72$

답 72

11

500원짜리 동전으로 지불할 수 있는 방법은 0, 1, 2개의 3가지

100원짜리 동전으로 지불할 수 있는 방법은 0, 1, 2, 3, 4, 5개의 6가지

50원짜리 동전으로 지불할 수 있는 방법은 0, 1개의 2가지

이때 0원을 지불하는 것은 제외해야 하므로 지불할 수 있는 방법의 수는

$a=3\times6\times2-1=35$

500원짜리 동전 1개로 지불할 수 있는 금액과 100원짜리 동전 5개로 지불할 수 있는 금액이 같으므로 500원짜리 동전 2개를 100원짜리 동전 10개로 바꾸어 생각하면 지불할 수 있는 금액의 수는 100원짜리 동전 15개와 50원짜리 동전 1개로 지불할 수 있는 금액의 수와 같다.

100원짜리 동전으로 지불할 수 있는 금액은 0원, 100원, 200원, …, 1500원의 16가지

50원짜리 동전으로 지불할 수 있는 금액은 0원, 50원의 2가지

이때 0원을 지불하는 것은 제외해야 하므로 지불할 수 있는 금액의 수는

$b=16\times2-1=31$

∴ $a-b=35-31=4$

답 4

12

$a_i\ne1$이므로 $a_1=2$, 3, 4인 경우에 대하여 $a_2\ne2$, $a_3\ne3$, $a_4\ne4$인 경우를 수형도로 나타내면 다음과 같다.

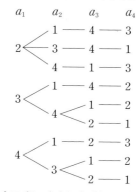

따라서 구하는 자연수의 개수는 9이다.

답 9

13

1부터 100까지의 자연수 중

(i) 3으로 나누어떨어지는 수, 즉 3의 배수는

   3, 6, 9, …, 99의 33개

(ii) 8로 나누어떨어지는 수, 즉 8의 배수는

   8, 16, 24, …, 96의 12개

(iii) 3과 8로 나누어떨어지는 수, 즉 24의 배수는

   24, 48, 72, 96의 4개

(i)~(iii)에서 3 또는 8로 나누어떨어지는 자연수의 개수는

$33+12-4=41$이므로 3과 8로 모두 나누어떨어지지 않는 자연수의 개수는

$100-41=59$

답 59

14

이차함수 $y=x^2+2abx+9$의 그래프가 x축과 만나지 않으려면 이차방정식 $x^2+2abx+9=0$이 허근을 가져야 하므로 이 이차방정식의 판별식을 D라 하면

$\dfrac{D}{4}=(ab)^2-9<0$, $(ab+3)(ab-3)<0$

$\therefore -3<ab<3$

이때 ab는 자연수이므로 $ab=1$ 또는 $ab=2$

(i) $ab=1$일 때, 순서쌍 (a, b)는 $(1, 1)$의 1개

(ii) $ab=2$일 때, 순서쌍 (a, b)는 $(1, 2)$, $(2, 1)$의 2개

(i), (ii)에서 구하는 순서쌍 (a, b)의 개수는

$1+2=3$

답 3

15

(i) 한 변의 길이가 1인 정사각형의 개수는 $4\times5=20$

(ii) 한 변의 길이가 2인 정사각형의 개수는 $3\times4=12$

(iii) 한 변의 길이가 3인 정사각형의 개수는 $2\times3=6$

(iv) 한 변의 길이가 4인 정사각형의 개수는 $1\times2=2$

(i)~(iv)에서 구하는 정사각형의 개수는

$20+12+6+2=40$

답 40

16

$N=100p=2^2\times5^2\times p$ (p는 소수)에서

(i) $p=2$ 또는 $p=5$일 때,

$N=2^3\times5^2$ 또는 $N=2^2\times5^3$이므로 양의 약수의 개수는

$(3+1)\times(2+1)=12$

(ii) $p\neq2$, $p\neq5$일 때,

$N=2^2\times5^2\times p$이므로 양의 약수의 개수는

$(2+1)\times(2+1)\times(1+1)=18$

(i), (ii)에서 구하는 모든 m의 값의 합은

$12+18=30$

답 30

17

A에 칠할 수 있는 색은 5가지

(i) B와 D에 같은 색을 칠하는 경우

B에 칠할 수 있는 색은 A에 칠한 색을 제외한 4가지

E에 칠할 수 있는 색은 A와 B에 칠한 색을 제외한 3가지

D에 칠할 수 있는 색은 B에 칠한 색과 같은 색이므로 1가지

C에 칠할 수 있는 색은 A와 B(D)에 칠한 색을 제외한 3가지

따라서 구하는 방법의 수는

$5\times4\times3\times1\times3=180$

(ii) B와 D에 다른 색을 칠하는 경우

B에 칠할 수 있는 색은 A에 칠한 색을 제외한 4가지

E에 칠할 수 있는 색은 A와 B에 칠한 색을 제외한 3가지

D에 칠할 수 있는 색은 A, B, E에 칠한 색을 제외한 2가지

C에 칠할 수 있는 색은 A, B, D에 칠한 색을 제외한 2가지

따라서 구하는 방법의 수는

$5\times4\times3\times2\times2=240$

(i), (ii)에서 구하는 방법의 수는

$180+240=420$

답 420

18

만의 자리 숫자와 일의 자리 숫자가 같은 다섯 자리 자연수는

1□□□1, 2□□□2, 3□□□3의 3가지이다.

1□□□1 꼴인 경우를 수형도로 나타내면 다음과 같다.

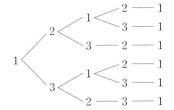

즉, 1□□□1 꼴인 자연수의 개수는 6이다.

따라서 2□□□2, 3□□□3 꼴인 자연수의 개수도 각각 6이므로 구하는 자연수의 개수는

$6\times3=18$

답 18

19

맨 위의 사다리꼴에 칠할 수 있는 색은 3가지

맨 아래의 사다리꼴에 칠할 수 있는 색은 맨 위의 사다리꼴에 칠할 수 있는 색을 제외한 2가지

따라서 맨 위와 맨 아래의 사다리꼴에 서로 다른 색을 칠하는 방법의 수는

$3\times2=6$

서로 다른 3가지 색을 A, B, C라 하자.

맨 위의 사다리꼴에 A를 칠하고 맨 아래의 사다리꼴에 B를 칠한 경우 중간의 3개의 사다리꼴에 색을 칠하는 경우를 수형도로 나타내면 다음과 같다.

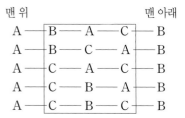

맨 위   맨 아래

즉, 맨 위의 사다리꼴에 A를 칠하고 맨 아래의 사다리꼴에 B를 칠하는 방법의 수는 5이다.
따라서 구하는 방법의 수는
$6 \times 5 = 30$

[다른 풀이]
서로 다른 3가지 색을 A, B, C라 하고 맨 위의 사다리꼴에 A를 칠하고 그 밑에 있는 사다리꼴에는 B를 칠하면서 맨 아래의 사다리꼴에 A를 칠하지 않는 경우를 수형도로 나타내면 다음과 같다.

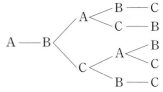

즉, 맨 위의 사다리꼴에 A를 칠하고 그 밑에 있는 사다리꼴에는 B를 칠하는 경우는 5가지이다.
같은 방법으로 맨 위의 사다리꼴에 A를 칠하고 그 밑에 있는 사다리꼴에 C를 칠하는 경우도 5가지이므로 맨 위의 사다리꼴에 A를 칠하는 방법의 수는
$5 + 5 = 10$
같은 방법으로 맨 위의 사다리꼴에 B, C를 칠하는 방법의 수도 각각 10이다.
따라서 구하는 방법의 수는
$10 \times 3 = 30$

답 30

20

주어진 팔면체의 꼭짓점 A에서 출발하여 꼭짓점 B로 움직인 후 꼭짓점 F에 도착하는 경우를 수형도로 나타내면 다음과 같다.

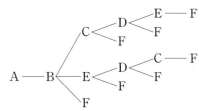

즉, 꼭짓점 A에서 출발하여 꼭짓점 B로 움직인 후 꼭짓점 F로 도착하는 경우는 7가지이다.

같은 방법으로 꼭짓점 A에서 출발하여 꼭짓점 C 또는 D 또는 E로 움직인 후 꼭짓점 F에 도착하는 경우도 각각 7가지씩이다.
따라서 구하는 방법의 수는
$7 \times 4 = 28$

답 28

⑪ 순열과 조합

01 순열

개념 CHECK

본문 403쪽

01 (1) 60 (2) 7 (3) 1 (4) 720 **02** (1) 8 (2) 3

03 (1) 24 (2) 360 **04** (1) 12 (2) 12

01

(1) $_5P_3=5\times4\times3=60$

(2) $_7P_1=7$

(3) $_8P_0=1$

(4) $6!=6\times5\times4\times3\times2\times1=720$

달 (1) 60 (2) 7 (3) 1 (4) 720

02

(1) $_nP_2=56$에서

$n(n-1)=56,\ n^2-n-56=0$

$(n+7)(n-8)=0$

$n\geq2$이므로 $n=8$

(2) $_6P_r$는 6부터 1씩 줄여가며 r개를 곱한 것이고

$120=6\times5\times4$이므로 $r=3$

[다른 풀이]

(1) $_nP_2=n(n-1)=56=8\times7$

$\therefore n=8$

달 (1) 8 (2) 3

03

(1) $4!=4\times3\times2\times1=24$

(2) $_6P_4=6\times5\times4\times3=360$

달 (1) 24 (2) 360

04

(1) A, B를 한 사람으로 생각하여 3명을 일렬로 세우는 경우의 수는 $3!$

그 각각에 대하여 A와 B가 서로 자리를 바꾸는 경우의 수는 $2!$

따라서 구하는 경우의 수는

$3!\times2!=6\times2=12$

(2) 이웃해도 되는 C, D를 일렬로 세우는 경우의 수는 $2!$

C와 D 사이와 양 끝의 3개의 자리 중 2개의 자리에 A, B를 세우는 경우의 수는 $_3P_2$

따라서 구하는 경우의 수는

$2!\times_3P_2=2\times6=12$

달 (1) 12 (2) 12

유제

본문 404~415쪽

01-1 (1) 9 (2) 4 (3) 8 (4) 5 **01-2** 4 **01-3** 6

01-4 풀이 참조 **02-1** (1) 120 (2) 60 (3) 20

02-2 (1) 720 (2) 360 **02-3** 10 **02-4** 3

03-1 (1) 240 (2) 480 (3) 96

03-2 72 **03-3** 144 **03-4** 4

04-1 (1) 120 (2) 720 (3) 3600

04-2 (1) 288 (2) 192 **04-3** 144

04-4 3600 **05-1** (1) 100 (2) 48

05-2 240 **05-3** 55 **05-4** 728

06-1 (1) 58번째 (2) $dabec$ **06-2** 32104

06-3 384번째 **06-4** 264

01-1

(1) $_nP_2=72$에서

$n(n-1)=72,\ n^2-n-72=0$

$(n+8)(n-9)=0$

$n\geq2$이므로 $n=9$

(2) $_6P_r\times3!=2160$에서 $_6P_r\times6=2160$

$\therefore _6P_r=360$

즉, $_6P_r$는 6부터 1씩 줄여가며 r개를 곱한 것이고

$360=6\times5\times4\times3$이므로 $r=4$

(3) $_nP_4=30\times_nP_2$에서

$n(n-1)(n-2)(n-3)=30n(n-1)$

$n\geq4$이므로 양변을 $n(n-1)$로 나누면

$(n-2)(n-3)=30$

$n^2-5n-24=0,\ (n+3)(n-8)=0$

$\therefore n=8$

(4) $_nP_3+3\times_nP_2=120$에서

$n(n-1)(n-2)+3n(n-1)=120$

$n^3-3n^2+2n+3n^2-3n-120=0$

$n^3-n-120=0,\ (n-5)(n^2+5n+24)=0$

$n\geq3$이므로 $n=5$

다른 풀이

(1) $_nP_2 = n(n-1) = 72 = 9 \times 8$

$\therefore n = 9$

(4) $_nP_3 + 3 \times _nP_2 = 120$에서

$n(n-1)(n-2) + 3n(n-1) = 120$

$(n+1)n(n-1) = 120 = 6 \times 5 \times 4$

$\therefore n = 5$

답 (1) 9 (2) 4 (3) 8 (4) 5

01-2

$_nP_3 : _{n+1}P_2 = 6 : 5$에서 $5 \times _nP_3 = 6 \times _{n+1}P_2$

$5n(n-1)(n-2) = 6(n+1)n$

이때 $n \geq 3$, $n+1 \geq 2$에서 $n \geq 3$이므로 양변을 n으로 나누면

$5(n-1)(n-2) = 6(n+1)$, $5n^2 - 21n + 4 = 0$

$(5n-1)(n-4) = 0$ $\therefore n = 4$

답 4

01-3

$_nP_4 - 4(_nP_3 - _nP_2) = 0$에서

$n(n-1)(n-2)(n-3)$
$\qquad -4\{n(n-1)(n-2) - n(n-1)\} = 0$

$n \geq 4$이므로 양변을 $n(n-1)$로 나누면

$(n-2)(n-3) - 4\{(n-2) - 1\} = 0$

$n^2 - 5n + 6 - 4(n-3) = 0$, $n^2 - 9n + 18 = 0$

$(n-3)(n-6) = 0$ $\therefore n = 6$

답 6

01-4

$_{n-1}P_r + r \times _{n-1}P_{r-1}$

$= \dfrac{(n-1)!}{(n-1-r)!} + \dfrac{r(n-1)!}{\{n-1-(r-1)\}!}$

$= \dfrac{(n-1)!}{(n-r-1)!} + \dfrac{r(n-1)!}{(n-r)!}$

$= \dfrac{(n-r)(n-1)!}{(n-r)!} + \dfrac{r(n-1)!}{(n-r)!}$

$= \dfrac{\{(n-r) + r\}(n-1)!}{(n-r)!}$

$= \dfrac{n!}{(n-r)!} = _nP_r$

답 풀이 참조

02-1

(1) 서로 다른 5개에서 5개를 택하는 순열의 수와 같으므로

$_5P_5 = 5! = 120$

(2) 서로 다른 5개에서 3개를 택하는 순열의 수와 같으므로

$_5P_3 = 5 \times 4 \times 3 = 60$

(3) 서로 다른 5개에서 2개를 택하는 순열의 수와 같으므로

$_5P_2 = 5 \times 4 = 20$

답 (1) 120 (2) 60 (3) 20

02-2

(1) 서로 다른 6개에서 6개를 택하는 순열의 수와 같으므로

$_6P_6 = 6! = 720$

(2) 서로 다른 6개에서 4개를 택하는 순열의 수와 같으므로

$_6P_4 = 6 \times 5 \times 4 \times 3 = 360$

답 (1) 720 (2) 360

02-3

서로 다른 n개에서 2개를 택하는 순열의 수가 90이므로

$_nP_2 = n(n-1) = 90$

$n^2 - n - 90 = 0$, $(n+9)(n-10) = 0$

$\therefore n = 10$ ($\because n$은 자연수)

다른 풀이

$_nP_2 = n(n-1) = 90 = 10 \times 9$

$\therefore n = 10$

답 10

02-4

서로 다른 8개에서 r개를 택하는 순열의 수가 336이므로

$_8P_r = 336$

즉, $_8P_r$는 8부터 1씩 줄여가며 r개를 곱한 것이고

$336 = 8 \times 7 \times 6$이므로 $r = 3$

답 3

03-1

(1) a와 e를 한 묶음으로 생각하여 5개의 문자를 일렬로 나열하는 경우의 수는 $5! = 120$

그 각각에 대하여 a와 e가 자리를 바꾸는 경우의 수는

$2! = 2$

따라서 구하는 경우의 수는

$120 \times 2 = 240$

(2) b, c, d, f를 일렬로 나열하는 경우의 수는

$4! = 24$

그 사이사이와 양 끝의 5개의 자리 중 2개의 자리에 a와 e를 나열하는 경우의 수는 $_5P_2 = 5 \times 4 = 20$

따라서 구하는 경우의 수는

$24 \times 20 = 480$

(3) 모음을 한 묶음으로, 자음을 한 묶음으로 생각하여 2개의 문자를 일렬로 나열하는 경우의 수는 $2!=2$

모음끼리 자리를 바꾸는 경우의 수는 $2!=2$

자음끼리 자리를 바꾸는 경우의 수는 $4!=24$

따라서 구하는 경우의 수는

$2 \times 2 \times 24 = 96$

[다른 풀이]

(2) 6개의 문자를 일렬로 나열하는 경우의 수에서 a와 e가 이웃하도록 나열하는 경우의 수를 빼면 되므로 구하는 경우의 수는

$6!-240=720-240=480$

[참고]

이웃하지 않는 순열을 구할 때,

(전체 경우의 수)−(모두 이웃하는 경우의 수)를 이용하는 것은 이웃하지 않는 것의 개수가 2일 때에만 해당되는 것에 주의하자.

탑 (1) 240 (2) 480 (3) 96

03-2

남학생 3명, 여학생 3명이 교대로 서는 경우는

(남, 여, 남, 여, 남, 여), (여, 남, 여, 남, 여, 남)의 2가지이므로 구하는 경우의 수

$(3! \times 3!) \times 2 = 6 \times 6 \times 2 = 72$

탑 72

03-3

A와 B를 한 명으로 생각하고, E와 F를 제외한 3명을 일렬로 세우는 경우의 수는 $3!=6$

그 사이사이와 양 끝의 4개의 자리 중에서 2개의 자리에 E와 F를 세우는 경우의 수는 $_4P_2 = 4 \times 3 = 12$

이때 A와 B가 자리를 바꾸는 경우의 수는 $2!=2$

따라서 구하는 경우의 수는

$6 \times 12 \times 2 = 144$

탑 144

03-4

우유 3개를 한 묶음으로 생각하여 $(n+1)$개를 일렬로 세우는 경우의 수는 $(n+1)!$

그 각각에 대하여 우유끼리 서로 자리를 바꾸는 경우의 수는 $3!=6$

즉, $(n+1)! \times 6 = 720$이므로 $(n+1)! = 120 = 5!$

$n+1=5$ $\therefore n=4$

탑 4

04-1

(1) 구하는 경우의 수는 i를 맨 앞에, e를 맨 뒤에 고정하고 나머지 5개의 문자를 일렬로 나열하는 경우의 수와 같으므로 $5!=120$

(2) s와 n 사이에 나머지 5개의 문자 중 3개를 택하여 나열하는 경우의 수는 $_5P_3 = 5 \times 4 \times 3 = 60$

이때 s와 n이 자리를 바꾸는 경우의 수는 $2!=2$

's□□□n'을 한 묶음으로 생각하여 3개의 문자를 일렬로 나열하는 경우의 수는 $3!=6$

따라서 구하는 경우의 수는

$60 \times 2 \times 6 = 720$

(3) 전체 경우의 수에서 양 끝에 자음이 오는 경우의 수를 빼면 된다.

7개의 문자를 일렬로 나열하는 경우의 수는 $7!=5040$

이때 양 끝에 자음인 s, c, t, n의 4개의 문자 중 2개를 택하여 나열하는 경우의 수는 $_4P_2 = 4 \times 3 = 12$

그 각각에 대하여 가운데에 나머지 5개의 문자를 일렬로 나열하는 경우의 수는 $5!=120$

즉, 양 끝에 자음이 오도록 나열하는 경우의 수는

$12 \times 120 = 1440$

따라서 구하는 경우의 수는

$5040 - 1440 = 3600$

탑 (1) 120 (2) 720 (3) 3600

04-2

(1) 남학생 4명 중 2명을 택하여 양 끝에 세우는 경우의 수는

$_4P_2 = 4 \times 3 = 12$

양 끝의 남학생 2명을 제외한 나머지 4명을 일렬로 세우는 경우의 수는 $4!=24$

따라서 구하는 경우의 수는

$12 \times 24 = 288$

(2) 여학생 2명 사이에 남학생 4명 중 1명을 세우는 경우의 수는 $_4P_1 = 4$

여학생 2명과 남학생 1명을 한 묶음으로 생각하여 4명을 일렬로 세우는 경우의 수는 $4!=24$

묶음에서 여학생 2명이 자리를 바꾸는 경우의 수는 $2!=2$

따라서 구하는 경우의 수는

$4 \times 24 \times 2 = 192$

탑 (1) 288 (2) 192

04-3

2, 4, 6번째 자리 중 두 자리에 2개의 모음 a, e를 나열하는 경우의 수는

$_3P_2 = 3 \times 2 = 6$

나머지 네 자리에 자음 d, n, g, r를 나열하는 경우의 수는
4!=24
따라서 구하는 경우의 수는
6×24=144

답 144

04-4

적어도 2명의 학생이 이웃하도록 세우는 경우의 수는 전체 경우의 수에서 학생들이 모두 이웃하지 않도록 세우는 경우의 수를 빼면 된다.
7명을 일렬로 세우는 경우의 수는 7!=5040
선생님 4명을 일렬로 세운 다음 그 사이사이와 양 끝의 5개의 자리 중에서 3개의 자리에 학생 3명을 일렬로 세우는 경우의 수는 $4! \times {}_5P_3 = 24 \times 60 = 1440$
따라서 구하는 경우의 수는
5040-1440=3600

답 3600

05-1

(1) 백의 자리에는 0이 올 수 없으므로 백의 자리에 올 수 있는 숫자는 1, 2, 3, 4, 5의 5가지이다.
이 각각에 대하여 십의 자리, 일의 자리에는 백의 자리에 온 숫자를 제외한 5개의 숫자 중 2개를 택하여 나열하면 되므로 ${}_5P_2 = 5 \times 4 = 20$
따라서 구하는 세 자리 자연수의 개수는
5×20=100

(2) 홀수이려면 일의 자리의 숫자가 홀수이어야 하므로 □□1, □□3, □□5 꼴이다.
백의 자리에 올 수 있는 숫자는 0과 일의 자리에 온 숫자를 제외한 4개이고, 십의 자리에는 백의 자리와 일의 자리에 온 숫자를 제외한 4개의 숫자가 올 수 있으므로 구하는 홀수의 개수는
3×4×4=48

답 (1) 100 (2) 48

05-2

천의 자리와 일의 자리에는 홀수인 1, 3, 5, 7 중 2개를 택하여 나열하면 되므로 ${}_4P_2 = 4 \times 3 = 12$
백의 자리와 십의 자리에는 나머지 5개의 숫자 중 2개를 택하여 나열하면 되므로 ${}_5P_2 = 5 \times 4 = 20$
따라서 구하는 자연수의 개수는
12×20=240

답 240

05-3

5의 배수이려면 일의 자리의 숫자가 0 또는 5이어야 한다.
(i) 일의 자리의 숫자가 0인 경우
백의 자리와 십의 자리에는 1, 2, 3, 4, 5, 6의 6개의 숫자 중 2개를 택하여 나열하면 되므로
${}_6P_2 = 6 \times 5 = 30$
(ii) 일의 자리의 숫자가 5인 경우
백의 자리에는 0이 올 수 없으므로 백의 자리에 올 수 있는 숫자는 1, 2, 3, 4, 6의 5개이고, 십의 자리에 올 수 있는 숫자는 백의 자리와 일의 자리에 온 숫자를 제외한 5개이므로 5×5=25
(i), (ii)에서 구하는 5의 배수의 개수는
30+25=55

답 55

05-4

2000보다 크고 5000보다 작은 짝수는 천의 자리에는 2, 3, 4 중 하나가 올 수 있고, 일의 자리에는 0, 2, 4, 6, 8 중 천의 자리와 다른 수가 오면 된다.
(i) 2□□□ 또는 4□□□ 꼴인 경우
일의 자리에 올 수 있는 숫자는 천의 자리에 온 숫자를 제외한 4개이고, 백의 자리와 십의 자리에 올 수 있는 숫자는 천의 자리와 일의 자리에 온 숫자를 제외한 8개의 숫자 중 2개를 택하여 나열하면 되므로 구하는 자연수의 개수는 $2 \times (4 \times {}_8P_2) = 2 \times (4 \times 8 \times 7) = 448$
(ii) 3□□□ 꼴인 경우
일의 자리에 올 수 있는 숫자는 5개이고, 백의 자리와 십의 자리에 올 수 있는 숫자는 천의 자리와 일의 자리에 온 숫자를 제외한 8개의 숫자 중 2개를 택하여 나열하면 되므로 구하는 자연수의 개수는
$5 \times {}_8P_2 = 5 \times 8 \times 7 = 280$
(i), (ii)에서 구하는 자연수의 개수는
448+280=728

답 728

06-1

(1) a□□□□ 꼴인 문자열의 개수는 4!=24
b□□□□ 꼴인 문자열의 개수는 4!=24
ca□□□ 꼴인 문자열의 개수는 3!=6
cba□□ 꼴인 문자열의 개수는 2!=2
이때 $cbea$는 cbd□□ 꼴에서 두 번째에 오는 문자열이므로
24+24+6+2+2=58(번째)

(2) $a\square\square\square\square$ 꼴인 문자열의 개수는 $4!=24$

    $b\square\square\square\square$ 꼴인 문자열의 개수는 $4!=24$

    $c\square\square\square\square$ 꼴인 문자열의 개수는 $4!=24$

이때 $24+24+24=72$이므로 73번째 오는 문자열은

$dabce$, 74번째 오는 문자열은 $dabec$이다.

            답 (1) 58번째   (2) $dabec$

06-2

$1\square\square\square\square$ 꼴인 자연수의 개수는 $4!=24$

$2\square\square\square\square$ 꼴인 자연수의 개수는 $4!=24$

$30\square\square\square$ 꼴인 자연수의 개수는 $3!=6$

$31\square\square\square$ 꼴인 자연수의 개수는 $3!=6$

이때 $24+24+6+6=60$이므로 61번째 오는 수는 32014,

62번째 오는 수는 32041, 63번째 오는 수는 32104이다.

                      답 32104

06-3

ㄱ$\square\square\square\square\square$ 꼴인 문자열의 개수는 $5!=120$

ㄴ$\square\square\square\square\square$ 꼴인 문자열의 개수는 $5!=120$

ㄷ$\square\square\square\square\square$ 꼴인 문자열의 개수는 $5!=120$

ㄹㄱ$\square\square\square\square$ 꼴인 문자열의 개수는 $4!=24$

따라서 ㄹㄱㅂㅁㄷㄴ은 ㄹㄱ$\square\square\square\square$ 꼴의 마지막에 오는 문자열이므로

$120+120+120+24=384$(번째)

                  답 384번째

06-4

(ⅰ) A$\square\square\square\square\square$ 꼴인 문자열의 개수는 $5!=120$

    BA$\square\square\square\square$ 꼴인 문자열의 개수는 $4!=24$

    BC$\square\square\square\square$ 꼴인 문자열의 개수는 $4!=24$

    이때 BDACEF는 BD$\square\square\square\square$ 꼴에서 맨 앞에 있는 문자열이므로

    $120+24+24+1=169$(번째)

(ⅱ) A$\square\square\square\square\square$ 꼴인 문자열의 개수는 $5!=120$

    B$\square\square\square\square\square$ 꼴인 문자열의 개수는 $5!=120$

    C$\square\square\square\square\square$ 꼴인 문자열의 개수는 $5!=120$

    DA$\square\square\square\square$ 꼴인 문자열의 개수는 $4!=24$

    DB$\square\square\square\square$ 꼴인 문자열의 개수는 $4!=24$

    DC$\square\square\square\square$ 꼴인 문자열의 개수는 $4!=24$

    이때 $120+120+120+24+24+24=432$이므로

    DEABCF는 433번째, DEABFC는 434번째 문자열이다.

(ⅰ), (ⅱ)에서 BDACEF와 DEABFC 사이에 있는 문자열의 개수는 $434-169-1=264$

                      답 264

---

02 조합

본문 423쪽

개념 CHECK

01 (1) 35 (2) 36 (3) 1 (4) 1   **02** (1) 5 (2) 6

03 (1) 70 (2) 21   **04** (1) 7 (2) 35 (3) 175

05 (1) 15 (2) 20

01

(1) $_7C_3=\dfrac{7\times6\times5}{3\times2\times1}=35$

(2) $_9C_7=\,_9C_2=\dfrac{9\times8}{2\times1}=36$

(3) $_5C_0=1$

(4) $_6C_6=\,_6C_0=1$

      답 (1) 35 (2) 36 (3) 1 (4) 1

02

(1) $_nC_3=10$에서 $\dfrac{n(n-1)(n-2)}{3\times2\times1}=10$

    $n(n-1)(n-2)=60=5\times4\times3$

    $\therefore n=5$

(2) $_nC_2=\,_nC_1+9$에서

    $\dfrac{n(n-1)}{2\times1}=n+9$, $n^2-n=2n+18$

    $n^2-3n-18=0$, $(n+3)(n-6)=0$

    $n\geq2$이므로 $n=6$

                 답 (1) 5 (2) 6

03

(1) $_8C_4=\dfrac{8\times7\times6\times5}{4\times3\times2\times1}=70$

(2) $_7C_2=\dfrac{7\times6}{2\times1}=21$

              답 (1) 70 (2) 21

04

(1) 현재, 시은, 창주를 제외한 나머지 7명 중에서 1명을 뽑으면 되므로

    $_7C_1=7$

(2) 현재, 시은, 창주를 제외한 나머지 7명 중에서 4명을 뽑으면 되므로

    $_7C_4=\,_7C_3=\dfrac{7\times6\times5}{3\times2\times1}=35$

(3) 10명의 학생 중에서 4명을 뽑는 경우의 수는

$$_{10}C_4=\frac{10\times9\times8\times7}{4\times3\times2\times1}=210$$

현재, 시은, 창주를 제외한 7명 중에서 4명을 뽑는 경우의 수는

$$_7C_4={}_7C_3=\frac{7\times6\times5}{3\times2\times1}=35$$

따라서 구하는 경우의 수는

$$210-35=175$$

📳 (1) 7 (2) 35 (3) 175

05

(1) $_6C_2\times{}_4C_4=\frac{6\times5}{2\times1}\times1=15$

(2) $_6C_3\times{}_3C_3\times\frac{1}{2!}\times2!=\frac{6\times5\times4}{3\times2\times1}\times1\times\frac{1}{2}\times2=20$

📳 (1) 15 (2) 20

유제

본문 424~437쪽

07-1 (1) 7 (2) 8 (3) 5 (4) 7		**07-2** (1) 9 (2) 5	
07-3 10		**07-4** 풀이 참조	
08-1 (1) 120 (2) 60 (3) 24		**08-2** (1) 105 (2) 9	
08-3 84	**08-4** 14	**09-1** (1) 21 (2) 120	
09-2 35	**09-3** 110	**09-4** 5	
10-1 (1) 14400 (2) 1680		**10-2** 2400	
10-3 480	**10-4** 9	**11-1** (1) 17 (2) 45	
11-2 9	**11-3** 72	**11-4** 32	**12-1** 60
12-2 100	**12-3** 27	**12-4** 10	
13-1 (1) 35 (2) 280		**13-2** (1) 70 (2) 420	
13-3 120	**13-4** 45		

07-1

(1) $_nC_4=35$에서

$$\frac{n(n-1)(n-2)(n-3)}{4\times3\times2\times1}=35$$

$$n(n-1)(n-2)(n-3)=7\times6\times5\times4$$

$$\therefore n=7$$

(2) $_nC_3={}_nC_5$에서

$$\frac{n(n-1)(n-2)}{3\times2\times1}=\frac{n(n-1)(n-2)(n-3)(n-4)}{5\times4\times3\times2\times1}$$

$n\geq5$이므로 양변을 $\dfrac{n(n-1)(n-2)}{3\times2\times1}$로 나누면

$$1=\frac{(n-3)(n-4)}{5\times4},\ 20=(n-3)(n-4)$$

$$n^2-7n-8=0,\ (n+1)(n-8)=0$$

$$\therefore n=8$$

(3) (i) $_7C_r={}_7C_{r-3}$에서 $r=r-3$

    이 식을 만족시키는 r의 값은 존재하지 않는다.

  (ii) $_7C_r={}_7C_{r-3}$에서 $_7C_{7-r}={}_7C_{r-3}$

$$7-r=r-3,\ 2r=10\qquad\therefore r=5$$

  (i), (ii)에서 $r=5$

(4) $_{n+2}C_2-{}_{n-1}C_2={}_nC_2$에서

$$\frac{(n+2)(n+1)}{2\times1}-\frac{(n-1)(n-2)}{2\times1}=\frac{n(n-1)}{2\times1}$$

$$(n+2)(n+1)-(n-1)(n-2)=n(n-1)$$

$$n^2+3n+2-(n^2-3n+2)=n^2-n$$

$$n^2-7n=0,\ n(n-7)=0$$

$n-1\geq2$에서 $n\geq3$이므로 $n=7$

> **참고**
>
> $_nC_r$에서 구한 r의 값이 $0\leq r\leq n$을 만족시키는 자연수인지 반드시 확인한다.

📳 (1) 7 (2) 8 (3) 5 (4) 7

07-2

(1) $4\times{}_nC_4={}_nP_3$에서

$$4\times\frac{n(n-1)(n-2)(n-3)}{4\times3\times2\times1}=n(n-1)(n-2)$$

$n\geq4$이므로 양변을 $n(n-1)(n-2)$로 나누면

$$\frac{n-3}{6}=1,\ n-3=6\qquad\therefore n=9$$

(2) $_nP_2-6\times{}_{n-2}C_2=2$에서

$$n(n-1)-6\times\frac{(n-2)(n-3)}{2\times1}=2$$

$$n(n-1)-3(n-2)(n-3)=2$$

$$n^2-n-3(n^2-5n+6)-2=0$$

$$-2n^2+14n-20=0,\ n^2-7n+10=0$$

$$(n-2)(n-5)=0$$

$n-2\geq2$에서 $n\geq4$이므로 $n=5$

📳 (1) 9 (2) 5

07-3

$_nP_r=360,\ _nC_r=15$이고 $_nC_r=\dfrac{_nP_r}{r!}$이므로

$$15=\frac{360}{r!}\qquad\therefore r!=24$$

이때 $4!=24$이므로 $r=4$

$_nP_4=n(n-1)(n-2)(n-3)=360=6\times5\times4\times3$이므로 $n=6$

$\therefore n+r=6+4=10$

🅐 10

07-4

$$n\times{}_{n-1}C_{r-1}=n\times\frac{(n-1)!}{(r-1)!\{(n-1)-(r-1)\}!}$$
$$=\frac{n!}{(r-1)!(n-r)!}$$
$$=\frac{r\times n!}{r!(n-r)!}$$
$$=r\times{}_nC_r$$

$\therefore r\times{}_nC_r=n\times{}_{n-1}C_{r-1}$

🅐 풀이 참조

08-1

(1) 서로 다른 10명 중에서 3명을 뽑는 경우의 수는

$${}_{10}C_3=\frac{10\times9\times8}{3\times2\times1}=120$$

(2) 1학년 4명 중에서 1명을 뽑는 경우의 수는

$${}_4C_1=4$$

2학년 6명 중에서 2명을 뽑는 경우의 수는

$${}_6C_2=\frac{6\times5}{2\times1}=15$$

따라서 구하는 경우의 수는

$$4\times15=60$$

(3) 1학년 4명 중에서 3명을 뽑는 경우의 수는

$${}_4C_3={}_4C_1=4$$

2학년 6명 중에서 3명을 뽑는 경우의 수는

$${}_6C_3=\frac{6\times5\times4}{3\times2\times1}=20$$

따라서 구하는 경우의 수는

$$4+20=24$$

> **참고**
>
> ① ${}_nC_0=1$, ${}_nC_1=n$, ${}_nC_n=1$
> ② ${}_nC_r={}_nC_{n-r}$ (단, $0\le r\le n$)

🅐 (1) 120　(2) 60　(3) 24

08-2

(1) 서로 다른 연필 7자루 중에서 4자루를 뽑는 경우의 수는

$${}_7C_4={}_7C_3=\frac{7\times6\times5}{3\times2\times1}=35$$

서로 다른 볼펜 8자루 중에서 4자루를 뽑는 경우의 수는

$${}_8C_4=\frac{8\times7\times6\times5}{4\times3\times2\times1}=70$$

따라서 구하는 경우의 수는

$$35+70=105$$

(2) 남학생 n명 중에서 2명을 뽑는 경우의 수는 ${}_nC_2$

여학생 6명 중에서 2명을 뽑는 경우의 수는

$${}_6C_2=\frac{6\times5}{2\times1}=15$$

이때 남학생 2명과 여학생 2명을 대표로 뽑는 경우의 수가 540이므로

$${}_nC_2\times15=540,\ {}_nC_2=36$$

$$\frac{n(n-1)}{2\times1}=36,\ n(n-1)=72=9\times8$$

$$\therefore n=9$$

🅐 (1) 105　(2) 9

08-3

1부터 9까지의 9개의 자연수 중 3개를 택하면 $a<b<c$에서 a, b, c의 값이 정해지고 일, 십, 백의 자리 숫자가 각각 a, b, c인 자연수 또한 정해진다.

따라서 구하는 자연수의 개수는 1부터 9까지의 9개의 자연수 중 3개를 택하는 경우의 수와 같으므로

$${}_9C_3=\frac{9\times8\times7}{3\times2\times1}=84$$

🅐 84

08-4

동호회의 전체 회원 수를 n명이라 하면 악수를 한 횟수는 n명 중에서 2명을 뽑는 경우의 수와 같으므로

$${}_nC_2=91,\ \frac{n(n-1)}{2\times1}=91$$

$$n(n-1)=182=14\times13$$

$$\therefore n=14$$

따라서 동아리의 전체 회원 수는 14이다.

🅐 14

09-1

(1) 중학생 중에서 특정한 2명을 이미 뽑았다고 생각하면 구하는 경우의 수는 나머지 7명 중에서 2명을 뽑는 경우의 수와 같으므로

$${}_7C_2=\frac{7\times6}{2\times1}=21$$

(2) 전체 9명 중에서 4명을 뽑는 경우의 수는

$${}_9C_4=\frac{9\times8\times7\times6}{4\times3\times2\times1}=126$$

중학생 4명 중에서 4명을 뽑는 경우의 수는

$_4C_4=1$

고등학생 5명 중에서 4명을 뽑는 경우의 수는

$_5C_4=_5C_1=5$

따라서 구하는 경우의 수는

$126-1-5=120$

답 (1) 21   (2) 120

09-2

B, C를 제외한 8명 중 A는 이미 선발되었다고 생각하면 구하는 경우의 수는 나머지 7명 중에서 4명이 선발되는 경우의 수와 같으므로

$_7C_4=_7C_3=\dfrac{7\times6\times5}{3\times2\times1}=35$

답 35

09-3

1부터 10까지의 자연수 중에서 서로 다른 3개의 수를 선택하는 경우의 수는

$_{10}C_3=\dfrac{10\times9\times8}{3\times2\times1}=120$

1부터 10까지의 자연수 중에서 짝수는 2, 4, 6, 8, 10의 5개이므로 이 중에서 서로 다른 짝수 3개를 선택하는 경우의 수는

$_5C_3=_5C_2=\dfrac{5\times4}{2\times1}=10$

따라서 구하는 경우의 수는

$120-10=110$

답 110

09-4

12명 중에서 2명을 뽑는 경우의 수는

$_{12}C_2=\dfrac{12\times11}{2\times1}=66$

여학생을 n명이라 하면 여학생만 2명을 뽑는 경우의 수는

$_nC_2$

이때 남학생이 적어도 한 명 포함되도록 뽑는 경우의 수가 45이므로

$66-_nC_2=45,\ _nC_2=21$

$\dfrac{n(n-1)}{2\times1}=21,\ n(n-1)=42=7\times6$

$\therefore n=7$

따라서 여학생 수가 7이므로 남학생 수는 $12-7=5$이다.

답 5

10-1

(1) 남자 4명 중에서 2명, 여자 6명 중에서 3명을 뽑는 경우의 수는

$_4C_2\times_6C_3=\dfrac{4\times3}{2\times1}\times\dfrac{6\times5\times4}{3\times2\times1}=6\times20=120$

위의 각 경우에 대하여 5명을 일렬로 세우는 경우의 수는

$5!=120$

따라서 구하는 경우의 수는

$120\times120=14400$

(2) A, B를 제외한 7명 중에서 3명을 뽑는 경우의 수는

$_7C_3=\dfrac{7\times6\times5}{3\times2\times1}=35$

A와 B를 한 사람으로 생각하고 4명을 일렬로 세우는 경우의 수는 $4!=24$

그 각각에 대하여 A와 B가 서로 자리를 바꾸는 경우의 수는 $2!=2$

따라서 구하는 경우의 수는

$35\times24\times2=1680$

답 (1) 14400   (2) 1680

10-2

짝수 5개 중에서 2개를 뽑고, 홀수 5개 중에서 2개를 뽑는 경우의 수는

$_5C_2\times_5C_2=\dfrac{5\times4}{2\times1}\times\dfrac{5\times4}{2\times1}=10\times10=100$

뽑은 4개의 수를 일렬로 나열하는 경우의 수는

$4!=24$

따라서 구하는 경우의 수는

$100\times24=2400$

답 2400

10-3

어른 5명 중에서 2명, 어린이 4명 중에서 3명을 뽑는 경우의 수는

$_5C_2\times_4C_3=_5C_2\times_4C_1=\dfrac{5\times4}{2\times1}\times4=10\times4=40$

어른 2명을 양 끝에 세우는 경우의 수는

$2!=2$

어린이 3명을 일렬로 세우는 경우의 수는

$3!=6$

따라서 구하는 경우의 수는

$40\times2\times6=480$

답 480

10-4

찬미, 진영, 수진 중에서 2명을 뽑고, 나머지 $(n-3)$명 중에서 2명을 뽑는 경우의 수는

$$_3C_2 \times {}_{n-3}C_2 = {}_3C_1 \times \frac{(n-3)(n-4)}{2 \times 1}$$
$$= \frac{3(n-3)(n-4)}{2}$$

4명을 일렬로 세우는 경우의 수는

$$4! = 24$$

따라서 $\dfrac{3(n-3)(n-4)}{2} \times 24 = 1080$이므로

$(n-3)(n-4) = 30$, $n^2 - 7n - 18 = 0$

$(n+2)(n-9) = 0$

$n-3 \geq 2$에서 $n \geq 5$이므로 $n = 9$

답 9

11-1

(1) 8개의 점에서 2개의 점을 택하는 경우의 수는

$$_8C_2 = \frac{8 \times 7}{2 \times 1} = 28$$

직선 l 위에 있는 3개의 점에서 2개의 점을 택하는 경우의 수는 $_3C_2 = {}_3C_1 = 3$

직선 m 위에 있는 5개의 점에서 2개의 점을 택하는 경우의 수는

$$_5C_2 = \frac{5 \times 4}{2 \times 1} = 10$$

이때 일직선 위에 있는 점으로 만들 수 있는 직선은 1개이므로 구하는 직선의 개수는

$$28 - 3 + 1 - 10 + 1 = 17$$

(2) 8개의 점에서 3개의 점을 택하는 경우의 수는

$$_8C_3 = \frac{8 \times 7 \times 6}{3 \times 2 \times 1} = 56$$

직선 l 위에 있는 3개의 점에서 3개의 점을 택하는 경우의 수는 $_3C_3 = 1$

직선 m 위에 있는 5개의 점에서 3개의 점을 택하는 경우의 수는

$$_5C_3 = {}_5C_2 = \frac{5 \times 4}{2 \times 1} = 10$$

이때 일직선 위에 있는 점으로는 삼각형을 만들 수 없으므로 구하는 삼각형의 개수는

$$56 - 1 - 10 = 45$$

[다른 풀이]

(1) 직선 l 위의 한 점과 직선 m 위의 한 점을 택하는 경우의 수는 $_3C_1 \times {}_5C_1 = 3 \times 5 = 15$

직선 l 위의 점으로 만들 수 있는 직선이 1개, 직선 m 위의 점으로 만들 수 있는 직선이 1개이므로 구하는 직선의 개수는 $15 + 1 + 1 = 17$

답 (1) 17 (2) 45

11-2

구하는 대각선의 개수는 6개의 꼭짓점 중에서 2개를 택하는 경우의 수에서 변의 개수인 6을 뺀 것과 같으므로

$$_6C_2 - 6 = \frac{6 \times 5}{2 \times 1} - 6 = 15 - 6 = 9$$

> **참고**
>
> n각형의 대각선의 개수는 n개의 꼭짓점 중에서 2개를 택하여 만들 수 있는 선분의 개수에서 변의 개수인 n을 뺀 것과 같다.
>
> $\rightarrow {}_nC_2 - n$

답 9

11-3

9개의 점 중에서 3개를 택하는 경우의 수는

$$_9C_3 = \frac{9 \times 8 \times 7}{3 \times 2 \times 1} = 84$$

일직선 위에 있는 4개의 점 중에서 3개를 택하는 경우의 수는 $_4C_3 = {}_4C_1 = 4$

이때 일직선 위에 있는 점으로는 삼각형을 만들 수 없으므로 구하는 삼각형의 개수는

$$84 - 4 \times 3 = 72$$

답 72

11-4

8개의 점으로 만들 수 있는 삼각형의 개수는

$$_8C_3 = \frac{8 \times 7 \times 6}{3 \times 2 \times 1} = 56$$

주어진 점들을 연결하여 만들 수 있는 원의 지름은 4개이고 오른쪽 그림과 같이 원의 지름 한 개에 대하여 6개의 직각삼각형을 만들 수 있으므로 만들 수 있는 직각삼각형의 개수는 $4 \times 6 = 24$

따라서 만들 수 있는 삼각형 중 직각삼각형이 아닌 삼각형의 개수는

$$56 - 24 = 32$$

> **참고**
>
> 원에서 지름에 대한 원주각의 크기는 90°이다.

답 32

12-1

가로 방향의 평행선 4개 중에서 2개를 택하는 경우의 수는

$_4C_2 = \dfrac{4 \times 3}{2 \times 1} = 6$

세로 방향의 평행선 5개 중에서 2개를 택하는 경우의 수는

$_5C_2 = \dfrac{5 \times 4}{2 \times 1} = 10$

가로 방향의 평행선 2개와 세로 방향의 평행선 2개를 택하면 한 개의 평행사변형이 만들어지므로 구하는 평행사변형의 개수는 $6 \times 10 = 60$

답 60

12-2

가로 방향의 평행선 5개 중에서 2개를 택하는 경우의 수는

$_5C_2 = \dfrac{5 \times 4}{2 \times 1} = 10$

세로 방향의 평행선 5개 중에서 2개를 택하는 경우의 수는

$_5C_2 = \dfrac{5 \times 4}{2 \times 1} = 10$

가로 방향의 평행선 2개와 세로 방향의 평행선 2개를 택하면 한 개의 직사각형이 만들어지므로 구하는 직사각형의 개수는 $10 \times 10 = 100$

답 100

12-3

오른쪽 그림과 같이 평행한 직선들을 각각 A, B, C라 하면

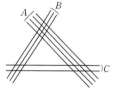

(ⅰ) A의 평행선 4개 중에서 2개, B의 평행선 3개 중에서 2개를 택하는 경우의 수는

$_4C_2 \times _3C_2 = _4C_2 \times _3C_1 = \dfrac{4 \times 3}{2 \times 1} \times 3 = 6 \times 3 = 18$

(ⅱ) A의 평행선 4개 중에서 2개, C의 평행선 2개 중에서 2개를 택하는 경우의 수는

$_4C_2 \times _2C_2 = \dfrac{4 \times 3}{2 \times 1} \times 1 = 6 \times 1 = 6$

(ⅲ) B의 평행선 3개 중에서 2개, C의 평행선 2개 중에서 2개를 택하는 경우의 수는

$_3C_2 \times _2C_2 = _3C_1 \times _2C_2 = 3 \times 1 = 3$

(ⅰ)~(ⅲ)에서 구하는 평행사변형의 개수는 $18 + 6 + 3 = 27$

답 27

12-4

지름에 대한 원주각의 크기는 90°이므로 오른쪽 그림과 같이 원의 서로 다른 지름 2개가 직사각형의 대각선이 되도록 하는 원 위의 4개의 점을 연결하면 직사각형을 만들 수 있다.

따라서 원의 지름 5개 중에서 2개를 택하면 이들을 대각선으로 하는 한 개의 직사각형이 만들어지므로 구하는 직사각형의 개수는

$_5C_2 = \dfrac{5 \times 4}{2 \times 1} = 10$

답 10

13-1

(1) 8개의 향초를 4개, 4개씩 두 묶음으로 나누는 경우의 수는

$_8C_4 \times _4C_4 \times \dfrac{1}{2!} = \dfrac{8 \times 7 \times 6 \times 5}{4 \times 3 \times 2 \times 1} \times 1 \times \dfrac{1}{2}$

$= 70 \times 1 \times \dfrac{1}{2} = 35$

(2) 8개의 향초를 1개, 3개, 4개씩 세 묶음으로 나누는 경우의 수는

$_8C_1 \times _7C_3 \times _4C_4 = 8 \times \dfrac{7 \times 6 \times 5}{3 \times 2 \times 1} \times 1$

$= 8 \times 35 \times 1 = 280$

답 (1) 35 (2) 280

13-2

(1) 7권의 책을 3권, 4권씩 세 묶음으로 나누는 경우의 수는

$_7C_3 \times _4C_4 = \dfrac{7 \times 6 \times 5}{3 \times 2 \times 1} \times 1 = 35 \times 1 = 35$

두 묶음으로 나누어진 책을 두 명에게 각각 한 묶음씩 나누어주는 경우의 수는 $2! = 2$

따라서 구하는 경우의 수는

$35 \times 2 = 70$

(2) 7권의 책을 1권, 3권, 3권씩 세 묶음으로 나누는 경우의 수는

$_7C_1 \times _6C_3 \times _3C_3 \times \dfrac{1}{2!} = 7 \times \dfrac{6 \times 5 \times 4}{3 \times 2 \times 1} \times 1 \times \dfrac{1}{2}$

$= 7 \times 20 \times 1 \times \dfrac{1}{2} = 70$

세 묶음으로 나누어진 책을 세 명에게 각각 한 묶음씩 나누어주는 경우의 수는 $3! = 6$

따라서 구하는 경우의 수는

$70 \times 6 = 420$

답 (1) 70 (2) 420

13-3

10명을 5명, 5명씩 두 개의 조로 나누는 경우의 수는

$$_{10}C_5 \times {}_5C_5 \times \frac{1}{2!} = \frac{10 \times 9 \times 8 \times 7 \times 6}{5 \times 4 \times 3 \times 2 \times 1} \times 1 \times \frac{1}{2}$$

$$= 252 \times 1 \times \frac{1}{2} = 126$$

한 조에 중학생이 한 명도 없는 경우의 수, 즉 고등학생 6명을 1명, 5명으로 나누는 경우의 수는

$$_6C_1 \times {}_5C_5 = 6 \times 1 = 6$$

따라서 구하는 경우의 수는

$$126 - 6 = 120$$

> 🅐 120

13-4

6개의 반을 4개, 2개의 반으로 나눈 후 4개의 반을 다시 2개, 2개의 반으로 나누는 경우의 수와 같으므로

$$\left({}_6C_4 \times {}_2C_2 \right) \times \left({}_4C_2 \times {}_2C_2 \times \frac{1}{2!} \right)$$

$$= {}_6C_2 \times {}_2C_2 \times {}_4C_2 \times {}_2C_2 \times \frac{1}{2!}$$

$$= \frac{6 \times 5}{2 \times 1} \times 1 \times \frac{4 \times 3}{2 \times 1} \times 1 \times \frac{1}{2}$$

$$= 15 \times 1 \times 6 \times 1 \times \frac{1}{2} = 45$$

> 🅐 45

🗨 중단원 연습문제

본문 438~442쪽

01 3	**02** 144	**03** 1152	**04** 960
05 48	**06** 34120	**07** 4	**08** 8
09 100	**10** 168	**11** 72	**12** 2268
13 ⑤	**14** 132	**15** 84	**16** 273
17 16	**18** 87	**19** 944	**20** ④

01

$3 \times {}_nP_2 + {}_nP_3 = 2 \times {}_{n+1}P_2$ 에서

$3n(n-1) + n(n-1)(n-2) = 2(n+1)n$

이때 $n \geq 3$ 이므로 양변을 n으로 나누면

$3(n-1) + (n-1)(n-2) = 2(n+1)$

$3n - 3 + n^2 - 3n + 2 = 2n + 2$

$n^2 - 2n - 3 = 0$, $(n+1)(n-3) = 0$

$\therefore n = 3$

> 🅐 3

02

1학년 학생 3명이 한 명씩 차례대로 뛰는 경우의 수는

$3! = 6$

2학년 학생 4명이 한 명씩 차례대로 뛰는 경우의 수는

$4! = 24$

따라서 구하는 경우의 수는

$6 \times 24 = 144$

> 🅐 144

03

1부터 8까지의 자연수를 일렬로 나열할 때, 홀수와 짝수가 번갈아 오는 경우는 (홀, 짝, 홀, 짝, 홀, 짝, 홀, 짝),

(짝, 홀, 짝, 홀, 짝, 홀, 짝, 홀)의 2가지이므로

구하는 경우의 수는

$(4! \times 4!) \times 2 = 24 \times 24 \times 2 = 1152$

> 🅐 1152

04

a와 y 사이에 나머지 5개의 문자 중 2개를 택하여 나열하는 경우의 수는

$_5P_2 = 5 \times 4 = 20$

이때 a와 y가 자리를 바꾸는 경우의 수는 $2! = 2$

'a□□y'를 한 묶음으로 생각하여 4개의 문자를 일렬로 나열하는 경우의 수는 $4! = 24$

따라서 구하는 경우의 수는

$20 \times 2 \times 24 = 960$

> 🅐 960

05

세 자리 자연수가 3의 배수가 되려면 각 자리의 숫자의 합이 3의 배수이어야 한다.

(i) 각 자리의 숫자의 합이 6인 경우

(1, 2, 3)이므로 만들 수 있는 자연수의 개수는 $3! = 6$

(ii) 각 자리의 숫자의 합이 9인 경우

(1, 2, 6) 또는 (1, 3, 5) 또는 (2, 3, 4)이므로 만들 수 있는 자연수의 개수는 $3 \times 3! = 18$

(iii) 각 자리의 숫자의 합이 12인 경우

(1, 5, 6) 또는 (2, 4, 6) 또는 (3, 4, 5)이므로 만들 수 있는 자연수의 개수는 $3 \times 3! = 18$

(iv) 각 자리의 숫자의 합이 15인 경우

(4, 5, 6)이므로 만들 수 있는 자연수의 개수는 $3! = 6$

(i)~(iv)에서 구하는 3의 배수의 개수는

$6 + 18 + 18 + 6 = 48$

달 48

06

$1\square\square\square$ 꼴인 자연수의 개수는 $4!=24$
$2\square\square\square$ 꼴인 자연수의 개수는 $4!=24$
$30\square\square$ 꼴인 자연수의 개수는 $3!=6$
$31\square\square$ 꼴인 자연수의 개수는 $3!=6$
$32\square\square$ 꼴인 자연수의 개수는 $3!=6$
$340\square$ 꼴인 자연수의 개수는 $2!=2$
$341\square$ 꼴인 자연수의 개수는 $2!=2$
이때 $24+24+6+6+6+2+2=70$이므로 70번째로 작은 수는 34120이다.

답 34120

07

$_n\mathrm{P}_2+4\times {_n\mathrm{C}_2}=36$에서
$$n(n-1)+4\times\frac{n(n-1)}{2\times 1}=36$$
$$n^2-n+2n^2-2n=36$$
$$3n^2-3n-36=0,\ n^2-n-12=0$$
$$(n+3)(n-4)=0$$
이때 $n\geq 2$이므로 $n=4$

답 4

08

서로 다른 수필집 5권 중에서 3권을 선택하는 경우의 수는
$$_5\mathrm{C}_3={_5\mathrm{C}_2}=\frac{5\times 4}{2\times 1}=10$$
서로 다른 시집 n권 중에서 3권을 선택하는 경우의 수는
$$_n\mathrm{C}_3$$
이때 3권의 책이 같은 종류인 경우의 수가 66이므로
$$10+{_n\mathrm{C}_3}=66,\ _n\mathrm{C}_3=56$$
$$\frac{n(n-1)(n-2)}{3\times 2\times 1}=56$$
$$n(n-1)(n-2)=336=8\times 7\times 6$$
$$\therefore n=8$$

답 8

09

10명 중에서 3명을 뽑는 경우의 수는
$$_{10}\mathrm{C}_3=\frac{10\times 9\times 8}{3\times 2\times 1}=120$$

남학생만 3명을 뽑는 경우의 수는
$$_5\mathrm{C}_3={_5\mathrm{C}_2}=\frac{5\times 4}{2\times 1}=10$$
여학생만 3명을 뽑는 경우의 수는
$$_5\mathrm{C}_3={_5\mathrm{C}_2}=\frac{5\times 4}{2\times 1}=10$$
따라서 구하는 경우의 수는
$$120-10-10=100$$

답 100

10

6을 뽑았다고 생각하고 나머지 8개의 자연수 중에서 2개를 뽑는 경우의 수는
$$_8\mathrm{C}_2=\frac{8\times 7}{2\times 1}=28$$
뽑은 3개의 숫자를 일렬로 나열하는 경우의 수는
$$3!=6$$
따라서 구하는 자연수의 개수는
$$28\times 6=168$$

답 168

11

오른쪽 그림과 같이 평행한 직선들을 각각 A, B, C라 하면

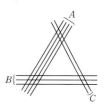

(i) A의 평행선 4개 중에서 2개, B의 평행선 3개 중에서 1개, C의 평행선 2개 중에서 1개를 택하는 경우의 수는
$$_4\mathrm{C}_2\times {_3\mathrm{C}_1}\times {_2\mathrm{C}_1}=\frac{4\times 3}{2\times 1}\times 3\times 2=6\times 3\times 2=36$$

(ii) B의 평행선 3개 중에서 2개, A의 평행선 4개 중에서 1개, C의 평행선 2개 중에서 1개를 택하는 경우의 수는
$$_3\mathrm{C}_2\times {_4\mathrm{C}_1}\times {_2\mathrm{C}_1}={_3\mathrm{C}_1}\times {_4\mathrm{C}_1}\times {_2\mathrm{C}_1}=3\times 4\times 2=24$$

(iii) C의 평행선 2개 중에서 2개, A의 평행선 4개 중에서 1개, B의 평행선 3개 중에서 1개를 택하는 경우의 수는
$$_2\mathrm{C}_2\times {_4\mathrm{C}_1}\times {_3\mathrm{C}_1}=1\times 4\times 3=12$$

(i)~(iii)에서 구하는 평행사변형이 아닌 사다리꼴의 개수는
$$36+24+12=72$$

답 72

12

9개의 빵을 2개, 2개, 5개씩 세 묶음으로 나누는 경우의 수는

$$_9C_2 \times _7C_2 \times _5C_5 \times \frac{1}{2!} = \frac{9 \times 8}{2 \times 1} \times \frac{7 \times 6}{2 \times 1} \times 1 \times \frac{1}{2}$$

$$= 36 \times 21 \times 1 \times \frac{1}{2} = 378$$

세 묶음으로 나누어진 빵을 3명에게 각각 한 묶음씩 나누어주는 경우의 수는 $3! = 6$

따라서 구하는 경우의 수는

$378 \times 6 = 2268$

답 2268

13

두 학생 A, B가 앉는 줄을 택하는 경우의 수는 2

한 줄에 놓인 3개의 좌석 중 두 학생 A, B가 앉는 2개의 좌석을 선택하는 경우의 수는

$_3P_2 = 3 \times 2 = 6$

두 학생 A, B가 앉은 줄의 맞은 편에 세 학생이 앉는 경우의 수는 $3! = 6$

따라서 구하는 경우의 수는

$2 \times 6 \times 6 = 72$

답 ⑤

14

세 자리의 자연수 중 각 자리의 숫자의 곱이 10의 배수가 되려면 세 자리 중 한 자리에는 반드시 5가 들어가야 하고, 나머지 두 자리 중 적어도 한 자리에는 2의 배수, 즉 2, 4, 6, 8 중 하나가 들어가야 한다.

(i) 5□□ 꼴인 경우

십의 자리에 2, 4, 6, 8 중 하나, 일의 자리에 1, 3, 7, 9 중 하나가 들어가는 경우의 수는

$_4P_1 \times _4P_1 = 4 \times 4 = 16$

십의 자리에 1, 3, 7, 9 중 하나, 일의 자리에 2, 4, 6, 8 중 하나가 들어가는 경우의 수는

$_4P_1 \times _4P_1 = 4 \times 4 = 16$

십의 자리와 일의 자리에 2, 4, 6, 8 중 두 개의 숫자가 들어가는 경우의 수는

$_4P_2 = 4 \times 3 = 12$

따라서 구하는 자연수의 개수는

$16 + 16 + 12 = 44$

(ii) □5□, □□5 꼴인 경우

(i)과 같은 방법으로 하면 각 경우의 자연수의 개수는 44이다.

(i), (ii)에서 구하는 자연수의 개수는

$44 + 44 + 44 = 132$

답 132

15

(i) a, b가 서로 이웃하는 경우

a, b를 한 묶음으로 생각하여 4개의 문자를 일렬로 나열하는 경우의 수는 $4! = 24$,

a와 b가 자리를 바꾸는 경우의 수는 $2! = 2$

따라서 구하는 경우의 수는

$24 \times 2 = 48$

(ii) a, e가 서로 이웃하는 경우

(i)과 같은 방법으로 하면 구하는 경우의 수는 48

(iii) a와 b, a와 e가 모두 서로 이웃하는 경우

a, b, e가 bae의 순서로 서로 이웃하는 경우의 수는

$3! = 6$ ← $\boxed{bae}$, c, d를 일렬로 나열하는 경우의 수

a, b, e가 eab의 순서로 서로 이웃하는 경우의 수는

$3! = 6$ ← $\boxed{eab}$, c, d를 일렬로 나열하는 경우의 수

따라서 구하는 경우의 수는

$6 + 6 = 12$

(i)~(iii)에서 구하는 경우의 수는

$48 + 48 - 12 = 84$

답 84

16

28명이 서로 악수를 하는 경우의 수는

$$_{28}C_2 = \frac{28 \times 27}{2 \times 1} = 378$$

부부끼리 악수를 하는 경우의 수는 14

14명의 부인이 서로 악수를 하는 경우의 수는

$$_{14}C_2 = \frac{14 \times 13}{2 \times 1} = 91$$

따라서 구하는 악수의 총 횟수는

$378 - 14 - 91 = 273$

답 273

17

정팔각형의 세 꼭짓점을 이어서 만들 수 있는 삼각형의 개수는

$$_8C_3 = \frac{8 \times 7 \times 6}{3 \times 2 \times 1} = 56$$

(ⅰ) 정팔각형과 한 변을 공유하는 삼각
형의 개수
변 AB를 공유할 때, 나머지 한 꼭
짓점은 D, E, F, G 중 하나를 택
하면 되므로 이때의 경우의 수는 4
변 BC, 변 CD, …, 변 HA도 같
은 방법으로 하면 되므로 정팔각형과 한 변을 공유하는 삼
각형의 개수는
$$8 \times 4 = 32$$

(ⅱ) 정팔각형과 두 변을 공유하는 삼각형의 개수
삼각형 ABC, BCD, …, HAB의 8
(ⅰ), (ⅱ)에서 구하는 삼각형의 개수는
$$56 - 32 - 8 = 16$$

답 16

18

사각형 ABCD에서 5개의 가로줄
중 2개, 4개의 세로줄 중 2개를 택
하면 하나의 직사각형이 만들어지
므로 이때의 직사각형의 개수는

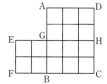

$$_5C_2 \times _4C_2 = \frac{5 \times 4}{2 \times 1} \times \frac{4 \times 3}{2 \times 1}$$
$$= 10 \times 6 = 60$$

사각형 EFCH에서 3개의 가로줄 중 2개, 6개의 세로줄 중
2개를 택하면 하나의 직사각형이 만들어지므로 이때의 직사
각형의 개수는
$$_3C_2 \times _6C_2 = _3C_1 \times _6C_2 = 3 \times \frac{6 \times 5}{2 \times 1} = 3 \times 15 = 45$$

이때 겹쳐진 부분인 사각형 GBCH에서 3개의 가로줄 중
2개, 4개의 세로줄 중 2개를 택하면 하나의 직사각형이 만들
어지므로 이때의 직사각형의 개수는
$$_3C_2 \times _4C_2 = _3C_1 \times _4C_2 = 3 \times \frac{4 \times 3}{2 \times 1} = 3 \times 6 = 18$$

따라서 구하는 직사각형의 개수는
$$60 + 45 - 18 = 87$$

답 87

19

3이 적힌 카드가 3장이고, 조건 (가), (나)에 의하여 3끼리는 서
로 이웃하지 않도록 배열하여 만든 다섯 자리의 자연수에는
3이 최대 세 개 포함될 수 있다.

(ⅰ) 3이 포함되지 않는 경우
첫 번째 자리에는 0이 올 수 없으므로 구하는 경우의 수는
$$4 \times 4! = 4 \times 24 = 96$$

(ⅱ) 3이 한 개 포함되는 경우
3으로 시작되는 다섯 자리 자연수의 개수는
$$_5P_4 = 5 \times 4 \times 3 \times 2 = 120$$
3이 아닌 수로 시작되는 경우는 □3□□□, □□3□□,
□□□3□, □□□□3의 4가지이고, 첫 번째 자리에는 0
이 올 수 없으므로
$$4 \times (4 \times _4P_3) = 4 \times (4 \times 4 \times 3 \times 2) = 384$$
따라서 구하는 경우의 수는
$$120 + 384 = 504$$

(ⅲ) 3이 두 개 포함되는 경우
3으로 시작되는 경우는 3□3□□, 3□□3□, 3□□□3의
3가지이므로
$$3 \times _5P_3 = 3 \times 5 \times 4 \times 3 = 180$$
3이 아닌 수로 시작되는 경우는 □3□3□, □3□□3,
□□3□3의 3가지이고, 첫 번째 자리에는 0이 올 수 없으
므로
$$3 \times (4 \times _4P_2) = 3 \times (4 \times 4 \times 3) = 144$$
따라서 구하는 경우의 수는
$$180 + 144 = 324$$

(ⅳ) 3이 세 개 포함되는 경우
3□3□3의 1가지이므로 구하는 경우의 수는
$$_5P_2 = 5 \times 4 = 20$$

(ⅰ)~(ⅳ)에서 조건을 만족시키는 자연수의 개수는
$$96 + 504 + 324 + 20 = 944$$

답 944

20

조건 (가)에서 선택한 2개의 숫자가 서로 다른 가로줄에 있어야
하므로 3개의 가로줄 중 2개를 택하는 경우의 수는
$$_3C_2 = _3C_1 = 3$$
선택한 2개의 가로줄 중 한 줄에 있는 3개의 수에서 1개의 수
를 택하는 경우의 수는
$$_3C_1 = 3$$
조건 (나)에서 선택한 2개의 숫자가 서로 다른 세로줄에 있어야
하므로 나머지 가로줄에서 이미 택한 수와 다른 열에 있는
1개의 수를 택하는 경우의 수는
$$_2C_1 = 2$$
따라서 조건을 만족시키도록 2개의 숫자를 선택하는 경우의
수는 $3 \times 3 \times 2 = 18$

답 ④

Ⅳ. 행렬

12 행렬

01 행렬

개념 CHECK

본문 447쪽

01 (1) $\begin{pmatrix} 4 & 0 & -2 \end{pmatrix}$ (2) $\begin{pmatrix} -3 \\ 1 \\ 4 \end{pmatrix}$ (3) 1 (4) 5

02 $\begin{pmatrix} 3 & 5 & 7 \\ 4 & 6 & 8 \end{pmatrix}$ **03** $a=4, b=5, c=-3$

01

(3) $(2, 1)$ 성분은 제2행과 제1열이 만나는 곳에 위치한 성분이므로 1이다.

(4) $(1, 3)$ 성분은 제1행과 제3열이 만나는 곳에 위치한 성분이므로 5이다.

답 (1) $\begin{pmatrix} 4 & 0 & -2 \end{pmatrix}$ (2) $\begin{pmatrix} -3 \\ 1 \\ 4 \end{pmatrix}$ (3) 1 (4) 5

02

$a_{ij}=i+2j$에 $i=1, 2$, $j=1, 2, 3$을 각각 대입하면

$a_{11}=1+2\times1=3$, $a_{12}=1+2\times2=5$

$a_{13}=1+2\times3=7$, $a_{21}=2+2\times1=4$

$a_{22}=2+2\times2=6$, $a_{23}=2+2\times3=8$

이를 행렬로 나타내면

$A=\begin{pmatrix} a_{11} & a_{12} & a_{13} \\ a_{21} & a_{22} & a_{23} \end{pmatrix}=\begin{pmatrix} 3 & 5 & 7 \\ 4 & 6 & 8 \end{pmatrix}$

답 $\begin{pmatrix} 3 & 5 & 7 \\ 4 & 6 & 8 \end{pmatrix}$

03

두 행렬이 서로 같으려면 두 행렬의 대응하는 성분이 각각 같아야 하므로

$2a=8$, $-3=c$, $b+1=6$

$\therefore a=4, b=5, c=-3$

답 $a=4, b=5, c=-3$

본문 448~451쪽

유제

01-1 (1) $\begin{pmatrix} 3 & 0 & -5 \\ 9 & 6 & 1 \end{pmatrix}$ (2) 8

01-2 $\begin{pmatrix} 2 & 5 & 8 \\ 3 & 7 & 11 \end{pmatrix}$

01-3 (1) $\begin{pmatrix} 1 & -4 & -5 \\ 4 & 1 & -7 \\ 5 & 7 & 1 \end{pmatrix}$ (2) -2

01-4 $\begin{pmatrix} 0 & 2 & 1 \\ 0 & 0 & 1 \\ 1 & 0 & 1 \end{pmatrix}$ **02-1** $a=2, b=1, c=3$

02-2 $x=3, y=-5$ **02-3** -2

02-4 -10

01-1

(1) $a_{ij}=i^2-j^2+3i$에 $i=1, 2$, $j=1, 2, 3$을 각각 대입하면

$a_{11}=1^2-1^2+3\times1=3$, $a_{12}=1^2-2^2+3\times1=0$

$a_{13}=1^2-3^2+3\times1=-5$

$a_{21}=2^2-1^2+3\times2=9$, $a_{22}=2^2-2^2+3\times2=6$

$a_{23}=2^2-3^2+3\times2=1$

$\therefore A=\begin{pmatrix} 3 & 0 & -5 \\ 9 & 6 & 1 \end{pmatrix}$

(2) (ⅰ) $i \geq j$이면 $a_{ij}=i+j-1$이므로

$a_{11}=1+1-1=1$, $a_{21}=2+1-1=2$

$a_{22}=2+2-1=3$

(ⅱ) $i < j$이면 $a_{ij}=i\times j$이므로 $a_{12}=1\times2=2$

(ⅰ), (ⅱ)에서 $A=\begin{pmatrix} 1 & 2 \\ 2 & 3 \end{pmatrix}$

따라서 행렬 A의 모든 성분의 합은

$1+2+2+3=8$

답 (1) $\begin{pmatrix} 3 & 0 & -5 \\ 9 & 6 & 1 \end{pmatrix}$ (2) 8

01-2

$a_{ij}=2i+i\times j-1$에 $i=1, 2, 3$, $j=1, 2$를 각각 대입하면

$a_{11}=2\times1+1\times1-1=2$, $a_{12}=2\times1+1\times2-1=3$

$a_{21}=2\times2+2\times1-1=5$, $a_{22}=2\times2+2\times2-1=7$

$a_{31}=2\times3+3\times1-1=8$, $a_{32}=2\times3+3\times2-1=11$

따라서 $b_{11}=a_{11}=2$, $b_{12}=a_{21}=5$, $b_{13}=a_{31}=8$,

$b_{21}=a_{12}=3$, $b_{22}=a_{22}=7$, $b_{23}=a_{32}=11$이므로

$B=\begin{pmatrix} 2 & 5 & 8 \\ 3 & 7 & 11 \end{pmatrix}$

답 $\begin{pmatrix} 2 & 5 & 8 \\ 3 & 7 & 11 \end{pmatrix}$

01-3

(1) (i) $i > j$이면 $a_{ij} = i + 2j$이므로

$a_{21} = 2 + 2 \times 1 = 4$, $a_{31} = 3 + 2 \times 1 = 5$

$a_{32} = 3 + 2 \times 2 = 7$

(ii) $i = j$이면 $a_{ij} = 1$이므로

$a_{11} = 1$, $a_{22} = 1$, $a_{33} = 1$

(iii) $i < j$이면 $a_{ij} = -a_{ji}$이므로

$a_{12} = -a_{21} = -4$, $a_{13} = -a_{31} = -5$

$a_{23} = -a_{32} = -7$

(i)~(iii)에서 $A = \begin{pmatrix} 1 & -4 & -5 \\ 4 & 1 & -7 \\ 5 & 7 & 1 \end{pmatrix}$

(2) (1)에서 행렬 A의 제2행의 모든 성분의 합은

$a_{21} + a_{22} + a_{23} = 4 + 1 + (-7) = -2$

🔲 (1) $\begin{pmatrix} 1 & -4 & -5 \\ 4 & 1 & -7 \\ 5 & 7 & 1 \end{pmatrix}$ (2) -2

01-4

도시 P_1에서 도시 P_1로 가는 도로는 없으므로

$a_{11} = 0$

도시 P_1에서 도시 P_2로 가는 도로의 수는 2이므로

$a_{12} = 2$

도시 P_1에서 도시 P_3으로 가는 도로의 수는 1이므로

$a_{13} = 1$

도시 P_2에서 도시 P_1로 가는 도로는 없으므로

$a_{21} = 0$

도시 P_2에서 도시 P_2로 가는 도로는 없으므로

$a_{22} = 0$

도시 P_2에서 도시 P_3으로 가는 도로의 수는 1이므로

$a_{23} = 1$

도시 P_3에서 도시 P_1로 가는 도로의 수는 1이므로

$a_{31} = 1$

도시 P_3에서 도시 P_2로 가는 도로는 없으므로

$a_{32} = 0$

도시 P_3에서 도시 P_3으로 가는 도로의 수는 1이므로

$a_{33} = 1$

$\therefore A = \begin{pmatrix} 0 & 2 & 1 \\ 0 & 0 & 1 \\ 1 & 0 & 1 \end{pmatrix}$

🔲 $\begin{pmatrix} 0 & 2 & 1 \\ 0 & 0 & 1 \\ 1 & 0 & 1 \end{pmatrix}$

02-1

두 행렬이 서로 같으면 대응하는 성분이 각각 같으므로

$a^2 + 1 = 5$, $a^2 = 4$ ∴ $a = \pm 2$ ······ ㉠

$c = 3b$ ······ ㉡

$b - 2 = -1$ ∴ $b = 1$

$b = 1$을 ㉡에 대입하면 $c = 3$

$a^2 + a - 3 = bc$ ······ ㉢

$b = 1$, $c = 3$을 ㉢에 대입하면 $a^2 + a - 3 = 3$

$a^2 + a - 6 = 0$, $(a + 3)(a - 2) = 0$

∴ $a = -3$ 또는 $a = 2$ ······ ㉣

㉠, ㉣을 모두 만족시키는 a의 값은

$a = 2$

🔲 $a = 2$, $b = 1$, $c = 3$

02-2

두 행렬이 서로 같으면 대응하는 성분이 각각 같으므로

$x^2 = 9$ ∴ $x = \pm 3$

$-2 = x + y$ ······ ㉠

$-15 = xy$ ······ ㉡

$y^2 - 3 = 22$, $y^2 = 25$ ∴ $y = \pm 5$

㉠, ㉡을 모두 만족시키는 x, y의 값은 $x = 3$, $y = -5$

🔲 $x = 3$, $y = -5$

02-3

$a_{ij} = pi + qj$에서

$a_{11} = p + q$, $a_{12} = p + 2q$, $a_{21} = 2p + q$, $a_{22} = 2p + 2q$

$\therefore A = \begin{pmatrix} p+q & p+2q \\ 2p+q & 2p+2q \end{pmatrix}$

$b_{ij} = \begin{cases} (-1)^i - j & (i \neq j) \\ -i & (i = j) \end{cases}$에서

$b_{11} = -1$, $b_{12} = (-1)^1 - 2 = -3$

$b_{21} = (-1)^2 - 1 = 0$, $b_{22} = -2$

$\therefore B = \begin{pmatrix} -1 & -3 \\ 0 & -2 \end{pmatrix}$

두 행렬이 서로 같으면 대응하는 성분이 각각 같으므로

$p + q = -1$, $2p + q = 0$

두 식을 연립하여 풀면

$p = 1$, $q = -2$

$\therefore pq = 1 \times (-2) = -2$

🔲 -2

02-4

두 행렬이 서로 같으면 대응하는 성분이 각각 같으므로

$ab=-2$ ...... ㉠

$3=cd$ ...... ㉡

$30=c^2+d^2$ ...... ㉢

$a^2+b^2=20$ ...... ㉣

㉠, ㉣에서

$(a+b)^2=a^2+b^2+2ab=20+2\times(-2)=16$

$\therefore a+b=\pm4$

㉡, ㉢에서

$(c+d)^2=c^2+d^2+2cd=30+2\times3=36$

$\therefore c+d=\pm6$

따라서 $a+b+c+d$의 최솟값은

$(-4)+(-6)=-10$

답 -10

---

02 행렬의 덧셈, 뺄셈과 실수배

개념 CHECK

본문 457쪽

01 (1) $\begin{pmatrix} 5 & -3 \\ -4 & 0 \end{pmatrix}$ (2) $\begin{pmatrix} -1 & -3 \\ 4 & 2 \end{pmatrix}$

(3) $\begin{pmatrix} 4 & -6 \\ 0 & 2 \end{pmatrix}$ (4) $\begin{pmatrix} 12 & -9 \\ -8 & 1 \end{pmatrix}$

02 $\begin{pmatrix} -1 & -2 \\ 3 & -7 \end{pmatrix}$ **03** $\begin{pmatrix} -5 & -2 \\ -7 & 5 \end{pmatrix}$

04 $\begin{pmatrix} 4 & 8 \\ 1 & 5 \end{pmatrix}$

01

(1) $A+B=\begin{pmatrix} 2 & -3 \\ 0 & 1 \end{pmatrix}+\begin{pmatrix} 3 & 0 \\ -4 & -1 \end{pmatrix}=\begin{pmatrix} 5 & -3 \\ -4 & 0 \end{pmatrix}$

(2) $A-B=\begin{pmatrix} 2 & -3 \\ 0 & 1 \end{pmatrix}-\begin{pmatrix} 3 & 0 \\ -4 & -1 \end{pmatrix}=\begin{pmatrix} -1 & -3 \\ 4 & 2 \end{pmatrix}$

(3) $2A=2\begin{pmatrix} 2 & -3 \\ 0 & 1 \end{pmatrix}=\begin{pmatrix} 4 & -6 \\ 0 & 2 \end{pmatrix}$

(4) $3A+2B=3\begin{pmatrix} 2 & -3 \\ 0 & 1 \end{pmatrix}+2\begin{pmatrix} 3 & 0 \\ -4 & -1 \end{pmatrix}$

$=\begin{pmatrix} 6 & -9 \\ 0 & 3 \end{pmatrix}+\begin{pmatrix} 6 & 0 \\ -8 & -2 \end{pmatrix}=\begin{pmatrix} 12 & -9 \\ -8 & 1 \end{pmatrix}$

답 (1) $\begin{pmatrix} 5 & -3 \\ -4 & 0 \end{pmatrix}$ (2) $\begin{pmatrix} -1 & -3 \\ 4 & 2 \end{pmatrix}$

(3) $\begin{pmatrix} 4 & -6 \\ 0 & 2 \end{pmatrix}$ (4) $\begin{pmatrix} 12 & -9 \\ -8 & 1 \end{pmatrix}$

02

$A+X=O$에서 $X=-A$이므로

$X=\begin{pmatrix} -1 & -2 \\ 3 & -7 \end{pmatrix}$

답 $\begin{pmatrix} -1 & -2 \\ 3 & -7 \end{pmatrix}$

03

$2(3A-B)-5A$를 전개한 후 간단히 하면

$2(3A-B)-5A=6A-2B-5A$

$=A-2B$ ...... ㉠

㉠에 $A=\begin{pmatrix} 3 & 2 \\ -5 & 1 \end{pmatrix}$, $B=\begin{pmatrix} 4 & 2 \\ 1 & -2 \end{pmatrix}$를 대입하여 계산하면

$A-2B=\begin{pmatrix} 3 & 2 \\ -5 & 1 \end{pmatrix}-2\begin{pmatrix} 4 & 2 \\ 1 & -2 \end{pmatrix}$

$=\begin{pmatrix} 3 & 2 \\ -5 & 1 \end{pmatrix}-\begin{pmatrix} 8 & 4 \\ 2 & -4 \end{pmatrix}$

$=\begin{pmatrix} -5 & -2 \\ -7 & 5 \end{pmatrix}$

답 $\begin{pmatrix} -5 & -2 \\ -7 & 5 \end{pmatrix}$

04

$2(X-A)=X+B$를 X에 대하여 정리하면

$2X-2A=X+B$ $\therefore X=2A+B$ ...... ㉠

㉠에 $A=\begin{pmatrix} 3 & 1 \\ 1 & 4 \end{pmatrix}$, $B=\begin{pmatrix} -2 & 6 \\ -1 & -3 \end{pmatrix}$을 대입하여 계산하면

$X=2A+B$

$=2\begin{pmatrix} 3 & 1 \\ 1 & 4 \end{pmatrix}+\begin{pmatrix} -2 & 6 \\ -1 & -3 \end{pmatrix}$

$=\begin{pmatrix} 6 & 2 \\ 2 & 8 \end{pmatrix}+\begin{pmatrix} -2 & 6 \\ -1 & -3 \end{pmatrix}=\begin{pmatrix} 4 & 8 \\ 1 & 5 \end{pmatrix}$

답 $\begin{pmatrix} 4 & 8 \\ 1 & 5 \end{pmatrix}$

유제

03-1 (1) $\begin{pmatrix} -3 & 4 \\ 16 & -1 \end{pmatrix}$ (2) $\begin{pmatrix} 7 & 15 \\ -5 & 7 \end{pmatrix}$

03-2 -7 **03-3** $A=\begin{pmatrix} -1 & 2 \\ 2 & 4 \end{pmatrix}, B=\begin{pmatrix} 2 & 2 \\ 3 & -2 \end{pmatrix}$

03-4 6   **04-1** (1) 5 (2) -6 **04-2** 2

04-3 3   **04-4** 5

03-1

(1) $2(A-2B)+7B$를 전개한 후 간단히 하면

$$2(A-2B)+7B=2A-4B+7B$$
$$=2A+3B \quad \cdots\cdots ㉠$$

㉠에 $A=\begin{pmatrix} -3 & 5 \\ 2 & 1 \end{pmatrix}, B=\begin{pmatrix} 1 & -2 \\ 4 & -1 \end{pmatrix}$을 대입하여 계산하면

$$2A+3B=2\begin{pmatrix} -3 & 5 \\ 2 & 1 \end{pmatrix}+3\begin{pmatrix} 1 & -2 \\ 4 & -1 \end{pmatrix}$$
$$=\begin{pmatrix} -6 & 10 \\ 4 & 2 \end{pmatrix}+\begin{pmatrix} 3 & -6 \\ 12 & -3 \end{pmatrix}$$
$$=\begin{pmatrix} -3 & 4 \\ 16 & -1 \end{pmatrix}$$

(2) $2(X-A)-3B=X-3A$를 X에 대하여 정리하면

$$2X-2A-3B=X-3A$$
$$\therefore X=-A+3B \quad \cdots\cdots ㉠$$

㉠에 $A=\begin{pmatrix} 2 & 0 \\ -1 & 5 \end{pmatrix}, B=\begin{pmatrix} 3 & 5 \\ -2 & 4 \end{pmatrix}$를 대입하여 계산하면

$$X=-A+3B=-\begin{pmatrix} 2 & 0 \\ -1 & 5 \end{pmatrix}+3\begin{pmatrix} 3 & 5 \\ -2 & 4 \end{pmatrix}$$
$$=\begin{pmatrix} -2 & 0 \\ 1 & -5 \end{pmatrix}+\begin{pmatrix} 9 & 15 \\ -6 & 12 \end{pmatrix}$$
$$=\begin{pmatrix} 7 & 15 \\ -5 & 7 \end{pmatrix}$$

답 (1) $\begin{pmatrix} -3 & 4 \\ 16 & -1 \end{pmatrix}$ (2) $\begin{pmatrix} 7 & 15 \\ -5 & 7 \end{pmatrix}$

03-2

$3X-2A=X+2(A-B)$를 X에 대하여 정리하면

$$3X-2A=X+2A-2B, \quad 2X=4A-2B$$
$$\therefore X=2A-B \quad \cdots\cdots ㉠$$

㉠에 $A=\begin{pmatrix} 3 & -4 \\ 0 & 1 \end{pmatrix}, B=\begin{pmatrix} 1 & 2 \\ -3 & 7 \end{pmatrix}$을 대입하여 계산하면

$$X=2A-B=2\begin{pmatrix} 3 & -4 \\ 0 & 1 \end{pmatrix}-\begin{pmatrix} 1 & 2 \\ -3 & 7 \end{pmatrix}$$
$$=\begin{pmatrix} 6 & -8 \\ 0 & 2 \end{pmatrix}-\begin{pmatrix} 1 & 2 \\ -3 & 7 \end{pmatrix}$$
$$=\begin{pmatrix} 5 & -10 \\ 3 & -5 \end{pmatrix}$$

따라서 행렬 X의 모든 성분의 합은

$$5+(-10)+3+(-5)=-7$$

답 -7

03-3

$$A+B=\begin{pmatrix} 1 & 4 \\ 5 & 2 \end{pmatrix} \quad \cdots\cdots ㉠$$

$$A-B=\begin{pmatrix} -3 & 0 \\ -1 & 6 \end{pmatrix} \quad \cdots\cdots ㉡$$

㉠+㉡을 하면

$$(A+B)+(A-B)=\begin{pmatrix} 1 & 4 \\ 5 & 2 \end{pmatrix}+\begin{pmatrix} -3 & 0 \\ -1 & 6 \end{pmatrix}$$
$$2A=\begin{pmatrix} -2 & 4 \\ 4 & 8 \end{pmatrix} \quad \therefore A=\begin{pmatrix} -1 & 2 \\ 2 & 4 \end{pmatrix} \quad \cdots\cdots ㉢$$

㉢을 ㉠에 대입하면

$$\begin{pmatrix} -1 & 2 \\ 2 & 4 \end{pmatrix}+B=\begin{pmatrix} 1 & 4 \\ 5 & 2 \end{pmatrix}$$
$$\therefore B=\begin{pmatrix} 1 & 4 \\ 5 & 2 \end{pmatrix}-\begin{pmatrix} -1 & 2 \\ 2 & 4 \end{pmatrix}=\begin{pmatrix} 2 & 2 \\ 3 & -2 \end{pmatrix}$$

다른 풀이

행렬 B를 구할 때에는 ㉠-㉡을 계산해서 구할 수도 있다.

㉠-㉡을 하면

$$(A+B)-(A-B)=\begin{pmatrix} 1 & 4 \\ 5 & 2 \end{pmatrix}-\begin{pmatrix} -3 & 0 \\ -1 & 6 \end{pmatrix}$$
$$2B=\begin{pmatrix} 4 & 4 \\ 6 & -4 \end{pmatrix} \quad \therefore B=\begin{pmatrix} 2 & 2 \\ 3 & -2 \end{pmatrix}$$

답 $A=\begin{pmatrix} -1 & 2 \\ 2 & 4 \end{pmatrix}, B=\begin{pmatrix} 2 & 2 \\ 3 & -2 \end{pmatrix}$

03-4

주어진 조건에서

$$X-3Y=\begin{pmatrix} 3 & 0 \\ 1 & 2 \end{pmatrix} \quad \cdots\cdots ㉠$$

$$2X-Y=\begin{pmatrix} 6 & 5 \\ 7 & 14 \end{pmatrix} \quad \cdots\cdots ㉡$$

$2 \times \text{㉠} - \text{㉡}$을 하면

$$2(X-3Y)-(2X-Y)=2\begin{pmatrix} 3 & 0 \\ 1 & 2 \end{pmatrix}-\begin{pmatrix} 6 & 5 \\ 7 & 14 \end{pmatrix}$$

$$-5Y=\begin{pmatrix} 6 & 0 \\ 2 & 4 \end{pmatrix}-\begin{pmatrix} 6 & 5 \\ 7 & 14 \end{pmatrix}=\begin{pmatrix} 0 & -5 \\ -5 & -10 \end{pmatrix}$$

$$\therefore Y=\begin{pmatrix} 0 & 1 \\ 1 & 2 \end{pmatrix} \qquad \cdots\cdots \text{㉢}$$

㉢을 ㉠에 대입하면

$$X-3\begin{pmatrix} 0 & 1 \\ 1 & 2 \end{pmatrix}=\begin{pmatrix} 3 & 0 \\ 1 & 2 \end{pmatrix}$$

$$\therefore X=\begin{pmatrix} 3 & 0 \\ 1 & 2 \end{pmatrix}+3\begin{pmatrix} 0 & 1 \\ 1 & 2 \end{pmatrix}$$

$$=\begin{pmatrix} 3 & 0 \\ 1 & 2 \end{pmatrix}+\begin{pmatrix} 0 & 3 \\ 3 & 6 \end{pmatrix}=\begin{pmatrix} 3 & 3 \\ 4 & 8 \end{pmatrix}$$

$$\therefore X-Y=\begin{pmatrix} 3 & 3 \\ 4 & 8 \end{pmatrix}-\begin{pmatrix} 0 & 1 \\ 1 & 2 \end{pmatrix}=\begin{pmatrix} 3 & 2 \\ 3 & 6 \end{pmatrix}$$

따라서 $X-Y$의 성분 중에서 최댓값은 6이다.

[다른 풀이]

㉢에서 $2Y=\begin{pmatrix} 0 & 2 \\ 2 & 4 \end{pmatrix}$ $\qquad \cdots\cdots$ ㉣

㉠+㉣을 하면

$$X-3Y+2Y=\begin{pmatrix} 3 & 0 \\ 1 & 2 \end{pmatrix}+\begin{pmatrix} 0 & 2 \\ 2 & 4 \end{pmatrix}$$

$$\therefore X-Y=\begin{pmatrix} 3 & 2 \\ 3 & 6 \end{pmatrix}$$

따라서 $X-Y$의 성분 중에서 최댓값은 6이다.

답 6

04-1

(1) $2\begin{pmatrix} x & 2 \\ 3 & y \end{pmatrix}-5\begin{pmatrix} 1 & x \\ y & 2 \end{pmatrix}=\begin{pmatrix} -3 & -1 \\ -4 & -6 \end{pmatrix}$에서

$$\begin{pmatrix} 2x & 4 \\ 6 & 2y \end{pmatrix}-\begin{pmatrix} 5 & 5x \\ 5y & 10 \end{pmatrix}=\begin{pmatrix} -3 & -1 \\ -4 & -6 \end{pmatrix}$$

$$\begin{pmatrix} 2x-5 & 4-5x \\ 6-5y & 2y-10 \end{pmatrix}=\begin{pmatrix} -3 & -1 \\ -4 & -6 \end{pmatrix}$$

두 행렬이 서로 같을 조건에 의하여

$2x-5=-3$ $\qquad \cdots\cdots$ ㉠

$6-5y=-4$ $\qquad \cdots\cdots$ ㉡

㉠에서 $2x=2$ $\quad \therefore x=1$

㉡에서 $5y=10$ $\quad \therefore y=2$

$\therefore x^2+y^2=1^2+2^2=5$

(2) $xA+yB=\begin{pmatrix} 1 & 4 \\ -9 & -1 \end{pmatrix}$을 만족시키므로 행렬 A, B를 대입하여 정리하면

$$x\begin{pmatrix} 1 & 0 \\ -1 & 3 \end{pmatrix}+y\begin{pmatrix} 1 & -2 \\ 3 & 5 \end{pmatrix}=\begin{pmatrix} 1 & 4 \\ -9 & -1 \end{pmatrix}$$

$$\begin{pmatrix} x & 0 \\ -x & 3x \end{pmatrix}+\begin{pmatrix} y & -2y \\ 3y & 5y \end{pmatrix}=\begin{pmatrix} 1 & 4 \\ -9 & -1 \end{pmatrix}$$

$$\therefore \begin{pmatrix} x+y & -2y \\ -x+3y & 3x+5y \end{pmatrix}=\begin{pmatrix} 1 & 4 \\ -9 & -1 \end{pmatrix}$$

두 행렬이 서로 같을 조건에 의하여

$x+y=1$, $-2y=4$

두 식을 연립하여 풀면

$x=3$, $y=-2$

$\therefore xy=3\times(-2)=-6$

답 (1) 5 (2) -6

04-2

$\begin{pmatrix} a & 3 \\ 5 & b \end{pmatrix}+\begin{pmatrix} -3 & c \\ -1 & 2 \end{pmatrix}=\begin{pmatrix} b & -2 \\ a & c \end{pmatrix}+\begin{pmatrix} -1 & a \\ b & 5 \end{pmatrix}$에서

$$\begin{pmatrix} a-3 & 3+c \\ 4 & b+2 \end{pmatrix}=\begin{pmatrix} b-1 & -2+a \\ a+b & c+5 \end{pmatrix}$$

두 행렬이 서로 같을 조건에 의하여

$a-3=b-1$ $\qquad \cdots\cdots$ ㉠

$3+c=-2+a$ $\qquad \cdots\cdots$ ㉡

$4=a+b$ $\qquad \cdots\cdots$ ㉢

㉠, ㉢을 연립하여 풀면

$a=3$, $b=1$

$a=3$을 ㉡에 대입하면

$3+c=1$ $\quad \therefore c=-2$

$\therefore a+b+c=3+1+(-2)=2$

답 2

04-3

$C=xA+yB$이므로

$$\begin{pmatrix} 5 & b \\ -1 & a \end{pmatrix}=x\begin{pmatrix} 1 & 3 \\ 4 & 5 \end{pmatrix}+y\begin{pmatrix} -1 & a \\ 3 & b \end{pmatrix}$$

$$\begin{pmatrix} 5 & b \\ -1 & a \end{pmatrix}=\begin{pmatrix} x & 3x \\ 4x & 5x \end{pmatrix}+\begin{pmatrix} -y & ay \\ 3y & by \end{pmatrix}$$

$$\therefore \begin{pmatrix} 5 & b \\ -1 & a \end{pmatrix}=\begin{pmatrix} x-y & 3x+ay \\ 4x+3y & 5x+by \end{pmatrix}$$

두 행렬이 서로 같을 조건에 의하여

$$5=x-y \qquad \cdots\cdots \text{⊙}$$
$$b=3x+ay \qquad \cdots\cdots \text{ⓛ}$$
$$-1=4x+3y \qquad \cdots\cdots \text{ⓒ}$$
$$a=5x+by \qquad \cdots\cdots \text{ⓔ}$$

⊙, ⓒ을 연립하여 풀면 $x=2$, $y=-3$

$x=2$, $y=-3$을 ⓛ, ⓔ에 각각 대입하면
$b=6-3a$, $a=10-3b$

두 식을 연립하여 풀면 $a=1$, $b=3$

$\therefore x+y+a+b=2+(-3)+1+3=3$

답 3

04-4

$a_{ij}=a_{ji}$에서 $a_{12}=a_{21}$이므로

$a_{11}=x$, $a_{12}=a_{21}=y$, $a_{22}=z$라 하면

$$A=\begin{pmatrix} x & y \\ y & z \end{pmatrix}$$

$b_{ij}=-b_{ji}$에서

$b_{11}=-b_{11}$이므로 $b_{11}=0$

$b_{22}=-b_{22}$이므로 $b_{22}=0$

$b_{12}=-b_{21}$이므로 $b_{12}=w$라 하면 $b_{21}=-w$

$$\therefore B=\begin{pmatrix} 0 & w \\ -w & 0 \end{pmatrix}$$

$$A+B=\begin{pmatrix} 3 & 6 \\ -2 & 4 \end{pmatrix}$$에서

$$\begin{pmatrix} x & y \\ y & z \end{pmatrix}+\begin{pmatrix} 0 & w \\ -w & 0 \end{pmatrix}=\begin{pmatrix} 3 & 6 \\ -2 & 4 \end{pmatrix}$$

$$\therefore \begin{pmatrix} x & y+w \\ y-w & z \end{pmatrix}=\begin{pmatrix} 3 & 6 \\ -2 & 4 \end{pmatrix}$$

두 행렬이 서로 같을 조건에 의하여

$x=3$, $y+w=6$, $y-w=-2$, $z=4$

$y+w=6$, $y-w=-2$를 연립하여 풀면

$y=2$, $w=4$

$\therefore a_{11}+a_{12}=x+y=3+2=5$

답 5

개념 CHECK

본문 471쪽

01 (1) $\begin{pmatrix} 1 \\ 1 \end{pmatrix}$ (2) $\begin{pmatrix} 1 & -3 \\ -6 & 6 \end{pmatrix}$

02 (1) $\begin{pmatrix} 1 & 0 \\ -6 & 1 \end{pmatrix}$ (2) $\begin{pmatrix} 1 & 0 \\ -60 & 1 \end{pmatrix}$

03 1   04 -7

01

(1) $\begin{pmatrix} 1 & 2 \\ 3 & 5 \end{pmatrix}\begin{pmatrix} -3 \\ 2 \end{pmatrix}=\begin{pmatrix} 1\times(-3)+2\times 2 \\ 3\times(-3)+5\times 2 \end{pmatrix}=\begin{pmatrix} 1 \\ 1 \end{pmatrix}$

(2) $\begin{pmatrix} 1 & 0 \\ 0 & 3 \end{pmatrix}\begin{pmatrix} 1 & -3 \\ -2 & 2 \end{pmatrix}$

$$=\begin{pmatrix} 1\times 1+0\times(-2) & 1\times(-3)+0\times 2 \\ 0\times 1+3\times(-2) & 0\times(-3)+3\times 2 \end{pmatrix}$$

$$=\begin{pmatrix} 1 & -3 \\ -6 & 6 \end{pmatrix}$$

답 (1) $\begin{pmatrix} 1 \\ 1 \end{pmatrix}$ (2) $\begin{pmatrix} 1 & -3 \\ -6 & 6 \end{pmatrix}$

02

(1) $A^2=AA=\begin{pmatrix} 1 & 0 \\ -3 & 1 \end{pmatrix}\begin{pmatrix} 1 & 0 \\ -3 & 1 \end{pmatrix}=\begin{pmatrix} 1 & 0 \\ -6 & 1 \end{pmatrix}$

(2) $A^3=A^2A=\begin{pmatrix} 1 & 0 \\ -6 & 1 \end{pmatrix}\begin{pmatrix} 1 & 0 \\ -3 & 1 \end{pmatrix}=\begin{pmatrix} 1 & 0 \\ -9 & 1 \end{pmatrix}$

$A^4=A^3A=\begin{pmatrix} 1 & 0 \\ -9 & 1 \end{pmatrix}\begin{pmatrix} 1 & 0 \\ -3 & 1 \end{pmatrix}=\begin{pmatrix} 1 & 0 \\ -12 & 1 \end{pmatrix}$

$\vdots$

$A^n=\begin{pmatrix} 1 & 0 \\ -3n & 1 \end{pmatrix}$

$\therefore A^{20}=\begin{pmatrix} 1 & 0 \\ -3\times 20 & 1 \end{pmatrix}=\begin{pmatrix} 1 & 0 \\ -60 & 1 \end{pmatrix}$

답 (1) $\begin{pmatrix} 1 & 0 \\ -6 & 1 \end{pmatrix}$ (2) $\begin{pmatrix} 1 & 0 \\ -60 & 1 \end{pmatrix}$

03

$AB=\begin{pmatrix} 1 & 0 \\ 2 & -1 \end{pmatrix}\begin{pmatrix} 2 & 0 \\ a & 1 \end{pmatrix}=\begin{pmatrix} 2 & 0 \\ 4-a & -1 \end{pmatrix}$

$$BA = \begin{pmatrix} 2 & 0 \\ a & 1 \end{pmatrix}\begin{pmatrix} 1 & 0 \\ 2 & -1 \end{pmatrix} = \begin{pmatrix} 2 & 0 \\ a+2 & -1 \end{pmatrix}$$

$AB=BA$이므로 $4-a=a+2$이어야 한다.

$2a=2$ $\therefore a=1$

❸ 1

04

$$A^2 = AA = \begin{pmatrix} 2 & -1 \\ 7 & -3 \end{pmatrix}\begin{pmatrix} 2 & -1 \\ 7 & -3 \end{pmatrix} = \begin{pmatrix} -3 & 1 \\ -7 & 2 \end{pmatrix}$$

$$A^3 = A^2 A = \begin{pmatrix} -3 & 1 \\ -7 & 2 \end{pmatrix}\begin{pmatrix} 2 & -1 \\ 7 & -3 \end{pmatrix} = \begin{pmatrix} 1 & 0 \\ 0 & 1 \end{pmatrix} = E$$

$$\therefore A^{50} = (A^3)^{16} A^2 = EA^2 = A^2 = \begin{pmatrix} -3 & 1 \\ -7 & 2 \end{pmatrix}$$

따라서 A^{50}의 모든 성분의 합은

$(-3)+1+(-7)+2=-7$

❸ -7

유제

본문 472~483쪽

05-1 6 　　**05-2** (1) $\begin{pmatrix} 7 & -1 \\ 5 & 10 \end{pmatrix}$ (2) $\begin{pmatrix} -1 & -4 \\ 6 & 1 \end{pmatrix}$

05-3 10 　　**05-4** 3 　　**06-1** (1) 65 (2) 32

06-2 4 　　**06-3** 45 　　**06-4** 10 　　**07-1** ②

07-2 ② 　　**08-1** (1) $\begin{pmatrix} 14 & 6 \\ 2 & -14 \end{pmatrix}$ (2) $\begin{pmatrix} 14 & -8 \\ -4 & -2 \end{pmatrix}$

08-2 (1) 1 　(2) $\begin{pmatrix} 4 & -2 \\ 8 & -2 \end{pmatrix}$ 　**08-3** $\begin{pmatrix} 3 & 5 \\ 3 & -5 \end{pmatrix}$

08-4 20 　　**09-1** -5 　　**09-2** 2 　　**09-3** 3

09-4 4 　　**10-1** (1) 23 (2) 4

10-2 (1) 6 　(2) $\begin{pmatrix} -6 & 12 \\ -4 & 6 \end{pmatrix}$ 　**10-3** 24 　　**10-4** 4

05-1

$$AB = \begin{pmatrix} 3 \\ 2 \end{pmatrix}(4 \quad -3) = \begin{pmatrix} 12 & -9 \\ 8 & -6 \end{pmatrix}$$

$$CD = \begin{pmatrix} 1 & 2 \\ -3 & 5 \end{pmatrix}\begin{pmatrix} 2 & 1 \\ 0 & 1 \end{pmatrix} = \begin{pmatrix} 2 & 3 \\ -6 & 2 \end{pmatrix}$$

$$\therefore AB+CD = \begin{pmatrix} 12 & -9 \\ 8 & -6 \end{pmatrix} + \begin{pmatrix} 2 & 3 \\ -6 & 2 \end{pmatrix} = \begin{pmatrix} 14 & -6 \\ 2 & -4 \end{pmatrix}$$

따라서 행렬 $AB+CD$의 모든 성분의 합은

$14+(-6)+2+(-4)=6$

❸ 6

05-2

(1) $A-B = \begin{pmatrix} 1 & 2 \\ 3 & 1 \end{pmatrix} - \begin{pmatrix} 3 & -1 \\ -2 & 1 \end{pmatrix} = \begin{pmatrix} -2 & 3 \\ 5 & 0 \end{pmatrix}$

$\therefore (A-B)A = \begin{pmatrix} -2 & 3 \\ 5 & 0 \end{pmatrix}\begin{pmatrix} 1 & 2 \\ 3 & 1 \end{pmatrix} = \begin{pmatrix} 7 & -1 \\ 5 & 10 \end{pmatrix}$

(2) $AB = \begin{pmatrix} 1 & 2 \\ 3 & 1 \end{pmatrix}\begin{pmatrix} 3 & -1 \\ -2 & 1 \end{pmatrix} = \begin{pmatrix} -1 & 1 \\ 7 & -2 \end{pmatrix}$

$BA = \begin{pmatrix} 3 & -1 \\ -2 & 1 \end{pmatrix}\begin{pmatrix} 1 & 2 \\ 3 & 1 \end{pmatrix} = \begin{pmatrix} 0 & 5 \\ 1 & -3 \end{pmatrix}$

$\therefore AB-BA = \begin{pmatrix} -1 & 1 \\ 7 & -2 \end{pmatrix} - \begin{pmatrix} 0 & 5 \\ 1 & -3 \end{pmatrix}$

$= \begin{pmatrix} -1 & -4 \\ 6 & 1 \end{pmatrix}$

❸ (1) $\begin{pmatrix} 7 & -1 \\ 5 & 10 \end{pmatrix}$ (2) $\begin{pmatrix} -1 & -4 \\ 6 & 1 \end{pmatrix}$

05-3

$$\begin{pmatrix} 2 & 4 \\ x & 1 \end{pmatrix}\begin{pmatrix} y & 2 \\ 3 & -3 \end{pmatrix} = \begin{pmatrix} a & -8 \\ -2 & 7 \end{pmatrix}$$에서

$$\begin{pmatrix} 2y+12 & -8 \\ xy+3 & 2x-3 \end{pmatrix} = \begin{pmatrix} a & -8 \\ -2 & 7 \end{pmatrix}$$

두 행렬이 서로 같을 조건에 의하여

$2y+12=a$　　$\cdots\cdots$ ㉠

$xy+3=-2$　　$\cdots\cdots$ ㉡

$2x-3=7$　　$\cdots\cdots$ ㉢

㉢에서 $2x=10$　$\therefore x=5$

$x=5$를 ㉡에 대입하면

$5y+3=-2, 5y=-5$

$\therefore y=-1$

$y=-1$을 ㉠에 대입하면

$2\times(-1)+12=a$　$\therefore a=10$

❸ 10

05-4

$$\begin{pmatrix} x & y \\ 1 & 1 \end{pmatrix}\begin{pmatrix} 1 & x \\ 1 & y \end{pmatrix} = \begin{pmatrix} x & 4 \\ -1 & -2 \end{pmatrix} + \begin{pmatrix} y & 1 \\ 3 & 5 \end{pmatrix}$$에서

$$\begin{pmatrix} x+y & x^2+y^2 \\ 2 & x+y \end{pmatrix} = \begin{pmatrix} x+y & 5 \\ 2 & 3 \end{pmatrix}$$

두 행렬이 서로 같을 조건에 의하여

$x^2+y^2=5$ $\cdots\cdots$ ㉠

$x+y=3$ $\cdots\cdots$ ㉡

㉡에서 $y=3-x$

이 식을 ㉠에 대입하면 $x^2+(3-x)^2=5$

$2x^2-6x+4=0,\ x^2-3x+2=0$

$(x-1)(x-2)=0$ ∴ $x=1$ 또는 $x=2$

$y=3-x$이므로

$x=1$일 때, $y=3-1=2$

$x=2$일 때, $y=3-2=1$

이때 $x>y$이므로 $x=2,\ y=1$

∴ $2x-y=2\times2-1=3$

답 3

06-1

(1) $A^2=AA=\begin{pmatrix} 1 & -1 \\ 0 & 1 \end{pmatrix}\begin{pmatrix} 1 & -1 \\ 0 & 1 \end{pmatrix}=\begin{pmatrix} 1 & -2 \\ 0 & 1 \end{pmatrix}$

$A^3=A^2A=\begin{pmatrix} 1 & -2 \\ 0 & 1 \end{pmatrix}\begin{pmatrix} 1 & -1 \\ 0 & 1 \end{pmatrix}=\begin{pmatrix} 1 & -3 \\ 0 & 1 \end{pmatrix}$

$A^4=A^3A=\begin{pmatrix} 1 & -3 \\ 0 & 1 \end{pmatrix}\begin{pmatrix} 1 & -1 \\ 0 & 1 \end{pmatrix}=\begin{pmatrix} 1 & -4 \\ 0 & 1 \end{pmatrix}$

$\vdots$

∴ $A^n=\begin{pmatrix} 1 & -n \\ 0 & 1 \end{pmatrix}$

따라서 $A^k=\begin{pmatrix} 1 & -k \\ 0 & 1 \end{pmatrix}=\begin{pmatrix} 1 & -65 \\ 0 & 1 \end{pmatrix}$이므로

$k=65$

(2) $A^2=\begin{pmatrix} 1 & 0 \\ 3 & 1 \end{pmatrix}\begin{pmatrix} 1 & 0 \\ 3 & 1 \end{pmatrix}=\begin{pmatrix} 1 & 0 \\ 6 & 1 \end{pmatrix}$

$A^3=A^2A=\begin{pmatrix} 1 & 0 \\ 6 & 1 \end{pmatrix}\begin{pmatrix} 1 & 0 \\ 3 & 1 \end{pmatrix}=\begin{pmatrix} 1 & 0 \\ 9 & 1 \end{pmatrix}$

$A^4=A^3A=\begin{pmatrix} 1 & 0 \\ 9 & 1 \end{pmatrix}\begin{pmatrix} 1 & 0 \\ 3 & 1 \end{pmatrix}=\begin{pmatrix} 1 & 0 \\ 12 & 1 \end{pmatrix}$

$\vdots$

∴ $A^n=\begin{pmatrix} 1 & 0 \\ 3n & 1 \end{pmatrix}$

따라서 $A^{10}=\begin{pmatrix} 1 & 0 \\ 30 & 1 \end{pmatrix}$이므로 A^{10}의 모든 성분의 합은

$1+0+30+1=32$

답 (1) 65 (2) 32

06-2

$A^2=AA=\begin{pmatrix} 1 & a \\ 0 & 1 \end{pmatrix}\begin{pmatrix} 1 & a \\ 0 & 1 \end{pmatrix}=\begin{pmatrix} 1 & 2a \\ 0 & 1 \end{pmatrix}$

$A^3=A^2A=\begin{pmatrix} 1 & 2a \\ 0 & 1 \end{pmatrix}\begin{pmatrix} 1 & a \\ 0 & 1 \end{pmatrix}=\begin{pmatrix} 1 & 3a \\ 0 & 1 \end{pmatrix}$

$A^4=A^3A=\begin{pmatrix} 1 & 3a \\ 0 & 1 \end{pmatrix}\begin{pmatrix} 1 & a \\ 0 & 1 \end{pmatrix}=\begin{pmatrix} 1 & 4a \\ 0 & 1 \end{pmatrix}$

$\vdots$

∴ $A^n=\begin{pmatrix} 1 & na \\ 0 & 1 \end{pmatrix}$

따라서 $A^{13}=\begin{pmatrix} 1 & 13a \\ 0 & 1 \end{pmatrix}=\begin{pmatrix} 1 & 52 \\ 0 & 1 \end{pmatrix}$이므로

$13a=52$ ∴ $a=4$

답 4

06-3

$A^2=AA=\begin{pmatrix} 1 & 0 \\ 0 & 2 \end{pmatrix}\begin{pmatrix} 1 & 0 \\ 0 & 2 \end{pmatrix}=\begin{pmatrix} 1 & 0 \\ 0 & 4 \end{pmatrix}$

$A^3=A^2A=\begin{pmatrix} 1 & 0 \\ 0 & 4 \end{pmatrix}\begin{pmatrix} 1 & 0 \\ 0 & 2 \end{pmatrix}=\begin{pmatrix} 1 & 0 \\ 0 & 8 \end{pmatrix}$

$A^4=A^3A=\begin{pmatrix} 1 & 0 \\ 0 & 8 \end{pmatrix}\begin{pmatrix} 1 & 0 \\ 0 & 2 \end{pmatrix}=\begin{pmatrix} 1 & 0 \\ 0 & 16 \end{pmatrix}$

$\vdots$

∴ $A^n=\begin{pmatrix} 1 & 0 \\ 0 & 2^n \end{pmatrix}$

∴ $A^{45}=\begin{pmatrix} 1 & 0 \\ 0 & 2^{45} \end{pmatrix}$

따라서 A^{45}의 $(2,\,2)$ 성분은 2^{45}이므로

$a=45$

답 45

06-4

$A^8=(A^2)^4$이므로 $A^2=\begin{pmatrix} 1 & 0 \\ 0 & \sqrt{3} \end{pmatrix}$에서

$A^4=(A^2)^2=\begin{pmatrix} 1 & 0 \\ 0 & \sqrt{3} \end{pmatrix}\begin{pmatrix} 1 & 0 \\ 0 & \sqrt{3} \end{pmatrix}=\begin{pmatrix} 1 & 0 \\ 0 & (\sqrt{3})^2 \end{pmatrix}$

$A^6=(A^2)^3=(A^2)^2A^2=\begin{pmatrix} 1 & 0 \\ 0 & (\sqrt{3})^2 \end{pmatrix}\begin{pmatrix} 1 & 0 \\ 0 & \sqrt{3} \end{pmatrix}$

$\qquad\qquad\qquad =\begin{pmatrix} 1 & 0 \\ 0 & (\sqrt{3})^3 \end{pmatrix}$

$$\therefore A^8=(A^2)^4=(A^2)^3A^2=\begin{pmatrix}1&0\\0&(\sqrt{3})^3\end{pmatrix}\begin{pmatrix}1&0\\0&\sqrt{3}\end{pmatrix}$$

$$=\begin{pmatrix}1&0\\0&(\sqrt{3})^4\end{pmatrix}$$

따라서 A^8의 모든 성분의 합은

$1+0+0+(\sqrt{3})^4=1+9=10$

답 10

07-1

$$AB=\begin{pmatrix}800&400\\700&350\end{pmatrix}\begin{pmatrix}3&4\\2&5\end{pmatrix}$$

$$=\begin{pmatrix}800\times3+400\times2&800\times4+400\times5\\700\times3+350\times2&700\times4+350\times5\end{pmatrix}$$

이때 행렬 AB의 $(1,\ 2)$ 성분은 800원짜리 빵 4개와 400원짜리 우유 5개의 가격의 합이므로 편의점에서의 민수의 지불 금액을 나타낸다.

답 ②

07-2

선물 세트 A를 1개 만드는 데 필요한 비용은

$4\times1500+6\times900$ ······ ㉠

선물 세트 B를 1개 만드는 데 필요한 비용은

$2\times1500+8\times900$ ······ ㉡

㉠, ㉡에서 선물 세트 A, B를 1개씩 만드는 데 필요한 비용을

행렬의 곱으로 나타내면 $\begin{pmatrix}4&6\\2&8\end{pmatrix}\begin{pmatrix}1500\\900\end{pmatrix}$

따라서 선물 세트 A는 200개, 선물 세트 B는 300개를 만드는 데 필요한 금액을 행렬로 나타내면

$(200\quad300)\begin{pmatrix}4&6\\2&8\end{pmatrix}\begin{pmatrix}1500\\900\end{pmatrix}$

답 ②

08-1

(1) $A(B-C)+(C-A)B+(A-B)C$
$=AB-AC+CB-AB+AC-BC$
$=CB-BC$ ······ ㉠

이때 $CB=\begin{pmatrix}-3&4\\1&-2\end{pmatrix}\begin{pmatrix}1&2\\4&3\end{pmatrix}=\begin{pmatrix}13&6\\-7&-4\end{pmatrix}$,

$BC=\begin{pmatrix}1&2\\4&3\end{pmatrix}\begin{pmatrix}-3&4\\1&-2\end{pmatrix}=\begin{pmatrix}-1&0\\-9&10\end{pmatrix}$이므로

㉠에서
$A(B-C)+(C-A)B+(A-B)C$
$=CB-BC$

$$=\begin{pmatrix}13&6\\-7&-4\end{pmatrix}-\begin{pmatrix}-1&0\\-9&10\end{pmatrix}=\begin{pmatrix}14&6\\2&-14\end{pmatrix}$$

(2) $A^2-3AB-2BA+6B^2$
$=A(A-3B)-2B(A-3B)$
$=(A-2B)(A-3B)$ ······ ㉠

이때 $A-2B=\begin{pmatrix}5&2\\8&7\end{pmatrix}-2\begin{pmatrix}1&2\\4&3\end{pmatrix}=\begin{pmatrix}3&-2\\0&1\end{pmatrix}$,

$A-3B=\begin{pmatrix}5&2\\8&7\end{pmatrix}-3\begin{pmatrix}1&2\\4&3\end{pmatrix}=\begin{pmatrix}2&-4\\-4&-2\end{pmatrix}$이므로

㉠에서
$A^2-3AB-2BA+6B^2=(A-2B)(A-3B)$

$$=\begin{pmatrix}3&-2\\0&1\end{pmatrix}\begin{pmatrix}2&-4\\-4&-2\end{pmatrix}$$

$$=\begin{pmatrix}14&-8\\-4&-2\end{pmatrix}$$

답 (1) $\begin{pmatrix}14&6\\2&-14\end{pmatrix}$ (2) $\begin{pmatrix}14&-8\\-4&-2\end{pmatrix}$

08-2

(1) $A^2B+AB^2=A(AB+B^2)=A(A+B)B$ ······ ㉠

이때 $A+B=\begin{pmatrix}-1&1\\0&-2\end{pmatrix}+\begin{pmatrix}2&2\\-1&0\end{pmatrix}=\begin{pmatrix}1&3\\-1&-2\end{pmatrix}$

이므로 ㉠에서
$A^2B+AB^2=A(A+B)B$

$$=\begin{pmatrix}-1&1\\0&-2\end{pmatrix}\begin{pmatrix}1&3\\-1&-2\end{pmatrix}\begin{pmatrix}2&2\\-1&0\end{pmatrix}$$

$$=\begin{pmatrix}-2&-5\\2&4\end{pmatrix}\begin{pmatrix}2&2\\-1&0\end{pmatrix}$$

$$=\begin{pmatrix}1&-4\\0&4\end{pmatrix}$$

따라서 A^2B+AB^2의 모든 성분의 합은
$1+(-4)+0+4=1$

(2) $AB-B^2=(A-B)B$ ······ ㉠

$A+B=\begin{pmatrix}3&-1\\5&1\end{pmatrix}$ ······ ㉡

$A-B=\begin{pmatrix}1&1\\-1&3\end{pmatrix}$ ······ ㉢

㉡-㉢을 하면 $2B=\begin{pmatrix}2&-2\\6&-2\end{pmatrix}$

$\therefore B=\begin{pmatrix}1&-1\\3&-1\end{pmatrix}$

㉠에서

$$AB-B^2=(A-B)B$$
$$=\begin{pmatrix} 1 & 1 \\ -1 & 3 \end{pmatrix}\begin{pmatrix} 1 & -1 \\ 3 & -1 \end{pmatrix}=\begin{pmatrix} 4 & -2 \\ 8 & -2 \end{pmatrix}$$

참고

행렬의 곱셈에서는 일반적으로 교환법칙이 성립하지 않으므로 (1)에서 $A^2B+AB^2=AB(A+B)$로 계산하지 않도록 주의한다.

답 (1) 1   (2) $\begin{pmatrix} 4 & -2 \\ 8 & -2 \end{pmatrix}$

08-3

$X+AB^2=ABA$에서
$$X=ABA-AB^2=ABA-ABB$$
$$=AB(A-B)$$
이때 $AB=\begin{pmatrix} -3 & 2 \\ 0 & 1 \end{pmatrix}\begin{pmatrix} -2 & -1 \\ -1 & 2 \end{pmatrix}=\begin{pmatrix} 4 & 7 \\ -1 & 2 \end{pmatrix}$,

$A-B=\begin{pmatrix} -3 & 2 \\ 0 & 1 \end{pmatrix}-\begin{pmatrix} -2 & -1 \\ -1 & 2 \end{pmatrix}=\begin{pmatrix} -1 & 3 \\ 1 & -1 \end{pmatrix}$이므로

$X=AB(A-B)$
$$=\begin{pmatrix} 4 & 7 \\ -1 & 2 \end{pmatrix}\begin{pmatrix} -1 & 3 \\ 1 & -1 \end{pmatrix}=\begin{pmatrix} 3 & 5 \\ 3 & -5 \end{pmatrix}$$

답 $\begin{pmatrix} 3 & 5 \\ 3 & -5 \end{pmatrix}$

08-4

$(A+B)^2=A^2+AB+BA+B^2$이므로
$$A^2+B^2=(A+B)^2-(AB+BA) \quad\cdots\cdots\ \text{㉠}$$
이때 $(A+B)^2=\begin{pmatrix} 2 & 0 \\ 4 & 3 \end{pmatrix}\begin{pmatrix} 2 & 0 \\ 4 & 3 \end{pmatrix}=\begin{pmatrix} 4 & 0 \\ 20 & 9 \end{pmatrix}$이므로

㉠에서
$$A^2+B^2=(A+B)^2-(AB+BA)$$
$$=\begin{pmatrix} 4 & 0 \\ 20 & 9 \end{pmatrix}-\begin{pmatrix} -3 & 1 \\ 8 & 7 \end{pmatrix}=\begin{pmatrix} 7 & -1 \\ 12 & 2 \end{pmatrix}$$
따라서 A^2+B^2의 모든 성분의 합은
$$7+(-1)+12+2=20$$

답 20

09-1

주어진 식의 좌변을 전개하면
$$(A+B)^2=(A+B)(A+B)=A^2+AB+BA+B^2$$

따라서 $(A+B)^2=A^2+2AB+B^2$에서
$$A^2+AB+BA+B^2=A^2+2AB+B^2$$
$$AB+BA=2AB \quad\therefore AB=BA \quad\cdots\cdots\ \text{㉠}$$
이때 $AB=\begin{pmatrix} 1 & 2 \\ x & 3 \end{pmatrix}\begin{pmatrix} 1 & y \\ 3 & -1 \end{pmatrix}=\begin{pmatrix} 7 & y-2 \\ x+9 & xy-3 \end{pmatrix}$,

$BA=\begin{pmatrix} 1 & y \\ 3 & -1 \end{pmatrix}\begin{pmatrix} 1 & 2 \\ x & 3 \end{pmatrix}=\begin{pmatrix} 1+xy & 2+3y \\ 3-x & 3 \end{pmatrix}$이므로

㉠에서
$$\begin{pmatrix} 7 & y-2 \\ x+9 & xy-3 \end{pmatrix}=\begin{pmatrix} 1+xy & 2+3y \\ 3-x & 3 \end{pmatrix}$$
두 행렬이 서로 같을 조건에 의하여
$$y-2=2+3y,\ x+9=3-x$$
$$\therefore x=-3,\ y=-2$$
$$\therefore x+y=(-3)+(-2)=-5$$

답 -5

09-2

주어진 식의 좌변을 전개하면
$$(A-B)^2=(A-B)(A-B)=A^2-AB-BA+B^2$$
따라서 $(A-B)^2=A^2-2AB+B^2$에서
$$A^2-AB-BA+B^2=A^2-2AB+B^2$$
$$AB+BA=2AB \quad\therefore AB=BA \quad\cdots\cdots\ \text{㉠}$$
이때 $AB=\begin{pmatrix} 1 & 2 \\ 2 & 3 \end{pmatrix}\begin{pmatrix} x & 3 \\ y & 4 \end{pmatrix}=\begin{pmatrix} x+2y & 11 \\ 2x+3y & 18 \end{pmatrix}$,

$BA=\begin{pmatrix} x & 3 \\ y & 4 \end{pmatrix}\begin{pmatrix} 1 & 2 \\ 2 & 3 \end{pmatrix}=\begin{pmatrix} x+6 & 2x+9 \\ y+8 & 2y+12 \end{pmatrix}$이므로

㉠에서
$$\begin{pmatrix} x+2y & 11 \\ 2x+3y & 18 \end{pmatrix}=\begin{pmatrix} x+6 & 2x+9 \\ y+8 & 2y+12 \end{pmatrix}$$
두 행렬이 서로 같을 조건에 의하여
$$11=2x+9,\ 18=2y+12$$
$$\therefore x=1,\ y=3$$
$$\therefore y-x=3-1=2$$

답 2

09-3

주어진 식의 좌변을 전개하면
$$(A+B)(A-B)=A^2-AB+BA-B^2$$
따라서 $(A+B)(A-B)=A^2-B^2$에서
$$A^2-AB+BA-B^2=A^2-B^2$$
$$-AB+BA=O \quad\therefore AB=BA \quad\cdots\cdots\ \text{㉠}$$
이때 $AB=\begin{pmatrix} 1 & 2 \\ -3 & 4 \end{pmatrix}\begin{pmatrix} 2 & -2 \\ k & -1 \end{pmatrix}=\begin{pmatrix} 2+2k & -4 \\ -6+4k & 2 \end{pmatrix}$,

$BA=\begin{pmatrix} 2 & -2 \\ k & -1 \end{pmatrix}\begin{pmatrix} 1 & 2 \\ -3 & 4 \end{pmatrix}=\begin{pmatrix} 8 & -4 \\ k+3 & 2k-4 \end{pmatrix}$ 이므로

㉠에서

$\begin{pmatrix} 2+2k & -4 \\ -6+4k & 2 \end{pmatrix}=\begin{pmatrix} 8 & -4 \\ k+3 & 2k-4 \end{pmatrix}$

두 행렬이 서로 같을 조건에 의하여

$2+2k=8$ $\quad\therefore k=3$

📘 3

09-4

주어진 식의 좌변을 전개하면

$(A+2B)^2=(A+2B)(A+2B)$

$\qquad\qquad\quad =A^2+2AB+2BA+4B^2$

따라서 $(A+2B)^2=A^2+4AB+4B^2$에서

$A^2+2AB+2BA+4B^2=A^2+4AB+4B^2$

$2AB+2BA=4AB$ $\quad\therefore AB=BA$ $\quad\cdots\cdots$ ㉠

이때 $AB=\begin{pmatrix} 8 & 1 \\ 1 & x^2 \end{pmatrix}\begin{pmatrix} y^2 & 1 \\ 1 & 2y \end{pmatrix}=\begin{pmatrix} 8y^2+1 & 8+2y \\ y^2+x^2 & 1+2x^2y \end{pmatrix}$,

$BA=\begin{pmatrix} y^2 & 1 \\ 1 & 2y \end{pmatrix}\begin{pmatrix} 8 & 1 \\ 1 & x^2 \end{pmatrix}=\begin{pmatrix} 8y^2+1 & y^2+x^2 \\ 8+2y & 1+2x^2y \end{pmatrix}$ 이므로

㉠에서

$\begin{pmatrix} 8y^2+1 & 8+2y \\ y^2+x^2 & 1+2x^2y \end{pmatrix}=\begin{pmatrix} 8y^2+1 & y^2+x^2 \\ 8+2y & 1+2x^2y \end{pmatrix}$

행렬이 서로 같을 조건에 의하여

$8+2y=y^2+x^2$, $x^2+y^2-2y=8$

$\therefore x^2+(y-1)^2=9$

이때 x, y는 정수이므로

$x^2=0$, $(y-1)^2=9$ 또는 $x^2=9$, $(y-1)^2=0$

따라서 순서쌍 (x, y)는 $(0, -2)$, $(0, 4)$, $(-3, 1)$,

$(3, 1)$의 4개이다.

📘 4

10-1

(1) $(A^2-E)(A^2+E)$

$\quad =A^4+A^2E-EA^2-E^2$

$\quad =A^4+A^2-A^2-E$

$\quad =A^4-E$ $\quad\cdots\cdots$ ㉠

이때 $A^2=\begin{pmatrix} -1 & 3 \\ -1 & 3 \end{pmatrix}\begin{pmatrix} -1 & 3 \\ -1 & 3 \end{pmatrix}=\begin{pmatrix} -2 & 6 \\ -2 & 6 \end{pmatrix}=2A$

이므로

$A^4=A^2A^2=(2A)(2A)$

$\quad =4A^2=4(2A)$

$\quad =8A$

따라서 ㉠에서

$(A^2-E)(A^2+E)=A^4-E=8A-E$

$\qquad\qquad\qquad\qquad =\begin{pmatrix} -8 & 24 \\ -8 & 24 \end{pmatrix}-\begin{pmatrix} 1 & 0 \\ 0 & 1 \end{pmatrix}$

$\qquad\qquad\qquad\qquad =\begin{pmatrix} -9 & 24 \\ -8 & 23 \end{pmatrix}$

따라서 구하는 행렬의 $(2, 2)$ 성분은 23이다.

(2) $A^2=\begin{pmatrix} 2 & -5 \\ 1 & -2 \end{pmatrix}\begin{pmatrix} 2 & -5 \\ 1 & -2 \end{pmatrix}=\begin{pmatrix} -1 & 0 \\ 0 & -1 \end{pmatrix}=-E$ 이므로

$A^3=A^2A=(-E)A=-A$

$A^4=(A^2)^2=(-E)^2=E$

$\therefore A^{55}=(A^4)^{13}A^3=EA^3=A^3=-A=\begin{pmatrix} -2 & 5 \\ -1 & 2 \end{pmatrix}$

따라서 A^{55}의 모든 성분의 합은

$(-2)+5+(-1)+2=4$

📘 (1) 23 (2) 4

10-2

(1) $A^2=\begin{pmatrix} -1 & 3 \\ -1 & 2 \end{pmatrix}\begin{pmatrix} -1 & 3 \\ -1 & 2 \end{pmatrix}=\begin{pmatrix} -2 & 3 \\ -1 & 1 \end{pmatrix}$

$A^3=A^2A=\begin{pmatrix} -2 & 3 \\ -1 & 1 \end{pmatrix}\begin{pmatrix} -1 & 3 \\ -1 & 2 \end{pmatrix}$

$\quad =\begin{pmatrix} -1 & 0 \\ 0 & -1 \end{pmatrix}=-E$

$\therefore A^6=(A^3)^2=(-E)^2=E$

따라서 $A^n=E$를 만족시키는 자연수 n의 최솟값은 6

이다.

(2) A^6-4A^4-3E

$\quad =E-4A^3A-3E$

$\quad =E-4(-E)A-3E$

$\quad =E+4A-3E$

$\quad =4A-2E$

$\quad =\begin{pmatrix} -4 & 12 \\ -4 & 8 \end{pmatrix}-\begin{pmatrix} 2 & 0 \\ 0 & 2 \end{pmatrix}=\begin{pmatrix} -6 & 12 \\ -4 & 6 \end{pmatrix}$

📘 (1) 6 (2) $\begin{pmatrix} -6 & 12 \\ -4 & 6 \end{pmatrix}$

10-3

$A^2=\begin{pmatrix} 1 & -1 \\ 1 & 1 \end{pmatrix}\begin{pmatrix} 1 & -1 \\ 1 & 1 \end{pmatrix}=\begin{pmatrix} 0 & -2 \\ 2 & 0 \end{pmatrix}$

$A^4=A^2A^2=\begin{pmatrix} 0 & -2 \\ 2 & 0 \end{pmatrix}\begin{pmatrix} 0 & -2 \\ 2 & 0 \end{pmatrix}=\begin{pmatrix} -4 & 0 \\ 0 & -4 \end{pmatrix}=-4E$

$A^6=A^4A^2=-4EA^2=-4A^2$

$A^8=(A^4)^2=(-4E)^2=16E$

$\therefore A^2+A^4+A^6+A^8=A^2-4E-4A^2+16E$
$\qquad\qquad\qquad\qquad =-3A^2+12E$

이때 A^2의 모든 성분의 합은 0이고 $12E$의 모든 성분의 합은 24이므로 주어진 행렬의 성분의 합은 24이다.

답 24

10-4

$(A^2-A+E)(A^2+A+E)$
$=A^4+A^3+A^2E-A^3-A^2-AE+EA^2+EA+E^2$
$=A^4+A^3+A^2-A^3-A^2-A+A^2+A+E$
$=A^4+A^2+E$

이때

$A^4=A^2A^2=\begin{pmatrix} a & 1 \\ -3 & -1 \end{pmatrix}\begin{pmatrix} a & 1 \\ -3 & -1 \end{pmatrix}$

$\qquad =\begin{pmatrix} a^2-3 & a-1 \\ -3a+3 & -2 \end{pmatrix}$

이므로

$(A^2-A+E)(A^2+A+E)$
$=A^4+A^2+E$
$=\begin{pmatrix} a^2-3 & a-1 \\ -3a+3 & -2 \end{pmatrix}+\begin{pmatrix} a & 1 \\ -3 & -1 \end{pmatrix}+\begin{pmatrix} 1 & 0 \\ 0 & 1 \end{pmatrix}$
$=\begin{pmatrix} a^2+a-2 & a \\ -3a & -2 \end{pmatrix}$

이때 행렬 $(A^2-A+E)(A^2+A+E)$의 모든 성분의 합이 8이므로

$(a^2+a-2)+a+(-3a)+(-2)=8$

$a^2-a-12=0,\ (a+3)(a-4)=0$

$\therefore a=4\ (\because a>0)$

답 4

중단원 연습문제

본문 484~488쪽

01 -1	**02** $\begin{pmatrix} 0 & 3 & 6 \\ 3 & 0 & 2 \\ 6 & 2 & 0 \end{pmatrix}$	**03** -3
04 -21	**05** 24	**06** $a=5,\ b=-1$
07 9	**08** 52	**09** B^2A
10 $\begin{pmatrix} 2 & 0 \\ 3 & 0 \end{pmatrix}$	**11** 25	**12** 12 **13** -12
14 -7	**15** 12	**16** 10 **17** -2
18 ㄷ	**19** 8	**20** 30

01

주어진 행렬에서 $a_{12}=4,\ a_{21}=3$이므로

$a+2b-4=4,\ 2a+b-4=3$

$\therefore a+2b=8,\ 2a+b=7$

두 식을 연립하여 풀면

$a=2,\ b=3$

$\therefore a-b=2-3=-1$

답 -1

02

$a_{11}=0,\ a_{22}=0,\ a_{33}=0$

P_1에서 P_2로 가는 방법의 수는 3이므로 $a_{12}=3$

P_1에서 P_3으로 가는 방법의 수는 $3\times 2=6$이므로 $a_{13}=6$

P_2에서 P_1로 가는 방법의 수는 3이므로 $a_{21}=3$

P_2에서 P_3으로 가는 방법의 수는 2이므로 $a_{23}=2$

P_3에서 P_1로 가는 방법의 수는 $2\times 3=6$이므로 $a_{31}=6$

P_3에서 P_2로 가는 방법의 수는 2이므로 $a_{32}=2$

$\therefore A=\begin{pmatrix} 0 & 3 & 6 \\ 3 & 0 & 2 \\ 6 & 2 & 0 \end{pmatrix}$

답 $\begin{pmatrix} 0 & 3 & 6 \\ 3 & 0 & 2 \\ 6 & 2 & 0 \end{pmatrix}$

03

두 행렬이 서로 같을 조건에 의하여

$x^2-3xy+y^2=7-3xy,\ 4x-3=1-4y$

$x^2-3xy+y^2=7-3xy$에서

$x^2+y^2=7$ ······ ㉠

$4x-3=1-4y$에서 $4x+4y=4$

$\therefore x+y=1$ ······ ㉡

이때 $x^2+y^2=(x+y)^2-2xy$이므로 이 식에 ㉠, ㉡을 대입하면 $7=1-2xy$

$2xy=-6$ $\therefore xy=-3$

답 -3

04

$A-\begin{pmatrix} 0 & -3 \\ 12 & 2 \end{pmatrix}=B$에서 $A-B=\begin{pmatrix} 0 & -3 \\ 12 & 2 \end{pmatrix}$ ······ ㉠

$2A=\begin{pmatrix} 6 & 3 \\ 9 & 7 \end{pmatrix}-B$에서 $2A+B=\begin{pmatrix} 6 & 3 \\ 9 & 7 \end{pmatrix}$ ······ ㉡

㉠+㉡을 하면

$$3A = \begin{pmatrix} 6 & 0 \\ 21 & 9 \end{pmatrix} \qquad \therefore A = \begin{pmatrix} 2 & 0 \\ 7 & 3 \end{pmatrix}$$

⊙에서 $B = A - \begin{pmatrix} 0 & -3 \\ 12 & 2 \end{pmatrix}$이므로

$$B = \begin{pmatrix} 2 & 0 \\ 7 & 3 \end{pmatrix} - \begin{pmatrix} 0 & -3 \\ 12 & 2 \end{pmatrix} = \begin{pmatrix} 2 & 3 \\ -5 & 1 \end{pmatrix}$$

$$\therefore 3B - 2A = 3\begin{pmatrix} 2 & 3 \\ -5 & 1 \end{pmatrix} - 2\begin{pmatrix} 2 & 0 \\ 7 & 3 \end{pmatrix}$$

$$= \begin{pmatrix} 6 & 9 \\ -15 & 3 \end{pmatrix} + \begin{pmatrix} -4 & 0 \\ -14 & -6 \end{pmatrix}$$

$$= \begin{pmatrix} 2 & 9 \\ -29 & -3 \end{pmatrix}$$

따라서 행렬 $3B - 2A$의 모든 성분의 합은
$2 + 9 - 29 - 3 = -21$

답 -21

05

$3\{X - (2A - B)\} = X + 4A - B$를 X에 대하여 정리하면
$3X - 6A + 3B = X + 4A - B$, $2X = 10A - 4B$
$\therefore X = 5A - 2B$ ...... ⊙

⊙에 $A = \begin{pmatrix} 1 & -1 \\ 2 & 4 \end{pmatrix}$, $B = \begin{pmatrix} 3 & 0 \\ 1 & -2 \end{pmatrix}$를 대입하면

$$X = 5A - 2B = \begin{pmatrix} 5 & -5 \\ 10 & 20 \end{pmatrix} - \begin{pmatrix} 6 & 0 \\ 2 & -4 \end{pmatrix}$$

$$= \begin{pmatrix} -1 & -5 \\ 8 & 24 \end{pmatrix}$$

따라서 행렬 X의 성분 중에서 최댓값은 24이다.

답 24

06

$A + 3B = C$이므로

$$\begin{pmatrix} 4a+b & 1 \\ -2 & 0 \end{pmatrix} + \begin{pmatrix} 3b & 3 \\ -3 & -3 \end{pmatrix} = \begin{pmatrix} 16 & 4 \\ ab & -3 \end{pmatrix}$$

$$\begin{pmatrix} 4a+4b & 4 \\ -5 & -3 \end{pmatrix} = \begin{pmatrix} 16 & 4 \\ ab & -3 \end{pmatrix}$$

두 행렬이 서로 같을 조건에 의하여
$4a + 4b = 16$, $ab = -5$
$\therefore a + b = 4$, $ab = -5$
이때 a, b를 x에 대한 이차방정식의 두 근이라 하면
$x^2 - 4x - 5 = 0$이므로
$(x+1)(x-5) = 0 \qquad \therefore x = -1$ 또는 $x = 5$
이때 $a > b$이므로 $a = 5$, $b = -1$

답 $a = 5$, $b = -1$

07

$$AB = \begin{pmatrix} \alpha & 0 \\ \beta & \alpha \end{pmatrix}\begin{pmatrix} 0 & \beta \\ \beta & \alpha \end{pmatrix} = \begin{pmatrix} 0 & \alpha\beta \\ \alpha\beta & \alpha^2 + \beta^2 \end{pmatrix}$$

이차방정식 $x^2 - 3x + 1 = 0$의 두 근이 α, β이므로 이차방정식의 근과 계수의 관계에 의하여
$\alpha + \beta = 3$, $\alpha\beta = 1$
$\therefore \alpha^2 + \beta^2 = (\alpha + \beta)^2 - 2\alpha\beta = 3^2 - 2 \times 1 = 7$
따라서 AB의 모든 성분의 합은
$0 + 1 + 1 + 7 = 9$

답 9

08

$$A = \begin{pmatrix} 1 & 0 \\ 1 & 1 \end{pmatrix}$$

$$A^2 = \begin{pmatrix} 1 & 0 \\ 1 & 1 \end{pmatrix}\begin{pmatrix} 1 & 0 \\ 1 & 1 \end{pmatrix} = \begin{pmatrix} 1 & 0 \\ 2 & 1 \end{pmatrix}$$

$$A^3 = A^2 A = \begin{pmatrix} 1 & 0 \\ 2 & 1 \end{pmatrix}\begin{pmatrix} 1 & 0 \\ 1 & 1 \end{pmatrix} = \begin{pmatrix} 1 & 0 \\ 3 & 1 \end{pmatrix}$$

$$\vdots$$

$$\therefore A^n = \begin{pmatrix} 1 & 0 \\ n & 1 \end{pmatrix}$$

$$\therefore A + A^2 + A^3 + \cdots + A^8$$

$$= \begin{pmatrix} 1 & 0 \\ 1 & 1 \end{pmatrix} + \begin{pmatrix} 1 & 0 \\ 2 & 1 \end{pmatrix} + \begin{pmatrix} 1 & 0 \\ 3 & 1 \end{pmatrix} + \cdots + \begin{pmatrix} 1 & 0 \\ 8 & 1 \end{pmatrix}$$

$$= \begin{pmatrix} 8 & 0 \\ 36 & 8 \end{pmatrix}$$

따라서 $a = 8$, $b = 0$, $c = 36$, $d = 8$이므로
$a + b + c + d = 8 + 0 + 36 + 8 = 52$

답 52

09

1년 후 OTT 서비스 구독 현황은

$$\begin{pmatrix} 0.7 & 0.4 \\ 0.3 & 0.6 \end{pmatrix}\begin{pmatrix} 1200 \\ 500 \end{pmatrix} = BA$$

2년 후 OTT 서비스 구독 현황은

$$\begin{pmatrix} 0.7 & 0.4 \\ 0.3 & 0.6 \end{pmatrix}\left\{\begin{pmatrix} 0.7 & 0.4 \\ 0.3 & 0.6 \end{pmatrix}\begin{pmatrix} 1200 \\ 500 \end{pmatrix}\right\} = B(BA) = B^2 A$$

답 $B^2 A$

10

$$A+B=\begin{pmatrix} -1 & 2 \\ 1 & 3 \end{pmatrix} \quad \cdots\cdots \ \bigcirc$$

$$A-B=\begin{pmatrix} 1 & 0 \\ 3 & -1 \end{pmatrix} \quad \cdots\cdots \ \bigcirc$$

$\bigcirc+\bigcirc$을 하면

$$2A=\begin{pmatrix} 0 & 2 \\ 4 & 2 \end{pmatrix} \qquad \therefore A=\begin{pmatrix} 0 & 1 \\ 2 & 1 \end{pmatrix}$$

$A=\begin{pmatrix} 0 & 1 \\ 2 & 1 \end{pmatrix}$을 $\bigcirc$에 대입하면

$$\begin{pmatrix} 0 & 1 \\ 2 & 1 \end{pmatrix}+B=\begin{pmatrix} -1 & 2 \\ 1 & 3 \end{pmatrix}$$

$$\therefore B=\begin{pmatrix} -1 & 2 \\ 1 & 3 \end{pmatrix}-\begin{pmatrix} 0 & 1 \\ 2 & 1 \end{pmatrix}=\begin{pmatrix} -1 & 1 \\ -1 & 2 \end{pmatrix}$$

$$\therefore A^2-B^2=\begin{pmatrix} 0 & 1 \\ 2 & 1 \end{pmatrix}\begin{pmatrix} 0 & 1 \\ 2 & 1 \end{pmatrix}-\begin{pmatrix} -1 & 1 \\ -1 & 2 \end{pmatrix}\begin{pmatrix} -1 & 1 \\ -1 & 2 \end{pmatrix}$$

$$=\begin{pmatrix} 2 & 1 \\ 2 & 3 \end{pmatrix}-\begin{pmatrix} 0 & 1 \\ -1 & 3 \end{pmatrix}$$

$$=\begin{pmatrix} 2 & 0 \\ 3 & 0 \end{pmatrix}$$

> **참고**
>
> 행렬의 곱셈에서는 일반적으로 교환법칙이 성립하지 않으므로 $A^2-B^2=(A+B)(A-B)$로 계산하지 않도록 주의한다.

답 $\begin{pmatrix} 2 & 0 \\ 3 & 0 \end{pmatrix}$

11

$$A^2=\begin{pmatrix} 1 & 0 \\ -2 & 3 \end{pmatrix}\begin{pmatrix} 1 & 0 \\ -2 & 3 \end{pmatrix}=\begin{pmatrix} 1 & 0 \\ -8 & 9 \end{pmatrix},$$

$$pA+qE=p\begin{pmatrix} 1 & 0 \\ -2 & 3 \end{pmatrix}+q\begin{pmatrix} 1 & 0 \\ 0 & 1 \end{pmatrix}$$

$$=\begin{pmatrix} p & 0 \\ -2p & 3p \end{pmatrix}+\begin{pmatrix} q & 0 \\ 0 & q \end{pmatrix}$$

$$=\begin{pmatrix} p+q & 0 \\ -2p & 3p+q \end{pmatrix}$$

이므로

$$\begin{pmatrix} 1 & 0 \\ -8 & 9 \end{pmatrix}=\begin{pmatrix} p+q & 0 \\ -2p & 3p+q \end{pmatrix}$$

두 행렬이 서로 같을 조건에 의하여

$1=p+q, \ -8=-2p$

$\therefore p=4, \ q=-3$

$\therefore p^2+q^2=4^2+(-3)^2=25$

답 25

12

$$A^2=\begin{pmatrix} -2 & -1 \\ 7 & 3 \end{pmatrix}\begin{pmatrix} -2 & -1 \\ 7 & 3 \end{pmatrix}=\begin{pmatrix} -3 & -1 \\ 7 & 2 \end{pmatrix}$$

$$A^3=A^2A=\begin{pmatrix} -3 & -1 \\ 7 & 2 \end{pmatrix}\begin{pmatrix} -2 & -1 \\ 7 & 3 \end{pmatrix}$$

$$=\begin{pmatrix} -1 & 0 \\ 0 & -1 \end{pmatrix}=-E$$

$A^6=(A^3)^2=(-E)^2=E$

$A^7=A^6A=EA=A$

$A^{26}=(A^6)^4A^2=EA^2=A^2$

$$\therefore A^7+A^{26}=A+A^2=\begin{pmatrix} -2 & -1 \\ 7 & 3 \end{pmatrix}+\begin{pmatrix} -3 & -1 \\ 7 & 2 \end{pmatrix}$$

$$=\begin{pmatrix} -5 & -2 \\ 14 & 5 \end{pmatrix}$$

따라서 A^7+A^{26}의 모든 성분의 합은

$(-5)+(-2)+14+5=12$

답 12

13

$(2A+B)\circledcirc(A-2B)$

$=2(2A+B)+3(A-2B)$

$=4A+2B+3A-6B$

$=7A-4B$

$$=\begin{pmatrix} 7 & 14 \\ 0 & -14 \end{pmatrix}-\begin{pmatrix} 12 & 4 \\ -4 & 8 \end{pmatrix}=\begin{pmatrix} -5 & 10 \\ 4 & -22 \end{pmatrix}$$

따라서 구하는 행렬의 성분 중에서 최댓값은 10, 최솟값은 -22이므로 $M=10, \ m=-22$

$\therefore M+m=10+(-22)=-12$

답 -12

14

$$A\begin{pmatrix} 2 \\ 3 \end{pmatrix}=\begin{pmatrix} a & b \\ c & d \end{pmatrix}\begin{pmatrix} 2 \\ 3 \end{pmatrix}=\begin{pmatrix} 2a+3b \\ 2c+3d \end{pmatrix}=\begin{pmatrix} 3 \\ 4 \end{pmatrix}$$

두 행렬이 서로 같을 조건에 의하여

$2a+3b=3 \quad \cdots\cdots \ \bigcirc$

$2c+3d=4 \quad \cdots\cdots \ \bigcirc$

$$A^2\begin{pmatrix} 2 \\ 3 \end{pmatrix}=AA\begin{pmatrix} 2 \\ 3 \end{pmatrix}=A\begin{pmatrix} 3 \\ 4 \end{pmatrix}$$

$$=\begin{pmatrix} a & b \\ c & d \end{pmatrix}\begin{pmatrix} 3 \\ 4 \end{pmatrix}=\begin{pmatrix} 3a+4b \\ 3c+4d \end{pmatrix}=\begin{pmatrix} 5 \\ 9 \end{pmatrix}$$

두 행렬이 서로 같을 조건에 의하여

$3a+4b=5$ ······ ㉢

$3c+4d=9$ ······ ㉣

㉠, ㉢을 연립하여 풀면

$a=3,\ b=-1$

㉡, ㉣을 연립하여 풀면

$c=11,\ d=-6$

$\therefore ad-bc=3\times(-6)-(-1)\times 11=-7$

답 −7

15

$$A^2=\begin{pmatrix} a & 4 \\ 0 & a \end{pmatrix}\begin{pmatrix} a & 4 \\ 0 & a \end{pmatrix}=\begin{pmatrix} a^2 & 8a \\ 0 & a^2 \end{pmatrix}$$

$$A^3=A^2A=\begin{pmatrix} a^2 & 8a \\ 0 & a^2 \end{pmatrix}\begin{pmatrix} a & 4 \\ 0 & a \end{pmatrix}=\begin{pmatrix} a^3 & 12a^2 \\ 0 & a^3 \end{pmatrix}$$

$$A^4=A^3A=\begin{pmatrix} a^3 & 12a^2 \\ 0 & a^3 \end{pmatrix}\begin{pmatrix} a & 4 \\ 0 & a \end{pmatrix}=\begin{pmatrix} a^4 & 16a^3 \\ 0 & a^4 \end{pmatrix}$$

$$\vdots$$

$$\therefore A^n=\begin{pmatrix} a^n & 4n\times a^{n-1} \\ 0 & a^n \end{pmatrix}$$

A^n의 $(1,\ 1)$ 성분과 $(1,\ 2)$ 성분이 같으므로

$a^n=4n\times a^{n-1}$ $\therefore a=4n$

따라서 가능한 a의 값은 $n=1$일 때 $a=4\times 1=4$, $n=2$일 때

$a=4\times 2=8$이므로 그 합은

$4+8=12$

답 12

16

$A+B=E$이므로 $B=E-A$

$\therefore A^2-B^2=A^2-(E-A)^2$

$=A^2-(E-2A+A^2)$

$=2A-E$

이때 $A^2-B^2=\begin{pmatrix} 11 & -6 \\ 8 & 5 \end{pmatrix}$에서

$2A-E=\begin{pmatrix} 11 & -6 \\ 8 & 5 \end{pmatrix}$이므로

$2A=\begin{pmatrix} 11 & -6 \\ 8 & 5 \end{pmatrix}+\begin{pmatrix} 1 & 0 \\ 0 & 1 \end{pmatrix}=\begin{pmatrix} 12 & -6 \\ 8 & 6 \end{pmatrix}$

$\therefore A=\begin{pmatrix} 6 & -3 \\ 4 & 3 \end{pmatrix}$

따라서 행렬 A의 모든 성분의 합은

$6+(-3)+4+3=10$

답 10

17

$a_{ij}=i-j\,(i=1,\ 2,\ j=1,\ 2)$에서

$a_{11}=0,\ a_{12}=-1,\ a_{21}=1,\ a_{22}=0$이므로

$$A=\begin{pmatrix} 0 & -1 \\ 1 & 0 \end{pmatrix}$$

$$A^2=\begin{pmatrix} 0 & -1 \\ 1 & 0 \end{pmatrix}\begin{pmatrix} 0 & -1 \\ 1 & 0 \end{pmatrix}=\begin{pmatrix} -1 & 0 \\ 0 & -1 \end{pmatrix}=-E$$

$A^3=A^2A=-EA=-A$

$A^4=A^3A=-A^2=E$

$\therefore A+A^2+A^3+A^4=A+(-E)+(-A)+E=O$

$\therefore A+A^2+A^3+\cdots+A^{1002}$

$=(A+A^2+A^3+A^4)+A^4(A+A^2+A^3+A^4)$

$\qquad+\cdots+A^{996}(A+A^2+A^3+A^4)+A^{1001}+A^{1002}$

$=O+O+\cdots+O+A^{1001}+A^{1002}$

$=(A^4)^{250}A+(A^4)^{250}A^2$

$=A+A^2=A-E$

$=\begin{pmatrix} 0 & -1 \\ 1 & 0 \end{pmatrix}-\begin{pmatrix} 1 & 0 \\ 0 & 1 \end{pmatrix}=\begin{pmatrix} -1 & -1 \\ 1 & -1 \end{pmatrix}$

따라서 구하는 행렬의 $(1,\ 1)$ 성분과 $(2,\ 2)$ 성분의 합은

$(-1)+(-1)=-2$

답 −2

18

ㄱ. $A=\begin{pmatrix} 1 & 0 \\ 0 & 0 \end{pmatrix}$, $B=\begin{pmatrix} 0 & 0 \\ 1 & 0 \end{pmatrix}$이면

$AB=\begin{pmatrix} 1 & 0 \\ 0 & 0 \end{pmatrix}\begin{pmatrix} 0 & 0 \\ 1 & 0 \end{pmatrix}=\begin{pmatrix} 0 & 0 \\ 0 & 0 \end{pmatrix}$이지만

$BA=\begin{pmatrix} 0 & 0 \\ 1 & 0 \end{pmatrix}\begin{pmatrix} 1 & 0 \\ 0 & 0 \end{pmatrix}=\begin{pmatrix} 0 & 0 \\ 1 & 0 \end{pmatrix}\neq O$ (거짓)

ㄴ. $A=\begin{pmatrix} 1 & 0 \\ 0 & -1 \end{pmatrix}$이면

$A^2=\begin{pmatrix} 1 & 0 \\ 0 & -1 \end{pmatrix}\begin{pmatrix} 1 & 0 \\ 0 & -1 \end{pmatrix}=\begin{pmatrix} 1 & 0 \\ 0 & 1 \end{pmatrix}=E$이지만

$A\neq E$이고 $A\neq -E$이다. (거짓)

ㄷ. $(A+E)(A^2-A+E)$
$\quad = A^3-A^2+AE+EA^2-EA+E^2$
$\quad = A^3-A^2+A+A^2-A+E$
$\quad = A^3+E$ (참)

따라서 옳은 것은 ㄷ이다.

답 ㄷ

19

조건 ㈎에서 $i=j$일 때, $a_{ii}=-a_{ii}$이므로
$2a_{ii}=0$ $\qquad \therefore a_{ii}=0$
조건 ㈏에서 모든 성분은 정수이므로 정수 a, b, c에 대하여
삼차정사각행렬 A를 $\begin{pmatrix} 0 & a & b \\ -a & 0 & c \\ -b & -c & 0 \end{pmatrix}$으로 놓을 수 있다.

조건 ㈐에서 모든 성분의 제곱의 합이 24이므로
$a^2+b^2+(-a)^2+c^2+(-b)^2+(-c)^2=24$
$2(a^2+b^2+c^2)=24$ $\qquad \therefore a^2+b^2+c^2=12$
위 식을 만족시키는 정수 a, b, c는 $a^2=b^2=c^2=4$뿐이다.
$\therefore a=\pm2$, $b=\pm2$, $c=\pm2$
따라서 가능한 행렬 A의 개수는
$2\times2\times2=8$

답 8

20

$A=\begin{pmatrix} a & b \\ c & a \end{pmatrix}$에서

$A^2=\begin{pmatrix} a & b \\ c & a \end{pmatrix}\begin{pmatrix} a & b \\ c & a \end{pmatrix}=\begin{pmatrix} a^2+bc & 2ab \\ 2ac & a^2+bc \end{pmatrix}$

이므로 $a^2+bc>0$, $2ab>0$, $2ac>0$이다.
즉, $ab>0$, $ac>0$이어야 하므로 서로 다른 세 정수 a, b, c의 부호는 모두 같아야 한다.

(i) a, b, c가 모두 양수이면서 조건 ㈎를 만족시키는 행렬 A의 개수는 양의 정수 1, 2, 3 중 3개를 선택하는 순열의 수와 같으므로
$3!=6$

(ii) a, b, c가 모두 음수이면서 조건 ㈎를 만족시키는 행렬 A의 개수는 음의 정수 -4, -3, -2, -1 중 3개를 선택하는 순열의 수와 같으므로
$_4\mathrm{P}_3=24$

(i), (ii)에서 구하는 행렬 A의 개수는
$6+24=30$

답 30

Memo

Memo

Memo

Memo

수학의 바이블 개념 ON 공통수학1